Gottfried W. Ehrenstein (Hrsg.)

Handbuch Kunststoff-Verbindungstechnik

Unter Mitarbeit von

Gerd Ahlers-Hestermann, Otto Altmann, Walter Caseri, Ludger Czyborra, Frank Dratschmidt, Dietmar Drummer, Gottfried W. Ehrenstein, Rudolf Emmerich, Gunter Erhard, Urs Ernst, Klaus Feldmann, Michael Gehde, Dirk Gutberlet, Edmund Haberstroh, Otto-D. Hennemann, Rüdiger Holzmann, Odo Karger, Heino Klingenfuß, Agnieszka Kopczynska, Jörn Korte, Frank Krause, Karl Kuhmann, Winfried Langlouis, Rolf Liebold, Alexander Maszewski, Walter Michaeli, Peter Mitschang, Helmut Potente, Rainer Renz, Jürgen Riecke, Maria A. Schirle, Stefan Slama, Jian Song, Stefan Stampfer, Walter Strohfuß, Axel Tome, Carsten Tüchert, Jörg Vetter, Marco Wacker, Martin Weber, Martin Welz, Johannes Wolfrum, Gaoming Zhao

HANSER

Herausgeber:

Prof. Dr.-Ing. Dr. h.c. Gottfried W. Ehrenstein, Lehrstuhl für Kunststofftechnik Universität Erlangen-Nürnberg, Am Weichselgarten 9, D-91058 Erlangen-Tennenlohe, Telefon: +49 (91 31) 85 - 2 97 00, Fax: +49 (91 31) 85 - 2 97 09, E-mail: ehrenstein@lkt.uni-erlangen.de, Internet: http://www.lkt.uni-erlangen.de

Bibliografische Information Der Deutschen Bibliothek

Die Deutsche Bibliothek verzeichnet diese Publikation in der DeutschenNationalbibliografie; detaillierte bibliografische Daten sind im Internet über <http://dnb.ddb.de> abrufbar.

ISBN 3-446-22340-1

www.hanser.de

zum Coverbild:

Geätzter Anschliff einer Vibrationsschweißnaht aus unverstärktem Polypropylen

Schweißprozess:	Fügedruck: 1,5 N/mm^2; Amplitude: 0,7 mm (linear-quer); Ausschwingzeit: 50 ms (active braking)
Ätzpräparation:	Anschliff geätzt mit $KMnO_4$-Lösung; 0,5 h bei 60 °C; und 14 h bei 23 °C
Mikroskopie:	Auflicht; differentieller Interferenzkontrast

Herstellung: Oswald Immel
Satz: Pia Trawiel
Coverkonzept: Marc Müller-Bremer, Rebranding, München
Coverdesign: MCP • Susanne Kraus GbR, Holzkirchen
Druck und Bindung: Kösel, Krugzell
Printed in Germany

Vorwort

Kunststoffe sind diejenigen Werkstoffe, die nach wie vor das schnellste Wachstum aufweisen und seit Ende des letzten Jahrhunderts bei der Herstellung die Wertschöpfung von Eisen und Stahl übertreffen. Kunststoffe sind vielseitige und schwierige Werkstoffe. Zum einen hängen bei ihnen die Eigenschaften in viel höheren Maße von den Fertigungsverfahren ab, als dies bei anderen Werkstoffen gemeinhin der Fall ist, zum anderen sind die Verarbeitungsverfahren häufig spezifisch kunststofftechnisch ohne jegliches Vorbild. Laufend werden weitere rein kunststoffspezifische Verarbeitungsverfahren entwickelt, mittels derer Form- und Bauteile gefertigt werden, die in der einen oder anderen Form mit anderen Teilen verbunden werden müssen.

Obwohl die Verarbeitungstechnologie bei den Kunststoffen hohe Integrationen zuläßt und somit der Bedarf an Fügeprozessen reduziert ist, müssen Kunststoffteile ebenso in Konstruktionen aus anderen Werkstoffen integriert wie auch mit anderen Kunststoffteilen verbunden werden. Neben der rein additiven Verbindungstechnik vorgefertigter Einzelteile erlaubt die Kunststofftechnik mit den angewandten Urformverfahren z.B. des Spritzgießens oder Fließpressens mit Thermo- und Duroplasten Verbindungstechniken beim Formen der Bauteile selbst, d.h. Formteil und Verbindungselement werden gleichzeitig gefertigt. Dieses geht soweit, daß z.B. bei Mehrkomponentenverfahren Bauteile aus verschiedenen Kunststoffen in einem Werkzeug hergestellt werden können. Ebenso können vorgeformte Blechteile im Hybridspritzverfahren zu synergistisch wirkenden Verbunde vereint werden, die ganz neue Gestaltungsprinzipien ermöglichen.

Demgegenüber muß man leider feststellen, daß die Kunststoff-Verbindungstechnik ebenso wie das Konstruieren mit Kunststoffen insgesamt an deutschen Hochschulen kaum vertreten ist. An der Hälfte der technischen Fakultäten deutscher Universitäten werden die Kunststoffe als technische Werkstoffe nicht gelehrt, die Reduzierung der Anwendungstechnischen Abteilungen der großen Rohstoffhersteller und Kunststoffanbieter, eine frühere Quelle hervorragender Kenntnisse zur Kunststofftechnik, hat leider zu weiteren Beschränkungen geführt. Die Kenntnisse auf dem Gebiet der Kunststoff-Verbindungstechnik beruhen daher auf unterschiedlichsten Quellen im Bereich der Forschung, der Anwendungstechnik, der Erfahrungen in KMU-Betrieben und vielen, vielen Einzelleistungen.

Im vorliegenden Buch versuchen mehr als 40 Fachleute aus verschiedensten Bereichen der Kunststoff-Verbindungstechnik erstmalig, den Stand der Kenntnisse zusammenzufassen und einen Überblick über die vielfältigen Möglichkeiten, bewährten und potentiellen Verfahren darzustellen. Bei einer so schnellebigen Technik und fortlaufenden Weiterentwicklungen ergab sich, daß eine Reihe von Kapiteln während der Herausgabezeit überarbeitet und aktualisiert werden mußten. Einige Kapitel wurden wegen fehlender Relevanz wieder herausgenommen und durch Beschreibungen hochaktueller Techniken ersetzt.

Im Laufe der Zeit haben mir verschiedene Mitarbeiter geholfen, das Buch inhaltlich zu strukturieren, die qualifizierten Referenten zu finden und zu animieren, ihr Wissen sorgfältig aufzubereiten, Korrekturen zu lesen und die Aufbereitung der einzelnen Kapitel mit zu gestalten.

Mein ganz besonderer Dank gilt den Herren Dr. Axel Tome und Dipl.-Ing. Jörg Vetter, sowie Herrn Prof. Dr. Jian Song und Herrn Dipl.-Ing. Martin Welz, die mir bei der inhaltlichen Bearbeitung sehr geholfen haben. Für die wertvolle Hilfe beim nicht zu unterschätzenden Aufwand bei der Koordination und Schlußredaktion danke ich Frau Ass. Birgit Drummer. Die Formatierung des gesamten Buches, die Abstimmung und Überarbeitung der vielen Bilder und Darstellungen hat Frau Pia Trawiel übernommen. Sie hat den Stil der Bücher aus unserem Institut geprägt und sich so größte Verdienste erworben. Ohne den Beitrag der Mitherausgeber und der eigenen Mitarbeiter hätte das Buch nicht geschrieben werden können. Ihnen allen gilt mein besonderer Dank.

Prof. Dr.-Ing. Dr. h.c. Gottfried W. Ehrenstein

Inhaltsverzeichnis

Autorenverzeichnis

Ahlers-Hestermann, Gerd, Dr.-Ing.

Böllhoff & Co. Montagetechnik GmbH
D-33649 Bielefeld, Archimedesstrasse 1-4

Kap. 2.2; 6.3

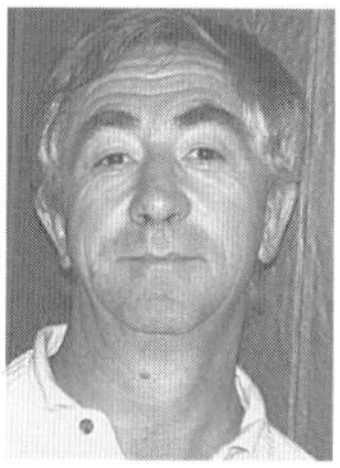

Altmann, Otto, Dipl.-Ing.

ASK Altmann
D-83022 Rosenheim, Innstraße 1

Kap. 1.2

Caseri, Walter, PD Dr.

ETH Zürich, Institut für Polymere
CH-8092 Zürich, Universitätsstraße 6

Kap. 4; 4.1; 4.3; 4.4

Czyborra, Ludger, Dr.-Ing.

Ticona GmbH
D-65451 Kelsterbach, Professor-Staudinger-Straße

Kap. 2.4.1; 6.1

Dratschmidt, Frank, Dr.-Ing.

EJOT Baubefestigungen GmbH
D-57334 Bad Laasphe, In der Stockwiese 35

Kap. 2.1.1

Drummer, Dietmar, Dipl.-Ing.

Oechsler AG
D-91522 Ansbach, Matthias-Oechsler-Straße 9

Kap. 5.1

Ehrenstein, Gottfried W., Prof. Dr.-Ing. Dr. h.c.

Lehrstuhl für Kunststofftechnik,
Universität Erlangen-Nürnberg
D-91058 Erlangen, Am Weichselgarten 9

Herausgeber;
Kap. 1.1; 2.1.2; 2.2; 3.7.2; 4; 4.2; 5.2.2; 8

Emmerich, Rudolf, Dr.

FHG für Chemische Technologie
D-76327 Pfinztal/Berghausen,
Joseph-von-Fraunhofer-Straße 7

Kap. 3.5.2

Erhard, Gunter, Prof. Dr.-Ing.

D-68782 Brühl, Leipziger Straße 1

Kap. 2.4.2

Ernst, Urs, Dipl.-Ing.

EMPA
CH-9014 St. Gallen, Lerchenfeldstraße 5

Kap. 3.1.2

Feldmann, Klaus, Prof. Dr.-Ing.

Lehrstuhl FAPS,
Universität Erlangen-Nürnberg
D-91058 Erlangen, Egerlandstraße 7-9

Kap. 1.3.1; 7.3

Gehde, Michael, Dr.-Ing.

Wegener GmbH
D-52074 Aachen, Vaalser Straße 81

Kap. 3.1.1, 3.2.1; 3.2.2; 3.6; 3.7.3

Gutberlet, Dirk, Dr.-Ing.

Institut für Kunststoffverarbeitung,
RWTH Aachen
D-52062 Aachen, Pontstraße 49

Kap. 6.2

Haberstroh, Edmund, Prof. Dr.-Ing.

Institut für Kunststoffverarbeitung,
RWTH Aachen
D-52062 Aachen, Pontstraße 49

Kap. 3.5.4

Hennemann, Otto-D., Prof. Dr.

IFAM
Universität Bremen
D-28359 Bremen, Wiener Straße 12

Kap. 4.5 bis 4.8

Holzmann, Rüdiger, Dipl.-Ing.

Lehrstuhl FAPS,
Universität Erlangen-Nürnberg
D-91058 Erlangen, Egerlandstraße 7-9

Kap. 7.3

Karger, Odo, Dipl.-Ing.

Institut für Kunststofftechnik,
Universität Paderborn
D-33098 Paderborn, Warburger Str. 100

Kap. 3.5.1

Klingenfuß, Heino, Dr.-Ing.

SKZ-TeConA GmbH
D-97082 Würzburg, Frankfurter Straße 15-17

Kap. 3.1.1; 3.7.1

Kopczynska, Agnieszka, Dipl.-Ing.

Lehrstuhl für Kunststofftechnik,
Universität Erlangen-Nürnberg
D-91058 Erlangen, Am Weichselgarten 9

Kap. 4.2

Korte, Jörn, Dr.-Ing.

Bayer AG, GB Kunststoffe
D-51368 Leverkusen, Geb. B 207

Kap. 3.3.1; 3.3.3

Krause, Frank, Dipl.-Ing. (FH)

Bayer AG
D-51368 Leverkusen

Kap. 3.7.2

Kuhmann, Karl, Dr.-Ing.

Degussa AG
D-45764 Marl, Paul Baumann Straße 1

Kap. 5.1; 7.1

Langlouis, Winfried, Dipl.-Ing.

SKZ-ToP gGmbH
D-97082 Würzburg, Frankfurter Straße 15-17

Kap. 3.7.4

Liebold, Rolf , Dipl.-Ing. (FH)

Menzolit-Fibron GmbH
D-75015 Bretten, Sperbelhecke 15

Kap. 8

Maszewski, Alexander, Dipl.-Ing.

Bayer AG
D-51368 Leverkusen

Kap. 2.3

Michaeli, Walter, Prof. Dr.-Ing. Dr.-Ing. E.h.

Institut für Kunststoffverarbeitung,
RWTH Aachen,
D-52062 Aachen, Pontstraße 49

Kap. 6.2

Mitschang, Peter, Prof. Dr.-Ing.

Institut für Verbundwerkstoffe GmbH,
D-67663 Kaiserslautern, Erwin Schrödinger Straße 58

Kap. 3.5.3

Potente, Helmut, Prof. Dr.-Ing.

Institut für Kunststofftechnik,
Universität Paderborn
D-33098 Paderborn, Warburger Straße 100

Kap. 3.5.1

Renz, Rainer, Prof. Dr.-Ing.

Lehrstuhl für Ressourcengerechte Produktentwicklung
Technische Universität Kaiserslautern
D-67663 Kaiserslautern, Gottlieb-Daimler-Straße 44

Kap. 1.3.2

Riecke, Jürgen, Dipl.-Ing.

Ticona GmbH
D-65451 Kelsterbach, Professor-Staudinger-Straße

Kap. 5.2.1

Schirle, Maria A., Dr.

Klebecenter
CH-8269 Fruthwilen, Hauptstraße 21

Kap. 4; 4.1, 4.3, 4.4

Slama, Stefan, Dipl.-Ing.

Lehrstuhl FAPS, Universität Erlangen-Nürnberg
D-91058 Erlangen, Egerlandstraße 7-9

Kap. 1.3.1

Song, Jian, Prof. Dr.-Ing.

FH Lippe und Höxter
D-32657 Lemgo, Liebigstraße 87

Mit-Herausgeber,
Kap. 1.1

Stampfer, Stefan, Dr.-Ing.

Robert Bosch GmbH
D-71701 Schwieberdingen, Robert-Bosch-Straße 2

Kap. 7.1; 7.2

Strohfuß, Walter

Branson Ultraschall
D-63128 Dietzenbach, Waldstraße 53-55

Kap. 3.4.1

Tome, Axel, Dr.-Ing.

EJOT GmbH
D-57319 Bad Berleburg, Adolf Böhl Straße 7

Mit-Herausgeber,
Kap. 2.1.1

Tüchert, Carsten, Dipl.-Ing.

Robert Bosch GmbH, FV/PLK 1
D-71332 Waiblingen, Alte Bundesstraße 50

Kap. 3.7.3

Vetter, Jörg, Dipl.-Ing.

Branson Ultraschall
D-63128 Dietzenbach, Waldstraße 53-55

Mit-Herausgeber,
Kap. 3.4.3

Wacker, Marco, Dipl.-Ing.

Lehrstuhl für Kunststofftechnik,
Universität Erlangen-Nürnberg
D-91058 Erlangen, Am Weichselgarten 9

Kap. 8

Weber, Martin, Dipl.-Ing.

Ticona GmbH
D-65451 Kelsterbach, Professor-Staudinger-Straße

Kap. 5.2.1

Welz, Martin, Dipl.-Ing.

D-67098 Bad Dürkheim, Kaiserslauterer Straße 231

Mit-Herausgeber;
Kap. 1.1; 3.1.1; 3.3.2; 3.3.3; 3.4.2; 3.7.2

Wolfrum, Johannes, Dr.-Ing.

WIWEB
D-85435 Erding, Institutsweg 1

Kap. 8

Zhao, Gaoming, Dr.-Ing.

HBPO GmbH
D-59552 Lippstadt, Rixbecker Straße 75

Kap. 5.2.2

Verwendete Normen und Richtlinien

ASTM D897	Standard Test Method for Tensile Properties of Adhesive Bonds, 2001 S. 469, 474
ASTM D1002	Standard Test Method for Apparent Shear Strength of Single-Lap-Joint Adhesively Bonded Metal Specimens by Tension Loading (Metal-to-Metal), 2001 S. 470
ASTM G53-96	Bewitterungsbeständigkeit im Schnellbewitterungsgerät, 1996 S. 465
DIN 13	Metrisches ISO-Gewinde allgemeiner Anwendung, 1999 S. 145, 146, 147
DIN 76	Gewindeausläufe und Gewindefreistiche, 1977-2004 S. 156, 178
DIN 82	Rändel, 1973 S. 585
DIN 103	Metrisches ISO-Trapezgewinde, 1972-1985 S. 145, 146, 178
DIN 202	Gewinde-Übersicht, 1999 S. 145, 177
DIN 405	Rundgewinde allgemeiner Anwendung, 1997 S. 145, 146, 178
DIN 513	Metrisches Sägengewinde, 1985 S. 145, 146, 178
DIN 1910-3	Schweißen; Schweißen von Kunststoffen, Verfahren, 1977 S. 337
DIN 2244	Gewinde; Begriffe und Bestimmungsgrößen für zylindrische Gewinde, 2002 S. 145, 177

DIN 6063	Gewinde, vorzugsweise für Kunststoffbehältnisse, 2004 S. 145, 146, 178
DIN 7190	Preßverbände – Berechnungsgrundlagen und Gestaltungsregeln, 2001 S. 577, 617
DIN 8505	Löten, 1979-1983 S. 650
DIN 16892	Rohre aus vernetztem Polyethylen hoher Dichte (PE-X) – Allgemeine Güteanforderungen, Prüfung, 2000 S. 459
DIN 16903	Gewindebuchsen für Kunststoff-Formteile, 1974-1991 S. 86, 92, 93, 176
DIN 16928	Rohrleitungen aus thermoplastischen Kunststoffen; Rohrverbindungen, Rohrleitungsteile, Verlegung, Allgemeine Richtlinien, 1979 S. 610
DIN 16960	Schweißen von thermoplastischen Kunststoffen; Grundsätze, 1974 S. 280, 413
DIN 16963	Rohrverbindungen und Rohrleitungsteile für Druckrohrleitungen aus Polyethylen hoher Dichte (PE-HD), 1980-1999 S. 608
DIN 18200	Übereinstimmungsnachweis für Bauprodukte – Werkseigene Produktionskontrolle, Fremdüberwachung und Zertifizierung von Produkten, 2000 S. 375, 423
DIN 19533	Rohrleitungen aus PE hart (Polyäthylen hart) und PE weich (Polyäthylen weich), für die Trinkwasserversorgung; Rohre, Rohrverbindungen, Rohrleitungsteile, 1976; ersetzt durch DIN EN 12201-1 S. 609
DIN 19632	Mechanisch wirkende Filter in der Trinkwasser-Installation; Anforderungen, Prüfungen; Technische Regel des DVGW, 1987; ersetzt durch DIN EN 13443-1 S. 143

DIN 45645	Ermittlung von Beurteilungspegeln aus Messungen – Geräuschimmissionen, 1996-1997 S. 279
DIN 50017	Klimate und ihre technische Anwendung; Kondenswasser-Prüfklimate, 1982 S. 465
DIN 53283	Prüfung von Metallklebstoffen; Bestimmung der Bindefestigkeit von einschnittig überlappten Klebungen im Zugversuch, 1979 S. 351
DIN 53288	Prüfung von Metallklebstoffen; Bestimmung der Zugfestigkeit senkrecht zur Klebfläche, 1979 S. 469
DIN 53359	Prüfung von Kunstleder; Dauer-Knickversuch, 1957 S. 383
DIN 53441	Prüfung von Kunststoffen; Spannungsrelaxationsversuch, 1984; erloschen S. 578
DIN 53448	Prüfung von Kunststoffen; Schlagzähigkeit, 1987 S. 383
DIN 53455	Prüfung von Kunststoffen; Bestimmung der Zugeigenschaften, 1981; ersetzt durch DIN EN ISO 527-1 S. 459
DIN 53494	Galvanische Überzüge; Prüfung von galvanisierten Kunststoffteilen; Bestimmung der Abzugkraft, 1984 S. 458, 638
DIN 53758	Prüfung von Kunststoff-Fertigteilen; Kurzzeit-Innendruckversuch an Hohlkörpern, 1975 S. 387, 424
DIN 55405	Begriffe für das Verpackungswesen, 1988-1993 S. 197, 405
DIN EN 582	Thermisches Spritzen; Ermittlung der Haftzugfestigkeit, 1994 S. 455, 514

DIN EN 1464	Klebstoffe – Bestimmung des Schälwiderstandes von hochfesten Klebungen – Rollenschälversuch, 1995 S. 471, 508
DIN EN 1465	Klebstoffe – Bestimmung der Zugscherfestigkeit hochfester Überlappungsklebungen, 1995 S. 470
DIN EN 2563	Luft- und Raumfahrt – Kohlenstoffaserverstärkte Kunststoffe – Unidirektionale Laminate; Bestimmung der scheinbaren interlaminaren Scherfestigkeit, 1997 S. 351
DIN EN 10140	Kaltband – Grenzabmaße und Formtoleranzen, 1996-2003 S. 556
DIN EN 12814	Prüfen von Schweißverbindungen aus thermoplastischen Kunststoffen, 1999-2003 S. 377, 423
DIN EN 14465	Textilien – Möbelstoffe – Spezifikation und Prüfverfahren, 2004 S. 508
DIN EN 26922	Klebstoffe; Bestimmung der Zugfestigkeit von Stumpfklebungen, 1993 S. 469
DIN EN ISO 178	Kunststoffe – Bestimmung der Biegeeigenschaften, 2003 S. 382
DIN EN ISO 179-1	Kunststoffe – Bestimmung der Charpy-Schlageigenschaften, 2001 S. 383
DIN EN ISO 180	Kunststoffe – Bestimmung der Izod-Schlagzähigkeit, 2001 S. 383
DIN EN ISO 228	Rohrgewinde für nicht im Gewinde dichtende Verbindungen, 2003 S. 145, 178
DIN EN ISO 527	Kunststoffe – Bestimmung der Zugeigenschaften, 1996-2003 S. 27, 382, 384
DIN EN ISO 527-1	Teil 1: Allgemeine Grundsätze, 1996 S. 27, 381, 383

DIN EN ISO 527-2	Teil 2: Prüfbedingungen für Form- und Extrusionsmassen, 1996 S. 381, 383
DIN EN ISO 527-3	Teil 3: Prüfbedingungen für Folien und Tafeln, 2003 S. 381, 383
DIN EN ISO 527-4	Teil 4: Prüfbedingungen für isotrop und anisotrop faserverstärkte Kunststoffverbundwerkstoffe, 1997 S. 381, 383
DIN EN ISO 527-5	Teil 5: Prüfbedingungen für unidirektional faserverstärkte Kunststoffverbundwerkstoffe, 1997 S. 381, 383
DIN EN ISO 899-2	Kunststoffe – Bestimmung des Kriechverhaltens, 2003 S. 152
DIN EN ISO 8256	Kunststoffe – Bestimmung der Schlagzugzähigkeit, 1997 S. 383
DIN EN ISO 9001	Qualitätsmanagementsysteme – Anforderungen, 2000 S. 9, 376, 421
DIN EN ISO 11341	Beschichtungsstoffe – Künstliches Bewittern und künstliches Bestrahlen – Beanspruchung durch gefilterte Xenonbogenstrahlung, 1998 S. 465
DIN IEC 326	Gedruckte Schaltungen, Leiterplatten, Gestaltung und Anwendung von Leiterplatten, 1980 S. 458, 638
DVS 2201-1	Prüfen von Halbzeug aus Thermoplasten; Grundlagen, Hinweise, 1989 S. 284, 373, 423
DVS 2201-2	Prüfen von Halbzeug aus Thermoplasten – Schweißeignung – Prüfverfahren – Anforderungen, 1985 S. 378, 424
DVS 2202-1	Fehler an Schweißverbindungen aus thermoplastischen Kunststoffen; Merkmale, Beschreibung, Bewertung, 1989 S. 372, 346, 379, 422

DVS 2203	Prüfen von Schweißverbindungen an Tafeln und Rohren aus thermoplastischen Kunststoffen, 1985-2003 S. 373 (s.a. DVS 2203 Teil 1-5)
DVS 2203-1	Teil 1: Prüfverfahren – Anforderungen, 2003 S. 365, 366, 368, 369, 373, 382, 422
DVS 2203-2	Teil 2: Zugversuch, 1985 S. 383, 429
DVS 2203-3	Teil 3: Schlagzugversuch, 1985 S. 383, 424
DVS 2203-4	Teil 4: Zeitstand-Zugversuch, 1997 S. 373, 389, 392, 422
DVS 2203-5	Teil 5: Technologischer Biegeversuch, 1999 S. 218, 373, 382, 422
DVS 2205-1	Berechnung von Behältern und Apparaten aus Thermoplasten, 2002 S. 373, 422
DVS 2206	Prüfung von Bauteilen und Konstruktionen aus thermoplastischen Kunststoffen, 1975 S. 373, 377, 381, 422, 608, 619
DVS 2207-1	Schweißen von thermoplastischen Kunststoffen – Heizelementschweißen von Rohren, Rohrleitungsteilen und Tafeln aus PE-HD, 1995 S. 186, 191, 370, 407
DVS 2207-3	Warmgasschweißen von thermoplastischen Kunststoffen; Tafeln und Rohre, 1986 S. 209, 211, 372, 407
DVS 2207-4	Schweißen von thermoplastischen Kunststoffen – Extrusionsschweißen – Tafeln und Rohre, 1993 S. 213, 215, 409
DVS 2207-6	Schweißen von thermoplastischen Kunststoffen; Berührungsloses Heizelementstumpfschweißen von Rohren, Rohrleitungsteilen und Tafeln; Verfahren, Maschinen, Parameter, 2003 S. 225, 229, 231, 411

DVS 2207-15	Schweißen von thermoplastischen Kunststoffen – Heizelementschweißen von Rohren, Rohrleitungsteilen und Tafeln aus PVDF, 1996 S. 344
DVS 2207-25	Schweißen von thermoplastischen Kunststoffen – Heizelementstumpfschweißen; Schweißen von Fensterprofilen aus PVC-U, 1989 S. 195, 196, 371, 375
DVS 2208-1	Schweißen von thermoplastischen Kunststoffen – Maschinen und Geräte für das Heizelementstumpfschweißen von Rohren, Rohrleitungsteilen und Tafeln, 1997 S. 372
DVS 2209-2	Schweißen von thermoplastischen Kunststoffen – Warmgasextrusionsschweißen – Anforderungen an Schweißmaschinen und Schweißgeräte, 1997 S. 207
DVS 2210-1	Industrierohrleitungen aus thermoplastischen Kunststoffen – Projektierung und Ausführung – Oberirdische Rohrsysteme, 1997 S. 373
DVS 2211	Schweißzusätze für thermoplastische Kunststoffe – Geltungsbereich, Kennzeichnung, Anforderung, Prüfung, 1979 S. 377
DVS 2212	Prüfung von Kunststoffschweißern, 1992-1994 S. 399, 405
DVS 2212-1	Teil 1: Prüfgruppe I – Warmgas-Fächelschweißen (WF), Warmgas-Ziehschweißen (WZ), Heizelementstumpfschweißen (HS), 1994 S. 405
DVS 2212-2	Teil 2: Prüfgruppe II – Warmgasextrusionsschweißen, 1992 s.a. Kap. 3.2.2
DVS 2212-3	Teil 3: Prüfgruppe III – Bahnen im Erd- und Wasserbau, 1994 S. 405
DVS 2213	Fachmann für Kunststoffschweißen – Prüfung, 1996 S. 388, 404, 405, 406

DVS 2215-1	Heizelementschweißen von Formteilen aus thermoplastischen Kunststoffen in der Serienfertigung, 1999 S. 190, 191, 407
DVS 2215-2	Heizelementschweißen von Formteilen aus Polyolefinen (PE, PP) in der Serienfertigung, 1996 S. 185, 188, 373, 407
DVS 2216	Ultraschallfügen von Formteilen und Halbzeugen aus thermoplastischen Kunststoffen in der Serienfertigung, 1992-2002 S. 257, 413
DVS 2216-1	Teil 1: Maschinen und Geräte – Funktionsbeschreibung und Anforderungen, 1992 S. 261, 413, 596
DVS 2216-2	Teil 2: Umformen mit Ultraschall; Nieten, Bördeln und Verdämmen, 1992 S. 413, 592
DVS 2216-3	Teil 3: Umformen mit Ultraschall; Nieten, Bördeln und Verdämmen, 1992 S. 601, 608
DVS 2216-4	Teil 4: Einbetten von Metallteilen und artfremden Kunststoffen mit Ultraschall, 1992 S. 96, 413
DVS 2216-5	Teil 5: Sonotrodenherstellung, 1996 S. 266, 413
DVS 2216-6	Teil 6: Ultraschallfügen von Formteilen und Halbzeugen aus amorphen thermoplastischen Kunststoffen in der Serienfertigung, 2002 S. 257, 413
DVS 2217-1	Vibrationsschweißen von Formteilen und Halbzeugen aus thermoplastischen Kunststoffen in der Serienfertigung, 1999 S. 297, 298, 304, 309- 311, 313-318, 319, 320
DVS 2217-2	Vibrationsschweißen von Formteilen und Halbzeugen aus thermoplastischen Kunststoffen in der Serienfertigung - Formteile aus Polyamiden, 2002 S. 315, 316, 318

DVS 2218	Schweißen von thermoplastischen Kunststoffen in der Serienfertigung; Rotationsreibschweißen, Teil 1-3, 1994-2004 S. 280, 284, 285, 288, 289, 295, 413
DVS 2219	Hochfrequenzfügen und Thermokontaktschweißen von thermoplastischen Kunststoffen, Teil 1-2, 1994-2002 S. 333
DVS 2220	Prüfung von Kunststofflaminierern und -klebern – Prüfgruppe II – Laminate sowie Laminat- und Klebverbindungen aus GFK (UP-GF und EP-GF), 1998 S. 405
DVS 2221	Prüfung von Kunststoffklebern, 1994-1995 S. 406
DVS 2225-1	Fügen von Dichtungsbahnen aus polymeren Werkstoffen im Erd- und Wasserbau, Schweißen, Kleben, Vulkanisieren, 1991 S. 368, 427
DVS 2225-2	Fügen von Dichtungsbahnen aus polymeren Werkstoffen im Erd- und Wasserbau – Baustellenprüfungen, 1992 S. 377, 423
DVS 2225-3	Fügen von Dichtungsbahnen aus polymeren Werkstoffen im Erd- und Wasserbau – Anforderungen an Schweißmaschinen und Schweißgeräte, 1997 S. 371, 421
DVS 2226-1	Prüfen von Fügeverbindungen an Dichtungsbahnen aus polymeren Werkstoffen – Prüfverfahren, Anforderungen, 2000 S. 423
DVS 2226-2	Prüfen von Fügeverbindungen an Dichtungsbahnen aus polymeren Werkstoffen – Zugscherversuch, 1997 S. 383, 424
DVS 2226-3	Prüfen von Fügeverbindungen an Dichtungsbahnen aus polymeren Werkstoffen – Schälversuch, 1997 S. 377, 383, 424
DVS 2240-1	Gewindeeinsätze zum Fügen von Formteilen aus Kunststoffen, 2004 S. 95, 105, 106, 176

DVS 2241-1	Direktverschraubung von Formteilen aus Kunststoffen, 2003 S. 49, 50, 51, 53, 54, 55, 70, 175
DVS 3302	Klebfachkraft; Grundlagen-Modul, 1994 s.a. Kap. 4
DVS 3304	Klebfachkraft - Aufbaumodul - Kunststoffkleben, 1994 s.a. Kap. 4
DVS-EWF 3301	Klebfachkraft, 2001 S. 404, 406
DVS-EWF 3305	Klebpraktiker, 2001 S. 406
DVS-EWF 3309	DVS®-EWF-Lehrgang - European Adhesive Engineer – EAE, 2001 S. 406

Abkürzungen von Verbänden und Organisationen

AFERA	European Association for the Self-Adhesive Tape Industry
ask	Altmann Systemengineering Kunststofftechnik
ASTM	American Society for Testing and Materials
BgVV	Bundesinstitut für gesundheitlichen Verbraucherschutz und Veterinärmedizin (jetzt: BfR = Bundesinstitut für Risikobewertung)
BlmSCHG	Bundes-Immissionsschutzgesetz
BMBF	Bundesministerium für Bildung und Forschung
CEN	Europäisches Komitee für Normung, Berlin
DIBt	Deutsches Institut für Bautechnik
DIN	Deutsches Institut für Normung e.V.
DVGW	Deutsche Vereinigung des Gas- und Wasserfaches e.V.
DVS	Deutscher Verband für Schweißen und verwandte Verfahren e.V.
EAE	European Adhesive Engineer
EN	Europäische Norm
EU	Europäische Union
EWF	European Welding Federation
FHG	Fraunhofer Gesellschaft
FINAT	Internationaler Verband der Hersteller und Verarbeiter selbstklebender Produkte
GKFP	Gütegemeinschaft Kunststoff-Fensterprofile
GKR	Gütegemeinschaft Kunststoffrohre
IIW	International Institute of Welding
IKV	Institut für Kunststoffverarbeitung, RWTH Aachen
ILT	Fraunhofer-Institut für Lasertechnik, Aachen
IPC	Institute for Interconnecting and Packaging of Electronic Circuits
ISO	International Organization for Standardisation
IVW	Institut für Verbundwerkstoffe GmbH, Kaiserslautern
IWT	Institut für Werkstofftechnik, GH Kassel
KTP	Institut für Kunststofftechnik, Universität Paderborn
LKT	Lehrstuhl für Kunststofftechnik, Universität Erlangen-Nürnberg
PSTC	Pressure Sensitive Tape Council
RBV	Rohrleitungsbauverband, Köln
SAMPE	The Society for the Advancement of Materials and Process Engineering

SKZ	Süddeutsches Kunststoff-Zentrum, Würzburg
SPE	Society of Plastics Engineers
SPIE	The International Society for Optical Engineering
VAM	Verband für autogene Metallbearbeitung, Berlin
VDI	Verein Deutscher Ingenieure
VdTÜV	Verband der Technischen Überwachungs-Vereine e.V.
ZDH	Zentralverband des Deutschen Handwerks, Berlin
ZIS	Zentralinstitut für Schweißtechnik, Halle

Abkürzungen der verwendeten Kunststoffe

2K-PUR	2 Komponenten-Polyurethan-Klebstoff
ABS	Acrylnitril-Butadien-Styrol
BMC	Bulk-Moulding-Composites
CFK	Kohlenstoffaserverstärkter Kunststoff
CKW	Chlorkohlenwasserstoffe
E/CTFE	Ethylen-Chlortrifluorethylen
EP	Epoxidharz-Klebstoff
EPDM	Ethylen-Propylen-Dien-Copolymer
EVA	Ethylenvinylacetat
FCKW	Fluorchlorkohlenwasserstoffe
FEP	Tetrafluorethylen/Hexafluorpropylen
FVK	Faserverstärkter Kunststoff
GFK	Glasfaserverstärkter Kunststoff
GMT	Glasmattenverstärkter Thermoplast
HT	Hochtemperaturbeständige Kunststoffe
HKW	Halogenierte Kohlenwasserstoffe
KW	Kohlenwasserstoffe
MFA	Tetrafluorethylen-Perfluormethyl-Vinylethen
MS	α-Methylstyrol
NBR	Nitrilkautschuk
NR	Naturkautschuk
PA 6	Polyamid 6
PA 12	Polyamid 12
PA 66	Polyamid 66
PAN	Polyacrylnitril
PBT	Polybutylenterephthalat

PC	Polycarbonat
PCR	Polychloropren
PDMS	Polydimethylsiloxan
PE	Polyethylen
PEEK	Polyetheretherketon
PE-HD	Polyethylen hoher Dichte
PE-LD	Polyethylen niederer Dichte
PE-LLD	Polyethylen niederer Dichte
PEN	Polyethylennaphthalat
PET	Polyethylenterephthalat
PE-UHMW	Ultrahochmolekulares Polyethylen
PFA	Perfluor-Alkoxyalkan
PIB	Polyisobutylen
PMMA	Polymethylmethacrylat
POM	Polyoxymethylen
PP	Polypropylen
PPE	Polyphenylenether
PPO	Polyphenylenoxid
PPS	Polyphenylensulfid
PTFE	Polytetrafluorethylen
PUR	Polyurethan
PVAC-H	Teilweise hydrolysierter Polyvinylacetat-Klebstoff
PVC	Polyvinylchlorid
PVC-HI	PVC, schlagzäh
PVC-P	PVC, mit Weichmacher
PVC-U	PVC, ohne Weichmacher
PVDF	Polyvinylidenfluorid
SAN	Styrol-Acrylnitril-Copolymer
SB	Schlagfestes Polystyrol

SBR	Styrol-Butadien-Kautschuk
SBS	Styrol-Butadien-Styrol
SIS	Styrol-Isopren-Styrol
SMC	Sheet Moulding Compound
TPE	Thermoplastisches Elastomer
TPU	Thermoplastisches Elastomer auf Basis Polyurethan
UP	Ungesättigtes Polyesterharz

1 Grundlagen

Prof. Dr.-Ing. Dr. h.c. G. W. Ehrenstein, LKT – Universität Erlangen-Nürnberg (Kap. 1.1)
Prof. Dr.-Ing. J. Song, FH Lippe und Höxter – Lemgo (Kap. 1.1);
Dipl.-Ing. M. Welz, Bad Dürkheim (Kap. 1.1)
Dipl.-Ing. O. Altmann, ASK-Altmann – Rosenheim (Kap. 1.2);
Prof. Dr.-Ing. K. Feldmann, FAPS – Universität Erlangen-Nürnberg (Kap. 1.3.1);
Dipl.-Ing. S. Slama, FAPS – Universität Erlangen-Nürnberg (Kap. 1.3.1);
Prof. Dr.-Ing. R. Renz, Universität Kaiserslautern (Kap. 1.3.2)

1.1 Einführung

„Welche Lösungen haben wir für diese Aufgabe?“

„Läßt sich die Verbindungstechnik noch verbessern?“

„Für welche Verbindungstechnik sollen wir uns aus technischen und wirtschaftlichen Gründen entscheiden?“

Dies sind Fragen, die in der täglichen Ingenieurpraxis gestellt werden und Entscheidungen, die ständig zu treffen sind. Um die Fragen beantworten zu können, muß man sich zuerst über die Technik informieren, und zwar über die anwendungsrelevanten Daten und Berechnungsgrundlagen, wie z.B. typische Prozeßabläufe und die Festigkeit der Verbindung bei Standardverfahren oder die Dimensionierung von Schrauben, Schnapphaken und Filmscharnieren. Die Schwierigkeiten dabei sind die Vielfalt der Möglichkeiten und die komplexen Auswirkungen einzelner Verbindungstechniken auf die Gestaltung und den gesamten Lebenszyklus eines Produktes. EDV-Unterstützung kann bei der Analyse und bei der Suche nach der geeigneten Verbindungstechnik helfen. Ein Beispiel hierfür wird schon am Anfang des Buches (Kap. 1.2: Konstruktionssystematik bei rechnergestützter Verbindungsauslegung) gezeigt. Am Beispiel von einfachen Verbindungselementen, wie z.B. Schrauben, Kunststoff-Klipsen, Krafteinleitungen in Faserverbund-Kunststoffen und anderen Befestigungselementen wird deutlich, daß eine systematisch aufgebaute **Datenbank** sowohl technisch wie auch wirtschaftlich ein sinnvolles Werkzeug für eine zeitgemäße Konstruktionsarbeit darstellt. Andererseits wird an diesem Beispiel auch deutlich, welcher Aufwand hinter dem Aufbau einer dieser wünschenswerten Datenbanken steckt. Die kritische Bemerkung zum **Expertensystem** ist unter anderem auch mit dem großen erforderlichen Aufwand begründet. Bezüglich der Wirtschaftlichkeit eines Datenbanksystems ist noch zu bemerken, daß sich das Beispiel auf die Erfordernisse eines Automobilherstellers bezieht, d.h. auf eine sehr große Stückzahl und ein Einkaufsvolumen, das durch zunehmende “Modellflut“ eher Tendenz zu kleineren Volumina hat, allerdings verbunden mit einem über mehrere Jahre nahezu konstant bleibenden Bedarf. Ein solcher planbarer Bedarf rechtfertigt sicherlich den Aufwand.

Eine weitere Ebene der Diskussion ist die innovative Komponente bei der Auswahl der Verbindungstechnik und des Verbindungselements. Eine Datenbank setzt in der Regel eine bestimmte Art oder Gruppe der Verbindungstechnik voraus und schränkt naturgemäß die Lösungsmöglichkeiten durch die vorgegebenen Beispiele ein. Ebenso läßt sich eine Innovation oder Erfindung nicht immer durch eine perfekte Systematik und Methodik herleiten. Ebensowenig kann ein erfindungsreicher Ingenieur durch ein Expertensystem ersetzt werden. Auch für einen intuitiv arbeitenden Ingenieur ist allerdings ein umfangreiches Wissen über die technischen Möglichkeiten unerläßlich.

Die Auswahl der Verbindungstechnik wirkt sich direkt auf die Fertigungstechnik aus. Zeitgemäß beinhaltet die Fertigungstechnik die Montage- und Demontage-Technik (Kap. 1.3), die das Produkt bei den wichtigen Stationen des Produktlebens begleitet. Nur wenn ein Konstrukteur die Erfordernisse bei Montage- und Demontageprozessen versteht, kann er diese bei der Konstruktion berücksichtigen. Eine fertigungsgerechte Konstruktion ermöglicht erst eine qualitativ hochwertige und kostengünstige Fertigung. Daher zählen Montagetechnik und Demontagetechnik zu den Grundlagen der Verbindungstechnik.

Schraubverbindungen (Kap. 2.1 und 2.2) gehören zu den bekanntesten Verbindungsarten. In Zusammenhang mit Kunststoffen werden neue Kombinationen für unterschiedliche Anforderungen und Anwendungen entwickelt. Sinnvolle systematische Schraube/Mutter-Kombinationen sind Metall/Metall, Metall/Kunststoff und Kunststoff/Kunststoff, die jeweils als metallische Schrauben mit metallischen Gewindeeinsätzen, Kunststoff-Direktverschraubung mit gewindeformenden Metallschrauben und Kunststoff-Schrauben bekannt sind. In dieser Reihenfolge nimmt die Festigkeit und der Recyclingaufwand der Verbindung ab. Kunststoff-Direktverschraubungen mit gewindeformenden Metallschrauben zeigen im Vergleich zu Schrauben mit metallischen Gewindeeinsätzen nicht zuletzt wegen der geringeren Anzahl der Teile eindeutige Vorteile bezüglich Teilekosten und Fertigung. Kunststoff-Schrauben nehmen hinsichtlich Gebrauchseigenschaften eine Sonderstellung ein, da sie elektrisch isolierend, antimagnetisch und korrosionsbeständig sind. Die geringere Festigkeit von Kunststoffschrauben kann durch den Einsatz von verstärkten Kunststoffen teilweise kompensiert werden.

Die Qualität der Schraubverbindung wird vom Montageprozeß mitbestimmt, d.h. die Festigkeit der Verbindung ist stark vom Montageprozeß abhängig. Daher ist neben den dimensionalen und gestalterischen Auslegungen die Festlegung des Montageanzugsmoments bzw. des Fensters des Montageanzugsmoments maßgebend für die Gebrauchseigenschaften einer Schraubverbindung. Kap. 2.1.1 (Kunststoff-Direktverschraubung) hat viel Text den überschlägigen Berechnungen mit analytischen Gleichungen gewidmet. Diese sollten in erster Linie einen Beitrag zum Verständnis über Wirkungsmechanismen der Schraubverbindung leisten. Für den Fall also, daß die Änderung oder Verbesserung bestimmter Eigenschaften erforderlich ist, kann man über diesen Weg schnell einen Ansatz finden. Zeitgemäße Dimensionierung erfolgt i.d.R. mit Rechnerunterstützung, hinter der Diagramme, Tabellen und numerische Berechnungen stehen.

Schnappverbindungen (Kap. 2.3) sind als kunststoffgerechtes Konstruktionsprinzip bei Kunststoffteilen sehr weit verbreitet. Sie zeichnen sich durch die Handhabungsfreundlichkeit, die geringere Anzahl der für eine Verbindung selbst erforderlichen Teile und Werkzeuge und eine ausgezeichnete Wirtschaftlichkeit aus. Sie stellen eine bessere Alternative zu Schraubverbindungen dar, falls der Bauraum klein ist und die Anforderungen an die Verbindungsfestigkeit und -eigenschaften nicht allzu hoch sind. Auch hier gelten die Bemerkungen zu den analytischen Berechnungen. Diese dienen dazu, die Wirkungsmechanismen der Schnappverbindungen besser zu verstehen. Im Fall, daß Änderungen oder Verbesserungen bestimmter Eigenschaften der Verbindung erforderlich sind, kann man über diesen Weg schnell eine Lösung finden. Mit Hilfe der Finite-Element-Methode können Elemente der Schnappverbindungen heute wesentlich genauer berechnet werden. Eine überschlägige Berechnung hilft aber, grobe Fehler z.B. aufgrund Materialdaten oder Berechnungsannahmen zu entdecken. In diesem Zusammenhang ist darauf hinzuweisen, daß die Materialdaten aus einer Datenbank wie z.B. **CAMPUS** Richtwerte sind, die nicht als garantierte Werte zu verstehen sind. Daher können sie nur mit Abschlägen als Berechnungsgrundlagen verwendet werden. Die erforderlichen Abschläge sind bei den Rohstofflieferanten zu erfragen. Für den nicht sehr kunststoffversierten Konstrukteur ist noch darauf hinzuweisen, daß die Temperaturabhängigkeit der Materialkennwerte in der Regel nicht aus den Tabellen, sondern aus den Diagrammen mit Kurvenschar zu entnehmen ist. Bzgl. Annahmen ist noch zu bemerken, daß die Auslenkung eines Schnapphakens nicht immer allein durch die Höhe des Schnapphakens und das Verhältnis der Steifigkeit der beiden Fügepartner bestimmt ist. Die betrieblichen Gegebenheiten sind unbedingt zu berücksichtigen. In der Hektik des Montagealltags ist z.B. die maximale mögliche Auslenkung von Schnapphaken für die Dimensionierung maßgebend. Daher ist das Eindesign einer Auslenkungsbegrenzung sehr zu empfehlen.

Schrauben mit metallischen Gewindeeinsätzen, Kunststoff-Direktverschraubung mit gewindeformenden Metallschrauben, Kunststoff-Schrauben, Kunststoffteile mit angeformten Gewinden und Schnappverbindungen gehören zu den **lösbaren Verbindungen**, die einer Belastung durch mehrmaliges Schließen und Öffnen standhalten können. Daher steht man oft vor der Wahl der richtigen Verbindungsart. Auch hinsichtlich anforderungsgerechter Konstruktion soll die Frage immer wieder gestellt werden, ob die vorhandene Konstruktion eine optimale Lösung darstellt. In der hier genannten Reihenfolge zeigen die Verbindungsarten tendenziell eine zunehmende Wirtschaftlichkeit durch die abnehmende Anzahl der Teile, die für eine Verbindung benötigt werden, und eine abnehmende Verbindungsfestigkeit, die sich durch werkstoffliche und technologische Entwicklung noch stark erhöhen läßt.

Filmgelenke als Verbindungsart sind ein typisches Beispiel für die hohe Funktionsintegration beim kunststoffgerechten Konstruieren. Von der Funktion her gibt es für diese Verbindung in der Regel keine vergleichbare Alternative. Nicht zu vernachlässigen sind viele gestalterische Varianten insbesondere hinsichtlich fertigungsgerechter Konstruktion wie der Bindenähte und Molekülorientierungen. Zu beachten ist auch, daß glasfaserverstärkte Kunststoffe in der Regel nicht filmscharnierfähig sind.

Ganz grob sind die vielen **Schweißverfahren** in mehr handwerkliche und in Serien-Schweißverfahren einzuteilen. Mit den handwerklichen Verfahren werden vorwiegend Halbzeuge im Apparate-, Behälter- und Rohrleitungsbau sowie im Deponie- und Wasserbau geschweißt, zu ihnen zählen die Warmgas- und Extrusionsschweißverfahren. Sie sind flexibel, benötigen relativ geringe Investitionen, da die Maschinen einfach ausgestattet sind. Dafür ist der Arbeitsaufwand größer, und es entstehen nur eingeschränkte Möglichkeiten zur Prozeßüberwachung.

Die Schweißverfahren für die Serienfertigung, zu denen vor allem das Ultraschall-, das Vibrations- und das Laserstrahlschweißen gehören, werden in den Großserien der Automobil-, der Elektro-, der Haushaltsgeräte- und der Verpackungsindustrie eingesetzt. Hiermit werden insbesondere Spritzguß- und Blasformteile in z.T. extrem kurzen Zykluszeiten geschweißt. Maschinen und Werkzeuge erfordern hohe Investitionen, ermöglichen aber bei geeigneter Ausstattung eine lückenlose Prozeßkontrolle. Die Grenzen sind fließend, so werden das Heizelement- und das Rotationsreibschweißen sowohl in der Serienfertigung wie auch im handwerklichen Bereich mit Erfolg eingesetzt. Die Maschinen sind dann den Anforderungen angepaßt.

Nachfolgend werden die wichtigsten Schweißverfahren kurz charakterisiert:

Heizelementschweißen (Wärmekontakt) – Kap. 3.1.1

Vorteile: hohe Prozeßsicherheit bei minimaler Fehlermöglichkeit, umfangreiche Kenntnisse vorhanden	*Nachteile:* eingeschränkte Werkstoffpalette durch Haftung am Heizelement, lange Zykluszeit, hoher Energiebedarf
Anwendungsbereich/Teileart: Serienschweißen: Formteile wie Rückleuchten, Haushaltsgeräte; Handwerk: Apparate- und Rohrleitungsbau, Fenster	*Nahteigenschaften:* hohe Kurz- und Langzeitfestigkeiten bis zur Materialfestigkeit, deutliche Wulstbildung

Wärmekontaktschweißen/Siegeln von Folien und Bahnen – Kap. 3.1.2

Vorteile: universell einsetzbar, s. Tabelle 3.2	*Nachteile:* Probleme bei dicken Folien, s. Tabelle 3.2
Anwendungsbereich/Teileart: Verpackungen: Folien, Verbundfolien (Papier-, Alufolie-), Träger mit Siegelschicht	*Nahteigenschaften:* Haftfestigkeit einstellbar von "fest" bis "peelbar"

Warmgasschweißen – Kap. 3.2.1

Vorteile: einfache Schweißgeräte, hohe Flexibilität, Eignung für Zwangslagen	*Nachteile:* geringe Schweißgeschwindigkeit, Schweißdraht nur für einige Kunststoffe erhältlich
Anwendungsbereich/Teileart: Apparate- und Rohrleitungsbau, Einzelfertigung aus Halbzeugen, Deponie- und Dachbahnen	*Nahteigenschaften:* hoher manueller Einfluß, große Prozeßunsicherheit

Warmgasextrusionsschweißen – Kap. 3.2.2

Vorteile: einfache Schweißvorrichtung, hohe Flexibilität, hohe Auftragsmenge, automatisierungsfähig	*Nachteile:* geringe Schweißgeschwindigkeit, spezieller Schweißschuh für jede Nahtform, Schweißdraht nur für einige Kunststoffe erhältlich
Anwendungsbereich/Teileart: Apparate- und Behälterbau, Abdichtungstechnik im Erd- und Wasserbau, Wanddicke ab 5 mm, Reparaturschweißungen	*Nahteigenschaften:* gute Schweißqualität, geringerer manueller Einfluß

Heizstrahlerschweißen/Heizelementschweißen mit berührungslosem Erwärmen – Kap. 3.3.1 und 3.3.2

Vorteile: keine Probleme mit Anhaften der Schmelze am Heizelement wie beim Wärmekontaktverfahren	*Nachteile:* Erwärmzeit von Pigmentierung abhängig, nur geringe Toleranz zulässig, sehr hohe Temperatur – hoher Energiebedarf
Anwendungsbereich/Teileart: Schweißen in der Serienfertigung von Bauteilen wie Filter, Schwimmer, auch im Rohrleitungsbau	*Nahteigenschaften:* wie Heizelementschweißen

Laserstrahlschweißen – Kap. 3.3.3

Vorteile: keine mechanische Belastung, kein fusseliger Abrieb, örtlich begrenzte Wärme, komplizierte 3D-Konturen ausführbar	*Nachteile:* bei Durchstrahlverfahren müssen Fügeteile unterschiedliche Absorptionseigenschaften aufweisen
Anwendungsbereich/Teileart: Durchstrahlschweißen in der Serienfertigung von empfindlichen Teilen: Sensoren, Elektronikgehäuse, Behälter	*Nahteigenschaften:* Dichtschweißungen abhängig vom Verfahren möglich

Ultraschallschweißen – Kap. 3.4.1

Vorteile: sehr kurze Zykluszeiten, gut automatisierbar, energieeffizient	*Nachteile:* spezielle Nahtkonturen erforderlich, bei Dichtschweißung Größe begrenzt, Schallschutz notwendig
Anwendungsbereich/Teileart: Serienschweißen von kleinen und mittleren Bauteilen der Auto-, Elektro- und Hausgeräteindustrie	*Nahteigenschaften:* geringe Schmelzeschichtdicke dadurch nur mittlere Nahtfestigkeit

Rotationsreibschweißen – Kap. 3.4.2

Vorteile: kurze Zykluszeit, Schweißvorrichtung kann improvisiert werden (z.B. Drehmaschine)	*Nachteile:* Einschränkung auf Teile mit rotationssymmetrischer Naht
Anwendungsbereich/Teileart: Serienschweißen und Einzelanfertigung von Teilen mit mindestens einer rotations-symetrischen Fügefläche	*Nahteigenschaften:* hohe Verbindungsfestigkeit durch z.B. vergrößerte Nahtfläche

Vibrationsschweißen – Kap. 3.4.3

Vorteile: Kurze Zykluszeit, mehr als 2 Teile zu verbinden, für große Teile geeignet (Stoßfänger), energieeffizient	*Nachteile:* Fusseliger Abrieb nicht immer zu vermeiden, Schallschutz z.T. erforderlich
Anwendungsbereich/Teileart: Serienschweißen von Formteilen in der Kraftfahrzeug-, Elektro- und Haushaltsgeräteindustrie	*Nahteigenschaften:* Gute Schweißqualität, hohe Reproduzierbarkeit

Tabelle 1.1 Übersicht über Kunststoffschweißverfahren (Kap. 3)

Schweißen ist auch eine Verbindungstechnik, bei der die Qualität vom Verbindungsprozeß bestimmt wird. Daher ist es wichtig, den Schweißprozeß zu verstehen und die entsprechenden **qualitätssichernden Maßnahmen** zu berücksichtigen und anzuwenden (Kap. 3.7). Diese sind natürlich auch ein wichtiges Auswahlkriterium bei alternativen Schweißverfahren. Bei Schweißverfahren, die in hohem Maß qualitätssichernde Maßnahmen erfordern, müssen die Prozeßkosten und die Prozeßstabilität genau betrachtet werden.

Kleben (Kap. 4), Schweißen und Nieten sind Verfahren für nichtlösbare Verbindungen, auch aus unterschiedlichen Werkstoffen. Da wird die Frage nach der Wahl der Verfahren auch oft gestellt. Hierbei sind folgende Gesichtspunkte zu berücksichtigen:

- Eine Klebverbindung wird mit Hilfe eines Klebstoffes hergestellt. Durch die richtige Wahl von Klebstoffen ist es oft möglich, eine hochfeste, sichere und hermetisch dichte stoffschlüssige Verbindung zwischen gleichen oder artfremden Werkstoffen herzustellen. Wenn konstruktiv eine formschlüssige Verbindung nicht möglich oder nicht sinnvoll oder wenn eine Schweißverbindung aufgrund verschiedenartiger Werkstoffkombination nicht möglich ist, gibt es zur Klebung wenig Alternativen.
- Die leichte und dünne Klebschicht unterstützt die Leichtbauweise, indem sie selbst ein geringes Gewicht aufweist und den Einsatz optimaler Werkstoffkombinationen ermöglicht.

- Zuverlässige Klebverbindungen erfordern häufig zur Gewinnung großer Kontaktflächen Überlappungen, bieten aber gleichzeitig die geringste Störung der Fügeflächen.
- Die Kosten von Kleb- und anderen Fügetechniken lassen sich nicht allgemein vergleichen. Es müssen einerseits die Material- und Prozeßkosten beim Kleben, andererseits der Aufwand durch zusätzliche Teile und Werkzeuge betrachtet werden. Eine ganzheitliche Betrachtung, d.h. die Analyse des gesamten Produktentstehungsprozesses ist zur Klärung der Kostensituation einzelner Produkte erforderlich.
- Die physikalischen und chemischen Grundlagen, die zu einer festen und dauerhaften Klebverbindung führen, sind nach wie vor nicht allgemeines Wissensgut. Daher ist die Erfahrung weiterhin eine wichtige Basis für eine richtige Klebstoffauswahl und Prozeßführung.

Mehrkomponentenspritzgießen (Kap. 5.1) stellt zweifellos ein Highlight in der Spritzgießtechnik dar. Die Technik bietet nicht nur Integration von Montageschritten im Spritzgießen, sie wertet durch verbesserte Oberflächenoptik und Haptik sowie erhöhte Designfreiheit Produkte aus Kunststoffen qualitativ auch auf. Während für die letzteren Merkmale technisch und wirtschaftlich gleichwertige Alternativen lediglich bei den technologischen Varianten, kaum bei anderen Techniken, zu finden sind, müssen die Vor- und Nachteile des Mehrkomponentenspritzgießens als Ersatz für separate Montageschritte vorher genau untersucht werden. Zuerst muß in Verbindung mit dem Mehrkomponentenspritzgießverfahren oft eine Investition in Maschinentechnik getätigt werden. Auch das dafür erforderliche Know-how in der Konstruktion und in der Fertigung ist ein entscheidender Faktor für den Erfolg.

Im Einzelnen sind folgende Punkte zu berücksichtigen:

- Produkte, die mit der Mehrkomponentenspritzgießtechnik hergestellt werden, zeichnen sich durch das innovative und hochqualitative Erscheinungsbild verbunden mit mehreren integrierten Funktionen und Einfachheit beim Handling aus. Allerdings ist der deutliche Mehraufwand in der Maschinen- und Werkzeugtechnik nicht zu vernachlässigen.
- Mehrkomponentenspritzgießen erhöht den Grad der Funktionsintegration unter anderem dadurch, daß zwei oder mehr funktionsgerechte Werkstoffe im Spritzgießprozeß aufeinander haftend oder gleitend verbunden werden, wie z.B. dichtende Komponenten aus thermoplastischen Elastomeren mit Thermoplasten. Dies führt dazu, daß erstens die eingesetzten Werkstoffe spritzgießverarbeitbar und montagekompatibel sein müssen. Der damit verbundene, deutlich erhöhte technologische Anspruch soll nicht unterschätzt werden, bietet aber auch bisher unbekannte Chancen, wie z.B. die deutliche Haftungsverbesserung durch Plasmavorbehandlung.

Viele der o.g. Schwierigkeiten begründen sich daraus, daß

- die Produkte und Prozesse beim Mehrkomponentenspritzgießen umfangreiche Kenntnisse und Erfahrungen über Gebrauchs- und Verarbeitungseigenschaften von Kunststoffen erfordern, die nicht in jedem Betrieb vorhanden sind,
- die technische Abstimmung zwischen der Konstruktion und der Fertigung intensiver als üblich erfolgen muß.

Mit Verbreitung und vertiefter Kenntnis der Technik des Mehrkomponentenspritzgießens könnten die genannten Defizite schrittweise behoben werden.

Im Sinne der Funktionsintegration können **Kunststoff-Metall-Verbunde oder Hybridtechnik** (Kap. 5.2) als eine Erweiterung der technischen Möglichkeiten gegenüber Mehrkomponentenspritzgießen betrachtet werden. Durch metallische Komponenten können die mechanischen und physikalischen Funktionalitäten des Gesamtbauteils qualitativ erweitert werden. Die Kunststoffkomponente bietet die hohe Gestaltungsfreiheit. Beide Komponenten stabilisieren sich gegenseitig und ermöglichen einen erheblich höheren Nutzen. Andererseits treten bei Kunststoff-Metall-Verbunden und der Hybridtechnik ähnliche Herausforderungen wie im Mehrkomponentenspritzgießen auf. Die Maschinentechnik muß entsprechend erweitert werden, und man muß in einem Prozeß verschiedenartige Werkstoffe verarbeiten. Zusätzlich sind unterschiedliches thermisches Verhalten und Haftungsprobleme zu beachten.

Preßverbindungen sind lösbare Verbindungen, die designabhängig für feste Verbindung oder mehrfache Betätigung geeignet sein können. Die Vorteile sind

- einfache Gestaltung,
- einfache Montage,
- Verbindung von gleichen und unterschiedlichen Werkstoffen.

Dadurch, daß die Preßverbindung durch die Einpreßkraft hergestellt und die tribobestimmte Reibkraft durch die Steifigkeit kennzeichnende Materialeigenschaften in Verbindung mit geometrischen Verhältnissen erzeugt wird, sind folgende Punkte zu beachten:

- Relaxation der Preßkraft, besonders bei erhöhten und wechselnden Temperaturen,
- bei Werkstoffen wie PA ist die Verbindungsfestigkeit zusätzlich von der Feuchteaufnahme abhängig,
- Eigenspannungen aus der Fertigung.

Nieten und Bördeln sind Verfahren für unlösbare Verbindungen, die in der Regel punktförmig oder segmentartig sind.

Vorteile sind:

- Verbindung von gleichen und unterschiedlichen Werkstoffen,
- schneller Fertigungsprozeß,
- einfache Vorrichtungen,
- geringe Toleranzanforderungen,
- einfache zerstörende Demontage (z.B. zwecks Recycling).

Nachteile sind:

- keine direkte dichtende Funktion möglich,
- eingeschränkte Designfreiheit.

Während **Nieten** bei Anwendungen mit qualitativ hohen Anforderungen eingesetzt wird, findet **Bördeln** in der Regel Anwendungen mit geringen mechanischen Beanspruchungen. Die bisher diskutierten Verbindungsarten **Schrauben, Schnappverbindungen, Filmgelen-**

ke, Schweißen, Kleben, Mehrkomponentenspritzgießen, Hybridtechnik, Preßverbindungen, Nieten und Bördeln sind konkurrierende und sich ergänzende Techniken. Andererseits kommt für jede konkrete Anwendung durch die gegebenen Randbedingungen nur eine begrenzte Anzahl von Techniken in Frage. Die Auswahl bestimmenden Fragen könnten lauten:

- soll der Verbindungsprozeß ein Teilprozeß in einem schnellen Montageprozeß sein?
- soll der Verbindungsprozeß ohne Werkzeug erfolgen? Wenn diese Frage bejaht wird, dann können nur Schnappverbindungen bzw. Schnappverbindungen kombiniert mit Filmgelenken verwendet werden;
- muß die Verbindung ein- oder mehrfach lösbar oder bei der Endverwertung trennbar sein;
- wie hoch soll die Festigkeit der Verbindung sein? Die hohe Festigkeitsanforderung der Verbindungen kann die Verwendung von Schnappverbindungen oder bei verstärkten Kunststoffen den Einsatz von Nieten und Bördeln ausschließen;
- welche Designfreiheit ist erforderlich? Die hohe Anforderung an Designfreiheit könnte Schweißen, Nieten und Bördeln ausschließen;
- sind weitere physikalische Funktionen gefordert, wie Dichten, Isolieren oder magnetische Abschirmung?

Tabelle 1.2 zeigt die tendenzielle Eignung verschiedener Verbindungstechniken gemäß den Anforderungen an Prozeß, Kosten und Eigenschaften. Dabei ist jedoch zu beachten, daß die genannten Vor- und Nachteile bei einer konkreten technologischen Variante mehr oder weniger ausgeprägt sein könnten. Darüber hinaus kann die Bewertung durch die Verfügbarkeit von Maschinen und technologischem Know-how im jeweiligen Betrieb stark verschoben werden.

Es ist bekannt, daß die Produktkosten zum großen Teil in der Entwicklungs- und Konstruktionsphase festgelegt werden. Eine optimale Auslegung ist nur möglich, wenn man sich bereits in dieser Phase über die folgenden Fertigungsprozesse umfangreich informiert. Mit der vergleichenden Darstellung bieten sich über den kurzen Weg die sinnvollen Alternativen schnell an. An dieser Stelle ist darauf hinzuweisen, daß es selten die optimale Verbindungstechnik für ein Produkt gibt. Vielmehr muß ein Optimierungsprozeß unter der Berücksichtigung betrieblicher Gegebenheiten stattfinden, d.h., das vorhandene Know-how im Betrieb, beim Personal und die vorhandenen Fertigungseinrichtungen sind unbedingt zu berücksichtigen.

Einen Überblick über die verschiedenen Verbindungstechniken mit einer verallgemeinerten, in Detail nicht immer zutreffenden Wertung zeigt Tabelle 1.2.

Die Verbindungsverfahren im Kap. 7 ergänzen und erweitern als neue Technologien die Möglichkeit mit der konventionellen Technik in der **Elektronik/Elektrotechnik**. Die begrenzten Erfahrungen und Peripherien sind noch entwicklungsbedürftig. Mit zunehmender Reife ist auf verschiedenen Gebieten mit Konkurrenz und Innovation gegenüber konventionellen Techniken zu rechnen. **MID (moulded interconnect devices, Kap. 7.1)** z.B. ermöglicht die Integration von Leiterplatte, Gehäuse und Bauelemente in einem Bauteil.

	Schrauben	Gewindeeinsätze	Schnappverbindungen	Filmgelenke	Heizelementschweißen	Vibrationsschweißen	Kleben	Nieten & Bördeln	Mehrkomponenten-spritzgießen	Kunststoff-Metall-Verbunde	Preßverbindung
Verbindungsprozeß											
große Stückzahl	+	0	+	+	+	+	+	+	+	+	+
kleine Stückzahl	+	+	+	-	+	0	+	+	-	-	+
Handhabbarkeit	+	+	+	0	+	-	+	+	-	-	+
Mehrfach-montierbarkeit	0	+	+	+	-	-	-	0	-	-	0
mech. Beanspruchung	0	+	0	0	0	0	+	-	-	0	0
Prozeßkosten	gering	mittel	sehr gering	sehr gering	mittel/ hoch	mittel	mittel	gering	hoch	hoch	gering
Prozeßsicherheit	+	+/0	+	+	+	+	0	0	+	+	+
Recycling	+	0	+	+	0	0	-	0	-	-	0
Verbinden ohne Werkzeug	-	-	+	-	-	-	+	-	-	-	0
zusätzliche Elemente für Verbindung	-	+	+	+	+	+	+	-	+	+	+
kein Zusatzstoff	0	0	+	+	+	+	-	+	+	+	+
Zykluszeit	kurz	kurz	kurz	kurz	siehe Tab. 1.1	kurz	mittel	kurz	kurz	kurz	kurz
Investition*											
Maschinen	keine	gering	keine	keine	gering	hoch	mittel	gering	hoch	hoch	gering
Werkzeuge	gering	mittel	hoch	gering	gering	mittel	gering	gering	hoch	hoch	gering
Eigenschaften											
antimagnetisch	0	+	+	+	+	+	+	0	0	-	0
dichtend	-	-	-	0	+	+	+	-	0	0	0
elektrisch isolierend	0	-	+	+	+	+	+	0	0	0	0
erforderlicher Bauraum	klein	mittel	klein	klein	mittel	mittel	klein	mittel	mittel	mittel	klein
Designfreiheit	0	0	0	0	-	-	0	-	+	+	0
Konstruktionsvielfalt (Form und Größe)	0	0	0	-	0	0	0	0	+	+	0
Verbindungsfestigkeit	+	+	0	-	+	+	0	0	+	+	0
Lösbarkeit	0	+	+	-	-	-	-	-	-	-	0
Verbinden artfremder Werkstoffe	+	+	+	0	-	-	+	+	0	+	+
korrosionsbeständig	0	+	+	+	+	+	+	0	+	0	0

Tabelle 1.2 Eignung verschiedener Verfahren für die Kunststoff-Verbindungstechnik

\+ = *vorteilhaft, 0 = bedingt vorteilhaft oder bedingt ja,*

\- = *ungünstig; * Investition bezieht sich auf zusätzliche Kosten für Verbindung*

Darüber hinaus kann man Leiterplatten dreidimensional gestalten. Andererseits verkompliziert eine 3D-Leiterplatte das Bestücken und Löten. Auch das bleifreie Löten einer Leiterplatte auf Thermoplastbasis, wie dies bei MID der Fall ist, ist eine technologische Herausforderung (Kap. 7.4). Da auch FPC (flexible printed circuit) ebenfalls 3D-Leiterplatten darstellen und gleichzeitig konventionell bestückt und gelötet werden können, ergeben sich weitere Alternativen.

Zur Abrundung der Thematik werden die Besonderheiten beim Verbinden von **Faserverbund-Kunststoffen (Kap. 8)** diskutiert. Es ist dabei zu unterscheiden zwischen den Fließpreßstoffen und den Hochleistungsverbunden. Faserverbund-Kunststoffe sind von sich aus schon Konstruktionen, die wegen des anisotropen Werkstoffverhaltens durchaus extreme Anforderungen an die Bauteile und damit natürlich auch an die Verbindungen zulassen. Viele Erkenntnisse aus diesem Sektor lassen sich auf normale Kunststoffe herunterstufen.

1.2 Rechnergestützte Verbindungsauslegung

Die Verbindungstechnik ist häufig das “Stiefkind“ der konstruktiven Auslegung, obwohl jeder Ingenieur und Bauteilverantwortliche bereits häufig im Vorfeld weiß, daß zwei oder mehrere Teile miteinander verbunden werden müssen bzw. ein Bauteil zumindest an einer Stelle befestigt werden muß.

Im Zeitalter der CA- (CAD, CAE, CAM) gestützten Fertigungsmethoden hat der CAD-Konstrukteur kaum EDV-Unterstützung für die Auswahl der Verbindungselemente und die Verbindungstechnologien allgemein. Wie in den Anfängen der Ingenieurwissenschaften werden Verbindungselemente in Papierkatalogen umständlich und mit hohem Zeit- und Kostenaufwand gesucht. Der relativ teure CAD/CAE-Arbeitsplatz (Stundensatz zwischen 55 und 80 €) bleibt viele Stunden, oft Tage, ungenutzt, um Unterlagen zu bestellen und Verbindungselemente umständlich auszuwählen.

Der wesentliche Vorteil der EDV besteht im Sammeln, Ordnen, Selektieren und Abrufen von großen Datenmengen, wie sie für die Verbindungselemente und die Verbindungstechnologien vorliegen [1].

Dabei ist es derzeit in einer ersten Ausbaustufe möglich, Auswahlsysteme für die meisten auf dem Markt erhältlichen Verbindungselemente, zumindest für Norm- und Standardteile, auf einem EDV-Datenträger zur Verfügung zu stellen und mit dem CA-Ingenieur-Arbeitsplatz zeitgemäß zu koppeln.

Die Verbindungselemente können in CAD-Bauteile/Normteile-Bibliotheken als einfach zu handhabende 3D-Volumenmodelle abgelegt werden. Es ist sogar möglich, alle Standardabmessungen parametrisch beliebig zu verändern, darzustellen und mittels “Mausklick“ in Sekundenschnelle in jede beliebige CAD-Zeichnung einzufügen. Der ingenieurtechnische, weltwirtschaftliche Nutzen bei dieser Vorgehensweise ist enorm hoch.

Technisch vergleichende Vorauslegungsdaten für alle wichtigen, häufig wiederkehrenden Verbindungstechnologien (lösbare und nichtlösbare) können problemlos über einen Informations- und Vorauswahl-Modul aufgerufen und bei Bedarf eingeblendet und dokumentiert werden.

Die ohnehin meistens vorliegende CA-Konstruktion macht es auf einfache Weise möglich, zahlreiche auslegungsrelevante Parameter, wie zur Verfügung stehende Flächen (z.B. für die Klebe- oder Schweißverbindungen) oder erforderliche Abstände zwischen Nieten, Schrauben, Inserts und anderen lösbaren Verbindungen abzurufen und darzustellen. Sind die Lastannahmen bekannt und stehen die Auslegungskriterien für die Lastübertragung für die Verbindungselemente sowie Verbindungstechnologien in einer EDV-Datenbank zur Verfügung, ist es möglich, diese direkt und schnell untereinander zu vergleichen. Damit ist eine vom Arbeitsumfang und der Finanzierung her überschaubare Vorstufe für ein Expertensystem (XPS-System) geschaffen.

Der nächste Entwicklungsschritt wäre der Aufbau eines Expertensystems (z.B. JOINT-XPS), das dem Konstrukteur eine vergleichende Auswahl- und Vorauslegungshilfe für verschiedene Verbindungstechniken direkt mit anbietet.

Das umfangreiche menschliche Fachwissen in ein Expertensystem mit Schlußfolgerungskomponenten einzubinden, ist sehr aufwendig und erfordert exakt festgelegte Suchkriterien und ablauflogische Abfragen (Ablaufbäume mit Verzweigungsstellen) mit entsprechenden EDV-Masken.

Damit sind einleitend einige Möglichkeiten für eine rechnergestützte Vorauslegung für Verbindungstechnologien aufgezeigt, die in folgendem Text näher behandelt und vergleichend in verschiedenen möglichen Ausbaustufen dargestellt werden [2].

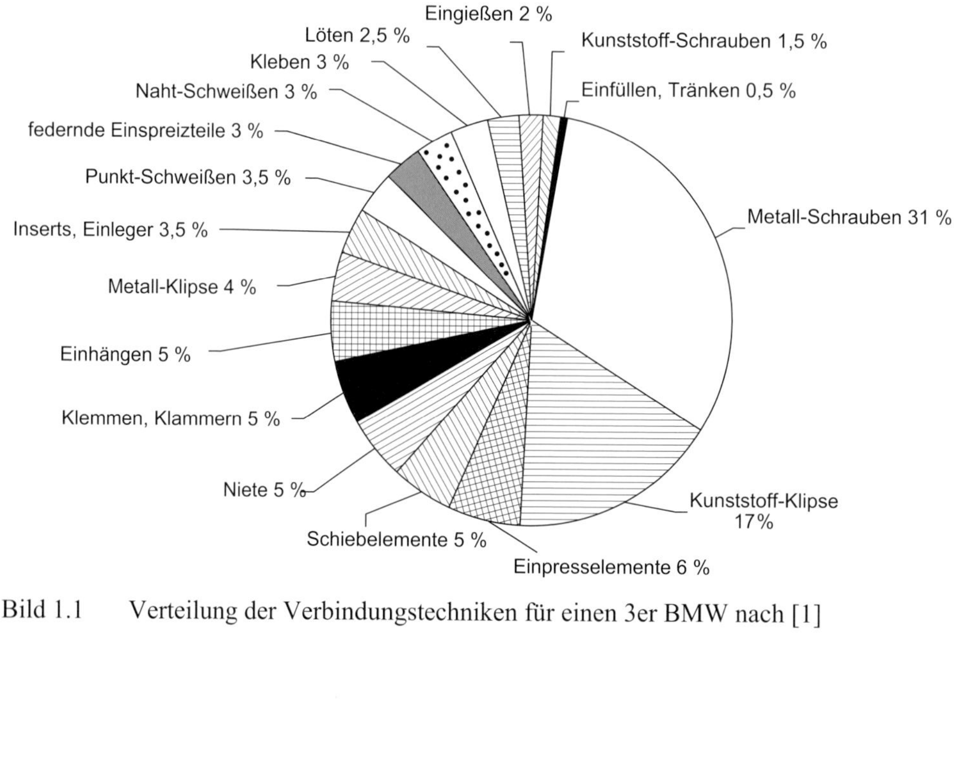

Bild 1.1 Verteilung der Verbindungstechniken für einen 3er BMW nach [1]

Entscheidend für die vorgeschlagene Arbeitsweise ist die Kopplung von CA-Systemen (CAD, CAE, CAM) mit Informations-, Auswahl- und Vorauslegungsdatenbanken, die über ein EDV-Netzwerk ohne Schnittstellenprobleme miteinander verbunden sind.

1.2.1 Marketingdaten für die Verbindungstechnikindustrie

Für eine Kosten-Nutzen-Betrachtung, die den Aufbau einer EDV-Datenbank betriebswirtschaftlich rechtfertigt, sind Marketingdaten erforderlich, um zu einer Bewertungsbasis zu gelangen.

Der Gesamtumsatz in Deutschland für Verbindungselemente wird für 2003 auf ca. **3,5 bis 3,75 Mrd. €** geschätzt. Den größten Anteil daran haben nach wie vor Metall-Schrauben und Muttern sowie Sicherungsringe und andere Bauelemente um und an Schraubverbindungen. Am Beispiel des 3-er BMW wurde die Verteilung der gewählten Verbindungstechniken in [1] ermittelt, Bild 1.1.

1.2.1.1 Metall-Schrauben- und Muttern-Industrie

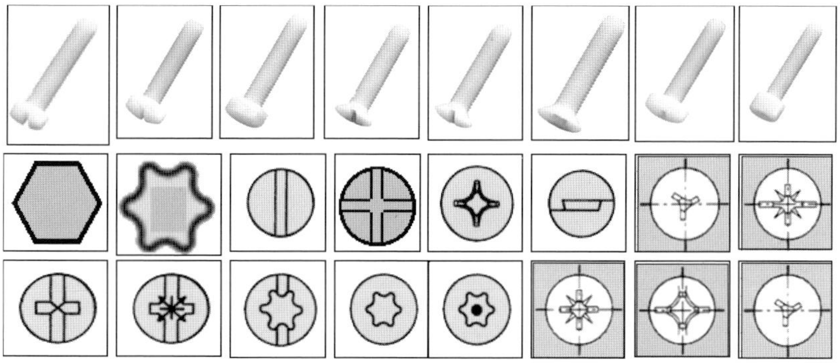

Gruppe A: Kunststoff- Standard- und Norm- Schrauben

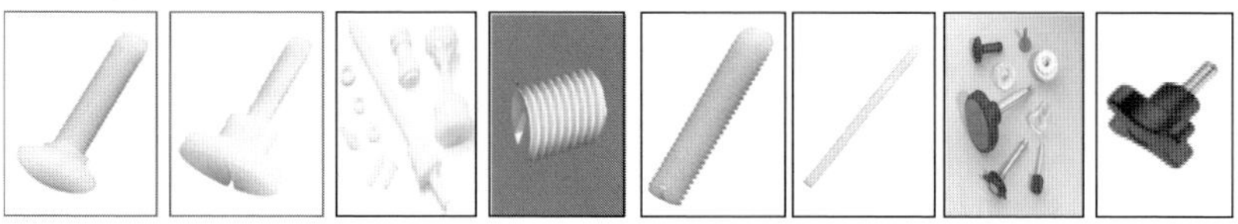

Gruppe B: Kunststoff- und Metall- / Kunststoff- Bauteile mit Gewinden

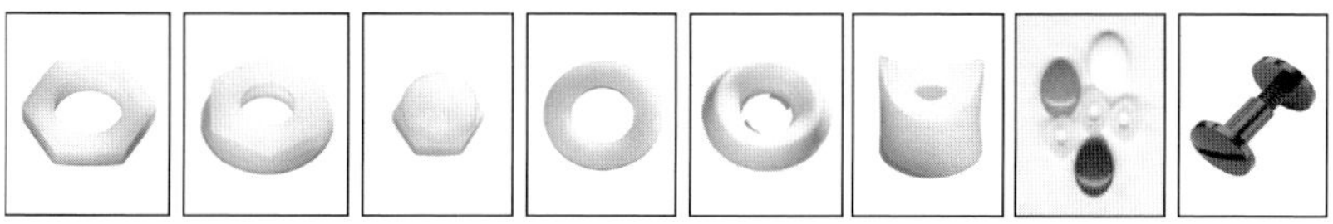

Gruppe C: Kunststoff- Muttern und Schrauben- System- Elemente

Bild 1.2 Kunststoff -Norm-Schrauben, Muttern und Schrauben-System-Bauteile

Betrachten wir zunächst einen kleinen Teil der Verbindungselemente wie Schrauben und Muttern. Allein die Metall-Schrauben machen in der Automobilindustrie inzwischen mehr als 31 % der Verbindungselemente aus. Bei den Kunststoffschrauben beträgt der Anteil etwas mehr als 1,5 %, Bild 1.1 [1].

2003 wurden ca. 70 Mrd. Schrauben und Muttern von mehr als 60 Firmen allein in Deutschland hergestellt. Das entspricht einem Umsatz von ca. 2,0 Mrd. €. In den letzten 10 Jahren von 1993 bis 2003 konnte der Umsatz dieses Industriezweiges um ca. 75 % gesteigert werden. Der Export trug wesentlich zu diesen enormen Steigerungsraten bei. Mehr als 600 Menschen in Deutschland arbeiten bei diesen Schrauben-Herstellern.

Im Folgenden wird kurz aufgezeigt, welcher Informations- und Auswahlaufwand allein bei den Kunststoff-Schrauben und Muttern entsteht, Bild 1.2.

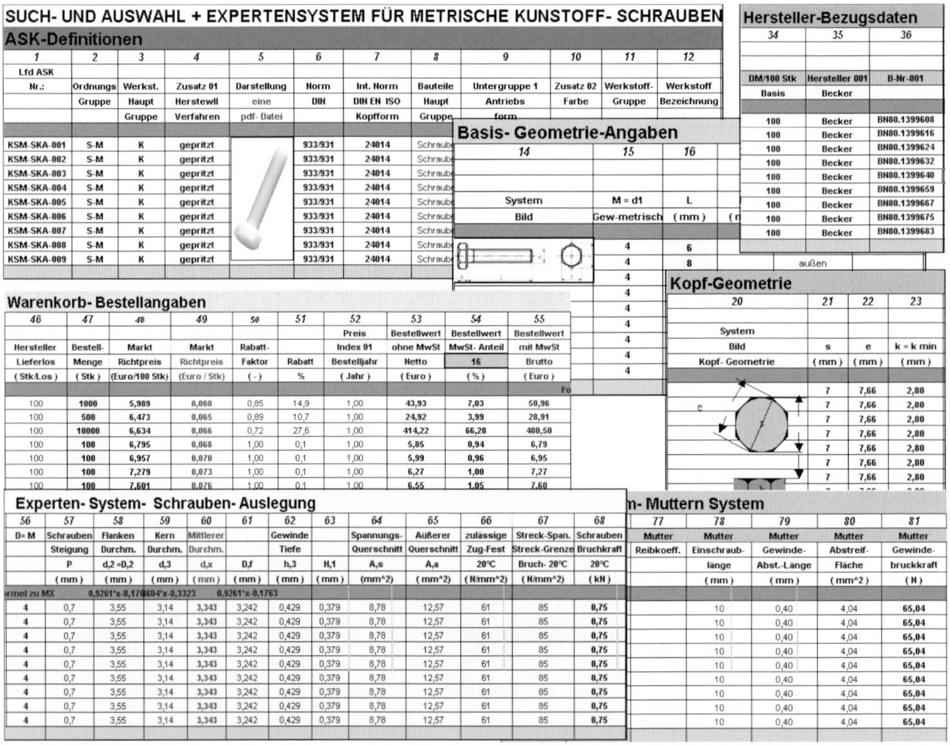

Bild 1.3 Konzept für ein Such-Auswahl- und Expertensystem mit dem Namen FINDSYS [3]

Um dem Konstrukteur die Auswahl von Verbindungselementen überhaupt noch zu ermöglichen, ist es erforderlich, zumindest für die Standard- und Normteile-Verbindungselemente EDV-unterstützte Such- und Auswahlsysteme aufzubauen [3, 4].

Der klassische Maschinenbau mit der Automobilindustrie und der Feinwerktechnik ist der wesentliche Abnehmer für diese Verbindungselemente, die im Automobilbau überwiegend aus metallischen Werkstoffen bestehen. In anderen Industriezweigen ist die Verteilung der Verbindungselemente anders.

1.2.1.2 Kunststoff-Klipse und Befestigungselemente

In der Automobilindustrie allein wurden folgende Marketingdaten für Klipse ermittelt [2]:

- ca. 3.116.000.000 Klipse wurden 1998 in ca. 5.890.000 Fahrzeugen in Deutschland verbaut, durchschnittlich also ca. 529 montierte Klipse und Halteelemente pro Fahrzeug, alle in andere Bauteilen integrierten Klipse und Schnapphaken sind darin noch nicht enthalten;
- ca. 81 % davon sind Kunststoff-Klipsverbindungen (2.564.460.000 Stk./Jahr);
- der Umsatz für diese Klipse im Automobilbau beträgt ca. 80 Mio. € pro Jahr;
- das Gesamtgewicht für alle verbauten Klipse in deutschen Automobilen beträgt ca. 7.244 Tonnen pro Jahr.

Es gibt mehr als 6.000 Sachnummern, also unterschiedliche Klips-Varianten, zwischen denen der Konstrukteur bereits deutschlandweit bei über 600 verschiedenen Anbietern im Internet auswählen kann. Die Anzahl der Hersteller für Kunststoff-Verbindungselemente ist deutlich geringer.

Der Anteil der lösbaren Verbindungen z.B. im Automobilbau ist erheblich höher. In einem 3er BMW sind 23 % nicht lösbar und 77 % lösbar [1]. Jeder der großen Klips- und Halteelemente-Hersteller bietet mehrere hundert Varianten, meistens in Farbpapierkatalogen, an.

In einigen Vorträgen und Veröffentlichungen werden mögliche EDV-unterstützte Systeme für Such-, Auswahl- und Expertensysteme vorgestellt und diskutiert [2, 5]. Der Aufwand für den Aufbau derartiger EDV-Systeme ist relativ hoch. Alleine für den Aufbau einer Kunststoff-Standard- und Normteile-Datenbank wird mit einem Zeitraum zwischen 5 und 6 Jahren gerechnet.

Für das vorgestellte Kunststoff-Schrauben-Auswahl- und Suchsystem sind mehr als 80 Eintrags- und Abfragefelder erforderlich [3-5].

1.2.2 Vergleichsdaten für die Informationsbeschaffung

Grundsätzlich gibt es folgende Möglichkeiten der Informationsbeschaffung für die auf dem Markt handelsüblichen Verbindungselemente und die Verwaltung der eigenen Daten [1]:

- Adressensuche, Bestellung eines oder mehrerer Papierkataloge und Suche, bisher üblich.
- Beschaffen von Mikrofilmen und Suche von Verbindungselementen, kaum noch üblich.
- Beschaffen eines oder mehrerer EDV-Datenträger (DISC oder CD) und Suche, selten möglich.
- Beschaffen eines EDV-Auswahl- und Suchsystems von mehreren Herstellern, kaum angeboten.

- Aufbau oder Kauf einer eigenen Hersteller-unabhängigen Such- und Auswahl-Datenbank.
- Aufbau oder Kauf einer 3D-CAD-Datenbank-Bibliothek mit 3D-CAD-Verbindungselementen.
- Einbinden der Datenbanken und Informations- Systeme in ein CA-Netzwerk.
- Aufbau eines Expertensystems für den direkten Vergleich von Verbindungstechniken mit mechanischen Lastannahme-Daten für verschiedene Bauteile und Vorauslegungsdaten für jede Verbindungstechnologie, direkten Preis- /Kosten-Vergleich für verschiedene Verbindungstechniken und Informationen sowie Kennwerte für die Montage als Hilfe für die Fertigung und Montage.
- Diese EDV-Daten können in einem Netzwerk von verschiedenen Fachabteilungen mit eigenen Daten einer offenen Datenbankstruktur abgerufen werden, wobei jederzeit auch Daten ergänzt werden können. Die Vergabe von Zugriffsberechtigungen ist möglich.

Bild 1.4 zeigt die zeitliche Entwicklung des Aufwandes für die Beschaffung und Aufbereitung der Informationen innerhalb der CA-Entwicklung [1].

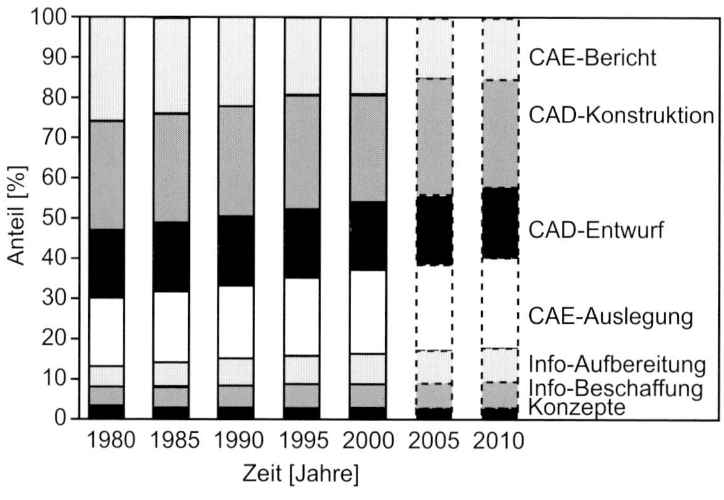

Bild 1.4 Prozentualer Aufwand für die Informationsverarbeitung innerhalb der CA-Entwicklung [1]

Während der Aufwand für die Konstruktion, heute CAD-Konstruktion, erheblich sinkt, steigt der Aufwand für die notwendige Informationsbeschaffung und -verarbeitung, Bild 1.5. Daher ist ein Expertensystem vom zeitlichen Aspekt her vorteilhaft.

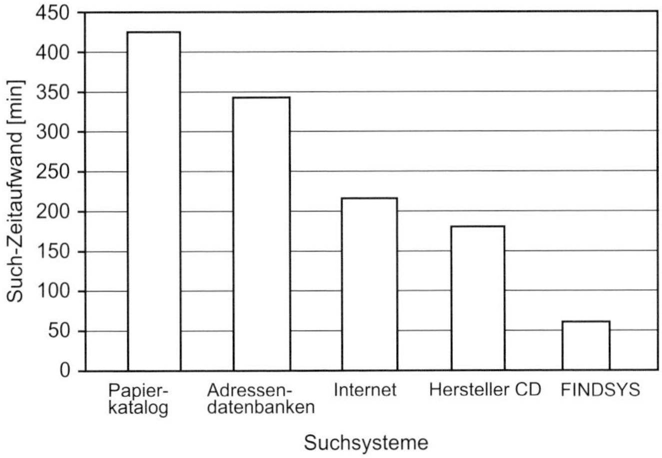

Bild 1.5 Beispiel für den wirtschaftlichen Vorteil mit dem Expertensystem FINDSYS, Such-Zeitaufwand für eine Kunststoff-Zylinderkopf-Schraube (M6x25 mm mit Schlitz) aus PA [3]

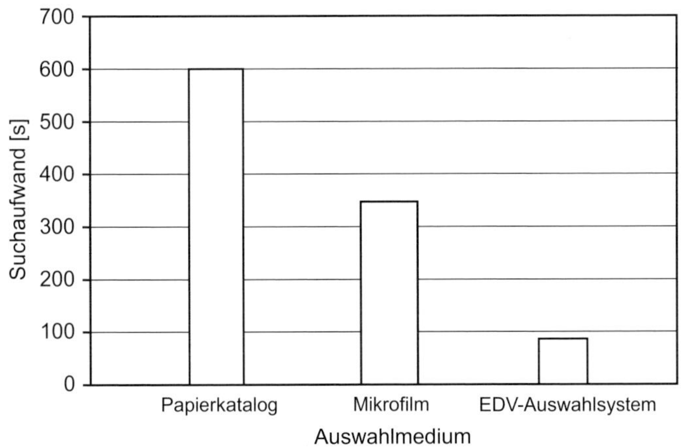

Bild 1.6 Zeitlicher Aufwand für die Auswahl eines Leitungsbefestigers mit verschiedenen Auswahlmethoden (Auswahlmedien vorher bereits beschafft) [1]

BMW hat eine zeitliche Aufwandsanalyse für die Auswahl eines Kunststoff-Leitungsbefestigers mit einem Durchmesser von 4,75 mm über folgende Auswahlmethoden durchgeführt Bild 1.6:

- bereits beschaffter Papierkatalog eines Herstellers,
- bereits vorhandener Mikrofilm über Leitungsbefestiger,
- EDV-Auswahlsystem eines Herstellers, Diskette vorher beschafft.

Bild 1.6 zeigt, daß es mit einem EDV-Auswahlsystem möglich ist, Verbindungselemente mit einem Suchzeitaufwand von 10 % bis 15 % im Vergleich zur Suche in einem oder häufig mehreren Papierkatalogen auszuwählen. Der direkte Vergleich von Verbindungselementangeboten desselben Typs oder vergleichbarer Verbindungselemente mehrerer Hersteller ist wirtschaftlich nur über EDV-unterstützte Methoden durchzuführen.

1.2.3 Systemaufbau für eine EDV-unterstützte Auswahl mit Auslegungs-System

Die Basis für ein CA-unterstütztes Design der Konstruktion, der Auslegung und der Fertigung sollte möglichst eine 3D-CAD-Volumenkonstruktion sein. Das gilt auch für die Verbindungselemente, die man zu einem beliebigen Zeitpunkt in die bestehende Konstruktionsunterlage einbetten muß, Bild 1.7.

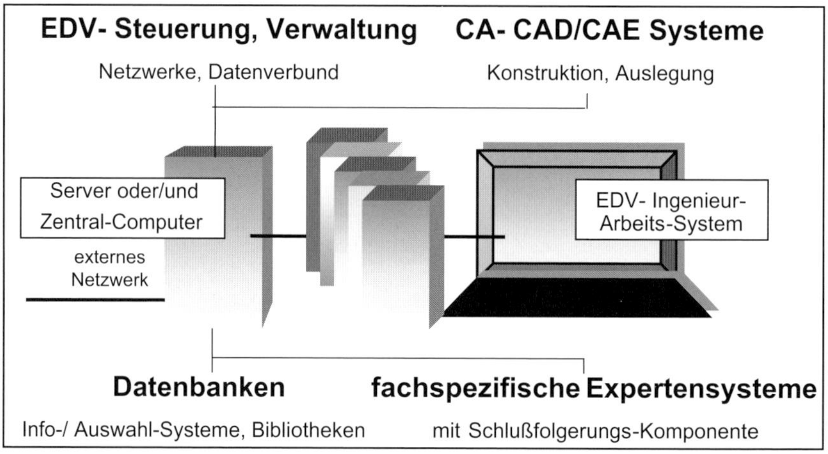

Bild 1.7 Hauptkomponenten für eine EDV-unterstützte Verbindungstechnikentwicklung

Entscheidend für die Verbindungstechnologie und die Verbindungselemente sind Datenbanken und Infosysteme, die es ermöglichen, Verbindungselemente in einer Auswahldatenbank nach Arten, Typen, Maßen, Werkstoffen, Herstellerdaten, Preisen und technischen Auslegungsdaten auszuwählen.

Diese Verbindungselemente sollten möglichst als 3D-CAD-Daten in einer parametrisch arbeitenden CAD-Bibliothek vorliegen, die mit dem CAD-System gekoppelt ist, Bild 1.8. In dieser Bibliothek müssen auch bereits ausgelegte Verbindungselemente gespeichert, abgelegt und bei Bedarf wieder abgerufen werden können. In dieser CAD-Datenbank sind sowohl die Tabellen mit allen marktüblichen und genormten Verbindungselementen als auch die parametrischen Darstellungen bis hin zu Shading- und Zusammenbau-Modellen enthalten.

Neben den geometrisch parametrischen Daten der Verbindungselemente ist es von Vorteil, wenn mechanische Daten wie Kräfte und Momente für verschiedene Umweltbedingungen und Einbaugeometrien vorliegen. Mit diesen Daten können Vorauslegungen und vergleichende Analysen für verschiedene Verbindungstechnologien durchgeführt werden.

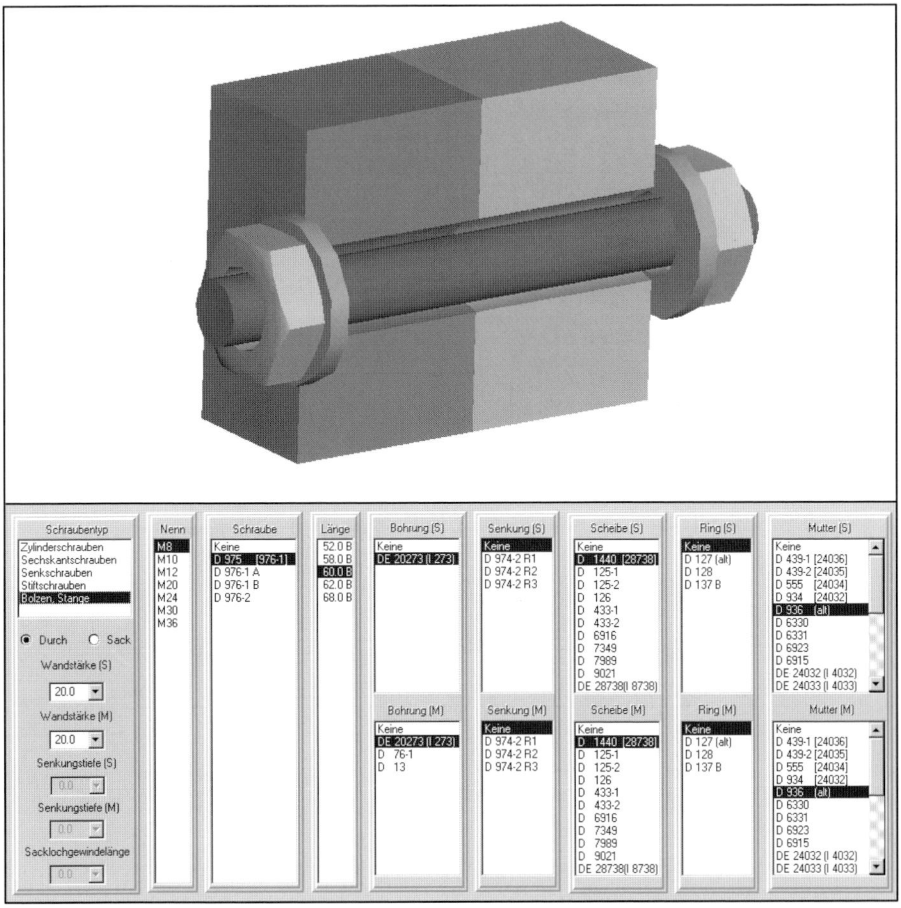

Bild 1.8 Parametrische 3D-CAD-Datenbank für Schraubenverbindungen mit Shadingmodell

Um eine wirtschaftliche Betrachtung durchzuführen, ist es wünschenswert, daß Preislisten für die verschiedenen Verbindungselemente vorliegen. Die tatsächlichen Verkaufspreise hängen von der bestellten Stückzahl ab. Für die Montage ist es wichtig, die geometrischen Daten für das Ankoppeln der Werkzeuge und die Einbaurichtlinien zu erfassen. Diese Aufgaben sind ebenfalls von einer Montage-Richtlinien-Datenbank zu übernehmen. Allgemeine Informationen über Verfahrenstechniken liefert eine Informations-Datenbank.

Diese CAD-Datenbank, siehe Beispiel Bild 1.8, bietet verschiedene Verbindungselemente vergleichend zur Auswahl an. Für Schrauben sind die Art der Bohrung, die Art der Schraube, das Gewinde, die Länge, die Kopfform, Senkungen oder Bohrungen sowie alle Zusatzteile wie Muttern, Scheiben, Sicherungsringe darzustellen und aufeinander abzustimmen [3]. Zusammenbauzeichnungen und Explosionsdarstellungen mit Stücklisten liefern eine Übersicht [6].

Neben der Arbeit mit einer effizienten Auswahl- , Informations- und CAD-Datenbank ist es häufig erforderlich, Verbindungselemente mechanisch auszulegen.

Im Rahmen der Vorauslegung kann das noch mit kleineren EDV-Programmen für verschiedene Verbindungselemente wie z.B. Inserts erfolgen, Bild 1.9.

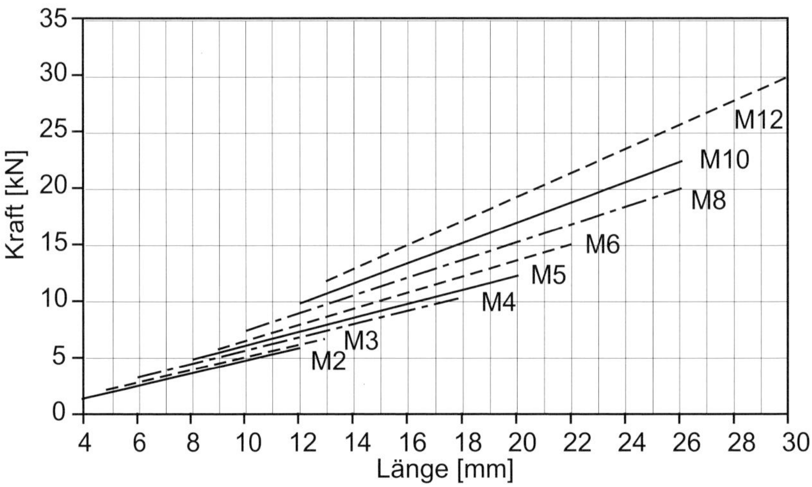

Bild 1.9 Vorauslegungsdaten – Ausreißkräfte über der Einbaulänge für Inserts in PA 66-GF35

Neben den Temperatur-Abminderungsfaktoren ist es auch möglich andere Abminderungs-Faktoren zu berücksichtigen oder Montagekennwerte wie z.B. die maximal zulässigen Anzugsdrehmomente in einer Montage-Informations-Datenbank zu hinterlegen [4, 7].

1.2.4 Aufbau von Expertensystemen für die Verbindungstechnik

Die Basis für ein Expertensystem (XPS-System), in einigen Literaturstellen hochtrabend auch als KI (künstliche Intelligenz-Systeme) bezeichnet, sind Datenbanken, die sinnvoll nach einem bestimmten, ablauflogischen System miteinander verknüpft werden.

Entscheidend für jedes Expertensystem ist die Schlußfolgerungskomponente, die nach der Beantwortung von einigen Fragen in speziellen Abfragemasken folgerichtige Antworten gibt, die vom Fachmann akzeptiert werden.

Der Fachmann wird das System nur nutzen, wenn folgende Voraussetzungen erfüllt werden:

- die Beantwortung der Fragen wird als fachlich korrekt anerkannt,
- wenn das Gefühl vorherrscht, daß der Fachmann nicht durch das System ersetzt werden kann; dieser Punkt macht den Aufbau von Expertensystemen mit Experten sehr schwierig,
- der Zeitaufwand für die Beantwortung von Fragen mit dem Expertensystem muß deutlich geringer sein als der der bisher bekannten Bearbeitung mit vorhandenem Fachwissen,
- das Expertensystem ist benutzerfreundlich mit nicht zu vielen Fragen aufgebaut,
- das Expertensystem sprengt den vorgesehenen Investitionsrahmen nicht.

Der Aufwand für die Erstellung eines Expertensystems ist sehr hoch, wenn der Bearbeiter kein Experte auf dem Fachgebiet ist, da dann eine enorme Anzahl von Fragestellungen und Abfragesystemverzweigungen erforderlich wird. Es ist derzeit nicht möglich, einen Fach-Experten durch ein Expertensystem zu ersetzen. Anderseits ist es auch für einen Fachexperten hilfreich und effizient, Datenbanken aufrufen zu können, die den Experten unterstützen.

Die Zukunft der EDV-Hilfsmittel in den nächsten Jahren für die Verbindungstechnik gehört den effizienten Datenbanken!

Der Aufbau eines Expertensystems, das den Namen verdient und von einem Fachmann anerkannt wird, würde mehrere Mannjahre Zeit und mehrere Millionen € Aufwand bedeuten. Die Hardware, aber besonders die teure Software für ein Expertensystem in der Verbindungstechnik, wird derzeit auf mindestens 250.000 € geschätzt. Dieser Kostenrahmen sprengt derzeit alle zu realisierenden Grenzen. In den nächsten Jahren wird man sich aus diesem Grund auf den Einsatz von fachspezifischen Datenbanken für einzelne Verbindungselemente beschränken müssen, die zu einem späteren Zeitpunkt zu Expertensystemen zusammengefaßt werden können.

In Bild 1.10 ist eine Prinzipgraphik für ein Expertensystem in der Verbindungstechnik dargestellt. Aus dieser Darstellung wird deutlich, daß die Kopplung aller bisher bekannter CA-Systeme mit Informations- und Auslegungsdatenbanken erforderlich wird [5].

Beim Aufbau von Datenbanken ist frühzeitig daran zu denken, wie man diese einzelnen Datenfragmente in ein Expertensystem zusammenfassen kann. Die Steuer- und Verwaltungsebenen und die Abfragemasken können bereits im Vorfeld über Lastenhefte für spätere Expertensysteme erstellt werden.

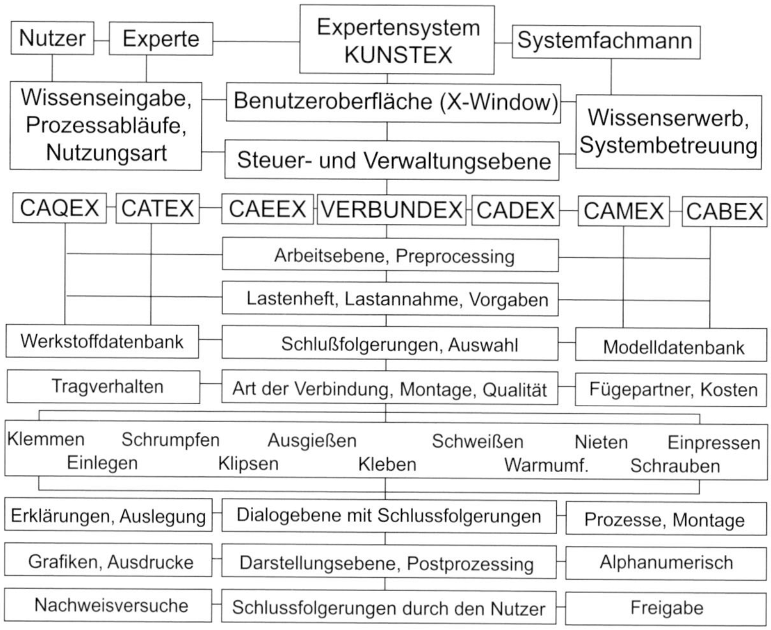

Bild 1.10 Systemaufbau für ein Expertensystem für Verbindungstechnik in der Kunststofftechnik [5]

Für ein Expertensystem ist es erforderlich, daß alle Komponenten mit einer Datenbasis ohne Schnittstellenprobleme vorgesehen werden. Das heißt, jedes System muß mit jedem anderen System in einem Netzwerk Daten austauschen können, ohne daß Daten-Übertragungsfehler auftreten.

Das ist derzeit noch nicht einmal unter den CAD-Systemen möglich, obwohl seit vielen Jahren Schnittstellen wie "STEP" propagiert werden. Auf diesem Gebiet wird von nahezu allen Software-Herstellern eine Mitbewerber ausgrenzende Politik zum Schaden des Kunden betrieben. Noch grotesker ist, daß die Software, die für teueres Geld erworben wird, dem Kunden nicht gehört, da er nur eine Lizenz erwirbt.

1.2.5 Zusammenfassung

Der Markt für Verbindungselemente wird mit der Entwicklung von komplexen Teilen zunehmend größer, da immer mehr Teile miteinander verbunden werden müssen.

Nur allein für metallische Verbindungselemente, wie Schrauben, Nieten und Muttern u.s.w. wurden im Jahr 2000 bereits 1,9 Mrd. € umgesetzt. Mindestens 2,3 Mrd. € wurden im Jahr 2000 mit Verbindungselementen aus Kunststoff auf dem deutschen Markt erwirtschaftet. Bis zum Jahr 2005 wird in Deutschland ein Marktumsatz von ca. 6 Mrd. € für Verbindungselemente erwartet.

Insgesamt müssen allein in Deutschland derzeit mehr als 50.000 verschiedene Arten von Verbindungselementen verwaltet und geordnet werden. Bei mehreren Milliarden Verbindungselementen jährlich mit über 50.000 Gruppen sind EDV-Systeme gefordert, die eine möglichst schnelle Suche und Bestellung ermöglichen.

Neben den EDV-Auswahl-Such- und Bestellsystemen wird auch eine EDV benötigt, die im Zeitalter der CAD/CAE-unterstützten Entwicklung sowohl die interaktive Konstruktion als auch die CAE-Auslegung in "Sekundenschnelle" sicherstellt. Es ist von enormer wirtschaftlicher Bedeutung, daß z.B. genormte Standardbauteile in CAD-Bibliotheken erfaßt werden, jederzeit abrufbar sind und in eine CAD-Konstruktionsunterlage an dem vorgesehenen Platz interaktiv integriert werden. Das ist möglich, da es sich bei genormten Baugruppen immer um das gleiche Bauelement handelt.

Expertensysteme mit eigenen Schlußfolgerungs-Moduln lassen sich erst aufbauen, wenn die meisten Verbindungselemente auf EDV-Datenträger erfaßt sind, die dann über entsprechende Abfragemasken und Zuordnungen gegliedert werden.

Elementare Fragen, wie diejenige, welche Verbindungstechnik wirtschaftlich und technisch optimiert zu verwenden ist, treten für die bauteileverantwortlichen Konstrukteure jeden Tag in großer Anzahl auf.

1.3 Fertigungssystematik

1.3.1 Montagetechnik

Dem hohen Kostendruck im industriellen Wettbewerb kann nur durch eine kontinuierliche Verbesserung der Produkte und der erforderlichen Geschäfts- und Produktionsprozesse begegnet werden. Der Einsatz komplexer, spritzgegossener Bauteile aus Kunststoff bietet eine Vielzahl von Vorteilen wie beispielsweise den Wegfall von Verbindungsstellen und Fügeoperationen, eine Gewichtsreduzierung und Einsparungspotentiale bei den Materialkosten. Weiterhin werden der logistische Aufwand zur Teilebereitstellung und Lagerung sowie Störpotentiale in der Fertigung reduziert. Hierdurch werden in der Serien- und Massenfertigung Produktionskosten gesenkt.

Auf der anderen Seite stellt die Handhabung und Montage dieses Teilespektrums hohe Anforderungen an die technische Systemgestaltung und Prozeßsicherung. So müssen bei empfindlichen Kunststoffoberflächen die Greif- und Haltekräfte im Bereich der Greifstellen begrenzt werden, um eine Beschädigung der Bauteiloberfläche zu vermeiden. Weiterhin besteht die Gefahr, daß sich beispielsweise durch Materialschwindungen Toleranzen in der Teilegeometrie ergeben, die in der Montage zu Prozeßstörungen führen können.

Im Folgenden werden die Problemfelder Montagesystemgestaltung, Materialbereitstellung und -handling sowie Prozeßüberwachung unter Berücksichtigung der spezifischen Eigenschaften von Kunststoffbauteilen diskutiert. Es werden zunächst wichtige Grundstrukturen sowie unterschiedliche Automatisierungsgrade und die Peripherie von Montagesystemen dargestellt. Auf die einzelnen Fügetechniken (Kap. 2-6) wird in diesem Kapitel nicht näher eingegangen. Abschließend wird am Beispiel des automatisierten Verschraubens die hohe Bedeutung einer zuverlässigen Prozeßüberwachung aufgezeigt.

1.3.1.1 Grundstrukturen von Montageanlagen

Montagesysteme sind komplexe technische Einrichtungen, die aus einer Vielzahl von mechanischen, elektronischen sowie mechatronischen Komponenten bestehen. Zur effizienten Planung dieser Systeme werden leistungsfähige Simulations- und Planungswerkzeuge eingesetzt [8-9].

Die Basisstruktur eines Montagesystems wird nur in sehr geringem Umfang durch den Bauteilwerkstoff wie Kunststoff oder Metall determiniert. Vielmehr ist die Struktur abhängig von den wirtschaftlichen und technologischen Rahmenbedingungen wie Produktionsstückzahlen und -schwankungen, Anzahl und Art der Montageoperationen, Bauteilabmessungen, vorhandene Produktionsflächen und Anlagen etc.. Gleiches gilt auch für die Wahl des richtigen Automatisierungsgrades. Durch die Verwendung kostengünstiger Standardstrukturen und -komponenten lassen sich für die Montage von Kunststoffbauteilen somit zusätzliche Rationalisierungspotentiale erschließen [10]. Da die Festlegung von Grundstruktur und Automatisierungsgrad ein wesentlicher Bestandteil der Montagesystemgestaltung für Kunststoffbauteile ist, werden im Folgenden grundlegende Hinweise zu deren Bestimmung gegeben.

Mögliche Alternativen für die räumliche Anordnung einer Montageanlage sind die Linienstruktur und die Karreebauweise. Kennzeichen einer Linienstruktur sind ein übersichtlicher Materialfluß, einfache Zugänglichkeit der Stationen (z.B. für Wartung und Umrüstung), einfache Anordnung von Zuführ- und Nebenlinien und der Einsatz vorwiegend für die Massenfertigung.

Dem gegenüber steht eine Anordnung in Karreebauweise. Kennzeichen sind eine sehr kompakte Anordnung, eine hohe Flexibilität (da Verknüpfungen von gegenüberliegenden Stationen einfach möglich sind) und eine schlechte Zugänglichkeit der Stationen bei Wartung und Umrüstung sowie ihr Einsatz bei kleinen und mittleren Losgrößen. Neben der unterschiedlichen räumlichen Anordnung sind prinzipielle Modifikationen der Zellenstruktur möglich, um die geforderte und notwendige Ausbringungsleistung erreichen zu können, Bild 1.11 [11].

Die Anzahl von Arbeitsvorgängen, die auf einem Montagesystem durchgeführt werden können, ist abhängig von der Größe des Montagesystems (Anzahl an Stationen) und von der geforderten Taktzeit (Produktionsleistung). Weiterhin ist zu beachten, daß die Verfügbarkeit des Gesamtsystems mit steigender Anzahl an Einzelstationen sinkt, was spezielle Maßnahmen wie die Aufteilung der Arbeitsvorgänge auf mehrere Zellen mit Zwischenpuffern erfordert.

Das gesamte Montagesystem wird in unterschiedliche Zellen unterteilt, die materialfluß- und informationstechnisch miteinander verknüpft sind. Die Zellen oder Maschinen sind modular aufgebaut und verfügen über standardisierte Schnittstellen für die Energieübertragung (Pneumatik, Elektrik) und die Signalübertragung (Informationstechnik). Dadurch kann ein schneller Aufbau der einzelnen Montagezellen, ein hoher Grad an Wiederverwendung und ein flexibler Einsatz ermöglicht werden. Die Anlagensteuerung erfolgt mittels einer übergeordneten SPS (Speicherprogrammierbaren Steuerung).

Eine Montagezelle besteht wiederum aus unterschiedlichen Komponenten und Baugruppen, Bild 1.11. Wesentliche Komponenten einer Montagezelle sind die Prozeßtechnik, Handhabungsgeräte und die Teilebereitstellung. Als Handhabungsgeräte werden Roboter in Scara- oder Gelenkarmausführung, NC-Achsen aus einem Baukastensystem oder einfache Pick & Place-Geräte eingesetzt. Zu den Geräten wird weiterhin die Greifertechnik (siehe Kap. 1.3.1) und Sensorik zur Prozeßüberwachung gerechnet. Während bei den Handhabungsgeräten meist aufgabenneutrale Standardkomponenten zum Einsatz kommen, werden Greifer und Sensorik i.d.R. speziell auf die Montageaufgabe angepaßt.

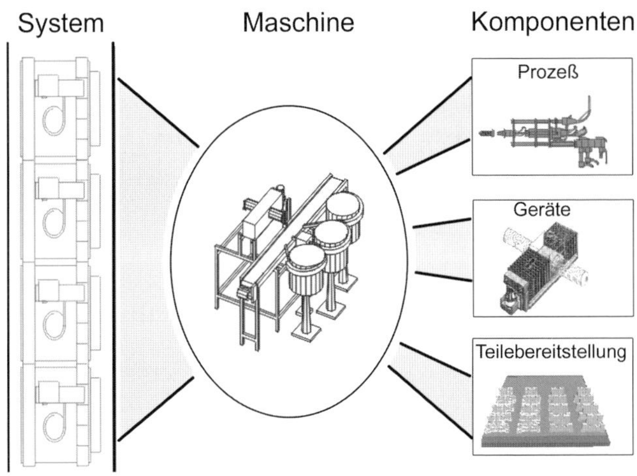

Bild 1.11 Struktur und Komponenten von Montagezellen

In Bild 1.12 sind die verschiedenen Alternativen zur Auslegung von Montagesystemen dargestellt. Eine flexible Zelle ist in der Lage, alle notwendigen Montageoperationen für ein bestimmtes Variantenspektrum (Varianten: A, B und C) durchzuführen. Sie besitzt alle hierzu erforderlichen Montagehaupt- und Montagenebenfunktionsträger und damit ein hohes Flexibilitätspotential hinsichtlich der Variantenmontage. Die sequentielle Abarbeitung der Montageteilaufgaben führt jedoch zu hohen Prozeßnebenzeiten. Flexible Zellen werden daher vorzugsweise im Bereich kleiner und mittlerer Serien eingesetzt.

In Duplex-Zellen werden die Montagefunktionen auf zwei Fertigungseinheiten verteilt. Jede Zelle führt lediglich einen Teil der Montagefunktionen aus, es erfolgt somit eine Aufgabenteilung. Jede Zelle besitzt jeweils die volle Variantenflexibilität. Im Vergleich zur flexiblen Zelle werden durch die Spezialisierung kürzere Taktzeiten erreicht.

Serielle Zellen sind nur im Rahmen der Variantenmontage flexibel. Der Funktionsumfang einer einzelnen Zelle ist jedoch beschränkt, d.h. es erfolgt eine starke Spezialisierung. Im

Extremfall wird in jeder Zelle jeweils nur eine einzige Montageoperation ausgeführt. Die serielle Anordnung hat zur Folge, daß die Zelle mit der größten Taktzeit die Taktzeit des Gesamtsystems vorgibt. Betrachtet man die räumliche Ausdehnung serieller Strukturen, so erkennt man aufgrund des geringen Integrationsgrades einen höheren Platzbedarf als bei flexiblen Zellen oder Duplex-Zellen.

Wird jeweils eine Zelle für die komplette Montage einer Produktvariante eingesetzt, so spricht man von parallelen Zellen. Die einzelnen Zellen besitzen ein hohes Maß an Funktionsflexibilität hinsichtlich einer zu montierenden Variante. Die Zellenkomponenten sind dabei variantenspezifisch ausgelegt. Diese Montagestruktur ist beispielsweise dann vorteilhaft, wenn die einzelnen Produktvarianten einen geringen Anteil an Gleichteilen besitzen. Die Fügeteile weisen in diesem Fall unterschiedliche Greifbedingungen und Teilezuführungen auf. Ein Nachteil dieser Struktur besteht jedoch darin, daß Stückzahlschwankungen in den einzelnen Varianten aufgrund der geringen Variantenflexibilität in den einzelnen Zellen nicht durch eine Produktionsverlagerung auf andere Zellen abgefangen werden können.

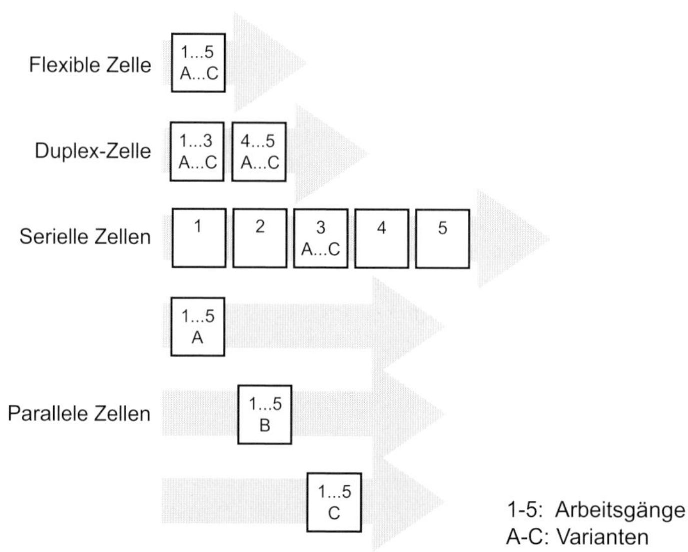

Bild 1.12 Alternative Zellenstrukturen für Montagesysteme

Im Hinblick auf die Auswahl einer geeigneten Anlagenstruktur für die Montage von Kunststoffbauteilen können zusammenfassend folgende Aussagen getroffen werden: serielle Montagestrukturen eignen sich besonders für die Massenfertigung. Sie sind jedoch relativ unflexibel. Auf Stückzahlschwankungen bei einzelnen Produktvarianten kann schlecht reagiert werden, d.h. im Extremfall ist eine Umrüstung oder ein Umbau aller Einzelzellen in einer Linie erforderlich. Parallele Zellen sind i.d.R. variantengebunden. Stückzahländerungen führen so zu Über- oder Unterkapazitäten in der jeweiligen Zelle, die ohne Umbaumaßnahmen nicht abgebaut werden können.

Bei flexiblen Zellenstrukturen bleibt der Auslastungsgrad des Systems auch bei stärkerer Stückzahlschwankung in den einzelnen Varianten nahezu unbeeinflußt. Der Mengenoutput ist im Vergleich zu seriellen oder parallelen Zellen wesentlich geringer. Diese Struktur eignet sich für Produkte, bei denen starke Nachfrageschwankungen oder eine hohe Unsicherheit (z.B. Anlaufphase) in der Produktionsmenge vorliegen.

1.3.1.2 Manuelle, teilautomatisierte und vollautomatisierte Montage

Montagesysteme lassen sich grob in manuelle, teilautomatisierte oder vollautomatisierte Systemlösungen untergliedern. Die Grenzen zwischen den unterschiedlichen Systemen sind jedoch fließend. Die Wahl eines geeigneten Automatisierungsgrades hängt wesentlich von Randbedingungen wie erforderlicher Taktzeit/Stückzahlen und zu erwartenden Stückzahlschwankungen, Typen- und Variantenvielfalt sowie dem Schwierigkeitsgrad der Montageaufgabe ab (vgl. 1.3.1.1).

Manuelle und teilautomatisierte Montagesysteme

Manuelle und teilautomatisierte Montagesysteme (Bild 1.13) sind häufig im Bereich der Feinwerk- und Elektrotechnik anzutreffen. Sie eignen sich insbesondere für die Montage variantenreicher Kunststoffbauteile oder Produkte mit hoher Komplexität der Fügeaufgabe. In rein manuellen Montagesystemen führt der Werker alle Fertigungsschritte selbst aus [12]. Kennzeichnend hierfür ist eine hohe Flexibilität aufgrund der vielseitigen Fingerfertigkeiten und kognitiven Fähigkeiten des Werkers. Dabei stehen ihm eine Vielzahl von Hilfsmitteln, wie Handhabungs- und Fügewerkzeuge, Spannvorrichtungen usw. zur Verfügung. Neben der reinen Montageaufgabe kann der Werker auch Zusatzaufgaben wie beispielsweise die Qualitätskontrolle übernehmen. Die Zuordnung zur Kategorie manueller oder teilautomatisierter Montagearbeitsplatz hängt davon ab, ob die Montageoperationen rein manuell, unter Zuhilfenahme mechanischer Werkzeuge (Schraubendreher etc.) durchgeführt werden oder ob einzelne Teilprozesse automatisiert ausgeführt werden.

Die am häufigsten angewandten Organisationsformen sind die Einzelplatzmontage und die Fließmontage, die an mehreren verketteten Montagestationen erfolgt. Die Einzelplatzmontage wird in der Regel für kleinere kunststoffbasierte Produkte oder Baugruppen mit beschränkter Komplexität und geringem Produktionsvolumen eingesetzt. Die Vorteile sind die hohe Varianten- und Mengenflexibilität sowie die Entkoppelung von Störungen auf nachfolgende Arbeitsplätze.

Wesentlicher Bestandteil manueller oder teilautomatisierter Arbeitsplätze sind die Bereitstellungskomponenten für die Baugruppe und die zu montierenden Bauteile. Für relativ kleine Füge- und Fügehilfsteile erfolgt die Bereitstellung in Greifbehältern, wobei kurze, gleichbleibende Greifwege angestrebt werden um die Taktzeit zu verkürzen. Ein weiteres wichtiges Kriterium ist in diesem Zusammenhang eine ergonomische Arbeitsplatzgestaltung.

Ist die Montage eines Produktes an einem Einzelmontageplatz aufgrund technologischer oder wirtschaftlicher Faktoren nicht sinnvoll, kann eine Fließmontage an mehreren verketteten Montagestationen erfolgen. Zur Verkettung der Arbeitsplätze werden häufig Materialflußeinrichtungen wie Doppelgurtbänder oder Förderrollen eingesetzt. Die Werkstückträger bilden dabei eine definierte Schnittstelle zwischen der Baugruppe und dem übergeordneten Materialfluß. Zur Unterscheidung der Produktvarianten können die Werkstückträger codiert werden. Zusätzlich können dem Werker mittels Informationssystemen Produktinformationen bezüglich der zu montierenden Variante zur Verfügung gestellt werden.

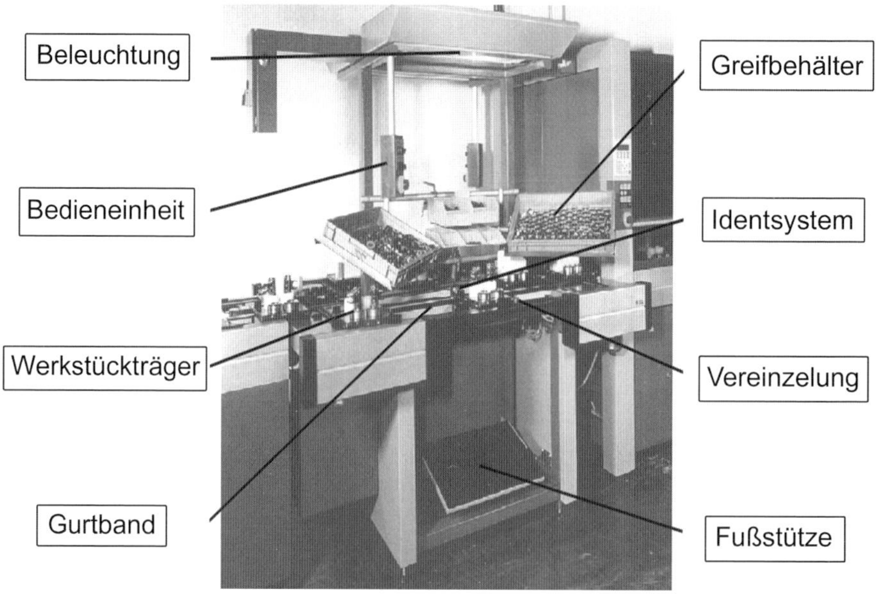

Bild 1.13 Komponenten eines manuellen Montagesystems

Automatisierte Montagesysteme

Automatische Montagesysteme für Kunststoffbauteile lassen sich in flexible Montagesysteme, die eine hohe Variantenflexibilität bei begrenzter Produktivität aufweisen und Transferautomaten für die Großserien- und Massenproduktion mit begrenzter Variantenanzahl unterteilen.

Flexibel automatisierte Montagesysteme existieren in Form von Montagelinien oder von Einzelmontagestationen [12, 13]. Die Montagelinien bestehen aus verketteten Montagestationen mit einer Hauptlinie und häufig mehreren Nebenlinien, auf denen die unterschiedlichen Varianten der einzelnen Baugruppen entstehen. Die Nebenlinien fließen in die Hauptlinie ein, auf der die Baugruppen zu einem Endprodukt montiert werden.

Häufig werden in flexiblen Montagesystemen Industrieroboter eingesetzt, um das Ziel einer möglichst hohen Flexibilität bezüglich der Montage unterschiedlicher Produkte und deren verschiedenen Varianten zu erreichen. Vorteil der Roboterzellen (Bild 1.14) ist neben der hohen Flexibilität die Möglichkeit der Offline-Programmierung und Simulation des Montagevorgangs (z.B. Kollisionen). Ein typisches Einsatzgebiet von Industrierobotern ist neben der Automobilindustrie auch das Bauteilhandling an Werkzeugmaschinen (z.B. Be- und Entladen von Spritzgußmaschinen).

Im Bereich der Transferautomaten kommen sowohl Rundtaktautomaten (Bild 1.15) als auch Längstransferautomaten zum Einsatz. Transferautomaten sind durch eine starre Verkettung der Stationen gekennzeichnet. Die Hauptbewegungen (Antriebe für Transfersysteme) können durch einen Elektromotor über angepaßte Schalt-, Kurven- und Hebelgetriebe erfolgen, oder pneumatisch bzw. hydraulisch realisiert werden. Nebenbewegungen (Spannen von Teilen, etc.) werden mechanisch, elektromechanisch oder pneumatisch realisiert. Häufig werden die Handhabungs- und Montagestationen synchron über mechanische Kurvenscheiben angetrieben. Bei der Montage von Produkten mit kleinem Bauvolumen ist unter optimalen Bedingungen eine Ausbringung von bis zu 90 Stück/Minute möglich. Dies setzt jedoch eine automatisierungsgerechte Gestaltung der Produkte, eine möglichst senkrechte Fügerichtung, einfach zu handhabende Einzelteile, beherrschte Prozesse sowie eine geringe Anzahl von Produktvarianten voraus. Auf die Gesamtverfügbarkeit wirken sich die einzelnen Zuverlässigkeiten der Zuführeinrichtungen sehr stark aus. Die Anzahl der Stationen ist abhängig vom Umfang der durchzuführenden Einzelarbeitsgänge wie beispielsweise Zuführen, Fügen, Bearbeiten, Prüfen, Justieren, Ablegen etc..

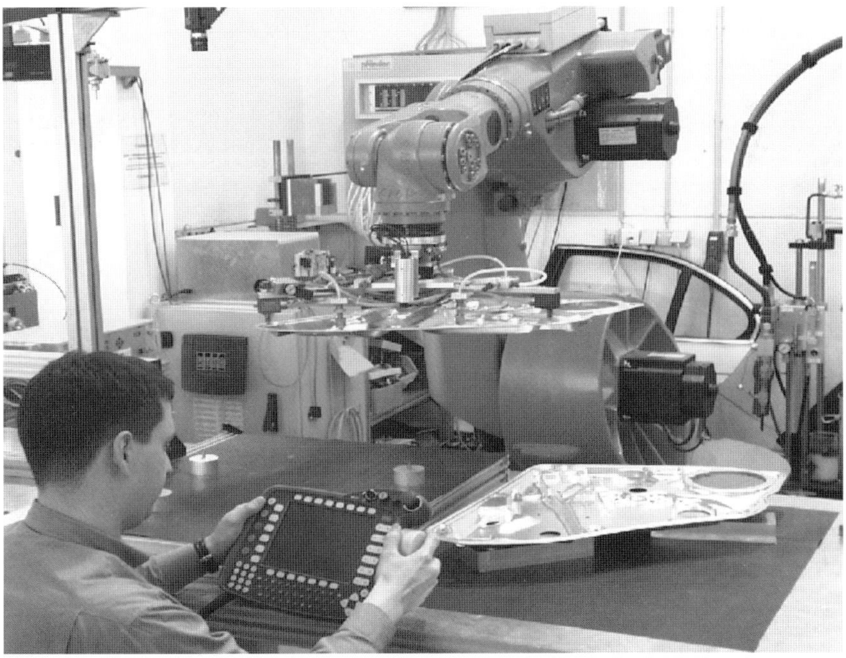

Bild 1.14 Einsatz eines 6-Achs-Knickarmroboters in einer flexiblen Montagezelle

Mit Transferautomaten lassen sich einerseits kurze Taktzeiten und eine hohe Genauigkeit bei der Montage von kleinen Produkten erreichen, andererseits ist aber nur die Montage von Großserien mit geringen Teilevarianten möglich. Die Wiederverwendbarkeit der einzelnen Komponenten bei einem Produktwechsel ist in der Regel gering. Um diesen Nachteil auszugleichen, sind auf dem Markt moderne Rundtransferautomaten verfügbar, die eine höhere Flexibilität, eine größere Wiederverwendbarkeit, schnelle Rüstmöglichkeiten und eine hohe Modularität besitzen.

Es wird eine strikte Trennung zwischen den produktunabhängigen Komponenten (Grundeinheit mit Antrieb, Bedienpanel, Schutzeinrichtung, Schaltschrank, Steuerung, Transportsystem) und den produktabhängigen Komponenten (Werkstückaufnahmen, Handhabungs- und Montagemodule) vorgenommen. Die produktspezifischen Komponenten lassen sich leicht über definierte und standardisierte Schnittstellen in das Basissystem integrieren.

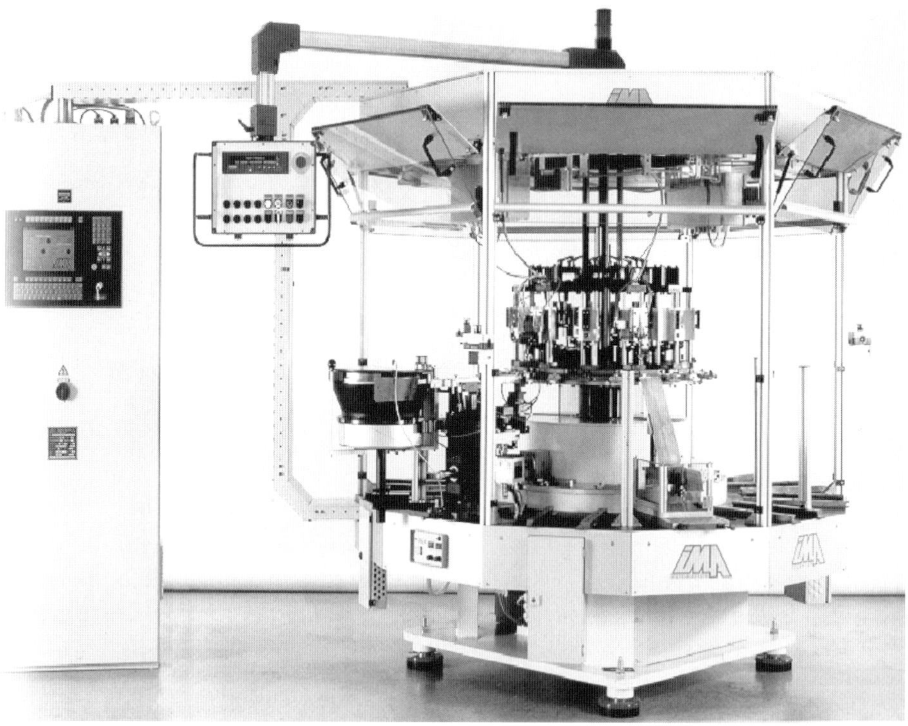

Bild 1.15 Rundtransferautomat für effiziente Montage von Massenprodukten

Quelle: IMA Automation

1.3.1.3 Peripherie und Logistik in Montageanlagen

Greiferbauarten

Zum Greifen von Kunststoffbauteilen kommen unterschiedliche Greifertypen zum Einsatz, Bild 1.16. Die gebräuchlichste Einteilung ist die Klassifizierung nach dem Wirkprinzip. Hier kann eine Unterscheidung zwischen mechanischen, pneumatischen, (elektro-) magnetischen und sonstigen Prinzipien getroffen werden [14].

pneumatisch	mechanisch	alternative Methoden
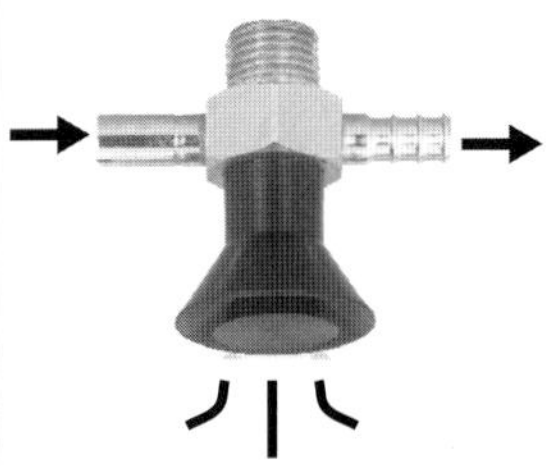	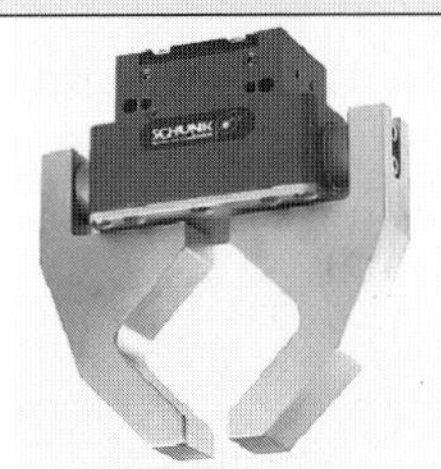	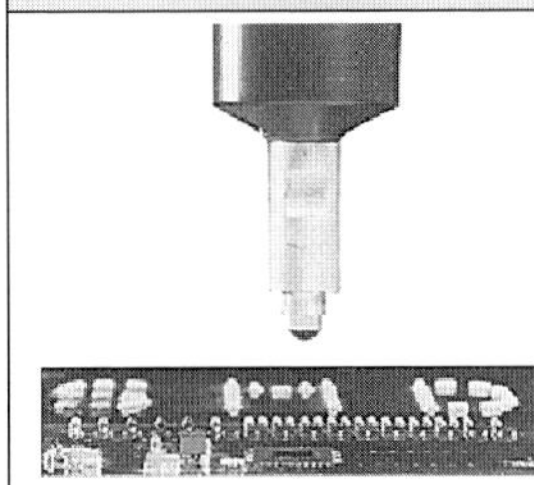
• Sauggreifer • Luftstromgreifer	• Fingergreifer • Parallelgreifer	• Adhäsivgreifer • Klettgreifer
• Teile mit empfindlicher Oberfläche • instabile Teile • flächige Teile	• verschiedene Anwendungen an unempfindlichen Oberflächen	• sehr kleine Teile • leichte Teile

Bild 1.16 Greifertypen für Kunststoffbauteile

Mit einem Anteil von etwa 66 % stellen mechanische Greifer die größte Gruppe dar. Innerhalb dieser lassen sich weitere Unterscheidungen nach der Art der Schließbewegung und der Anzahl der Greiferbacken oder -finger treffen. Dreifinger-Greifer eignen sich zum Greifen von runden und sphärischen Teilen. Parallel-Greifer realisieren die Greifbewegung durch eine Parallelverschiebung ihrer Greifbacken und gewährleisten somit, daß das Teil nicht aus dem Greifer rutschen kann.

Da diese Greifertypen jedoch Beschädigungen an der Bauteiloberfläche hervorrufen können, werden für das Handling von empfindlichen Bauteilen oft Sauggreifer eingesetzt. Bei diesen nach dem Prinzip der Venturi-Düse arbeitenden Greifern wird durch strömende Luft ein Unterdruck im Saugnapf erzeugt, der die Teile fixiert. Wenn das Luftventil wieder geschlossen wird, baut sich der Unterdruck ab und die Teile lösen sich vom Saugnapf. Durch den Unterdruck können allerdings Beschädigung an Bauteiloberflächen von noch warmen

Spritzgußteilen entstehen. Deshalb sollten Greifstellen auf Sichtflächen vermieden werden. Alternativ dazu kann das Bauteil z.B. am Anguß gegriffen werden.

Bei sehr kleinen, leicht zu beschädigenden Teilen können auch Greifer mit alternativen Wirkprinzipien wie elektrostatisch- und adhäsiv-haftend zum Einsatz kommen, da solche Greifer keine Druckkraft auf das Bauteil ausüben, die zu dessen Versagen führen könnte. Anwendungsgebiete sind hier in der Mikromontage und Elektronikproduktion zu finden.

Ein wichtiger Aspekt ist die Sicherheit der gegriffenen Teile. Kniehebelgreifer arbeiten z.B. nach dem Fail-Save-Prinzip, d.h. auch bei einem Ausfall der Energieversorgung des Greifers öffnet sich dieser nicht. Im Gegensatz dazu lösen sich die Bauteile z.B. von einem Sauggreifer falls die Luftversorgung ausfällt.

Eine variantenflexible Montage kann durch den Einsatz von Multifunktionsgreifern für das Handling unterschiedlicher Kunststoffbauteilgeometrien in einer Roboterzelle erreicht werden.

Teilebereitstellung

Um die Teile automatisiert greifen zu können, müssen diese, unabhängig von den oben beschriebenen Greifprinzipien, dem Handhabungsgerät und somit dem Greifer in einer definierten Lage und Orientierung zugeführt werden.

Bei Kleinteilen aus Kunststoff, die in hohen Stückzahlen verarbeitet werden müssen, wird nach wie vor häufig der Vibrationswendelförderer (VWF) eingesetzt. Bei diesem befinden sich die Teile als Schüttgut in einem Bunker, der über einen Förderwendel mit der Ausgabestrecke verbunden ist. Durch Schwingungen, die von einem Elektromagneten in Verbindung mit Federpaketen ausgelöst werden, wandern die Teile vereinzelt auf dem Förderwendel zum Ausgabepunkt.

Nachteilig bei Vibrationswendelförderern ist, daß es durch die Mikrowürfe zu Teilebeschädigungen und Lärmentwicklung kommt. Darüber hinaus sind die Geräte bei ungenauer Auslegung der Schikanen störanfällig. Des weiteren ist der VWF extrem unflexibel hinsichtlich Teilevarianten, da jeder VWF in der Regel auf genau ein Teil hin ausgelegt wird. Bislang ist es noch nicht möglich, die komplexen Bewegungsabläufe in einem VWF mit Hilfe der Simulation zu beobachten. Es liegt vielmehr am Geschick und der Erfahrung des Konstrukteurs, den Förderer so auszulegen, daß er die Anforderungen des Kunden erfüllt. Dennoch ist und bleibt der VWF eines der wichtigsten Zuführ- und Ordnungseinrichtungen für Kunststoffkleinteile.

Die Firma Sony bietet mit SMART eine alternative Lösung für die Vereinzelung von Schüttgut. Auf einem Werkstückträger befinden sich bis zu 300 Formnester, in die die Kunststoffbauteile durch Vibration des Trägers fallen, wobei lagerichtige Bauteile im Formnest verharren. Somit lassen sich je nach Bauteilgröße und -geometrie Füllungsgrade für die Paletten mit 95 % und mehr erreichen.

Handelt es sich um größere Teile, so können diese palettiert auf tiefgezogenen Werkstückträgern zugeführt werden. Generell gilt der Grundsatz, daß ein einmal erreichter Ordnungszustand nicht wieder aufgelöst werden soll.

1.3.1.4 Prozeßsicherung am Beispiel der Schraubtechnik

Gesicherte Prozesse sind eine wichtige Grundvoraussetzung für eine zuverlässige Montage mit hoher, reproduzierbarer Qualität des Endproduktes. Dies gilt für alle Handlings- und Fügeprozesse bei der Montage von Kunststoffbauteilen [15].

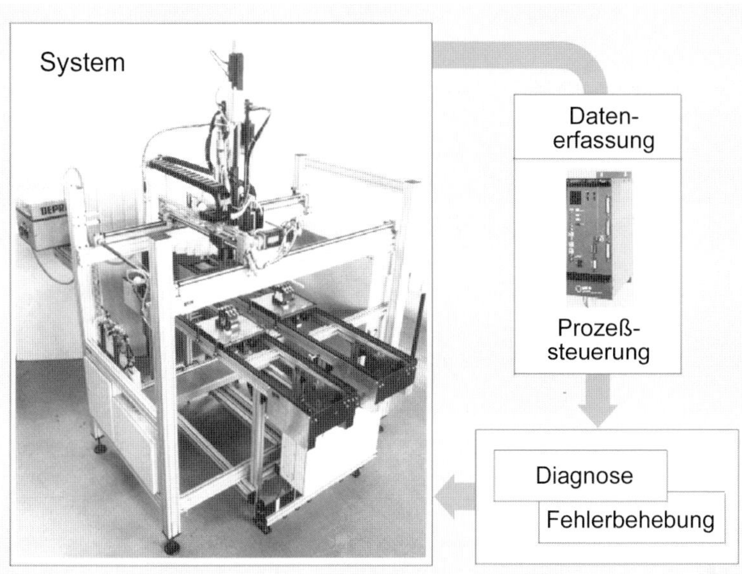

Bild 1.17 Prozeßüberwachung und Fehlerdiagnose am Beispiel einer flexiblen Schraubstation

Zur Erstellung von Schraubverbindungen können entweder selbstschneidende/-furchende Schrauben oder, für den Fall daß die Verbindung mehrmals ohne Qualitätsverluste gelöst werden soll, metrische Schrauben mit Inserts im Kunststoffbauteil verwendet werden. Entsprechend der gewählten Schraubverbindung müssen an der Schraubeinheit korrespondierende Steuer- und Überwachungsparameter aktiviert werden, Bild 1.17.

Am Beispiel des Verschraubens von metrischen Schrauben mit einer Elektroschraubspindel, wird eine automatische Prozeßüberwachung mittels des Schraubkurvenverlaufs dargestellt, Bild 1.18. Um Schraubfehler sicher erkennen zu können, ist für jede Schraubphase eine Prozeßüberwachung (Drehmoment, Drehwinkel etc.) erforderlich [16].

Typische Fehler, die sich somit erkennen lassen, sind beispielsweise Findefehler beim Einkuppeln der Schraubklinge auf den Schraubenkopf oder fehlende Gewinde. Sie sind an leicht oszillierenden Schraubverläufen bei gleichzeitig niedrigem Drehmoment zu erkennen. Beschädigte oder verunreinigte Schraubgewinde sowie die klassischen "Gewindefresser" führen dagegen zu oszillierenden, stark ansteigenden Kurvenverläufen. Zur Fehlererkennung eignet sich eine Einschraubüberwachung mittels Toleranzfenster für Drehmoment, Drehwinkel und/oder Einschraubzeit.

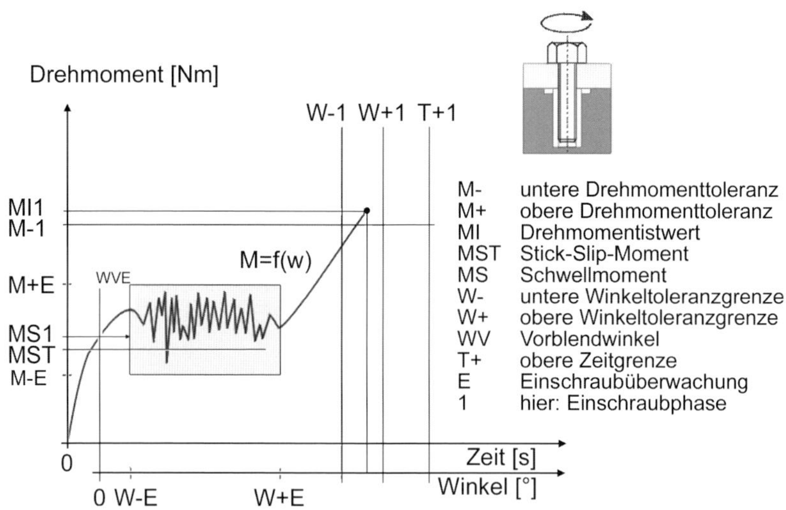

Bild 1.18 Kombination von Einschraub-, Stick-Slip-, Zeit- und Endwertüberwachung zur Fehlererkennung

Eine direkte Messung und Steuerung der Vorspannkraft während des Prozesses ist meist nicht möglich, so daß die Zielgröße indirekt beispielsweise über das Anzugsdrehmoment eingestellt wird. Es ist zu beachten, daß speziell bei Kunststoffbaueilen durch Relaxationserscheinungen Schwankungen in der Vorspannkraft noch nach einem längeren Zeitraum auftreten können (siehe Kap. 2).

1.3.2 Demontage

Während der Lebenswegsphasen Nutzung und Nachnutzung eines Produktes spielt der Aspekt der Demontage eine wichtige Rolle. So werden während der Nutzungsphase im Rahmen von Service und Reparatur einzelne Baugruppen oft mehrfach, im wesentlichen zerstörungsfrei, demontiert.

Bei der Verwertung der Produkte in der Nachnutzungsphase steht neben der Schadstoffentfrachtung und zerstörungsfreien Demontage zur Gewinnung von wiederverwendbaren Bauteilen hauptsächlich eine schnelle, oft zerstörende Demontage in verwertungsfähige Fraktionen im Vordergrund.

Hierzu wird nur soweit demontiert, bis die gewonnenen Bauteile/-gruppen verfahrenstechnisch zerkleinert, getrennt und verwertet werden können. Die Forderung nach einer schnellen und damit kostengünstigen Demontage wird zukünftig an Bedeutung gewinnen, da die ab 2006 gültigen EU-Richtlinien sowohl zum Altauto[1]- als auch zum Elektro(nik)-Recycling[2] [17, 18], hohe Recyclingquoten vorsehen, deren Erfüllung u.a. durch die Demontage von Polymerbauteilen unterstützt wird. Die Demontageeignung wird von der Baustruktur, der Werkstoffwahl und insbesondere der Befestigungstechnik beeinflußt.

1.3.2.1 Unterschiedliche Formen von Demontage/Zerlegung

Die Demontage kann grundsätzlich, je nach Demontageziel, zerstörungsfrei, teilzerstörend oder zerstörend durchgeführt werden:

- zerstörungsfreie Demontage: hierbei werden kraft- und formschlüssige Verbindungen (z.B. Schraubenverbindungen) gelöst, (Anwendung: Service),
- teilzerstörende Demontage: das Zerstören der Verbindungselemente erfolgt zumeist unter Verwendung von Werkzeugen (z.B. Zerstören eines Niets), da die Zerstörung lokal begrenzt ist, bleibt die Gestalt der Teile weitgehend erhalten (Anwendung: Service, Recycling),
- zerstörende Demontage: hierbei werden die Verbindungselemente sowie die zu verbindenden Teile zerstört, die zerstörende Demontage dient zum Lösen "unlösbarer" Verbindungen wie Schweiß- oder Klebeverbindungen, allerdings wird z.B. in industriellen Elektro(nik)-Altgerätezerlegebetrieben vielfach auch dann zerstörend demontiert, wenn lösbare Verbindungen vorliegen, sofern hierdurch eine Verkürzung der Demontagezeit zu erreichen ist (Anwendung: Recycling).

1.3.2.2 Kunststoffbefestigungen und deren Demontage-Eigenschaften

Wichtige Verbindungsarten bei Kunststoffbauteilen sind Schnapp-, Klett-, Schraub-, Klemm-, Niet- und Klebverbindungen. Die Verbindungen können unterteilt werden in lösbare, bedingt lösbare und unlösbare Verbindungen. Lösbare Verbindungen weisen zumeist gute, unlösbare Verbindungen weisen schlechte Demontageeigenschaften auf. In Tabelle 1.3 sind wichtige Vertreter der einzelnen Verbindungsarten und orientierend deren Demontageeigenschaften angegeben.

Demontageschwierigkeiten können bei Schnappverbindungen auftreten. Diese können zwar als Einzelelement zumeist gut gelöst werden, es treten jedoch erhebliche Probleme auf, wenn zur Demontage gleichzeitig mehrere Schnappverbindungen zu lösen sind.

Das bei Service und Reparatur wiederholte Öffnen und Schließen von Verbindungen wird von den meisten lösbaren Verbindungsarten erfüllt. Bei Schnappverbindungen ist jedoch durch konstruktive Maßnahmen (Anschlag) zu gewährleisten, daß beim Lösen kein Bruch oder irreversible Deformationen auftreten.

Das Lösen von Niet- und Klebverbindungen ist nur zerstörend möglich. Dies ist sowohl für den Service als auch für das Recycling von Bedeutung. Diese Verbindungsarten sollten

---

[1] Recyclingquoten für Altfahrzeuge 80 % (2006)

[2] Recyclingquoten für Elektro(nik)-Altgeräte zwischen 50 % und 75 % (2006)

deshalb nur bei demontageirrelevanten Baugruppen (werkstoffverträgliche oder verfahrenstechnisch trennbare Materialien) eingesetzt werden.

Verbindungsart	**Beispiele**	**Kraftübertragung**	**Lösbarkeit**	**Demontagewerkzeuge**	**Demontageeigenschaften**
Schnappverbindung	Schnapphaken	Formschluß	lösbar bis bedingt lösbar	keine/ Schraubendreher	gut/ mittel
Klettverschluß		Kraftformschluß	lösbar	keine	gut
Schraubverbindung	Gewindeeinsatz	Kraftformschluß	lösbar	Schraubendreher	gut
	Kunststoffschraube				
	gewindeformende Stahlschraube				
	gewindeformende Schraube mit Schnellbefestigung				
Klemmverbindung	Klammer	Kraftschluß	lösbar		mittel
Nietverbindung		Formschluß	unlösbar		schlecht
Klebeverbindung		Stoffschluß	unlösbar	div.	schlecht

Tabelle 1.3 Wichtige Typen und Ausführungsformen bei Verbindungen von Kunststoffteilen

1.3.2.3 Demontageanalyse

Demontageanalyse am fertigen Produkt, Musterdemontage

Zur Demontageanalyse werden verschiedene Verfahren eingesetzt. Aus dem Demontagegraph kann die Reihenfolge der zu demontierenden Bauteile entnommen werden, Bild 1.19.

In Demontageprotokollen werden u.a. die Demontagezeiten und die Gewichte der demontierten Teile erfaßt. Aus diesen Angaben können, in der Reihenfolge des Demontagevorgangs, die Demontagezeiten und die Gewichte der demontierten Bauteile in Form eines Zeit-Mengengerüsts dargestellt werden, Bild 1.20.

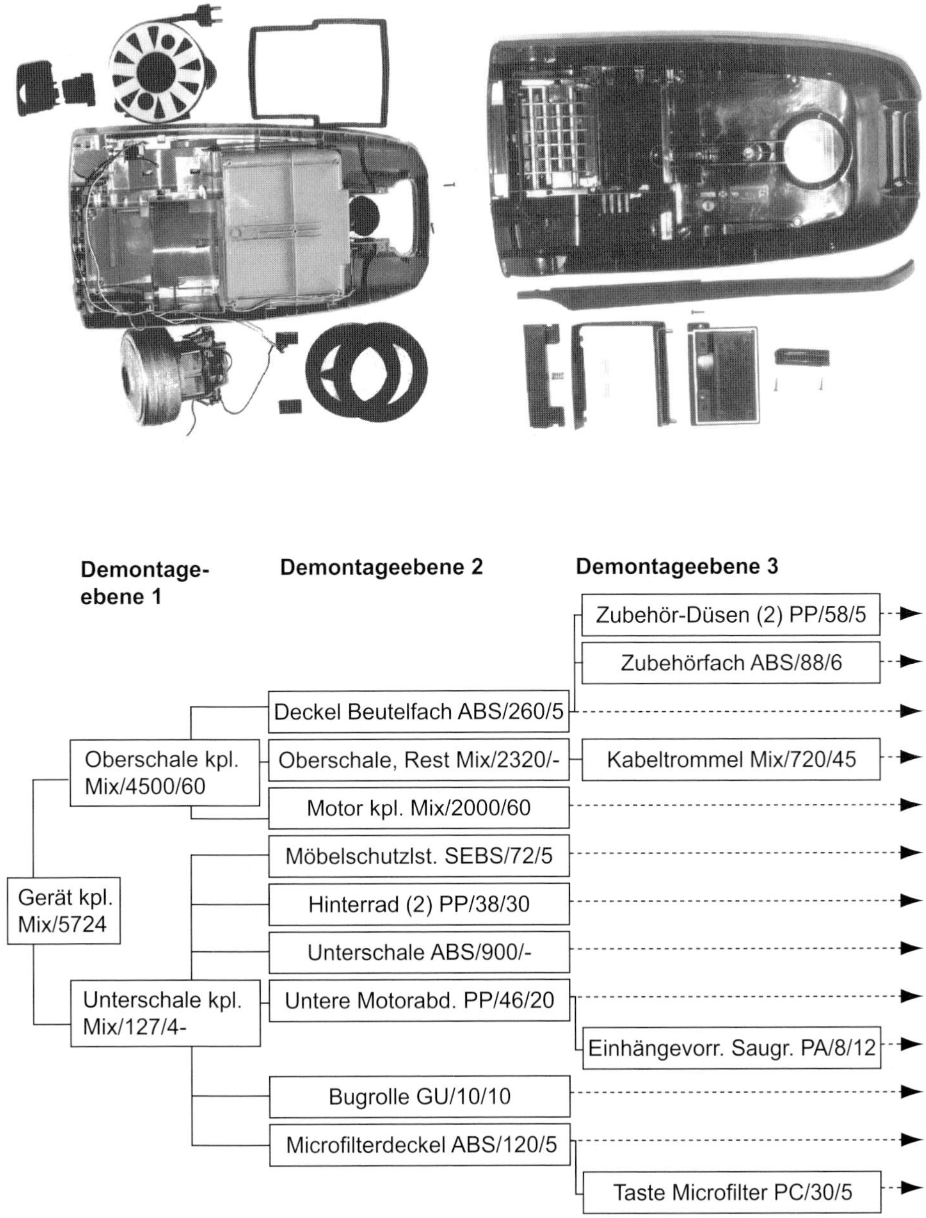

Bild 1.19 Staubsauger

oben: *Baugruppen der Oberschale und Unterschale*

unten: *Demontagegraph (Bezeichnung: Werkstoff / Gewicht [g] / Demontagezeit [s])*

Im Hinblick auf eine wirtschaftliche Demontage von Kunststoffbauteilen sollten die schweren Kunststoffbauteile frühzeitig und schnell demontierbar sein. Werden den einzelnen demontierten Bauteilen, basierend auf den gewählten Recyclingverfahren, spezifische Recyclingquoten zugeordnet, kann die Recyclingquote über der Demontagezeit aufgetragen werden. Diese Darstellung erleichtert die Abschätzung einer ökologisch/ökonomisch anzustrebenden Recyclingquote.

Bild 1.20 zeigt, daß in diesem Beispiel die beiden größten Kunststoffbauteile (Ober- und Unterschale) erst spät demontiert werden können und eine Recyclingquote von z.B. 70 % [3] erst mit der Demontage der Unterschale erreicht wird.

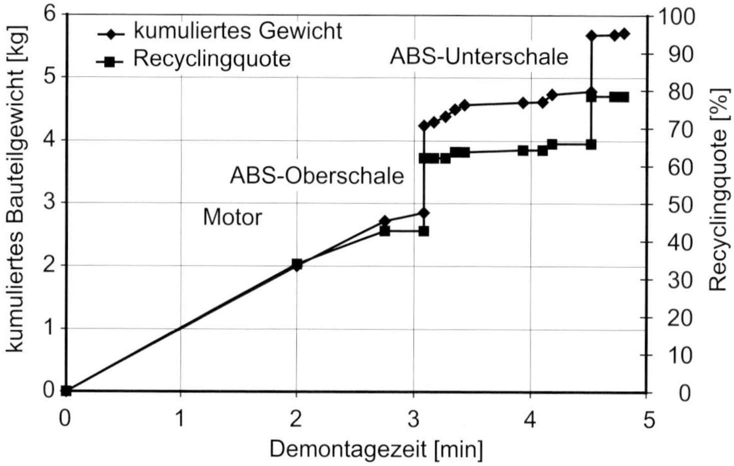

Bild 1.20 Zeit-Mengengerüst und Recyclingquote bei der Demontage eines Staubsaugers

Ermittlung der Demontagezeiten während der Entwicklungsphase

Bereits bei der Produktentwicklung sind Aussagen zum Recyclingverhalten im Allgemeinen und zu den Demontagezeiten und -kosten im Speziellen wichtig. Zur Ermittlung der Demontagezeiten stehen verschiedene Verfahren zur Verfügung. Hierfür können das Vorgängermodell, Prototypen oder DFE-Programmsysteme (Design for Environment) genutzt werden. Während bei der Demontageanalyse von Vorgängermodell und Prototyp die Demontagezeiten am Produkt gemessen werden, wird beim Einsatz von DFE-Programmsystemen auf hinterlegte Demontagezeiten zurückgegriffen. Darüber hinaus können bei bekannter Produktstruktur mittels DFE-Programmen neben den Demontagezeiten auch Verwertungskosten und Materialerlöse, optimierte Demontagewege und Produkt-Umweltbelastungen ermittelt werden. Die Ermittlung der Demontagezeit erfolgt allerdings bei den o.g. Verfahren

[3] Recyclingquote für kleine Haushaltsgeräte nach [18]

zumeist unter der Annahme einer zerstörungsfreien Zerlegung (Montage rückwärts), was vielfach nicht der industriellen Realität entspricht.

Bei der Nutzung von DFE-Programmsystemen werden, da beim Demontagevorgang das Trennen von Verbindungen im Vordergrund steht, zur Ermittlung der Demontagezeit vereinfacht nur die Lösezeiten der Verbindungen aufsummiert. Demontageschwierigkeiten sind von dem Benutzer pauschal abzuschätzen und werden dann programmintern in Form von Zeitzuschlägen berücksichtigt [19, 20].

Als Demontageschwierigkeiten gelten z.B. schlechte Erkennbarkeit, schlechte Zugänglichkeit, hohe Lösekräfte und Größe/Gewicht des Bauteils. Die spezifischen Zeitzuschläge sind dabei z.T. nicht unerheblich, wodurch die Gesamtzeit zur Lösung einer Verbindung im ungünstigen Fall auf ein Mehrfaches der reinen Demontagegrundzeit anwachsen kann, Bild 1.21.

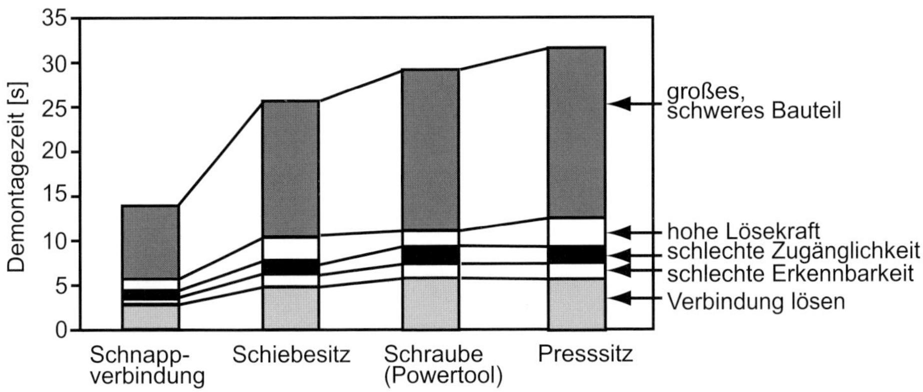

Bild 1.21 Demontagezeiten für das Lösen verschiedener Verbindungselemente mit Zuschlagszeiten (Werte aus [19] ermittelt)

Die analytische Ermittlung der Demontagezeiten kann ebenfalls auf arbeitswissenschaftlicher Basis erfolgen [21]. Es wird eine analytische, ablauforientierte Betrachtung der Demontagevorgänge durchgeführt, wobei jeder einzelne Demontagevorgang in Grundbewegungen (z.B. Hinlangen, Zugreifen, Trennen, Ablegen) aufgeteilt wird. Die spezifischen Zeitanteile werden aus Zeittabellen (z.B. MTM-Zeittabellen [22]) entnommen. Die Ermittlung der Demontagezeiten nach diesem Verfahren ist allerdings mit großem Aufwand verbunden.

1.3.2.4 Industrielle Demontage

Im Mittelpunkt des Recycling stehen Altautos und Elektro(nik)-Altgeräte. Bei diesen Produktgruppen liegen unterschiedliche Voraussetzungen für die Demontage der Kunststoffteile vor. Im Automobil sind die Bauteile u.a. im Hinblick auf eine hohe mechanische Belastung ausgelegt, wodurch auch vielfach eine hohe Verbindungsfestigkeit bei den Kunststoffbauteilen vorliegt. Bei Elektro(nik)-Geräten sind u.a. die Gehäuse oft aus Kunststoff. Da diese mechanisch weniger hoch belastet sind, sind die Wandstärken und die Verbindungsfestigkeit auch geringer als bei Teilen aus dem Automobilbereich. Daher können bei Elektro(nik)-Bauteilen die Verbindungen vielfach zerstörend demontiert werden, was für Kunststoffteile des Automobils weniger zutrifft.

Um bei dem Altautorecycling hohe materielle Recyclingquoten zu erreichen, werden zukünftig vermehrt Kunststoffbauteile demontiert werden müssen. Aus genannten Gründen wird hier vornehmlich eine zerstörungsfreie Demontage durchgeführt werden.

Elektro(nik)-Altprodukte werden in Zerlegebetrieben vielfach zerstörend demontiert. Hierbei werden Schnapp- und Schraubverbindungen durch Hammerschlag oder durch Heraushebeln mittels Schraubenzieher zerstört. Dies gelingt allerdings nicht bei Schrauben mit einer höheren Verbindungsfestigkeit (z.B. Verschraubung in Blechteilen), die aufgeschraubt werden müssen.

Die Zerlegung bei der Bildung der Schadstoff- und Wertstofffraktionen wird darüber hinaus nur soweit durchgeführt, bis Fraktionen gewonnen werden, die verfahrenstechnisch weiterverarbeitet werden können. Ein Vergleich der Demontagezeiten von Elektro(nik)-Altgeräten zeigt, daß die analytisch bestimmten Demontagezeiten und die nicht zerstörende Labor-Demontage ähnlich sind. Allerdings wird bei der oben dargestellten industriellen Demontagepraxis etwa nur die Hälfte der Zeit benötigt.

	Demontagezeiten [min]		
Gerätegruppen	analytische mit DFE-Programm ermittelt [19]	nicht zerstörende Labor-Demontage	Demontage im industriellen Zerlegebetrieb
Staubsauger	4 - 9	5 - 13	2 - 5
Videorecorder	5 - 9	5 - 11	4 - 7
PC/ Workstation	5 - 15	8 - 20	3 - 12
Monitor	5 - 25	6 - 27	3 - 7

Tabelle 1.4 Vergleich unterschiedlich ermittelter Demontagezeiten

Bei neueren Untersuchungen zur industriellen Demontage konnte, unter Verwendung einer Blickregistrierungskamera, der Demontagevorgang in Zeitanteile, die der Werker benötigt, einerseits für das Suchen von Befestigungselementen und Bauteilen und andererseits für die reinen Handhabungen unterteilt werden [23]. Diese Suchzeiten können dabei - produktabhängig - Anteile bis zu 50 % der Demontagezeit ausmachen, Bild 1.22. Ursachen für eine hohe Suchzeit sind zumeist eine schlechte Erkennbarkeit der Befestigungselemente. Die experimentell ermittelten Suchzeiten liegen z.T. deutlich höher als die in dem DFE-Programm Boothroyd [19] zugrunde gelegten Zuschlagzeiten für "schlechte Erkennbarkeit", Bild 1.21.

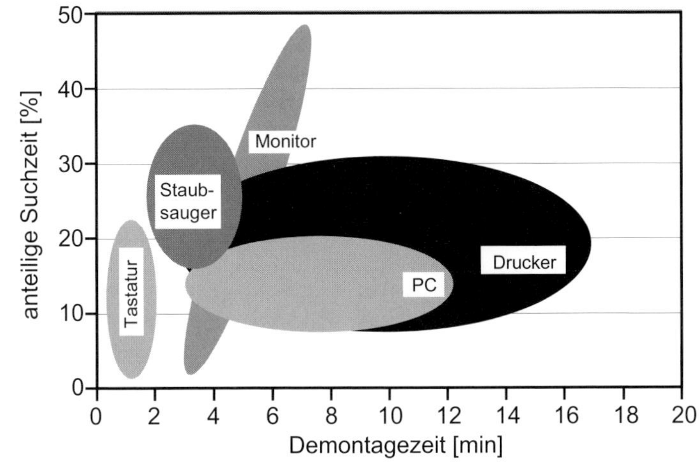

Bild 1.22 Bereiche von Demontagezeiten und anteilige Suchzeiten von Elektro(nik)-Altgeräten (industrielle Demontage)

1.3.2.5 Verfahrenstechnische Aufbereitung

In industriellen Zerlegebetrieben wird aus Kostengründen nur soweit manuell demontiert, bis die Bauteile/-gruppen verfahrenstechnisch zerkleinert, getrennt und verwertet bzw. beseitigt werden können. Im Vordergrund der Verwertung steht derzeit zumeist die Rückgewinnung der Fe- und NE-Fraktionen, die aufgrund geeigneter Zerkleinerungs- und Sortiertechniken und nachfolgender metallurgischer Verfahren zumeist keine sortenreine Zerlegung im Zerlegebetrieb notwendig macht.

Wird ein hochwertiges Kunststoffrecycling angestrebt, schließt sich der Demontage der Kunststoffbauteile/-gruppen eine verfahrenstechnische Aufbereitung an, um Störstoffe zu entfernen und sortenreine Fraktionen zu bilden. In den letzten Jahren wurden im Rahmen der industriellen Aufbereitung von Kunststoffbauteilen Erfahrungen gewonnen, Tabelle 1.5. Werden diese (sowohl bei der Produktgestaltung wie bei der Demontage) berücksichtigt, können sortenreine Kunststofffraktionen für das stoffliche Recycling erhalten werden.

Es ist zu erwarten, daß aufgrund der Entwicklungen der Verfahrenstechnik die Leistungsfähigkeit der Trenn-, Sortier- und Aufbereitungsverfahren hinsichtlich des Recyclings von Kunststoffen weiter ansteigt und auch komplexere Produkte mit hoher Recyclingquote aufbereitet werden können, wodurch der Demontageaufwand reduziert werden kann.

Befestigungstechnik

Inserts (Messing)	Gefahr der Verschleppung von Messingpartikeln in den Kunststoff
Klipse, Schrauben (ferromagnetisch)	unkritisch
Verklebungen, Beklebungen	vermeiden bzw. werkstoffkompatibel, Hotmelt-Klebstoffe keinesfalls verwenden

Trennen und Aussortieren metallischer Bestandteile

Blechteile (ferromagnetisch)	Dicke $\leq$ 3 mm (sonst Vordemontage)
Al-Blechteile	Vordemontage großer Teile vorsehen (Wertschöpfungsgründe)

Sortieren von Kunststoffen

Dichteunterschied der Kunststoffe	Dichteunterschied $\geq$ 0,05 g/cm^3 besser $\geq$ 0,1 g/cm^3. Falls dies nicht möglich ist, unterschiedliche Einfärbung wählen (wg. farboptischer Erkennungsverfahren)
Anzahl der Kunststoffe	geringe Werkstoffvielfalt anstreben (möglichst auf 2 - 3 unterschiedliche Dichten im Bauteil beschränken)

Tabelle 1.5 Hinweise für aufbereitungsgerechte Gestaltung von Kunststoffbauteilen (Thermoplaste) (technische Ausstattung eines Aufbereitungsbetriebs mit Fe- u. NE-Abscheidung, Hydrozyklon-Trenntechnik zugrundegelegt) [24]

1.3.2.6 Regeln für demontagegerechte Verbindungen

Für die demontagefreundliche Gestaltung der Verbindungen von Bauteilen und Baugruppen haben sich nachfolgende Kriterien als wichtig erwiesen, [25-27].

Die Realisierung dieser Regeln verkürzt die Demontagezeit und reduziert die Demontagekosten, was eine Voraussetzung für ein ökonomisches Recycling darstellt.

Regeln für demontagegerechte Verbindungen sind:

- Anzahl der Verbindungselemente minimieren,
- Anzahl der Verbindungsarten minimieren, um Werkzeugwechsel bei der Demontage zu vermeiden,
- Lösbarkeit der Verbindungselemente mit Standardwerkzeugen vorsehen,

- schnelle Erkennbarkeit und gute Zugänglichkeit der Verbindungselemente gewährleisten,
- einheitliche Löserichtungen der Verbindungselemente vorsehen,
- Verbindungselemente sollten ohne Gegenhalt gelöst werden können,
- Verbindungen zwischen Bauteilen aus beim stofflichen Recycling nicht miteinander verträglichen Werkstoffen sind lösbar zu gestalten,
- Materialverträglichkeit (bzw. Trennbarkeit, verfahrenstechnisch) der Befestigungselemente und Baugruppen vorsehen,
- Reduzierung der Werkstoffvielfalt.

1.3.2.7 Zusammenfassung

Die Demontage von Altprodukten wird zur Schadstoffentfrachtung, zur Gewinnung von wiederverwendbaren Bauteilen und zum stofflichen Recycling durchgeführt. Die Möglichkeiten der verfahrenstechnischen Aufbereitung und der stofflichen Verwertung bestimmen wesentlich den Grad der Demontage von Altprodukten. Während Metallfraktionen zumeist leicht zurückgewonnen werden können, ist dies bei Kunststoffen nicht der Fall. Wird daher ein Kunststoffrecycling angestrebt, ist deshalb vielfach eine Demontage von Kunststoffbauteilen durchzuführen, um sortenreine oder verfahrenstechnisch relevante Fraktionen zu erhalten.

Die zukünftig gültigen EU-Richtlinien zum Altauto- und Elektro(nik)-Recycling sehen hohe Recyclingquoten vor, die neben dem Recycling der metallischen Werkstoffe auch das Recycling von Kunststoffen notwendig machen. Hierzu wird vielfach eine Demontage von Kunststoffbauteilen notwendig sein. Die Demontagezeit wird im Wesentlichen vom Lösen der Verbindungen bestimmt. Daher spielt insbesondere beim Recycling von Kunststoffbauteilen die Befestigungstechnik eine entscheidende Rolle.

Es ist allerdings zu erwarten, daß durch die Vermeidung von Schadstoffen und durch Fortschritte auf dem Gebiet der verfahrenstechnischen Trenn- und Sortiertechnik auch komplexere Altprodukte verfahrenstechnisch aufbereitet werden können, wodurch die notwendige Demontagetiefe von Produkten für das Recycling reduziert werden kann.

1.4 Literatur

[1] Korinth, J. — EDV-Datenbank-System für Verbindungstechniken im Automobilbau, BMW
Interne Analyse der Verbindungstechniken, Kunststofftechnik, 1999

[2] Altmann, O. — Kunststoffe im Automobilbau, Verbindungstechniken, VKE-Vortrag, Frankfurt/Main, 1998

[3] Altmann, O. — EDV-Datenbank-System, Kunststoff Verbindungstechniken ASK-FINDSYS, Auswahlsystem für Standard- und Normteile aus Kunststoffen, 2001

[4] Altmann, O., Wirth, H. — EDV-System für mechanische Abnahmekennwerte Verbindungelemente-Interne-Datenbank-Systemaufbau, Fa. ASK-Rosenheim, 1999-2003

[5] Altmann, O. — CAE-unterstütztes Expertensystem Verbindungstechnik Systemstudie und Konzeptaufbau, Fa. ASK-Rosenheim, 1999-2001

[6] Bischof, M. — CADsymbol-net (Internet und CD-Rom), CAD-Normteile und Symboldatenbank http://www.cadsymbol.net, 2004

[7] Rotheiser, J. — Joining of Plastics, Carl Hanser Verlag, München 1999

[8] Westkämper, E. — Montageplanung - effizient und marktgerecht, Springer Verlag, Berlin, 2001

[9] Feldmann, K. — Montageplanung in CIM, Springer Verlag, Berlin, 1992

[10] Feldmann, K. — Entwicklungstrends und Rationalisierungspotentiale in der Montage, 21. Motek - Internationale Fachmesse für Montage- und Handhabungstechnik, Sinnsheim, 24-27, September 2002

[11] Spur, G., Stöferle, T — Handbuch der Fertigungstechnik, Bd.5: Fügen, Handhaben, Montieren, Carl Hanser Verlag, München, 1986

[12] Lotter, B., Schilling, W — Manuelle Montage, VDI-Verlag, Düsseldorf, 1994

[13] Konold, P., Reger, H — Angewandte Montagetechnik, Vieweg-Verlag, Braunschweig, 1997

[14] Hesse, S. — Greifer-Praxis: Greifer in der Handhabungstechnik, Vogel-Verlag, Würzburg, 1991

[15]	Feldmann, K., Müller, B.	Fehlertolerante, automatisierte Montage flächiger Leichtbauteile, Werkstatt und Betrieb 133 (2000) 3, S. 62-64
[16]	Steber, M.	Prozeßoptimierter Betrieb flexibler Schraubstationen in der automatisierten Montage, Meisenbach Verlag, Bamberg, 1997
[17]	N.N.	Richtlinie 2000/53/EG des Europäischen Parlaments und des Rates vom 18. September 2000 über Altfahrzeuge
[18]	N.N.	Richtlinie 2002/96/EG des Europäischen Parlaments und des Rates vom 27. Januar 2003 über Elektro- und Elektronikaltgeräte
[19]	N.N.	Programmsystem "Design For Environment", Boothroyd, Dewhurst Inc., Wakefield RI, USA, 1996
[20]	N.N.	Programmsystem "DEMROP", Siemens Business Services GmbH & Co OHG, München, 1998
[21]	Birkhofer, H., Spath, D., Winzer, P., Müller, D.	Umweltgerechte Produktentwicklung, Beuth Verlag, Berlin, 2000
[22]	N.N.	Deutsche MTM-Vereinigung e.V., Hamburg
[23]	Niewöhner, J.	Einsatz der Blickregistrierung bei der Analyse der Demontage von Elektro(nik)-Altgeräten, Diss. Universität Kaiserslautern, 2001
[24]	Dreyer, R.	Fa. Polymerchemie, persönliche Mitteilung, 2000
[25]	Barrenscheen, J.	Recyclinggerechte Verbindungstechnik im Automobil, VDI Bericht 1089, VDI Verlag, Düsseldorf, 1993
[26]	Brinkmann, T., Ehrenstein, G. W., Steinhilper, R.	Umwelt- und recyclinggerechte Produktentwicklung WEKA-Fachverlag für Technische Führungskräfte, Augsburg, 1994
[27]	Kahmeyer, M., Rupprecht, R.	Recyclinggerechte Produktgestaltung, Vogel Verlag, Würzburg, 1996

2 Mechanische Verbindungstechnik

Dr.-Ing. F. Dratschmidt, EJOT – Bad Laasphe (Kap. 2.1.1);
Dr.-Ing. A. Tome, EJOT – Bad Berleburg (Kap. 2.1.1);
Prof. Dr.-Ing. Dr. h.c. G. W. Ehrenstein, LKT – Universität Erlangen-Nürnberg (Kap. 2.1.2, 2.2);
Dr.-Ing. G. Ahlers-Hestermann, Böllhoff & Co. Montagetechnik – Bielefeld (Kap. 2.2);
Dipl.-Ing. A. Maszewski, Bayer AG – Krefeld (Kap. 2.3);
Dr.-Ing. L. Czyborra, Ticona GmbH – Kelsterbach (Kap. 2.4.1);
Prof. Dr.-Ing. G. Erhard, Brühl (Kap. 2.4.2)

2.1 Schrauben

2.1.1 Kunststoff-Direktverschraubung mit gewindeformenden Metallschrauben

2.1.1.1 Verfahrensbeschreibung

Bei der Direktverschraubung von Kunststoffbauteilen wird eine gewindeformende Metallschraube mit speziellen Flankengeometrien in vorgeformte, zylindrische Aufnahmelöcher des Anbauteils eingedreht und formt dabei ihr Muttergewinde im Kunststoffbauteil während der Montage selbst [1, 2]. Die Direktverschraubung mit gewindeformenden Metallschrauben ist bei Bauteilen aus Kunststoff das am häufigsten eingesetzte Verbindungsverfahren, vor allem bei lösbar miteinander verbundenen artfremden Werkstoffen oder erhöhten Anforderungen an die Verbindungsfestigkeit, die durch Schnappverbindungen mit normalem Aufwand nicht erfüllt werden können. Im Gegensatz zum Schweißen können unterschiedliche Werkstoffe lösbar mit der Direktverschraubung gefügt werden. Aufgrund des vergleichsweise kleinen Invests für Schraubsysteme bietet sich die Direktverschraubung auch für kleinere Stückzahlen an.

Neben Direktverschraubungen kommen Schraubverbindungen mit metallischen Gewindeeinsätzen/Inserts zum Einsatz, die ein genormtes Anschlußgewinde aufweisen und entweder während der Bauteilherstellung oder nachträglich eingebettet werden, Kap. 2.2. Insertverbindungen sind im Vergleich zu Direktverschraubungen durch den zusätzlichen Handling- bzw. Montageschritt teurer und bedingen einen erhöhten Demontage-/Sortieraufwand bei der Produktentfertigung/Recycling.

Direktverschraubungen in Kunststoff sind demnach im direkten Vergleich zu anderen lösbaren Fügeverfahren sehr wirtschaftlich. Die Forderung nach funktionellen Verbindungen über die gesamte Nutzungsphase des Bauteils bedingt jedoch, daß die Verbindungseigenschaften und insbesondere die Abnahme der Vorspann-/Klemmkraft besonders bei erschwerten Betriebsbeanspruchungen, wie z.B. bei Temperatureinfluß oder dynamischer Beanspruchung, bei der Auslegung berücksichtigt werden müssen [3-5]. Wesentliche Gründe für den Einsatz der im Vergleich teuren Insertverbindungen liegen in der erhöhten Remontagefähigkeit und der Reduzierung der Vorspannkraftrelaxation, sofern das metallische Anbauteil auf einem metallischen Insert verspannt wird. Gut ausgelegte Direktverschraubungen mit gewindeformenden Metallschrauben (Flankenwinkel 30°) erreichen i.d.R. problemlos eine 10fache Wiederholmontagefähigkeit nach VDE 0720.

Die Qualität einer derartigen Verbindung wird durch eine Vielzahl von Einflußgrößen bestimmt, die in werkstofftechnische/herstellungsbedingte, geometrische, montagebedingte und einsatzbedingte Einflußgrößen eingeteilt werden können [5], Bild 2.1.

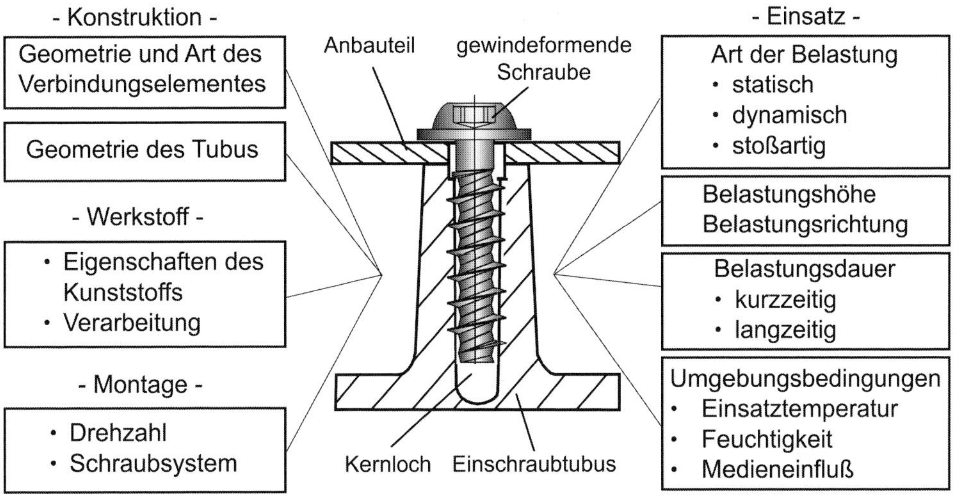

Bild 2.1 Einflußgrößen auf Eigenschaften von Direktverschraubungen in Kunststoff [5]

2.1.1.2 Geeignete Werkstoffe

Prinzipiell sind alle thermoplastischen Kunststoffe direkt verschraubbar. Da der Vorgang der Gewindeformung mit einer Materialverdrängung und radialen Dehnung des Verschraubungstubus verbunden ist, sollten insbesondere bei der Anwesenheit von Medien wie z.B. Trennmittel, Umgebungsmedien, Lacke etc., spannungsrißunempfindliche Kunststoffe (Vorsicht bei amorphen Thermoplasten) bevorzugt werden. Bei der Verschraubung spröder Thermoplaste oder Duroplaste bzw. hochgefüllter Kunststoffe kann eine gewindeformende Schraube mit Schneidkante die radiale Spannungskomponente reduzieren bzw. eine Montage überhaupt ermöglichen. Die Verschraubung von Schäumen oder thermoplastischen Elastomeren (TPE) ist bei geeigneter geometrischer Auslegung von Kunststoffaufnahme und Schraube prinzipiell möglich, die übertragbaren Kräfte sind jedoch vergleichsweise gering. Elastomere sind abhängig von der Shorehärte nicht für eine Direktverschraubung geeignet.

Neben den Eigenschaften des Kunststoffs sind insbesondere die Verarbeitung und daraus resultierenden Bauteileigenschaften zu berücksichtigen. Gerade Faserorientierungen, -verteilungen, Bindenähte, Materialschädigungen, Lunker etc. können die Festigkeiten der Verbindungen erheblich beeinflussen.

2.1.1.3 Montage

Die Vorspannkraft, als qualitätsbestimmende Größe einer Schraubverbindung, kann im industriellen Einsatz nur mit unverhältnismäßigem Aufwand direkt gemessen werden. Die Montage der gewindeformenden Schraube erfolgt daher in der Regel momentengesteuert. Für die gewählte Kombination aus Kunststoff-Tubus- und Schraubengeometrie wird über Vorversuche das Montageanzugsmoment sowie bei Mitverschraubung einer Kraftmeßdose die resultierende Vorspannkraft ermittelt.

Einschraubvorgang

Bei der Montage der Schraube ist zwischen dem **Gewindeformmoment M_F**, das wegen des jeweils neu zu formenden Gewindeabschnittes immer konstant bleibt, und dem **Gewindereibmoment M_R**, das mit zunehmender Einschraublänge zunimmt, zu unterscheiden, Bild 2.2. Beide zusammen ergeben das **Eindrehmoment M_E**. Nach der Kopfauflage der Schraube auf dem Anbauteil addiert sich je nach Art und Geometrie des Schraubenkopfes und der Werkstoffpaarung das **Kopfreibmoment M_{KR}** hinzu. Wird die Schraube unzulässigerweise bis zum Versagen der Verbindung, Kap. 2.1.1.4 weitergedreht, ergibt sich das **Überdreh-/ Versagensmoment $M_{ü}$**. Für eine ausreichende Montagesicherheit ist ein möglichst großer Abstand zwischen Eindreh- und Überdrehmoment sinnvoll. Für diese "ausreichende" Sicherheit bei möglichen Schwankungen der Einschraubgeräte wird empfohlen, das experimentell ermittelte, maximale **Montageanzugsmoment M_A** auf 1/3 bis max. 1/2 der Differenz zwischen Überdreh- und Eindrehmoment zu beschränken [1, 2].

$$M_A = M_E + \frac{1}{2} \cdots \frac{1}{3}\left(M_Ü - M_E\right) \tag{2.1}$$

Aus Bild 2.2 geht exemplarisch ein möglicher Einfluß der Unterkopfreibung der Schraube auf den Momentenverlauf sowie der daraus resultierende Einfluß auf die Vorspannkraft/Klemmkraft der Verbindung hervor. Durch eine Veränderung der Kopfreibung beeinflussender Parameter (z.B. Schraubenkopfgeometrie, Reibbeiwert infolge Verzahnung oder Werkstoffpaarung) ohne experimentellen Bestätigungsversuch kann im Extremfall das Abschaltmoment bereits bei einer stark reduzierten Vorspannkraft erreicht werden, so daß die benötigte Verbindungsfunktionalität nicht mehr gegeben sein kann.

Es liegen umfangreiche Vorschläge für die Berechnung des Eindreh- und Überdrehmomentes sowie der Vorspannkraft vor. Diese gehen von konstanten Fertigungsbedingungen aus, vgl. Kap. 2.1.1.5. Es ist jedoch zu berücksichtigen, daß übliche Schrauber mit unterschiedlich stark abfallender Drehzahl arbeiten bzw. Abschalttoleranzen besitzen und je nach verwendetem Kunststoff, Montagebedingungen und geometrischer Auslegung unterschiedliche Temperaturen während des Montagevorganges auftreten, die bei Thermoplasten bis zum Aufschmelzen führen können.

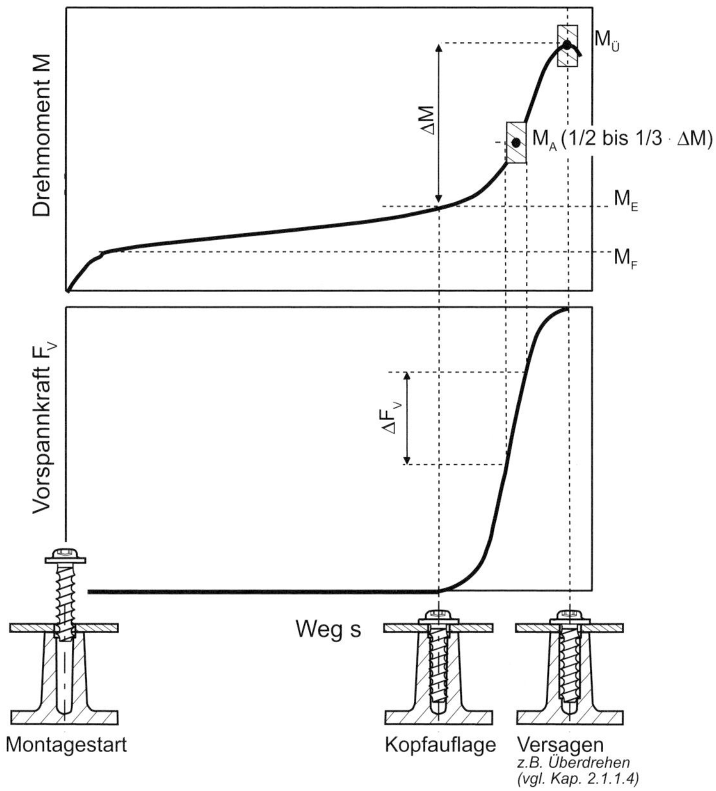

Bild 2.2 Momente und Vorspannkraft beim Einschrauben [6]

Montageeinflüsse

Eine reproduzierbare Schraubenmontage und damit eine definierte Vorspannkraft der Bauteilverbindung kann neben Streuungen in der Abschaltgenauigkeit sowie Positioniergenauigkeit des verwendeten Schraubsystems/Handhabungsgeräts durch einen veränderten Momentenverlauf beeinflußt werden, Bild 2.2. Diese ist von Reibungseinflüssen z.B. durch Toleranzen der Schrauben- und Bauteilgeometrie, der Schraubenoberflächen oder der Unterkopfreibung auf dem Anbauteil abhängig, Bild 2.3. Bei erhöhter Reibung müssen höhere Montagemomente aufgebracht werden, was u.U. zu einer deutlich reduzierten Vorspannkraft beim Erreichen des Montageanzugsmoments M_A führt. Die angestrebte/benötigte Vorspannkraft wird dann nicht erreicht.

Bei hohen Montagedrehzahlen erfolgt eine größere Reibungserwärmung im Bereich des Flankeneingriffs, die wiederum verstärkte Relaxationseffekte aufgrund des viskoelastischen Verformungsverhalten der Kunststoffe zur Folge hat [5]. Das bedeutet letztlich, daß bei industriell interessanten Montagedrehzahlen, die je nach verwendetem Schraubsystem bis zu

800 U/min und höher betragen können, bereits durch die Reibungserwärmung im Bereich des Flankeneingriffs eine erhöhte Relaxation der Vorspannkraft auftritt. In [3] werden Spitzentemperaturen der metallischen Schraube (∅ 5 mm) von bis zu 140 °C bei einer Montagedrehzahl von 500 U/min (PA6-GF30 lf., Flankenwinkel 30°, L_E = 10 mm, d_K = 4,0 mm) genannt, die jedoch im weiteren Verlauf sehr schnell wieder abfallen.

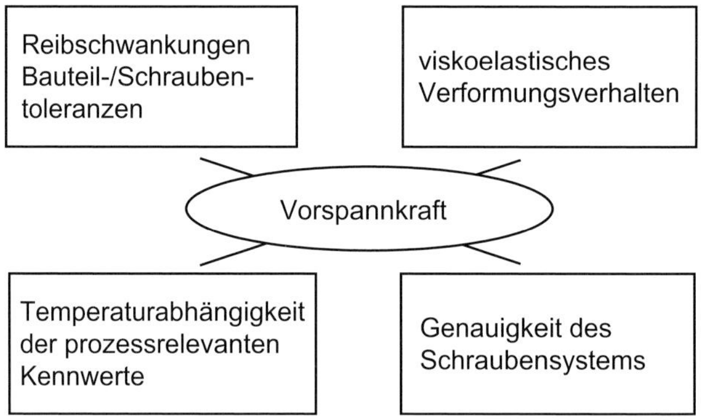

Bild 2.3 Einflußgrößen auf die Vorspannkraft während der Montage

Da gerade die Vorspannkraft die qualitätsbestimmende Größe einer Direktverschraubung unter allen auftretenden Betriebsbeanspruchungen ist, wird ersichtlich, daß bereits bei der Verbindungsauslegung Schwankungen der Vorspannkraft bei der Montage berücksichtigt werden müssen. Dies impliziert, daß jede Kombination aus Schraubengeometrie und Geometrie des Kunststoffbauteils experimentell bestätigt werden sollte, bzw. daß Änderungen dieser Kombination, z.B. durch ein anderes Anbauteil, zu veränderten Kennwerten führen können.

Montagegeräte

Direktverschraubungen können prinzipiell mit elektrisch oder pneumatisch angetriebenen Schraubsystemen gefügt werden. Entscheidend für die erreichbare Genauigkeit des Anziehmomentes ist die Kennlinie des Schraubers und die verwendete Art der Abschaltung. Pneumatische Schrauber sind nicht steuerbar und bewegen sich auf einer bauartbedingten Kennlinie, Drehmoment und Drehzahl sind unmittelbar voneinander abhängig. Sie können folgende Konstellationen aufweisen [6, 7]:

- Direktantrieb (ohne Kupplung): Abschaltgenauigkeit: ± 30 %
- Rutschkupplung: Abschaltgenauigkeit: ± 15 %
- Abschaltkupplung (mit Turbinenabschaltung): Abschaltgenauigkeit: ± 3-5 %

Elektrische Schraubantriebe arbeiten ohne Kupplung. Das Abschalten wird durch ein hochpräzises elektrisches Abbremsen der Schraubspindel erreicht. Bei niedrigen Drehzahlen sind somit Abschaltgenauigkeiten von ± 3 % erzielbar. Einfache Schraubprozesse werden mit vorgegebenen Abläufen durchfahren. SPS-Steuerungen ermöglichen bei Bedarf individuell angepaßte Schraubabläufe mit der Möglichkeit einer Dokumentation. Neben dem Drehmoment können auch Drehwinkel und Zeit als Steuer- oder Überwachungsgröße eingesetzt werden. Drehmoment und Drehzahl sind dabei unabhängig voneinander steuerbar.

2.1.1.4 Konstruktive Hinweise

Definition des Anforderungsprofils

Für die Definition des Anforderungsprofils sind folgende Punkte zu berücksichtigen [6]:

- Belastung im Einsatz statisch/dynamisch/stoßartig,
- Temperaturbeanspruchung,
- Medieneinfluß,
- Verliersicherung/Lösemoment/notwendige Rest-Vorspannkraft,
- Wiederholmontagemöglichkeit,
- Dichtungsfunktion.

Hierbei stellen sich folgende grundlegende Fragen:

- Materialien der Fügepartner (schwächster Fügepartner entscheidend),
- Klemmkraft/Vorspannkraft überhaupt übertragbar,
- Auflagefläche ausreichend, Abhilfemaßnahmen (angepreßte Scheibe etc.),
- Überdimensionierung vermeiden,
- Einflüsse durch das Herstellverfahren (Glasfaserverteilung, -orientierung, Bindenähte),
- Wärmeausdehnung der Fügepartner,
- Feuchtigkeitsaufnahme der Fügepartner (z.B. Polyamid),
- Spannungsrißempfindlichkeit z.B. durch Schraubenbeschichtung (Fette/Öle, Trennmittel).

Tubusgestaltung

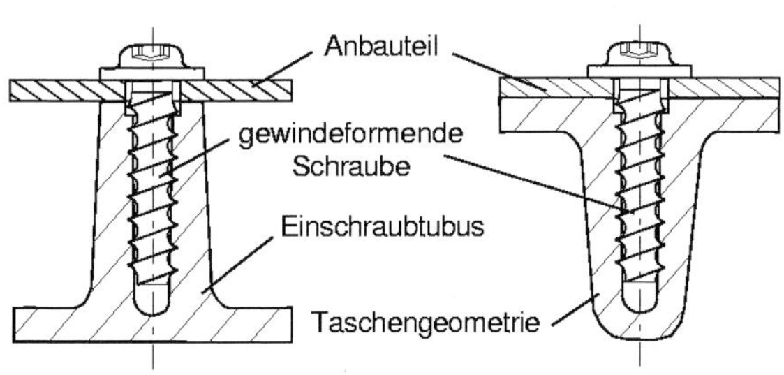

Bild 2.4 Kunststoff-Direktverschraubung mit gewindeformenden Schrauben
links: Spritzgießbauteil
rechts: flächiges Strukturbauteil [5]

Das zu verschraubende Bauteil muß eine auf die Schraube abgestimmte Einschraubstelle besitzen, die bei Spritzgußteilen mit geringen Wanddicken (< 4 mm) zur Erzeugung notwendiger Einschraublängen als Einschraubdom bzw. -tubus mit einem runden Kernloch ausgeführt wird. Für flächige Strukturbauteile bieten sich zur Reduzierung von Massenanhäufungen Taschengeometrien an, d.h. auf der Bauteilrückseite wird zur Realisierung ausreichender Einschraublängen eine Tasche ausgebildet, Bild 2.4.

Bild 2.5 zeigt eine schematische Darstellung eines Einschraubtubus und einer gewindeformenden Schraube mit den wichtigsten Abmessungen [1]. Kennzeichnend ist der **Außendurchmesser d_A** und der **Kernlochdurchmesser d_K** sowie die **Einschraublänge l_E**.

Da die obere Auflagefläche durch das Anpressen des Montageteils zusätzlich zur Radialexpansion durch die Schraube beansprucht wird, sollte am oberen Ende des Einschraubtubus eine Kernlocherweiterung als Entlastung vorgesehen werden. Dieses Entlastungsloch bietet zudem eine bessere Zentrierung der Schraube und vermeidet den Aufwurf von verdrängtem Kunststoff. Der Tubus sollte durch Rippen an der Gehäusewand abgestützt werden.

Schraubengeometrie

Das wesentliche Kennzeichen der gewindeformenden Schrauben ist die Flankengeometrie. Je kleiner der Flankenwinkel ist, um so geringer ist das beim Gewindeformen zu verdrängende Werkstoffvolumen, d.h. die radialen Spannungen, die zu einem Aufplatzen des Einschraubtubus bei den herstellungsbedingt bzw. wirtschaftlich geforderten geringen Wanddicken führen können.

Flankenwinkel von α = **30°** haben sich für normale Kunststoffe als günstig erwiesen. Größere Flankenwinkel um 60° führen zu einer stärkeren radialen Preßwirkung, wodurch zwar die Selbsthemmung der Schraube besonders in weichen Kunststoffen erhöht wird, jedoch der Tubus aufgrund der höheren Radialspannungen aufplatzen kann. Der Gewindesteigungswinkel sollte ca. 8° betragen, damit eine Selbsthemmung erreicht wird.

Schrauben mit Schneidkanten bringen i.A. nicht den erwarteten Vorteil eines sauberen Gewindeschnitts, da sich die Schneidkanten beim Eindrehen leicht zusetzen. Zudem sind die Auszugskräfte etwas geringer und die Einhaltung der Wiederholmontagefähigkeit nach VDE 0720 wird erschwert. Bei spröden bzw. spannungsrißempfindlichen Kunststoffen kann das Gewindeschneiden ein Vorteil sein.

Die Gewindeflanken sind entweder symmetrisch zur Normalen der Schraubenlängsachse oder asymmetrisch ausgebildet, Bild 2.6. Schrauben mit asymmetrischem Gewindeprofil werden hauptsächlich bei spröden oder duroplastischen Kunststoffen eingesetzt. Asymmetrische Gewindeformen können vorteilhaft sein, wenn besondere Festigkeitsbedingungen im Verschraubungstubus vorliegen.

Bei einem flachen Gewindeeingriffswinkel in Auszugsrichtung ist bei permanenter Zugbeanspruchung die radiale Kraftkomponente, die z.B. zu Rißbildungen führen kann, geringer. Umgekehrt können bei Tuben mit hoher Umfangsfestigkeit, z.B. durch eine Faserverstärkung, durch einen größeren oberen Flankenwinkel Spannungen in die Umfangsrichtung des Tubus abgetragen werden und somit höhere Gesamtauszugsfestigkeiten erreicht werden.

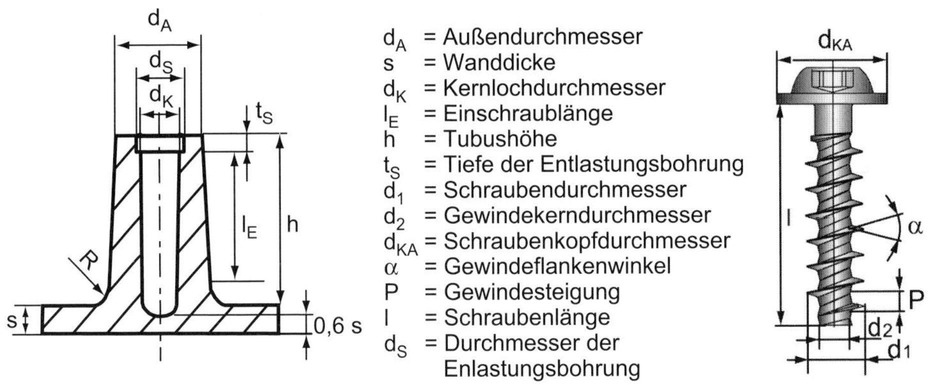

Bild 2.5 Schematische Darstellung eines Einschraubtubus und einer gewindeformenden Metallschraube [1, 6]

Ein optimales Schraubengewinde sollte demnach folgende Kriterien erfüllen [3]:

- geringe Radialdehnung des Tubus,
- niedriges Eindrehmoment, hohes Überdrehmoment,
- große Flankenüberdeckung zwischen Gewindeflanke und Kunststoff,
- geringe Toleranzbereiche.

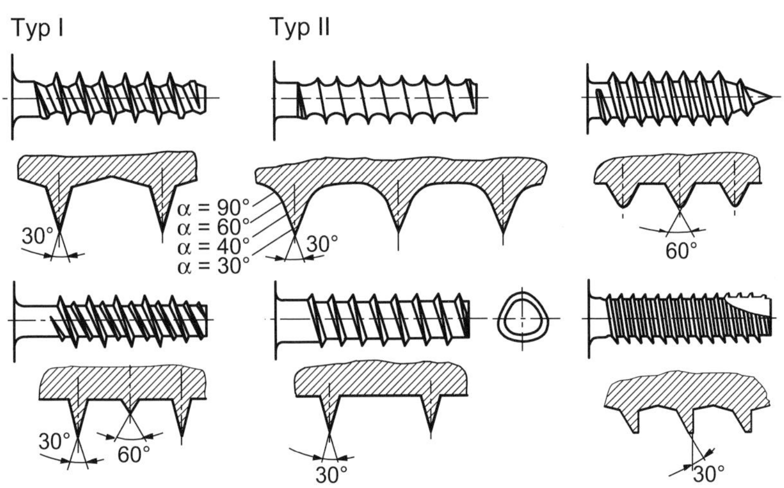

Bild 2.6 Beispiele gewindeformender Metallschrauben [1]

Typ I = PT®-Schraube; Typ II = Plastoformschraube

Hieraus lassen sich wesentliche Kennzeichnen gewindeformender Schrauben ableiten [6]:

- Verhältnis Außen-/Kerndurchmesser,
- Kopfausbildung mit angepreßter Scheibe (besonders kunststoffgerecht) und Torxantrieb,
- Oberfläche/Beschichtung,
- möglichst kleine Toleranzen der Schraube,
- Flankenwinkel 30°,
- Gewindesteigung ca. 8°.

Generell gilt, daß durch die Gewindeformung erhebliche Spannungen im Einschraubtubus hervorgerufen werden [8-14]. Der im Einsatz resultierende, mehrachsige Spannungszustand bedingt, daß derzeit eine mathematische Abschätzung von Relaxationsvorgängen durch deren Komplexität nur sehr bedingt möglich ist.

Beanspruchungen/Verspannungen

Während der Montage wirken auf die Schraube infolge des Drehmomentes Torsionsspannungen und infolge der Vorspannkraft Zugspannungen. Beim mehrachsigen Spannungszustand im Tubus aus der Montagebeanspruchung ist zu unterscheiden, ob sich das anzuschließende Bauteil auf der Tubusstirnfläche (Bild 2.7, Fall A), oder der Tubusfußebene (Bild 2.7, Fall B) abstützt.

A) Abstützung auf der Tubusstirnfläche   B) Abstützung auf der Tubusfußfläche

Bild 2.7 Unterscheidung der Abstützungsmöglichkeiten des zu befestigenden Teiles [11]

Im Fall A liegt eine kombinierte Beanspruchung aus Längskraftschub an der Schraubenumhüllenden infolge der Vorspannkraft, aus Radial- und Umfangsspannung infolge der Materialverdrängung, aus Torsionsschub während der Montage infolge des Drehmomentes sowie aus Flankenpressung im Gewinde und Druckspannungen infolge Kopfabstützung vor. Eine Reduzierung der Flächenpressung im Auflagebereich durch eine Erhöhung der Auflagefläche ist anzustreben, um der Vorspannkraftrelaxation entgegenzuwirken [3, 5].

Bei Fall B wirkt zusätzlich eine Normalspannung im Tubusrestquerschnitt infolge der Vorspannkraft, die Druckspannung an der Tubusstirnfläche entfällt. Diese Verspannungsart stellt unter Langzeitbelastung aufgrund einer höheren Kriechneigung den ungünstigeren Fall dar, Kap. 2.1.1.6.

Die nach der Montage noch wirkenden Spannungen werden zusätzlich von den Betriebslasten im Einsatz überlagert. Da aufgrund des mehraxialen Spannungszustandes eine exakte analytische Lösung zur Dimensionierung stark erschwert ist, wurden zur Auslegung der wichtigsten Tubusabmessungen vereinfachte theoretische Berechnungen zusammengefaßt, Kap. 2.1.1.5.

Versagensarten

Die Auslegung einer Direktverschraubung ist dann optimal, wenn die Verbindung die Beanspruchungen im Einsatz schädigungsfrei mit ausreichender Sicherheit erträgt und es bei Überbeanspruchung idealerweise zu einem gleichzeitigen Versagen aller Komponenten kommt. Um sich diesem Ideal möglichst zu nähern, ist es notwendig, die Versagensarten zu kennen, gegen die dimensioniert werden muß. Fertigungstechnische Aspekte, wie die Vermeidung von Wanddickenunterschieden oder Masseanhäufungen sowie der Einsatz geeigneter Entformungsschrägen, Radien oder Rippen zur Erhöhung des Widerstandsmomentes, sind ebenso mit zu berücksichtigen. Prinzipiell ist zwischen dem Versagen durch die Beanspruchung während der Schraubenmontage und dem Versagen unter Betriebsbeanspruchung zu unterscheiden.

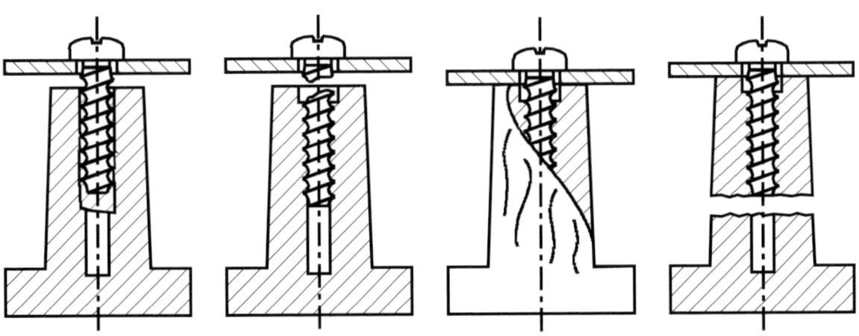

Bild 2.8 Versagensarten von Kunststoff-Direktverschraubungen [3, 6]

I) <u>Schraubenauszug</u>/Schubversagen an der Schraubenumhüllenden (Wesentliche Verbindungsparameter: Einschraublänge/Kernlochdurchmesser/Nenndurchmesser Schraube)

II) <u>Schraubenbruch</u> (Wesentlich Schraubenfestigkeit: Torsionsfestigkeit bei Montage, Dauerfestigkeit im Einsatz)

III) <u>Aufplatzen des Tubus</u> (Radiale Spannungskomponente: Wanddicke/Kernloch/ Schraubenflanke: Spannungsriß oder Spritzgießfehler, z.B. Bindenaht)

IV) <u>Ab-/Ausreißen des Tubus</u> (Querschnittsfläche oder Tubusanbindung im Bauteil nicht ausreichend für die Kraftübertragung)

Die Versagensart kann trotz unterschiedlicher Ursache in beiden Fällen die Gleiche sein. In Bild 2.8 sind die möglichen Versagensarten schematisch dargestellt.

Geringe Flankenüberdeckungen durch große Kernlochdurchmesser oder kleine Einschraubtiefen führen zu hohen Flächenpressungen des Kunststoffs im Gewindeeingriff und damit zum Schubversagen und Schraubenauszug, **Versagensart I**. Zu große Einschraubtiefen oder kleine Kernlochdurchmesser erfordern hohe Montagekräfte, wodurch die Torsionsfestigkeit der Schraube überschritten werden kann, **Versagensart II**. Zusätzlich müssen große Werkstoffvolumina verdrängt werden, was zu hohen radialen Spannungen und zum Aufreißen des Tubus führen kann, **Versagensart III**. Gerade spannungsrißempfindliche (amorphe) Werkstoffe sind sorgfältig zu dimensionieren. Da die Kraft über die Schraube in das Bauteil geleitet werden muß, sollten ausreichende Querschnitte im Einschraubtubus realisiert werden, **Versagensart IV**.

Gegen die festigkeitsbezogenen Versagensarten kann dimensioniert werden, Kap. 2.1.1.5. Eine optimale Verbindung ist dann erreicht, wenn alle Versagensarten bei derselben Belastung auftreten. Schraubenauszug stellt für die spätere Reparatur den günstigeren Fall dar, da der Schaden durch den Einsatz einer Schraube mit größeren Nenndurchmesser bzw. eines Inserts behoben werden kann. Dies muß natürlich bei der konstruktiven Auslegung des Tubus berücksichtigt werden.

Verbindungseigenschaften

Die wichtigsten Verbindungseigenschaften sind schematisch in Bild 2.9 zusammengefaßt. Die Wahl des **Kernlochdurchmessers d_K** bestimmt die Überdeckung der Gewindeflanke im umgebenden Kunststoff und ist maßgebend für die axiale Belastbarkeit aber auch für die Montierbarkeit. Der Kernlochdurchmesser muß explizit für jede Kombination aus Schraubengeometrie und Kunststoff experimentell ermittelt werden. Für die überschlägige Auslegung kann auf Dimensionierungsempfehlungen in Kap. 2.1.1.5 zurückgegriffen werden.

Die im Vergleich zum Schraubenwerkstoff wesentlich höhere Streck- bzw. Bruchdehnung der Kunststoffe und deren viel niedrigerer E-Modul bewirken, daß alle eingedrehten Gewindegänge nahezu gleichmäßig tragen. Hieraus ergibt sich mit zunehmender **Einschraublänge l_E** eine lineare Zunahme des Eindreh- und Überdrehmomentes und der Auszugskraft, Bild 2.9. Das Überdrehmoment nimmt mit der Einschraublänge stärker zu als das Eindrehmoment und wird wie die Auszugskraft vom Schraubenbruchmoment bzw. von der Schraubenbruchkraft begrenzt [3].

Die **Tubuswanddicke** sollte so bemessen sein, daß im Versagensfall ein Schubversagen in der Schraubenumhüllenden eintritt, Bild 2.8, Versagensart I. Hierdurch ist die Möglichkeit einer Reparatur gegeben. Der Kernlochdurchmesser ist dabei so zu bemessen, daß eine ausreichende Überdeckung zwischen Gewindeflanke und Kunststoff ein Abgleiten der Flanken unter Axialzuglast verhindert. Eine rechnerische Bestimmung der erforderlichen Mindestwanddicke für den Versagensfall Schraubenauszug ist durch die Betrachtung der Versagensfälle Tubusabriß und Schubversagen relativ einfach und hinreichend genau möglich, was durch Versuche bestätigt wurde, Kap. 2.1.1.5.

Aufgrund des viskoelastischen Verformungsverhaltens von Kunststoffen nimmt die bei der Montage aufgebrachte **Vorspann-/Klemmkraft** mit der Zeit ab, s.a. Kap. 2.1.1.6.

Nach [3, 4] kann bei der Auslegung **dynamisch beanspruchter Direktverschraubungen** in glasfaserverstärkten Thermoplasten zur Dimensionierung des Kunststoffbauteils auf die bestehenden Gestaltungsrichtlinien, vgl. Kap. 2.1.1.6, zurückgegriffen werden, wenn die Schwingfestigkeit der Schraube dies zuläßt. Wesentlich ist, daß bei dynamischer Beanspruchung die metallische Schraube versagte, während im Bereich des Flankeneingriffs im Kunststoffbauteil keinerlei Rißbildungen festzustellen war. Eine Verbesserung der Verbindungseigenschaften bei dynamischer Belastung kann daher in erster Linie durch eine für dynamische Beanspruchung optimierte Schraube erfolgen. Inzwischen sind gewindeformende Schrauben kommerziell erhältlich, die u.a. auf eine dynamische Beanspruchbarkeit optimiert wurden [15-19]. Die dynamische Belastungsgrenze der konventionellen gewindeformenden Schrauben mit Flankenwinkel 30° beträgt an nicht vorgespannten Direktverschraubungen ca. 30 % der statischen Auszugsfestigkeit, bezogen auf einen Dämpfungsanstieg bei dynamischer Belastung, der mit einer Verbindungsschädigung durch Rißbildung im Kunststoffbauteil korreliert, Kap. 2.1.1.6. [4].

2.1.1.5 Auslegungsempfehlungen

Überschlägige Berechnung

Für die Auslegung von Direktverschraubungen existieren umfangreiche, auf der Basis von statischen Versuchsdaten, empirisch ermittelte Dimensionierungsvorschläge von Rohstoffherstellern, Schraubenherstellern und Hochschulinstituten [8-15]. Es hat sich generell gezeigt, daß aufgrund der dabei getroffenen Annahmen und Vereinfachungen eine exakte Berechnung unter Berücksichtigung von reibungsbedingten Erweichungsvorgängen und mehrachsialer Spannungszuständen nicht möglich ist, weshalb bei technischen Bauteilen auf Versuche zur genaueren Ermittlung der Verbindungseigenschaften und auch zur Festlegung der notwendigen Bauteildimensionierung bisher nicht verzichtet werden kann. Für eine überschlägige Berechnung sind folgende Vorschläge meist ausreichend.

Einschraublänge l_E

$$l_E = 2...2{,}5 \cdot d_1 \tag{2.2}$$

Kernlochdurchmesser d_K

$$d_K = (0{,}7...0{,}9) \cdot d_1 \tag{2.3}$$

(kleinere Werte für duktile Kunststoffe oder geringe Flankenwinkel; größere Werte für spröde Kunststoffe oder große Flankenwinkel)

Entlastungsbohrung t_S, d_S

$$t_S \approx (0{,}4...0{,}6) \cdot d_1 \tag{2.4}$$

$$d_S = 1{,}1 \cdot d_1 \tag{2.5}$$

Außendurchmesser d_A

$$d_A \geq \sqrt{\frac{4}{\sqrt{3}} \cdot d_1 \cdot L_E + d_K{}^2} \tag{2.6}$$

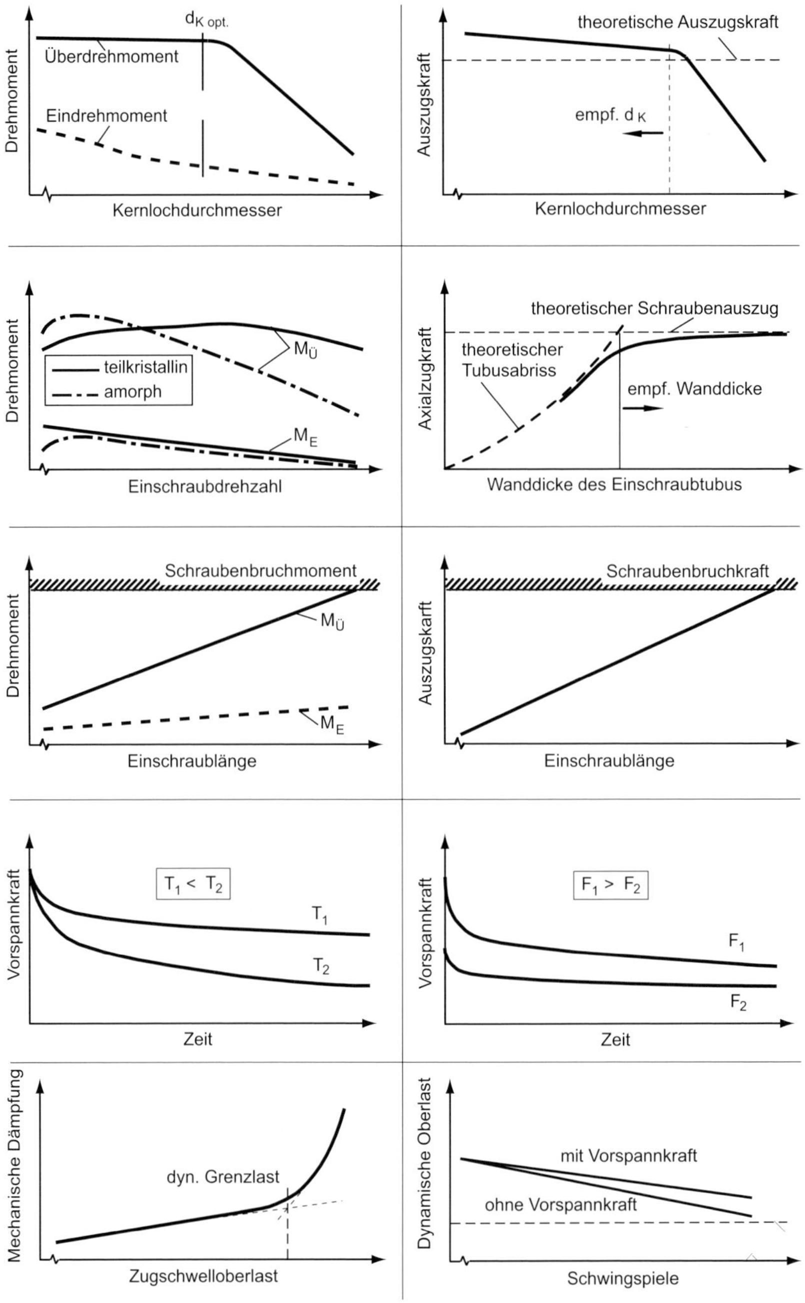

Bild 2.9 Schematische Darstellung wichtiger Verbindungseigenschaften bei Kunststoff-Direktverschraubungen [3, 5, 11]

Berechnungsmöglichkeiten

Über diese vereinfachte Modellvorstellung hinaus kann der Außendurchmesser des Einschraubtubus durch Berücksichtigung des verdrängten Volumens und mit der besonderen geometrischen Form der Schraube nach Onasch [11] genauer ausgelegt werden. Bemessung gegen Ausscheren des geformten Gewindes (äußere Kraft):

Außendurchmesser d_A (Ausscheren des Gewindes)

$$d_A \geq \sqrt{\frac{4}{\sqrt{3}} \cdot d_1 \cdot L_E + d_K^{\,2}} \qquad (2.7)$$

Bemessung infolge Aufweitung des Verschraubungstubus (Eindrehen einer Schraube):

Außendurchmesser d_A (Ausweitung des Tubus)

$$d_A \geq \sqrt{\frac{1}{3} \cdot \left[\frac{8 \cdot d_K \cdot \left(r_E - \frac{d_K}{2} \right)}{\varepsilon_{\varphi zul}} - d_K^{\,2} \right]} \qquad (2.8)$$

$$r_E = \sqrt{\frac{0{,}25 \cdot \frac{L_E}{P} \cdot (d_1 - d_K)^2 \cdot \tan\frac{\alpha}{2} \cdot \sqrt{\left[\left(\frac{2 \cdot d_K + d_1}{3} \right) \cdot \pi \right]^2 + P^2}}{\pi \cdot L_E} + \frac{d_K^{\,2}}{4}} \qquad (2.9)$$

Umfangsdehnung $\varepsilon_{\varphi\,zul}$ $\qquad \varepsilon_{\varphi zul} = 0{,}3...0{,}6\ \%$ (2.10)

mit d_1 = *Schraubendurchmesser*
t_S = *Tiefe der Entlastungsbohrung*
d_S = *Durchmesser der Entlastungsbohrung*
P = *Gewindesteigung*
α = *Gewindeflankenwinkel*
r_E = *Radius des aufgeweiteten Ersatzzylinders*

Für den berechneten Außendurchmesser sollte der größere Wert verwendet werden [11]. Die zulässige Umfangsdehnung $\varepsilon_{\varphi\,zul}$ ergibt sich als Kennwert des verwendeten Kunststoffs. Ist die Betriebskraft für eine Verbindung bekannt, kann der notwendige Schraubendurchmesser

d_l unter Berücksichtigung der Streckspannung σ_S des Kunststoffs, der Einschraublänge l_E und der beanspruchungsabhängigen Abminderungsfaktoren A sowie eines vorgegebenen Sicherheitsfaktors S abgeschätzt werden [1, 8]:

Schraubendurchmesser d_1

$$d_1 \geq \sqrt{3} \cdot \frac{F_{vorh} \cdot S \cdot A}{\sigma_S \cdot L_E \cdot \pi} \tag{2.11}$$

Neben der fertigungstechnischen Forderung nach möglichst geringen Wanddicken ist besonders die Wahl des auf die Schraubengeometrie und die Kunststoffeigenschaften abzustimmenden Kernlochdurchmessers im Einschraubtubus von elementarer Wichtigkeit. Der Kernlochdurchmesser nach Gleichung (2.3) sollte dabei im Verschraubungsversuch durch Auswertung der größten Differenz zwischen Überdreh- und Eindrehmoment ermittelt werden.

Eine rechnerische Bestimmung der erforderlichen Mindestwanddicke für den Versagensfall Schraubenauszug ist durch die Betrachtung der Versagensfälle Tubusabriß und Schubversagen relativ einfach und hinreichend genau möglich, was durch Versuche bestätigt wurde [11].

Kraft F_{max} zum Tubusabriß

$$F_{max} = \sigma_{zB} \cdot \frac{\pi}{4} \cdot \left(d_A{}^2 - d_K{}^2\right) \tag{2.12}$$

Kraft F_{max} zum Schraubenauszug

$$F_{max} = \tau_B \cdot d_1 \cdot \pi \cdot L_E \tag{2.13}$$

mit σ_{zB} = *Zugfestigkeit des Kunststoffs*
τ_B = *Schubfestigkeit des Kunststoffs*

Zur Berechnung des Eindrehmomentes M_E hat sich der Ansatz von Onasch als recht zuverlässig erwiesen [10, 11]. Das Eindrehmoment enthält den Anteil zur Formung des Gewindes $\mathbf{M_F}$ und den Reibungsanteil $\mathbf{M_R}$ infolge der Flankenpressung:

Eindrehmoment M_E

$$M_E = M_F + M_R \tag{2.14}$$

Die Berechnung des Gewindeformmomentes $\mathbf{M_F}$ basiert auf der Annahme, daß die Gewindeformung nach vollständiger Ausbildung des ersten Gewindeganges mit weiterer Eindrehtiefe/Einschraublänge gleich bleibt. Es wird berechnet mit der zur Gewindeformung notwendigen Kraft $\mathbf{F_F}$ und dem Schwerpunktradius $\mathbf{r_S}$ der Gewindeflanke.

Gewindeformmoment M_F

$$M_F = F_F \cdot r_S \tag{2.15}$$

Die Formkraft ergibt sich näherungsweise aus der Schubfließspannung des Kunststoffs (Huber-von Mises-Hencky-Fließkriterium: $\tau_F = \sigma_F/\sqrt{3}$) mit Multiplikation der Mantelfläche des formenden Gewindeganges.

Die zur Berechnung des Reibmomentes notwendige Druckspannung σ_{DF} auf der Gewindeflanke wird mit Hilfe der Gleitlinientheorie berechnet:

$$\sigma_{DF} = \frac{2}{\sqrt{3}} \sigma_F \cdot (1 + \beta) \tag{2.16}$$

mit σ_F = *Fließspannung*
β = *Fächerwinkel aus dem Gleitliniennetz (für Berechnungen im Bogenmaß)*

Der Fächerwinkel β hat eine geometrische Beziehung zum Gewindeflankenwinkel α.

$$\cos(\alpha - \beta) = \frac{\cos \beta}{1 - \sin \beta} \tag{2.17}$$

Durch iterative Lösung ergibt sich für die wichtigsten Flankenwinkel [10]:

für $\alpha = 30° \Rightarrow \beta = 5{,}63°$
$\alpha = 40° \Rightarrow \beta = 9{,}01°$
$\alpha = 44° \Rightarrow \beta = 10{,}68°$
$\alpha = 60° \Rightarrow \beta = 17{,}11°$

Unter Einbeziehung der im Eingriff befindlichen Flankenfläche, der Reibungszahl μ zwischen Schraube und Kunststoff und mit dem mittleren Flankenradius läßt sich somit das Reibmoment bestimmen.

Die Addition von Reib- und Formmoment ergibt das **Eindrehmoment M_E**:

$$M_E = M_F + M_R$$

wobei

$$M_E = \frac{\sigma_F (d_1 - d_K)}{\sqrt{3}} \cdot \left[\left(\tan\frac{\alpha}{2} + \sqrt{1 + \tan^2\frac{\alpha}{2}} \right) \cdot \sqrt{\left(\frac{d_1 + 2d_K}{3} \pi \right)^2 + P^2} \cdot \left(\frac{d_1 + 2d_K}{6} \right) + \frac{(1+\beta)\,\mu\, L_E\, (d_1 - d_K)}{4P \cos\frac{\alpha}{2}} \sqrt{\left(\frac{d_1 + d_K}{2} \pi \right)^2 + P^2} \right] \tag{2.18}$$

Der erste Term in der eckigen Klammer von Gleichung (2.18) berücksichtigt die Mantelfläche und den Schwerpunktradius für das Formmoment. Der zweite Term die eingeschraubte Gewindeflankenfläche und die Flankenreibung für das Reibmoment.

Zur Abschätzung des **Überdrehmomentes $\mathbf{M_{Ü}}$** hat sich der Berechnungsvorschlag von Madan als günstig erwiesen [15]:

Überdrehmoment $\mathbf{M_{Ü}}$

$$M_{Ü} = \frac{\sigma_S \pi d_1^2 L_E (P + \pi \mu d_1)}{2\sqrt{3}(\pi d_1 - \mu P)} \quad (2.19)$$

Gleichung (2.19) berücksichtigt nur das im Gewinde auftretende Moment. Hierzu addiert sich in der Regel zusätzlich das Kopfreibmoment M_{KR} zwischen Schraubenkopf und Auflagefläche:

Kopfreibmoment $\mathbf{M_{KR}}$

$$M_{KR} = \mu_A F_V \frac{1}{4} (d_{KA} + d_L) \quad (2.20)$$

mit μ_A = *Reibungszahl zwischen Schraubenkopf und Auflagefläche*
F_V = *Vorspannkraft*
d_{KA} = *Außendurchmesser des Schraubenkopfes*

Die in Gleichung (2.19) enthaltene Streckspannung σ_S und Gewindereibungszahl μ sind u.a. von der Belastungsgeschwindigkeit und der drehzahlbeeinflußten Temperatur abhängig, hierzu erlauben fehlende Kenntnisse nur eine überschlägige Berechnung.

Rechnergestützte Auslegungsmöglichkeiten

Neben der Finite-Element-Methode (FEM), die eine frühzeitige Analyse und Optimierung ganzer Baugruppen hinsichtlich ihrer mechanischen Eigenschaften und ihrer Verarbeitung ermöglicht, bieten sich für die überschlägige Berechnung einzelner Konstruktionselemente spezielle Berechnungsprogramme [17-19] an. Die Dimensionierung basiert i.d.R. auf den o.g. theoretischen Ansätzen, die mit experimentellen Ergebnissen kalibriert wurden. Durch den Einsatz derartiger Programme kann der Konstrukteur in sehr kurzer Zeit Aussagen über die richtige Dimensionierung gewinnen. Insbesondere in [19] werden erstmals Abschätzungen der Restvorspannkraft in Abhängigkeit der Anwendungsbedingungen ermöglicht, Bild 2.10. Hierdurch wird die konstruktiv sinnvollere Vorgehensweise der Verbindungsauslegung über Kräfte/Belastbarkeit und Restvorspannkraft und nicht über (Montage-)Momente ermöglicht. Letztere Vorgehensweise bietet nur eine indirekte Aussagemöglichkeit zu den Vorspannkräften.

Die Programme benötigen Angaben zu Schraubengeometrie, Werkstoff und die bei Montage und im Betrieb zu erwartenden Temperaturen. Basierend auf den Eingabedaten werden die erforderlichen Werkstoffdaten aus Datenbanken eingelesen und die Geometriedaten des Einschraubtubus sowie die Kräfte und Momente anhand der in [1, 2, 8-15] dargestellten Gleichungen berechnet. Es können i.d.R. Einzelwerte und folgende Daten grafisch ausgegeben werden:

- Drehmomentverlauf und Ausreißkraft in Abhängigkeit der Einschraublänge,
- Ein- und Überdrehmoment in Abhängigkeit der Einschraublänge,

- Ein- und Überdrehmoment in Abhängigkeit vom Kernlochdurchmesser,
- zeitlicher Verlauf der Vorspannkraft in Abhängigkeit von Anfangsvorspannkraft und Umgebungstemperatur [19].

Eine eingeschränkte Berechnungsgenauigkeit infolge nicht bekannter Temperatur- und Reibungseinflüsse ist bei den Berechnungsprogrammen ebenso vorhanden.

Wichtig bei der Anwendung dieser Programme ist, daß der Konstrukteur die Ergebnisse kritisch betrachtet. Dabei gilt der Grundsatz, daß die Auslegungsempfehlungen nur so gut sein können wie die Eingangsdaten, so daß der Anwender ein grundlegendes Verständnis für diese Fügetechnik mitbringen muß. Rücksprachen mit den Rohstoffherstellern bzw. den Schraubenherstellern sowie experimentelle Bestätigungsversuche können derartige Programme nicht ersetzen. Sie erleichtern dem Anwender durch Online-Hilfen und eingespielte Datenbanken die Anwendung der analytischen Zusammenhänge, d.h. das Berechnen der Kennwerte mit den in der Literatur genannten Formeln.

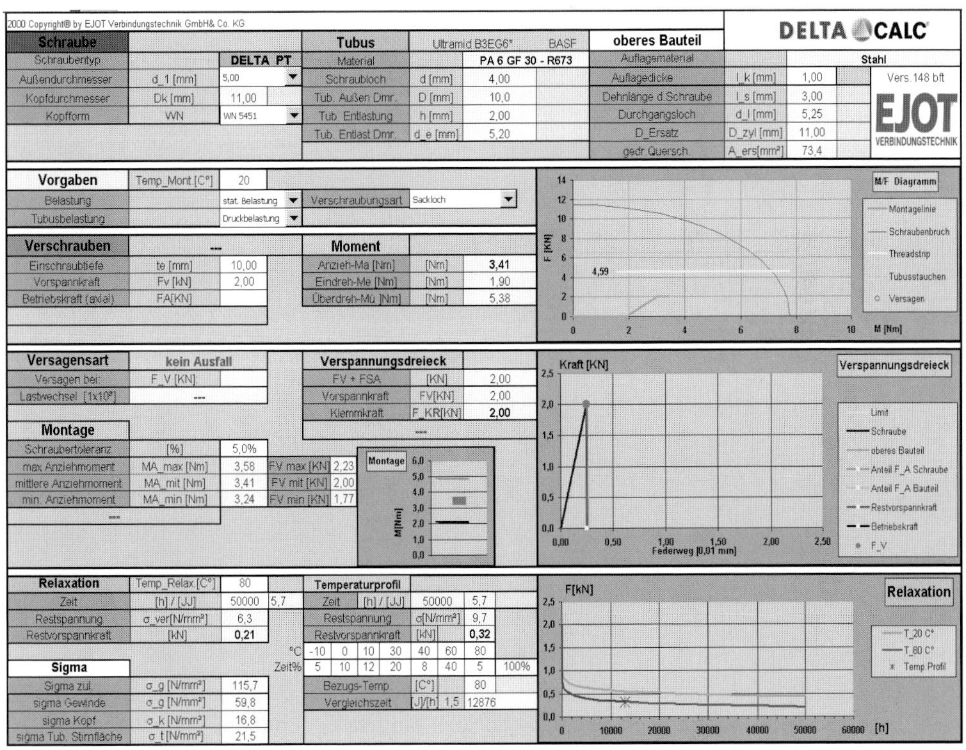

Bild 2.10 Eingabemaske des Berechnungsprogramms aus [19]

2.1.1.6 Belastbarkeiten

Statische/Kurzzeitige Belastbarkeit

Die statische Belastbarkeit im axialen Kurzzeitzugversuch von Direktverschraubungen wird maßgeblich von Umgebungs-, Geometrie- und Materialparametern beeinflußt. Am Beispiel von Direktverschraubungen in Polyamid ist in Bild 2.11 die auf den Wert einer Direktverschraubung in PA6-GF30 (T = 23 °C; d_K = 4,0 mm, l_E = 10 mm, Montage bei 23 °C/ 100 U/min, Schraube Typ I (PT®) Bild 2.6 oben links, Polyamid luftfeucht) normierte Auszugskraft dargestellt, so daß die Kennwerte als Abminderungsfaktoren für die Verbindungsauslegung herangezogen werden können [3, 5]. Das Restvorspannkraftniveau wird diskutiert ab Seite 70.

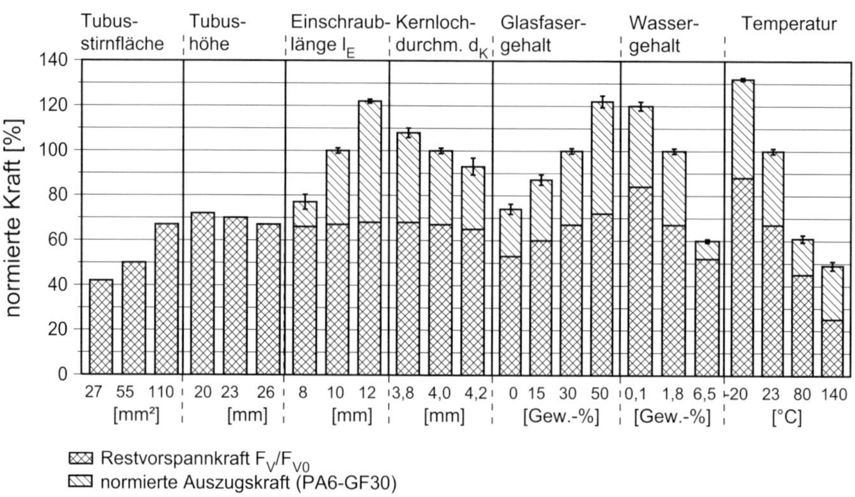

Bild 2.11 Auswirkungen wesentlicher Einflußgrößen auf die axiale Kurzzeitbelastbarkeit sowie das Restvorspannkraftniveau (s.a. Seite 70) von Direktverschraubungen

(normiert auf den Wert in PA6-GF30 (lf.), l_E = 10 mm, d_K = 4,0 mm, Schraube Typ I (PT®), T = 23 °C)

Im Bereich der Geometrieparameter kann eine effektive Steigerung der Auszugskraft um ca. 20 % durch eine Vergrößerung der **Einschraublänge** erreicht werden, welche demnach direkt mit einer nominell 20 % größeren Flankenüberdeckung im Kunststoff sowie mit einem 20 % größeren Scherzylinder an der Schraubenumhüllenden korreliert, Bild 2.11. Die Versagensart beim Auszug war bei der ausgelegten Verbindung jeweils Schubversagen an der Schraubenumhüllenden. Eine 20 %ige Verkleinerung des **Kernlochdurchmessers**, die ebenfalls zu einer nominell ca. 20 % größeren Flankenüberdeckung führt, jedoch die Größe des Scherzylinders nicht verändert, wirkt sich dagegen nur mit einer ca. 5 %igen Steigerung der Auszugskraft aus. Eine Erhöhung des **Kurzglasfasergehalts** führt, eine ausreichende

Glasfaserverteilung und -orientierung vorausgesetzt, zu einem etwa linearen Anstieg der Auszugskraft. Dies ist auf die Steigerung der mechanischen Eigenschaften mit zunehmender Glasfaserverstärkung zurückzuführen. Daneben wird die axiale Belastbarkeit von Direktverschraubungen durch den **Konditionierungszustand** im Polyamid und die **Umgebungstemperatur** maßgeblich beeinflußt. Eine Austrocknung des Polyamides, d.h. reduzierte Wassergehalte führen, durch die Verschiebung des Glasübergangsbereiches zu höheren Temperaturen, bei gleichen Umgebungstemperaturen zu einer deutlichen Steigerung der axialen Belastbarkeit. Bei Umgebungstemperaturen von -20 °C, d.h. deutlich unterhalb des Glasübergangsbereiches, werden ca. 30 % größere Auszugskräfte, dagegen bei +80 °C, d.h. deutlich oberhalb des Glasübergangsbereiches des luftfeuchten Polyamides, ca. 40 % niedrigere Auszugskräfte als bei Raumtemperatur ermittelt. Dies kennzeichnet den erheblichen Einfluß der Umgebungstemperatur in Bezug auf den Glasübergangsbereich. Der Abfall der Auszugskraft ist im Bereich des Glasübergangsbereiches am stärksten ausgeprägt und setzt sich mit zunehmender Temperatur bis 140 °C im Verhältnis hierzu vermindert fort. Mit zunehmender Glasfaserverstärkung, d.h. mit zunehmender Steifigkeit des Kunststoffs, können höhere axiale Belastbarkeiten auch bei Temperaturen oberhalb 80 °C erreicht werden, Bild 2.12.

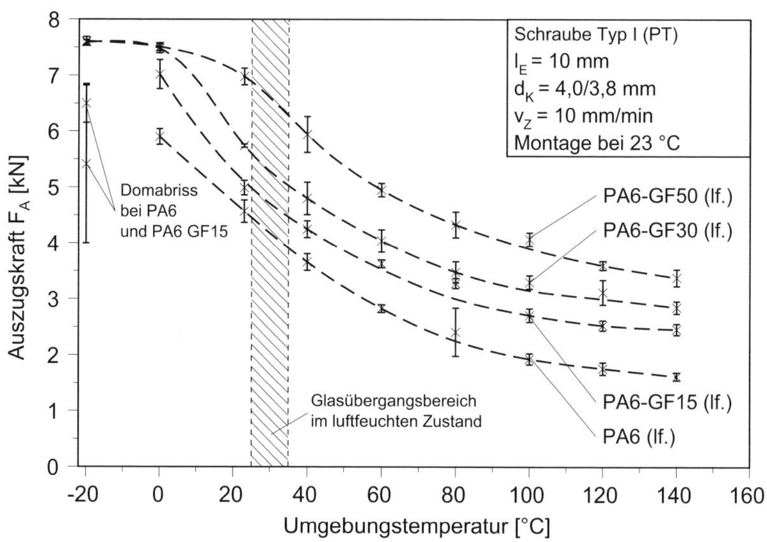

Bild 2.12 Axiale Belastbarkeit von Direktverschraubungen im Kurzzeitzugversuch in Abhängigkeit von der Umgebungstemperatur

Wesentlich ist, daß die Belastbarkeit der Direktverschraubung bei Einsatztemperaturen im Bereich oberhalb 80 °C auf weniger als 50 % der bei 23 °C ermittelten Belastbarkeiten abfällt, was bei der konstruktiven Auslegung von Bauteilverbindungen mit derartigen Anforderungen demnach eine wichtige Eingangsgröße darstellt. Der Steilabfall der axialen Auszugsfestigkeit im Temperaturbereich von 0 °C und 60 °C, insbesondere im Glasübergangsbereich sowie der im Vergleich dazu reduzierte zusätzliche Abfall oberhalb von 60 °C korreliert mit dem Verlauf des Schubmoduls über der Temperatur aus der DMTA-Messung.

Dynamische Belastbarkeit

Die dynamischen Belastungsgrenzen können relativ schnell anhand von Laststeigerungsversuchen, mit einer stufenweisen Erhöhung der Oberlast, bestimmt und mit anschließenden Dauerschwingversuchen bei konstanter Oberlast im Bereich der dynamischen Versagenslasten verifiziert werden. Die Laststeigerungsversuche haben den Zweck, innerhalb weniger Stunden Belastungsgrenzen für den Dauerfestigkeitsbereich einzugrenzen, wobei sowohl maximale Lasten als auch ereignisabhängige Veränderungen der aus der Last-Verformungs-Hysterese berechneten Kennwerte wichtig für die Beurteilung sind.

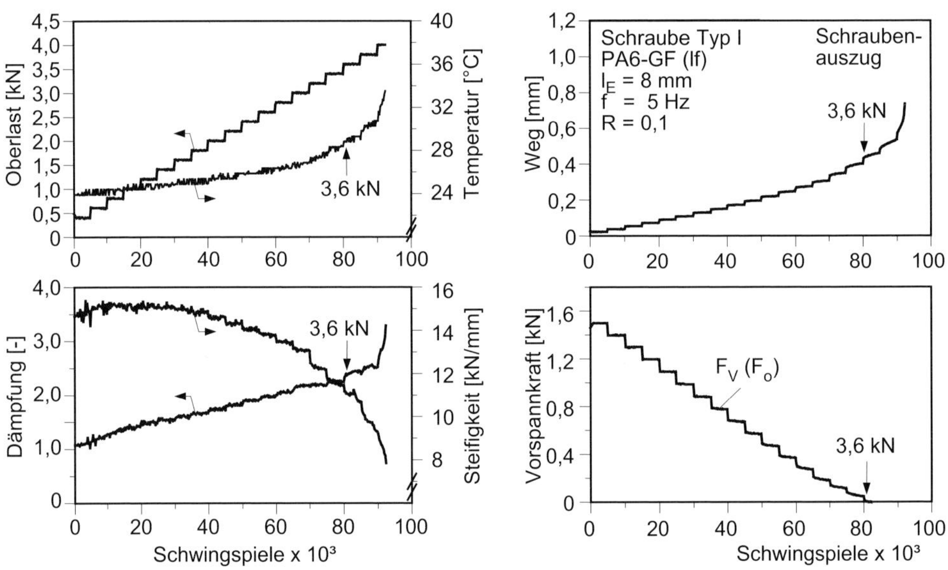

Bild 2.13 Laststeigerungsversuch an einer verspannten Direktverschraubung

(Vorspannkraft ca. F_V (t_0) = 2,0 kN) in PA6-GF30 mit Temperaturmessung im Einschraubbereich [3]

Bild 2.13 zeigt einen Laststeigerungsversuch mit einer gewindeformenden Metallschraube (Schraube Typ I (PT®), Flankenwinkel 30°, Einschraublänge l_E = 8 mm, Kernlochdurchmesser d_K = 4,0 mm), bei dem die Temperatur in der Schraube im Bereich der Einschraubtiefe versuchsbegleitend gemessen wurde. Der Temperaturanstieg um 10 °C korreliert dabei mit einem Dämpfungsanstieg, wobei ein Einfluß dieser relativ kleinen Temperaturerhöhung auf die Verbindungseigenschaften vernachlässigt werden kann [3]. Ab ca. 82.000 Schwingspielen (3,6 kN) beginnt die Verbindung zu Klaffen (F_V (F_o) = 0), was wiederum mit dem überproportionalen Anstieg der Dämpfung einhergeht. Die Temperatur beginnt bereits etwas früher, ab ca. 65.000 Schwingspielen (3,0 kN), zunehmend anzusteigen. Die Steifigkeit fällt bereits oberhalb von 40.000 Schwingspielen (2,0 kN) ab. Die Vorspannkraft bei Oberlast zeigt ab diesem Zeitpunkt eine zunehmende Relaxation innerhalb dieser Belastungsstufe, die mit zunehmender Belastung immer deutlicher ausgeprägt ist.

Die dynamischen Eigenschaften können sich demnach bei vorgespannten Direktverschraubungen verändern. Mit zunehmender Vorspannkraft verschiebt sich der Dämpfungsanstieg zu höheren Oberlasten, Bild 2.14. Der überproportionale Dämpfungsanstieg korreliert mit dem Verlust der Vorspannkraft bei Oberlast. Ein steigendes Belastungsverhältnis R verschiebt den Dämpfungsanstieg jedoch zu niedrigeren Oberlasten. Dies ist auf den Einfluß der Mittellast zurückzuführen, welche mit zunehmendem Belastungsverhältnis ansteigt und die Vorspannkraftrelaxation[4] besonders während Durchlaufen des Belastungsniveaus fördert. Der Steifigkeitsabfall bleibt dagegen im Vergleich zu unverspannten Verbindungen nahezu unverändert. Die hier diskutierten Belastungsgrenzen sind durch die Wahl der Verbindungs- und Versuchsparameter systemabhängig und können daher nur phänomenologisch bewertet werden.

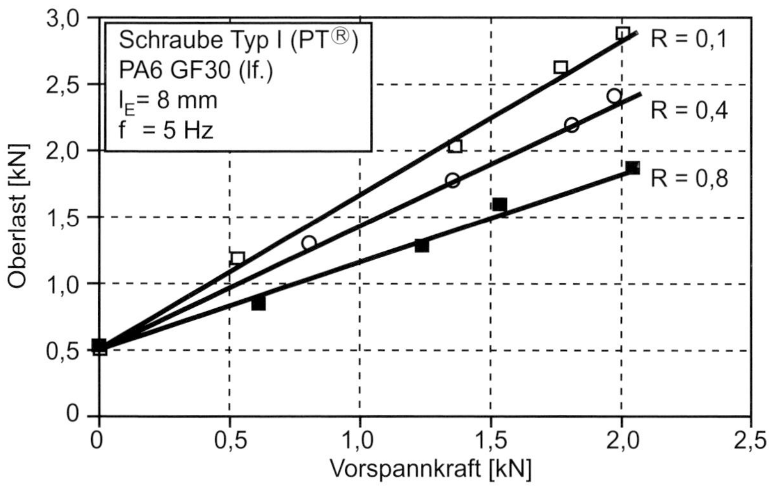

Bild 2.14 Oberlast bei überproportionalem Dämpfungsanstieg im Laststeigerungsversuch als f (Vorspannkraft) bei unterschiedlichem Belastungsverhältnis R [3]

Schraube Typ I in Bild 2.6 oben links

[4] infolge einer damit verbundenen Erhöhung der quasistatischen Lastkomponente

Die in den dynamischen Laststeigerungs- und Dauerschwingversuchen ermittelten charakteristischen Oberlasten korrelieren mit bestimmten Kennwertveränderungen [4], Bild 2.15. Gegenüber der statischen Belastungsgrenze fällt die dynamische Belastungsgrenze aus dem Laststeigerungsversuch auf ca. 60 % ab. Der in glasfaserverstärktem Polyamid ermittelte überproportionale Dämpfungsanstieg (F_D↗), als Kennwert für erste irreversible Verbindungsschädigungen, liegt bei 30 % (Direktverschraubung) bzw. 60 % (Messing-Insert) und 40 % (Kunststoff-Insert) der statischen Belastbarkeit.

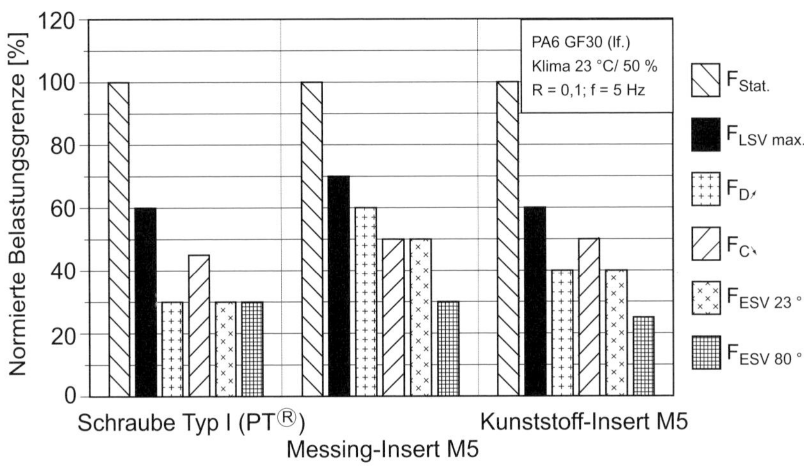

Bild 2.15 Vergleich der max. ertragenen dynamischen Belastung im Laststeigerungsversuch (F_0 = 0,4 kN; ΔF = 0,2 kN; N_{LSV} = 5000) und im Einstufendauerschwingversuch (ESV, 10^6 Schwingspiele)

$F_{Stat.}$: statische Belastungsgrenze; F_{LSV}: F_o bei Versagen im LSV; F_D: F_o beim Dämpfungsanstieg; F_C: F_o beim Steifigkeitsabfall, $F_{ESC,23°C}$: Durchläufer nach 10^6 Lastspielen im Dauerschwingversuch bei 23 °C; $F_{ESV80\,°C}$: dto. bei 80 °C [3]

Hierbei muß berücksichtigt werden, daß bei den Direktverschraubungen die metallische Schraube versagte und nicht Schädigungen im Gewindeeingriff zum Versagen führten. Im Gegensatz zu Direktverschraubungen lagen bei Messing-Inserts auch bei Durchläufern nach 10^6 Lastspielen Rißbildungen am unteren Übergang Insert/Tubus vor.

Eine Aussage zur Dauerschwingfestigkeit bei Messing-Inserts ist demnach auch bei Durchläufern kaum möglich. Kunststoff-Insert haben aufgrund des sanfteren Steifigkeitsübergangs an der Grenzfläche Insert/Tubus im Vergleich hierzu ein besser abzuwägendes Dauerverhalten unter dynamischer Belastung. Allerdings führt die nicht kunststoffgerechte DIN-Verschraubung insbesondere bei erhöhten Temperaturen zu Verformungen und Verschiebungen im Bereich des Gewindeflankeneingriffs, so daß die Vorspannkraft der Verbindung im Vergleich zur kunststoffgerechten Direktverschraubung deutlich verstärkt abfällt, Bild 2.16.

Für Direktverschraubungen in glasfaserverstärktem Polyamid oder anderen Kunststoffen mit ähnlichen mechanischen Eigenschaften ist somit die Steigerung der Schrauben-Dauerschwingfestigkeit unmittelbar mit einer Verbesserung der dynamischen Belastbarkeit verbunden. Dies wurde konsequent in [20, 21] umgesetzt, Bild 2.16, so daß nun derartige Spezialschrauben (DELTA PT®) kommerziell erhältlich sind.

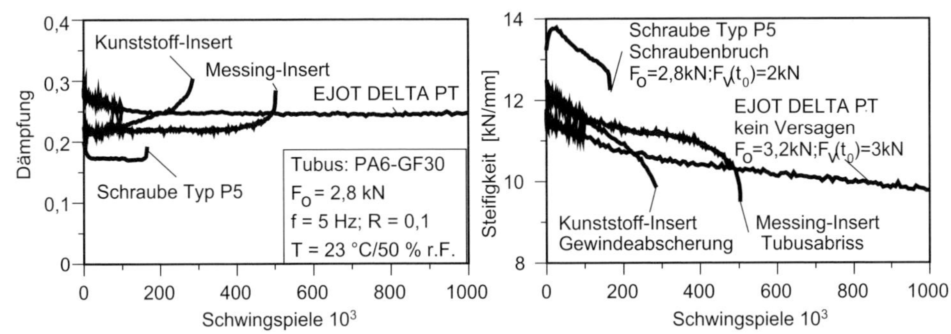

Bild 2.16 Verschiedene Verschraubungen im Dauerschwingversuch im Vergleich (axiale Belastung; Prüfparameter: f = 5 Hz, F_o = 2,8 bzw. 3,2 kN, 23 °C/50 % r.F.)

Insbesondere die Werte für $F_{ESV\ 23\ °C}$ und $F_{ESV\ 80\ °C}$, d.h. Durchläufer nach 10^6 Schwingspielen zeigen, daß Schraubverbindungen auch bei 80 °C noch in der Lage sind, hohe Lasten schädigungsfrei zu übertragen.

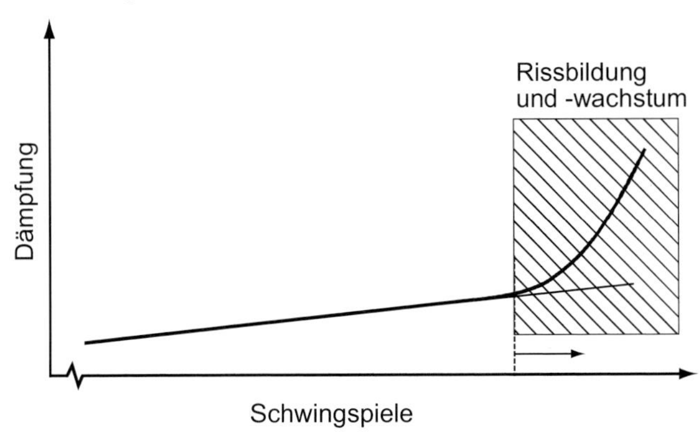

Bild 2.17 Schematische Darstellung zwischen Dämpfungsverlauf und Schädigung im Kunststoff-Tubus und Insert-Verbindungen im Laststeigerungs- und Dauerschwingversuch in PA-GF [3]

Sowohl bei den Laststeigerungsversuchen als auch in den Dauerschwingversuchen hat sich generell gezeigt, daß das Auftreten eines überproportionalen Dämpfungsanstiegs mit der Entstehung und dem Wachstum von Rissen im Tubus korreliert. Die Erfassung der Dämpfung und ihr qualitativer Verlauf ist demnach eine fundamentale Voraussetzung zur Erkennung von Schädigungen im Grenzbereich zwischen Verbindungselement und Kunststoffbauteil, Bild 2.17.

Langzeitige Belastbarkeit/Vorspannkraftrelaxation

Bereits während der Montage der gewindeformenden Metallschraube treten Relaxationseffekte beim Aufbringen der Vorspannkraft auf, die zu einer überproportionalen Zunahme des Montagewinkels bei hohen Vorspannkräften führen. Höhere Montagegeschwindigkeiten bewirken direkt nach dem Montagestop durch die reibungsbedingte Erwärmung im Kontaktbereich der Gewindeflanke eine verstärkte Abnahme der Vorspannkraft. Aufgrund der schnellen Abkühlung über die metallische Schraube wurden im weiteren Verlauf jedoch keine verstärkten Relaxationseffekte beobachtet [6].

Für anfängliche Vorspannkräfte beim Stop des Montagevorgangs im Bereich von 1 kN bis 4 kN (z.B. für Polyamid) liegt ein linearer Zusammenhang zwischen Restvorspannkraft und Anfangsvorspannkraft in Abhängigkeit der Verbindungsparameter und der Umgebungstemperatur vor, Bild 2.18.

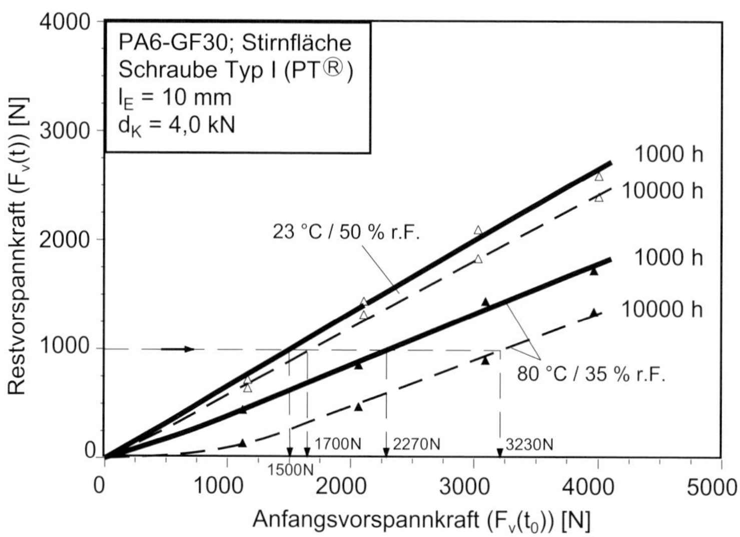

Bild 2.18 Darstellung der extrapolierten Restvorspannkraft nach 1.000 h/10.000 h über der Anfangsvorspannkraft

(PA6-GF30, luftfeucht, Schraube Typ I (PT®), Abstützung auf der Tubusstirnfläche).

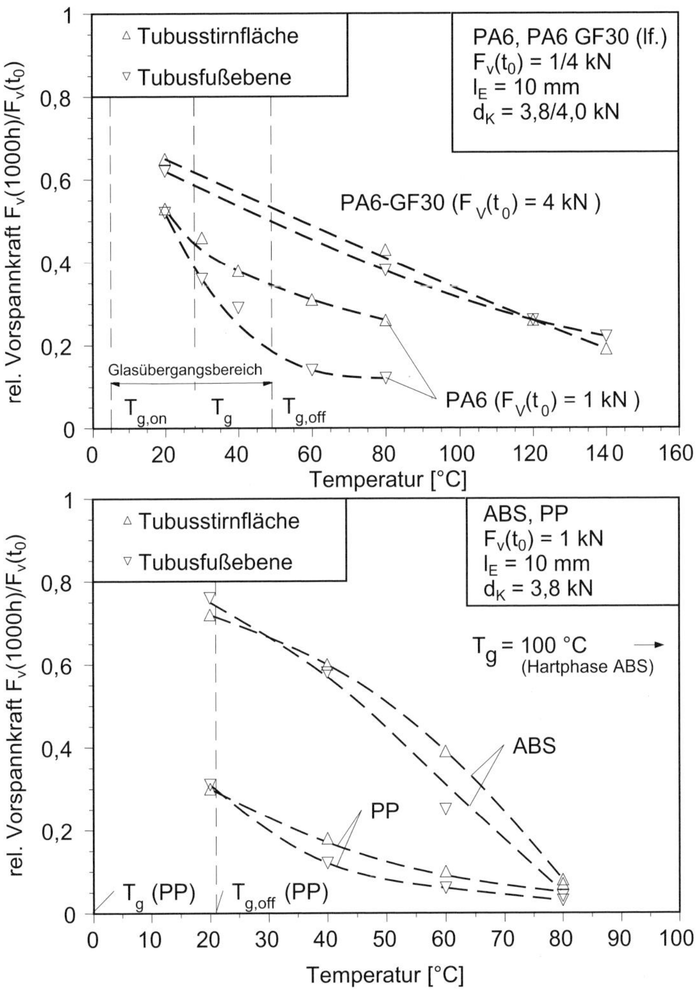

Bild 2.19 Relative Vorspannkraft F_V (t=100h) / F_V (t_0) in Abhängigkeit der Umgebungstemperatur für Direktverschraubungen in verschiedenen Kunststoffen in Abhängigkeit der Abstützung des Anbauteils.

(Schraube Typ I (PT®), Montage bei 23 °C mit n = 100 U/min)

Die auf die anfängliche Vorspannkraft normierte Restvorspannkraft nach z.B. 100 h weist in diesem Belastungsbereich jeweils eine vergleichbare prozentuale Abnahme der Vorspannkraft auf. Bei einer isochronen Auftragung der extrapolierten Vorspannkraft nach 1.000 h/10.000 h über der jeweiligen Anfangsvorspannkraft können die einzelnen Meßpunkte durch eine Gerade approximiert werden. Eine derartige Auftragung kann ein wertvolles Hilfsmittel für den Konstrukteur bei der Verbindungsauslegung sein. Sind die Einsatzbedingungen bekannt, d.h. wird beispielsweise bei einer Dauereinsatztemperatur von 80 °C eine Restvorspannkraft von 1.000 N nach 1.000 h benötigt, ergibt sich nach Bild 2.18 für die verwendete Schraube und Tubusgeometrie eine notwendige Anfangsvorspannkraft von ca. 2.300 N. Bei einer Dauereinsatztemperatur von 23 °C ist im Vergleich lediglich eine Vorspannkraft bei der Montage von 1.500 N aufzubringen. Die Vorspannkraftrelaxation nimmt mit steigender Umgebungstemperatur zu. Bild 2.19 zeigt das Restvorspannkraftniveau von Direktverschraubungen in PA6, PA6-GF30, PP und ABS in Abhängigkeit der Temperatur und der Lage des Glasübergangs- bzw. Erweichungsbereichs.

Diesen Effekten sind immer die unterschiedlichen Wärmedehnungen von Kunststoff und Metall sowie weitere Effekte, die zu einer Volumenänderung bei erhöhten Temperaturen führen, wie z.B. Austrocknung, Nachkristallisation, Schwindung/Schrumpf etc., überlagert. Je nach Kraftfluß, d.h. Abstützung des Anbauteils auf der Tubusstirnfläche (Bild 2.7 Fall A) bzw. Tubusfußebene (Bild 2.7 Fall B) führt eine Volumenverkleinerung, z.B. bei einer Abkühlung der Bauteilverbindung, zu einer zusätzlichen Abnahme der Vorspannkraft (Fall A) bzw. einem Anstieg der Vorspannkraft (Fall B), Bild 2.20.

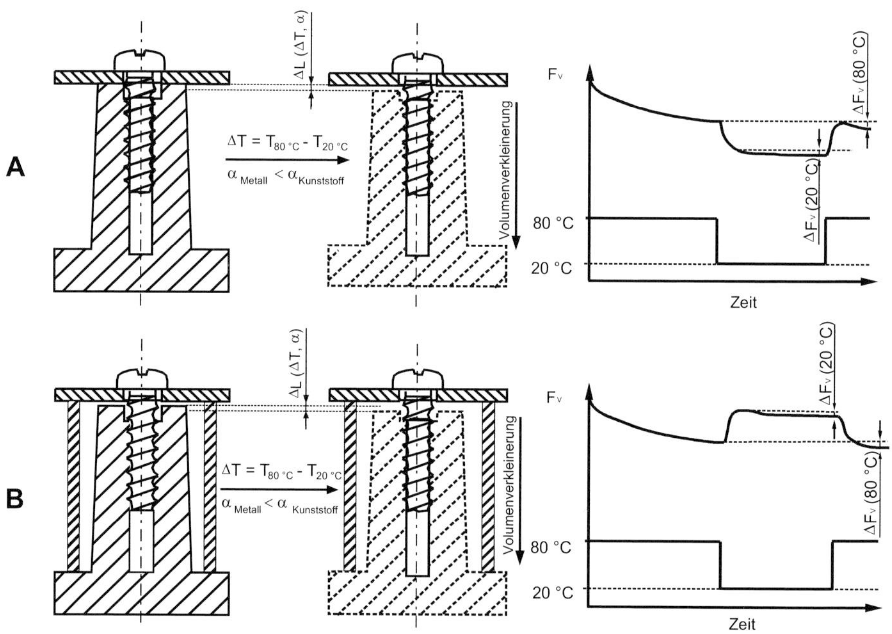

Bild 2.20 Dimensionsveränderung aufgrund unterschiedlicher Wärmeausdehnung von Stahl und Kunststoff bei der Abkühlung von 80 °C auf 20 °C und des daraus resultierenden Vorspannkraftverlaufes in Abhängigkeit der Abstützung des metallischen Anbauteils [5]

Wesentlichen Einfluß auf das Restvorspannkraftniveau von Direktverschraubungen in Polyamid bei erhöhten Temperaturen haben die konstruktiven Parameter Tubusstirnfläche (Fall A), die möglichst groß dimensioniert werden sollte, bzw. Tubushöhe (Fall B), die möglichst klein gehalten werden sollte, sowie die werkstofftechnischen Parameter Konditionierungszustand und Glasfasergehalt, die maßgeblich die temperaturabhängige Steifigkeit des Kunststoffs beeinflussen. Anders als bei den statischen Belastungsversuchen haben die Parameter Einschraublänge und Kernlochdurchmesser im untersuchten Bereich einen deutlich geringeren Einfluß auf das Restvorspannkraftniveau. Dies ist auf den Ort der höchsten Flächenpressung und somit auf ausgeprägte Relaxationseffekte zurückzuführen [5].

Da der thermisch induzierte Vorgang reversibel ist, zeigt sich bei zyklischer Temperaturbeanspruchung eine wärmedehnungsinduzierte Reaktion des Vorspannkraftverlaufes [20]. Die wesentlichen Relaxationseffekte treten beim ersten Aufheizen der Bauteilverbindung auf. Nach einer Abkühlung liegt aufgrund der Wärmedehnungsunterschiede ein deutlich reduziertes Vorspannkraftniveau vor (Fall A), Bild 2.20.

Weitere Temperaturwechselzyklen führen im Vergleich zu deutlich reduzierten Relaxationseffekten, welche wesentlich von den Wärmedehnungsunterschieden von Stahl und Kunststoff überlagert werden. Die minimale Vorspannkraft liegt bei Abstützung des Anbauteils auf der Tubusfußebene (Fall B) im warmen Zustand bzw. auf dem oberen Temperaturniveau vor, so daß die Restvorspannkraft aus dem Restvorspannkraftniveau bei der konstant vorliegenden oberen Einsatztemperatur abgeschätzt werden kann. Bei Abstützung des Anbauteils auf der Tubusfußebene (Fall B) ist die Restvorspannkraft im kalten Zustand minimal. Vom Restvorspannkraftniveau bei der konstant vorliegenden oberen Einsatztemperatur muß in diesem Fall die wärmedehnungsinduzierte Abnahme der Vorspannkraft abgezogen werden. Überschlägig kann dies bei Kenntnis der temperaturabhängigen Steifigkeit sowie der thermischen Ausdehnungskoeffizienten erfolgen über:

$$F_{V,\Delta T} = - E_T \cdot (\alpha_{KS} - \alpha_{Metall}) \cdot \Delta T \cdot A_{\text{Stirnfläche bzw. Querschnitt}} \quad (2.21)$$

mit E_T = *temperaturabhängige Steifigkeit bei mittlerer oder optional maximaler Temperatur*

α_{KS}; α_{Metall} = *Wärmeausdehnungskoeffizient von Kunststoff bzw. Metall*

ΔT *Temperaturdifferenz*

$A_{Stirnfläche}$ = *Stirnfläche Verschraubungstubus bzw. Tubusquerschnitt*

2.1.1.7 Prüfverfahren zur Kennwertermittlung

Zur Ermittlung der Verbindungseigenschaften von Kunststoff-Direktverschraubungen wird im wesentlichen der axiale Zugversuch, der Verschraubungsversuch mit Ermittlung der Drehmomente und der resultierenden Vorspannkraft sowie das Weiterdrehmoment herangezogen, Bild 2.21. Temperaturabhängigkeiten und Relaxationseffekte sind zu berücksichtigen. Die Belastbarkeit insbesondere unter Querkraft und Biegung ist bevorzugt am Bauteil zu prüfen. Daneben kommen spezielle, anwendungsorientierte Prüfverfahren, wie teilweise nachfolgend beschrieben zum Einsatz. Weiterführende Information hierzu sind in der Literatur zu finden [3, 5].

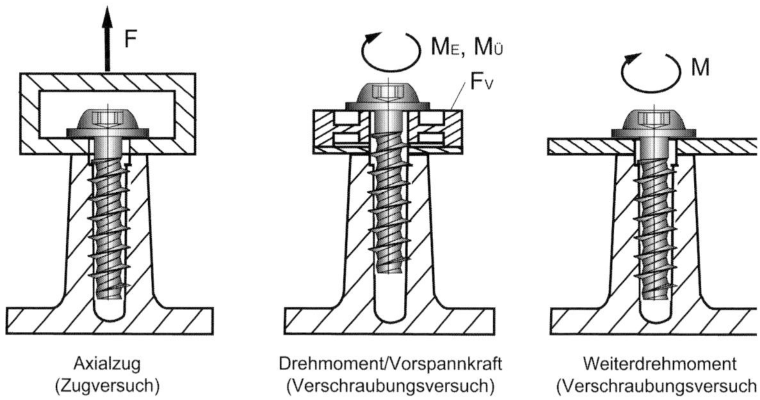

Bild 2.21 Methoden zur Bestimmung der Verbindungseigenschaften von Direktverschraubungen

2.1.1.8 *Verschraubung dünnwandiger Bauteile mit Zusatzelementen*

In manchen Anwendungsbereichen stößt die Direktverschraubung von Kunststoffen an Grenzen, z.B. bei dünnwandigen Bauteilen, bei Bauteilen, in denen keine Einschraubdome angespritzt werden können, bei Sandwichbauteilen oder bei extrem dünnen Blechen. Bei diesen Anwendungsfällen können spezielle Zusatzelemente aus Kunststoff eingesetzt werden, die nachträglich mechanisch mit dem dünnwandigen Bauteil verrastet werden. Mit diesen Verbindungselementen können Bauteile aus verschiedenen Werkstoffen mit unterschiedlichen Wanddicken verbunden werden, Bild 2.22.

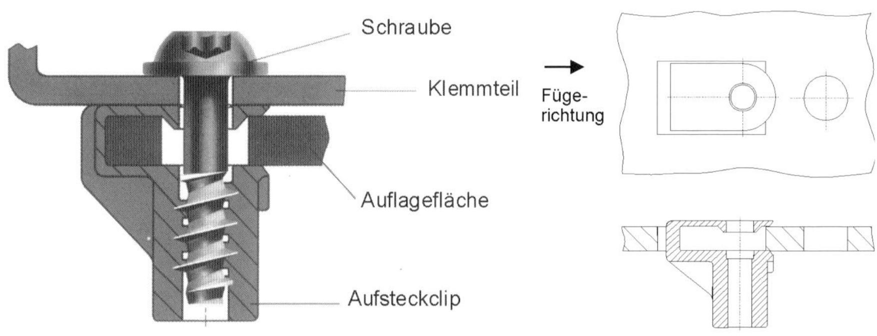

Bild 2.22 Möglichkeiten zur Direktverschraubung dünnwandiger Bauteile mit Hilfe eines Montagetubus [21]

Die Montage erfolgt durch Aufstecken quer zur Einschraubrichtung vom Rand des Bauteils oder durch Ausschnitte in der Fläche. Toleranzen im Lochbild können durch das Element ausgeglichen werden.

Weitere Beispiele zeigt Bild 2.23. Für unterschiedliche Materialwanddicken und Lochabstände stehen verschiedene Elemente, bzw. Elemente wie der 2K-Tubus, die für einen großen Bereich von Bauteildicken eingesetzt werden können, zur Verfügung.

Die prozeßsichere Funktion der Montagetuben (Boss®-Familie) ist jeweils auf die zugehörige gewindeformende Schraube (DELTA PT®) abgestimmt. Bis auf den EASYboss® ermöglichen alle anderen Montagetuben prinzipiell eine Vormontage des Zusatzelements in Einschraubrichtung, Bild 2.23. Die Montage ist automatisierbar und kann u.a. durch Einschnappen oder Fügen und Verdrehen erfolgen.

Bild 2.23 Beispiele für direktverschraubbare Montagetuben [21]

2.1.1.9 *Anwendungsbeispiele*

Das Leistungspotential von Kunststoff-Direktverschraubungen wird exemplarisch im Bereich von Kfz-Ansaugsystemen "Under-the-hood" aufgezeigt. Gerade diese Bauteile unterliegen im Einsatz einem weiten Spektrum an thermisch-dynamischen Beanspruchungen. Direktverschraubungen sind selbstverständlich auch in anderen Bereichen wie z.B. der Elektro-/nik-, Weißgeräte-, Sport- oder Spielzeugindustrie weit verbreitet.

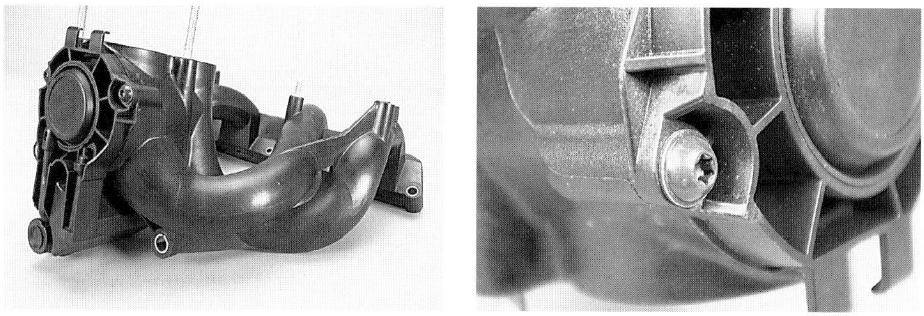

Bild 2.24 Kunststoff-Kunststoff-Direktverschraubung an einem Ansaugsystem

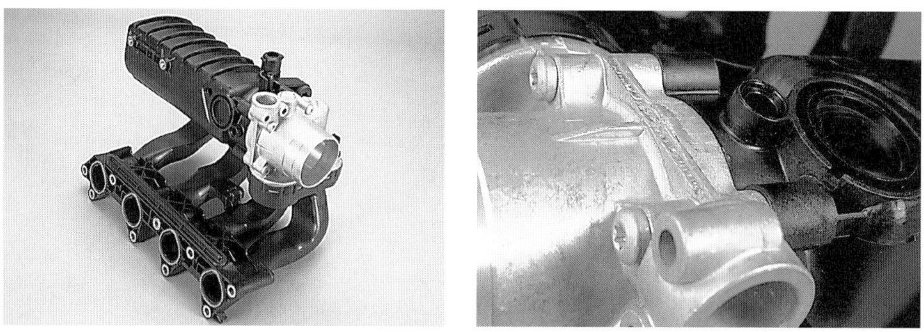

Bild 2.25 Kunststoff-Metall-Direktverschraubung an einem Ansaugsystem

Bild 2.26 links: Direktverschraubung Gewindestift
rechts: Direktverschraubung eines Deckels mit Dichtung

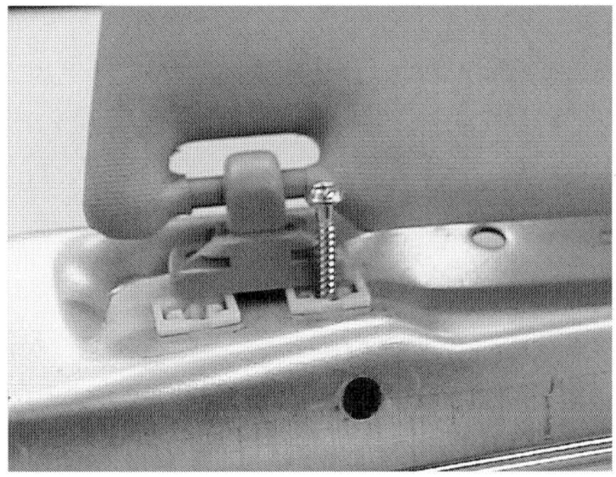

Bild 2.27 links: Verschraubungen an I-Tafel
rechts: Sonnenblendenverschraubung

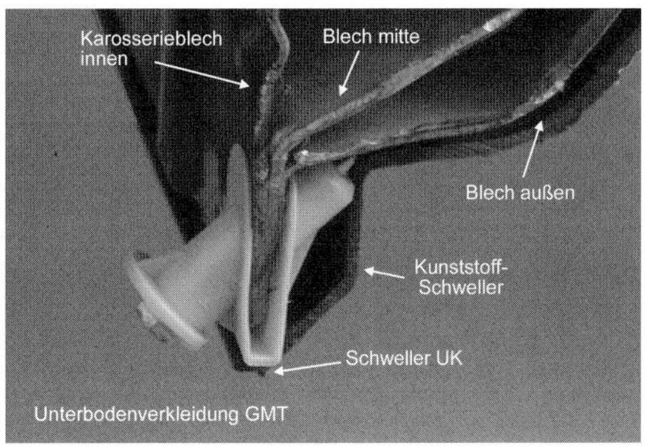

Bild 2.28 links: Verschraubung von Anbauteilen
rechts: Unterbodenverschraubung

2.1.2 Schrauben aus Kunststoff

Schrauben aus Kunststoffen werden entsprechend den genormten, metrischen Stahlschrauben ausgeführt.

Die hierbei vorgegebene Gewindegeometrie bedingt eine nicht optimale Ausnutzung des Festigkeitspotentials der verwendeten Kunststoffe, da der übliche Flankenwinkel zu einer Aufweitung der Muttern führt.

Entsprechend den unterschiedlichen Kunststoffen weisen Verschraubungen große Unterschiede in den Festigkeits- und Verformungseigenschaften auf. Schrauben aus Kunststoff werden überwiegend dort eingesetzt, wo die hohen Anforderungen, wie elektrische Isolation, dielektrische oder antimagnetische Eigenschaften, Korrosionsbeständigkeit, Gleit- und

Dämpfungseigenschaften usw. von den metallischen Schrauben nicht erfüllt werden. Festigkeitseigenschaften spielen dabei meist eine untergeordnete Rolle, werden jedoch bei bestimmten Anwendungen, z.B. in der Starkstromtechnik, von "hochfesten" GFK-Schrauben gefordert.

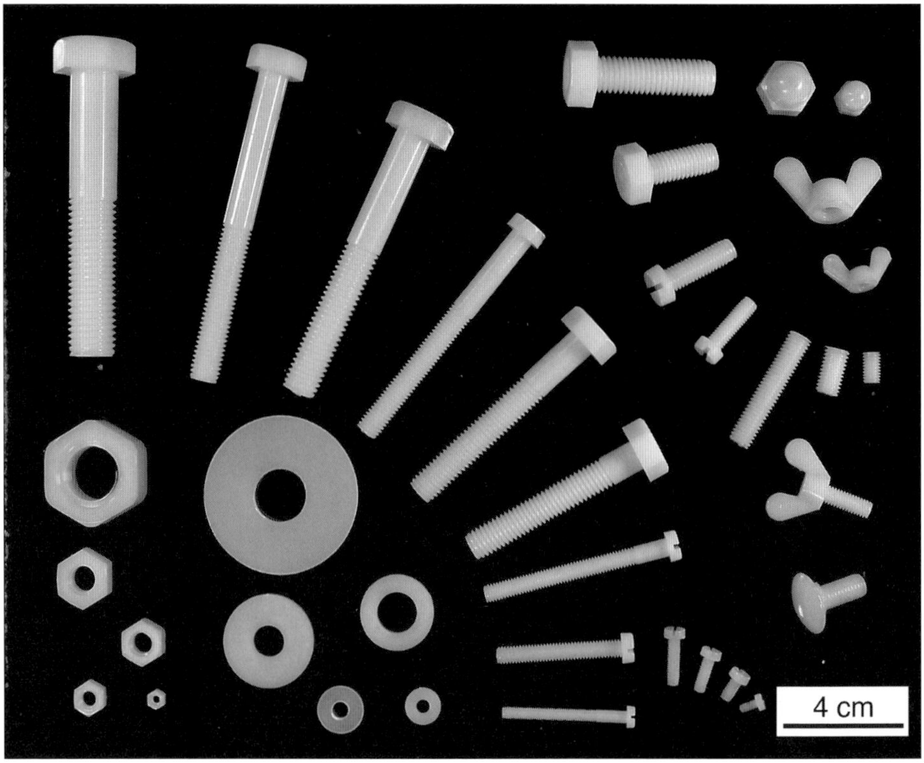

Bild 2.29 Schrauben, Muttern und Unterlegscheiben aus Thermoplasten

2.1.2.1 Thermoplastschrauben

Einen Überblick über Schrauben aus Thermoplasten enthält die VDI-Richtlinie 2544. Thermoplastschrauben und -muttern (M 2,3 bis M 16) werden vorwiegend im Spritzgußverfahren hergestellt, Schrauben zusätzlich spanend oder durch Gewinderollen. Als Kunststoff werden überwiegend POM und PA mit und ohne Glasfaserverstärkung verwendet. Spanend hergestellte Schrauben haben eine ca. 40 % höhere Festigkeit als gespritzte.

Kaltgeformte Schrauben können wegen der Materialrelaxation kaum mit engen Toleranzen hergestellt werden. Eine steigende Umgebungstemperatur erniedrigt besonders bei unverstärkten Thermoplastschrauben die Tragfähigkeit, Bild 2.30.

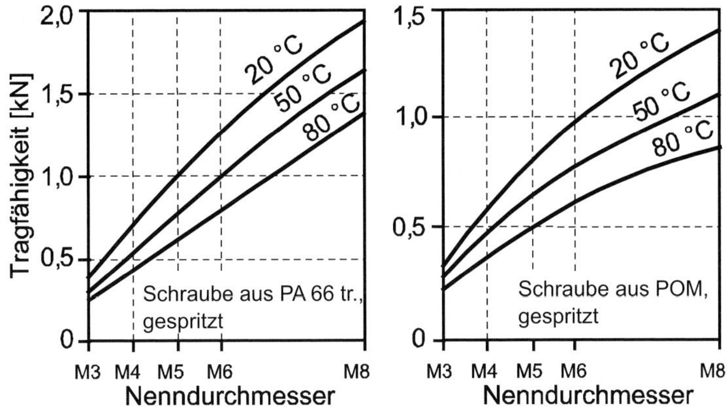

Bild 2.30 Tragfähigkeit gespritzter Schrauben aus PA 66 trocken (links) und POM (rechts) bei unterschiedlicher Temperatur

Montagevorspannkräfte relaxieren innerhalb eines Tages je nach Schraubengröße auf bis zu 50 % des ursprünglichen Wertes. Durch Erhöhung der Temperatur oder Feuchtigkeitsaufnahme wird dieser Effekt noch verstärkt. Bild 2.31 zeigt den Klemmkraftverlust unterschiedlicher Schrauben in den ersten Stunden in Abhängigkeit von der Höhe der Last.

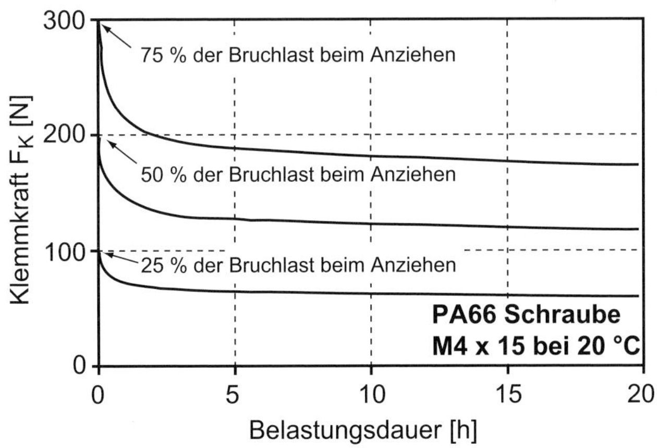

Bild 2.31 Zeitlicher Klemmkraftverlauf von Schraubverbindungen aus PA 66 bei unterschiedlichen Belastungshöhen nach 30 Tagen bei 20 °C/65 % rel. Feuchte [2]

Bei metrischen Gewinden ergibt sich bei genormter Mutternhöhe von m = 0,8 · d ein frühzeitiges Versagen durch Bruch im ersten Schraubengewindegang.

In der Praxis haben sich Mutterhöhen bewährt:

PA 6, PA 66:	$m = (1{,}0 \div 1{,}2) \cdot d$;	PE:	$m = (1{,}8 \div 2{,}0) \cdot d$
PA-GF:	$m = (0{,}8 \div 1{,}0) \cdot d$;	PP:	$m = (1{,}6 \div 1{,}8) \cdot d$
POM:	$m = (0{,}8 \div 1{,}0) \cdot d$;		

Wird für Schrauben aus Kunststoffen angenommen, daß alle im Eingriff befindlichen Gewindegänge z gleichmäßig tragen, beträgt infolge einer Axialkraft F die resultierende **Scherspannung τ_G** beim Abscheren der Gewindegänge mit der Steigung P:

$$\tau_G = \frac{F}{\pi \cdot z \cdot P \cdot d_k} \quad (2.22)$$

Die Scherfestigkeit des Gewindes kann also durch Vergrößerung der Zahl der Gewindegänge gesteigert werden. Sind genügend Gewindegänge im Eingriff, ist die Verbindung gegen Normalspannungsbruch im Schraubenkernquerschnitt zu dimensionieren. Aus der Normalspannung σ_q durch Axialkraft und der Torsionsspannung τ_q beim Anziehen läßt sich eine Vergleichsspannung $\sigma_{v\,q}$ berechnen:

$$\sigma_{vq} = \sqrt{\sigma_q^2 + 3 \cdot \tau_q^2} \quad (2.23)$$

mit: $\sigma_q = \dfrac{4 \cdot F}{\pi \cdot d_k^2}$ und: $\tau_q = \dfrac{16 \cdot M_d}{\pi \cdot d_k^3}$

Das **Torsionsmoment M_d** ist das um das Reibmoment an der Kopfauflage verminderte Anzugsmoment:

$$M_d = F \cdot \frac{d_m}{2} \cdot k \quad (2.24)$$

mit: $k = \dfrac{\dfrac{h}{\pi \cdot d_1} + 1{,}16 \cdot \mu}{1 - 1{,}16 \cdot \mu \dfrac{h}{\pi \cdot d_1}}$

mit: d_m = *mittlerer Gewindedurchmesser*
h = *Mutternhöhe*
μ_A = *Reibungszahl der Kopfauflage*
d_l = *Gewindenenndurchmesser*
μ = *Reibungszahl am Gewinde ($\approx 0{,}35$)*

Das zum Erreichen einer Schraubenkraft F notwendige Drehmoment setzt sich dementsprechend aus einem Anteil zum Überwinden der Gewindesteigung und einem Anteil zum Überwinden der Reibung zusammen:

$$M_A = F \cdot \frac{d_m}{2} \cdot \left(k + 1{,}3 \cdot \mu_A\right) \tag{2.25}$$

Das maximal zulässige **Anzugsmoment $M_{A\,zul}$** beträgt unter Berücksichtigung der zulässigen Vergleichsspannung $\sigma_{vq\,zul}$:

$$M_{A\,zul} = \sigma_{vq\,zul} \cdot \frac{\pi \cdot d_k^2 \cdot d_m}{8} \frac{k + 1{,}3 \cdot \mu_A}{\sqrt{1 + 12\left(k \cdot \frac{d_m}{d_k}\right)^2}} \tag{2.26}$$

Die hiermit erreichbare **Schraubenkraft F** beträgt:

$$F_{zul} = \sigma_{vq\,zul} \cdot \frac{\pi \cdot d_k^2}{8} \frac{1}{\sqrt{1 + 12\left(k \cdot \frac{d_m}{d_k}\right)^2}} \tag{2.27}$$

Direkt nach Aufbringung der Schraubenkraft ergibt sich eine resultierende Dehnung ε der Schraube von:

$$\varepsilon = \frac{4 \cdot F}{\pi \cdot E \cdot d_k^2} \tag{2.28}$$

Kompliziert wird die Berechnung bei gleichzeitigem Kriechen der zu verbindenden Teile.

2.1.2.2 Schrauben und Gewindestangen aus GFK

GFK-Verbindungselemente werden in technischen Bereichen eingesetzt, wo erhöhte Anforderungen an chemische, thermische und elektrische Eigenschaften bestehen, die von Thermoplastverbindungselementen aufgrund zu geringer Festigkeit nicht erfüllt werden [22]. Gängige Größen liegen zwischen M10 und M24, Tabelle 2.1.

Die Montage erfolgt überwiegend im Durchsteckverfahren mit Verwendung einer Gewindestange und zwei Muttern. Ausgangsprodukt für hochfeste GFK-Gewindebolzen und Muttern sind Preßlaminate meist aus Epoxidharz mit bidirektionalen Gewebeverstärkungen (E- oder ECR-Glasfasern, senkrecht und parallel zur Gewindeachse, 65 ÷ 75 Gew.-% Fasern, σ_B = 290 N/mm²) oder mit einer Mischverstärkung aus Wirrfasermatte (0,3 - 0,4 Anteil) und Roving (0,6 - 0,7 Anteil, σ_B = 380 N/mm²). Im auf Zug beanspruchten Bolzen sind Längsfasern vorteilhaft, im auf Biegung und Scherung beanspruchten Gewinde quer verlaufende Fasern. In den ersten am höchsten belasteten Muttergewinde ergibt sich aufgrund der 60° Flanken eine Aufweitung. Eine umlaufende Faserorientierungen möglichst nahe dem Gewinde kann dem entgegenwirken. Die Gewinde werden mit Diamantprofilscheiben geschliffen. Das normale metrische Normgewinde besitzt im Vergleich zum Trapez- oder Sägegewinde aber auch Feingewinden Festigkeitsvorteile. Da Spezialgewinde meist höhere Steigungen aufweisen, wird die pro Ganghöhe zu übertragende Last auch höher. Probleme der

Abscherfestigkeit ergeben sich aufgrund der Aufweitung bei fehlenden radialen Verstärkungsfasern.

Nenn-∅	**Bolzen**			**Muttern (Mattenlaminat)**	
	Mattenlaminat [kN]	Gewebelaminat (Hgw 2373.4) [kN]	Mischlamiant (Matte/Roving) [kN]	II[1] [kN]	⊥[2] [kN]
M10	10	18	20	17	35
M12	16	25	29	25	50
M16	25	42	55	45	90
M20	37	69	86	65	130
M24	50	90	123	90	180

[1] Gewindeachse parallel zur Schichtebene, [2] Gewindeachse senkrecht zur Schichtebene

Tabelle 2.1 Bruchlast von GFK-Gewinde-Bolzen und -Muttern mit metrischem Gewinde

Die möglichen Versagensarten bei GFK-Gewindeverbindungen sind:

- Bruch der Schraubenbolzen,
- Abstreifen des Schraubengewindes,
- Abstreifen des Muttergewindes.

Hierbei ist die Höhe des Mutterngewindes von entscheidender Bedeutung, Bild 2.32. Die hohe Gewindefestigkeit des Gewebelaminats führt zu einer unteren kritischen Mutternhöhe h von ca. 1,5 x d. Bei größeren Mutternhöhen treten ausschließlich Schraubenbolzenbrüche auf. Gewindeverbindungen aus einem Mischlaminat Matte-Roving als Bolzenmaterial nutzen bei einfachen Muttern die Festigkeit der Bolzen nicht aus. Die kritische Mutternhöhe, ab der ausschließlich Bolzenbruch auftritt, liegt etwa bei h = 3 x d. Bezogen auf den Kernquerschnitt A_k lassen sich bei Gewinden M16 mit einer Mutternhöhe von h = 2 x d die in Bild 2.32 angegebenen Bruchspannungen erreichen.

Die Schädigungsgrenze σ_{kn} im Zugversuch bei GFK-Verbindungselementen ist durch die Zerstörung des Verbundes zwischen Harz und kaum tragenden, quer zur Beanspruchung liegenden Fasern gegeben. Diese Rißbildungs-Schädigungsgrenze liegt bei weniger als 50 % der Bruchfestigkeit. Streuungen der Bruchfestigkeit der Verbindungen bis 30 % werden berichtet.

Ein Vergleich zwischen Gewindeverbindungen M16 (h = 2 x d) aus GFK und korrosionsfesten metallischen Werkstoffen zeigt, daß GFK-Gewindeverbindungen den metallischen hinsichtlich der Festigkeit durchaus gleichwertig sein können, Tabelle 2.2. Die reine Bruchfestigkeit von GFK ist ein Mehrfaches höher.

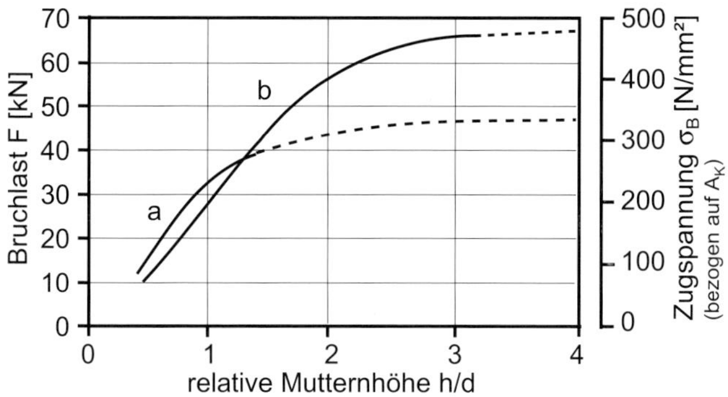

Bild 2.32 Bruchlast in Abhängigkeit von der relativen Mutternhöhe h/d bei GFK-Gewindeverbindungen M16 (A_k = 144 mm²)

durchgezogene Linie: Gewindeabscherung; gestrichelte Linie: Bolzenbruch
a = Gewebelaminat, σ_B= *290 N/mm2,* σ_{Kn}= *110 N/mm2*
b = Matte-Roving-Laminat, σ_B= *380 N/mm2,* σ_{Kn}= *260 N/mm2*
A_k *= Bolzenkernquerschnitt*

Bolzen- und Mutternmaterial	σ_{kn} [N/mm²]	$\sigma_{0,2}$ [N/mm²]
Gewebelaminat	110	-
Matte-Roving-Laminat	260	-
X 10 CrNiTi 18 9	-	205
Nicrofer 4221	-	240

Tabelle 2.2 Erstschädigungsgrenze (Knie in σ-ε-Diagramm) σ_{Kn} von GFK-Gewindeverbindungen, (Nenngröße M 16, Mutternhöhe 2 x d) und 0,2%-Grenze von korrosionsfesten metallischen Werkstoffen

Das hohe Festigkeitspotential von GFK-Schrauben kann jedoch nur dann ausgenutzt werden, wenn während des Anziehvorganges eine entsprechend hohe Vorspannkraft F_V in den Gewindestab eingebracht wird. Das **Anziehdrehmoment M_A** setzt sich dabei aus dem Anteil der Gewindesteigung M_s, dem Reibungsanteil im Gewinde M_R und dem Reibungsanteil an der Mutternauflage M_K zusammen:

$$M_A = M_s + M_R + M_K \qquad \text{mit: } M_s = F_v \cdot 0{,}16 \cdot P \tag{2.29}$$

mit: P *= Steigung* — r_A *= Radius der Mutternauflage*
d_2 *= Gewindekerndurchmesser* — μ_A *= Reibungszahl an Mutternauflage*
μ_G *= Reibungszahl im Gewinde*

Der Zusammenhang zwischen Anzugsmoment und Vorspannkraft beträgt:

$$M_A = F_v(0{,}16 \cdot P + 0{,}58 \cdot d_2 \cdot \mu_G + r_A \cdot \mu_A) \quad (2.30)$$

Bedingt durch die spanende Herstellung der Gewindeprofile treten auf den Gewindeflanken freiliegende Glasfasern auf. Dadurch ergibt sich bei trockener Oberfläche eine Gewindereibungszahl von $\mu_G \approx 0{,}6$, die ein frühzeitiges Torsionsversagen im Gewindestab bewirken kann, ohne daß die ertragbare maximale **Vorspannkraft** ausgenutzt wird, Bild 2.33.

$$F_{v\max} = \frac{M_{tB}}{(0{,}16 \cdot P + 0{,}58 \cdot d_2 \cdot \mu_G)} \quad (2.31)$$

mit: M_{tB} = *Torsionsbruchmoment*

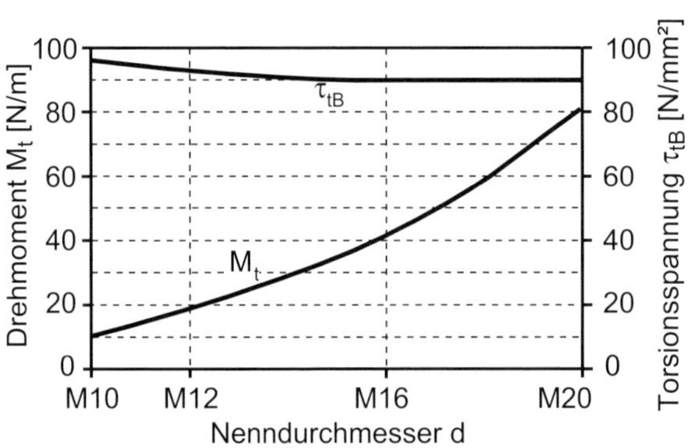

Bild 2.33 Torsions-Drehmoment M_t und Torsionsspannung τ_{tB} in Abhängigkeit von der Gewindegröße, freie Torsionslänge $l = 15 \cdot d$

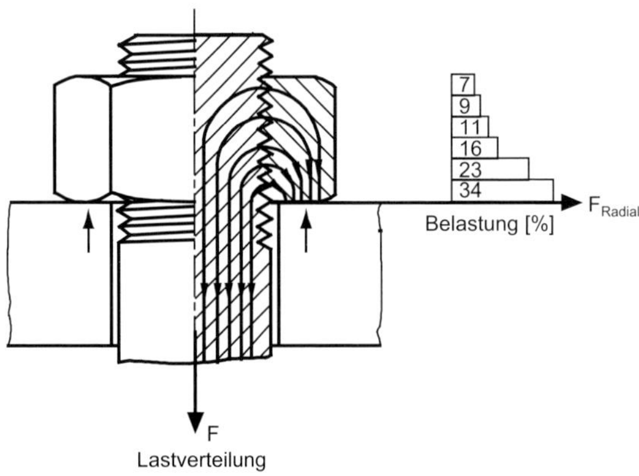

Bild 2.34 Belastung einer Schraube-Mutter-Verbindung aus FVK

Bolzen: Roving/Matten-Laminat

Mutter: Mattenlaminat senkrecht zur Bolzenachse geschichtet

Bei ungeschmierten Laminaten beträgt die erreichbare Vorspannkraft deshalb häufig weniger als 15 % der Zugbruchlast. Durch einseitige Beschichtung der Mutter mit PTFE bzw. Schmierung kann die Reibungszahl reduziert werden.

Die Tragfähigkeit kann zusätzlich durch die Aufweitung der Mutter und der damit einhergehenden Verschiebung des Lastangriffes herabgesetzt werden. Wegen der E-Modul-Ähnlichkeit von Bolzen und Schrauben liegen in den ersten Gewindegängen die höchsten Belastungen vor, Bild 2.34. Das zusätzliche Verstärken der Muttern durch eine Umfangswicklung mit Rovings kann die tangentiale Festigkeit erhöhen.

2.2 Gewindeeinsätze aus Metall und Kunststoff

In angeformte Einschraubnocken oder direkt in die Wandung des Bauteils eingesetzte Gewindeeinsätze (Inserts) werden bevorzugt dort eingesetzt, wo die Verbindung z.B. aus Wartungs- oder Reparaturgründen häufig gelöst und remontiert werden muß. Im Gegensatz zu den Direktverschraubungen überträgt der mit einem metrischen Innengewinde ausgestattete Gewindeeinsatz lediglich die entstehenden Montage- und Betriebsbelastungen von der Schraube in den umgehenden Kunststoff. Diese Einsätze können entweder gleich bei der Herstellung des Formteils mit eingespritzt, nachträglich durch Ultraschall oder Erwärmen des Einsatzes durch Einpressen, durch Eindrehen des Einsatzes selbst oder durch Aufweiten des Einsatzes beim Eindrehen einer Schraube eingebracht werden. Tabelle 2.3 zeigt einen Überblick über marktgängige Einsätze.

Es werden zwei Einbettverfahren unterschieden:

- **Mould-in-Technik**, Gewindeeinsätze werden vor der Bauteilherstellung (z.B. Spritzguß, Pressen) in die Form eingelegt und in Kunststoff eingebettet,
- **After-Moulding-Technik**, Gewindeeinsätze werden nachträglich in das fertige Bauteil eingesetzt.

Gewindeeinsätze sind überwiegend aus Messing oder Stahl, vereinzelt aus Aluminium und recyclingfreundlicheren verstärkten Kunststoffen. Das Verwenden von Gewindeeinsätzen ist im Vergleich zur Direktverschraubung teurer, die übertragbaren Kräfte sind bei gleichem Gewinde-Nenndurchmesser aufgrund der größeren Einsatzmantelfläche aber deutlich höher.

Die wichtigsten geometrischen Einflußgrößen auf die Belastbarkeit eines Einsatzes sind die Kernlochdurchmesser, die Wanddicke des Kunststoffteiles und die Außenkonturen des Einsatzes. Es fällt auf, daß bis auf den ®Heli-Coil und einige warm eingebettete Einsätze alle sehr empfindlich auf Kernlochdurchmesserunterschiede reagieren. Die Hit-Sert-Einsätze erfordern ein konisches Loch mit einem Konuswinkel von 8°. Die in Tabelle 2.3 angegebenen Durchmesser beziehen sich auf den oberen und damit größten Durchmesser. Der optimale Kernlochdurchmesser ist weitgehend von der Wanddicke bzw. dem Probenaußendurchmesser abhängig, auch wenn gerade bei den Expansionseinsätzen wegen ihrer Spreizkraft die Bohrlochwandungen stärker beansprucht werden.

Die Auszugsfestigkeit der warm eingebrachten Einsätze ist den kalt eingebrachten deutlich überlegen und ergeben im allgemeinen etwas höhere Auszugswerte als die Spreizeinsätze.

Typ: Umspritzen / Umpressen

Mould-in-		
Form R (DIN 16903)	**Kennzeichen:** mittlere bis hohe Auszugskräfte, niedriges Verdrehmoment; hoher Raumbedarf; größerer Außendurchmesser	
Eindringverfahren/Verankerung: Umspritzen/-Schrumpfspannungen und Hinterschnitte		
Besonderheiten: Sechskantausführung (Gefahr der Spannungsrißbildung) Einsätze geschlossen, dadurch Einschraubtiefe eindeutig begrenzt		
apparativer Aufwand: Spritzgießmaschinen-Einsätze, müssen eingelegt werden, nachteilig bei großen Stückzahlen		
empfohlener Kernlochdurchmesser [mm] M4 / M5 / M6: - / - / -		
empfohlene Wanddicke (Auge) [mm] M4 / M5 /M6: >3 / >3,3 / >3,5		

Mould-in-		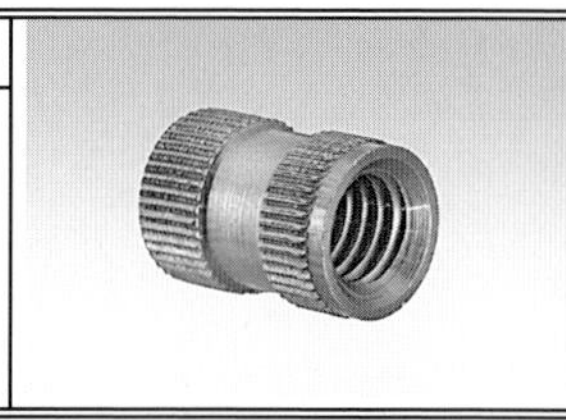
Form S (DIN 16903)	**Kennzeichen:** niedrige Auszugskräfte, hohes Verdrehmoment durch Rändelung	
Eindringverfahren/Verankerung: wie in Form R		
Besonderheiten: runde Ausführung mit Längsrändel, sonst Form R		
apparativer Aufwand: wie Form R		
empfohlener Kernlochdurchmesser [mm] M4 / M5 / M6: - / - / -		
empfohlene Wanddicke (Auge) [mm] M4 / M5 /M6: >2,5 / >2,8 / >3		

Typ: Ultraschall / Warmeinbetten

After-Moulding		
®Hitsert 1	**Kennzeichen:** kegelige Form mit Sechskantprofil der Außenkontur, wenig empfindlich gegen Kernlochschwankungen durch kegelige Form	
Eindringverfahren/Verankerung: Anschmelzen des Kunststoffs mittels US oder Wärmeübertragung und Eindrücken, geringe Schrumpfspannungen/ umflossene Hinterschnitte		
Besonderheiten: kurze Taktzeiten, Geräusch durch US-Anlage, beim Warmeinbetten längere Taktzeiten, geräuschloses Arbeiten		
apparativer Aufwand: Ultraschallanlage oder Warmeinbettungsgerät, evtl. Stichel z. konischen Aufbohren zylindrischer Löcher		
empfohlener Kernlochdurchmesser [mm] M4 / M5 / M6: n / n / 8,1		
empfohlene Wanddicke (Auge) [mm] M4 / M5 /M6: n / n / >3		

After-Moulding		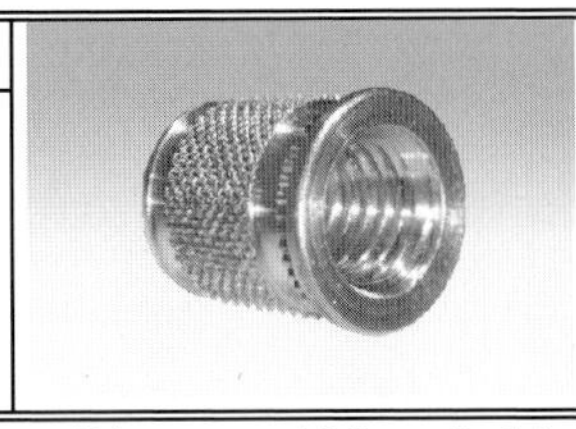
®Hitsert 2	**Kennzeichen:** kegelige Form erleichtert das Einbringen in die Aufnahmebohrung; Außenkontur rund; höchste Verdrehmomente und Auszugskräfte	

Eindringverfahren/Verankerung: Einbringen wie Hitsert 1/Kordelung, Ringnut und Längsrändel; geringe Kerbspannungen
Besonderheiten: wie Hitsert 1
apparativer Aufwand: US-Anlage oder Warmeinbettungsgerät, wie Hitsert 1
empfohlener Kernlochdurchmesser [mm] M4 / M5 / M6: 5,8 / 6,9 / 8,5 (keglig)
empfohlene Wanddicke (Auge) [mm] M4 / M5 /M6: >2,0 / > 2,0 / > 2,5 (keglig)

After-Moulding		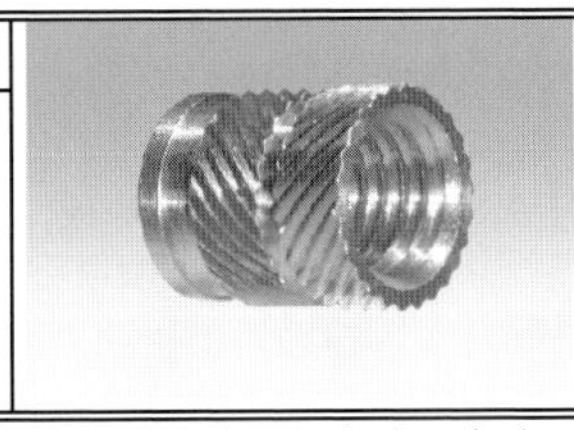
®Sonicsert	**Kennzeichen:** mittlere bis hohe Auszugskräfte und Verdrehmomente; Außenkontur rund, relativ wenig empfindlich gegen Kernlochschwankungen	

Eindringverfahren/Verankerung: Einbringen wie Hitsert 1 u. 2, aber zylindrische Aufnahmebohrung/gegenläufige Zahnkränze
Besonderheiten: wie Hitsert 1
apparativer Aufwand: US-Anlage oder Warmeinbettungsgerät
empfohlener Kernlochdurchmesser [mm] M4 / M5 / M6: 5,6 / 6,4 / 8,0 (zylindrisch)
empfohlene Wanddicke (Auge) [mm] M4 / M5 /M6: > 2,5 / > 2,7 / > 3,0 (zylindrisch)

Typ: Kalteinpressen

After-Moulding		
®Mubux-A	**Kennzeichen:** mäßige bis mittlere Auszugskräfte, niedriges Verdrehmoment	

Eindringverfahren/Verankerung: Kalteinpressen/3 parallellaufende Zahnkränze, Kunststoff über die Streckgrenze beansprucht
Besonderheiten: mehrere parallel laufende Zahnkränze
apparativer Aufwand: Presse oder mit Handhebelgerät
empfohlener Kernlochdurchmesser [mm] M4 / M5 / M6: 5,4 / 6,2 / 7,8 (zylindrisch)
empfohlene Wanddicke (Auge) [mm] M4 / M5 /M6: > 2,5 / > 2,5 / > 2,8 (zylindrisch)

Typ: Gewindeschneidend

After-Moulding		
®Ensat-S 302	**Kennzeichen:** mittlere bis hohe Auszugskräfte, geringe Sicherung gegen Rückdrehen für Reparaturen geeignet, höherer Raumbedarf, größerer Außendurchmesser/ Wanddicke	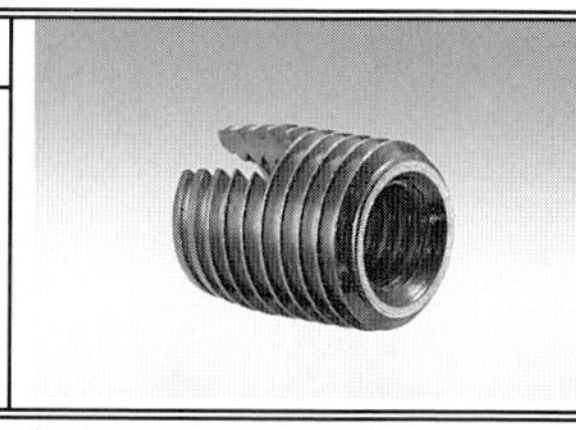

Eindringverfahren/Verankerung: Einsatz wird eingedreht/selbstgeschnittenes Gewinde, geringe Radialspannungen

Besonderheiten: Verankerungsgewinde schneidet sich beim Eindrehen selbst durch Schneidkanten (Schlitze)

apparativer Aufwand: geringe Stückzahlen von Hand mit Eindrehdorn; Großserien mit halb- oder vollautomatischen Werkzeugen

empfohlener Kernlochdurchmesser [mm] M4 / M5 / M6: 6,0-6,1 / 7,3-7,5 / 8,9-9,2

empfohlene Wanddicke (Auge) [mm] M4 / M5 /M6: > 2,0 / > 2,0 / > 2,5

After-Moulding		
®Ensat-SB 308	**Kennzeichen:** etwas fester als Ensat-S 302, wanddickenunempfindlicher	

Eindringverfahren/Verankerung: wie Ensat-S 302

Besonderheiten: Verankerungsgewinde schneidet sich beim Eindrehen selbst durch 3 Schneidbohrungen

apparativer Aufwand: wie Ensat-S 302

empfohlener Kernlochdurchmesser [mm] M4 / M5 / M6: 6,0-6,1 / 7,4-7,6 / 9,3-9,5

empfohlene Wanddicke (Auge) [mm] M4 / M5 /M6: >2,0 / > 2,0 / > 2,5

Typ: Gewindeformend

After-Moulding		
®Ensat-3F 305	**Kennzeichen:** mittlere Auszugskräfte, bessere Sicherung gegen Rückdrehen durch Polygonform, hohe Eindrehmomente, für Reparaturen geeignet	

Eindringverfahren/Verankerung: Eindrehen/beim Eindrehvorgang selbstgeformtes Gewinde

Besonderheiten: 3 Längsabflachungen zum Formen des Verankerungsgewindes

apparativer Aufwand: Eindrehwerkzeug

empfohlener Kernlochdurchmesser [mm] M4 / M5 / M6: 6,0-6,1 / 7,3-7,4 / 9,0-9,1

empfohlene Wanddicke (Auge) [mm] M4 / M5 /M6: >2,0 / > 2,0 / > 2,5

<table>
<tr><td colspan="2">After-Moulding</td><td rowspan="2"></td></tr>
<tr><td>®Ensat-SB 307</td><td>Kennzeichen:
mäßige Auszugskräfte, da Gesamtlänge kürzer wie Ensat-SB 308, für geringe Bauhöhen und Reparaturen geeignet</td></tr>
<tr><td colspan="3">Eindringverfahren/Verankerung: wie Ensat-S 302</td></tr>
<tr><td colspan="3">Besonderheiten: wie Ensat-S 302</td></tr>
<tr><td colspan="3">apparativer Aufwand: wie Ensat-S 302</td></tr>
<tr><td colspan="3">empfohlener Kernlochdurchmesser [mm] M4 / M5 / M6: 6,0-6,1 / 7,4-7,6 / 9,3-9,5</td></tr>
<tr><td colspan="3">empfohlene Wanddicke (Auge) [mm] M4 / M5 /M6: >2,0 / > 2,0 / > 2,5</td></tr>
</table>

Typ: Vorgeschnittenes Gewinde

<table>
<tr><td colspan="2">After-Moulding</td><td rowspan="2"></td></tr>
<tr><td>®Heli-Coil</td><td>Kennzeichen:
mittlere Auszugskräfte, geringer Raumbedarf, geringe Wanddicke, für Reparaturen geeignet, langer Einbauzyklus</td></tr>
<tr><td colspan="3">Eindringverfahren/Verankerung: Eindrehen in vorgeschnittenes Gewinde/durch Gewinde</td></tr>
<tr><td colspan="3">Besonderheiten: rhombischer Draht mit Mitnehmerzapfen, der nach dem Einbringen abgebrochen wird, nach Aussage des Herstellers für Kunststoffe weniger gut geeignet</td></tr>
<tr><td colspan="3">apparativer Aufwand: besonderer Gewindebohrer, Einbauwerkzeug</td></tr>
<tr><td colspan="3">empfohlener Kernlochdurchmesser [mm] M4 / M5 / M6: 4,2 / 5,2 / 6,3</td></tr>
<tr><td colspan="3">empfohlene Wanddicke (Auge) [mm] M4 / M5 /M6: >2,0 / > 2,5 / > 3,0</td></tr>
</table>

Typ: Spreizeinsatz

<table>
<tr><td colspan="2">After-Moulding</td><td rowspan="2">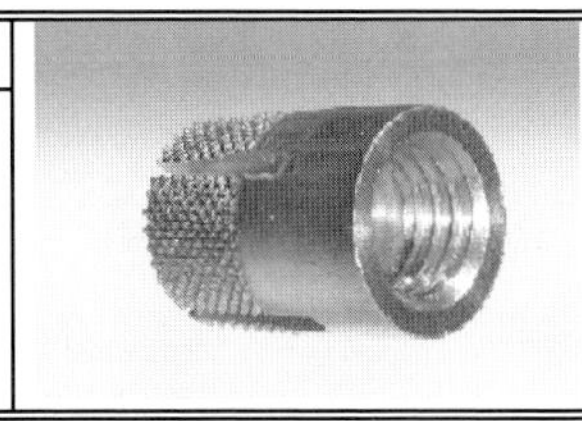</td></tr>
<tr><td>®Expansionsert 1</td><td>Kennzeichen:
mittlere Auszugskräfte, hohe Verdrehmomente, größere Wanddicke erforderlich</td></tr>
<tr><td colspan="3">Eindringverfahren/Verankerung: Kalteinpressen/Spreizplatte und Kordelung (Radialspg.)</td></tr>
<tr><td colspan="3">Besonderheiten: Einsatzkörper im Bereich der Kordelung 4fach geschlitzt, Spreizwirkung durch Herunterdrücken der Spreizplatte bis zum Grund mit einem Einbaudorn, Sicherung gegen Herausfallen; Einsatz geschlossen, dadurch Einschraubtiefe eindeutig begrenzt</td></tr>
<tr><td colspan="3">apparativer Aufwand: Ein- oder Mehrfachdorn, Presse</td></tr>
<tr><td colspan="3">empfohlener Kernlochdurchmesser [mm] M4 / M5 / M6: 5,5 / 6,5 / 8,0</td></tr>
<tr><td colspan="3">empfohlene Wanddicke (Auge) [mm] M4 / M5 /M6: >3,3 / > 3,9 / > 4,8</td></tr>
</table>

After-Moulding		
®**Banclok-E**	**Kennzeichen:** mäßige Auszugskräfte und Verdrehmomente, werden durch Ausführung mit 2 Zahnkränzen verbessert	

Eindringverfahren/Verankerung: Kalteinpressen/Zahnkranz und Rillen, Gewindebuchse wird beim Eindrehen der Schraube gespreizt (Radialspannungen)
Besonderheiten: geschlitzte Gewindebuchse, Schraube muß bis zum Grund eingedreht werden
apparativer Aufwand: Einbaudorn, Presse
empfohlener Kernlochdurchmesser [mm] M4 / M5 / M6: 5,9-6,0 / 6,9-7,0 / 7,9-8,0
empfohlene Wanddicke (Auge) [mm] M4 / M5 /M6: >2,5/ n / n

After-Moulding		
®**Banclok-MV**	**Kennzeichen:** mittlere Auszugskräfte, unterschiedliche Anzahl von Schneidringen möglich	

Eindringverfahren/Verankerung: Kalteinpressen/5 Schneidringe u. Längsrändel als Verdrehsicherung (Radialspannungen)
Besonderheiten: wie Banclok-E
apparativer Aufwand: Einbaudorn, Presse
empfohlener Kernlochdurchmesser [mm] M4 / M5 / M6: 5,6 / 6,4 / 8,0
empfohlene Wanddicke (Auge) [mm] M4 / M5 /M6: > 2,8 / > 3,2 / >4,0

After-Moulding		
®**Spredsert**	**Kennzeichen:** mäßige bis mittlere Auszugskräfte und Verdrehmomente	

Eindringverfahren/Verankerung: Kalteinpressen/Ankerringe und Längsrändelung (Radialspannung)
Besonderheiten: wie Banclok-E
apparativer Aufwand: Einbaudorn, Presse
empfohlener Kernlochdurchmesser [mm] M4 / M5 / M6: 5,5 / 6,5 / 8,0
empfohlene Wanddicke (Auge) [mm] M4 / M5 /M6: > 3,5 / > 4,0 / > 5,0

Kunststoff-Gewindeeinsatz, US-Einbetten

After-Moulding		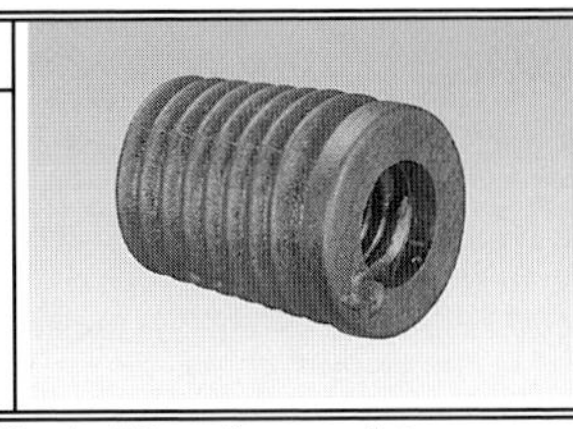
®K' in K' Typ 163 (verstärkter Thermoplast bis 60 Gew.-%)	**Kennzeichen:** mittlere bis hohe Auszugskraft und hohes Verdrehmoment bei gleichem Kunststoff (PA, PP, PC), mit Bauteil rezyklierbar, hoch glasfaserverstärkt	
Eindringverfahren/Verankerung: US-Einschweißen, kurze Schweißzeit, Verankerung hängt von Schweißqualität ab		
Besonderheiten: angepaßte Steifigkeit zu Bauteil möglich, geringe Eigenspannungen, keine Korrosion, schwarz		
apparativer Aufwand: maßgenaue, leicht konische Aufnahmebohrung, 4°, US-Anlage		
empfohlener Kernlochdurchmesser [mm] M4 / M5 / M6: 6,9 / 8,5 / 10,9 / Neigung 8°		
empfohlene Wanddicke (Auge) [mm] M4 / M5 /M6: > 2,5 / > 2,8 / > 3,0		

Kunststoff-Gewindeeinsatz, gewindeschneidend

After-Moulding		
®K' in K' Typ 173 (verstärkter Thermoplast bis 60 Gew.-%)	**Kennzeichen:** geringe bis mittlere Auszugskraft, geringes Verdrehmoment, mit Bauteil rezyklierbar	
Eindringverfahren/Verankerung: in zylindrische Aufnahmebohrung eingeschraubt, einfacher Schrauber		
Besonderheiten: verstärkter Kunststoff geeignet für schlecht gewindefähige Leichtwerkstoffe und Schäume, Rückdrehbehinderung, radial sich vergrößernde Flanke mit Absatz, schwarz		
apparativer Aufwand: einfacher Schrauber		
empfohlener Kernlochdurchmesser [mm] M4 / M5 / M6: 5,6 / 6,8 / ~ 10,4		
empfohlene Wanddicke (Auge) [mm] M4 / M5 /M6: > 4 / > 5 / > 6 werkstoffabhängig		

Tabelle 2.3 Überblick über Gewindeeinsätze mit empfohlenen Angaben der Kernlochdurchmesser und Wanddicken für bindenahtfreie Aufnahmezapfen (Augen),

Werte für M5-Innengewinde interpoliert; n = nicht gemessen

Obwohl das Umspritzen technologisch eine recht vorteilhafte Einbringungsart darstellt, kann sowohl bei den Einsätzen für M6 als auch M4 festgestellt werden, daß die Auszugswerte sich im unteren Bereich aller Einsätze befinden. Hier scheint die optimale Form noch nicht gefunden zu sein, obwohl die Einsätze genormt sind. Die das Gewinde selbst schneidenden Einsätze hängen in ihrer Auszugskraft stark von ihrer Länge ab. Im allgemeinen müssen die Ergebnisse jedoch als gut bezeichnet werden.

Bei dem Verdreh-(Abscher-) Moment ohne überlagerte Zugkraft ergeben sich deutliche Unterschiede. Besonders hohe Drehmomente ertragen die nach dem Wärmeeindrückverfahren eingebrachten Einsätze. Zusammen mit den mit Ultraschall eingebrachten Einsätzen ergeben sie die günstigsten Werte überhaupt. Auch hier ist eine deutliche Überlegenheit gegenüber den eingespritzten Einsätzen zu erkennen. Besonders groß sind die Unterschiede zwischen den verschiedenen Spreizeinsätzen. Einsätze, die ihr Gewinde selber schneiden, können entgegen der Gewindeschneidrichtung nur sehr geringe Momente übertragen. Es wurden keine reinen Torsionsmomente angegeben. Das Eindrehmoment eines Einsatzes ®Ensat-S 302 mit M4-Innengewinde wurde für alle Wanddicken mit ungefähr 1,1 Nm gemessen. Bei dem gleichen Einsatz für M7-Innengewinde ergab sich ein sehr viel höheres Eindrehmoment von 11,5 Nm für 1,5 mm Wanddicke, gradlinig ansteigend bis 17,4 Nm für 4 mm Wanddicke. Weitere Eindrehmomente wurden nur bei den Einsätzen mit M4-Innengewinde gemessen. Sie ergaben sich für ®Ensat-3F zwischen 1,2 bis 1,6 Nm, für ®Ensat-SB 307 mit 0,7 bis 0,8 Nm und ®Ensat-SB 308 L mit 0,9 bis 1,1 Nm.

2.2.1 Umspritzte Gewindeeinsätze (Mould-in-Technik)

Das Umspritzen oder Umfließen von Gewindeeinsätzen im Spritzguß- oder Fließpreßwerkzeug erfordert ein genaues Positionieren der Einsätze vor dem Schließen des Werkzeugs. Dies geschieht entweder manuell oder durch automatische Positionierungseinrichtungen. Hierdurch ergeben sich verlängerte und z.T. ungleichmäßige Zykluszeiten, zusätzlich besteht die Gefahr des Verkantens im Werkzeug und des Herausfallens. Zur Vermeidung von Eigenspannungen im Kunststoff werden sie vor dem Umspritzen erwärmt. Umspritzte Einsätze sind überwiegend einseitig geschlossen, bei offenen Einsätzen mit Durchgangsbohrung müssen diese mit Kernstiften abgedichtet werden. Die Profilierung der Außenkontur ermöglicht einen Formschluß zwischen Gewindeeinsatz und Kunststoff. Scharfe Kanten oder schroffe Übergänge können Kerbspannungen verursachen. Umspritzbare Gewindeeinsätze sind z.T. nach DIN 16903 genormt [25]. Für die Verankerungsfestigkeit relevante Abmessungen sind die Nutbreite b, die Nuttiefe t, bei runden Inserts der Außendurchmesser d bzw. bei Sechskanteinsätzen die Schlüsselweite s, die Gesamthöhe h sowie die Tiefenlage der Nutscherkante l. Inserts besitzen meist eine Axial-Rändelung.

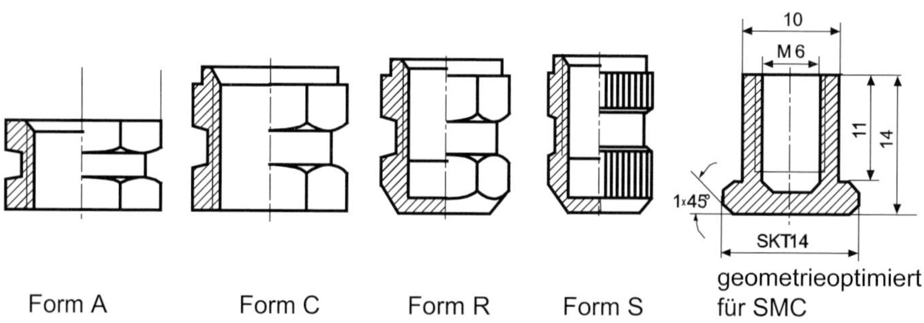

Bild 2.35 Umspritzbare Mould-in-Gewindeeinsätze

Sechskanteinsätze (DIN 16903, Form R oder Form P) sollten zur Erhöhung des Überdrehmomentes eine Kantenverrundung mit R = 0,5 mm besitzen, gleichzeitig wird dadurch die Spannungsrißanfälligkeit vermindert. Für faserverstärkte Fliesspreßwerkstoffe, wie SMC und GMT, wurde durch Weglassen des oberen Sechskants die Schernut bis zur Oberkante des Inserts vergrößert und die Auszugkraft bei gleichen äußeren Abmessungen annähernd verdoppelt.

2.2.2 After-Moulding-Inserts

Bei der After-Moulding-Technik werden nicht genormte Gewindeeinsätze nach Herstellung des Bauteils in einem zusätzlichen Arbeitsgang verankert durch, Bild 2.36:

- nachträgliches Einbetten mit Hilfe von Wärme und Druck,
- Einbetten mit Ultraschall,
- mechanisches Eindrehen mit selbstschneidendem oder -formendem Außengewinde,
- Kalteinpressen mit anschließendem Aufweiten durch Eindrehen der Schraube.

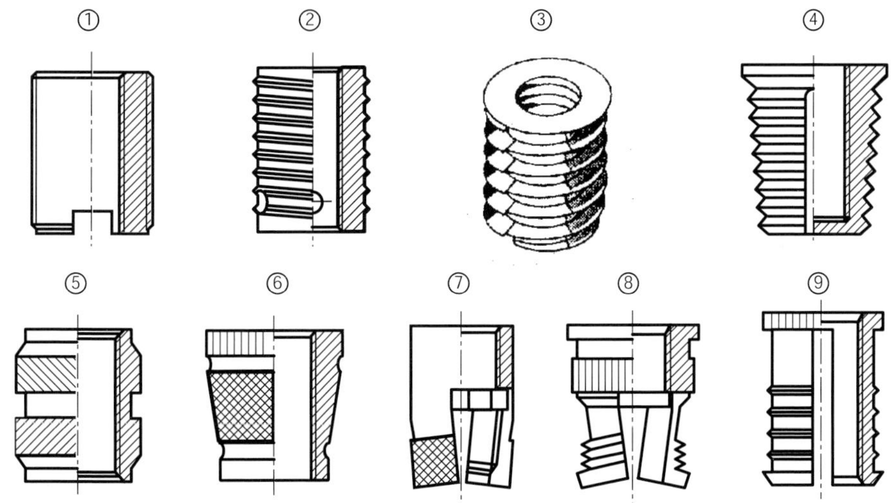

Bild 2.36 After-Moulding Gewindeeinsätze

1,2 = gewindeschneidende eindrehbare Einsätze aus Metall
3 = gewindeformende eindrehbarer Einsatz aus PA-GF
4 = Ultraschalleinsatz aus PA-GF
5,6 = Ultraschall- und Warmeinbettungseinsätze aus Messing
7-9 = Expansionseinsätze mit und ohne Spreizplatte

Gegenüber den umspritzten Inserts der Mould-in-Technik bestehen folgende **Vorteile**:

- Reduzierung der Zykluszeit (kein Einlegevorgang),
- keine Beschädigung des Werkzeugs durch Herausfallen beim Schließen,
- Vermeiden von Spannungsrißbildung durch unkontrollierte thermische Schrumpfung um das kalte Metallteil sowie von Kaltfließnähten,
- kein Nachschneiden der Innengewinde beim Zusetzen durch Kunststoff,

und **Nachteile** :

- zusätzliche Einsetzwerkzeuge oder automatische Zuführung,
- zusätzlicher Arbeitsgang zum Einbringen des Einsatzes,
- zusätzlicher Transportaufwand.

Zur Aufnahme der Gewindeeinsätze müssen runde oder kegelige Aufnahmebohrungen direkt durch Kernlochstifte während der Bauteilformgebung oder durch nachträgliches Bohren eingebracht werden.

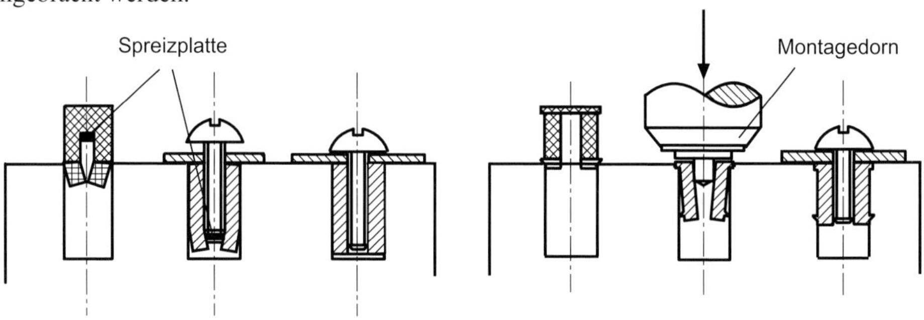

Bild 2.37 Verankern von Expansions-Gewindeeinsätzen

Bei der konstruktiven Auslegung von Gewindeeinsätzen sind einige Gesichtspunkte zu berücksichtigen:

- Gewindeeinsätze können je nach Typ sehr unterschiedliche Auszugs- und Verdrehmomente aufweisen,
- Gewindeeinsätze ermöglichen das feste und relaxationsfreie Anfügen und Austauschen unterschiedlicher Komponenten, reparaturfreundlich,
- Gewindeeinsätze verteilen die in das Bauteil eingeleiteten Kräfte großvolumiger als gewindeformende Schrauben und zeigen bei Belastung ein geringeres Kriechen,
- Anbauteile sollten zur Vermeidung des Relaxierens formschlüssig mit dem Einsatz verschraubt werden (leichter Überstand), Bild 2.47,
- Warmeinbett- oder US-Einsätze weisen eine geringere Radialbelastung auf und reduzieren die Spannungsrißbildungsgefahr,
- erhöhte Wanddicken reduzieren die spannungsrißfördernden Umfangsspannungen, verlängern aber die Kühlzeiten,
- Expansionseinsätze erfordern große Tubuswanddicke, Bild 2.48.

Für die Einbringverfahren der unterschiedlichen After-Moulding-Gewindeeinsätze sind wichtige Kriterien in Tabelle 2.4 zusammengestellt.

Anforderungen, Vorgaben	**Warmeinbetten**		**Ultraschall**	**gewindeschneidender Einsatz**	**Expansion/ Kalteinpressen**
	Einbett-stempel	Induktion			
Eignung für Thermoplaste Duroplaste	 I III	 I IV	 I[1)] IV	 II[1)] I	 II II
erforderliche (minimale) Maschinentechnik für Vor- und Kleinserien	Warmeinbaumaschine (Kleinstmengen mittels Lötkolben)	Induktionsschleife mit Preßstempel	Ultraschallschweißmaschine	Handeindrehwerkzeug, pneumatische/ elektrische Schrauber	Handeinbaudorn pneumatische Zuführeinheiten/ Pressen
bevorzugte Insertgrößen,	bis M10[3)]	ab M1,4	≤M6	>M2,5[1)]	>M4[1)]
simultanes Einbetten	ja	ja	bedingt	nein	ja
Wanddicke des Tubus	1[2)]	1[2)]	2[2)]	3[2)]	4[2)]
Zyklus-/Einsenk/ Kühlzeit[3);4)] Insertgröße <M6 Insertgröße >M6	 3 – 10 s 5 – 20 s	 1 – 3 s 3 – 5 s	 1,5 – 2 s 2 – 4 s	 6 – 8 s 6 – 10 s	 2 – 4 s 2 – 4 s
axiale Auszugskraft in gleichen Thermoplasten bezogen	100 % (Referenz)	110 %	90 %	150 %	50 %
Besonderheit	hohe Maßgenauigkeit	hohe Investitionskosten, Großserien	kein Vorwärmen	geringe Verdrehfestigkeit	hohe Radialbelastung

Tabelle 2.4 Kriterien für die Verfahrensauswahl von großserientauglichen Einbringverfahren von After-Moulding-Gewindeeinsätzen [23, 24]

I: sehr gut geeignet; II: gut; III: bedingt geeignet; IV: nicht geeignet;
1) = Spannungsrißempfindlichkeit besonders bei amorphen Thermoplasten
2) = 1: kleine Wanddicke; → 4: große Wanddicke
3) = abhängig vom Kunststoff
4) = abhängig vom Handlingsystem

2.2.2.1 *Ultraschall- und Warmeinbetten*

Das Einbringen mittels Ultraschall oder Warmeinbettung ist ähnlich. Der den Einsatz umgebende Kunststoff soll als nicht vollständig ausgehärteter Duroplast oder als Thermoplast während des Einpreßvorganges plastifizieren, die Oberflächenprofilierungen und Hinterschnitte umfließen und nach dem Abkühlen bzw. vollständigen Aushärten zu einer formschlüssigen Verankerung führen, Bild 2.38. Beim Warmeinbetten werden die Einsätze durch widerstandsbeheizte Heizpatronen (von innen nach außen) oder durch hochfrequente Wirbelstrom-Induktionsheizschlangen (von außen nach innen) erwärmt. Eine zu schnelle Einpreßgeschwindigkeit kann zu Rissen oder zum Aufplatzen des Domes führen, wenn nicht genügend Zeit zum Aufschmelzen gegeben ist. Ultraschall oder Warmeinbetteinsätze sind entweder rund oder konisch und besitzen meist ein abgestuftes, gegenläufig schrägverzahntes Außenprofil oder Kreuzrändelungen.

Erfahrungsgemäß sollten Einsätze mit Gewinden > M6 durch Warmeinbetten verarbeitet werden, da die Ankopplung der Sonotrode bei größeren Maßen schwierig wird. Besonders beim Mehrfacheinbau kann das US-Einbetten zu Schwingungsproblemen und damit schlechtem Einbau führen. Ferner ist die unangenehme Geräuschentwicklung bei US-Einbetten zu berücksichtigen. Vermeidung ist durch Kapseln möglich. Die Taktzeiten sind beim automatischen Einbau für beide Verfahren vergleichbar. Der Einzeleinbau ist beim US-Einbetten schneller. Die Verarbeitung von Gewindebolzen ist günstiger durch Warmeinbetten.

Die **Vorteile** dieser Einbettmethoden gegenüber dem Umspritzen beim Herstellen der Formteile sind:

- schnelles, sauberes, spannungsarmes und wirtschaftliches Einbetten,
- kurze Taktzeiten beim Spritzgießen, da kein zeitraubendes Einsetzen der Gewindeeinsätze mehr erforderlich ist,
- kein Vorwärmen der Metallteile beim US-Einbetten notwendig, was beim Umspritzen mit einigen Thermoplasten unumgänglich ist,
- kein Beschädigen der Spritzgußformen bei unsachgemäßem Positionieren der Gewindeeinsätze bzw. Stehbolzen.

Es besteht auch die Möglichkeit, mit Ultraschall wie beim Umspritzen in einem Arbeitsgang mehrere Einsätze gleichzeitig einzubringen. Das nachträgliche Einbetten von Gewindeeinsätzen kann in alle Thermoplaste vorgenommen werden, auch in jene, die schlecht nach dem US-Verfahren schweißbar sind.

Der Durchmesser der Aufnahmebohrung soll ein Untermaß besitzen, so daß die aufgeschmolzene und weggedrückte Masse mindestens dem Volumen der auszufüllenden Hinterschneidungen bzw. Rändelungen entspricht, höchstens jedoch 10 bis 15 % größer. Zum verkantungsfreien Einsetzen haben sich bei zylindrischen Einsätzen Führungsbohrungen mit einem um 0,1 bis 0,2 mm größeren Durchmesser als der Außendurchmesser des Inserts und einer Tiefe von 1 bis 2 mm bewährt. Konische Einsätze besitzen eine Schräge von ca. 4°, was eine gute Führung bei ebenso konischen Aufnahmebohrungen bewirkt, sowie einen um ca. 2/3 verringerten Einpreßweg zur Folge hat. Bei Sacklöchern ist darauf zu achten, daß die

Aufnahmebohrung je nach Durchmesser mindestens 1,5 bis 3 mm tiefer als das Metallteil lang ist. Für das Warmeinbetten sind fast alle thermoplastischen Werkstoffe geeignet, bei amorphen besteht eher die Gefahr von Spannungsrissen. Für das Ultraschalleinbetten eignen sich besonders ABS, PC, PS und PVC. Gute Eignung weisen auch PA und POM auf. PP und PE sind nur bedingt geeignet. Beim Einbetten in Duroplaste muß deren Vernetzungsgrad noch gering sein. Die lokale Nachhärtung erhöht die Verankerungsfestigkeit.

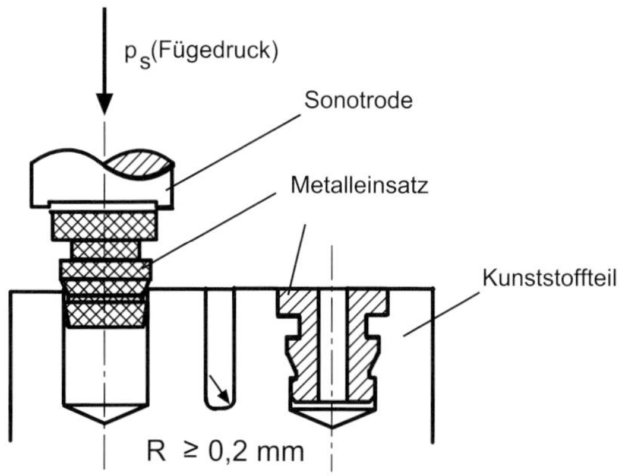

Bild 2.38 Einbetten durch Ultraschall

Neueste Entwicklung beim Ultraschall-Einbetten sind glasfaserverstärkte PP, PC, ABS und PA-Einsätze, die mit dem zu verschraubenden Bauteil stoffschlüssige Verbindungen ergeben, Bild 2.39.

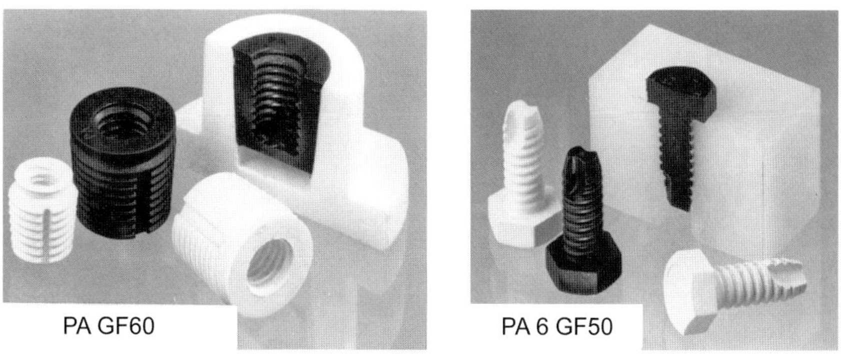

Bild 2.39 Kunststoff-Gewinde-Einsätze und gewindeformende Schrauben mit Schneidkante (Böllhoff, Bielefeld)

links: Kunststoff-Gewindeeinsatz zum US-Einschweißen (arom. PA-Copopolymerisat, amorph)
rechts: gewindeformende Kunststoffschraube

Die Einschallzeiten sind gegenüber den Metalleinsätzen etwa 50 % geringer, die axiale Auszugsfestigkeit meist größer. Die mit ca. 6 Nm in PP, 15 Nm in PA und 8 Nm in PC erreichten Überdrehmomente von M6 Einsätzen sind etwas geringer als bei den Metalleinsätzen. Das Versagen tritt nicht wie üblich als Schubversagen an der Grenzfläche Insert/Bauteil, sondern durch Zerstörung des metrischen Innengewindes auf.

Die glasfaserverstärkten US-Einsätze haben den Vorteil, daß sie bei annähernd gleichen Verankerungsfestigkeiten die Recyclingfähigkeit der Bauteile erhöhen.

2.2.2.2 Selbstschneidende Gewindeeinsätze

Selbstschneidende Einsätze bestehen aus einem zylindrischen Grundkörper mit metrischem Innengewinde und einem speziellen Außengewinde, das je nach Kunststoff mit Schneidkanten, -bohrungen oder Spänekammern versehen ist, Bild 2.40.

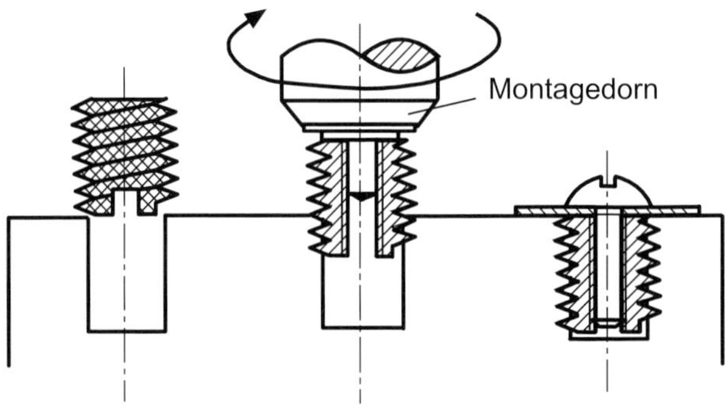

Bild 2.40 Eindrehen von selbstschneidenden Gewindeeinsätzen

Die Außengewinde besitzen meist einen Flankenwinkel zwischen 45 und 60°, eine vergleichsweise große Steigung sowie u. U. eine asymmetrische Flankenkontur. Sie besitzen vergleichsweise hohe Auszugskräfte und geringe Verdrehfestigkeiten beim Demontieren. Ausführungen aus glasfaserverstärktem Polyamid (PA 6-GF 60) mit einem sich radial vergrößernden Gewinde-Außendurchmesser und einem Gewindeversatz werden in Schäumen, Elastomeren und weichen Polyolefinen eingesetzt.

2.2.2.3 Kalteingepreßte Gewindeeinsätze

Kalteingepreßte Einsätze werden in eine meist mit Untermaß versehene Aufnahmebohrung des Bauteils mit Einpreß- oder Einschlagwerkzeugen eingebracht und form- und/oder kraftschlüssig verankert. Der Kaltpreßeinsatz ist wie derjenige zum Warmeinbetten konisch und hat auf seiner äußeren Mantelfläche ein feines asymmetrisches Gewinde mit einem Flankenwinkel von 45°. Eine senkrecht zur Auszugsrichtung stehende Lastflanke soll die Auszugskraft erhöhen. Überwiegend werden zwei- oder mehrfach axial geschlitzte, mit Rändelungen und Verzahnungen versehene Expansionseinsätze verwendet. Die Spreizung erfolgt entweder direkt durch die einzudrehende Schraube oder beim Einpressen durch einen Montagebolzen, Bild 2.37. Trotz permanenter Radialkräfte sind die Auszugskräfte geringer.

Wegen ihrer erhöhten Spannungsrißanfälligkeit sind sie für spröde, amorphe Thermoplaste weniger geeignet. Eine geringe Vorwärmung des Einsatzes kann diesem Nachteil entgegenwirken. Wegen einfacher Montage und hohem Automatisierungsgrad sind sie für viele Anwendungen ausreichend.

Eine besondere Art des After-Moulding-Gewindeeinsatzes in dieser Produktgruppe ist der Drahtgewindeeinsatz nach DIN 8410 aus hochverfestigtem Edelstahl (1.4301). Er wird in ein vorgeschnittenes Gewinde eingedreht. Durch seine Verformbarkeit kann er sich dem Aufnahmegewinde gut anpassen. Die Gewindetragfähigkeit über die einzelnen Gewindegänge wird gleichmäßiger verteilt.

2.2.3 Berechnung von Gewindeeinsätzen

Bestimmend für das Versagensverhalten von Gewindeeinsatzverbindungen ist die Schubspannung, die an der Grenzfläche zwischen Gewindeeinsatz und Kunststoff bzw. zwischen Schraube und Einsatz-Muttergewinde auftritt und die Art der Lasteinleitung. Bild 2.41 zeigt eine schematische Darstellung der aufgetretenen Versagensarten an Insertverbindungen unter statischer und dynamischer Axialzugbeanspruchung sowie unter reiner Torsionsbelastung.

Sowohl die Verankerungsmechanismen, Formschluß bei den Messing-Einsätzen bzw. Kombination aus Stoff- und Formschluß bei den Kunststoff-Einsätzen, als auch die spezifische Festigkeit in den Element-Grenzflächen der Lasteinleitung ermöglichen eine Zuordnung der aufgetretenen Versagensarten und bilden damit eine Dimensionierungsgrundlage.

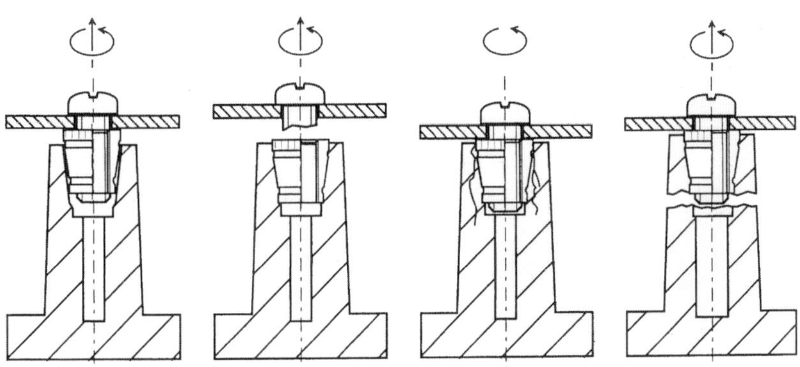

Bild 2.41 Schematische Darstellung der Versagensarten von Gewindeeinsatzverbindungen [3]

Zur Auslegung und Berechnung einer Schraubverbindung mit **selbstschneidenden Gewindeeinsätzen** können die Auslegungsempfehlungen der Direktverschraubungen herangezogen werden. Wegen der meist kleineren Gewindetiefe ist die Differenz zwischen Eindreh- und Überdrehmoment und die Auszugskraft geringer. Die Auslegeempfehlungen für Direktverschraubungen mit dem Kernlochdurchmesser d_k und dem Tubusaußendurchmesser d_A gelten in der Regel auch für selbstschneidende Einsätze.

Kernlochdurchmesser d_k: $d_k = \div (0{,}80 + 0{,}95) \cdot d$ (2.32)

Außendurchmesser d_A: $d_A \geq 2 \cdot d$ (2.33)

Bei Expansions-Gewindeeinsätzen sollte die Aufnahmebohrung ein geringes Untermaß aufweisen und der Tubusaußendurchmesser und damit die Wanddicke so groß sein, daß die bei der Aufweitung entstehenden Radialkräfte schädigungsfrei vom Kunststoff aufgenommen werden können.

Kernlochdurchmesser d_k: $d_k = (0{,}9 + 0{,}95) \cdot d$ (2.34)

mit: d = Außendurchmesser des Inserts im nicht gespreizten Zustand

Außendurchmesser d_A: $d_A \geq 2{,}5 \cdot d$ (2.35)

Umspritzte Einsätze und **Ultraschall-** bzw. **Warmeinbettungseinsätze** benötigen geringere Wanddicken und somit Tubusaußendurchmesser, wobei jedoch die Wanddicke noch so groß sein sollte, daß bei Überlastung der Verbindung immer ein Schubversagen am Übergang zwischen Insert und Kunststoff auftritt, d.h. nicht das Auge abreißt, damit dann eine Reparatur noch möglich ist.

Außendurchmesser d_A: $d_A = (1{,}6 + 2) \cdot d$ (2.36)

Für Ultraschall- und Warmeinbettungseinsätze in zylindrischer Ausführung:

Kernlochdurchmesser d_k: $d_k = (0{,}8 + 0{,}9) \cdot d$ (2.37)

Bei konischen Einsätzen mit zylindrischem Kernloch ist der mittlere Insertdurchmesser zu verwenden:

$$d_k = \frac{(d_0 + d_u)}{2} \tag{2.38}$$

mit: d_0 = oberer Insertdurchmesser d_u = unterer Insertdurchmesser

Die ertragbaren **Drehmomente** (Verdrehmoment) bei umspritzten Gewindeeinsätzen nach DIN 16 903 Blatt 3 [25] liegen aufgrund der relativ hohen Schrumpfspannungen bis zur gängigen Größe M 6 im Bereich des zulässigen Schrauben-Anzugsmomentes. Die **Auszugskraft** F_A, die bei ausreichender Augen-Dimensionierung zu einem Schubversagen in der Nutmantelfläche führt, läßt sich für runde Einsätze mit dem Außendurchmesser d, der Nutbreite b und der Streckspannung σ_s des Kunststoffes wie folgt abschätzen:

$$F_A = \frac{\sigma_s}{\sqrt{3}} \cdot \pi \cdot d \cdot b \tag{2.39}$$

bzw. für Sechskanteinsätze mit der Schlüsselweite w:

$$F_A = 2 \cdot \sigma_s \cdot w \cdot b \qquad (2.40)$$

Bei Einsätzen, deren Verankerung aus einer Kombination von Formschluß durch Rändel und Kraftschluß durch Radialaufweitung besteht, läßt sich das maximale **Drehmoment M_D** aus der Scherbeanspruchung und der effektiven Rändellänge l abschätzen:

$$M_D = \tau \cdot \frac{d_R^{\,2} \cdot \pi \cdot l}{2} \text{ mit } \tau = \frac{\sigma_s}{2} \qquad (2.41)$$

Die zum Lösen der Verbindung in axialer Richtung notwendige Kraft ist der Flächenpressung p, der Reibungszahl μ und der Pressungsfläche proportional. Die Flächenpressung wiederum hängt von dem wirksamen Untermaß Δd_W, dem Durchmesserverhältnis a zwischen Augenaußen- und Insertdurchmesser ($a = d_A/d$), dem E-Modul des Kunststoffs und der Querkontraktionszahl $\nu \approx 0{,}4$ ab:

$$p = \frac{\Delta d_w \cdot E}{d \cdot \left(\frac{a^2 + 1}{a^2 - 1} + \nu \right)} \qquad (2.42)$$

Hieraus ergibt sich für die **Haftkraft** F_H

$$F_H = \frac{\Delta d_w \cdot \pi \cdot l \cdot \mu \cdot E}{\frac{a^2 + 1}{a^2 - 1} + \nu} \qquad (2.43)$$

Für die Haftreibungszahl μ kann je nach Flächenpressung und Kunststoff zwischen 0,1 und 0,4 eingesetzt werden. Die Haftkraft kann durch eine Kreuzrändelung zusätzlich erhöht werden.

Bei ultraschall- oder warm eingebetteten Einsätzen ist es zweckmäßig, anstelle des Terms $\Delta d_w/d$ das Verarbeitungsschwindmaß einzusetzen. Zur Vermeidung einer Werkstoffschädigung sollte die Vergleichsspannung kleiner als die zulässige Streckspannung σ_{szul} sein:

$$\sigma_v = p \cdot \frac{\sqrt{3 \cdot a^4 + 1}}{a^2 - 1} < \sigma_{szul} \qquad (2.44)$$

Gemessene Auszugsfestigkeiten und Abschermomente zeigen deutliche Unterschiede für die verschiedenen Gewindeeinsätze und Einbringverfahren, Bild 2.42 [23, 26].

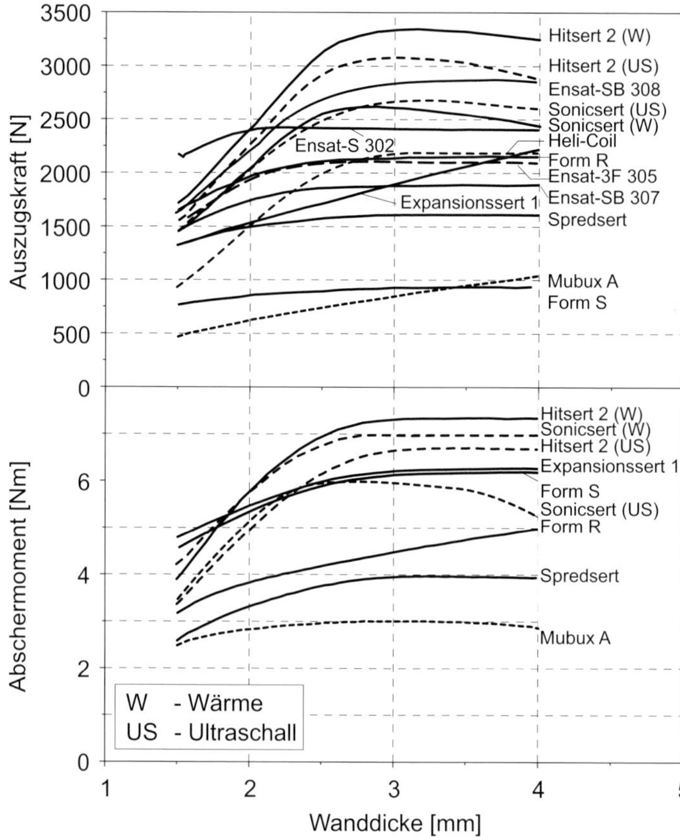

Bild 2.42 Auszugskraft und Abschermoment für unterschiedliche Gewindeeinsätze M4 in zähem ABS (®Terluran 877T)

2.2.4 Beispiele

Grundsätzlichen Probleme der Verankerung von Gewindeeinsätzen verschiedener Art sind in Tabelle 2.3 beschrieben. Messungen der Auszugskräfte und Verdrehmomente der unterschiedlichen Gewindeeinsatztypen in ABS sind in [8] zusammengestellt. Tabelle 2.4 faßt Kriterien für den fertigungstechnischen Aufwand zusammen. Für einige After-Moulding-Gewindeeinsätze liegen Meßwerte für Auszugskräfte aus Formteilen aus verschiedenen Kunststoffen und PUR-Hartschaum vor, Bild 2.44. Kunststoff-Einsätze mit hohem Glasfasergehalt haben neben dem andersartigen elektrischen und chemischen Verhalten gegenüber Metalleinsätzen bei der Wahl gleicher Kunststoffe für die Bauteile den Vorteil des sehr viel einfacheren Rezyklierens und der guten Verbindung während des Verschweißens, Bild 2.45 oben. In PUR-Hartschäumen ist vor allem die Korrosionsbeständigkeit und das problemlosere elektrische Verhalten hervorzuheben, Bild 2.45 unten, s.a. Bild 2.39.

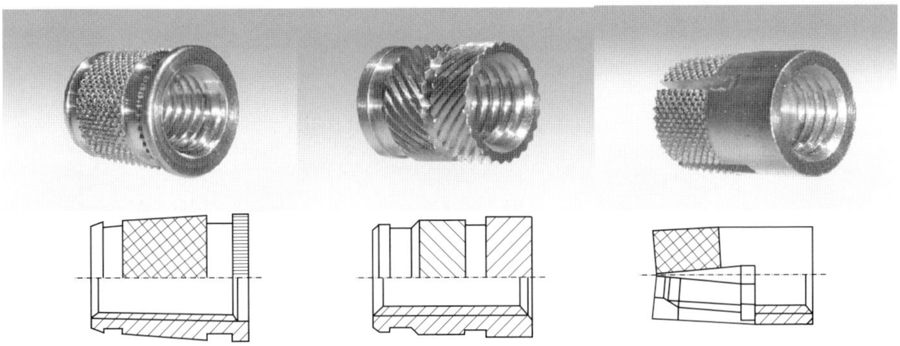

Bild 2.43 After-Moulding-Gewindeeinsätze

links: *Warm-Einbetten*
mitte: *Ultraschall-Einbetten*
rechts: *Expansions-Verankern*

Warmeinbetten

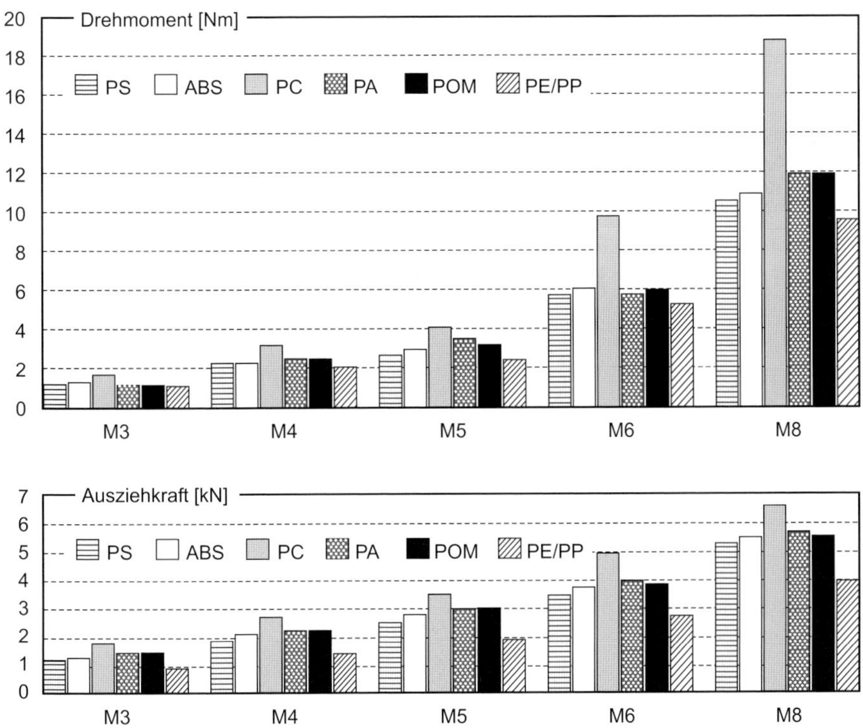

Bild 2.44 a Axiale Auszugs- und Verdrehfestigkeit von After-Moulding-Gewindeeinsätzen aus Messing [27] – Warmeinbetten

Ultraschalleinbetten

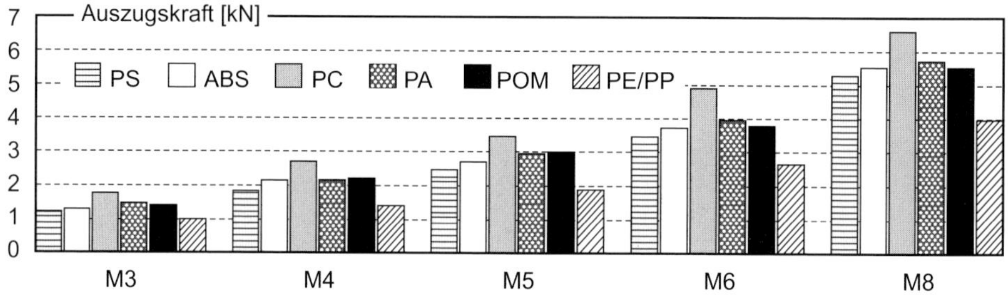

Expansionsverankern

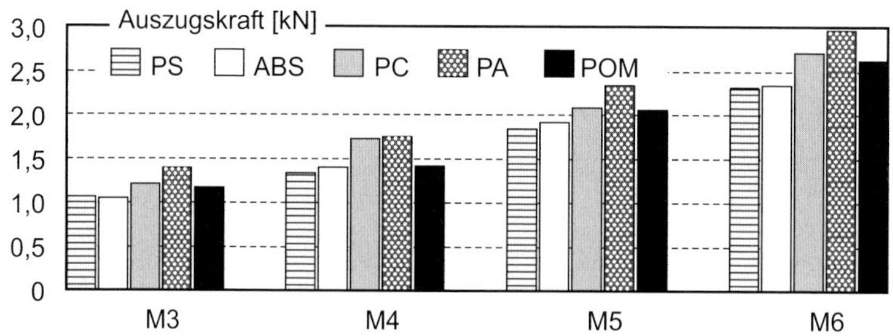

Bild 2.44 b Axiale Auszugs- und Verdrehfestigkeit von After-Moulding-Gewindeeinsätzen aus Messing [27]

oben: Ultraschall-Einbetten
unten: Expansions-Verankern

Ultraschall-Einsatz

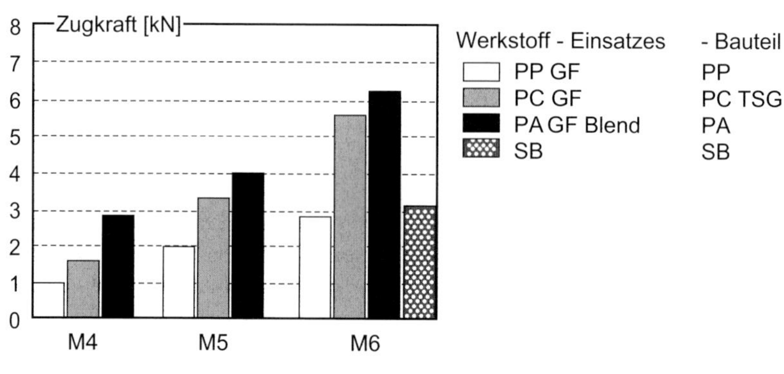

Bild 2.45 a Kunststoff-Gewindeeinsätze für Kunststoff-Formteile – Ultraschalleinsätze

Eindreheinsatz

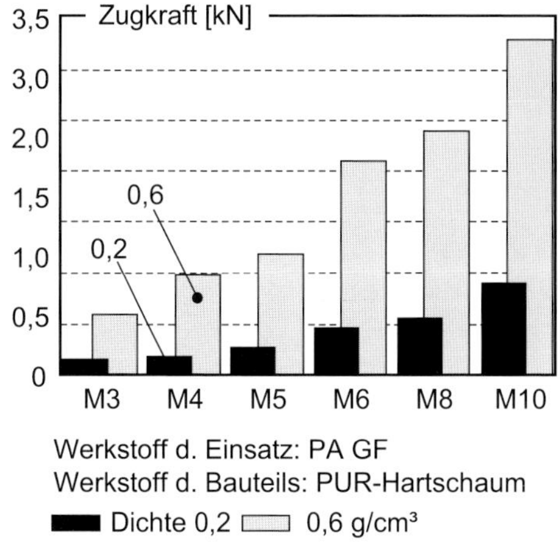

Bild 2.45 b Kunststoff-Gewindeeinsätze für Kunststoff-Formteile – Eindreheinsätze für Hartschäume

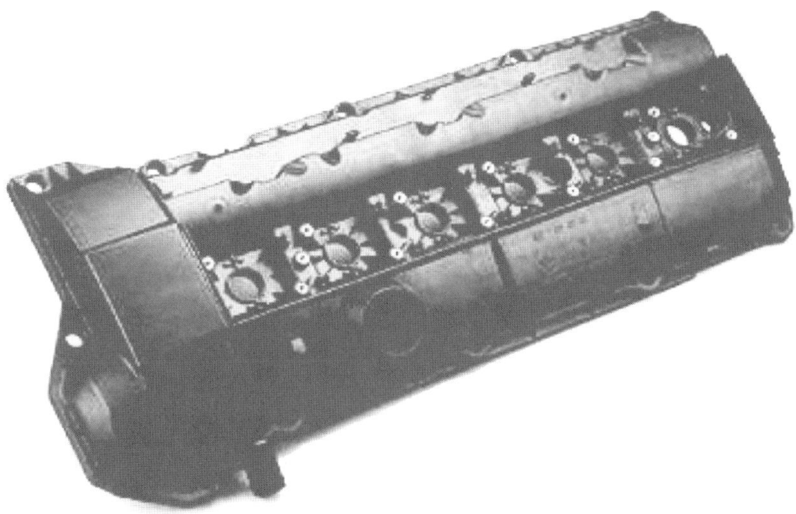

Bild 2.46 Warmeingebettete (Induktion) Gewindeeinsätze in Zylinderkopfhaube aus PA66-GF zur Befestigung von elektromechanischen Komponenten einer Zündanlage, 2 Mill./Jahr [24]

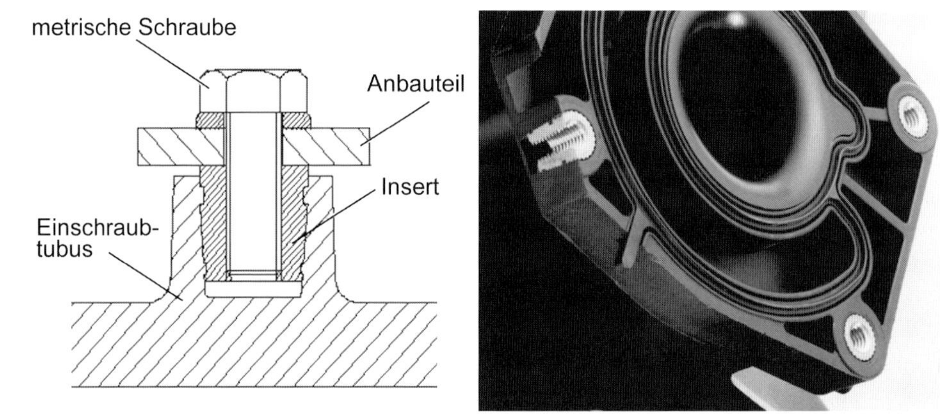

Bild 2.47 Leichter Überstand eines US-Gewindeeinsatzes zur Vermeidung von Relaxation [24]

Bild 2.48 Expansionseinsätze M6 in Pumpengehäuse aus PA66-GF, 200.000/Jahr [24]

2.3 Schnappverbindungen

2.3.1 Funktionsbeschreibung

Unter Schnappverbindungen werden Befestigungselemente verstanden, die durch elastische Verformung kraft- und/oder formschlüssige Verbindungen ermöglichen. Sie sind charakteristisch für Kunststoffe, deren Flexibilität und Formgebungsmöglichkeiten ihrer Realisierung besonders entgegen kommen. Sie zeichnen sich durch eine einfache Funktion, eine hohe Integrationsfähigkeit und damit eine hohe Wirtschaftlichkeit aus [28-36].

Grundsätzlich bestehen Schnappverbindungen aus einem federnden Element und aus einer Rastvorrichtung (Hinterschnitt), welche die Verbindung herstellt. Ihre Funktion unterteilt sich in den Füge-, den Halte- und den Lösevorgang, wobei der Haltevorgang die eigentliche Verbindungsfunktion darstellt.

2.3.2 Ausführungsarten

Die Schnappverbindungen können nach der Art des Federelements eingeteilt werden in:

- Schnapparmverbindungen (Biegebalken-Prinzip),
- Torsionsschnappverbindungen (Torsionsstab-Prinzip),
- Ringschnapp- und Kugelgelenkverbindungen (Kreisring-Profile),
- ringartigen Schnappverbindungen (regelmäßige Polygonring-Profile).

Die Klipse stellen eine Sondergruppe der Schnappverbindungen dar und werden hier daher getrennt behandelt.

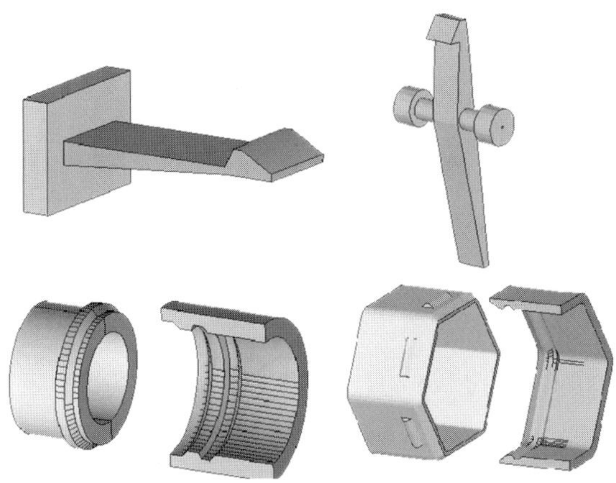

Bild 2.49 Schnappverbindungsarten

In Abhängigkeit von der Lösbarkeit der Verbindung, wird übergeordnet zwischen lösbaren und unlösbaren Schnappverbindungen unterschieden.

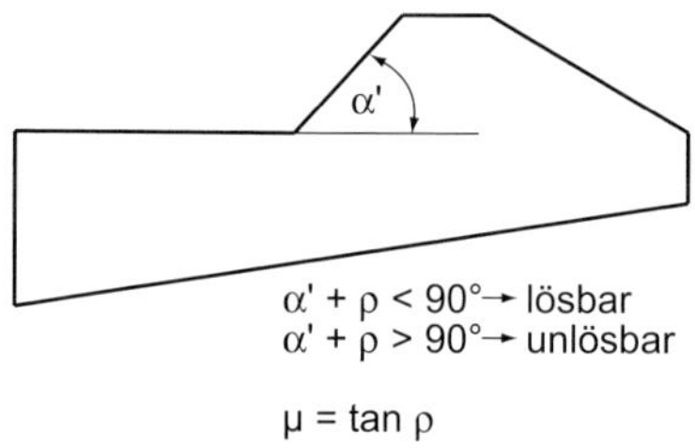

Bild 2.50 Lösbare- und unlösbare Schnappverbindungen

Die Lösbarkeit wird hierbei durch die Summe des Winkels der Löseflanke (α`) und des Reibungswinkels (ρ) bestimmt. Ist diese gleich oder größer als 90°, wird der tan (α+ρ) unendlich und die theoretische Lösekraft damit auch, womit man von Selbsthemmung oder einer unlösbaren Verbindung spricht. Bedingt durch geringe Biegemomente (Bild 2.50), findet dennoch Verformung statt, welche zur Lösung der Verbindung führen kann. Insofern wird eine unlösbare Verbindung praktisch nur durch einen entsprechenden Formschluß erreicht.

2.3.3 Übergreifende Auslegungshinweise

Eine optimale Auslegung einer Schnappverbindung beinhaltet eine präzise Abstimmung der Konstruktion auf den Werkstoff. Hierzu ist die genaue Kenntnis der Belastungsverhältnisse und der Werkstoffeigenschaften erforderlich.

2.3.3.1 Belastungsverhältnisse

Die Belastungsverhältnisse einer Schnappverbindung unterscheiden sich grundlegend in Abhängigkeit von der Funktion. Während der Füge- und der Lösevorgang in der Regel eine einmalige oder mehrmalige kurzzeitige Belastung darstellt, bei der der Werkstoff relativ hoch beansprucht werden kann, wird die Haltefunktion meist von einer statischen Langzeit- oder gar Dauerbelastung bestimmt, die eine deutlich geringere Werkstoffbeanspruchung zuläßt. Dies bedeutet, daß die Auslegung alle drei Funktionen (Fügen, Halten und Lösen) umfassen muß.

2.3.3.2 Belastungsarten

Bei der Auslegung darf nicht vergessen werden, daß die Verformung der Schnappverbindung meist aus mehreren überlagerten Belastungsarten besteht (z.B. Zug-, Biege-, Scher- und Torsionsbelastung), die in ihrer Wechselwirkung berücksichtigt (Vergleichsspannung bzw. -dehnung) werden müssen. Bild 2.51 verdeutlicht exemplarisch den Einfluß der während des Haltevorgangs wirkenden einzelnen Belastungsarten auf die Gesamtbeanspruchung.

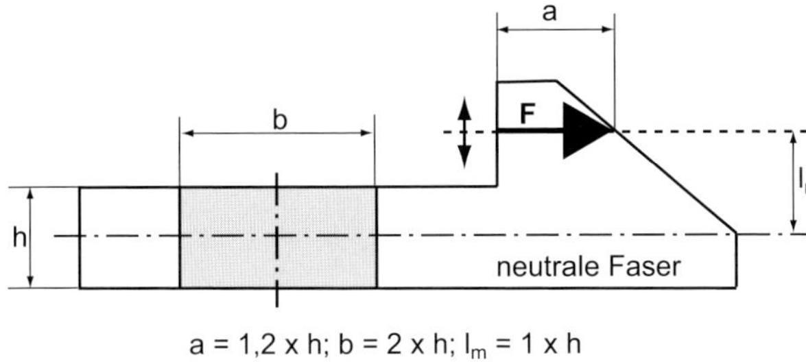

Bild 2.51 Beispiel der Beanspruchung eines Schnapparms

Biegespannung $$\sigma_b = \frac{M_b}{W} = 6 \cdot \frac{F \cdot l_m}{b \cdot h^2} \quad = 3{,}00 \cdot \frac{F}{h^2}$$

Zugspannung $$\sigma_z = \frac{F}{A_z} = \frac{F}{b \cdot h} \quad = 0{,}50 \cdot \frac{F}{h^2}$$

Scherspannung $$\tau_s = \frac{F}{A_s} = \frac{F}{a \cdot b} \quad = 0{,}42 \cdot \frac{F}{h^2}$$

$$\sigma_b \div \sigma_z \div \tau_s = 6 \div 1 \div 0{,}84$$

Schlußfolgerung: Biegebeanspruchung ist dominant

2.3.3.3 Werkstoffverhalten

Den thermoplastischen Kunststoffen ist eine relativ hohe Abhängigkeit der Werkstoffeigenschaften von der Zeit und von der Temperatur eigen.

Zeitabhängigkeit der Beanspruchung

Die Zeitabhängigkeit der Spannung bzw. Dehnung wird durch folgende Begriffe charakterisiert:

- Relaxation:
  Spannung fällt bei konstanter Dehnung (wegabhängige Belastung) mit der Zeit ab.
- Retardation (Kriechen):
  Dehnung nimmt bei konstanter Spannung (kraftabhängige Belastung) mit der Zeit zu.

Dieses Verhalten kann anhand von isochronen Spannungs-Dehnungs-Kurven berücksichtigt werden. Im Bild 2.52 sind entsprechende Hinweise hierzu graphisch dargestellt. Analog der Bestimmung des Sekanten-Moduls E_S kann aus den isochronen Spannungs-Dehnungs-Kurven auch der zeitabhängige Kriechmodul E_C bestimmt werden, Bild 2.54. Gelegentlich wird er auch explizit in Diagrammform dargestellt. Um dem zeitabhängigen Verhalten der Werkstoffeigenschaften von thermoplastischen Kunststoffen Rechnung zu tragen, sollte für den Haltevorgang eine möglichst entspannte bzw. eine formschlüssige Verbindung (Formschluß vor Kraftschluß) angestrebt werden.

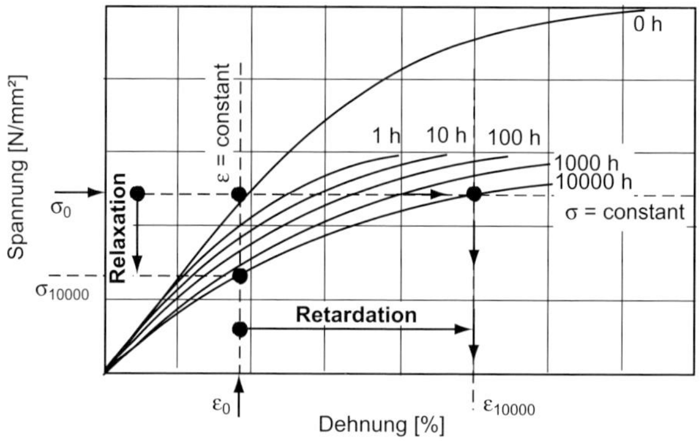

Bild 2.52 Isochrones Spannungs-Dehnungs-Diagramm

Temperaturabhängigkeit der Beanspruchung

Die Temperaturabhängigkeit des Spannungs-Dehnungsverhaltens von thermoplastischen Kunststoffen wird durch isotherme Spannungs-Dehnungs-Kurven beschrieben, Bild 2.53.

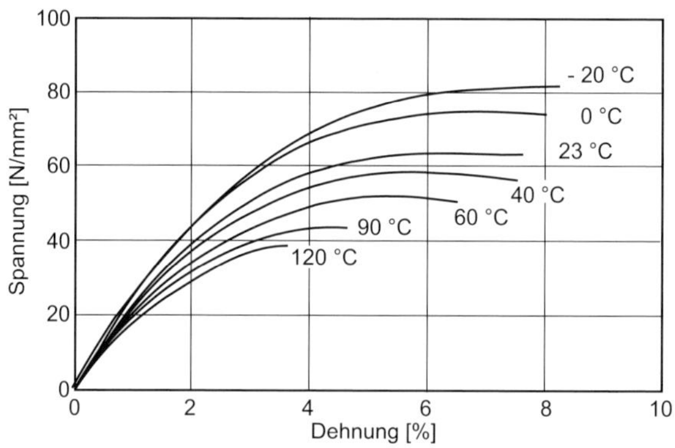

Bild 2.53 Isothermes Spannungs-Dehnungs-Diagramm eines PC (Makrolon 2805)

Elastizitäts-Modul/Sekanten-Modul

Da die praktisch auftretenden Dehnungen oft außerhalb der Proportionalitätsgrenze der Spannungs-Dehnungs-Kurve liegen, sollte der Genauigkeit wegen, anstatt des Elastizitäts-Moduls der sog. “Sekanten-Modul“ E_S (dehnungsabhängiger E-Modul) für die Bestimmung der Auslenkkraft benutzt werden. Seine Ermittlung aus dem Spannungs-Dehnungs-Diagramm ist im Bild 2.54 dargestellt.

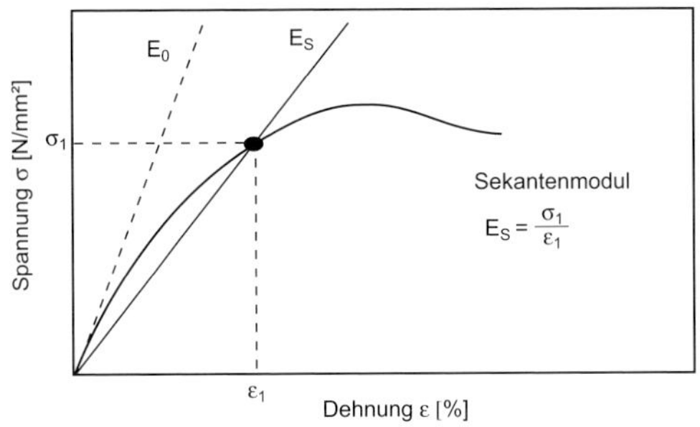

Bild 2.54 Ermittlung des Sekanten-Moduls

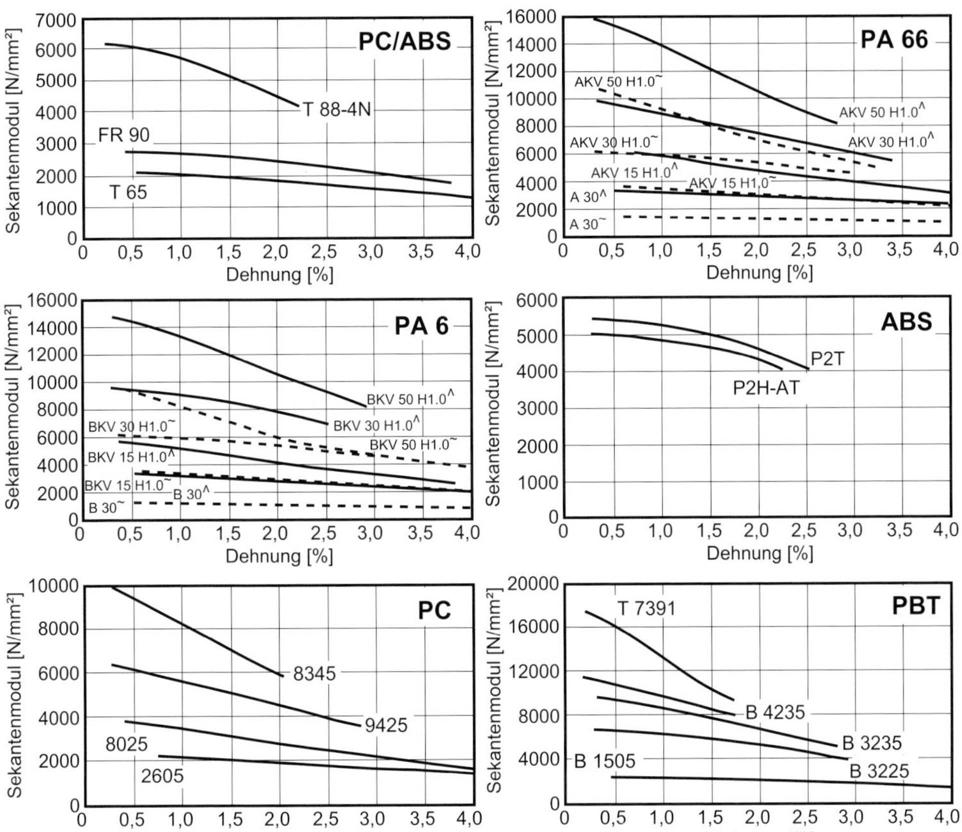

Bild 2.55 Sekanten-Moduli einiger Thermoplaste

Im Bild 2.55 sind die Sekanten-Moduli einiger Thermoplaste aufgeführt. Weitere Informationen hierzu können entsprechenden Datenbanken ("CAMPUS") der Rohstoffhersteller entnommen werden.

Orientierung

Infolge der Verarbeitungsverfahren erfahren die Makromoleküle und vor allem die Füll- und die Verstärkungsstoffe sowie die Modifikatoren meist eine mehr oder weniger stark ausgeprägte Ausrichtung. Diese Orientierungen führten zu richtungsabhängigen (anisotropen) Werkstoffeigenschaften. Bei unverstärkten Werkstoffen ist diese Anisotropie meist weniger ausgeprägt. Bei gefüllten bzw. verstärkten Produkten dagegen muß sie bei der Auslegung unbedingt berücksichtigt (Abminderungsfaktoren) werden, da die Werkstoffeigenschaften hier erheblich differieren können. Abminderungsfaktoren zur Beurteilung des Orientierungseinflusses auf die Festigkeitswerte können bei den Rohstoffherstellern angefragt werden.

Werkstoffdatenbank

Die wichtigsten Kennwerte ihrer Produkte stellen die meisten Rohstoffhersteller als Richtwerte in der Datenbank "CAMPUS" zur Verfügung. Diese kann bei dem jeweiligen Rohstoffhersteller angefordert oder im Internet eingesehen werden.

2.3.4 Dimensionierung

2.3.4.1 Verteilung der Auslenkung auf die Fügepartner

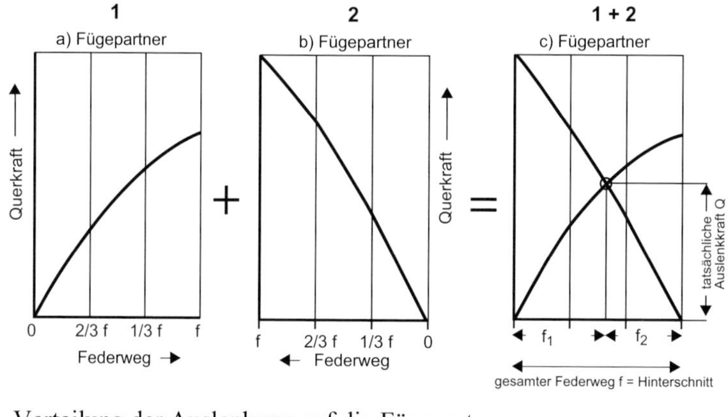

Bild 2.56 Verteilung der Auslenkung auf die Fügepartner

Im ungünstigsten Fall muß einer der beiden Fügepartner um die Gesamtauslenkung (Hinterschnitt) verformt werden. In der Regel verteilt sich diese jedoch auf die beiden Fügepartner in einem ihren Steifigkeiten entsprechenden Verhältnis. Dieses Verhältnis kann am einfachsten graphisch ermittelt werden. Hierzu muß für jeden der Fügepartner zuerst ein Kraft-Verformungs-Diagramm bestimmt werden, Bild 2.56. Die Überlagerung beider Kurven ergibt einen Schnittpunkt, der die gemeinsame Auslenkkraft und die Verformungsanteile der Fügepartner angibt.

2.3.4.2 Zulässige Auslenkung

Die zulässige Auslenkung f (zulässiger Hinterschnitt) richtet sich nach der zulässigen Dehnung des verwendeten Werkstoffs und kann rechnerisch abgeschätzt (siehe Berechnungsgrundlagen Kap. 2.3.5) werden. Da die zulässige Dehnung wiederum von den Belastungsverhältnissen (Art, Häufigkeit, Dauer, Temperatur) abhängig ist, muß zuerst der Belastungsfall sorgfältig analysiert werden.

Belastungsfälle

Wie bereits bemerkt, richtet sich die zulässige Dehnung (Spannung) nach der Belastungsart. Um eine möglichst praxisgerechte Differenzierung der Belastungsfälle zu bekommen, wird vorgeschlagen folgende Belastungsfälle zu unterscheiden:

- statisch einmalig kurzzeitig,
- statisch mehrmalig kurzzeitig,
- statisch langzeitig,
- dynamisch,
- stoßartig.

Durch entsprechende Abminderungsfaktoren muß der Einfluß der Temperatur, des Umgebungsmediums, der Orientierung usw. zusätzlich berücksichtig werden.

Zulässige Dehnung

Beim Fehlen genauerer Angaben kann die zulässige Dehnung (Spannung) für eine einmalige kurzzeitige statische Auslenkung bei 23 °C anhand der folgenden Regel grob abgeschätzt werden:

- nahezu die Streckdehnung ε_S bei teilkristallinen Thermoplasten,
- ca. 70 % der Streckdehnung ε_S bei amorphen Thermoplasten,
- ca. 50 % der Streckdehnung ε_S bei glasfaserverstärkten Thermoplasten.

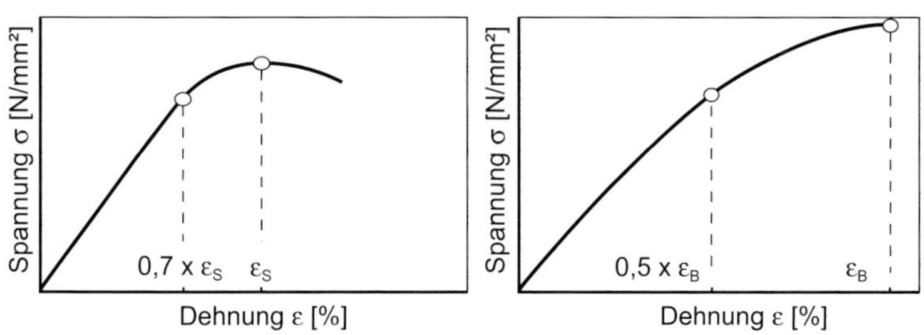

Bild 2.57 Zulässige Dehnung für den einmaligen Fügevorgang

links: Werkstoff mit ausgeprägter Streckgrenze
rechts: glasfaserverstärkter Werkstoff ohne ausgeprägte Streckgrenze

Bei glasfaserverstärkten Thermoplasten, kann anstelle der oft fehlenden Angabe der Streckdehnung die Bruchdehnung verwendet werden. Dieser Zusammenhang ist graphisch in Bild 2.57 dargestellt.

Für einige Thermoplaste sind die zulässigen Dehnungen für eine einmalige kurzzeitige statische Auslenkung bei 23 °C als Richtwerte im Tabelle 2.5 aufgeführt. Bei häufiger kurzzeitiger statischer Belastung bei 23 °C kann in etwa von ca. 60 % der einmalig kurzzeitig zulässigen Werte ausgegangen werden.

teilkristallin		**amorph**		**glasfaserverstärkt**	
PE	8 %	PC	4,0 %	PA6-GF~	2,0 %
PP	6 %	PC+ABS	3,0 %	PA6-GF*	1,5 %
PA~	6 %	ABS	2,5 %	PC-GF	1,8 %
PA*	4 %	CAB	2,5 %	PBT-GF	1,5 %
POM	6 %	PVC	2,0 %	ABS-GF	1,2 %
PBT	5 %	PS	1,8 %		

Tabelle 2.5 Richtwerte für zulässige Dehnung bei einmaliger, kurzzeitiger, statischer Belastung

*~ konditioniert, * spritzfrisch*

Bei Langzeitbelastung ist bei amorphen Thermoplasten mit der Gefahr der Spannungsrißbildung zu rechnen. Untersuchungen haben gezeigt, daß bei Dehnungen unterhalb 0,5 % (bei 23 °C an der Luft) die Gefahr der Spannungsrißbildung bei diesen Werkstoffen weitgehend vermieden werden kann.

Zulässige Torsionsbeanspruchung

Torsionsbelastung führt zur Schubbeanspruchung. Die zulässige Torsionsschubspannung τ_{zul} kann überschlägig nach der folgenden Beziehung abgeschätzt werden [1].

$$\tau_{zul} = (1+\nu)\cdot\sigma_{zul} \quad \text{bzw.} \quad \gamma_{zul} = (1+\nu)\cdot\varepsilon_{zul} \approx 1{,}35\cdot\varepsilon_{zul} \tag{2.45}$$

mit: ε_{zul} = zul. Dehnung (σ - Spannung; γ - Scherung) ν = Querkontraktionszahl

Die Querkontraktionszahlen ν (Poisson-Zahl) liegen bei Thermoplasten bei ca. 0,33-0,45. Der untere Wert gilt hierbei für hoch glasfaserverstärkte und der obere für elastomerähnliche Thermoplaste. Beim Fehlen genauer Angaben wird oft ein Mittelwert von 0,4 benutzt. Mit der linearen Mischungsregel kann für den zeit- und temperaturabhängigen Sekanten-Modul E_s eine entsprechende Querkontraktionszahl grob abgeschätzt werden.

$$\nu = 0{,}3 + 0{,}2\cdot\left(1-\frac{E_s}{E_0}\right) \tag{2.46}$$

2.3.4.3 *Auslenkkraft*

Die Auslenkkraft kann in Abhängigkeit von der geometrischen Steifigkeit (Querschnittsdaten) und der Werkstoffsteifigkeit (E-Modul) rechnerisch abgeschätzt werden. Da die beim Fügevorgang auftretenden Dehnungen oft jenseits der Proportionalitätsgrenze der Spannungs-Dehnungs-Kurve liegen, sollte der Genauigkeit wegen, anstatt des E-Moduls hier der Sekanten-Modul (E_s) verwendet werden. Hierbei ist immer die für die erforderliche Auslenkung berechnete Dehnung einzusetzen.

2.3.4.4 *Füge- und Lösekraft*

Bei der Montage und Demontage müssen die Füge- bzw. die Lösekraft Q und die Reibungskraft R überwunden werden, Bild 2.58. Die Füge- bzw. Lösekraft ergibt sich aus:

$$F = Q \cdot \tan(\alpha + \rho) = Q \cdot \frac{\mu + \tan\alpha}{1 - \mu \cdot \tan\alpha} \qquad \mu = \tan\rho \tag{2.47}$$

Bei Bestimmung der Lösekraft ist der Neigungswinkel der Löseflanke α' in die obige Gleichung einzusetzen. Bedingt durch die stark schwankenden Reibungsverhältnisse, können die Füge- bzw. Lösekräfte nur mit einer entsprechend großen Toleranz abgeschätzt werden.

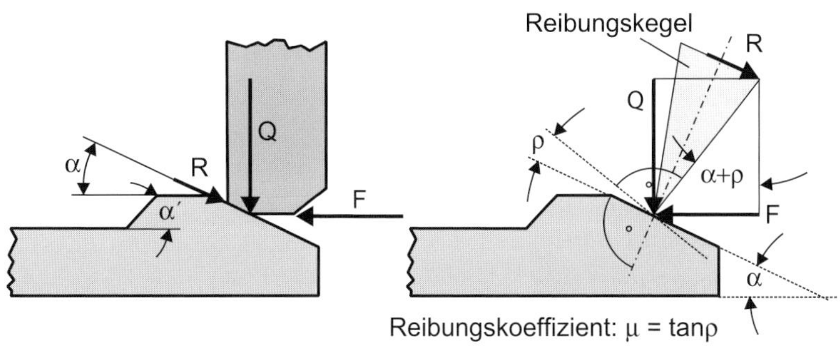

Bild 2.58 Zusammenhang zwischen der Auslenk- und der Füge- bzw. Lösekraft

2.3.4.5 *Reibung*

In Tabelle 2.6 sind einige Anhaltswerte für die Gleitreibungszahl für die Reibpartnerpaarung Kunststoff-Stahl aufgeführt. Sie sind der Literatur entnommen. Bei einer Reibpaarung Kunststoff/anderer Kunststoff kann (nach VDI 2541) mit den gleichen oder mit etwas niedrigen Werten gerechnet werden, wie im Bild 2.60 angegeben. Bei gleichen Reibungspartnern ist meist mit höherer Reibungszahl zu rechnen. Soweit bekannt, sind diese Werte auch im Bild 2.60 angegeben.

Werkstoff	Gleitreibungszahl Kunststoff-Stahl	Gleitreibungszahl gleiche Reibungspartner
PTFE	0,12 – 0,22	0,12 – 0,22
PE-HD	0,20 – 0,25	0,40 – 0,50
PP	0,25 – 0,30	0,38 – 0,45
POM	0,20 – 0,35	0,30 – 0,53
PA	0,30 – 0,40	0,45 – 0,60
PBTP	0,35 – 0,40	-
PS	0,40 – 0,50	0,48 – 0,60
SAN	0,45 – 0,55	-
PC	0,45 – 0,55	0,54 – 0,66
PMMA	0,50 – 0,60	0,60 – 0,72
ABS	0,50 – 0,65	0,60 – 0,78
PE-LD	0,55 – 0,60	0,66 – 0,72
PVC	0,55 – 0,60	0,55 – 0,60

Tabelle 2.6 Richtwerte für die Gleitreibungszahl

2.3.4.6 Allgemeine Gestaltungshinweise

Querschnittsformen

Um möglichst große Hinterschnitte (= Haltesicherheit) realisieren zu können, bedarf es optimaler Formgestaltung. Sie beinhaltet hauptsächlich die Wahl der belastungsoptimalen Querschnittsform und deren Verlaufs über die Profillänge. Die Querschnittsform wird durch die maßgebliche Belastungsart beim Fügen, Halten oder Lösen bestimmt. Für die einzelnen Belastungsarten sind folgende Querschnittsformen und deren Ausführungen als optimal anzusehen:

- Zugbelastung: konstanter Rechteckquerschnitt (Bild 2.60, Ausführung 1),
- Biegebelastung: verjüngter Rechteckquerschnitt (Bild 2.60, Ausführung 2 oder 3),
- Torsionsbelastung: konstanter Kreis- oder Ringquerschnitt.

Das Optimum kann u.U. erst durch eine Kombination der o.g. Querschnittsformen und/oder ihrer Ausführungen erreicht werden. Alle anderen Querschnittsformen und -verläufe stellen Kompromißlösungen dar. Die Wahl des Querschnitts wird oft neben den mechanischen Aspekten durch die fließtechnischen und die werkzeugtechnischen Belange mitbestimmt.

Einspannverhältnisse

Die Berechnungsformeln zur Abschätzung der Beanspruchung und der Auslenkkräfte bei Schnappverbindungen nach dem Biegebalken-Prinzip gehen in der Regel von einer festen Einspannung des Querschnitts aus. Dies ist bei den meisten Schnapparmen nicht der Fall, weil diese oft integrale Bestandteile von mehr oder weniger flexiblen Bauteilen sind. Damit stellen die berechneten Ergebnisse den ungünstigsten Fall bzw. eine gewisse Sicherheit dar.

Kerbwirkung

Ein relativ häufiger Konstruktionsfehler beruht in der Ignorierung der Kerbwirkung. Besonders gravierend wirkt sich dieser Fehler bei amorphen Werkstoffen aus, wo er oft als primäre Versagensursache vorzufinden ist. Aus diesem Grund wird hier ausdrücklich auf die Notwendigkeit der Abrundung von Ecken und Kanten und der Vermeidung der Gratbildung in beanspruchten Bereichen hingewiesen.

2.3.5 Berechnungsgrundlagen und Beispiele

2.3.5.1 Schnapparmverbindungen

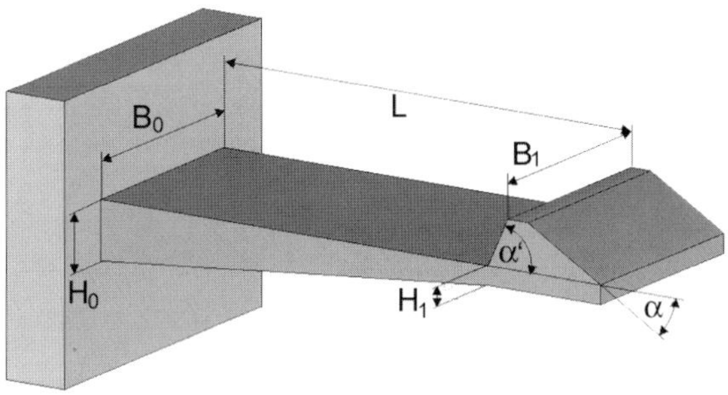

Bild 2.59 Prinzipdarstellung und Dimensionen

Auslenkung: (Bild 2.60)

$$f = x \cdot \frac{\varepsilon \cdot l^2}{h} \tag{2.48}$$

Auslenkkraft: (Bild 2.60 bis Bild 2.62)

$$Q = W \cdot \frac{E_S \cdot \varepsilon}{l} \tag{2.49}$$

Fügekraft: (Bild 2.58)

$$F = Q \cdot \tan(\alpha \cdot \rho) = Q \cdot \frac{\mu + \tan\alpha}{1 - \mu \cdot \tan\alpha} \tag{2.50}$$

Geometriefaktor x:	*vgl. Bild 2.61*
Widerstandsmomente W:	*vgl. Bild 2.60 und Bild 2.61*
Dehnung ε:	*als Absolutwert einzusetzen*

Querschnittsform / Ausführung		A: Rechteck 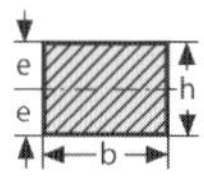	B: Trapez 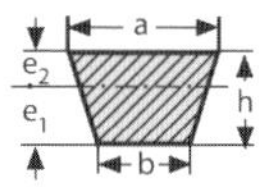	C: Ringsegment 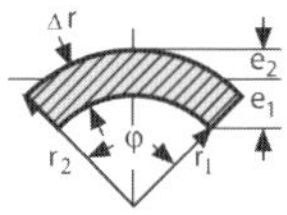	D: beliebig 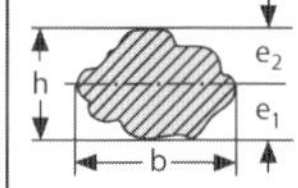
(zulässige) Auslenkung	1 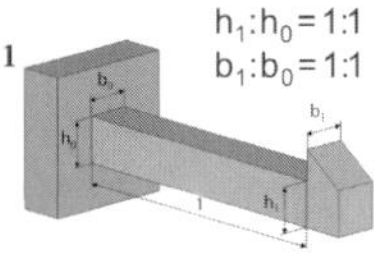 $h_1:h_0 = 1:1$, $b_1:b_0 = 1:1$	$f = 0{,}67 \cdot \frac{\varepsilon \cdot l^2}{h_0}$	$f = \frac{a+b^{*}}{2a+b} \cdot \frac{\varepsilon \cdot l^2}{h_0}$	$f = C^{**} \frac{\varepsilon \cdot l^2}{r_2}$	$f = \frac{1}{3} \cdot \frac{\varepsilon \cdot l^2}{e^{*}}$
	2 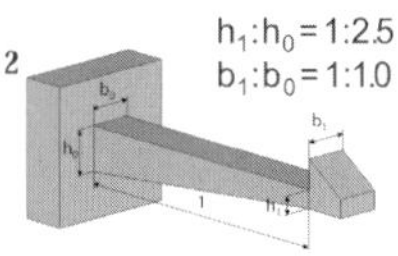 $h_1:h_0 = 1:2.5$, $b_1:b_0 = 1:1.0$	$f = 1{,}20 \cdot \frac{\varepsilon \cdot l^2}{h_0}$	$f = 1{,}79 \frac{a+b^{*}}{2a+b} \cdot \frac{\varepsilon \cdot l^2}{h_0}$	$f = 1{,}79 \cdot C^{**} \frac{\varepsilon \cdot l^2}{r_2}$	$f = 0{,}60 \cdot \frac{\varepsilon \cdot l^2}{e^{*}}$
	3 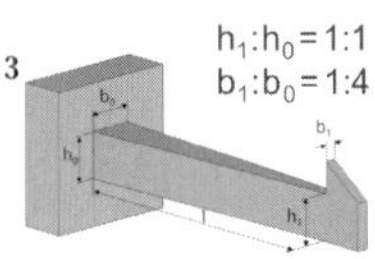 $h_1:h_0 = 1:1$, $b_1:b_0 = 1:4$	$f = 0{,}82 \cdot \frac{\varepsilon \cdot l^2}{h_0}$	$f = 1{,}22 \frac{a+b^{*}}{2a+b} \cdot \frac{\varepsilon \cdot l^2}{h}$	$f = 1{,}22 \cdot C^{**} \frac{\varepsilon \cdot l^2}{r_2}$	$f = 0{,}41 \cdot \frac{\varepsilon \cdot l^2}{e^{*}}$
Auslenk-Kraft	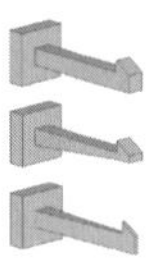	$Q = \overbrace{\frac{bh_0^2}{6}}^{W^{*}} \cdot \frac{E_s \cdot \varepsilon}{l}$	$Q = \overbrace{\frac{h_0^2}{12} \cdot \frac{a^2+4ab+b^2}{2a+b}}^{W^{*}} \cdot \frac{E_s \cdot \varepsilon}{l}$	$Q \quad W^{*} \cdot \frac{E_s \cdot \varepsilon}{l}$	$Q = W^{*} \cdot \frac{E_s \cdot \varepsilon}{l}$

Bild 2.60 Berechnungsgrundlagen für Schnapparme

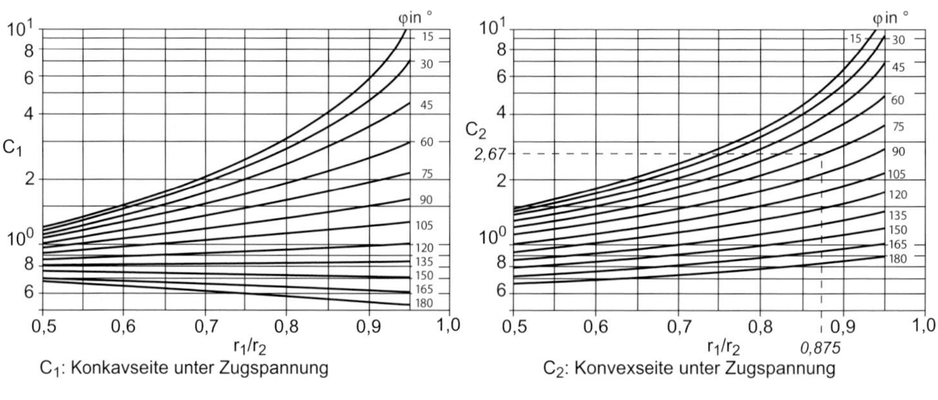

Bild 2.61 Geometriefaktoren “C“ für Kreisringsegmente

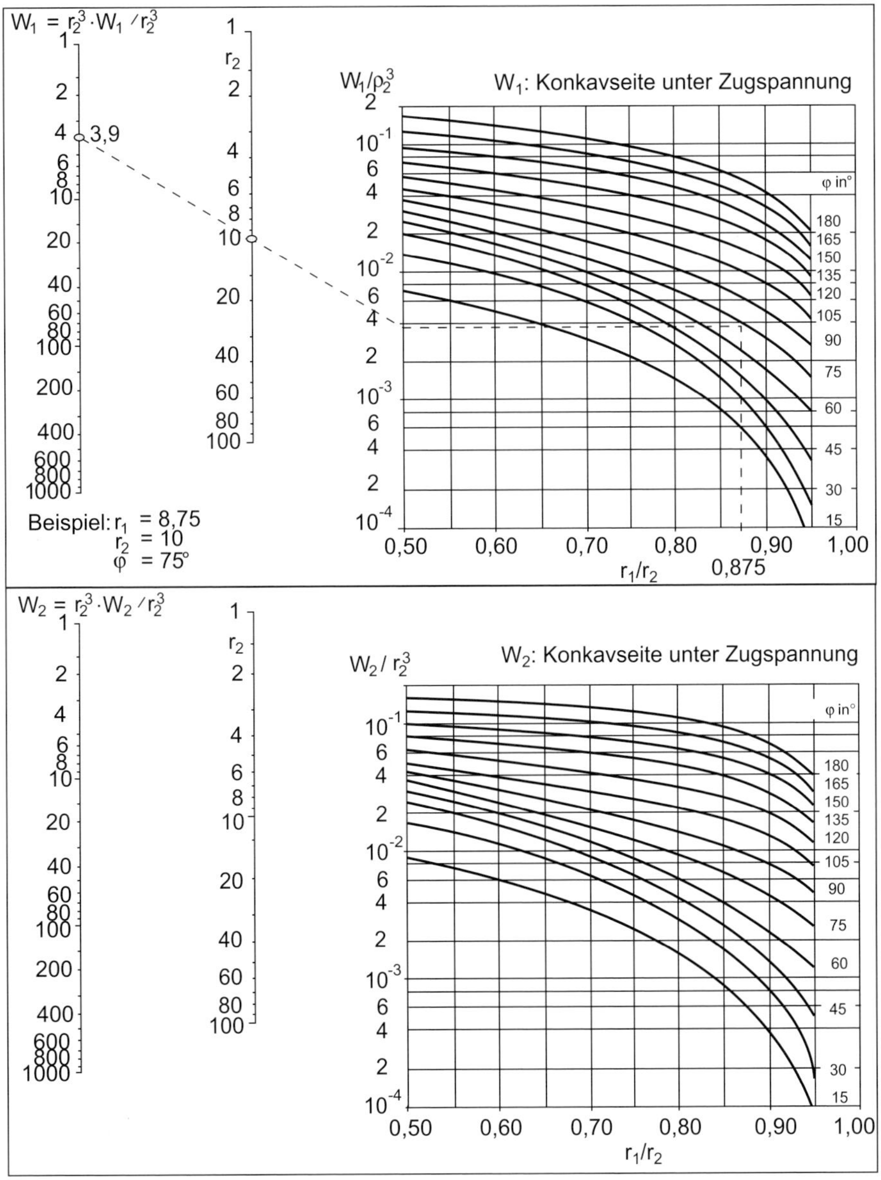

Bild 2.62 Widerstandsmomente für Kreisringsegmente

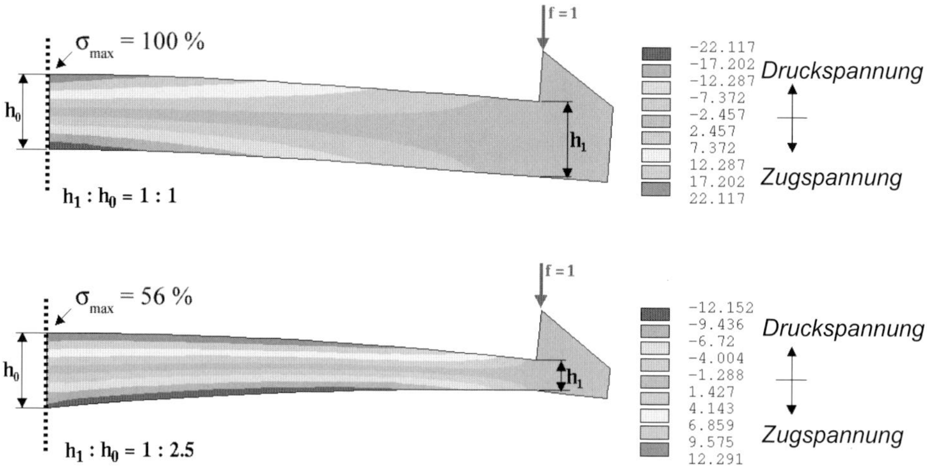

Bild 2.63 Spannungsverteilung verschiedener Ausführungstypen bei gleicher Auslenkung

Berechnungsbeispiel:

Funktion:	Der Schnapparm soll zwei Gehäusehälften miteinander verbinden, wobei er im montierten Zustand gelegentlich kurzzeitig eine Haltekraft (Längskraft) zu ertragen hat.	
Werkstoffdaten:	Typ:	ABS (P2H-AT)
	Sekanten-Modul:	E_s = 2400 N/mm² (bei ε = 1,25 %)
	Zul. Dehnung:	ε_{zul} = 2,5 % (bei einmaliger kurzzeitiger Belastung)
Daten:	Querschnittsform:	A (= Rechteck)
	Länge:	l = 20 mm
	Breite:	b = 10 mm (konstant)
	Hinterschnitt:	f = 2,2 mm
	Fügeflankenschräge:	α = 30 °
	Reibungskoeffizient:	μ = 0,60-0,78 = 0,69 (gleiche Reibpartner, vgl. Tabelle 2.6)
	Haltekraft:	F_H = 10 N
	Einsatztemperatur:	T = 23 °C

Ausführung: Da die Belastung beim Fügen als die kritische angesehen wird, wurde für die Ausführung 2 (Bild 2.60) entschieden.

Gesucht: Querschnittsdicke h_0, bei der bei voller Auslenkung die Hälfte der zulässigen Dehnung ε_{zul} = 1,25 % (= Sicherheitsfaktor von 2) erreicht wird
Auslenkkraft Q
Fügekraft F

Lösung: Ermittlung der Querschnittshöhe h_0 an der Einspannstelle (Bild 2.60, Ausführung 2)

$$h_0 = 1{,}2 \cdot \frac{\varepsilon \cdot l^2}{f} = 1{,}2 \cdot \frac{0{,}0125 \cdot 20^2\ \text{mm}^2}{2{,}2\ \text{mm}} = 2{,}7\ \text{mm}$$

Ermittlung der zulässigen Auslenkkraft Q, Bild 2.60

$$Q = \frac{b \cdot h^2}{6} \cdot \frac{E_s \cdot \varepsilon}{l} = \frac{10\ \text{mm} \cdot 2{,}7^2\ \text{mm}^2}{6} \cdot \frac{2400 \frac{\text{N}}{\text{mm}^2} \cdot 0{,}0125}{20\ \text{mm}} = 18\ \text{N}$$

Ermittlung der Fügekraft F (siehe Kap. 2.3.4.4 und Bild 2.58)

$$F = Q \cdot \frac{\mu + \tan\alpha}{1 - \mu \cdot \tan\alpha} = 18\ \text{N} \cdot \frac{0{,}69 + \tan 30°}{1 - 0{,}58 \cdot \tan 30°} = 38\ \text{N}$$

Ermittlung der Dehnung infolge der Haltekraft F_H, Bild 2.51

- Zuganteil (im kleinsten Querschnitt):

$$\varepsilon_z = \frac{F_H}{E \cdot A_1}; \quad A_1 = h_1 \cdot b_1 = \frac{h_0}{2{,}5} \cdot b_1$$

$$\varepsilon_z = 2{,}5 \cdot \frac{F_H}{E \cdot h_0 \cdot b_1} = 2{,}5 \cdot \frac{10\ \text{N}}{2400 \frac{\text{N}}{\text{mm}^2} \cdot 2{,}7\ \text{mm} \cdot 10\ \text{mm}}$$

$$\varepsilon_z = 0{,}0004 = 0{,}04\ \%$$

- Biegeanteil (im kleinsten Querschnitt):

$$\varepsilon_b = \frac{\varepsilon}{E}; \quad \sigma = \frac{F_H \cdot L_H}{W_1}; \quad L_H = \frac{f}{2} + \frac{h_1}{2}; \quad W_1 = \frac{b_1 \cdot h_1^2}{;} \quad h_1 = \frac{h_0}{2{,}5}$$

$$\varepsilon_b = \frac{F_H \cdot L_H}{W_1 \cdot E} = \frac{10\ \text{N} \cdot 1{,}64\ \text{mm}}{1{,}94\ \text{mm}^3 \cdot 2400 \frac{\text{N}}{\text{mm}^2}}$$

$$\varepsilon_b = 0{,}0035 = 0{,}35\ \%$$

Gesamtdehnung durch Haltekraft:

$$\varepsilon = \varepsilon_z + \varepsilon_b$$

$$\varepsilon = 0{,}39\ \%$$

Eine Nachrechnung des Einschnappvorgangs mittels FEM ergab eine maximale Dehnung von ca. 1,23 % und eine Auslenkkraft von 17,5 N, Bild 2.64.

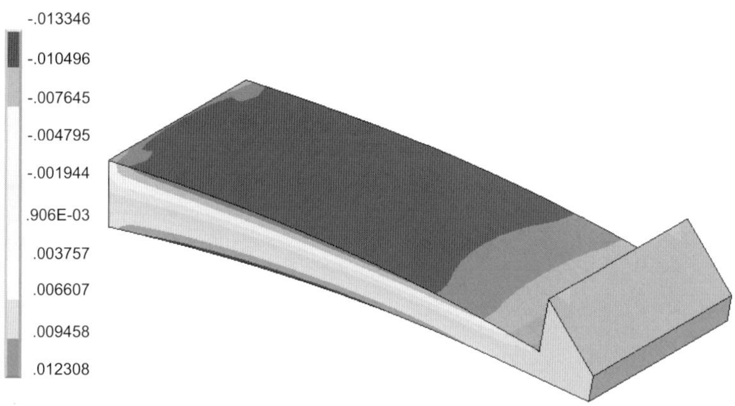

Bild 2.64 Dehnungsverteilung in Absolutwerten

Anwendungsbeispiele:

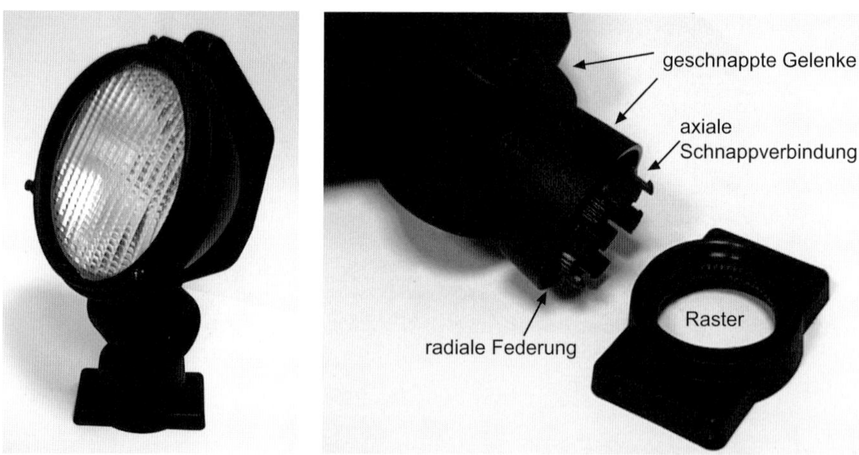

Bild 2.65 Geschnappte Drehgelenke (quasi stufenlose Verstellung)

Bild 2.66 Scheinwerferhalterung

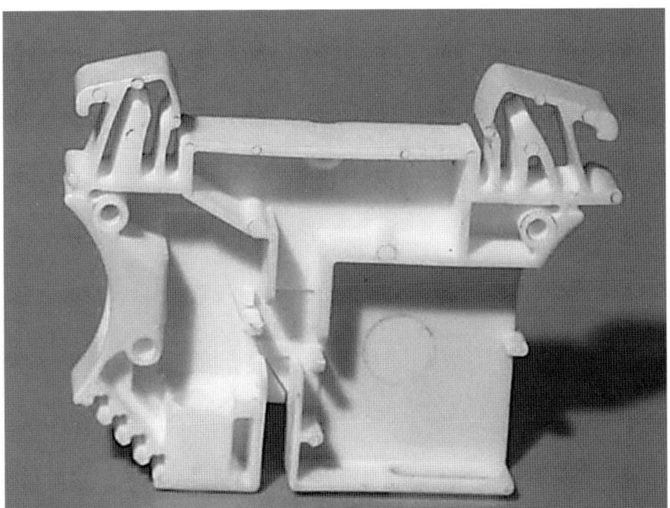

Bild 2.67 Elektrostecker

Bild 2.68 Integrierte Tastenfederung

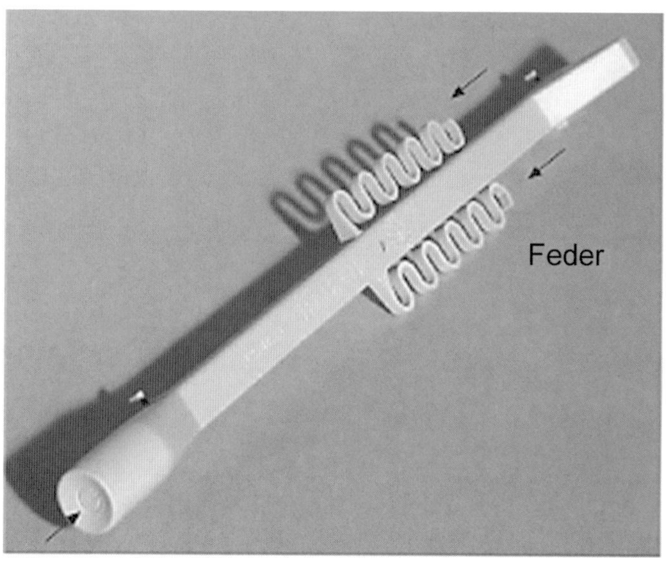

Bild 2.69 Federung für einen Schalterstößel

2.3.5.2 Torsionsschnappverbindungen

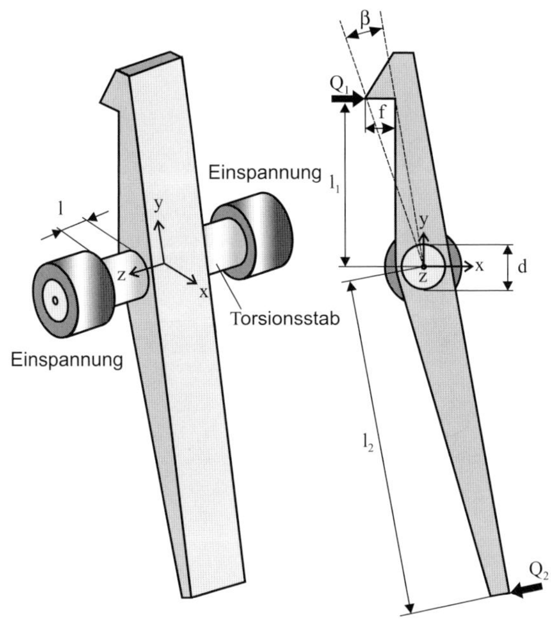

Bild 2.70 Prinzipdarstellung und Dimensionen

Auslenkung:

$$\beta_{zul} = \frac{K}{\alpha} \cdot \gamma_{zul} \cdot l; \qquad \sin\beta = \frac{f_1}{l_1} = \frac{f_2}{l_2} = \frac{f_2}{l_2}; \qquad \gamma_{zul} \approx (1+\nu) \cdot \varepsilon_{zul} \tag{2.51}$$

Auslenkkraft:

$$Q_{1/2} \cdot l_{1/2} = G \cdot \gamma \cdot a^3 \cdot \frac{W_P}{a^3} (\cdot 2) \tag{2.52}$$

(Faktor 2; wenn zwei Torsionsarme vorhanden, wie im Bild 2.70)

Fügekraft:

$$F = Q \cdot \tan(\alpha + \rho) \qquad \mu = \tan\rho \tag{2.53}$$

γ_{zul} und ε_{zul} sind Absolutwerte
Querkontraktionszahl: $\nu = 0{,}35$
Geometriefaktoren K, a und W_P/a^3

Torsionsarm-querschnitt	1	2	3	4
		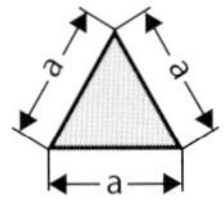	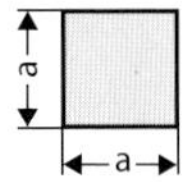	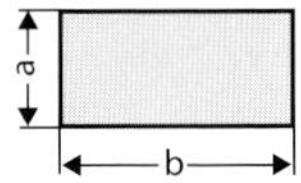
K	57,3	132	84,8	
$\frac{W_p}{a^3}$	1,57	0,05	0,208	

$\frac{b}{a}$	1	1.5	2	3	4	6	8	10
K	84,8	67,0	61,9	58,4	57,8	57,5	57,3	57,3
$\frac{W_p}{a^3}$	0,208	0,354	0,494	0,808	1,130	1,790	2,460	3,120

Bild 2.71 Konstanten zur Berechnung von Querschnittsdaten von Torsionsstäben

Berechnungsbeispiel:

Funktion: Die Rastwippe dient als Halterung für einen Gehäusedeckel

Werkstoffdaten: Typ: PC (Makrolon 2805)

Sekanten-Modul: E_s =1500 N/mm² (bei ε=4 %)

Schubmodul: G = 560 N/mm² (bei ε=4 %)

zul. Dehnung: ε_{zul} = 4 %

zul. Scherung: γ_{zul} = 5,4 %

} bei einmaliger kurzzeitiger Belastung (s.a. Kap. 2.3.4.2)

Daten:

Stabdurchmesser: d = 4 mm (a = 2 mm)

Länge: l = 5 mm (zweifach vorhanden!)

Wippenlängen: l_1 = 15 mm,

l_2 = 30 mm

Hinterschnitt: f_1 = 2 mm

Einsatztemperatur: T = 23 °C

gesucht:

auftretende Dehnung ε

Auslenkkraft Q_2

Lösung: Ermittlung der auftretenden Scherung γ

$$\gamma = \frac{\beta \cdot a}{K \cdot 1}; \quad \sin\beta = \frac{f_1}{l_1} = \frac{2\ \text{mm}}{15\ \text{mm}} = 0{,}133; \quad \beta = 7{,}7°$$

$$\gamma = \frac{7{,}7° \cdot 2\ \text{mm}}{57{,}3 \cdot 5\ \text{mm}} = 0{,}054 = 5{,}4\ \%$$

Ermittlung der Auslenkkraft Q_2

$$Q_2 = G \cdot \gamma \cdot a^3 \cdot \frac{W_P}{a^3} \cdot \frac{1}{l_2} \cdot 2; \qquad \frac{W_P}{a^3} = 1{,}57$$

$$Q_2 = 560 \frac{N}{mm^2} \cdot 0{,}054 \cdot 2^3\ \text{mm} \cdot 1{,}57 \cdot \frac{1}{30\ \text{mm}} \cdot 2$$

$$Q_2 = 25\ N$$

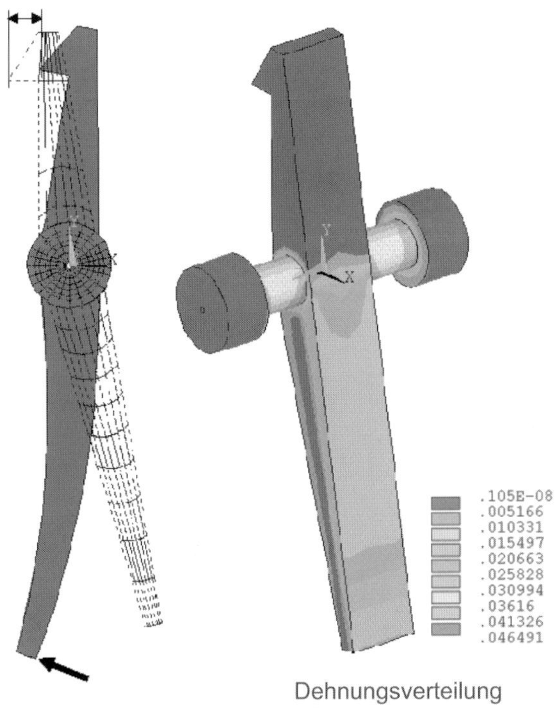

Bild 2.72 Dehnungsverteilung

Eine Nachrechnung dieser Auslenkung mittels FEM ergab für den vergleichbaren Bereich des Torsionsstabes eine Dehnung von 4,3 %. An den Anbindungsstellen zum Betätigungsarm wurden infolge der Kerbwirkung höhere Dehnungen ausgewiesen, Bild 2.72. Die Auslenkkraft betrug hierbei 21 N. Diese Abweichungen zu analytisch ermittelten Werten werden hauptsächlich darauf zurückgeführt, daß die FEM-Ergebnisse auch die Biegeanteile der Belastung berücksichtigen.

Anwendungsbeispiele:

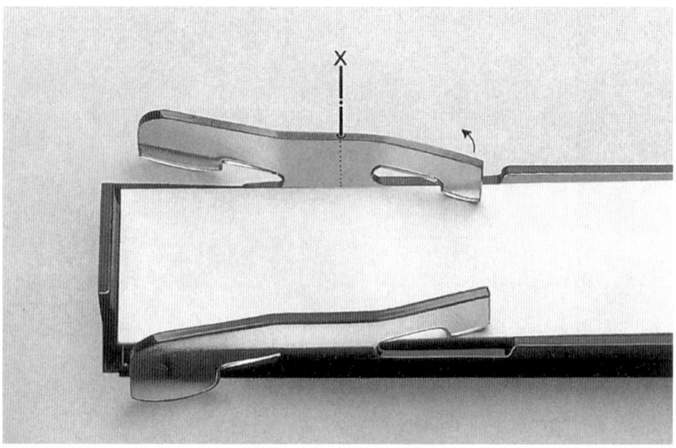

Bild 2.73 Schriftblendenhalterung

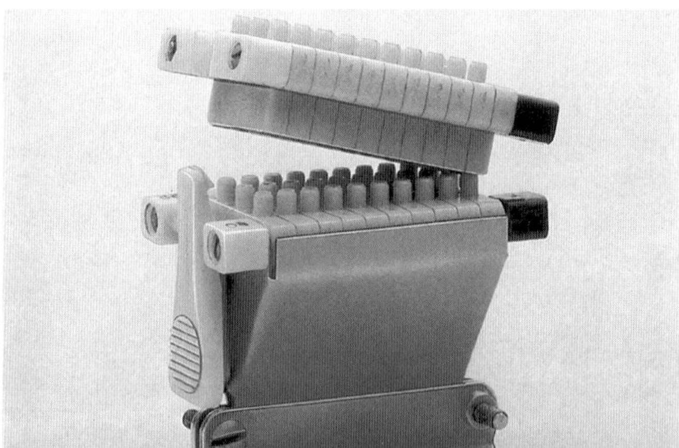

Bild 2.74 Steckerblockarretierung

2.3.5.3 Ringschnapp- und Kugelgelenkverbindungen

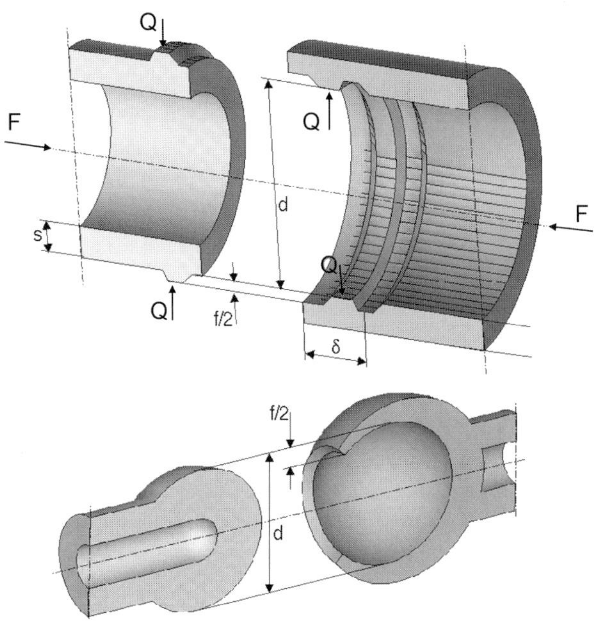

Bild 2.75 Prinzipdarstellung mit Dimensionen

Die Berechnungsgleichungen für Ringschnappverbindungen beruhen auf der Annahme, daß sich einer der Fügepartner starr verhält. Bei gleich steifen Fügepartnern kann der Hinterschnitt zur Hälfte auf beide Partner verteilt werden. Die Verteilung der Auslenkung bei unterschiedlich steifen Fügepartnern ist unter 2.3.4.1 erläutert.

In Abhängigkeit von der Lage der Schnappnut, muß bei der Bestimmung der Auslenk- bzw. der Fügekräfte zwischen einer endnahen und einer endfernen Schnappverbindung unterschieden werden. Eine endferne Schnappverbindung liegt vor ab einem Abstand von

$$\delta > 1{,}8 \cdot \sqrt{d \cdot s} \tag{2.54}$$

der Schnappnut vom Ende des Zylinders. Die Abschätzung bei Schnappkugeln erfolgt näherungsweise anhand der Berechnungsgleichungen für Ringschnappverbindungen.

$$\text{Auslenkung: } f = \varepsilon \cdot d \quad (\varepsilon = \text{Absolutwert}) \tag{2.55}$$

Dieser Zusammenhang stellt eine Vereinfachung dar, die eine konstante Dehnung über die gesamte Wanddicke annimmt, was jedoch nicht genau den Tatsachen entspricht, Bild 2.76.

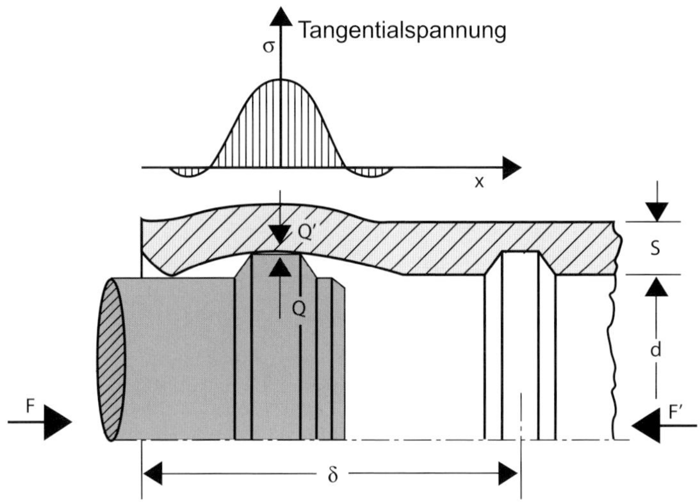

Bild 2.76 Spannungsverteilung beim Fügevorgang

Auslenkkraft: Nach [2] beträgt die Auslenkkraft bei der endfernen Schnappverbindung das Vierfache der endnahen. Praktische Untersuchungen haben jedoch gezeigt, daß die realen Fügekräfte sich hierbei kaum um den Faktor 3 unterscheiden. Deshalb wird hier für die endferne Lage der Schnappnut die dreifache Auslenkkraft der endnahen Schnappnut zugrundegelegt.

bei endnaher Schnappnut

$$Q = f \cdot d \cdot E_S \cdot X = \varepsilon \cdot d^2 \cdot E_S \cdot X \tag{2.56}$$

bei endferner Schnappnut

$$Q = 3 \cdot f \cdot d \cdot E_S \cdot X = 3 \cdot \varepsilon \cdot d^2 \cdot E_S \cdot X \tag{2.57}$$

Der Geometriefaktor X kann Bild 2.77 entnommen oder nach den folgenden Gleichungen berechnet werden. Hierbei ist $X = X_N$, wenn der äußere Fügepartner (Nabe) nachgiebig und der innere Partner (Welle) starr bzw. $X = X_W$, wenn die Nabe starr und die Welle nachgiebig ist.

$$X_N = 0{,}62 \cdot \frac{\sqrt{(d_a \div d - 1) \div (d_a \div d + 1)}}{[(d_a \div d)^2 + 1] \div [(d_a \div d)^2 - 1] + \nu} \tag{2.58}$$

$$X_W = 0{,}62 \cdot \frac{\sqrt{(d \div d_i - 1) \div (d \div d_i + 1)}}{[(d \div d_i)^2 + 1] \div [(d \div d_i)^2 - 1] - \nu} \tag{2.59}$$

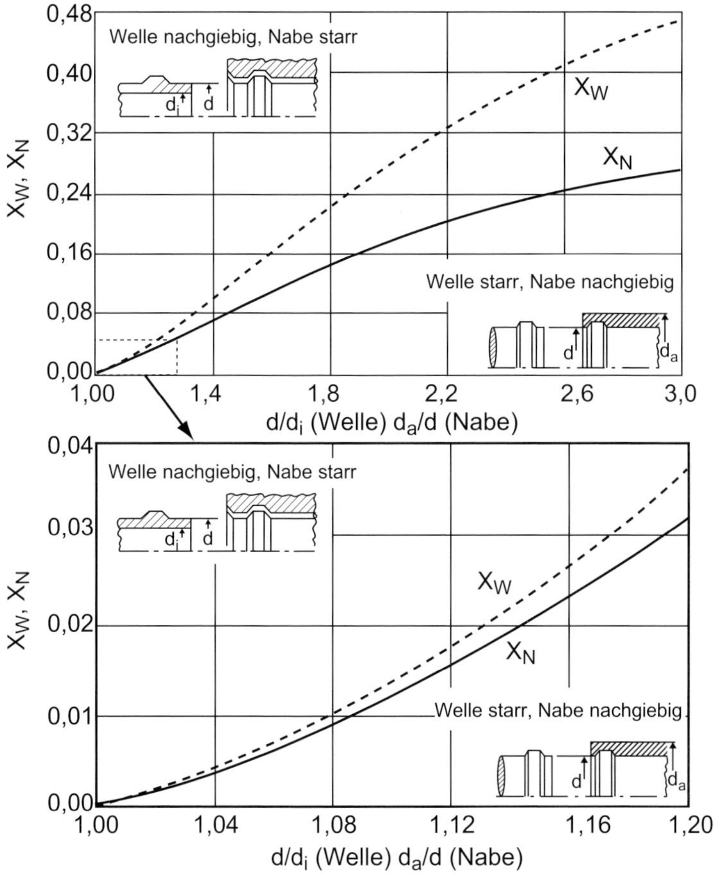

Bild 2.77 Diagramme zur Bestimmung des Geometriefaktors X für Ringschnappverbindungen

Fügekraft:

$$F = Q \cdot \frac{\mu + \tan\alpha}{1 - \mu \cdot \tan\alpha} \qquad \mu = \tan\varphi \qquad \text{(Bild 2.58)} \qquad (2.60)$$

Berechnungsbeispiel:

Funktion: Befestigung einer Leuchtenabdeckung am Gehäuse

Ausführung: endnahe Ringschnappverbindung

Werkstoffdaten: Typ: PC (®Makrolon 2805)

Sekanten-Modul: E_s = 2200 N/mm² (bei ε=0,5 %)

zul. Dehnung: ε_{zul} = 4 %

(bei einmaliger kurzzeitiger Belastung)

Daten:

Durchmesser: d = 200 mm

Wanddicke: s = 2,5mm *(bei beiden Fügepartnern)*

Hinterschnitt: f_1 = 2 mm *(zu 50 % auf beide Fügepartner verteilt)*

Fügeschräge: α = 45°

Einsatztemperatur: T = 23 °C

gesucht:

auftretende Dehnung ε

Auslenkkraft Q

Fügekraft F

Lösung:

Ermittlung der auftretenden Dehnung ε

$$\varepsilon = \frac{f}{d} = \frac{1\,\text{mm}}{200\,\text{mm}} = 0{,}005 = 0{,}5\,\%$$

Ermittlung der Auslenkkraft Q: Bei gleicher Steifigkeit beider Fügepartner ist es gleichgültig, für welchen der beiden die Auslenkkraft bestimmt wird. Im vorliegenden Fall wird sie für die Lampenschale (Nabe) bestimmt.

$$\frac{d_a}{d_i} = \frac{d_i + 2 \cdot s}{d_i} = \frac{200\,\text{mm} + 2 \cdot 2{,}5\,\text{mm}}{200\,\text{mm}} = 1{,}025$$

ergibt $X_N = 0{,}0017$

$$Q = f \cdot d \cdot E_S \cdot X_N = 1\,\text{mm} \cdot 200\,\text{mm} \cdot 2200 \frac{\text{N}}{\text{mm}^2} \cdot 0{,}0017$$

Q = 748 N

Ermittlung der Fügekraft F: Der tatsächliche Winkel der Fügeschräge beträgt 45°. Da die Kanten der Fügeschräge jedoch abgerundet sind, wird ein effektiver Schrägungswinkel von 30° angenommen.

$$F = Q \cdot \frac{\mu + \tan\alpha}{1 - \mu \cdot \tan\alpha} = 748\,\text{N} \frac{0{,}6 + \tan 30°}{1 - 0{,}6 \cdot \tan 30°} \qquad F = 1346\,\text{N}$$

Diese Fügekraft ist bei symmetrischem Fügen zu erwarten, was nur maschinell zu erreichen ist. Bei manuellem Fügen (asymmetrisch, stoßartig) kann die Fügekraft erheblich geringer sein. Eine Nachrechnung der Auslenkung mittels FEM ergab für den adäquaten Bereich eine vergleichbare Dehnung, Bild 2.78. Im Bereich der Randkante wurde jedoch mit 0,65 % eine höhere Dehnung ausgewiesen, da darin Randbiegeeffekte enthalten sind.

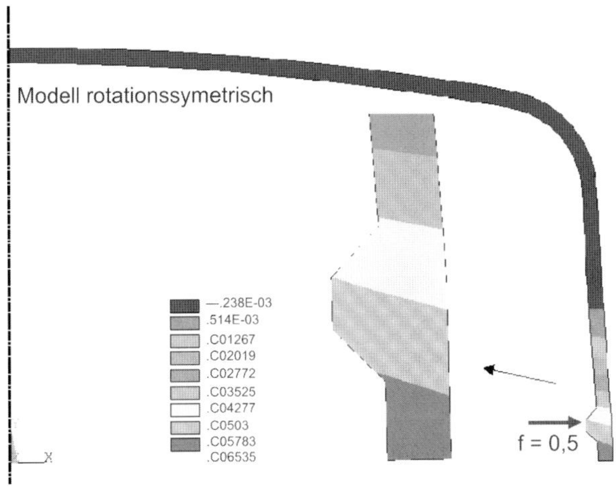

Bild 2.78 Verteilung der Tangentialdehnung in Absolutwerten

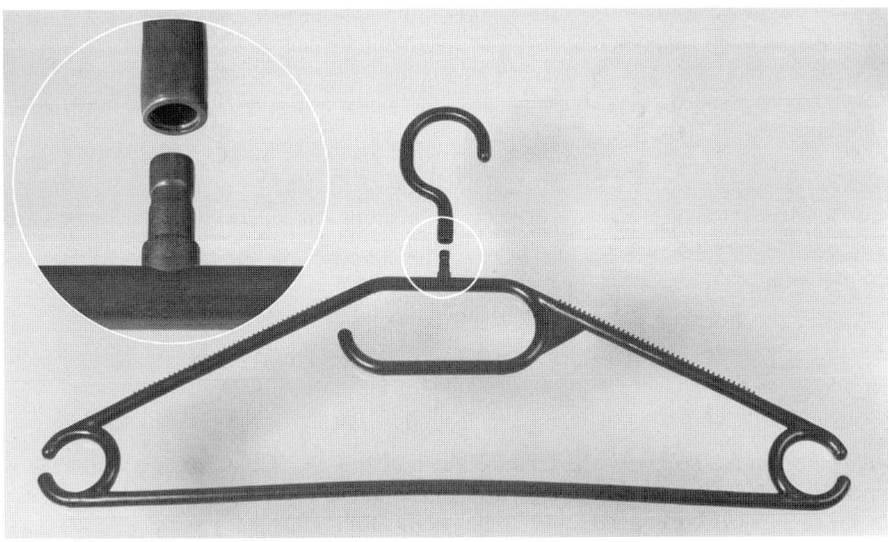

Bild 2.79 Drehbarer Kleiderbügelhaken

2.3.5.4 Ringartige Schnappverbindungen

Die ringartigen Schnappverbindungen stellen Sonderformen der Ringschnappverbindungen dar. Sie unterscheiden sich von diesen dadurch, daß sie anstatt eines Kreisringquerschnitts einen Polygonquerschnitt aufweisen. Solche Verbindungen werden bevorzugt zur Verbindung von Behälterteilen eingesetzt. In diese Gruppe wurden aber auch geschlitzte Ringschnappverbindungen (s.a. Schnapparme mit Kreisringquerschnitt, Bild 2.60, Ausführung “C“) und Ringschnappverbindungen mit lokalen Hinterschnitten einbezogen.

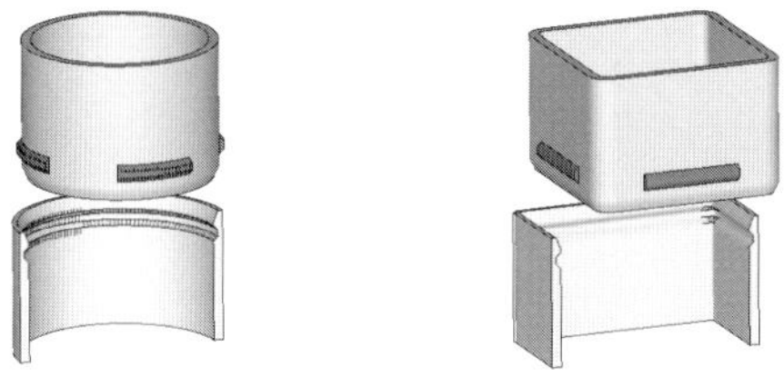

Bild 2.80 Prinzipdarstellung

Während die Abschätzung der Beanspruchung und der Auslenk- und Fügekräfte von Ringschnappverbindungen mit Hilfe von analytischen Formeln erfolgen kann, ist eine entsprechend genaue Abschätzung dieser Größen bei den ringartigen Schnappverbindungen eigentlich nur numerisch (FEM) möglich. Da dieses Verfahren noch nicht jedem zur Verfügung steht, wurde für eine Reihe von Querschnittsformen und Hinterschnittvarianten mit Hilfe von FEM eine einfache Abschätzhilfe erstellt. Sie basiert auf dem Verhalten einer “Nabe“ mit einer umlaufenden Hinterschnittnut, und einem sich auf der “Welle“ befindenden Hinterschnittnocken.

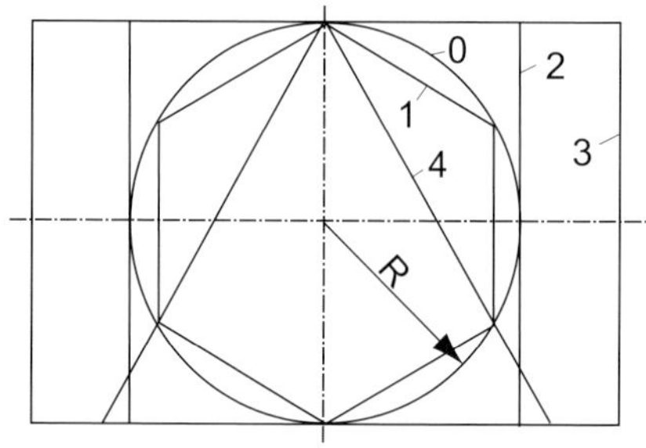

Bild 2.81 Größenbezug der einzelnen Polygonquerschnitte zum adäquaten Kreisring

0 = Kreisring = Bezugsgröße, 1 = Sechseck
2 = Quadrat, 3 = Rechteck (L/B=1,5)
4 = Dreieck Ecken mit R=Wanddicke abgerundtet

Mit ihrer Hilfe kann durch eine einfache Analogiebetrachtung das Verhalten einer ringartigen Schnappverbindung anhand des Verhaltens einer adäquaten Ringschnappverbindung beurteilt werden. Sie liegt in Form von Balkendiagrammen vor, in denen die zulässige Auslenkung sowie die zu erwartenden Auslenk- und Fügekräfte relativ (%) zu den entsprechenden Größen einer Ringsschnappverbindung dargestellt sind. Die Referenzwerte (100 %) der adäquaten Ringschnappverbindung (Bild 2.81) können nach den Formeln in 2.3.5.3 ermittelt werden. Sie ist als eine Orientierungshilfe zu verstehen, um die Auswahl des richtigen Profilquerschnitts zu erleichtern.

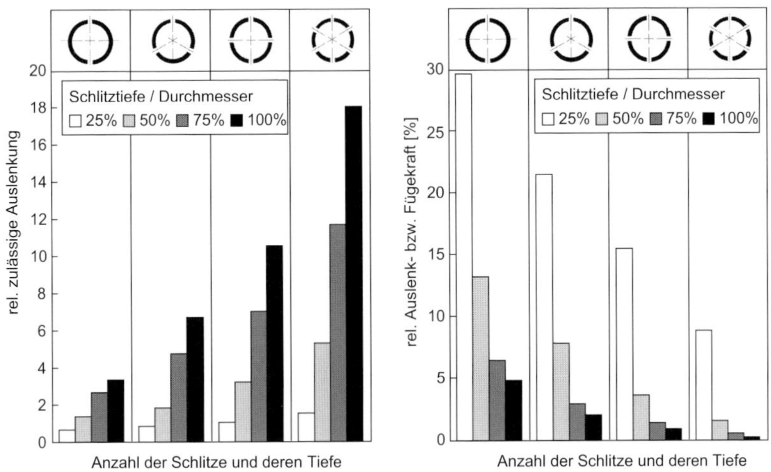

Bild 2.82 Zulässige Auslenkung sowie Auslenk- bzw. Fügekraft in Abhängigkeit von der Anzahl der Schlitze und deren Tiefe. (Schlitzbreite = Wanddicke) beim Kreisringquerschnitt

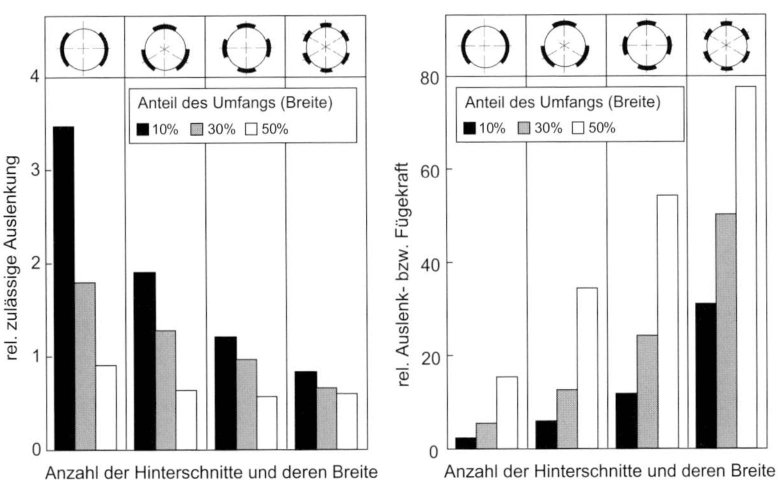

Bild 2.83 Zulässige Auslenkung sowie Auslenk- bzw. Fügekraft in Abhängigkeit von der Anzahl der Hinterschnitte und deren Anteil am Umfang (Breite) beim Kreisringquerschnitt

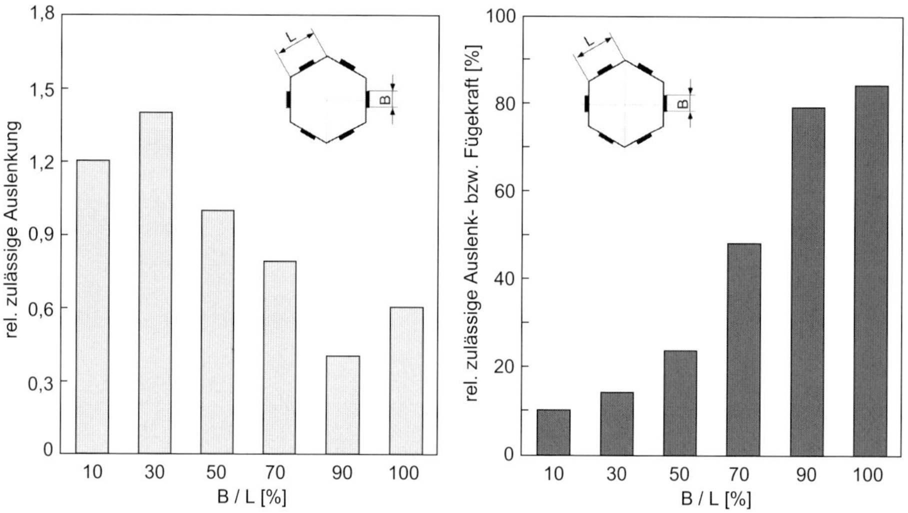

Bild 2.84 Zulässige Auslenkung, Auslenk- bzw. Fügekraft in Abhängigkeit von der Hinterschnittbreite beim Sechseckquerschnitt mit sechs Hinterschnitten

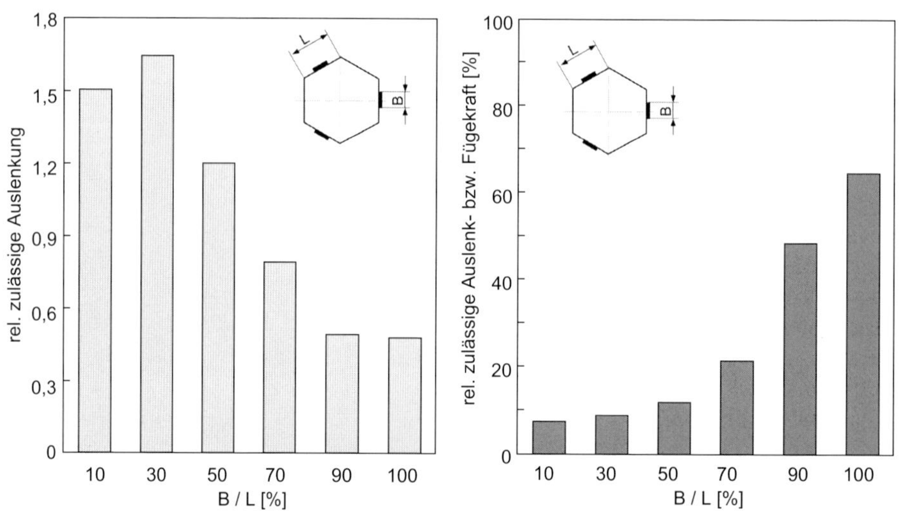

Bild 2.85 Zulässige Auslenkung, Auslenk- bzw. Fügekraft in Abhängigkeit von der Hinterschnittbreite beim Sechseckquerschnitt mit drei Hinterschnitten

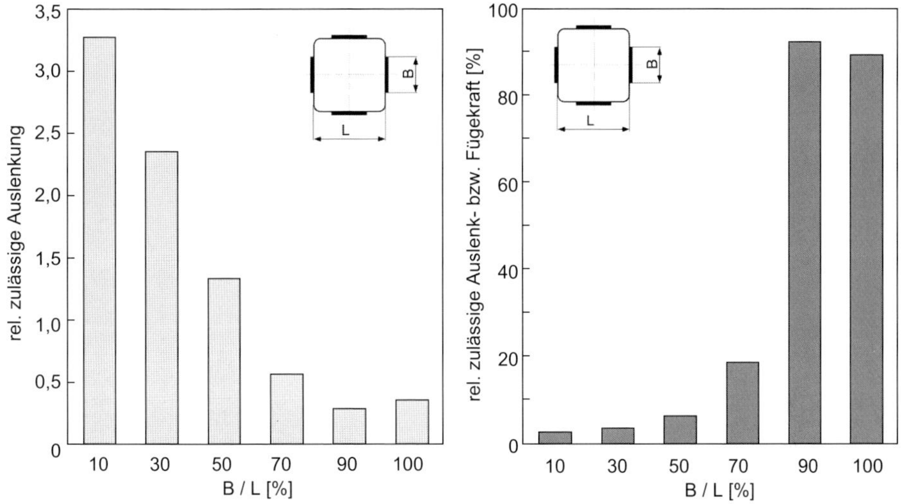

Bild 2.86 Zulässige Auslenkung, Auslenk- bzw. Fügekraft in Abhängigkeit von der Hinterschnittbreite beim Quadrat mit vier Hinterschnitten

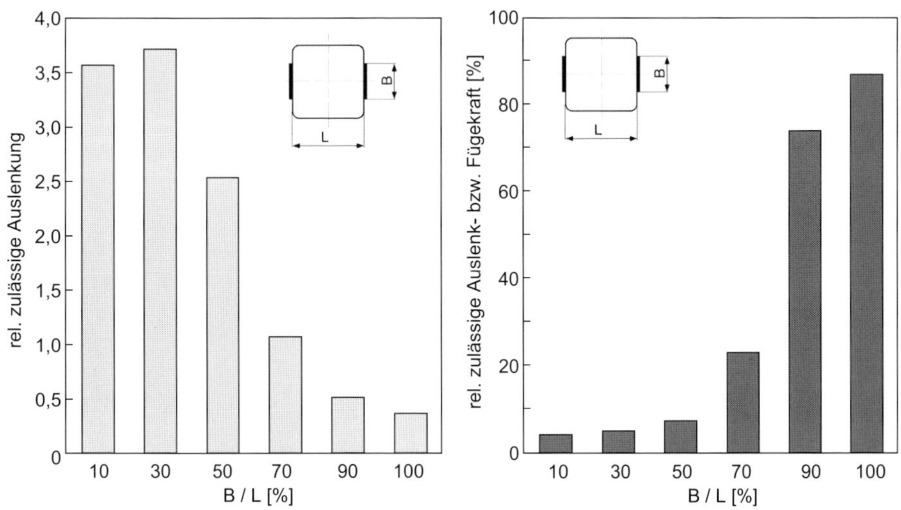

Bild 2.87 Zulässige Auslenkung, Auslenk- bzw. Fügekraft in Abhängigkeit von der Hinterschnittbreite beim Quadrat mit zwei Hinterschnitten

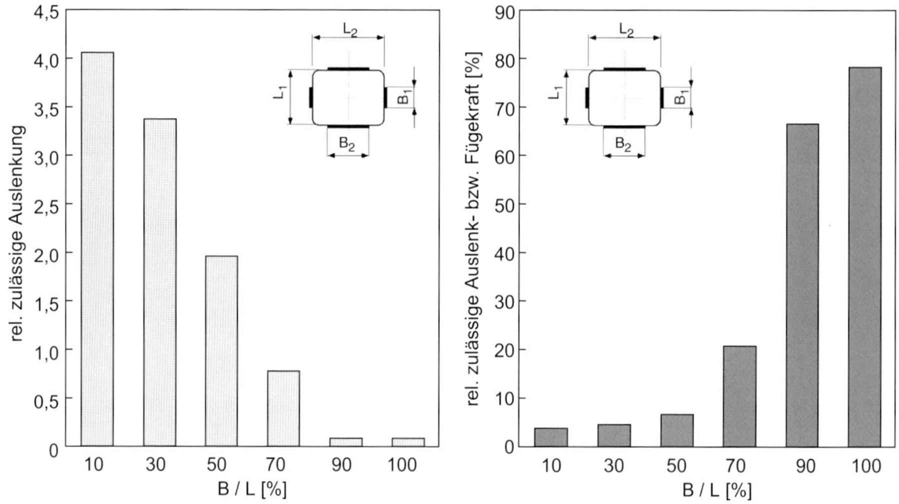

Bild 2.88 Zulässige Auslenkung, Auslenk- bzw. Fügekraft in Abhängigkeit von der Hinterschnittbreite beim Viereck mit vier Hinterschnitten

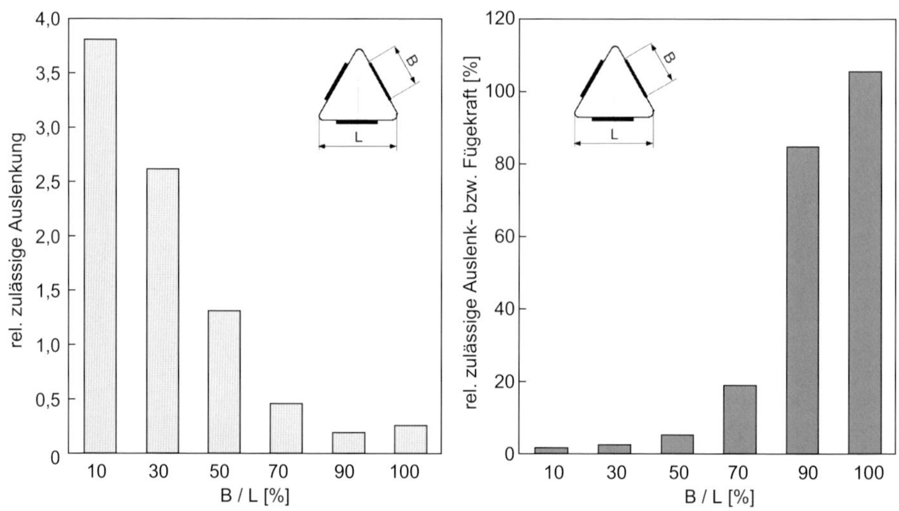

Bild 2.89 Zulässige Auslenkung, Auslenk- bzw. Fügekraft in Abhängigkeit von der Hinterschnittbreite beim Dreieck mit drei Hinterschnitten

Berechnungsbeispiel:

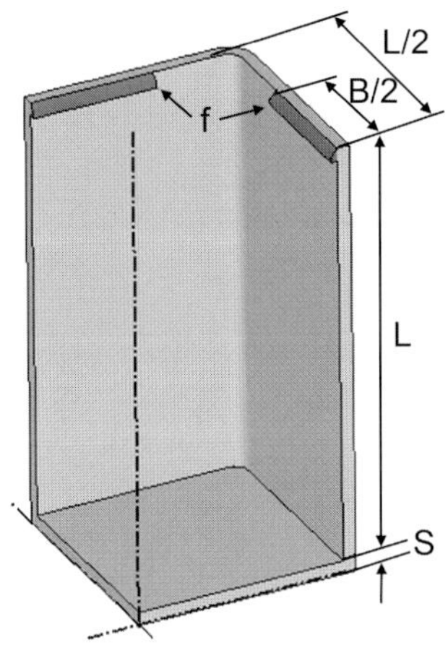

Bild 2.90 Objektdarstellung (1/4-symmetrisch)

Funktion:	Behälterverschluß				
Ausführung:	Endnahe ringartige Schnappverbindung mit quadratischem Querschnitt und vier lokalen Hinterschnitten, Bild 2.86				
Belastungsart:	Fügevorgang, einmalig kurzzeitig				
Werkstoffdaten:	Typ: PA6-GF30 (Durethan BKV 30)				
	Sekanten-Modul:	E_s	=	4700	N/mm^2
		(konditioniert, bei $\varepsilon = 1{,}5$ %)			
	Zul. Dehnung:	ε_{zul}	=	1,5	%
		(bei einmaliger kurzzeitiger Belastung)			
	Reibungskoeffizient:	μ	=	0,55	
Geometriedaten:	Kantenlänge:	L	=	80	mm
	Wanddicke:	s	=	2,5	mm
		(bei beiden Fügepartnern)			
	Fügeschräge:	α	=	30°	
	Einsatztemperatur:	T	=	23 °C	
gesucht:	zul. Hinterschnitt f; Auslenkkraft Q; Fügekraft F				

Lösung: Berechnung gesuchter Größen einer adäquaten Ringschnappverbindung:

- Ermittlung des adäquaten Durchmessers: zur Kantenlänge von 80 mm gehört ein Durchmesser von 80 mm, Bild 2.81,
- Ermittlung der zulässigen Auslenkung: da der Deckel (Welle) im Vergleich zum Behälter (Nabe) sehr viel steifer ist, wird davon ausgegangen, daß die Auslenkung zu 100 % vom Behälter aufgenommen werden muß.

$$f_{zul} = \varepsilon_{zul} \cdot d = 0{,}015 \cdot 80\ \text{mm}$$

$$f_{zul} = 1{,}2\ \text{mm} = 2 \cdot 0{,}6\ \text{mm}$$

Ermittlung der Auslenkkraft Q

$$\frac{d_a}{d_i} = \frac{d_i + 2 \cdot s}{d_i} = \frac{80\ \text{mm} + 2 \cdot 2{,}5\ \text{mm}}{80\ \text{mm}} = 1{,}0625$$

ergibt $X_N = 0{,}0067$

$$Q = f \cdot d \cdot E_S \cdot X_N = 1{,}2\ \text{mm} \cdot 80\ \text{mm} \cdot 4700 \frac{\text{N}}{\text{mm}^2} \cdot 0{,}0067$$

$$Q = 3023\ \text{N}$$

Ermittlung der Fügekraft F

$$F = Q \cdot \frac{\mu + \tan\alpha}{1 - \mu \cdot \tan\alpha} = 3023\ \text{N} \frac{0{,}55 + \tan 30°}{1 - 0{,}55 \cdot \tan 30°}$$

$$F = 4994\ \text{N}$$

Analogiebetrachtung:

Aus Bild 2.86 links, geht hervor, daß bei einer relativen zulässigen Auslenkung von 1 (= 100 % = f_{zul} = 0,6 mm) die Hinterschnittbreite B im Bereich von ca. 60 % (zwischen 50 % und 70 %) liegt. Bei einem Verhältnis von B/L > 60 % kann die zulässige Auslenkung erhöht werden.

Aus Bild 2.86 rechts, geht hervor, daß bei einem Verhältnis B/L von ca. 60 % bei einem quadratischen Ringprofil mit ca. 12 % der Auslenk- bzw. der Fügekraft der adäquaten Ringschnappverbindung zu rechnen ist, was im vorliegenden Fall ca. 425 N ergibt.

Kontrollrechnung:

Eine FEM-Analyse dieses Problems ergab bei einer Auslenkung von 0,6 mm (pro Seite) und einem Verhältnis von B/L von 60 % eine maximale Dehnung von ca. 1,3 % (Bild 2.91) und eine Auslenkkraft von ca. 514 N.

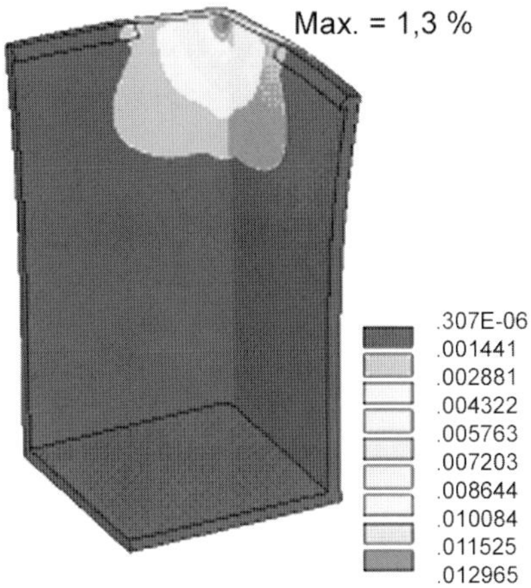

Bild 2.91 Dehnungsverteilung in Absolutwerten

2.3.5.5 Klipse

Im Unterschied zu den in die Bauteile integrierten Schnappverbindungen, stellen Klipse separate Verbindungselemente dar, die einen niet- oder dübelähnlichen Charakter haben. Sie dienen zur schnellen und einfachen Fixierung bzw. Befestigung von Bauteilen, wie z.B. Zierleisten, Polsterstoffen, Dämmatten usw.. Klipse werden auch oft als dekorative und funktionale Verkleidungselemente, (Bohrungskappen bei Möbeln, Profilendverschlüsse, Verschlüsse von Hohlraumversiegelungslöchern usw. oder als funktionale Bauteile, wie z.B. Antirutsch- oder Dämpfungselemente) genutzt.

Nach der Füge- bzw. Montageart wird zwischen Schnapp- und Spreiz-Klipsen unterschieden. Wie der Name sagt, funktionieren die Schnappklipse nach dem Prinzip der Schnappverbindungen. Ihre Auslegung kann deshalb analog diesen erfolgen (s.a. Kap. 2.3.5.1-2.3.5.3). Die Spreiz-Klipse dagegen sind dübelähnliche Gebilde, die ein zusätzliches Spreizelement benötigen, um die Pressung gegen die Bohrungswand aufzubringen. Dies geschieht in der Regel durch einen Stift (integriert) oder eine Schraube.

Die Demontage erfolgt hierbei indem der Spreiz-Stift durchgeschlagen wird oder die Spreiz-Schraube herausgedreht wird. Kunststoff-Schrauben bewirken meist nur eine Werkstoffverdrängung im Klips, während durch Metall-Schrauben der Klips zusätzlich gestaucht werden kann, was zur Bildung eines formschlüssigen Wulstes führt.

Die Auslegung der Spreizklipse ist problematischer, da sich deren Verformungszustand nicht eindeutig definieren läßt und die Verformung oft im plastischen Bereich liegt. Deshalb werden sie meistens empirisch ausgelegt. Wegen der hohen plastischen Verformbarkeit werden hierfür vorwiegend teilkristalline Werkstoffe, wie PA, POM und gelegentlich PP eingesetzt.

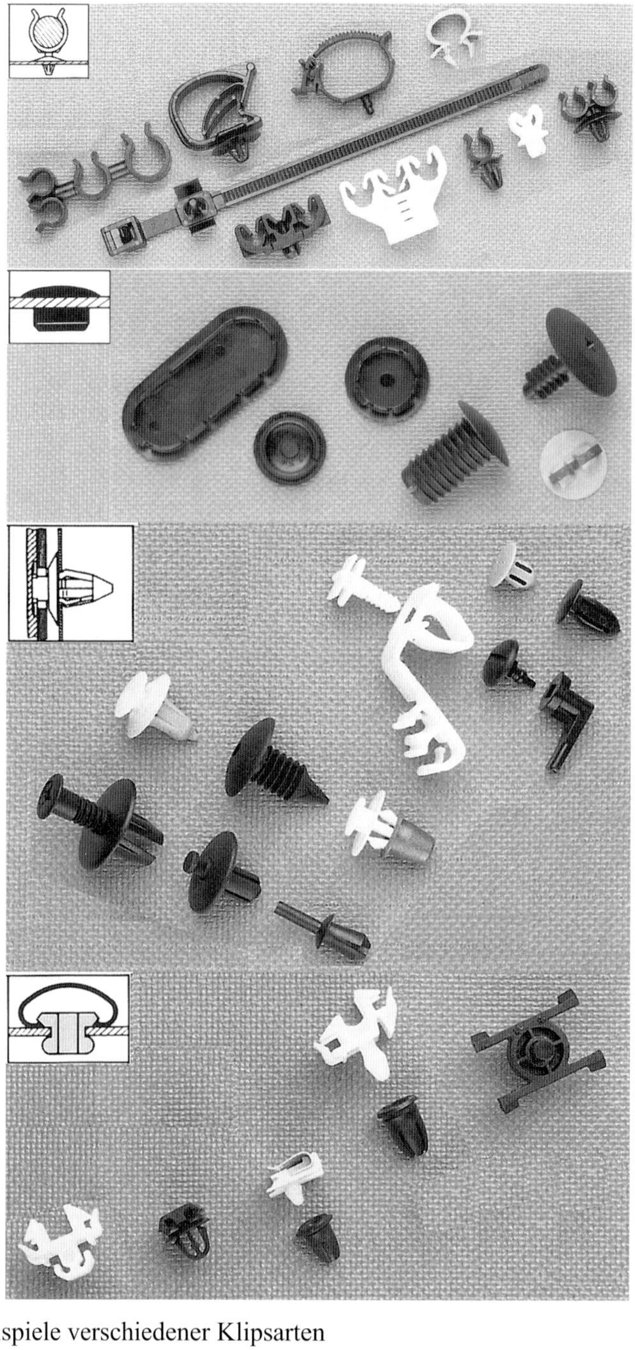

Bild 2.92 Beispiele verschiedener Klipsarten

Quelle: A. Raymond GmbH

2.4 Angeformte Verbindungselemente

2.4.1 Angeformte Gewinde

2.4.1.1 Einleitung

Die dem Spritzgießen eigene Gestaltungsfreiheit ermöglicht es, Bauteile mit angeformten Gewinden herzustellen. Der dazu erforderliche zusätzliche Aufwand für das Spritzgießwerkzeug (Entformung des Gewindes) ist vergleichsweise gering.

Angeformte Gewinde werden für lösbare feste Verbindungen an einer Vielzahl von Gehäuseteilen genutzt. Beispiele sind Gehäuseteile an Wasch- und Spülmaschinen, Filtergehäuse, Ventile, Tauch- und Umwälzpumpen, Fittings und Rohrverschraubungen, Verschlußringe an Wasserzählern und Fleischwölfen sowie Verschlußkappen für Packmittel und Tuben, u. a..

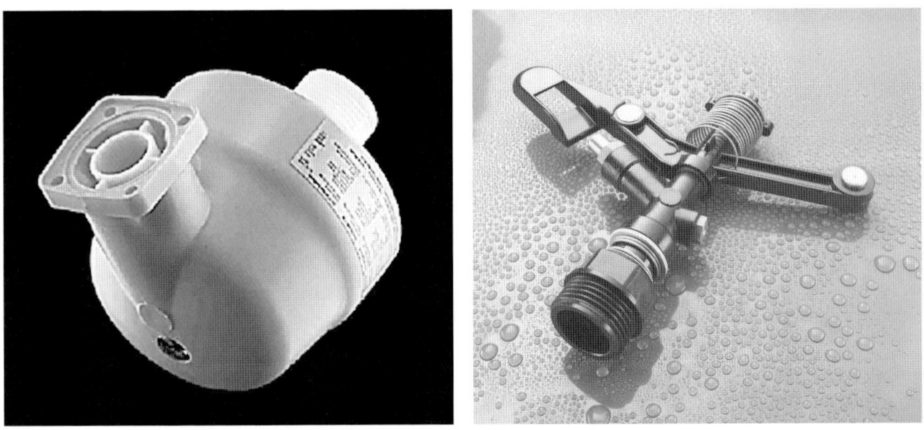

Bild 2.93 Bauteile mit angeformten Gewinden **Fehler! Verweisquelle konnte nicht gefunden werden.**

links: Wasserfilter
rechts: Beregner

Angeformte Gewinde werden weiterhin genutzt für bewegliche Verbindungen zur Umwandlung von Drehbewegungen in Längsbewegungen oder von Drehmomenten in Längskraft und umgekehrt.

Beispiele hierfür sind u.a. Ventilspindeln, Spindelmuttern an Wagenhebern, elektrisch angetriebenen Rückspiegel- und Sitzverstellungen sowie Zentralverriegelungen in Kraftfahrzeugen oder Reversierspindeln in Warenautomaten. Hinweise zu deren Auslegung gibt [37].

2.4.1.2 Anforderungen an feste Verbindungen mit angeformten Gewinden

Bei festen Gewindeverbindungen ist ein selbsttätiges Lösen durch eine geeignete Gestaltung auszuschließen. Des Weiteren müssen solche Verbindungen dicht sein, da bei einer Vielzahl von Anwendungen (z.B. Filtergehäuse) unterschiedliche Stoffe sicher voneinander getrennt werden müssen. Diese Dichtheit wird durch integrierte oder zusätzliche Dichtelemente (z.B. O-Ring) erreicht.

2.4.1.3 Gewindearten und maßgebende Größen

Gewindeverbindungen an Gehäusen können bei vergleichsweise geringen Gehäusewanddicken, wie sie für das Spritzgießverfahren typisch sind, beachtlich große Gewindedurchmesser aufweisen. Daraus resultiert eine geringe Formsteifigkeit der Gehäuse, wodurch das Innenteil unter der Radialkraft F_r gestaucht, das Außenteil aufgeweitet werden kann.

Es besteht die Gefahr, daß die Gewindegänge übereinander abgleiten, die Verbindung daher versagt. Diese Gefahr ist um so geringer, je geringer die Radialkraft F_r und je größer die Gewindetiefe H_1 des Gewindeprofils ist.

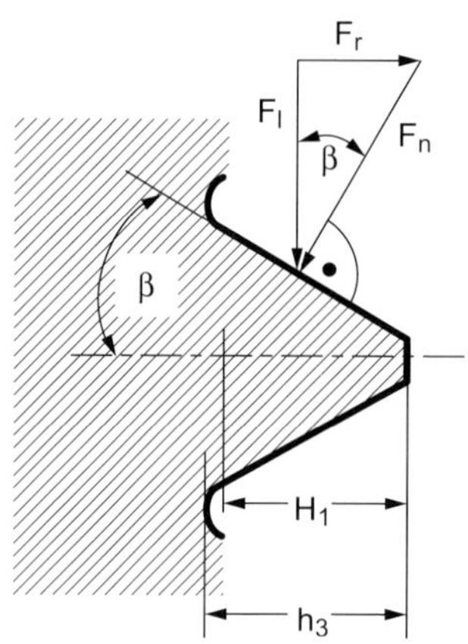

Bild 2.94 Kräfteverhältnisse an der Gewindeflanke

F_r	= *Radialkraft*
F_l	= *Längskraft*
F_n	= *Normalkraft*
β	= *Teilflankenwinkel*
h_3, H_1	= *Gewindetiefe*

Die **Radialkraft F_r** ist proportional dem Tangens des Teilflankenwinkels β.

$$F_r = F \cdot \tan \beta \tag{2.61}$$

Eine große Gewindetiefe macht die Verbindung unempfindlicher gegenüber Fertigungstoleranzen.

Tabelle 2.7 zeigt den Vergleich der Teilflankenwinkel β und der Gewindetiefe H_1 der verschiedenen Gewindearten [38-45].

Gewindeart	**DIN**	**Teilflankenwinkel [°]**	**Gewindetiefe**
metrisches ISO Gewinde	13	30	h_3 = 0,613 P H_1 = 0,541 P
metrisches Sägengewinde	513	3	h_3 = 0,868 P H_1 = 0,75 P
metrisches ISO Trapezgewinde	103	15	h_3 = 0,5 P + a H_1 = 0,5 P
Whitworth- Rohrgewinde	228	27,5	H_1 = 0,640 P
Gewinde vorzugsweise für Kunststoffbehältnisse Sägengewinde Trapezgewinde	6063 Teil 1 Teil 2	 10 10	 c = 0,5 P c = 0,5 P
Rundgewinde	405	15	H_4 = 0,50 P

Tabelle 2.7 Vergleich wichtiger Gewindegrößen

Metrisches ISO-Gewinde und Whitworth- Rohrgewinde weisen große Teilflankenwinkel β auf, die zu vergleichsweise großer Radialkraft F_r führen. Günstiger sind das metrische ISO-Trapezgewinde und die für Kunststoffbehältnisse entwickelten Sägen- und Trapezgewinde, Bild 2.95.

Die geringste, praktisch vernachlässigbare Radialkraft F_r tritt bei dem metrischen Sägengewinde, Bild 2.95b, mit einem Teilflankenwinkel $\beta = 3°$ auf ($\tan 3° = 0{,}0524$). Es zeichnet sich außerdem durch eine große Gewindetiefe $H_1 = 0{,}75 \cdot P$ aus (P = Gewindesteigung).

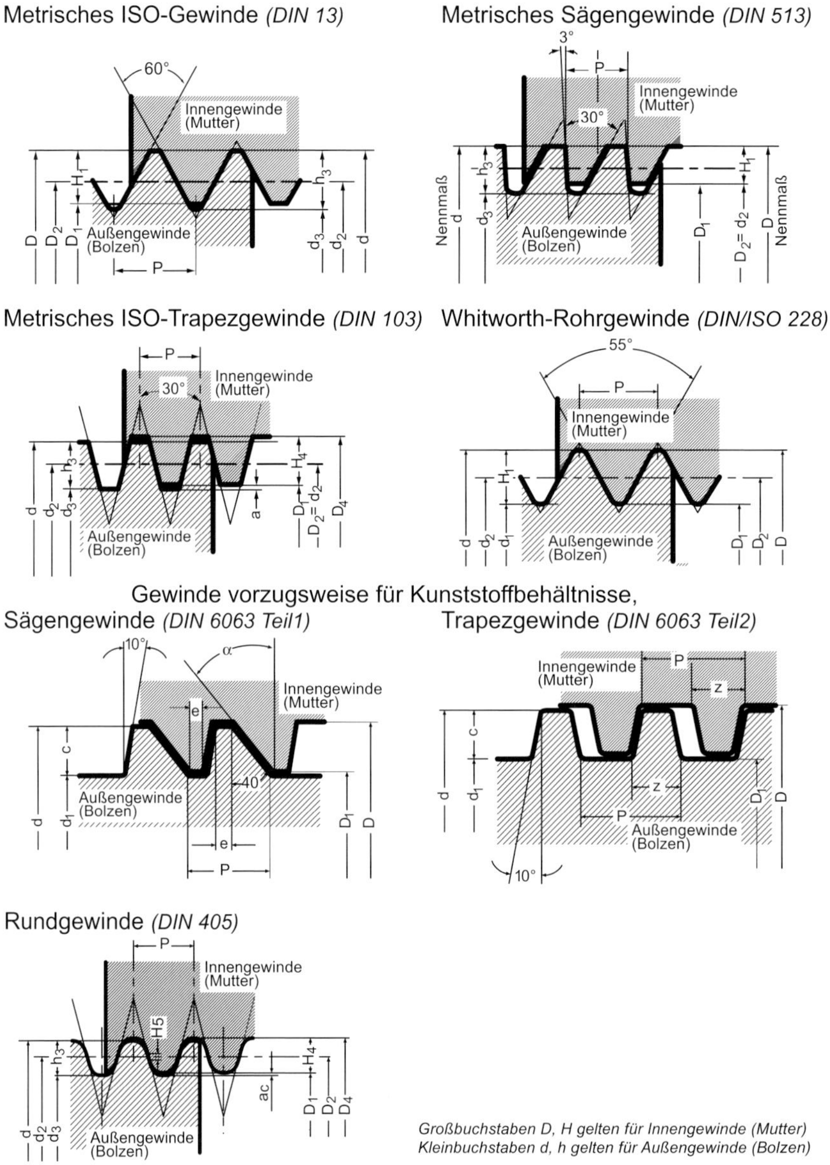

Bild 2.95 Gewindearten; Darstellung und Erläuterung der Bezeichnungen

D, d = *Außendurchmesser (Nennmaß)*

D_1, d_1 = *Kerndurchmesser, falls $d_3 = D_1$ wird d_1 anstelle d_3 geschrieben*

D_2, d_2 = *Flankendurchmesser, $D_2 = d_2$*

P = *Steigung*

2.4.1.4 Berechnen der Gewindeverbindungen

Für die Bemessung der Gewindeverbindung sind folgende Beanspruchungsgrößen zu überprüfen:

- Spannung im gefährdeten Querschnitt
- Flächenpressung p an den Gewindeflanken
- Verformung des gewindetragenden Bereiches

Spannung im gefährdeten Querschnitt $A_{1,2}$

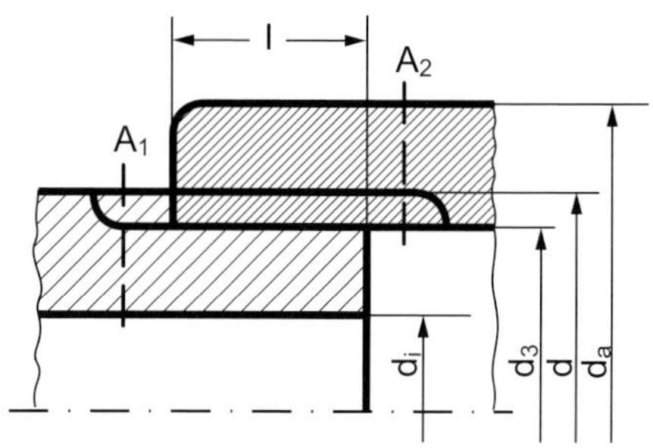

Bild 2.96 Gefährdeter Querschnitt A_1 bzw. A_2

Aus der Längskraft F_l (Bild 2.94) resultiert eine Zugspannung

$$\sigma_Z = \frac{F_l}{A_{1,2}} \qquad [N/mm^2] \tag{2.62}$$

mit $A_1 = \frac{\pi}{4}\left(d_3{}^2 - d_i{}^2\right)$ (2.53) und $A_2 = \frac{\pi}{4}\left(D_a{}^2 - D^2\right)$ (2.64)

d_3 = Kerndurchmesser [mm]
d_i = Innendurchmesser [mm]
D_a = Außendurchmesser [mm]
D = Nenndurchmesser [mm]

Nach DIN 13, Teil 21 wird der (genauere) **Spannungsquerschnitt A_S**

$$A_S = \frac{\pi}{4}\left(\frac{d_2 + d_3}{2}\right) \tag{2.65}$$

berechnet, der den über den halben Umfang geschnittenen Gewindezahn als tragende Fläche mitberücksichtigt. Während diese Vorgehensweise bei Metallschrauben mit hoher Werkstoffausnutzung gerechtfertigt ist, wird bei Kunststoffgewinden der Kerndurchmesser d_3 zur Ermittlung des tragenden Querschnitts herangezogen.

Die **Längskraft F_l** setzt sich zusammen aus der Vorspannkraft F_V und einer Betriebskraft F_B.

$$F_l = F_V + F_B \qquad (2.66)$$

Die Betriebskraft kann eine von außen auf die Verbindung wirkende Kraft sein oder z.B. durch Innendruck p_i hervorgerufen werden.

Die **Vorspannkraft F_V** resultiert aus dem Anziehdrehmoment M nach der Gleichung

$$F_V = \frac{2M}{\frac{P}{\pi} + \frac{d_2 \cdot f_G}{\cos\beta} + d_A \cdot f_A} \quad [N] \qquad (2.67)$$

M = *Anziehdrehmoment [N · mm]*
P = *Gewindesteigung [mm]*
f_G = *Gewindereibungszahl*
f_A = *Reibungszahl der Anlagefläche*
d_2 = *Flankendurchmesser [mm]*
d_A = *mittlerer Durchmesser der Anlagefläche [mm]*
β = *Teilflankenwinkel*

Die **Reibungszahlen** f_G und f_A hängen von einer Reihe von Einflußfaktoren ab wie u.a. Werkstoffpaarung, Oberflächenrauhigkeit, Gleitgeschwindigkeit, geschmiert oder ungeschmiert. Anhaltswerte sind in Tabelle 2.8 angegeben.

Werkstoffpaarung	**Reibungszahl f_G, f_A**	
	trocken	geschmiert
TK / TK (gleich)	0,3 – 0,4	0,04 – 0,1
TK / TK (verschieden)	0,15 – 0,25	0,04 – 0,1
TK / Metalle	0,1 – 0,3	0,04 – 0,1
TK / AK	0,15 – 0,25	0,04 – 0,1

Tabelle 2.8 Anhaltswerte für Reibungszahlen f_G und f_A ungeschmierter und geschmierter Oberflächen

TK: teilkristalline Kunststoffe; AK: amorphe Kunststoffe

Für die aus dem **Innendruck p_i** resultierende Betriebskraft F_B gilt:

$$F_B = p_i \frac{\pi}{4} \cdot d_p{}^2 \qquad [N] \qquad (2.68)$$

p_i = Innendruck [N/mm²]
d_p = Durchmesser der druckbeaufschlagten Fläche [mm]

Mit der Längskraft $F_l = F_V + F_B$ kann die Zugspannung σ_z berechnet werden. Diese ist mit Erfahrungswerten zu vergleichen, die das werkstoffspezifische Kurz- und Langzeitverhalten berücksichtigen. Tabelle 2.9 gibt für einige Kunststoffe Anhaltswerte für langfristig zulässige Zugspannungen in Abhängigkeit von der Temperatur [37].

Werkstoff	**Temperatur [°C]**				
	20	60	80	100	120
POM	10	6	3	-	-
POM GF 30	30	20	15	10	-
PP	6	3	2	-	-
PP 40 % Mineral	15	10	7	5	-
PP GF 30 gekoppelt	15	10	7	5	-
PBT	8	3	2	-	-
PBT GF 30	25	20	18	15	12

Tabelle 2.9 Zulässige Zugspannungen σ_{zul} in N/mm² als Funktion der Temperatur

Falls die errechnete Spannung σ_z größer als die zulässige ist, muß der tragende Querschnitt A_1 bzw. A_2 durch Anheben des Außendurchmessers D_a und/oder Verringern des Innendurchmessers d_i vergrößert werden.

Flankenpressung p

Obwohl sich die Längskraft F_l nicht gleichmäßig auf die ineinander greifenden Gewindegänge verteilt, wird zur Berechnung der Flankenpressung p davon ausgegangen. Es gilt

$$p = \frac{F_l}{z \cdot \pi \cdot d_2 \cdot H_1} \qquad [N/mm^2] \qquad (2.69)$$

F_l = Längskraft [N], s.a. Kap. 2.4.1.4.
d_2 = Flankendurchmesser [mm]
H_1 = Gewindetiefe [mm]
z = Anzahl der tragenden Gewindegänge

$$z = \frac{l}{P} \tag{2.70}$$

l = *Einschraublänge [mm]*
P = *Gewindesteigung [mm]*

Falls die errechnete Flankenpressung p größer als die zulässige ist, muß die Einschraublänge l vergrößert werden.

Tabelle 2.10 enthält Richtwerte für zulässige Flankenpressungen p_{zul} für einige teilkristalline Werkstoffe [37].

Werkstoff	**Temperatur [°C]**				
	20	60	80	100	120
POM	20 - 25	15	12	-	-
POM GF 30	45	35	30	20	-
PP	6	4	2,5	1	-
PP 40 % Mineral	12	5	3	2	-
PP GF 30 gekoppelt	18	9	8	6	4,5
PBT	20	7	3	2	-
PBT GF 30	45	38	32	25	20

Tabelle 2.10 Zulässige Flankenpressungen p_{zul} in N/mm^2 als Funktion der Temperatur

Verformung des gewindetragenden Bereichs

Eine Überprüfung der radialen Verformungen im Gewindebereich ist erforderlich, wenn

- das Gewinde einen großen Teilflankenwinkel β aufweist (metrisches ISO-Gewinde, Whitworth- Rohrgewinde),
- eine feine Steigung gewählt wird, die eine geringe Gewindetiefe H_1 zur Folge hat,
- Dauerlasten bei höheren Temperaturen übertragen werden sollen.

Die aus dem Teilflankenwinkel β resultierende Radialkraft F_r (Bild 2.94 und Gleichung 2.61) führt zu einer Aufweitung des Außenteils und zu einer Stauchung des Innenteils. Dadurch wird die Flankenüberdeckung verringert. Für die Berechnung dieser Verformungen nimmt man an, daß sich die Radialkraft F_r gleichmäßig auf die Gewindeüberdeckungsfläche C verteilt:

$$C = \pi \cdot d_2 \cdot l = \pi \cdot d_2 \cdot z \cdot P \quad [mm^2] \tag{2.71}$$

d_2 = Flankendurchmesser [mm], Bild 2.94
l = Einschraublänge
z = Anzahl der tragenden Gewindegänge
P = Gewindesteigung [mm]

Daraus ergibt sich ein dem Innendruck vergleichbarer Druck p_D

$$p_D = \frac{F_r}{\pi \cdot d_2 \cdot l} \quad [N/mm^2] \tag{2.72}$$

Bei Wanddicken s_1 und s_2 der Rohrabschnitte,

$$s_1 = \frac{D_a - D}{2} [mm] \quad \text{und} \quad s_2 = \frac{d_3 - d_i}{2} \quad [mm] \tag{2.73}$$

die i. allg. klein gegenüber den mittleren Durchmessern D_m und d_m sind, kann die Spannung σ bzw. die Verformung ε nach der Kesselformel berechnet werden

$$\sigma_1 = \frac{p_D \cdot D_m}{D_\sigma - D} \quad [N/mm^2] \quad \text{und} \quad \sigma_2 = \frac{p_D \cdot d_m}{d_3 - d_i} \quad [N/mm^2] \tag{2.74}$$

Damit beträgt die Stauchung des mittleren Durchmessers

$$\varepsilon_1 = \frac{p_D \cdot D_m}{E_1(D_a - D)} \quad \text{am Außenteil und} \tag{2.75}$$

$$\varepsilon_2 = \frac{p_D \cdot d_m}{E_2(d_3 - d_i)} \quad \text{am Innenteil} \tag{2.76}$$

$E_{1,2}$ Biegekriechmodul [N/mm²], siehe Tabelle 2.11

Die Aufweitung des mittleren Durchmessers am Außenteil beträgt

$$\Delta D_m = \varepsilon_1 \cdot D_m = \frac{p_D \cdot D_m^2}{E_1(D_a - D)} \quad [mm] \tag{2.77}$$

Für das Innenteil gilt

$$\Delta d_m = \varepsilon_2 \cdot d_m = \frac{p_D \cdot d_m^2}{E_2(d_3 - d_i)} \quad [mm] \tag{2.78}$$

Die Verformung eines Kunststoffbauteils ist nicht nur zeit- und temperaturabhängig, sondern auch eine Funktion der Belastungshöhe. Streng genommen müßten für jede Beanspruchungsart eigene Werkstoffkennwerte ermittelt werden. Bei Verformungen < 2 % sind die

Abweichungen der Werkstoffkennwerte jedoch vernachlässigbar, so daß z.B. auch die Verformung druckbeanspruchter Bauteile mit dem Biegekriechmodul hinreichend genau berechnet werden kann.

Für E wird deshalb als Werkstoffkennwert der Biegekriechmodul eingesetzt, Tabelle 2.11.

Werkstoff	**Biegekriechmodul [N/mm²]; 23 °C; σ_b = 10 N/mm²**	
	1 min-Wert	6 Tage-Wert
POM	2800	1500
POM GF30	9000	7000
PP	1300 [1)]	-
PP Mineral40	3300	1600
PP GF30 gekoppelt	5500	3800
PBT	2800	2000
PBT GF30	9500	8600

Tabelle 2.11 Biegekriechmodulwerte in Anlehnung an DIN EN ISO 899-2
[1)] $\sigma_b = 5$ N/mm²

Den Durchmesseränderungen ΔD_m und Δd_m entsprechen in erster Näherung auch die Änderungen der Flankendurchmesser $\Delta D_2 \approx \Delta D_m$ und $\Delta d_2 \approx \Delta d_m$, so daß sich die Änderung der Flankenüberdeckung berechnet zu

$$\Delta H_1 \approx \Delta D_m + \Delta d_m \tag{2.79}$$

Die Abnahme der Flankenüberdeckung ΔH_1 sollte 20 bis 30 % des Ausgangswertes nicht überschreiten.

2.4.1.5 Gestaltungshinweise

Selbsthemmung

Die Gleichung (2.44) in Kap. 2.4.1.4. beschreibt den Zusammenhang zwischen Längskraft F_l und Anziehdrehmoment M in dem Augenblick, in dem die gewindetragenden Teile "auf Anschlag" gefahren wurden, d.h. eine zusätzliche Reibkraft in der Anlagefläche wirksam wird. Vor Erreichen dieser Position gilt die Beziehung

$$M = F_B \cdot \frac{d_2}{2} \cdot \tan\left(\alpha \pm \gamma'\right) \tag{2.80}$$

$$\tan\left(\alpha + \gamma'\right) \approx \tan\alpha + \tan\gamma'$$

$$\tan\alpha = \frac{P}{d_2 \cdot \pi} \quad \text{und} \quad \tan\gamma' = \frac{f_G}{\cos\beta}$$

$$M = F_B \cdot \frac{d_2}{2}\left(\frac{P}{d_2 \cdot \pi} \pm \frac{f_G}{\cos\beta}\right) \tag{2.81}$$

Das Pluszeichen in der Klammer steht für das Anziehen unter der Last F_B, das Minuszeichen für das Absenken (Bewegungsumkehr). In diesem Fall wird die Längskraft F_B in ein Moment M umgewandelt, wenn der Klammerausdruck positiv ist, d.h.

$$\frac{P}{d_2 \cdot \pi} > \frac{f_G}{\cos\beta} \tag{2.82}$$

In diesem Fall liegt keine Selbsthemmung vor. Selbsthemmung liegt dann vor, wenn der Klammerausdruck negativ wird, d.h.

$$\frac{f_G}{\cos\beta} \geq \frac{P}{d_2 \cdot \pi} \tag{2.83}$$

Bei eingängigen Gewinden liegt der Quotient $P/(\pi d_2)$ im allg. zwischen 0,016 (Whitworth-Rohrgewinde) und 0,060 (metrisches Sägengewinde), so daß bei nicht geschmierten Oberflächen Selbsthemmung (siehe Reibungszahlen f_G in Tabelle 2.8) besteht.

Bei geschmierten Oberflächen (f_G = 0,04 bis 0,1) ist im einzelnen zu überprüfen, ob noch Selbsthemmung vorliegt, zumal durch äußere Erschütterungen der Bereich der Selbsthemmung weiter eingeschränkt wird. Unter Umständen ist dann ein Sondergewinde mit kleinerer Steigung P zu verwenden.

Spannungsüberhöhung im Gewindebereich

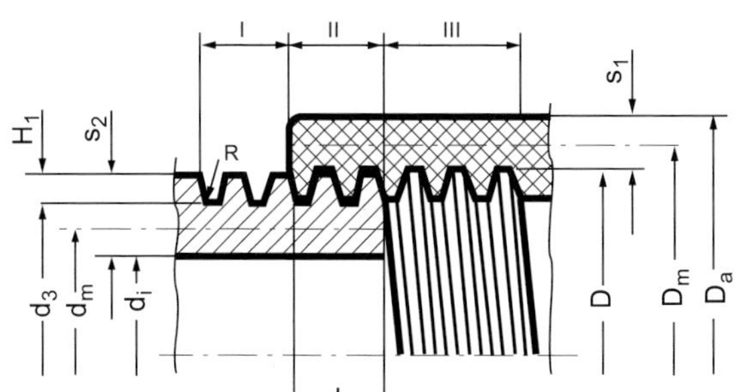

Bild 2.97 Einteilung der verschraubten Gewindebereiche

Bereich I: *freier Bereich des Außengewindes*
Bereich II: *Bereich des vom Außengewinde überdeckten Innengewindes*
Berecih III: *freier Bereich des Innengewindes*

Formzahlen α_K im freien Gewindebereich I

Die Rillen eines Gewindes entsprechen in ihrer Wirkung hintereinander liegenden Kerben. Diese Kerben führen gegenüber dem glatten Formteil zu einer Spannungserhöhung. Das Verhältnis der im Kerbgrund = Gewindegrund vorliegenden maximalen Spannung σ_{max} zur Nennspannung σ_N des Kerbquerschnitts

$$A_1 = \frac{\pi}{4}\left(d_3^2 - d_i^2\right) \text{ bzw. } A_2 = \frac{\pi}{4}\left(D_a^2 - D^2\right) \tag{2.84}$$

wird als Kerbfaktor, Faktor der Spannungskonzentration oder Formzahl bezeichnet

$$\alpha_{K\sigma} = \frac{\sigma_{max.}}{\sigma_N} \tag{2.85}$$

Da linear-elastisches Werkstoffverhalten vorausgesetzt wird, kann analog ein Faktor der Dehnungskonzentration definiert werden.

$$\alpha_{K\sigma} = \frac{\varepsilon_{max.}}{\varepsilon_N} \tag{2.86}$$

Diese Formzahl hängt ab von

- Gestalt und Abmessungen des Formteils,
- Kerbgeometrie: Rundungsradius R am Übergang von der Gewindeflanke zum Grund, Gewindetiefe H_1, Innendurchmesser d_i bzw. Außendurchmesser D_a,
- Beanspruchungsart (Zug, Biegung, Torsion).

In [46] wird ein erweitertes Berechnungsverfahren vorgestellt, mit dem die Spannungskonzentration auch bei nichtlinear-elastischem und plastischem Werkstoffverhalten berücksichtigt werden kann. Dieses Verfahren wird in [47] auf das viskoelastische Materialverhalten der Kunststoffe ausgedehnt. Für die hier behandelten Bauteile hat die Zugbeanspruchung infolge der Längskraft F_l die größte Bedeutung. Bei zugbeanspruchten Bauteilen unter zeitlich konstanter Last nimmt die spannungsbezogene Formzahl $\alpha_{K\sigma}$ aufgrund von Kriechvorgängen in der am höchsten beanspruchten Stelle ab, während die Formzahl der Dehnungskonzentration $\alpha_{K\varepsilon}$ mit der Belastungsdauer zunimmt. Durch diese Dehnungen können Fließzonen und Mikrorisse hervorgerufen werden, die u.U. bei Medieneinwirkung zum Versagen des Bauteils führen.

In [48] wird für das metrische Gewinde M 8 unter Zugbeanspruchung an einem geometrisch ähnlichen vergrößerten Gewindemodell die Formzahl zu α_K = 2,3 bis 2,4 bestimmt.

Einen wesentlichen Einfluß auf die Formzahl hat der Rundungsradius R, der der Steigung P zugeordnet ist. Da mit zunehmendem Gewindenenndurchmesser D das Verhältnis P/D kleiner wird, nimmt mit wachsender Gewindegröße die Formzahl zu.

Formzahlen für das metrische ISO-Trapezgewinde werden in [49] angegeben. Je nach Gewindenenndurchmesser liegen sie bei α_K = 2 bis 3 (hohe Formzahlen bei großen Gewindenenndurchmessern und umgekehrt).

Spannungsverteilung innerhalb des vom Außengewinde überdeckten Innengewindes

Im Kap. 2.4.1.4. "Flankenpressung" und "Verformung des gewindetragenden Bereichs" war angenommen worden, daß die einzelnen Gewindegänge im überdeckten Gewindebereich gleichmäßig an der Kraftübertragung beteiligt sind. Aus Untersuchungen an Modellgewinden [48] geht aber hervor, daß etwa 30 bis 40 % der gesamten Längskraft F_l vom ersten tragenden Gewindegang aufgenommen werden, wenn Innen- und Außenteil aus dem gleichen Werkstoff bestehen. Der Anteil des ersten tragenden Gewindeganges ist abhängig von der Höhe der Längskraft F_l; mit zunehmender Längskraft nimmt er prozentual ab.

Zur Beschreibung der Spannungsüberhöhung im überdeckten Gewindebereich wird daher eine (lastabhängige) Formzahl α^* definiert, die zusätzlich auch die Krafteinleitung und -umlenkung an der Gewindeflanke berücksichtigt. Die gemessenen Formzahlen im Gewindegrund betragen $\alpha^* = 5$ bis 8,7. Diese hohen Formzahlen können verringert werden, wenn die Kraftübertragung in den einzelnen Gewindegängen gleichmäßig erfolgt. Konstruktive Maßnahmen dazu sind in Bild 2.98 dargestellt.

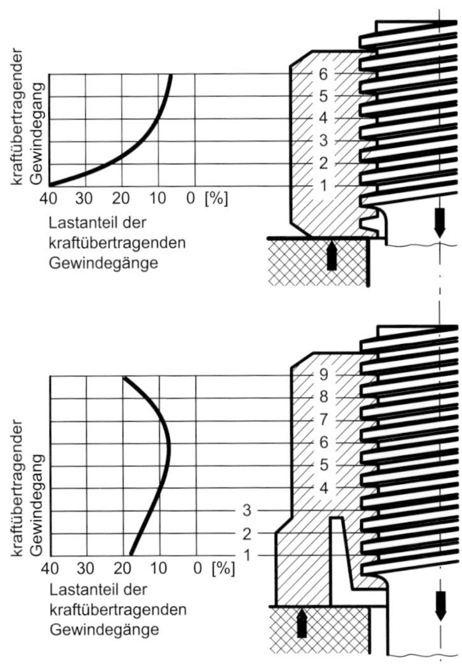

Bild 2.98 Maßnahme zur besseren Kraftübertragung in den einzelnen Gewindegängen

Durch eine Eindrehung am Mutternende wurde dieser Bereich u.a. nachgiebiger gestaltet und dadurch der Traganteil gleichmäßiger auf die Gewindegänge verteilt. Ein ähnlicher Effekt kann erzielt werden, wenn Innen- und Außenteil aus unterschiedlich steifen Werkstoffen bestehen.

Spannungsüberhöhung im Gewindeauslauf

Das Innengewinde eines Kunststofformteils wird im Spritzgießwerkzeug durch einen Kern mit Außengewinde geformt. Bedingt durch die i.A. spangebende Herstellung der Kerne entsteht ein Gewindeauslauf am Außengewinde, der eine Spitzkerbe mit sehr kleinem Krümmungsradius am Innengewinde zur Folge hat, Bild 2.99.

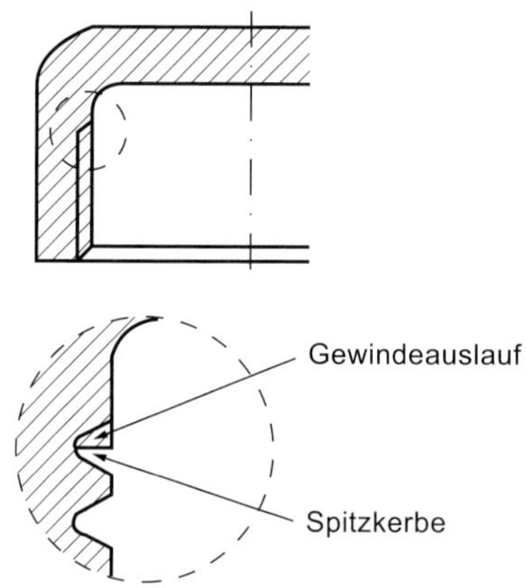

Bild 2.99 Durch Gewindeauslauf entstehende Spitzkerbe am Innengewinde

Die daraus resultierende große Formzahl α_K kann bei Innendruck zum Versagen des Bauteils an dieser Stelle führen. Gewindeausläufe wie in DIN 76 Teil 1 und Teil 3 [50] beschrieben müssen bei Kunststoffteilen mit angeformten Gewinden vermieden werden; der Gewindegang am Werkzeugkern muß mit dem vollständigen Gewindeprofil enden.

Statische Abdichtung von Kunststoffbauteilen mit angeformten Gewinden

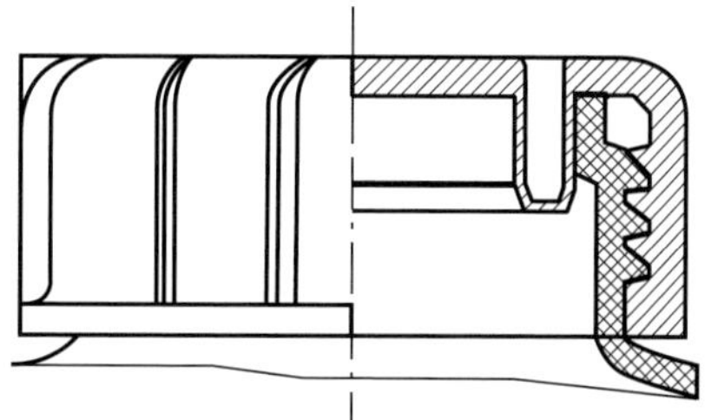

Bild 2.100 Schraubverschluß mit integrierter Dichtung

Die Abdichtung sollte grundsätzlich außerhalb des Gewindes erfolgen, d.h. es sollten keine Dichtmittel (Hanf, Dichtungsband) im Gewinde verwendet werden. Bei weichen, verformungsfähigen Kunststoffen (z.B. Polyethylen, elastomermodifizierte Kunststoffe) können die Bauteile mit Hilfe angespritzter Dichtlippen oder anderer leicht verformbarer Bereiche abgedichtet werden, Bild 2.100.

Bei harten, steifen Kunststoffen müssen zusätzliche Dichtungen verwendet werden. Eine Verbindung ist dicht, wenn der Anpreßdruck in der Dichtung größer ist als die Druckdifferenz vor und hinter der Dichtung.

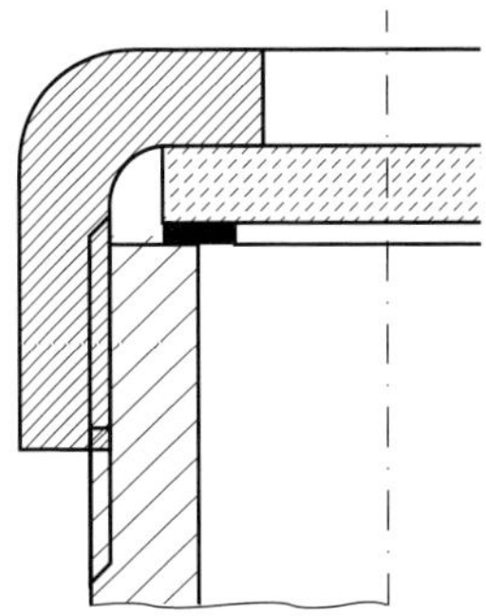

Bild 2.101 Flachdichtung

Flachdichtungen (Bild 2.101) erfordern wegen der vergleichsweise großen Anlagefläche hohe Vorspannkräfte F_V, um einen ausreichend hohen Anpreßdruck zu erreichen. Diese Vorspannkräfte sind durch Setzvorgänge im Gewinde und aufgrund der Spannungsrelaxation der auf Zug beanspruchten Gewindebereiche nicht konstant, sondern nehmen mit der Zeit ab. Dadurch kann die Verbindung undicht werden.

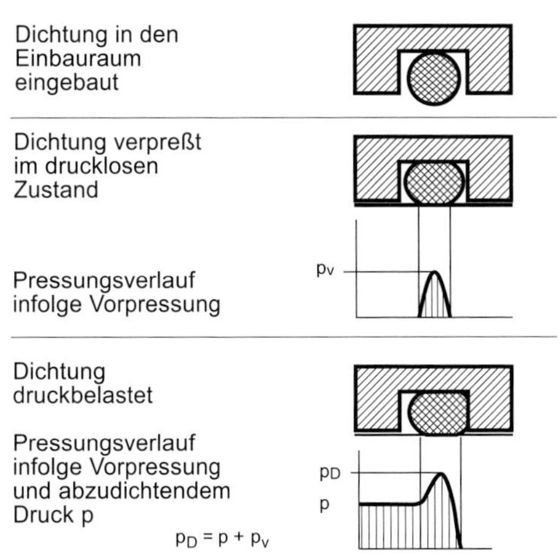

Bild 2.102 Automatische Dichtwirkung bei elastischen Dichtungen

Besser geeignet sind Runddichtringe (O-Ringe), die im eingebauten Zustand durch entsprechende Dimensionierung des Einbauraumes verformt werden. Die für die Verformung der Ringe und damit für die Erzeugung des Anpreßdruckes erforderliche Kraft ist wesentlich kleiner als bei Flachdichtungen. Außerdem haben O-Ringe den Vorteil, daß der für die Abdichtung notwendige Anpreßdruck durch den Druck des abzudichtenden Mediums erhöht wird, Bild 2.102.

O-Ringe können in Rechteck- und Dreiecknuten eingebaut werden, Bild 2.103. Die vom Hersteller angegebenen Einbaumaße und Toleranzen sind zu beachten.

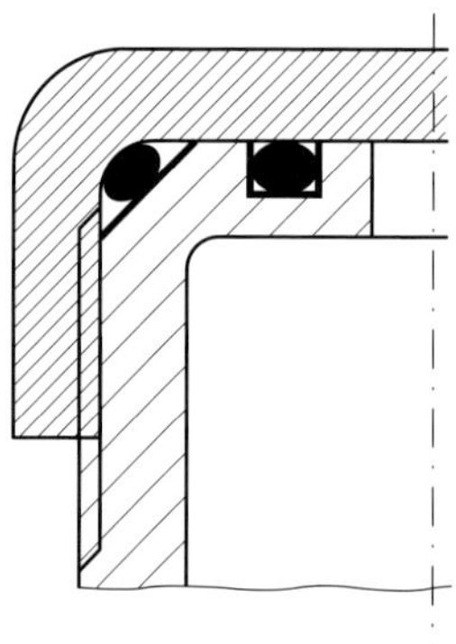

Bild 2.103 Einbaubeispiele für Dreiecknut und Rechtecknut, axiale Verformung der O-Ringe

Bei den in Bild 2.103 gezeigten Beispielen werden die O-Ringe in Längsrichtung unter Wirkung der Vorspannkraft F_V verformt. Günstiger ist die Anordnung in Bild 2.104, bei der die Verformung des O-Rings unabhängig von der Vorspannkraft durch geeignete Dimensionierung von Innen- und Außenteil erreicht wird.

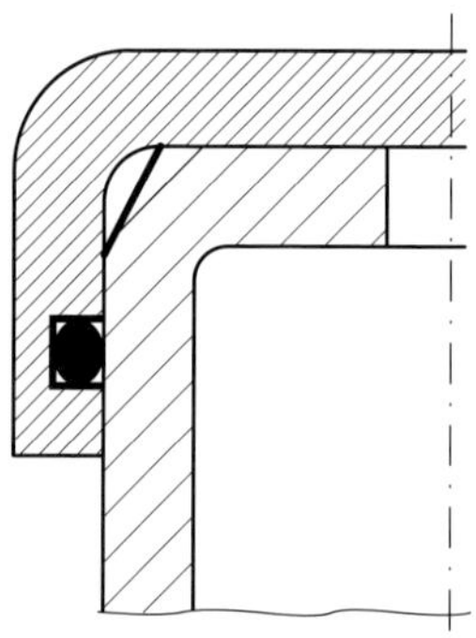

Bild 2.104 Einbaubeispiel Rechtecknut, radiale Verformung des O-Rings

2.4.2 Filmgelenke

Ein Filmgelenk (Filmscharnier) ist eine extrem dünne Verbindung zweier Teile, die gegeneinander bewegt werden sollen. Eine derartige gelenkige Verbindung stellt also eine biegeweiche Verbindung dar, die aus thermoplastischem Kunststoff vorteilhaft als integrierte Konstruktion in einem Stück aus demselben Werkstoff hergestellt werden kann.

Ist die Länge einer solchen Gelenkverbindung verhältnismäßig groß, spricht man von einem Bandgelenk. Diese Gelenke haben keine gleitenden Flächen und sind somit bei geringer (innerer) Reibung völlig verschleißfrei [2].

Entscheidend für eine große Lebensdauer derartiger Gelenkverbindungen ist, daß die Moleküle im Dünnstellenbereich, der nur wenige Zehntel Millimeter dick ist, in der Biegerichtung hoch orientiert sind. Dies geschieht bei der Spritzgußherstellung durch die ausgeprägte Scherströmung der Polymerschmelze in den Randschichten. Die Mittelschicht sollte ein feinsphärolithisches Gefüge mit Sphärolithdurchmessern von nur wenigen Mikrometern aufweisen. Aufgrund dieser Molekülstruktur kann, insbesondere bei Verwendung adaptiver Kunststoffe, mit einer hohen Lebensdauer gerechnet werden. Gegen Querbeanspruchung sind Filmgelenke allerdings empfindlich.

2.4.2.1 Herstellung

Spritzgießen

Nach dem Spritzgießverfahren können Filmgelenke als selbständige Konstruktionselemente hergestellt werden, wobei dann die beiden Hälften in geeigneter Weise mit den zu bewegenden Teilen (Deckel, Gehäuse) verbunden werden müssen.

Besonders wirtschaftlich ist es jedoch, wenn die Gelenke zusammen mit den zu bewegenden Elementteilen in einem Arbeitsgang als "integrierte Filmscharniere" gefertigt werden.

Auf die richtige Lage des Angusses muß besonders geachtet werden, da die Dünnstelle beim Spritzgießen von der Schmelze ohne Verzögerung über ihre gesamte Breite gleichmäßig und schnell durchströmt werden muß, damit sich die gewünschte Molekülorientierung im Filmquerschnitt ausbildet. Mit einem Bandanschnitt oder Punktanschnitten in Reihe, so daß die Schmelzefront die Dünnstelle möglichst parallel erreicht, kann dies am besten verwirklicht werden, Bild 2.105.

Keinesfalls darf die Schmelze im Filmquerschnitt zum Stillstand kommen, oder bei Mehrfachangüssen dort zusammenfließen und eine Bindenaht - also eine Schwachstelle - bilden. Zur Beurteilung ist deswegen eine numerische Füllbildsimulation sehr hilfreich und manchmal unerläßlich.

In manchen Fällen ist auch ein Doppelgelenk angebracht, Bild 2.110 unten. Hier müssen zwar die rechts und links von einem Verteilerbalken liegenden Kavitäten durch die Dünnstellen gefüllt werden, dagegen ist die angußnahe Lage des dünnen Querschnitts günstig. In jedem Fall sollten besonders leicht fließende Kunststofftypen verwendet werden, und die Volumina der Kavitäten dürfen nicht zu groß sein.

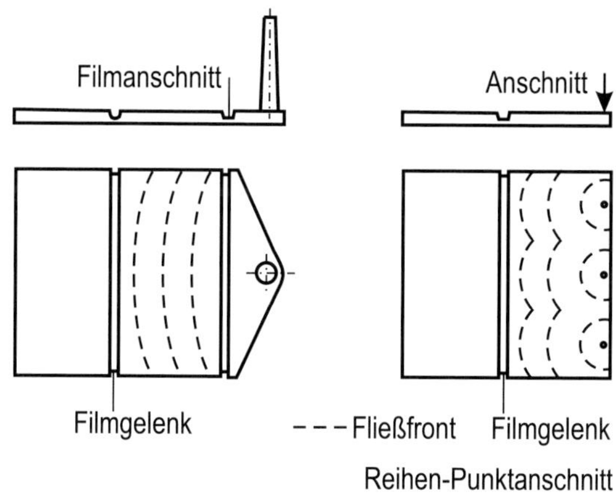

Bild 2.105 Die Schmelzefront soll die Dünnstelle möglichst parallel erreichen und durchströmen [51]

Eine zwar aufwendige und nicht in jedem Falle anwendbare, verfahrenstechnische Maßnahme gegen die Ausbildung einer Bindenaht im Filmbereich besteht darin, daß die Angüsse zeitversetzt geöffnet werden (Kaskadenspritzguß).

Es wird zunächst nur das Angußsystem geöffnet, das die eine Hälfte der Gelenkverbindung füllt, und zwar so lange, bis der dünne Scharniergelenkquerschnitt durchströmt ist, und die Schmelze die jenseits der Dünnstelle plazierten Angüsse erreicht hat. Dann werden diese Angüsse geöffnet und die restliche Kavität gefüllt. Um hierbei die günstigste Lage der Angüsse und den erforderlichen Druckbedarf zu finden, ist ebenfalls eine numerische Simulation zu empfehlen.

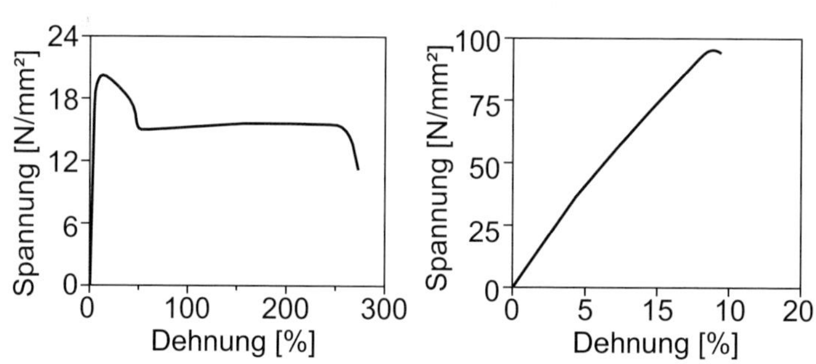

Bild 2.106 Spannungs/Dehnungs-Diagramme von PP

links: *ISO 527 am Probenquerschnitt 10 x 4 mm²*

rechts: *an einer Probe gemessen, die aus dem verstreckten Bereich hinter der Streckgrenze der ersten Probe entnommen wurde (Probenquerschnitt 5x 2 mm²)*

Die positive Auswirkung der im Gelenkbereich scherinduzierten Molekülorientierung auf optimale Gelenkeigenschaften und hohe Lebensdauer kann noch dadurch gesteigert werden, daß der orientierte Querschnitt zusätzlich verstreckt wird. Unter Verstrecken versteht man den Verfestigungseffekt bei teilkristallinen Kunststoffen, der unter mechanischer Krafteinwirkung nach Überschreiten der Streckgrenze durch Umlagerung von kristallinen Faltungsblöcken und Ausrichtung in Verstreckungsrichtung erfolgt. Dieser die Festigkeit steigernde Effekt wird signifikant bei Polypropylen (PP) und dessen Modifikationen festgestellt, Bild 2.106, bei Polyethylen (PE), Polyamid (PA) und zähmodifizierten Thermoplasten weniger, während bei Polyoximethylen (POM) und Polybutylenterephthalat (PBT) eher eine Schwächung registriert wird.

Diese Verstreckung beim Filmscharnier geschieht gewöhnlich beim ersten Biegen des Gelenkes. Sicherer und empfehlenswert ist es jedoch, wenn das Filmgelenk schon nach dem Entformen, also vor dem eigentlichen Gebrauch, um ± 90° bis ± 180° gebogen wird.

Blasformen

Auch nach dem Blasformverfahren lassen sich Filmgelenke herstellen: die Werkzeughälften werden bis auf etwas weniger als die gewünschte Filmdicke zusammengefahren, denn die Filmdicke wird letztlich wegen einer geringen Rückstellung wieder etwas größer als das Werkzeugmaß. So wird die Dünnstelle durch Quetschen des Vorformlings, ohne ihn jedoch ganz zu durchtrennen, erzeugt. Durch diesen Quetschvorgang, der einem Verstreckungsprozeß des Werkstoffs gleichkommt, wird eine Gefügestruktur erreicht, die sogar noch bessere Filmgelenkseigenschaften aufweist als dies beim Spritzgießen und nachträglichem Verstrecken möglich ist: Eine Bindenaht ist bei diesem Formvorgang nicht zu befürchten, und die Querfestigkeit ist höher als bei der spritzgegossenen Ausführung. Außerdem werden verfahrensbedingt hochmolekulare Werkstofftypen verwendet, die als solche eine höhere Ermüdungsfestigkeit besitzen.

Bild 2.107 Deckel und Gehäuse dieser blasgeformten Box aus PP sind durch ein geprägtes Filmgelenk verbunden, ebenso der Verschlußriegel am Deckel [2]

Hersteller: Fischer Söhne AG, CH-Muri

Prägen

Auch wenn man die Gelenkrillen nach der eigentlichen Formgebung durch Prägen mit einem kalten oder warmen Prägestempel anbringt, wird der Werkstoff verstreckt, und man erhält Filmgelenke, die eine hohe Lebensdauer erwarten lassen. Dieses Prägen ist beispielsweise bei tiefgezogenen Verpackungsbehältern üblich. Es funktioniert sogar sehr gut mit Schaumpolystyrolfolien (EPS), die als Verpackungsbehältnisse natürlich nicht viele Lastwechsel ertragen müssen.

Auch bei Sandwichplatten aus PP kann auf diese Weise eine Gelenkrille geprägt werden, über die die steife Platte gebogen werden kann, Bild 2.108.

Bild 2.108 Sandwichplatte aus PP mit geprägter Biegekante

Hersteller: Friedola Holzapfel GmbH, Topfmühle

2.4.2.2 Gestaltung

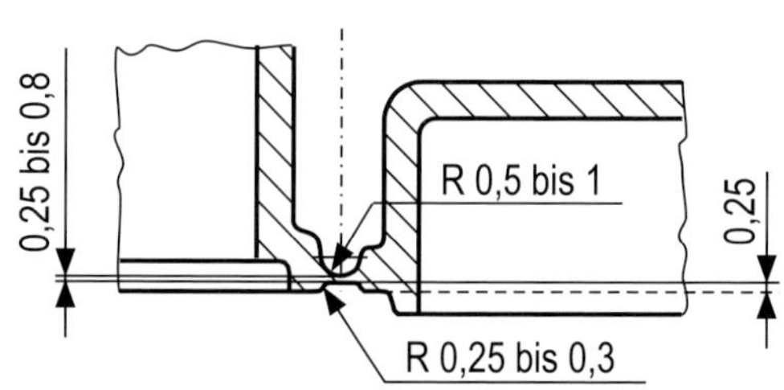

Bild 2.109 Richtwerte für die Gestaltung eines Filmgelenks mit Gelenkrille

Je kürzer die Dünnstelle ausgeführt wird, im Extremfall durch einen v-förmigen Einschnitt, desto präziser und paßgenauer wird die Führung des Gelenkes, weil dann der Drehpunkt genau festliegt. Die Kerbspannungen können in diesem Falle jedoch so hoch werden, daß es bei wenig duktilen Werkstoffen bereits beim ersten Biegen zum Bruch kommt. Ein adaptiver Werkstoff kann sich jedoch der Beanspruchung beim Biegen anpassen und die Kerbspannungen durch Fließen abbauen: die ursprünglich linienförmige Gelenkrille wird dann durch den Verstreckungsprozeß sowohl länger als auch dünner. Es liegt dann der Drehpunkt der Gelenkverbindung zwar nicht mehr exakt fest, dafür ist aber der Verstreckungsgrad durch den Fließprozeß so weit erhöht, daß das Gelenk funktionstauglich bleibt. Trotzdem ist eine solche Ausführung prinzipiell nicht zu empfehlen; sie ist allenfalls mit PP möglich, wenn die ersten Biegewechsel langsam erfolgen.

Grundsätzlich sollte im Kerbgrund der Dünnstelle ein Radius von mindestens 0,5 - 1 mm vorgesehen werden, Bild 2.109.

Die Übergänge zur Dünnstelle sollen nicht sprunghaft erfolgen, sondern strömungsgünstig stetig oder als Radien ausgebildet. Das Bild 2.110 zeigt zwei weitere, bewährte Ausführungsformen von Scharniergelenken.

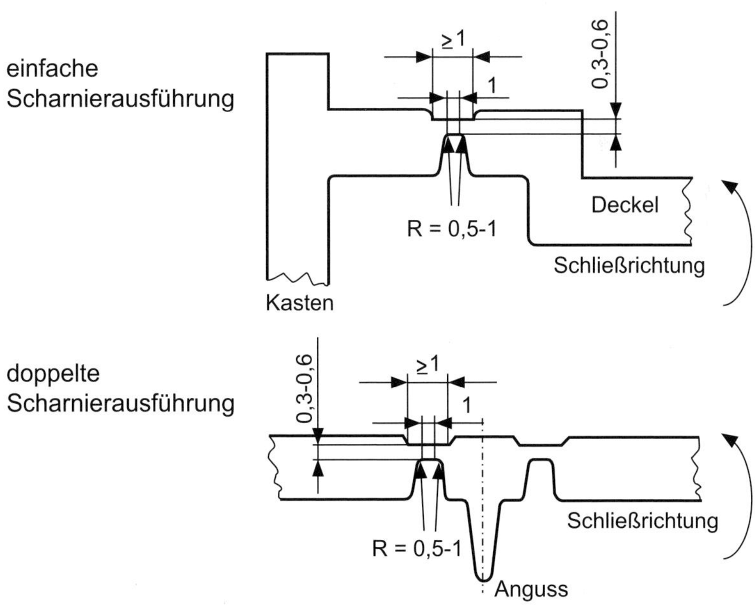

Bild 2.110 Bewährte Ausführungsformen von Gelenkverbindungen [52]

Die Gelenkrille muß nicht unbedingt geradlinig sein; Ein abgewinkelter oder gebogener Verlauf ist auch möglich. Dann erfolgt die Gelenkbewegung nicht exakt gleichmäßig, sondern sozusagen nacheinander entlang der Krümmung, und die Funktion setzt elastische, nachgiebige oder verformungsfähige, angrenzende Elemente voraus, die die unsaubere Kinematik ausgleichen können.

2.4.2.3 Werkstoffe

Generell erreichen Filmgelenke aus teilkristallinen Thermoplasten signifikant höhere Lastwechsel und Lebensdauer als solche aus amorphen Thermoplasten. Dabei verhalten sich hochmolekulare Werkstofftypen mit enger Molekulargewichtsverteilung mechanisch am besten; Probleme kann es damit jedoch wegen der höheren Schmelzeviskosität bei sehr dünnen Gelenkquerschnitten geben. Am besten eignet sich PP, wobei PP-Copolymere noch bessere Gelenkeigenschaften aufweisen als PP-Homopolymere.

Durch Zumischen von Füll- und Verstärkungsstoffen werden die Gelenkeigenschaften grundsätzlich schlechter: die Steifigkeit nimmt zu, die Verformbarkeit, die Biegewechselfestigkeit und damit die Lebensdauer des Gelenkes nimmt ab. Dabei wirken sich globuläre Füllstoffe wie z.B. Glaskugeln, Kalziumcarbonat etc. oder plättchenförmige wie Talkum weniger nachteilig aus als Glas- oder Kohlefasern. In jedem Fall kann durch eine Zähmodifizierung wieder eine Verbesserung erzielt werden.

2.4.2.4 Berechnung

Filmgelenke können mit den aus genormten Werkstoffprüfungen gewonnenen Kennwerten nicht berechnet werden. Erstens weist beispielsweise PP im nach ISO 527 genormten Zugversuch um 10 % Dehnung eine Streckgrenze auf. Dies ist üblicherweise eine Dimensionierungsgrenze, die nicht überschritten werden darf, weil der Werkstoff hier zu versagen beginnt. Der nach dieser Streckgrenze im Spannungs-Dehnungs-Diagramm registrierte Spannungsabfall erscheint jedoch nur als solcher, da nach Norm die jeweils aktuelle Kraft auf den Ausgangsquerschnitt der Probe bezogen wird.

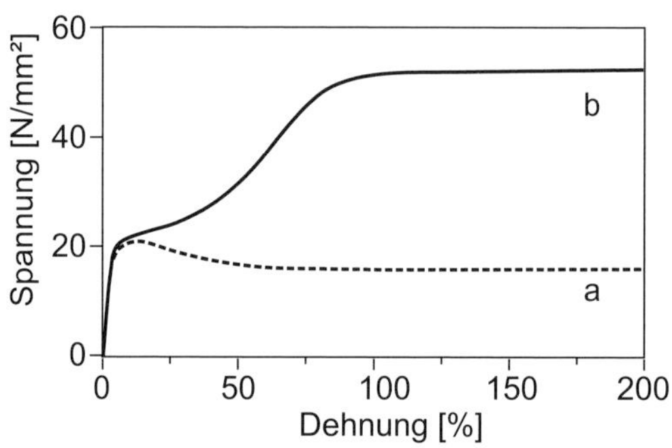

Bild 2.111 Wahre Spannung (a) aufgetragen über der jeweils aktuellen Dehnung und Spannung auf den Ursprungsquerschnitt bezogen (technische Spannung, b)

Bezieht man dagegen die jeweilige Prüfkraft auf den aktuellen, sich verjüngenden Querschnitt, erhält man das "wahre Spannungs-Dehnungs-Diagramm", und man kann erkennen, daß mit dem dünner gewordenen Querschnitt weitaus höhere Dehnungs- und Spannungswerte ertragen werden können, Bild 2.111, (s.a. Bild 2.106).

Bei einem Filmgelenk liegen vergleichbare Verhältnisse vor: als Folge des Verstreckungsprozesses während des ersten Biegevorgangs findet ebenfalls eine Querschnittsverjüngung und eine Verfestigung statt, so daß ein Filmgelenk jenseits der Streckgrenze betrieben wird und wesentlich höhere Dehnungen ertragen kann, als rechnerisch mit der Streckgrenze und dem Ausgangsquerschnitt ermittelt würde.

Zweitens würde bei Scharnieren mit einer sehr scharfen Gelenkrillen die rechnerische Kerbspannung selbst für PP im unzulässigen Bereich liegen, obwohl die Praxis zeigt, daß mit diesem Werkstoff Filmgelenke auch dieser Ausführungsform machbar sind. Die Kerbe wird im ersten Biegevorgang durch Fließen entschärft. Wenn das Gelenk jedoch eine gewisse Länge l gleicher Dicke s (Bild 2.112) aufweist, wird eine einfache rechnerische Auslegung auf folgende Weise möglich:

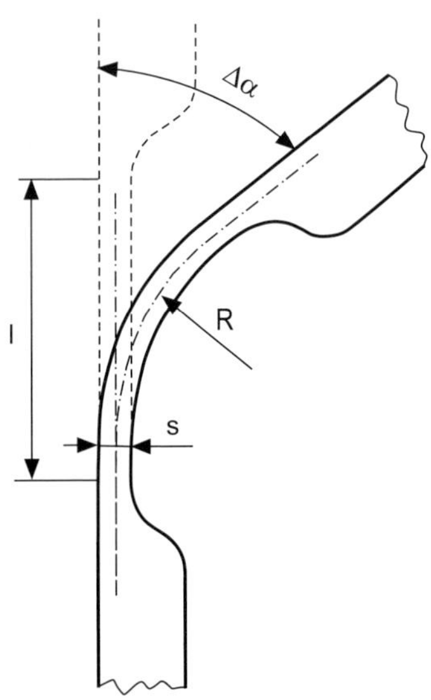

Bild 2.112 Maße und Bezeichnungen für ein Filmgelenk

Berechnung der Filmlänge und Filmdicke

Die Randfaserdehnung ε_a läßt sich folgendermaßen abschätzen:

$$\varepsilon_a = \frac{s}{2 \cdot R} \tag{2.87}$$

und mit:

$$R = \frac{l}{\Delta\alpha} \tag{2.88}$$

wird

$$\varepsilon_a = \frac{s \cdot \Delta\alpha}{l \cdot 2} \qquad (2.89)$$

Der Biegewinkel $\Delta\alpha$ ist im Bogenmaß einzusetzen:

$$\Delta\alpha_{rad} = \frac{\pi}{180} \cdot \Delta\alpha \qquad (2.90)$$

Nach l bzw. s aufgelöst, lassen sich die erforderliche Länge der Dünnstelle bzw. die Filmdicke abschätzen:

$$l = \frac{s \cdot \Delta\alpha}{2 \cdot \varepsilon} \qquad (2.91) \qquad\qquad s = \frac{2 \cdot l \cdot \varepsilon}{\Delta\alpha} \qquad (2.92)$$

Entscheidend ist, daß in die Gln. 2.91 und 2.92 ε nicht als Dehnungswert aus dem Zugversuch eingesetzt wird, sondern als bauteilspezifischer Kennwert, der an Filmgelenken ermittelt wurde und somit auch die geometrischen Veränderungen und werkstofflichen Verstrekkungseffekte miterfaßt. Derartige Dehnungswerte sind in Tabelle 2.12 zusammengestellt:

Werkstoffe	**Streck-dehnung** ε_Y **[%]**	**nominelle Dehnung** ε_t **[%]**	**Dehnungsausschlag** ε_a **[%] nach** 10^4 **LS**	**Dehnungsausschlag** ε_a **[%] nach** 10^5 **LS**
PP (1100L)	10	>50	60	60
PA 6 (B3K) lf.	20	>50	55	45
PA 66 (A3K) lf.	20	>50	50	40
PA 66-GF 30 zähmodifiziert (A3ZG6)	5 Bruchdehnung	*	4	3
POM (H2320)	10	35	35	30
POM-GF15 (N 2200 G3)	3 Bruchdehnung	*	3	2
PBT (B 4500)	3,5	>50	25	20

* *Werkstoffkennwert trifft für diesen Werkstoff nicht zu*

Tabelle 2.12 Dehnungskennwerte für einige Kunststoffe nach ISO 527 und als bauteilspezifische Werte gemessen an Filmgelenken [2]

2.4.2.5 Anwendungsbeispiele

Filmgelenke können unterschiedliche Aufgaben übernehmen wie z.B. die

- einer Deckel/Gehäuse-Verbindung,
- einer vereinfachten Herstellung nach dem Spritzgießverfahren,
- einer Montagehilfe oder unverlierbaren Anbindung eines Elementteils,
- einer dynamisch beanspruchten Gelenkfunktion,
- eines bistabilen Gelenkes.

Deckel/Gehäuseverbindungen

Deckel/Gehäuseverbindungen mit Filmgelenken sind weit verbreitete und bekannte Anwendungen von Filmgelenken.

Bei dem vierteiligen Vorratscontainer aus PP in Bild 2.113 sind z.B. die Deckel der vier Kammern über Filmgelenke am Gehäuse angebunden. Die Scharnierdicke beträgt 0,4 mm und der Radius an der Gelenkrille 0,5 mm.

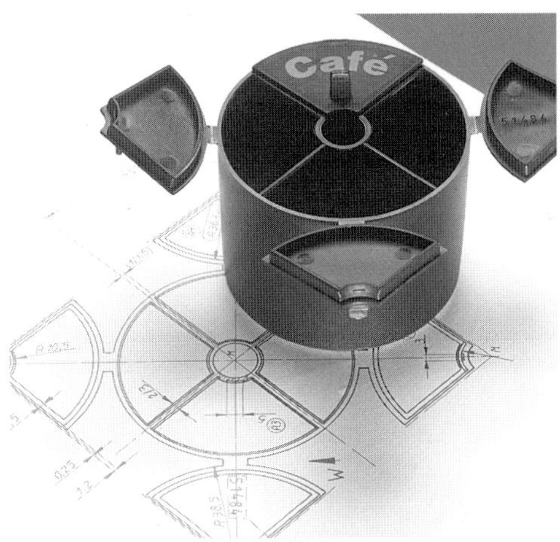

Bild 2.113 Vorratsbehälter aus Polypropylen mit antielektrostatischer Ausrüstung

Hersteller: Krups, Solingen

Vereinfachte Herstellung

Ein bewährtes Konstruktionsprinzip ist es, z.B. kastenförmige oder anderweitig geschlossene Querschnitte, die mit Schiebern entformt werden müßten, als flächig abgewickelte Teile zu spritzgießen und danach über Filmschaniere zusammenzufalten. Dies vereinfacht den Werkzeugbau und eröffnet häufig weitere Gestaltungsmöglichkeiten. Das Bild 2.114 zeigt ein bereits zur Hälfte zusammengefaltetes Gehäuseteil für die Unterbringung der Elektronik in Kühlschränken, das auf diese Weise hergestellt wurde. Durch Falten über die Filmgelenkebenen, Einpassen der Seitenwände in die Nuten und Eindrücken der Stifte in die Bohrungen der beiden Dome entsteht das fertige Teil.

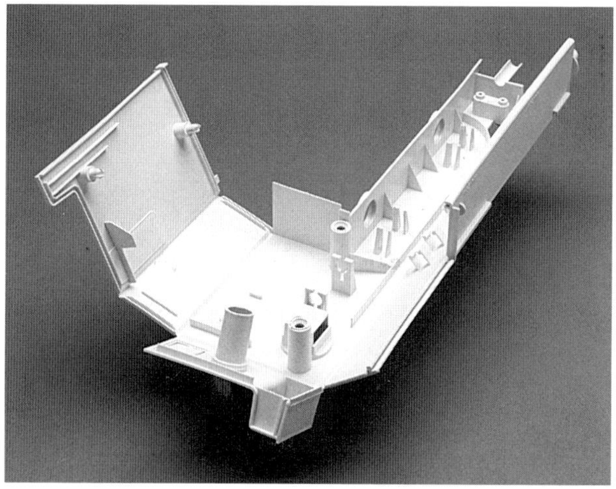

Bild 2.114 Das Teil wird flach abgewickelt hergestellt und anschließend zusammengefaltet

Der Schutzkontaktstecker von Bild 2.115 ist ein anderes Beispiel für diese Technik.

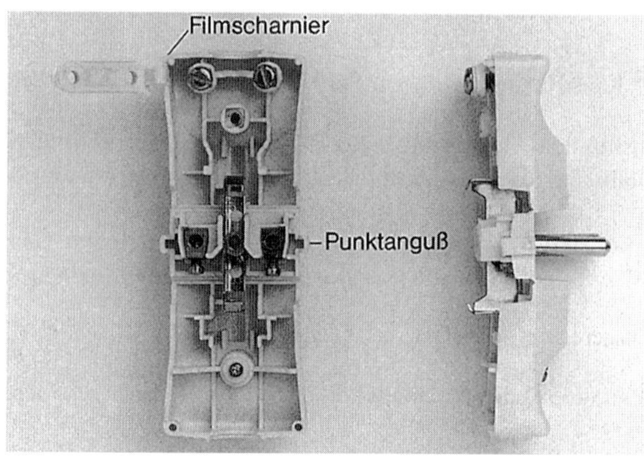

Bild 2.115 Schutzkontaktstecker aus PA in integrierter Bauweise mit Filmgelenken [2]

Der Fassadendübel gehört zu den technisch anspruchsvollen Bauteilen aus thermoplastischem Kunststoff. Eine der Anforderungen besteht darin, daß sich die Schraube leicht eindrehen läßt, daß sie aber andererseits viel Material verdrängt, um eine hohe Pressung an die Mauerwand zu bewirken.

Das Bild 2.116 zeigt ein neues Dübelkonzept, bei dem der Preßteil des Dübels nicht als geschlossener Rohrkörper ausgeführt ist, sondern zweigeteilt aus einzelnen asymmetrisch angeordneten Ringsegmenten, die kammartig ineinander greifen, wenn sie über das Filmgelenk an der Dübelspitze zusammengefügt werden. Auf diese Weise wird der Dübel wesentlich verformungsfähiger, und die Auszugskraft wird gegenüber dem konventionellen Dübel bis zum doppelten Wert angehoben.

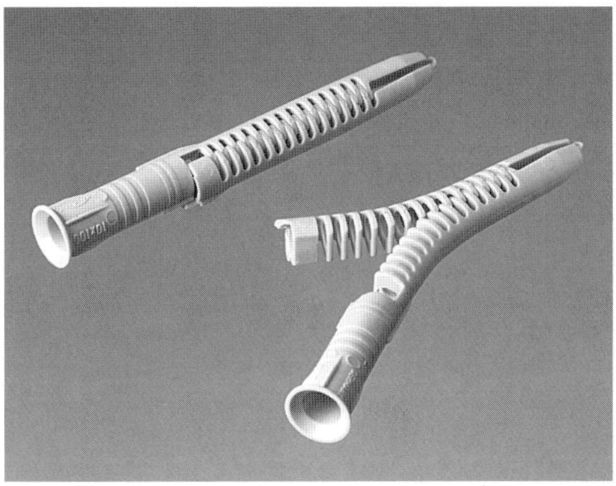

Bild 2.116 Im unteren Preßteil ist der Dübel (PA 6) aus zwei Hälften spritzgegossen, die an der Spitze miteinander durch ein Filmgelenk verbunden sind. Durch Zusammenklappen und Verschweißen entsteht der einbaufertige Dübel

Hersteller: Fischer Werke, Tumlingen

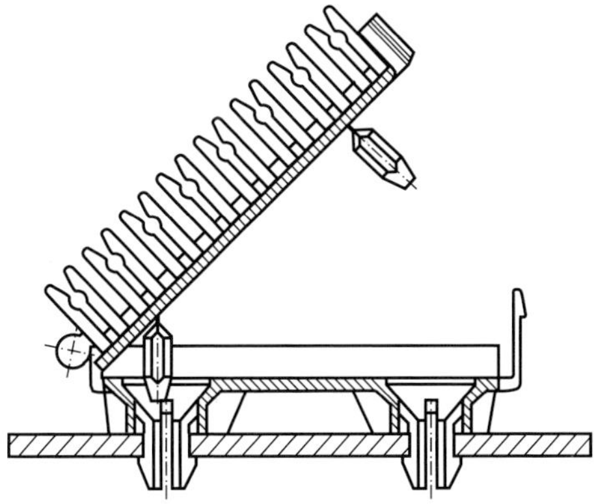

Bild 2.117 Kabelhalter aus PA 6

Eine konstruktiv interessante Lösung stellt der Kabelhalter in Bild 2.117 dar. Gefertigt wird er in aufgeklappter Stellung. Zur Montage werden zuerst die beiden geschlitzten Ringschnappverbindungen des Unterteils durch die Bohrungen des Montageblechs gesteckt, dann das Oberteil, das unverlierbar mit einem Bandscharnier mit dem Unterteil verbunden ist, geklappt.

Links wird das Oberteil mit seiner Kante in dem Durchbruch und rechts durch den Schnapphaken gehalten. Gleichzeitig mit diesem Kippvorgang werden die beiden Arretierbolzen, die über Filmgelenke beweglich angebunden sind, in die Ringschnappverbindungen eingeführt und verhindern so ein Lösen dieser Befestigung.

Ein weiteres, zwar technisch nicht sehr ergiebiges aber als konstruktives Konzept clever ausgeführtes Teil, ist in Bild 2.119 wiedergegeben. Es handelt sich um ein einfaches Reise-Rasiergerät aus Polypropylen. Durch Hochklappen der Seitenwände erreicht man eine ausreichende Steifigkeit.

Montagehilfe oder unverlierbare Anbindung

Einzelteile unverlierbar an ein Bauteil anzubinden, entspricht einer bewährten Konstruktionspraxis. Dies geschieht meistens mit einem Bandscharnier, also einem dünnwandigen, flexiblen Band. Dadurch wird die Montage erleichtert, und es ergeben sich eine Reihe weiterer einleuchtender Vorteile. Beispiele hierfür sind bereits in zwei der vorausgegangenen Bilder enthalten. Bei dem Schutzkontaktstecker in Bild 2.115 ist die Zugentlastungsschelle auf diese Weise am Steckergehäuse angebunden, und bei dem Kabelhalter in Bild 2.117 ist das gesamte Oberteil über ein Bandscharnier mit dem Unterteil verbunden. Die Auslaufkammer einer Kaffeemaschine ist zweiteilig hergestellt. Die beiden Hälften des rohrförmigen Teils sind mit einem Bandscharnier verbunden und werden zur Montage gefügt und durch sechs Schnapphaken zusammengehalten.

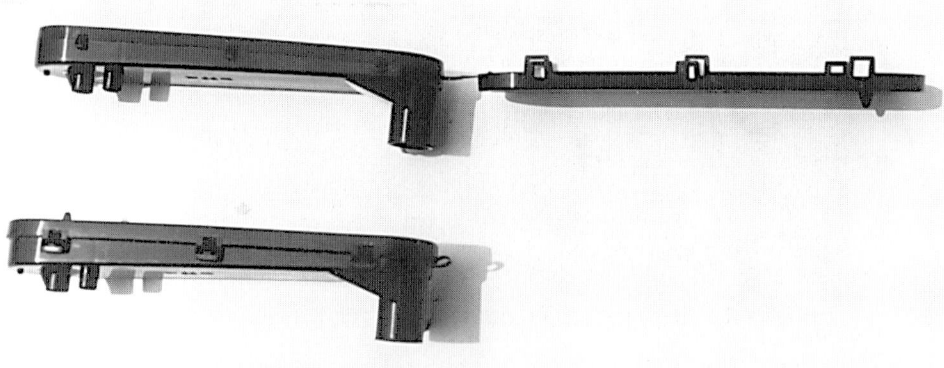

Bild 2.118 Wasserauslauf aus PP für eine Kaffeemaschine (Hersteller: Krups, Solingen)

oben: Lage im Werkzeug unten: einbaufertig montiert

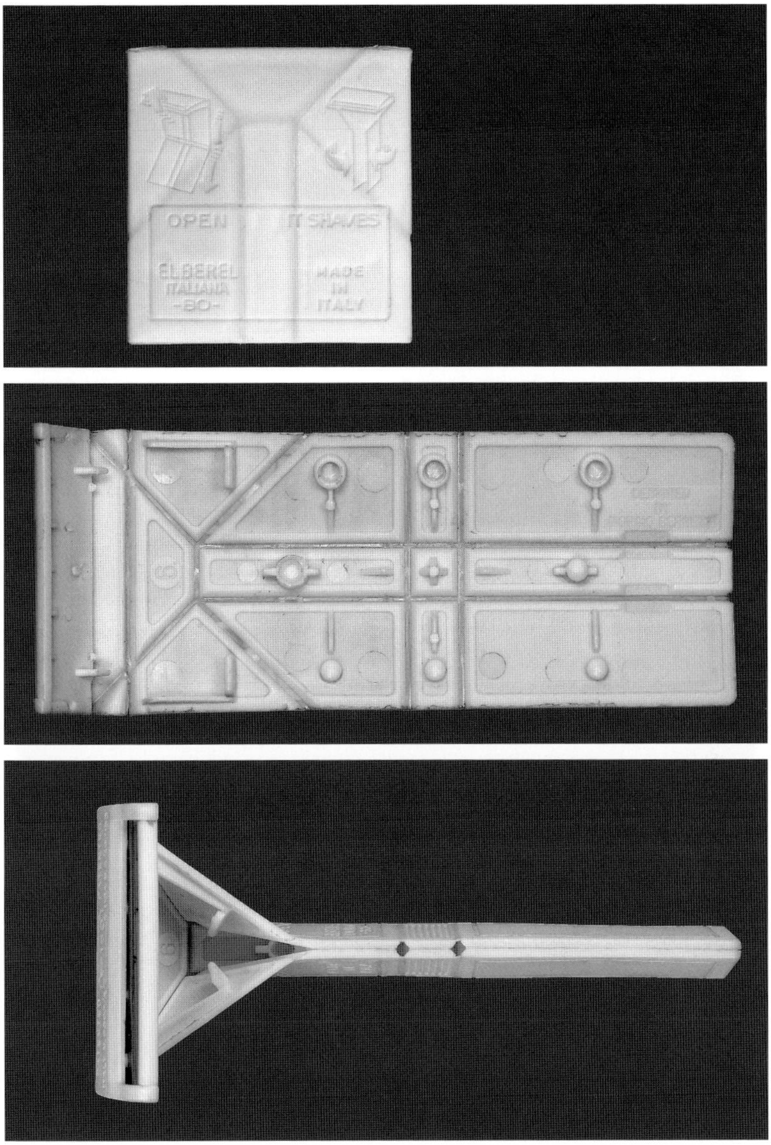

Bild 2.119 Reise - Rasierapparat aus PP mit eingespritzter Klinge.

oben: *zum Transport über die Scharniere in Querrichtung gefaltet*

mitte: *Lage im Spritzgießwerkzeug*

unten: *durch Falten über die Scharniere in Längsrichtung entsteht der Gebrauchszustand [2]*

Dynamisch beanspruchte Filmgelenke

Filmgelenke können auch als dynamisch beanspruchte Gelenke eingesetzt werden. Als Werkstoff sollte man ebenfalls PP wählen, aber auch POM eignet sich hierfür.

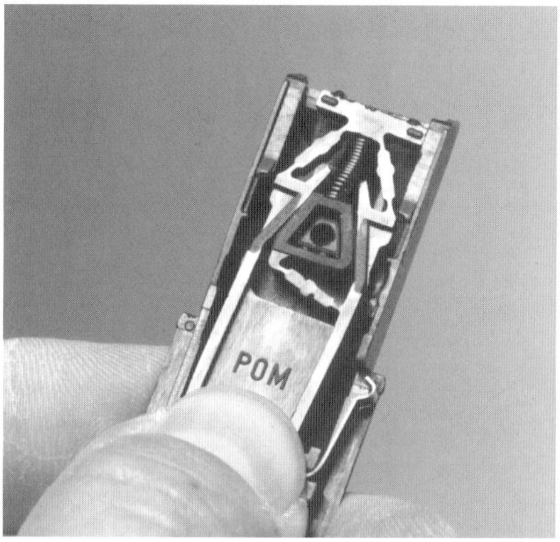

Bild 2.120 Die Führungsgelenke des Schwingkopfes eines Rasiergerätes sind als Filmgelenke ausgeführt.

Werkstoff: POM (Hersteller: Philips, Klagenfurt)

Das Bild 2.120 zeigt am Beispiel des Schwingkopfes eines elektrischen Rasiergerätes eine derartige Anwendung.

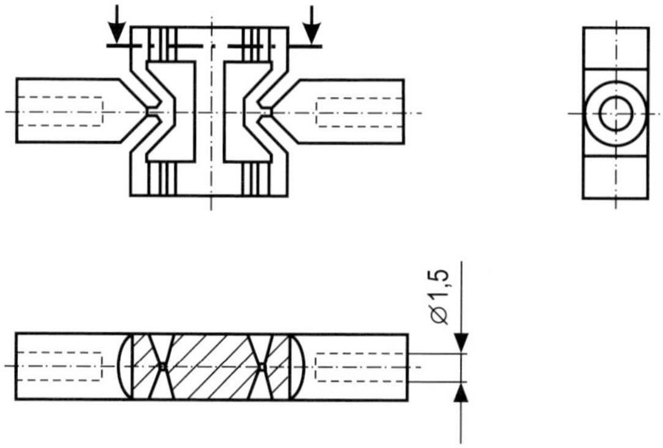

Bild 2.121 Kupplungsgelenk nach dem Prinzip zweier um 90° versetzter Filmgelenke zur Übertragung sehr kleiner Momente

In Bild 2.121 ist ein kleines Kupplungsgelenk skizziert, dessen doppelkardanische Wirkung auf je zwei um 90° versetzt angeordneten Filmgelenken beruht. Dieses Gelenk kann eine Winkelverlagerung von etwa 15° ausgleichen, dabei aber nur ein geringes Moment von etwa 5 N cm übertragen.

Bistabile Gelenke

Unter einem bistabilen Schnappgelenk aus Kunststoff wird ein Gelenk verstanden, bei dem zwei Elementteile (z.B. Gehäuse und Deckel) um eine Drehachse in zwei stabile Endlagen gebracht werden, wobei die Endlagen (Öffnungs- und Schließstellung) durch bezüglich der Drehachse rechts oder links drehende Momente erreicht werden. Die Drehrichtung dieser Momente ändert sich jeweils nach Überschreiten einer labilen Totpunktlage. Die Momente werden durch Federkräfte aus integrierten Biege- oder Zugfederelementen oder durch federnde Gehäuseteile gebildet, wobei die Federkraft während des kinetischen Ablaufs von den jeweiligen Endlagen bis zur Totpunktlage ansteigt, und nach dem Momentenrichtungswechsel wieder abnimmt. In den Endlagen sind die wirkenden Kräfte innerhalb des Systems ausgeglichen. Die Endlagen sind stabil.

Das Gelenk kann dabei z.B. als Drehgelenk oder einfacher als Filmgelenk ausgeführt sein.

Mit Bild 2.122 wird das Prinzip anhand des Klickmechanismus beim Flügelschlag einer Fliege erläutert: Die Stellen 1-3 sind gelenkige Anbindungen an den Fliegenkörper bzw. die Flügel. Der Körper stellt eine Biegefeder dar, die durch die Muskeln gespannt werden kann. Liegen die Punkte 1, 2, 3 in einer Ebene, so befindet sich das System in einem labilen Gleichgewicht (Pos. oben), aus dem der Flügelauf- bzw. -abschlag durch Spannen bzw. Entlasten der Biegefeder erreicht wird.

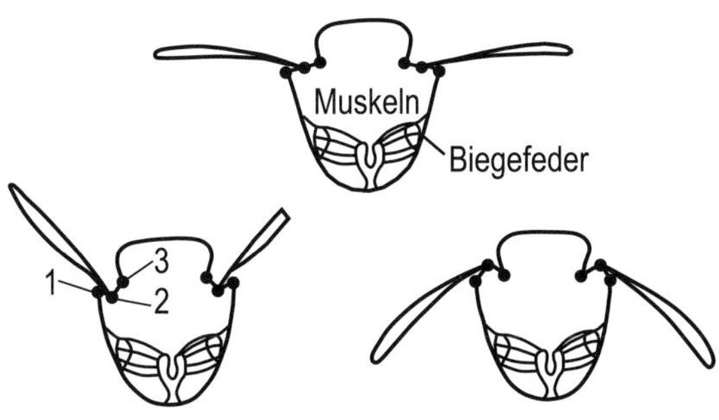

Bild 2.122 Klickmechanismus der Fliege beim Flügelschlag

nach Boettiger und Fürsphan

Dieses Prinzip liegt auch den Schnappgelenken aus Kunststoff zugrunde. Für diverse Dekkel/Dosen-Verschlüsse existiert heute eine Vielzahl von Konstruktionsvarianten, die in den meisten Fällen patentiert sind.

Aber auch in der Technik läßt sich ein bistabiles Gelenk sinnvoll anwenden. Bild 2.123 zeigt eine solche Anwendung als Mimik für eine Verschlußklappe in einem Rohr.

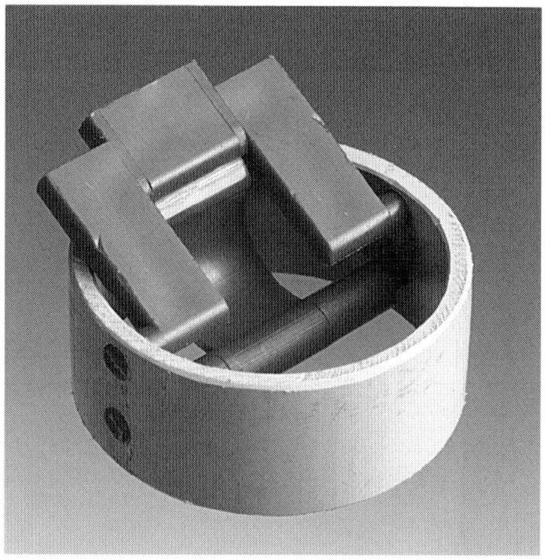

Bild 2.123 Bewegungsmechanismus für eine Klappe in einem Rohrsystem

2.5 Literatur

[1] Ehrenstein, G.W. Mit Kunststoffen konstruieren, 2. Aufl., Carl Hanser Verlag, München, 2001

[2] Erhard, G. Konstruieren mit Kunststoffen, 3. Aufl., Carl Hanser Verlag, München, 2004

[3] Dratschmidt, F. Zur Verbindungstechnik von glasfaserverstärktem Polyamid, Schrauben und Gewindeeinsätze, Diss. LKT, Universität Erlangen-Nürnberg, 1999

[4] Dratschmidt, F., Ehrenstein, G.W. Kunststoff-Schraubverbindungen unter dynamischer Belastung, DVM-Bericht 121 "Maschinenelemente und Lebensdauer"; 1995

[5] Tome, A. Vorspannkraftrelaxation von Kunststoff-Direktverschraubungen, Diss. LKT, Universität Erlangen-Nürnberg, 2000

[6] N.N. DVS 2241-1 Direktverschraubung von Formteilen aus Kunststoffen, DVS-Verlag GmbH, Düsseldorf, 2002

[7] Feist, G. Schraubsysteme für die Kunststoff-Direktverschraubung. Zusammenstellung für die DVS 2241-1, EJOT Verbindungstechnik, Bad Laasphe, 2000

[8] Ehrenstein, G.W., Mohr, H. Gewindeformende Schrauben für Kunststoffbauteile, Verbindungstechnik 10 (1978) 11, S. 13-19

[9] Reiss, M. Berechnung der Belastbarkeit von gewindeprägenden Schrauben in Kunststoff-Formteilen, Plastverarbeiter 30 (1979) 5, S. 251-254

[10] Ehrenstein, G.W., Onasch, J. Berechnungsmöglichkeiten für das Verschrauben von Teilen mit gewindeformenden Metallschrauben, Kunststoffe 72 (1982) 11, S. 720-724

[11] Onasch, J. Zum Verschrauben von Bauteilen aus Polymerwerkstoffen mit gewindeformenden Metallschrauben, Diss. IWT, Universität GH Kassel, 1982

[12] Grossberndt, H. Direktverschraubungen an thermoplastischen Kunststoffen, Kunststoffe 73 (1983) 11, S. 701-707

[13] Pfaff, H. Hinweise zum Einsatz gewindefurchender Schrauben, VDI-Berichte Nr. 478, VDI-Verlag, Düsseldorf, 1983

[14] Völker, M. Gewindeformende Schraubverbindungen, Technische Information B 600 d 08.95, BASF AG, Ludwigshafen, 1995

[15] Madan, M. Verbindungsverfahren für Kunststoffteile, Kunststoff-Berater 5 (1968) 5/6, S. 105

[16] N. N. SCREWS - Berechnung gewindeformender Schraubverbindungen, Version 2.1, WIS, BASF AG, Ludwigshafen

[17] Endemann, U. Berechnung von Kunststoffbauteilen, In: Fachtagung "Fortschritte beim Konstruieren mit Kunststoffen", SKZ, Würzburg, 14./15.05.1997

[18] N.N. Verbindungen mit Metallschrauben,
Auf CD-Rom: Engineering Polymers for Technical Solutions, Version 1.0, TICONA, Frankfurt a.M., August 1998

[19] N.N. Die EJOT DELTA PT®-Schraube
Berechenbar mehr Leistung von thermoplastischem Kunststoff, EJOT GmbH & Co KG, Bad Laasphe, 2003

[20] Tome, A., Ehrenstein, G.W. Kunststoff-Direktverschraubungen bei konstanten und zyklischen Temperaturen, Kunststoffe 90 (2000) 9, S. 92-98

[21] N.N. EJOT "boss"-Familie, Multifunktionale Befestigungselemente, EJOT GmbH & Co KG, Bad Laasphe, 2003

[22] Seidel, E. Hochfeste GFK-Gewindeverbindungen, Kunststoffe 79 (1989) 2, S. 167-172

[23] Ehrenstein, G.W., Mohr, H. Gewindeeinsätze in ABS, Verbindungstechnik 9 (1977) 4, S. 21-25

[24] N.N. DVS 2240-1 Gewindeeinsätze zum Fügen von Formteilen aus Kunststoffen, DVS-Verlag GmbH, Düsseldorf, Oktober 2003

[25] N.N. DIN 16903: Gewindebuchsen für Kunststoff-Formteile T. 1-4, 1974-1991

[26] Trinter, F., Ehrenstein, G.W. Fest verankert, Gewindeeinsätze für glasfaserverstärkte Preßteile werkstoffgerecht gestalten, Maschinenmarkt 94 (1988) 13, S. 96-101

[27] N.N. Böllhoff & Co.: Gewindeeinsätze für Kunststoffteile Böllhoff, Bielefeld

[28] Delpy, U. Zylindrische Schnappverbindungen aus Kunststoff, Berechnungsgrundlagen und Versuchsergebnisse, Konstruktion 30 (1978) 5, S. 179-184 und Zylindrische, vom Rohrende abliegende Schnappverbindungen aus Kunststoff, Konstruktion 30 (1978) 8, S. 307-310

[29] Delpy, U. Schnappverbindungen Kunststoffe, Expert-Verlag, Renningen, 1989

[30] Erhard, G. Berechnen von Schraub- und Schnappverbindungen, Lehrgangshandbuch Konstruieren mit thermoplastischen Kunststoffen, VDI-Bildungsweg, 1970

[31] Oberbach, K., Schauf, D. Schnappverbindungen aus Kunststoff, Verbindungstechnik (1977) 6, S. 41-46 und Heft 7/8, S. 29-33

[32] Käufer, H., Jitschin, H. Katalog schnappbarer Formschlußverbindungen an Kunststoffteilen, Konstruktion 29 (1977) 10, S. 387-397

[33] Siegemund, E. Untersuchung werkstoffspezifischer Beanspruchungsgrenzen, konstruktionsspezifischer Versagensformen und Berechnungsmöglichkeiten dünnwandiger zylindrischer Verbindungselemente aus Thermoplasten, Diss. IKP, Universität Stuttgart, 1985

[34] Kunz, J., Michaeli, W. Herrlich, N. Land, W. Kunststoffpraxis: Konstruktion, Band 2, Teil 9, Kapitel 7, WEKA Fachverlag für technische Führungskräfte, Augsburg, 2002

[35] Bonenberger, P. The First Snap-Fit Handbook, Creating Attachments for Plastic Parts Carl Hanser Verlag, München, 2000

[36] Tres, P.A. Designing Plastic Parts for Assembly, 5th ed. Welding, Press-Fitting, Living Hinges, Snap-Fitting, Carl Hanser Verlag, München, 2003

[37] N.N. Berechnen Gestalten Anwenden: B.3.3 – Kunststoffbauteile mit angeformten Gewinden, Firmenschrift der Hoechst AG, 1994

[38] N.N. DIN 2244: Gewinde-, Begriffe- und Bestimmungsgrößen für zylindrische Gewinde, Mai 2002

[39] N.N. DIN 202: Gewinde-Übersicht, November 1999

[40] N.N. DIN 13: Metrische ISO-Gewinde allgemeiner Anwendung, Teil 1: Nennmaße für Regelgewinde, Gewinde-Nenndurchmesser von 1 bis 68 mm, November 1999, Teil 2: Nennmaß für Feingewinde mit Steigung 4 mm, Gewinde-Nenndurchmesser von 40 bis 300 mm, November 1999

[41] N.N. DIN 513: Metrisches Sägengewinde (Gewindedurchmesser 10 bis 620 mm), April 1985

[42] N.N. DIN 103: Metrisches ISO-Trapezgewinde (Gewindedurchmesser 8 bis 300 mm), Oktober 1972

[43] N.N. DIN EN ISO 228: Rohrgewinde für nicht im Gewinde dichtende Verbindungen, Mai 2003

[44] N.N. DIN 6063: Gewinde vorzugsweise für Kunststoffbehältnisse, Teil 1 Sägengewinde und Teil 2 Trapezgewinde, Maße, Februar 2004

[45] N.N. DIN 405: Rundgewinde, allg. Anwendung, November 1997

[46] Neuber, H. Über die Berücksichtigung der Spannungskonzentration bei Festigkeitsberechnungen, Konstruktion 20 (1968) 7, S. 245-251

[47] Weiß, E. Zur Berücksichtigung der Kerbwirkung bei viskoelastischem Materialverhalten, Plaste und Kautschuk 24 (1988) 2, S. 67-69

[48] Kloos, K.H., Thomala, W. Spannungsverteilung im Schraubengewinde, Firmenschrift der Fa. Richard Bergner, Schwabach

[49] Pahl, G., Bordas, K., Oedekoven, A. Berechnung von Trapezgewinden, Konstruktion 37 (1985) 1, S. 25

[50] N.N. DIN 76-1: Gewindeausläufe und Gewindefreistiche,
Teil 1: Für Metrische ISO-Gewinde nach DIN 13-1, in Vorb. Juni 2004
Teil 3: Für Trapez-, Sägen- und Rundgewinde und andere Gewinde mit grober Steigung, Januar 1977

[51] N.N. Technische Kunststoffe, Filmgelenke aus technischen Kunststoffen Nr. B.3.5, Hoechst AG

[52] N.N. Technische Information für Experten, Nr. 02/96, BASF AG

3 Schweißen

Dr.-Ing. M. Gehde, Wegener GmbH – Aachen (Kap. 3.1.1; 3.2.1; 3.2.2; 3.6; 3.7.3);
Dipl.-Ing. U. Ernst, EMPA – St. Gallen (Kap. 3.1.2);
Dr.-Ing. J. Korte, Bayer AG – Leverkusen (Kap. 3.3.1; 3.3.3);
Dipl.-Ing. M. Welz, – Bad Dürkheim (Kap. 3.1.1; 3.3.2; 3.3.3; 3.4.2; 3.7.2);
W. Strohfuß, Branson Ultraschall – Dietzenbach (Kap. 3.4.1);
Dipl.-Ing. J. Vetter, Branson Ultraschall – Dietzenbach (Kap. 3.4.3);
Prof. Dr.-Ing. H. Potente, KTP – Universität Paderborn (Kap. 3.5.1);
Dipl.-Ing. O. Karger, KTP – Universität Paderborn (Kap. 3.5.1);
Dr. R. Emmerich, FHG für Chemische Technologie – Pfinztal/Berghausen (Kap. 3.5.2);
Prof. Dr.-Ing. P. Mitschang, Inst. f. Verbundwerkstoffe GmbH – Kaiserslautern (Kap. 3.5.3);
Prof. Dr.-Ing. E. Haberstroh, IKV – RWTH Aachen (Kap. 3.5.4);
Dr.-Ing. H. Klingenfuß, SKZ-TeConA GmbH – Würzburg (Kap. 3.1.1; 3.7.1);
Prof. Dr.-Ing. Dr. h.c. G. W. Ehrenstein, LKT – Universität Erlangen-Nürnberg (Kap. 3.7.2);
Dipl.-Ing. (FH) F. Krause, Bayer AG – Leverkusen (Kap. 3.7.2);
Dipl.-Ing. C. Tüchert, Robert Bosch GmbH – Waiblingen (Kap. 3.7.3);
Dipl.-Ing. W. Langlouis, SKZ-ToP gGmbH – Würzburg (Kap. 3.7.4)

3.1 Erwärmung durch Leitung

3.1.1 Heizelementschweißen

3.1.1.1 Einleitung

Das Heizelementschweißen mit Kontakterwärmung ist das älteste mechanisierte Verfahren zum Schweißen von Kunststoffen. Es basiert auf der direkten Erwärmung der Fügeflächen an einem Heizelement, wobei eine Schmelzeschicht an den Fügeflächen aufgebaut wird. Dann wird das Heizelement entfernt und die Fügeteile werden unter Druck gefügt. Eine Antihaftbeschichtung des Heizelementes verhindert die Schmelzehaftung auf der Heizelementoberfläche.

Erste Maschinen mit automatisiertem Prozeßablauf wurden in den frühen 60er Jahren gebaut. Bis heute behauptet dieses Verfahren einen Spitzenplatz in der Anwendung sowohl im Halbzeugbereich als auch in der Großserienfertigung. Trotz der prinzipbedingten Nachteile wie mehrstufigem Prozeß, Temperatureinschränkungen, Schmelzeanhaftungsprobleme am Heizelement und vergleichsweise hoher Taktzeit wird das Heizelementschweißen immer dann angewendet, wenn hohe Bauteilanforderungen gestellt werden und große Verfahrenssicherheit gefordert wird. Im Laufe der Entwicklung in unterschiedlichen Anwendungsbereichen haben sich verschiedene Verfahrensvarianten entwickelt, welche anwendungsspezifisch zu unterschiedlichen Prozeßführungen geführt haben.

3.1.1.2 Prozeßbeschreibung

Das Heizelementschweißen basiert auf der Fremderwärmung der Fügeflächen an einem Heizelement bis in den Schmelzbereich und dem darauf folgenden Fügen unter Druck [1]. Ein Teil der Schmelze wird dann in den Schweißwulst gedrängt. Dem rheologischen Vorgang beim Fügen und der resultierenden Schweißnahtstruktur wird in der Literatur der Schlüssel zu den Nahteigenschaften zugeschrieben [2-5]. Im praktischen Einsatz des Verfahrens wird dieser wenig bekannten wissenschaftlichen Basis durch teilweise präzis vorgegebene Parameterfenster Rechnung getragen [6-10]. Die Prozeßführung basiert in der Regel auf einer Kraft-Zeit Regelung, in einigen Anwendungen wird statt dessen ein weggeregelter Prozeß, zumeist mit mechanischen Anschlägen in der Maschine gewählt.

Der Verfahrensablauf des Heizelementkontaktschweißens ist in Bild 3.1 dargestellt.

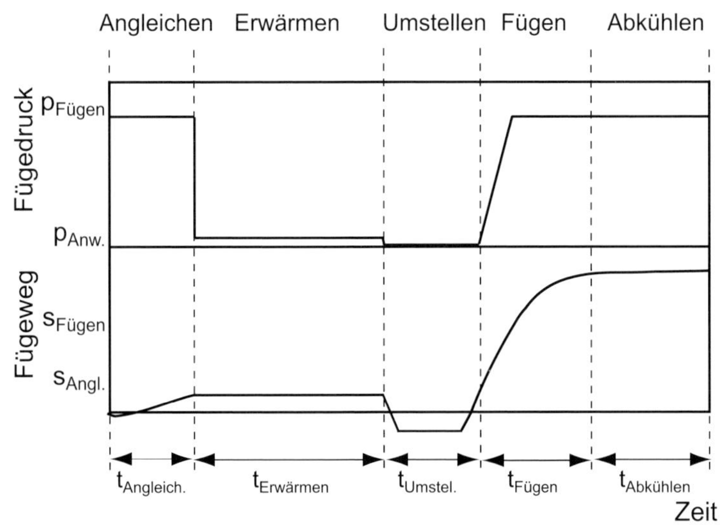

Bild 3.1 Verfahrensablauf beim Heizelementschweißen mit Kraftvorgabe prinzipieller Kraft-Zeitverlauf, abhängiger Weg-Zeitverlauf

Angleichen

In der Angleichphase werden die Fügeteile mit erhöhtem Druck beidseitig am Heizelement angelegt. Die Fügeflächen erhalten durch schnelles "Abschmelzen" vollflächigen Kontakt mit dem Heizelement. Dadurch bewegen sich die Fügeteile auf das Heizelement zu.

Erwärmen

In der drucklosen Erwärmphase wird eine Schmelzeschicht mit definierter Dicke an den Fügeflächen aufgebaut. Die Fügeteile stehen dabei still, es wird kein Weg zurückgelegt.

Umstellen

Die Fügeteile werden vom Heizelement weggefahren und das Heizelement aus der Fügezone entfernt.

Fügen

Die Fügeteile werden unter Druck gefügt. Dabei bildet sich der Schweißwulst. Der sich einstellende Fügeweg ist beim druckgeregelten Schweißen eine Funktion der Schmelzeviskosität und des Fügedruckes.

Kühlen

Die Abkühlphase erfolgt in der Regel unter Beibehaltung des Fügedruckes. Durch das Schwinden während des Abkühlens wird eine geringe Wegzunahme festgestellt.

3.1.1.3 Prozeß-Struktur-Eigenschaftsbeziehung

Nahtfestigkeit und Rheologie

Bei dem Begriff der Nahtfestigkeit wird in erster Linie an die Verbindungsfestigkeit der Fügeebene gedacht, also der eigentlichen Kontaktebene der beiden Fügepartner. Die Fügeebene selbst ist jedoch in den meisten Fällen nicht der relevante Schwachpunkt einer Schweißnaht. Die Schweißnaht ist vielmehr als eigene Werkstoffzone innerhalb des Bauteils zu betrachten, mit spezifischem, vom Grundmaterial unterschiedlichem mechanischen Verhalten. Die mechanischen Eigenschaften einer Schweißnahtprobe sind häufig deutlich schlechter als die vergleichbaren Werte des entsprechenden Grundmaterials, obwohl das Versagen nicht in der Fügeebene, also der eigentlichen Berührebene der beiden Fügepartner auftritt.

Bindemechanismus

Die Fügeebenenfestigkeit wird beim Schweißen durch eine Abfolge von molekularer Orientierung mit nachfolgender Relaxation erklärt. Makroskopische Mischungsvorgänge der beiden Schmelzeoberflächen finden nicht statt. Die Schmelze wird in der Fügephase in Form einer beschleunigten Strömung in Richtung Wulst gedrängt. Die beschleunigte Strömung orientiert und streckt die Makromoleküle. Nach dem Ende des Fließprozesses, also bei Beendigung der Fügebewegung relaxieren die orientierten Moleküle. Dabei wird die stoffliche Grenzfläche beider Fügepartner aufgelöst und in der folgenden Kühl- bzw. Rekristallisationsphase ein homogener Werkstoffbereich geschaffen.

Schweißnahtstruktur

Eine Schweißnaht bewirkt lokal veränderte mechanische Eigenschaften im Bauteil. Die Ursache hierfür ist in dem Zusammenwirken zwischen äußerer Kerbe, bedingt durch den Schweißwulst, und im inneren, morphologischen Aufbau des Schweißnahtbereiches zu suchen, welche beide die mechanischen Schweißnahteigenschaften dominieren.

Die Morphologie der Naht kann als strukturelle Kerbe bezeichnet werden, der Schweißwulst ist eine äußere, geometrische Kerbe. Den typischen Schweißnahtaufbau zeigt Bild 3.2 anhand einer polaristionsoptischen Dünnschnittaufnahme einer Schweißverbindung aus Polypropylen.

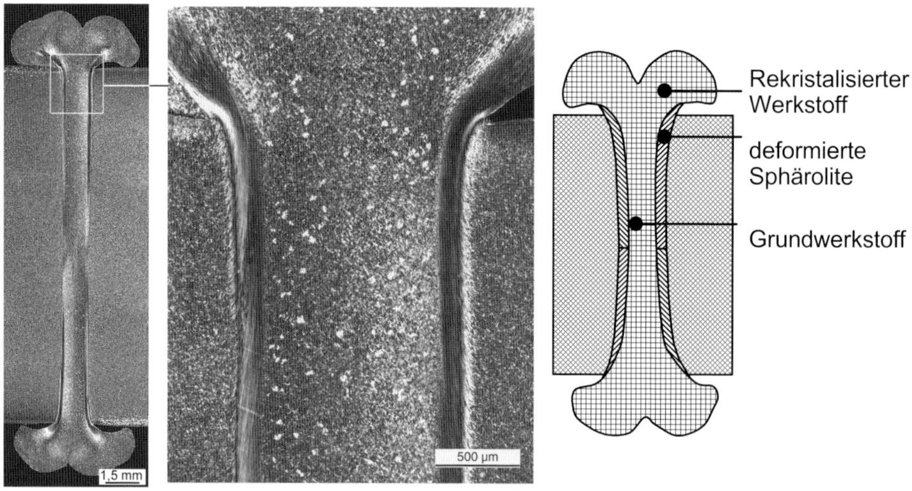

Bild 3.2 Polarisationsmikroskopische Dünnschnittaufnahme einer Heizelementschweißnaht aus PP, Querschnitt und Prinzipbild des Nahtaufbaus [3]

In der Übersichtsdarstellung links ist der Fügeteilquerschnitt mit den äußeren Schweißwulsten zu erkennen, die Detailvergrößerung in der Mitte zeigt den sphärolithischen Aufbau einer Nahthälfte. In der schematischen Darstellung sind drei grundsätzlich unterschiedliche Bereiche zu erkennen.

Grundwerkstoff

Fügeteilbereiche, welche während des Schweißprozesses nicht oberhalb der Kristallitschmelztemperatur erwärmt wurden und daher ihre Struktur erhalten haben.

Deformierte Sphärolithe

In dieser Zone war das Material auf Temperaturen im Bereich der Kristallitschmelztemperatur erwärmt, aber noch nicht vollständig aufgeschmolzen. "Alte" Strukturen haben sich beim Fließen der Schmelze erhalten und erstarren in deformierter Form.

Rekristallisierter Werkstoff

Das Material war komplett in Schmelze und ist aus der Schmelze nach dem Fließprozeß neu rekristallisiert. Diese Werkstoffzone weist keine polaristionsoptisch erkennbaren Orientierungen auf. Die Kontaktzone beider Werkstoffe ist durch eine besondere Sphärolithstruktur in der Fügeebene zu erkennen.

3.1.1.4 Parametereinfluß beim Schweißen mit Kontakterwärmung

Beim Heizelementschweißen lassen sich im Unterschied zu anderen Verfahren die Schmelzeschichterzeugung und die Fügephase, der Werkstofffluß unabhängig voneinander mittels der Parameter beeinflussen. Die Nahteigenschaften beeinflussenden relevanten Schweißparameter sind:

- Heizelementtemperatur,
- Angleichzeit/Weg,
- Erwärmzeit,
- Erwärmdruck,
- Umstellzeit,
- Fügedruck/Druckaufbauzeit,
- Fügeweg,
- Kühlzeit.

Heizelementtemperatur

Die Heizelementtemperatur wird werkstoff- und prozeßspezifisch konstant gehalten. Die Antihaftbeschichtung auf Basis von PTFE limitiert die Dauergebrauchstemperatur von Kontaktheizelementen auf ca. 270 °C. Die erforderliche Heizelementtemperatur beim konventionellen Schweißen mit Kontakterwärmung kann näherungsweise wie folgt angenommen werden:

- teilkristalline Thermoplaste: T_k + 70 °C
- amorphe Thermoplaste: T_g + 140 °C

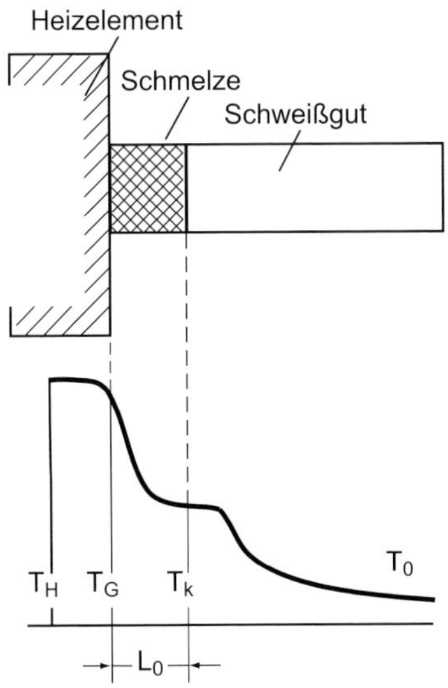

Bild 3.3 Temperaturverlauf im Fügeteil während der Anlaufphase

T_H = Heizelementtemperatur *T_G = Kontaktflächentemperatur*
T_k = Kristallitschmelztemperatur *T_0 = Umgebungstemperatur*
L_0 = Schmelzeschichtdicke

In der Praxis basiert die Heizelementtemperatur auf Vorversuchsreihen, so daß anwendungsbezogen durchaus mit unterschiedlichen Temperaturen bei dem gleichen Werkstoff gearbeitet wird. Beim Serienschweißen und beim Schweißen dünnwandiger Fügeteile wird häufig eine erheblich höhere Heizelementtemperatur eingesetzt als bei dickwandigen Bauteilen wie z.B. beim Halbzeugschweißen.

Hohe Heizelementtemperatur und entsprechend kurze Erwärmzeit haben den Vorteil einer kurzen Zykluszeit und eines geringeren Energieeintrages ins Bauteil. Neben der verbesserten Wirtschaftlichkeit wird möglicher Bauteilverzug reduziert. Als Nachteile ergeben sich eine niedrigere Schmelzeviskosität mit erhöhter Anhaftungsneigung am Heizelement, sowie ein häufig spröderes mechanisches Verhalten der so hergestellten Verbindung. Hohe Temperaturen schädigen leichter die thermisch/antioxydative Stabilisierung des Materials, so daß Schweißnähte dieser Art eine geringere Langzeitfestigkeit aufweisen können. In mechanischen Kurzzeitversuchen ist dieser Effekt nicht nachzuweisen.

Speziell bei den immer häufiger eingesetzten Rezyklaten oder Rezyklatbeimischungen ist eine Senkung der Heizelementtemperatur gegenüber reiner Neuware oft notwendig.

Angleichen, Angleichzeit, Angleichweg

Die Angleichphase ist charakterisiert durch eine Zustellbewegung der Fügeteile an das Heizelement, solange, bis alle Unebenheiten der Fügeteile "abgeschmolzen" sind und die vollflächige Anlage und Materialkontakt am Heizelement erreicht sind. Ein komplett um die Fügeflächen umlaufender Wulst signalisiert das Ende der notwendigen Angleichzeit. Übliche Angleichdrücke bewegen sich zwischen 0,1 und 0,8 N/mm², wobei Werkstoff, Bauteilsteifigkeit und Maschinenauslegung (Fügeteilaufnahme, Steuerungsauslegung) die relevanten Kriterien sind.

Beim Serienschweißen wird die Angleichphase entweder über eine feste Zeit oder einen bestimmten Angleichweg (Anschläge, Wegmessung) festgelegt, beim Einzelteilschweißen wird häufig der visuellen Kontrolle des Angleichwulstes der Vorzug gegeben.

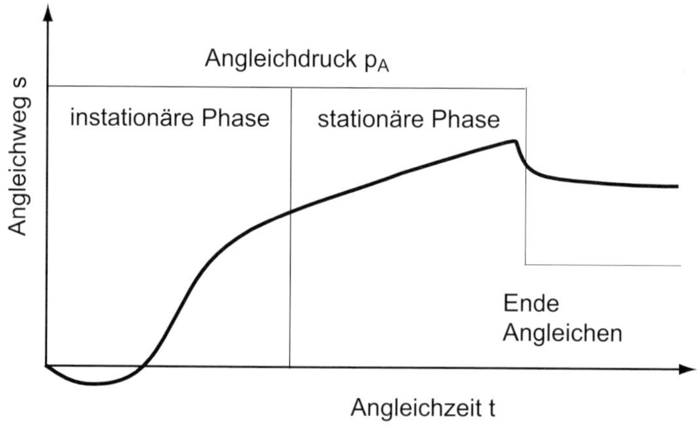

Bild 3.4 Abschmelzverhalten während der Angleichphase

Erwärmzeit/Erwärmdruck

Während des Angleichens werden die Fügeflächen bereits vollständig aufgeschmolzen. Bei der anschließenden "Erwärmung" werden sie weiter bis zu der gewünschten Tiefe plastifiziert. Die optimale Schmelzeschichtdicke L_0 ist abhängig vom Thermoplasttyp und von der Wanddicke. Übliche Bereiche sind:

– teilkristalline Thermoplaste: $L_o / d = 0{,}2 - 0{,}4$

– amorphe Thermoplaste: $L_o / d = 0{,}4 - 1{,}2$

L_o: Schmelzeschichtdicke; d: Wanddicke

Die Zeit bis zum Erreichen der gewünschten Schmelzeschichtdicke ist vor allem von der Heizelementtemperatur und der Wärmeleitfähigkeit des Materials abhängig und muß durch Vorversuche ermittelt werden, wenn keine Daten für das Material vorliegen. Für PE und PP sind in Richtlinie DVS 2215-2 [11] entsprechende Diagramme zu finden (s.a. Kap. 3.1.1.5, Tabelle 3.1).

In der Parameteroptimierung wird die Schmelzeschichtdicke mittels Hochdruckfügeversuchen mit begleitender Fügewegmessung ermittelt, wobei Fügedrücke von 0,5-1,5 N/mm² eingestellt werden. Dabei kann von einer ca. 95 %igen Schmelzeverdrängung ausgegangen werden. Nach dem Angleichen wird der Druck stark reduziert und während der Erwärmphase auf einem so niedrigen Niveau gehalten, daß kaum weitere Schmelze austritt, aber ein für den Wärmeübergang notwendiger Kontakt zwischen Heizelement und Fügeteilen aufrecht erhalten wird (z.B. 0,01 N/mm²).

Umstellen

Während der Umstellphase kühlt die Fügefläche ab. Zusätzlich befindet sie sich im Kontakt mit Luftsauerstoff und kann oxydieren. Die Umstellzeit muß daher so kurz wie möglich sein.

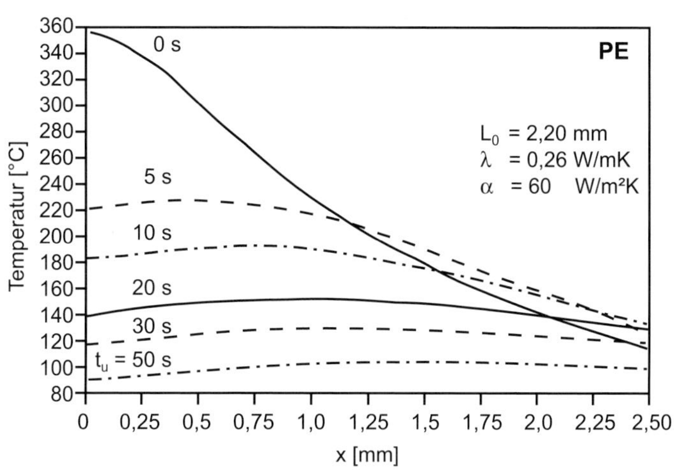

Bild 3.5 Berechnetes Temperaturprofil nach dem Umstellen beim Schweißen im Hochtemperaturfeld (Werkstoff PE)

Je nach Fertigung gibt es Umstellzeiten zwischen ca. 1 s bei kleinen Serienteilen und bis zu 25 s [6] beim Schweißen von Großrohren im Feld. Umstellzeitkritische Materialien wie z.B. PVC oder PVDF tolerieren unabhängig von der Wanddicke nicht mehr als 2,5 s. Kritisch sind auch dünnwandige Teile mit geringen Schmelzeschichtdicken, bei denen die Fügeflächentemperatur nach wenigen Sekunden unter die Erstarrungstemperatur fällt.

Fügedruck, Fügedruckaufbauzeit

Nach dem Umstellen sollen sich die Schmelzeschichten theoretisch druckfrei berühren, bevor ohne zeitliche Verzögerung der Fügedruckaufbau erfolgt. Der Fügedruck führt durch den Schmelzefluß zur Ausbildung des Schweißwulstes. Eine sog. Restschmelzeschicht verbleibt im Nahtbereich. In der Praxis wird überwiegend mit dem Fügedruck als Parameter gearbeitet. Für den größten Teil der Thermoplaste gelten Fügedrücke im Bereich von 0,1 - 0,3 N/mm² als optimal, verschiedene Typen des PVC werden mit 0,6 - 0,8 N/mm² gefügt, für ultrahochmolekulares PE werden bis zu 2,5 N/mm² eingestellt, dagegen reichen 0,05 N/mm² bei leichtfließenden teilkristallinen Thermoplasten oft aus. Eine Fahrweise mit Fügeweg-Einstellung ist ebenfalls möglich, insbesondere dann, wenn die Schmelzeschichtdikke bekannt ist und daher der Fügeweg s_f vorgegeben werden kann. Der Schlüssel der mechanischen Nahteigenschaften liegt im Fließverhalten der Schmelze. In vereinfachter Betrachtung wird das rheologische Verhalten durch das Verhältnis von Fügeweg zu Schmelzeschichtdicke: s_f/L_o charakterisiert. Es kann davon ausgegangen werden, daß bei ungefähr 75 %iger Schmelzeverdrängung, also bei $s_f/L_o = 0{,}75$ sowohl für amorphe als auch für teilkristalline Werkstoffe ein Optimum der Nahtfestigkeit erreicht wird.

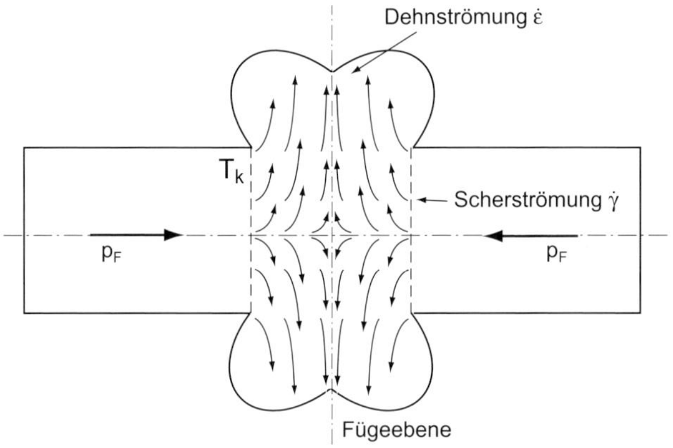

Bild 3.6 Fließverhalten der Schmelze an der Fügestelle, schematisch

T_k = Kristallitschmelztemperatur

Kühlen

Die Abkühlung erfolgt durch Wärmeleitung ins Bauteil und natürliche Konvektion. Während der Abkühlphase wird der Fügedruck in der Regel mindestens bis zum Unterschreiten der Rekristallisationstemperatur bzw. der Glasübergangstemperatur im gesamten Fügequerschnitt aufrechterhalten. Lunkerbildung aufgrund der thermisch- und kristallisationsbedingten Dichtezunahme sowie die Bildung von Eigenspannungen werden dadurch minimiert. Eigenspannungen lassen sich aber prinzipiell nicht verhindern. Über den Einfluß von Zwangskühlung liegen bisher keine fundierten Erkenntnisse vor.

3.1.1.5 Prozeßvarianten

Kontakterwärmung mit Hochtemperatur

In einigen Anwendungen beim Serienschweißen wird im Hochtemperaturkontaktschweißen gearbeitet. Hochtemperaturheizelemente sind nicht antihaftbeschichtet. Beim Hochtemperaturschweißen werden Heizelementtemperaturen zwischen 300 und 450 °C gewählt, die im Bereich oder oberhalb der Zersetzungstemperatur des zu schweißenden Werkstoffes liegen. Angleichen und Anwärmen werden zu einem wenige Sekunden dauernden gemeinsamen Schritt zusammengefaßt. Es wird dabei in Kauf genommen, daß die am Heizelement anliegenden Werkstoffbereiche thermisch abbauen. Bei geringen Fügeteilwanddicken von 2 bis 3 mm wird davon ausgegangen, daß die abgebauten und dadurch sehr niedrigviskosen Werkstoffbereiche komplett in den Schweißwulst gedrängt werden. Je nach Fügeteilwerkstoff und Heizelementtemperatur tritt eine Selbstreinigung des Heizelementes durch Verdampfen der Anhaftungsrückstände auf. Da keine empfindliche Antihaftbeschichtung aufgebracht wurde, kann die Heizelementoberfläche auch nach jedem Zyklus durch automatische Vorrichtungen gereinigt werden.

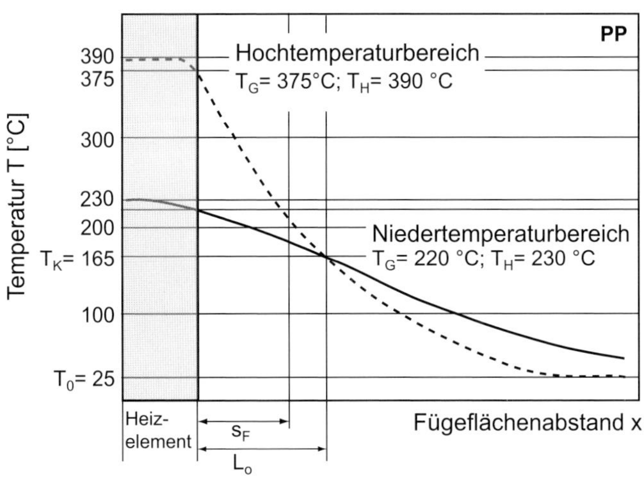

Bild 3.7 Temperaturprofile in der Schmelzeschicht bei Hoch- und Niedertemperaturerwärmung

T_G = Kontaktflächentemperatur *s_F = Fügeweg*

L_o = Schmelzeschichtdicke *T_H = Heizelementtemperatur*

T_K = Kristallitschmelztemperatur *T_0 = Raumtemperatur*

Das Hochtemperaturschweißen wird mit guten Schweißnahteigenschaften vor allem für Polypropylen, ABS und PMMA in Serienanwendungen eingesetzt (PE nur mit Einschränkungen nach DVS 2215-2 [11]). Beim Hochtemperaturschweißen beträgt die Zykluszeit nur etwa ein Viertel der Zeit des "normalen" Heizelementschweißens, da wegen der geringeren Schmelzeschichtdicke auch die Kühlzeit entsprechend kürzer ist.

Berührungsloses Hochtemperaturschweißen

Beim berührungslosen Hochtemperaturschweißen wird das Heizelement als Strahlungsheizelement eingesetzt. Die Arbeitstemperaturen betragen bis zu 600 °C. Die Fügeteile werden zum Anwärmen auf sehr geringen Abstand zum Heizelement gebracht, wofür üblicherweise anschlaggeregelte bzw. weggesteuerte Maschinen verwendet werden. Das Angleichen entfällt natürlich.

Die Heizelemente bei dieser Prozeßvariante sind Dunkelstrahler, also langwellige Strahler, deren Intensität mit dem Quadrat des Abstandes zwischen Strahleroberfläche und Fügeteil abnimmt. Diese Strahlungscharakteristik bedingt extrem geringen Abstand zwischen Fügeteil und Strahleroberfläche. In der Praxis werden Abstände von 0,5-1,5 mm realisiert. Um eine gleichmäßige Schmelzeschichtdicke an der gesamten Fügefläche einzuhalten, dürfen die Abstandsdifferenzen nur sehr gering sein und müssen sich im Bereich von +/- 0,1 mm konstant halten lassen, zumal die entstehende Schmelze expandiert und den Abstand zum Heizelement verringert.

Die erforderlichen Genauigkeiten lassen sich bei Spritzgußfügeteilen nur bei sehr kleinen Bauteilen sicherstellen. Es gibt auch die Möglichkeit der spanenden Vorbereitung der Fügeflächen in der Maschineneinspannung. Dies wird z.B. beim berührungslosen Hochtemperaturschweißen von PVDF-Rohren im Nahrungsmittel- und Reinraumbereich durchgeführt, wobei die Rohrenden durch rundlaufende Hobel präzise geplant werden (weiter Ausführungen s.a. Kap. 3.3.1 und 3.3.2).

Schweißparameter bei Kontakterwärmung

Material	Dicke [mm]	AD [N/cm²]	AZ [min:s]	WD [N/cm²]	WZ [min:s]	FD [N/cm²]	FZ [min:s]	TH [°C]
PP	10	10	1:30	1	3:40	10	17:00	210
PE-HD	10	15	1:30	1	1:40	15	13:00	215
PVC extr.	10	10	1:30	1	2:30	30	10:00	220
PVC gepr.	10	60	0:30	4	1:45	60	10:00	215
PVDF	10	10	0:45	1	2:20	10	14:00	240

Tabelle 3.1 Vergleich der Schweißparameter für klassifizierte Standardkunststoffe

AD = Angleichdruck *AZ = Angleichzeit*
WD = Wärmdruck *WZ = Wärmzeit*
FD = Fügedruck *FZ = Fügezeit/Kühlzeit*
TH = Heizelementtemperatur

Im folgenden sind beispielhaft Schweißparametersätze von handelsüblichen, klassifizierten Extrusionswerkstoffen in Abhängigkeit der Fügeteildicke aufgeführt: Unter Verwendung dieser Parameter werden optimale Schweißnahtfestigkeiten mit einer Zeitstandfestigkeit (siehe Kap. 3.7.2) von mindestens 0,8 erreicht.

Beim Schweißen in der Serienfertigung werden in der Regel Spritzgußteile geschweißt. Die Schweißparameter werden jeweils anwendungs- und bauteilspezifisch optimiert. Meistens wird mit erheblich höheren Heizelementtemperaturen und kürzeren Erwärm- und Kühlzeiten gearbeitet, um die Gesamtenergieeinbringung und die Zykluszeit zu reduzieren.

3.1.1.6 Konstruktive Gestaltung der Fügeteile

Die Fügeteile müssen schweißgerecht konstruiert sein und aus für das Heizelementschweißen geeigneten Werkstoffen bestehen. Die Fügeflächen sollen durch das Heizelement gleichmäßig und vollständig erwärmt und aufgeschmolzen werden. Durch den Fügedruck ist über die gesamte Schweißnahtlänge ein möglichst gleichmäßiger Schmelzefluß zu erzeugen. Dabei sollen die Fügeteile Angleich-, Füge- und Einspannkräfte ohne schädigende Deformation ertragen können.

Beim Heizelement-Stumpfschweißen von Halbzeugen (Platten, Profile, Rohre) mit sich selbst oder mit Formteilen liegen in der Regel planparallele Fügeflächen vor. Dagegen weisen beim Serienschweißen Fügeteile, die durch Spritzgießen, Blas- oder Thermoformen hergestellt wurden, oft komplizierte, räumlich gekrümmte Nahtkonturen auf. Dabei ist zu beachten, daß bei kleineren Winkeln zur Fügerichtung (normal 90°) auch der Abschmelzweg im Vergleich zum eingestellten Fügeweg kleiner wird (s.a. Kap. 3.4.2, Bild 3.89). Im Bereich der Schweißnaht sollten vermieden werden: Bindenähte, zu kleiner Abstand zu Bohrungen und Durchbrüchen, scharfkantige Ecken und Wanddickensprünge.

Die Fügezonengeometrie ist der Anwendung anzupassen, bevorzugt werden einfache, stirnflächig zu schweißende Fügeflächen. Bei Sichtteilen kann der beim Heizelementschweißen nicht zu vermeidende Schweißwulst entweder nachträglich abgearbeitet oder in der Konstruktion versteckt werden. Vorschläge für geeignete Nahtkonturen sind in [11] dargestellt, sie reichen von einfachen umlaufenden Stegen ("modifizierter Stumpfstoß") bis zur vollständigen Abdeckung der Naht durch entsprechende Lippen. Umlaufende Stege können auch als Einspannhilfe bzw. Anschlag für Spannwerkzeuge eingesetzt werden.

3.1.1.7 Materialeinfluß

Grundsätzlich sind alle Thermoplaste und thermoplastische Elastomere im Heizelementverfahren schweißbar, es gibt jedoch erhebliche Unterschiede im Schweißverhalten. So sind insbesondere hochmolekulare Polyolefine, PVC und andere Thermoplaste, vor allem amorphe mit hoher Schmelzeviskosität gut schweißbar, da die Klebneigung am Heizelement gering und die Schmelze sehr stabil ist. Bei sehr leichtfließenden Materialien, wie sie im Spritzguß bevorzugt eingesetzt werden, treten häufig Probleme durch Ankleben auf. Voraussetzung für gute Schweißnähte sind eine geeignete Materialauswahl, die materialgerechte Verarbeitung zu den Fügeteilen und eine Lagerung, die Feuchtigkeitsaufnahme oder Verschmutzung ausschließt.

Im Normalfall werden Fügeteile aus gleichen Materialien geschweißt, wobei außer dem Thermoplasttyp auch die Schmelzeviskosität gleich sein sollte. Es lassen sich mit dem Heizelementverfahren aber auch Kombinationen aus verschiedenen Materialien schweißen, so z.B. verstärkte mit unverstärkten oder verstärkte mit elastomermodifizierten. Weiterhin sind auch einige ganz unterschiedliche Thermoplaste zu kombinieren, wie das Beispiel PKW-Rückleuchte aus ABS und PMMA zeigt [11].

Bei miteinander verträglichen Thermoplasten mit extrem unterschiedlichen Schmelzebereichen und/oder Viskositäten ist mit dem Heizelementverfahren dann ein Verschweißen möglich, wenn ein Doppelheizelement eingesetzt wird, bei dem zwei unterschiedliche Oberflächentemperaturen eingestellt werden können. Das Schweißverfahren wird zwar von dem Grundwerkstoff dominiert, aber auch von den Zusatzstoffen mitbestimmt. So verändern Füll- und Verstärkungsstoffe, Flammschutzmittel, Gleit- und Schmiermittel u.s.w. die physikalischen Eigenschaften und somit auch das Schweißverhalten. Selbst geringe Zusätze wie z.B. Pigmente können bei teilkristallinen Thermoplasten das Kristallwachstum beeinflussen und somit das Aufschmelzen und Erstarren.

Feuchtigkeit in den Fügeteilen kann zu blasigen und damit unbrauchbaren Schweißnähten führen. Bei einigen Kunststoffen bewirkt die Feuchtigkeit in Verbindung mit der hohen Schweißtemperatur einen molekularen Abbau und damit eine Reduktion der mechanischen Eigenschaften. Wird bei der Fügeteilherstellung Trennmittel eingesetzt, kann eine Reinigung der Fügeflächen vor dem Schweißen erforderlich sein. Ist das Schweißverhalten einer Werkstoffkombination nicht bekannt, wird empfohlen, Vorversuche an einfachen Prüfkörpern durchzuführen.

3.1.1.8 Maschinentechnik

Maschinen zum Heizelementstumpfschweißen arbeiten alle nach dem prinzipiellen Verfahrensablauf wie vorn beschrieben, sind aber in ihrer technischen Ausführung so unterschiedlich wie die unterschiedlichen Anwendungsfälle. Eine logische Unterscheidung kann getroffen werden zwischen halb- und vollautomatischen Serienschweißanlagen für große Stückzahlen und zwischen Einzelteilschweißmaschinen für unterschiedlich dimensionierte Fügeteile, z.B. Halbzeuge oder unterschiedliche Kleinserien.

Beim Schweißen großer Serien hat die Formteilaufnahme bzw. die Spanntechnik der Fügeteile hohe Bedeutung, da häufig mit automatischem Beladehandling gearbeitet wird. Die Werkzeugtechnik muß die Fügeteile schnell und präzise aufnehmen, spannen und auch wieder freigeben. Vorhandener Verzug der Fügeteile darf die Lage und die sichere, reproduzierbare Positionierung der Teile nicht beeinflussen und muß "ausgespannt" werden.

Maschinen für Kleinserien oder variable Fügeteile arbeiten eher mit einfachen Spann- oder Haltesystemen. Die exakte Positionierung der Fügeteile in den Spannsystemen muß dann vom Bediener, teilweise mit sog. Richtanschlägen sichergestellt werden.

Heizelemente

Bei den weitaus meisten Anlagen bestehen die Heizelemente aus elektrisch beheizten Platten aus gut wärmeleitfähigen Materialien wie Aluminium-Legierungen (z.B. Aluminium-Bronze) oder zunderfreien Spezialstählen für Temperaturen über 500 °C. Zum Erreichen kurzer Anheizzeiten sind hohe spezifische Heizleistungen zwischen 4 und 20 W/cm² erforderlich. Für räumlich gekrümmte Schweißnähte werden Aufsätze auf den Heizplatten verwendet, die gegebenenfalls mit einer zusätzlichen, regelbaren Heizung versehen sind. Es werden aber auch vollkommen anders gestaltete Heizelemente eingesetzt (s.a. Heizelementmuffenschweißen [6]).

Um ein Anhaften der Schmelze an Heizelementen zu vermeiden, werden diese mit Antihaftbeschichtungen auf PTFE-Basis versehen oder, insbesondere bei plattenförmigen Heizelementen, mit leicht auszuwechselnden PTFE-beschichteten Glasfasergeweben umspannt. Diese Beschichtungen und Bespannungen auf PFTE-Basis dürfen im Dauereinsatz nur bis 270 °C verwendet werden. Auf die Verwendung von Trennmittelsprays muß grundsätzlich verzichtet werden.

Die Anforderungen an die Temperaturverteilung auf der Arbeitsfläche ist abhängig von dem zu schweißenden Material (zulässiger Verarbeitungstemperaturbereich), der Teilegeometrie und den Verfahrensbedingungen. Die zulässigen Temperaturdifferenzen sind bei einfach gestalteten Heizelementen abhängig vom Diagonalmaß (z.B. bei 350 mm 10 °C). Der Temperaturabfall während eines Schweißzyklusses sollte maximal 10 °C nicht überschreiten [11]. Bei horizontal arbeitenden Schweißmaschinen mit senkrecht stehendem Heizelement kann eine Unterteilung des Elementes in mehrere getrennt geregelte Heizzonen erforderlich sein, um Temperaturunterschieden in der Höhe durch Abkühlung infolge Konvektion vorzubeugen. Einzelne Anwendungen, insbesondere bei dünnwandigen Teilen aus Materialien mit engem Verarbeitungsbereich, kann eine Abschirmung der vom Heizelement ausgehenden Wärmestrahlung erforderlich sein.

Antriebstechnik

Der Antrieb der Werkzeugträger und der Heizanlage erfolgt pneumatisch, hydraulisch oder elektromechanisch. Die Elektromechanik bietet systembedingt die besten Prozeßführungsmöglichkeiten, da sie wahlweise kraftgeregelt oder auch weggeregelt und positionierend schweißen kann. Aus Kostengründen hat sie aber nur geringe Verbreitung. Die Wahl zwischen hydraulischen oder pneumatischen Antrieben wird im Wesentlichen ebenfalls durch die Kosten dominiert, weniger durch technische Anforderungen. Der prinzipbedingt weiche Druckaufbau eines pneumatischen Antriebes kommt den Anforderungen an den Schmelzefließprozeß beim Fügen sehr nahe, die Beherrschung der Maschinendynamik bei großen Massen ist jedoch regelungstechnisch schwieriger. Bei hydraulischen Antrieben ist dies genau umgekehrt. Um weiche Druckaufbringung zu gewährleisten, ist der regelungstechnische Aufwand höher, jedoch fällt die Beherrschung der bewegten Massen aufgrund der steifen Übertragung leichter.

Die präzise Führung der Schweißwerkzeuge hat enorme Bedeutung für die Konstanz der Nahtqualität innerhalb eines Fügeteiles. Die Kraftaufbringung erfolgt selten in der zentralen Achse der Fügteile, sondern bewirkt in der Regel ein Dreh- oder Biegemoment auf die Werkzeuge. Dennoch dürfen die Werkzeuge unter Last nicht klaffen oder sich verziehen, da der Fügeweg, der im mm Bereich liegt, an allen Stellen der Schweißnaht exakt gleich sein muß. Diese Maschineneigenschaft muß entweder maschinenbautechnisch oder regelungstechnisch sichergestellt werden. Nur dann kann von gleichmäßiger Kraftübertragung ins Bauteil ausgegangen werden. Bei einigen Maschinen wird dies vernachlässigt.

Steuerung

Je nach Fertigungsumfeld reicht die Spannbreite an Steuerungen von der rein manuell betätigten Maschine bis zur freiprogrammierbaren Steuerung mit intergrierter online Qualitätssicherung. Aus Qualitätsgründen wird in der Regel mindestens eine SPS mit automatischem Schweißablauf verwendet, in den der Bediener nicht eingreifen kann. Spezielle Datenbanken sichern auch bei Kleinserienmaschinen und Einzelteilschweißmaschinen eine hohe, konstante Schweißqualität.

Serienschweißmaschinen

Im Bild 3.8 ist beispielhaft eine vertikal arbeitende Serienschweißmaschine mit starr geführtem Heizelement und beweglicher oberer und unterer Werkzeugeinheit dargestellt. Maschinen mit zwei bewegten Werkzeugen und starrem Heizelement erlauben sehr kurze Umstellzeiten, da beide Fügeteile in der Umstellphase mit einer kurzen, harten Bewegung vom Heizelement abgelöst werden können und dieses mit hoher Beschleunigung in die Parkposition fährt.

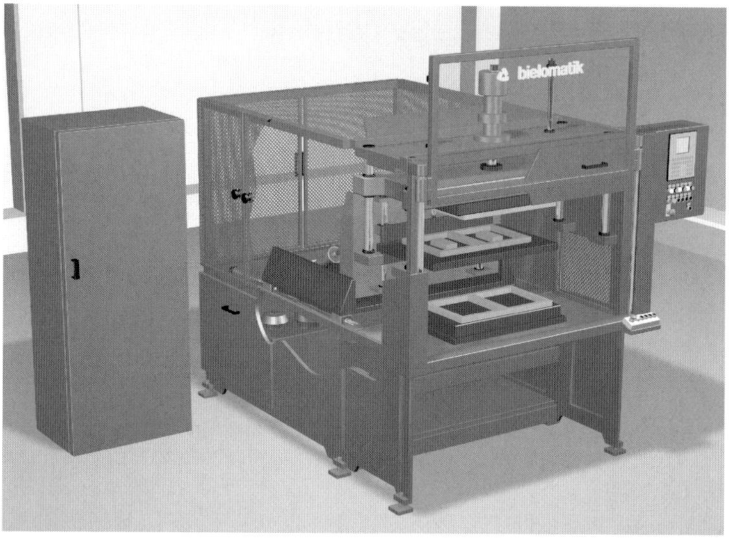

Bild 3.8 Vertikalheizelementmaschine mit oberer und unterer Preßeinheit

Quelle: Werksfoto Bielomatik GmbH & Co

Die Anzahl an Einzelschweißteilen bei einem Kfz-Tank ist beispielhaft in Bild 3.9 dargestellt.

Bei Serienteilen mit verschiedenen Einzelschweißungen, typischerweise Kfz-Kraftstofftanks, wurden früher Bearbeitungslinien aufgebaut, welche im Prinzip Transferstraßen darstellten.

Neuere Schweißanlagen arbeiten häufiger als flexible, mit Handlingsystemen ausgestattete Bearbeitungslinien, wie Bild 3.10 zeigt.

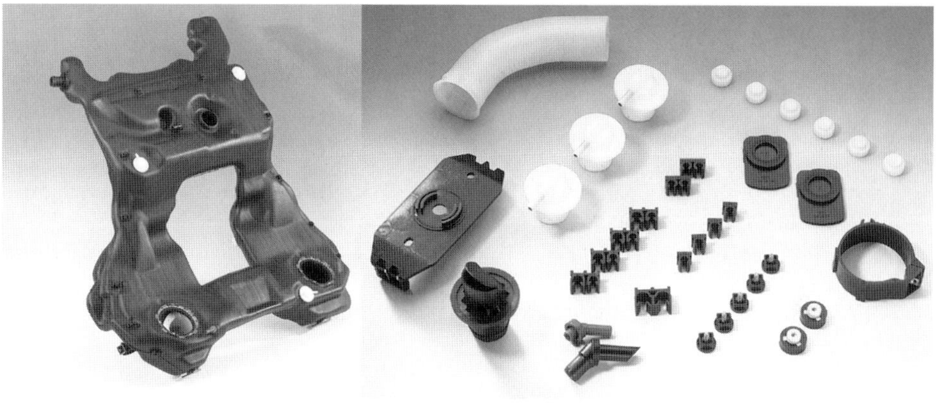

Bild 3.9 Kfz-Tank und einzuschweißende Einzelteile

Quelle: Werksfoto Bielomatik GmbH & Co

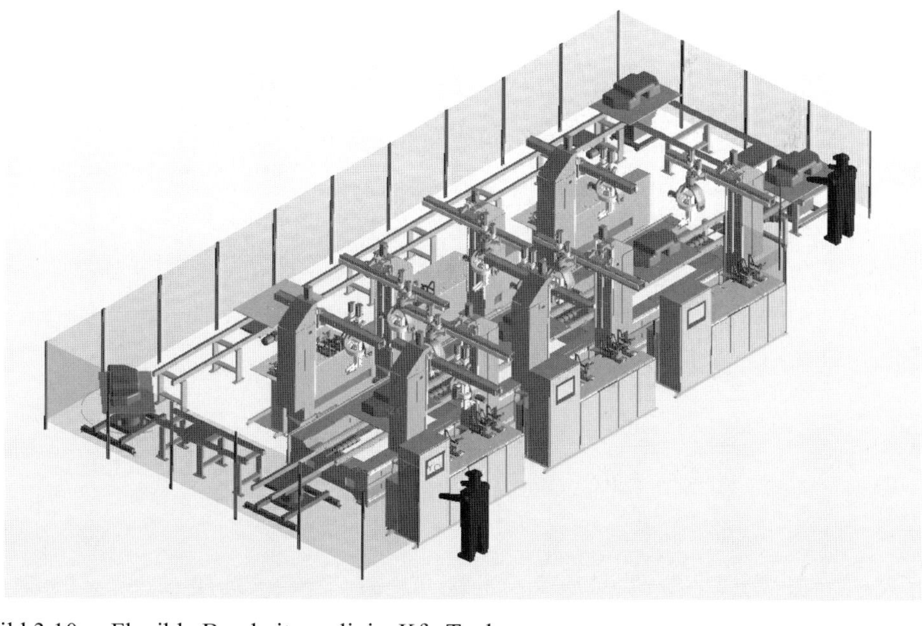

Bild 3.10 Flexible Bearbeitungslinie, Kfz-Tank

Quelle: Werksfoto Bielomatik GmbH & Co

Auf diesen flexiblen Bearbeitungslinien sind Umstellungen in der Serie erheblich schneller und kostengünstiger zu realisieren als früher.

Halbzeugschweißmaschinen

Maschinen zum Halbzeugschweißen müssen in der Fertigung sehr flexibel auf unterschiedliche Dimensionen und auch für verschiedene Werkstoffe eingestellt werden können. Die in Bild 3.10 gezeigte Maschine zum Verarbeiten plattenförmiger Halbzeuge hat einen geregelten Kraftbereich von 1000 bis 100.000 N und ist in der Lage, auch ultrahochmolekulares Polyethylen (PE-UHMW) sicher zu schweißen.

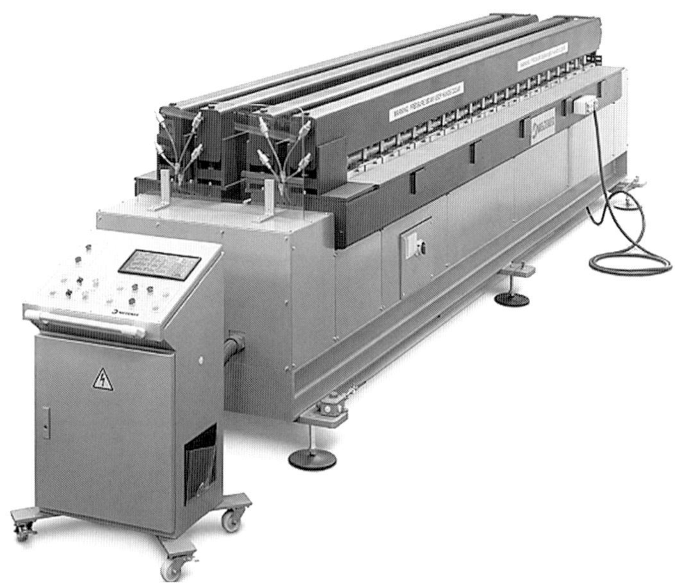

Bild 3.11 Horizontale 4 Meter Heizelementstumpfschweißmaschine für plattenförmige Halbzeuge und extreme Fügekräfte z.B. für PE-UHMW

Quelle: Wegener GmbH, Aachen

Für PE-UHMW werden Fügedrücke im Bereich des 20-fachen vom normalem PE-HD benötigt. Dennoch soll die gleiche Maschine auch dünnwandiges PE-HD qualitätsgesichert schweißen können, so daß eine enorme Kraftspreizung mit hoher Regelgenauigkeit sichergestellt sein muß. Die Maschine arbeitet mit pneumatischen Antrieben und CNC Steuerung.

3.1.1.9 Schweißen von Kunststoff-Fenstern aus PVC-HI

Von Kunststoffenstern wird eine Lebensdauer von 50 Jahren erwartet. Die geschweißten Ecken eines Fensters sind die am stärksten beanspruchten Stellen (Biegung, Torsion). Sie können nicht wie der übrige Rahmen mit Stahlprofilen verstärkt werden. Durch diese

Schweißnähte müssen sie die vorgesehene Lebensdauer erreichen. Kunststoffenster werden aus zugesägten Profilabschnitten hergestellt. Die Profilabschnitte werden von Hand in eine zunächst senkrecht stehende oder eine horizontal liegende Schweißmaschine eingelegt. Eine moderne Maschine kann gleichzeitig 4 Ecken und bis zu 2 Pfosten schweißen. Dies bedeutet, daß bis zu 12 Schweißnähte in einem Arbeitsgang millimetergenau geschweißt werden. Um diese Genauigkeit zu erreichen, dürfen die Fügeflächen nur um 0,5 mm vom Sollwert (Winkel, Ebenheit) abweichen. Es gibt Sondermaschinen, bei denen zwei Fensterrahmen übereinander liegend gleichzeitig geschweißt werden können [7].

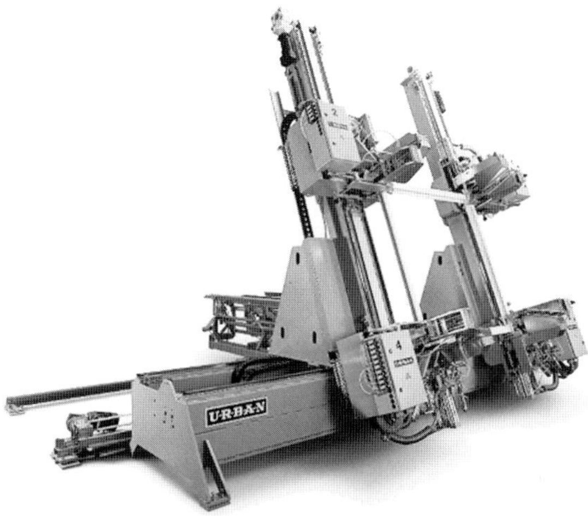

Bild 3.12 Schwenkbare 4-Kopf-Schweißmaschine zum vertikalen Einlegen der Profilschenkel

Quelle: Werksfoto Urban GmbH & Co

Da fast jedes Fenster unterschiedliche Maße aufweist, wird der Arbeitsablauf in den einzelnen Bearbeitungsstationen von einem Fertigungsleitsystem gesteuert. Die einzelnen Stationen melden Ereignisse an den zentralen Server zurück, der damit den Fertigungsablauf optimiert und auf notwendige Wartungsarbeiten, z.B. Wechseln von Heizelementfolien oder von Fräsern, hinweist. In vielen Fertigungen sind die Profilzuschnitte zusätzlich mit einem Strichcode versehen, damit die Einzelteile und später das Fenster jederzeit identifiziert und dem Auftraggeber zugeordnet werden können. Die Schweißmaschine "weiß" daher, wie groß die Profilschenkel des gerade zu schweißenden Fensters sind und wie weit die Spannelemente zum Einlegen auseinander fahren müssen. Außerdem stellt sie den Maschinendruck optimal auf die unterschiedlichen Profilquerschnitte ein.

Um einen möglichst kurzen Schweißzyklus mit hohen Festigkeitswerten zu erreichen, werden mit PTFE-beschichtete Glasfasergewebe bespannte Heizelemente mit Temperaturen bis zu 265 °C eingesetzt. Die geschweißten Fensterrahmen werden fast immer am Ende der Fügezeit horizontal aus der Schweißmaschine entnommen und automatisch abgelegt. Nach einer kurzen Abkühlzeit werden die Schweißwulste durch Hobeln und Fräsen entfernt sowie die Aussparungen und Bohrungen für die Beschläge mit schnellen CNC-Maschinen eingebracht. Der Schweißzyklus beträgt einschließlich der Zeit für das Einlegen der Profile 120 s.

Schweißnahtqualität der Ecken

Bemerkenswert ist, daß eine optimale Eckfestigkeit bei den geringen Wanddicken (< 3 mm) eines Fensterprofils nur erreicht wird, wenn beim Angleichen und beim Fügen viel Material in den Wulst fließt. Wenn die Wulstbildung nach außen durch eine Wulstbegrenzung einseitig verhindert wird, verringert sich die Festigkeit um 30 %. Eine optimale Eckfestigkeit gibt es daher nur, wenn das aufgeschmolzene Material in der Naht stetig nach innen und außen fließen kann. Die Schweißeignung der Fensterprofile wird im Rahmen der Qualitätssicherungsmaßnahmen während der Fertigung im Druckversuch geprüft. Die Mindestanforderungen an eine moderne Schweißmaschine und an die Festigkeit einer Fensterecke sind in DVS 2207-25 [7] mit $\sigma > 35$ N/mm² festgelegt. Da sehr viele Einflüsse die Festigkeit beeinträchtigen können, müssen während der Fertigung in regelmäßigen Abständen Ecken geprüft und die Ergebnisse aufgezeichnet werden (s.a. Kapitel 3.6.1).

3.1.2 Wärmekontaktschweißen/-siegeln

3.1.2.1 Begriffe

Das **Wärmekontaktverfahren** ist ein Verfahren zum Heißsiegeln[5] oder Schweißen[6] von thermoplastischen Kunststoffen. Es wird häufig in der Verpackungstechnik zum Verbinden von Packstoffen, vorzugsweise Kunststoffolien, eingesetzt. Die zum Aufschmelzen benötigte Wärme wird von permanent beheizten Werkzeugen (Siegelbacken), welche auf die zu versiegelnden Materialien gepreßt werden, an diese abgegeben und gelangt durch Wärmeleitung an die Innenflächen. Die Temperatur der beiden Werkzeuge kann verschieden sein. Die Verbindung der beiden Teile erfolgt nach Aufschmelzen der Innenflächen unter Druck. Nach dem Verbinden wird die Siegelnaht in heißem Zustand aus dem Bereich der Siegelwerkzeuge entfernt.

Das Wärmekontaktsiegelgerät ist in der Regel wie folgt aufgebaut: Presse mit zwei Siegelbacken, die eine beweglich. Der Schließdruck ist einstellbar über einen Druckregler. Jede Siegelbacke ist separat heizbar und enthält die entsprechenden Heizelemente und Temperaturregler. Die Siegelzeit (Schließzeit der Siegelbacken) ist bei der Praxisanwendung mit der Taktzeit der Gesamtanlage, in welche der Siegelapparat integriert ist, gekoppelt. Bei Laborsiegelgeräten ist eine separate Uhr zur Einstellung vorhanden. Art und Form der Siegelbakken sind individuell dem Anwendungszweck angepaßt. Zum Vermeiden des Anhaftens der heißen Kunststoffe sind die Siegelwerkzeuge mit PTFE-beschichtetem Glasgewebe überzogen. Bild 3.13 zeigt ein typisches Wärmekontakt-Laborsiegelgerät.

---

[5] **Heißsiegeln** ist das Verbinden der thermoplastischen Beschichtung von Trägerstoffen unter Einwirkung von Wärme und Druck, wobei die Trägerstoffe selbst nicht aufgeschmolzen werden.

[6] **Schweißen** ist das Verbinden von thermoplastischen Kunststoffen unter Einwirkung von Wärme mit oder ohne Druck.

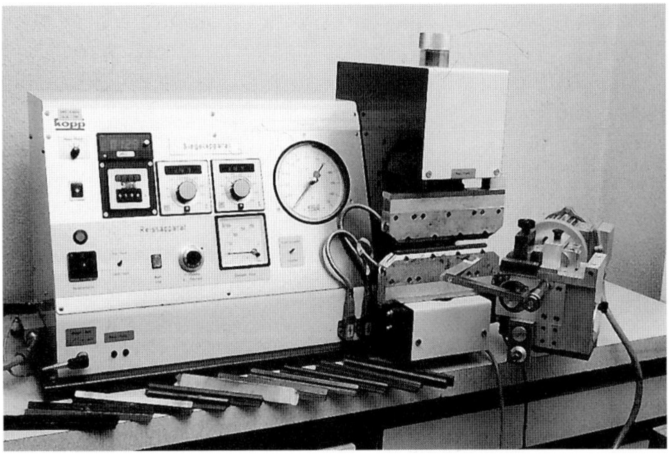

Bild 3.13 Wärmekontaktsiegelgerät (im Bild Laborgerät).

Einstell- und Kontrollregler für wesentliche Siegelparameter:
Siegelzeit (nur bei Laborsiegelgeräten vorhanden),
Siegeltemperatur für jede Siegelbacke,
Siegeldruck (verstellbar über den Drehknopf rechts oben),
Presseneinheit mit den beiden Siegelbacken sowie Auswahl von Siegelbacken (vorne).
Die untere Instrumentenreihe dient zur Bestimmung des Hot Tack mit der an die Presseneinheit angebauten Nahtfestigkeits-Prüfvorrichtung (Bauart EMPA).

Im Unterschied zum Wärmekontaktverfahren werden beim **Wärmeimpulsverfahren** die Siegelwerkzeuge kurzzeitig erhitzt. Diese zeichnen sich durch eine sehr geringe Wärmekapazität (elektrische Heizbänder) aus. Aufschmelzen und Verbinden der beiden Teile erfolgt analog dem Wärmekontaktverfahren. Danach wird die Wärmezufuhr an die Werkzeuge gestoppt. Die Siegelnaht kühlt dadurch unter Druck ab und wird erst danach aus dem Siegelbereich entfernt.

Vor allem im Hauptanwendungsgebiet der beiden obigen Verbindungsverfahren, der Verpackungstechnik, wird in der Regel gesiegelt. Die beiden zu verbindenden Partner sind meist Kunststoffverbundfolien, evtl. eine Aluminiumlage enthaltend. Zur sprachlichen Vereinfachung wird deshalb im Text generell der Begriff Siegeln verwendet [12].

3.1.2.2 Temperaturverlauf in der Siegelzone

Der Temperaturaufbau in der Siegelzone erfolgt beim Wärmekontakt-/Impulsverfahren von außen nach innen [13, 14]. Je nachdem, ob beide Siegelbacken auf die gleiche Temperatur erwärmt werden und ob die Anordnung der beiden zu verbindenden Teile gleich oder verschieden ist, entsteht ein symmetrischer oder asymmetrischer Temperaturaufbau in der Siegelzone.

Typisches Beispiel für einen symmetrischen Aufbau ist die Herstellung eines Schlauchbeutels, wobei die gleiche Verbundfolie Innenseite gegen Innenseite gesiegelt wird, Bild 3.14 und Bild 3.15.

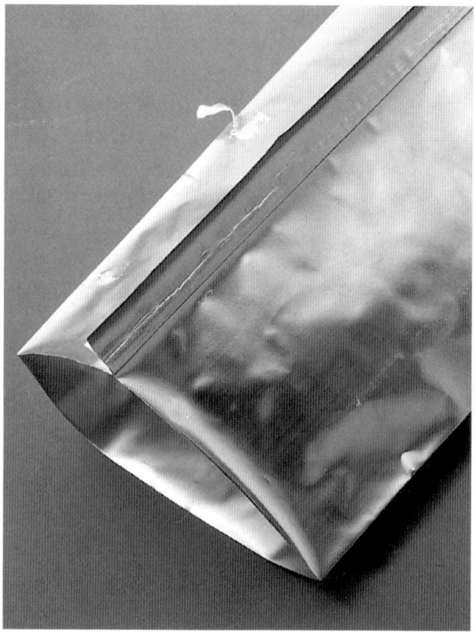

Bild 3.14 Längsnaht an einem Schlauchbeutel als Beispiel für eine symmetrische Siegelanordnung

Material: Aluminiumverbundfolie PET/Al/PE-LD

Typisches Beispiel für asymmetrischen Aufbau ist das Verschließen von Bechern mit einer Folie (nur einseitiges Heizen, beide Siegelpartner verschieden), Bild 3.16 und Bild 3.17.

Die schematischen Darstellungen in Bild 3.15 und Bild 3.17 zeigen, daß beim Siegeln mit beidseitig geheizten Siegelbacken mit zunehmender Zeit eine Angleichung der Temperatur in der Siegelzone an diejenige der Siegelbacken erfolgt. Die Temperatur an der Außenseite ist aber in jedem Falle am höchsten.

Beim Siegeln mit einseitig geheizten Siegelbacken erreicht die für das Aufschmelzen der Siegelzone notwendige Temperatur nie diejenige der geheizten Siegelbacke. Die Temperatur der geheizten Siegelbacke muß dementsprechend grundsätzlich höher eingestellt werden als beim Siegeln mit beidseitig geheizten Siegelwerkzeugen.

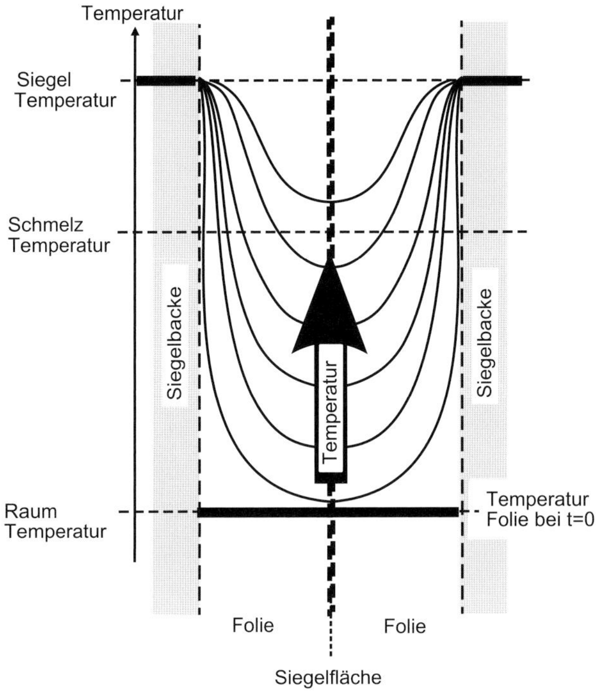

Bild 3.15 Temperaturverlauf beim Siegeln unter symmetrischen Bedingungen (beide Siegelbacken auf gleiche Temperatur eingestellt, symmetrische Materialanordnung gemäß Bild 3.14)

Bild 3.16 Becher mit aufgesiegeltem Deckel, asymmetrische Siegelanordnung

Material: Becher PS; Deckel Al/Heißsiegellack

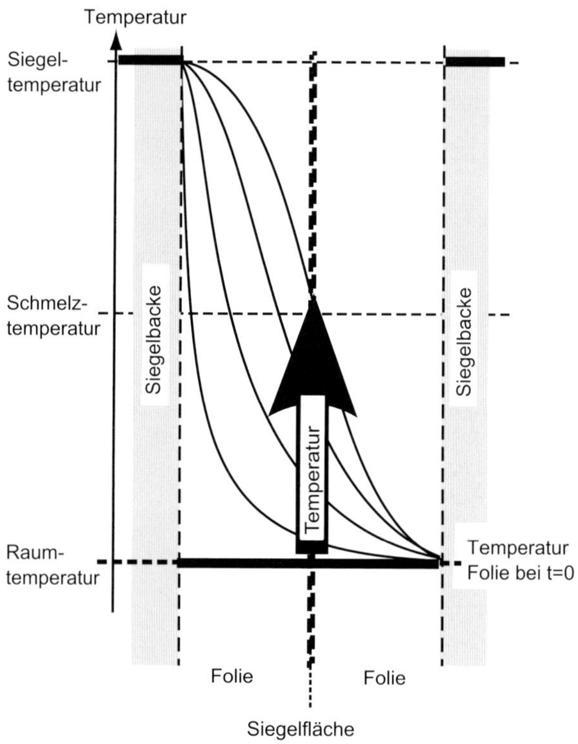

Bild 3.17 Temperaturverlauf beim Siegeln unter asymmetrischen Bedingungen (eine Siegelbacke Raumtemperatur)

3.1.2.3 Siegelparameter

Die wichtigsten Siegelparameter beim Wärmekontaktsiegeln sind [13, 14]:

- Siegeltemperatur,
- einseitiges oder beidseitiges Heizen,
- Siegelzeit (in der Regel bei Praxisanwendungen abhängig von der Taktzeit der Gesamt-Anlage),
- Siegeldruck,

geometrische Form und Material sowie evtl. Abdeckung der Siegelbacken. Diese Parameter sind von den zu siegelnden Materialien abhängig (Schmelztemperatur des Thermoplasten der Siegelzone, Dicke der zu siegelnden Materialien, Aufbau der Siegelmaterialien (z.B. bei Verbundfolien), Anzahl der miteinander zu siegelnden Lagen eines Materials (typisch bei der Herstellung von Quernähten bei Schlauchbeuteln, bei Seitenfaltbeuteln sowie Seitenfaltverschluß an Blockverpackungen)).

3.1.2.4 Einflüsse der Siegelparameter auf das Siegelverhalten

Zusammenhang Siegelzeit – Siegeltemperatur

Die für das Herstellen einer Siegelnaht wichtigsten Siegelparameter sind Siegelzeit und Siegeltemperatur. Dabei ist zu beachten, daß die Siegelzeit in der Regel vorgegeben ist durch die Taktzahl der Gesamtanlage. Die Siegeltemperatur muß grundsätzlich mindestens so hoch eingestellt werden, daß der Thermoplast in der Siegelschicht aufgeschmolzen wird. Da die Wärme von außen durch das zu siegelnde Material hindurch geleitet wird, besteht ein direkter Zusammenhang zwischen Siegelzeit und Siegeltemperatur: je kürzer die Siegelzeit, desto höher muß die Siegeltemperatur eingestellt werden, [13-15]. Bei zu tiefer Siegeltemperatur wird in der zur Verfügung stehenden Zeit nicht die notwendige Temperatur in der Siegelzone erreicht. Es kommt keine oder zumindest keine brauchbare Siegelnaht zustande. Andererseits besteht bei hohen Siegelbackentemperaturen die Gefahr, daß die Kunststoffoberfläche beschädigt oder gar zerstört wird. Für eine zu siegelnde Materialkombination steht also nur ein begrenzter Siegelzeit/Siegeltemperatur-Bereich zur Verfügung. Dieser Bereich wird mit zunehmender Materialdicke (z.B. beim Siegeln durch mehrere Folienlagen bei der Herstellung von Quernähten bei Seitenfaltbeuteln) immer kleiner, Bild 3.18.

Bei einseitigem Heizen der Siegelwerkzeuge verschärft sich die Situation zusätzlich, da ein Teil der in das Siegelmaterial eingeleiteten Wärme stets über die kalte Siegelbacke abgeleitet wird. Die geheizte Siegelbacke muß deshalb bei gleichen Bedingungen wie beim beidseitigen Heizen höher eingestellt werden.

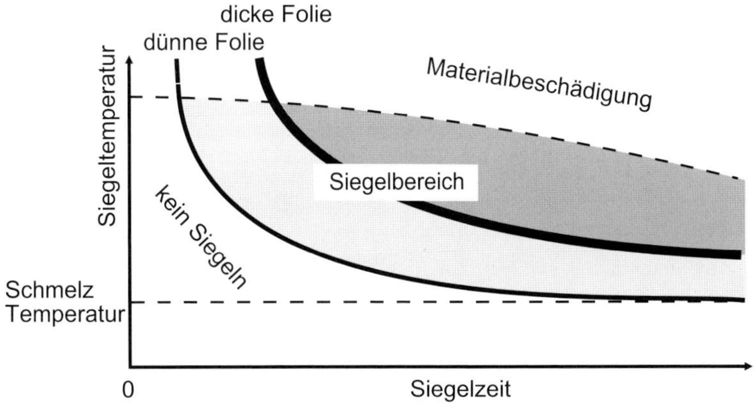

Bild 3.18 Siegelbereich einer Folie bezüglich Siegelzeit/Siegeltemperatur.

Diese Problematik ist insbesondere bei Siegelversuchen im Labor zu beachten. Um aus Laborversuchen schlüssige Aussagen über das Siegelverhalten einer Materialkombination auf das Verhalten in der Praxis machen zu können, ist es zwingend, die Siegelzeit entsprechend der vorgegebenen Produktionsbedingungen zu wählen. Die Sitte, Laborversuche mit einer "Standardsiegelzeit" von z. B. 0,5 s oder 1,0 s durchzuführen, kann für Grundlagenversuche bei Forschungsprojekten zweckmäßig, bei einer Simulation von Praxisproblemen jedoch völlig falsch sein. Nur so kann im Labor festgestellt werden, ob eine Folie im praktischen Einsatz überhaupt verwendet werden kann (z.B. infolge Beschädigung der Folienoberfläche infolge zu hoher notwendiger Siegelbackentemperatur oder durch das Entstehen von Verästelungen, unakzeptierbaren Schrumpfungen der Siegelnahtzone, etc. (siehe dazu auch Kap. 3.1.2.5)) oder ob durch konstruktive Maßnahmen bei der Gesamtanlage die zur Verfügung stehende Siegelzeit verlängert werden muß. Dies kann beispielsweise durch Siegeln über mehrere Produktionstakte mittels mehrerer hintereinander angeordneter Siegelstationen oder mittels einer "bandförmigen" Auslegung der Siegelwerkzeuge erfolgen.

Siegeldruck

Der Siegeldruck spielt im Vergleich zur Siegelzeit/Siegeltemperatur eine untergeordnete Rolle [15]. Allerdings besteht bei zu tiefem Siegeldruck die Gefahr von ungenügendem Kontakt zwischen den beiden zu versiegelnden Materialien. Die Folge kann eine unregelmäßige Siegelnaht sein bezüglich Dichtheit, Nahtfestigkeit oder Nahtöffnungsverhalten. Beim Siegeln mit profilierten Siegelwerkzeugen ist hingegen ein gewisser Mindestdruck notwendig für ein zufriedenstellendes Ergebnis (Abdruck der Backen auf dem Nahtbereich, etc.). Ein hoher Siegeldruck kann jedoch zum Herausquetschen des aufgeschmolzenen Thermoplasten aus dem Siegelnahtbereich führen. Dies führt häufig zu Siegelnahtverästelungen (siehe auch Kap. 3.1.2.5), evtl. auch zur mechanischen Zerstörung oder Schädigung der Siegelnaht. Besonders anfällig für hohen Siegeldruck sind niedrigviskose Hotmelt-Beschichtungen.

Ein typischer Siegelbackendruck liegt bei Verwendung von glatten Siegelbacken im Bereich 0,5 bis 1,0 N/mm^2. Bei profilierten Siegelwerkzeugen sowie beim Verschließen von Bechern kann er jedoch durchaus Werte von einigen N/mm^2 erreichen.

Siegelbacken

Siegelversuche zeigen, daß bei praktisch allen Anwendungen das Siegeln mit glatten Siegelwerkzeugen grundsätzlich möglich ist und zufriedenstellende Siegelnähte liefert (gute Nahtfestigkeit und Nahtdichte, ansprechendes Erscheinungsbild), [16, 17]. Werden profilierte Siegelwerkzeuge verwendet, so hat dies vielfach ästhetische Gründe (Erzielen eines besonderen optischen Erscheinungsbildes durch den Abdruck des Siegelwerkzeugprofils). Aber auch Consumer Convenience, wie z.B. das leichte Ein- und Durchreißverhalten von Querrillen-Verschlußnähten an Beuteln, kann für die Wahl ausschlaggebend sein. Querrillungen sind allerdings häufig Ursache undichter Siegelnähte [16, 18]. Im weiteren erlaubt der Einsatz profilierter Siegelwerkzeuge ein einfaches Beurteilen der Gleichmäßigkeit der Siegeldruckverteilung über die gesamte Siegelnaht und somit eine Montagekontrolle der Siegelbacken [19].

Zum Vermeiden des Anhaftens der zu siegelnden Materialien oder Teilen davon (Bedrukkung!) an den heißen Siegelbacken werden diese häufig mit PTFE-beschichteten Glasgeweben abgedeckt. Diese sind von Zeit zu Zeit zu ersetzen. Zu beachten ist, daß bei kurzen Siegelzeiten eine Erhöhung der Siegelbackentemperatur notwendig sein kann zur Kompensation des zusätzlichen Wärmedurchgangswiderstandes.

3.1.2.5 Siegelprobleme in der Praxis

Aufstarten der Anlage, Betrieb der Anlage (nur für Wärmekontaktverfahren relevant)

Bedingt durch den Aufheizvorgang der Siegelwerkzeuge, kann eine Anlage mit einem Wärmekontaktsiegelgerät nicht sofort gestartet werden. Es muß in jedem Falle solange gewartet werden, bis sich eine konstante Temperaturverteilung eingestellt hat.

Im Betrieb kann die effektive Siegelbackentemperatur je nach Verhalten der Temperaturregelung infolge Über- und Unterschwingen von der eingestellten Solltemperatur deutlich abweichen. Im weiteren sind häufig Temperaturunterschiede über die Siegelbackenlänge vorhanden. Durch Einsatz einer guten Regelung sowie durch technische Maßnahmen wie Einbau von "Heat pipe" (geschlossenes Wärmerohr aus Kupfer mit Innenwand mit Kapillarstruktur, teilgefüllt mit Wasser) in die Siegelwerkzeuge kann dieses Problem wesentlich entschärft werden [20].

Bei Maschinenstopps, z.B. infolge einer Maschinenstörung, muß das zu siegelnde Material in der Regel aus dem Bereich der heißen Siegelbacken gebracht werden, da bei einem zu langen Verweilen in der heißen Zone das Material schmelzen würde. Evtl. reagiert auch das Packgut negativ auf länger dauernde Hitzeeinwirkung. Beides kann zu einer Blockade der Anlage führen.

Hot Tack/Kaltnahtfestigkeit

Mit "Hot Tack" wird die Siegelnahtfestigkeit unmittelbar nach Siegelende beim Öffnen der Siegelwerkzeuge, d.h. im heißen Zustand bezeichnet. Generell gilt, daß das Siegeln im unteren Temperaturbereich die besten Hot Tack-Werte liefert, allerdings mit der Gefahr, daß bei einer negativen Regelschwankung der Siegeltemperatur unbrauchbare Siegelnähte entstehen können. Der Hot Tack-Wert ist sehr stark vom Thermoplasten in der Siegelschicht abhängig [21-23].

Siegelversuche zeigen, daß für eine gute Kaltnahtfestigkeit eine höhere Siegeltemperatur als zum Erzielen eines maximalen Hot Tack-Wertes notwendig ist.

Kurze Siegelzeiten

Bei kurzen zur Verfügung stehenden Siegelzeiten ist es möglich, daß die zu verbindenden Materialien nur noch unter Beschädigung infolge zu hoher Siegelwerkzeugtemperatur gesiegelt werden können (siehe auch Kap. 3.1.2).

Siegeln von dicken Materialien

Bei dicken Materialien erfolgt der Wärmeaufbau in der Siegelzone nur langsam. Dies bedingt in der Regel eine längere Siegelzeit: Je dicker die zu siegelnden Materialien, desto länger muß die Siegelzeit sein und desto höher muß die Siegeltemperatur eingestellt werden, Bild 3.18. Zu beachten ist insbesondere beim Herstellen von Verpackungen, daß eine Mehrfachüberlappung infolge Faltungen (z.B. Stirnfaltverschluß) einem dicken Material gleichzusetzen ist. So ist es beispielsweise möglich, an einer Schlauchbeutelanlage eine Längsnaht ohne Probleme in der Taktzeit herzustellen, während die Quernaht oder Stirnfaltnaht zu Problemen Anlaß gibt, Bild 3.18.

Siegelnahtverästelungen, "Optik" der Siegelnaht

Beim Herstellen von Beuteln kann es durch die thermische Belastung der Folien beim Siegeln zu "Siegelnahtverästelungen" kommen. Verästelungen sind Stellen außerhalb der Siegelnaht, die beim Siegelvorgang ebenfalls aber unkontrolliert und ungewollt versiegelt werden. Dieses Phänomen tritt vor allem bei hoher thermischer Belastung der Folien beim Siegeln, allerdings nicht bei allen Thermoplasten in gleichem Maße, auf. Anfällig erweisen sich auch Aluminium-Verbundfolien. Bei Auftreten von Verästelungen ist vor allem die thermische Belastung, sofern möglich, zu senken. Gegebenenfalls ist eine andere Folienart einzusetzen, Bild 3.19 [24, 25].

Bild 3.19 Siegelnahtverästelungen, zur Verdeutlichung der Verästelung ist die Naht von innen her leicht aufgerissen

Deutlich sichtbar das unregelmässige Versiegeln außerhalb der eigentlichen Siegelnaht. Eine gute Siegelnaht würde als gerade Linie erscheinen.

Die thermische Belastung führt beim Siegeln von Folien häufig zu Wärmeschrumpfungen und Verwerfungen im Bereich der Siegelnaht. Dieses unschöne Aussehen der Naht kann durch unmittelbar der Siegelung nachfolgender Kühlung der betreffenden Zone unter Druck wesentlich verbessert werden, Bild 3.20 [25, 26].

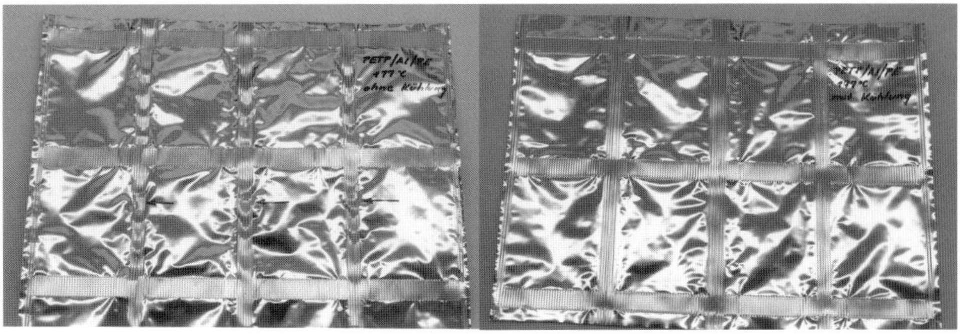

Bild 3.20 Wärmeschrumpfungen infolge thermischer Belastung der Folien beim Siegeln

links: *ohne Nahtnachbehandlung*
rechts: *Naht nach dem Siegeln zwischen gekühlten Presswerkzeugen nachbehandelt. Deutlich sichtbar die durch die Nachbehandlung entstandene Verbesserung des Aussehens der Naht*
Material: Aluminium-Verbundfolie PET/Al/PE-LD

Siegeln bei Nahtüberlappungen

Ungleiche Siegelmaterialdicken entlang des Siegelbereichs sind typisch bei Quernähten von Seitenfaltbeuteln oder bei einem Stirnfaltenverschluß. Dabei wechseln Bereiche mit 2 mit solchen von 4 evtl. sogar 6 bis 8 Folienlagen ab. Diese Bereiche führen beim Siegeln häufig zu Problemen [27]:

- An den "dünnen" Stellen entfällt der Siegeldruck. Die Erwärmung kann hier fast nur über Wärmestrahlung und unkontrolliert an den heißen Siegelbacken anliegenden Folienbereiche erfolgen.
- Der Wärmedurchgang in die Siegelfläche wird durch die größere Materialdicke behindert und verzögert.
  Für dieses Problem gibt es keine Ideallösung. In der Praxis als befriedigend erweist sich das Ersetzen der einen Siegelbacke durch eine "weiche" (Siegelbacke mit einer mehrere mm dicken Silikongummi-Auflage). Ein beidseitiges Heizen ist dadurch allerdings nicht mehr möglich.

Siegeln durch Füllgut

Mit Füllgut kontaminierte Siegelzonen können unter Umständen zu Problemen bezüglich der Nahtfestigkeit und vor allem Nahtdichtheit führen. Insbesondere pulver-/staubförmige Kontaminationen erweisen sich als problematisch [28].

Siegeln von bedruckten Materialien

In der Regel ist die Bedruckung an der Außenseite aufgebracht. Sie kommt somit beim Siegeln mit der heißen Siegelbacke in Kontakt und ist einer hohen Temperaturbelastung ausgesetzt. Die Bedruckung muß deshalb auf ihre Temperaturbeständigkeit überprüft werden. Als zweckmäßig kann sich auch das Aussparen des Siegelbereichs in der Bedruckung erweisen.

3.1.2.6 Vergleich mit anderen Siegelverfahren

Die verschiedenen Siegel- oder Schweißverfahren haben auf Grund ihrer unterschiedlichen Arbeitsweise voneinander verschiedene Eigenschaften. Diese wirken sich auf das Anwendungsverhalten in der Praxis aus. Ein Vergleich einiger Siegelverfahren bezüglich anwendungstechnischer Eigenschaften ist in Tabelle 3.2 aufgeführt [29].

Anwendungs-merkmal	**Siegelverfahren**				
	Wärmekontakt	Wärme-impuls	Ultraschall	Hochfrequenz dielektrisch	Hochfrequenz induktiv
Anwendung	universell, insbesondere Verpackungs-gebiet	Spezialfälle	universell	Spezialfälle	Spezialfälle
Folien / Kunststoffe	universell; Mono- und dicke Folien problematisch	universell; Mono- und dicke Folien problema-tisch	universell; dünne Folien problema-tisch	Kunststoffe mit hohem dielektri-schen Verlustfaktor	Folien mit elek-trisch leitender Lage (Metall-verbundfolien)
Siegelnaht-geometrie	universell (sowohl Nähte als auch Flächen)	nur glatte Nähte	schmale Nähte	Nähte beliebiger Form	nur Nähte
Einbau in Anlagen	kein Problem	kein Problem	wenig Probleme	stark eingeschränkt	wenig Probleme
Siegelzeiten	bis < 0,1s	bis etwa 0,1 s	bis < 0,1 s	< 1 s kaum möglich	bis < 0,1 s
Bandbreite der Siegelparameter	groß	mittel	mittel	sehr klein	groß
Maschinenstop	problematisch (heiße Werkzeuge)	kein Problem	kein Problem	kein Problem	kein Problem
Maschinenstart (Kaltstart)	vorwärmen notwendig	kein Problem	kein Problem	kein Problem (falls Werkzeuge nicht geheizt)	kein Problem

Tabelle 3.2 Vergleich einiger Siegelverfahren bezüglich anwendungstechnischer Eigenschaften

3.2 Erwärmung durch Konvektion

Beim Schweißen mit erzwungener Konvektion werden die Fügeflächen mit einem Warmgasstrahl plastifiziert. In der Regel wird Luft, in ganz seltenen Fällen Inertgas als Wärmeträger benutzt. Auch bei der konvektiven Erwärmung ist es das Ziel, eine definierte Schmelzeschichtdicke sowie Schmelzetemperatur (-gradienten) zu erzeugen. Der Wärmeübergang in das Fügeteil basiert im wesentlichen auf den Temperatur- und Strömungsgrenzschichten, wobei diese wieder von Düsenform, Düsenposition, Strahlgeschwindigkeit und Oberflächenstruktur des Fügeteils abhängen.

In der Literatur sind verschiedene Ansätze zur mathematisch/physikalischen Beschreibung des Erwärmungsvorgangs zu finden [30-32]. Experimentelle Untersuchungen haben aber gezeigt, daß der Störungseinfluß offensichtlich erheblich ist und die Randbedingungen für eine theoretische Betrachtung nur unzureichend zu formulieren sind [33, 34]. In der Schweißpraxis werden daher sowohl Parameter als auch technologische Vorschriften und Hinweise verwendet, welche aus experimentellen Arbeiten resultieren [10, 35, 36].

Neben den technologischen Komponenten der Vorwärmsysteme, welche die Strahlführung beeinflussen, sind die dominierenden Parameter die Warmgastemperatur und die Erwärmzeit bzw. Schweißgeschwindigkeit. Allerdings wird der Schweißgeschwindigkeit in den Verfahrensrichtlinien bis heute wenig Beachtung geschenkt [35, 37]. Warmgasdraht- und Warmgasextrusionsschweißen sind die Verfahren, welche als wirtschaftlich bedeutende Schweißverfahren mit konvektiver Erwärmung arbeiten.

3.2.1 Warmgasschweißen

Warmgasfächel- (WF) und -ziehschweißen (WZ) werden für Materialdicken von 2 bis 10 mm eingesetzt.

3.2.1.1 Warmgasfächelschweißen (WF)

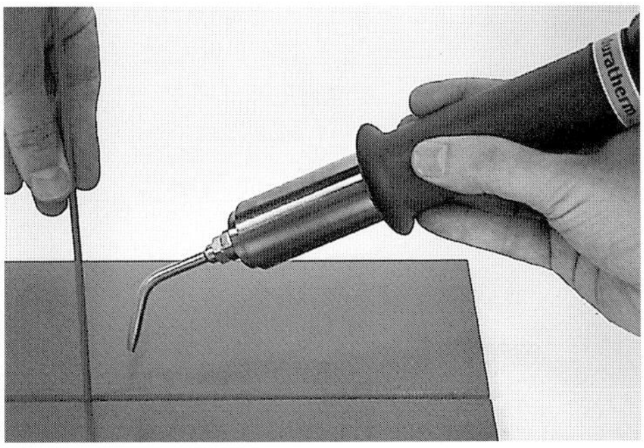

Bild 3.21 Warmgasfächelschweißen

Quelle: Werksfoto Wegener GmbH

Die Erwärmung des Grundmaterials und des Schweißzusatzes erfolgt durch einen Warmgasstrom, der mittels einer an dem Schweißgerät angebrachten Runddüse auf die Fügeflächen gerichtet wird, Bild 3.21. Das Schweißgerät wird in einer kontinuierlichen Bewegung entlang der Schweißfuge geführt. Der plastifizierte, manuell geführte Schweißdraht wird unter Aufbringung des Fügedrucks in die Nahtfuge eingebracht. Hauptanwendungsgebiete sind schwer zugängliche Stellen sowie die Wurzellage, bevorzugt bei PVC.

3.2.1.2 Warmgasziehschweißen (WZ)

Bild 3.22 Warmgasziehschweißen

Quelle: Werksfoto Wegener GmbH

Bei diesem Verfahren wird der Schweißzusatz durch die Düse geführt, erwärmt und angedrückt. Durch die Lenkung des Warmgasstromes und die Form der Ziehdüse wird der Schweißzusatz und das Grundmaterial gleichmäßig vorgewärmt und plastifiziert. Über einen schnabelförmigen Ansatz am Ende der Düse (Andrückzunge), wird der Fügedruck aufgebracht. Die Schweißgeschwindigkeit ist erheblich höher als beim Warmgasfächelschweißen. Der erforderliche Fügedruck kann gleichmäßiger und einfacher aufgebracht werden .

3.2.1.3 Schweißfugengeometrie und Schweißnahtaufbau

Gängige Schweißfugengeometrien

Die Nahtvorbereitung und Gestaltung der Nahtfuge ist wesentlicher Teil der Schweißausführung. Bereits bei der Konstruktion muß die Gestaltung der Naht berücksichtigt werden. Die wichtigsten Nahtformen sind V-, Doppel-V- oder X-, HV- und Doppel-HV-Naht. Tabelle 3.3 zeigt die gebräuchlichsten Nahtöffnungswinkel für V- und X- Nähte.

Werkstoff	Nahtöffnungswinkel α
PE, PP, PVC, PVDF	60-70°
MFA, FEP, PFA, E/CTFE	0-30° (je nach Materialstärke)

Tabelle 3.3 Nahtöffnungswinkel für V-und X-Nähte

Bei Kehlnähten sind 45° bzw. 90° gebräuchlich, Bild 3.23

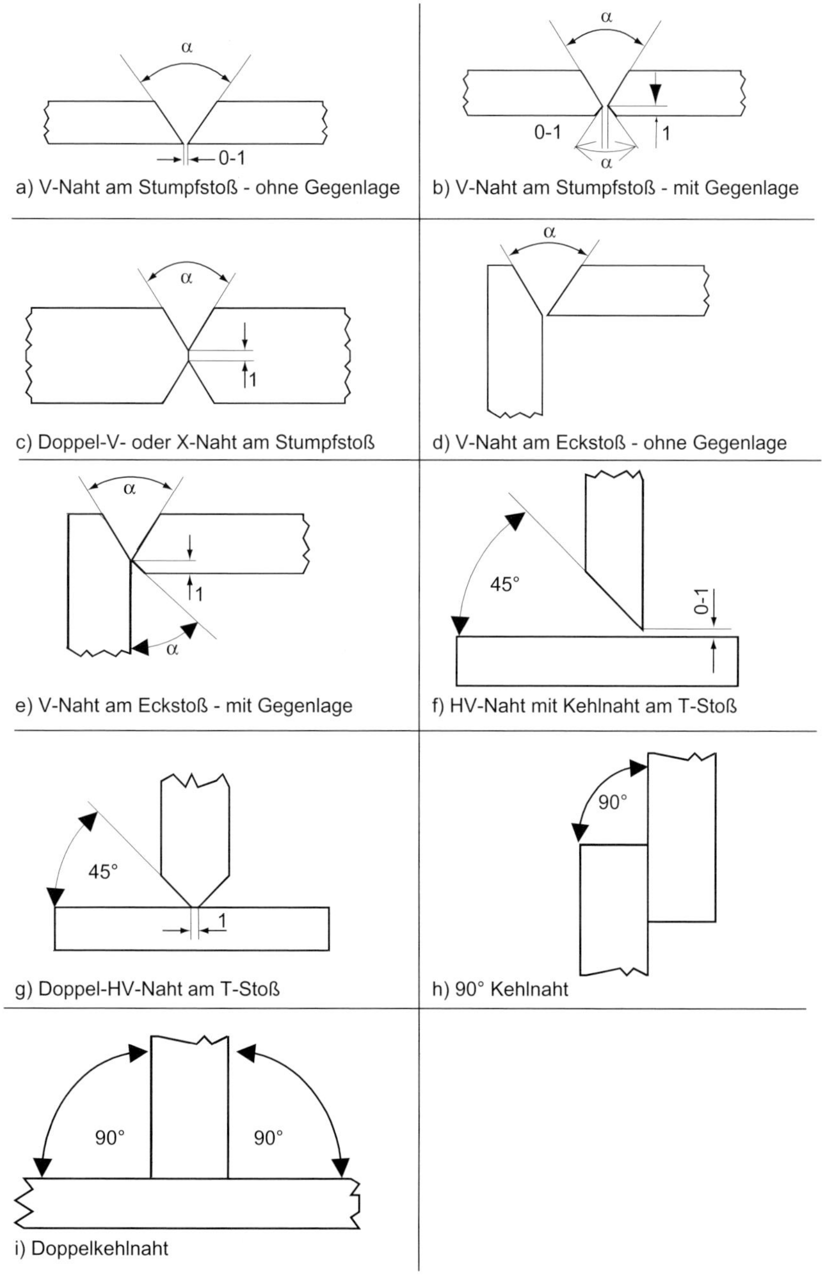

Bild 3.23 Schweißnahtformen Standard-Thermoplaste [10]

Schweißnahtaufbau
Als Schweißzusatz werden Rund- und Profilstäbe verwendet. Rundstäbe werden in Abhängigkeit des Nahtquerschnittes oft mehrlagig geschweißt. Profilstäbe sind in der Regel einlagig zu verwenden.

Bild 3.24 V-Naht 1. Lage

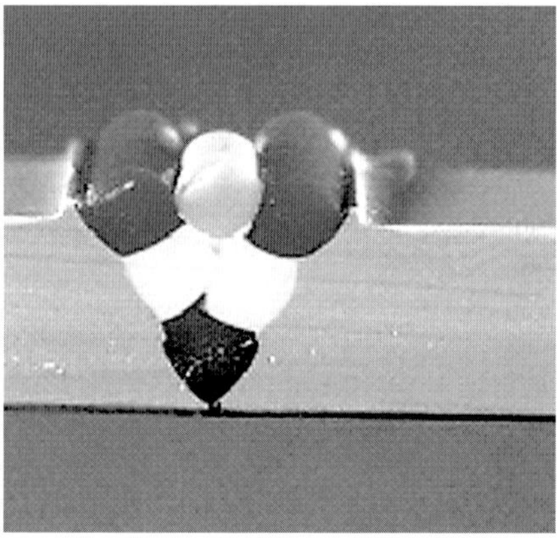

Bild 3.25 V-Naht 3-lagig

Gute Erfahrungen wurden mit Lagenaufbauten nach Bild 3.24 und Bild 3.25 gemacht. Bei anderen Öffnungswinkeln oder Nahtgeometrien müssen die Nahtaufbauten angepaßt werden.

Die Schweißnaht muß vollständig, hohlraumfrei gefüllt werden und eine Nahtüberhöhung aufweisen. Für die teilkristallinen Werkstoffe z.B. PE, PP, PVDF wird der Schmelzindex als charakteristischer Kennwert für die Schweißbarkeit herangezogen. Liegen die Schmelzindexwerte (MVR-Werte) der Schweißpartner innerhalb zulässiger Schmelzindexbereiche, kann generell von einer Schweißbarkeit ausgegangen werden. Sind zwei Halbzeuge unterschiedlicher MVR-Gruppen miteinander zu schweißen, ist ein Schweißzusatz zu wählen, dessen MVR-Wert zwischen denen der Halbzeugkombination liegt.

	Materialdicke [mm]	**Schweißstab (rund) Anzahl x Durchmesser [mm]**
V-Naht 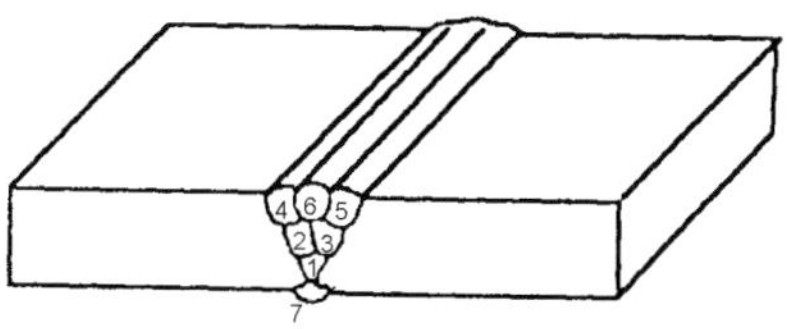	2 3 4 5	1 x 4 3 x 3 1 x 3 + 2 x 4 6 x 3
Doppel-V-Naht 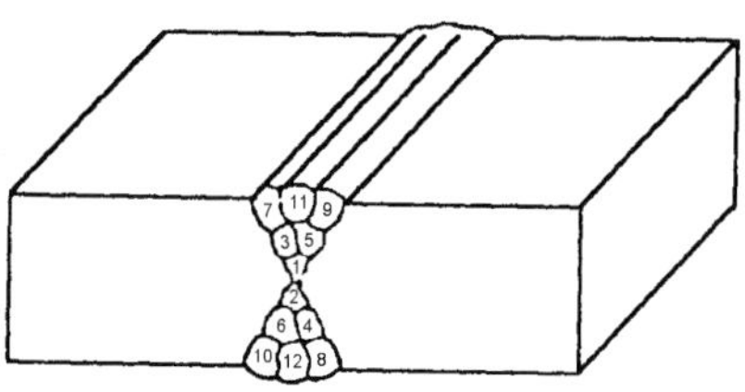	4 5 6 8 10	2 (1 x 4) 2 (3 x 3) 2 (3 x 3) 2 (1 x 3 + 2 x 4) 2 (6 x 3) oder 2 (1 x 3 + 3 x 4)

Tabelle 3.4 Beispiele für den Schweißnahtaufbau in Abhängigkeit von der Materialdicke bei einem Öffnungswinkel von 60° [10]

Konstruktionsrandbedingungen

- Vermeidung von Kreuzstößen, Mindestabstand 3-fache Breite der Decklage,
- Vermeidung von Wanddickensprüngen,
- freie Zugänglichkeit der Fügeflächen mit dem Schweißgerät.

3.2.1.4 Schweißausführung

Vorbereitung der Fügeflächen und des Schweißzusatzes

Die Fügeflächen und angrenzenden Randzonen müssen vor dem Schweißen spanend bearbeitet werden. Durch Witterungs- oder Chemikalieneinfluß an der Oberfläche geschädigte Teile müssen bis auf die ungeschädigte Zone abgearbeitet werden. Das spanabhebende Abziehen der Schweißdrähte ist bei Polyolefinen (PE, PP) aufgrund von Oxidation an der Oberfläche unbedingt erforderlich, bei anderen Werkstoffen empfehlenswert.

Heften

Das Heften dient der Fixierung der Fügeteile in ihrer vorgesehenen Lage zueinander, um während des Schweißens eine Lageänderung der Fügeteile auszuschließen. Das Heften erfolgt mit einer speziellen Heftdüse, welche mit einer kleinen "Nase" ohne Zusatzwerkstoff die gefügten Teile partiell anschmilzt und unter Druck verbindet.

Warmgasfächelschweißen

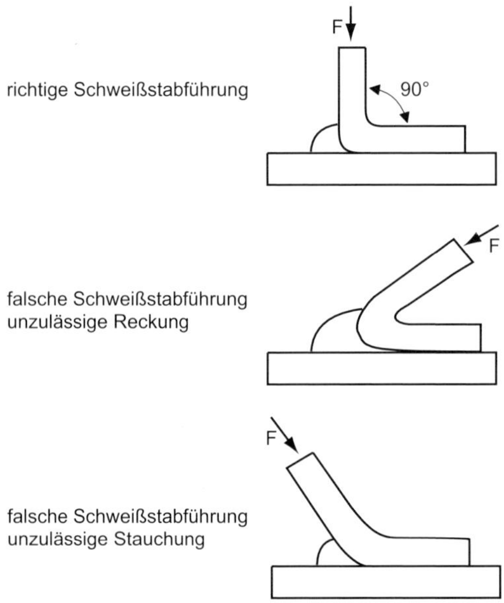

Bild 3.26 Schweißstabhandhabung beim Warmgasfächelschweißen

Beim Warmgasfächelschweißen wird der Fügedruck möglichst im rechten Winkel zur Werkstückoberfläche von Hand über den Schweißzusatz aufgebracht. Der Schweißzusatz darf hierbei weder gereckt, gestaucht (Abweichung vom rechten Winkel) noch verdreht werden, um den Spannungseintrag und damit Risse und Stauchungen in der Schweißung möglichst gering zuhalten.

Als einziger Parameter kann die Warmgastemperatur vorgegeben werden, der Fügedruck wird manuell auf den Schweißzusatz aufgebracht. Aufgrund der größeren Wanddicke und der nur einseitigen Umströmung mit Warmgas, ist es erforderlich, das Grundmaterial intensiver vorzuwärmen als den Schweißzusatz. Eine gewisse "Prozeßkontrolle" hat der ausführende Schweißer dadurch, daß er eine vor dem Schweißzusatz herlaufende "Bugwelle" aus plastifiziertem Material sowie beidseitig der Schweißlage einen "Schweißsaum" in Form eines gleichmäßigen Doppelwulstes beobachten kann.

Hauptanwendungsgebiete sind der Musterbau aus dünnwandigen Teilen (bis ca. 4 mm Dikke), schwer zugängliche Stellen, Reparaturen, sowie die Wurzellagen oder Heftschweißungen.

Warmgasziehschweißen (WZ)
Beim Warmgasziehschweißen wird der Fügedruck auf den Schweißzusatz durch eine an der Düse befindliche Andrückzunge ausgeübt, also durch den Geräteandruck auf die Naht.

Die Plastifizierung der Oberflächen des Schweißzusatzes erfolgt durch einen Teilluftstrom im unteren Bereich der Düse. Die kombinierte Vorwärmung von Fügeteil und Zusatzwerkstoff schließt eine mögliche Fehlerquelle aus, der Schweißdruck kann mit der Ziehdüse wesentlich kontrollierter aufgebracht werden als beim Warmgasfächelschweißen.

Der Schweißzusatz wird, falls erforderlich, manuell in die Düse nachgeführt, um eine Rekkung infolge von Reibung in der Düse zu vermeiden. Da beim Warmgasziehschweißen nur auf Andruck und Geschwindigkeit geachtet werden muß, ist einerseits das Fehlerpotential geringer aber auch die Verarbeitungsgeschwindigkeit höher als beim Fächelschweißen. Andruckkräfte des Werkzeuges liegen bei 10-35 N. Fluorkunststoffe werden im Sonderfall mit bis zu 200 N Andruckkraft geschweißt.

3.2.2 Warmgasextrusionsschweißen (s.a. Kap. 3.6.1.2)

Extrusionsschweißen ist ein überwiegend manuell auszuführendes Schweißverfahren unter Verwendung von kontinuierlich zugeführtem Zusatzwerkstoff. Bauteile mit einer Wanddicke bis zu 30 mm können in einem Arbeitsgang, also mit einer Füllage gefügt werden. Anwendung findet das Verfahren hauptsächlich im Apparate-, Behälter-, Rohrleitungs-, Tief- und Kanalbau, sowie im Bauwesen und zum Grundwasserschutz bei Mülldeponien. Das Extrusionsschweißverfahren ist durch vier charakteristische Merkmale gekennzeichnet:

- der Schweißzusatz tritt als Strang aus einer Plastifiziereinheit aus,
- der Schweißzusatz ist homogen und vollständig plastifiziert,
- die Fügeflächen sind auf Schweißtemperatur erwärmt und plastifiziert,
- der Fügevorgang erfolgt unter Druck [35].

Die Aufbereitung des Schweißzusatzes erfolgt während des Schweißens kontinuierlich durch einen Extruder. Der Zusatzwerkstoff besteht in der Regel aus demselben Werkstoff wie die Fügeteile und wird dem Extruder in Form eines Endlosdrahtes oder als Granulat zugeführt. Der plastifizierte Strang wird dann unter Vermeidung einer Abkühlung mit Druck in den vorgewärmten Schweißstoß eingebracht. Die Erwärmung des Grundwerkstoffes an den Fugenflanken erfolgt mit Warmgas oder durch Wärmestrahlung. Hierdurch wird an der Oberfläche der Fugenflanken ein Schmelzefilm erzeugt, der ein Ineinanderfließen von aufgeschmolzenem Grundwerkstoff und plastifiziertem Zusatzwerkstoff ermöglicht. In der anschließend stattfindenden drucklosen Abkühlphase entsteht eine stoffschlüssige Verbindung.

Bild 3.27 zeigt schematisch die Einzelheiten des Schweißkopfes mit Warmgasdüse und Schweißschuh bei einer einlagig hergestellten Verbindung. Der Schweißschuh ist der Fugengeometrie angepaßt und ermöglicht den Aufbau eines hydrostatischen Druckes in der V-förmigen Schweißnahtfuge, indem er das Extrudat in Form einer vorn und oben geschlossenen Kammer einschließt und gleichzeitig die Oberseite der Naht formt. Aus dem Massestrom des Zusatzwerkstoffes und dem Nahtfüllvolumen ergibt sich als abhängige Größe die Schweißgeschwindigkeit. Dadurch bietet das Extrusionsschweißverfahren trotz der handwerklichen Ausführung die Möglichkeit, vorgegebene Prozeßparameter in engen Grenzen einzuhalten.

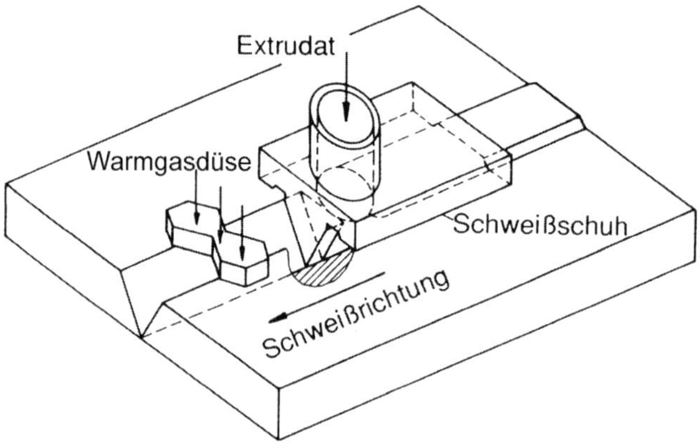

Bild 3.27 Extrusionsschweißen, schematisch. Fügeteile, Warmgasdüse Schweißschuh, Nahteinlauf [33]

3.2.2.1 Einflußgrößen beim Extrusionsschweißen

Die prozeßbeeinflussenden Größen beim Extrusionsschweißen können für die beiden zeitlich aufeinander folgenden Prozeßschritte Nahtvorwärmung und Einbringen des Zusatzwerkstoffes getrennt betrachtet werden.

3.2.2.1.1 Nahtvorwärmung

Von den möglichen Prinzipien zum Erwärmen der Fugenflanken, Warmgasstrahl, Kontakterwärmung durch Heizelement und Lichtstrahl ist heute hauptsächlich die Erwärmung mittels Warmgasstrahl von Bedeutung.

Neben den Schweißparametern Warmgastemperatur und Warmgasvolumenstrom beeinflussen Geometrie und Position der Düse als technologische Komponenten die Vorwärmung in hohem Maße. Insbesondere eine gleichmäßig dicke Schmelzeschicht an den Nahtfugenflanken wird durch eine spezielle, mittig eingezogene Düse und deren richtige Position erreicht, wie in Bild 3.27 schematisch gezeigt. Die Erwärmung der Nahtfuge basiert auf Strahlung und Konvektion für den Wärmeübergang und innere Wärmeleitung im Fügeteil. Die Warmgasdüse wird als Teil des Schweißkopfes mit Schweißgeschwindigkeit über die Nahtfuge bewegt. Die Einwirkzeit des Warmgasstrahls ist umgekehrt proportional zur Schweißgeschwindigkeit.

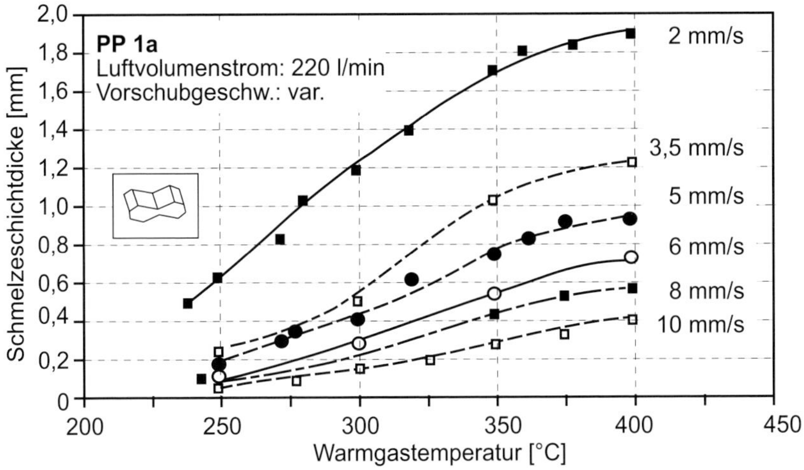

Bild 3.28 Schmelzeschichtdicke als Funktion der Warmgastemperatur bei unterschiedlichen Schweißgeschwindigkeiten [38]

Bei geringer Schweißgeschwindigkeit zeigt sich zunächst eine nahezu lineare Zunahme der Schmelzeschichtdicke mit steigender Warmgastemperatur. Der Kurvenverlauf wird bei hohen Warmgastemperaturen degressiv und nähert sich einer Sättigungsgrenze. Mit zunehmender Vorschubgeschwindigkeit sinkt sowohl die absolute Schmelzedicke, als auch die Zunahme der Schmelzedicke bei steigender Warmgastemperatur. Bei hoher Vorschubgeschwindigkeit werden nur noch geringe Schmelzeschichtdicken erreicht.

3.2.2.1.2 Einbringen des Zusatzwerkstoffes

Der Zusatzwerkstoff wird vom Extruder mit konstantem Massestrom geliefert und durch den Schweißschuh der Naht zugeführt. Hierdurch wird Extrudateinlauf, Extrudatdruck in der Fuge und die Nahtformung erreicht. Aus dem Massestrom des Zusatzwerkstoffes und dem nötigen Nahtfüllvolumen ergibt sich als abhängige Größe die Schweißgeschwindigkeit. Die späteren Nahteigenschaften werden dominiert durch die Fließvorgänge, die sich zwischen dem einströmenden Zusatzwerkstoff und der Schmelzeschicht an der Fugenflanke einstellen.

3.2.2.1.3 Abkühlverhalten

Die Abkühlung der Naht erfolgt aufgrund der langen Abkühlzeit drucklos. Thermische Kontraktion und Rekristallisation des Werkstoffes führen zu Volumenschwindungen bis zu 8 %. Durch eine ebene Nahtoberseite (Schweißschuhform) wird ein Einfallen der Naht ermöglicht, dennoch sind bei großen Nahtvolumina und hochkristallinen Werkstoffen Hohlraumbildungen im Nahtzentrum möglich und verfahrenstechnisch bedingt [35]. Bild 3.29 zeigt das gemessene Kühlverhalten im Nahtzentrum.

Die geringere Kühlgeschwindigkeit im Bereich der Rekristallisationsphase ist deutlich. Die freiwerdende Kristallisationswärme verlangsamt die Abkühlung.

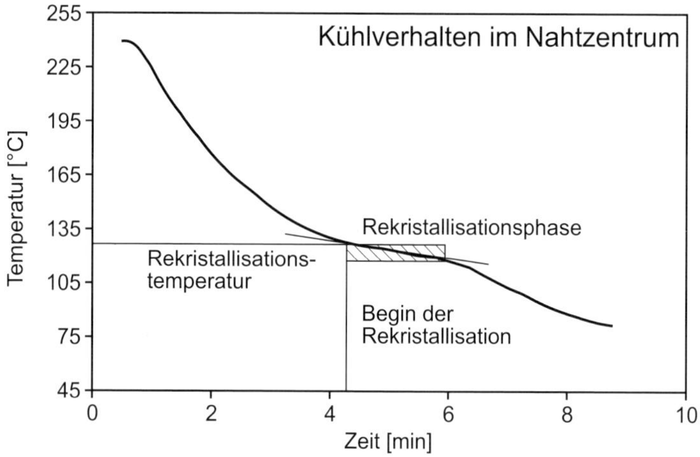

Bild 3.29 Kühlverhalten einer Extrusionsschweißnaht aus Polypropylen [38]

Schmelzbereich 160-165 °C

3.2.2.2 Struktureller Nahtaufbau

Bild 3.30 zeigt beispielhaft die strukturelle Ausbildung des Fügeebenebereiches bei einer Warmgastemperatur von 310 °C, Schweißgeschwindigkeit 4 mm/s.

In der Übersichtsaufnahme eines Schweißnahtquerschnittes ist der Nahteinfall auf der Oberseite ebenso wie ein schrumpfbedingter Lunker im Nahtzentrum zu erkennen. Die Detailvergrößerung des Fügeebenenbereiches zeigt den typischen strukturellen Aufbau, der sich in mehrere Zonen gliedert. Ausgehend vom Grundwerkstoff werden fünf unterschiedliche Strukturbereiche sichtbar: Zusatzwerkstoff (1), transkristalline Front (2), mittlere Sphärolithe (3), deformierte Sphärolithe (4), Grundwerkstoff (5):

- **Zusatzwerkstoff**
  Der Zusatzwerkstoff kühlt nahe der Fügeebene schneller als im Nahtzentrum und bildet eine feinsphärolithische Struktur, die in Richtung Nahtzentrum gröber wird.
- **Transkristalline Front**
  Der Zone mittlerer Sphärolithe folgt ein schmaler Bereich mit sehr heller Struktur, die sog. transkristalline Front mit richtungsorientiertem Wachstum. Der linke Rand der transkristallinen Front markiert die Fügeebene. Der Kontakt zwischen Zusatzwerkstoff und Grundwerkstoff erzeugt als Ausgangspunkt eine gerichtete Kristallisation.
- **Zone mittlerer Sphärolithe**
  Dieser Nahtbereich enthält Sphärolithe, die aus vollständig aufgeschmolzenem Grundwerkstoff aufgewachsen sind.

- **Zone deformierter Sphärolithe**
  Der Bereich der deformierten Sphärolithe stellt den Übergangsbereich zwischen Schmelzeschicht und Grundwerkstoff dar. Die Temperatur lag im Bereich des Kristallitschmelzpunktes. Die Deformation ist durch mechanische Belastung von teilweise aufgeschmolzenem Material entstanden.
- **Grundwerkstoff**
  Im Grundwerkstoff lag die maximale Temperatur während des Schweißprozesses so niedrig, daß keine Änderungen der Werkstoffstruktur aufgetreten sind.

Der gesamte Werkstoffbereich zwischen Grundwerkstoff und Fügeebene wird als **rekristallisierte Schicht** bezeichnet. In der Praxis wird diese Zone auch als die sog. Restschmelzedicke bezeichnet, also der Anteil an Oberflächenschmelze, der in der Naht verblieben ist. Der Bereich des Zusatzwerkstoffes ist durch die linienförmige Fügeebene scharf abgegrenzt [38].

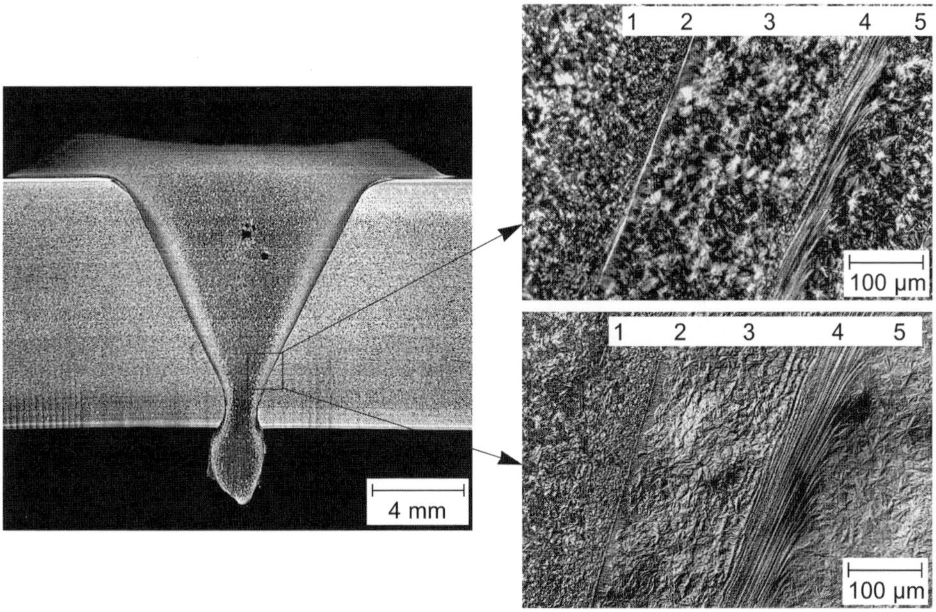

Bild 3.30 Gesamtansicht und strukturelle Ausbildung der Fügeebene einer Warmgasextrusionsschweißverbindung eines Polypropylens (PP)
links : Typische Ausbildung der Fügeebene, Gesamtansicht makroskopisch,
rechts: Detailvergrößerung der Fügeebene

links und rechts oben: polarisationsoptische Dünnschnittaufnahmen,
rechts unten: Anschliff geätzt mit $H_2SO_4/HNO_3/KMnO_4$, Differential-Interferenz-Kontrast-Aufnahme

3.2.2.3 Mechanisches Verhalten (Kurzzeitbeanspruchung)

Das mechanische Verhalten wird in der Regel in Kurz- und Langzeitversuchen geprüft. Als aussagefähiger Kurzzeitversuch hat sich die technologische Biegeprüfung bewährt [39].

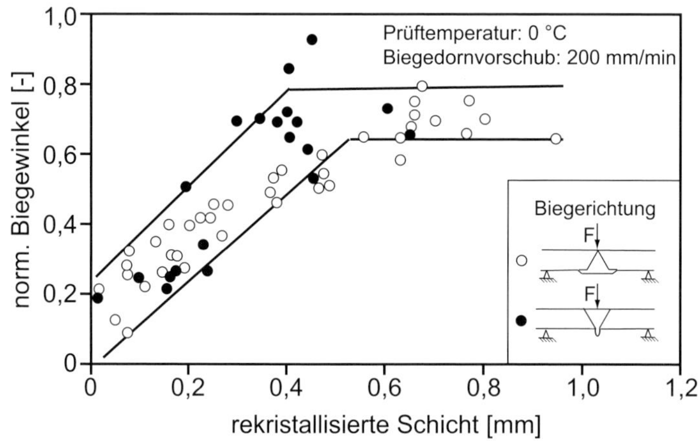

Bild 3.31 Normierter Biegewinkel (bezogen auf Grundwerkstoff) als Funktion der rekristallisierten Schicht der Biegezugzone für beide Biegerichtungen. Verschiedene Polypropylene

Das Festigkeitsverhalten ist als Funktion der rekristallisierten Schicht dargestellt. Diese Schichtdicke, der Abstand zwischen Fügeebene und Grundwerkstoff stellt qualitativ ein Maß für die Scherdeformation dar, die gegen Ende des Fließprozesses im Fügeebenebereich vorgelegen hat. Dadurch werden unterschiedliche Fließbedingungen an der Nahtflanke und deren Auswirkung auf den Nahtaufbau und die lokale Nahtstruktur berücksichtigt. Technologische Schweißnahtfehler sind bei der Darstellung in Bild 3.31 ausgeschlossen.

Wenn in einer Schweißnaht über der gesamten Fugenflanke eine rekristallisierte Schichtdicke von 0,5-0,6 mm und mehr gemessen wird, werden in beiden Biegerichtungen Kurzzeitschweißfaktoren größer als 0,6 erreicht. Durch den inneren Nahtaufbau lassen sich dadurch Mindestanforderungen für Schweißverbindungen von hoher Qualität charakterisieren.

Die polarisationsmikroskopische Darstellung in Bild 3.32 zeigt für beide Biegerichtungen, daß bei Sprödbrüchen im Bereich der Nahtflanke die Bruchbahnen direkt die Fügeebene trennen. Wenn die rekristallisierte Schicht dicker als ca. 0,3 - 0,4 mm ist, orientiert sich der Bruchverlauf an keiner der optisch erkennbaren Strukturzonen, sondern verläuft als ein Normalspannungsbruch durch die Probe.

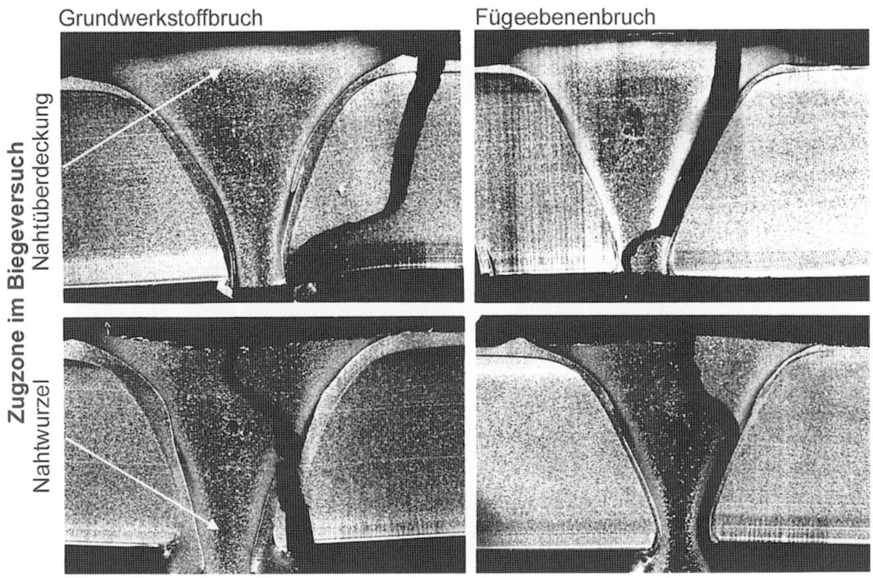

Bild 3.32 Bruchverhalten im Biegeversuch, beide Biegerichtungen [40]

polarisationsoptische Dünnschnittaufnahme

3.2.2.4 Langzeitverhalten

Das Versagensverhalten unter Langzeitbeanspruchung kann wie bereits bei den Biegeversuchen werkstoffunabhängig schematisch in drei eindeutig dem Bruchverhalten zuzuordnende Bereiche aufgeteilt werden.

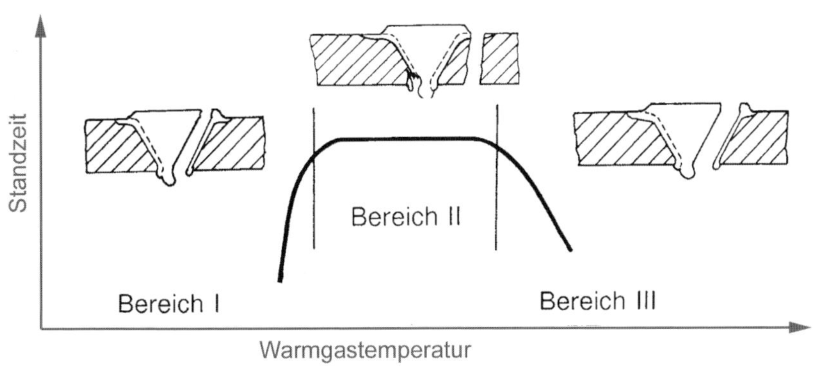

Bild 3.33 Schematischer Verlauf der Standzeit bei Variation der Warmgastemperatur

In Bild 3.33 ist der prinzipielle Verlauf der Kennwerte und das zuzuordnende Bruchverhalten schematisch dargestellt.

- **Bereich I** niedrige Kennwerte, Bruch in der Fügeebene,
- **Bereich II** hohe Kennwerte, Bruch durch Grundwerkstoffbereiche,
- **Bereich III** niedrige Kennwerte, Bruch in der Fügeebene

Die Kennwertverläufe unter Langzeitbelastung sind denen aus dem Biegeversuch ähnlich. Bei geringer Vorwärmtemperatur, also auch geringer Restschmelzedicke in der Schweißnaht, ergeben sich kurze Standzeiten mit Sprödbrüchen an der Nahtflanke. Innerhalb eines (werkstoffabhängigen) Temperaturbereiches werden hohe Standzeiten erreicht, das skizzierte Bruchbild zeigt auch, daß die eigentliche Fügeebene dann nicht versagensrelevant ist. Der Bruch verläuft durch das Grundmaterial. Bei zu hoher Warmgastemperatur versagt wieder die Nahtflanke nach kurzer Prüfzeit, der Werkstoff wurde beim Schweißen thermisch überlastet und degradiert [38, 40].

3.3 Erwärmung durch Strahlung

3.3.1 Heizstrahlerschweißen

3.3.1.1 Verfahrensbeschreibung

Der Verfahrensablauf des Heizstrahlerschweißens ist mit dem des Heizelementschweißens identisch. In Bild 3.34 sind die Weg- und Druckverläufe des Heizstrahlerschweißverfahrens den Verläufen des Heizelementschweißens gegenübergestellt.

Beide Verfahren lassen sich in die prozeßrelevanten Verfahrensstufen

- Erwärmungsphase,
- Umstellphase,
- Fügephase

unterteilen. Der wesentliche Unterschied zwischen beiden Verfahren liegt in der Erwärmphase, in der die Wärmeübertragung beim Heizelementschweißen in erster Linie durch Wärmeleitung erfolgt, während beim Heizstrahlerschweißen die Fügezonen infolge der Absorption von Strahlungsenergie erwärmt werden.

Beim Heizelementschweißen gliedert sich die Erwärmphase in eine Angleichphase und eine drucklose Erwärmphase. Während der Angleichphase werden die Fügeteile unter hohem Druck gegen das Heizelement gepreßt, wodurch die entstehende Schmelze fast vollständig in den Wulst gedrückt wird. Das Angleichen dient dazu, durch Abschmelzen von Unebenheiten einen ausreichenden Wärmekontakt zum Heizelement herzustellen, eventuelle Verunreinigungen auf der Fügefläche in den Wulst zu drücken und für den folgenden Fügeprozess planparallele Fügeflächen zu gewährleisten. Sobald die in den Wulst abgeführte Energie der zugeführten Energie entspricht (stationäres Aufschmelzen), kann der Angleichvorgang abgebrochen werden. In der anschließenden drucklosen Erwärmphase wird das Fügeteil fast drucklos gegen das Heizelement gehalten, um die Fügezone bis zu der geforderten Tiefe aufzuschmelzen. Der in Bild 3.34 eingetragene Restdruck ist erforderlich, um weiterhin einen effektiven Wärmekontakt zu realisieren, da durch die Plastifizierung eingefrorene Eigenspannungen und Orientierungen freigesetzt werden und zu Verformungen der Fügezone führen.

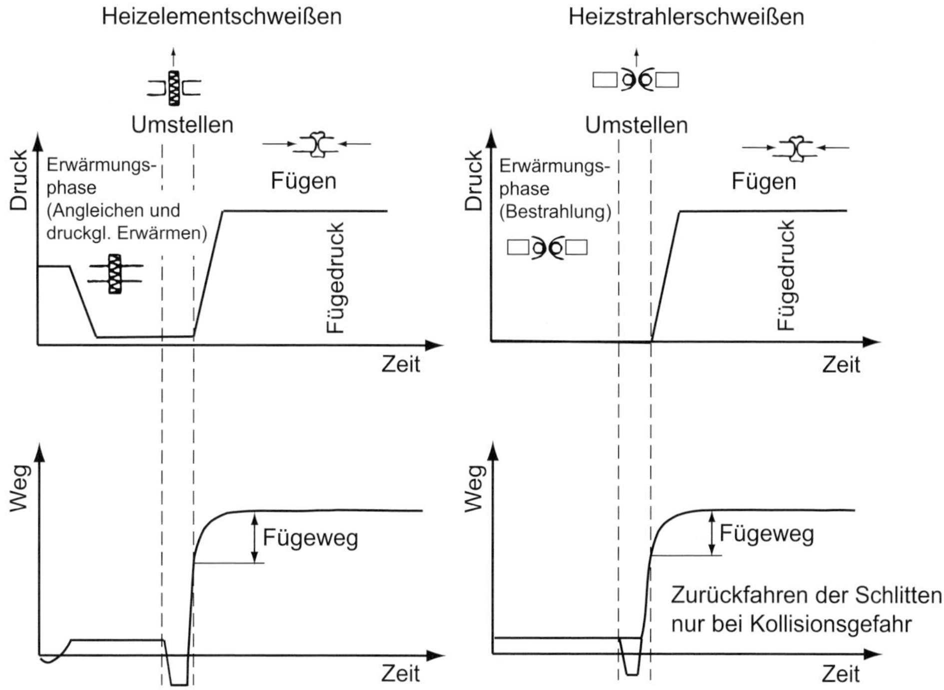

Bild 3.34 Druck- und Wegverlauf beim Heizelement- und Heizstrahlerschweißen [41]

Beim Heizstrahlerschweißen gibt es keine Angleichphase, von Beginn an besteht ein optimaler Wärmeübergang. Hierdurch ist es allerdings nicht möglich, Formteiltoleranzen abzuschmelzen. Sind die Fügeflächen toleranzbedingt uneben, so besteht ein ungleichmäßiger Abstand der einzelnen Flächensegmente zum Strahler und hieraus resultierend eine inhomogene Erwärmung der Fügezone.

Nach Erreichen der gewünschten Schmelzeschichtdicke beginnt die Umstellphase. Bei der Umstellung von der Erwärm- auf die Fügephase wird das Strahlerelement aus der Fügeebene herausgefahren. Ein Zurückfahren der Halbzeuge, wie es beim Heizelementschweißen zur Trennung der Fügeteile von den Heizelementoberflächen erforderlich ist, entfällt beim Heizstrahlerschweißverfahren bei ebenen Teilen. Die Fügephase beginnt mit der gegenseitigen Berührung der Fügeflächen und ist vom Ablauf her mit der Fügephase beim Heizelementschweißen identisch.

3.3.1.2 Strahlerarten

Beim Heizstrahlerschweißen kommen je nach Anwendung folgende Strahlerarten zum Einsatz:

- kurzwellige Strahler (auch Hellstrahler), Wellenlänge 1,6 µm, z.B. Halogenstrahler,
- mittelwellige Strahler, Wellenlängenbereich zwischen 1,6 und 3,5 µm, z.B. Halogenstrahler, Quarzstrahler, Metallfolienstrahler [42],
- langwellige Strahler, Wellenlängenbereich oberhalb 3,5 µm, z.B. Hochtemperaturheizelemente (s.a. Kap. 3.3.2), Keramikstrahler, Quarzstrahler.

Hierbei ist jeweils die Wellenlänge im Maximum der spektralen spezifischen Ausstrahlung angegeben. Wie in Bild 3.35 dargestellt, emittiert ein thermischer Strahler die Strahlung nicht bei genau einer Wellenlänge, sondern vielmehr in einem Wellenlängenspektrum.

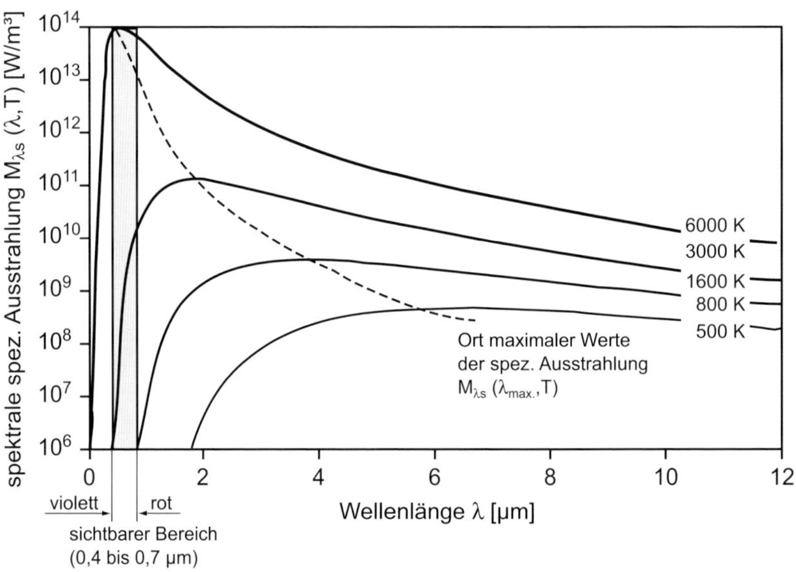

Bild 3.35 Hemisphärische spektrale spezifische Ausstrahlung eines schwarzen Körpers für verschiedene Temperaturen in K [43]

Man erkennt, daß sich das Maximum der spektralen spezifischen Ausstrahlung mit zunehmender Strahlertemperatur zu kürzeren Wellenlängen verschiebt (Wiensches Gesetz).

3.3.1.3 Strahlungsoptische Eigenschaften von Kunststoffen

Während bei sämtlichen metallischen Werkstoffen die Absorption der infraroten Strahlung direkt in einer sub-µ dicken Oberflächenschicht erfolgt [44], können die Absorptionseigenschaften von Kunststoffen sehr unterschiedlich sein (s.a. Kap. 3.3.3.2).

Bei Kunststoffen werden die strahlungsoptischen Materialeigenschaften durch ihren makromolekularen Aufbau bestimmt. Die Wechselwirkungen zwischen der IR-Strahlung und dem Kunststoff sind sowohl abhängig von der Wellenlänge der Strahlung als auch von der Struktur und der Temperatur des Kunststoffes [45, 46].

Für die Erwärmung der Fügezone beim Heizstrahlerschweißen ist die Absorption der eingekoppelten IR-Strahlung an der Polymermatrix und an den Zusatzstoffen verantwortlich. Die Absorption der IR-Strahlung ist bei Polymeren weitestgehend in der Anregung von Valenz- und Deformationsschwingungen einzelner Molekülgruppen der Makromolekülketten begründet (s.a. Kap. 3.3.3). Da diese Gruppen ein stark wellenlängenabhängiges Schwingungsverhalten aufweisen, besitzen Polymere sowohl Wellenlängenbereiche mit hoher Transmission als auch Bereiche mit hoher Absorption. Letztere treten dann auf, wenn sich die Frequenz der auftreffenden IR-Strahlung im Resonanzbereich einer oder mehrerer schwingungsfähiger Atomgruppen befindet [41, 47].

Da alle Polymere von ihrem molekularen Grundaufbau her ähnlich sind, treten in den Absorptionsspektren praktisch aller Polymere charakteristische Absorptionsbanden auf. Dieser Sachverhalt trifft besonders für die Resonanzbereiche der unterschiedlichen CC- bzw. CH- und auch CO-Verbindungen zu [48, 49]. Die Ausprägung dieser Absorptionsbande ist jedoch in großem Maße von der molekularen Gesamtstruktur des jeweiligen Polymeren abhängig. Die hauptsächlichen Absorptionsbande der Kunststoffe liegen in einem Spektralbereich von 2,22-25 µm. Charakteristisch für alle Kunststoffe ist dabei eine starke Absorptionsbande bei einer Wellenlänge in der Umgebung von 3,4 µm, da sich hier die Resonanzbereiche aller $[CH]_n$-Gruppen befinden.

Bei amorphen Thermoplasten nimmt die Transmissionszahl mit abnehmender Wellenlänge und steigender Werkstofftemperatur leicht zu. In teilkristallinen Polymeren wird die Strahlung zusätzlich an kristallinen Überstrukturen (z.B. Sphärolithen) gestreut. Bei dieser Materialgruppe sinkt die Eindringtiefe der Strahlung in der Regel mit abnehmender Wellenlänge infolge zunehmender Streuungen. Da die Kristallinität und somit die Größe und Anzahl der Sphärolithe von der Abkühlgeschwindigkeit abhängt, wurden im sichtbaren Bereich und nahen Infrarot für unterschiedlich schnell abgekühlte PP-Folien gleicher Dicke Differenzen im Transmissionsvermögen von über 50 % festgestellt [48, 49]. Aufgrund der Auflösung der kristallinen Bereiche während des Schmelzens weisen diese Stoffe oberhalb der Schmelztemperatur eine höhere optische Eindringtiefe auf.

Die Intensitätsabnahme im Material ist bei mit Zusatzstoffen versehenen Polymeren durch den Einfluß der Streuung in Abhängigkeit von der Absorption durch das Grundmaterial zu betrachten [47]. Zusatzstoffe absorbieren und streuen Strahlung in Abhängigkeit von der Wellenlänge, der Stoffkonzentration, -art und -größe und dem sie umgebenden Grundmaterial unterschiedlich stark. Die Streuwirkung von Zusatzstoffen und somit die Abnahme der Eindringtiefe der Strahlung in das Polymer ist dabei hauptsächlich vom Verhältnis des Partikeldurchmessers zur Wellenlänge abhängig. Liegt die Wellenlänge der IR-Strahlung im Bereich der Partikelgröße, so wird die Strahlung durch die Partikel relativ stark gestreut. Ist die Wellenlänge der Strahlung dagegen größer als der Pigmentdurchmesser, so nimmt das Streuvermögen der Pigmente mit der 4. Potenz der Wellenlänge ab (RAYLEIGH-Streuung).

3.3.1.4 Einfluß des Strahlertyps auf die Erwärmung der Fügezone

Aufgrund der wellenlängenabhängigen Absorption und Streuung der infraroten Strahlung an der Polymermatrix ist das Erwärmverhalten der Kunststoffe in Abhängigkeit des verwendeten Strahlertyps zu betrachten.

Das Erwärmverhalten der Kunststoffe ist in erster Linie abhängig von der auf die Fügefläche auftreffenden Strahlungsintensität, der Strahlergeometrie, der Wellenlänge des Strahlers im Intensitätsmaximum sowie von ihrem Absorptionsverhalten. Wie bereits beschrieben, richtet sich das Absorptionsvermögen der Kunststoffe nach der Kunststoffart und insbesondere nach der Art und Konzentration von absorbierenden Zusatzstoffen. Hierbei ist zu berücksichtigen, daß die das Absorptionsverhalten beschreibende Absorptionskonstante durch die Zugabe von Zusatzstoffen nur erhöht, jedoch nicht verringert werden kann [50].

Im Bild 3.36 wird der Einfluß von absorbierenden Zusatzstoffen (hier Ruß) auf die Temperaturentwicklung im Material dargestellt.

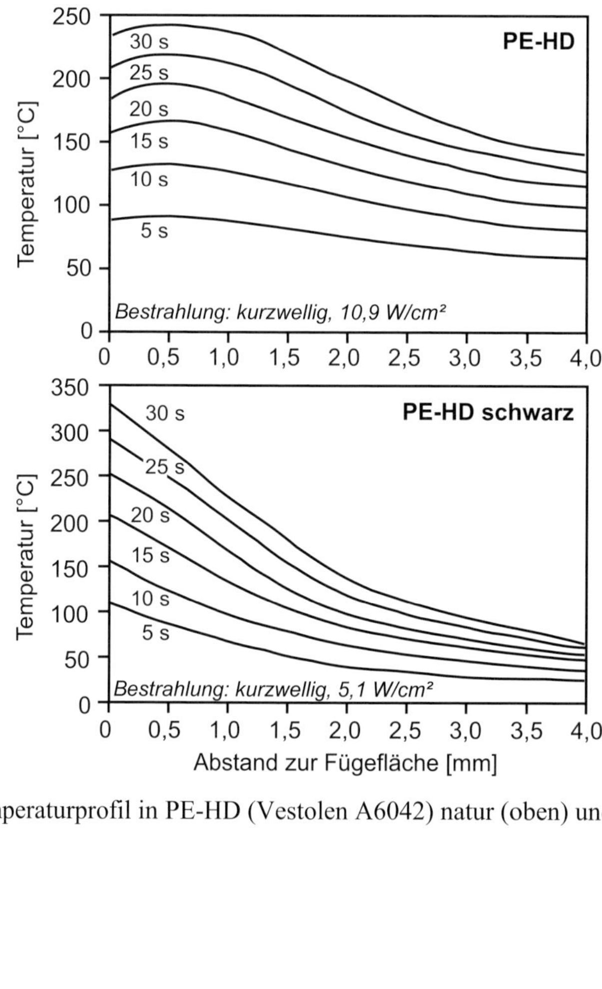

Bild 3.36 Temperaturprofil in PE-HD (Vestolen A6042) natur (oben) und schwarz (unten) [41]

Durch die geringe Absorptionskonstante von PE-HD natur bei Bestrahlung mit einem kurzwelligen Strahler dringt ein Teil der auf die Fügefläche treffenden Strahlung tief in das Material ein und wird dort absorbiert. Da hierbei die bei Kunststoffen träge Wärmeleitung zum Teil umgangen wird, lassen sich (anders als beim PE-HD schwarz mit einer hohen Absorptionskonstanten) im Vergleich zum Heizelementschweißen höhere Plastifiziergeschwindigkeiten erzielen [51].

Eine hohe Absorptionskonstante des Kunststoffes (hier: PE-HD schwarz), bewirkt durch absorbierende Zusatzstoffe oder durch den Einsatz eines mittel- oder langwelligen Strahlers, ermöglicht keine kürzere Erwärmzeit als beim Heizelementschweißen. Kritisch ist hier zudem die Gefahr einer thermischen Materialschädigung der Fügezone, die dann eintritt, wenn auf der Fügefläche die Zersetzungstemperatur überschritten wird, bevor eine ausreichende Schmelzeschichtdicke erreicht ist. Eine thermische Materialschädigung kann in diesen Fällen vermieden werden, wenn die Strahlerleistung reduziert wird (längere Erwärmzeit) oder eine Fügeflächentemperaturregelung integriert wird [41, 51].

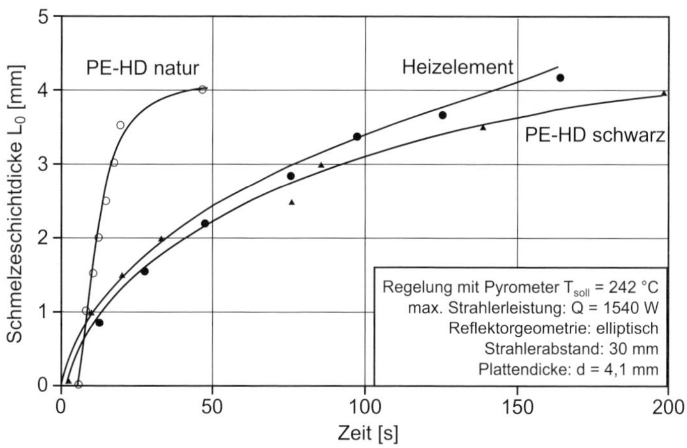

Bild 3.37 Vergleich der Strahlungserwärmung mit der Erwärmung am Heizelement anhand der Schmelzeschichtdickenentwicklungen [51]

3.3.1.5 Maschinentechnische Umsetzung

Eine Heizstrahlerschweißmaschine entspricht im wesentlichen einer Heizelementschweißmaschine, bei der das Heizelement durch ein bzw. zwei Strahlerelemente ersetzt wird. Bei der Maschinensteuerung ist darauf zu achten, daß ein konstanter Abstand zwischen Strahler und Fügeteil eingehalten wird (z.B. durch Anschläge).

Die Fügephase kann wie beim Heizelementschweißen kraft- oder wegabhängig durchgeführt werden. Im Rohrleitungsbau ist ggf. in der Maschine noch ein Rohrhobel integriert, der die eingespannten Rohrsegmente vor dem Schweißvorgang spanend bearbeitet [52].

3.3.1.6 Relevante Prozeßparameter/Möglichkeiten der Prozeßkontrolle

In Analogie zum Heizelementschweißen bestimmen die direkt nach der Erwärmphase vorhandene Schmelzeschichtdicke L_0 und der während des Fügens zurückgelegte Fügeweg s_F wesentlich die Schweißnahtfestigkeit [41]. Unter der Voraussetzung einer zersetzungsfreien Plastifizierung der Fügezonen beim Heizstrahlerschweißen, sind die hier erreichbaren Schweißnahtfestigkeiten mit den Festigkeiten beim Heizelementschweißen vergleichbar. Die vom Heizelementschweißen bekannten Optimierungskriterien für amorphe und teilkristalline Standardthermoplaste können direkt auf das Heizstrahlerschweißen übertragen werden [41].

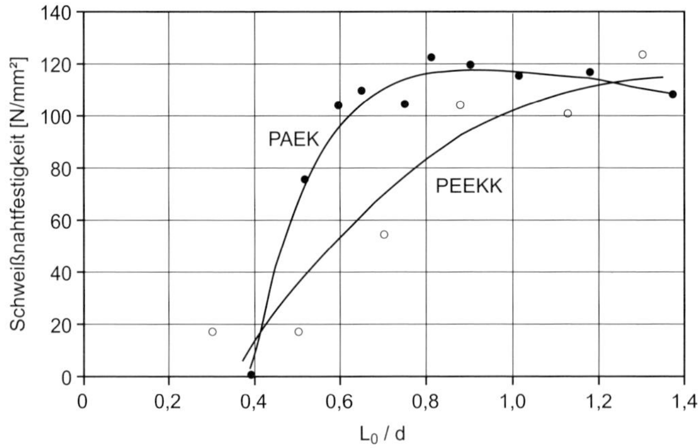

Bild 3.38 Schweißnahtfestigkeit von PAEK und PEEKK als Funktion von L_0 / d (Schmelzedicke durch Wanddicke) [41]

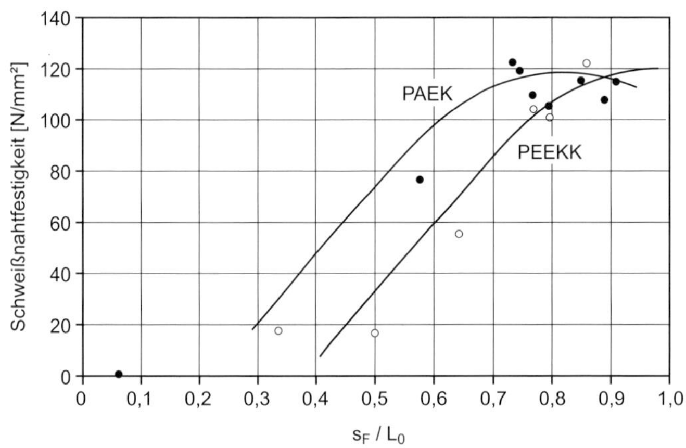

Bild 3.39 Schweißnahtfestigkeit von PAEK und PEEKK als Funktion von s_F / L_0 (Fügeweg/Schmelzeschichtdicke) [41]

3.3.1.7 Verfahrensgerechte Schweißnahtgestaltung

Beim Heizstrahlerschweißen kommen vorwiegend einfache bzw. modifizierte Stumpfstöße zum Einsatz. Fügezonen mit verdeckter Schweißnaht sind eher selten, da die Abdeckkanten etwa denselben Abstand zum Strahler haben wie die Fügefläche und entsprechend ebenfalls plastifiziert würden. Als Ausnahme kann hier das kontaktlose Heizelementschweißen mit Aufsatzplatten angesehen werden. Die Aufsatzplatten sind so konstruiert, daß der Abstand zur Fügefläche deutlich kleiner ist (ca. 0,5 mm) als der Abstand zur Abdeckkante. Der Abstand von z.B. 0,5 mm sollte möglichst genau eingehalten werden. Eine Abstandsvergrößerung führt bei diesem Strahlertyp zu einer deutlichen Abnahme der auf die Fügefläche auftreffenden Strahlungsenergie (s.a. Kap. 3.1.1.5 und 3.3.2).

Diese Anordnung Hochtemperaturheizelement/Aufsatzplatte ermöglicht weiterhin ein Heizstrahlerschweißen von 3D-geformten Fügezonen. Sollen dagegen z.B. Hell- Quarz- oder Keramikstrahler eingesetzt werden, sollte die Fügezone zweidimensional gestaltet sein, um eine kostenintensive Herstellung von entsprechend dreidimensional geformten Strahlern zu vermeiden. Um eine Erwärmung der Fügeteile außerhalb der Fügezone zu verhindern, sind gegebenenfalls Abschirmungen vorzusehen.

3.3.1.8 Anwendungsgebiete des Heizstrahlerschweißens

Das Heizstrahlerschweißen kommt in der Serienfertigung vorwiegend dort zum Einsatz, wo beim herkömmlichen Heizelementschweißen im Normal- oder Hochtemperaturfeld Adhäsionsprobleme bestehen. Dies ist der Fall, wenn im Normaltemperaturfeld trotz des Einsatzes einer PTFE-Beschichtung Schmelze am Heizelement haften bleibt, oder wenn beim Hochtemperaturheizelementschweißen die am Heizelement anhaftende Schmelze nicht während eines Schweißzyklus vollständig verdampft. In Bild 3.40 bis Bild 3.42 sind einige Applikationen aus Polyamid zum berührungslosen Heizelementschweißen dargestellt.

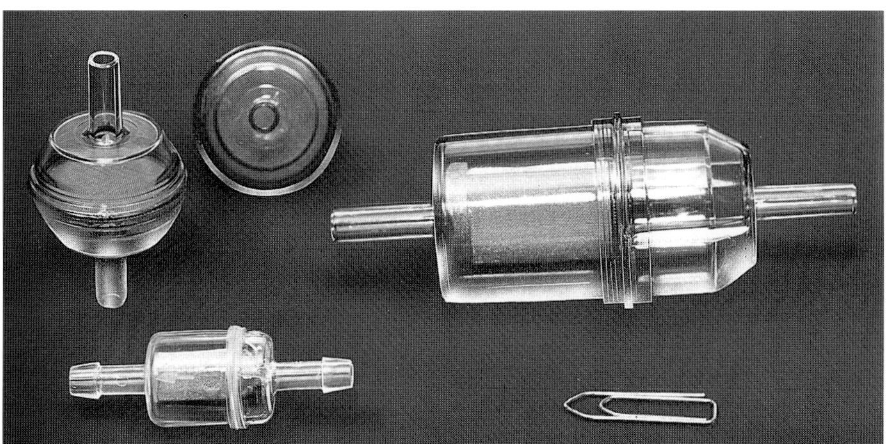

Bild 3.40 Benzinfilter (berührungsloses Heizelementschweißen)

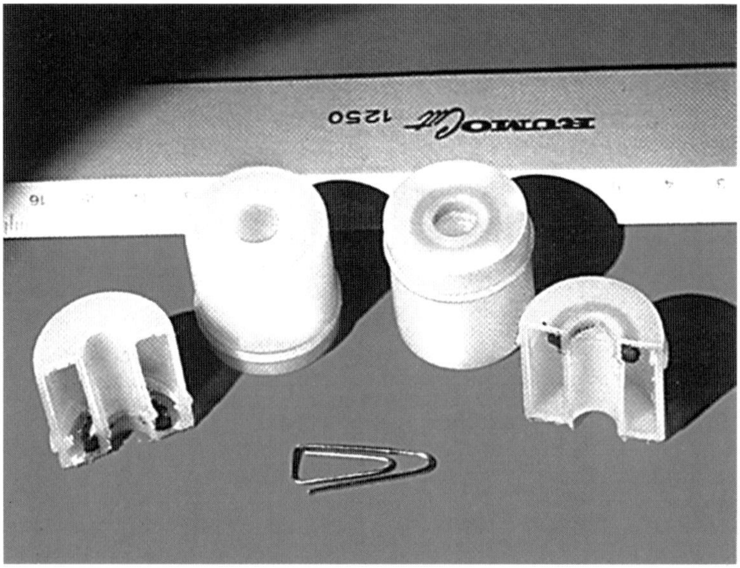

Bild 3.41 Füllstandsmesser (berührungsloses Heizelementschweißen)

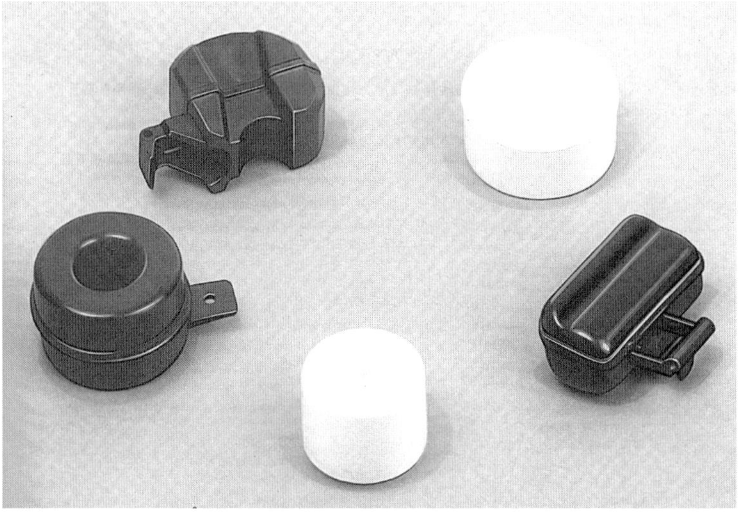

Bild 3.42 Vergaserschwimmer (berührungsloses Heizelementschweißen)

Einen weiteren Einsatzfall stellt das berührungslose Heizelementschweißen im Rohrleitungsbau dar. Der wesentliche Vorteil kann hier je nach Pigmentierung des zu schweißenden

Kunststoffes eine höhere Plastifiziergeschwindigkeit als sie mit dem kontaktbehafteten Heizelementschweißen erreicht werden kann. Um hier einen gleichmäßigen Abstand der Fügefläche zum Strahlerelement zu erzielen, wird die Fügezone vor dem Schweißzyklus mit einem Rohrhobel bearbeitet [52].

3.3.2 Heizelementschweißen mit berührungslosem Erwärmen

Dieses Schweißverfahren ist, ähnlich dem im Kap. 3.3.1 beschriebenen Heizstrahlerschweißen, eine Variation des Heizelementschweißverfahrens (Kap. 3.1.1), bei dem aber während des Aufheizens der Fügeteile ein kleiner Abstand zwischen Fügeflächen und Heizelement eingehalten wird, so daß die Erwärmung vorwiegend durch Strahlung erfolgt [11]. Daher wird dieses Verfahren auch "Heizelement-Strahlungsschweißen" genannt zur Abgrenzung zum in Kap. 3.1.1 beschriebenen "Heizelement-Wärmekontaktschweißen".

3.3.2.1 Verfahrensprinzip

Beim Heizelementschweißen mit Kontakterwärmung besteht bei vielen Thermoplasten die Gefahr, daß beim Abziehen des Fügeteils ein Teil der Schmelze am Heizelement trotz Antihaftbeschichtung kleben bleibt, mit den Folgen, daß diese Schmelze in der Schweißnaht fehlt und sie zum anderen das Heizelement verschmutzt. Das Fehlen der Schmelze in der Naht kann zu Undichtigkeit und zu mangelhafter Festigkeit führen. Die Schmelze-Ablagerung auf dem Heizelement kann sich durch den Temperatur- und Luftsauerstoffeinfluß zersetzen und, je nach zu verschweißendem Thermoplasttyp, auf dem Heizelement aufbauen und so den Wärmeübergang stören oder aber sich beim nächsten Schweißvorgang ablösen und so zu Fehlstellen in der Naht führen.

Bei einem anderen in Kap. 3.1.1.5 beschriebenen Erwärmverfahren wird die Heizelementoberflächentemperatur so hoch gewählt, daß die anhaftende Thermoplastschmelze mit Sicherheit verdampft und das Heizelement sich so selbst reinigt, bevor ein nächster Erwärmvorgang beginnt. Die mit diesem Hochtemperaturschweißen hergestellten Nähte sind in der Regel weniger belastbar und der Aufwand zum Absaugen der brennbaren Dämpfe erheblich.
Im Kapitel 3.3.1 wird ein weiteres Schweißverfahren beschrieben, bei dem die Fügeflächen durch Wärmestrahlung aufgeschmolzen werden. Bei diesem Heizstrahler-Verfahren sind aber die Strahlelemente nicht in beliebigen räumlichen Konturen herzustellen wie die Heizelemente aus gut wärmeleitenden Metallen wie z.B. Aluminium-Bronze (s.a. Kap. 3.3.1.7). Weiterhin gibt es beim Heizstrahlerschweißen mit Quarzstrahlern Probleme bei geschlossenen Schweißnähten infolge der nicht strahlenden Bereiche der elektrischen Anschlüsse. Bei flächigen Strahlern wie z.B. Keramik-, Metallfolien- oder Halogenstrahlern sind die nicht zu erwärmenden Bereiche durch entsprechende Blenden abzuschirmen. Vorteile hat das Heizstrahlerschweißen gegenüber dem Heizelementschweißen mit berührungsloser Erwärmung durch die größere Eindringtiefe der kurzwelligen IR-Strahlung (siehe Kap. 3.3.1.4) und die trägheitsarme Regelungsmöglichkeit der Leistung, die ein sehr schnelles Aufschmelzen der Oberfläche und dann ein langsameres Durchwärmen mit geringerer Leistung ohne thermische Schädigung der Schmelze ermöglicht.

Zum Heizelementschweißen von Fügeteilen aus Thermoplasten, deren Schmelzen zum Kleben neigen, wird bevorzugt das berührungslose Aufheizen eingesetzt [11]. Dabei wird zwischen Fügeflächen und Heizelementoberflächen eine Distanz von einigen Zehntel Millimeter eingehalten (z.B. 0,5 mm). Sie muß mindestens so groß sein, daß nach der Erwärmung und entsprechender Ausdehnung der Fügeteile – und evtl. zusätzlicher Deformation durch die Erwärmung – ein Kontakt ausgeschlossen ist, Bild 3.43.

Die Distanz sollte möglichst konstant über die gesamte Nahtlänge sein, um eine gleichmäßige Erwärmung zu gewährleisten. Differenzen von mehr als 0,2 mm sollten vermieden werden. Dieses Verfahren stellt daher hohe Ansprüche an Fügeteile und Aufnahmewerkzeuge. Dagegen sind beim Heizstrahlerschweißen je nach Strahlertyp auch größere Abstände und Abstandsdifferenzen zulässig (siehe Kap. 3.3.1.4).

Da der Wärmeübergang vom Heizelement zum Fügeteil schlechter ist als beim Wärmekontaktschweißen, muß die Heizelementoberflächentemperatur entsprechend höher sein, wenn etwa die gleichen Erwärmzeiten erreicht werden sollen. Je nach Kunststofftyp liegen sie zwischen 400 und 550 °C.

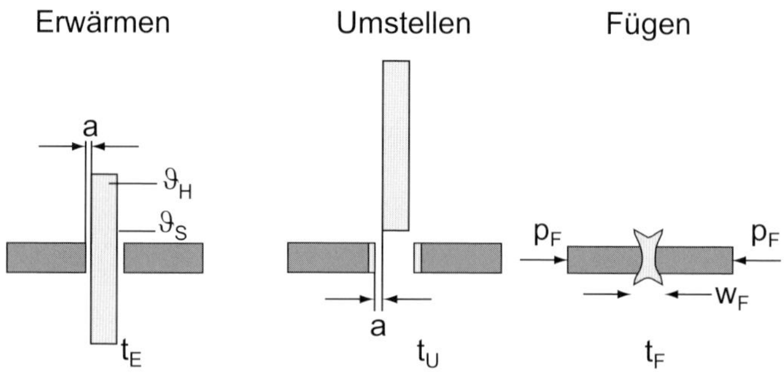

Bild 3.43 Heizelementschweißen mit berührungslosem Erwärmen, Prinzip

$a > 0$, $\vartheta_H \sim \vartheta_S$

ϑ_H = *Heizelementtemperatur*	t_U = *Umstellzeit*
ϑ_S = *Schweißtemperatur*	p_F = *Fügedruck*
a = *Heizelementabstand*	t_F = *Fügezeit + Abkühlzeit*
t_E = *Erwärmzeit*	w_F = *Fügeweg*

Mit dem berührungslosen Anwärmen ist ein Angleichen im Gegensatz zum Kontaktverfahren nicht möglich und wegen der oben beschriebenen Bedingungen auch nicht nötig. Bei vollkommen ebenen Füge- und Heizelementflächen ist in der Umstellphase der Arbeitgang des Abziehens der Fügeteile vom Heizelement, bevor dieses herausgeschwenkt werden kann, einzusparen.

Weiterhin sind mit dieser Verfahrensvariation die Maschinenbewegungen einfacher, da während der Erwärmphase keine kraft- oder weggesteuerten Bewegungen erforderlich sind.

3.3.2.2 *Anwendungsbereich*

Das Heizelementschweißverfahren mit berührungsloser Erwärmung kann für Fügeteile aus allen Thermoplasten eingesetzt werden. Wegen des größeren Aufwandes hinsichtlich der Qualität der Fügeteile und des Heizelementmaterials sowie des höheren Energiebedarfs wird es vorwiegend nur dort eingesetzt, wo das Heizelement-Kontaktschweißen durch Anhaften der Schmelze am Heizelement Probleme bereitet. Es wird auch dann mit Vorteil eingesetzt, wenn Thermoplaste mit stark verschleißenden Füllstoffen wie z.B. Glasfasern gefüllt sind, die die Heizelementoberfläche bzw. deren Beschichtung zerstören können.

Da die Heizelementoberfläche exakt der Nahtkontur folgt, kann das Heizelement sowohl für die Kontakterwärmung (Normal- und Hochtemperaturbereich) wie auch für die Strahlungserwärmung eingesetzt werden. Geometrische Probleme können sich dabei nur in Ausnahmefällen bei Nahtkonturen mit kleinen Winkeln zur Schweißwegrichtung ergeben.

3.3.2.3 *Verfahrensbedingungen*

Dieses Verfahren unterscheidet sich von dem Heizelementschweißverfahren mit Kontakterwärmung (Kap. 3.1.1) nur in der Erwärmphase. Daher beschränken sich die Angaben zu den Verfahrensparametern nur auf diese.

Um auf ähnliche Erwärmzeiten wie beim Heizelement – Wärmekontaktverfahren zu kommen, muß die Heizelementoberflächentemperatur ca. 100 bis 200 °C höher sein. Sie liegt je nach zu schweißendem Thermoplast zwischen 400 und 550 °C. Als Heizelementmaterial werden daher Aluminium-Bronze (bis 500 °C) oder in Ausnahmefällen auch spezielle zunderfreie Stähle eingesetzt. Für räumlich geformte Nahtkonturen sind Aufsätze auf den Heizplatten erforderlich, die gegebenenfalls mit einer gesonderten Heizung mit Temperaturregelung versehen sein sollten, um eine gleichmäßige Oberflächentemperatur über die gesamte Nahtlänge zu erreichen. In [11] wird z.B. bei einem Heizelement mit 350 mm Diagonalmaß und in [52] (siehe Kap. 3.3.1) für Heizelemente bis 2000 cm^2 eine Temperaturdifferenz bis 10 K zugelassen.

Für alle Schweißverfahren mit Erwärmung durch Strahlung gilt, daß durch Zugluft, Schweißrauchabzüge und natürliche Konvektion insbesondere bei vertikaler Anordnung der Heizelemente erhebliche Temperaturdifferenzen verursacht werden. Mit einer Aufteilung in mehrere Heizzonen mit separater Regelung kann diese Abkühlung kompensiert werden, wenn eine Kapselung nicht realisierbar ist.

Die Erwärmzeiten liegen in Abhängigkeit vom Thermoplast, der Wanddicke, der Heizelementtemperatur und dem Abstand zwischen Heizelement und Fügefläche zwischen 10 und 30 s. Sie sollten so lang sein, bis eine ausreichende Aufschmelztiefe erreicht ist (siehe Kap. 3.3.1.6). Bei zu langen Erwärmzeiten tritt eine thermische Schädigung des Thermoplasten ein, die zu geringeren Schweißnahtfestigkeiten führen kann. Eine Optimierung sollte bei jeder Änderung durchgeführt werden.

3.3.2.4 *Anwendungsbeispiele*

Siehe Kapitel 3.3.1.8.

3.3.3 Laserstrahlschweißen

Beim Laserstrahlschweißen erfolgt die Erwärmung und Plastifizierung der Fügezonen durch die Absorption der infraroten Laserstrahlung im Material. Die Absorption (d.h. Umwandlung der Infrarotstrahlung in Wärme) ist abhängig von dem eingesetzten Lasertyp und dem Materialtyp sowie dessen Zusatzstoffen.

Neben den spezifischen Vorteilen der einzelnen Verfahrensvarianten sind folgende Vorteile des Laserstrahlschweißens besonders hervorzuheben:

- keine schwingende Beanspruchung der Fügeteile (und deren Einbauelemente),
- kein fusseliger Abrieb,
- keine Adhäsionsprobleme wie z.B. an einem Heizelement,
- örtlich begrenzte Wärmeeinbringung.

Es können wie bei den anderen Schweißverfahren nur thermoplastische Kunststoffe und thermoplastische Elastomere (TPE) geschweißt werden. Bei gegebener chemischer Kompatibilität können auch verschiedene Kunststoffe miteinander geschweißt werden.

Die beim Laserstrahlschweißen erreichbaren Nahtfestigkeiten sind z.B. mit denen des Heizelementschweißens vergleichbar. Die Schweißnahtfestigkeiten resultieren aus dem Zusammenspiel der Größen Temperatur, Temperatureinwirkzeit, Druck und ggf. Schmelzeaustrieb [50].

3.3.3.1 Laser für das Kunststoffschweißen

Je nach Art des eingesetzten laseraktiven Mediums sowie nach Art der Laseranregung unterscheidet man unterschiedliche Lasertypen. In der Kunststoffschweißtechnik kommen vorwiegend CO_2-Gaslaser, Nd:YAG-Festkörperlaser (**N**eo**d**ym:**Y**ttrium-**A**luminium-**G**ranat) und Hochleistungsdiodenlaser zum Einsatz. Diese Laserarten können sowohl im cw-Betrieb (**c**ontinuous **w**ave, d.h. zeitlich konstante Strahlungsemission) als auch im Pulsbetrieb (diskontinuierliche Leistungsabgabe) mit kurzen emittierten Leistungspulsen betrieben werden. Während der Leistungspulse werden Leistungen emittiert, die je nach Nd:YAG-Lasertyp im KW- oder im MW-Bereich liegen und somit zu einer thermischen Schädigung des Kunststoffs führen. Da bei der hier betrachteten Kunststoffschweißtechnik eine thermische Schädigung des Thermoplasten vermieden werden muß, kommen nahezu ausschließlich Laser im cw-Betrieb zum Einsatz.

In Tabelle 3.5 werden die drei in der Kunststoffschweißtechnik eingesetzten Lasertypen anhand der wesentlichen charakteristischen Werte verglichen.

Ein wesentlicher Unterschied zwischen den aufgezeigten Lasertypen liegt in der Wellenlänge der emittierten Strahlung. Während sowohl vom Nd:YAG- als auch vom Hochleistungsdiodenlaser Strahlung im nahen Infrarotbereich bei 1,06 µm bzw. 0,8 - 1,0 µm emittiert wird, liegt die Wellenlänge beim CO_2-Laser mit 10,6 µm um eine Größenordnung höher. Wie nachfolgend beschrieben wird, hat dieser Unterschied einen erheblichen Einfluß auf die Absorption in den zu schweißenden Kunststoffen. Weiterhin können nur die Strahlen von Nd:YAG- und Hochleistungsdiodenlasern durch Lichtwellenleiter geführt werden [53].

Auch im Wirkungsgrad sind deutliche Unterschiede zwischen den betrachteten Laserarten zu verzeichnen: während beim Nd:YAG-Laser 97 - 99 % der zugeführten Energie durch Kühlung abgeführt werden muß, liegt der Wirkungsgrad beim CO_2-Laser mit 5 - 10 % und insbesondere der beim Hochleistungsdiodenlaser mit 30 - 40 % deutlich darüber. Dagegen liegt die mit einem Hochleistungsdiodenlaser erzielbare Strahlungsintensität (Strahlungsenergie pro Flächeneinheit) deutlich unter den mit Nd:YAG- oder CO_2-Lasern erzielbaren Intensitäten, da der minimale mit einem Hochleistungsdiodenlaser erzielbare Brennfleck eine Ellipse mit den beiden Hauptdurchmessern von etwa 0,25 mm und 0,5 mm beschreibt [54]. Dem steht z.B. bei Nd:YAG-Lasern ein einstellbarer minimaler Fokusdurchmesser von wenigen µm gegenüber. Die weniger gute Fokussierbarkeit der von Hochleistungsdiodenlasern emittierten Strahlung ist beim Schweißen von Kunststoffen nicht von Nachteil, da hier generell (im Vergleich zu vielen anderen Laserbearbeitungsverfahren) größere Strahldurchmesser gefordert sind [55].

Eigenschaften		**CO_2-Laser**	**Nd:YAG-Laser**	**Hochleistungs-diodenlaser**
Wellenlänge	[µm]	10,6	1,06	0,8-1,0
Wirkungsgrad	[%]	5-10	1-3	30-40
Größe des Laserkopfes	[dm^3]	10^3	10^2	1
mittl. Ausgangsleistung	[kW]	bis 30	bis 3	bis 2
mittl. Intensität des fokussierten Strahls	[W/cm^2]	$10^{6...30}$	$10^{5...9}$	$10^{3...5}$
Preis	[$/W]	150-300	200-600	100-300
Wartungsintervall	[h]	1.000	500 (Lampen)	2.000-10.000

Tabelle 3.5 Vergleich des Hochleistungsdiodenlasers mit herkömmlichen Lasern [56]

3.3.3.2 Optische Eigenschaften von Kunststoffen und ihre Anpassung

Der entscheidende Unterschied zwischen dem Laserstrahlschweißen von Metallen und Kunststoffen liegt vor allem in der Fähigkeit der Kunststoffe, den Laserstrahl je nach Kunststofftyp mehr oder weniger zu transmittieren, während Metalle den Laserstrahl nur reflektieren und in der Oberfläche absorbieren können. Dafür leiten die Metalle die durch die Strahlung in die Oberfläche eingebrachte Wärme etwa 200 mal schneller als Kunststoffe, so daß dadurch auch bei Metallen Tiefschweißungen möglich sind. Bei den Kunststoffen entscheidet das Absorptionsverhalten über die Transmission bzw. die Eindringtiefe des Laserstrahls.

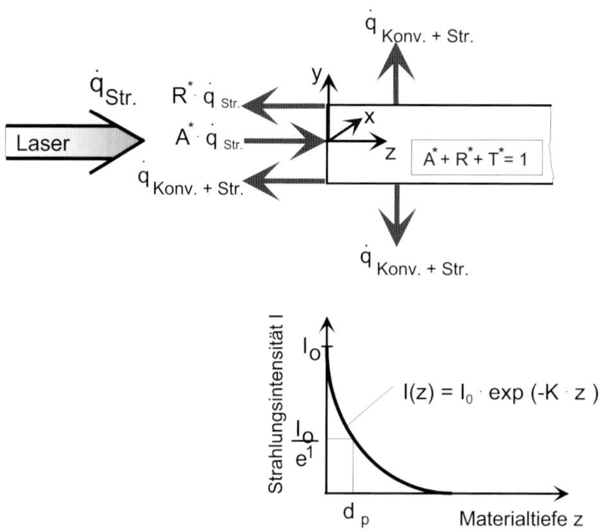

Bild 3.44 Energetische Verhältnisse während der Strahlungserwärmung [50]

Die auf den Kunststoff treffende Laserstrahlung wird zu verschiedenen Teilen reflektiert, absorbiert und transmittiert, Bild 3.44. Diese Aufteilung ist von den optischen Eigenschaften (Reflexion, Absorption und Transmission) des Kunststoffs und von der Wellenlänge der Laserstrahlung abhängig. Von diesen Eigenschaften werden Reflexion und Transmission im IR-Spektrometer bestimmt und in % von der gesamten Strahlenergie angegeben. Die Absorption wird dann aus diesen drei Werten errechnet:

Absorption (%) = 100 % - Reflexion (%) - Transmission (%)

Bild 3.45 und Bild 3.46 zeigen den typischen Verlauf von Reflexion und Transmission von einem amorphen (SAN) und einem teilkristallinen (PA 66) Kunststoff in dem für das Laserschweißen interessanten Wellenlängenbereich von 500 bis über 10.000 nm. Da das Absorptionsverhalten nicht linear von der durchstrahlten Dicke abhängt, beziehen sich diese Werte nur auf die angegebene Probendicke. Eine Hochrechnung auf andere Wanddicken ist aus diesen Werten annähernd möglich (s.u.).

Der reflektierte Strahlungsanteil geht dem Laserschweißprozeß vollständig verloren. Die verbleibende Laserstrahlung wird auf dem Weg durch den Kunststoff zum Teil absorbiert (Bild 3.44) und dabei durch Anregung von Molekülbewegungen in Wärme umgewandelt. In dem für das Laserstrahlschweißen von formstabilen Fügeteilen interessanten kurzwelligen Infrarotbereich (750 bis 1500 nm) sind es vor allem Ober- und Kombinationsschwingungen von OH-, NH- und CH-Gruppen, die die Energieumwandlung bewirken. Die Intensität dieser Schwingungen ist deutlich geringer als die der Grundschwingungen, zu der ein CO_2-Laser im langwelligen Infrarotbereich anregen kann [50, 57-59]. Bei wenig absorbierenden

Kunststoffen und bei dünnen zu durchstrahlenden Schichten tritt der Strahl auf der Rückseite des Kunststoffteiles entsprechend geschwächt wieder aus.

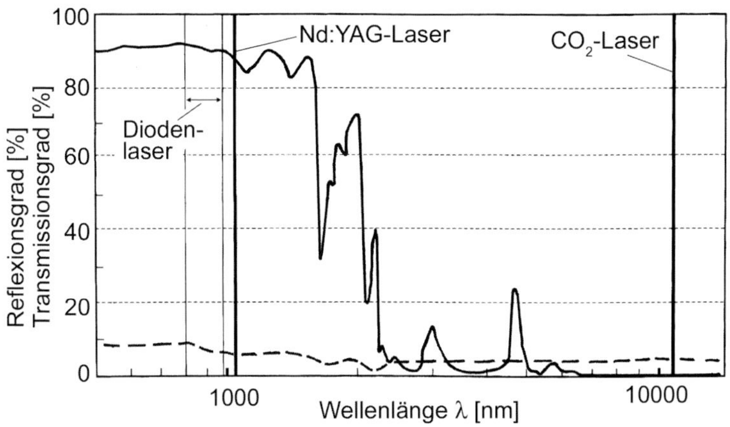

Bild 3.45 Transmissions- und Reflexionsspektrum von SAN, Plattendicke 2 mm

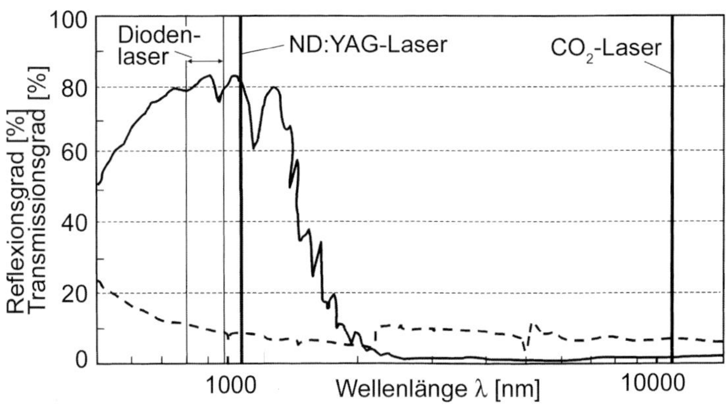

Bild 3.46 Transmissions- und Reflexionsspektrum von PA 66, Plattendicke 2 mm [60]

Die Absorption des Laserstrahls im Kunststoff wirkt wie eine innere Wärmequelle. Ihre räumliche Verteilung kann unter der Voraussetzung eines linearen Absorptionsverhaltens nach dem Lambert-Bougerschen Gesetz beschrieben werden:

$$I(z) = I(z = 0) \cdot e^{-K \cdot z} \tag{3.2}$$

mit: I(z): Strahlungsintensität in der Materialtiefe z [W/cm²]
K : Absorptionskonstante [mm⁻¹]

Die Absorptionskonstante beschreibt das Absorptionsvermögen des Kunststoffs und ist somit abhängig von der Wellenlänge der eingekoppelten Strahlung sowie von im Kunststoff enthaltenen Zusatzstoffen. Sie ist daher im Gegensatz zur Absorptionszahl unabhängig von der Materialdicke. Die optische Eindringtiefe d_p ist als Kehrwert von K definiert und beschreibt die Materialtiefe, bei der die eingekoppelte Strahlungsintensität auf den e^{-1}ten Teil ihres ursprünglichen Wertes gefallen ist. Mit der Abnahme der Strahlungsintensität erfolgt der Energietransport in tiefere Schichten in zunehmenden Maße durch Wärmeleitung. Zeitgleich zu der Energiezufuhr durch Laserstrahlung erfolgt über die Stirn- und Seitenflächen eine Wärmeabgabe an die Umgebung durch Konvektion und Wärmestrahlung, Bild 3.44. Die Tabelle 3.6 im Anhang enthält für einige Kunststoffe außer den o.a. optischen Eigenschaften für 2 mm dicke Platten bei zwei Wellenlängen auch die daraus errechneten Eindringtiefen. Dabei ist zu beachten, daß sich bei stark reflektierenden Materialien zu hohe Rechenwerte ergeben.

Die für das Laserstrahlschweißen wichtigen optischen Eigenschaften von Kunststoffen werden sowohl vom Kunststoff selbst wie auch von den für die Anwendungen notwendigen Zusätzen und zum Teil auch von der Verarbeitung bestimmt: bereits der Kunststofftyp hat entscheidenden Einfluß auf die optischen Eigenschaften und damit auf die Schweißbarkeit mit Laserstrahlung. So weisen amorphe Thermoplaste im nahen IR-Bereich geringe Absorptions- und hohe Transmissionswerte auf, die theoretische Eindringtiefen von mehreren 100 mm ermöglichen (Tabelle 3.6, Bild 3.45). Aber bereits kleine Zusätze von, auch amorphen, Fremdpolymeren wie Schlagzähmodifier oder Weichmacher können die Absorption drastisch erhöhen. Weiterhin sind die optischen Eigenschaften auch von der Temperatur des Kunststoffs abhängig.

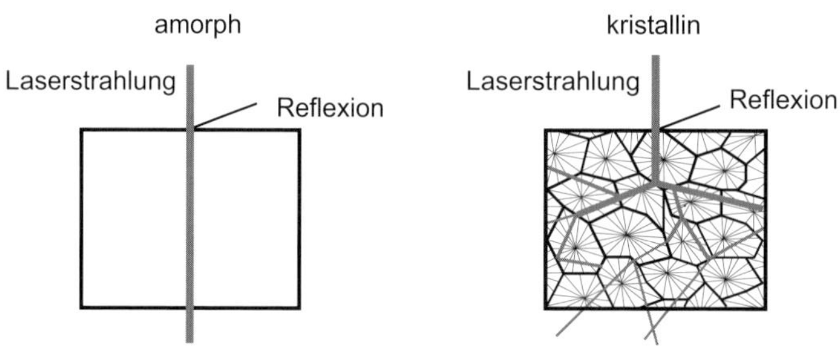

Bild 3.47 Vergleich amorphe und teilkristalline Thermoplaste, Absorptionsverhalten [61]

erforderliche Streckenleistung: amorphe Thermoplaste (PC, PS, PMMA): 5 – 10 W/cm
teilkristalline Thermoplaste (PP, PE, PA): 10 – 40 W/cm

Teilkristalline Thermoplaste absorbieren den Laserstrahl stärker als amorphe, da er durch die kristallinen Überstrukturen gestreut wird [61]. Durch die mehrfache ungerichtete Reflexion an inneren Grenzflächen (Sphärolithgrenzen) wird der Laserstrahl zu einem längeren Weg durch das Material gezwungen und damit mehr absorbiert, Bild 3.47. Mit abnehmendem Kristallitdurchmesser nimmt bei gleichem Kristallinitätsgrad die Absorption zu, Bild 3.48. Gleichzeitig wird dadurch der Strahl aufgeweitet und die Energiedichte nimmt stark ab. Da teilkristalline Kunststoffe auch noch einen größeren Anteil des Strahls an der Oberfläche reflektieren, muß für sie deutlich mehr Energie zum Schweißen aufgewendet werden als für amorphe, Bild 3.47. Die Durchstrahlbarkeit ist auf wenige Millimeter begrenzt, Tabelle 3.6.

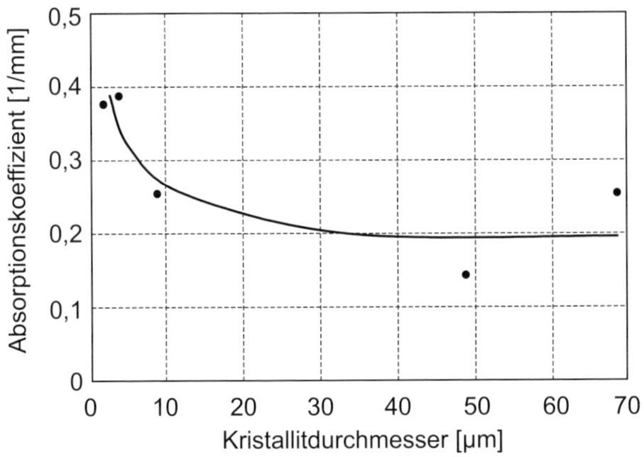

Bild 3.48 Einfluß des Kristallitdurchmessers auf das Absorptionsverhalten von Polyamid [61]

Glasfasern und Glaskugeln absorbieren Laserstrahlen des nahen IR-Bereichs zwar nicht, aber durch Beugungs- und Reflexionseffekte wird der Laserstahl abgelenkt und so der Weg durch das Kunststoffteil verlängert und die Absorption erhöht. Ähnlich wie bei teilkristallinen Kunststoffen wird der Strahl aufgeweitet, Energiedichte und Eindringtiefe werden zusätzlich verringert.

Mit steigendem Glasfasergehalt nimmt sowohl die Absorption wie auch die Oberflächenreflexion zu, Bild 3.49. Je nach Matrixmaterial und Einfärbung sind aber auch glasfaserverstärkte Kunststoffe mit geeigneten Lasern einige Millimeter durchstrahlbar.

Glasfasern richten sich während des Spritzgießvorganges aus und können dadurch, abhängig von der Gestalt des Teiles und den Fließbedingungen, unterschiedliche Ausrichtungen aufweisen und damit innerhalb eines Teiles auch den Laserstrahl unterschiedlich streuen.

Die meisten Füllstoffe und Flammschutzmittel transmittieren IR-Laserstrahlen nicht. Die feinteiligen Partikel streuen und absorbieren und verhindern so größere Eindringtiefen. Helle Füllstoffe erhöhen außerdem noch die Reflexion. Für das transmittierende Fügeteil sind diese Zusätze ungeeignet [62].

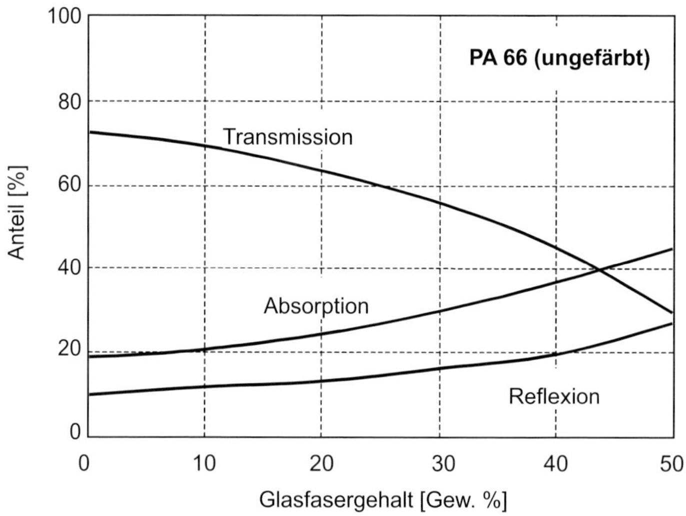

Bild 3.49 Optische Eigenschaften als Funktion des Glasfasergehaltes von Polyamid 66 bei einer Wellenlänge von 920 nm [60]

Farbmittel haben mit den größten Einfluß auf die optischen Eigenschaften und damit auf das Schweißverhalten von Kunststoffen mit Laserstrahlen. Dabei ist eine allgemeine Vorhersage des Einflusses nur schwer möglich zumal die Absorption nicht linear von der Konzentration abhängt, Bild 3.50.

Grundsätzlich werden lösliche Farbstoffe und Pigmente unterschieden: Pigmente erhöhen die Absorption deutlich stärker als lösliche Farbstoffe. Für das zu durchstrahlende Fügeteil werden daher, wenn eine Einfärbung erforderlich ist, lösliche Farbstoffe bevorzugt [63].

Durch die geeignete Wahl der Farbmittel und ihrer Konzentration kann die Eindringtiefe und damit auch die Schmelzeschichtdicke gezielt beeinflußt werden, Bild 3.50. Diese Schmelzeschichtdicke, die auch von den Laserstrahlschweißparametern abhängt, ist beim Konturschweißen entscheidend für die Spaltüberbrückungsfähigkeit und auch die Festigkeit der Schweißnaht. Bei relativ "dünnen" Einfärbungen mit Eindringtiefen von einigen 100 µm wird die Energie in einem großen Volumen umgesetzt. Dieses Material verhält sich beim Konturschweißen gegenüber z.B. Energiedichteschwankungen des Laserstrahls gutmütiger. Dagegen wird bei hoher Konzentration der Pigmente, wie sie z.B. für bewitterte Teile bevorzugt wird, die Energie in einer dünnen Oberflächenschicht in Wärme umgewandelt, was bei nicht exakt dosierter Energie beim Konturschweißen leicht zu thermischer Schädigung führen kann.

Durch spezielle Einfärbungen sind farbige, auch tiefschwarze, Kunststoffteile herzustellen, die für das menschliche Auge gleich aussehen, aber dennoch das für das Durchstrahlungsschweißen notwendige unterschiedliche Absorptionsverhalten aufweisen [60]. Bei teilkristallinen Kunststoffen wurde durch dunkle Einfärbungen zum Teil eine Verbesserung der Schweißbarkeit erreicht, da vermutlich dadurch die Reflexion reduziert wurde.

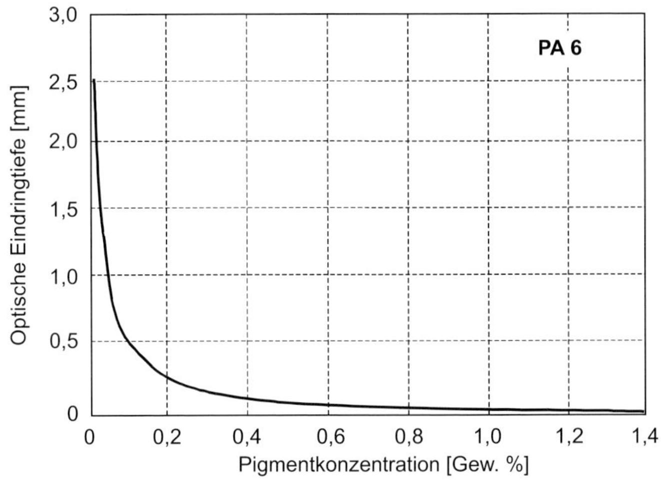

Bild 3.50 Einfluß der Pigmentkonzentration auf die optische Eindringtiefe bei PA 6 [60]

Die Verarbeitungsbedingungen beeinflussen die Laserschweißbarkeit von Kunststoffen: durch die Spritzguß- oder Extrusionsbedingungen können die Kristallinität, die Sphärolithgröße und die Ausrichtung von Füll- und Verstärkungsstoffen und somit die strahlungsoptischen Eigenschaften der Kunststoffe beeinflußt werden. Kunststoffe können erhebliche Mengen Wasser aufnehmen, das ändert die optischen Eigenschaften zwar nicht wesentlich, stört aber durch Blasenbildung beim Schweißen.

3.3.3.3 Verfahrensvarianten

Laser-Durchstrahlschweißen

Das Laser-Durchstrahlschweißen nutzt gezielt die strahlungsoptischen Eigenschaften der Kunststoffe. Das Prinzip dieses Verfahrens ist in Bild 3.51 dargestellt.

Zur Anwendung ist es erforderlich, daß ein Fügeteil für den Laserstrahl transparent ist und das andere Fügeteil aus einem Material mit hoher Absorptionskonstanten besteht.

Da die Strahlung der Nd:YAG- und Diodenlaser in die meisten Kunststoffe ohne Zusatzstoffe tief eindringt, kann die Bedingung an die Fügeteile durch unterschiedliche Pigmentierung des Materials erfüllt werden. Ein für das menschliche Auge farbiger Kunststoff kann für die Strahlung der o.a. Laser durchaus transparent sein [64].

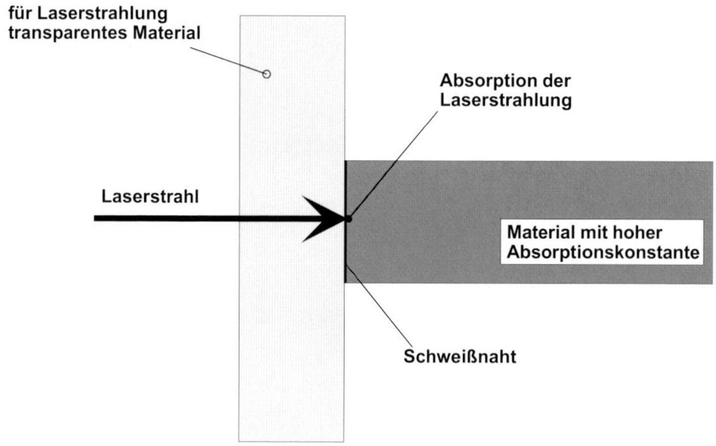

Bild 3.51 Prinzip des Laser-Durchstrahlschweißverfahrens [50]

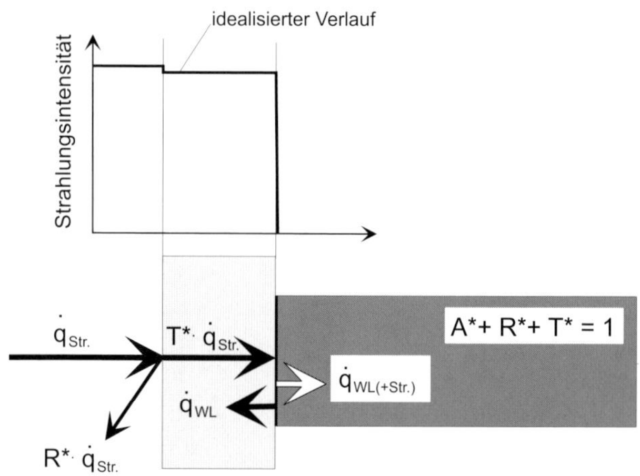

Bild 3.52 Energetische Verhältnisse beim Laser-Durchstrahlschweißverfahren [50]

*A** = *Absorptionszahl* *Str.* = *Strahlung*
q = *Wärmestromdichte* *R** = *Reflexionszahl*
*T** = *Transmissionszahl* *WL* = *Wärmeleitung*

Aufgrund dieser Materialkombination transmittiert der Laserstrahl fast ungehindert durch das erste Fügeteil und wird in oberflächennahen Schichten des zweiten Teils (hohe Absorptionskonstante) nahezu vollständig absorbiert, Bild 3.52.

Die dadurch entstehende Wärme wird durch Wärmeleitung sowohl in tiefere Schichten des absorbierenden Fügeteils als auch in das für den Laserstrahl transparente Teil transportiert. Je nach Verfahrensart muß entweder zu Beginn, spätestens aber gegen Ende des Schweißvorgangs ein Anpreßdruck in der gesamten Fügezone vorliegen. Durch die Absorption kommt es zu einer Temperaturerhöhung in der Fügezone. Die entstehende Schmelze verbessert den Wärmekontakt zwischen den Fügepartnern und bewirkt durch Volumenausdehnung einen inneren Fügedruck, sofern der Kontakt der Fügeteile zu Beginn des Schweißvorganges drucklos vorlag [65].

Konturschweißen

Beim Konturschweißen wird der Laserstrahl mittels eines Roboterarms, eines x-y-Tisches oder über Scannerspiegel entlang der Schweißkontur geführt. Die Maximalgröße der Schweißkontur richtet sich nach dem Arbeitsbereich des Handhabungssystems.

Bild 3.53 Produktionsmaschine [66]

Da die zum Plastifizieren des transparenten Fügeteils erforderliche Energie durch Wärmeleitung übertragen wird, sollten speziell beim Konturschweißen beide Fügeteile im gesamten Fügebereich spaltfrei in Kontakt sein, da beim Konturschweißen keine Toleranzen abgeschmolzen werden können. Dies wird durch eine verfahrensgerechte Konstruktion der Fügezonen sowie durch spezielle Aufnahmewerkzeuge, die beide Fügeteile aufeinander drücken, gewährleistet. Beträgt das Spaltmaß zwischen den zusammengedrückten Teilen mehr als 0,05 bis 0,1 mm, so ist eine Dichtschweißung nicht mehr gewährleistet. Diese Spaltüberbrückbarkeit von z.B. 0,1 mm entsteht durch die Wärmeausdehnung des absorbierenden Fügeteils, das die Laserstrahlung absorbiert und sich in Richtung des transparenten Fügeteils ausdehnt.

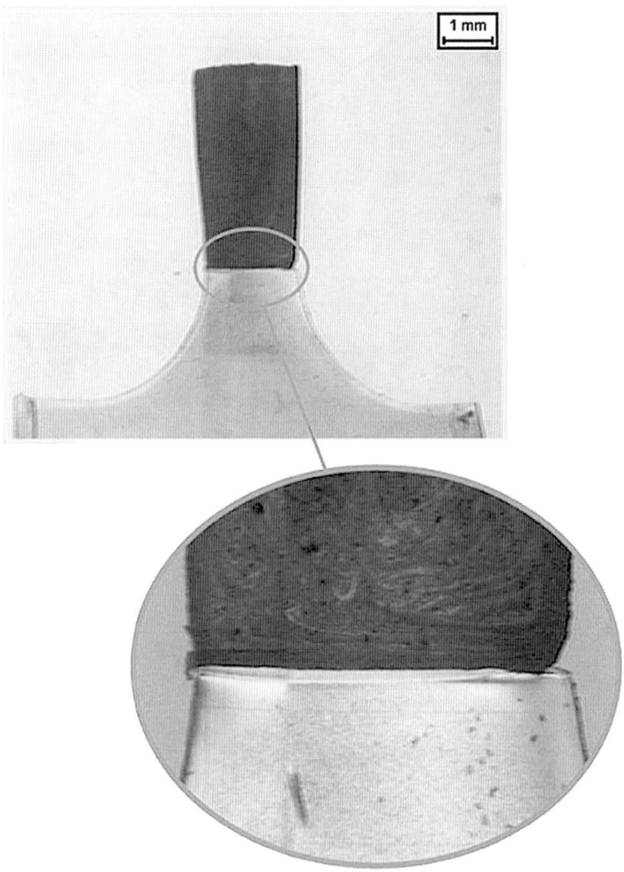

Bild 3.54 Polarisationsmikroskopische Aufnahme einer Konturschweißung

Material: PA 6, Durchstrahlrichtung: vom hellen Material in das dunkle Material [66]

Ein Abschmelzen von Formteiltoleranzen ist beim Konturschweißen nicht möglich, da wegen der relativ geringen Verfahrgeschwindigkeit des Laserstrahls ein zeitgleiches Plastifizieren der gesamten Schweißnahtlänge nicht möglich ist. Infolgedessen befindet sich ein Teil der Schweißnaht immer in einem kalten, festen Zustand und wirkt somit als Anschlag, der ein Herausdrücken von Schmelze verhindert. Das Konturschweißen bietet daher speziell die Möglichkeit, eine wulstfreie Verbindung herzustellen.

Weitere Vorteile des Konturschweißens sind darin zu sehen, daß bei Verwendung eines 6-Achs-Knickarmroboters nahezu beliebige 3D-Konturen mit dem Laserstrahl abgefahren und Fügeteile auch an schwer zugänglichen Stellen geschweißt werden können. Prinzipiell kann das Konturschweißen auch zum Reparaturschweißen oder zum Heften vor einem späteren Schweißvorgang eingesetzt werden.

Quasisimultanschweißen

Beim Quasisimultanschweißen handelt es sich um eine Weiterentwicklung des Konturschweißens. Ziel der Entwicklung war es, eine Verfahrensvariante zu realisieren, mit der Formteiltoleranzen abgeschmolzen werden können und die gleichzeitig eine sichere, unabhängig vom zu schweißenden Material einsetzbare Prozeßkontrolle ermöglicht.

Beim Quasisimultanschweißen wird der Laserstrahl mit Hilfe von Scannerspiegeln mit einer hohen Verfahrgeschwindigkeit von z.B. 10 m/s entlang der Schweißkontur geführt. Durch die hohe Verfahrgeschwindigkeit kann die Fügefläche z.B. 40 x je Sekunde abgefahren werden, wodurch die gesamte Fügefläche mit der punktförmigen Energiequelle Laserstrahl zeitgleich erwärmt und plastifiziert werden kann. Da auch hier beide Fügepartner während des Schweißvorgangs aufeinander gedrückt werden, können Formteiltoleranzen abgeschmolzen und in den Schweißwulst gedrückt werden [67].

Durch den Einsatz von (im Vergleich zu Robotersystemen preisgünstigeren) Scannerspiegeln können Schweißgeometrien bis zu 200 x 200 mm mit beliebigen Radien geschweißt werden. Sollen größere Fügeteile geschweißt werden, so kommen mehrere Scannersysteme zum Einsatz. Ein Schweißen von 3D-Schweißkonturen ist ebenfalls möglich, ohne daß auf die hohe Verfahrgeschwindigkeit von 10 m/s verzichtet werden muß. Entsprechende Schweißmaschinen werden bereits in der Serienfertigung eingesetzt.

Im Vergleich zum nachfolgend beschriebenen Simultanschweißen bietet das Quasi-Simultanschweißen weiterhin die Vorteile einer geringeren Anzahl an möglichen Fehlerquellen sowie einer höheren Flexibilität, da sowohl nahezu beliebige Konturen als auch direkt nacheinander verschiedene Schweißkonturen gefügt werden können.

Die erforderliche Schweißzeit hängt beim Quasi-Simultanschweißen von der Schweißnahtlänge und der verfügbaren Laserleistung ab und kann bei Kleinteilen unter 1 s liegen. Um auch größere Teile in kurzer Zeit schweißen zu können, sind Schweißmaschinen mit einer Laserleistung bis zu 250 W auf dem Markt erhältlich.

Wie beim Simultanschweißen entsteht ein Schweißwulst, dessen Größe von den vorhandenen Fügeteiltoleranzen abhängt und der konstruktiv verdeckt werden kann.

Simultanschweißen

Beim Laserstrahl-Simultanschweißen wird, wie beim Quasisimultanschweißen, die gesamte Schweißfläche zeitgleich erwärmt. Im Gegensatz zu letzterem wird beim Simultanschweißen direkt die gesamte Fläche bestrahlt. Das wird durch eine der Schweißnahtkontur angepaßte Anordnung von Laserdiodenbarren erreicht, die die Fügeteile linienförmig bestrahlen. Eine Relativbewegung zwischen Laserstrahl und Fügeteil ist daher nicht erforderlich, Bild 3.55 [68].

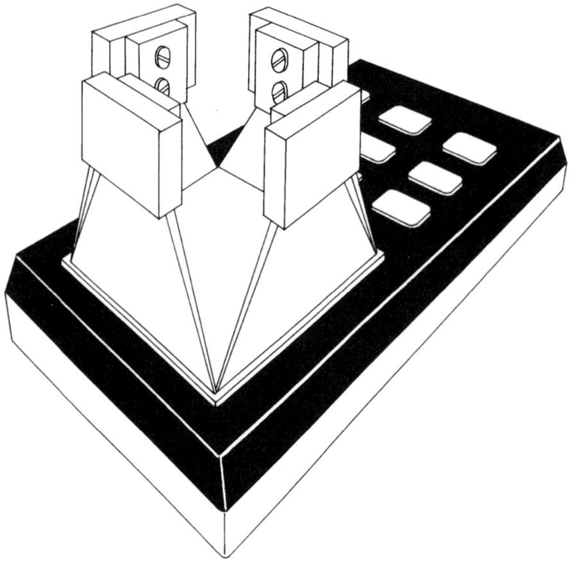

Bild 3.55 Laserstrahl – Simultanschweißen, Prinzip [68]

Mit diesem Verfahren ist ein Schweißen mit oder ohne Fügeweg möglich. Ist ein Abschmelzweg z.B. zum Ausgleich von Toleranzen erforderlich, muß die gesamte Kontaktfläche aufgeschmolzen werden. Nicht aufgeschmolzene Bereiche wirken sonst als Abstandshalter und verhindern so das Fließen. Über die Bestimmung des Abschmelzweges bei jedem Schweißvorgang ist eine Kontrolle möglich (siehe Kap. 3.3.3.6).

Beim Laserstrahl-Simultanschweißen ist zu beachten, daß (wie beim Quasisimultanschweißen) infolge des Abschmelzens ein mehr oder weniger großer Schmelzeaustrieb entsteht, der gegebenenfalls konstruktiv zu verdecken ist. Nur bei präzisen Fügeteilen mit einem Abstand kleiner 0,1 mm zwischen den zusammengedrückten Teilen kann, wegen der begrenzten Spaltüberbrückungsfähigkeit, auch ohne Abschmelzweg und Schmelzeaustrieb geschweißt werden, in dem der Schweißsteg nicht über die gesamte Breite plastifiziert wird.

Die Schweißzeit richtet sich wie beim Quasisimultanschweißen nach der je Schweißnahtlängeneinheit zur Verfügung stehenden Laserleistung. Bei ausreichender Streckenleistung ermöglicht das Simultanschweißen unabhängig von der Nahtlänge Schweißzeiten um 1 s und ist somit sehr schnell und wirtschaftlich. Wegen der festliegenden Anordnung der Diodenlaser ist es vorwiegend für Großserien geeignet. Mit zunehmender Schweißnahtlänge nehmen die Investitionskosten zu, daher wird es vorzugsweise bei kleineren und mittleren Teilen eingesetzt.

Der Querschnitt der Laserdiodenbarren ist rechteckig mit einer Lichtaustrittsöffnung von ca. 0,6 x 10 mm [50, 56]. Es können daher nur gerade Konturen ohne Radien geschweißt werden. Die Linienbreite kann durch die Mikrooptik der Barren und durch den Abstand zum Fügeteil beeinflußt werden.

Maskenverfahren

Das Maskenverfahren ist auch ein Laser-Durchstrahlschweißverfahren, bei dem ein linienförmiger Laserstrahl, vorzugsweise von einem Hochleistungsdiodenlaser, über die zu fügenden Teile geführt wird. Die nicht zu verschweißenden Bereiche werden durch eine Maske abgeschirmt, Bild 3.56 [68].

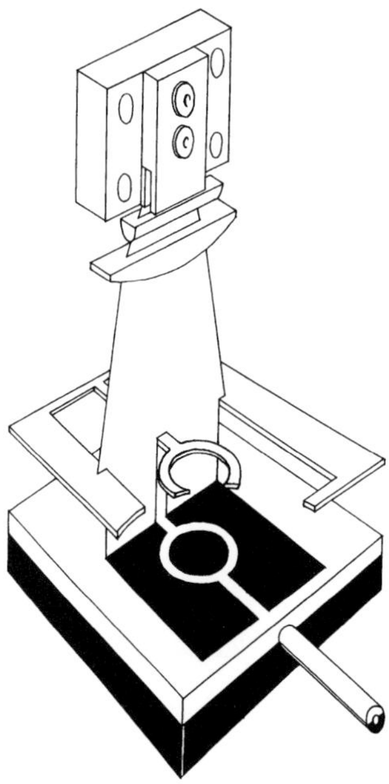

Bild 3.56 Laser-Maskenschweißen, Prinzip [68]

An einem Bauteil lassen sich so in einem Arbeitsgang gerade und gekrümmte Schweißlinien unterschiedlicher Breite erzeugen sowie flächige Partien verschweißen. Es können Schweißnahtbreiten von < 100 µm erzielt werden. Die Schweißgeschwindigkeiten sind nicht direkt mit denen der anderen Laserstrahlverfahren vergleichbar, da mit dem Maskenverfahren vornehmlich flächig geschweißt wird. Die Prozeßzeiten sind jedoch mit ca. 0,25 s pro cm² bestrahlte Fläche vergleichsweise gering.

Sonstige Laserstrahlschweißverfahren

Bei den im folgenden beschriebenen Verfahren wird nicht das Durchstrahlungsprinzip angewendet. Sie haben zur Zeit nur zum Teil wirtschaftliche Bedeutung erreicht. Durch ihre spezifischen Vorteile können sie aber in Einzelfällen Problemlösungen bieten.

Laserstrahlstumpfschweißverfahren

Mit dem **Stumpfschweißen** werden zwei ganz unterschiedliche Verfahren bezeichnet. Das eine ist eine Modifizierung des Heizelement-Strahlungsschweißens, bei dem das Heizelement durch ein Spiegelsystem ersetzt ist, das die Laserstrahlen über die Schweißfläche führt und beim zweiten wird der Laserstrahl direkt in die Schweißfläche der aufeinandergepreßten Fügeteile geführt.

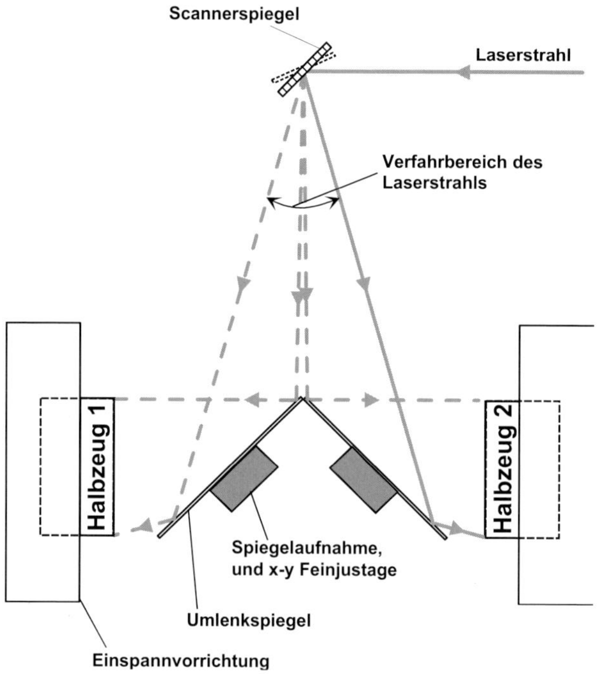

Bild 3.57 Erwärmphase des Laserstumpfschweißens [69]

Der Verfahrensablauf des Laserstumpfschweißverfahrens ist mit dem des kontaktlosen Heizelementschweißens sowie des Heizstrahlerschweißens identisch (s.a. Kap. 3.3.1 und Kap. 3.3.2) [70, 71].

Beide Verfahren lassen sich in die prozeßrelevanten Verfahrensstufen

- Erwärmphase,
- Umstellphase,
- Fügephase

unterteilen. Der wesentliche Unterschied zwischen beiden Verfahren liegt in der Erwärmphase, in der die Wärmeübertragung beim Heizelementschweißen vollflächig durch Strahlung erfolgt, während beim Laserstumpfschweißen die Fügezonen durch einen Laserstrahl, der mit Hilfe von Scanner- und Umlenkspiegeln mit hoher Frequenz auf den Fügeflächen verfahren wird, erwärmt werden, Bild 3.57 [69].

Die Umlenkspiegel werden zu Beginn der Erwärmphase gleich dem Heizelement zwischen die eingespannten Fügeteile gefahren. Ein Angleichen entfällt, da bei der Strahlungserwärmung von Anfang an ein optimaler Wärmeübergang besteht. Durch die hohe Verfahrgeschwindigkeit des Laserstrahls auf den Fügeflächen wird eine homogene Erwärmung der Fügezonen durch die punktförmige Wärmequelle des Laserstrahls sichergestellt. Hierzu ist zu gewährleisten, daß der Laserstrahl mit einer konstanten Geschwindigkeit über die Fügeflächen geführt wird. Unter Berücksichtigung der winkelabhängigen strahlungsoptischen Eigenschaften von Kunststoffen ist weiterhin zu beachten, daß der Auftreffwinkel zur Flächennormalen nicht größer als 45° ist, da bei größeren Winkeln die Absorption abnehmen würde. Dies hätte eine unerwünschte inhomogene Erwärmung der Fügezonen zur Folge. Der Durchmesser des Laserstrahls entspricht in erster Näherung der Wanddicke der Fügeteile. Hierdurch kann auf ein zeilenförmiges Abscannen der Fügeflächen durch den Laserstrahl verzichtet werden.

Nach Erreichen der gewünschten Schmelzeschichtdicke beginnt die Umstellphase. Bei der Umstellung von Erwärm- auf Fügephase werden die Umlenkspiegel (soweit vorhanden) aus der Fügeebene herausgefahren. Die Fügephase beginnt mit der gegenseitigen Berührung der Fügeflächen und ist vom Ablauf her mit der Fügephase beim Heizelementschweißen identisch.

Beim zweiten Stumpfschweißverfahren, dem "**direkten Laserstrahlstumpfschweißen**", wird der Laserstrahl entlang und in Richtung der Schweißfuge geführt und dort von beiden Fügeteilen absorbiert Bild 3.58.

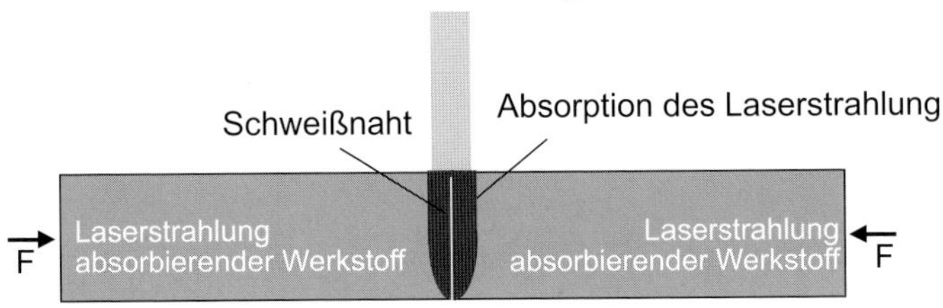

Bild 3.58 "Direktes" Laserstrahl-Stumpfschweißen, Prinzip

Dieses Verfahren erfordert entsprechend geeignete Materialien, genau gefertigte Teile und eine Laserstrahlführung, die beide Fügeteile möglichst gleichmäßig erwärmt. Das Problem dieses bisher wenig untersuchten Verfahrens ist die ungleichmäßige Energieverteilung über die Schweißnahtbreite, da mit zunehmender Breite die Laserstrahlleistung abnimmt. Die

Absorption der Fügeteilmaterialien und die Leistung ("Streckenenergie") muß daher so eingestellt sein, daß die Oberfläche nicht verbrennt, das Material aber möglichst tief aufgeschmolzen wird. Ein "Durchschmelzen" ist dabei nicht erforderlich, ein nicht aufgeschmolzener Nahtrest verhindert Schmelzeaustrieb, wirkt aber möglicherweise als Kerbe [72].

Eine für den Laserstrahl durchlässige Abdeckung der Naht aus z.B. Glas oder Teflon während des Schweißens bringt bei diesem Verfahren drei Vorteile: die Schmelze wird am Austreten aus der Schweißfuge gehindert, ein innerer Druck kann sich aufbauen und die Schmelze wird oberflächig gekühlt. Diese Kühlung wirkt einer Zersetzung des Materials in dem Bereich der höchsten Energiedichte entgegen.

Die Ergebnisse mit dem direkten Laserstumpfschweißen können noch verbessert werden, wenn der transmittierte Anteil des Strahls durch einen geeigneten Spiegel wieder in die Schweißnaht reflektiert wird und somit die Energiedichte erhöht. Auch ist es denkbar, die Energieverteilung über die Schweißnahtbreite durch entsprechende Strahlformung zu verbessern: z.B. Fokussierung des Strahls in die Tiefe der Naht.

Laserstrahlnieten und -bördeln

Zum Verbinden von Thermoplasten mit z.B. Metallen oder anderen nicht schweißbaren Materialien werden häufig Niet- bzw. Bördelverfahren eingesetzt. Dabei werden verschiedene Methoden zum Aufschmelzen des Nietschaftes bzw. Bördelsteges angewendet: Ultraschall, Warmgas, Kontaktwärme oder IR-Strahlung. Mit Laserstrahlen ist dieses Verfahren noch schneller, exakter und schonender durchzuführen, da der Laserstahl bei geeigneter Wellenlänge und Materialanpassung in den Nietschaft in der gewünschten Tiefe eindringen kann (siehe Kap. 3.3.3.2).

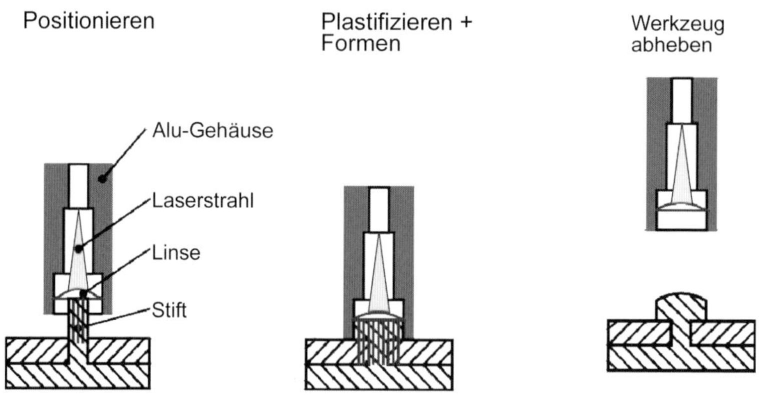

Bild 3.59 Laserstrahlnieten von Kunststoffen, Prinzip

Quelle: Branson Ultraschall

Aus wirtschaftlichen Gründen werden vorzugsweise Diodenlaser eingesetzt, Nd:YAG-Laser sind ebenfalls gut geeignet insbesondere bei hohen Anforderungen an die Strahlqualität. CO_2-Laser sind weniger gut geeignet, da die Strahlen in der Kunststoffoberfläche absorbiert werden, die Durchwärmung des Schaftes ist daher nur durch Wärmeleitung mit entsprechendem Zeitaufwand möglich.

Der Laserstrahl wird beim Nieten in ein rotationssymmetrisches Gehäuse geleitet – entweder direkt oder mit Hilfe von Glasfaserkabeln (Dioden- oder Nd:YAG-Laser). Dort trifft er auf eine Linse, welche mehrere Aufgaben übernimmt, Bild 3.59:

- Ausrichtung und Verteilung der Laserstrahlung,
- Formung des Nietkopfes unter dem notwendigen Druck,
- Abkühlung der Schmelze unter Druck.

In der Regel wird zuerst die Linse von einer kraft- oder weggesteuerten Vorschubeinheit auf den Nietschaft bzw. Stift gedrückt, danach startet der Laser und schmilzt den Kunststoff auf. Unter Druck fließt die Schmelze in die vorgegebene Formhöhlung, der Laser schaltet ab und unter Beibehaltung des Drucks erstarrt die Schmelze.

Die Vorteile gegenüber dem klassischen Nieten und Bördeln sind:

- keine Belastung oder Schäden durch Schwingungen,
- Konzentration der Energie auf das vorgegebene Volumen,
- keine Adhäsion des Kunststoffes an dem Nietwerkzeug, da diese Linse keine Strahlungsenergie aufnimmt, Erwärmung durch den Kontakt mit der Schmelze kann gegebenenfalls durch Zwischenkühlung reduziert werden,
- sehr kurze Zykluszeiten,
- geringer Platzbedarf.

Läßt das Material und/oder die Laserwellenlänge nur eine Oberflächenabsorption zu, kann durch entsprechende Strahlführung die Energie außer auf die Stirnfläche auch auf die Mantelfläche wirken.

Folienschweißen

Die Einsatzmöglichkeiten der Lasertechnologie auf dem Gebiet des **Folienschweißens** wurden bislang am ausführlichsten untersucht. Ein im Jahre 1985 erteiltes Verfahrenspatent beschreibt ein Gerät, das einen flach gelegten Folienschlauch auf einem "Schaufelrad"-ähnlichen, drehbaren Unterteil positioniert [73].

Durch Aufbringung von Unterdruck legt sich die Folie glatt an die Auflagefläche. Die Laserstrahlung transmittiert durch den Folienschlauch und erwärmt die Oberfläche des Unterteils. Aufgrund der entstehenden hohen Oberflächentemperatur erfolgt ein gleichzeitiges Schweißen und Schneiden der Folien.

Bei einem weiteren Verfahren werden aus einem Flachfolienmaterial über eine spezielle Vorrichtung zwei Kanten dieser Flachbahn zusammengeführt und miteinander geschweißt [59]. Die Führung der Folie übernehmen polierte Leitbleche, die auch die durch die Folie transmittierte Strahlung teilweise wieder reflektieren. Je nach Eindringtiefe der Strahlung erfolgt die Schweißung entweder nur an den Innenseiten der Folie, oder es entsteht eine komplette Durchschweißung der gesamten Folie.

In [74] wird ein Folienschweißverfahren vorgestellt, bei dem zur Erwärmung ein CO_2-Laser zum Einsatz kommt. Nach vorheriger Strahlteilung erfolgt die Bestrahlung beidseitig. Mit diesem Verfahren war es möglich, Folien aus PE bis zu einer Dicke von 0,075 mm zu schweißen.

JONES untersuchte die erreichbare Verarbeitungsgeschwindigkeit beim Laserschweißen von Folien [75], indem er die zu schweißenden Folienbahnen auf eine Traverse klammerte und unter dem Laserstrahl bewegte. Beim Fügen von 0,1 mm dicken Folien aus PE durch einen CO_2-Laser mit einer Ausgangsleistung von 100 W konnte eine Verarbeitungsgeschwindigkeit von 16,5 m/min erreicht werden. Die Nahtfestigkeit lag bei dieser Geschwindigkeit im Bereich der Grundmaterialfestigkeit. Weiterhin wurden 2 mm dicke Platten aus PP in einem kontinuierlichen Stumpfschweißverfahren unter Anwendung eines Nd:YAG-Lasers (Ausgangsleistung: 80 W) gefügt. Die Verarbeitungsgeschwindigkeit betrug 0,1 m/min bei einer Schweißnahtfestigkeit von 30 % des Grundmaterials.

3.3.3.4 Schweißnahtgestaltung und Fügeteilkonstruktion

Für das Laserstrahlschweißen sind in der Regel keine aufwendigen Schweißnahtkonturen oder Sonderkonstruktionen erforderlich - wie z.B. beim Ultraschallschweißen die Energierichtungsgeber. Für die meisten Anwendungen genügen einfache Überlappungsnähte. Auch an die Fügeteile werden hinsichtlich Steifigkeit und Festigkeit keine großen Ansprüche gestellt, da beim Laserstrahlschweißen nur geringe Kräfte wirken.

Bei der Fügeteilkonstruktion muß das Ziel eine verzugsarme Herstellung der Fügeteile sein: bei den Verfahren, die kein Abschmelzen von Fügeteiltoleranzen erlauben (Konturschweißen, Maskenverfahren), darf das Spaltmaß zwischen den zusammengedrückten Fügeteilen max. 0,05 mm betragen. Beim Simultan- und Quasisimultanschweißen führen Fügeteiltoleranzen wie bei den konventionellen Schweißverfahren zu einer Verlängerung der Zykluszeit und zu ungleichmäßigem Schmelzeaustrieb.

Die maximal schweißbare Größe der Fügefläche hängt von dem Verfahren und der eingesetzten Anlage ab. Bei den Simultanverfahren muß die gesamte Fläche auf einmal aufgeschmolzen werden, die Größe wird daher von der Leistung der Anlage begrenzt, beim Quasisimultanschweißen mit einem Nd:YAG-Laser zusätzlich noch durch das Arbeitsfeld der optischen Komponenten.

Bei allen Laserstrahlschweißverfahren gilt, daß die Fügeebene für den Laserstrahl zugänglich sein muß, und zwar bei den Durchstrahlverfahren möglichst so, daß der Laserstrahl senkrecht auf Oberfläche und Fügefläche trifft, um Reflexionsverluste zu vermeiden und beim "direktem" Stumpfschweißen möglichst exakt in Nahtrichtung, Bild 3.58. Innere, verdeckte Schweißnähte, wie sie z.B. mit Vibrations- oder Heizelementverfahren zu schweißen sind, können mit dem Laserstrahlschweißen nur mit sehr gut transmittierenden Kunststoffen realisiert werden. Weiterhin sollte die zu durchstrahlende Dicke möglichst klein sein, insbesondere bei teilkristallinen und eingefärbten Kunststoffen. Die Nahtgeometrie und -lage hängt auch von dem einzusetzenden Schweißverfahren ab.

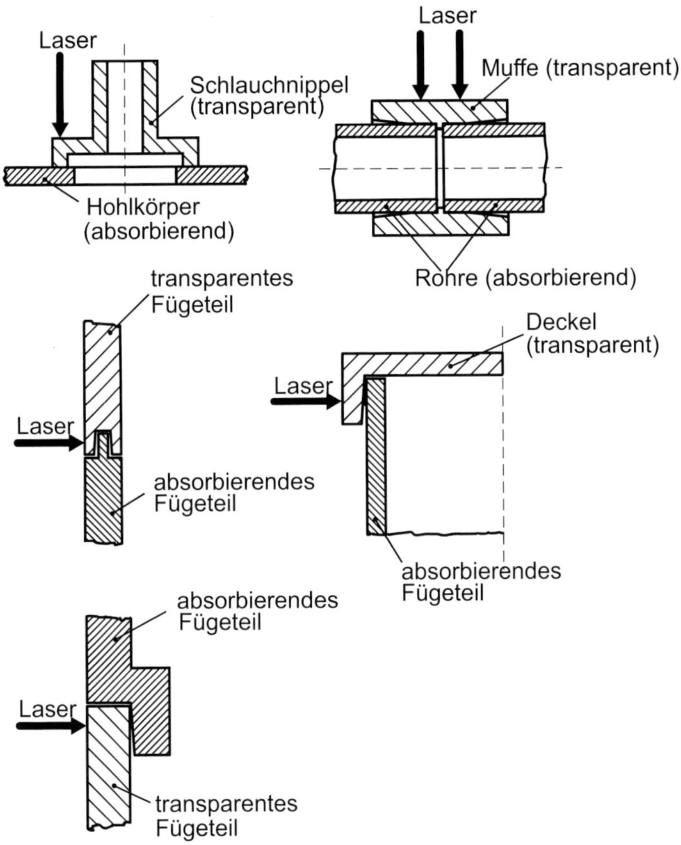

Bild 3.60 Beispiele für eine konturschweißgerechte Gestaltung der Fügeteile [50]

Grundsätzlich kann man beim **Durchstrahlungsschweißen** zwei Anordnungen der Nähte unterscheiden: die Fügefläche liegt in Fügerichtung (=Bewegungsrichtung beim Abschmelzen) oder senkrecht dazu. Liegen die Fügeflächen in Fügerichtung kann von außen kein Druck aufgebracht und kein Abschmelzweg erzeugt werden. Bei diesen Nahtformen muß ein möglichst kleiner Fügespalt eingehalten werden. Das kann entweder durch sehr enge Toleranzen, durch Übermaß in Verbindung mit einer nachgiebigen Konstruktion oder durch keil- oder konusförmige Gestaltung der Naht erfolgen. Die Wanddicken sind so auszulegen, daß durch den Druck der eingeschlossenen Schmelze keine störenden Deformationen auftreten. Liegt die Fügefläche senkrecht zur Fügerichtung, können die Fügeteile von außen zusammengepreßt und so Verzug und Toleranzen ausgeglichen werden. Das gilt insbesondere für die Simultanschweißverfahren, da hierbei der gewünschte oder notwendige Abschmelzweg erzeugt werden kann. Weiterhin ist - insbesondere bei Sichtteilen - ein Raum oder eine Abdeckung für den Schmelzeaustrieb vorzusehen.

In Bild 3.60 sind einige konstruktive Vorschläge für das Konturschweißen dargestellt. Durch die eingebrachten Schrägen können hier in einem engen Bereich Formteiltoleranzen kompensiert und somit ein bei dieser Verfahrensvariante wichtiger Wärmekontakt geschaffen werden.

Beim **Simultan- und Quasisimultanschweißen** bietet sich zum Auffangen und Abdecken des Schweißwulstes ein Feder-Nut-Prinzip in Analogie zum Vibrationsschweißen an, wobei das transparente Fügeteil die Nut enthalten sollte, um die zu durchstrahlende Materialdicke zu minimieren.

Schweißmaschine und Aufnahmewerkzeug müssen so gestaltet sein, daß eine kontinuierliche Strahlführung entlang der Naht möglich ist. Das gilt insbesondere für die Laserstrahlschweißverfahren, die einen Abschmelzweg erfordern, d.h. bei denen die gesamte Schweißfläche auf einmal aufgeschmolzen wird (Simultan- und Quasisimultanschweißen). Die Bauteile sollten daher möglichst so konstruiert sein, daß eine Durchstrahlung der notwendigen Preßvorrichtung nicht erforderlich ist. Ist das nicht möglich, müssen Werkzeuge aus gut transmittierenden Materialien wie Glas, PC oder PMMA gefertigt werden. Bei geeigneter Geometrie der Fügeteile ist auch ein Anpressen über Vakuum denkbar, so daß auf ein Werkzeug verzichtet werden kann.

Beim Konturschweißen ist eine abschnittsweise Schweißung möglich, d.h. die Schweißung kann z.B. nach einer Heftung unterbrochen und nach dem Umsetzen des Werkzeugs fortgesetzt werden. Da bei diesem Verfahren aber kein Abschmelzen möglich und erforderlich ist, wird auch nicht in jedem Fall ein Werkzeug zum Aufbringen eines Schweißdruckes benötigt. Die Fügeteile müssen nur starr gegeneinander fixiert werden. Das geschieht am einfachsten durch Schnappverbindungen oder Preßpassungen, die den Spalt zwischen den Fügeteilen klein halten und den beim Schweißen entstehenden Schmelzedruck aufnehmen. So vorfixierte Teile sind dann auch bei komplizierten Nahtgeometrien einfach mit einem Roboter im Schweißstrahl zu führen.

3.3.3.5 Schweißparameter, Schweißnahtfestigkeit, Optimierung

Am Beispiel des Konturschweißens wird hier die Abhängigkeit der Schweißnahtfestigkeit von den wesentlichen Verfahrensparametern Laserleistung und Verfahrgeschwindigkeit des Laserstrahls (auch: Scangeschwindigkeit) beschrieben. Diese Abhängigkeiten sind prinzipiell auf die anderen Verfahrensvarianten übertragbar.

Die Zusammenhänge werden anhand der in Bild 3.61 dargestellten Festigkeitsuntersuchung an PMMA mit 0,05 Gew.-% Gasruß im absorbierenden Fügeteil erläutert. Hierzu wurden die im Kurzzeitzugversuch ermittelten Festigkeitswerte abschließend mit Hilfe der Regressionsanalyse ausgewertet.

Betrachtet man zunächst in Bild 3.61 eine konstante Laserleistung, so ergibt sich bei einer Variation der Scangeschwindigkeit ein deutlich ausgeprägtes Festigkeitsmaximum. Ausgehend von einer hohen Scangeschwindigkeit nimmt die zugeführte Schweißenergie pro Nahtlängeneinheit mit der Reduzierung der Scangeschwindigkeit zu. Hierdurch werden zunehmend festigkeitssteigernde thermisch bedingte Diffusionsvorgänge begünstigt. Wird die zugeführte spezifische Schweißenergie (Schweißenergie pro Schweißnahtlängeneinheit) durch eine Verringerung der Scangeschwindigkeit weiter erhöht, so wird ab einer bestimmten spezifischen Schweißenergie die Fügezone thermisch geschädigt. Die Folge ist eine Abnahme der Schweißnahtfestigkeit.

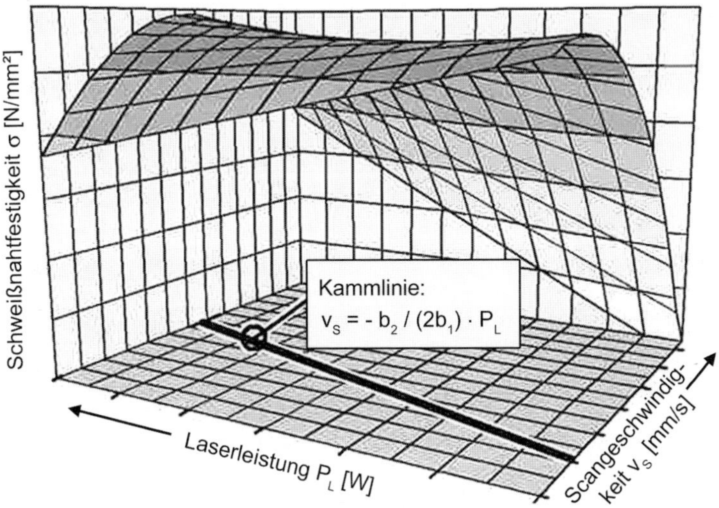

Bild 3.61 Schweißnahtfestigkeit beim Konturschweißen in Abhängigkeit von der Laserleistung und der Scangeschwindigkeit beim Material PMMA [50]

Wie in Bild 3.61 durch den Verlauf der Kammlinie dargestellt, besteht im untersuchten Parameterbereich im Hinblick auf eine maximale Schweißnahtfestigkeit ein linearer Zusammenhang zwischen der Scangeschwindigkeit und der Laserleistung. Da die zum Schweißen erforderlichen Diffusionsvorgänge eine bestimmte Temperatureinwirkzeit erfordern, kann bezüglich der Höhe der Scangeschwindigkeit von einer natürlichen Grenze ausgegangen werden, ab der die Temperatureinwirkzeit keine qualitativ hochwertige Schweißnaht mehr zuläßt.

Es ist denkbar, daß die natürliche Grenze der Scangeschwindigkeit von der optischen Eindringtiefe des absorbierenden Fügeteils abhängt, da die optische Eindringtiefe die Temperaturverteilung in der Fügezone beeinflußt.

Wird eine thermische Materialschädigung vermieden, so geht eine sehr geringe optische Eindringtiefe (Oberflächenabsorption) mit einer kleinen Wärmeeinflußzone und einer geringen spezifischen Schweißenergie einher. Die Temperatur in der Fügezone fällt nach der Bestrahlung entsprechend schnell wieder ab und die Temperatureinwirkzeit ist kurz. Dagegen ermöglicht eine große optische Eindringtiefe die Einkopplung einer hohen spezifischen Schweißenergie ohne die Fügezone thermisch zu schädigen. Die Temperatureinwirkzeit ist in diesem Fall aufgrund der langsamer abfallenden Fügeflächentemperatur länger.

3.3.3.6 Möglichkeiten der Prozeßüberwachung

Beim **Konturschweißen** sind die Möglichkeiten einer Prozeßüberwachung auf die Messung der Schweißtemperatur begrenzt. Hierbei wird mit einem berührungslos messenden Pyrometer die Temperatur an der Stelle gemessen, an der sich der Laserstrahl gerade befindet [76]. Bei diesem Prinzip wird somit die durch das transparente Fügeteil transmittierte Wärmestrahlung gemessen und einer Schweißtemperatur zugeordnet. Die hierzu erforderliche Transparenz ist bei glasklaren Kunststoffen und bei teilkristallinen Folien gegeben, so daß eine Prozeßüberwachung beim Konturschweißen nur bei diesen Kunststoffen problemlos eingesetzt werden kann, bei anderen Werkstoffen ist eine Kalibrierung erforderlich.

Bild 3.62 Produktionsmaschine Lasertec 70 [67]

Da beim Simultan- und beim Quasisimultanschweißen der Fügeweg geregelt werden kann, besteht bei diesen Verfahren die Möglichkeit einer materialunabhängigen Prozeßkontrolle, wie sie sich bei anderen Schweißverfahren bewährt hat. Die in Bild 3.62 dargestellte Produktionsschweißmaschine arbeitet nach dem Prinzip des Quasisimultanschweißens, d.h. mit der Möglichkeit, Fügeteiltoleranzen abzuschmelzen. Parallel zur Regelung des Fügewegs wird die zum Erreichen des vorgegebenen Fügewegs benötigte Schweißzeit kontrolliert. Wird dabei die obere oder untere Eingriffsgrenze über- bzw. unterschritten, so erfolgt je nach Ausmaß der Abweichung eine Meldung, daß das Bauteil geprüft werden muß, oder daß es Ausschuß ist. Mit dieser Online-Prozeßkontrolle können Fälle, wie eine fehlerhafte Einfärbung der Fügeteile, ein fehlerhaftes Lasergerät, oder ein falsch bzw. nicht eingelegtes Fügeteil erkannt werden.

Laserstrahlen stellen wegen ihrer hohen Energiedichte und der großen Reichweite ein erhebliches Gefahrenpotential, insbesondere für die Augen, dar. Daher werden grundsätzlich nur vollgekapselte Anlagen eingesetzt.

3.3.3.7 Anwendungsbeispiele

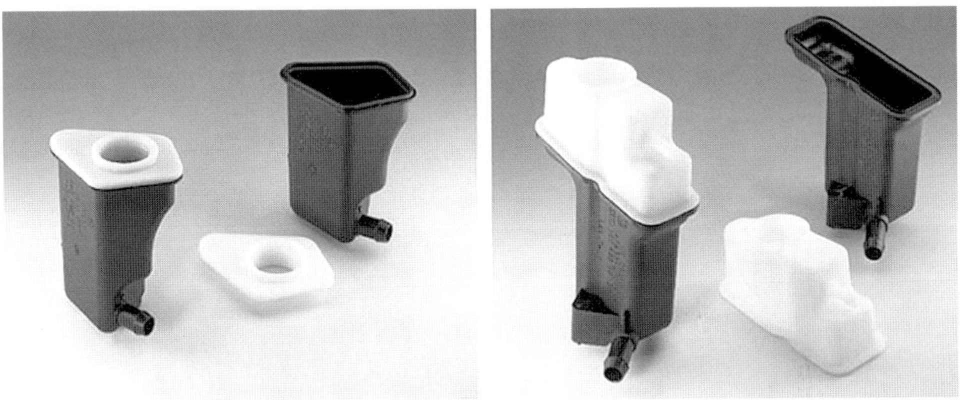

Bild 3.63 Lasergeschweißte Lenkölbehälter [66]

links: für VW-Lupo
rechts: für VW New Beetle

Mit dem Durchstrahlschweißverfahren können Kombinationen aus transmittierenden mit absorbierenden Thermoplasten wie z.B. mehrfarbige Kfz-Rückleuchten aus PMMA/ABS, Kfz-Armaturen aus PC/ABS, Pumpengehäuse, Stoßleisten oder elektronische Fahrberechtigungssysteme geschweißt werden. Wegen des schwingungsfreien Energieeintrags wird es bevorzugt für Elektronikgehäuse mit hoch sensiblen Komponenten eingesetzt.

Ein weiteres typisches Anwendungsbeispiel stellen Lenkölbehälter aus dem Kfz-Bereich dar. Diese Behälter werden aus Polyamid 6.6 mit 30% Glasfasern hergestellt. Die bislang einzige Möglichkeit, den Deckel auf den Lenkölbehälter zu Schweißen stellt das Vibrationsschweißen dar. Hierbei entsteht aber stets ein fusseliger Abrieb, der nach der Schweißung im Behälter verbleibt und das Servolenköl verschmutzt. Der im Bild 3.63 abgebildete Behälter des VW-Lupo wurde bereits erfolgreich nach dem Prinzip des Quasisimultanschweißens mit Regelung des Fügewegs geschweißt. Die Fügeteiltoleranzen wurden dabei sicher abgeschmolzen. Bei den nachfolgenden Berstdrucktests kam es zu einem Bauteilversagen außerhalb der Schweißnaht.

3.3.3.8 Entwicklungstendenzen

Allgemein kann gesagt werden, daß in der Serienfertigung von formstabilen Bauteilen im Bereich Laserschweißen derzeit nur die Verfahrensvarianten des Laser-Durchstrahlschweißens eingesetzt werden. Sie haben sich derzeit speziell bei Anwendungen etabliert, die mit den konventionellen Serienschweißverfahren nicht oder nur unzureichend abgedeckt werden können. Jede der hier beschriebenen Verfahrensvarianten hat dabei ihre Daseinsberechtigung. Tendenziell deutet anhand der Maschinenverkaufszahlen vieles daraufhin, daß die beiden abschmelzenden Verfahrensarten Simultan- und Quasisimultanschweißen häufiger eingesetzt werden als das Konturschweißen. Welchen Marktanteil aber letztendlich das Laserschweißen von Kunststoffen aufgrund der neuen Möglichkeiten einnehmen wird, muß die Zukunft zeigen.

3.3.3.9 Anhang

	Wellenlänge 920 nm					**Wellenlänge 1064 nm**			
Kunststoff	Dicke [mm]	Reflexion [%]	Absorption [%]	Trans-mission [%]	Eindringt. [mm]	Reflexion [%]	Absorption [%]	Trans-mission [%]	Ein-dringt. [mm]
SAN	2,0	7	2	90	76	7	3	90	54
PMMA	5,0	7	1	92	385	7	1	92	500
PS glasklar	2,0	8	5	87	35	8	4	87	43
PS weiß gef.	2,0	88	3	10	8	86	<1	13	[89]
PC	2,0	9	<1	90	588	9	<1	91	833
PA 66	2,0	12	13	75	12	11	9	79	18
PA 66 GF30	2,0	20	32	49	4	17	28	55	5
PA 6 feinkrist.	2,0	17	23	60	6	14	20	66	8
PA 6 GF30	2,0	15	20	65	8	13	16	71	10
PBT	2,0	66	5	29	12	63	5	32	15
PBT GF30	2,0	68	19	13	2	66	20	14	2
POM	2,0	82	8	10	4	81	6	14	6

Tabelle 3.6 Optische Eigenschaften von Kunststoffen

Einzelwerte, durch Auf- und Abrundungen ergeben R+A+T nicht immer 100 %
Quelle: Frauenhofer Institut für Lasertechnik, Aachen

3.4 Erwärmung durch Reibung

3.4.1 Ultraschallschweißen

3.4.1.1 Einleitung

Das Ultraschallschweißen wurde als Fügetechnik für Kunststoffe eingeführt, nachdem 1948 CARWILE in den USA ein Patent anmeldete, worin eine Methode zum Verschweißen von thermoplastischem Material erläutert wurde. Die erste deutsche Patentanmeldung erfolgte 1951 durch MUGGELE. Hier wurde noch eine Flüssigkeit zur Übertragung der Ultraschallenergie benötigt. Seit Anfang der 60er Jahre wird die Ultraschall-Fügetechnik, neben dem Schweißen sind dies das Nieten, Bördeln und Einbetten, erfolgreich in der Praxis eingesetzt. Haupteinsatzgebiete finden sich in der Automobil-, der Elektro- und Elektronik-, der Kommunikations-, der Haushalts-, der Medizin-, der Textil- sowie in der Verpackungsindustrie. Hierbei ist ein verstärkter Trend zu technisch hochwertigen Anwendungen festzustellen, bei denen hohe Anforderungen an die Schweißnahtqualität gestellt werden, die dann sehr häufig über die Funktionstüchtigkeit des gesamten Bauteils entscheidet. Dies führte zu stetigen Weiterentwicklungen der Maschinentechnik, wobei man sich die Kenntnisse des Ultraschallprozesses, die die Qualität beeinflussenden Randbedingungen und Einflußfaktoren zunutze machte, die durch eine ganze Reihe von Forschungs- und Entwicklungsprojekten systematisch erarbeitet wurden, so daß heute Ultraschall-Schweißmaschinen in einem Frequenzbereich von 15-70 kHz zur Verfügung stehen, mit denen die hohen Anforderungen an die Schweißnahtqualität jederzeit erreicht werden können.

Wesentliche Verfahrensmerkmale des Ultraschallschweißens sind die im Vergleich zu anderen Schweißverfahren extrem kurzen Schweißzeiten im Bereich unter einer Sekunde. Damit ist dieses Verfahren für den Einsatz in der Serienproduktion geeignet, vor allem für hohe Stückzahlen [77, 78].

Das Ultraschallschweißverfahren ist auf Bauteile kleiner bis mittlerer Größe (bis 500 mm Schweißnahtlänge, 150 bis 300 mm bei runden und quadratischen Bauteilen) beschränkt, da physikalisch begründete Restriktionen bei der maximalen Größe der Schweißwerkzeuge zu beachten sind. Durch das Zusammensetzen mehrerer Ultraschallsysteme können natürlich auch größere Bauteile geschweißt werden, wobei allerdings keine kontinuierliche sondern eine diskontinuierliche Schweißnaht erzielt wird.

3.4.1.2 Prozeßbeschreibung

Die Formteile werden an den Fügeflächen durch Einwirkung von Ultraschallenergie erwärmt und unter Anwendung von Druck geschweißt [77]. Die Kraft wird pneumatisch oder in Ausnahmefällen elektromechanisch aufgebracht. Kraft und Schwingung wirken in der Regel senkrecht auf die Fügefläche. Die Erwärmung im Fügebereich erfolgt durch die Absorption der mechanischen Schwingungen, durch die Reflexion der Schwingungen in der Fügezone und durch die Grenzflächenreibung der Fügeflächen. Für ein definiertes Aufschmelzen der Fügeteile in der Nahtebene sind spezielle Nahtgeometrien erforderlich. Durch eine Reduzierung der Berührungsfläche wird die Druckwechselbeanspruchung der mechanischen Schwingungen und der Fügekraft so stark erhöht, daß sich die Thermoplaste aufgrund ihrer Dämpfungseigenschaften sehr schnell erwärmen und schmelzen. Die Berührungsfläche wird durch die Form eines sog. Energierichtungsgebers (ERG) reduziert, der zu Beginn der Schweißung eine nur linienförmige Berührung mit hoher lokaler Druckwechselbeanspruchung verursacht [79]. Mit zunehmender Abschmelztiefe nimmt die Berührungsfläche und damit die Fügefläche zu, s.a. Bild 3.73.

Bild 3.64 Einsatzgebiete des Ultraschallschweißens

oben: *allgemeine Beispiele und Verpackungsindustrie*
mitte: *Beispiele aus Medizin- und Kommunikationstechnik*
unten: *Beispiele aus Automobil- und Textilindustrie*

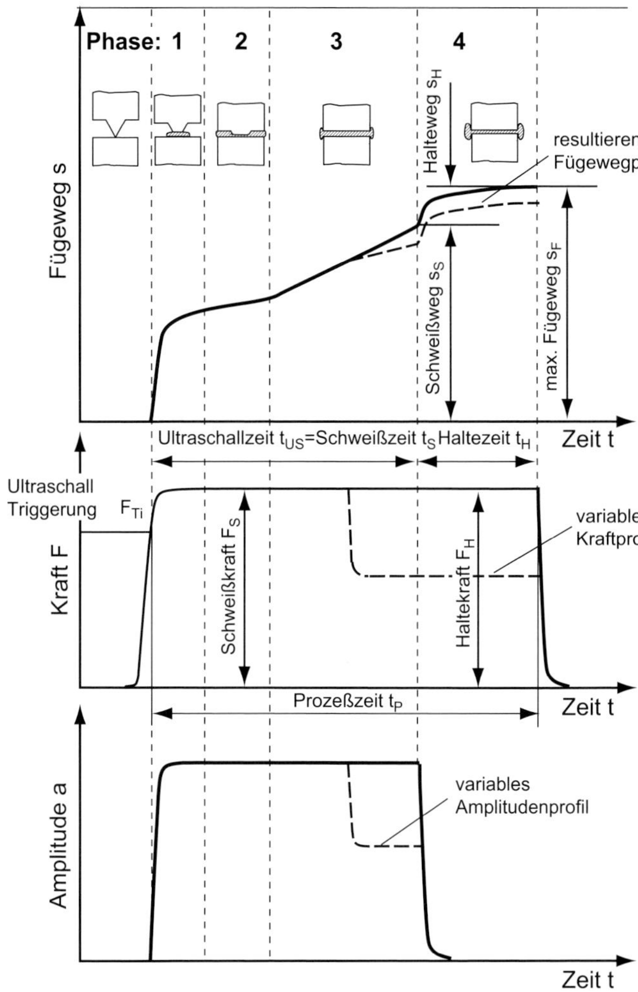

Bild 3.65 Schematischer Prozeßverlauf beim Ultraschallschweißen

Durchgeführte Untersuchungen ergaben, daß der Schweißprozeß grundsätzlich in vier verschiedene Prozeßphasen unterteilt werden kann, Bild 3.65:

- In der ersten Phase kommt es zum ersten Anschmelzen des Energierichtungsgebers durch Grenzflächenreibung und Hystereseverluste in Folge der Schwingung. Die Abschmelzgeschwindigkeit fällt stetig aufgrund der sich verbreiternden Fläche des ERG.
- In der zweiten Phase erfolgt die Ankopplung zwischen Ober- und Unterteil. Die Abschmelzgeschwindigkeit ist eine gewisse Zeit konstant. Dabei wird das Material, das

durch den Kontakt mit der kalten Oberfläche seitlich des ERG zunächst erkaltet und erstarrt ist, erneut aufgeschmolzen. Die Folge ist ein erneuter Anstieg der Abschmelzgeschwindigkeit.

- Die dritte Phase ist durch eine konstante Abschmelzgeschwindigkeit gekennzeichnet. In der Naht bildet sich eine konstante Schmelzeschichtdicke aus, die mit einer ebenfalls konstanten Temperaturverteilung in der Nahtebene gekoppelt ist.
- Während der vierten Phase, der Haltephase, wird bei anfangs ausschwingender Sonotrode weiter Schmelze ausgequetscht. Die in der Haltephase vorhandene Temperatur sowie die Dehn- und Scherdeformationen bilden die Grundlage für die Morphologie der Schweißnaht, die durch die gleichzeitig einsetzende Abkühlung erzeugt und eingefroren wird.

Wie sich gezeigt hat, korrelieren die verschiedenen Schweißprozeßphasen mit dem Erreichen bestimmter Schweißnahtfestigkeiten. Insbesondere das Erreichen der dritten Phase läßt eine Mindestschweißnahtfestigkeit erwarten. Die Untersuchungen zeigen außerdem, daß die Art, wie die verschiedenen Phasen erreicht werden, die Nahtfestigkeit maßgeblich beeinflußt.

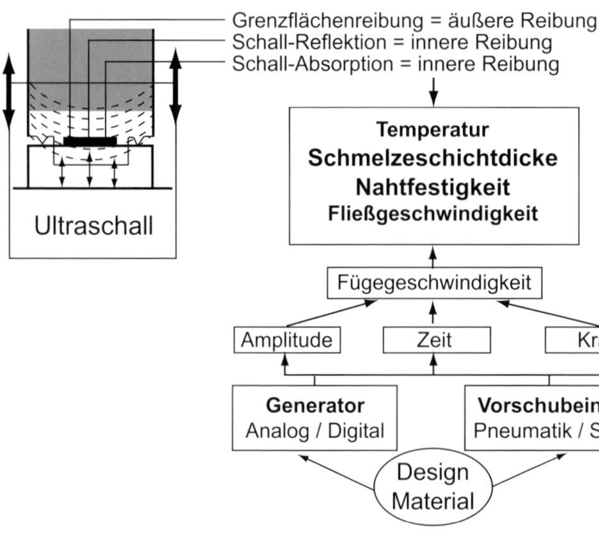

Bild 3.66 Abhängigkeiten und Einflußgrößen im Ultraschallschweißprozeß

Die erzielbaren Schweißnahtfestigkeiten hängen immer von den in der Nahtebene herrschenden Fließbedingungen und der Schmelzetemperatur ab. Diese werden insbesondere durch die geometrische Ausbildung der Schweißnaht und die Fügegeschwindigkeit beeinflußt und ergeben als Resultat die Schmelzeschichtdicke, die in einem eindeutigen Zusammenhang zur Schweißnahtfestigkeit steht.

Die Fügegeschwindigkeit muß folglich während des Prozesses gesteuert oder geregelt werden. Eine verringerte Fließgeschwindigkeit der Schmelze infolge reduzierter Fügegeschwindigkeit führt zu geringeren Orientierungen in der Naht und zu einer größeren Schmelzeschichtdicke und damit höherer Festigkeit. Dies ist möglich durch eine während des Schweißprozesses reduzierte Schweißkraft oder reduzierte Amplitude. Denn nur diese beiden Maschinenparameter sind verantwortlich für eine variable Fügegeschwindigkeit während des Schweißprozesses.

3.4.1.3 Maschinentechnologie

Beim Ultraschallfügen werden die vom Generator erzeugten elektrischen Schwingungen von 15 bis 70 kHz im Ultraschallwandler (Konverter) in mechanische Schwingungen gleicher Frequenz umgewandelt und über das Transformationsstück (Booster) und die Sonotrode den Fügeteilen zugeleitet. Dabei müssen Generator, Ultraschallwandler, Transformationsstück und Sonotrode in Resonanz arbeiten [79].

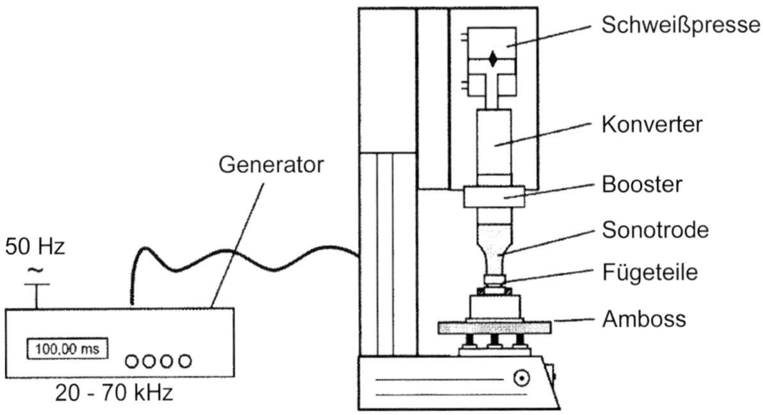

Bild 3.67 Maschinenprinzip einer Ultraschallschweißanlage [77]

Ein Ultraschallschweißgerät besteht im Wesentlichen aus der Presse, dem Generator mit Steuereinheit, dem Ultraschallwandler mit Transformationsstück und dem Schweißwerkzeug, bestehend aus der Sonotrode und dem Aufnahmewerkzeug (Amboß).

Schweißpresse

Pneumatische Schweißpresse

Die pneumatische Presse, die den Fügedruck von 0,5 bis 7 N/mm² (in Ausnahmefällen auch größer) aufzubringen hat, ist als eine äußerst steife und leichtgängige Präzisions-Vorschubeinheit in Modulbauweise ausgelegt. Ausgerüstet mit einem Wegmeßsystem mit einer Genauigkeit von 0,01 mm über den gesamten Schlittenhub bis zu 200 mm, einem Kraftmeßsystem, mit dem die auf das Schweißteil direkt wirkende Kraft gemessen wird, sowie einem

Proportionalventil, das die Einstellung der Schweiß- und Haltekraft elektronisch regelt, sind Standard dieser modernen Technologie.

Servoelektrische Schweißpresse

Die mit einer speziellen Software gesteuerte servoelektrische Schweißpresse hat neben dem, auch bei einer pneumatischen Schweißpresse möglichen Schweißkraftprofil die Möglichkeit, die Fügegeschwindigkeit “millisekündlich“ zu regeln. Damit kann diese präzise und verzögerungsfrei direkt als Parameter vorgegeben werden.

Schweißkraftprofil

Voraussetzung für die Realisierung eines Schweißkraftprofils ist ein sehr schnelles Schalten eines Proportionalventils mit kurzer Umschaltzeit, da die Schweißzeiten bei den meisten Anwendungen bei etwa 50 bis 400 ms liegen.

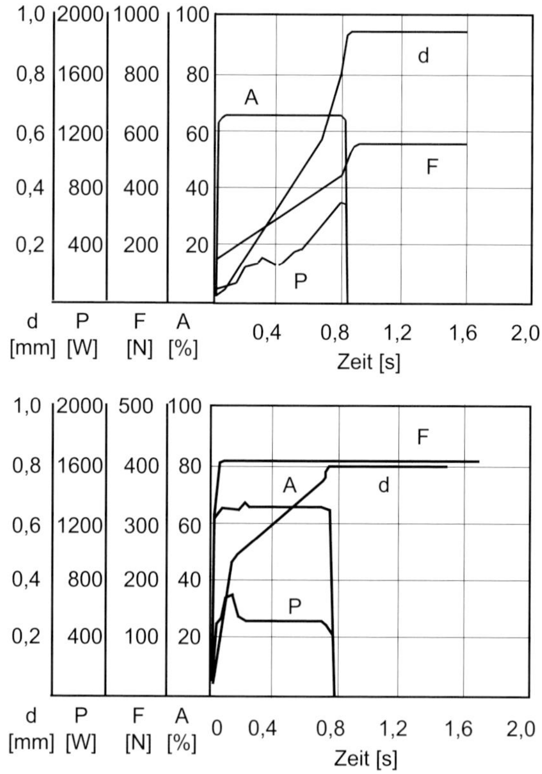

Bild 3.68 Verlauf der Prozeßgrößen beim US-Schweißen
oben: im Kraftmodus
unten: im Geschwindigkeitsmodus

d = *Schweißtiefe [mm],* *F* = *Schweißkraft [N]*
P = *Leistung [W],* *A* = *Amplitude [%]*

Die heutigen Ultraschallpressen sind in der Lage Schweißkräfte von 0 bis 3500 N mit einer Druckregelung stufenlos sicher und reproduzierbar einzustellen. Es kann eine zwei- oder mehrstufige Kraftumschaltung gewählt werden, wobei in der Regel der Schweißvorgang mit hoher Kraft startet, und in der stationären Phase auf eine geringere Schweißkraft umgeschaltet wird. Durch diesen Vorgang wird ein optimales Ankoppeln der Sonotrode an das Bauteil, und damit eine reproduzierbare Krafteinleitung erzielt, womit eine indirekte Steuerung der Fügegeschwindigkeit ermöglicht wird.

Mit dieser Methode können bis zu 30% höhere Schweißnahtfestigkeiten erzielt werden, wenn bei einer Kraftumschaltung von 1000 N auf 300 N eine Umschaltzeit von < 50 ms erreicht wird. Der Umschaltzeitpunkt muß empirisch ermittelt werden. Es muß allerdings darauf hingewiesen werden, daß bei vielen Anwendungen aufgrund der Bauteilgestaltung und Bauteilgröße nur begrenzt Kraftumschaltung gewählt werden kann, wobei mit einem Verkleinern der Differenz zwischen Startkraft und Fügekraft natürlich auch die Schweißnahtfestigkeit abnimmt.

Mit dieser innovativen Technologie konnten Lösungen erzielt werden, die bisher bei anspruchsvollen Nietungen und Bördelanwendungen (dünne Nietzapfen bzw. Bördelstege, sowie reduzierte Wandstärken) und besonders beim Schweißen von niedrigviskosen Kunststoffen wie Polyamid oder Polyoxymethylen oder bei dem Schweißen einer Quetschnaht, nur begrenzt gelöst werden konnten.

Das Regeln der Fügegeschwindigkeit kann zu folgenden Vorteilen führen:

- höhere Festigkeit aufgrund verstärkter Schmelzschichtdicke,
- verbesserte Optik im Schweißnahtbereich,
- reduziertem Partikelaustrieb,
- homogenere Schmelzebildung,
- reduzierte Spannungsverhältnisse in der Fügezone.

Ultraschallgenerator

Analoger Ultraschallgenerator

Die Generatoren haben in Abhängigkeit von der Arbeitsfrequenz Ausgangsleistungen bis zu 6000 Watt. Ausgerüstet sind diese Generatoren mit aktiver Frequenzregelung, was bedeutet, daß bei Sonotrodenwechsel kein Frequenzabgleich sowie bei unterschiedlicher Umgebungstemperatur kein Korrekturabgleich notwendig ist.

Weiterhin sind eine Netzspannungsregelung und eine automatische Amplitudenkompensation, die eine konstante Sonotrodenamplitude über den gesamten Nennleistungsbereich sichert, sowie ein variabler Rampenstart integriert. Die Steuereinheit, mit einem Softwarepaket ausgerüstet, basierend auf einem Echtzeit/Multitasking-Betriebssystem, ermöglicht eine Weiterverarbeitung mit allgemein gebräuchlichen PC-Datenbankprogrammen und bietet folgende Optionen:

- unterschiedliche Betriebsarten, wie z.B. Schweißzeit, Energie und Abschweißtiefe (relativ, absolut),
- Amplitudenprofil,

- Erfassung wichtiger Schweißparameter und Online-Darstellung,
- Eingabe der Schweißparameter mit Grenzwerten,
- Schweißdatenerfassung mit Vergleichsfunktion,
- Auswertung der abgespeicherten Schweißdaten nach SPC/SQL, grafisch und tabellarisch,
- Schweißdatensicherung über Diskettenlaufwerk.

Digitaler Ultraschallgenerator

Da die analogen Ultraschallgeneratoren ihre Verhaltensweise von den elektrischen Bauteilen vorgegeben bekommen und damit bei speziellen Anwendungen nicht flexibel genug reagieren können (Veränderung der Arbeitsfrequenz, dadurch nicht optimale Leistungsnutzung, Abbruch des Schweißprozesses), wurde ein digitaler Generator entwickelt, bei dem eine Software ein exaktes Anpassen der Arbeitsweise des Generators an die Anwendung ermöglicht. Damit erschließen sich dem Ultraschallschweißen erweiterte Anwendungsbereiche. Die bereits in der Produktion eingesetzte Technologie liefert dem Anwender eine ganze Reihe an zusätzlichen Generatorkenngrößen, die eine bessere Analyse des Schweißprozesses ermöglichen.

Eine permanente Diagnose der akustischen Einheit liefert Informationen über den Zustand der Schwingereinheit und führt damit zu einer Verbesserung der Prozeßsicherheit und Wirtschaftlichkeit.

Amplitudenprofil

Basis für die Realisierung eines Amplitudenprofils ist die Erkenntnis, daß die Erwärmung der Schweißnaht proportional zum Quadrat der eingeleiteten Energie erfolgt, die wiederum proportional zur Schwingungsamplitude und der Arbeitsfläche der Sonotrode ist. Somit läßt sich die Erwärmung an der Fügefläche durch eine Änderung der Amplitude steuern, was bedeutet, daß die Fließ- und Schergeschwindigkeiten und somit die Viskosität des aufgeschmolzenen Materials exakter kontrolliert und beeinflußt werden und damit höhere Schmelzeschichtdicken erreicht werden können. Versuche und Einsatz in der Praxis haben gezeigt, daß durch eine entsprechende Absenkung des Amplitudenprofils die Schmelzeschichtdicke bis zu 50 % erhöht werden konnte, und damit zu einer Festigkeitserhöhung von ca. 60 bis 80 % und einer Verringerung der Standardabweichung um 50 % führte.

Eine Verbesserung der Optik wurde mit der Reduzierung der aufgeschmolzenen und austretenden Materialpartikel erreicht, und es wurde eine erhebliche Reduzierung des Spannungshaushaltes, wichtig bei spannungsrißempfindlichen Kunststoffen, erzielt.

Beim Nieten und Bördeln kann durch das Absenken der Amplitude in der Abschmelzphase eine erhebliche Verbesserung der Festigkeit und der Optik erreicht werden.

Sowohl das Schweißkraft- als auch das Amplitudenprofil haben durch den Einsatz in der Praxis gezeigt, daß bei entsprechender Abstimmung die Festigkeit und Optik verbessert und die Eigenspannung reduziert werden können.

Es muß jedoch auch darauf hingewiesen werden, daß bei beiden Verfahren durch das Verringern der Schweißkraft und der Amplitude während des Schweißprozesses sich die

Schweißzeit verlängern kann. Es sollte in jedem Fall untersucht werden, ob durch den Einsatz dieser Parametermodifikationen die Relationen von Verbesserung zum Aufwand sowohl technisch als auch kostenmäßig gewährleistet sind.

Ultraschallwandler (Konverter)

Der Ultraschallwandler (Konverter) setzt die hochfrequente elektrische Energie in mechanische Schwingungsenergie gleicher Frequenz um.

Die ausnahmslos eingesetzten piezostriktiven Ultraschallwandler schwingen stets longitudinal, das bedeutet, daß die schallabstrahlende Fläche des Schwingers sinusförmig um die Ruhelage der Fläche schwingt.

Der Wirkungsgrad bei der Umwandlung von hochfrequenter elektrischer Energie in mechanische Energie liegt bei 98 %, wobei z.B. bei einer Frequenz von 20 kHz eine Amplitude von 10 μm erzeugt wird.

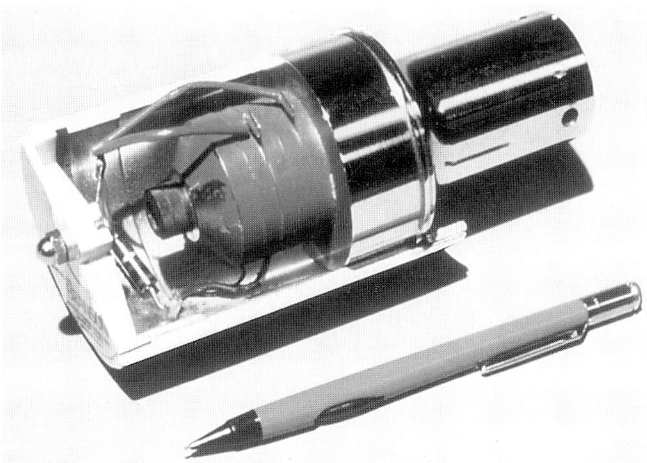

Bild 3.69 Schnittbild eines Ultraschallwandlers (Konverters)

Transformationsstück (Booster)

Das Transformationsstück ist relativ leicht auszuwechseln und hat folgende Aufgaben zu erfüllen:

- Übertragung der Schwingungsenergie vom Konverter auf die Sonotrode und damit auf das Fügeteil,
- Anpassung der Amplitude an die gestellte Aufgabe, normalerweise Vergrößerung bis zum Faktor 3,5; dazu werden Transformationsstücke in verschiedenen Übersetzungsverhältnissen angeboten, Bild 3.70,
- Übertragung der Schweißkraft von der Presse auf die Sonotrode, dazu ist das Transformationsstück im Bereich des Schwingungsknotens (Amplitude = 0) fest im Pressenschlitten eingespannt.

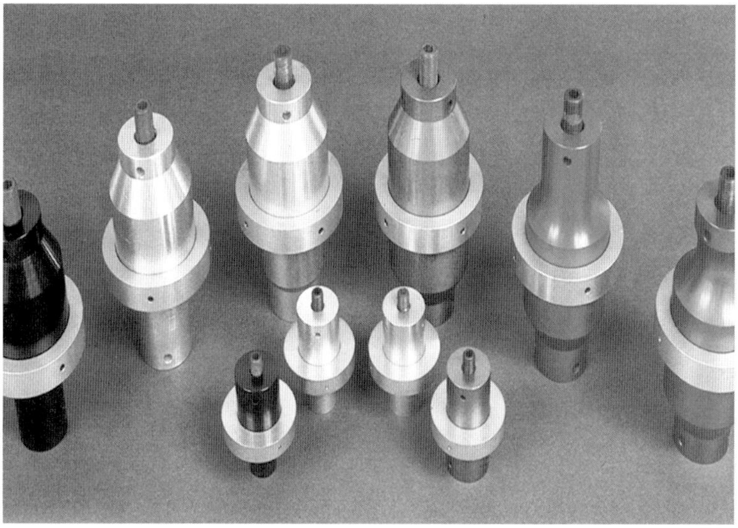

Bild 3.70 Beispiele für Transformationsstücke (Booster)

Sonotroden

Als Sonotrode bezeichnet man das Werkzeug, das für die Schweiß-, Umform- oder Einbettvorgänge erforderlich ist und folgende Aufgaben zu erfüllen hat:

- Transformation der Schwingungen,
- Übertragung der Anpreßkraft,
- Formgebung beim Umformen (Nieten, Bördeln und Verdämmen).

Die Konstruktion und Fertigung der Sonotroden verlangen ein hohes Maß an Erfahrung und Bearbeitungstechnik [77]. Ein modernes und praxisnahes Hilfsmittel ist die computerunterstützte Sonotrodenauslegung (FEM). Ein wichtiger Punkt bei der Herstellung ist die Güte und Qualität des Sonotrodenmaterials, da mindere Gefügequalität unmittelbar die Schallgeschwindigkeit und damit das Schwingungsverhalten der Sonotrode beeinflussen und auch die Standzeit erheblich verkürzen kann. Als geeignete Materialien haben sich die Legierungen Titan (Ti AL4V) und Aluminium (Al-CuMg2) bewährt. Besonders bei glasfaserverstärkten Kunststoffen werden weiterhin Stahl (K110 ESU) oder gehärtetes Ferrotitanit eingesetzt. Das Aufnahmewerkzeug (Amboß) ist das Gegenlager zur Sonotrode und übernimmt die Werkstückfixierung.

Bei der Gestaltung der Aufnahmewerkzeuge sollte immer darauf geachtet werden, daß möglichst ober- und unterhalb der Schweißzone planparallele Auflageflächen vorhanden sind, um den benötigten Schweißdruck reproduzierbar aufzubringen. Die Positionierung des Bauteils sollte punktuell durchgeführt werden, da die Toleranzen des Bauteils bei einer vollständigen Positionierung zu einem mehr oder weniger starken Klemmen führen, dadurch Energie in das Aufnahmewerkzeug übertragen wird und damit keine reproduzierbare Schweißung möglich ist.

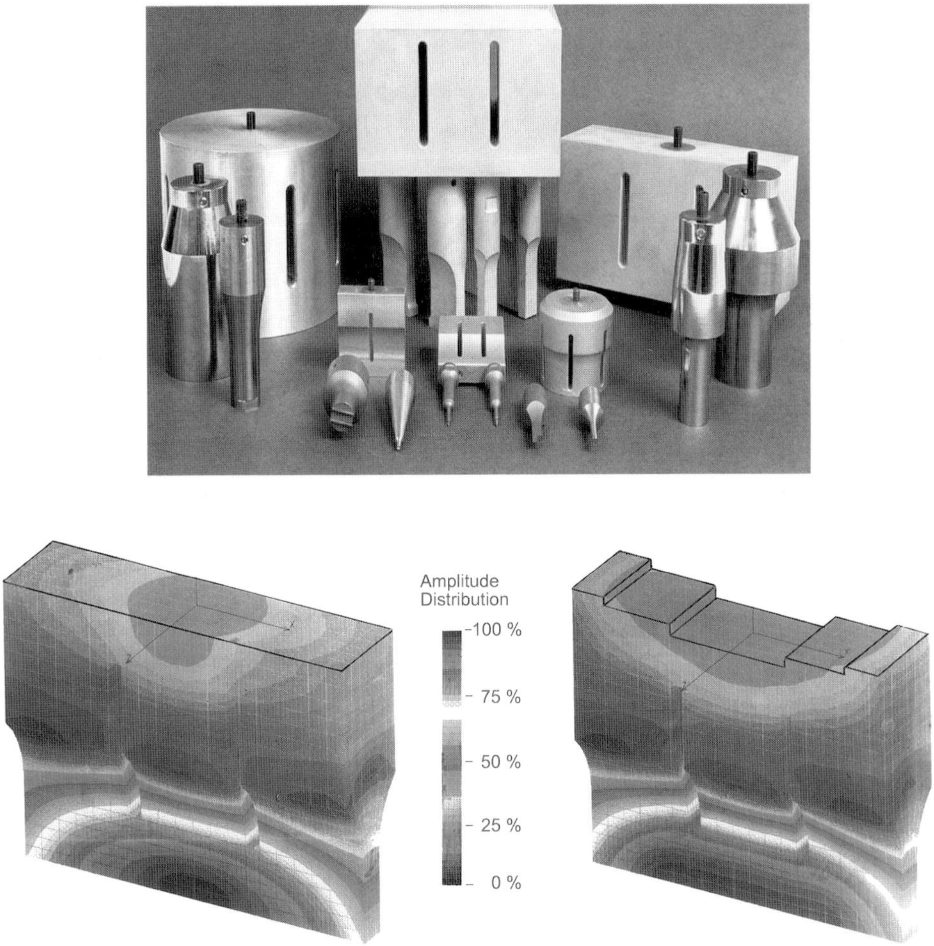

Bild 3.71 oben: Beispiele für Sonotroden
unten: akustische Auslegung von Sonotroden mit Hilfe der FEM

Für die Aufnahmewerkzeuge werden folgende Materialien bevorzugt eingesetzt: Stahl, Aluminium, Messing oder auch Giessharze.

Zum Schutz empfindlicher Formteiloberflächen kann das Werkzeug poliert, verchromt oder mit elastischen Materialien wie z.B. PTFE, Kork, Gummi oder Leder ausgelegt werden.

Geräte- und Maschinenarten

Die Wahl der Geräte- und Maschinenart sowie die Steuerungs- und Regelmöglichkeit wird durch die jeweilige Aufgabenstellung bestimmt. Neben manuell betätigten Handgeräten, die vorrangig für Kleinserien oder Musterschweißungen eingesetzt werden, werden automatisch arbeitende Standardmaschinen als Einzel- oder Mehrfacharbeitsplatz, sowie Sondermaschinen und -anlagen für individuelle Problemlösungen eingesetzt.

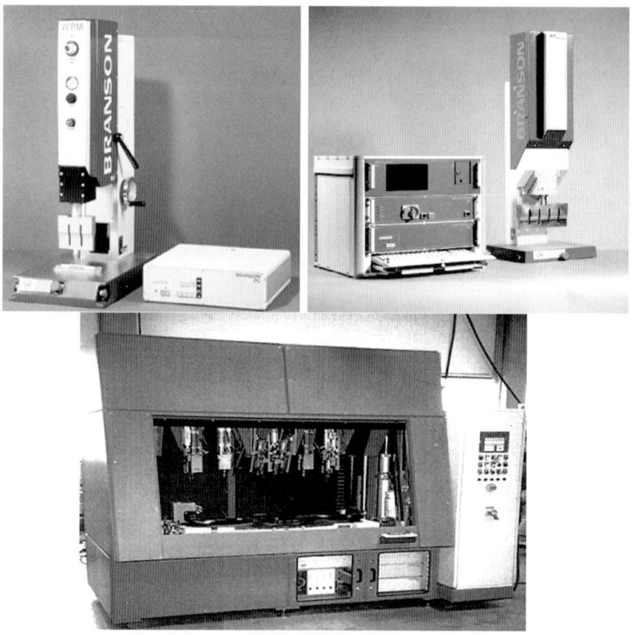

Bild 3.72 Beispiele für Tischmaschinen und Sonderanlage

3.4.1.4 Fügeteile

Zum Erzielen einer reproduzierbaren guten Schweißqualität sind neben der richtigen Auswahl des Ultraschallgerätes die rohstoffbedingten Einflüsse der thermoplastischen Kunststoffe, die Herstellbedingungen und die konstruktive Gestaltung der Fügeteile von wesentlichem Einfluß.

Werkstoffeigenschaften

Das Schweißverhalten wird wesentlich von den Eigenschaften des Kunststoffes beeinflußt: es lassen sich grundsätzlich alle Thermoplaste nach diesem Verfahren schweißen. Das gilt auch für eine Reihe von Elastomeren und für Blends (modifizierte ein- oder mehrphasige Polymerverbindungen, die mindestens zwei unterschiedliche Kunststoffarten beinhalten). Es können auch mit Verstärkungs- oder Füllstoffen versehene Kunststoffe untereinander oder mit unverstärkten bzw. ungefüllten geschweißt werden. Die nachstehenden Einflußgrößen können zur Beurteilung des Schweißverhaltens herangezogen werden.

Schubmodul G' und mechanischer Verlustfaktor tan δ (als Funktion der Temperatur)

Ein hoher Schubmodel (korreliert mit hohem E-Modul) und ein niedriger mechanischer Verlustfaktor bis etwa zur Glasübergangstemperatur ergeben eine gute Schalleitfähigkeit und damit gute Schweißeigenschaften, wie sie z.B. amorphe Thermoplaste besitzen.

Ein stärkerer Abfall der Schubmodulkurve bis zur Glasübergangstemperatur bzw. bis zum Schmelzpunkt und ein Ansteigen der Dämpfungskurve bedeuten eine erhöhte Dämpfung der Schallwellen, gleichbedeutend mit einem höheren Energiebedarf zum Schweißen bzw. mit längerer Schweißzeit. Dies trifft vor allem auf teilkristalline Kunststoffe zu.

Spezifische Wärmekapazität und Wärmeinhalt

Je höher die spezifische Wärmekapazität c_p eines Werkstoffes ist, desto mehr Energie muß beim Erreichen der Glasübergangstemperatur bzw. des Schmelzpunktes zur Plastifizierung aufgewendet werden.

Schmelztemperaturbereich

Die eingestellte Schweißparameterkombination muß sicherstellen, daß die Fügeteile in der Fügezone auf Temperaturen oberhalb des Schmelztemperaturbereiches erwärmt werden, ohne jedoch die Zersetzungstemperatur zu erreichen.

Viskosität der Schmelze (MVR)

Die Viskosität einer Kunststoffschmelze (z.B. erkenntlich am MVR-Wert) beeinflußt das Schweißverhalten. Hochmolekulare, zähfließende Kunststoffe (niedriger MVR-Wert) benötigen mehr Energie zum Erreichen einer geeigneter Viskosität. Kunststoffe mit niedrigem Molekulargewicht (hoher MVR-Wert) schmelzen leichter, so daß die Schmelze schneller aus der Fügezone austreten kann. Schweißparameter (Druck, Schweißzeit, Amplitude, Triggerung) und Fügezonengestaltung müssen besonders aufeinander abgestimmt werden.

Verstärkungsstoffe, Füllstoffe, andere Zusätze

Verstärkungs- und Füllstoffe sind unter anderem: Glasfasern, Glaskugeln, Holzmehl, Kohlenstoffasern, Kreide, Talkum und mineralische Füllstoffe. Weitere Zusätze sind antistatische Ausrüstung, Brandschutzmittel, Farbmittel, Gleitmittel, Stabilisatoren, Weichmacher u.a.. Die meisten Verstärkungs- und Füllstoffe erhöhen die Dichte und damit die Schalleitfähigkeit. Die Art und Menge der Zusätze können sich damit auf das Schweißverhalten auswirken und müssen durch Wahl der Schweißparameter und die Konstruktion der Fügeteile berücksichtigt werden.

Herstellungsbedingungen

Mit Ultraschall geschweißt werden vorwiegend spritzgegossene Fügeteile sowie Formteile, die durch Blasformen, Warmformen oder Extrusion hergestellt werden.

Qualitätsanforderungen

Die Fügeteile müssen unter materialgerechten Bedingungen hergestellt sein. Die Praxis zeigt aber, daß Fehlschweißungen oft begründet sind durch:

- Maßabweichungen (Schwindung, unterschiedliche Formnester, Werkzeugverschleiß),
- Verzug,
- Gewichtsschwankungen,
- Oberflächenfehler (Einfallstellen, mangelhafte Fügeflächengeometrie),
- Inhomogenitäten (Lunker, Fließ- und Bindenähte),
- Verarbeitungsfehler (Zersetzung, Entmischung),
- zu hohe innere Spannungen (besonders bei amorphen Kunststoffen).

Einfluß von Feuchtigkeit

Feuchtigkeit kann die Qualität der Schweißverbindung mindern. Die feuchten Fügeteile sollten daher vorschriftsmäßig getrocknet werden. Trockene Fügeteile sollten bis zum Schweißen geschützt (z.B. in PE-Beuteln, eventuell mit Trockengel) gelagert werden. Da ein Ultraschallschweißen feuchter Fügeteile zu schlechten Ergebnissen (poröse Schweißnähte, längere Schweißzeit) führt, ist eine Konditionierung erst nach dem Ultraschallschweißen vorzunehmen.

Bei einer Reihe von Kunststoffen, so bei Polyamidtypen, ist die erstrebte maximale Zähigkeit erst durch eine nachträgliche Konditionierung (Feuchtigkeitsaufnahme) zu erzielen.

Erfahrungen aus der Praxis haben gezeigt, daß ein Wassergehalt bis zu 1 % bei Polyamid zu keiner Minderung der Schweißqualität führt.

Regenerat bzw. Rezyklat

Anteile von Regenerat und Rezyklat in den Fügeteilen können die Schweißeigenschaften ungünstig beeinflussen.

Formtrennmittel

Ablagerungen von Formtrennmitteln oder Verunreinigungen auf der Fügefläche sind zu vermeiden. Kann auf Formtrennmittel nicht verzichtet werden, ist zu bedenken, daß die Fügeteile unterschiedliche Mengen des Formtrennmittels auf der Fügefläche aufweisen und die Schweißeigenschaften nachteilig beeinflussen können. Gegebenenfalls müssen die Fügeflächen gereinigt werden.

Zwischenlagerung

Bei teilkristallinen Kunststoffen ist in der Regel zwischen Fertigung und Schweißen eine Lagerdauer von mindestens einem Tag einzuhalten. Bei Formteilen aus amorphen Kunststoffen erübrigt sich eine Zwischenlagerung.

Im Hinblick auf die Maßhaltigkeit und die Schalleitfähigkeit sollten keine spritzwarmen Teile geschweißt werden. Um eine Minderung der Schweißqualität zu vermeiden, sollte die Art und Dauer der Zwischenlagerung definiert werden und gegebenenfalls in die Parameteroptimierung mit einfließen.

Konstruktive Gestaltung

Zum Erzielen hochwertiger Verbindungen sind bereits in der Planungsphase die nötigen ultraschallgerechten Voraussetzungen zu schaffen. Je nach Anforderung an die Schweißverbindung ist die Konstruktion auf folgende Forderungen auszurichten:

- Belastbarkeit der Schweißnaht,
- Dichtigkeit gegenüber Flüssigkeiten und Gasen,
- Optik der Schweißverbindung und des Formteils unter Berücksichtigung von Schmelzeaustrieb und Partikeln.

Die erzielbare Qualität der Schweißverbindung wird von Schweißparametern, Werkstoffeigenschaften, Herstellungsbedingungen und folgenden Faktoren beeinflußt:

- Konstruktion der Fügeteile,
- Lage und Ausbildung der Fügeflächen,
- Anordnung der Energierichtungsgeber bzw. der Quetschnaht,
- Positionierung und Passungsspiel zwischen Ober - und Unterteil,
- Auflagefläche und Ankopplung der Sonotrode am Oberteil,
- freier Abschweißweg,
- Auflage und Fixierung des Unterteils im Aufnahmewerkzeug.

Nahfeld- und Fernfeldschweißung

Die Fügefläche soll möglichst senkrecht zur Sonotrodenachse parallel zur Sonotrodenstirnfläche angeordnet sein und in einer Ebene liegen. Die günstigste Schalleinleitung ergibt sich, wenn die Sonotrode direkt über der Fügefläche ankoppelt. Die Entfernung Sonotrodenstirnfläche/Fügefläche sollte gering sein. Das Nahfeldschweißen, Entfernung Sonotrodenstirnfläche/Fügefläche < 6 mm, ist konstruktiv immer vorzuziehen.

Das Fernfeldschweißen, Entfernung Sonotrodenstirnfläche/Fügefläche > 6 mm, läßt sich mit steifen Thermoplasten, im allgemeinen amorphen Thermoplasten, gut durchführen.

Die jeweilige Methode wird in erster Linie durch das Dämpfungsverhalten der Thermoplaste bestimmt. Die Abstandsgrenzen zwischen Nah- und Fernfeld sind fließend, wobei zu empfehlen ist, daß bei allen teilkristallinen Thermoplasten grundsätzlich das Nahfeldschweißen eingesetzt werden sollte.

Schweißzonengestaltung

Durch eine Reduzierung der Fügefläche wird die Druckwechselbeanspruchung infolge der mechanischen Schwingungen und der Fügekraft so stark erhöht, daß durch die Dämpfungseigenschaften des thermoplastischen Materials dieses sehr schnell erwärmt wird und aufschmilzt. Die Reduzierung der Fügefläche kann in Form des sog. Energierichtungsgebers (ERG) ausgeführt werden, der zu Beginn der Schweißung eine nur linienförmige Berührung und damit eine hohe lokale Druckwechselbeanspruchung verursacht.

Mit dieser spezifischer Druckwechselbelastung wird infolge innerer Reibung (mechanische Dämpfung) und auch etwas äußerer Reibung diese Zone schnell erwärmt und der ERG schmilzt von der Spitze her ab. Die Schmelze fließt in den Fügespalt und dämpft die Schwingungen, sobald sie diesen ausfüllt, noch stärker als das harte Material. Sie erwärmt sich so weiter und durch Kontakt auch die gesamte Fügefläche. Ohne ERG würde die Fügefläche ungleichmäßig nur an den sich zufällig berührenden Bereichen der Fläche anschmelzen.

Schweißnahtgeometrien mit dachförmigen ERG sind nahezu bei allen Formteilabmessungen anwendbar. Normalerweise hat der ERG einen Winkel von 90°. In Fällen, in denen diese Auslegung zu viel Schmelze erzeugt, kann der Winkel spitzer gewählt werden (bis 60°), jedoch ist bei mechanisch stark belasteten Teilen die spitzwinklige Auslegung nach Möglichkeit zu vermeiden. Die Höhe *h* des ERG richtet sich nach den Anforderungen bzw. der Größe und Toleranz des Schweißteiles, insbesondere der Wanddicke, und dem zu schweißenden Werkstoff. Er kann zwischen 0,2 und 1,0 mm, in Sonderfällen bis 1,5 mm, gewählt werden. Neben dem symmetrischen ERG kann auch ein unsymmetrischer ERG mit Innenzentrierung als Variante beim Schweißen harter amorpher und teilkristalliner Kunststoffe gewählt werden.

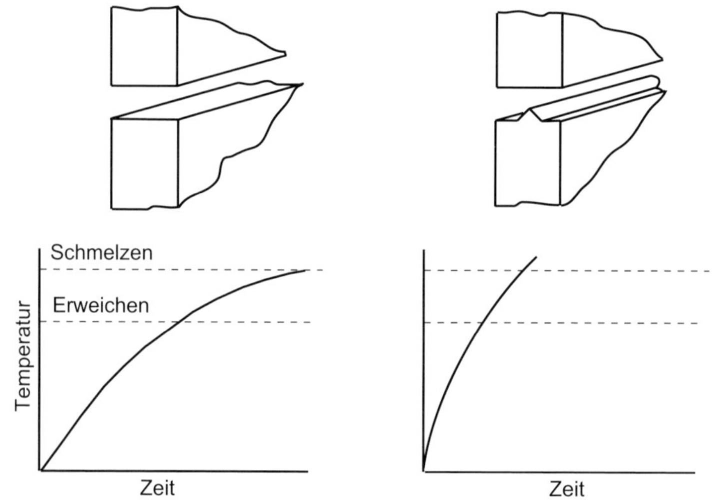

Bild 3.73 Zeitlicher Verlauf der Temperaturen

rechts: bei dreieckigen Energierichtungsgebern (ERG)
links: bei planen Fügeflächen

Bei den teilkristallinen Kunststoffen ist der ERG in der Regel höher auszubilden als bei den amorphen Kunststoffen. Im allg. ist es für das Schweißergebnis unerheblich, auf welcher Formteilhälfte der ERG vorgesehen wird. Bei Formteilen mit unterschiedlicher Steifigkeit ist der ERG in der weicheren Formteilhälfte anzuordnen. In Sonderfällen wie bei unterschiedlichen Kunststoffkombinationen hat es sich als günstig erwiesen, den ERG auf die Formteilseite des Kunststoffes mit der höheren Schmelztemperatur zu legen.

Stufennaht mit Energierichtungsgeber

Beim Kunststoffschweißen wird wie bei jedem Schweißvorgang Schmelzgut erzeugt, das als störend empfunden werden kann, wenn es in Sichtbereiche tritt. Schmelze ist flüssig! Bei einer Nahtgestaltung mit einfachem ERG tritt Schmelze zwischen die beiden zu verbindenden Fügezonen, also in den Sichtbereich. Durch eine stufenweise Ausbildung kann dieser Schmelzaustritt sowohl nach innen als auch nach außen vermieden werden.

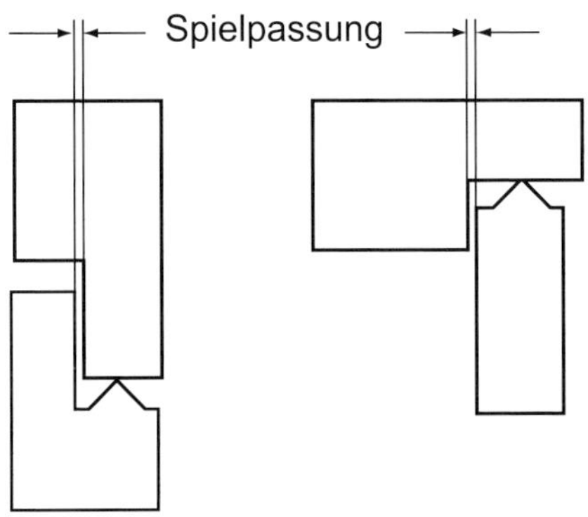

Bild 3.74 Stufennaht mit Energierichtungsgeber

Hierbei wird an einem der zu verschweißenden Teile ein Kragen angespritzt, der sich in die Freisparung des Gegenstückes setzt. Zur Energiekonzentration wird auch hier wieder der ERG verwendet. Mit dieser Nahtausführung ist im allg. auch eine höhere Festigkeit als mit einem herkömmlichen ERG erreichbar, da ein Teil des Schmelzgutes in den Spalt der Gleitpassung fließt.

Die Stufenverbindung erfordert mehr Aufwand bei der Spritzgießform als ein einfacher ERG. Es muß außerdem bereits beim Bau der Formen und beim Spritzgießprozeß auf Schwund und Nachschwund der zu verarbeitenden Formmasse geachtet werden. Sehr wichtig ist dabei, daß die zu schweißenden Teile vor dem Schweißen nicht klemmen. Ultraschallschweißen beruht darauf, daß das zu verbindende Oberteil gegen das Unterteil frei schwingen kann.

Nut-Feder-Naht mit Energierichtungsgeber

Die theoretisch ideale Auslegung eines ERG-Designs ist die Nut-Feder-Verbindung. Sie bietet die höchstmögliche Festigkeit und durch die doppelte Labyrinthwirkung eine sehr große Sicherheit für eine Dichtschweißung. Das seitliche Spiel muß jedoch bis zum Erreichen der vollen Einsinktiefe erhalten bleiben.

Diese Verbindung wird jedoch in der Praxis selten angewandt, da es sehr aufwendig ist, sie in die Spritzgießform einzubringen. Auch ist die Gefahr des Klemmens größer. Somit ist diese Schweißnaht auf Formteile beschränkt, bei denen man Toleranzen, Schwund und Nachschwund gut im Griff hat. Die Wandstärke je Steg sollte mindestens 1 mm betragen.

Bei dünneren Wänden können diese beschädigt und damit die Qualität der Schweißung in Frage gestellt werden.

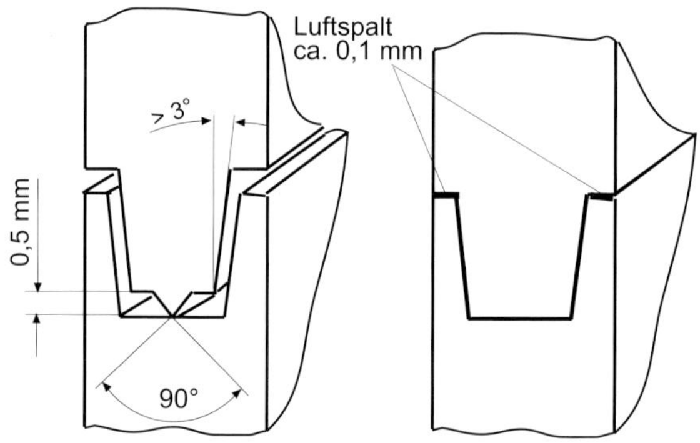

Bild 3.75 Nut-Feder-Verbindung mit Energierichtungsgeber

Quetschnaht

Ursprünglich wurde die Quetschnaht (QN) für das Schweißen von gasdichten Feuerzeugen entwickelt. Die Materialien für den vorgenannten Anwendungsfall waren POM und PA 66. Die dünnwandigen Feuerzeugtanks machen es sicherlich nicht einfach, eine schlagfeste Verbindung mit Energierichtungsgeber zu konzipieren.

Deshalb wird die QN bevorzugt für Dichtschweißungen und/oder bei der Verwendung von teilkristallinen Kunststoffen eingesetzt.

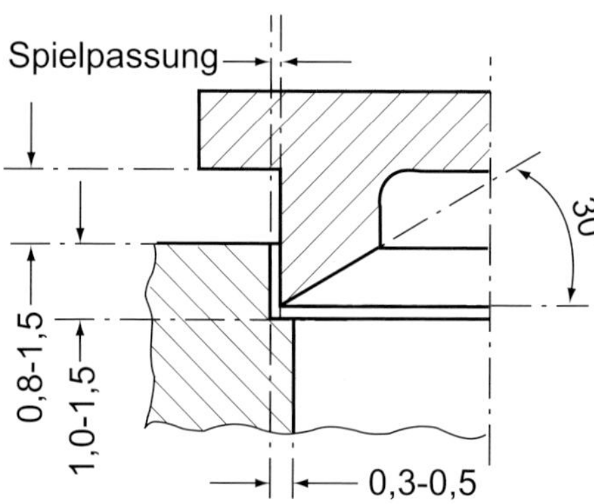

Bild 3.76 Quetschnaht

Die Stufenbreite richtet sich nach Bauteilgröße und den Schwundmaßen des Kunststoffes und liegt in der Regel im Bereich von 0,3 bis 0,5 mm, die Schweißtiefe sollte zwischen 0,8 bis 1,5 mm betragen. Eine Abschrägung von ca. 30° kann als Energiekonzentration angebracht werden. Die Formteile sollten eng toleriert und das Passungsspiel gering sein, jedoch mindestens 0,05 mm betragen. Die Seitenwände der Unterteile sind bis zur Höhe der Schweißnaht abzustützen. Die somit erzielten Verbindungen sind von hoher Festigkeit und absoluter Dichtigkeit bei Einhaltung der entsprechenden Verarbeitungstoleranzen.

Ein weiterer Anwendungsfall der Quetschnaht ist das Zapfenschweißen. Mittels Doppel-Quetschnaht werden Formteile verbunden, die fest, jedoch nicht dicht miteinander zu schweißen sind. Das Zapfenschweißen ist bei den meisten harten amorphen und teilkristallinen Kunststoffen anwendbar. Für die Bemessung der Fügeflächen gelten die gleichen Gesichtspunkte wie bei der Quetschnaht. In Sonderfällen sind Dichtschweißungen durch Beilagen elastischer Dichtelemente möglich.

3.4.1.5 Punktschweißen

Das Ultraschall-Punktschweißen wird überwiegend dort eingesetzt, wo z.B. flächige Formteile ohne Nahtvorbereitung (ERG) verbunden werden sollen (beispielsweise Halbzeuge, thermogeformte, blasgeformte, extrudierte und großflächige Formteile).

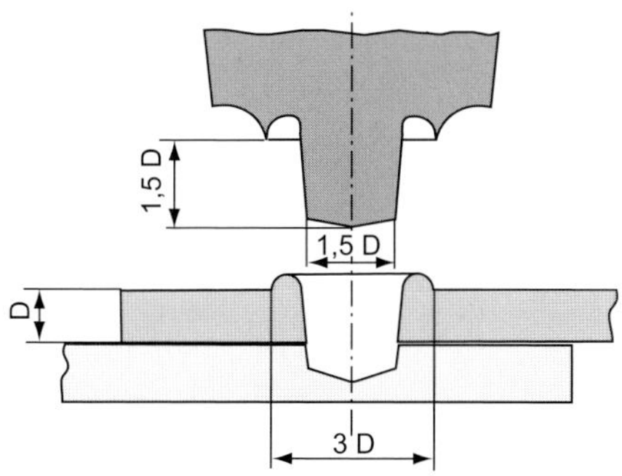

Bild 3.77 Prinzip des Ultraschall-Punktschweißens

Bild 3.77 zeigt das Prinzip des Punktschweißens. Die Sonotrodenspitze dringt durch das Oberteil hindurch in das Unterteil ein. An den Berührflächen der Formteile entsteht Wärme, durch die das Material plastifiziert und miteinander geschweißt wird. Der verdrängte Kunststoff fließt nach oben und bildet eine ringförmige Erhebung.

Die Rückseite des Unterteils bleibt weitgehend frei von Markierungen. Die Formteile werden zweckmäßig durch Niederhalter bzw. Spannvorrichtungen fixiert. Die Materialdicke des an der Sonotrode anliegenden Formteiles sollte 8 mm nicht überschreiten. Das Punktschweißen kann auch mit einem ortsbeweglichen Ultraschall-Handschweißgerät ausgeführt werden.

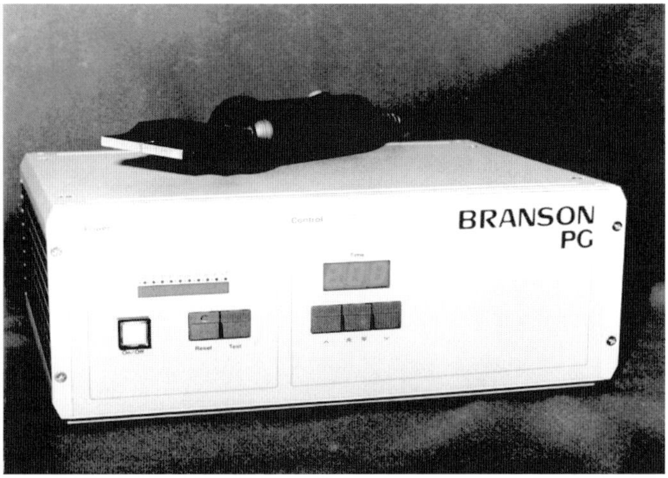

Bild 3.78 Ultraschall-Handschweißgerät

3.4.1.6 Umformen mit Ultraschall

Fügeteile aus thermoplastischen Kunststoffen können durch Ultraschall plastifiziert und umgeformt werden. Diese Möglichkeit nutzt man z.B. beim Nieten, Bördeln und Verdämmen.

Nieten

Nietverbindungen bieten eine Möglichkeit, Fügeteile aus thermoplastischen Kunststoffen untereinander oder mit artfremden Werkstoffen zu verbinden.

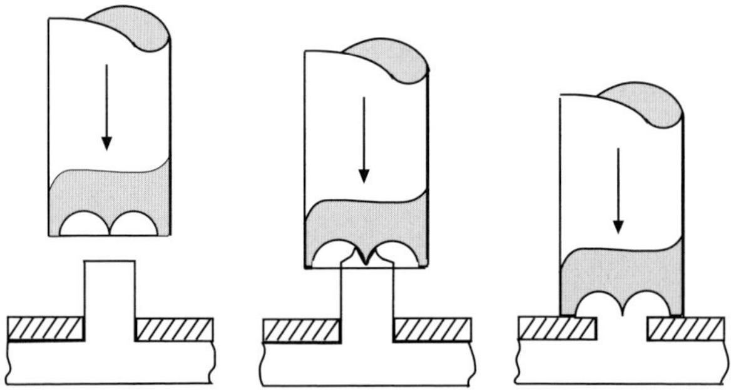

Bild 3.79 Ultraschallnieten

Beim Nieten mit Ultraschall wirkt die Sonotrode als Umform-Werkzeug zur Plastifizierung und Formgebung des Nietzapfens (Nietschaftes). Diese Nietverbindungen lassen sich präzise und weitestgehend spielfrei herstellen, weil die Sonotrode sich nicht wesentlich erwärmt und die nachfolgende Haltezeit eine Abkühlung der Nietköpfe auf Raumtemperatur unter Formzwang ermöglicht.

Die Gestaltung der Sonotrodenstirnfläche und des Nietzapfens bestimmen Nietform und Kopfart. Vor allem beim Nieten glasfaserverstärkter Thermoplaste muß die Sonotrodenstirnfläche verschleißfest ausgelegt werden. In Sonderfällen können Sonotroden so gestaltet werden, daß mehrere Nietungen in einem Arbeitstakt erzielbar sind. Die Verwendung von Niederhaltern ist empfehlenswert.

Bördeln

Wie in der Metallbearbeitung können auch Fügeteile aus Kunststoff gebördelt werden. Auf diese Weise lassen sich Bauteile aus Kunststoff untereinander und in Kombination mit artfremden Werkstoffen verbinden. Für das Bördeln gelten im allg. die gleichen Arbeitsbedingungen wie beim Nieten.

Je nach Aufgabe ist die Sonotrode an ihrer Arbeitsfläche zu profilieren, um Ränder, Zapfen, Vorsprünge oder sonstige Befestigungshilfen zu plastifizieren und umzuformen. Die Bördelung kann umlaufend oder segmentweise vorgenommen werden. Die Bearbeitungszeiten sind mit den üblichen Zyklen beim Ultraschallschweißen von Fügeteilen vergleichbar. Beim Einbördeln von Glasteilen darf die Sonotrode das Glasteil nicht berühren.

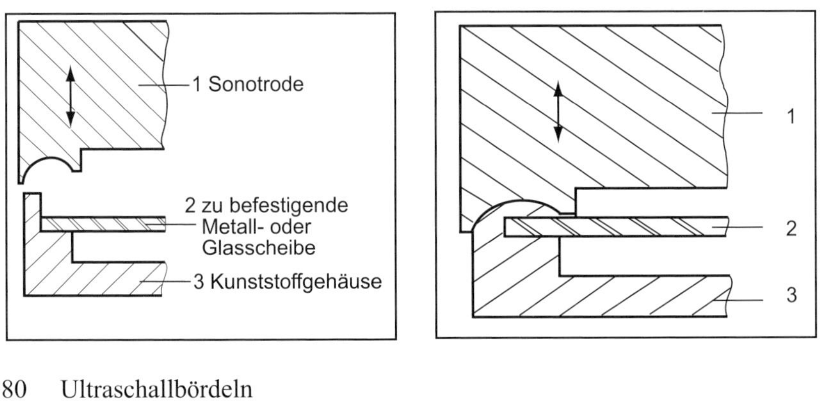

Bild 3.80 Ultraschallbördeln

3.4.1.7 Einbetten von Metallteilen mit Ultraschall

Beim Einbetten von Metallteilen und artfremden Kunststoffen mit Ultraschall wird das Metallteil von der Sonotrode berührt, in Schwingungen versetzt und in die Aufnahmebohrung eingeschallt.

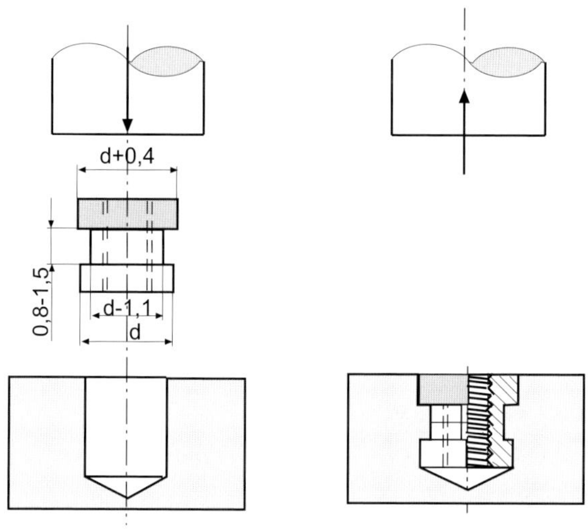

Bild 3.81 Ultraschall-Metalleinbetten

Die an der Berührungsfläche Metall-Kunststoff entstehende Reibungswärme plastifiziert den Kunststoff, wobei die Schmelze die Hinterschnitte der Buchse ausfüllt.

Je nach Größe und Gestaltung der Metallteile lassen sich ebenso hohe Verdreh- und Ausreißfestigkeiten wie bei umspritzten und warm eingebetteten Teilen erzielen. Bei Metallteilen mit einem Durchmesser von mehr als 14 mm ist das Einbetten mit Ultraschall im allg. nicht möglich. Bei entsprechenden geometrischen Gegebenheiten können gleichzeitig mehrere Metallteile in einem Arbeitsgang eingebettet werden. Bei sehr langen Metallteilen ist es vorteilhaft, die Sonotrode auf das Kunststoffteil aufzusetzen und das Metallteil im Aufnahmewerkzeug zu halten.

3.4.1.8 Schallschutz an Ultraschallanlagen

Die zum Ultraschallschweißen eingesetzten Arbeitsfrequenzen von 15 - 70 kHz liegen in einem Bereich akustischer Erscheinungen, die den menschlichen Wahrnehmungen praktisch nicht mehr zugänglich sind. Je nach zu verschweißenden Teil und der gewählten Frequenz, treten subharmonische Töne mit unterschiedlicher Lautstärke auf, die meist bei der halben Arbeitsfrequenz liegen.

Bei bestimmten Bauteilabmessungen können aber auch subharmonische Töne bei 1/3, 1/4 , 1/5, 1/6, 1/8 oder 1/10 der Arbeitsfrequenz auftreten. Dies bedeutet, daß in Extremfällen Spitzenpegel bis zu 140 dB(linear) erreicht werden, und dies zu einer Gehörbelästigung oder einer Gehörschädigung führen kann.

Grundsätzlich hängt eine schädigende Wirkung durch Ultraschall vom Schalldruck und von seiner Intensität ab. Allerdings spielt es hierbei eine wichtige Rolle, ob der Ultraschall als Körperschall direkt in den Körper eingeleitet wird oder als Luftschall das Gehör belastet.

Wirkung des Ultraschalls auf das Gehör:

Bei längerer Einwirkung des Ultraschalls auf die Bedienperson kann es zu Kopfschmerzen, Unwohlsein und Schwindelanfällen kommen. Schallanteile im hörbaren Bereich gelten als gehörgefährdend, wenn der Dauerschalldruckpegel 88 dB(A) und mehr erreicht, bezogen auf eine repräsentative Arbeitszeit von 8 h/Tag.

Schallschutzmaßnahmen

Aus der Sicht des Arbeitnehmerschutzes ist es notwendig folgende Schallschutzmaßnahmen zu ergreifen:

- technische (Vollkapselung der Schweißmaschine),
- bauliche (raumakustische Maßnahmen),
- persönliche (Tragen von Gehörschutz),
- organisatorische (Reduzierung der Lärmbelastung).

In Abstimmung mit dem Maschinenhersteller sollten grundsätzlich bei jeder Schweißmaschine Schallschutzmaßnahmen durchgeführt werden.

Physiologische Wirkungen:

Nur der direkte Kontakt mit einer Sonotrode kann zu einer Gewebeschädigung führen.

Vorschriften, Normen und Richtlinien:

- Arbeitsstättenverordnung vom 1.5.1975: §15 Schutz gegen Lärm,
- DIN 45 645: Einheitliche Ermittlung des Beurteilungspegels für Geräuschimmission am Arbeitsplatz,
- EG-Richtlinie „Lärm am Arbeitsplatz“ vom 12.5. 1986 (86/188 EWG)
- DVS-Richtlinie 2216 „Ultraschallfügen von Formteilen und Halbzeugen aus thermoplastischen Kunststoffen in der Serienfertigung“

3.4.1.9 Schlußbemerkung

Die immer höher werdenden Anforderungen an das geschweißte Bauteil verlangen, neben dem hohen Qualitätsniveau der Ultraschallschweißmaschinen, die Notwendigkeit, bereits bei der Bauteilkonzipierung die Fügetechnik zu berücksichtigen. Dabei muß sowohl die Schweißnaht als auch das gesamte Bauteil kunststoff- und ultraschallgerecht gestaltet sein.

Des Weiteren muß die fachgerechte Verarbeitung des Rohstoffes zum Bauteil mit all seinen Einflußfaktoren gewährleistet sein. Zustand des Granulats, optimierter Spritzgießprozeß, fachgerechte Lagerung der Fügeteile zwischen Herstellung und Fügeprozess sind Einflußfaktoren für die Formteilqualität und damit in direkter Abhängigkeit zur Schweißqualität zu sehen.

Daher kann nur geraten werden, daß sich Bauteilentwickler und -hersteller in der Entwicklungs-, Konstruktions- und Herstellphase mit dem Rohstofflieferanten sowie dem Füge- und Prüfspezialisten zusammensetzten und gemäß dem Anforderungsprofil Fügeteile konzipieren und herstellen, die mit dem Ultraschallschweißen dann zufriedenstellend, reproduzierbar und kostengünstig gefügt werden können.

3.4.2 Rotationsreibschweißen

Das Rotationsreibschweißverfahren wird bereits seit Ende des 19. Jahrhunderts für die Verbindung von Metallteilen eingesetzt, das dokumentiert z.B. ein Patent aus dem Jahr 1891. Ab etwa 1940 wird dieses Schweißverfahren auch mit gutem Erfolg bei Halbzeugen und Formteilen aus Thermoplasten angewendet [80, 81]. Vorteile dieses Verfahrens sind die kurze Schweißzeit, hohe Fügenahtfestigkeit, gute Serientauglichkeit, profilierte Schweißnaht mit vergrößerter Schweißfläche und Vermeidung von Luftsauerstoffzutritt nach Schmelzebildung.

3.4.2.1 Verfahrensprinzip und -beschreibung

Beim Rotationsreibschweißverfahren werden, wie beim Vibrationsschweißen, durch intensive Oberflächenreibung die Fügeflächen der zu verbindenden Teile bis über die Schmelztemperatur erwärmt und nach Beendigung der Reibbewegung die Schmelzen unter Beibehaltung des Fügedruckes abgekühlt [37, 82]. Durch Diffusionsvorgänge während des schmelzeflüssigen Zustandes werden bei geeigneten Materialkombinationen hochfeste Verbindungen erzeugt.

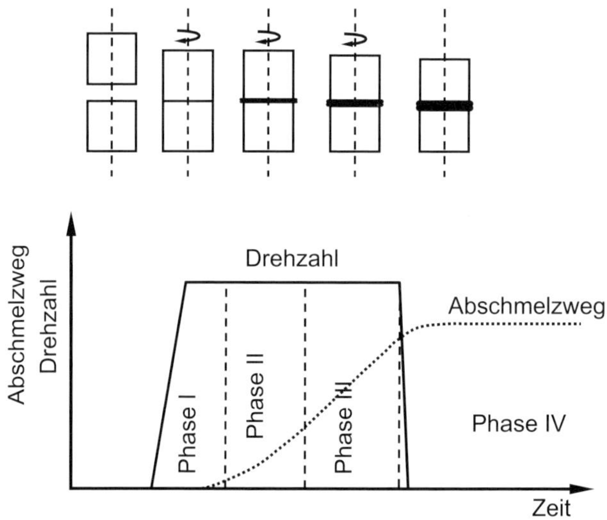

Bild 3.82 Rotationsreibschweißen, Verfahrensprinzip und -ablauf

In der Regel wird eines der Teile verdrehsicher eingespannt und das zweite Fügeteil in Rotation versetzt und auf das eingespannte Teil gepreßt. Nach einer sehr kurzen Phase der Festkörperreibung (Phase I, Bild 3.82), in der sich die Fügeflächen angleichen, bildet sich eine Schmelzeschicht zunehmender Dicke (Phase II). Sie wird durch Scherung weiter erwärmt bis sich ein stationärer Zustand einstellt (Phase III), bei dem soviel Schmelze neu gebildet wie durch Austrieb aus der Naht herausgequetscht bzw. geschleudert wird [83, 84]. Mit dem

Erreichen dieser stationären Prozeßphase, erkennbar an einem gleichmäßig zunehmenden Abschmelzweg (= konstante Abschmelzgeschwindigkeit), ist der Aufschmelzvorgang abgeschlossen und der Antrieb kann abgeschaltet werden. Das rotierende Teil wird möglichst schnell abgebremst und die zwischen den Fügeteilen verbleibende Schmelze unter Beibehaltung des Druckes abgekühlt (Phase IV).

3.4.2.2 Anwendungsbereiche

Das Rotationsreibschweißen kann nur zum Verbinden von Teilen eingesetzt werden, die rotationssymmetrische Fügeflächen aufweisen oder zulassen. Dabei genügt es, wenn eine der Flächen rotationssymmetrisch ausgebildet ist, so läßt sich z.B. ein Rohr einfach auf eine Platte aufschweißen oder ein Schlauchnippel auf eine ebene oder leicht gewölbte Behälterwand. Die Fügeflächen können kreisring-, kegel-, kugel- oder zylinderförmig ausgebildet sein oder auch andere Formen aufweisen (siehe Kap. 3.4.2.4). Es sind auch mehr als zwei Teile in einem Arbeitsgang miteinander zu verschweißen, z.B. eine Muffe zwischen zwei zu verbindenden Rohren. Auf diese Art lassen sich auch nicht rotationssymmetrische Teile durch ein rotierendes Zwischenstück verbinden [37, 85, 86]. Sowohl Halbzeuge wie auch Formteile, die durch Spritzgießen, Blasformen oder Thermoformen hergestellt wurden, können rotationsgeschweißt werden. Die große Spanne der Anwendungen zeigen die nachfolgenden und in Kap. 3.4.2.7 aufgeführten Beispiele:

- Rohre bis 1000 mm Durchmesser: Flansche, Bunde, Muffen,
- Schubstreben,
- Nippel auf Kfz-Kraftstoffbehälter,
- Verschlußstopfen in Bohrungen,
- Luftführungskanäle,
- Filterdeckel,
- Behälter.

3.4.2.3 Maschinenaufbau und -ausrüstung

Zum Rotationsreibschweißen von Kunststoffteilen werden sowohl frei aufgestellte Maschinen verwendet wie auch Antriebseinheiten in kompakter Bauform in beliebiger Lage in automatische Fertigungslinien integriert. Für Klein- und Vorserien - und auch im handwerklichen Bereich - werden zum Teil Standard-Werkzeugmaschinen wie Bohr- oder Drehmaschinen mit Erfolg eingesetzt [37, 80, 85]. Dabei werden Antriebsarten verwendet, die von dem heute üblichen "kontinuierlichen Antrieb" abweichen, und hier der Vollständigkeit halber kurz beschrieben werden [86-89, 90]:

Beim "Schwungmasse-Schweißen" oder "Trägheitsschweißen" wird das rotierende Fügeteil mit einer entsprechend der Schweißleistung notwendigen Zusatzmasse auf eine geeignete Drehzahl beschleunigt und nach Abschalten des Antriebs durch Aufpressen auf das feststehende Fügeteil innerhalb von wenigen Umdrehungen abgebremst. Dabei wird die kinetische Energie in Reibungswärme umgesetzt. Zur Anpassung der Leistung kann die Masse und/oder die Drehzahl verändert werden.

Bei einer weiteren einfachen Antriebsart, der s.g. "Mitlaufmethode" oder dem "Drehzapfenschweißen" wird das zunächst fest eingespannte Teil nach erfolgter Schmelzebildung freigegeben. Durch die Übertragung der Drehung durch die Schmelze wird dieses Teil beschleunigt, so daß nach sehr kurzer Zeit keine Relativbewegung zwischen den Teilen vorliegt und so die Schmelze ohne Scherbelastung abkühlen kann. Eine winkelgenaue Positionierung ist mit beiden Verfahren nicht möglich.

Eine Rotationsreibschweißmaschine besteht aus einem verwindungs- und biegesteifen Rahmen, einem Drehantrieb mit Drehzahlregelung, einer Bremsvorrichtung, einer Vorschubeinheit und Steuerungseinrichtungen (Bild 3.83) [91, 92]. Beim bevorzugten "Direktantrieb" wird die Antriebseinheit in der Regel aus einem Servomotor mit einem Inkrementalgeber gebildet, die zusammen mit dem Rotationsmitnehmer auf einer Achse sitzen. Für Anwendungen, die besonders hohe Drehmomente oder Drehzahlen erfordern, wird ein Getriebe zwischengeschaltet. Der Motor muß dabei so ausgelegt sein, daß er die für Kunststofftyp und Bauteilgeometrie erforderliche Reibgeschwindigkeit zwischen 0,3 und 6 m/s und das erforderliche Reibmoment erreicht. Die Drehzahl ist in der Regel stufenlos einstellbar und ermöglicht bei modernen Anlagen während des Schweißprozesses eine stufen- oder rampenförmige Anpassung an den Energiebedarf. Die Drehzahl wird durch die Regelung innerhalb der Stufen konstant gehalten. Die erforderliche schnelle Abbremsung des Antriebs bei Beendigung des Reibvorganges erfolgt durch eine elektromagnetische Bremse.

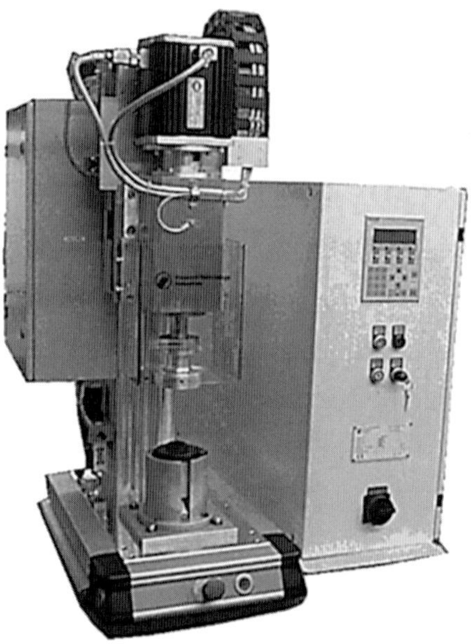

Bild 3.83 Rotationsreibschweißmaschine,

Quelle: KLN, Heppenheim

Die abgebildete Rotationsreibschweißmaschine wird von einem Drehstom-Servomotor von 3,75 kW Leistung mit einer maximalen Drehzahl von 1200 U/min und einem Drehmoment von 16 Nm angetrieben. Das genügt für Schweißnähte bis 120 mm Durchmesser für technische Kunststoffe wie z.B. Polyamid und bis 140 mm für Polypropylen. Falls erforderlich, werden auch Motoren mit höheren Drehzahlen verwendet, insbesondere für sehr kleine Durchmesser.

Außer Elektromotoren werden, insbesondere für sehr hohe Drehzahlen, auch Druckluftmotoren eingesetzt. Sie haben den Vorteil der kleinen Rotormasse, die sich sehr schnell abbremsen läßt. Die Drehzahl ist über den Luftdruck nur bedingt einzustellen und nicht konstant zu halten. Die erreichbaren Drehmomente sind relativ gering. Daher wird diese Antriebsart oft mit dem Verfahrensprinzip "Schwungmasse-Schweißen" kombiniert, d.h. der Druckluftmotor wird zur Beschleunigung der Masse verwendet [88, 91, 92].

Elektromotorische Antriebe bieten außer den oben beschriebenen Möglichkeiten das winkelgenaue Positionieren. Das ist für Anwendungen erforderlich, bei denen eine bestimmte Stellung der Fügeteile zueinander funktionsentscheidend ist. Beispiele dafür sind die Schubstreben, Winkelnippel auf KKB oder Luftführungsanschlüsse. Über einen Winkelpositionsgeber (inkrementalen Drehgeber) wird in der Abbremsphase Soll- und Istposition miteinander verglichen und der Bremsvorgang entsprechend gesteuert. Die Winkel können auf ca. 1° genau eingehalten werden [92].

Der zum Rotationsreibschweißen erforderliche Druck kann über pneumatische oder hydraulische Zylinder aufgebracht werden oder auch über elektrische Spindelantriebe. Die Vorschubeinheit kann den Antriebskopf tragen oder aber das Gegenlager mit der Einspannvorrichtung, wenn der Antrieb im Maschinengestell fixiert ist. Mit neueren Anlagen sind Druckänderung während des Schweißvorganges entweder in Stufen, oder aber in Form von vorzuwählenden Rampen auszuführen. Die Vorschubeinheit muß einen Weg zulassen, der das Zustellen und Abschmelzen sowie das Einlegen und die Entnahme der geschweißten Teile aus den Einspannvorrichtungen ermöglicht. Moderne Anlagen sind mit Kraft- und Wegaufnehmern ausgerüstet und können verschiedene Verfahrensabläufe ausführen (siehe Kap. 3.4.2.5).

Schweißmaschine und Einspannvorrichtungen bzw. Rotationsmitnehmer müssen für den Schweißvorgang ausreichend dimensioniert sein. Letztere haben nicht nur die Aufgaben Drehmomente und Preßkräfte zu übertragen, sie haben auch die Zentrierung und Positionierung zu übernehmen und gegebenenfalls den Verzug der Fügeteile auszugleichen, um einen ausreichenden Rundlauf ohne Unwucht zu erzwingen. Daher müssen die Einspannvorrichtungen insbesondere dünnwandige Teile und solche aus Materialien mit niedrigem E-Modul bis in den Schweißnahtbereich sicher abstützen.

Die Einspannvorrichtungen können nicht alle Formteilfehler ausgleichen, erforderlichenfalls sind Teile mit Rundlauffehlern, Höhenschlägen, Wanddickenunterschieden u.ä. Fehlern durch eine Eingangskontrolle auszusortieren oder mechanisch nachzubearbeiten. Rotationsschweißmaschinen sind mit Schutzvorrichtungen ausgestattet, die verhindern, daß abgeschleuderte Schmelze Verletzungen oder Beschädigungen verursacht.

3.4.2.4 Konstruktive Gestaltung der Fügeteile

Voraussetzung für das Erreichen guter Ergebnisse beim Rotationsreibschweißen ist die Eignung der Fügeteile hinsichtlich Material, Gestaltung und Fertigungsqualität. Das Drehmoment sollte möglichst durch Formschluß zwischen Einspannung und Fügeteil übertragen werden, bei kraftschlüssiger Übertragung - z.B. durch Dreibackenfutter - sind entsprechende Deformationen, dadurch bedingter schlechter Rundlauf und Oberflächenbeschädigungen durch die Einspannkräfte nicht immer zu vermeiden [90, 93]. Ein Formschluß kann durch einfache Maßnahmen erreicht werden, wenn er nicht schon durch die Gestalt der Fügeteile erzeugt werden kann: Schlitze, in die Werkzeugstege eingreifen, Bohrungen, in die Zapfen eindringen, Rippen, Verzahnungen u.ä.. Für positionsgenaue Schweißungen sind formschlüssige Einspannungen unbedingt erforderlich [91].

Bei Teilen mit mehreren konzentrischen oder sehr breiten Nahtkonturen ist zu beachten, daß unterschiedliche Abstände von der Drehachse auch unterschiedliche Reibgeschwindigkeiten und Energieniveaus bedeuten. Trotzdem können je nach Kunststofftyp, Konstruktion und Schweißbedingungen Durchmesserverhältnisse von bis zu 3:1 und mehr realisiert werden. Dabei müssen sich die Schweißbedingungen nach der inneren (oft nicht sichtbaren und daher während des Schweißens nicht zu beobachtenden) Naht richten. Zu vermeiden sind Rotationsreibschweißungen von Vollkreisen, da der Kernbereich (Reibgeschwindigkeit = 0) nur durch Wärmeleitung mit entsprechender Verzögerung aufgeschmolzen werden kann. Durch die Kegelform (Winkel 176-178°) einer der Fügeflächen kann der Erwärmungsverlauf etwas korrigiert werden, besser ist es, den Kernbereich von 2-3 mm Durchmesser auszubohren [80, 82, 90].

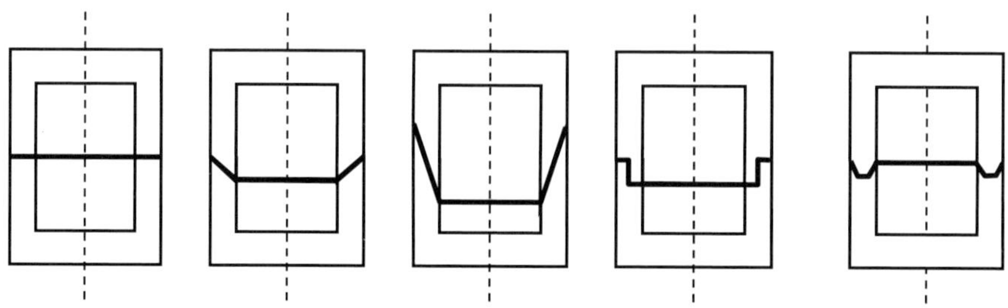

Bild 3.84 Nahtformen für das Rotationsreibschweißen

Beim Rotationsreibschweißen können sowohl Stirn- wie auch Umfangsflächen geschweißt werden [37, 82]. Generell bewährt haben sich Schweißnahtgeometrien, bei denen zu Beginn des Schweißvorganges nur eine kleine Fläche Kontakt hat, z.B. durch Winkelunterschiede von 1° bis 3° bei der Kegel- und Stumpfnaht, Bild 3.84. Damit bleibt das abbremsende Moment bei der ersten Berührung relativ klein, die "Ratterneigung" durch Axial- und Torsionsschwingungen wird reduziert, das Angleichen der Fügeflächen beschleunigt [82, 86, 90].

Durch den hohen spezifischen Schweißdruck bildet sich sehr schnell Schmelze, die sich im Fügespalt ausbreitet und durch Scherung und Wärmeleitung zur tiefen Plastifizierung der Fügezonen beiträgt. Mit zunehmendem Abschmelzweg wird die Fügefläche größer und der spezifische Druck sinkt auf den vorgewählten Wert. Nachteil dieser Verfahrensweise ist die unterschiedliche Reibzeit längs der Schweißnaht.

Für das Rotationsreibschweißen sind viele verschiedene Nahtkonturen gut geeignet. An sie können - außer der möglichst optimalen Festigkeit und/oder Dichtheit - verschiedene weitere Anforderungen gestellt werden wie z.B. Zentrierung, Abdeckung des Schmelzeaustriebs, Befestigung von Einlegeteilen [82, 86, 88, 93]. Bild 3.84a bis Bild 3.84e zeigen verschiedene Grundformen der Rotationsreibschweißnähte: Stumpf-, Flachkegel-, Steilkegel-, Stufen- und Doppelkegelnaht (auch "V-Naht" oder "Nut/Feder"-Verbindung).

Häufig werden Stumpfnähte angewendet, da sie vor allem im handwerklichen Bereich und bei Halbzeugen einfach und ohne Nahtvorbereitung auszuführen sind. Sie bringen in den meisten Anwendungsfällen, abhängig vom Fügeteilmaterial und den Schweißparametern, eine ausreichende Nahtfestigkeit. Die Zentrierung der Teile muß von der Schweißmaschine bzw. den Einspannungen übernommen werden. Wenn möglich, sollte auch bei Stumpfnähten zu Beginn des Schweißvorganges nur eine relativ schmale Fläche berühren. Diese Schweißnahtform hat den Vorteil, daß die Schmelzeschichtdicke über die gesamte Schweißfläche konstant ist.

Beim Stumpfschweißen eines Rohres senkrecht auf eine Platte oder ein Rohr mit wesentlich größerem Durchmesser kann im Extremfall die Platte bzw. das Rohr durchgeschweißt werden. So können z.B. Abzweigungen in bereits verlegte Rohre größeren Durchmessers dicht eingeschweißt werden.

Kegelnähte haben gegenüber den Stumpfnähten die folgenden Vorteile: ideale Selbstzentrierung, größere Schweißfläche als bei Stumpfnähten in Abhängigkeit vom Kegelwinkel (Bild 3.85) und bessere Kraftübertragung infolge günstigerer Belastung durch Normal- und Schubspannungen. Das gilt insbesondere für faserverstärkte Kunststoffe, da hierdurch die Verminderung der Schweißnahtfestigkeit gegenüber der Materialfestigkeit um den Faktor 2 bis 4 ausgeglichen werden kann.

Steilkegelnähte sind bei rohrförmigen Teilen bis zu einem minimalen Winkel von ca. 20° auszuführen, bei Vollkegel sind auch wesentlich kleinere Winkel möglich. Bei dieser Nahtform ist auf eine besonders gute Abstützung der Fügeteile zu achten, da die dünnen Wandbereiche zum Ausweichen neigen. Gegebenenfalls ist neben dem äußeren Fügeteil auch das innere z.B. durch einen, gegebenenfalls zu kühlenden, Kern abzustützen. Weiterhin muß bei Steilkegelnähten mit kleinen Winkeln darauf geachtet werden, daß Winkeldifferenz und Abschmelzweg aufeinander abgestimmt werden, damit die gesamte Nahtlänge auch geschweißt wird. Bei sehr kleinen Kegelwinkeln besteht die Gefahr der Klemmwirkung [87].

Eine Sonderform der Kegelnähte ist die "Doppelkegelnaht" bzw. "Nut/Feder-" oder "V-Naht", Bild 3.84e. Sie zentriert sich sehr gut selbst und benötigt bei geeigneter Konstruktion keinerlei Abstützung. Sie sollte so gestaltet sein, daß die erste Berührung im Nutgrund erfolgt und nicht an beiden Flanken (Kegelflächen). Wird zuerst an den Flanken Schmelze gebildet, wird im Nutgrund Luft eingeschlossen und damit eine vollflächige Verschweißung verhindert. Mit dieser Nahtform kann bei geeigneter Konstruktion der gesamte Wandquerschnitt zur Kraftübertragung herangezogen werden.

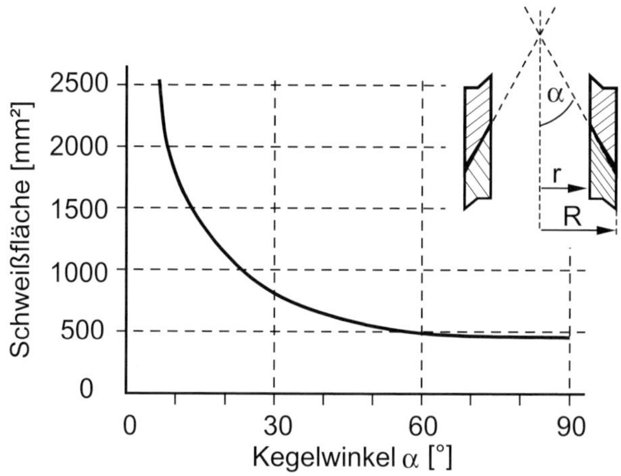

Bild 3.85 Einfluß des Kegelwinkels auf die Schweißfläche, Beispiel für ein Rohr mit R =25, r =22 mm

Stufennahtformen entsprechen den Quetschnähten beim Ultraschallschweißen. Sie lassen sich durch einfache Absätze gut zentrieren und die Schweißnahtfläche kann über die Länge an die Belastung angepaßt werden, Bild 3.86. Sie haben weiterhin den Vorteil, daß sie während des gesamten Schweißvorganges nur eine kleine Festkörperreibfläche aufweisen und daher relativ geringes Drehmoment und kleine Schweißkräfte benötigen.

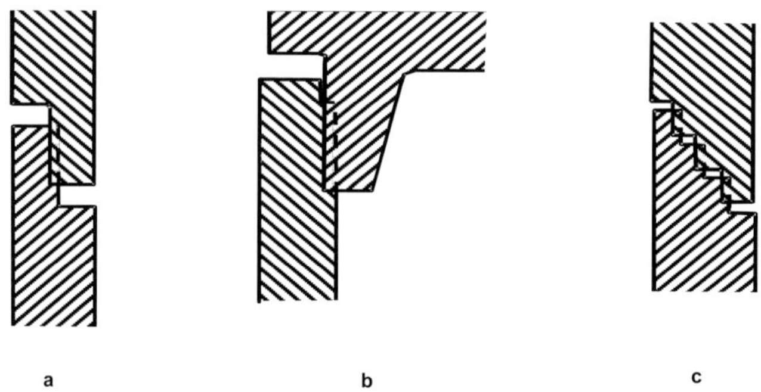

Bild 3.86 Stufennahtformen:

a - flächenbündig, b - festigkeitsoptimiert, c - Mehrstufennaht

Die optimale Durchmesserdifferenz ist abhängig von der Wanddicke, dem Durchmesser und dem Material, sie liegt zwischen 0,4 und 2,0 mm entsprechend "Überdeckung" bzw. "Untermaß" von 0,2 bis 1,0 mm, bei dickwandigen Rohren auch bis 5 mm [80, 82, 94].

Nachteile dieser Stufennähte sind die geringe zulässige Durchmessertoleranz und die Zug-Eigenspannungen in der Naht, da der Schrumpf der Schmelze in der Regel nicht durch entsprechende Wege zueinander (radial!) ausgeglichen werden kann. Ein weiterer Nachteil kann bei der Forderung nach flächenbündigen Anschlüssen der Verlust von kraftübertragender Querschnittsfläche sein, Bild 3.86. Abhilfe kann bei dickwandigen Teilen evtl. eine mehrstufige Nahtform bringen.

Beim Rotationsschweißen von Stufennähten können wie bei Kegelnähten erhebliche radiale Kräfte auftreten. Daher sind auch Stufennähte, vor allem bei dünnwandigen Teilen, möglichst so zu konstruieren, daß sie von außen durch die Einspannvorrichtung abgestützt werden und erforderlichenfalls von innen durch einen Kern. Deformationen durch diese Kräfte müssen sich aber nicht in jedem Fall negativ auswirken. Bedingt durch die unterschiedliche Reibzeit in Abhängigkeit von der Position während des Schweißvorgangs und dadurch bedingten unterschiedlichen Aufschmelztiefen, wird sich eine kegelförmige Naht ausbilden. Die Schweißnahtlänge hängt dabei vor allem von der Überdeckung bzw. dem Untermaß ab [75, 83]. Bei längeren Fügewegen bilden sich nicht geschweißte zylindrische "ausgeriebene" Bereiche an Nahtanfang und -ende, so daß es eine, noch nicht erforschte, natürliche Grenze für die Fügeweglänge gibt.

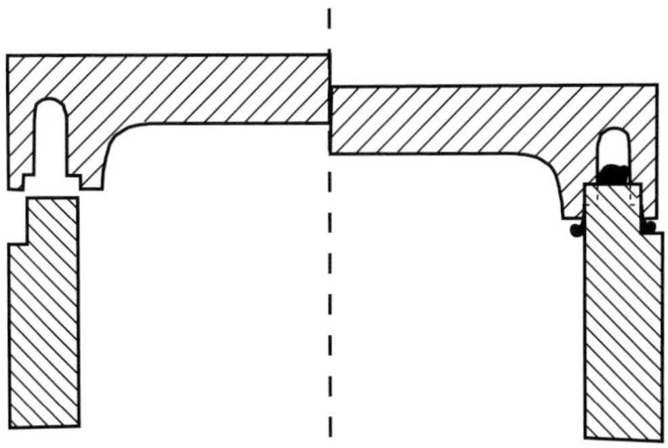

Bild 3.87 Doppelstufennaht, vor und nach dem Schweißen

Stufennähte werden in der Regel durch Scherung belastet. Sie sind möglichst so anzuordnen, daß keine zusätzliche Zug- oder Schälbelastung auftritt. Eine Sonderform der Stufennaht ist die Doppelstufennaht, Bild 3.87. Sie hat den Vorteil der symmetrischen Kraftübertragung und der besseren Abstützung und Zentrierung wie bei der Doppelkegelnaht. Bei geeigneter Konstruktion wird der Querschnitt für die Kraftübertragung besser als bei der einfachen Stufennaht ausgenutzt, auch wenn bei dieser Nahtform immer eine Kerbwirkung vom Schmelzefangraum in der Mitte ausgeht.

Angewendet werden auch Kombinationen dieser einfachen Nahtgeometrien. So kann z.B. eine Stumpfnaht mit einem Zentrierkegel kombiniert werden oder eine Doppelnaht besteht aus Steilkegel- und Stufennaht. Bei solchen Kombinationen ist auf die richtige Reihenfolge des Aufschmelzens und Abfließen der Schmelze bei geeigneter Druckverteilung zu achten. Es stellt sich eine mittlere Abschmelzgeschwindigkeit ein.

Beim Rotationsreibschweißen entsteht durch die anfängliche Festkörperreibung zunächst partikelförmiger Abrieb, nach Beginn der Schmelzebildung auch Fäden, Lamellen und schließlich ein mehr oder weniger kontinuierlicher Schmelzefluß [82, 87, 90, 93, 95]. Durch diesen Schmelzefluß findet eine Selbstreinigung der Naht statt, durch die Fügeflächenverschmutzungen und abgebautes Material mit ausgetrieben werden.

Bei einfachen Nahtkonturen wird dieser Austrieb während der Rotation zum Teil abgeschleudert, der Rest umgibt die Naht mit einem Wulst, der insbesondere bei glasfaserverstärkten Materialien eine rauhe Oberfläche aufweist. Er beeinträchtigt bei Sichtteilen das Aussehen und bei Funktionsteilen kann er zu Störungen führen. Um eine teure Nacharbeit einzusparen, wird daher versucht, bereits bei der Konstruktion Hohlräume vorzusehen, in denen die Schmelze aufgefangen werden kann.

Im Bild 3.88 sind Schmelzefangnuten für verschiedene Nahttypen skizziert. Bei den meisten dieser Konstruktionen geht der Raum für die Schmelzefangnut zu Lasten des tragenden Querschnitts, daher muß bei hoch belasteten Bauteilen entsprechend zusätzlicher Raum vorgesehen werden. Schmelzefangräume sind ausreichend groß zu dimensionieren, um Überfüllungen zu vermeiden.

Bei zu kleinen, geschlossenen Räumen (z.B. Doppelstufennaht) wird die Schmelze unter hohen Druck gebracht, der zu Eigenspannungen und Überhitzungen führen kann, im Extremfall zum Auspressen der Schmelze durch die vorher intakte Schweißnaht [88, 90]. Bei vielen Anwendungen genügt eine einfache Abdeckung der Naht [82, 89]. Es ist zu beachten, daß Schmelze auch entgegen der Fliehkraft nach innen ausgepreßt wird.

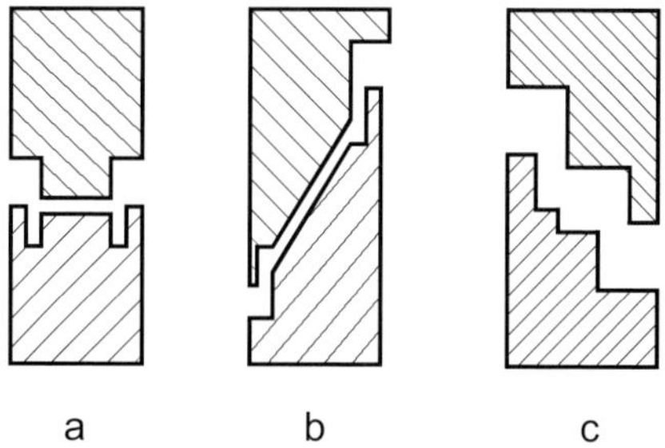

Bild 3.88 Schmelzefangnuten bei verschiedenen Nahttypen

a - Stumpfnaht, b - Steilkegelnaht, c - Stufennaht

3.4.2.5 Verfahrensvarianten und Schweißparameter

Mit der richtigen Auswahl und Optimierung der Schweißparameter soll erreicht werden, daß eine hoch belastbare Verbindung zwischen den Fügeteilen in kürzester Zeit bei möglichst wenig Schmelzeaustrieb entsteht, d.h. es soll nur soviel Material aufgeschmolzen werden wie unbedingt erforderlich. Andererseits ist das Rotationsreibschweißen ein sehr gutmütiges Verfahren, bei dem ein Überhitzen der Schmelze durch zu hohen oder zu langen Energieeintrag nur unter extremen Bedingungen möglich ist, da mit dem Erreichen eines stationären Zustandes soviel Schmelze gebildet wie ausgetrieben wird (vgl. Kap. 3.4.2.1 Bild 3.82). Dabei fließt der heißere, niedriger viskose Schmelzeanteil aus [80, 82, 86, 87, 89, 93]. Eine Fortsetzung des Reibvorganges führt dann nur zu größerem Abschmelzweg (Maßtoleranz!) und zu mehr Austrieb, ohne daß die Schmelzetemperatur erheblich erhöht oder die Nahteigenschaften verbessert werden.

In diesem Kapitel wird nur auf das Rotationsreibschweißen mit kontinuierlichem Antrieb eingegangen, da die anderen Verfahren wie "Schwungmasseschweißen" oder "Mitlaufmethode" zumindest für das Serienschweißen keine Bedeutung mehr haben. Dieses Verfahren läßt eine Vielzahl von Variationsmöglichkeiten und damit Anpassungen an die gestellten Aufgaben zu. Der Verfahrensablauf wurde bereits in Kap. 3.4.2.1 kurz beschrieben. Moderne Schweißanlagen bieten die folgenden Wahlmöglichkeiten [82, 91, 92]:

- Das Fügeteil setzt rotierend auf (Vorteile: schnelles Erreichen der Phase II, geringerer Feststoffabrieb, geringere Ratterneigung) oder Rotation beginnt erst nach dem Aufsetzen unter einer vorzuwählenden (Trigger-) Kraft (Vorteil: einfachere, genaue Wegmessung).
- Die Drehzahl wird während der Reibphase konstant gehalten oder nach Erreichen eines zu bestimmenden Abschmelzweges oder Reibzeit reduziert.
- Die Reibkraft wird während der Reibzeit konstant gehalten oder nach der Vorreibphase kontinuierlich oder in Stufen reduziert.
- Die Abschaltung der Rotation erfolgt nach vorgegebener Zeit oder nach einer zu wählenden Anzahl an Umdrehungen oder nach Erreichen eines vorgegebenen Abschmelzweges oder bei einer bestimmten Position.

Die Schweißnahtgüte wird durch eine Vielzahl von Verfahrensparameter bestimmt. Dabei hängen diese zum Teil von einander ab bzw. beeinflussen sich gegenseitig. So kann z.B. zur Verkürzung der Schweißzeit bei gleich bleibendem Abschmelzweg entweder die Drehzahl oder die Schweißkraft erhöht werden, oder beides. Die folgenden Parameter sind an der Schweißmaschine einzustellen und **unabhängig** von anderen Parametern wählbar:

- Drehzahl, evtl. auch Beschleunigungs- und Abbremsrampen,
- Schweißkraft über Proportionalventil
  (außer bei Vorwahl der Abschmelzgeschwindigkeit),
- Halte-/Abkühlzeit,
- Winkelposition beim Abbremsen ("Positionsstopp" [82, 92]).

Die weiteren, **abhängigen** Parameter können entweder eingestellt werden oder ergeben sich aus der Kombination anderer Parameter:

- Gesamtzahl der Spindelumdrehungen
  (ergibt mit der Drehzahl ungefähr die Schweißzeit),
- Abschmelzweg,
- Schweißzeit (= Reibzeit),
- Schweißkraft, nur bei Vorwahl der Abschmelzgeschwindigkeit,
- Abschmelzgeschwindigkeit.

Beim Rotationsreibschweißen werden wie bei den anderen Reibschweißverfahren verschiedene Betriebsarten angewendet. Sie unterscheiden sich in der Auswahl der einzustellenden Schweißparameter, die den Reibvorgang beenden (s.o.). Andere Parameter ergeben sich, wie die nachfolgende Tabelle 3.7 zeigt. Sie können zur Qualitätskontrolle registriert und ausgewertet werden:

Betriebsart	**einzustellende Parameter**	**sich ergebene Parameter**
wegabhängig	Abschmelzweg oder Position, zusätzlich evtl. Abschmelzgeschwindigkeit	Schweißzeit bzw. Anzahl der Umdrehungen
zeitabhängig	Schweißzeit oder Anzahl der Umdrehungen, zusätzlich evtl. Abschmelzgeschwindigkeit	Abschmelzweg

Tabelle 3.7 Einzustellende und sich ergebende Schweißparameter

Die Wahl der Verfahrensart richtet sich nach dem Ziel bzw. der Aufgabe. So kann ein bestimmtes Endmaß gefordert sein, wenn das Bauteil nach dem Schweißen in Richtung der Abschmelzbewegung ein eng toleriertes Maß aufweisen muß. Oder die Schweißzeit muß aus Gründen der Taktfrequenz konstant sein. Andere Fügeteile benötigen für eine ausreichende Schweißnahtqualität eine konstante Schweißleistung oder für die Begrenzung des Schmelzeaustriebs (Optik !) einen begrenzten Abschmelzweg.

Wegabhängiges Schweißen

Es gibt zwei verschiedene wegabhängige Verfahrensweisen. Ein eingestelltes **Endmaß** wird je nach Toleranz der Fügeteile nach mehr oder weniger langem Abschmelzweg erreicht. Für ausreichende Nahteigenschaften muß gewährleistet sein, daß immer die stationäre Phase III erreicht wurde. Wegen der nicht konstanten Schweißnahteigenschaften wird diese Art des wegabhängigen Schweißens selten angewandt.

Häufiger wird die wegabhängige Verfahrensweise eingesetzt, bei der der **Abschmelzweg** als die den Schweißvorgang begrenzende Größe vorgewählt wird. Er hängt fast nur von der Nahtgeometrie ab und kann daher ohne Vorversuche vorgegeben und in einem engen Rahmen sinnvoll variiert werden. Der Gesamtabschmelzweg ist etwas größer als dieser vorgegebene Sollwert, da auch nach dem Abschalten der Drehbewegung die Schmelze unter dem Fügedruck noch bis zum Erstarren ausgepreßt wird. Bei dieser Betriebsart werden die Fügeteile eingespannt und im Stillstand mit der vorgewählten Fügekraft zusammen gepreßt. Diese Position wird von der Anlage als Nullpunkt registriert, von dem dann der Abschmelzweg aus gemessen und beim Erreichen des vorgegebenen Weges der Reibvorgang beendet wird. Durch die Wegbestimmung unter Druck wird gleichzeitig verhindert, daß die Deformationen von Fügeteilen und Schweißmaschine den Abschmelzweg beeinflussen.

Der Fügeweg wird mit der Konstruktion der Schweißnahtgeometrie in einem groben Rahmen festgelegt. Bei der einfachsten Nahtform, der Stumpfnaht, ist der Abschmelzweg gleich dem Fügeweg, d.h. der Weg, den die Fügeteile ineinander schmelzen ist gleich dem Weg, den die Teile aufeinander zu bewegt werden. Je nach Material, Wanddicke und Ungleichmäßigkeit der Fügeflächen liegt er zwischen 0,5 und 1,5 mm. Bei Kegelnähten entspricht der Abschmelzweg nur dem Sinus des Kegelwinkels x Fügeweg. Das bedeutet, daß der Fügeweg - insbesondere bei kleinen Kegelwinkeln - deutlich größer gewählt werden muß, um auf vergleichbare Abschmelzwege wie beim Stumpfschweißen zu kommen (Bild 3.89):

Fügeweg = Abschmelzweg : Sinus Kegelwinkel

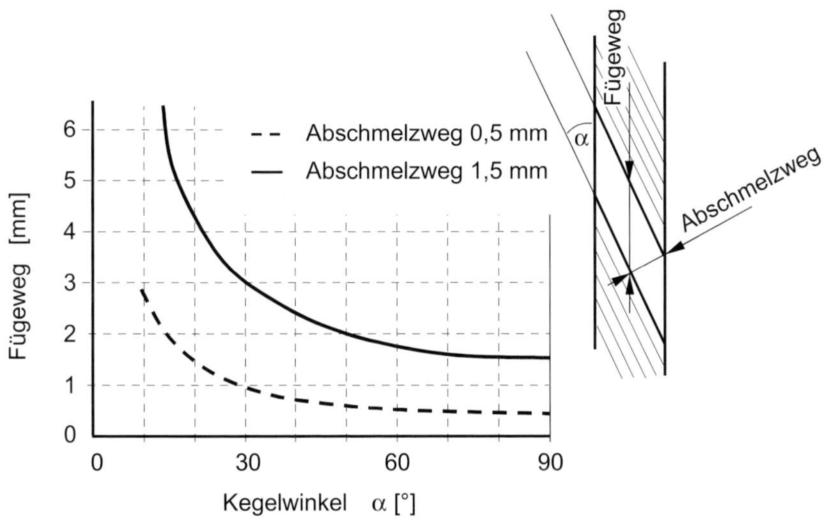

Bild 3.89 Abhängigkeit des Fügewegs vom Kegelwinkel und vom Abschmelzweg (errechnet)

Beim wegabhängigen Schweißen wird die Reibzeit von der Geometrie der Naht, dem Fügeteilmaterial, dem gewählten Abschmelzweg und den anderen Schweißparametern bestimmt. Innerhalb einer Serie schwankt dieser Wert, abhängig von den Fügeteiltoleranzen, Umwelteinflüssen (Temperatur, Feuchtigkeit) und den Toleranzen der anderen Schweißparameter.

Zur Qualitätskontrolle kann dafür ein geeignetes Fenster bestimmt werden, in dem Gutteile zu erwarten sind.

Bei einfachen Maschinenausrüstungen ohne Wegaufnehmer wird mit einzustellenden Anschlägen gearbeitet, um den Abschmelzweg zu begrenzen. Der Reibvorgang wird dann durch z.B. einen Endschalter gestoppt. Beim Arbeiten mit festen Anschlägen ist zu beachten, daß die Schweißkraft während der Abkühlphase durch Schrumpfvorgänge abnimmt und im Extremfall auf Null sinkt. Daher werden Endschalter für die Steuerung eingesetzt und mechanische Anschläge nur zum Maschinenschutz zur Vermeidung von Berührung bei z.B. versehentlichem Einschalten ohne Fügeteilbestückung oder während der Einrichtphase.

Zeitabhängiges Schweißen

Vor allem bei Schweißmaschinen ohne Wegsteuerung wird der Reibvorgang durch eine Zeitsteuerung begrenzt. Durch Vorversuche muß die geeignete Reibzeit ermittelt werden, damit ausreichend Schmelze gebildet wird (Phase III). Sie ist abhängig von den anderen Schweißparametern, insbesondere von Reibgeschwindigkeit und Schweißkraft. Übliche Reibzeiten liegen zwischen 2 und 15 s. Bei sehr kurzen Schweißzeiten werden geringere Festigkeiten erreicht [84, 93]. Durch Erhöhen von Drehzahl und/oder Schweißkraft kann die für das Erreichen der Phase III erforderliche Reibzeit verkürzt werden.

Beim zeitabhängigen Schweißen ist der Fügeweg zur Überwachung des Schweißvorganges gut geeignet. Wenn die Schweißmaschine selbst nicht die Möglichkeit der Registrierung des Weges zuläßt, kann er auch zur Qualitätskontrolle nach Entnahme aus der Schweißmaschine bestimmt werden.

Energieabhängiges Schweißen

Bei einigen Anwendungen des Rotationsreibschweißens hat sich eine Verfahrensvariante des zeitabhängigen Schweißens bewährt, bei der eine bestimmte, in Vorversuchen ermittelte, Energie der Fügezone zugeführt wird. Dazu wird die Anzahl der Spindelumdrehungen vorgegeben. Bei konstanter Drehzahl ist diese Verfahrensweise mit dem zeitabhängigen Schweißen praktisch identisch. Eine weitere Art des energieabhängigen Schweißens ist das Schwungmasse- oder Trägheitsschweißen (s. Kap. 3.4.2.3), bei dem durch die Anfangsdrehzahl und die Masse eine Energie vorgegeben wird, die beim Schweißvorgang vollständig verbraucht wird. Der Fügeweg kann bei beiden Verfahrensvarianten als Kontrollgröße zur Qualitätssicherung herangezogen werden.

Einfluß sonstiger Parameter

Die **Reibgeschwindigkeit**, auch "Tangential"- oder Umfangsgeschwindigkeit, ist die Energie bestimmende Größe beim Rotationsreibschweißen und beeinflußt sowohl andere Schweißparameter wie Schweißzeit oder Abschmelzweg als auch die Schweißnahteigenschaften. Sie bestimmt die für die Erwärmung der Schmelze entscheidende Schergeschwindigkeit. Dabei ist zu beachten, daß die Schergeschwindigkeit mit abnehmendem Fügespalt zunimmt. Die ideale Reibgeschwindigkeit ist abhängig von dem Fügeteilmaterial (Wärmekapazität, Reibbeiwert, Schmelztemperatur) und vermutlich auch von der Fügenahtgeometrie. Es werden Reibgeschwindigkeiten zwischen 0,3 und 6 m/s, vorzugsweise zwischen 1 und 3 m/s angewendet, die höheren benötigen Kunststoffe mit hoher Schmelztemperatur und kleinem Reibbeiwert, die niedrigeren werden z.B. für Polyolefine und amorphe Kunststoffe angewendet. Sehr hohe Reibgeschwindigkeiten können zur Überhitzung der Schmelze führen und damit zur Schädigung des Polymeren [89, 90]. Die meisten Kunststoffe lassen einen sehr breiten Geschwindigkeitsbereich zu, allerdings werden gute Ergebnisse nur erzielt, wenn die anderen Parameter, insbesondere der spezifische Druck, entsprechend angepaßt wurden [89, 90, 93].

Bei fast allen Schweißanlagen kann die Reibgeschwindigkeit während der Reibzeit geändert werden. Das Anreiben erfolgt bei höherer Geschwindigkeit, um möglichst schnell Schmelze zu erzeugen. Das Umschalten auf eine Geschwindigkeit, die ausreicht für das weitere Aufschmelzen der Fügezone, erfolgt beim zeitabhängigen Schweißen nach dem vorzuwählenden, gegebenenfalls zu optimierenden Zeitpunkt, beim wegabhängigen Schweißen nach Erreichen des vorzuwählenden und zu optimierenden Abschmelzweges. Das Abbremsen muß in jedem Fall möglichst schnell erfolgen, um ein Verstrecken oder Abreißen der abkühlenden Schmelze zu vermeiden. Das gilt insbesondere für dünnwandige Teile, geringe Schmelzeschichtdicken und Materialien, die schnell erstarren [84, 90]. Der Rotationsstopp erfolgt bei modernen Anlagen je nach Drehzahl innerhalb einer halben bis einer Umdrehung.

Die **Reibkraft** hat ebenfalls einen entscheidenden Einfluß auf die anderen Verfahrensparameter wie Reibzeit und Abschmelzweg und auf die Schweißnahteigenschaften. Sie bestimmt zusammen mit der Reibgeschwindigkeit die Wärmeerzeugung in der Berührungsfläche der Fügeteile und das von der Maschine aufzubringende Drehmoment.

Der ideale spezifische Reibdruck hängt vorwiegend von den Fügeteilmaterialeigenschaften (Reibbeiwert, Schmelzviskosität), der Reibgeschwindigkeit und der Nahtgeometrie ab [84]. Er liegt im Bereich zwischen 0,1 und 2,5 N/mm^2. Zum Anreiben wird jeweils der höhere Wert angewendet. Es sollte dabei aber beachtet werden, daß zu hohe Kräfte zu Deformationen der Teile führen, die durch den Schweißvorgang fixiert werden können. Das gilt insbesondere für schlecht abzustützende Fügeteile wie Kunststoffbehälter [91]. Im Extremfall kann eine zu hohe Schweißkraft die Schweißmaschine soweit abbremsen, daß die erforderliche Reibgeschwindigkeit nicht erreicht wird.

Der Schweißdruck ist der maßgebliche Parameter. Er bestimmt die Schmelzeschichtdicke zwischen den Fügeteilen und damit auch die Schweißnahtfestigkeit, da mit zunehmender Dicke die Zeit bis zum Erstarren der Schmelze und damit die Zeit für Diffusionsvorgänge zunimmt. Bei zu niedrigem Druck wird nur Abrieb erzeugt, bei zu hohem entsteht eine nur sehr dünne Schmelzeschicht mit entsprechend hoher Schergeschwindigkeit.

Die Schweißkraft kann bei gut ausgestatteten Anlagen während des Reibvorganges variiert werden. Zu Beginn des Reibvorganges wird mit einer hohen Kraft angerieben, um schnell Schmelze zu erzeugen, dann wird die Kraft soweit wie möglich reduziert, evtl. auch in mehreren Stufen oder in Rampenform. Wichtig ist, daß die zum Ende der Reibphase erreichte Kraft auch während der Kühl- und Haltephase beibehalten wird, um Verstreckungen der Schmelze z.B. durch Rückdeformation der Fügeteile zu vermeiden.

In Ausnahmefällen bringt eine Erhöhung der Kraft direkt nach dem Rotationsstopp eine Verbesserung der Nahteigenschaften hinsichtlich Dichtigkeit.

Die Abschmelzgeschwindigkeit ist abhängig von der Fügenahtgeometrie und ergibt sich bei den üblichen Verfahrensvarianten aus den anderen Schweißparametern [84], sie kann durch Drosselventile (pneumatische oder hydraulische Kraftaufbringung) beeinflußt werden. Für die Reduzierung der Aufsetzgeschwindigkeit wird so weit wie möglich die Endlagendämpfung des Zylinders genutzt. Es gibt jedoch auch Anlagen, die eine Vorwahl von Aufsetz- und Abschmelzgeschwindigkeit ermöglichen (servoelektrischer Antrieb des Schlittens), die Schweißkraft ergibt sich dabei in Abhängigkeit von der gewählten Geschwindigkeit und den anderen Schweißparametern.

Während der **Halte-/Kühlzeit** erstarrt die Schmelze und kühlt soweit ab, daß die Fügeteile aus der Maschine entnommen werden können. Beim Ausspannen werden die Teile bereits belastet, daher soll die Kühlzeit nicht zu kurz gewählt werden, je nach Material und Wanddicken sind 3 bis 15 s erforderlich.

Zum Optimieren der Schweißparameter kann entweder nach einem statistischen Versuchsplan vorgegangen oder die Parameter schrittweise nacheinander optimiert werden. Häufiger wird die schrittweise Optimierung von den drei unabhängigen Variablen vorgenommen:

- Reibgeschwindigkeit/Drehzahl,
- Schweißkraft/spezifischer Schweißdruck,
- Abschmelzweg oder Schweißzeit
  (auslösender Parameter für die Abschaltung der Rotation).

Beim schrittweisen Optimieren werden zwei der drei Parameter auf einem sinnvollen Niveau, begonnen wird mit einem relativ niedrigen Energieniveau, konstant gehalten und der dritte variiert. Durch Prüfung z.B. der Festigkeit wird die beste Einstellung davon gewählt und damit werden dann auch die anderen Parameter optimiert. Weichen die zuerst konstant gehaltenen Parameter stark von den optimierten ab, ist es ratsam den Vorgang mit den optimierten Parametern noch mal zu wiederholen.

3.4.2.6 Einfluß der Fügeteilmaterialien

Auf das Schweißverhalten von Fügeteilen hat neben der Konstruktion auch das Material großen Einfluß. Es gibt nur wenige Thermoplaste, die sich nicht oder nur mit großen Schwierigkeiten rotationsreibschweißen lassen wie z.B. Thermoplaste mit sehr niedrigen Reibbeiwerten. Das sind insbesondere Lagerwerkstoffe aus z.B. Polyamid oder Polyoximethylen, deren ohnehin günstige Reibbeiwerte durch Reibung und Verschleiß vermindernde Zusätze wie PTFE, Graphit, Kohlenstoffasern oder Molybdändisulfit noch herabgesetzt wurden.

In der Regel werden Teile aus Kunststoffen gleicher Art und gleichen Typs miteinander geschweißt. Gut schweißbar sind Thermoplaste mit hoher Schmelzeviskosität, da die Schmelzeschicht zwischen den Fügeteilen dick genug bleibt und weniger Schmelze ausgetrieben bzw. abgeschleudert wird [84, 90, 95]. Wichtig ist bei allen Reibschweißverfahren, daß die Schmelztemperatur und die Schmelzeviskosität von beiden Fügeteilen gleich oder ähnlich sind. Bei großen Differenzen schmilzt sonst das niedrigviskosere auf und wirkt dann als "Schmiermittel", das die Reibung mindert und so ein Aufschmelzen des höher viskosen Materials verhindert. Dabei können schon Probleme auftreten, wenn aus dem gleichen Material Behälter geblasen (hohe Viskosität) und Befestigungsteile oder Nippel spritzgegossen werden. Durch den Spritzgußvorgang kann das an sich hochmolekulare Material so abgebaut werden, daß eine Schweißung im Rotationsverfahren nicht möglich ist.

Die erreichbaren Schweißnahtfestigkeiten liegen, bis auf wenige Ausnahmen, deutlich unterhalb der Materialfestigkeit, das gilt insbesondere für faserverstärkte Thermoplaste.

Kombinationen von verschiedenen Thermoplasten sind dann möglich, wenn sie miteinander verträglich sind, den gleichen Schmelztemperaturbereich und ähnliche Schmelzvikositäten aufweisen. Solche Kombinationen können sein [82]:

ABS – PC	PMMA – /PC+ABS/	PP – PP+EPDM
ABS – PMMA	PC – /PC+ABS/	PE – PE+EPDM
ABS – SB	PA – /PPE+PS/	
ABS – SAN	PMMA – SAN	

Bei Zweifeln an der Schweißbarkeit sollte die Eignung durch Versuche mit z.B. einfachen Probekörpern geprüft werden.

3.4.2.7 Anwendungsbeispiele

Im folgenden werden einige Bauteile vorgestellt, die im Rotationsverfahren geschweißt wurden. Material und Parameter sowie die Anforderungen wurden, soweit bekannt, angegeben.

Bei der **Wasserschlauchdüse** aus ABS (Bild 3.90) wird beim Einschweißen des Schlauchanschlusses gleichzeitig der Düseneinsatz mit eingeschlossen, ohne daß dieser beim Schweißen bewegt wird. Dieses Verbindungsteil muß druckdicht bis 12 bar sein.

– Nahtform: Kegelnaht, Schweißzeit: 2 s.

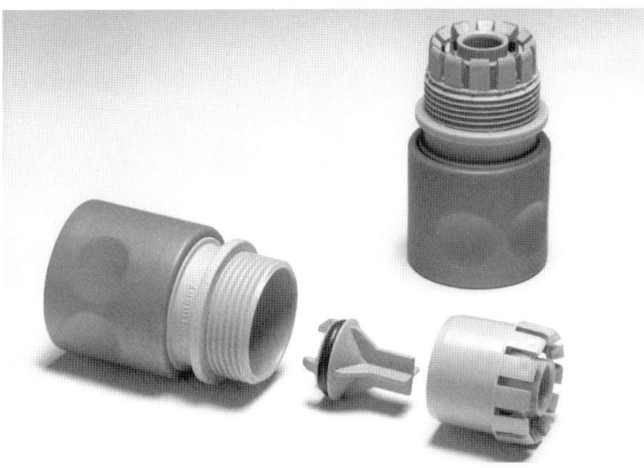

Bild 3.90 Wasserschlauchdüse aus ABS

Quelle: KLN Ultraschall GmbH

Auf ein **Filtergehäuse** aus Polyamid 66 mit 30 % Glasfasern wird ein Winkelanschluß aus dem gleichen Material geschweißt, Bild 3.91. Die Verbindung muß absolut dicht sein, die Winkelposition exakt eingehalten werden.

– Schweißzeit: 3 s, – Haltezeit: 2 s.

Bild 3.91 Filtergehäuse aus glasfaserverstärktem Polyamid 66

Quelle: KLN Ultraschall GmbH

Zur Herstellung des **Rückschlagventils** aus POM (Bild 3.92) werden nacheinander drei Teile auf den Grundkörper geschweißt: zwei Schlauchanschlüsse und ein Deckel mit Schlauchnippel, bei allen muß der Winkel genau eingehalten werden. Die Naht muß druckdicht bis ca. 8 bar sein.

Bild 3.92 Rückschlagventil aus POM

Quelle: KLN Ultraschall GmbH

3.4.3 Vibrationsschweißen

3.4.3.1 Einleitung

Beim Vibrationsschweißen werden durch eine oszillierende Reibrelativbewegung die Grenzflächen von Formteilen aus thermoplastischen Kunststoffen erwärmt, plastifiziert und stoffschlüssig verbunden, danach setzt die Abkühlung des Schmelzefilms ein [96]. Dieses Verfahren hat sich aus dem Rotationsreibschweißen entwickelt, dessen Prinzip zwar seit den 30er Jahren bekannt ist, das sich aber nur in Teilbereichen der Kunststoffverarbeitung etablieren konnte. Der Grund hierfür ist einmal in der stark begrenzten Einsatzmöglichkeit auf rotationssymmetrische Fügeflächen zu sehen, zum anderen machte auch das Abbremsen größerer Massen von hohen Geschwindigkeiten auf definierte Haltepunkte mit geringer Toleranz technische Schwierigkeiten [97]. Die wesentliche Weiterentwicklung des Reibschweißens vollzog sich nach Ersetzen der rotatorischen durch eine oszillierende Relativbewegung, was ein großes Maß an Gestaltungsfreiheit bei den zu verbindenden Formteilen ermöglichte. Der erste Prototyp einer Vibrationsschweißmaschine mit mechanischem Exzenterantrieb entstand 1971 bei Dupont in der Schweiz [98]. Das amerikanische Unternehmen Branson Ultrasonic Corp., Danbury, CT, hingegen entwickelte und patentierte ein federgestütztes Resonanzschwingsystem mit elektromagnetischer Anregung.

Erste Anwendungen fanden sich bald bei Automobilherstellern in den USA, wo zunächst Schweißverbindungen an Kraftstofftanks und komplette Kunststoffstoßfänger mit diesem Verfahren gefertigt wurden [99]. Seitdem wurde das Vibrationsschweißen von den Maschinenlieferanten, an Forschungsinstituten, von Rohstoffherstellern und bei führenden Anwendern eingehend technologisch untersucht und über drei Jahrzehnte erheblich verbessert. Parallel hat sich sein Applikationsspektrum in der Kraftfahrzeug-, Elektro- und Weißgeräteindustrie stark ausgeweitet, da es Vorteile gegenüber konkurrierenden Fügeverfahren, wie Kleben oder Ultraschall- bzw. Heizelementschweißen bietet. So können zwei oder mehr, mittel- bis großflächige Formteile aus beliebigen Thermoplasten in Zykluszeiten von etwa 2 s bis 10 s mit hoher, reproduzierbarer Festigkeit stoffschlüssig verbunden werden.

3.4.3.2 Verfahrensbeschreibung

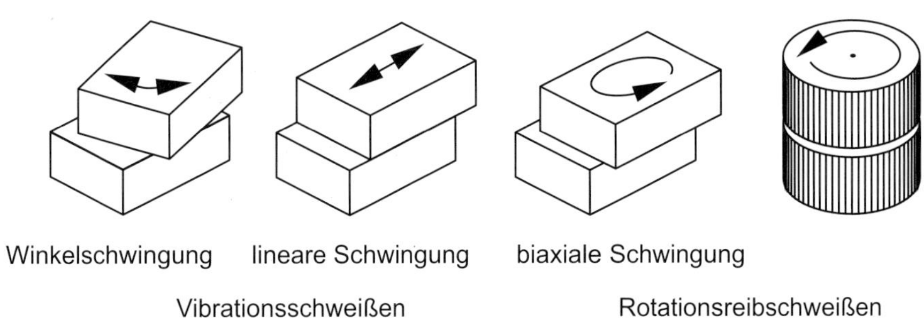

Bild 3.93 Kinematische Varianten des Reibschweißens

Beim Vibrationsschweißen unterscheidet man nach der Kinematik der Schwingung das traditionelle Verfahren mit linearer Reibrelativbewegung, das Winkelvibrationsschweißen und eine neuartige Variante mit zweidimensionaler, also flächig oszillierender Auslenkung, die laut DVS-Richtlinie 2217-1 [96, 100] als biaxiales Vibrationsschweißen bezeichnet wird, Bild 3.93. Maschinen mit einer derartigen Amplitudenform tragen je nach Art der Schwingungserzeugung und Hersteller Zusatzbezeichnungen wie "Orbital", "Multidirektional" bzw. "Zirkular" [101] und sollen den Anwendungsbereich kleiner bis mittlerer Fügeflächen erschließen, der bisher eine Domäne des Ultraschallschweißens war.

Kinematik und Reibleistung

Der Vibrationsschweißprozeß läßt sich vereinfacht als ein Reibvorgang zwischen zwei quaderförmigen Bauteilhälften modellieren, wobei man zwischen einzustellenden Maschinenparametern und resultierenden Prozeßgrößen unterscheidet, Bild 3.94.

In der industriellen Praxis werden durch ein Antriebsaggregat und entsprechende Werkzeugführungen ein- bzw. zweidimensionale Schwingungen mit Frequenzen von 80 bis zu 300 Hz erzeugt. Die Amplituden sind in der Regel im Bereich zwischen 0,25 und 2,5 mm stufenlos einstellbar [96].

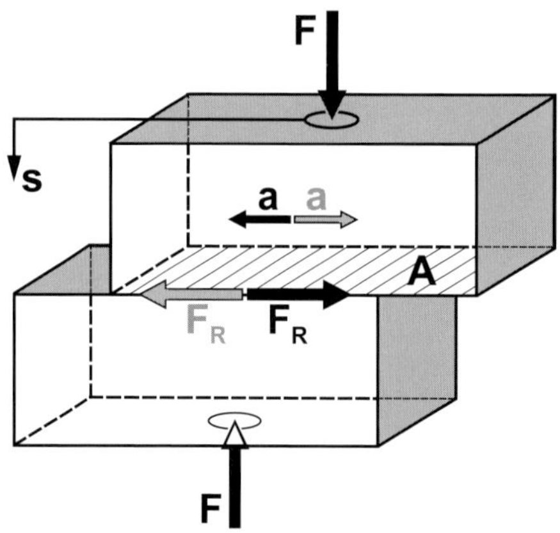

variable Maschinenparameter:

- Fügekraft F
- Amplitude a
- Frequenz f
- Vibrationszeit t_V (Zeitsteuerung)
- Schweißweg s_S (Wegsteuerung)
- Haltezeit t_H

resultierende Prozessgrößen:

- Fügedruck p = F/A (Fügefläche A)
- Reibkraft F_R
- Fügeweg s_F (Zeitsteuerung)
- Fügezeit t_F (Wegsteuerung)

Bild 3.94 Maschinenparameter und Prozeßgrößen beim linearen Vibrationsschweißen

Betrachtet man für die lineare Verfahrensvariante die Reibrelativbewegung als eine harmonische Schwingung, so gilt bei der Frequenz f für die **lineare Auslenkung a(t)** aus der Ruhelage:

$$a(t) = a_0 \cdot \sin(\omega \cdot t) \quad \text{mit} \quad \omega = 2\pi \cdot f \tag{3.3}$$

Mit der Reibkraft $F_R(t)$, die man näherungsweise über den Coulomb-Ansatz als Produkt der Normalkraft $F_N(t) = p \cdot A(t)$ und der für das Tribosystem charakteristischen Reibzahl

$\mu = f$ (Druck, Werkstoff, Reibrelativgeschwindigkeit, Fügeflächenrauheit, Temperatur etc.) darstellen kann, läßt sich die **Reibleistung $P_R(t)$** wie folgt berechnen:

$$P_R(t) = F_R(t) \cdot v(t) = F_R(t) \cdot 2\pi \cdot f \cdot a_0 \cdot \cos(2\pi \cdot f \cdot t) \tag{3.4}$$

Für den betrachteten Fall ist die Reibzahl als geschwindigkeitsunabhängig und konstant anzunehmen. Die bei einer Schwingung verrichtete Reibarbeit W_R ist dann gleich dem Reibleistungsintegral über eine Periode T, woraus sich die **mittlere Reibleistung** ergibt:

$$\overline{P}_R = \frac{1}{T} W_R(t = 0...T) = 4 \cdot a_0 \cdot f \cdot F_R \tag{3.5}$$

Die Strecke $s = 4 \cdot a_0$ ist somit gleich dem Weg der oszillierenden Werkzeughälfte während einer Einzelschwingung. Daraus leitet sich für lineare Amplituden eine mittlere Reibleistung ab, die proportional zum Weg des Werkzeuges während eines Schwingzyklus ist.

Betrachtet man dagegen den biaxialen Schweißprozeß mit einer näherungsweise kreisförmigen Auslenkung a(t) aus der Ruhelage und $|a_{x,max}| = |a_{y,max}| = a_0$, berechnet sich eine konstante Reibrelativgeschwindigkeit $v = a_0 \cdot 2\pi \cdot f$. Daraus erhält man unter der Annahme einer unveränderlichen Reibkraft durch Integration über die Reibarbeit W_R die **Reibleistung P_R**:

$$P_R = f \cdot W_R = 2\pi \cdot a_0 \cdot f \cdot F_R \tag{3.6}$$

Auch sie ist wieder proportional zum Weg eines Punkts auf der bewegten Formteilhälfte während einer Periode, also zum Umfang $u = 2\pi \cdot a_0$ des Reibkreises, und somit um den Faktor $\pi/2 \approx 1{,}571$ größer als bei der linearen Verfahrensvariante. Dadurch läßt sich rein kinematisch betrachtet entweder die Prozeßzeit verkürzen oder (um vergleichbare Reibleistungen zu erreichen) die Amplitude um etwa 35 % reduzieren, woraus neue Gestaltungsmöglichkeiten für die Fügezone resultieren.

Bei einer elliptischen Auslenkung hingegen kann die in die Reibleistung P_R eingehende Bahnkurvenlänge aus dem vollständigen elliptischen Integral zweiter Ordnung näherungsweise berechnet werden. Für den Fall gleich langer Hauptachsen geht dieser numerische Ausdruck in die Umfangsformel des Kreises über; bei unterschiedlichen Verhältnissen ergeben sich deshalb stets kleinere Reibleistungen als für die runde Bahn [102].

Temperatur in der Fügezone

Bisher war es aufgrund meßtechnischer Probleme nicht möglich, die tribologischen Verhältnisse in der Kontaktfläche beim Vibrationsschweißen durch genaue Erfassung der Reibkräfte zu beschreiben. Um dennoch die lokale Werkstoffbeanspruchung abschätzen zu können, wurde in [100] eine Methode vorgestellt, mit der die prozeßbegleitende Messung der Temperatur in der Fügezone mit geringen Toleranzen (kleiner ± 2 K) realisiert werden konnte.

Dazu werden Probekörper vor dem Fügen mit mehreren dünnen Thermodrähten (Typ J, Durchmesser: 2 x 0,2 mm) oberflächennah bestückt. Die Schweißwegvorgabe muß ausreichend groß gewählt sein, damit die Fühler nach geringem Materialaustrieb in der Schmelzeschicht "schwimmen" und eine lokale Online-Temperaturaufzeichnung ermöglichen. Auch bei Beschädigung eines Drahts erhält man durch Mitteln der Maxima der Kurven einen aussagefähigen Wert, Bild 3.95.

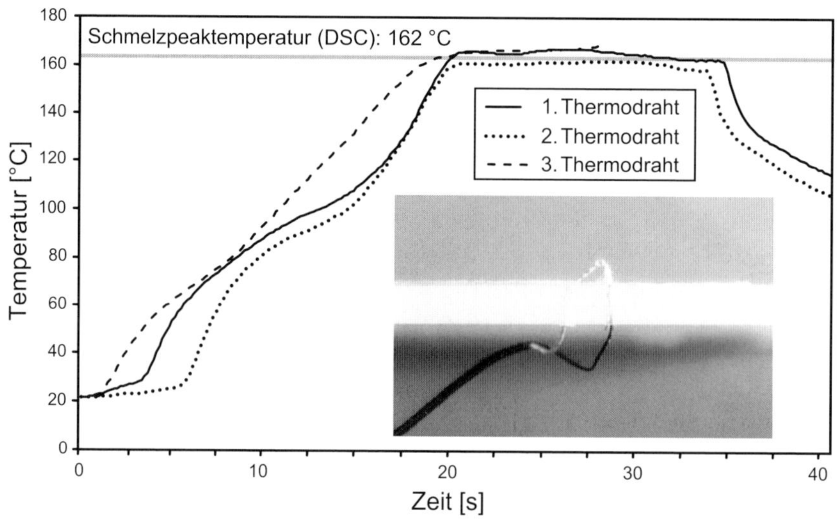

Bild 3.95 Verlauf der in der Schmelzeschicht gemessenen Temperatur beim biaxialen Vibrationsschweißen von Platten aus PP

Amplitude: 0,5 mm (kreisförmig); Fügedruck: 2 N/mm²

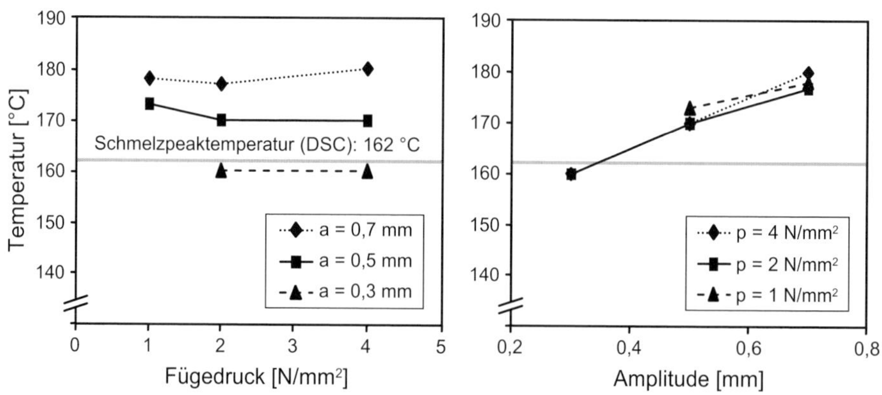

Bild 3.96 Temperatur in der Schmelzeschicht beim biaxialen Vibrationsschweißen von Platten aus PP

links: Abhängigkeit vom Fügedruck
rechts: Abhängigkeit von der Amplitude (kreisförmig)

Je nach Wahl der Maschinenparameter und Typ des Formteilwerkstoffs liegen die thermischen Belastungen für Polypropylen und (un-)verstärktes Polyamid bis zu 20 K oberhalb der Kristallitschmelztemperatur. Dabei zeigt die Temperatur in der Schmelzeschicht eine signifikante Proportionalität zur Amplitude und zur Viskosität, während der Druck nahezu keinen Einfluß hat, Bild 3.96.

Durch diese Ergebnisse wird auch deutlich, daß eine thermische bzw. thermo-oxidative Werkstoffschädigung durch das Vibrationsschweißen weitgehend ausgeschlossen werden kann. Dies gilt besonders im Vergleich zum meist vorangehenden Spritzgießprozeß mit seinen wesentlich kritischeren Belastungen durch höhere Massetemperaturen und vergleichsweise lange Verweilzeiten in der Schnecke.

Fügewegverlauf und Phaseneinteilung

In grundlegenden Untersuchungen [97, 102, 103] zum linearen Vibrationsschweißen von thermoplastischen Polymeren ist festgestellt worden, daß der Fügeweg unabhängig von Bauteilgeometrie, Werkstoff und Parameterwahl einen prinzipiellen, zeitlichen Verlauf zeigt, der sich in vier charakteristische Bereiche unterteilen läßt, Bild 3.97. In diesen Prozeßphasen wird der Thermoplast abhängig von den Verfahrensparametern und vom momentanen Aggregatzustand in der Kontaktzone unterschiedlichen Belastungen ausgesetzt, die in [2] phänomenologisch, bei [103] hinsichtlich der Werkstoffbeanspruchung und von [104] durch eine mathematisch-physikalische Modellierung beschrieben werden. Für die biaxiale Reibrelativbewegung existieren vergleichbare Ergebnisse zur Reibleistung [105], zu den Temperaturen im Kontaktbereich [100] und zum Fügewegverlauf [102].

Feststoffreibung (Phase 1)

Mit Einsetzen der Vibrationsbewegung unter vorgegebenem Druck werden die sich berührenden Flächen der zu schweißenden Komponenten durch äußere Reibung bis zum Anschmelzen erwärmt. Der Fügeweg ist dabei nahezu gleich Null, da sich das Abtragen von Unebenheiten und die thermische Ausdehnung der Formteile weitgehend kompensieren. Die Werkstoffbelastung in der Kontaktzone ist durch komplizierte molekular-mechanische Wechselwirkungen gekennzeichnet, die bei trockener Reibung auf Adhäsions- und Deformationsmechanismen zurückgeführt werden können [103].

Instationäre Schmelzebildung (Phase 2)

Oberhalb der Glasübergangstemperatur bei amorphen bzw. der Kristallitschmelztemperatur bei teilkristallinen Thermoplasten kommt es zur Ausbildung eines dünnen Schmelzefilms, der sich mit fortschreitender Vibrationszeit ausbreitet. Die kinetische Energie der Reibrelativbewegung wird während dieser zweiten Phase teilweise in der schmelzflüssigen Schicht infolge Scherung dissipiert, aber auch dort elastisch gespeichert [103]. Meßtechnisch zeigt sich dieses zunehmende Aufschmelzen durch einen progressiven Fügewegverlauf.

Quasistationärer Schmelzefluß (Phase 3)

In diesem wichtigen Prozeßabschnitt herrscht ein annäherndes Gleichgewicht zwischen der in der Schmelzeschicht dissipierten Energie und der Summe der zum weiteren Plastifizieren des Formteilwerkstoffs notwendigen sowie der mit dem ausgetriebenen Material abfließenden Wärme. Dies ist mit einem nahezu linearen Anstieg des Fügewegs bzw. einer konstanten Abschmelzgeschwindigkeit verbunden. Während des quasistationären Schmelzeflusses werden durch die Strömungsverhältnisse zwei Deformationsvorgänge wirksam. Im Übergangsbereich fest-flüssig unterliegt der Werkstoff einer Scherung durch die Fließvorgänge in den Schweißwulst sowie durch die periodische Reibrelativbewegung. Außerdem wirkt die zur Schmelzeschichtmitte bzw. Fügeebene zunehmende, dehnungsbedingte Orientierung der Molekülketten. Beide Mechanismen sind druck- und amplitudenabhängig [103].

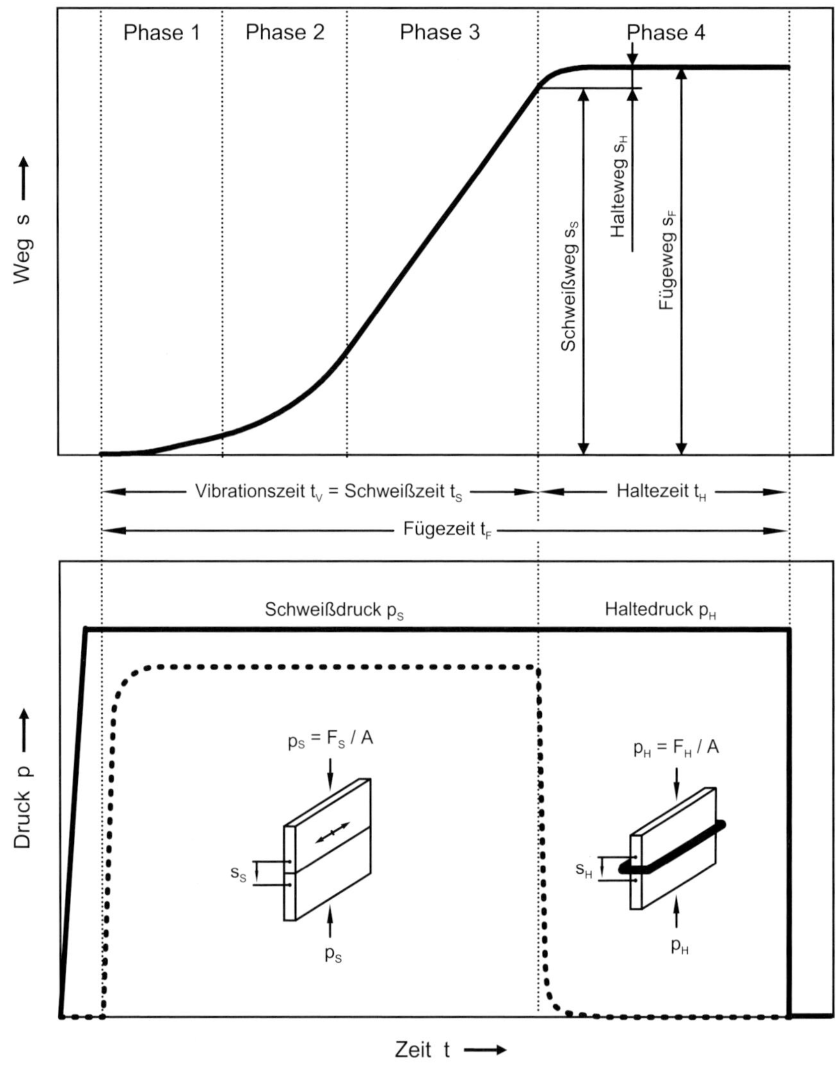

Bild 3.97 Schematischer Prozeßverlauf und Phaseneinteilung beim Vibrationsschweißen

Ausschwingen und Abkühlen (Phase 4)

Mit Beendigung der Vibrationsbewegung setzt das Abkühlen der Schweißnaht und der wärmebeeinflußten Grundwerkstoffbereiche ein. Der Wegverlauf in der Haltephase zeigt dabei zunächst noch eine vom Abklingverhalten des Resonanzschwingsystems, der wirksamen Fügefläche der jeweiligen Applikation und dem wirkenden Druck abhängige Wegzunahme durch Fließvorgänge in den Wulst [103].

Mathematisch-physikalisches Prozeßmodell

Ergänzend zur üblichen phänomenologischen Vorgehensweise bei der Verfahrensanalyse wurde in [104] versucht, den zeitlichen Verlauf von Prozeßgrößen beim linearen Vibrationsschweißen und die jeweiligen Abhängigkeiten von den Maschinenparametern am Beispiel plattenförmiger Probekörper aus teilkristallinen Thermoplasten mathematisch-physikalisch nachzustellen. Grundlage für diesen theoretischen Ansatz waren Energie- und Bewegungsgleichungen, Stoffkonstanten sowie die bereits erläuterte Phaseneinteilung, für die folgende Randbedingungen angenommen wurden:

- Trockenreibung: Schmelzeschichtdicke und Fügegeschwindigkeit gleich Null,
- instationäre Schmelzebildung: Zunahme von Schmelzeschichtdicke und Fügegeschwindigkeit,
- quasistationärer Schmelzefluß: Schmelzeschichtdicke und Fügegeschwindigkeit konstant,
- Haltephase: Abkühlung des aufgeschmolzenen Werkstoffs; Abnahme von Schmelzeschichtdicke und Fügegeschwindigkeit.

Die Zeit t_{II} bis zum Beginn der zweiten Prozeßphase, also bis zum ersten Plastifizieren des Kunststoffs bei der Kristallitschmelztemperatur T_S, ergibt sich dann näherungsweise zu:

$$t_{II} = \frac{\pi}{a_F} \cdot \left(\frac{\lambda_F \cdot (T_S - T_0)}{2 \cdot \mu \cdot p \cdot v_x} \right)^2 \qquad (3.7)$$

mit a_F = *Temperaturleitfähigkeit des festen Kunststoffs*
λ_F = *Wärmeleitfähigkeit des festen Kunststoffs*
μ = *Reibzahl für Trockenreibung*
p = *Fügedruck*
v_x = *mittlere Reibgeschwindigkeit als Funktion von Frequenz und Amplitude*
T_0 = *Umgebungstemperatur*

In der Phase des quasistationären Schmelzeflusses können die thermischen Verhältnisse in der Fügezone unter der Voraussetzung eines vollentwickelten Temperaturprofils vereinfacht beschrieben werden. Aus der **Fügegeschwindigkeit** $\mathbf{v_z(t)}$, die als Funktion der konstanten **Schmelzeschichtdicke** $\mathbf{H_0}$ ausgedrückt wird, berechnet sich der Wegverlauf s(t) durch Integration über die Zeit:

$$v_z(t) = \frac{\rho_S}{\rho_F} \cdot \left(\frac{p - p_0}{K \cdot b} \right)^{\frac{1}{n}} \cdot \frac{n \cdot H^{(2+1/n)}}{b \cdot (2n+1)} \tag{3.8}$$

$$H_0 = \left(\frac{K \cdot v_x^{n+1} \cdot b}{2\rho_s \cdot \Delta h} \cdot \frac{2n+1}{n} \cdot \left(\frac{K \cdot b}{p - p_0} \right)^{\frac{1}{n}} \right)^{\frac{1}{2+n+1/n}} \tag{3.9}$$

mit ρ_F = *Dichte des festen Kunststoffs*
ρ_S = *Dichte des schmelzflüssigen Kunststoffs*
p_0 = *Umgebungsdruck*
K = *Koeffizient des Potenzfließgesetzes*
n = *Exponent des Potenzfließgesetzes*
b = *Plattenbreite*
Δh = *Enthalpiedifferenz*

Die Eignung dieses Modells hängt von den veränderlichen und teilweise nur schwer meßbaren Stoffkonstanten ab. So ergeben sich bei den Berechnungen im Vergleich zu praktischen Schweißuntersuchungen an Platten aus Polyethylen hoher Dichte (PE-HD) erheblich längere Schweißzeiten und viel zu hohe Fügezonentemperaturen von mehr als 100 K oberhalb des Kristallitschmelzbereiches [104].

3.4.3.3 Nahteigenschaften

Bei allen Schweißverfahren für Kunststoffe sind die Nahteigenschaften durch die Geometrie der Fügezone, den Wulst und den strukturellen Aufbau des geschmolzenen und wieder erstarrten Materials bestimmt. Fehlstellen spielen für die mechanischen Verbindungseigenschaften und das Versagensverhalten, im Gegensatz zum Kleben oder Schweißen metallischer Werkstoffe, nur eine untergeordnete Rolle.

Schweißwulstausbildung

Der Vibrationsschweißprozeß ist während der Feststoffreibphase von Partikelabrieb, -ballung und Teilchenaustrieb begleitet. Außerdem kommt es durch die anfänglich lokale Plastifizierung zu einem Walzen, Auspressen und teilweisen Abreißen von Schmelzefäden, den so genannten Fusseln, Bild 3.98.

Gegen Ende der zweiten Phase bindet der Schmelzefilm Abrieb und Fussel am späteren Außenrand des Schweißwulstes. Es besteht die Gefahr, daß sie sich später unter Umständen ablösen, was insbesondere bei durchströmten Bauteilen und hohen Anforderungen an die optische Nahtqualität zu berücksichtigen ist. Durch richtige Wahl der Maschinenparameter, angepaßte Fügenahtgestaltung und geeignete Werkstoffe können diese Effekte jedoch minimiert werden [96, 106].

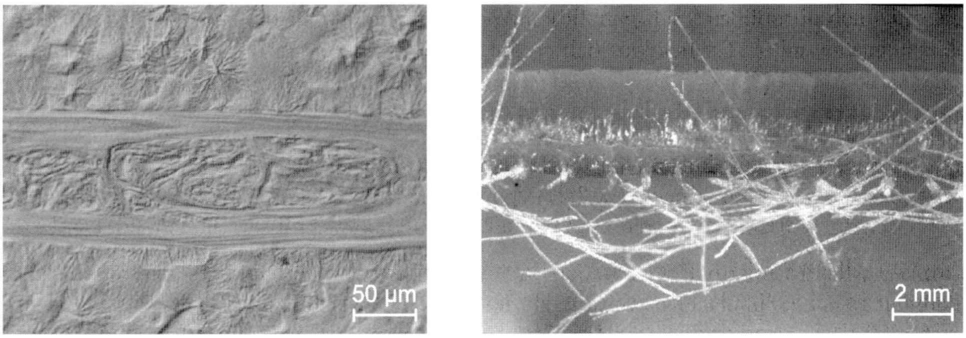

Bild 3.98 Beispiele für qualitativ schlechte Vibrationsschweißnähte an Platten aus PP

links: *unzureichende Plastifizierung mit Feststoffrest in der Schmelzeschicht; geätzter Anschliff eines Nahtquerschnitts; Amplitude: 0,5 mm (kreisförmig); Fügedruck: 1 N/mm²; Vibrationszeit: 0,25 s*

rechts: *Wulst mit ausgeprägten Fusseln; makroskopische Aufnahme; Amplitude: 0,7 mm (linear, längs); Fügedruck: 0,5 N/mm²; Schweißwegvorgabe: 1,5 mm*

Kennzeichen der nicht verblendeten Fügezonengestaltung ist immer der freie Austrieb von plastifiziertem Material in den Schweißwulst, dessen Form maßgeblich von der jeweiligen Schwingform, dem wirkenden Fügedruck und der Viskosität der Polymerschmelze bestimmt wird. So nimmt beispielsweise die Nahtdicke bei Längsschweißungen, also bei paralleler Ausrichtung von Amplitude und Fügezone, für steigende Belastungen zum Rand hin stark zu, wodurch ein deltafömiger Übergangsbereich in den Wulst entsteht, Bild 3.99.

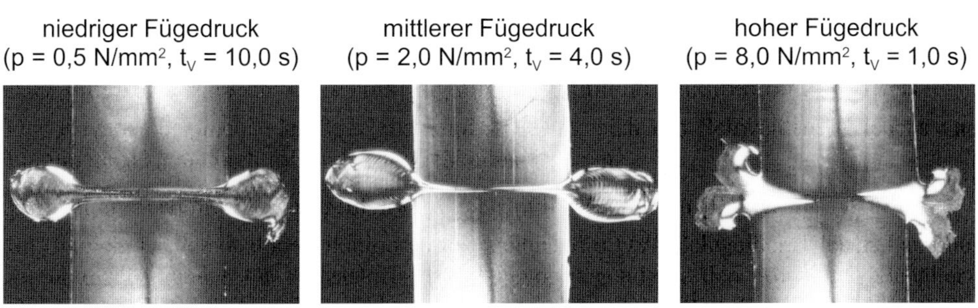

Bild 3.99 Druckabhängige Wulstausbildung beim Vibrationsschweißen von Platten (Breite: 4 mm) aus PP

mikroskopische Aufnahmen der Nahtquerschnitte im polarisierten Durchlicht, Amplitude: 0,7 mm (linear, längs); Schweißwegvorgabe: 2 mm

Struktureller Aufbau

Den traditionellen, d.h. auf Kontakterwärmung, Konvektion oder Reibung basierenden Schweißtechnologien ist gemeinsam, daß die durch den Fügedruck hervorgerufenen Fließvorgänge die Polymerschmelze durch Scher- und Dehnströmungen belasten und zu Orientierungen auf molekularer Ebene oder im Bereich der Überstruktur führen.

Gegen Prozeßende werden die Makromoleküle relaxieren bzw. noch gerichtet angeordnet eingefroren. Bei teilkristallinen Thermoplasten beeinflussen außerdem Kühlgeschwindigkeit und Deformationszustand der Schmelze das Kristallisationsverhalten und die Ausbildung von Sphärolithen [107].

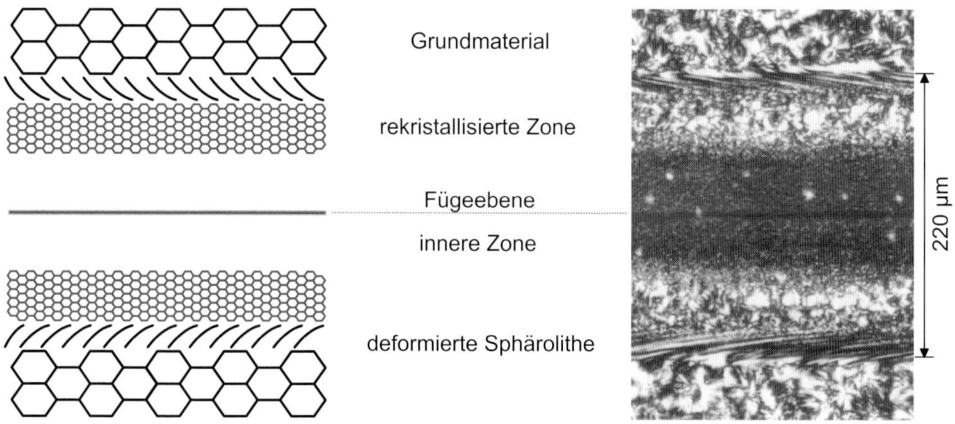

Bild 3.100 Strukturausbildung in der Fügezone beim linearen Vibrationsschweißen von Platten aus PP

schematische Darstellung und mikroskopische Aufnahme des Nahtquerschnitts im polarisierten Durchlicht; Amplitude: 0,7 mm (längs); Fügedruck: 0,5 N/mm²; Schweißwegvorgabe: 1,5 mm

So entsteht beim Vibrationsschweißen je nach Werkstoff, Fügezonengestaltung, Schwingform, Amplitude und Fügedruck eine charakteristische Morphologie. Bei teilkristallinen Thermoplasten, wie Polypropylen, linearen Reibrelativbewegungen parallel zur Vorzugsrichtung der Naht und niedrigen Drücken lassen sich beispielsweise drei Strukturbereiche zwischen unbeeinflußtem Grundmaterial und Fügeebene nachweisen, Bild 3.100.

An die innere Zone ohne erkennbare Morphologie schließt sich eine Schicht feiner, rekristallisierter Sphärolithe an. Weiter außen folgen die während des Schweißens nicht aufgeschmolzenen und deshalb durch die Fließvorgänge in den Wulst nur deformierten Kristallite.

Für Schwingformen mit Reibanteilen quer zur Fügezonenorientierung und für hohe Schmelzebelastungen verringern sich der Anteil der rekristallisierten Sphärolithe und die gesamte Nahtdicke erheblich, so daß einzelne Strukturzonen teilweise nach intensivem Präparationsaufwand (z.B. naßchemisches Ätzen von Anschliffen) mikroskopisch unterschieden werden können, Bild 3.101.

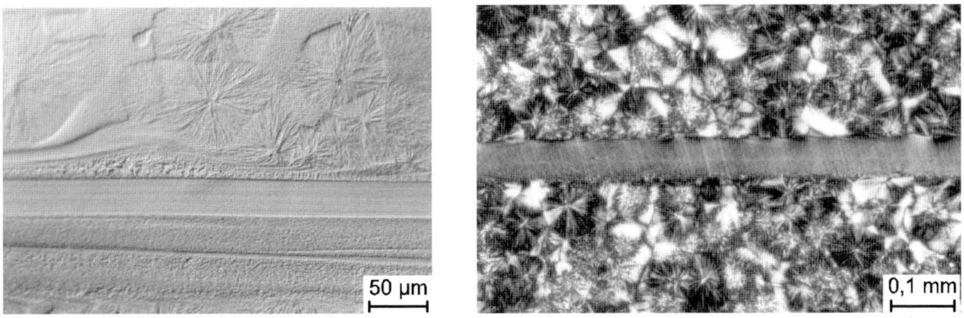

Bild 3.101 Strukturausbildung in der Fügezone beim linearen Vibrationsschweißen von Platten aus PP; Amplitude: 0,7 mm (quer); Fügedruck: 1 N/mm^2; Schweißwegvorgabe: 2,5 mm

links: *geätzter Anschliff im Auflicht*
rechts: *Dünnschnitt im polarisierten Durchlicht*

Mechanische Eigenschaften

Sowohl die Morphologie als auch die bereits beschriebene, fertigungstechnische Gliederung des Vibrationsschweißens korrelieren eindeutig mit den Ergebnissen mechanischer Nahtuntersuchungen: die Festigkeiten erweisen sich stets als unzureichend, wenn man den Reibvorgang bereits während der ersten Phase (örtliche Mikroschweißungen) oder vor dem Abschluß der zweiten (plastifizierte, aber inhomogene Fügezone; vergleiche Bild 3.98, links) beendet [97, 102]. Erst bei Erreichen des quasistationären Schmelzeflusses lassen sich gute Verbindungsqualitäten nachweisen, die für einfache Probekörper auf dem Niveau des unverstärkten Grundmaterials liegen.

Zur Veranschaulichung dieses Zusammenhangs sind in Bild 3.102 die Fügewegverläufe von biaxialen Vibrationsschweißversuchen mit variablen Vibrationszeiten an Polypropylenplatten den Ergebnissen einer nachfolgenden Nahtprüfung im Kurzzeitzugversuch gegenübergestellt. Man erkennt mit zunehmender Prozeßdauer ansteigende Verbindungskennwerte und eine deutliche Abnahme der Streuungen.

Der Beginn der sich anschließenden, konstanten Nahtfestigkeiten auf hohem Niveau liegt zwar noch vor dem Bereich der linearen Wegzunahme, allerdings brauchen die elastischen und dynamischen Eigenschaften, die sich durch die Bruchdehnung bzw. die Schlagzähigkeit charakterisieren lassen, vergleichsweise länger, um auf ihre Maximalwerte zu kommen.

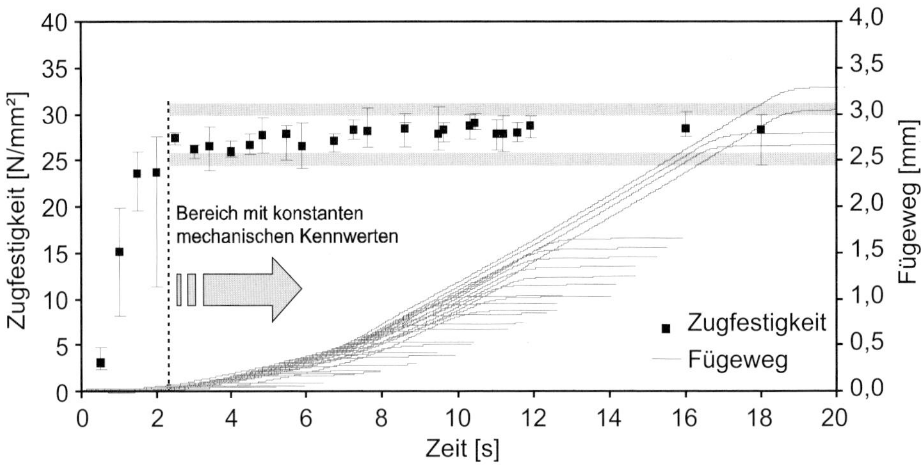

Bild 3.102 Fügewegverlauf und resultierende Nahtfestigkeit im Kurzzeitzugversuch (Mittelwerte und Extrema) beim biaxialen Vibrationsschweißen von Platten aus PP

Amplitude: 0,5 mm (kreisförmig); Fügedruck: 2 N/mm²

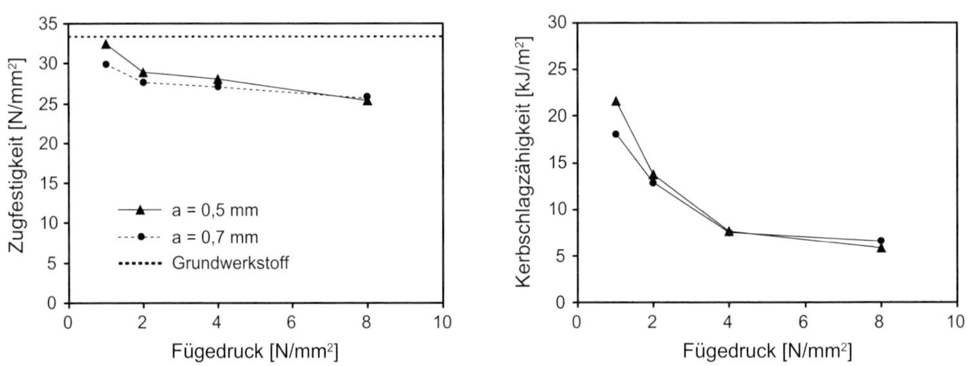

Bild 3.103 Parameterabhängige Nahteigenschaften beim biaxialen Vibrationsschweißen von Platten aus PP; Amplitude: 0,5 .. 0,7 mm (kreisförmig); Schweißwegvorgabe: 1,5 mm

links: Kurzzeitzugversuch
rechts: Kerbschlagbiegeversuch

Die erreichbaren Festigkeiten von Vibrationsschweißverbindungen im Kurzzeitzug- und im Kerbschlagversuch variieren signifikant mit der strukturellen Nahtausbildung, Bild 3.99, und daher deutlich mit dem jeweils wirkenden Fügedruck. Dies läßt sich nicht nur im Labor an plattenförmigen Probekörpern nachweisen Bild 3.103, sondern auch an Praxisapplikationen beobachten. Bisherige Untersuchungen haben übereinstimmend gezeigt, daß niedrige Fügedrücke bei teilkristallinen und mittlere Drücke bei amorphen Thermoplasten zu hohen mechanischen Kennwerten führen.

In [103] konnte nachgewiesen werden, daß Drehungen der Fügezone quer zur Reibrelativbewegung Strukturveränderungen induzieren, die bei hohen Drücken einen etwas geringeren Abfall des Festigkeitsniveaus ermöglichen. Dagegen haben die Breite der Schweißfläche, die Höhe der Amplitude und die Schwingform (linear, biaxial) zwar deutliche Änderungen des Temperaturprofils in der Schmelzeschicht zur Folge, aber nur einen unwesentlichen Einfluß auf die mechanische Nahtqualität [2, 103].

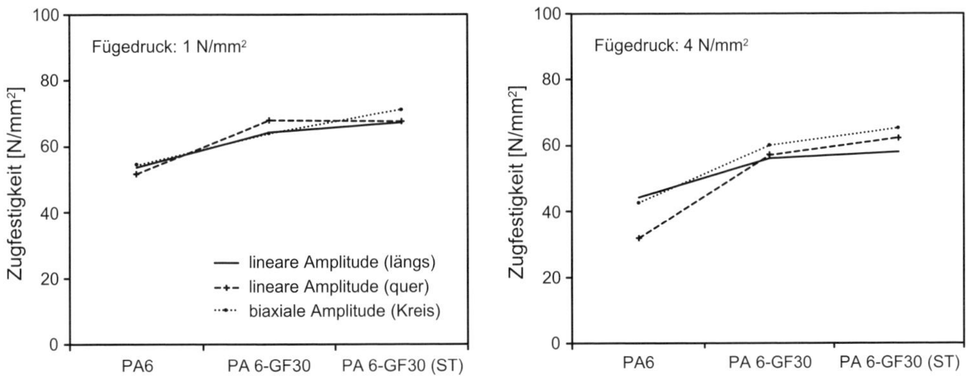

Bild 3.104 Schwingformabhängige Nahteigenschaften im Kurzzeitzugversuch beim biaxialen Vibrationsschweißen von Platten aus verschiedenen Polyamiden

(ST: Schweißtype mit modifizierter Schmelzeviskosität), Amplitude: 0,5 mm; Schweißwegvorgabe: 1,5 mm

3.4.3.4 Maschinentechnik

Vibrationsschweißmaschinen übertragen eine von einem Antriebssystem erzeugte Schwingbewegung konstanter oder veränderlicher Frequenz und Amplitude auf eines oder beide der zu schweißenden Fügeteile. In der Regel arbeitet das Schwingsystem in Resonanz. Gleichzeitig wird über eine definierte Kraft der erforderliche Fügedruck bereitgestellt [96].

Hubtischantrieb und Zusatzaktorik

Bei der Bewegung des Hubtisches und der Fügekrafterzeugung werden generell hydraulische sowie, bei niedrigeren Lasten und geringeren Anforderungen an die Dynamik bzw.

Regelgenauigkeit, auch pneumatische Einheiten verwendet. Direkte elektrische Antriebe sind vorerst Sondermaschinen für Nischenapplikationen vorbehalten. Aktoriksysteme werden zum Formteilhandling (Pick-and-Place-Aufgaben bei der Integration in die Fertigungskette), zum Verriegeln von Komponenten im Werkzeug oder zur zusätzlichen, lokalen Druckerzeugung gebraucht.

Schwingsystem

Je nach Form der Reibrelativbewegung kommen teilweise unterschiedliche Konzepte der Schwingungserzeugung zum Einsatz. Während alte Maschinen mit winkelförmiger Auslenkung meistens durch Exzentergetriebe mechanisch angeregt werden, dominiert bei linearen Vibrationsschweißanlagen eindeutig das Prinzip eines elektromagnetisch angetriebenen Resonanzschwingsystems, Bild 3.105, links. Dabei erzeugen Magnetspulen die Kinematik durch eine seitliche Auslenkung gegen die Kraft von Federn. Zur Zeit werden Maschinen mit 100 Hz bis 300 Hz Arbeitsfrequenz und stufenlos einstellbaren Amplituden im Bereich von 0,25 mm bis 2,5 mm eingesetzt [96]. Ebenfalls vereinzelt kommen hydraulische und mechanische Antriebe zum Einsatz.

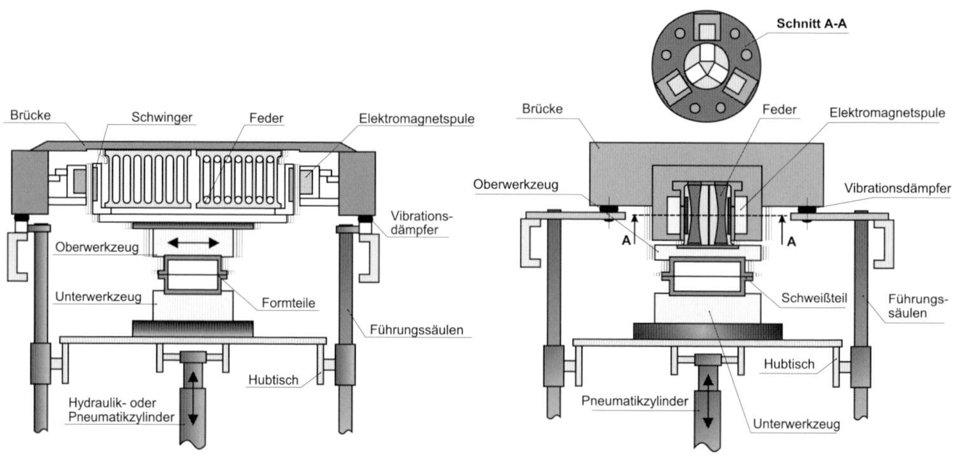

Bild 3.105 Schematischer Aufbau von Vibrationsschweißmaschinen mit elektromagnetisch angetriebenen Resonanzschwingsystemen

links: lineare Reibrelativbewegung
rechts: biaxiale Reibrelativbewegung
Quelle: Branson Ultraschall, Dietzenbach

Anlagen mit biaxialen Amplituden werden inzwischen von mehreren Herstellern angeboten. Dabei wird die Schwingung entweder rein elektromagnetisch (Markenname: "Orbitalschweißen"), Bild 3.105 rechts, ausschließlich mechanisch ("Zirkularschweißen") oder durch eine Kombination beider Prinzipien ("Multidirektionalschweißen") erzeugt.

Sensorik und Steuerung

Grundsätzlich bestimmt die Aufgabenstellung die Wahl der Maschinenart und den Steuerungs- bzw. Regelungsaufwand [96]. Die auf dem Markt angebotenen Anlagen verfügen in der Regel über Möglichkeiten zum Einstellen und Regeln der Schwingfrequenz, die bei Resonanzsystemen allerdings vom Gewicht der bewegten Werkzeughälfte samt Formteil abhängig ist. Ebenfalls einstellbar, meist geregelt und teilweise sogar während des Prozesses variabel ist die Amplitude, zu deren Erfassung Beschleunigungssensoren oder auch optische Wegmeßsysteme eingesetzt werden.

Bei der Vorgabe, In-Process-Variation und Regelung des zwischen den Formteilhälften wirkenden Schweiß- und Haltedrucks wird hauptsächlich an Forschungsinstituten auf direkte Meßeinrichtungen, wie z.B. mit Piezoquarzen bestückte Kraftmeßplattformen, zurückgegriffen. In der industriellen Praxis hingegen verwendet man die Drucksensoren der Hydraulik bzw. Pneumatik, wodurch für den Anwender aber Eingaben in Maschinendrücken und deren Umrechnung in effektiv wirkende Kräfte erforderlich sind. Bei der Prozeßführung offerieren alle Schweißmaschinen die Abschaltung nach Vibrationszeit. Zum Einhalten exakter Wegvorgaben sollten mechanische Endanschläge für die Hubtischbewegung vermieden und statt dessen Wegaufnehmer verwendet werden.

Zur Zeit noch überwiegender Standard sind speicherprogrammierbare Steuerungen (SPS), die alle Verfahrens- und Sicherheitsfunktionen bereitstellen und die Signale der Sensorik verarbeiten. Der Übergang zur IBM-kompatiblen "Rechnerwelt" des Fertigungsumfeldes fand bisher über Schnittstellen statt, die zur Maschinenprogrammierung und Prozeßdatenübertragung genutzt werden. Mit zunehmendem Einsatz reiner Industrie-PC-Steuerungen ergeben sich neue Möglichkeiten, dem zunehmenden Anwenderwunsch nach Tele-Service sowie den wachsenden Anforderungen an die Prozeßdatenerfassung, -auswertung und -dokumentation im Rahmen übergreifender Qualitätssicherungskonzepte zu begegnen.

3.4.3.5 Anwendungstechnik

Wie bei jedem Schweißverfahren in der industriellen Serienfertigung bestimmt das Anforderungsprofil der jeweiligen Applikation die anwendungstechnische Umsetzung hinsichtlich Werkstoffauswahl, Formteil- bzw. Werkzeuggestaltung und Prozeßführung.

Applikationsspektrum

Das Vibrationsschweißen von thermoplastischen Halbzeugen oder Bauteilen findet in vielen Bereichen der industriellen Serienfertigung breiten Einsatz.

Wesentlich zum Durchbruch dieser Technologie in der Automobiltechnik beigetragen hat der zunehmende Einsatz verstärkter Polyamide insbesondere bei motornahen Anwendungen. Hier hat sich das Vibrationsschweißen als schnelles, sicheres und wirtschaftliches Fügeverfahren etablieren können. So wird beispielsweise der überwiegende Teil der Ansaugsysteme von Otto- und Dieselmotoren nicht mehr einteilig in der aufwendigen Kernschmelztechnik realisiert, sondern in einem nachgeschalteten Prozeß aus zwei oder mehr spritzgegossenen Halbschalen geschweißt, Bild 3.106. Auch Zusatzaggregate, wie Schaltklappen zur Verstellung der Saugwege im Krümmer, Bild 3.107, Gehäuse für Steuergeräte, Medienreservoirs (z.B. Ausgleichsbehälter für das Brems-, Lenk- oder Kühlsystem) oder Elemente der Innenausstattung und -verkleidung werden derart gefügt.

Auch in der Elektroindustrie und der Weißgerätebranche hat sich das Vibrationsschweißen etablieren können. Stellvertretend sind hier Schaltungskästen, Pumpengehäuse in Wasch- und Geschirrspülmaschinen sowie Funktionseinheiten und Bedienelemente von Haushaltskleingeräten zu nennen, Bild 3.108.

Bild 3.106 Applikationsbeispiel für lineares Vibrationsschweißen in der Automobilindustrie; dreiteiliges Saugrohr aus PA 6-GF30

Quelle: Robert Bosch GmbH, Waiblingen

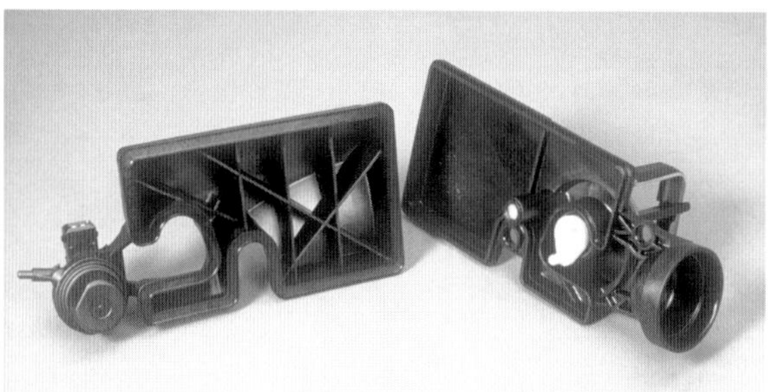

Bild 3.107 Applikationsbeispiel für biaxiales Vibrationsschweißen in der Automobilindustrie; Schaltklappe aus PA 66-GF30

links: Halbschalen vor dem Schweißen
rechts: funktionsfähiges Fertigteil
Quelle: Robert Bosch GmbH, Waiblingen

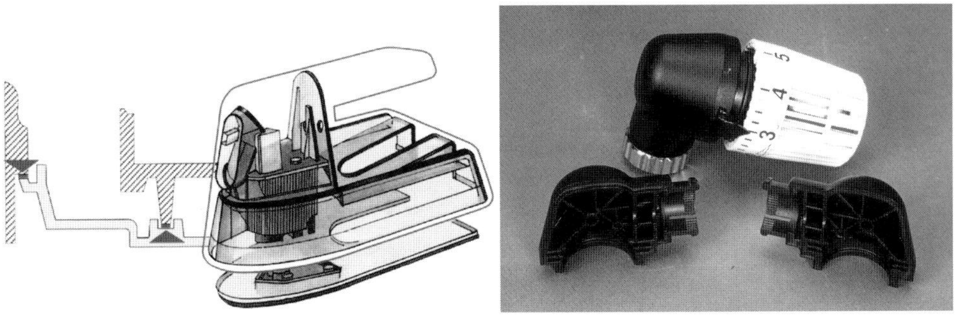

Bild 3.108 Applikationsbeispiele für biaxiales Vibrationsschweißen in der Weißgeräteindustrie

links: *Dampfbügeleisen mit Wassertank aus PC; Quelle: Branson Ultraschall, Dietzenbach*
rechts: *Winkelthermostatkopf aus PPO-GF10 für die Heizkörperregelung,*
Quelle: *Theodor Heimeier Metallwerk GmbH & Co. KG, Erwitte*

Formteile

Werkstoff und konstruktive Gestaltung der zu fügenden Formteilhälften haben einen wesentlichen Einfluß auf das Schweißverhalten und die späteren Gebrauchseigenschaften der Applikation.

Werkstoffe

Durch Vibrationsschweißen lassen sich prinzipiell alle schmelzbaren Kunststoffe verbinden, wobei das jeweilige Schweißverhalten wesentlich vom stofflichen Eigenschaftsprofil bestimmt wird. Wichtige Einflußfaktoren sind dabei Steifigkeit, Reibungs- und Verschleißverhalten, Erweichungs- oder Schmelztemperatur, Viskosität, Wasseraufnahme, Kristallisation sowie Art und Menge etwaiger Zusatzstoffe. Diese können zur Füllung, Verstärkung, Einfärbung, leichteren Verarbeitbarkeit, antistatischen Ausrüstung oder zum Brandschutz eingebracht worden sein.

Generell lassen sich hohe Nahtqualitäten am besten durch das Schweißen von identischen Kunststoffen erreichen. Bei dieser nach Möglichkeit anzustrebenden Formteilpaarung sind die Voraussetzungen zur gleichmäßigen Plastifizierung der Kontaktflächen, einer innigen Verbindung in der Schmelze und zur Bildung einer homogenen Struktur im Fügebereich am günstigsten [96]. Kunststoffe gleicher Art, aber unterschiedlichen Typs, lassen sich ebenfalls schweißen, wobei Kombinationen von ungleich verstärkten, elastomermodifizierten oder teilweise aus Rezyklat bestehenden Chargen am gängigsten sind. Dabei ist zu beachten, daß der Grad der jeweiligen Beeinflussung nicht immer vorab bewertet werden kann, sondern oft durch Versuche geklärt werden muß. Dies gilt in verstärktem Maß für Mischmaterialschweißungen, wie beispielsweise den typischen Mix von ABS und PMMA, der in Leuchten und verschiedenen Blenden im Karosserieaußenbereich von Kraftfahrzeugen Einsatz findet, Bild 3.109 links. Außerdem können Thermoplaste mit artfremden Werkstoffen, wie harzgebundenen Faserwerkstoffen, Bild 3.109 rechts, Textilien, Elastomeren u. a., verbunden werden. Dabei “verkrallt“ sich die Schmelze in den Oberflächenrauheiten dieser Produkte und bildet so eine mechanische Verankerung [96].

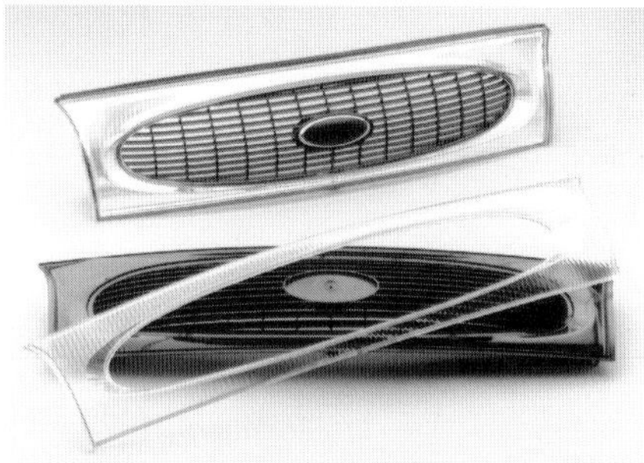

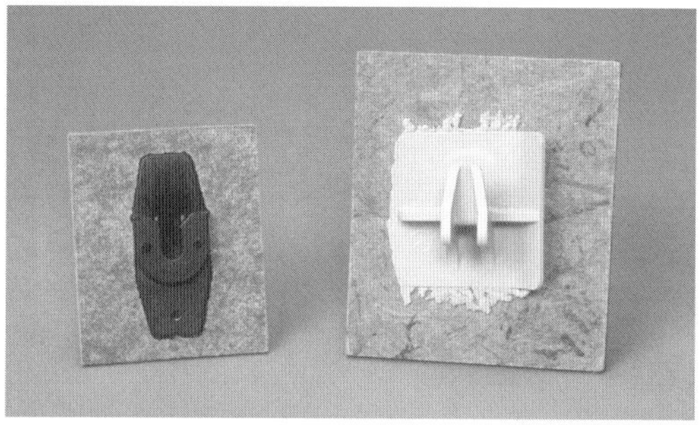

Bild 3.109 Applikationsbeispiele für Mischmaterialverbindungen in der Automobilindustrie

links: *Kühlergrillgitter (aluminiumbedampftes ABS) mit Deckscheibe (PMMA), Quelle: KLN Ultraschall GmbH, Heppenheim*
rechts: *Befestigungselemente (PP) an Komponenten der Innenverkleidung (duroplastische Fasercompounds)*
Quelle: Adam Opel AG, Rüsselsheim, und Daimler Chrysler AG, Stuttgart

Konstruktive Gestaltung

Die schweißgerechte Auslegung von Formteilen orientiert sich an folgenden Kriterien:

- Anforderungen an das Bauteil,
- Werkstoffauswahl,
- Konstruktion,
- Schwingsystem.

Während bei den prüftechnisch optimierten Probekörpern an Forschungsinstituten eindimensionale Nahtformen üblich sind, dominieren in der industriellen Praxis umlaufende. Für beide gilt, daß die zu verbindenden Komponenten in den Schweißzonen formsteif auszulegen und die Formteiltoleranzen einzubeziehen sind, um die notwendige Reibrelativbewegung sicherzustellen. Unter Berücksichtigung der Amplitude muß stets eine ausreichende Überdeckung der Fügeflächen gewährleistet sein. Bei räumlich gekrümmten Nahtkonturen ist zu beachten, daß der effektive Abschmelzweg mit zunehmendem Winkel kleiner wird. Einbauteile sind so zu plazieren, daß eine direkte Beanspruchung durch den Schwingvorgang ausgeschlossen ist oder durch entsprechende konstruktive Maßnahmen eine Schädigung vermieden wird [96].

Je nach Anforderungskatalog können unterschiedliche Fügezonengeometrien gewählt werden. Da die einfache Stumpfnaht, Bild 3.110 links, einen beidseitig sichtbaren Materialaustrieb bewirkt, sollte sie vorzugsweise bei Bauteilen verwendet werden, deren äußeres Erscheinungsbild vernachlässigbar ist [96].

Ziel einer modifizierten Nahtgestaltung ist es, den Austritt von in der Feststoffreibphase entstehenden Partikeln zu verhindern sowie den sich nachfolgend bildenden Schweißwulst zu verblenden (s.a. Kap. 3.4.3.3). Besonders bei durchströmten Bauteilen (Ansaugbereich von Motoren, Medizintechnik, etc.) und hohen Anforderungen an die optische Nahtqualität sind solche Fangräume vorzusehen und korrekt zu dimensionieren, Bild 3.110 rechts.

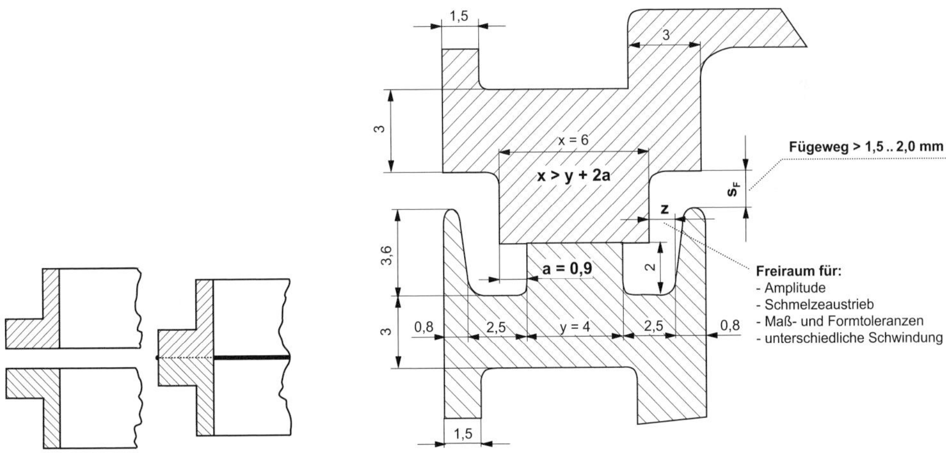

Bild 3.110 Beispiele für die Gestaltung der Fügezone beim Vibrationsschweißen

links: einfache Stumpfnaht mit freiem Materialaustrieb [96]

rechts: Schema einer Doppelsteggeometrie (Schnitt quer zur Schwingrichtung) als typische Nahtgestaltung für Formteile aus PA-GF [108]

Hinsichtlich der Auslegung der Fügezone sollte darauf geachtet werden, daß sie vorzugsweise auf Zug oder Schub belastet wird; Biege- oder gar Schälbeanspruchungen sind insbesondere bei dynamisch oder langzeitig wirkenden Lasten unbedingt zu vermeiden.

Es ist ebenso davon auszugehen, daß eine Verstärkungswirkung (z.B. durch Beigabe von kurzen Glas- bzw. Kohlefasern oder Geweben) über die Naht hinweg nicht erzielt werden kann. Selbst am idealen Probekörper sind deshalb nur mechanischen Eigenschaften des unverstärkten Werkstoffes erreichbar (s.a. Kap. 3.4.3.3).

Bei Praxisbauteilen liegen die lokalen Nahtfestigkeiten aufgrund von nicht idealen geometrischen, verfahrens- und werkstofftechnischen Randbedingungen in der Regel erheblich niedriger (meist nur bei 5 % bis 30 % der vom Rohstoffhersteller angegebenen Materialfestigkeit) [108].

Werkzeuge

Die beim Vibrationsschweißen verwendeten Werkzeuge haben die Aufgabe, die Fügepartner sicher zu fixieren und sie unter aufgebrachter Schweiß- und Haltekraft gegeneinander zu bewegen. Letzteres erfordert aufgrund der hohen Prozeßdynamik eine sorgfältige Anpassung an die Formteilgeometrie und verschiedene konstruktive Maßnahmen zur vollständigen Übertragung der Amplitude, Bild 3.111.

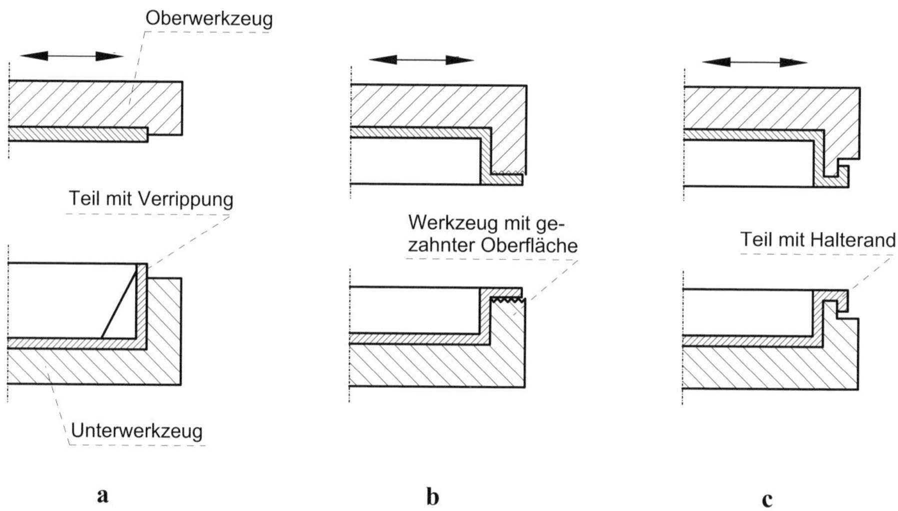

Bild 3.111 Konstruktive Maßnahmen zur Sicherstellung der Amplitudenübertragung [96]

a: Erhöhung der Formteilsteifigkeit durch Verrippung
b: unterstützender Reibschluß durch Rautierung der Werkzeugoberfläche
c: Formschluß durch Hinterschneidung am Formteil

Zusätzlich können Zentrierhilfen, sowohl an den Formteilhälften als auch am Werkzeug, angebracht sein. Sie dienen der Vormontage der zu verbindenden Komponenten außerhalb der Maschine und dem sicheren Übergeben des vormontierten und unten komplett eingelegten Systems in das Oberwerkzeug, wodurch sich Zeitersparnisse im Handhabungsvorgang ergeben. Dies gilt insbesondere für Fügepartner, die großen Toleranzen unterliegen [96].

Prozeßführung und -optimierung

Der signifikante Einfluß von Schweißparametern und Art der Steuerung auf Verfahrensablauf und Nahteigenschaften wurde bereits erläutert. Er bedingt auch die zentrale Bedeutung, die einer richtigen Maschineneinstellung und optimalen Führung des Vibrationsschweißprozesses zukommt.

Wahl der Maschinenparameter

Grundsätzlich ist auch beim Vibrationsschweißen das möglichst schnelle Erzeugen einer hohen Nahtqualität anzustreben. Diese Forderung bedingt allerdings teilweise gegensätzliche Vorgaben für die Maschinenparameter, so daß je nach Anforderungsprofil der Applikation Kompromisse gefunden werden müssen.

Die Frequenz muß auf die Resonanzfrequenz des Schwingsystems abgestimmt werden (Ausnahme: Maschinen mit mechanischem Antriebssystem); für die Einstellung der Amplitude sind konstruktive Gegebenheiten der Formteile zu beachten. Beide Größen beeinflussen die Reibgeschwindigkeit und damit die in die Fügezone eingebrachte Energie [96]. Durch eine Beschleunigung der Reibkinematik verkürzt sich die Zeit bis zur Bildung eines vollflächigen Schmelzefilms; Partikelemission und Fusselbildung können reduziert werden.

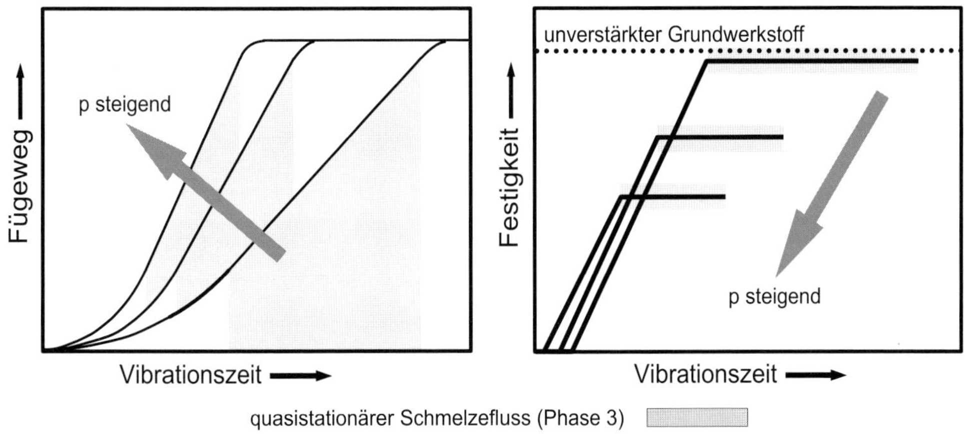

Bild 3.112 Fügedruckeinfluß auf Prozeßverlauf und Nahtfestigkeit

Der im Mittel in der Kontaktfläche wirkende Druck errechnet sich mit der Preßkraft zu p = F/A. Mit Hinblick auf optimale Verbindungsfestigkeiten und geringe Wulstvolumina ist er möglichst niedrig zu wählen, Bild 3.112. Für teilkristalline Thermoplaste gilt der Bereich von 0,5 N/mm² bis 2 N/mm² als bewährt; bei amorphen Werkstoffen lassen sich auch höhere Drücke einstellen. Abweichend von den in [96] angegebenen Richtwerten kann bei geringen Schmelzeviskositäten ein niedrigerer Wert erforderlich sein. Dagegen beschleunigt ein hoher Schweißdruck die Plastifizierung und dient zum Ausgleich von Formteilverzug. Der Haltedruck sollte auf demselben Niveau liegen.

Bietet die Maschine die Möglichkeit einer Druckvariation während der Vibration, kann durch eine Verringerung des Drucks nach dem Anreiben das Quetschfließen der Schmelze in den Wulst reduziert werden. Die Umschaltung soll jedoch erst nach Bildung eines vollflächigen Schmelzefilms und möglichst in Phase 3 erfolgen, Bild 3.113. Die Druckabsenkung bewirkt eine größere Schmelzeschichtdicke und, nach erneutem Erreichen des quasistationären Schmelzeflusses, eine erhöhte Nahtfestigkeit. Ein starker Verzug der zu schweißenden Formteile kann aber hohe Kräfte bedingen und eine Variation während der Vibrationszeit unmöglich machen [96, 108].

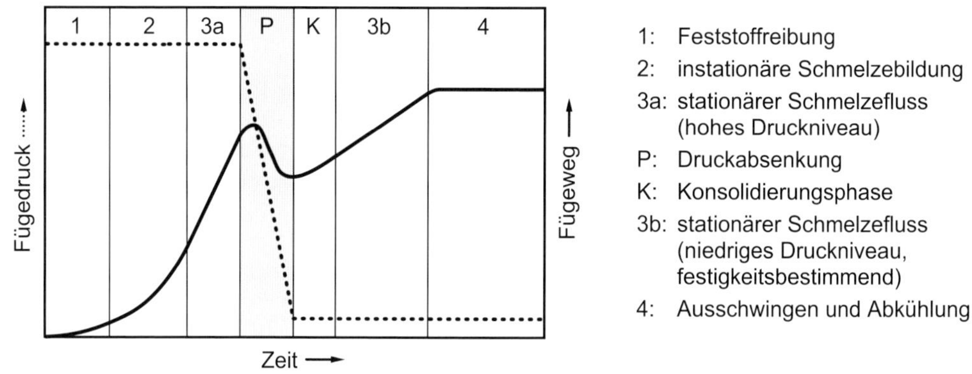

Bild 3.113 Prinzip der druckvariablen Prozeßführung (Hochdruckanfahren)

Steuerung des Schweißvorgangs

Durch Vorgabe der Schweißzeit wird die Dauer der Vibrationsbewegung festgelegt. Diese ist so zu wählen, daß der quasistationäre Schmelzefluß sicher erreicht wird, was wiederum von den eingestellten Maschinenparametern, der Fügeflächengeometrie, dem Formteilverzug und dem Werkstoff abhängig ist. Während des quasistationären Schmelzeflusses kann die Vibration abgeschaltet werden. Eine weitere Schweißzeitverlängerung führt zu keiner Erhöhung der Schmelzeschichtdicke, da die ständig erzeugte Schmelze kontinuierlich in den Wulst verdrängt wird. Während der Haltezeit sollte die Naht unter die Einfrier- bzw. Kristallisationstemperatur abkühlen. Erfahrungsgemäß sind 1 s bis 5 s ausreichend [96].

Das Erreichen der qualitätsbestimmenden Prozeßphase und damit der Verbindungsfestigkeit sind vom Plastifizieren des Werkstoffes in der Fügezone, dem anteiligen Austreiben der Schmelze in den Wulst und damit direkt vom Schweißweg abhängig. So kann für Polyamide als Faustregel eine Mindestabschmelztiefe senkrecht zur Kontaktfläche von 0,8 mm über die gesamte Nahtlänge angesetzt werden. Bei komplexen, verzugsbehafteten Bauteilen kann dies einen Gesamtschweißweg von bis zu 2 mm bedeuten [108].

Aufgrund von Streuungen, die sich aus Formteiltoleranzen und Verzugseffekten ergeben, ist eine reine Vibrationszeitdefinition deshalb in der Regel nicht ausreichend, um funktionell oder optisch bedingte Wegvorgaben reproduzierbar zu erreichen. Deshalb wird bei modernen Maschinen in der industriellen Praxis oft mit Schweißwegsteuerungen gearbeitet, die die Meßwerte der integrierten Wegsensorik (Hubtischbewegung) als Eingangssignal nutzen.

Der Halteweg ergibt sich durch Verdrängen noch nicht erstarrter Schmelze während der Haltephase und ist vom wirkenden Druck, sowie den thermischen und rheologischen Eigenschaften der plastifizierten Schicht abhängig [96]. Er darf wegen der Nahtfestigkeit nicht durch mechanische Endanschläge begrenzt werden, sondern sollte, aufgrund der Ergebnisse gezielter Vorversuche in der Einrichtphase, bereits bei der Maschineneinstellung berücksichtigt sein.

Prozeßoptimierung

Der Verbesserung der Maschineneinstellungen vor dem Vibrationsschweißprozeß dient die statistische Versuchsmethodik (STVM). Sie erlaubt eine gute, quantitative Beschreibung der Zusammenhänge zwischen Prozeß und Produkt, allerdings nur innerhalb des erfaßten Versuchsraums. Dem nicht unerheblichen, zeitlichen Aufwand steht als Nutzen die Möglichkeit zur Optimierung der Maschineneinstellung entgegen. Besonders bei der Erstbemusterung von Werkzeugen liefert die statistische Versuchsplanung eine robuste, wenig streuungsanfällige Parameterkombination [109].

Grundbausteine dieser auch als Betriebspunkt- oder Robustheitsoptimierung bekannten und von Taguchi und Shainin entscheidend weiterentwickelten Offline-Vorgehensweise sind die Definition einer Verlustfunktion, die Aufstellung von (teil-)faktoriellen Versuchsplänen und die Kondensation aussagekräftiger Kennwerte. Beim Thermoplastspritzgießen, dem Vibrationsschweißen und in der SMC-Verarbeitung wurde diese Methodik bereits erfolgreich angewendet [109, 110].

Problematisch ist dabei stets die Auswahl der applikationsspezifischen, signifikanten Einfluß- und Zielgrößen, die ein entsprechendes Basiswissen erfordert. Zudem müssen gravierende Vereinfachungen (Linearität, Wechselwirkungsfreiheit) getroffen und, bei Änderung einzelner Randbedingungen (Chargenwechsel), neue Versuchsreihen durchgeführt werden, was jedes Mal eine Unterbrechung der laufenden Fertigung nach sich zieht [111].

Als Variationsverfahren aus dem Bereich der "Künstlichen Intelligenz" haben sich in letzter Zeit, mit der gestiegenen Rechnerleistung einhergehend, evolutionstheoretische Ansätze, sog. genetische Algorithmen, bewährt. Durch Mutation und Selektion lassen sich damit verbesserte Betriebspunkte finden. Dabei werden vom Ausgangszustand durch zufällige, gegebenenfalls auch aus Regeln ableitbare Änderungen neue Betriebspunkte generiert (Mutation).

Die Selektion, d.h. ihre Beurteilung im Hinblick auf die Produkt- und Prozeßqualität und die Auswahl der "besten" Betriebspunkte, wird vom Modell im Hintergrund vorgenommen. Dieser neue, verbesserte Parametersatz bildet anschließend die Grundlage für die Generierung neuer Maschineneinstellungen [112].

3.4.3.6 Qualitätssicherung

Marktgewinnung und -verteidigung sind heutzutage lediglich mit Qualität möglich [113]. Diese etwas plakative Aussage beschreibt im Kern sehr gut die Situation, mit der sich kunststoffverarbeitende Unternehmen zur Zeit auch bei der Anwendung des Vibrationsschweißverfahrens konfrontiert sehen.

Neben dem Kostenfaktor ist in der industriellen Serienfertigung die Fertigteilqualität ein maßgebliches Differenzierungsmerkmal im Wettbewerb, das aber nicht durch rigorose Endkontrollen mit engen Toleranzgrenzen gefordert werden kann, sondern von Anfang an systematisch produziert werden muß [114]. Dementsprechend ist zu beachten, daß die Qualität einer Schweißverbindung von materialspezifischen, konstruktiven, verfahrensbedingten sowie maschinen- bzw. werkzeugbezogenen Einflüssen abhängt [96].

Vibrationsschweißen in der Serienfertigung

Das Schweißen steht in der industriellen Fertigungskette meist am Ende und wird deshalb mit den kumulierten Streuungen aller vorangegangenen Prozesse konfrontiert. Aus diesem Grund müssen leistungsfähige Qualitätssicherungskonzepte alle Verarbeitungsschritte vom Rohstoff über die Formgebung, etwaige Transport- und Lagerphasen und den Fügevorgang bis hin zum Endprodukt umfassen. Hier ist die konsequente Berücksichtigung der Vorfertigung in Form eines interdisziplinären Vorgehens aller beteiligten Fachabteilungen bzw. Partnerunternehmen essentiell. Dabei können auch präventive Methoden zur Fehlervermeidung, wie QFD (Quality Function Deployment) oder FMEA (Fehlermöglichkeiten- und -einflußanalyse) eingesetzt werden [115].

Gute Schweißergebnisse lassen sich nur mit Formteilen erzielen, die nach den für den Werkstoff gültigen Verarbeitungsrichtlinien hergestellt wurden. Sie sollten zudem geringe Eigenspannungen sowie eine gute Gewichtskonstanz und Maßhaltigkeit aufweisen. Dabei müssen die aus vorhergehenden Fertigungsschritten resultierenden Toleranzen berücksichtigt werden [96].

Bei zwischengeschalteten Lager- oder Transportvorgängen sind mögliche Eigenschaftsänderungen des Werkstoffs (Form- und Maßabweichungen durch Nachkristallisation, Konditionierung hydrophiler Materialien in umgebender Atmosphäre, Bild 3.114) zu berücksichtigen bzw. durch entsprechende, dem eigentlichen Schweißprozeß vorgeschaltete Gegenmaßnahmen (Tempern, Trocknen) zu kompensieren.

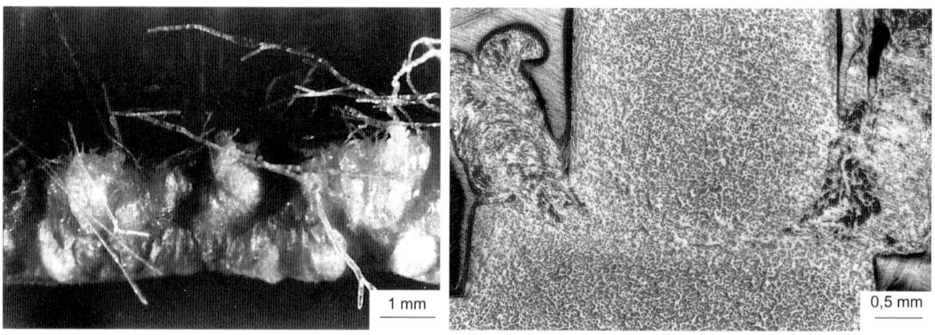

Bild 3.114 Nahtausbildung beim Vibrationsschweißen von feuchtem Polyamid

links: blasiger Schweißwulst an Platte aus PA 66; Amplitude: 0,7 mm (linear, längs), Fügedruck: 0,5 N/mm²

rechts: poröse Fügezone an Elektronikgehäuse aus PA 6-GF30; Amplitude: 0,5 mm (biaxial, kreisförmig), Fügedruck: 1 N/mm²

Verbindungsklassifizierung

Zielsetzung des prozeßnahen Qualitätsmanagements als höchste, am stärksten verfahrensorientierte Stufe sind die Prozeßüberwachung, eine darauf aufbauende Qualitätsprognose und schließlich die Prozeßoptimierung und Qualitätsregelung [109]. Parallel dazu ist eine Minimierung der zeit- und kostenintensiven Prüfung von Schweißverbindungen an fertigen Kunststoffbauteilen anzustreben.

Nahtprüfung

Ein wesentliches Problem bei der Beurteilung der Qualität von Schweißnähten, insbesondere ihrer mechanischen Festigkeit, besteht in der Nichtverfügbarkeit verläßlicher, zerstörungsfreier Prüfverfahren. Generell gilt aber für alle Verfahren der Kunststoffverarbeitung, daß die Materialeigenschaften wesentlich vom morphologischen Aufbau mit seinen Orientierungen, Inhomogenitäten, unterschiedlichen Kristallisationsgraden und Überstrukturen abhängig sind. Deshalb hat sich die mikroskopische Schweißnahtanalyse zu einer wesentlichen Untersuchungsmethode für ein vertieftes Prozeßverständnis und die Qualifizierung der mechanischen Verbindungseigenschaften entwickelt. Aufbauend auf bekannten Beziehungen von Prozeß, Struktur und Eigenschaften kann morphologisch das Verhalten von Schweißverbindungen unter mechanischer Belastung abgeleitet werden. Auch für eine nachträgliche Schadensaufklärung und die wissenschaftliche Bearbeitung von Schweißtechnologien hat sich die Mikroskopie als eine unverzichtbare Analysetechnik etabliert [107].

Bei der zerstörenden, mechanischen Prüfung sind dieselben Randbedingungen hinsichtlich werkstofflicher und verfahrenstechnischer Vorgeschichte wie beim Schweißprozeß zu beachten. Bei exakter Nachbildung der praktischen Belastungssituation können am fertigen Teil reproduzierbare Aussagen zur Nahtfestigkeit getroffen werden. Hingegen sind die an einfachen Proben (z.B. Platten) oder mittels FEM-Analyse gewonnenen Resultate nur bedingt transferfähig. Besonders bei gefüllten Systemen lassen sich die Verteilung und Orientierung der Glasfasern im späteren Serienteil durch die üblicherweise verwendeten Prüflinge bzw. Geometriemodelle nur eingeschränkt nachstellen.

Statistische Prozeßregelung (SPC)

In zunehmendem Maß werden die Dokumentation der Maschinenparameter und Prozeßgrößen sowie deren statistische Auswertung gefordert, wodurch bei industriellen Serienschweißprozessen eine Vielzahl von Qualitätssicherungsstrategien zum Einsatz kommen.

Bei der Methode der Statistischen Prozeßregelung (SPC) entnimmt man einem laufenden Fertigungsprozeß in definiertem Umfang und festgelegter Frequenz Stichproben direkt am Bauteil. Anhand von daraus ermittelten Fähigkeitsindizes wird auf die Grundgesamtheit der Teile geschlossen und damit die Produktqualität beurteilt und dokumentiert. Bei Überschreitung definierter Grenzen greift man regelnd in den Prozeß ein. Problematisch ist dabei die Beschränkung auf bestimmte Merkmale, das notwendige Zeitintervall zwischen Produktion und Prüfung, die Mittelwertbildung und die unzureichende Korrelation mit dem Verfahren.

Zunehmend populär wird die Übertragung der SPC auf Prozeßparameter der laufenden Fertigung, wobei kritisch anzumerken ist, daß durch eine stichprobenartige Erfassung und die Ableitung von Kennwerten eine große Anzahl von Daten unberücksichtigt bleibt. Zudem stehen die Eingriffsgrenzen oft in keinem direkten Zusammenhang zu produktbezogenen Qualitätsmerkmalen, die ihrerseits oft multifaktoriell bestimmt sind [116].

Modellbildung am laufenden Prozeß (CQC)

Bei einer bereits laufenden Fertigung empfiehlt es sich, Daten ausschließlich aus dem "natürlichen" Streuverhalten des Prozesses um den Betriebspunkt (inklusive der im Beobachtungszeitraum notwendig gewordenen Stellgrößenkorrekturen) während der normalen Produktion zu ermitteln. Die Zusammenhänge zwischen Produktqualität und Prozeßzustand können sowohl mit statistischen Ansätzen als auch mit Hilfe neuronaler Netze beschrieben werden [112].

Vorteile sind eine unterbrechungsfreie Implementierung der Modelle in die laufende Fertigung und die Erfassung des "realen", in der Regel störungsbehafteten Prozeßgeschehens. Anwendungsbeispiele sind aus der Spritzgießtechnik und sogar für eine verfahrensübergreifende Optimierung (Formgebungs- und Fügevorgang) bekannt [112, 117].

Qualitätserkennung mit "Künstlicher Intelligenz"

Basierend auf den theoretischen Grundlagen zur Korrelation von Prozeßverlauf und Nahteigenschaften beim Vibrationsschweißen ist in [103] ein Qualitätserkennungssystem entwickelt worden, das mit Hilfe eines speziell trainierten, neuronalen Netzwerks, Bild 3.115, an der Fügewegkurve die festigkeitsbestimmende Phase des quasistationären Schmelzeflusses für lineare Amplituden und einfache Plattengeometrien, unabhängig vom Werkstoff, sicher detektiert.

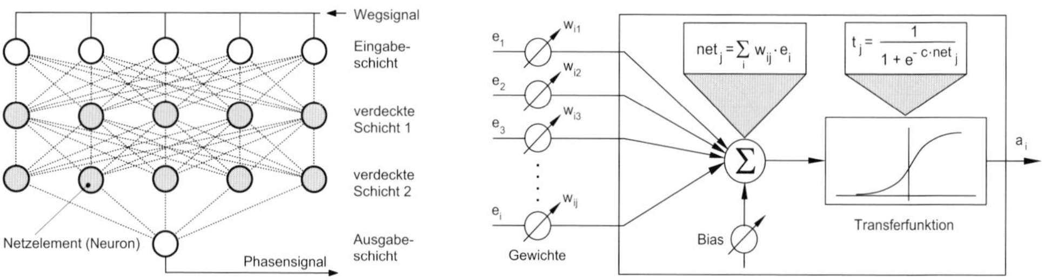

Bild 3.115 Neuronales Netzwerk zur automatischen Phasenerkennung beim Vibrationsschweißen [103]

links: schematische Darstellung der Topologie
rechts: Funktionsschaubild eines einzelnen Neurons

Im Rahmen zweier Forschungsvorhaben [118, 119] ist dieses, Methoden der "Künstlichen Intelligenz" nutzende Tool für die Anwendung bei beliebigen Schwingformen und komplexen Formteilen weiterentwickelt worden. Ziel war dabei, verläßliche Aussagen zur mechanischen Verbindungsqualität des gerade geschweißten Werkstücks treffen zu können. Bei der Verbesserung des Phasenerkennungsmoduls wurden Netzwerktopologie und Training optimiert sowie Verarbeitungsgeschwindigkeit und Bedienkomfort erhöht. Zudem konnten durch die Implementierung neuer Abtast- und Filteralgorithmen Störanteile reduziert werden.

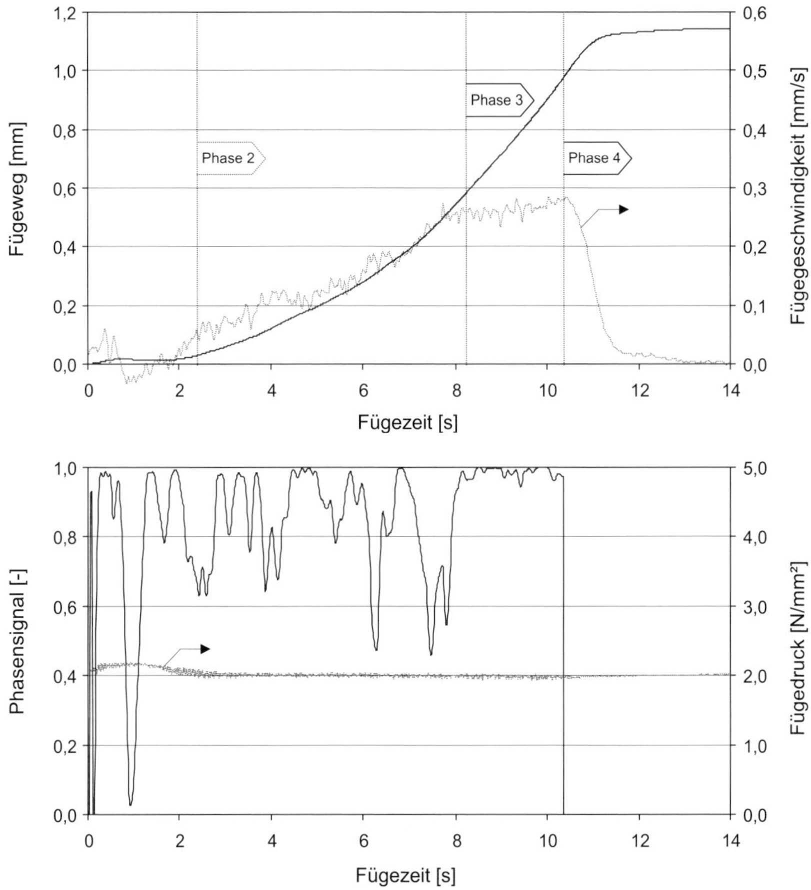

Bild 3.116 Prozeßverlauf und automatische Phasenerkennung beim biaxialen Vibrationsschweißen von Platten aus PP

Amplitude: 0,5 mm (kreisförmig); Fügedruck: 2 N/mm²; Schweißwegvorgabe: 0,97 mm

Betrachtet man in Bild 3.116 oben, Weg- bzw. Geschwindigkeitsverlauf eines biaxialen Vibrationsschweißversuchs an einer Platte aus Polypropylen und die Ausgabe der modifizierten Qualitätserkennungssoftware (unteres Diagramm), zeigen sich deutliche Korrelationen des subjektiven Eindrucks mit dem so genannten Phasensignal. Dieses liefert trotz Störanteilen bei der Eingangsgröße gleich bleibend hohe Werte für den Prozeßabschnitt mit konstanter Abschmelzgeschwindigkeit. Hier gibt die Mustererkennung mit neuronalen

Netzwerken einen Anhaltspunkt zur sicheren Abgrenzung der Plastifizierung in Phase 2 vom quasistationären Schmelzefluß im dritten Prozeßabschnitt. Darüber hinaus konnten in die Qualitätserkennungssoftware "VIBKE" weitere Programmbestandteile zur differenzierteren Analyse des Phasensignals und zur unscharfen Bewertung aller Kenngrößen mit unscharfen Algorithmen (Fuzzy-Logik) integriert werden, Bild 3.117.

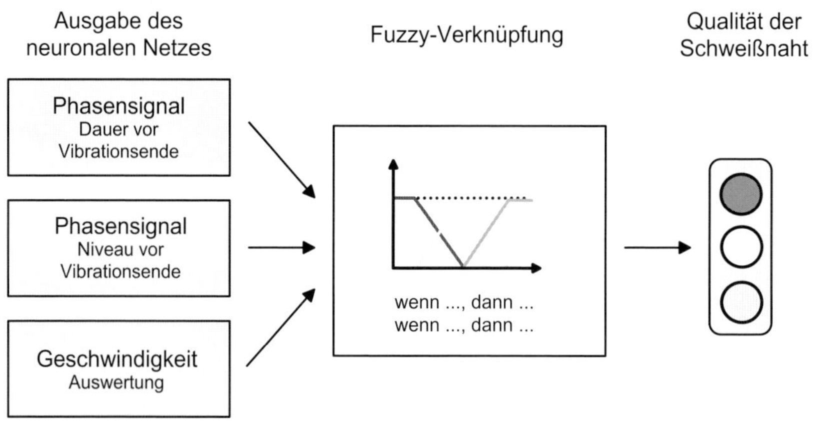

Bild 3.117 Funktionsprinzip des Systems "VIBKE" zur intelligenten Qualitätserkennung beim Vibrationsschweißen

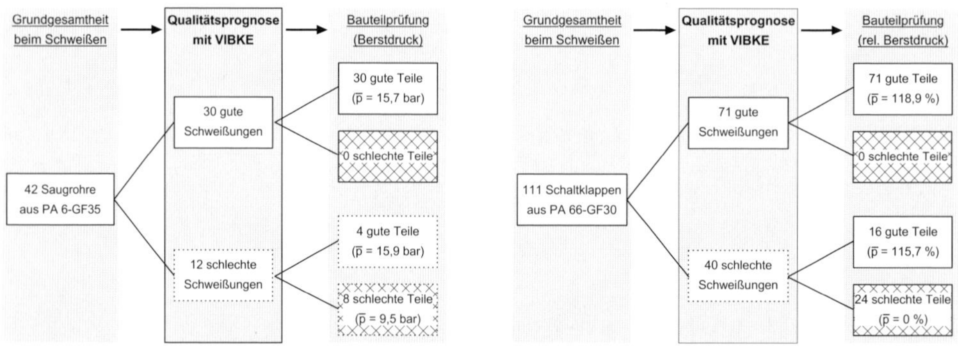

Bild 3.118 Intelligente Qualitätserkennung mit "VIBKE": Korrelation der Festigkeitsprognose und der Ergebnisse der zerstörenden Bauteilprüfung [120]

links: Vorseriensaugrohr aus PA 6-GF35 (Montaplast GmbH, Morsbach)
rechts: Resonanzschaltklappe aus PA 66-GF30 (Robert Bosch GmbH, Waiblingen)

Die Gegenüberstellung der Qualitätsvorhersage mit den Ergebnissen der zerstörenden Naht- bzw. Bauteilprüfung zeigt sowohl für einfache Laborprobekörper als auch bei komplexen Praxisformteilen eine hohe Zuverlässigkeit. So werden beispielsweise von den in der Fertigung eines Industriepartners unter Variation verschiedener Maschinenparameter und bei unterschiedlichen Konditionierungsgraden geschweißten Vorseriensaugrohren alle schlechten, also die Mindestdruckfestigkeit von 14 bar nicht erreichenden Teile anhand ihres Fügewegverlaufs sicher identifiziert, Bild 3.118 links.

Für eine Charge von zweiteiligen Schaltklappen zeigte die modifizierte Qualitätserkennungssoftware eine ähnlich gute Prognoseleistung. Von insgesamt 111 Paaren biaxial vibrationsgeschweißter und danach geprüfter Formteilhälften wurden 71 aufgrund dieser Auswertung zu Recht als gut bewertet; sie entsprachen bei der Berstdruckprüfung ausnahmslos der Kundenspezifikation.

Sicher als schlecht klassifiziert wurden diejenigen Bauteile, die aufgrund ihrer Konditionierung, ihrer Verschmutzung, einer mechanisch eingebrachten, bereichsweisen Beschädigung der Kontaktflächen oder zu geringer Abschmelzwege Undichtheiten aufwiesen [120].

Die Ergebnisse zeigen, daß durch konsequente Nutzung der Erkenntnisse zum Zusammenhang "Prozeß-Struktur-Eigenschaften" und den Einsatz eines angepaßten Mustererkennungssystems eine einzelteilbezogene In-Process-Charakterisierung beim Vibrationsschweißen realisierbar ist. In der industriellen Serienfertigung könnte dieses Konzept einen Beitrag zur Reduktion der zeit- und kostenintensiven, zerstörenden Fertigteilprüfung leisten.

Beratung und Weiterbildung

Trotz einer Vielzahl von Veröffentlichungen ist das verfahrensspezifische Wissen zum Vibrationsschweißen beim Anwender nicht immer für konkrete Aufgabenstellungen bei der Planung oder Umsetzung aktueller Applikationen verfügbar. Hier bieten die entsprechenden Fachabteilungen von Maschinenproduzenten, Rohstoffherstellern, Technologietransferstellen und Hochschulinstituten umfangreiche Hilfestellung an, und zwar in Form von Fachtagungen, Seminaren, Beratungsgesprächen und Kooperationsprojekten.

Zudem steht dem Praktiker das gesamte Regelwerk des Deutschen Verbands für Schweißen und verwandte Verfahren e. V. (DVS), Düsseldorf, zur Verfügung. Speziell mit dem Vibrationsschweißen von Kunststoffen befaßt sich die Richtlinie 2217-1 (Vibrationsschweißen von Formteilen und Halbzeugen aus thermoplastischen Kunststoffen in der Serienfertigung); der zweite Teil geht vertieft auf werkstoffspezifische Fragestellungen beim Fügen von Polyamiden ein.

Im Internet lassen sich neben Kontaktadressen und Kompetenzdarstellungen fundierte Informationen finden. Unter der Adresse www.vibrationsschweissen.de bzw. www.vibrationwelding.com wurden beispielsweise wesentliche Grundlagen des Vibrationsschweißens zusammengestellt und mit Grafiken, Animationen und Filmsequenzen anschaulich aufbereitet.

3.5 Sonderverfahren

3.5.1 Hochfrequenzschweißen

3.5.1.1 Erwärmungsprinzip und Einflußgrößen

Das Hochfrequenzschweißen (HF-Schweißen) ist nach der Art der Wärmeeinbringung der Erwärmung durch innere Reibung zuzuordnen. Die der Erwärmung zugrunde liegenden physikalischen Vorgänge sind Wechselwirkungen des Materials mit hochfrequenten elektrischen Feldern.

Der Ablauf des HF-Schweißverfahrens stellt sich folgendermaßen dar:

- Einlegen des Schweißgutes,
- Schließen der Elektroden (und der Abschirmung),
- Erwärmung des Schweißgutes durch Anlegen der HF-Spannung,
- Abkühlen unter Druck nach Ende der Erwärmung,
- Entnahme der geschweißten Teile.

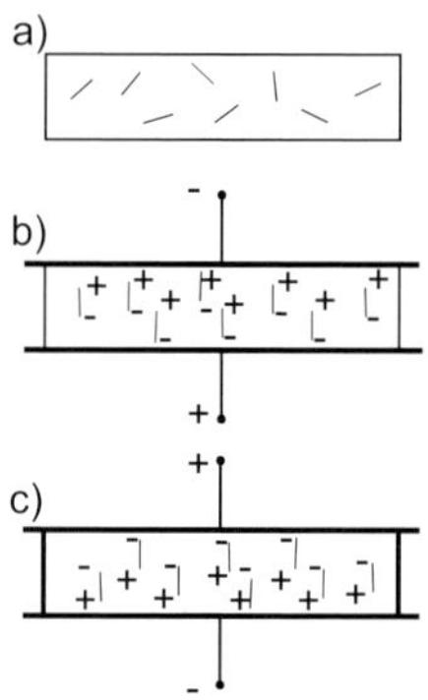

Bild 3.119 Orientierungspolarisation der Moleküle im Wechselfeld,

a) kein Feld: chaotische Ausrichtung,

b) und c) Spannung angelegt: Orientierung der polaren Moleküle entsprechend Polung des Feldes

Der grundlegende Aufbau einer HF-Schweißanlage entspricht im weitesten Sinne einem Kondensator, an dessen Kondensatorplatten eine hochfrequente Wechselspannung angelegt wird. Zwischen den Elektroden bildet sich somit ein elektrisches Feld aus, dessen Polarität mit hoher Frequenz wechselt. Das zu erwärmende bzw. zu schweißende Material wird in dieses Wechselfeld eingebracht. Das Prinzip der HF-Erwärmung besteht nun darin, daß in dem Material vorhandene, polare Moleküle oder Molekülbausteine versuchen, sich entsprechend dem anliegenden Wechselfeld auszurichten, d.h. sie führen eine Schwingung mit der Frequenz des Wechselfeldes aus, Bild 3.119. Diese Schwingung führt zu innerer Reibung und damit zur Erwärmung. Dieser Vorgang wird auch Orientierungspolarisation genannt. Voraussetzung für diese Art der Erwärmung ist das Vorhandensein von Molekülen mit Dipolcharakter im Material.

Seitens der Elektronik handelt es sich bei einer HF-Anlage um einen sog. realen, d.h. verlustbehafteten Kondensator. Dabei kann das zu erwärmende Material als sog. Dielektrikum zwischen den Kondensatorplatten aufgefaßt werden, Bild 3.120.

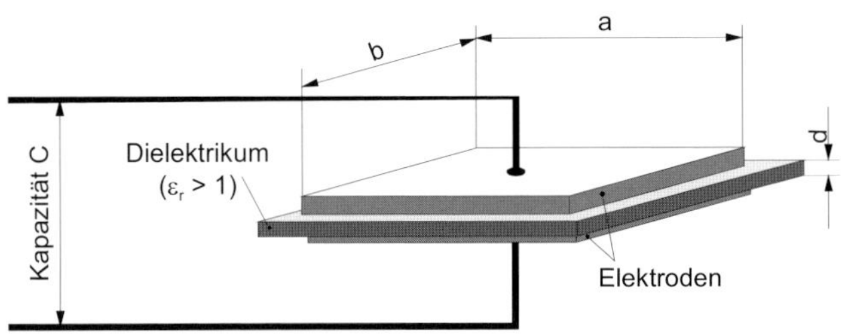

Bild 3.120 Prinzipdarstellung eines Kondensators mit Dielektrikum [121]

Die während der HF-Einwirkung im Material bewirkte Erwärmung ist abhängig von den dielektrischen Eigenschaften des Materials. Sie wird durch seine relative Dielektrizitätszahl ε' und den dielektrischen Verlustfaktor tan δ charakterisiert. Die Erwärmung im HF-Feld wird durch die folgende Gleichung beschrieben [122]:

$$\dot{q} = E^2 \cdot \omega \cdot \varepsilon_0 \cdot \varepsilon'' = E^2 \cdot \omega \cdot \varepsilon_0 \cdot \varepsilon' \cdot \tan\delta \qquad (3.10)$$

worin: $\dot{q}$ = *erzeugte Wärme pro Volumeneinheit*
E = *elektrische Feldstärke*
ω = *Kreisfrequenz des Wechselfeldes*
ε_0 = *absolute Dielektrizitätskonstante* ($\varepsilon_0 = 8{,}8541878 \cdot 10^{-12}$ *C/Vm*)
ε = $\varepsilon' - i\varepsilon''$ *komplexe relative Dielektrizitätszahl*

Der Imaginärteil ε"der relativen Dielektrizitätszahl ε bewirkt eine reine Blindleistung, die zwar für die Leistungsaufnahme der Schweißanlage eine Rolle spielt, nicht jedoch für die im Schweißgut freiwerdende Wärme [122]. Daher wird Gleichung (3.10) üblicherweise mit dem Verlustfaktor tan δ angegeben, der sich auch aus den vergleichsweise einfach zu erfassenden Größen der im System fließenden Ströme ergibt. Aus dem zuvor berechneten Wärmestrom kann über die in Bild 3.121 dargestellte Kennlinie die zum Erreichen der in der Schweißebene erforderlichen Schweißtemperatur T_S die notwendige HF-Einwirkzeit abgeschätzt werden.

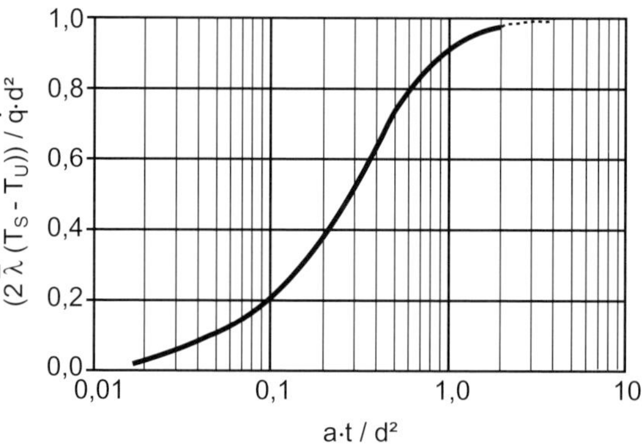

Bild 3.121 Kennlinie für das Hochfrequenzschweißen [123]

$\dot{q}$ = *spezifischer Wärmestrom* T_S = *Schweißtemperatur*
λ = *mittlere Wärmeleitfähigkeit* T_U = *Umgebungstemperatur*
a = *Temperaturleitfähigkeit* *t* = *Zeit*
d = *Schweißgutdicke*

Relative Dielektrizitätszahl ε'

Die relative Dielektrizitätszahl (auch Permittivitätszahl) stellt ein Maß für die Beweglichkeit der Moleküle des Materials dar. Im Vakuum wird ε' = 1 gesetzt, dieser Wert ist auch für Luft eine gute Näherung. Ein realer Werkstoff weist Werte von ε' > 1 auf (PVC-P: ε' = 3...5). Die rel. Dielektrizitätszahl eines Stoffes ist abhängig von der Temperatur des Materials und der Frequenz des Wechselfeldes. Während eine steigende Temperatur eine Erhöhung der rel. Dielektrizitätszahl bewirkt kann eine Frequenzerhöhung je nach Material zu eine Ab- oder Zunahme von ε' führen. Auch im Material befindliche Fremd- und Zuschlagsstoffe beeinflussen die relative Dielektrizitätszahl. Bei Kunststoffen können dies Feuchtigkeit, Farbstoffe, Weichmacher u.ä. sein.

Dielektrischer Verlustfaktor tan δ

Der dielektrische Verlustfaktor tan δ stellt ein Maß für die Polarität eines Materials dar. Seine Größe ist vom Dipolmoment μ der Kunststoffmoleküle (Maß für die Symmetrie der Ladungsverteilung im Molekül) und den zwischen den Molekülen wirkenden Nebenvalenzkräften abhängig.

Der Buchstabe δ bezeichnet den Verlustwinkel, der sich zwischen Scheinstrom I_S und Blindstrom I_B im Zeigerbild eines realen, wechselstromdurchflossenen Kondensators ergibt, Bild 3.122. In einem idealen, verlustfreien Kondensator eilt der Strom der Spannung U um den Winkel φ = 90° voraus. Es handelt sich somit um einen sog. Blindstrom I_B und es entsteht lediglich eine reine Blindleistung, jedoch keine Wirkleistung, d.h. es wird keine Leistung dissipiert und der Kondensator erwärmt sich nicht. Wird nun ein polares Material zwischen die Kondensatorplatten eingebracht, so stellt sich zwischen Strom und Spannung ein Winkel φ von weniger als 90° ein, diese Differenz ist der Verlustwinkel δ. In diesem Fall fließt ein Wirkstrom und damit entsteht eine Wirkleistung, die das Dielektrikum erwärmt.

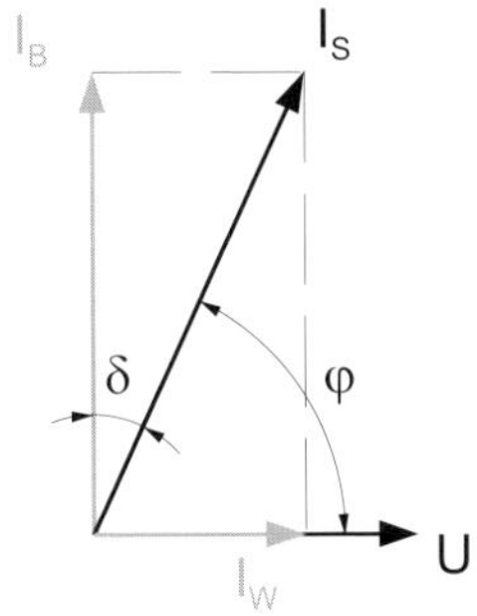

Bild 3.122 Zeigerbild der Ströme und der Spannung am verlustbehafteten Kondensator.

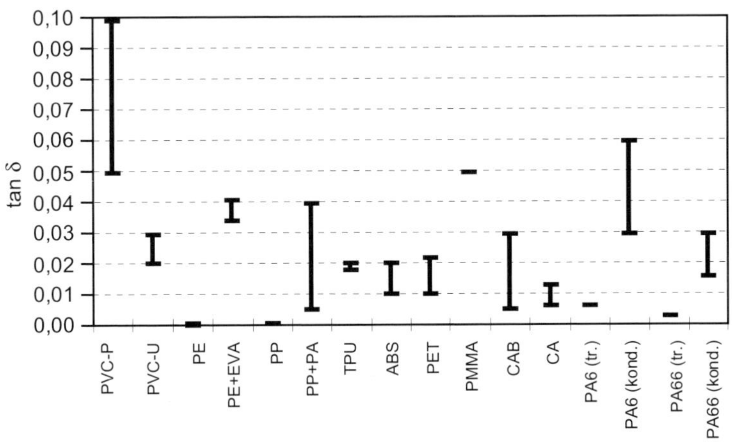

Bild 3.123 Wertebereiche des dielektrischen Verlustfaktors tan δ für verschiedene Kunststoffe [124-129]

Voraussetzung für eine technisch nutzbare Erwärmung ist ein dielektrischer Verlustfaktor von tan δ > 0,01 [121]. Allgemein kann man über die Eignung zur HF-Erwärmung sagen [124]:

$\tan\delta \geq 0{,}1$	→	gute HF-Erwärmbarkeit
$0{,}1 \geq \tan\delta \geq 0{,}01$	→	HF-Erwärmung möglich
$\tan\delta \leq 0{,}01$	→	keine HF-Erwärmung möglich

Das Maximum des Verlustfaktors nimmt mit der Frequenz zu und verschiebt sich zu höheren Temperaturen. Für das HF-Schweißen ist wichtig, daß der Verlustfaktor bereits bei Raumtemperatur einen ausreichend hohen Wert aufweist, damit von Beginn an eine ausreichende Erwärmung stattfinden kann. Ist dies nicht der Fall, kann der Verlustfaktor ggf. über eine Vorwärmung der Teile auf die erforderliche Höhe angehoben werden. Hierzu werden z.B. beheizte Elektroden eingesetzt. In Bild 3.123 sind die Wertebereiche des dielelektrischen Verlustfaktors für einige wichtige technische Thermoplaste dargestellt.

3.5.1.2 Erwärmung und Temperaturverlauf

Um in den Fügeteilen die erforderliche Temperatur zu erreichen, muß außer der zur Materialerwärmung genutzten Leistung auch noch eine Verlustleistung aufgebracht werden. Diese Verluste entstehen neben elektrischen Verlusten im Wesentlichen durch den Wärmeabfluß aus den Fügeteilen in die kalten Elektroden, Bild 3.124.

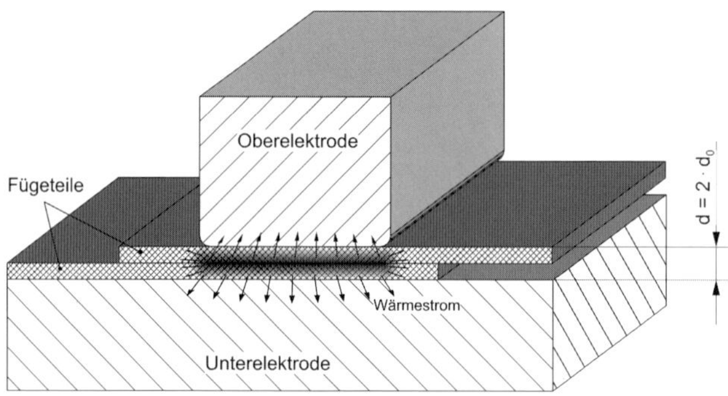

Bild 3.124 Wärmeströme in den Fügeteilen während der HF-Erwärmung [121]

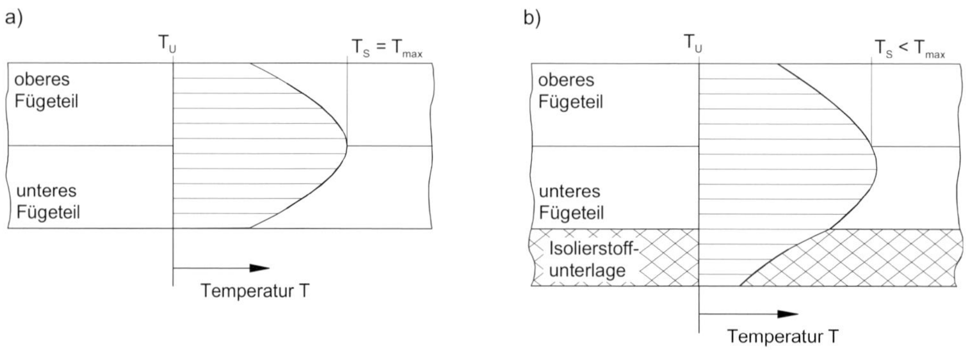

Bild 3.125 Temperaturverläufe in den Fügeteilen bei HF-Erwärmung,
a) ohne, b) mit Isolierstoffunterlage

Die Erwärmung des Materials erfolgt theoretisch homogen über die gesamte Fügeteildicke d. Erst durch die beschriebenen Verlustwärmeströme in die Elektroden ergibt sich die in Bild 3.125 a) dargestellte Temperaturverteilung in den Fügeteilen. Dieser Verlauf stellt einen Vorteil des HF-Schweißens gegenüber einer äußeren Erwärmung wie bei dem Wärmeimpuls- oder Wärmekontaktschweißen dar, da die wärmste Stelle in der Mitte der Fügeteile liegt und somit die Schweißung bei unplastifizierten Randschichten erfolgen kann. Dies hat den Vorteil, daß z.B. bei oberflächenveredelten Folien keine Schädigungen auftreten.

In Fällen, in denen die Wärmeabfuhr in die Elektroden gegenüber der Wärmeentstehung in den Fügeteilen einen wesentlichen Anteil annimmt (z.B. bei sehr dünnen Folien), ist es üblich mittels Beheizung der Elektroden diesen Wärmeverlust zu reduzieren. Diese Möglichkeit wird auch eingesetzt, um die Zykluszeit zu reduzieren.

Auch durch Zwischenlegen einer Isolierschicht kann der Verlustanteil gesenkt werden. Dies hat auch Auswirkungen auf den Temperaturverlauf in den Fügeteilen (Bild 3.125 b) und darüber hinaus den Nebeneffekt, die Gefahr von Funkenüberschlägen zu reduzieren.

3.5.1.3 Maschinentechnik

Eine HF-Schweißanlage besteht aus den in Bild 3.126 dargestellten Komponenten: Hochfrequenzgenerator, Anpaßgerät, Hochfrequenzleitungen, Schweißstation und Elektroden. In dem Bild ist die hinsichtlich Arbeitsschutz und elektromagnetischer Verträglichkeit (EMV) überaus wichtige Abschirmung nicht eingezeichnet. Die eigentliche Schweißeinrichtung ist meist in C- oder Portalbauweise ausgeführt; sie sorgt für die Schließbewegung der Elektroden und bringt die notwendige Andruckkraft auf. Es werden dazu hauptsächlich pneumatische und hydraulische Antriebe eingesetzt.

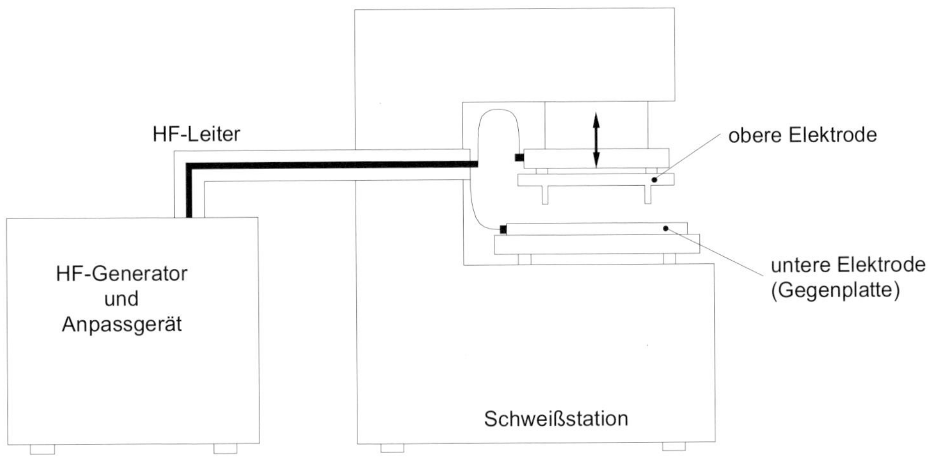

Bild 3.126 Prinzipdarstellung einer HF-Schweißanlage [121]

Bild 3.127 Moderne HF-Schweißanlage

Quelle: Paul Kiefel GmbH

Moderne Schweißanlagen sind mit numerischen Steuerungen ausgestattet. Diese erlauben die Vorgabe der Parameter:

- HF-Leistung bzw. Anodenstrom (selten: HF-Spannung),
- Schließkraft,
- Schweiß- und Kühlzeit,
- Fügeweg.

In der Regel ist eine Stufung dieser Parameter während des Prozeßablaufes möglich.

Bei der HF-Schweißung besteht die Gefahr eines Funkenüberschlages zwischen den Elektroden (sog. Durchschlag). Funkenüberschläge können durch Verschmutzungen, Luftbrükken und örtliche Spannungsspitzen entstehen. Ein Verkohlen bzw. Aufschmelzen der Fügeteile entlang des Überschlagkanals ist die Folge.

Weiterhin ist die Erwärmung der Schweißnaht nicht mehr gewährleistet, da die HF-Leistung sich auf die Überschlagstelle konzentriert und nicht mehr die gesamte Naht erwärmt wird. Die Durchschlagsneigung sinkt mit zunehmender Fügeteildicke (= Elektrodenabstand) und abnehmender HF-Spannung. Das Auftreten von Durchschlägen kann durch eine geeignete Elektrodenauslegung (u.a. keine scharfen Kanten) beeinflußt werden. Zum Schutz der Anlage verfügen HF-Schweißmaschinen über Abschalteinrichtungen, die im Falle eines Funkenüberschlages den Prozeß abbrechen.

Für Werkstoffe mit polarer Molekülstruktur eignen sich Wechselspannungen in einem Frequenzbereich von 10 bis 100 MHz [121]. Höhere Frequenzen haben den Vorteil, daß die Gefahr eines Durchschlages verringert wird. Gleichzeitig sinkt mit steigender Frequenz aber auch der Wirkungsgrad des HF-Generators und die Stromverdrängung ("Skineffekt") in allen HF-Elementen und -Leitern nimmt zu und bewirkt eine Erhöhung der Wärmeverluste. Darüber hinaus steht die Frequenz in direkter Beziehung zur Wellenlänge und somit zu den zulässigen Elektrodenabmaßen.

Auf Grund von Funkstörungen sind im praktisch verwertbaren Bereich lediglich drei Frequenzen zugelassen:

- 13,56 MHz ± 0,05 %
- 27,12 MHz ± 0,6 %
- 40,68 MHz ± 0,05 %

In der Praxis hat sich aufgrund des großen Toleranzbereiches die Frequenz von 27,1 MHz etabliert. Diese stellt die Standardfrequenz dar, auf die die überwiegende Zahl der HF-Generatoren fest eingestellt ist.

3.5.1.4 Nahtgestaltung

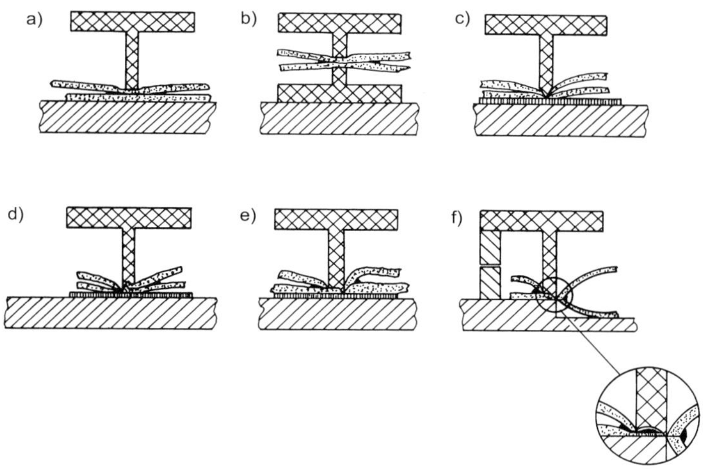

Bild 3.128 Typische Nahtformen beim HF-Schweißen [130]

a) Einfachsteganordnung (Markierungen nur einseitig)
b) Doppelsteganordnung (Markierungen auf beiden Seiten)
c) Trennsteg
d) kombinierter Schweiß-Trennsteg (Nutzseite rechts)
e) Halbrandlosanordnung (Nutzseite rechts)
f) Vollrandlosanordnung (Nutzseite rechts)

Da mit dem HF-Schweißen zumeist Folien und Bahnen gefügt werden, erfolgt die Verbindung in der Regel linienförmig. Dementsprechend handelt es sich bei den Elektroden vorwiegend um Stegelektroden, die gegen eine Unterplatte schweißen.

In Bild 3.128 sind einige typische Stegformen abgebildet. Bild 3.129 zeigt eine Elektrodenanordnung, wie sie zur Herstellung von Blisterverpackungen verwendet wird.

Neben diesen einfachen Steganordnungen sind viele andere Stegformen und Sonderkonfigurationen möglich. Je nach Anwendungsfall wird zusammen mit der Schweißung oft auch eine dekorative Prägung der Nahtbereiche durchgeführt. So wird z.B. bei der Verarbeitung von Kunstleder oftmals die optische Erscheinung einer genähten Naht erzeugt.

Eine gleichmäßige Erwärmung im gesamten Elektrodenbereich erfordert eine der Schweißnaht angepaßte Elektrodengeometrie und eine einheitliche Hochfrequenz-Spannung [121]. Die HF-Spannung ist allerdings nicht an jedem Punkt der Elektrode gleich, da der sinusförmige Spannungsverlauf je nach Länge der Elektroden Spannungsdifferenzen hervorruft. Weil dieser Effekt eine gleichmäßige Erwärmung erschwert, sind den Elektrodenabmaßen Grenzen gesetzt.

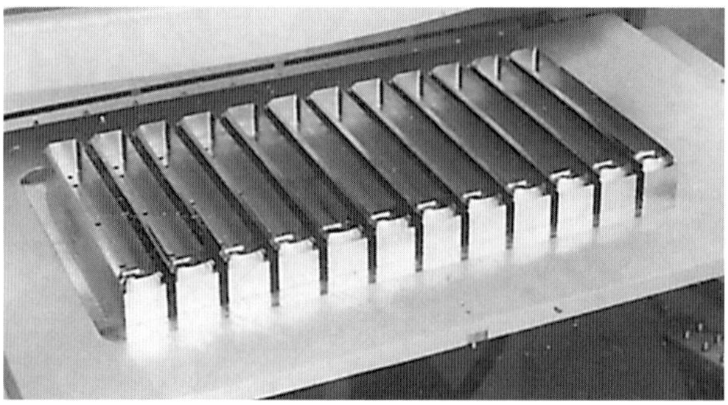

Bild 3.129 Mehrfach-Stegelektrode für Zahnbürsten-Blisterverpackungen

Quelle: Paul Kiefel GmbH

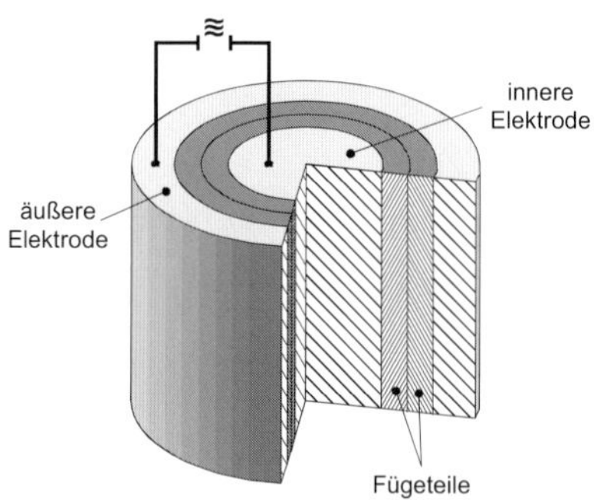

Bild 3.130 Prinzipdarstellung der HF-Schweißung von überlappenden Rohren

Eine Anwendung, bei der die flächige Nahtgeometrie sozusagen "aufgewickelt" wurde, ist das Schweißen von überlappenden Rohren bzw. von Rohr und Muffe. Eingesetzt wird diese Variante z.B. für Kfz-Kraftstoffleitungen aus Polyamid. In Bild 3.130 ist der prinzipielle Aufbau einer solchen Schweißgeometrie dargestellt. Der erforderliche Fügedruck kann dabei entweder über eine spreizbar ausgeführte Innenelektrode oder eine klemmende Außenelektrode aufgebracht werden.

3.5.1.5 Verwendbare Materialien

Da das HF-Verfahren voraussetzt, daß der zu schweißende Kunststoff polare Eigenschaften aufweist, beschränkt sich sein praktischer Einsatz neben Teilen und Geweben aus PA fast ausschließlich auf PVC-P (PVC-plasticised = Weich-PVC). In der letzten Zeit wurde aber das Interesse an alternativen Werkstoffen zu PVC-P immer größer, so daß die Rohstoffhersteller alternative Materialien entwickelt haben. Die angebotenen Lösungen basieren zumeist auf Polyolefinen. Da diese jedoch aufgrund ihres unpolaren Charakters nicht ohne weiteres im Hochfrequenzfeld geschweißt werden können, werden sie mit anderen, polaren Polymeren gemischt. Dies sind zum Beispiel Polyamid (PA) und Vinylacetat (VAC). Eine andere Substitutionsmöglichkeit für PVC-P stellen thermoplastisches Polyurethan (TPU) und Acrylnitril-Butadien-Styrol (ABS) dar. Diese besitzen bereits als reine Werkstoffe polare Eigenschaften und sind somit HF-schweißbar. Die Eigenschaften der genannten Kunststoffe unterscheiden sich jedoch zum Teil sehr stark von denen des PVC-P, so daß eine "eins-zu-eins"-Substitution in der Regel nicht möglich ist.

3.5.1.6 Anwendungsgebiete und -beispiele

Aufgrund der grundlegenden "Kondensatoranordnung" ist das Hochfrequenzschweißen beschränkt auf im weitesten Sinne flächige Geometrien. Zumeist wird es zur Schweißung von Folien und kunststoffbeschichteten Geweben eingesetzt. Übliche Anwendungen sind hier:

- Automobilinnenausstattung (z.B. Sonnenblenden, Türverkleidungen, Teppichapplikationen),
- Büro- und Werbeartikel (z.B. Klarsichthüllen, Aktenmappen, Taschenkalender),
- Kunststoffplanen und kaschierte Gewebe (z.B. LKW-Planen, Dachplanen für Spannkonstruktionen),
- Zelte, Schlauchboote, Badeartikel (z.B. Schwimmringe),
- Verpackungen (z.B. Blisterverpackungen, Folientaschen),
- medizinische Artikel (z.B. Blut- und Infusionsbeutel),
- Täschnerwaren (z.B. Portemonnaies, Handtaschen, Gürtel).

Neben der reinen Folienschweißung wird die HF-Technik auch zum Fügen von Thermoplasten mit Hartfaserplatten (z.B. bei Kfz-Türseitenverkleidungen), Textilien oder Pappe eingesetzt. In Bild 3.131 sind einige HF-geschweißte Produkte aus den verschiedenen Bereichen abgebildet.

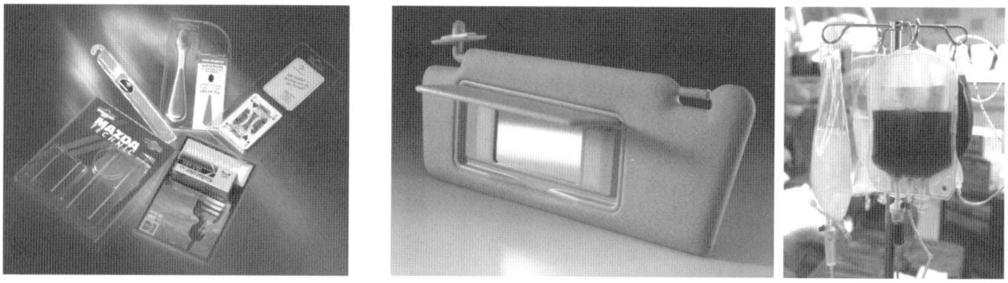

Bild 3.131 Beispiele für HF-geschweißte Produkte der Verpackungs-, Automobil- und medizintechnischen Industrie

Quelle: Paul Kiefel GmbH

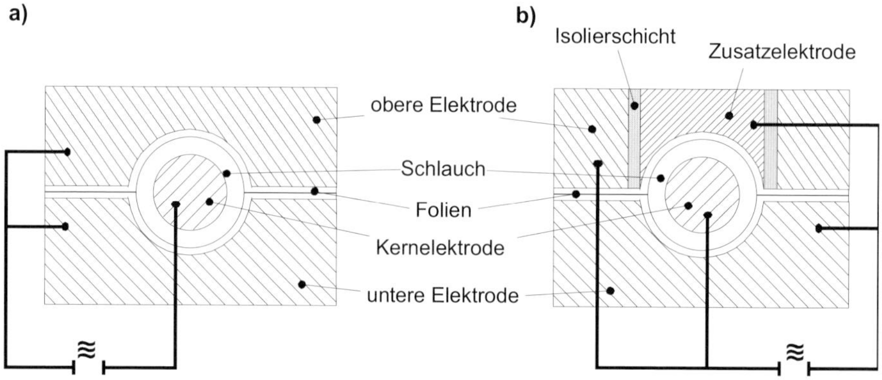

Bild 3.132 Mögliche Anordnungen zum Einschweißen von Anschlußschläuchen

links: *Schlauchschweißung in einem zweiten Prozeßschritt mit Zusammenschaltung der oberen und unteren Elektrode,*
rechts: *Schlauchschweißung in einem Schritt mit Zusatzelektrode im Schlauchbereich*

Bei der Herstellung von Sonnenblenden kommt die Elektrodenanordnung f) aus Bild 3.128 zur Anwendung. Sie ermöglicht die nahezu übergangslose Verbindung der oberen und unteren Kaschierung.

Zur Schweißung von Blutbeuteln wird meistens Anordnung d) (Bild 3.128) verwendet. Sie erlaubt die gleichzeitige Schweißung und Trennung des Beutels aus der Folienbahn. Bei dieser Anwendung stellt die Einbringung der Anschlußschläuche eine besondere Anforderung dar. Diese Bereiche können nicht mit einer einfachen Elektrodenanordnung wie in Bild 3.128 a)-f) geschweißt werden. Zur Lösung dieses Problems ist eine weitere Elektrode erforderlich, die in den Schlauch eingeführt wird. Das HF-Feld kann dann entweder in einem zweiten Prozeßschritt zwischen dieser Kernelektrode und der oberen und unteren Elektrode aufgebaut werden (die beiden äußeren Elektroden sind dann zusammengeschaltet, Bild 3.132 a), oder es wird eine komplexere Anordnung mit einer weiteren Elektrode aufgebaut, wie sie in Bild 3.132 b) skizziert ist.

3.5.1.7 Prüfung und Qualitätssicherung

In aller Regel wird das HF-Schweißen zum Fügen von Folien und Bahnen eingesetzt. Die Prüfung der mechanischen Eigenschaften derartiger HF-geschweißter Verbindungen kann im Scherzug- oder im Schälzugversuch erfolgen, Bild 3.133. Unterschieden wird bei der Prüfung von derartigen Schweißverbindungen weiterhin zwischen dem **Hot-Tack**- und dem **Cold-Tack**-Test, also der Prüfung der noch warmen Proben unmittelbar nach der Schweißung bzw. der abgekühlten Schweißnaht. Die Hot-Tack-Prüfung ist besonders für Anwendungen im Verpackungsbereich sinnvoll, da hier oft gerade geschweißte Beutel direkt befüllt werden.

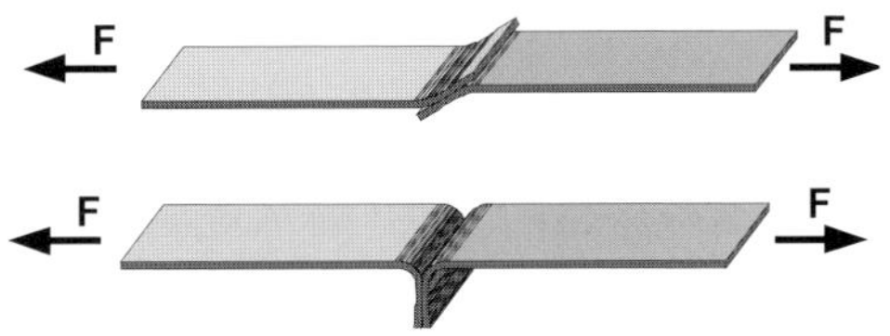

Bild 3.133 Probenanordnung gemäß DIN 53 455

oben: Scherzugversuch
unten: Schälzugversuch

Insbesondere bei sicherheitsrelevanten Produkten wie z.B. Airbags, Schwimmwesten, Rettungsinseln usw. kommt dem Qualitätsnachweis eine hohe Bedeutung zu. Zur diesem Zweck ermöglichen die Steuerungen moderner Maschinen die Aufzeichnung der Verläufe von Leistung, Strom, Schließkraft, Fügeweg bzw. Restfoliendicke, Anpassung u.a. über der Zeit.

3.5.2 Mikrowellenschweißen

3.5.2.1 Allgemeine Verfahrensbeschreibung

Die Schweißverfahren für Kunststoffe werden nach DIN 1910-3, nach den Methoden der Wärmeerzeugung bzw. der Wärmeeinbringung in die Fügezone eingeteilt [131, 132]. Man unterscheidet thermische Verfahren, bei denen Wärme durch Wärmeleitung, Wärmekonvektion, oder Wärmestrahlung in die Fügezone eingebracht wird und Verfahren, bei denen die Wärme direkt in der Fügezone erzeugt wird. Die direkte Erzeugung der Wärme in der Fügezone kann durch mechanische Energie oder mit Hilfe von elektromagnetischer Energie erfolgen. Das hier diskutierte Verfahren des Schweißens mittels Mikrowellen ist der

Gruppe der elektromagnetischen Schweißverfahren zuzuordnen und somit ein direktes Verfahren.

Gleich wie beim Hochfrequenzschweißen erfolgt das Aufschmelzen der Fügezone durch dielektrische Erwärmung. Im Hinblick auf die dielektrischen Materialeigenschaften der Fügepartner unterscheidet man beim Mikrowellenschweißen zwischen einer direkten und indirekten Methode, Bild 3.134. Die beiden Varianten unterscheiden sich dadurch, daß beim direkten Mikrowellenschweißen die zu verschweißenden Fügeteile ähnlich wie beim Hochfrequenzschweißen direkt durch die Mikrowellen erwärmt werden, und beim indirekten Schweißen die Erwärmung der Fügezone mittels eines einzulegenden Schweißzusatzes ähnlich wie beim Induktionsschweißen erfolgt. Unterschiede zum Hochfrequenzschweißen ergeben sich durch die wesentlich höhere Betriebsfrequenz von 2,45 GHz beim Mikrowellenschweißen, bei der eine Übertragung der Mikrowellenenergie durch den freien Raum möglich ist. Aufgrund der höheren Frequenz können auch Kunststoffe erwärmt werden, deren dielektrischer Verlust relativ klein ist. Es ist keine direkte Kontaktierung der Bauteile mit Schweißelektroden notwendig, was das Schweißen komplexer, dreidimensionaler Fügegeometrien möglich macht. Neben polaren Kunststoffen lassen sich auch schwach elektrisch leitfähige Kunststoffe dielektrisch erwärmen. Vom Induktionsschweißen unterscheidet sich das Mikrowellenschweißen in der Betriebsfrequenz und dem Typ des verwendeten Schweißzusatzes. Der Schweißzusatz beim Mikrowellenschweißen enthält keine Metallpartikel. Seine Erwärmung basiert auf einer Wechselwirkung mit der elektrischen Feldkomponente und nicht wie beim Induktionsschweißen der magnetischen Feldkomponente.

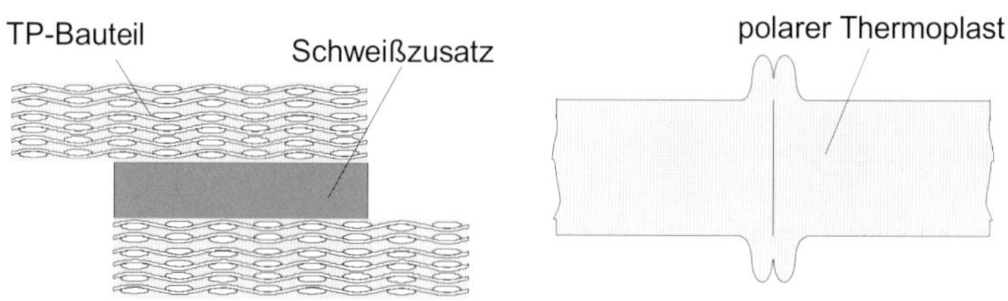

Bild 3.134 Prinzip des indirekten und direkten Mikrowellenschweißens

Voraussetzung für das direkte Mikrowellenschweißen ist ein polarer, ausreichend verlustbehafteter Thermoplast, der zusammen mit einer hohen Feldstärke entsprechende Heizraten ermöglicht. Um die Mikrowellenerwärmung auf die Fügezone zu begrenzen, ist eine Fokussierung durch spezielle Auslegung des Einkoppelsystems notwendig. Eine Multi-Mode-Kavität liefert zu geringe Feldstärken und eignet sich nicht, entsprechend begrenzte Erwärmungszonen zu realisieren. Daher kommen für das direkte Mikrowellenschweißen in der Regel nur definierte elektrische Feldzustände mit entsprechender Einschränkung der möglichen Schweißgeometrien in Frage.

Das indirekte Mikrowellenschweißen nutzt als Schweißzusatz modifizierte Kunststoffe des zu verschweißenden Typs mit wesentlich höheren dielektrischen Verlusten als das reine

Polymer. Aufgrund des selektiven Charakters der Mikrowellenerwärmung absorbiert praktisch nur der Zusatz Energie und erwärmt sich. Die Erwärmung der kompletten Fügezone erfolgt durch Wärmeleitung vom Zusatz. Als Schweißzusätze eignen sich beispielsweise ruß- und PANI-modifizierte Compounds [133-145]. Vorteil dieser Verfahrensvariante ist, daß auch unpolare Polymere mit sehr geringem dielektrischen Verlust (Bsp. PP) mit Mikrowellen geschweißt werden können. Ein weiterer Vorteil ist die Möglichkeit, das Schweißen in einer Multi-Mode-Kavität durchführen zu können. Die Begrenzung der Erwärmung auf die Fügezone ist durch die selektive Erwärmung sichergestellt. Mit der Einbringung des gesamten Bauteils in die Mikrowellenkavität entsteht die Möglichkeit, dreidimensionale oder verdeckte, innerhalb der Fügeteile befindliche Schweißgeometrien zu verschweißen. Die Bauteile werden einfach von den Mikrowellen durchstrahlt, nur die mit dem Schweißzusatz ausgestattete Fügezone erwärmt sich.

Insbesondere zum indirekten Mikrowellenschweißen thermoplastischer Kunststoffe sind in der Literatur einige Arbeiten mit verschiedenen Ansätzen dokumentiert. Benatar et al. beispielsweise haben sich mit der Machbarkeit und den Grundlagen des indirekten Single-Mode-Mikrowellenschweißens von HD-PE und PA6.6 beschäftigt. Den Zusatz modifizierten sie mit Polyanilin auf einen entsprechenden dielektrischen Verlust [133-141]. Ein ähnliches Verfahren mit intrinsisch leitfähigen Polymeren als mikrowellenaktive Zusätze, jedoch in einer Multi-Mode-Kavität, ist in [142] beschrieben. Auch Varadan beschreibt ein Verfahren, das leitfähige Polymere als mikrowellenaktiven Zusatz für Schweißprozesse in einer Mikrowellenkavität verwendet [143, 144]. Siores et al. beschreiben die Möglichkeit des direkten und indirekten Single-Mode-Schweißens von Thermoplasten [146, 147]. Allen Arbeiten ist gemeinsam, daß sie über die Untersuchung der reinen Machbarkeit unter Laborbedingungen nicht hinausgehen. Es sind keine systematischen Untersuchungen mit dem Ziel einer kommerziellen Anwendung dieser Verfahren durchgeführt worden.

Schon die verfügbare Literatur zeigt, daß das direkte Mikrowellenschweißen aufgrund der notwendigen Fokussierung des Feldes sehr schwierig ist. Dennoch wurde gerade beim direkten Mikrowellenschweißen eine funktionsfähige Prototypanlage zum direkten Mikrowellenschweißen von Rohren aus PVDF [148, 149] aufgebaut.

3.5.2.2 Erwärmung von Kunststoffen mittels Mikrowellen

Mikrowellen sind nichtionisierende elektromagnetische Wellen im Frequenzbereich von 300 bis 300 GHz. Das Anwendungsgebiet der Mikrowellen ist breit gefächert. Es reicht von der Kommunikations- und Radartechnik bis hin zur Erwärmung von Materialien. Die Mikrowellenerwärmung basiert auf verlustbehafteten Polarisationsvorgängen in den Materialien, welche durch Wechselwirkung des elektrischen Feldes mit freien oder gebundenen Ladungsträgern entstehen. Die Erwärmung durch Mikrowellen ist abhängig von der Frequenz ω, dem elektrischen Feld E, dem dielektrischen Verlust ε'' und der Dichte ρ sowie der Wärmekapazität c. Es gilt für die Erwärmung eines Produkts um die Temperatur ΔT in der Zeit Δt folgende Beziehung:

$$\frac{\Delta T}{\Delta t} = \frac{\omega \varepsilon_0 \varepsilon'' E^2}{\rho c} \tag{3.11}$$

Abhängig vom molekularen Aufbau eines Polymers kann dieses über seine polare Struktur oder seine elektrische Leitfähigkeit Mikrowellen absorbieren. Grundlage der Absorption, die letztendlich zur Erwärmung führt, ist die Polarisation gebundener und freier Ladungsträger durch das elektrische Feld der Mikrowellen. Die Orientierungspolarisation ist der wichtigste Mechanismus der Mikrowellenabsorption bei elektrisch nichtleitfähigen Kunststoffen. Sie hängt ab von der Molekülstruktur und der Fähigkeit der Dipole, sich im elektromagnetischen Wechselfeld auszurichten. Beispielsweise ist Polyvinylidenfluorid (PVDF) ein teilkristalliner Kunststoff, der ein großes Dipolmoment senkrecht zur Hauptkette aufweist und deshalb einen hohen dielektrischen Verlust bereits bei Raumtemperatur ($\varepsilon'' \approx 1{,}1$) hat.

3.5.2.3 Indirektes Mikrowellenschweißen von thermoplastischen Kunststoffen

Aufbau der Schweißapparatur

Zum indirekten Mikrowellenschweißen der thermoplastischen Bauteile wird eine sog. Multi-Mode-Kavität verwendet. Diese Kavität besteht aus einem metallisch geschlossenen Kasten, in den durch eine verschließbare Öffnung die Bauteile eingebracht werden können. An der Oberseite und an der Unterseite der Kavität sind Magnetrone angeflanscht, die direkt in diese einstrahlen. Die Leistung der Magnetrone und die Zeit kann variiert werden.

Die mechanische Aufnahme der Bauteile besteht aus Materialien, die für Mikrowellen transparent sind. Dies sind im wesentlichen unpolare keramische oder polymere Werkstoffe. Über Federn wird der zum Schweißen notwendige Druck aufgebracht, Bild 3.135.

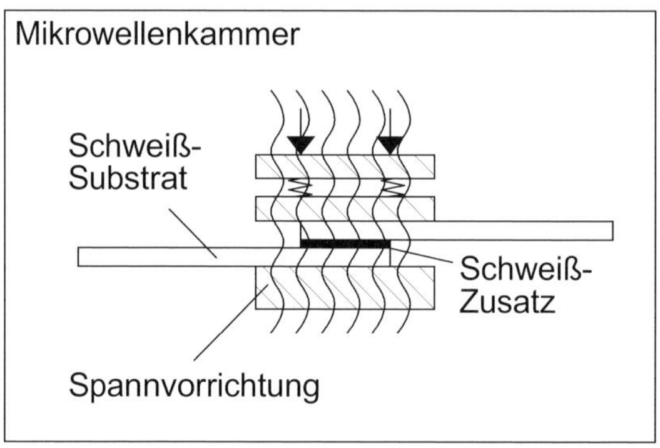

Bild 3.135 Spannvorrichtung zum indirekten Mikrowellenschweißen

Fügeprozeß

Um beim indirekten Mikrowellenschweißen eine gute Schweißqualität zu erzielen, ist ein homogenes Aufschmelzen der Fügezone kombiniert mit einem entsprechenden Schweißdruck notwendig [134]. Die aufzuschmelzende Fügezone umfaßt den Schweißzusatz und bis zu einer bestimmten Eindringtiefe die zu verschweißenden Fügeteile im Bereich der Schweißverbindung. Selbst wenn man polare Kunststoffe schweißt, erwärmt sich beim indirekten Mikrowellenschweißen der eingelegte Schweißzusatz wegen seines höheren dielektrischen Verlustes wesentlich schneller als die Fügeteile. Das Aufschmelzen der Schicht in den Fügeteilen erfolgt also über Wärmeleitung vom Schweißzusatz. Maßgebliche Parameter sind einerseits die temperaturabhängige Erwärmungscharakteristik und die Dicke des Schweißzusatzes, sowie die Wärmeleitung zwischen dem Schweißzusatz und den zu verschweißenden Fügeteilen, Bild 3.136.

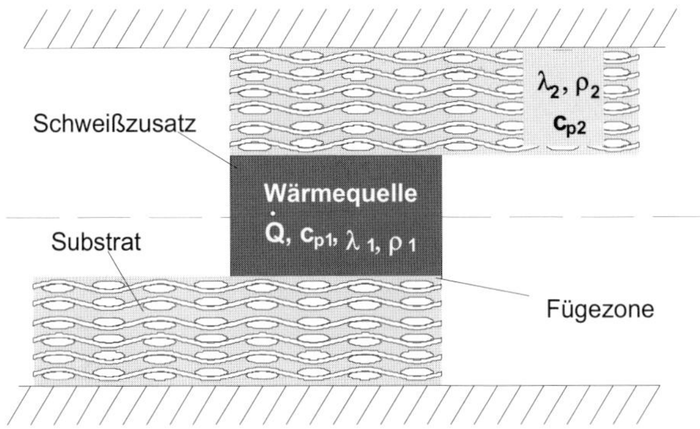

Bild 3.136 Thermodynamisches Modell beim indirekten Mikrowellenschweißen

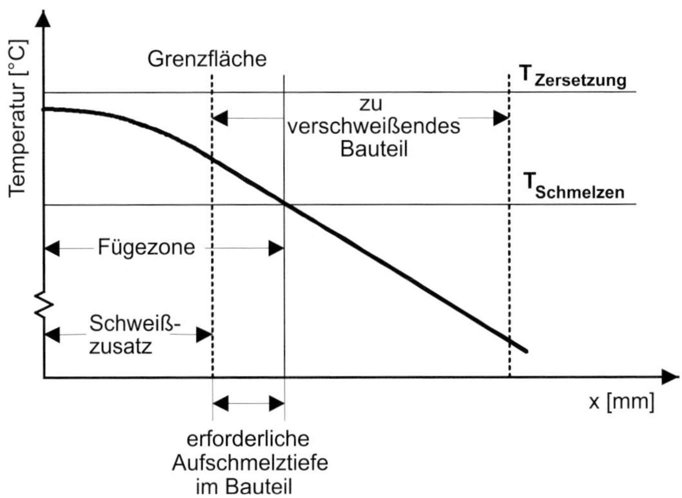

Bild 3.137 Thermisches Prozeßfenster beim indirekten Mikrowellenschweißen

Während des Schweißprozesses müssen die im Schweißzusatz absorbierte und in Wärme umgewandelte Energie und die durch Wärmeleitung aus dem Zusatz entzogene Energie derart im Gleichgewicht sein, daß einerseits der Schweißzusatz aufschmilzt, aber nicht in den Bereich der Zersetzungstemperatur kommt, und andererseits die zur Fügezone gehörende Schicht der Fügeteile bis in eine ausreichende Tiefe aufschmilzt. Daraus ergibt sich für die Temperaturverteilung in der Fügezone das in Bild 3.137 schematisch dargestellte Prozeßfenster.

Vorbereitung zum Schweißen

Die zu verschweißenden Bauteile werden vor dem Schweißvorgang gereinigt. Es ist vorteilhaft, wenn die Schweißnaht so gestaltet ist, daß der Zusatz in einen Fügepartner eingelegt werden kann und der andere Fügepartner darauf gelegt wird. Bei der Gestaltung der Fügenaht ist zu beachten, daß keine Schmelze des Schweißzusatzes austritt, da diese dann leicht überhitzt und lokal thermisch abgebaut wird. In die Schweißnaht wird dann der Schweißzusatz eingelegt. Als Schweißzusätze können Folien aus rußmodifizierten Compounds auf der Basis des Grundmaterial Verwendung finden. Aus thermodynamischen Überlegungen folgt, daß die optimale Dicke des Schweißzusatzes 0,5 mm beträgt. Die Bauteile werden in die Spannapparatur eingelegt und durch diese in eine definierten Lage zueinander zentriert und der erforderliche Fügedruck aufgebracht.

Schweißen und Abkühlen

Die zu verschweißenden Bauteile wurden mit der Spannvorrichtung in die Kavität eingebracht und mit Mikrowellen bestrahlt. Eine Anwärmphase entfällt beim indirekten Mikrowellenschweißen. Die Mikrowelle wurde hierbei gepulst appliziert. Als optimales Puls/Pausen/Verhältnis wird der Wert 1 vorgeschlagen. Für Polypropylenbauteile hat sich eine mittlere Mikrowellenleistung von P = 800 W und eine Schweißzeit von 10 s bewährt. Diese Werte sind unabhängig von der Größe der zu verschweißenden Naht, solange das elektronische Feld durch den Schweißzusatz kaum gestört wird. Nach einer ausreichenden Abkühlzeit, die abhängig ist von der Dicke des Schweißzusatzes und der Dicke der Bauteile werden die Bauteile aus der Spannvorrichtung entnommen.

3.5.2.4 Direktes Mikrowellenschweißen von polaren Kunststoffen, PVDF-Rohre

Aufbau der Schweißapparatur für PVDF-Rohre

In Bild 3.138 ist eine Apparatur zum Schweißen von PVDF-Rohre mittels Mikrowellen dargestellt. Als mechanischer Bestandteil der Schweißapparatur ist eine Justier- und Spanneinrichtung für die Rohre integriert, wie sie für das IR- oder Heizelementschweißen von Rohren Verwendung findet. Des weiteren wird die Temperatur der Erwärmungszone mit Hilfe eines IR-Thermometers gemessen.

Kernstück der Anlage ist das Einkoppelsystem. Ein speziell entworfenes, offenes, jedoch nicht abstrahlendes Antennensystem erzeugt an seinen Enden eine gleichmäßige, zylindrische Feldverteilung mit hohen Feldstärken, Bild 3.139.

Die zylindrische Feldverteilung gewährleistet eine gleichmäßige Erwärmung der Rohrkontur. Durch Anpassung der Antennengeometrie kann das bei der Erwärmung resultierende Temperaturprofil gesteuert werden. Das Antennensystem besteht im einzelnen aus einem

Antennenkegel und der Antenne, die in einem Gehäuse gekapselt ist. Über den Antennenkegel wird die Mikrowelle aus dem Rechteckhohlleiter ausgekoppelt. Die Antenne überträgt die Mikrowellenleistung zum eigentlichen Einkoppelsystem. Dort wird die Leistung auf die offenen Enden verteilt, wo je ein Rohr erwärmt werden kann. Das Einkoppelsystem wird auf einem Schlitten montiert und kann entfernt werden

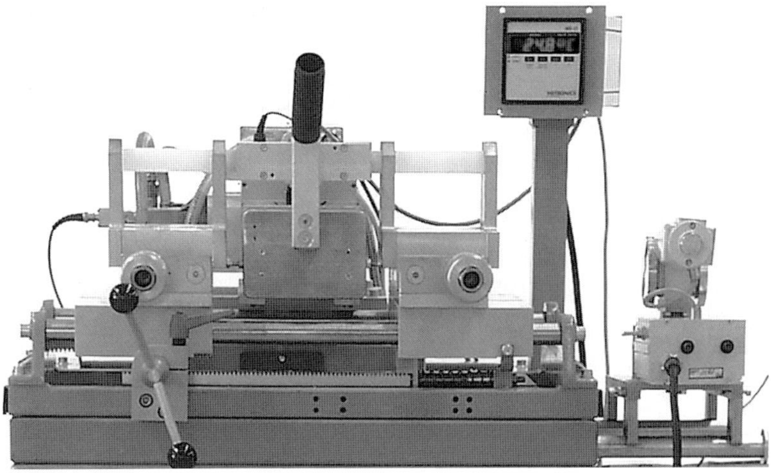

Bild 3.138 Aufbau der Mikrowellenschweißanlage

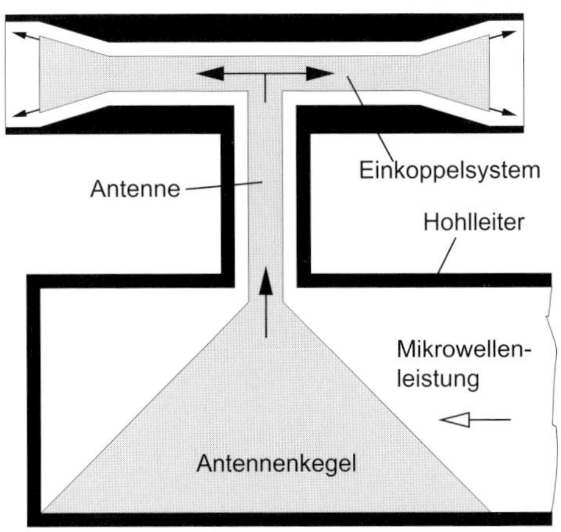

Bild 3.139 Einkoppelsystem der Mikrowellenschweißanlage

Fügeprozeß

Das Verfahren des MW-Schweißens wurde an das in DVS 2207-15 beschriebene Verfahren des Heizelementschweißens angelehnt. Gleiche Verfahrensschritte und Richtwerte wurden übernommen, mikrowellenspezifische Schritte und Richtwerte hinzugefügt [150].

Beim Mikrowellenschweißen werden die Fügeflächen der zu schweißenden Rohre in einem bestimmten Abstand von den Mikrowellenantennen durch Mikrowellen auf Schweißtemperatur erwärmt und nach Entfernung der Antennen unter Druck oder bei konstantem Weg gefügt. Die Schweißungen werden auf einer Mikrowellenschweißanlage durchgeführt, wobei für jeden Rohrdurchmesser eine andere Antennenform und Antennengeometrie notwendig ist. Es ist darauf zu achten, daß die Rohre exakt zu den Antennen positioniert und die notwendigen Anwärmzeiten, Fügegeschwindigkeiten und Fügekräfte bzw. Fügewege eingehalten werden.

Vorbereitung zum Schweißen

Nach dem Einspannen der Rohre sind die Fügeflächen unmittelbar vor dem Schweißen mit dem Planhobel zu bearbeiten, um eine Planparallelität der Fügeflächen zu erreichen, den gleichen Abstand der Fügeflächen über den Umfang zur Antenne zu gewährleisten und eventuellen Schmutz und Unebenheiten zu beseitigen. Zum Bearbeiten wird der Planhobel auf die Führungsstangen zwischen die Schlitten aufgesetzt und eingeschaltet. Die Rohre werden so lange gegen ihn gepreßt, bis beide die gewünschte glatte Oberfläche besitzen. Die Rohre werden dann mittels des Abstandsstückes, das auf dem Schweißkopf aufgesetzt wird, auf einen gleichen Abstand zum Schweißkopf eingerichtet. Danach sind die Rohre gegeneinander zu fahren und auf Versatz und Spaltbreite zu prüfen. Ein Versatz der Rohre liegt daran, daß die Rohre nicht gerade bzw. unrund sind. Eventuell ist nochmals eine Justierung vorzunehmen.

Anwärmphase

Zum Anwärmen werden die Enden der in der Fügevorrichtung fixierten PVDF-Rohre innerhalb des Einkoppelsystems in eine definierte Position nahe den Antennen gebracht. Dann kann der Mikrowellengenerator eingeschaltet werden. Das Heizelement benötigt keine Vorwärmzeit, so daß mit der Anwärmphase sofort begonnen wird. Mit Hilfe des IR-Thermometers wird online die Temperatur der Fügezone bestimmt und bei Erreichen der Schmelztemperatur die Mikrowellenquelle abgeschaltet. Auf diese Weise wird in Abhängigkeit vom Wirkungsgrad der Mikrowellenquelle nur die Energiemenge verbraucht, die wirklich zum Aufschmelzen der Rohrenden notwendig ist.

In Bild 3.140 ist die Anwärmphase dargestellt. Die Rohrenden befinden sich im Einkoppelsystem und werden mit Mikrowellen angewärmt. Diese erwärmen den Kunststoff und die Temperatur der Anwärmzone kann direkt abgelesen werden. Die Schweißtemperatur für PVDF liegt bei 240 °C. Ist diese Temperatur erreicht, kann mit dem Schweißen begonnen werden. Insofern ist die Anwärmphase unabhängig von äußeren Randbedingungen wie beispielsweise Umgebungstemperatur und Feuchte. Deshalb ist es nicht notwendig, Anwärmzeiten für verschiedene Rohrdurchmesser und Wandstärken anzugeben.

Als typische Mikrowellenleistung P und Aufheizzeit t für ein Rohr von 28 mm Durchmesser und einer Wandstärke von 2 mm können $P = 180$ W und $t = 7$ s eingestellt werden.

In Bild 3.141 ist die Erwärmungszone eines PVDF-Rohrs nach der Bestrahlung mittels Mikrowellen dargestellt. Es ist eine homogene Erwärmung des Rohrendes erkennbar.

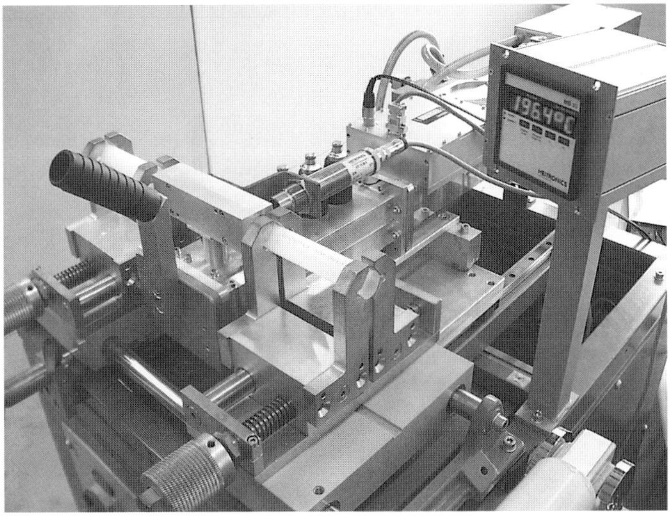

Bild 3.140 Anwärmprozeß der PVDF-Rohre

Bild 3.141 Erwärmungszone nach einer Mikrowellenbestrahlung

Schweißen und Abkühlen

Nachdem die Erwärmungszone eine Temperatur von 240 °C erreicht hat, wird der Schweißkopf zurückgefahren und die Rohre stirngeschweißt. Die Umstellzeit und die Abkühlzeit sind dabei identisch mit den Werten beim konventionellen Stumpfschweißen.

3.5.2.5 Qualitätssicherung

Temperaturmessung

Die Qualitätssicherung beim Mikrowellenschweißen erfolgt über die Messung der Temperatur. Beim indirekten Mikrowellenschweißen wird die Temperatur mit Hilfe eines IR-Thermometers direkt während des Schweißvorgangs gemessen, falls die Schweißnaht zugänglich ist.

Die entscheidende Maßnahme zur Qualitätssicherung beim direkten Mikrowellenschweißen ist die direkte Temperaturmessung der Erwärmungszone mit Hilfe eines IR-Thermometers während der Anwärmphase. Dadurch wird gewährleistet, daß das Rohr bei der richtigen Temperatur gefügt wird. Der Temperaturverlauf jeder Anwärmphase wird mit einem Rechnersystem erfaßt und aufgezeichnet. Verbunden mit der Schweißnummer und der namentlichen Angabe des Schweißers kann der Schweißprozeß eindeutig reproduziert werden. Des weiteren können dann Fehlbedingungen recherchiert und zugeordnet werden.

Prüfung und Verifizierung der Verbindungseigenschaften nach dem Fügeprozeß

Nach dem Fügeprozeß können die Verbindungseigenschaften geprüft und verifiziert werden [151]. Beim indirekten Mikrowelllenschweißen wird die Beurteilung der Qualität der Schweißnaht im Anschluß an die Schweißung an Stichproben mit Hilfe der mechanischen Prüfung durchgeführt.

Die Schweißnaht wird beim direkten Mikrowellenschweißen gemäß o.g. Richtlinien für Heizelement- oder Strahlungsschweißen (IR) kontrolliert werden. Letztendlich werden technische Biegewinkelversuche und Langzeitversuche an Stichproben durchgeführt, um die Verbindungseigenschaften zu prüfen.

3.5.3 Induktionsschweißen

3.5.3.1 Physikalisches Prinzip der induktiven Erwärmung

Wird ein elektrisch leitender Werkstoff einem elektromagnetischen Wechselfeld ausgesetzt, so werden in diesem Wirbelströme induziert, und der Werkstoff erwärmt sich infolge von Wirbelstromverlusten. Ist der Werkstoff darüber hinaus magnetisch, entsteht zusätzlich eine Erwärmung durch Hystereseverluste. Der Energieeintrag bei der induktiven Erwärmung ist etwa 1500-fach höher als bei der Wärmeleitung [152].

Bei kohlenstoffaserverstärkten Kunststoffen (CFK) erfolgt die induktive Erwärmung im wesentlichen aufgrund von Joule-Verlusten in den elektrisch leitenden Fasern und zu einem geringen Anteil durch dielektrische Verluste im Matrixpolymer [153, 154]. Allerdings müssen Leiterschleifen vorhanden sein, wie sie beispielsweise die Kreuzungspunkte der Fasern in Geweben darstellen. Aus diesem Grund lassen sich unidirektionale kohlenstoffaserverstärkte Laminate nicht direkt induktiv erwärmen, sondern nur unter Zuhilfenahme eines

Schweißhilfsmaterials, wie z.B. eines Kohlenstoffaservlieses oder Metallgewebes. Dies trifft auch auf glasfaserverstärkte Kunststoffe (GFK) sowie reine Polymere zu, da diese selbst keine elektrisch leitenden Anteile enthalten. Das Aufschmelzen des Polymers erfolgt durch Wärmeleitung zwischen dem induktiv erwärmten elektrisch leitenden Werkstoff und dem Polymer.

Entscheidende Prozeßgrößen für die induktive Erwärmung sind die Feldstärke und die Frequenz. Generell gilt: je geringer die elektrische Leitfähigkeit des zu erwärmenden Werkstoffes ist, um so höher muß die Frequenz bzw. die Feldstärke sein, um den gleichen Wärmeeintrag zu erzielen.

3.5.3.2 Induktionsschweißprozeß

Wie alle Schweißprozesse gliedert sich auch der Induktionsschweißprozeß in die Phasen Aufschmelzen, Schmelzefusion und Konsolidierung. Das zur Erwärmung des leitfähigen (Zusatz-)Werkstoffes erforderliche Magnetfeld wird durch eine Induktionsspule, den sog. Induktor, emittiert. Bild 3.142 zeigt verschiedene Ausführungen solcher Induktoren.

Prinzipiell ist zwischen einem kontinuierlichen und einem diskontinuierlichen Prozeß zu unterscheiden. Der kontinuierliche Prozeß ist besonders für große, komplex geformte Bauteile geeignet, der diskontinuierliche Prozeß dagegen eher für kleine Bauteile.

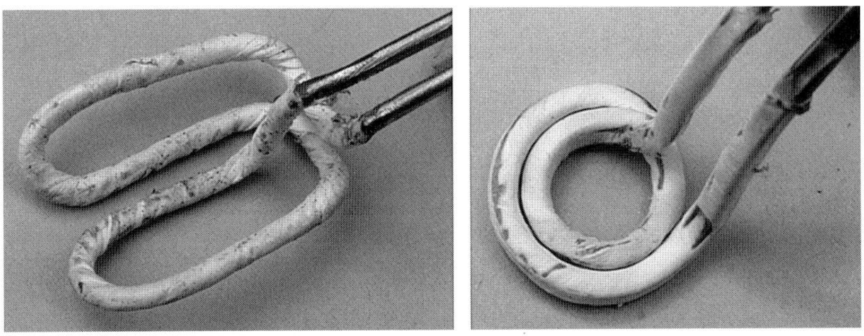

Bild 3.142 Auswahl verschiedener Induktorgeometrien

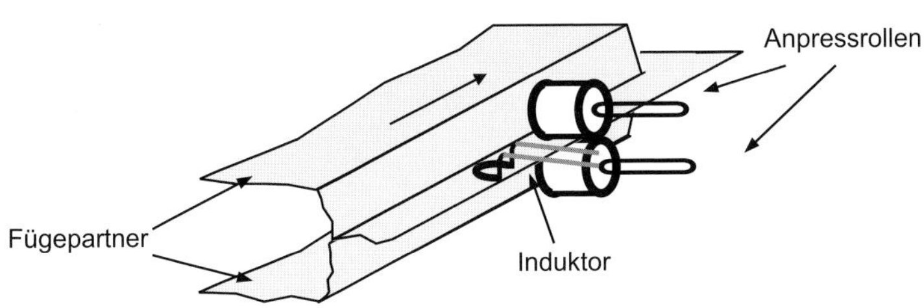

Bild 3.143 Schema des kontinuierlichen Induktionsschweißprozesses

Beim kontinuierlichen Prozeß werden die zu fügenden Bauteile an der Induktorspule bzw. die Induktorspule an den zu fügenden Bauteilen vorbei bewegt und dabei das Polymer durch das elektromagnetische Feld erwärmt. Eine Andruckrolle oder ein Andruckrollenpaar bringt anschließend die Schweißkraft auf und entzieht gleichzeitig dem geschweißten Bauteil die Wärme, so daß das Polymer wieder erstarrt (vgl. Bild 3.143) [155].

Beim diskontinuierlichen Prozeß umschließt oder überdeckt der Induktor die gesamte Fügezone, so daß diese in einem Schritt erwärmt wird. Der Induktor ist entweder eine separate Baugruppe wie beim kontinuierlichen Prozeß oder er ist in das Preßwerkzeug eingebettet. Im letzteren Fall muß das Preßwerkzeug aus elektrisch nicht-leitendem Material (z.B. Keramik) bestehen. Der Schweißdruck wird zeitgleich mit der Erwärmung appliziert. Nach dem Ende der Erwärmungsphase wird der Schweißdruck aufrecht erhalten bis der Thermoplast konsolidiert ist.

Die Vorteile des Induktionsschweißens liegen in seinem hohen Energieeintrag, der kontaktlosen Wärmeübertragung, den geringen Investitionen sowie seiner großen Flexibilität hinsichtlich des zu fügenden Bauteilspektrums. Ein weiterer entscheidender Vorteil ist die Möglichkeit, lösbare Verbindungen herzustellen. Durch ein erneutes Erwärmen der Schweißhilfe und Aufschmelzen der Fügezone nach dem eigentlichen Schweißvorgang lassen sich die gefügten Bauteile wieder trennen.

3.5.3.3 Anwendungsbereiche und Anwendungsbeispiele

Kommerzielle Anwendung findet das Induktionsschweißen von Thermoplasten beispielsweise beim "elektromagnetischen Widerstandsschweißen" [156] und beim "EMAWELD® Prozeß" [157]. Während beim "elektromagnetischen Widerstandsschweißen" metallische Inserts als Schweißhilfsmaterial verwendet werden, wurde für den EMAWELD® Prozeß eigens ein Schweißhilfsmaterial entwickelt und patentiert, das aus einem extrudierten Thermoplast besteht, in den Metallpartikel eingebettet sind.

Bild 3.144 Induktionsgeschweißter Demonstrator

Ausschnitt aus dem Rudernasenteil eines Airbus A330/200; Länge: 1000 mm

Das Institut für Verbundwerkstoffe GmbH, Kaiserslautern, entwickelt derzeit einen kontinuierlichen Induktionsschweißprozeß für Bauteile aus Faser-Kunststoff-Verbunden und unverstärkten Thermoplasten [155].

Der EMAWELD®-Prozeß wird vielfach in industriellen Anwendungen eingesetzt, so z.B. für Fahrzeugbodenverkleidungen aus glasmattenverstärktem Polypropylen, Rasenmähertanks aus PE-HD und Solarpanel aus Polypropylen [157]. Das elektromagnetische Widerstands-Schweißen wird u.a. zum Fügen von Ansaugrohren, Haushaltsartikeln und zum Einsetzen von Inserts verwendet [156]. Der kontinuierliche Induktionsschweißprozeß befindet sich derzeit noch in der Entwicklung. An einem Rudernasenteil eines Airbus wurde aber bereits das Potential des Verfahrens aufgezeigt.

3.5.3.4 Fügenahtgestaltung

Bei entsprechender Anpassung des Schweißkopfes (im wesentlichen bestehend aus Induktor und Anpreßrolle) und der Vorschubeinheit (z.B. Roboter) können mit dem kontinuierlichen Induktionsschweißprozeß nahezu beliebige Nahtgeometrien und Bauteildimensionen bearbeitet werden. Bei den diskontinuierlichen Prozessen "elektromagnetisches Widerstandsschweißen" und "EMAWELD®" ist die bearbeitbare Bauteilgröße und Komplexität der Fügenahtgeometrie im wesentlichen durch wirtschaftliche Faktoren wie Werkzeug- und Pressenkosten begrenzt.

3.5.3.5 Relevante Prozeßparameter und QS-Größen

Prozeßparameter	**Größenordnung**	**beeinflußte Größen**
Spulenstrom	10 - 300 A	Erwärmungstemperatur, Erwärmungsgeschwindigkeit
Magnetfeldfrequenz	20 kHz – 10 MHz	Erwärmungstemperatur, Erwärmungsgeschwindigkeit
Induktorgeometrie	10 – 10.000 mm^2	Wärmeverteilung, Erwärmungsgeschwindigkeit, Erwärmungstemperatur
Abstand Induktor – Fügenaht	2 – 20 mm	Erwärmungstemperatur, Erwärmungsgeschwindigkeit
Schweißkraft	0,5 – 4 N/mm^2 bzw. 100 – 300 N [a]	Schweißnahtfestigkeit
Temperatur des Preßwerkzeuges	5 – 80 °C	Abkühlgeschwindigkeit, Abkühltemperatur
Abstand Induktor – Konsolidierungseinheit	20 – 50 mm	Wärmeabführung zwischen Induktor und Rolle
Vorschubgeschwindigkeit[a]	5 – 15 $mm \cdot s^{-1}$	Erwärmungstemperatur, Wärmeabführung durch die Rolle

Tabelle 3.8 Einflußparameter und beeinflußte Prozeßgrößen beim Induktionsschweißen

[a] *gilt nur für den kontinuierlichen Induktionsschweißprozeß*

In Tabelle 3.8 sind die den Induktionsschweißprozeß beeinflussenden Prozeßparameter, deren Größenordnung sowie die beeinflußten Prozeßgrößen aufgelistet. Bild 3.145 zeigt einen für den kontinuierlichen Prozeß typischen Temperatur-Zeit-Verlauf. Werden die werkstoffabhängigen Temperaturen T_1-T_4 und zusätzlich der Schweißdruck eingehalten, so erhält man qualitativ hochwertige Schweißnähte. T_1-T_4 repräsentieren die folgenden Temperaturbereiche:

- T_1: höher als die Verarbeitungstemperatur, aber niedriger als die Zersetzungstemperatur des Thermoplasten,
- T_2: Verarbeitungstemperatur des Thermoplasten und
- T_3, T_4: niedriger als die Rekristallisationstemperatur des Thermoplasten.

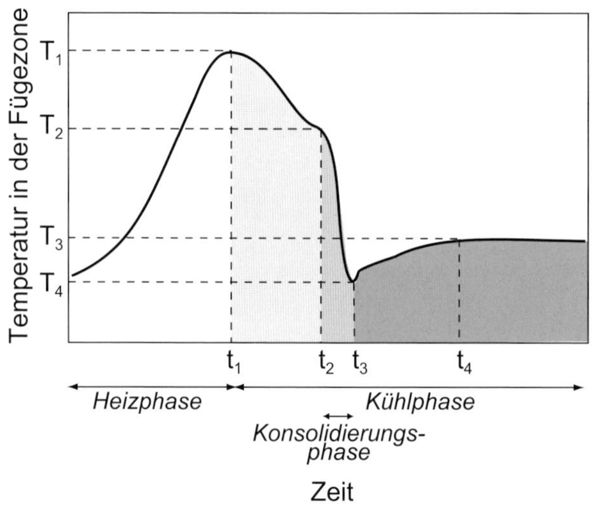

Bild 3.145 Temperatur-Zeit-Verlauf beim kontinuierlichen Induktionsschweißprozeß

3.5.3.6 Anlagentechnik zum kontinuierlichen Induktionsschweißen

Zum Induktionsschweißen sind ein Hochfrequenz-Umrichter zur Erzeugung des Magnetfeldes, eine Druckeinheit zur Erzeugung des Schweißdruckes sowie im Falle des kontinuierlichen Prozeßes eine Vorschubeinheit erforderlich. Durch die Verwendung eines Knickarm-Roboters lassen sich Vorschub- und Druckerzeugung kombinieren.

3.5.3.7 Mechanische Eigenschaften

Der Vergleich der mit verschiedenen Fügeverfahren erzielbaren Fügenahtfestigkeit für ein kohlenstofffasergewebeverstärktes Polyphenylensulfid (Faseranteil: 50 Vol.-%) zeigt, daß die Schweißverfahren dem Kleben und Nieten deutlich überlegen sind. Nach dem Vibrationsschweißen wurde mit dem Induktionsschweißen die höchste Fügenahtfestigkeit erzielt (vgl. Bild 3.146) [158]. Die Prüfung der Nahtfestigkeit erfolgte im Zugscherversuch in Anlehnung an DIN 53283 an einfach überlappten Probekörpern mit einer Dicke von 2 mm, einer Breite von 25 mm und einer Überlappungslänge von 15 mm. Die Nietverbindungen wurden einreihig ausgelegt, wobei die gemessene Bruchkraft mit Hilfe der Überlappungsfläche in eine Bruchspannung umgerechnet wurde, um die Vergleichbarkeit der Ergebnisse zu gewährleisten. Die Oberfläche der Klebeverbindungen wurde direkt vor dem Verkleben mit Aceton gereinigt. Die interlaminare Scherfestigkeit des ungeschweißten Laminates wurde im Kurzbiegeversuch nach DIN EN 2563 ermittelt und dient als Referenzwert für die maximal mögliche Nahtfestigkeit.

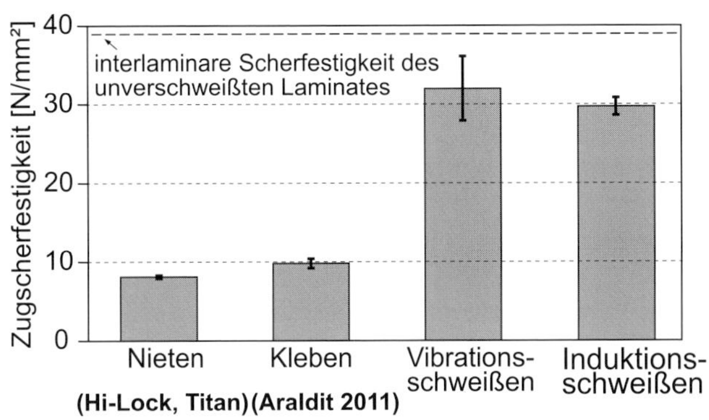

Bild 3.146 Vergleich verschiedener Fügetechniken für CF-PPS [158]

3.5.4 Laserschweißen in der Mikrosystemtechnik

3.5.4.1 Einleitung

Unser heutiges Informationszeitalter basiert vor allem auf den Erfolgen der Mikroelektronik und den Erkenntnissen der Halbleitertechnik, die den Anstoß zu einer rasanten Technologieentwicklung gaben. Aus der Miniaturisierung von elektronischen Bauteilen resultieren die heutigen Arbeitsgebiete der Mikromechanik, der Mikrooptik und der Mikrofluidik, die in ihrer Gesamtheit das Feld der Mikrosystemtechnik umfassen.

Der Begriff Mikrosystemtechnik kann heute noch nicht durch eine allgemein gültige Definition beschrieben werden. EVERSHEIM u. M. [159] definieren den Begriff als die Herstellung, Montage und den Einsatz von kleinsten optischen und mechanischen Bauteilen, die zusammen mit mikroelektronischen Komponenten zu einem Gesamtsystem verknüpft werden.

Die Mikrosystemtechnik hat in den letzten Jahren eine Vielzahl innovativer Produkte hervorgebracht. Bauteile, wie etwa Sensoren im Automobil, Komponenten für die Kommunikations- und Datentechnik oder medizintechnische Produkte [159-163] sind Bestandteil unseres täglichen Lebens geworden. Zur Herstellung mikrotechnischer Komponenten und Systeme werden bisher meist Fertigungstechniken eingesetzt, die aus der Halbleiterfertigung hervorgegangen sind. Da die Fertigungskosten und Prozeßzeiten für diese Herstellverfahren auf sehr hohem Niveau sind, können viele potentielle Massenprodukte hiermit nicht hergestellt werden. Durch die Weiterentwicklung konventioneller Produktionsverfahren für die Kunststoffabformung, hier sind vor allem das Spritzgießen und die Heißprägetechnik zu nennen, können heute Kunststoffkomponenten mit Strukturen im µm-Bereich hergestellt werden [164-166]. Die äußeren Abmessungen solcher Mikroformteile aus Kunststoff betragen wenige mm [159]. So genannte Mikroteile, wie z.B. Zahnräder, haben minimale Abmessungen von etwa 400 µm.

Als Verbindungstechniken für Mikrobauteile dominieren bisher die Verfahren Kleben, Löten und Bonden [167]. Für Kunststoffbauteile wird bisher das Kleben und Schweißen als Fügeverfahren eingesetzt. Problematisch für die Klebtechnik ist an vielen potentiellen mikrotechnischen Anwendungen der Einsatz eines Zusatzwerkstoffes. Außerdem ist an Mikrobauteilen eine Dosierung und Applikation kleinster Klebstoffmengen erforderlich. Eine sinnvolle Alternative zur Klebtechnik bietet das Schweißen.

3.5.4.2 Anforderungen an Schweißverbindungen in der Mikrotechnik

Aufgrund der kleinen Abmessungen von Mikrobauteilen werden an Schweißverbindungen solcher Komponenten hohe Anforderungen gestellt. Bild 3.147 zeigt exemplarisch zwei Beispiele möglicher Fügeaufgaben an Mikrosystemen.

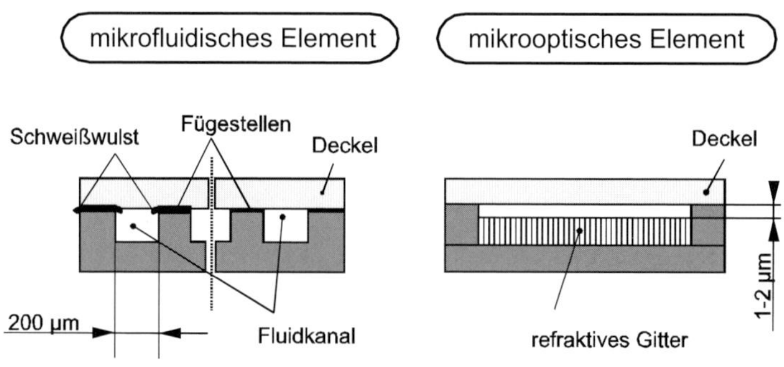

Bild 3.147 Beispiele von Schweißnähten in der Mikrosystemtechnik

Schweißverbindungen an mikrofluidischen Elementen sind so auszuführen, daß kein Schweißwulst in den Fluidkanal ragt. Auch ist hier aufgrund der kleinen Abmessungen der Bauteile ein Verdecken oder Auffangen des Schweißnahtaustriebes, wie es in der Makrotechnik durch entsprechende Gestaltung der Bauteile erfolgt, meist nicht möglich. Für die Funktion mikrooptischer Bauteile können Fügetoleranzen bis zu etwa 1 µm gefordert werden [167].

Weitere Anforderungen an Schweißverfahren für die Mikrosystemtechnik sind u.a.:

- kleine Fügestellenabmessungen,
- kurze Schweißzeiten,
- partikelfreier Schweißprozeß,
- gute Positionierung der Fügeteile während des Schweißprozesses,
- geringe mechanische Belastung der Fügeteile durch den Schweißvorgang und
- ausreichende Schweißnahtfestigkeiten.

Aufgrund dieser Forderungen erweisen sich alle Schweißverfahren als ungeeignet, die zum Schmelzen der Fügeflächen äußere (Coulombsche) Reibung nutzen. Die Relativbewegung der Fügepartner während des Schweißvorganges führt zu einer erheblichen mechanischen Belastung der Fügeteile und kann damit die Beschädigung einzelner Komponenten eines Mikrosystems verursachen. Ebenso wenig geeignet zum Schweißen von Mikrobauteilen sind alle Verfahren, die zum Schmelzen der Fügeflächen das Prinzip der Konvektion nutzen. Durch die konvektive Erwärmung kann keine gezielte Erwärmung der Fügezone erreicht werden, um möglichst kleine Fügestellenabmessungen realisieren zu können.

Problematisch ist ebenso eine erneute Positionierung der Fügepartner zueinander nach dem Aufschmelzen der Fügefächen. Deshalb erscheinen mehrstufige Schweißverfahren, wie z.B. das Heizelementstumpfschweißen oder das Laserstumpfschweißen, aufgrund der schwierigen Positionierung der Fügeteile und der dadurch bedingten langen Schweißprozeßzeiten nicht für die Mikrotechnik anwendbar.

Das größte Potential für den Einsatz in der Mikrotechnik hat das Prinzip der Strahlungserwärmung, insbesondere über Laserstrahlung. Durch die gute Fokussierbarkeit der Laserstrahlung und die gute Dosierbarkeit auch kleiner Wärmemengen kann eine berührungslose Erwärmung sehr kleiner Bereiche durch den Laser realisiert werden. Dies läßt den Einsatz des Laserdurchstrahlschweißens für Kunststoffverbindungen als geeignet erscheinen (s.a. Kap. 3.3.3).

3.5.4.3 Maschinentechnik und Prozeßvarianten

Alle Laseranlagen zum Kunststoffschweißen bestehen generell aus folgenden Komponenten:

- dem Lasersystem,
- Komponenten zur Positionierung des Lasers und
- einer Fügevorrichtung.

Das Lasersystem muß einen Laserstrahl mit geregelter Ausgangsleistung erzeugen. Abhängig von der optischen Abbildung des Lasers sowie der Geometrie der Fügeteile muß dieser Strahl relativ zu den Fügeteilen bewegt werden. Die Fügevorrichtung hat die Aufgabe, die Fügeteile in ihrer Lage zueinander zu positionieren und muß je nach Art der Prozeßregelung eine definierte Fügekraft oder einen definierten Fügeweg erlauben. Zum Positionieren der Fügeteile werden meist formschlüssige Aufnahmen verwendet. Die Erzeugung der Fügekraft kann durch pneumatische, hydraulische oder servoelektrische Stellglieder bzw. Federn erfolgen.

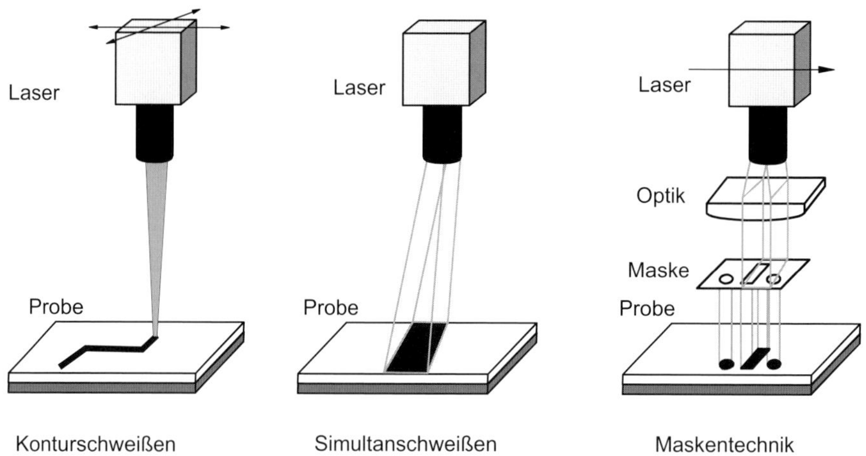

Bild 3.148 Prozeßvarianten des Laserschweißens für die Mikrotechnik

Für das Laserschweißen von Mikrosystemen können Festkörperlaser mit einer Wellenlänge von 1064 nm oder Hochleistungsdiodenlaser (HDL) mit einer Wellenlänge von 800 bis 940 nm eingesetzt werden. Die Fügeteile werden zu Beginn des Prozesses zueinander positioniert und mit der Fügekraft aufeinander gedrückt. Anschließend wird, wie bei den Verfahrensvarianten im Makrobereich, entweder ein fokussierter Laserstrahl entlang der Fügestellenkontur bewegt (Konturschweißen) oder ein der Kontur der Fügestelle angepaßter Laserstrahl auf die gesamte Fügeflächenkontur gerichtet (Simultanschweißen, s. Bild 3.148).

Eine weitere in der Mikrotechnik mögliche Verfahrensvariante ist die Maskentechnik. Bei dieser Verfahrensart wird in den Strahlengang vor der Probe eine Maske positioniert. Diese Maske enthält dabei die Kontur der zu schweißenden Fügefläche, Bild 3.148. Als Maskenmaterialien können Stahlbleche bis zu einer Dicke von 0,5 mm oder chrombeschichtete Glasmasken eingesetzt werden.

3.5.4.4 Werkstoffauswahl

Für das Laserstrahlschweißen sind geeignete Kunststoffe auszuwählen. Neben dem Fließverhalten und den Schwindungseigenschaften, die im Wesentlichen die Auswahl der Kunststoffe für die Formgebung durch Spritzgießen oder Heißprägen bestimmen, sind für das Laserdurchstrahlschweißen die optischen Eigenschaften der Kunststoffe von entscheidender Bedeutung.

Die strahlungsoptischen Eigenschaften von reinen Kunststoffen werden wesentlich vom makromolekularen Aufbau bestimmt. Die Absorption ist dabei sowohl von der Wellenlänge der Laserstrahlung als auch der Struktur und der Temperatur des Kunststoffes abhängig. Physikalisch erfolgt die Absorption durch Wechselwirkung zwischen Strahlung und Molekülbausteinen.

Neben den strahlungsoptischen Eigenschaften der reinen Polymeren muß der optische Einfluß von Zusatzstoffen berücksichtigt werden. Um die Eindringtiefe der Laserstrahlung zu verringern, werden vielfach Rußpartikel eingesetzt, die selbst Strahlung absorbieren und reflektieren. Diese Reflexion wird auch als innere Reflexion oder Streuung bezeichnet [50].

Bild 3.149 zeigt TEM-Aufnahmen (**T**ransmissions-**E**lektronen-**M**ikroskop) einer mit Ruß eingefärbten Polypropylenprobe. Der Ruß ist statistisch über die Probenfläche verteilt (rechtes Foto). Bei stärkerer Vergrößerung wird deutlich, daß die Rußpartikel als Aggregate vorliegen. Da die Größe der einzelnen Aggregate bis zu einigen 100 nm betragen kann, beeinflussen diese auch die Streuung der Laserstrahlung in Kunststoffen.

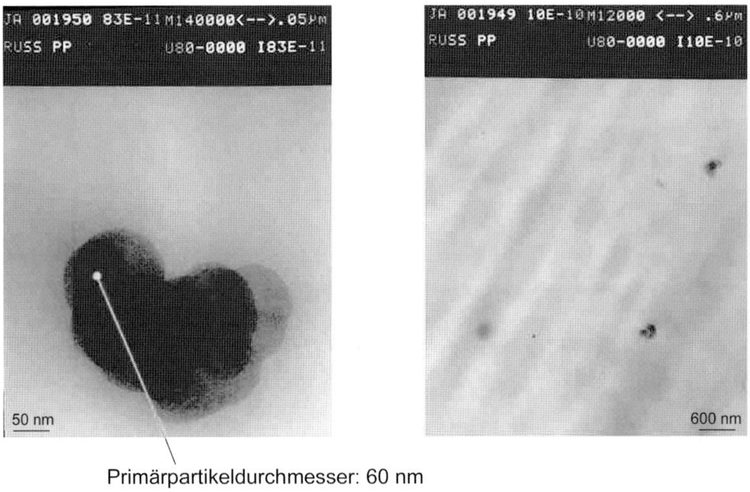

Bild 3.149 TEM Aufnahmen von rußgefülltem Polypropylen (PP)

Einflüsse der Rußpigmentierung und der Prozeßführung

Bei Transmissionsmessungen konnte ein Einfluß der Rußpartikelgröße auf die optischen Eigenschaften von Kunststoffen festgestellt werden. Bild 3.150 zeigt Ergebnisse von Schweißuntersuchungen an miniaturisierten Schulterzugproben.

Für die Untersuchungen ist jeweils eine nicht eingefärbte Probe mit einer zweiten Probe geschweißt worden, die mit 0,1 Gew.-% Ruß eingefärbt ist. Es zeigt sich, daß für die mit kleineren Rußpartikeln eingefärbten Proben ein signifikanter Anstieg der Schweißnahtfestigkeit festzustellen ist. Diese höhere Schweißnahtfestigkeit ist letztendlich auf die unterschiedlichen optischen Eigenschaften der Kunststoffe bei veränderter Rußpartikelgröße zurückzuführen.

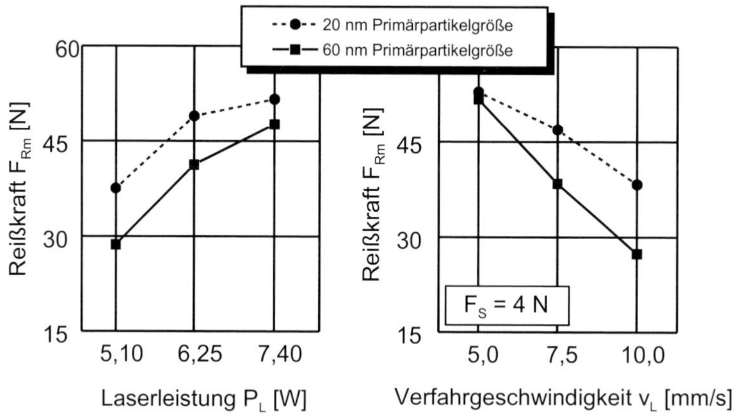

Bild 3.150 Einfluß der Rußpartikelgröße auf die Reißkraft (PP)

Bei der Steuerung des Fügeweges kann zwischen der druck- oder weggesteuerten Prozeßführung unterschieden werden, Bild 3.151. Bei der kraftgesteuerten Prozeßführung ohne Wegbegrenzung wird zu Beginn des Schweißvorganges eine konstante Fügekraft erzeugt. Unter Einwirkung der Laserstrahlung schmelzen die Fügeflächen auf und fließen. Dadurch kommt es zu einem Anstieg des Fügeweges. Nach Beendigung der Energiezufuhr erstarrt die Schmelze in der Fügezone und der Fügeweg bleibt konstant auf dem Wert des Gesamtfügeweges s_F.

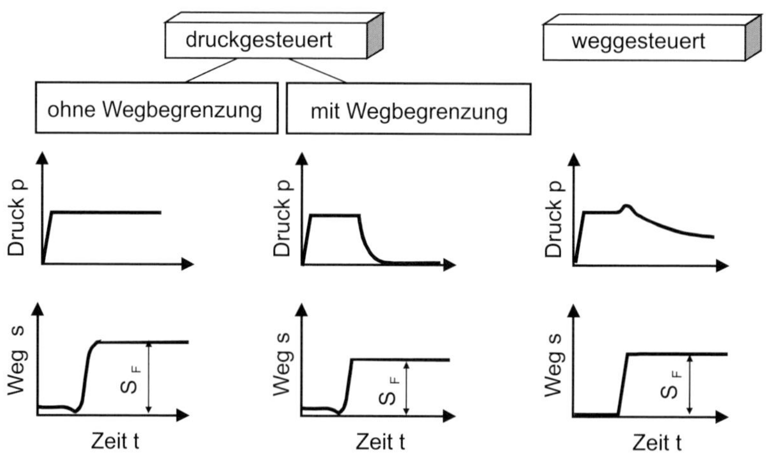

Bild 3.151 Verfahrensvarianten des Laserdurchstrahlschweißens

Im Gegensatz dazu wird bei der druckgesteuerten Prozeßführung mit Wegbegrenzung der Gesamtfügeweg vor der Erstarrung der Kunststoffschmelze durch einen Anschlag begrenzt. Durch diese Limitierung des Fügeweges reduziert sich der auf die Fügeteile wirkende Schweißdruck. Bei der weggeregelten Prozeßführung kann dagegen nach Aufschmelzen der Fügeflächen z.B. eine konstante Fügegeschwindigkeit vorgegeben werden. Während des Erstarrens der Kunststoffschmelze in der Fügezone wird die Fügebewegung gestoppt und der Gesamtfügeweg s_F konstant gehalten. Vorteilhaft kann für diese Prozeßvariante sein, daß durch die Vorgabe des Fügeweges die Maße des Bauteils nach dem Schweißvorgang vorgegeben werden können. Je nach Anforderung an die Fügeteilqualität kann diese Prozeßvariante auch zur genauen Positionierung der Fügeteile genutzt werden.

Die bisherigen Untersuchungen zum Laserstrahlschweißen von Kunststoffen zeigen, daß bei kraftgesteuerter Prozeßführung ohne Fügewegbegrenzung eine Reproduzierbarkeit der Prozeßgröße "Gesamtfügeweg" bis auf wenige 10 µm erzielt werden kann. Bei kraftgesteuerter Prozeßführung mit Wegbegrenzung oder einer weggesteuerten Prozeßführung kann eine Wiederholgenauigkeit der Fügebewegung von wenigen µm erreicht werden. Bei weggesteuerter Prozeßführung können außerdem durch Anpassung der Einstellgrößen hohe Schweißnahtfestigkeiten bei minimalem Schweißnahtaustrieb erzielt werden.

3.5.4.5 Anwendung der Maskentechnik beim Laserstrahlschweißen von mikrostrukturierten Bauteilen

Bei der Maskentechnik wird ebenfalls das Prinzip des Durchstrahlschweißens angewendet. Zwischen Laserquelle und den in einer geeigneten Spannvorrichtung befindlichen Fügeteilen ist eine sog. Maske eingebracht, Bild 3.152.

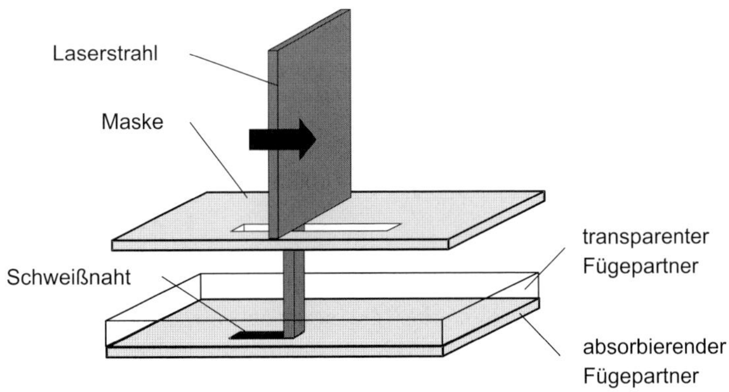

Bild 3.152 Prinzip der Maskentechnik

Es wird ein linienförmiger, möglichst gut kollimierter, also paralleler, Laserstrahl über die zu fügenden Teile bewegt. Die Strahlung trifft überall dort, wo eine Schweißung erzeugt werden soll, auf die Fügefläche und wird dort, wo nicht geschweißt werden soll, durch die Maske abgeschattet. Die hohe Auflösung des Verfahrens wird durch feinste Strukturen in der Maske erzielt. Solche Masken können mit photolithographischen Methoden oder durch Laserschneiden hergestellt werden.

Verfahrensmerkmale

Dieses Verfahren erlaubt es, feine Schweißnähte sehr exakt anzubringen. Es können Schweißnahtbreiten von < 100 µm erzielt werden. Die Maskentechnik bietet die Möglichkeit, vielfältige Schweißnahtstrukturen herzustellen. An einem Bauteil lassen sich in einem Arbeitsgang gerade und gekrümmte Schweißlinien unterschiedlicher Breite erzeugen, sowie flächige Bereiche verschweißen, Bild 3.153. Solche fein strukturierte Schweißnähte lassen sich im Simultanverfahren gar nicht und im Konturverfahren nur unter Einsatz von Lasern mit sehr hoher Strahlqualität, verbunden mit hohen Investitionskosten und langen Prozeßzeiten erzeugen.

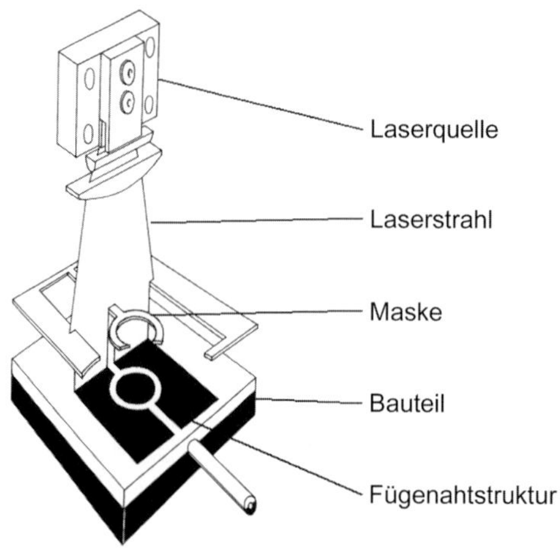

Bild 3.153 Schweißen komplexer Schweißnahtstrukturen durch Maskenschweißen [68]

Einsatzgebiete

Die Einsatzmöglichkeiten liegen vor allem in den Bereichen der Mikrosystemtechnik aber auch in der Elektronik oder Sensorik. Sehr präzises Schweißen bei mikrotechnischen Herstellprozessen wird ebenso ermöglicht, wie der Einsatz in der Verpackung, mikrotechnisch produzierter Chips, Sensoren oder elektronischen Bauelementen.

Maschinenkonzepte

Das bei der Maskentechnik verwendete Maschinenkonzept vereint verschiedene Einheiten zur Umsetzung der unterschiedlichen Prozeßschritte:

1. standardisierte Komponenten:
   - Laserquelle mit Bewegungseinheit,
   - Maskenhalterung - in drei Achsen justierbar,

- Kamerasystem mit Bildverarbeitung für den automatischen, Justageprozeß, bewegbar.

2. anwendungsabhängiger Teil:
   - Maske,
   - Bauteilhalterung,
   - Spannsystem.

Prozeßablauf

Das Maschinenkonzept setzt folgenden Prozeßablauf um. Nach dem Einlegen der Bauteile werden diese gespannt. Ein Kamerasystem vermißt die genaue Lage des Bauteils relativ zur Maske. Mit diesen Daten wird die Maske mikrometergenau zur Lage des Bauteils automatisch justiert. Die Laserquelle mit linienförmigem, kollimiertem Strahl wird nun über die Maske und das Bauteil bewegt, um eine Schweißung über den gesamten Schweißbereich exakt zu erzeugen. Nach dem Öffnen des Spannsystems können die geschweißten Bauteile entnommen und ungeschweißte eingelegt werden.

Da solche Systeme vor allem in der Mikrosystemtechnik beispielsweise bei Verpackungsaufgaben zum Einsatz kommen, ist eine Justage jedes Bauteils erforderlich, um die geforderten Genauigkeiten der Schweißnaht zu erreichen. Für Fügeaufgaben aus dem makroskopischen Bereich, die weniger Genauigkeit erfordern, sind auch einfachere Systeme beispielsweise ohne automatische Justage denkbar.

Wahl der Schweißparameter

Beim Maskenschweißen begrenzen sich die Schweißparameter ähnlich wie beim Konturschweißen auf die Vorschubgeschwindigkeit, mit der die Laserquelle über die Kontur gefahren wird und die Laserleistung bzw. die Intensität des Laserstrahls (Laserleistung bezogen auf die Strahlquerschnittsfläche). Bei der Wahl von Laserleistung und Verfahrgeschwindigkeit können nicht beide Parameter gleichzeitig beliebig nach oben verändert werden. In Abhängigkeit des zu schweißenden Werkstoffes und der gewählten Laser absorbierenden Pigmentierung ist zudem die Energieumsetzung in Wärme begrenzt. Bei Veränderung der Dicke des durchstrahlten Bauteils und bei Veränderung des Laser absorbierenden Pigmentes müssen die Schweißparameter angepaßt werden.

Weiterhin muß berücksichtigt werden, daß der Abstand zwischen Maskenstruktur und Fügezone konstant bleibt. Dieser Abstand hat in Abhängigkeit der Strahlqualität u.U. Einfluß auf die Abbildungsgenauigkeit.

Masken

Mit Hilfe von Masken werden fein strukturierte, exakt positionierte Schweißnähte erzeugt. Bei senkrechter Bestrahlung der Maske mit einem kollimierten (also parallelen) Laserstrahl und vorzugsweise geringem Maskenabstand zum Bauteil, läßt sich deren Geometrie 1:1 auf dem Bauteil abbilden. Das Prinzip der Strahlformung mittels Masken beruht darauf, daß die Maske an bestimmten Stellen die Laserstrahlung ungehindert hindurchläßt und an anderen Stellen reflektiert. Die eingesetzten Masken können aus dünnem Blech z.B. durch Laserstrahlen geschnitten oder mit photolithografischen Methoden auf chrombeschichteten Glasscheiben gefertigt werden. Die photolithografisch hergestellten Chrommasken weisen dabei eine größere Flexibilität bezüglich der Geometrie und eine größere Genauigkeit auf.

Anwendung der Maskentechnik in der Mikroelektronik

Wie bereits erwähnt eignet sich die Maskentechnik besonders für die stoffschlüssige Verbindung von mikrostrukturierten Bauteilen. In der Fluidtechnik besteht beispielsweise die Aufgabenstellung, daß mikrostrukturierte Kanalsysteme mit einem Deckel verschlossen werden müssen. Dabei ist es häufig wichtiger, welche Bereiche einer Schweißnaht (Kanalbereich) definiert ausgespart werden können, als die Bereiche, die geschweißt werden sollen.

Im Rahmen von Grundlagenuntersuchungen wurde ein mikrostrukturiertes Bauteil mit einer komplexen Kanalstruktur und einer entsprechend strukturierten Maske geschweißt, um das Anwendungspotential der Maskentechnik nachzuweisen. Dabei wurde ein transparenter Deckel (PMMA) auf das absorbierende mikrostrukturierte Bauteil (ABS 0,5 Gew.-% Ruß) aufgeschweißt.

In Bild 3.154 sind eine schematische Darstellung der Mikrostruktur, ein geschweißtes Bauteil und die dazugehörige Maske abgebildet. Die Ergebnisse dieser Untersuchungen zeigen, daß mit der Maskentechnik komplex geformte Fügenahtstrukturen ohne eine komplizierte Verfahrbewegung des Lasers realisiert werden können.

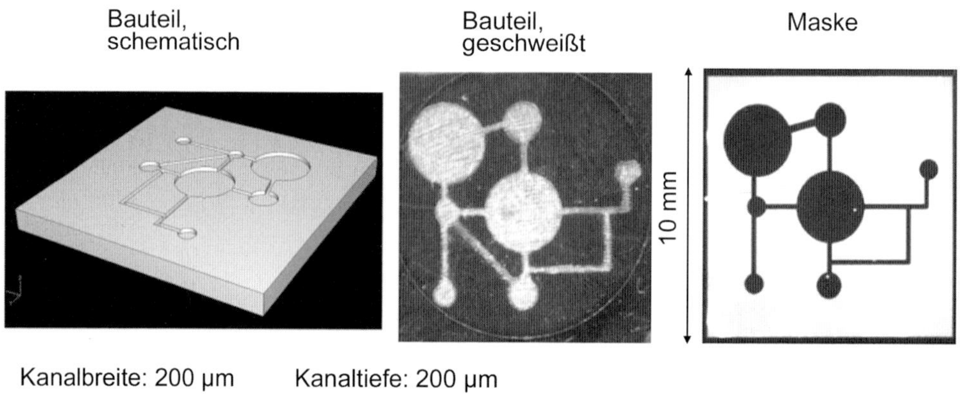

Bild 3.154 Maskenschweißen von mikrostrukturierten Bauteilen

In Bild 3.155 ist ein weiteres Anwendungsbeispiel abgebildet. Es handelt sich dabei um eine Mikropumpe. Auch hier ist auf das mikrostrukturierte untere Bauteil ein Deckel aufgeschweißt worden. Zu erkennen ist, daß die Schweißfläche um ein Vielfaches größer ist, als der durch die Maske abgeschattete Bereich. Besonders in diesem Anwendungsbereich ist die Maskentechnik das geeignete aber häufig auch das einzige Schweißverfahren, das angewendet werden kann.

Bild 3.155 Maskenschweißen, Anwendungsbeispiel Mikropumpe (Leister Process Technologies IMM)

3.6 Schweißen von Halbzeugen

Die wesentlichen Halbzeuge, die geschweißt werden, sind Rohre, Platten und Flachfolien aus den Massenkunststoffen PE-LD/LLD, PE-HD, PP und PVC. Extrusionsprofile, wie z.B. Fensterrahmen spielen tonnagemäßig eine eher geringe Rolle. Die Produktion von vollwandigen Rohren und massiven Platten zeigt seit ca. 20 Jahren ein kontinuierliches Wachstum mit ca. 6 % p.a. In Westeuropa werden derzeit ca. 2,8 Mio. t Kunststoffrohr p.a. produziert, den größten Anteil hat PVC, gefolgt von PE (PE-HD, PE-LD, PE-LLD) und PP. PVDF hat noch ein geringes Gesamtvolumen am Markt, zeigt aber als Werkstoff für Rohrsysteme in Reinraumanwendungen überproportionales Wachstum. Seit einigen Jahren ist eine stark zunehmende Entwicklung von "intelligenteren" Halbzeugen zu verzeichnen. Hohlkammerstrukturen oder teilgeschäumte Produkte ergeben verbessertes Gewichts- und Preis-/Leistungsverhältnis. Mehrschichtextrusion mit verschiedenen Funktionsschichten oder auch der bis zu 95 %igen Verwendung von Rezyklaten, z.B. im Fensterprofilbereich stellen an die Weiterverarbeitung neue Anforderungen.

Der überwiegende Anteil der Halbzeuge wird mit nur geringer spanender Vorarbeit zu Rohrleitungen, im Behälter- und Anlagenbau, in der Klimatechnik und in der Abdichtungstechnik weiterverarbeitet. Die wesentlichen Verarbeitungsschritte sind Sägen, Schneiden und Schweißen.

Die vorbereiteten Bauteile werden nahezu ausschließlich durch Schweißen gefügt. Bei drucklosen Rohrleitungen hat die Steckverbindung noch große Bedeutung, Verschraubungen und Klemmverbindungen sind eher selten.

Schweißen von Halbzeugen stellt eine Reihe besonderer Anforderungen:

Halbzeuge, Tafeln, Rohre und Profile können Wanddicken von mehr als 100 mm erreichen. Halbzeugdicken bis 50 mm sind im Apparate- und Rohrleitungsbau heute durchaus üblich, die Tendenz geht zu größeren Dimensionen und Wanddicken.

Häufig sind die Toleranzen der Fügeteile im Bereich der Fügeebenen sehr groß und es besteht keine Möglichkeit einer präzisen mechanischen (spanenden) Vorbereitung und Anpassung.

Bauteile größerer Bauwerke können nach ihrer Positionierung nicht mehr bewegt werden und müssen in dieser Situation zuverlässig geschweißt werden.

Qualität und Gleichartigkeit der Werkstoffe kann starken Streuungen unterliegen, durch Lagerbedingungen des Halbzeugs weiter variiert werden, und letztlich können die Fügeteile aus Rohstoffen unterschiedlicher Hersteller und von verschiedenen Verarbeitern stammen. Die Vorgeschichte der Fügeteile kann also völlig unterschiedlich sein.

Die meisten Schweißnähte werden unter Baustellenbedingungen hergestellt.

Die Anforderungen an die Schweißnahtqualität sind hoch und in der Regel als Lebensdauervorgabe gegeben.

Es gibt keine aussagefähigen zerstörungsfreien Prüfmethoden zur Beurteilung der mechanischen Nahteigenschaften. Die Schweißnahtsicherheit muß daher aus der "Prozeßführung" zuverlässig abgeleitet werden.

Die Anforderungen hinsichtlich Schweißnahtsicherheit, Verfahrenskenntnis und Prozeßführung sind im Halbzeugschweißen hoch und müssen innerhalb eines überwiegend handwerklich geprägten Umfeldes umgesetzt werden. Die Schweißungen werden daher in der Regel von speziell ausgebildetem Personal ausgeführt, welches anwendungsbezogen ausgebildet und regelmäßig überprüft wird. Im Grunde ist jede Schweißnaht eine Einzelanfertigung, da die äußeren Umstände, also die äußeren Störgrößen des Prozesses nur schwer bestimmbar oder einzugrenzen sind.

In den letzten Jahren ist allerdings in einigen Bereichen der Halbzeugverarbeitung ein Trend zur industriell orientierten Serienproduktion von Vorfertigprodukten zu erkennen. Standardisierte Tanks und Behälter, Rohrleitungsteile wie Abzweige, Krümmer, Ventilkörper und ähnliches werden nach wie vor aus Extrusionshalbzeug hergestellt, aber als Serienprodukt produziert. Es findet hier ein Übergang der handwerklichen Fertigung zum industriellen Fertigungsprozeß statt. Hierzu werden flexible, teilweise roboterbasierende und kleinserientaugliche, Automatisierungslösungen eingesetzt. Ein Beispiel hierfür sind Galvanikstraßen, die aus bis zu 30 Tauchbädern in Reihe bestehen.

Noch vor 10 Jahren wurde Tank für Tank in reiner Handarbeit einzeln gefertigt, manuell nach Schablone vorbereitet, von mehreren Monteuren positioniert, geheftet und geschweißt.

Heute werden die Bauteile aus Platten und Rohren von CNC-Fräsmaschinen ausgeschnitten und auf flexiblen Fertigungsinseln von Robotern geschweißt, wobei die gleichen Schweißverfahren wie bei der handwerklichen Fertigung eingesetzt werden.

Im Anlagenbau überwiegt aber noch bei weitem die handwerkliche Verarbeitung. Federführend engagiert sich der Deutsche Verband für Schweißtechnik (DVS), den Qualitätsanforderungen gerecht zu werden. Im Rahmen einer ständigen Aktualisierung und Erweiterung arbeitet der DVS ein in sich geschlossenes Regelwerk aus. Der Anwender von Halbzeugen aus standardisierten Werkstoffen findet hier von der Auswahl des Werkstoffes über die Dimensionierung, die Verarbeitung, die Schweißerausbildung und die Schweißnahtprüfung Richtlinien, welche eine "sichere" Behandlung von Kunststoffhalbzeugen gestattet. Das Schweißen und Prüfen nimmt dabei den wesentlichsten Stellenwert ein.

Die durch Wärmezufuhr (Energiezufuhr) plastifizierten Fügeflächen werden unter Druck gefügt und kühlen unter Druck ab. Unabhängig vom jeweiligen Schweißverfahren wird eine Schmelzeschicht unter dem Prozeßparameter Fügedruck oder Fügeweg einem Schmelzefluß unterworfen. Dieser thermisch/rheologische Prozeß ist der Schlüssel der Schweißnahteigenschaften.

3.6.1 Werkstoffeigenschaften

Werkstoffeigenschaften im Überblick:

Eigenschaft	**PE-HD**	**PP-H**
Dichte [g/cm³]	0,955	0,910
Streckspannung [N/mm²]	20 – 28	35
Dehnung bei Streckgrenze [%]	12	14
E-Modul [N/mm²]	900	1400
Kerbschlagzähigkeit [mJ/mm²]	5 – o. Bruch	4
Gebrauchstemperatur in Luft ohne mech. Beanspruchung kurzzeitig [°C] langzeitig [°C]	 90 – 120 70 - 80	 140 100

Tabelle 3.9 Werkstoffeigenschaften von PE-HD und PP-H im Überblick

Die beiden wichtigsten Werkstoffe sind das isotaktische Polypropylen und das lineare Polyethylen. Aufgrund ihrer linearen molekularen Grundstruktur mit nur geringem Verzweigungsgrad bilden sie teilkristalline Werkstoffe mit komplexer sphärolitischer Struktur. Allgemein sind beide Werkstoffe zäh und haben eine hohe Reißdehnung, sind sehr chemikalienbeständig und zeichnen sich durch gute Ver- und Bearbeitbarkeit aus. Generell nehmen mit steigendem Kristallisationsgrad, Zugfestigkeit, E-Modul, Härte und Chemikalienbeständigkeit zu, Schlagzähigkeit, Transparenz und Spannungrißbeständigkeit dagegen ab. Zusätzlich zum Kristallisationsgrad hat Art und Aufbau der sphärolithischen Überstrukturen großen Anteil am gesamten Werkstoffverhalten.

Im direktem Vergleich zu PE-HD zeigt PP-H eine geringere Neigung zur Spannungsrißbildung und eine geringere Oxidationsbeständigkeit [168].

Für viele Anwendungen ist das sog. Zeitstandverhalten entscheidend (siehe Kap. 3.7.3). Trotz ihrer Zähigkeit im Kurzzeitversuch können die Polyolefine unter Zeitstandbelastung spröd versagen. Neuere Werkstofftypen, z.B. die bimodalen Polyethylene, wurden speziell auf hohen Widerstand gegen langsames Rißwachstum gezüchtet, um hohe Lebensdauern zu erreichen. Zunehmend wird am Markt jedoch auch festgestellt, daß die Rohstoff- bzw. Compoundqualitäten stärkeren Schwankungen unterliegen und auch, daß Extrusionseinflüsse bei der Weiterverarbeitung deutlicher spürbar werden und sich in Schrumpf und Verzug äußern.

Verarbeitungseinfluß:

Der Schweißprozeß als thermisch-rheologischer Verarbeitungsprozeß beeinflußt die Morphologie charakteristisch. Dadurch wird im Bereich der Schweißnahtzone eine vom Grundmaterial sich unterscheidende Struktur mit entsprechend unterschiedlichen Materialeigenschaften erzeugt. Dies kann als strukturelle Kerbe bezeichnet werden, welche sich der durch den Schweißwulst hervorgerufenen geometrische Kerbe überlagert. Eine "eigenschaftslose nicht nachweisbare" Schweißnaht ist aus diesen Gründen nicht denkbar. Selbst beim rein thermischen Diffusionsschweißen ohne Schmelzefluß, entsteht durch die gegenüber der Halbzeugproduktion unterschiedlichen Abkühlbedingungen ein verändertes Gefüge.

3.6.2 Halbzeugschweißverfahren im Überblick

Warmgasziehschweißen (s.a. Kap. 3.2.1.2)

Einsatzbereich:

Einzelfertigung, Prototypenbau und Reparaturschweißungen; Wanddicken 2 bis 10 mm, Standardschweißverfahren bei Auskleidungen mit Inlinern.

Kurzbeschreibung:

Das älteste, jedoch nach wie vor sehr häufig eingesetzte Warmgasziehschweißen ist als rein handwerkliches Schweißverfahren einer Qualitätssicherung schwer zugänglich und ist in hohem Maße von der Sorgfalt des Schweißers abhängig. Der drahtförmige artgleiche Zusatzwerkstoff wird in der Warmgasdüse geführt, so daß die Erwärmung der Nahtfuge und des Zusatzwerkstoffes simultan erfolgt und der Schweißdruck mit Hilfe der Düse aufgebracht wird. Schweißgeschwindigkeit und Andruck obliegen der Fähigkeiten des Schweißers.

Vorteile:

Einfache und billige apparative Ausstattung, hohe Flexibilität, extreme Zwangslagen sind möglich, hohe Festigkeit ist möglich, die Vorwärmung von Draht und Fuge ist durch die Düse aufeinander abgestimmt und nicht mehr vom Schweißer abhängig. Mehrfache Schweißgeschwindigkeit gegenüber dem Fächelschweißen.

Nachteile:

Geringe Schweißgeschwindigkeit, geringes Nahtfüllvolumen, Mehrlagenschweißungen bei dickwandigen Fügeteilen, hoher manueller Einfluß, Schweißdraht ist nur für bestimmte Werkstoffe erhältlich, große Fehlerwahrscheinlichkeit.

Festigkeit:

Werkstoffabhängig lassen sich nach DVS Kurzzeitschweißfaktoren von 0,9 und Langzeitschweißfaktoren aufgrund der hohen Fehlerwahrscheinlichkeit aber nur von 0,4 [169] erreichen.

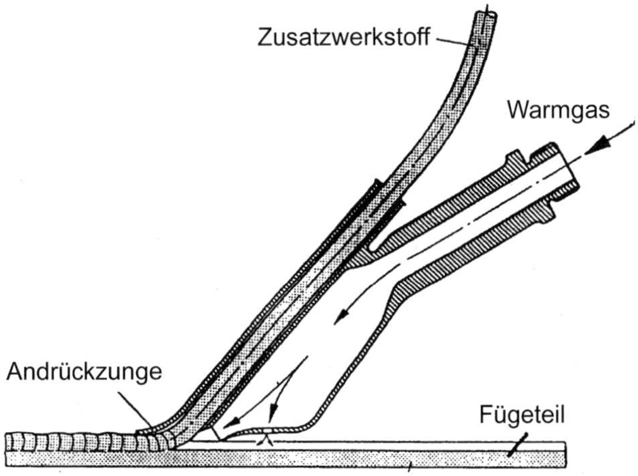

Bild 3.156 Warmgasziehschweißen

Warmgasextrusionsschweißen (s.a. Kap. 3.2.2)

Einsatzbereich:

Manuelles Standardschweißverfahren bei allen Schweißverbindungen im Apparate- und Behälterbau, welche nicht maschinell herstellbar sind; Wanddicken oberhalb 5 mm, Großbauteile in der Einzelfertigung, automatisiert in der Serienfertigung, Reparaturschweißungen; als Auftragschweißverfahren in der Abdichtungstechnik im Erd- und Wasserbau und im Dachbereich.

Kurzbeschreibung:

Kontinuierliches Schweißverfahren mit thermoplastischem Zusatzwerkstoff aus dem gleichem Material wie die Fügeteile. Ein Schweißgerät in Form eines manuell geführten Kleinextruders mit integriertem Warmgasgerät fördert kontinuierlich Extrudat in die mit Warmgasstrahl plastifizierte Nahtfuge.

Der Schweißkopf mit Formwerkzeug und Warmgasdüse sichert den Schweißdruck, die Nahtformung und die Nahtvorwärmung. Übliche Extrusionsleistungen liegen zwischen 0,8 und 7 kg/h.

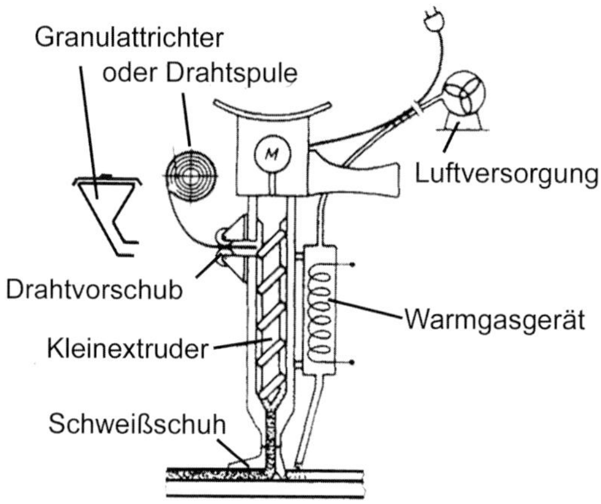

Bild 3.157 Extrusionsschweißen

Große Nahtquerschnitte bis zu 30 mm Dicke lassen sich einlagig schweißen. Aus dem Masseausstoß des Extruders und dem Querschnitt der Nahtfuge ergibt sich eine definierte Schweißgeschwindigkeit.

Daher ist beim Extrusionsschweißen eine Qualitätssicherung möglich. Aufgrund der verfahrenstechnischen Vorteile läßt Extrusionsschweißen wesentlich höhere Sicherheitsstandards zu als das Warmgasdrahtschweißen.

Vorteile:

Hohe Austragsmenge, einlagige Schweißungen bis 30 mm Wanddicke, Zwangsvorschub aufgrund der Zwangsförderung des Zusatzwerkstoffes, QS-fähig, einfache apparative Ausstattung, hohe Flexibilität, Zwangslagen sind möglich, hohe Festigkeit, reduzierter manueller Einfluß, automatisierungsfähig.

Nachteile:

Schweißgeschwindigkeit max. ca. 20 mm/s, dabei ist Lunkerbildung möglich. Jede Nahtform verlangt einen eigenen Schweißschuh (evtl. Warmgasdüse). Schweißdraht ist nur für bestimmte Werkstoffe erhältlich.

Festigkeit:

Werkstoffabhängig lassen sich nach DVS Kurzzeitschweißfaktoren von 0,9 und Langzeitschweißfaktoren von 0,6 erreichen [169].

Heizelementschweißen (s.a. Kap. 3.1.1)

Einsatzbereich:

Maschinelles Schweißverfahren für planebene Fügeflächen bis zu 400.000 mm^2 (Großrohre und Platten); Standard im Apparate-Behälter und Rohrleitungsbau; Wanddicken 2 bis

100 mm. Großbauteile in der Einzelfertigung, automatisiert in der Serienfertigung; beste Reproduzierbarkeit und höchstes Festigkeitsniveau.

In der Angleichphase wird durch einen hohen Druck beim Aufschmelzen die Planparallelität der Fügeflächen erreicht. Danach wird mit Druck nahe Null eine Schmelzeschicht erzeugt. In der Umstellphase wird das Heizelement entfernt.

Anschließend werden die beiden Fügeteile durch kontinuierliches Erhöhen des Druckes bis zum Fügedruck geschweißt. Das Abkühlen erfolgt unter Beibehaltung des vollen Fügedrukkes. Heizelementtemperatur, Anwärmzeit und Fügedruck sind von Werkstoff und Fügeteildimension abhängig.

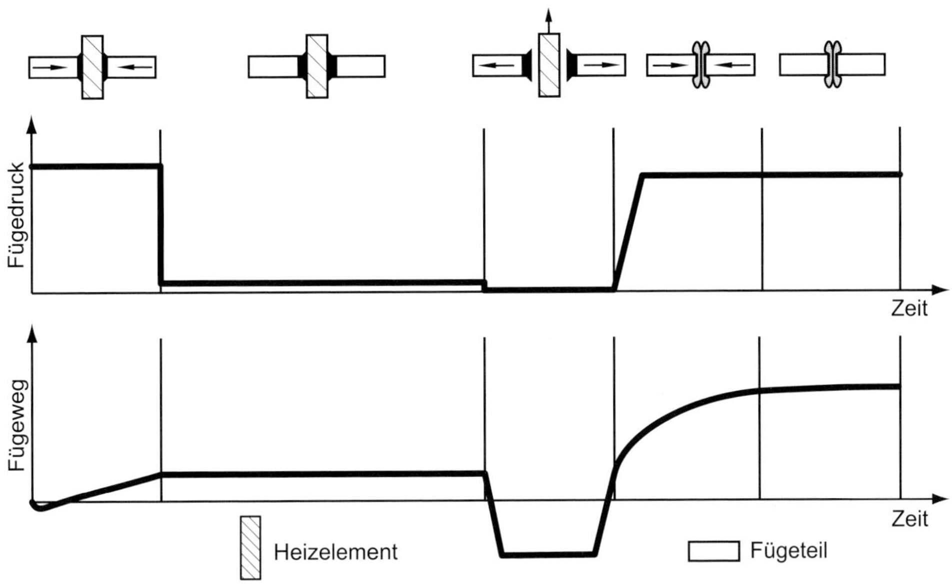

Bild 3.158 Prinzipieller Verfahrensablauf Heizelementschweißen mit Kontakterwärmung

Vorteile:
Hohe Prozeßsicherheit und minimale Fehlermöglichkeit, automatisierungsfähig, umfangreiche Prozeßkenntnis in Theorie und Praxis, hohe Nahtqualität kurz und langzeitig.

Nachteile:
Eingeschränkte Werkstoffpalette (Temperatur, Anhaftung am Heizelement), Handling der Fügeteile, vergleichsweise lange Zykluszeit bei großen Wanddicken (Zykluszeit 90 min. bei 60 mm Wanddicke); geringe Varianz der Maschinen.

Festigkeit:
Werkstoffabhängig lassen sich nach DVS Kurzzeitschweißfaktoren von 1,0 und Langzeitschweißfaktoren von 0,8 erreichen [169].

Kontinuierliches Heizelementschweißen (Überlappschweißen, Heizkeilschweißen)

Einsatzbereich:

Schweißen von Folien und Dichtungsbahnen in Erd- und Wasserbau, Tunnelbau, Dachbereich [170].

Kurzbeschreibung:

Die Nahtform ist eine Überlappverbindung, wobei der Vorschub durch angetriebene Andruckrollen erzeugt wird. Automatischer Prozeßablauf ermöglicht auch bei diesem Schweißverfahren eine Qualitätssicherung.

Kurzbeschreibung:

Zyklisches Schweißverfahren ohne Zusatzwerkstoff. Die in die Schweißmaschine eingespannten Fügeteile werden an einem Kontaktheizelement plastifiziert, auf Schweißtemperatur gebracht und unter Druck gefügt.

Der Prozeßablauf ist üblicherweise automatisiert und geregelt. Die Anwendung des Verfahrens setzt aber voraus, daß die Fügeteile kontakterwärmbar sind (in der Regel eine planebene Fügefläche aufweisen) und die Fügeteile bewegt werden können. Diese Voraussetzungen sind im Anlagenbau nicht immer gegeben.

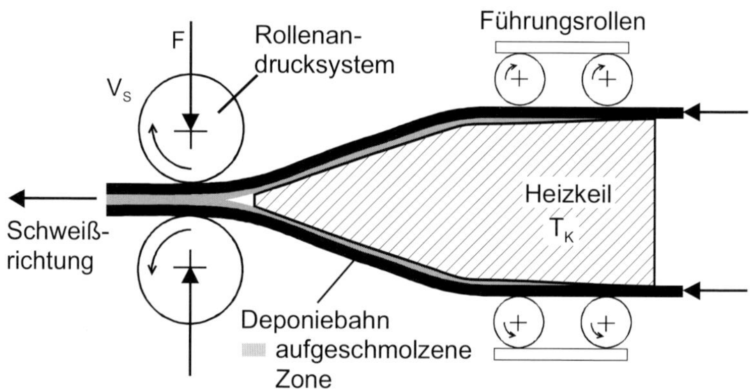

Bild 3.159 Heizelementschweißen kontinuierlich (Überlappschweißen)

Vorteile:

Hohe Festigkeit, QS-fähig, Schweißgeschwindigkeit bis zu 5 m/min.

Nachteile:

Eingeschränktes Zwangslagenschweißen, Anbindung der Dichtungsbahn an massive Bauwerke ist nicht möglich.

Festigkeit:

Im Zugscherversuch werden Kurzzeitschweißfaktoren von 0,9 erreicht (im Schälversuch erfolgt Zähbruch im Grundmaterial am Nahtrand). Der Langzeitschweißfaktor im Zeitstandzug-(scher)versuch ist größer als 0,5 [169].

3.7 Qualitätssicherung und Prüfung

3.7.1 Qualitätssicherung

3.7.1.1 Entwicklung der Qualität

Die Pioniere des Kunststoffschweißens hatten von dem Begriff Qualität eine klare Vorstellung. Ein geschweißtes Bauteil war dann von guter Qualität, wenn es von einem gut ausgebildeten Schweißer aus gutem Werkstoff mit einer guten Schweißmaschine nach dem Stand der Technik hergestellt worden war. Für das handwerkliche Schweißen gilt dies auch heute noch.

Bei der modernen Serienfertigung kommen der Schweißmaschine und deren eingebauten Prüfeinrichtungen selbstverständlich große Bedeutung zu. Außerdem ist der ganze Ablauf, dessen Wichtigkeit auch früher schon bekannt war, durch Regelwerke oder durch Qualitätsmanagementsysteme genauer strukturiert. In den Pioniertagen mußten viele unbekannte Eigenschaften erst durch Versuche ermittelt werden, wobei die Zeiträume, in denen die Grundlagen geschaffen wurden, oft erstaunlich kurz waren. Die qualitätsbestimmenden Faktoren für das Warmgasschweißen sind seit den 40er Jahren bekannt und seit dieser Zeit unverändert geblieben.

3.7.1.2 Wie ist Qualität heute definiert?

Im Zusammenhang mit Qualitätsmanagement-Systemen wird der Begriff Qualität oft so definiert: Qualität ist die Einhaltung von vereinbarten Kundenforderungen durch den Lieferanten. Bei den hohen Sicherheitsanforderungen, die an geschweißte Kunststoff-Bauteile, z.B. Behälter für wassergefährdende Stoffe oder Gasleitungen, gestellt werden, reicht diese Definition allein nicht aus. In vielen Fällen müssen die gesetzlichen Bestimmungen und die Anforderungen der einschlägigen Regelwerke eingehalten werden.

3.7.1.3 Wer ist für die Qualität verantwortlich?

Es ist keineswegs der Schweißer für die Qualität allein verantwortlich. Für die Qualität sind alle, die an einem Projekt beteiligt sind, gemeinsam verantwortlich. Eine wichtige Position in dieser Reihe hat der Konstrukteur, der viele Dinge festlegt, die später nicht mehr geändert werden können. Er muß das Bauteil so konstruieren, daß die einzelnen Schweißvorgänge mit dem jeweils bestmöglichen Schweißverfahren ausgeführt werden können und an jeder Stelle die Festigkeitsanforderungen erfüllt werden. Es darf dabei nicht vergessen werden, daß Zwischenprüfungen vorgenommen werden müssen und am Schluß eine Abnahmeprüfung vorgesehen sein kann, zu der vielleicht eine Dichtheitsprüfung gehört.

3.7.1.4 Materialbeschaffung

Als Nächstes ist der Einkäufer an der Reihe. Er hat die Aufgabe, Material (Halbzeug, Formteile und Zusatzwerkstoff) mit guter Schweißeignung zu beschaffen, die zum Schweißen untereinander geeignet sind, und sich das von den Lieferanten mit einem Zeugnis bestätigen zu lassen. Die für ein Bauteil vorgesehenen Halbzeuge können jedes für sich eine gute Schweißeignung haben. Wenn aber ihre Viskosität bei der vorgesehenen Schweißtemperatur zu unterschiedlich ist, dann kann die optimale Festigkeit der Naht nicht erreicht werden. Er muß daher darauf achten, daß die Schmelzindexgruppen der Werkstücke zueinander passen. Außerdem muß er wissen, daß für bestimmte Bauteile nur gütegesichertes Halbzeug verwendet werden darf, das die entsprechenden Qualitätszeichen, z.B. das des DIBt, des DVGW, der GKFP oder der GKR trägt.

3.7.1.5 Lager und Wareneingangsprüfung

Ganz wichtig sind eine geordnete saubere Lagerhaltung und eine genaue Kennzeichnung der verschiedenen Materialien. Aus gutem Grund hatten die einzelnen Werkstoffe früher unterschiedliche Farben. Es gab rotes, graues und durchsichtiges PVC. Nur in Ausnahmefällen und nach genauer Überlegung wurden unterschiedliche Farben zusammen geschweißt. Es ist wichtig, daß das Halbzeug und Teile nicht im Freien, sondern in trockenen Räumen gelagert werden, damit keine unzulässige Feuchtigkeitsaufnahme und kein unzulässiger Abbau durch UV-Einwirkung stattfindet. Feuchtigkeit kann wegen des hohen Dampfdruckes des Wassers zu einer porösen Naht und zu einem Abbau der Schmelze führen. Kunststoffe mit hoher Feuchtigkeitsaufnahme (z.B. Polyamid) müssen daher vor dem Schweißen getrocknet werden.

Bei PP gibt es drei Untergruppen, die alle im Anlagenbau verwendet werden. Diese Untergruppen, Block-Copolymerisat (PP-B), Homopolymerisat (PP-H) und Random-Copolymerisat (PP-R) haben nicht nur sehr unterschiedliche mechanische Eigenschaften, sondern sie unterscheiden sich auch in ihrer chemischen Beständigkeit. Eine Verwechslung könnte bedeuten, daß das daraus hergestellte Bauteil unbrauchbar ist.

Bevor Material eingelagert wird, muß eine Wareneingangsprüfung durchgeführt werden. Im Normalfall ist dies eine Identitätsprüfung, bei der Menge und Kennzeichnung des Materials sowie die beigefügten Zeugnisse überprüft werden. In Einzelfällen kann es notwendig sein, Stichproben zu entnehmen und z.B. auf Maßhaltigkeit und Eigenspannungen zu prüfen. Wenn die Fügeflächen eines Serienteils ausschließlich durch die große Kraft der Schweißmaschine unter Zwang aneinander anliegen, dann hat die Schweißnaht später so hohe Eigenspannungen, daß sie möglicherweise allein dadurch mit der Zeit versagt. Bis zum Vorliegen der Ergebnisse muß das Material daher unangetastet in einem Sperrlager bleiben.

3.7.1.6 Fertigung und Schweißmaschinen

Unabhängig davon, ob es sich um das Verlegen einer Rohrleitung oder um das Schweißen eines Bremsflüssigkeitsbehälters handelt, müssen der Schweißer und sein Vorgesetzter anhand genauer Fertigungsunterlagen wissen, welche Arbeiten mit welchen Schweißmaschinen auszuführen sind. Beim handwerklichen Schweißen einer Rohrleitung oder eines Behälters ist immer ein Schweißprotokoll zu führen, wie z.B. in DVS 2207-1 [6] beschrieben.

Moderne Rohrschweißmaschinen für das Heizelementstumpf- oder das Heizwendelschweißen zeichnen die Schweißparameter auf. Trotzdem muß der Schweißer ein Schweißprotokoll führen und dort die übrigen Daten eintragen, z.B. die Kennzeichnung des Halbzeuges, die Witterung und die getroffenen Schutzmaßnahmen.

Beim Serienschweißen werden dem Schweißer Arbeits-, Kalibrier- und Prüfanweisungen ausgehändigt. In der Arbeitsanweisung steht, wie die Schweißmaschine zu bedienen ist und welche Schweißparameter eingestellt werden müssen. Oft wird die Schweißmaschine, wie z.B. beim Heizelementschweißen von Kunststoff-Fenstern, schon eine halbe Stunde vor Fertigungsbeginn eingeschaltet, damit rechtzeitig alle Maschinenteile ihr thermisches Gleichgewicht erreichen [7].

Bei Schweißmaschinen für Automobilteile, bei denen oft Prüfeinrichtungen integriert sind, werden in jedem Fall vor Fertigungsbeginn und danach in regelmäßigen Abständen Kalibrierteile mit festgelegten Fehlern in den Fertigungsprozeß eingelegt. Damit wird festgestellt, ob alle Prüfeinrichtungen diese typischen Fehler erkennen. Der Schweißer trägt das Ergebnis dieser Überprüfung in ein Formblatt ein oder registriert es im PC.

Bei modernen Schweißmaschinen sind die Schweißparameter für ein bestimmtes Produkt oder einen Werkstoff entweder fest einprogrammiert oder das Schweißen ist nur innerhalb eines Toleranzbereiches möglich. Dadurch wird verhindert, daß schon geschweißt wird, obwohl das Heizelement seine Temperatur noch nicht erreicht hat oder das Druckluftnetz nicht den erforderlichen Druck bereit stellt.

3.7.1.7 Schweißmaschinen und Geräte

Es ist selbstverständlich, daß nur mit geeigneten Schweißmaschinen und Geräten Schweißnähte optimaler Qualität hergestellt werden können. In verschiedenen DVS-Richtlinien sind die Anforderungen niedergeschrieben. Für Dichtungsbahnen ist dies die DVS 2225-3 [8]. Dort sind alle Anforderungen an die einzelnen Maschinen und Geräte enthalten. Für die selbst fahrenden Heizkeilmaschinen ist dort u.a. vorgeschrieben, daß der Heizkeil mit einer Genauigkeit von ± 5° C geregelt und die Temperatur angezeigt sowie aufgezeichnet werden muß. Moderne Maschinen sind mit einem Mikroprozessor und einem Bildschirm ausgestattet. Bis zu acht Größen werden gleichzeitig gemessen, angezeigt und aufgezeichnet. Damit sind die Schweißparameter jedem Ort der langen Schweißnaht genau zuordenbar.

Die Anforderungen an eine Schweißmaschine für Fenster sind in DVS 2207-25 [7] enthalten. Zunächst wird dort der Verfahrensablauf beschrieben, mit dem nach dem Stand von Wissenschaft und Technik die beste Schweißnahtqualität erhalten wird. Dann folgen die Voraussetzungen hinsichtlich Steuerung und Maschinenteilen. Die außerordentliche Bedeutung des Heizelementes für die Qualität ist daran zu erkennen, daß sich die Hälfte des Textes in diesem Richtlinienteil mit ihm befaßt. Genannt sind an dieser Stelle die Anforderungen an die Planparallelität, die Oberflächenbeschaffenheit, die Nutzfläche, die elektrische Mindestleistung und die Temperaturgenauigkeit.

Beim Kauf einer Schweißmaschine ist es wichtig, die jeweilige DVS-Richtlinie zur Grundlage des Vertrages zu machen. Dadurch erhält man mit einer gewissen Sicherheit eine Maschine, die in ihrer Qualität dem Stand der Technik entspricht.

3.7.1.8 Wartung der Schweißmaschine

Jeder weiß aus eigener Erfahrung, daß Maschinen, die häufig benutzt oder auf Baustellen unter erschwerten Bedingungen eingesetzt werden, regelmäßig gewartet werden müssen. Am besten ist es, wenn mit dem Maschinenhersteller oder einer von ihm anerkannten Stelle ein Wartungsvertrag abgeschlossen wird. Der Hersteller kennt die Schwächen seiner Maschine genau und kann vorbeugend Teile auswechseln, damit es nicht zu einer schleichenden Verschlechterung der Schweißqualität kommt. Besonders betroffen von Alterung und Verschleiß sind das Heizelement, die Maschinenführungen und die Hydraulikpumpe. Bei Vierkopf-Schweißmaschinen für Fenster ist es häufig so, daß die Führungen eines der vier Köpfe so schwergängig sind, daß die Bewegungen zu langsam oder die Schweißkräfte nicht mehr in erforderlicher Höhe aufgebracht werden. Die Folge davon sind zu niedrige Festigkeitswerte der an dieser Stelle geschweißten Ecke.

Bei Heizelementschweißmaschinen für Rohre und Tafeln ist eine jährliche Wartung vorgeschrieben [9]. In einem Anhang sind die Kontrolltätigkeiten aufgeführt, die mindestens durchzuführen sind. Dazu gehört auch eine Überprüfung der Skalen- oder Displayanzeige für den Maschinendruck mit einer Kraftmeßdose. Die Ergebnisse dieser Kontrollen müssen aufgezeichnet und die bestandene Überprüfung mit einem Zeugnis sowie einem Aufkleber auf der Maschine bestätigt werden. Zu einer guten Wartung gehört ein Wartungsplan, in dem alle durchgeführten Wartungen eingetragen werden, und ein "Lebenslauf" der Schweißmaschine, in dem alle Änderungen und Reparaturen aufgeführt sind.

3.7.1.9 Beurteilung der Schweißnahtqualität

Ein erfahrener Schweißer überprüft oft schon während der Herstellung der Naht, z.B. beim Warmgasschweißen [10], visuell deren Qualität. In der Richtlinie DVS 2202-1 [151] sind für alle handwerklichen Schweißverfahren (HS, HD, HM, WF, WZ, WE) die visuell zu beurteilenden Fehler mit Bildern und Beschreibungen zusammengefaßt. Die wichtigsten, allen Verfahren gemeinsamen Fehler sind in Tabelle 3.10 enthalten (s.a. Kap. 3.7.2.2).

Fehler	**Ursachen**
Formabweichung	Abweichung von den Zeichnungsmaßen
Kerbe	falsche Nahtvorbereitung, falsche Parameter
Versatz	versetzte Werkstücke oder Dickenunterschiede
Winkelabweichung	Maschinenfehler oder Verzug
ungleichmäßiger Wulst	falsche Nahtvorbereitung, unterschiedliche Viskosität
thermische Schädigung	zu hohe Temperatur oder zu lange Dauer

Tabelle 3.10 Visuell erkennbare äußere Fehler

In dieser Richtlinie sind die Anforderungen zur Einhaltung einer bestimmten Qualitätsstufe durch drei Bewertungsgruppen klassifiziert. Dadurch ist es einerseits möglich, schon in der Zeichnung die Qualität festzulegen und andererseits kann ein Schweißer feststellen, ob er dieses Qualitätsziel erreicht hat. Auch der Fachmann, der die Abnahme durchführt, kann damit die Schweißnahtqualität beurteilen und bei Abweichung eine Nachbesserung fordern.

Es ist unter den Fachleuten unumstritten, daß stichprobenweise die Schweißnahtqualität mit zerstörenden Prüfverfahren nachgewiesen werden muß. Die Anforderungen und die einzelnen Prüfungen für Tafeln und Rohre sind in DVS 2203-1 [169] und DVS 2203-2, 4 und 5 [171, 172, 39] aufgeführt. Für die verschiedenen Kunststoffe sind dort die Anforderungen für den Kurzzeit- und den Langzeitschweißfaktor sowie für den Biegewinkel angegeben. Diese Anforderungen sind so bemessen, daß sie von einem geprüften Schweißer mit den jeweiligen Richtlinien entsprechenden Schweißmaschinen überschritten werden. Der Zusammenhang mit der Dimensionierung der Schweißnaht durch den Konstrukteur ist dadurch gegeben, daß die gleichen Schweißfaktoren in der Richtlinie DVS 2205-1 [173] zu finden sind.

Bei Serienschweißungen wird die Qualität neben den genannten Prüfungen durch Praxisprüfungen ergänzt, die sich an den späteren Betriebsbeanspruchungen orientieren. Beispiele dafür sind Schlag- und Berstdruckprüfungen [174]. Wie auch bei anderen Werkstoffen können die gleichen zerstörungsfreien Prüfverfahren wie z.B. Ultraschall- und Röntgenprüfung angewendet werden [175]. Mit diesen Verfahren können Hohlräume oder Fremdmaterialeinschlüsse festgestellt werden. Es hat sich aber gezeigt, daß solche Fehler nie auftreten, wenn bei der Herstellung der Naht die üblichen Qualitätssicherungsmaßnahmen befolgt wurden.

Als letzte Qualitätssicherungsmaßnahme werden die Schweißnähte von Behältern und Rohrleitungen auf Dichtheit geprüft [176]. Gegenüber Metallen ist die Prüfung besonders bei Rohrleitungssystemen wesentlich aufwendiger und schwerer zu beurteilen, weil thermoplastische Kunststoffe ein viskoelastisches Verhalten bei Krafteinwirkung zeigen. Bei einer Rohrleitung bedeutet dies, daß sich bei plötzlicher Druckaufbringung der Durchmesser zu einem Teil schnell vergrößert und zu einem Teil langsam weiter wächst. Wenn der vorhandene Druck plötzlich verringert wird, spielt sich dieser Vorgang in umgekehrter Reihenfolge ab. Wird die Rohrleitung schließlich ganz entlastet, erreicht ihr Durchmesser erst nach einiger Zeit wieder den ursprünglichen Wert. Unter diesen Umständen ist es verständlich, daß eine Prüfung und eine Beurteilung (z.B. nach DVS 2210-1 [177]) nur von erfahrenen Fachleuten vorgenommen werden können. Es kommt hinzu, daß bei den heute verwendeten Polyethylen-Rohren schon geringe Überbeanspruchungen bei der Dichtheitsprüfung die Lebensdauer deutlich verringern können [178].

3.7.1.10 Moderne Qualitätstechniken

Geschweißte Bauteile, wie z.B. Kunststoff-Fenster oder Rohrleitungen sollen eine Lebensdauer von mehr als 50 Jahren erreichen. Im Apparatebau werden unter Chemikalienbeanspruchung 10 bis 30 Jahre erwartet. Bei sicherheitsrelevanten Autoteilen, z.B. an einem Akku die Deckelnaht, wird eine Nullfehler-Produktion angestrebt. Ohne den Einsatz moderner Qualitätstechniken sind diese hohen Ziele nicht zu erreichen.

Um diese Vorgaben zu erreichen, wird als erstes eine FMEA (Fehler-Möglichkeit und Einfluß-Analyse) des Schweißprozesses durchgeführt. Dabei wird analysiert, welche Auswirkung Abweichungen bei den einzelnen Fertigungsschritten auf die Qualität haben. Als zweites wird die Fähigkeit der Schweißfertigung untersucht. Darüber wird ein Index ermittelt, der die Gleichmäßigkeit des Schweißprozesses beschreibt. Bei einer neuen Anlage wird eine kleine Serie von wenigstens 50 Teilen hergestellt und die Schwankungen von Qualitätsmerkmalen bestimmt. Mit den Möglichkeiten der Datenverarbeitung können selbst ganze Jahreszyklen untersucht und die Einflüsse von Tag und Nacht oder Sommer und Winter ermittelt werden. Ein Kaltluftschwall, der durch ein geöffnetes Rolltor in die Fabrikhalle einströmt, hat schon so manche Fensterfertigung durcheinander gebracht.

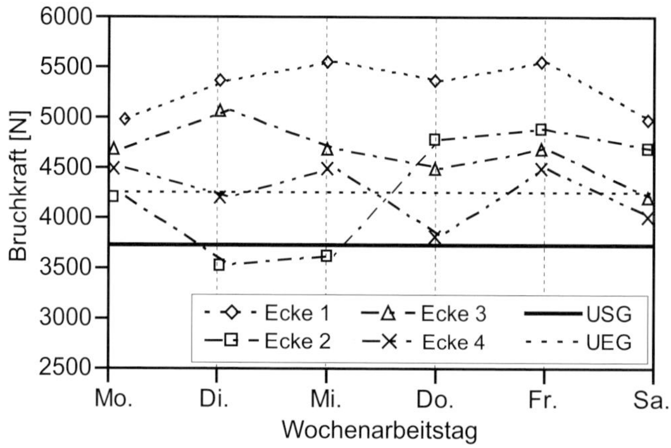

Tag	Mo.	Di.	Mi.	Do.	Fr.	Sa.
Ecke 1	5000	5400	5600	5400	5600	5000
Ecke 2	4200	3500	3600	4800	4900	4700
Ecke 3	4700	5100	4700	4500	4700	4200
Ecke 4	4500	4200	4500	3800	4500	4000
KW 27	3700	3700	3700	3700	3700	3700
Prüfer	4255	4255	4255	4255	4255	4255

Bild 3.160 Qualitätsregelkarte für das Schweißen in einer Fensterfertigung

Systembezeichnung: PVC-Fensterprofil
Profilbezeichnung: Flügel 4711
Mindestbruchkraft: 3700 N (USG)
Untere Eingriffgrenze: 4255 N (UEG)

Ohne Qualitätsregelkarte (QRK) und Statistische Prozeßregelung (SPC) sind solche Auswertungen nicht möglich. Am Beispiel einer Fensterfertigung ist der Nutzen einer QRK zu ersehen, Bild 3.160. An jedem Arbeitstag wird ein Rahmen mit vier Ecken geschweißt und geprüft. Entsprechend den Anforderungen in [7] muß eine Ecke mindestens eine Festigkeit von 35 N/mm^2 erreichen. Für das Flügelprofil 4711 in unserem Beispiel ergibt sich daraus eine rechnerische Mindestbruchkraft von 3700 N. Dies ist die Ausschußgrenze (USG). Wird sie von einem Meßwert unterschritten, dann ist anzunehmen, daß die folgenden Fensterflügel diesen Wert ebenfalls haben und nicht zu verwenden sind. Da in der Fertigung normalerweise im Mittel 5000 N erreicht werden, wird eine untere Eingriffsgrenze (UEG) festgelegt, die mit 4255 N um 15 % über USG liegt. Wenn eine Ecke die UEG unterschreitet, dann muß in der Fertigung reagiert und die Fehlerursache ermittelt werden. Bei plötzlichen größeren Änderungen nach unten oder oben müssen außerdem das Prüfgerät und die Profilqualität überprüft werden. Man hat aber für alle Maßnahmen noch genügend Zeit, da bisher kein Ausschuß produziert wird.

3.7.1.11 Zulassungen von Firmen

Nicht jede Firma darf jedes Bauteil herstellen. Für viele Schweißaufgaben muß die Firma Zulassungen besitzen, die vom Staat oder von privaten Stellen erteilt werden [176]. Die Zulassungskriterien sind ähnlich. Die Firma muß eine entsprechend den Aufgaben gegliederte Personalstruktur haben, wobei die Führungskräfte neben den entsprechenden Richtlinien auch die zutreffenden Gesetze kennen müssen. Zwischen den Schweißern und ihnen gibt es als Bindeglied einen Mitarbeiter, der die Schweißaufsicht übernimmt. Die geforderten Qualifikationen sind durch bestandene Prüfungen nachzuweisen. In einigen Fällen ist auch die Ausstattung mit Maschinen und Werkzeug vorgeschrieben.

Betriebe, die Gas- und Wasserleitungen verlegen, werden vom DVGW nach GW 301 [179] zugelassen. Firmen, die größere Behälter für wassergefährdende Flüssigkeiten herstellen, benötigen eine Zulassung des DIBt. Betriebe, die solche Behälter aufstellen und mit den notwendigen Rohrleitungen und Schutzeinrichtungen versehen, müssen eine Fachbetriebszulassung nach § 19 l WHG haben.

Allen Zulassungen ist gemeinsam, daß nach einer festgelegten Zeitspanne eine erneute Überprüfung des Betriebes stattfindet und danach über eine Verlängerung entschieden wird.

3.7.1.12 Produktionskontrolle und Fremdüberwachung

In der DIN 18200 [180] ist der Ablauf der Überwachung von Bauprodukten im gesetzlich geregelten Bereich beschrieben. Nach dieser Norm hat ein Hersteller dauernd eine werkseigene Produktionskontrolle entsprechend den Festlegungen im zutreffenden technischen Regelwerk durchzuführen. Seine Fertigung wird in regelmäßigen Abständen von einem Fremdüberwacher besucht. Dieser nimmt Einsicht in die Prüfaufzeichnungen und überprüft die mit der Qualitätssicherung beauftragten Personen sowie die Funktion der Prüfmittel. Am Schluß entnimmt er eine Stichprobe und prüft sie im Labor. Die Ergebnisse schreibt er in ein Prüfzeugnis, das er der zuständigen Produktzertifizierungsstelle übergibt. Diese Stelle entscheidet anhand des Prüfzeugnisses über die Aufrechterhaltung des Zertifikates und des damit verbundenen Qualitätszeichens. Dieser Ablauf wird auch im privatwirtschaftlichen Bereich von Gütegemeinschaften eingehalten.

Eine Qualitätssicherung in dieser Form wird bei Halbzeugen wie Rohren, Tafeln und Bahnen durchgeführt. Die für das Schweißen relevanten Qualitätszeichen sind dafür die des DIBt, des DVGW, der GKFP und der GKR. Fertige Bauteile wie z.B. Lagerbehälter für Wasser gefährdende Flüssigkeiten oder Kunststoffenster werden ebenfalls überwacht. Bei überwachten Produkten können sich die Verarbeiter oder Anwender darauf verlassen, daß die im jeweiligen technischen Regelwerk festgelegten Eigenschaften eingehalten werden.

3.7.1.13 Baustellenüberwachung

Schweißarbeiten auf Baustellen sind schwieriger als in einer Fabrikhalle durchzuführen. Wind und Wetter beeinflussen das Schweißergebnis. Nur sehr erfahrene Schweißer werden mit den wechselnden Situationen fertig.

An dem folgenden Beispiel ist dies gut zu erkennen. Während eines sehr heißen Sommers wurde eine Leitung mit großem Durchmesser in einem 3 m tiefen Graben verlegt. Überraschend erhielt der Fremdüberwacher einen Anruf: „Der Durchmesser der Rohre ist zu groß. Sie passen auch nach dem Abschälen nicht in die Heizwendelmuffen". Die Lösung war für den Fachmann einfach. Die schwarzen Rohre hatten in der Sonne gelegen, die Muffen dagegen im kühlen Graben. Den Fachleuten der Verlegefirma war nicht bewußt gewesen, daß die gegenüber Metallen viel größere Wärmedehnung von Kunststoffen zu solchen Unterschieden führt.

Es ist daher wichtig, daß rechtzeitig vor Beginn der Schweißarbeiten zwischen dem Fremdüberwacher sowie den beteiligten Firmen und Behörden, ein spezifisches Überwachungskonzept besprochen und festgelegt wird [181]. Ähnlich wie im vorhergehenden Abschnitt hat der Verleger selbst Qualitätssicherungsmaßnahmen entsprechend den jeweiligen Richtlinien durchzuführen. Der Fremdüberwacher ist allerdings meist täglich auf der Baustelle und kontrolliert dort die durchgeführten Arbeiten. Die Prüfung der von ihm entnommenen Stichproben muß allerdings zeitnah erfolgen, damit der Baufortschritt nicht verzögert wird.

3.7.1.14 Qualitätsmanagementsystem nach DIN EN ISO 9001:2000

Es war lange Zeit umstritten, ob durch die Einführung eines Qualitätsmanagementsystems die Qualität beim Schweißen verbessert werden kann. Die guten Erfahrungen beim Serienschweißen haben dazu geführt, daß auch Firmen im handwerklichen Bereich ein Qualitätsmanagement nach DIN EN ISO 9001:2000 [182] mit den Modulen H (früher: 9001) oder D (früher 9002) einführen und es zertifizieren lassen.

Ein wesentlicher Vorteil eines solchen Systems liegt darin, daß alle Abteilungen eines Betriebes verpflichtet werden, zusammenzuarbeiten. Der Einkauf kann nicht mehr von wechselnden Anbietern das jeweils billigste Halbzeug kaufen. Er muß mit den Schweißern in der Produktion abgeklärt haben, welche Materialien alle Qualitätsanforderungen erfüllen und mit welchen eine Fertigung ohne störende Maschinenumstellungen möglich ist. Ein weiterer Vorteil ist die Verpflichtung in verschiedenen Elementen, Maßnahmen zur Vermeidung von Fehlern zu ergreifen. Dies reicht vom Führen von Fehlersammelkarten und den damit verbundenen Überlegungen zur Vermeidung von typischen Fehlern bis zur fallspezifischen Schulung aller Schweißer.

3.7.1.15 Normen

Normen und Richtlinien sind Grundlage einer Qualitätssicherung. In den vergangenen Jahrzehnten hat die Arbeitsgruppe W 4 "Fügen von Kunststoffen" des DVS ein umfangreiches technisches Regelwerk erarbeitet. Viele dieser Richtlinien wurden nicht nur in anderen deutschsprachigen Ländern übernommen, sondern auch in andere Sprachen übersetzt. Auch beim Schweißen werden nationale Normen von internationalen nach und nach abgelöst. In Europa gibt es z.B. schon 8 Prüfnormen der Reihe EN 12814 [183].

3.7.1.16 Zukunft

Die Qualitätssicherung hatte schon während der Anfänge des Kunststoffschweißens schnell einen hohen Stand erreicht. Die Entwicklung neuer Qualitätstechniken und die Einführung von Qualitätsmanagementsystemen haben beim Serienschweißen dazu geführt, daß bei optimierten Fertigungen nur fehlerfreie Teile das Werk verlassen. Wenn diese Erfahrungen auch auf das handwerkliche Schweißen übertragen werden, kann dort die Fehlerhäufigkeit ebenfalls noch weiter verringert werden.

3.7.2 Kurzzeitprüfung

3.7.2.1 Anwendungsbereich

Für die schnelle Beurteilung von Schweißnähten werden zerstörende und nicht zerstörende Prüfverfahren eingesetzt [175]. Sie können an einfachen geschweißten Prüfkörpern, wie z.B. Flachstäben, an aus geschweißten Bauteilen entnommenen Proben, oder auch an kompletten Bauteilen durchgeführt werden. Dabei dienen einfache Prüfkörper vor allem der Auswahl geeigneter Materialien, Schweißverfahren und in Vorversuchen auch der Optimierung der Verfahrensbedingungen. An Proben aus geschweißten Bauteilen kann die Qualität z.B. in Abhängigkeit vom Entnahmeort bestimmt werden. Komplette geschweißte Bauteile werden oft einer Funktionsprüfung z.B. Innendruck bei Hohlkörpern unterzogen, zerstörend oder auch zerstörungsfrei.

Regelmäßige Prüfungen sind insbesondere bei den mehr handwerklichen Schweißverfahren im Rohrleitungs- und Apparatebau erforderlich, da bei diesen eine kontinuierliche Überwachung der Qualität wie beim Serienschweißen durch Maschinenparameter und -meßwerte nicht möglich ist [151, 169, 184]. Dabei sind für spezielle Schweißverfahren auch spezielle Prüfungen vorgesehen, wie z.B. für das Schweißen von Dichtungsbahnen [185-188].

Vor der Verarbeitung von Halbzeugen soll nach der DVS-Richtlinie 2201 Teil 1 die Qualität und Gebrauchstauglichkeit im Hinblick auf die schweißtechnische Praxis bzw. die Schweißeignung überprüft werden. Für die Schweißzusätze werden in der DVS-Richtlinie 2211 [189] die technischen Lieferbedingungen behandelt, die Eignungsprüfung erfolgt nach der DVS-Richtlinie 2203.

Die Schweißnahtqualität wird durch die Qualität des Grundwerkstoffs und der Schweißzusätze sowie deren Verarbeitung (Schweißbedingungen) bestimmt. Grundwerkstoff und Schweißzusatz sind aufeinander abzustimmen. Daher ist die Kenntnis bestimmter Werkstoffeigenschaften erforderlich bzw. zu prüfen. Darüber hinaus ist die konstruktive Gestaltung der Schweißnaht und deren Lage von erheblichem Einfluß auf die Qualität der Verbindung.

Beim Serienschweißen dienen Kurzzeitprüfungen zu Beginn der Serie der Materialauswahl und der Optimierung der Schweißparameter. Als Qualitätskontrolle werden Kurzzeitprüfungen während der Serie in regelmäßigen Abständen an Stichproben sowie bei Änderungen im Verfahrensablauf, wie z.B. Materialwechsel oder Änderungen der Herstell- oder Lagerbedingungen der Fügeteile, eingesetzt.

Die Prüfung mechanischer Eigenschaften darf erst nach vollständiger Abkühlung der Proben bzw. Bauteile erfolgen. Bei teilkristallinen Thermoplasten ist sie frühestens nach abgeschlossener Rekristallisation der Fügezone durchzuführen.

3.7.2.2 Prüfmethoden und Durchführung

Um vergleichbare Ergebnisse zu bekommen, sind die Vorbehandlung sowie die dem Schweißen nachfolgenden Schritte bis zum Prüfen zu definieren. Um auch Umwelt-/Umgebungseinflüsse mit zu beurteilen, können die geschweißten Probekörper/Bauteile verschiedenen Nachbehandlungen unterzogen werden. Besonders bei Bauteilen werden diese Bedingungen in den verschiedenen Lastenheften definiert. Dieses können zum Beispiel sein: Lagerungen in verschiedenen Temperaturen mit unterschiedlichen Lagerungszeiten, Lagerungen in verschiedenen Medien (die für die jeweilige Anwendung in Betracht kommen) bei verschiedenen Temperaturen mit unterschiedlicher Lagerungszeit, mechanische Vorbehandlungen wie Vibrationsbelastungen, bei Hohlkörpern auch Druckwechselbelastungen.

Um die Schweißnahtqualität zu ermitteln, stehen zerstörende und nicht zerstörende Prüfungen zur Verfügung. Unter die Rubrik nicht zerstörend fallen:

- visuelle Prüfung,
- Spannungsoptik: nur bei optisch transparenten Teilen,
- Ultraschall- und Röntgenprüfung,
- bei Hohlkörpern zusätzlich möglich: Dichtigkeit.

Als zerstörende Prüfungen sind anzusehen:

- Zugversuch, Biegeversuch, Schlagversuch, mikroskopische Untersuchungen u.a.,
- bei Hohlkörpern zusätzlich möglich: Berstdruckprüfung.

Visuelle Prüfung

Bei der optischen Prüfung der Schweißzone sind Fehler schnell festzustellen. So deutet ein ungleichmäßiger Wulst auf große Temperaturunterschiede entlang der Naht, auf einen variierenden Abschmelzweg infolge Verzugs der Teile oder auf einen ungleichmäßigen Fügedruck hin. Verfärbungen des Wulstes sind auf zu hohe Temperatur oder zu lange Schweißzeiten zurückzuführen. Blasiger Wulst wird ebenfalls durch zu hohe Temperatur oder durch zu hohen Feuchtigkeitsgehalt verursacht. Extrem dünner Schweißaustrieb, z.B. beim Vibrationsschweißen deutet auf eine geringe Schmelzeschichtdicke und damit auf eine geringe Nahtfestigkeit hin. Weiterhin ist der die Fügefläche vermindernde Versatz der Teile infolge schlecht ausgerichteter Werkzeuge oder Deformationen zu erkennen. Bei Präzisionsteilen ist gegebenenfalls eine Maßkontrolle durchzuführen, insbesondere wenn in Abschmelzrichtung ein genaues Maß einzuhalten ist. Einige Beispiele für Fehler bei Heizelement-Stumpfschweißnähten zeigt die nachfolgende Tabelle 3.11 [151].

Merkmal	**Beschreibung**	**Bewertungsgruppe**		
		hoch	**mittel**	**niedrig**
Risse 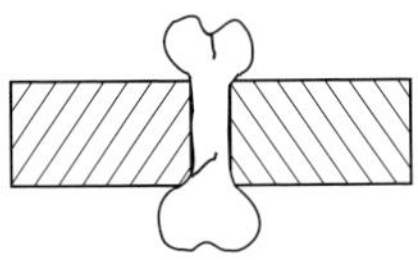	längs oder quer zur Schweißnaht verlaufende Risse können liegen - in der Schweißwulst - im Grundwerkstoff - in der Wärmeeinflußzone	nicht zulässig	nicht zulässig	nicht zulässig
Wulstkerben 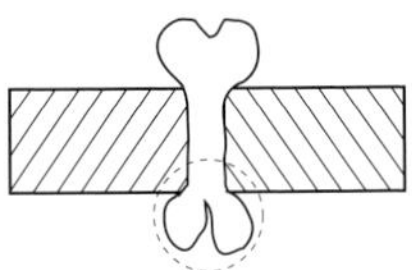	durchgehende oder örtliche Kerben in Längsrichtung der Schweißnaht mit Kerbgrund im Grundwerkstoff, z.B. durch - mangelhaften Fügedruck - zu kurze Anwärmzeit - zu kurze Abkühlzeit	nicht zulässig	nicht zulässig	nicht zulässig
Kerben und Riefen 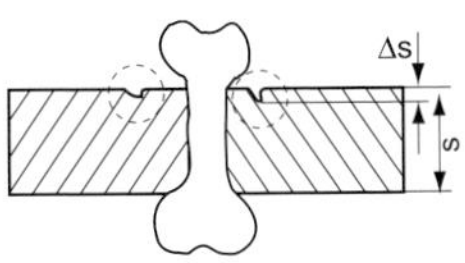	Randkerben im Grundwerkstoff, längs oder quer zur Schweißnaht verlaufend, z.B. durch - Spannwerkzeuge - unsachgemäßen Transport - Fehler bei der Schweißnahtvorbereitung	örtlich zulässig, wenn flach auslaufend und $\Delta s \leq 0{,}1$ s jedoch max. 0,5 mm	örtlich zulässig, wenn flach auslaufend und $\Delta s \leq 0{,}1$ s jedoch max. 1 mm	örtlich zulässig, wenn flach auslaufend und $\Delta s \leq 0{,}15$ s jedoch max. 2 mm
Versatz der Fügeflächen 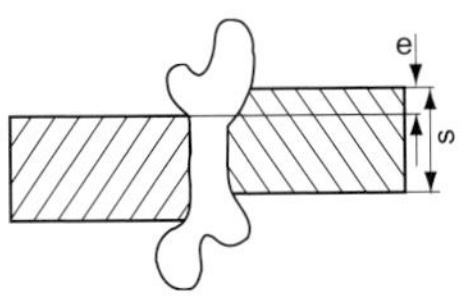	die Fügeflächen sind zueinander versetzt bzw. Dickenunterschiede sind nicht angeglichen	zulässig wenn $e = \leq 0{,}1$ s jedoch max. 2 mm	zulässig wenn $e = \leq 0{,}15$ s jedoch max. 4 mm	zulässig wenn $e = \leq 0{,}2$ s jedoch max. 5 mm
Winkelabweichung 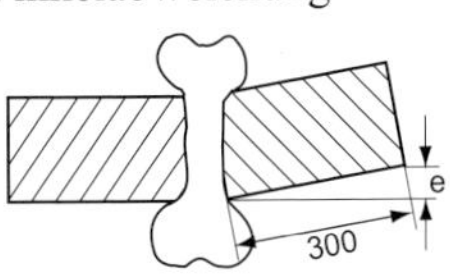	z.B. durch - Maschinenfehler - Einrichtungsfehler	$e = \leq 1$mm	$e = \leq 2$mm	$e = \leq 4$mm

Merkmal	Beschreibung	Bewertungsgruppe		
schmaler, überhöhter Schweißwulst 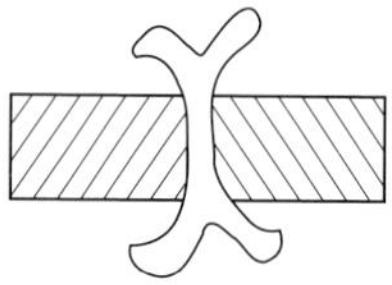	teilweise oder über die gesamte Nahtlänge bzw. den Nahtumfang überhöhter und scharfkantiger Schweißwulst durch falsche Schweißparameter, insbesondere durch - überhöhten Fügedruck nur bei Polyolefinen	nicht zulässig	nicht zulässig	nicht zulässig
mangelhaft ausgebildeter Schweißwulst 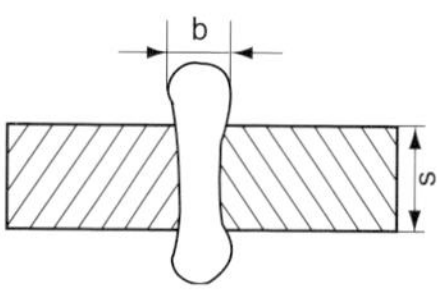	teilweise oder über die gesamte Nahtlänge zu breit oder zu schmal ausgebildeter Schweißwulst, z.B. durch - falsche Anwärmzeit, - falsche HE-Temperatur - falschen Fügedruck	b ~ (0,67÷1) s	b ~ (0,6÷1,14) s	b ~ (0,5÷1,5) s
ungleichmäßiger Schweißwulst 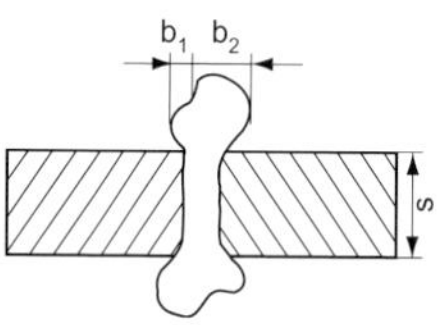	nicht winklige Fügeebene, dadurch unterschiedliche ausgebildete Schweißwülste, teilweise oder über die gesamte Nahtfläche durch - Fehler bei der Nahtvorbereitung - mangelhafte Schweißgeräte	$b_1 \geq 0{,}7 \cdot b_2$	$b_1 \geq 0{,}6 \cdot b_2$	$b_1 \geq 0{,}5 \cdot b_2$
thermische Schädigung —	hochglänzende Wulstoberfläche mit Blasen oder Knötchen, meist in Verbindung mit fehlerhafter Wulstausbildung und ausgeprägter Wulstkerbe	nicht zulässig	nicht zulässig	nicht zulässig

Tabelle 3.11 Bewertung von Fehlern bei Stumpfschweißnähten nach äußerem Befund nach DVS-Richtlinie 2002-1

Vergleichbare Fehlerkataloge gibt es in der DVS-Richtlinie 2002-1 auch für Heizelement-Muffenschweißen, Heizelementschweißen, Warmgasschweißen und Warmgasextrusionsschweißen.

Spannungsoptik

Die spannungsoptische Untersuchung liefert eine Aussage über die in der Fügezone eingebrachten Spannungen und kann im Vergleich mit einer Referenzmessung auch die Höhe der vorhandenen Spannungen liefern. Die Anwendung ist allerdings auf im sichtbaren Lichtbereich transparente Teile beschränkt. Außerdem ist bei gekrümmten Bauteilen die Vorhersage der Spannungen stark eingeschränkt.

Ultraschall- und Röntgenprüfung

Die Prüfung von Schweißnähten mittels Ultraschall ist auf das Auffinden von großen Fehlstellen (Lunker) beschränkt. Kleinere Fehlstellen sind aufgrund der schwierigen Einkopplung des Ultraschalls im Nahtbereich nicht aufzuspüren. Durch den Schweißwulst ist eine direkte Betrachtung der Naht nicht möglich. Daher muß mit einer seitlich versetzten Winkeleinkopplung gearbeitet werden, die ein deutlich schlechteres Auflösungsvermögen aufweist.

Mit Röntgenstrahlen ist eine höhere Auflösung als mit Ultraschallwellen zu erreichen, so sind auch kleinere Lunker und Einschlüsse und auch Bindefehler zu erkennen [175]. Weiterhin kann die mittlere Ausrichtung von Glas- oder Kohlenstoffasern über die durchstrahlte Dicke sichtbar gemacht werden. Die Ultraschall- und Röntgenprüfungen geben keinen Aufschluß über die Güte der Materialanbindung.

Zugversuch in Anlehnung an DIN EN ISO 527 und nach DVS 2203-2 [171]

Der Zugversuch ist besonders für geschweißte Probekörper geeignet. Bei der Prüfung von glasfaserverstärkten Materialien ist der Bruch generell in der Schweißnaht zu erwarten, da die maximal erreichbare Festigkeit in der Schweißnaht nur die Höhe einer spritzgegossenen Bindenaht erzielt. Daher kann auf eine gewollte Schwächung der Schweißnaht verzichtet werden. Die Schwächung ist aber bei unverstärkten Produkten notwendig, da hier Grundmaterialfestigkeiten erreicht werden können. Eine Schwächung ist am einfachsten durch eine Bohrung in der Mitte der Schweißnaht zu realisieren.

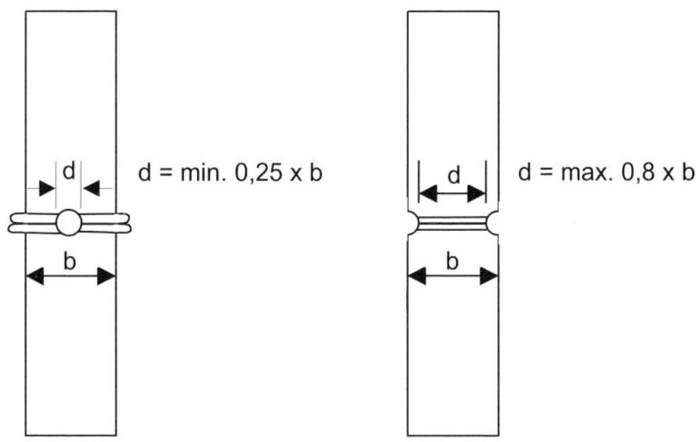

Bild 3.161 Durch Bohrung (links) bzw. Einschnürung (rechts) geschwächte Schweißnaht eines Prüfkörpers

Aber auch eine beidseitige Einschnürung ist möglich. Diese ist allerdings aufwendiger in der Herstellung. Mögliche Verfahren dafür sind Fräsen oder Sägen.

Als Ergebnis des Zugversuches wird die Reißkraft ermittelt und daraus kann die Schweißnahtfestigkeit berechnet werden. Aus dem Quotienten von Schweißnahtfestigkeit und Grundmaterialfestigkeit erhält man den sog. Schweißfaktor, der bei unverstärkten Materialien den Wert von 1 (Schweißnahtfestigkeit = Grundmaterialfestigkeit) erreichen kann. Der so ermittelte Kurzzeitschweißfaktor wird in vielen Fällen zur Auslegung der Schweißnaht herangezogen. Bei speziellen Anforderung an das Bauteil ist gegebenenfalls der Langzeitschweißfaktor anzuwenden, der je nach Anwendungsfall aus diversen Langzeitprüfungen ermittelt wird (s.a. 3.7.3).

Biegeversuch in Anlehnung an DIN EN ISO 178 und DVS 2203-1 und 5 [169, 39]

Der Biegeversuch ist im Vergleich zum Zugversuch bei viskoelastischen Kunststoffen wegen der ungleichmäßigen und sich ändernden Spannungsverteilung immer etwas fragwürdig. Als schnelle und einfach durchzuführende Prüfung von Bauteilen wird er bevorzugt bei Probekörperschweißungen angewendet. Beim Einsatz des Biegeversuches an Bauteilen können meistens aufgrund der komplexen Kontur nur Segmente geprüft werden. Die ermittelten Werte sind dann nur mit Ergebnissen aus dem selben Bauteil vergleichbar.

Der Einfluß der Kerbwirkung in der Fügezone kann mit dem Biegeversuch ermittelt werden. Die Kerbwirkung ist stark vom Schweißverfahren und den Verfahrensparametern abhängig.

Der "technologische Biegeversuch" [169, 39] wird vorwiegend für die Prüfung der Nahtqualität geschweißter Halbzeuge, wie Tafeln und Rohre eingesetzt. Dabei wird keine Festigkeit sondern die Verformbarkeit der Schweißnaht bis zum ersten Anriß bzw. Bruch bestimmt. Der Versuch wird in einer 3-Punkt-Biegevorrichtung durchgeführt, wobei Auflagerabstand und Biegestempelradius in Abhängigkeit von der Halbzeugdicke eingestellt bzw. gewählt werden. In Abhängigkeit vom Material, Schweißverfahren und Halbzeugdicke müssen beim ersten Anriß Biegewinkel von mindestens 15 bis 160° oder entsprechende Biegewege zwischen 5 und 58 mm erreicht werden [169].

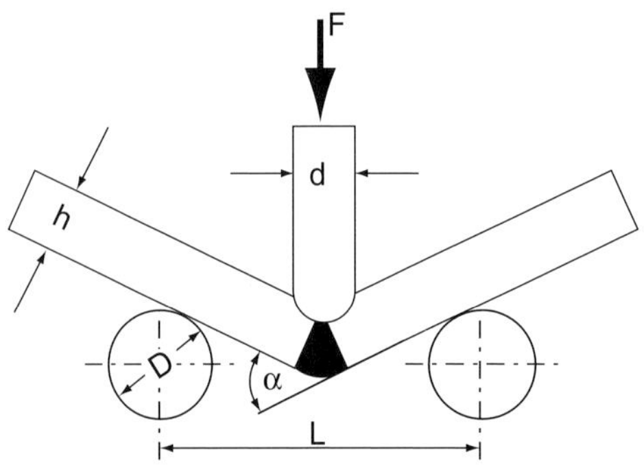

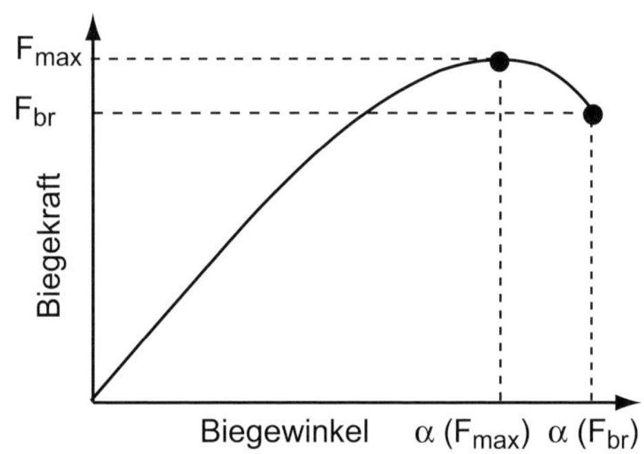

Bild 3.162 Technologischer Biegeversuch, Prüfparameter, Kennwertermittlung [38]

Biegedorngeschwindigkeit	*= 200 mm/min,*
Probentemperatur	*= 0 °C,*
Auflagerabstand	*= L = D + 4 h,*
Auflagerdurchmesser	*= D*
Biegedorndicke	*= d = h*
$\alpha(F_{max})$	*= Biegewinkel bei Maximalkraft*
$\alpha(F_{br})$	*= Biegewinkel bei Probenbruch*

Abweichend von der DVS-Prüfvorschrift führt folgende Auswertung zu geringerer Streuung der Meßwerte. Als Versuchswert wird der Biegewinkel bei Maximalkraft angegeben. Biegekraft, Biegewinkel und Bruchbild ergeben eine Aussage über die Kraftaufnahme und die Verformbarkeit des Biegezugbereichs und lassen eine vergleichende Qualitätsbeurteilung zu. Die Versuchsanordnung zeigt Bild 3.162.

Der Verlauf der Biegekraft wird als Funktion der Durchbiegung oder des Biegewinkels aufgetragen. Als Prüfergebnis wird der Biegewinkel bei der Maximalkraft herangezogen.

Schlagzugversuch in Anlehnung an DIN EN ISO 8256 und DVS 2203-3 [190]

Wegen der hohen Duktilität der vielfach verwendeten Kunststoffe wird eine deutlichere Differenzierung der Festigkeiten durch schnellere Belastungsgeschwindigkeit und tiefere Temperaturen erreicht. Zusätzlich kann eine Lochkerbe von 3 mm helfen. Vorgeschlagen hierfür wird in der DVS-Richtlinie 2203 Teil 3 der Schlagzugversuch, der in Anlehnung an DIN 53 448 mittels Pendelschlagwerken durchgeführt wird.

Auch beim Schlagzugversuch kann ein Kurzzeitschweißfaktor aus dem Verhältnis der Mittelwerte der verbrauchten Schlagarbeiten der geschweißten Proben und der Vergleichsproben aus dem Grundmaterial bestimmt werden.

Der Schlagbiegeversuch (in Anlehnung an DIN EN ISO 179-1 und 180) ist für die Beurteilung einer Schweißnaht nur bedingt geeignet, da hierbei die Kerbwirkung eine übergeordnete Rolle für das Versagen spielt und diese sehr starken Schwankungen unterliegt.

Zugscherversuch in Anlehnung an DIN EN ISO 527-1bis 5 und DVS 2226-2

Der Zugscherversuch wird an Platten, Dichtungsbahnen, Folien und Teilen durchgeführt, die überlappend geschweißt wurden. Die 15 bis 50 mm breiten Streifen werden senkrecht zur Naht entnommen.

Bei der Belastung im Zugscherversuch wird die Schweißnaht außer durch Scherung auch durch Biegung und Schälen belastet. Bei guten Schweißnähten reißt die Probe neben der Schweißnaht im Grundmaterial [187].

Zugschälversuch in Anlehnung an DVS 2226-3

Die Schälprüfung wird an geschweißten Folien und Dichtungsbahnen durchgeführt. Dazu werden Streifen senkrecht zur Fügenaht in Breiten zwischen 15 und 50 mm entnommen, auseinander geklappt und mit einer Prüfgeschwindigkeit von 50 mm/min auseinandergezogen. Dabei tritt entweder Verstrecken und Reißen eines Fügeteils oder ein Auftrennen bzw. Schälen ein.

Der Schälwiderstand, der Quotient aus nach DIN 53359 gemittelten Schälkraft über den Schälweg und der Probenbreite, ist ein Maß für die Schweißnahtfestigkeit. Die Schälkraft kann nicht auf den Querschnitt bezogen werden, da die fast nur linienförmige Belastungsfläche nicht definiert ist; sie hängt unter anderem von der Steifigkeit der Probe ab [188].

Mikroskopie

Zur strukturellen Analyse von Schweißverbindungen werden mikroskopische Untersuchungen durchgeführt. Dabei sind 2 Verfahren üblich, die Aufnahme von Dünnschnitten im polarisierten Licht und Auflichtaufnahmen von geschliffenen und geätzten Oberflächen. Eine Schweißverbindung aus teilkristallinen Thermoplasten weist morphologisch unterschiedliche Bereiche auf. Die Sphärolithdurchmesser betragen z.B. beim Polypropylen zwischen 5 und 200 µm. Neben der gleichmäßigen sphärolithischen Ausgangsstruktur ergibt sich die rekristallisierte Zone und der Bereich des Zusatzwerkstoffs.

Mikrotomschnitte von ca. 10 µm Dicke werden im polarisierten Licht bei maximal 400facher Vergrößerung aufgenommen.

Ein Mikrotomschnitt einer PP-Extrusionsschweißnaht ist in Bild 3.163 dargestellt.

Die Detailvergrößerung des Fügebereichs zeigt fünf unterschiedliche Strukturbereiche:

- Zusatzwerkstoff (1)
- transkristalline[7] Front (2) } rekristallisierte Schichten
- mittlere Sphärolithe (3) } rekristallisierte Schichten
- deformierte Sphärolithe (4) } rekristallisierte Schichten
- Grundwerkstoff (5)

Die rekristallisierten Schichten waren beim Schweißen aufgeschmolzen und beim Erstarren neu gebildet worden.

Im Grundwerkstoff war die maximale Temperatur während des Schweißprozeßes so niedrig, daß keine Änderung der Sphärolithstruktur durch rheologische und thermische Vorgänge aufgetreten ist.

Der Bereich der deformierten Sphärolithe stellt den Übergangsbereich zwischen Schmelzeschicht und Grundwerkstoff dar. Die Temperatur lag im Bereich des Kristallitschmelzpunktes. Kleine Kristallite waren aufgeschmolzen, große Sphärolithe in Richtung der wirkenden Schubspannung verformt.

In der Zone der mittleren Sphärolithe bilden sich unterschiedlich große Sphärolithe aus vollständig aufgeschmolzenem Grundwerkstoff. Im Anschluß an die deformierten Sphärolithe folgt ein schmaler Bereich mit sehr geringem Spärolithdurchmesser, in Richtung Fügeebene nimmt der Sphärolithdurchmesser zu.

Der Zone mittlerer Sphärolithe folgt ein schmaler Bereich mit sehr heller Struktur, die transkristalline Front, deren dreieckige Form auf das richtungsorientierte Wachstum dieser Zone hinweist, der linke Rand der transkristallinen Front markiert die Fügeebene.

Der Kontakt zwischen Zusatzwerkstoff und Grundwerkstoff erzeugt die hohe Keimdichte. Der Zusatzwerkstoff kühlt nahe der Fügeebene schneller als im Nahtzentrum ab und bildet eine feinsphärolithische Struktur, die in Richtung Nahtzentrum gröber wird. Die verschiedenen Strukturen weisen deutlich unterschiedliche Eigenschaften auf.

[7] Transkristalline Fronten sind orientierte Kristallwachstumsfronten in Form von Streifen senkrecht auf einer Oberfläche

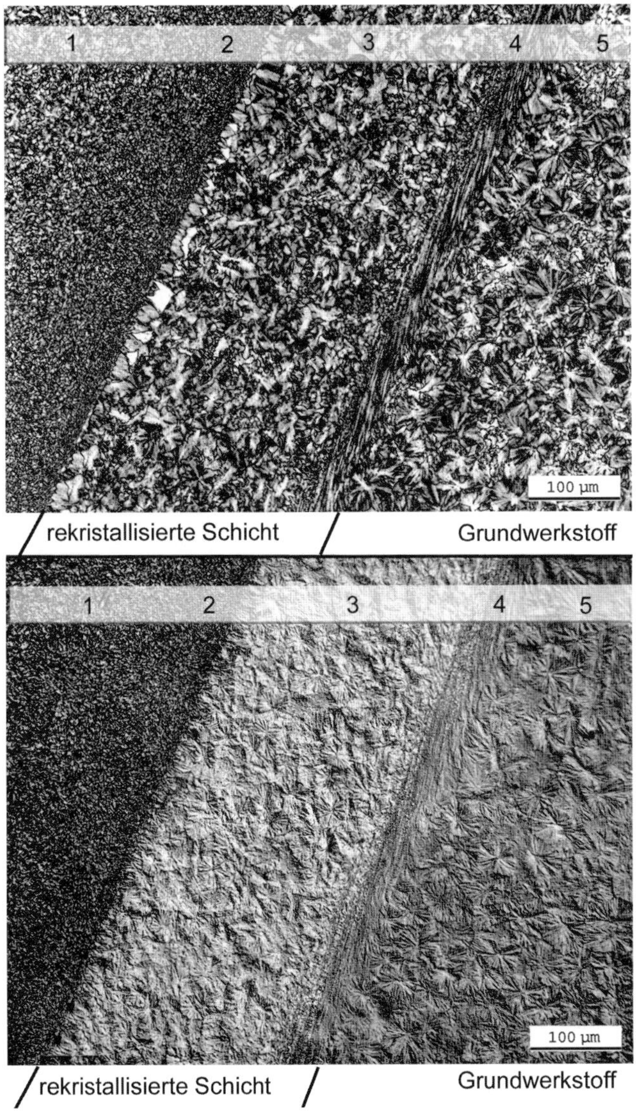

Bild 3.163 Morphologie einer PP-Extrusionsschweißnaht

oben: Dünnschnitt im polarisiertem Durchlicht

unten: Anschliff mit $KMnO_4$ *chemisch geätzt, Auflicht Diff. Interferenz Kontrast*

1 – Zusatzwerkstoff; 2 – transkristalline Front; 3 – mittlere Sphärolithe;
4 – deformierte Sphärolithe; 5 - Grundwerkstoff

Angewendet wird die Mikrotomie bei allen gängigen ungefüllten bzw. unverstärkten Thermoplasten. Bei gefüllten oder verstärkten Kunststoffen besteht beim Abtragen der dünnen Schnitte die Gefahr des Herausreißens der Zusatzstoffe und somit der Artefaktbildung. Ziel der Dünnschnittpräparation ist eine scharfe, klare Abbildung der Struktur bei geringer schneidbedingter Stauchung des Materials. Dabei ist zu beachten, daß die verschiedenen Thermoplaste unterschiedlich empfindlich sind. Die Qualität eines Dünnschnittes wird von zwei Faktoren beeinflußt: den Schneidbedingungen und der korrekten Abnahme des Schnittes. Die Polymerstruktur läßt sich entsprechend scharf abbilden, wenn die Schnitte dünner sind, als die kleinsten Sphärolithdurchmesser.

Bild 3.163 zeigt exemplarisch den Ausschnitt einer PP-Extrusionsschweißnaht als Dünnschnittpräparation. Deutlich sind die unterschiedlichen Strukturen zwischen Zusatzwerkstoff und Grundwerkstoff zu erkennen.

Beim Ätzen von teilkristallinen Thermoplasten werden selektiv die kovalenten Bindungen von Molekülkettenabschnitten durch Hydrolyse oder Oxidation gebrochen und die Bruchstücke entfernt. Aufgrund der höheren Diffusionsgeschwindigkeit und Reaktivität der amorphen Bereiche werden diese schneller abgetragen als kristalline. In der Regel erfolgt daher der Angriff in der amorphen Phase am schnellsten, über die Seitenflächen der Lamellen deutlich langsamer und am geringsten auf der Oberfläche der kristallinen Bereiche in Kettenrichtung.

Die unterschiedlichen Ätzgeschwindigkeiten ermöglichen das Entfernen der amorphen Phase, ohne daß die Kristallite entscheidend angegriffen werden. Säuren diffundieren bevorzugt in amorphe Bereiche und reagieren mit dem Polymer, wobei Bindungen aufgebrochen und Bruchstücke entfernt werden. Ein Beispiel hierfür ist die Anwendung von rauchender Salpetersäure bei PE. Ein "echtes" Ätzmittel liegt dagegen vor, wenn die Reaktionsgeschwindigkeit zwischen Ätzmittel und Polymer deutlich größer als die Diffusionsgeschwindigkeit im Material ist. Beispiele hierfür sind die Anwendung von Chromsäuren oder einer Kaliumpermanganat-Mischung aus Schwefel- und Phosphorsäure auf PP.

Eine weitere Möglichkeit besteht beim Ätzen mit Plasma. Das Plasmaätzen erfolgt mit einem gasförmigen Gemisch aus elektrisch geladenen Ionen, Elektronen und, soweit noch vorhanden, elektrisch neutralen Atomen oder Molekülen. Bei der Wechselwirkung des Plasmas mit dem Kunststoff sind zwei Grundtypen zu unterscheiden:

- Physikalische Ätzung: Einsatz von inerten Gasen (z.B. Edelgasen) in einer Glimmentladung. Beschleunigte Ionen bombardieren die Probenoberfläche, das sog. Target. Die Übertragung von kinetischer Energie führt zur Emission einzelner Atome oder größerer Bruchstücke aus den Molekülen des Targets.
- Chemische Ätzung: Einsatz von reaktiven Gasen (z.B. Sauerstoff, Stickstoff) in einem Hochfrequenzplasma. Zwischen den aktivierten Ionen und der Probenoberfläche findet eine chemische Reaktion statt. Es bilden sich flüchtige, gasförmige Abbauprodukte zwischen Target und Plasmagas wie CO_2, H_2O und verschiedenen Oxyradikale. In der Regel ist davon auszugehen, daß auch hier eine physikalische Ätzung aufgrund der kinetischen Energie der Ionen überlagert ist.

Durch ein Plasma werden sowohl amorphe als auch kristalline Bereiche abgebaut. Jedoch ist die Ätzrate im kristallinen Bereich deutlich geringer als im amorphen, was zur notwendigen Selektivität für eine Strukturuntersuchung an teilkristallinen Thermoplasten führt.

Die Güte der Ätzbehandlung wird, neben der Auswahl des eingesetzten Ätzmediums, auch durch die Ätzzeit, d.h. die Dauer der Wechselwirkung zwischen Ätzmedium und Polymer, bestimmt. Zu kurze Ätzzeiten führen zu einer im Mikroskop nicht kontrastierbaren Strukturausbildung, zu lange Ätzzeiten zur Zerstörung der Überstrukturen bis hin zur kompletten Zerstörung der Probe.

Geätzte Strukturen, die ein Oberflächenrelief aufweisen, können mit mikroskopischen Auflichtverfahren untersucht werden. Bei geringen Höhenunterschieden (100-400 nm) wird dabei der Differential-Interferenz-Kontrast im Lichtmikroskop eingesetzt. Bei größeren Höhenunterschieden (Bereich mehrere 10 µm) kommt das Rasterelektronenmikroskop wegen seiner größeren Tiefenschärfe zum Einsatz.

Innendruckprüfung

Besonders im Bereich von geschweißten Bauteilen, die einen Hohlkörper bilden, bietet sich eine Druckprüfung zur Qualitätsbeurteilung an. Eine Druckbeaufschlagung kann mit flüssigen Medien (bevorzugt Wasser) oder gasförmigen (bevorzugt Luft) erfolgen [191].

Bei einer Prüfung mit Luft ist darauf zu achten, daß es sich um ein kompressibles Medium handelt und zum explosionsartigen Zerbersten des Bauteils führen kann. Daher sind erhöhte Sicherheitsmaßnahmen zu treffen. Der Einsatz von Wasser als Druckmedium ist hinsichtlich der Berstsituation als unkritisch einzustufen. Es erfolgt lediglich ein Aufplatzen mit Wasseraustritt.

Eine Variante der Druckprüfung ist der so genannte Backfiretest. Dieser Test wird vorwiegend bei Luftansaugverteilern durchgeführt und soll eine Fehlzündung des Kraftstoff-/Luftgemisches im Ansaugbereich simulieren. Das Besondere ist dabei die extrem kurze Druckanstiegszeit von bis zu 5 ms/bar, die mit einem gasförmigen Medium erzielt wird. Die dabei auftretende schlagartige Belastung führt im Vergleich zu einer langsamen Druckerhöhung durch Wasser oder Luft zu einem anderen Bauteilversagen.

Dichtigkeitsprüfung

Die Dichtigkeitsprüfung ist eine Prüfung des gesamten Bauteils inklusive der Schweißnaht. Für das Ermitteln der Dichtigkeit eines Bauteils steht das Anlegen eines Vakuums oder eines Überdrucks als Möglichkeit zur Verfügung. Bei beiden Varianten kann die Dichtigkeit über die Leckrate ermittelt werden. Die Ermittlung der Leckrate kann einerseits durch Messung des Druckanstieges, -abfalles in einer bestimmten Zeit oder durch Ermittlung des Leckluftstromes bei konstantem Prüfdruck erfolgen. Die Wahl der Meßmethode richtet sich meistens nach dem Lastenheft. Als Prüfmedium kommen im Druckbereich 0 bis 1 bar abs (Vakuumbereich) gasförmige Stoffe und bei Prüfdrücken ab 1 bar abs aufwärts gasförmige und flüssige Stoffe sowie Wasser zum Einsatz. Als gasförmiger Stoff wird bevorzugt Luft verwendet.

Bei Überdruckprüfungen mit Luft kann die Leckluftmenge mittels Luftmengenmesser erfolgen. Steht ein solcher nicht zur Verfügung, kann auch durch Eintauchen des Prüflings in

Wasser und Auffangen der im Falle einer Undichtigkeit aufsteigenden Luftblasen in ein Meßglas der Wert ermittelt werden. Bei der Prüfung ist darauf zu achten, daß alle druckführenden Teile und deren Verbindungsstellen absolut dicht sind. Häufig sind hier Undichtigkeiten zu finden.

3.7.2.3 Ergebnisse und Dokumentation

Die durch die verschiedenen Prüfungen ermittelten Ergebnisse dienen der Beurteilung der Schweißnaht. Um eine Vergleichbarkeit der Ergebnisse zu erzielen, ist eine genaue Dokumentation der gesamten Fertigungs- und Prüfkette zu erstellen. Nur so ist auch bei zeitlich versetzten Prüfungen sicherzustellen, daß die Ergebnisse vergleichbar sind. Außerdem ist so ein Rückschluß von fertigungsbedingten Einflüssen herstellbar.

Es werden aber nicht nur Schweißnähte geprüft, auch die Schweißer, vor allem im Apparate- und Rohrleitungsbau, müssen sich zum Teil regelmäßigen Prüfungen unterziehen [192] (s.a. Kap. 3.7.4).

3.7.3 Langzeitprüfung

3.7.3.1 Einleitung

Die langzeitige Schweißnahtgüte kann nach bisherigem Stand des Wissens nicht durch Kurzzeit-Prüfungen wie den Kurzzeit-Zugversuch oder den Kurzzeit-Biegeversuch bei erhöhter Prüfgeschwindigkeit und abgesenkter Prüftemperatur sicher bestimmt werden [193, 38]. Die Ursache hierfür liegt in den unterschiedlichen Versagensmechanismen unter Kurz- und Langzeitbelastung [40]. Generell schließen allerdings geringe Festigkeiten im Kurzzeitversuch hohe Langzeitfestigkeiten aus.

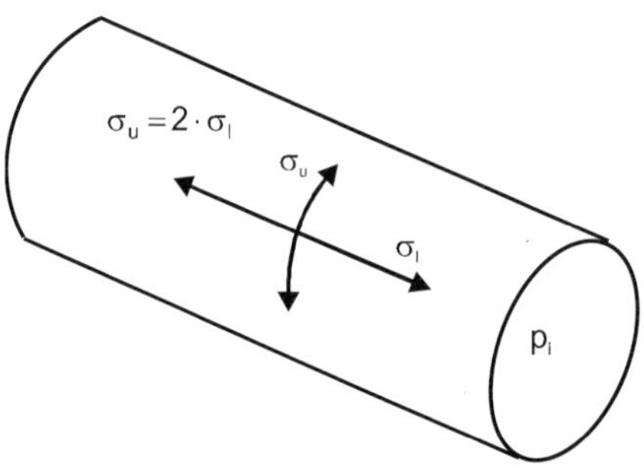

$$\sigma_l = \frac{p_i \cdot D}{4s} = \text{Längsspannung}$$

$$\sigma_u = \frac{p_i \cdot D}{2s} = \text{Umfangsspannung}$$

Bild 3.164 Spannungszustand in einem Rohr

Zur Markteinführung von Rohren aus Polyethylen ist eine Prüfmethodik zur Ermittlung der Lebensdauer erforderlich geworden. Seitdem werden die Langzeiteigenschaften von Rohren aus Thermoplasten, insbesondere das zeit- und temperaturabhängige Festigkeitsverhalten, durch den Zeitstand-Innendruckversuch ermittelt. Bei diesem Versuch werden die Rohre mit einem konstanten Innendruck belastet. Der Zeitstand-Innendruckversuch eignet sich nicht für die langzeitige Prüfung von Schweißverbindungen, weil die Spannung, die senkrecht auf die Naht der geschweißten Rohrverbindung als Folge des Innendruckes wirkt, nur halb so groß wie die Umfangsspannung ist, Bild 3.164 [194].

Da die Zeitstandfestigkeit von stumpfgeschweißten Rohren dieselbe wie die ungeschweißter Rohre ist, können die Langzeiteigenschaften von Schweißverbindungen nur durch Zeitstand-Zugversuche ermittelt werden [172]. Hierbei werden die Probekörper so aus den Rohren entnommen, daß die Schweißnaht auf Zug belastet wird.

Eine genaue Differenzierung und auch Beschreibung der Schweißnahtgüte ist bislang nur durch den Zeitstand-Zugversuch möglich.

Das langzeitige Festigkeitsverhalten von Thermoplasten wird durch sog. Zeitstandkurven aus dem Zeitstand-Innendruckversuch abgebildet. Wie in Bild 3.165 schematisch dargestellt, wird hierbei die logarithmisch aufgetragene Vergleichsspannung über die logarithmisch aufgetragene Standzeit aufgetragen. Dabei definiert man die größere der beiden Spannungen der "Kesselformel", also die Umfangsspannung σ_U, zur Vergleichsspannung σ_V.

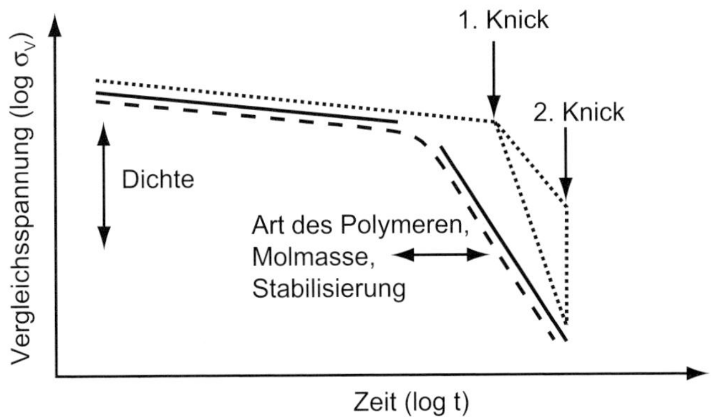

Bild 3.165 Charakteristische Zeitstandkurve [195]

Charakteristische Zeitstandkurven bestehen aus 2 oder 3 Kurventeilen mit unterschiedlichen Neigungen bzw. Steigungen. Im flachen ersten Kurventeil, also bei sehr hohen Spannungen und kurzen Zeiten, versagen die Probekörper mit sehr hohen Verformungen und einem großen plastischen Anteil [196]. Hier liegt der gleiche Bruchmechanismus wie beim Kurzzeitzugversuch vor. Dieser Bruchmechanismus oder auch die Lage des flachen Kurventeils wird z.B. bei Polyethylen durch die Dichte des Thermoplasten beeinflußt. Mit steigender Dichte nehmen Steifigkeit bzw. der Elastizitätsmodul und auch die Streckspannung zu [197].

Der 1. Knick ist die Folge einer polymerphysikalischen Änderung des Bruchmechanismus des Werkstoffes. Die Spannungen unterhalb des 1. Knickes, also im zweiten steileren Kurventeil, sind zu klein, um den gesamten Probenquerschnitt auf einmal zu verstrecken. Aufgrund der kleineren Spannungen gleiten zunächst Molekülketten im Mikrobereich aneinander ab. Die so nach einiger Zeit erzeugten Fehlstellen im Molekülverband, führen zu einem spröd beginnend und duktil auslaufenden Mischbruch [197-199]. Dieser Bruchmechanismus wird hauptsächlich durch die molekulare Struktur des Thermoplasten vorgegeben. Diese sind beim Polyethylen die mittlere Molmasse, die Molmassenverteilung, der Comonomeranteil und die Comonomerverteilung [197].

Im dritten Kurventeil tritt ein dritter Schädigungsmechanismus in den Vordergrund. Die Probekörper versagen nach sehr langen Zeiten spröde. Der durch thermo-oxidative Alterung hervorgerufene Bruchmechanismus ist unabhängig von der Beanspruchung bzw. Spannung. Somit ergibt der dritte Kurventeil eine Senkrechte im Zeitstand-Diagramm [197, 200]. Der dritte Kurventeil kann je nach Art und Güte der Stabilisierung zu kürzeren bzw. längeren Standzeiten verschoben werden [195]. Hierdurch kann auch der zweite Kurventeil verlängert oder verkürzt werden. Bisher ist die Lage des zweiten Kurventeils, der Bereich der Mischbrüche für viele Thermoplaste, nicht sicher belegt [195].

Das Zeitstandverhalten der Thermoplaste kann auch unter Einwirkung von Prüfmedien mit der sog. Medienzeitstandsprüfung ermittelt werden. Die Proben werden, je nach dem Einsatzgebiet in der Praxis, in unterschiedlichen Medien geprüft. Die Zeitstandfestigkeit wird durch das umgebende Medium beeinflußt, wobei der Versagensmechanismus chemischer und/oder physikalischer Art sein kann. So können beispielsweise oxidierende Medien wie Salpetersäure oder Schwefelsäure bei polyolefinischen Werkstoffen Abbaureaktionen (Bruch von C-C Hauptvalenzen) verursachen [196].

Medium	**Konzentration**	**Zeitfaktor f_t**
anionisches Tensid	0,0002 %	2
anionisches Tensid	0,043 %	5
Arkopal N 100®	2 %	25 – 30
Pril®	2 %	35
Dodigen 179/180®	1 %	250

Tabelle 3.12 Zeitfaktoren wäßriger Netzmittellösungen [201]

Durch zunehmend schnelle Verbesserung der Werkstoffe wurde es notwendig, die Zeitstandprüfung zu verkürzen. Eine Erhöhung der Prüfspannung erwies sich als ungeeignet, weil die Probe mit einem sehr hohen Verformungsanteil versagt (1. Kurventeil), was in der Praxis bei bestimmungsgemäßen Gebrauch (richtige Dimensionierung) nicht auftreten darf [201]. Dagegen ist es zulässig, den Zeitstand-Zugversuch mit geeigneten Medien bei höheren Temperaturen durchzuführen. Diese Medien dürfen weder chemisch aggressiv noch quellend auf den Werkstoff wirken. Als Standzeit verkürzend haben sich wäßrige Netzmittellösungen aufgrund ihrer gegenüber Wasser geringeren Oberflächenspannung herausgestellt [202]. Tabelle 3.12 gibt einige wäßrige Netzmittellösungen mit den entsprechenden Zeitfaktoren an. Der Zeitfaktor f_t gibt näherungsweise die standzeitverkürzende Wirkung der Netzmittellösung gegenüber dem Prüfmedium Wasser an.

Die sinnvolle Ermittlung der langzeitigen Güte einer Schweißverbindung erfolgt wie o.a. durch den Zeitstand-Zugversuch. Zeitstandkurven geschweißter Probekörper besitzen den gleichen charakteristischen Verlauf wie die Zeitstandkurven der Zeitstand-Innendruckversuche. Die langzeitige Güte einer Schweißverbindung wird durch den Langzeit-Schweißfaktor definiert. Dieser stellt den Quotient derjenigen beiden Spannungswerte dar, bei der die Schweißverbindung und das Bezugsmaterial die gleichen Standzeiten erreichen, Bild 3.166 [181, 201]. Es ist zu erkennen, daß der Langzeitschweißfaktor spannungsabhängig sein kann.

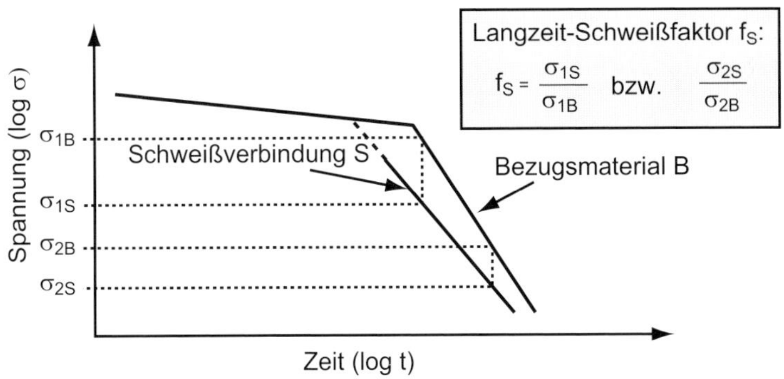

Bild 3.166 Ermittlung des Langzeit-Schweißfaktors

Die Zeitstandfestigkeit der im Zugversuch zu prüfenden Zugstäbe ist etwa 7 bis 10 mal größer als bei vergleichbaren Rohren unter Innendruck [201]. So ist es auch hierbei notwendig, den Zeitstand-Zugversuch mit Hilfe wäßriger Netzmittellösungen bei höheren Prüftemperaturen durchzuführen. Ergebnisse aus [201] zeigen, daß die Nutzung zeitverkürzender Netzmittellösungen gleiche Schweißfaktoren ergeben wie durch die Nutzung des Prüfmediums Wasser.

Ziel von Forschung und Entwicklung ist es, die bruchmechanischen Vorgänge in der Zeitstand-Prüfung zu verstehen und zu beschreiben, so daß es möglich ist, die langzeitige Schweißnahtgüte auch durch schnellere Prüfverfahren zuverlässig zu ermitteln.

3.7.3.2 Prüftechnik und Durchführung

Die Durchführung der Zeitstand-Zugversuche erfolgt in einer, wie in Bild 3.167 dargestellten, Prüfeinrichtung. In einem Becken zur Aufnahme der Prüfmedien befinden sich die Einspannungen für die Schweißproben. Die Schweißproben werden durch Prüfgewichte über reibungsarme Lasthebel belastet. Die exakte Einstellung der Prüfspannung ermöglicht eine Kraftmeßdose. Eine intensive Durchmischung des Prüfmediums wird mittels Umwälzpumpen erreicht.

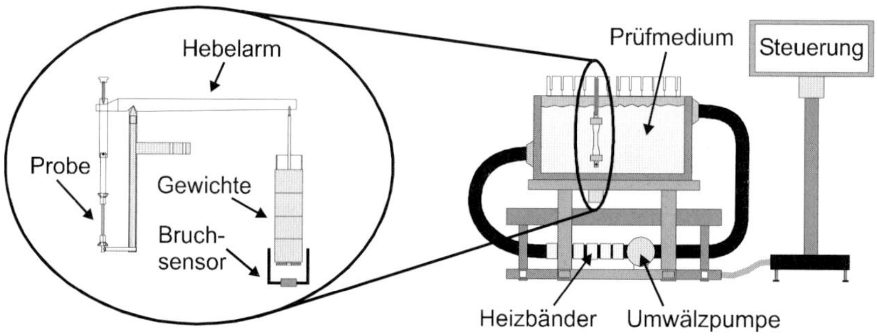

Bild 3.167 Medien-Zeitstand-Zugprüfanlage

Die Probekörper haben je nach Schweißverfahren und Bauteil unterschiedliche Formen und Abmessungen. Geschweißte Platten und Rohre werden in der Regel nach [172] als Rechteckprobe oder Schulterprobe (beim Versagen in der Einspannung) geprüft. Der Einfluß der Verfahren bei Entnahme und Vorbereitung der Probekörper auf das Zeitstandverhalten ist nicht zu vernachlässigen. Alle Verfahren, die Riefen und somit Kerben erzeugen oder die Schnittfläche thermisch schädigen, führen zu kürzeren Standzeiten. Untersuchungen haben ergeben, daß die höchsten Werte mit Wasserstrahl geschnittene bzw. gehobelte Probekörper erreichen [201, 203]. Folglich ist für die Betrachtung der Schweißnahtgüte die spanende Probenvorbereitung zu berücksichtigen.

Die Schweißnaht ist immer in die Mitte der eingespannten Länge zu positionieren. Zum Temperaturausgleich empfiehlt es sich, die Proben nach dem Einbau je nach Dicke bis zu zwei Stunden ohne mechanische Belastung im Prüfmedium zu belassen [201]. Die Prüfung beginnt mit der stoßfreien Beaufschlagung des Probekörpers durch die Prüfkraft und endet mit dessen Bruch.

Die Zeitstand-Prüfung erfolgt bei konstanter Temperatur des Prüfmediums und gleichbleibender ruhender Zugkraft. Die Prüftemperatur des Mediums ist genau einzuhalten. Beispielsweise erzeugen Temperaturschwankungen von 1 °C bei einer Prüftemperatur von 80 °C eine Verlängerung oder Verkürzung der Standzeit um 13 % [204]. Zudem soll die Prüfung der Schweißverbindungen möglichst der Beanspruchung in der Praxis entsprechen. Das bedeutet beispielsweise, daß die Schweißproben entweder mit oder ohne Schweißwulst, bei entsprechender Temperatur und entsprechenden Umweltbedingungen (Medium) geprüft werden.

Die Prüfzeit kann dann durch geeignet gewählte Temperaturen und Medien verkürzt werden. Die Prüfspannung ist schließlich so zu wählen, daß die Schweißverbindungen nicht verstrecken, sondern verformungslos und spröde versagen [201].

Bei einer statistischen Auswertung sollten je Prüfspannung jeweils 6 geschweißte und ungeschweißte Probekörper geprüft werden. Der Mittelwert muß wegen der logarithmischen Auftragung als geometrischer Mittelwert errechnet werden.

3.7.3.3 Bewertung und Interpretation der Versuchsergebnisse

Zur Ermittlung der Schweißfaktoren werden die Zeitstandkurven der ungeschweißten Proben bzw. des Bezugsmaterials und der geschweißten Proben in einem Diagramm aufgetragen, Bild 3.166. Die Zeitstandkurven ergeben sich aus der Prüfung der Proben bei unterschiedlichen Spannungen.

Zur Ermittlung des Langzeit-Schweißfaktors kommen nur die unteren, steilen Kurventeile der Zeitstandkurven in Frage, da nur hier die Sprödbrüche auftreten. Ob nun letztendlich eine Probe in genau diesem Kurventeil versagt hat, kann nur durch eine optische Betrachtung der Bruchflächen bestimmt werden. Bei einer spröden Bruchfläche sollte der Anteil der Sprödbruchfläche am Gesamtquerschnitt mindestens 30 % betragen [201].

Wichtig für die Ermittlung des Langzeit-Schweißfaktors ist die Kenntnis, daß dieser auch eine Spannungsabhängigkeit besitzen kann. So ist es für die Bewertung des Langzeit-Schweißfaktors notwendig, die Bezugsspannung anzugeben. Die Bezugsspannung kann beispielsweise aus der Praxisbelastung abgeleitet werden [201].

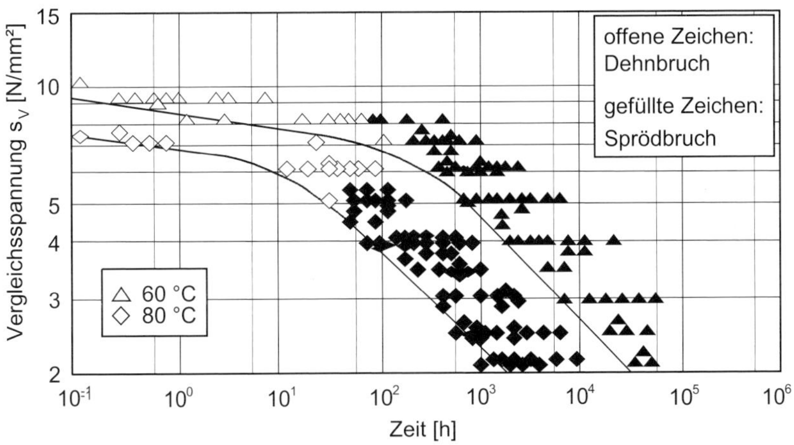

Bild 3.168 Zeitstandfestigkeit von Rohren aus PE-HD (®Hostalen GM 5010) [204]

Weiterhin ist zu beachten, daß ein Werkstoff selbst auch ohne Schweißnaht strukturelle und/oder verarbeitungsbedingte Fehlstellen besitzen kann. Diese Fehlstellen wachsen unter einer langzeitigen Belastung zu Mikrorissen (Phase der Rißinitiierung), weiten sich aus und führen so zum Versagen des Bezugsmaterials (Phase des Rißwachstums). Fehlstellenhäufigkeit und -größe beeinflussen die Zeit bis zur Initiierung des Risses und somit auch die gesamte Standzeit des Bezugsmaterials. Da Fehlstellenhäufigkeit und -größe Zufallsvariablen sind, weisen die Standzeiten naturgemäß erhebliche Streuungen auf. Es muß realistisch mit einer Standardabweichung der Standzeiten für gleiche Prüfspannungen (bei logarithmischer Auftragungsweise über eine Zeitdekade) von s $\geq$ 0,2 log h gerechnet werden, Bild 3.168 [204].

Zudem können viele verarbeitungsbedingte Fehlstellen bei einem Bezugsmaterial dazu führen, daß eine Schweißverbindung die Lebensdauer gegenüber dem Bezugsmaterial nicht wesentlich senkt. Da der Schweißnahtfaktor der Quotient aus Festigkeit der Schweißnaht und Festigkeit des Bezugsmaterials bei einer Standzeit ist, resultiert paradoxerweise in Verbindung mit einem schlecht verarbeiteten Bezugsmaterial auch bei einer schlechten Schweißverbindung ein hoher Schweißnahtfaktor, Bild 3.169.

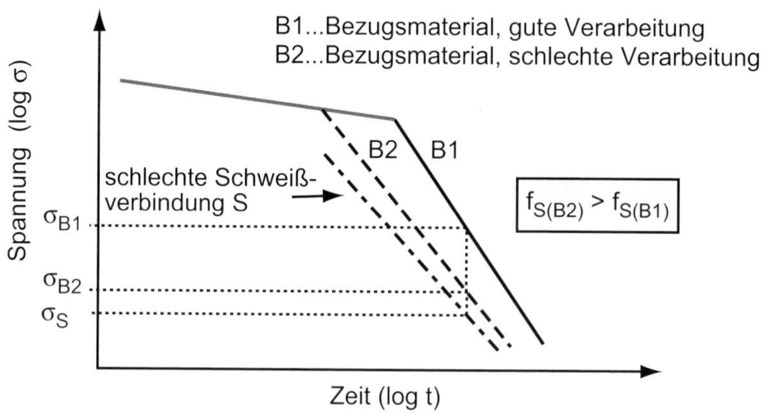

Bild 3.169 Zeitstanddiagramm für zwei unterschiedliche Grundwerkstoffe mit gleicher Zeitstandgeraden ihrer Schweißnähte. Der "schlechte" Grundwerkstoff erreicht den besseren Schweißfaktor.

Letztendlich enthalten alle Werkstoffe "Fehler" wie Inhomogenitäten, Schwachstellen oder Risse [204]. Das Versagen im Zeitstandversuch durch Sprödbruch beginnt aufgrund einer lokalen Spannungserhöhung an einer kleinen Fehlstelle, Bild 3.170. Spannungsüberhöhend kann Folgendes wirken:

- Riefen auf der Oberfläche eines Bauteils aufgrund unsachgemäßer Verarbeitung,
- Steine, die beispielsweise auf ein unsachgemäß eingebettetes Rohr drücken,
- lokale Überbeanspruchungen, ausgeübt durch Kerben bzw. zu geringe Radien, wenn bei der Gestaltung die Grundlagen des kunststoffgerechten Konstruierens nicht beachtet wurden,
- die Kerben am Rand des Schweißwulstes, Bild 3.170 [197],
- strukturell inhomogener Aufbau einer Schweißverbindung [3].

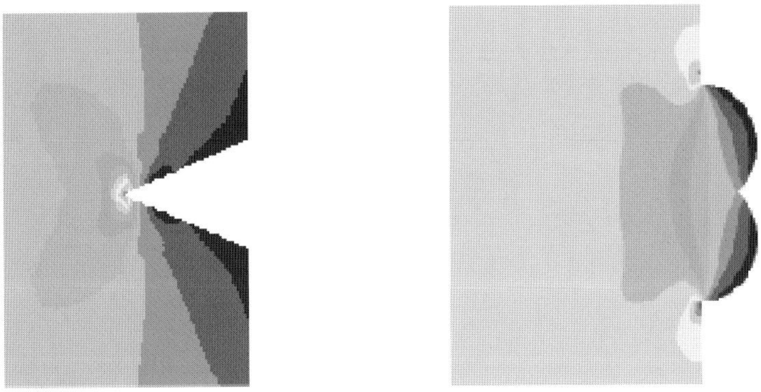

Bild 3.170 Spannungsüberhöhung an einer Kerbe und einem Schweißwulst

qualitativ mittels FEM berechnet

Bei einer Schweißnaht kann das Rißwachstum also aufgrund der Kerbwirkung des Schweißwulstes oder auch von Eigenspannungen in der Naht beginnen [205]. Bei vorgegebener Belastung hängt die Rißausbreitungswahrscheinlichkeit von dessen Größe und Kerbradius sowie vom Widerstand des Werkstoffes gegen langsames Rißwachstum ab. Der Widerstand gegen langsames Rißwachstum kann mit Hilfe des "Full Notch Creep Test" (FNCT) ermittelt werden.

Die Prüfanordnung für den FNCT entspricht dem des Zeitstand-Zugversuches. In Bild 3.171 sind die Querschnitte repräsentativer Probekörper dargestellt. Der Probekörper ist auf allen vier Seiten mittig in der gleichen Ebene gekerbt (Rasierklingenschnitt).

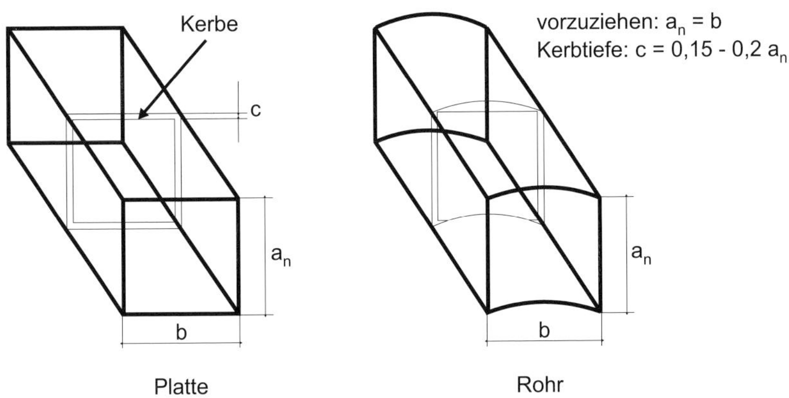

Bild 3.171 Gekerbte Probekörper für den FNCT

Wie erwähnt, zeigen Ergebnisse aus Zeitstand-Innendruck und Zeitstand-Zugversuchen sehr hohe Standardabweichungen. Durch Einbringung eines großen künstlichen Risses, wie beim FNCT, werden die Streuungen der Meßwerte erheblich verringert, weil sich nun die Phase bzw. die Zeit bis zur Rißinitiierung nicht mehr auf die Standzeit auswirkt. Beim FNCT haben verarbeitungsbedingte Streuungen der Fehlstellen keinen Einfluß mehr auf das Zeitstandverhalten. Die Ergebnisse weisen im Gegensatz zum Zeitstandzugversuch bei logarithmischer Auftragungsweise nur eine Standardabweichung von s $\approx$ 0,06 log h auf. Der FNCT ist ein zeitraffendes Prüfverfahren, bei dem die Probekörper durch den gleichen Mechanismus wie bei den Zeitstandversuchen versagen. Bei Zeitstandversuchen nimmt die Phase der Rißinitiierung den größten Zeitanteil in Anspruch. Beim FNCT dagegen spielt diese Inkubationszeit keine Rolle und verkürzt so die Prüfdauer des Verfahrens um den Faktor 30 [205]. Der FNCT charakterisiert die Eigenschaft des Werkstoffes, während die Zeitstandprüfung das Zeitstandverhalten des Bauteils mit seinen gesamten Inhomogenitäten erfaßt, Bild 3.172.

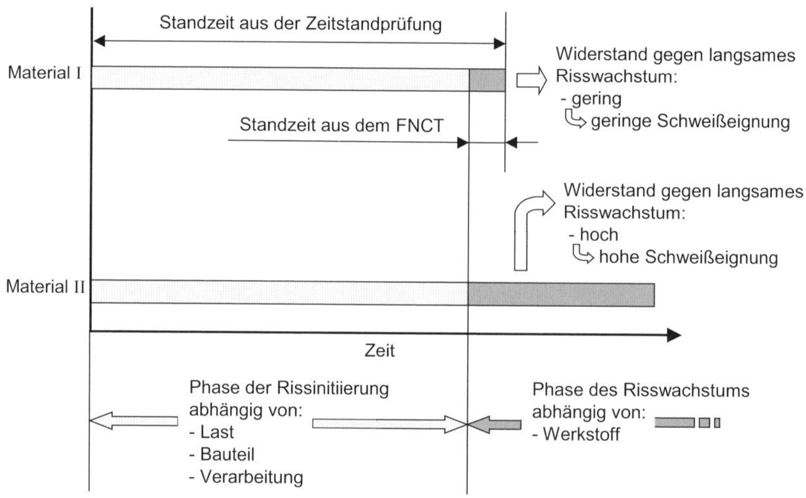

Bild 3.172 Schematische Darstellung der Standzeiten zweier Materialen mit unterschiedlich hohem Widerstand gegen Rißwachstums

Die langzeitige Güte einer Schweißverbindung wird derzeit mit der Zeitstandprüfung ermittelt und durch den Langzeit-Schweißfaktor charakterisiert. Dennoch ist ein langes Zeitstandverhalten des Bezugsmaterials noch nicht ausreichend für eine Beurteilung des langzeitigen Schweißverhalten des Werkstoffes, denn hiermit wird nicht die Rißausbreitung der Schweißnaht charakterisiert. So kann beispielsweise ein Werkstoff mit einem geringen Widerstand gegen langsames Rißwachstum (schlechter FNCT-Wert) durch eine gute Verarbeitung (ohne Mikrokerben und Risse) hohe Zeitstandfestigkeiten erreichen. Zum Schweißen ist dieser Werkstoff dennoch ungeeignet, weil der Werkstoff selbst "keinen" langzeitigen

Widerstand gegen die Kerbwirkung des Schweißwulstes oder auch gegen Eigenspannungen in der Schweißnaht entgegensetzen kann [205, 206]. Ergebnisse aus [207] belegen auch, daß nicht allein das Schweißverfahren die Langzeitfestigkeit bestimmt, sondern vielmehr die Zeitstandfestigkeit des Bezugsmaterials und die Spannungsüberhöhung durch Kerbwirkungen an Querschnittsübergängen.

Der FNCT erlaubt mit vergleichsweise geringem Aufwand die Bestimmung, ob sich ein Rohrwerkstoff zum Herstellen einer dauerhaft haltbaren Schweißverbindung eignet oder ob er wegen seines geringen Widerstandes gegen langsames Rißwachstum zu einem frühzeitigen Versagen der Schweißverbindung führt. So ist abschließend festzustellen, daß die Prüfung der Kerbempfindlichkeit eines Werkstoffes durch den FNCT zur Betrachtung der langzeitigen Schweißnahtgüte notwendig ist, weil das Bruchverhalten einer Schweißnaht auch immer mit dem Rißwachstum im Werkstoff zusammenhängt.

3.7.4 Personalqualifikation

3.7.4.1 Notwendigkeit und Nutzen der Personalqualifikation

Fügeverfahren wie das Schweißen, Kleben und Laminieren sind die bedeutendsten Verbindungstechnologien im Kunststoffapparate-, Behälter-, Rohrleitungs- und Deponiebau. Die Vielfalt an Verfahren, Geräten und Werkstoffen und die ständige Weiterentwicklung auf diesen Gebieten stellt eine andauernde Herausforderung an die jeweiligen Verarbeiter dar. Sie sind es, die die vorhandenen technischen und werkstoffspezifischen Möglichkeiten in der Praxis zuverlässig und sicher umsetzen sollen. Um dies zu ermöglichen, sind neben entsprechenden Fertigkeiten und Erfahrung auch fundierte Grundkenntnisse über die verwendeten Kunststoffe, die jeweiligen Verarbeitungsparameter, die notwendigen Maßnahmen im jeweiligen Umfeld, Sicherheitsstandards sowie aktuelle Normen usw. notwendig.

Die Unumgänglichkeit einer weitergehenden Personalqualifikation wurde bereits 1949 von Walter Krannich, BASF Ludwigshafen, der als einer der kompetentesten Fachleute seiner Zeit gilt, erkannt und deutlich formuliert: “Als vor mehreren Jahren die ersten Halbfabrikate auf dem Markt erschienen, glaubte man, daß eine schriftliche Anleitung, die man dem Kunststoffverarbeiter an die Hand gab, genügen könnte, das Material in der Technik einzusetzen. Es zeigte sich aber bald, daß sie allein nicht ausreichte, weil der neue Werkstoff in seiner Bearbeitung und Handhabung so stark von den Metallen abweicht, daß Rückschläge auftraten, so daß sich die dem Verarbeiter erwachsenden Schwierigkeiten immer mehr häuften.“ [208]. Daran hat sich bis heute nichts geändert. Interessant ist, daß damals die Hersteller von Polyvinylchlorid- und Polyisobutylenhalbzeugen bzw. deren Verkaufsorganisationen das Beziehen ihrer Produkte davon abhängig machten, ob die Käufer den Nachweis erbringen konnten, über ausreichend geschultes Personal zu verfügen.

Die Notwendigkeit einer Ausbildung wird oft nicht erkannt oder als zu aufwendig und teuer erachtet. Diese Problematik wurde bereits von Krannich 1949 formuliert: “... daß die Dauer der entsprechenden Lehrgänge häufig als zu lang empfunden wird. Die Erfahrungen der Praxis haben jedoch ergeben, daß die angesetzten Zeiten eher zu kurz, wie als zu lang anzusehen sind. Es muß dem Kunststoffverarbeiter im eigenen Interesse geraten werden, auf eine möglichst sorgfältige Ausbildung seiner Kunststoffwerker bedacht zu sein.“ [208].

Die Schäden durch z.T. schwere handwerkliche Mängel mangels qualifizierter Ausbildung und Sachkenntnis sind enorm und stellen oft eine unmittelbare Gefahr für Leib und Leben dar (z.B. Gasleitungsbau, Chemikalienbehälterbau). Mangelnde Personalqualifikation führt nicht nur zu Schäden, sondern oft auch zu teuren Nachbesserungen oder Benutzungseinschränkungen und in jedem Fall zu viel Ärger [209]. Die Folge ist ein erheblicher finanzieller und personeller Mehraufwand für die Firmen. In vielen Fällen sind die derzeitigen Ausschreibungen leider so formuliert, daß die Qualität im Hintergrund steht. Behälter und Rohrleitungen, die gut geschweißt und verlegt problemlos viele Jahrzehnte ihren Dienst versehen könnten, versagen durch mangelhafte Ausführung, minderwertige Halbzeuge, durch falsche Verarbeitungsparameter, mangelhafte Ausrüstung bzw. nicht genügend qualifizierte Verlegekräfte oft schon bei der Druckprobe oder nach kurzer Betriebszeit.

Bild 3.173 Zerstörtes Haus nach einer Gasexplosion

Ausgebildete Kunststoffschweißer, -kleber oder -laminierer werden inzwischen von zahlreichen Regelwerken, wie z.B. dem Wasserhaushaltsgesetz (WHG) für Anlagen mit wassergefährdenden Stoffen, der Druckgeräterichtlinie (EG-Richtlinie 97/23/EG) oder der Gashochdruckverordnung (GasH-Vo) verbindlich vorgeschrieben. Auch aus dem Baurecht (Bauprodukten-Gesetz (BPG)) oder dem Verkehrsrecht (Gefahrgutbeförderungsregelungen, z.B. ADR, GGVS, GGVE ...) kann diese Forderung direkt abgeleitet werden [210].

Fundierte Personalqualifikation ist zweifellos die Basis für verantwortungsvolles und fachgerechtes Arbeiten.

3.7.4.2 Geschichte und Entwicklung der Personalqualifikation

Die Geschichte des Kunststoffschweißens begann mit den Versuchen von Reinhardt von Dow Chemical Co., USA, der mit einem Gasbrenner die ersten Schweißversuche unternahm. Diese Versuche wurden zwar 1937 als US-Patent angemeldet und 1940 patentiert, fanden jedoch weiter keine Beachtung.

Unabhängig davon entwickelte Henning bei dem Chemiekonzern IG Farben in Leuna ein fast identisches Verfahren zum Warmgasschweißen von Thermoplasten, hauptsächlich von PVC-U und meldete dieses Verfahren 1938 mit der Patentnummer DRP 739340 an [211], [212]. Anders als in den USA wurde dieses Verfahren recht schnell in die Praxis umgesetzt und weiterentwickelt.

Die Aufgabe, eine systematische Ausbildung einzuführen, die mit einer Schweißerprüfung abschließt, wurde seitens des Leiters des Amtes für Wirtschaftsaufbau, Berlin, dem VAM (Verband für autogene Metallbearbeitung, Berlin) übertragen, da auch hier die Schulung für die Verarbeitung und Schweißung von Kunststoffen für besonders wichtig erklärt worden war. Der VAM erarbeitete ein entsprechendes Ausbildungskonzept aus. Bereits Ende 1938 wurde in der Mitteldeutschen Schweißlehr- und Versuchsanstalt in Halle die erste Kunststofflehrwerkstätte des VAM errichtet [213, 214]. Bereits hier wurden nach Krannich konkrete Forderungen an die "Kunststoffwerker" gestellt [208]. Diese Anforderungsschwerpunkte spiegeln sich heute noch in den entsprechenden aktuellen Ausbildungsrichtlinien des Deutschen Verbandes für Schweißen und verwandte Verfahren (DVS) und des Deutschen Vereins des Gas- und Wasserfaches e.V. (DVGW) wider. Dabei sollen in den Schulungen die entsprechenden Sachkenntnisse und Einblicke den Teilnehmern sowohl theoretisch als auch praktisch nahegebracht und geprüft werden. Bereits damals wurde deutlich empfohlen, daß aufgrund der ständigen werkstoff-, verarbeitungs- und maschinenspezifischen Weiterentwicklungstätigkeiten sich die Kunststoffverarbeiter ständig auf dem Laufenden halten sollten ("Die Kunststoffverarbeiter werden gut daran tun, ihre Kunststoffwerker von Zeit zu Zeit wieder an einem Kunststofflehrgang teilnehmen zu lassen", [208]).

Nach dem Zweiten Weltkrieg wurde beschlossen, daß künftig nur noch ein einziger Verband für alle Belange des Schweißens zuständig sein sollte. Dies ist seither der DVS. Weitere Verbände, wie der Verein Deutscher Ingenieure (VDI), verzichteten daraufhin, auf diesem Gebiet mit eigenen Fachausschüssen weiterhin Normungsarbeit zu leisten, obwohl schon 1942 die erste Richtlinie für das Schweißen von Kunststoffen (VDI 2007) veröffentlicht wurde. Anfang der 80er Jahre wurde analog zur Prüfung von Stahlschweißern die Prüfungsrichtline DVS 2212 für Kunststoffschweißer erarbeitet und seit dem immer wieder aktualisiert und erweitert. Später folgten die Richtlinien für das Kleben und Laminieren.

Um nach dem Zweiten Weltkrieg die Gas- und Wasserversorgung wieder aufzubauen, erkannte man aufgrund der vielen Schadensfälle durch unsachgemäße Arbeiten recht schnell, daß hier ein entsprechendes Anerkennungsverfahren für fachlich qualifizierte Rohrleitungsbaufirmen erforderlich war. Deshalb hat der Rohrleitungsbauverband (RBV), Köln, der als Interessengemeinschaft der Rohrleitungsbauunternehmen tätig ist, mit dem DVGW zusammen entsprechende Richtlinien erarbeitet und umgesetzt.

Um eine übergreifende und einheitliche Ausbildung im Handwerk zu gewährleisten, und weil viele Handwerksbetriebe nicht dazu in der Lage waren, beauftragte der Zentralverband des Deutschen Handwerks (ZDH) in den 50er Jahren das Institut für Kunststoffverarbeitung in Industrie und Handwerk (IKV) an der RWTH Aachen mit der Ausbildung von Fachkräften für die Kunststoffbe- und -verarbeitung im Handwerk in Form von überbetrieblichen Lehrlingsunterweisungen, um in den anerkannten Handwerksberufen der zunehmenden Kunststoffbe- und -verarbeitung gerecht zu werden.

Auf Antrag der chemischen Industrie wurde 1949 erstmalig der Ausbildungsberuf des Kunststoffschlossers staatlich anerkannt. Aufgrund der ständigen Entwicklungen im Kunststoffbereich wurde ab 1976 das Berufsbild des Kunststoff-Formgebers entwickelt, der sich im Laufe seiner Ausbildung in eine von mehreren möglichen Fachrichtung spezialisiert. In der Verordnung vom 30.06.1997 des Bundesministeriums für Bildung und Forschung wurden die Berufe des Kunststoffschlossers, des Kunststoff-Formgebers und des Kautschuk-Formgebers zum Verfahrensmechaniker für Kunststoff- und Kautschuktechnik zusammengefaßt.

Bild 3.174 Schweißerlehrgang Ende der 50er Jahre

Da nicht alle Schweißverfahren und Bereiche des Kunststoffschweißens aktuell erfaßt und vermittelt werden können, aber auch kein "übergeordneter Bedarf" für eine Reglementierung bzw. Weiterbildung besteht, schließen diese Lücke oft Institutionen oder private Firmen.

3.7.4.3 Aktuelle Personalqualifikationen in Deutschland

Berufsausbildung

Handwerksberufe

Die kunststoffspezifische Ausbildung erfolgt im Handwerksbereich nicht in eigenständigen Berufsbildern. Laut Handwerksordnung werden diese Belange in die bestehenden Berufsbilder, soweit relevant, integriert. Da nicht alle Ausbildungsbetriebe in der Lage sind, eine entsprechend fundierte kunststoffspezifische Ausbildung durchzuführen, werden diese Kenntnisse in Form von überbetrieblichen Lehrlingsunterweisungen angeboten. Zuständig für diese Unterweisungen ist das IKV mit seinen Kursstätten. Im Auftrag des ZDH erfolgt hier u.a. die Ausarbeitung und Aktualisierung der bundesweit einheitlichen berufsspezifischen Lehrinhalte und die ständige Aus- und Weiterbildung der Ausbilder in den Kursstätten. Bisher sind diese Kurse nicht verpflichtend, so daß regional z.T. keine entsprechende Grundausbildung erfolgt.

Industrieberufe:

Der **Verfahrensmechaniker** für Kunststoff- und Kautschuktechnik ist ein Lehrberuf, bei dem im Schwerpunktbereich "Bauteilherstellung" (Halbzeugbearbeitung, Laminieren, Auskleiden) Grundkenntnisse im Bereich Schweißen und Laminieren vermittelt werden.

Nach mindestens 3 Jahren Berufspraxis in einem anerkannten Beruf im Metall-, Elektro-, Holz- oder Chemiebereich bzw. nach 2 Jahren als Verfahrensmechaniker ist es möglich, eine Ausbildung zum **Industriemeister Kunststoff und Kautschuk** zu machen. Die Ausbildung umfaßt ca. 6 Monate. Angesiedelt ist der Industriemeister als technische Führungskraft im mittleren Management. Er ist ein wesentlicher Bestandteil in der Organisationsstruktur von Unternehmen mit einem weiten Spektrum an Einsatzmöglichkeiten. Im Rahmen ihrer Ausbildung ist auch das Schweißen, Kleben und Laminieren von Kunststoffen integriert.

Techniker- und Ingenieurausbildung:

Die Ausbildung zum **staatlich geprüften Techniker für Kunststoff- und Kautschuktechnik** ist nach Abschluß einer entsprechenden einschlägigen Berufsausbildung und mindestens einjähriger Berufserfahrung an einer Fachschule für Technik möglich. Die Ausbildung dauert 2 Jahre.

Im Rahmen eines Fachhochschulstudiums ist es möglich, den akademischen Grad als **Dipl.-Ing. (FH) Kunststofftechnik** zu erwerben. Das Studium umfaßt 8 Semester und schließt 2 praktische Studiensemester ein. Auch die Möglichkeit einer Ingenieursausbildung an der Technischen Universität (TU) im Bereich Maschinenbau mit dem Schwerpunkt in der Fachrichtung Kunststofftechnik ist bis zur Promotion möglich.

In allen Fällen ist aber im Rahmen der Ausbildung das Thema Fügen kein Schwerpunktthema. Die notwendigen Spezialkenntnisse müssen erst durch eine entsprechende Weiterbildung erworben werden.

Ausbildungssysteme zur Weiterbildung mit anerkanntem Qualifikationsnachweis

Der Erwerb entsprechender Spezialkenntnisse im Bereich des Schweißens, Klebens und Laminierens kann durch folgende Möglichkeiten erfolgen.

Deutscher Verband für Schweißen und verwandte Verfahren (DVS):

Im Bereich der Personalqualifikation werden seitens des DVS Schweißer, Kleber, Laminierer und Fachmänner für Kunststoffschweißen vorwiegend für den Apparate-, Behälter-, Deponie- und Rohrleitungsbau nach den entsprechenden DVS-Richtlinien ausgebildet. Damit soll ein einheitlicher Mindestnachweis der Kenntnisse und Fertigkeiten gewährleistet werden. Die Ausbildung erfolgt in vom DVS anerkannten und zertifizierten Kursstätten unter der Aufsicht von ausbildungsunabhängigen und vom DVS anerkannten Prüfern. In der Prüfung muß der jeweilige Fügetechniker seine praktischen und theoretischen Kenntnisse und Fertigkeiten nachweisen. Nach erfolgreicher Prüfung erhält er eine Prüfbescheinigung, in der u.a. die entsprechenden Fügeverfahren, Werkstoffe, Geltungsbereiche und die Gültigkeitsdauer aufgeführt sind. Die Erstellung der Richtlinien für die Ausbildung bzw. Prüfung und die Organisation erfolgt in enger Zusammenarbeit mit dem IKV, dem SKZ und dem VdTÜV. In Tabelle 3.14 ist ein entsprechender Überblick über die derzeit möglichen Personalqualifikationen zusammengestellt.

Deutscher Verein des Gas- und Wasserfaches (DVGW):

Für den Bereich der Versorgungsleitungen aus PE-HD sind zusätzliche Kenntnisse über das Verlegen der Leitungen von großer Wichtigkeit. Die entsprechenden DVGW-Arbeitsblätter werden unter der Leitung des DVGW in Zusammenarbeit mit dem Rohrleitungsbauverband (RBV) in entsprechenden Fachgremien erarbeitet und sollen auch hier einen Mindeststandard garantieren. Die Ausbildung erfolgt in vom DVGW anerkannten und zertifizierten Kursstätten mit anerkannten Ausbildern. Der RBV ist hierbei zuständig für die organisatorische Durchführung der Personalzertifizierung und der Mitarbeit in den Ausschüssen des DVGW. Das IKV ist für die fachliche Betreuung der Kursstätten und Ausbilder und für die Mitarbeit bei der Erstellung der DVGW-Arbeitsblätter zuständig. Nach erfolgreicher Ausbildung erhalten die Schweißer eine Prüfungsbescheinigung.

Anerkannte Institutionen:

Die Durchführung der Ausbildung und/bzw. Prüfungen erfolgt in der Regel durch anerkannte Institutionen. Die derzeit bedeutendsten sind z.B. das **IKV-Aachen** mit seinen Kursstätten, das **SKZ-Würzburg** mit seinen Zweigstellen bzw. der **VdTÜV-Essen** mit seinen anerkannten Prüfstellen. Sie arbeiten intensiv in allen wichtigen Fachgremien des DVS und DVGW zusammen. Das IKV hat hierbei seinen Schwerpunkt auf der Entwicklung und Aktualisierung von Lehrgängen, der Aus- und Weiterbildung der Ausbilder und Prüfer und der Mitarbeit in Fachgremien. Die Kursstätten führen die Ausbildung und z.T. die Prüfung der Fügetechniker, der Fachmänner für Kunststoffschweißen im Bereich DVS und DVGW und auch z.T. überbetriebliche Lehrlingsausbildungen in Zusammenarbeit mit der Handwerkskammer durch. Das SKZ führt schwerpunktmäßig die Ausbildung und Prüfung von Schweißern, Klebern, Laminierern und Fachmännern für Kunststoffschweißen im Bereich DVS und DVGW durch. In Kooperation mit Interessengemeinschaften (z.B. AGFW) und der Industrie werden auch spezielle Weiterbildungsmaßnahmen entwickelt und angeboten (z.B. Ausbildung von Muffenmonteuren im Fernwärmeleitungsbau, Schweißen von Großrohren). Die anerkannten Prüfstellen des VdTÜV führen die Prüfung von Schweißern, Klebern und Laminierern nach DVS-Richtlinien durch.

Spezifische Weiterbildungsmaßnahmen

Die Industrie bietet vor allem für Verfahren und Werkstoffe, für die es keine DVS- bzw. DVGW-Richtlinien und keine Weiterbildungsangebote der anerkannten Institutionen gibt, spezifische Weiterbildungsmaßnahmen an. Diese sind meist produkt- oder verfahrensspezifisch und werden von firmeninternen Mitarbeitern durchgeführt. Sie können aber keine anerkannte Ausbildung, sofern diese angeboten wird, ersetzen.

Grundlegendes

Der DVS legt durch systematische Vorgehensweise unter Einbeziehung von Fachleuten aus Industrie, Verbänden und Instituten in seinen Richtlinien für das Schweißen, Kleben und

Laminieren die aktuellen anerkannten Regeln der Technik fest. Damit kann sich jeder, der nach diesen Regelwerken arbeitet, rechtlich darauf berufen. Diese Regelwerke stellen die technische Basis dar. Im Rahmen der Ausbildung beziehen sich die Zertifizierer auf diese Basis, Tabelle 3.13. Generell sind alle aktuellen anerkannten Personalqualifikationen für Schweißer, Kleber und Laminierer nach dem gleichen Prinzip aufgebaut:

Grundausbildung	**Verlängerung der Gültigkeitsdauer**
– praxisorientierte Grundschulung an einer der anerkannten Prüfstellen, wenn die Zulassungsvoraussetzungen der Teilnehmer erfüllt sind – theoretische und praktische Prüfung der notwendigen Fertigkeiten und Kenntnisse des Teilnehmers durch anerkannte Prüfer – Zertifikat mit genauer Angabe der jeweiligen Verfahren, Geltungsbereiche und Gültigkeitsdauer, wenn beide Prüfungsteile bestanden wurden	– praktische und theoretische Prüfung an einer der anerkannten Prüfstellen durch einen anerkannten Prüfer, wenn die Voraussetzungen des Teilnehmers dazu weiterhin gegeben sind – „Update“ über Neuerungen (Parameter, Werkstoffe, Regelwerke) – Zertifikat mit genauer Angabe der jeweiligen Verfahren, Geltungsbereiche und der Gültigkeitsdauer, wenn beide Prüfungsteile bestanden wurden

Tabelle 3.13 Prinzipieller Ablauf einer anerkannten Personalqualifikation (nach DVS bzw. DVGW)

Bild 3.175 Moderne Schulung von Schweißern

In den letzten Jahren wurden generell die Bestrebungen verstärkt, die selben Grundbedingungen für die Ausbildung und Prüfung zu schaffen, wie sie analog im Metallbereich seit vielen Jahren gelten. So wurde zum Beispiel für die Gas- und Wasserversorgung die PE-Schweißaufsicht nach GW 331 eingeführt, die u.a. für die Beaufsichtigung und Überwachung der Schweißarbeiten zuständig ist. Parallel dazu wurde für den Apparate- und Behälterbau der "Fachmann für Kunststoffschweißen" eingeführt, der u.a. für die Überwachung der Schweißer und Schweißarbeiten zuständig ist.

In der Grundausbildung werden praxisnah die Kenntnisse über die Werkstoffe, Verfahren, Prüfungen, Richtlinien, Sicherheitsmaßnahmen, Einflüsse usw. erarbeitet, die Voraussetzung für ein ordnungsgemäßes Arbeiten sind. Im praktischen Teil werden die Maschineneinstellungen, Parameterermittlung, Arbeits- und Dokumentationsverfahren und die praktischen Fertigkeiten vermittelt. In den abschließenden Prüfungen müssen neben den theoretischen Kenntnissen auch die praktischen Fertigkeiten nachgewiesen werden.

Bei der Verlängerung der Gültigkeitsdauer muß nachgewiesen werden, ob die praktischen Fertigkeiten und theoretischen Kenntnisse weiterhin vorhanden sind. Darüber hinaus erfolgt ein "Update" über wichtige Neuerungen und Weiterentwicklungen wie z.B. neue Werkstoffe, Schweißparameter, Regelwerke usw. Damit sollen die Schweißer, Kleber und Laminierer in den Kursstätten auf den neuesten Stand gebracht werden. Fachkräfte wie z.B. der "Fachmann für Kunststoffschweißen" nach DVS 2213 oder die "PE-Schweißaufsicht" nach GW 331 dürfen firmenintern für "ihre" Schweißer die in den jeweiligen Regelwerken festgelegte so genannte planmäßige Überwachung durchführen, so daß die Schweißer erst nach 2 bzw. 3 Jahren wieder zu den Verlängerungsprüfungen in den zugelassenen Kursstätten erscheinen müssen, Tabelle 3.14.

3.7.4.4 Internationale Personalqualifikation

Internationale Organisationen:

Die Gemeinschaftsausschüsse von DVS und DIN kooperieren sehr eng mit den internationalen Verbänden auf europäischer Ebene (CEN TC 121) und internationaler Ebene (ISO TC 44). Die Mitgliedsverbände der EG haben dazu die EWF (European Federation for Welding, Joining and Cutting) ins Leben gerufen. Die enge internationale Kooperation zeigt sich darin, daß die ISO das International Institute of Welding (IIW) bevollmächtigt hat, ISO-Normen zu erstellen. ISO-Normen werden oft direkt als CEN-Normen übernommen [210].

Europäische Personalqualifikation für Kunststoffschweißer:

Die soeben erschienene EN 13067 sieht die Harmonisierung der Ausbildung und Prüfung von Kunststoffschweißern auf europäischer Ebene vor. Sie beinhaltet im wesentlichen die Vorgaben der deutschen DVS-Richtlinie 2212-1 bis -3.

Europäische Personalqualifikation für Kleber:

Im Bereich des Klebens ist die Harmonisierung am Weitesten fortgeschritten. Die Richtlinien DVS-EWF 3301 bis 3305 für die Klebfachkraft und den Klebpraktiker und die DVS-Richtline 3309 für den European Adhesive Engineer (EAE) sind mit dem EWF abgestimmt. Damit stehen europaweit einheitliche Mindeststandards zur Verfügung.

Schweißen

Verfahren		Werkstoffe (überwiegend)	Anwendungs-schwerpunkt	Ausbildung nach	Zertifizierer	Gültigkeit (Jahre)
Heizelement-stumpfschweißen	HS	PE, PP, PVDF	Apparate-, Rohrleitungsbau	DVS 2212-1	DVS	1 / 2*
	HS	PE	Versorgungs-leitungen	GW 330	DVGW	1 / 3**
Heizwendel-schweißen	HM	PE, PP, PB, PVDF	Rohrleitungsbau	DVS 2212-1	DVS	1 / 2*
	HM	PE	Versorgungs-leitungen	GW 330	DVGW	1 / 3**
Heizelement-muffenschweißen	HD	PE, PP, PB, PVDF	Apparate-, Rohrleitungsbau	DVS 2212-1	DVS	1 / 2*
Warmgaszieh-schweißen	WZ	PVC-U, PE, PP, PVDF	Apparate-, Behälter- und Rohrleitungsbau	DVS 2212-1	DVS	1 / 2*
Warmgasfächel-schweißen	WF	PVC-U	Apparate-, Behälter- und Rohrleitungsbau	DVS 2212-1	DVS	1 / 2*
Warmgasextrusi-onsschweißen	WE	PE, PP,	Apparate-, Behälter- und Rohrleitungsbau	DVS 2212-1	DVS	1 / 2*
	WE	PE	Bahnenschweißen	DVS 2212-3	DVS	1 / 3*
Warmgasüber-lappschweißen	WU	PE, ECB, PVC-P	Bahnenschweißen	DVS 2212-3	DVS	1 / 3*
Heizkeil-schweißen	HH	PE, ECB, PVC-P	Bahnenschweißen	DVS 2212-3	DVS	1 / 3*
Fachmann für Kunststoffschw.	---	---	Apparatebau	DVS 2213	DVS	unbegr.
PE-Schweißaufsicht	---	---	Rohrleitungsbau	GW 331	DVGW	5

Laminieren

Verfahren	Werkstoffe (überwiegend)	Anwendungs-schwerpunkt	Ausbildung nach	Zertifizierer	Gültigkeit (Jahre)
Laminat- und Klebverbindungen	UP-GF, EP-GF	Behälter-, Rohrleitungs-bau	DVS 2220	DVS	1 / 2***

Kleben

Verfahren	Werkstoffe (überwiegend)	Anwendungs-schwerpunkt	Ausbildung nach	Zertifi-zierer	Gültigkeit (Jahre)
Kleben von PVC- und ABS	PVC-U, PVC-C, ABS	Rohrleitungs-bau	DVS 2221	DVS	1 / 2***
Klebpraktiker	Kunststoffe / Metall	Industrie-klebungen	DVS-EWF 3305	DVS	unbegr.
Klebfachkraft	Kunststoffe / Metall	Industrie-klebungen	DVS-EWF 3301	DVS	unbegr.
European Adhesive Engineer	Kunststoffe / Metall	Industrie-klebungen	DVS-EWF 3309	DVS	unbegr.

Tabelle 3.14 Allgemein anerkannte Personalqualifikationen mit praktischer Ausrichtung

* *bei einer regelmäßigen Überprüfung durch einen betriebsinternen Fachmann für Kunststoffschweißen nach DVS 2213 gilt die längere Gültigkeitsdauer*

** *bei einer regelmäßigen Überprüfung durch eine betriebsinterne PE-Schweißaufsicht nach GW 331 gilt die längere Gültigkeitsdauer*

*** *wenn eine qualifizierte Überwachung sichergestellt ist*

3.8 Literatur

[1] Pecha, E. Gütesicherung beim Heizelementstumpfschweißen in der Serienfertigung, DVS-Berichte 48, S. 25-31 DVS-Verlag GmbH, Düsseldorf, 1977

[2] Schlarb, A.K. Zum Vibrationsschweißen von Polymerwerkstoffen, Diss. IWT, Universität GH Kassel, 1989

[3] Gehde, M. Analysis of the deformation of polypropylene hot-tool butt welds, J. of Polymer Engineering and Science 32 (1992) 9, S. 586-592

[4] Potente, H. Eine Analyse des Heizelementstumpfschweißens von Rohren aus teilkristallinen Thermoplasten, DVS-Berichte, Band 84, DVS-Verlag GmbH, Düsseldorf, 1983

[5] Potente, H., Kreiter, J., Mohrmann, A. Heizelementschweißen mit konstanter Fügegeschwindigkeit, Kunststoffe 78 (1988) 1, S. 84-87

[6] N.N. DVS 2207-1 Schweißen von thermoplastischen Kunststoffen, Heizelementschweißen von Rohren Rohrleitungsteilen und Tafeln aus PE-HD DVS-Verlag GmbH, Düsseldorf, Dezember 2003

[7] N.N. DVS 2207-25 Schweißen von thermoplastischen Kunststoffen. Heizelementstumpfschweißen von Fensterprofilen aus PVC-U DVS-Verlag GmbH, Düsseldorf, Oktober 1989

[8] N.N. DVS 2225-3 Fügen von Dichtungsbahnen aus polymeren Werkstoffen im Erd- und Wasserbau. Anforderungen an Schweißmaschinen und Schweißgeräte, DVS-Verlag GmbH, Düsseldorf, Juli 1997

[9] N.N. DVS 2208-1 Schweißen von thermoplastischen Kunststoffen. Maschinen und Geräte für das Heizelementstumpfschweißen von Rohren, Rohrleitungsteilen und Tafeln, DVS-Verlag GmbH, Düsseldorf, Dezember1997

[10] N.N. DVS 2207-3 Schweißen von thermoplastischen Kunststoffen, Warmgaszieh- und Warmgasfächelschweißen von Rohren, Rohrleitungsteilen und Tafeln, Schweißparameter, DVS-Verlag GmbH, Düsseldorf, August 2003

[11] N.N. DVS 2215, Teil 1, 2 und 3 Heizelementschweißen von Formteilen aus thermoplastischen Kunststoffen in der Serienfertigung, DVS-Verlag GmbH, Düsseldorf, 1999 (1) und 1996 (2)

[12] N.N. DIN 55405 Teil 6 Begriffe für das Verpackungswesen, Februar 1988

[13] Potente, H. Optimierungsmöglichkeiten für Kunststoffolienschweißverfahren, Swiss Plastics 1 (1979) 3, S. 15-22

[14] Ernst, U. Optimierung des Siegelvorganges beim Heißsiegeln von Verpackungsfolien
Verpackungs-Rundschau 36 (1985) 1,
Technisch Wissenschaftliche Beilage

[15] Hohmann, H.J. Kurze Siegeldauer beim Wärmekontaktschweißen,
Neue Verpackung (1987) 8, S. 36-45

[16] Ernst, U. Einfluß der Oberflächenstruktur der Siegelwerkzeuge auf die Nahtqualität
Schweizerisches Verpackungsinstitut SVI, Bern/CH,
Bericht 4/20, 1986

[17] Ernst, U. Peelnahtsysteme und deren Herstellung,
Schweizerisches Verpackungsinstitut SVI, Bern/CH
Bericht 4/24, 1993

[18] Hohmann, H.J. Einfluß der Gestaltung der Siegelbackenoberfläche auf die Festigkeit und Dichtigkeit von Heißsiegelnähten,
Verpackungs-Rundschau 36 (1985) 12,
Technisch Wissenschaftliche Beilage

[19] Ernst, U. Siegel-Phänomene: Einfluß von Siegelbackenfehlern auf die Nahtqualität,
Schweizerisches Verpackungsinstitut SVI, Bern/CH,
Bericht 4/17, 1982

[20] Dietzsch, C. Siegelgeräte, Siegelprobleme an Verpackungsmaschinen,
Seminar für Technische Weiterbildung, Winterthur/CH, 1998

[21] Ernst, U. Einflüsse auf die Hot Tack-Werte beim Siegeln von flexiblen Packstoffen,
Schweizerisches Verpackungsinstitut SVI, Bern/CH
Bericht 4/9, 1977

[22] Hocking, C. Latest Findings on Hot Tack Show Worth of Test Unit,
Package Engeneering, February 1983, S. 108-110

[23] Brodie, V. Hot Tack of Sealant Resins,
Converting and Packaging, March 1987, S. 151-155

[24] Ernst, U. Siegel-Phänomene: Siegelnahtverästelungen beim Heißsiegeln
Schweizerisches Verpackungsinstitut SVI, Bern/ CH
Bericht 4/15, 1981

[25]	Kröbl, K.	Optimiert thermisch Fügen auf schnellaufenden Folienschweißautomaten, Technische Rundschau TR 39 (1979)
[26]	Ernst, U.	Siegel-Phänomene: Nachbehandlung von Heißsiegelnähten, Schweizerisches Verpackungsinstitut SVI, Bern/ CH Bericht 4/16, 1982
[27]	Jaksch, M.	Schweißen und Heißsiegeln von thermoplastischen Folien Schlauchbeutel- und Siegelrandbeutel-Verpackung, Seifen-Oele-Fette-Wachse 110 (1984) 8, S. 223-227
[28]	Ernst, U.	Siegeln von Verpackungsfolien mit Ultraschall, Schweizerisches Verpackungsinstitut SVI, Bern/CH Bericht 4/21, 1990
[29]	Ernst, U. Graf, E.	Siegeln von Verpackungsfolien mit Hochfrequenz-Techniken, Schweizerisches Verpackungsinstitut SVI, Bern/CH Bericht 4/25, 1994
[30]	Bender, E.	Wärme- und Stoffübertragung Skriptum zur Vorlesung Wärme- und Stoffübertragung, Universität Kaiserslautern, 1982
[31]	Renz, U.	Grundlagen zur Wärmeübertragung, Skriptum zur Vorlesung, Lehrstuhl für Wärmeübertragung und Klimatechnik, RWTH Aachen, 1984
[32]	Michel, P., Heil, M., Potente, H.	Prozeßanalyse und -optimierung des Extrusionsschweißens, Abschlußbericht zum Forschungsvorhaben, IV B5 20400985, KTP, Universität Paderborn, 1988
[33]	Gehde, M., Chwalisz, L., Schlarb, A.K., Ehrenstein, G.W.	Extrusionsschweißen von Polypropylen, Technologische Optimierung des Extrusionsschweißens DVS-Berichte, Band 89, DVS-Verlag GmbH, Düsseldorf, 1989
[34]	Gehde, M., Ehrenstein, G.W.	Structure and Mechanical Properties of optimized Extrusion Welds, SPE Proceeding ANTEC, Dallas/ USA (1990), S. 1797-1799
[35]	N.N.	DVS 2207-4 Schweißen von thermoplastischen Kunststoffen, - Extrusionsschweißen, Tafeln und Rohre, DVS-Verlag GmbH, Düsseldorf, Juli 1993

[36] N.N. DVS 2209-2
Schweißen von thermoplastischen Kunststoffen,
- Warmgasextrusionsschweißen; Anforderungen an Schweißmaschinen und Schweißgeräte
DVS-Verlag GmbH, Düsseldorf, August 1997

[37] N.N. DIN 16960, Blatt 1:Schweißen von thermoplastischen Kunststoffen

[38] Gehde, M. Zum Extrusionsschweißen von Polypropylen,
Diss. LKT, Universität Erlangen-Nürnberg, 1993

[39] N.N. DVS 2203-5 Prüfen von Schweißverbindungen an Tafeln und Rohren aus thermoplastischen Kunststoffen,
Technologischer Biegeversuch,
DVS-Verlag GmbH, Düsseldorf, August 1999

[40] Gehde, M. Langzeit- und Versagensverhalten von Extrusionsschweißverbindungen,
Schweißen und Schneiden 48 (1996) 4, S. 278-285

[41] Heil, M. Heizstrahlerschweißen thermoplastischer Kunststoffe,
Diss. KTP, Universität Paderborn, 1994

[42] Tüchert, C., Bonten, C., Gehde, M. Große Halbzeuge schweißen
Kunststoffe 91 (2001) 7, S. 62-64

[43] Siegel, R., Howell, J., Lohrengel, J. Wärmeübertragung durch Strahlung,
Springer-Verlag, Berlin, 1988

[44] Peschko, W. Abtragung fester Targets durch Laserstrahlung,
Diss. TH Darmstadt, 1981

[45] Klein, R. Kunststoffverarbeitung mit Laserstrahlung,
Technika (1988) 7, S. 15-19

[46] Klein, R., Kreutz, E.W., Poprawe, R., Pütz, H. Schmelzen von thermoplastischen Kunststoffen mit IR-Laserstrahlung,
Processings Laser´89,
Springer-Verlag, Berlin, 1990

[47] Klein, R. Bearbeitung von Polymerwerkstoffen mit infraroter Laserstrahlung, Diss. IKV, RWTH Aachen, 1990

[48] Wirtz, R. Messung infrarotoptischer Eigenschaften thermoplastischer Kunststoffe zur Anwendung technischer Wärmestrahler bei der Kunststoffverarbeitung, unveröffentlichte Studienarbeit, IKV, RWTH Aachen, 1984

[49] Wirtz, R. Optische Eigenschaften themoplastischer Kunststoffe und ihre Bedeutung für die Strahlungsheizung bei Thermoformverfahren, Diplomarbeit IKV, RWTH Aachen, 1985

[50] Korte, J Laserschweißen von Thermoplasten, Diss. KTP, Universität Paderborn, 1997

[51] Korte, J. Erfassung und Regelung der Fügeflächentemperatur beim Strahlerschweißen mit Hilfe eines Strahlungspyrometers, unveröffentlichte Studienarbeit, KTP, Universität Paderborn, 1999

[52] N.N. DVS 2207-6 (Entwurf) Schweißen von thermoplastischen Kunststoffen, Berührungsloses Heizelementschweißen von Rohren, Rohrleitungsteilen und Tafeln, September 2003 DVS-Verlag GmbH, Düsseldorf

[53] Renner, T., Mayerhofer, R. Die Anwendung bestimmt den Laser, Lasermarkt 2004, S. 50-56

[54] Albers, P., Schöler, U. Hochleistungsdiodenlaser für den industriellen Einsatz - heute schon rentabel Der Praktiker 48 (1996) 3, S. 98-100

[55] Bachmann, F., Russek, U. Laserwelding of Polymers Using High Power Diode Lasers, SPIE Vol. 4637B Photonics West 2002 Conference San Jose/ USA, 2002

[56] Loosen, P. Anwendungsmöglichkeiten von Hochleistungsdiodenlasern in der industriellen Fertigung Maschinenmarkt 102 (1996) 29, S. 34-39

[57] N. N. Qualifizierung eines Diodenlasersystems mit verstellbarer Leistungsdichteverteilung für das Kunststoffschweißen Zwischenbericht ILT, Aachen, 1996

[58] Tüchert, C. Grundlagen zum Laserschweißen von Kunststoffen, Fachtagung zum Schweißen von Kunststoffen, IKM, Universität GH Essen, 18.1.2000

[59] Klein, R. Bearbeitung von Polymerwerkstoffen mit infraroter Laserstrahlung, Diss. IKV, RWTH Aachen, 1990

[60] N.N. Laserstrahlschweißen von Thermoplasten im Durchstrahlverfahren Technische Information für Experten 02/00, Firmenschrift BASF AG

[61] Lotz, W. Laserschweißen von Kunststoffen Fachtagung zum Schweißen von Kunststoffen, IKM, Universität GH Essen, 18.1.2000

[62] Mattus, V. Werkstoffliche Aspekte der Laserverarbeitung von Kunststoffen, VDI-Berichte 1810, Tagung Optische Technologien in der Kunststofftechnik, VDI-Verlag, Düsseldorf, 2003

[63] Sieffert, M. Laserstrahlschweißen und Beschriften von Thermoplasten, Einfluß der Farbmittel und Füllstoffe, VDI-Berichte 1810, VDI-Verlag Düsseldorf, 2003

[64] Potente, H., Pecha, E., Korte, J. Entwicklungstendenzen beim Laserschweißen von Kunststoffen, Plastverarbeiter 46 (1995) 10, S. 58-64

[65] Welz, M., Pütz, H. Schweißen von Thermoplasten mit Laserstrahlen DVS Plenartagung, Würzburg, 1995

[66] N.N. Laser-Schweißmaschinen Produktinformation der Fa. Bielomatik Leuze GmbH & Co., Neuffen, 1998

[67] Korte, J. Laserschweißen von Kunststoffen, Fachtagung zum Schweißen von Kunststoffen, IKM, Universität GH Essen, 18.1.2000, S. 103-116

[68] Chen, J.-W., Hessler, Th. Transmission Laser Welding of Plastics for Microsystem Packaging, MicroEngineering Conference, 29.09.-01.10.1999

[69] Potente, H., Korte, J. Entwicklung eines Laserschweißverfahrens zum Fügen von Thermoplasten bei geregelter Oberflächentemperatur, Arbeitsbericht zum DFG-Forschungsprojekt Po 171/371 KTP, Universität GH Paderborn, 1995

[70] Potente, H., Korte, J. Laserschweißen von Kunststoffen, SKZ-Fachtagung Verbindungstechniken bei Kunststoffen, S. F1-F16, Veitshöchheim, 25.-26.04.1996

[71] Potente, H., Korte, J. Laser Butt Welding of Semi-Crystalline Thermoplastics, SPE Proceedings ANTEC, Indianapolis/USA (1996), S. 1255-1259

[72] Polster, S., Wiengarten, M., Frick, T. Erweiterung der Prozeßgrenzen beim Laserstrahl-Kunststoffschweißen, VDI-Berichte 1810, VDI-Verlag Düsseldorf, 2003

[73] Lee, M. J. Gerät zur thermischen Bearbeitung von Thermoplastfolien, Patentschrift DE 25 44 371 C2

[74] Nielsen, S.E. Laser material processing of polymers Polymer Testing (1983) 3, S. 303-310

[75] Jones, I. A., Taylor, N. S. High Speed Welding of Plastics Using Lasers, SPE Proceedings ANTEC, San Francisco/USA (1994), S. 1360-1363

[76] Hofmann, A., Hierl, S. Prozeßüberwachung beim Laserstrahlkunststoffschweißen, VDI-Berichte 1810, VDI-Verlag Düsseldorf, 2003

[77] N.N. DVS 2216 Teile 1-6, Ultraschallfügen, DVS-Verlag GmbH, Düsseldorf, 1992 (1-4), 1996 (5), 2002 (6)

[78] N.N. Firmenschrift Branson Ultraschall, Ultraschall für das Kunststoff-Fügen

[79] Strohfuß, W. "Schwarze Magie" – Ultraschallfügen, Kunststoffe 85 (1995) 6, S. 827-833

[80] Frehsel, H. Reibschweißen von Kunststoffen, Werkstattstechnik 61 (1971) 8, S. 493-498

[81] Henning, A. Das Schweißen thermoplastischer Kunststoffe, Kunststoffe 32 (1942) 4, S. 103-109

[82] N.N. DVS 2218 Schweißen von thermoplastischen Kunststoffen in der Serienfertigung,
Teil 1: Rotationsreibschweißen, Anlagen, Verfahren, Merkmale,
Teil 2: Rotationsreibschweißen von Formteilen aus Polyolefinen,
Teil 3: Rotationsreibschweißen von Formteilen und Halbzeugen aus Polyamiden (Entwurf 2004)
DVS-Verlag GmbH, Düsseldorf, 1994 (1) und 2003 (2)

[83] Stokes, V. K. Analysis of the Friction (Spin)-Welding Process for Thermoplastics,
J. Mater. Sci. (1988) 23, S. 2772-2785

[84] Potente, H., Tappe, P. Theoretische und experimentelle Analyse des Rotationsreibschweißens von Kunststoffen,
Schweißen und Schneiden 41 (1989) 8, S. 392-396

[85] Nestler, W. Das Reibungsschweißen von Kunststoffen,
Kunststoff-Rundschau (1966) 3, S. 128-132

[86] Schaefer, R. Reibschweißen von thermoplastischen Kunststoffen,
Kunststoffe 62 (1972) 8, S. 478-482

[87] Frehsel, H., Neitzel, M. Maschinelle Einrichtungen zum Reibschweißen thermoplastischer Kunststoffe,
Maschinenmarkt 85 (1979) 96, S. 2007-2011

[88] Land, W. Reibschweißen nach dem Rotations- und Vibrationsverfahren,
Plastverarbeiter 34 (1983) 8, S. 698-699

[89] Hoelzel, R. Rotationsschweißen von thermoplastischen technischen Kunststoffen,
Der Konstrukteur (1983) 5, S. 60-65

[90] Frehsel, H. Reibschweißen thermoplastischer Kunststoffe,
BASF-Zentralwerkstätten, Heft 7, Ludwigshafen, Dezember 1970

[91] Thews, H. Rotationsschweißen von Kunststoff-Serienteilen,
Internationale Tagung "Kunststoffschweißen und -kleben `92"
DVS-Tagungsband 147, Düsseldorf, November 1992

[92] Klein, H. Rotationsschweißen von thermoplastischen Kunststoffen,
in Fachtagung: Verbindungstechniken bei Kunststoff-Bauteilen in der Serienfertigung, SKZ, Würzburg, 1998

[93] Marcus, T. Rotationsreibschweißen von thermoplastischen Kunststoffen, Diplomarbeit, Fachhochschule Köln, 1996

[94] Frehsel, H. Schulz, H.O. Rotationsschweißen, sicher verbinden und konstruktiv gestalten, Plastverarbeiter 41 (1990) 4, S. 86-93

[95] Stokes, V., Poslinski, A.J. Effects of Variable Viskosity on the Steady Melting of Thermoplastics During Spin Welding, Polymer Engineering and Science, MID-MARCH 35 (1995) 5, S. 441-459

[96] N. N. DVS 2217-1: Vibrationsschweißen von Formteilen und Halbzeugen aus thermoplastischen Kunststoffen in der Serienfertigung, DVS-Verlag GmbH, Düsseldorf, März 1999

[97] Kaiser, H. Prozeßführung beim linearen Vibrationsschweißen von Kunststoffen, Diss. KTP, Universität Paderborn, 1992

[98] N. N. Vibration Welding of Dupont Engineering Plastics; Informationsbroschüre TR G 4017, Dupont de Nemours, 1989

[99] Watson, M. N. Welding Plastics: A Primer, Automotive Engineering 94 (1986) 12, S. 55-61

[100] Vetter, J., Ehrenstein, G.W. Biaxial Vibration Welding of Polypropylene, SPE Proceedings ANTEC, New York/USA (1999), S. 1344-1348

[101] N. N. Produktinformationen und Kurzmitteilungen der Maschinenhersteller: Branson Ultraschall, Dietzenbach KLN Ultraschall GmbH, Heppenheim, Telsonic AG, Bronschhofen (Schweiz)

[102] Vetter, J., Ehrenstein, G.W. Biaxiales Vibrationsschweißen und Qualitätssicherung, Fachtagung Erlanger Kunststofftage 1999, S. 59-75 Erlangen, 1999

[103] Giese, M. Fertigungs- und werkstofftechnische Betrachtungen zum Vibrationsschweißen von Polymerwerkstoffen, Diss. LKT, Universität Erlangen-Nürnberg, 1995

[104] Potente, H., Michel, P., Ruthmann, B. — Eine Analyse des Vibrationsschweißens, Kunststoffe 77 (1987) 7, S. 711-716

[105] Grewell, D. A., Benatar, A. — A Process Comparison of Orbital and Linear Vibration, Welding of Thermoplastics SPE Proceedings ANTEC, New York/USA (1999), S. 1370-1374

[106] Ehrenstein, G. W., Vetter, J. — Schweißwulstausbildung beim Vibrationsschweißen von Polymerwerkstoffen, Abschlußbericht zum AiF-Forschungsvorhaben 9325, LKT, Universität Erlangen-Nürnberg, 1996

[107] Vetter, J., Ehrenstein, G. W. — Mikroskopische Beurteilung von Schweißnähten, Seminar Präparationstechniken und Lichtmikroskopie an Kunststoffen VDI-Bildungswerk, LKT, Erlangen, 2000

[108] N. N. — DVS 2217-2: Vibrationsschweißen von Formteilen und Halbzeugen aus thermoplastischen Kunststoffen in der Serienfertigung: Formteile aus Polyamiden, DVS-Verlag GmbH, Düsseldorf, Dezember 2002

[109] Bourdon, R. — Qualitätssicherung entlang der Prozeßkette, QZ, 41 (1996) 12, S. 1402-1407

[110] Ehrenstein, G.W., Giese, M. — Qualitätssicherung beim Vibrationsschweißen, Seminar Der robuste Betriebspunkt, Erlangen, 1993

[111] Bourdon, R. — Zur Optimierung der Prozeßrobustheit beim Spritzgießen, Diss. LKT, Universität Erlangen-Nürnberg, 1994

[112] Wortberg, J., Walter, A., Mustafa, M. A.-H. — Prozeßnahes Qualitätsmanagement, Kunststoffe 87 (1997) 11, S. 1664-1668

[113] Führmann, J. — Systemintegration der rechnergestützten Ingenieurmethoden, Vorlesung an der Universität Erlangen-Nürnberg, 1994

[114] Vetter, J., Ehrenstein, G.W. — Online-Qualitätserkennung beim Vibrationsschweißen, Kunststoffe 88 (1998) 7, S. 986-989

[115] Vetter, J., Ehrenstein, G.W. — Vibrationsschweißen: Prozeßverlauf, Einflußfaktoren und Qualitätssicherung,

Fachtagung Verbindungstechnik bei Kunststoffbauteilen in der Serienfertigung, SKZ, Würzburg, 1998

[116] Wortberg, J. Qualitätssicherung in der Kunststoffverarbeitung, Carl Hanser Verlag München, 1996

[117] Haberstroh, E. Untersuchung prozeßübergreifender Qualitätssicherungskonzepte beim Ultraschallschweißen unter Anwendung statistischer Methoden, Abschlußbericht AiF-Forschungsvorhaben 11.372 N, Aachen, 2000

[118] Ehrenstein, G.W., Vetter, J. Biaxiales Vibrationsschweißen von Polymerwerkstoffen: Prozeß-Struktur-Eigenschaften, Abschlußbericht zum AiF-Forschungsvorhaben 11.382 N, Erlangen, 2000

[119] Ehrenstein, G.W., Vetter, J. Anwendung neuronaler Netze zur Prozeßüberwachung und Qualitätssicherung im Vibrationsschweißprozeß, Abschlußbericht zum DFG-Forschungsvorhaben Eh 60/54-1 u. 2, Erlangen, 2000

[120] Vetter, J., Ehrenstein, G.W. Intelligente Qualitätserkennung beim Vibrationsschweißen, Fachtagung Sauganlagenforum 2000 ASK Rosenheim, Spitzingsee, 2000

[121] Abele, G. F. Kunststoff-Fügeverfahren: Teil 1: Allgemeine Einführung, Teil 2: Hochfrequenzschweißen, Carl Hanser Verlag, München, 1977

[122] Wauer, G. Untersuchungen zur Schweißbarkeit thermoplastischer Folien beim Hochfrequenz- und Heizkeilschweißen, Diss. am Institut für Kunststoffverarbeitung, RWTH Aachen, 1975

[123] Potente, H. Fügen, Umformen, Veredeln von Kunststoffen, Polymere Werkstoffe in drei Bänden, Band II: Technologie 1, Georg Thieme Verlag, Stuttgart, 1984

[124] Abel, F. Schweißen in der Kunststofffügetechnik, Hochfrequenz, Ultraschall, Heizelement, Firmenschrift der A. Früchtling GmbH, Hamburg, 1998

[125] Saechtling, H. — Kunststofftaschenbuch, 28. Aufl.
Carl Hanser Verlag, München, 2001

[126] Menges, G. — Werkstoffkunde der Kunststoffe, 5. Aufl.
Carl Hanser Verlag, München, 2002

[127] N.N. — Richtwerte Desmopan,
Firmenschrift Bayer AG, 1996

[128] N.N. — Daplen PP Folien,
Firmenschrift PCD Polymere Ges.m.b.H., Linz, 1995

[129] N.N. — Solene, Vorläufiges Datenblatt
Firmenschrift Solvay Draka Polva B.V.,
Enkhuizen, NL, 1996

[130] N.N. — DVS 2219
Teil 1: Hochfrequenzschweißen von thermoplastischen Kunststoffen in der Serienfertigung, Maschinen, Werkzeuge, Verfahrenstechnik,
DVS-Verlag, Düsseldorf, Juli 1994

[131] Ebeling, F.-W.
Lüpke, G.,
Schelter, W.,
Schwarz, O. — Technik - kurz und bündig: Kunststoffverarbeitung, 1. Aufl.
Vogel-Verlag, Würzburg, 1978

[132] Knappe, W.,
Lampl, A.,
Heuel, O. — Kunststoff-Verarbeitung und Werkzeugbau,
Carl Hanser Verlag, München, 1992

[133] Wu, C. Y.,
Staicovici, S.,
Benatar, A. — Microwave Welding of HDPE Using Impedance Matching System,
SPE Proceedings ANTEC, Toronto/USA (1997), S. 1136-1139

[134] Staicovici, S.,
Wu, C. Y.,
Benatar, A. — Welding and Disassembly of Microwave Welded HDPE Bars,
SPE Proceedings ANTEC, Toronto/USA (1997), S. 1140-1144

[135] Wu, C. Y.,
Staicovici, S.,
Benatar, A. — Single Mode Microwave Welding of Nylon 6/6 Using Conductive Polyaniline Films,
SPE Proceedings ANTEC, Indianapolis/USA (1996),
S. 1250-1254

[136] Wu, C. Y., Benatar, A. — Microwave Joining of HDPE Using Conductive Polymeric Composites, SPE Proceedings ANTEC, Detroit/USA (1992), S. 1771-1774

[137] Faisst, C. F., Benatar, A. — A Feasibility Study of Radio Frequency Joining of HDPE Using Conductive Polymeric Composite, SPE Proceedings ANTEC, San Francisco/USA (1994), S. 1341-1346

[138] Wu, C. Y., Benatar, A. — Single Mode Microwave Welding of HDPE Using Conductive Polyaniline/HDPE Composites, SPE Proceedings ANTEC, Boston/USA (1995) S. 1244-1247

[139] Staicovici, S., Wu, C. Y., Benatar, A., Z. Bahman — Fractal Analysis and Radiographic Inspection of Microwave Welded HDPE Bars, SPE Proceedings ANTEC, Indianapolis/USA (1996), S. 1285-1289

[140] Staicovici, S., Benatar, A. — General Information on Welding Methods at Ohio State University., Dep. of Welding Eng., Plastics Joining Group, http://joinplastics.eng.ohio-state.edu/microwave.htm.

[141] Benatar, A. — Ultrasonic Welding of Advanced Thermoplastic composites, Diss. M.I.T., Cambridge/ USA,1987

[142] Kathir, P. — Conductive Polymers Speed Plastic Welding Eureka Transfers Technology, Engineering Materials & Design 12 (1992) 11, S. 21

[143] Varadan, V. K., Varadan, V. V. — Microwave Joining and Repair of Composite Materials J. of Polymer Engineering and Science 31 (1991) 7, S. 470-486

[144] Varadan, V. K., Dewan, H. S., Varadan, V. V., Lakhtakia, A. — Microwave Joining of Polymers and Polymeric Composites, SPE Proceedings ANTEC, Dallas/USA (1990), S. 1766-1769

[145] Lause, H. J., Parks, K. L., Tanis, L. D., Leon, D. D. — Method of WeldingThermoplastic Substrates with Microwave Frequencies, United States Patent, 5.338.611, 1994

[146]	Siores, E.	Microwave technology for welding and joining Materials World 2 (1994) 10, S. 526
[147]	Siores, E., do Rego, D.	Microwave Applications in Materials Joining, J. of Materials Processing Technology 48 (1995), S. 619-625
[148]	Bonten, C.	Messebericht K ´98, Fügetechnik Kunststoffe 88 (1998) 12, S. 2251-2254
[149]	Emmerich, R., Jauss, M., Dommer, A., Mügge, H.	Vorrichtung und Verfahren zum Erwärmen von Bauteilen aus mikrowellenabsorbierendem Kunststoff, Erteilte Deutsche Patentschrift, Nr. 198 44 549.C2, 2003
[150]	N.N.	DVS 2207-15 Heizelementschweißen von Rohren, Rohrleitungsteilen und Tafeln aus PVDF, DVS-Verlag GmbH, Düsseldorf, August 1996
[151]	N.N.	DVS 2202-1 Fehler an Schweißverbindungen aus thermo- plastischen Kunststoffen. Merkmale,Beschreibung, Bewertung, DVS-Verlag GmbH, Düsseldorf, Dezember 1989
[152]	Benkowsky, G.	Induktionserwärmung. 5. Aufl. Verlag Technik GmbH, Berlin, 1990
[153]	Miller, A.K. et al.	The Nature of Induction Heating in Graphite-Fibre Polymer, Matrix Composite Materials, SAMPE Journal 26 (1990) 4, S. 37-54
[154]	Fink, B.K. et al.	A Local Theory of Heating in Cross-Ply Carbon Fiber Thermoplastic Composites by Magnetic Induction Centre for Composite Materials, University of Delaware/ USA, 1990
[155]	Rudolf, R., Mitschang, P., Neitzel, M., Rueckert, C.	Welding of High-Performance Thermoplastic Composites, Polymers & Polymer Composites 7 (1999) 5, S. 1-6
[156]	Schulz, H.-G.	Eine Alternative zu herkömmlichen Fügetechniken - Das Elektromagnetische-Widerstandsschweißverfahren in Fachtagung: Verbindungstechnik bei Kunststoffen SKZ, Veitshöchheim, 1996

[157] N.N. Handbook of Plastics,
Plastics Design Library, Norwich, 1997

[158] Rudolf, R. Entwicklung einer neuartigen Prozeß- und Anlagentechnik zum Fügen von thermoplastischen Faser-Kunststoff-Verbunden, IVW-Schriftenreihe, Band 10, Institut für Verbundwerkstoffe GmbH, Kaiserslautern, 2000

[159] Eversheim, W., Klocke, F., Pfeiffer, T., Weck, M. Herstellen von Mikrobauteilen
Aachener Werkzeugmaschinen-Kolloquium`96, Wettbewerbsfaktor Produktionstechnik - Aachener Perspektiven, S. 161-194
VDI-Verlag, Düsseldorf, 1996

[160] Weber, L., Ehrfeld, W. Mikroabformung – Verfahren, Werkzeuge, Anwendungen, Kunststoffe 88 (1998) 10, S. 1791-1802

[161] Fischer, G. Mikrotechnik ist bereits im industriellen Einsatz, Technische Rundschau 20 (1998), S. 44-45

[162] Wallrabe, U. Mikroturbinen als hydrodynamischer Kleinstantrieb, Feinwerktechnik Mikrotechnik Mikroelektronik 106 (1998) 9, S. 646-649

[163] Nguyen, N.-T., Dötzel, W. Mikromechanische Strömungssensoren im Überblick, Feinwerktechnik Mikrotechnik Mikroelektronik 104 (1996) 9, S. 644-648

[164] Weber, L., Ehrfeld, W., Pommereau, C. Injection Moulding of Micro Parts, In Proceedings Micro Engineering 99, S. 69-73 Stuttgart, 1999

[165] Rogalla, A. Analyse des Spritzgießens mikrostrukturierter Bauteile aus Thermoplasten, Diss. IKV, RWTH Aachen, 1998

[166] Michaeli, W., Rogalla, A., Spennemann, A., Ziegmann, C. Mikrostrukturierte Formteile aus Kunststoff gestalten Feinwerktechnik Mikrotechnik Mikroelektronik, 106 (1998) 9, S. 642-645

[167] Bauer, G., Schuenemann, M., Schlenker, D., Schäfer, W. Mikrosystemtechnik, Werkzeugsystem für die Montage, Werkstattechnik 88 (1998) 11/12, S. 490-494

[168] Domininghaus, H. Die Kunststoffe und ihre Eigenschaften, 5. Aufl., Springer-Verlag GmbH, Berlin, 1999

[169] N.N. DVS 2203-1 Prüfen von Schweißverbindungen an Tafeln und Rohren aus thermoplastischen Kunststoffen, Prüfverfahren – Anforderungen, DVS-Verlag GmbH, Düsseldorf, Januar 2003

[170] N.N. DVS 2225-1 Fügen von Dichtungsbahnen aus polymeren Werkstoffen im Erd- und Wasserbau, DVS-Verlag GmbH, Düsseldorf, Februar 1991

[171] N.N. DVS 2203-2 Prüfen von Schweißverbindungen an Tafeln und Rohren aus thermoplastischen Kunststoffen, Zugversuch, DVS-Verlag GmbH, Düsseldorf, Juli 1985

[172] N.N. DVS 2203-4 Prüfen von Schweißverbindungen an Tafeln und Rohren aus thermoplastischen Kunststoffen, Zeitstand-Zugversuch, DVS-Verlag GmbH, Düsseldorf, Juli 1997

[173] N.N. DVS 2205-1 Berechnen von Behältern und Apparaten aus Thermoplasten, Kennwerte, DVS-Verlag GmbH, Düsseldorf, April 2002

[174] N.N. DVS 2215-2 Heizelementschweißen von Formteilen aus Polyolefinen (PE, PP) in der Serienfertigung, DVS-Verlag GmbH, Düsseldorf, November 1996

[175] N.N. DVS 2206 Prüfung von Bauteilen und Konstruktionen aus thermoplastischen Kunststoffen, DVS-Verlag GmbH, Düsseldorf, November 1975

[176] Renneberg, H., Schneider W. Kunststoffe im Anlagenbau, Fachbuchreihe Schweißtechnik Band 135, DVS-Verlag GmbH, Düsseldorf, 1998

[177] N.N. DVS 2210-1 Industrierohrleitungen aus thermoplastischen Kunststoffen, Projektierung und Ausführung. Oberirdische Rohrsysteme, DVS-Verlag GmbH, Düsseldorf, April 1997

[178] Klingenfuß, H. Erfahrungen bei der Dichtheitsprüfung von Druckrohrleitungen, Erfahrungsaustausch der DVS AG W 4 Fügen von Kunststoffen, 20.5.1999 in Würzburg

[179] N.N. DVGW GW 301 Qualifikationskriterien für Rohrleitungsbauunternehmen, Wirtschafts- und Verlagsgesellschaft Gas und Wasser GmbH

[180] N.N. DIN 18200 Übereinstimmungsnachweis für Bauprodukte, Werkseigene Produktionskontrolle, Fremdüberwachung und Zertifizierung von Produkten, Mai 2000

[181] Langlouis, W. Schweißen von Rohren und anderen Bauteilen aus Polyethylen hoher Dichte (PE-HD), Praktiker (1999) 1, S. 18-23

[182] N.N. DIN EN ISO 9001 Qualitätsmanagementsysteme, Anforderungen (ISO 9001: 2000-09), Dezember 2000

[183] N.N. DIN EN 12814, Teile 1 bis 8 Prüfen von Schweißverbindungen aus thermoplastischen Kunststoffen, 1999 (1), 2000 (2, 3, 5, 6), 2001 (4, 8), 2003 (7)

[184] N.N. DVS 2201-2 Prüfen von Halbzeugen aus Thermoplasten, Schweißeignung, Prüfverfahren – Anforderungen, DVS-Verlag GmbH, Düsseldorf, Juli 1985

[185] N.N. DVS 2225-2 Fügen von Dichtungsbahnen aus polymeren Werkstoffen, Prüfverfahren – Anforderung, DVS-Verlag GmbH, Düsseldorf, August 1992

[186] N.N. DVS 2226-1 Prüfen von Fügeverbindungen an Dichtungsbahnen aus polymeren Werkstoffen, Prüfverfahren – Anforderungen, DVS-Verlag GmbH, Düsseldorf, September 2000

[187] N.N. DVS 2226-2 Prüfen von Fügeverbindungen an Dichtungsbahnen aus polymeren Werkstoffen, Zugscherversuch, DVS-Verlag GmbH, Düsseldorf, Juli 1997

[188] N.N. DVS 2226-3 Prüfen von Fügeverbindungen an Dichtungsbahnen aus polymeren Werkstoffen, Schälversuch, DVS-Verlag GmbH, Düsseldorf, Juli 1997

[189] N.N. DVS 2211 Schweißen von thermoplastischen Kunststoffen, Schweißzusätze, Kennzeichnung, Anforderungen, Prüfungen, DVS-Verlag GmbH, Düsseldorf, August 2003

[190] N.N. DVS 2203-3 Prüfen von Schweißverbindungen aus thermoplastischen Kunststoffen, Schlagzugversuch, DVS-Verlag GmbH, Düsseldorf, Juli 1985

[191] N.N. DIN 53 758 Prüfung von Kunststoff-Fertigteilen, Kurzzeit-Innendruckversuch an Hohlkörpern, Februar 1975

[192] N.N. DVS 2213 Fachmann für Kunststoffschweißen Prüfung (siehe auch DVS 2212 und 2214), DVS-Verlag GmbH, Düsseldorf, August 1996

[193] Hessel, J., John, P. Langzeitfestigkeit von HDPE-Schweißverbindungen, Kunststoffe 74 (1984) 7, S. 385-388

[194] Diedrich, G., Gaube, E. Zeitstandfestigkeit und Langzeit-Schweißfaktoren von geschweißten Rohren und Platten aus Hart-Polyäthylen und Polypropylen, Kunststoffe 63 (1973) 11, S. 793-797

[195] Gebler, H. Langzeitverhalten und Alter von PE-HD-Rohren, Kunststoffe 79 (1989) 9, S. 823-826

[196] Diedrich, G., Kempe, B., Graf, K. Zeitstandfestigkeit von Rohren aus Polyethylen (HDPE) und Polypropylen (PP) unter Chemikalieneinwirkung, Kunststoffe 69 (1979) 8, S. 470-476

[197] Lecht, R., Schulte, U. Welches Material? Rohr- und Behälterwerkstoffe mit dem Zeitstand-Zugversuch (FNCT) auswählen, Materialprüfung 40 (1998) 10, S. 399-402

[198] Gaube, E., Kausch, H. Bruchtheorien bei der industriellen Anwendung von Thermoplasten und glasfaserverstärkten Kunststoffen, Kunststoffe 63 (1973) 6, S. 391-397

[199] Gaube, E., Müller, W. Einfluß des Werkstoffs und der Verarbeitung auf die Zeitstandfestigkeit von Rohren aus HDPE, Kunststoffe 72 (1982) 5, S. 297-299

[200] Schulte, U. 100 Jahre Lebensdauer. Langzeitfestigkeit von Druckrohren aus bimodalen PE-HD nach ISO/TR 9080 bestätigt, Kunststoffe 87 (1997) 2, S. 203-206

[201] Hessel, J., Mauer, E. Zeitstandzugprüfung in wäßriger Netzmittellösung, Materialprüfung 36 (1994), S. 240-243

[202] Hessel, J. Zeitstandverhalten von Polyethylen unter dem Einfluß lokal konzentrierter Spannungen, 3 R International 34 (1995), S. 573-579

[203] Hessel, J. et.al. Neues Konzept zur Lebensdauerbestimmung an Kunststoff-Mantelrohr-Schweißverbindungen aus Polyethylen, 3 R International 34 (1995), S. 94-101

[204] Fleißner, M. Langsames Rißwachstum und Zeitstandfestigkeit von Rohren aus Polyethylen, Kunststoffe 77 (1987) 1, S. 45-50

[205] Lecht, R. et al. Neues Verfahren zur Prüfung des Langzeitverhaltens und Schweißbarkeit von Kunststoffen für Rohre, 3R international 34 (1995), S. 612-615

[206] Schmachtenberg, E., Schöche, N. Das Spannungsrißverhalten von Kunststoffen – ein unterschätzter Versagensmechanismus? Kunststoffe 84 (1994) 9, S. 1165-1170

[207] Hessel, J., John. P. Langzeitfestigkeit von Schweißverbindungen an Deponiedichtungsbahnen aus Polyethylen, Werkstofftechnik 18 (1987), S. 228-231

[208] Krannich, W. Kunststoffe im technischen Korrosionsschutz, Carl Hanser Verlag, München, 1949

[209] Schrader, W. Kunststoff-Verarbeitung und -Schweißung, VEB Carl Marhold Verlag, Halle (Saale), 1958

[210] N.N. Jahrbuch Schweißtechnik 2000, DVS-Verlag GmbH, Düsseldorf, 1999

[211] Haim, G., Rottner, E. Polyäthylen-Halbzeug, Carl Hanser Verlag, München, 1960

[212] Haim, G., Neumann, J.A. Manual for Plastic Welding, Volume II, Industrial Publishing Company, Ohio/USA, 1954

[213] Schrader, W., Pannier, W. Kunststoffhalbzeugverarbeitung und -Schweißung, VEB Carl Marhold Verlag, Halle, 1954

[214] Haim, G. 25 Jahre Kunststoff-Schweißen, Carl Hanser Verlag, München, 1963

4 Kleben

Prof. Dr.-Ing. Dr. h.c. G. W. Ehrenstein, LKT – Universität Erlangen-Nürnberg (Kap. 4; 4.2);
Dipl.-Ing. A. Kopczynska, LKT – Universität Erlangen-Nürnberg (Kap. 4.2);
PD Dr. W. Caseri, ETH Zürich (Kap. 4; 4.1; 4.3; 4.4);
Dr. M. Schirle, Klebecenter – Fruthwilen (Kap. 4; 4.1; 4.3; 4.4);
Prof. Dr. O.-D. Hennemann, IFAM Universität Bremen (Kap. 4.5-4.8)

Die Entwicklung verschiedener Klebstoffe und Klebtechniken hat dazu geführt, daß eine große Vielzahl unterschiedlicher Werkstoffe, darunter auch fast alle Kunststoffe, dem Kleben zugänglich ist. Beispiele für Anwendungen der Klebtechnik finden sich im Bauwesen (Bodenbeläge, Isolierstoffe, Brücken, Teile für Fertigbauten), der Verpackungsindustrie, der Schuhproduktion, der Elektrotechnik (Gehäuse, Motoren, Meßgeräte etc.), dem Fahrzeugbau (Karosserieteile, Scheiben, Brems- und Kupplungsbeläge, Zierleisten, Innenausstattung etc.) und im Flugzeugbau. Für den Einsatz in der Praxis bietet das Kleben viele Vorteile. Die Vor- und Nachteile im Vergleich zum Schweißen sind in Tabelle 4.1 zusammengestellt.

	Vorteile	**Nachteile**
Kleben	– Verbindung unterschiedlicher Werkstoffe und dünner, großflächiger Bauteil-Verbindungen – keine Verletzung der Fügeteile notwendig – Möglichkeit des Ausgleichs von Passungstoleranzen – keine bzw. geringe thermische Beeinflussung der Fügeteilwerkstoffe – gleichmäßige Spannungsverteilung in der Fügefläche – Herstellung flüssigkeits- und gasdichter Verbindungen – schwingungsdämpfende und isolierende Eigenschaft der Klebeschicht	– grundsätzlich Überlappung und häufig Vorbehandlung der Fügeoberfläche sowie genaue Einhaltung der Prozeßparameter notwendig – lange Aushärtezeiten bei duroplastischen Klebstoffen – geringe Festigkeit der Klebverbindung (u.U. große Anschlußquerschnitte) – zeitabhängige Eigenschaftsänderung der Klebschicht (Alterung, Empfindlichkeit gg. atmosphärische u. chemische Einwirkung) – geringe thermische Beständigkeit (max. ≈ 250 °C)
Schweißen	– Herstellung glatter, ebener Verbindungsstellen möglich – absolut dichte Nähte – Festigkeit der Nahtfestigkeit des Grundmaterials – annähernd gleichmäßige Spannungsverteilung	– nur Metalle und Thermoplaste schweißbar – Verbindung nur bei annähernd gleichen Materialien möglich – thermische Beeinflussung der Fügeteile (Veränderung der Gefügestruktur, Verzug) – Schweißwülste

Tabelle 4.1 Vor- und Nachteile der stoffschlüssigen Fügeverfahren Kleben und Schweißen

Die Klebtechnik gestattet es, nicht nur gleichartige, sondern auch verschiedenartige Kunststoffe untereinander und mit anderen Materialien zu verbinden. Für eine erfolgreiche Anwendung der Klebtechnik gilt es allerdings, eine Reihe von Faktoren zu berücksichtigen, Bild 4.1. Dazu zählen die Klebgeometrie, die chemischen und physikalischen Eigenschaften der Klebstoffe und Fügeteilwerkstoffe, der chemische Aufbau und die Reinheit der Fügeteiloberflächen und die Alterungsbeständigkeit von Klebschicht und Fügeteilen. Je nach fertigungstechnischer Applikation und Verarbeitung können Klebungen wie auch Schweißungen zudem inhomogene Eigenschaften aufweisen, welche die mechanischen Eigenschaften und das Langzeitverhalten beeinflussen. In geklebten Verbindungen gilt es ferner, bei Temperaturschwankungen die auftretenden Schubspannungen durch unterschiedliche Ausdehnung der Fügeteile zu beachten.

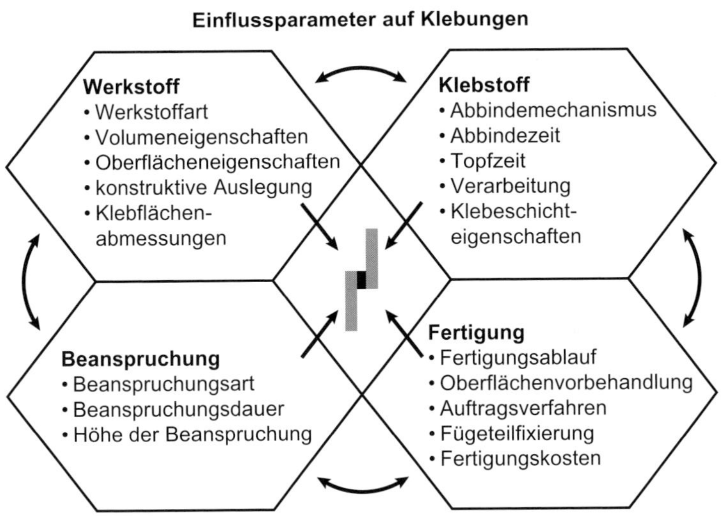

Bild 4.1 Die Klebungen beeinflussende Parameter

Bei Kleverbindungen, die nennenswerten Kräften ausgesetzt sind, spielt die Art der Beanspruchung eine wesentliche Rolle. Nach Möglichkeit ist eine Klebverbindung so zu gestalten, daß die einwirkenden Kräfte zu einer Zug- oder Druckbelastung mit gleichmäßiger Spannungsverteilung in der Klebfläche führen. Im praktischen Einsatz lassen sich aber oft Scher-, Spalt- oder Schälkräfte nicht vermeiden. Dies zieht eine ungleichmäßige Spannungsverteilung in der Klebfuge nach sich. Bei Spalt- oder Schälbeanspruchungen konzentriert sich der größte Teil der Belastung auf eine Linie am Ende der Überlappung. Scherkräfte führen zu Spannungsspitzen in der Klebfuge, und als Folge sind die Klebungen am Ende der Überlappung einer höheren Belastung ausgesetzt als in der Mitte.

Das wesentliche Kriterium beim Kleben ist also die große Anzahl an klebrelevanten Faktoren. Ihre Gewichtung hängt jeweils vom betrachteten Gesamt-Klebsystem ab. Daraus ergibt sich eine sehr große Zahl an Möglichkeiten, und deshalb existiert weder ein Universalklebstoff, noch gibt es ein allgemein gültiges Schema für die Klebstoffauswahl, dem man verläßlich folgen könnte. Aus diesen Gründen ist der zuverlässige Einsatz der Klebtechnik durch zahlreiche nützliche Regeln und Erkenntnisse geprägt, die sich für bestimmte Systeme durchaus bewährt haben.

4.1 Grundlagen der Haftung

Wie bei allen zu verklebenden Werkstoffen müssen auch bei Kunststoffen zwei Voraussetzungen erfüllt sein, damit eine erfolgreiche Haftung zustande kommt. Der Klebstoff muß den Kunststoff benetzen und die Oberfläche des Kunststoffs muß über adhäsionsfreundliche Eigenschaften verfügen, d.h. eine chemische oder physikalische Wechselwirkung in der Grenzschicht zwischen Klebstoff und Oberfläche ausbilden. Ist nur eine dieser Bedingungen erfüllt, ist der betreffende Kunststoff schwierig zu verkleben, und wenn keine dieser Anforderungen vorhanden ist, ist eine Oberflächenvorbehandlung nötig. Dazu kommen noch Anforderungen an den Klebstoff selbst, der im ausgehärteten Zustand neben einer Haftung an den Grenzschichten der Fügeteile (Adhäsion) eine gewisse innere Festigkeit (Kohäsion) aufweisen muß. Die Adhäsion zwischen Klebstoffen und Kunststofffügeteilen hängt nicht nur von der Rauhigkeit, Löslichkeit und chemischen Beschaffenheit der betreffenden Oberflächen, sondern auch von deren Sauberkeit ab. Demzufolge kann der Anwender aus Unwissenheit oder Nachlässigkeit die Haftung eines an sich geeigneten Klebstoffes zum Fügeteil zunichte machen.

Eine große Anzahl an Schadensfällen steht in der Tat mit Problemen der Adhäsion im Zusammenhang, wie das Anbringen von selbstklebenden Kunststoffhaken in Badezimmern als einfaches Beispiel aus dem Alltag illustriert. Werden die Haken auf ungereinigte Fliesen gedrückt, fallen sie oft unmittelbar oder nach kurzer Zeit zu Boden, weil die Oberflächen der Fliesen mit Kohlenwasserstoffen verschmutzt sind und dadurch die Adhäsion beeinträchtigt wird. Werden die Verschmutzungen mit einem alkoholgetränkten Lappen entfernt, schlägt sich aufgrund der Verdunstungskälte des Alkohols sehr schnell eine hauchdünne Wasserschicht an der gereinigten Stelle nieder. Tritt nun der Klebstoff mit dem Wasser in Kontakt, wird die Adhäsion mangelhaft und man hat durch die Reinigung die Ausgangssituation eher verschlechtert als verbessert. Deshalb muß die entfettete Oberfläche zuvor getrocknet werden, wozu sich im Badezimmer ein Fön anbietet. Erst jetzt baut der anschließend aufgebrachte Klebstoff eine dauerhafte Adhäsion zum Untergrund auf. Zusätzlich fördert die verbleibende Wärme auf der Klebstelle die Aushärtung des Klebstoffs.

4.1.1 Haftmechanismen

Adhäsion kann je nach Klebsystem durch verschiedene Mechanismen aufgebaut werden:

- mechanische Haftung durch Verklammerung zwischen der Fügeteiloberfläche und dem Klebstoff
- gegenseitige Durchdringung von Polymermolekülen von Fügeteil- und Klebstoffmolekülen

- Bindung von Klebstoffmolekülen an die Fügeteiloberfläche durch:
  - van der Waals-Kräfte,
  - kovalente Bindungen,
  - Wasserstoffbrücken (H-Brücken),
  - ionische Bindungen.

Diese Mechanismen können einzeln oder in beliebigen Kombinationen auftreten. In der Regel ist es experimentell nicht gesichert, welche dieser Mechanismen in welchem Umfang zur Gesamthaftung beitragen. Ein Fügeteil gilt als schwierig zu verkleben, wenn keiner dieser Mechanismen mit gebräuchlichen Klebstoffen in nennenswertem Ausmaß erwartet wird.

4.1.1.1 Mechanische Haftung durch Verklammerung

Bei Oberflächen, welche Höhlungen (Kavitäten) aufweisen, dringt der Klebstoff bei der Applikation gegebenenfalls in diese Höhlungen ein; dies führt nach der Aushärtung zu einer mechanischen Verklammerung zwischen Klebstoff und Fügeteil, Bild 4.2. Diese mechanische Verankerung trägt beim Verkleben von PUR-Hartschäumen und Polyesterschäumen (Poren) wesentlich zur Haftung bei.

Bei der Applikation von 2K-Epoxidklebstoffen auf poröse Oberflächen ist auf ein gutes Eindringen des Klebstoffs in die Poren zu achten. Zu hohe Anpreßdrücke, die Klebstoffe vollständig in die Poren und aus den Klebfugen treiben können, sollten vermieden werden. Insbesondere bei Klebstoffen mit niedrigen Viskositäten kann der Klebstoff schon bei geringen Anpreßdrücken in die Poren fließen, und damit verbleibt zu wenig Klebstoff auf der Fügeteilfläche. Ein frühzeitiges Versagen des Verbundes ist dann meist die Folge.

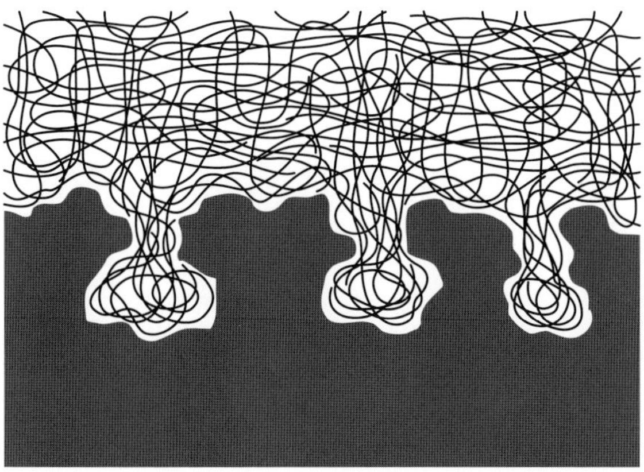

Bild 4.2 Schematische Darstellung der Verklammerung zwischen Klebstoff und Substrat bei einer Oberfläche mit Kavitäten

4.1.1.2 Gegenseitige Durchdringung von Polymermolekülen

Beim Kleben von Kunststoffen ist eine Haftung als Folge gegenseitiger Durchdringung von Polymermolekülen des Fügeteils und des Klebstoffs möglich (Interpenetration, Bild 4.3).

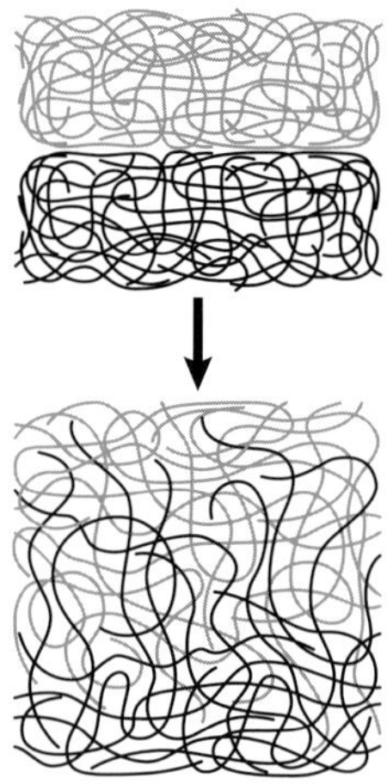

Bild 4.3 Schematische Darstellung der Haftung durch gegenseitiges Durchdringen von Polymermolekülen

Dieser Mechanismus wird begünstigt, wenn die Oberfläche des Fügeteils unter dem Einfluß des Klebstoffes bzw. eines Lösungsmittels, das im Klebstoff enthalten ist, quillt. Im Extremfall eignen sich reine Quellungsmittel als Klebstoff. Dabei werden die gequollenen Oberflächen während einer kurzen Zeit aufeinander gepreßt. Diese Klebtechnik wird auch als Lösungsmittelschweißen, Quellschweißen oder Kaltschweißen bezeichnet.

Für Celluloseester eignet sich Aceton, für Polyisobutylen Testbenzin, und für Polystyrol, Polymethylmethacrylat (PMMA, Plexiglas) und Polycarbonat Dichlormethan (Methylenchlorid). Für Polycarbonat läßt sich auch Tetrahydrofuran und für Polystyrol Methylethylketon, Essigsäureethylester oder Toluol einsetzen.

Insbesondere, wenn die Verklebung unter Druck erfolgt, entspricht die Festigkeit der Lösungsmittelverklebung der Eigenfestigkeit der Fügeteile, sofern keine systembedingten Schwierigkeiten auftreten. So läßt sich zwar Polyvinylchlorid (PVC) wegen der guten Quellbarkeit mit vielen Lösungsmitteln (z.B. Tetrahydrofuran) verkleben. Polyvinylchlorid weich (PVC-P) mit einem Weichmacheranteil von bis zu 40 % ist aber durch ein ausgeprägtes Schrumpf- und Quellvermögen gekennzeichnet, wodurch beim Fügen mit Lösungsmittelklebstoffen unerwünschte Formänderungen auftreten können.

Da Quellungsprozesse, wie sie beim Einsatz von lösungsmittelhaltigen Klebstoffen auftreten, auch das Gefüge der Kunststoffe beeinflussen, sind Fügeteile mit hohen Eigenspannungen vorher auf ihre Klebtauglichkeit hin zu überprüfen. So können beispielsweise bei Spritzgußteilen mit eingefrorenen Spannungen nach Kontakt mit Lösungsmitteln Spannungsrisse auftreten. Lösungsmittel bzw. lösungsmittelhaltige Klebstoffe können sich aber auch als ungeeignet für die Verbindung von Kunststoffen erweisen. Bei Polystyrolschaum oder expandierbarem Polystyrol ist darauf zu achten, daß die verwendeten Klebstoffsysteme keine Lösungsmittel (oder andere Zusatzstoffe) enthalten, welche die Schaumstruktur zerstören.

4.1.1.3 Bindungen von Klebstoffmolekülen an die Fügeteiloberfläche

Die folgenden Bindungsarten werden unterschieden:

- **Bindung durch van der Waals-Kräfte:** Obwohl van der Waals-Kräfte in jedem Klebstoffsystem auftreten und im allg. zu einer Anziehung zwischen Fügeteil und Klebstoff führen, ist diese Anziehung nach vorherrschender Ansicht in technischen Systemen meist unbedeutend. Ausnahmen ergeben sich dann, wenn sich sehr flache und saubere Oberflächen mit dem Klebstoff großflächig in engem Kontakt befinden.
- **Kovalente Bindungen:** Kovalente Bindungen und Koordinationsbindungen können durch chemische Reaktion zwischen Klebstoff und Fügeteil entstehen. Solche Bindungen gelten generell als die effizienteste der Bindungsarten zwischen Klebstoffmolekülen und Fügeteiloberflächen. Reaktive Klebstoffe, z.B. solche auf Basis von Epoxiden oder Isocyanaten, können vor ihrer Aushärtung grundsätzlich mit den Oberflächen von Polyamid, Polyurethan und Epoxidharzformteilen reagieren. Ungesättigte Polyolefine, wie Polychloropren, Nitrilkautschuk, Polybutadien, Polyisobutylen und Polyisopren können mit radikalisch aushärtenden Klebstoffen (z.B. auf Acrylatbasis) reagieren. Kunststoffe wie Polyethylen, Polypropylen, Polytetrafluorethylen, und Polyvinylidenfluorid sind in unbehandeltem Zustand nicht zu kovalenten Bindungen mit Klebstoffen befähigt. Kovalente Bindungen zu solchen Kunststoffen sind aber nach Oberflächenvorbehandlungen möglich (siehe Kap. 4.1.2).
- **Wasserstoffbrücken:** Wasserstoffbrücken sind zwischen Klebstoffen auf der Basis von Epoxiden, 2K-PUR, Polyvinylalkohol und partiell hydrolysiertem Polyvinylacetat und Fügeteilen auf der Basis von Polyamiden, Polyurethanen und Epoxidharzen zu erwarten. Weil die Bindungsenergie von Wasserstoffbrücken mäßig ist, müssen Klebstoff und Fügeteil für einen signifikanten Beitrag von Wasserstoffbrücken zur Haftung relativ viele Stellen aufweisen, die zur Bildung von Wasserstoffbrücken befähigt sind.
- **Ionische Bindungen:** Damit eine ionische Bindung zustande kommen kann, müssen sowohl die Klebstoffmoleküle als auch die Fügeteiloberfläche ionische Einheiten enthalten. Allerdings sind eigentlich alle gebräuchlichen Klebstoffe selbst elektrisch neutral. Ionische Polymere (Polyelektrolyte), die für eine Haftung durch ionische Bindungen mit geeigneten (d.h. ionischen) Klebstoffen prädestiniert wären, sind technisch von relativ geringer Bedeutung.

4.1.2 Vorbehandlung von Oberflächen

(s.a. Kap. 4.7.1 „Vorbehandlungsmethoden“)

Je nach System kann oder muß die Haftung zwischen Fügeteil und Klebstoff durch eine Vorbehandlung der Oberfläche verbessert werden [1-6]. Das ist insbesondere bei unreaktiven, nicht quellfähigen Kunststoffen wie PE, PP oder PTFE oder verschmutzten Oberflächen der Fall. Schon eine dünne, mit bloßem Auge nicht sichtbare, kompakte Schicht von Fetten oder anderen Verunreinigungen auf einer Fügeteiloberfläche kann eine Haftung des Klebstoffs verhindern. Deshalb müssen entsprechende Verschmutzungen vor dem Kleben entfernt werden, z.B. durch Reinigung mit Lösungsmitteln oder Behandlung mit Chemikalien. Chemikalien werden auch eingesetzt, um die Reaktionsfreudigkeit von Oberflächen zu erhöhen. Auch eine mechanische Aufrauhung von Oberflächen hat sich zur Verbesserung der Haftung oft als nützlich erwiesen, die entsprechenden Effekte werden unten diskutiert.

Fehler in der Oberflächenvorbehandlung lassen sich vor dem Verkleben mit bloßem Auge oft schwer erkennen. Generell ist zu beachten, daß vorbehandelte Oberflächen dazu neigen, schnell Wasser oder Kohlenwasserstoffe aus der Luft aufzunehmen. Dadurch bildet sich auf der Oberfläche eine Schicht aus Fremdstoffen. Deshalb sollten vorbehandelte Fügeteile möglichst schnell verklebt werden. Wenn mit dem Verkleben zu lange gewartet wird, kann auch der Effekt der Oberflächenvorbehandlung von Kunststoffen durch Umorientierung von Polymermolekülen wieder zunichte gemacht werden, Bild 4.4.

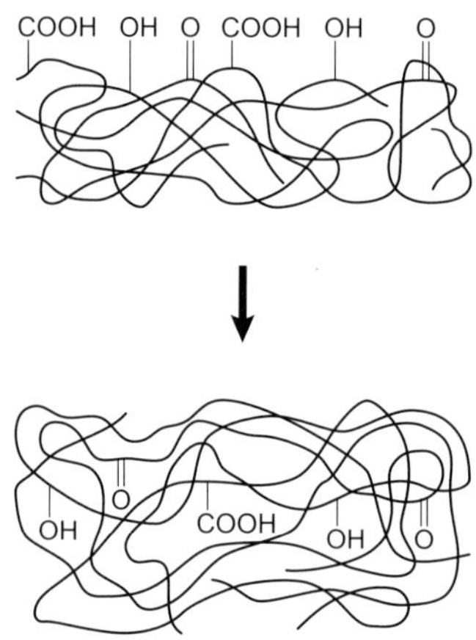

Bild 4.4 Änderung der chemischen Reaktivität einer vorbehandelten Polypropylen-Oberfläche durch Umorientierung von Polymermolekülen im Lauf der Zeit

4.1.2.1 Mechanische Vorbehandlung

Wie empirisch festgestellt, fördert eine Aufrauhung von Oberflächen in den meisten Fällen die Adhäsion zu Klebstoffen. Auf rauhen Oberflächen erhöht sich die Kontaktfläche und damit, sofern vorhanden, die Anzahl möglicher Bindungsstellen zwischen Klebstoffmolekülen und Fügeteiloberflächen. Allerdings entsprechen die Verbesserungen der Haftstärke selten der erzielten Oberflächenvergrößerung. Auch könnten Kavitäten erzeugt werden, die eine mechanische Verzahnung zwischen Klebstoff und Fügeteil bewirken. Durch eine Aufrauhung können aber auch chemische Bindungen an den Oberflächen der Fügeteile gebrochen werden, womit sich die chemische Reaktivität von Oberflächen erhöht. Die Haftung kann sich zudem verbessern, weil durch den Prozeß des Aufrauhens Verunreinigungen von der Oberfläche entfernt werden.

Eine mechanische Aufrauhung ist hauptsächlich bei anorganischen Werkstoffen von Bedeutung, während thermoplastische Kunststoffe schon beim Schleifen verschmieren. Zu den Aufrauhverfahren zählt auch Bürsten und Strahlen, wobei letzteres am wirkungsvollsten ist. Im Hinblick auf das Verkleben ist zu beachten, daß bei aufgerauhten Oberflächen eine Benetzung der Rauhtiefen durch den Klebstoff gewährleistet sein muß, andernfalls wird die Kontaktfläche stark verringert und die Haftungsstärke herabgesetzt, Bild 4.5.

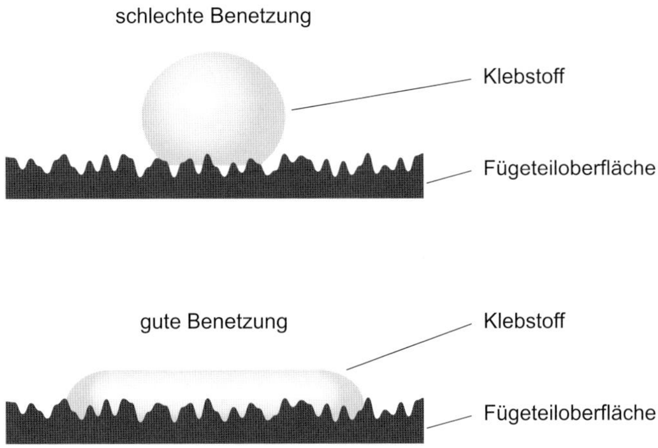

Bild 4.5 Unterschiede im Ausmaß der Kontaktfläche zwischen Klebstoff und Fügeteil infolge unterschiedlicher Benetzung des Klebstoffs auf rauhen Oberflächen

4.1.2.2 Reinigung

Technische Oberflächen sind oft verunreinigt. Vor allem anorganische Oberflächen wie Glas, Keramiken, Metalle und Metalloxide nehmen bereitwillig Wasser und Kohlenwasserstoffe aus der Luft auf.

Darüber hinaus können durch Unachtsamkeit beispielsweise Fette, Öle oder Handschweiß auf Oberflächen jeglicher Werkstoffart gelangen. Eine Verschmutzung von Kunststoffoberflächen durch Trennmittel wie Silikone, Paraffine oder Seifen, die bei der Verarbeitung eingesetzt werden, ist weit verbreitet. Um Staub, Fette, Öle usw. von der Oberfläche zu entfernen, sind eine Reihe von Reinigungsmitteln sowohl auf organischer als auch auf wäßriger Basis verfügbar. Organische Lösungsmittel sind nicht zum Reinigen jeglicher Oberflächen geeignet. Insbesondere bei Kunststoffen gilt es jeweils zu prüfen, ob das organische Lösungsmittel nicht zu einem Anquellen der zu verklebenden Oberfläche führt. Aus Gründen des Umweltschutzes und der Gesundheit werden aber zunehmend Reinigungsmittel auf wäßriger Basis eingesetzt. Hier ist aber zu beachten, daß nach ihrer Applikation Rückstände (Tenside oder Salze) zurückbleiben, welche die Haftung zwischen Fügeteil und Klebstoff beeinträchtigen können.

4.1.2.3 Chemische Vorbehandlung

Die chemische Zusammensetzung von Fügeteiloberflächen wird oft durch aggressive Chemikalien (Beizen) verändert, häufig mit dem Ziel, kovalente Bindungen zwischen Klebstoffen und Fügeteil zu ermöglichen. Solche Behandlungen erhöhen allerdings auch die Oberflächenspannung des Fügeteils bzw. die Wirksamkeit anderer Haftmechanismen. Die chemischen Gruppen an den Oberflächen von Polyethylen (PE), Polypropylen (PP) oder Tetrafluorethylen (PTFE) (Bild 4.6) sind besonders reaktionsträge. Behandlung von PE und PP mit starken Säuren, von PTFE mit Natriumnaphthalimid oder von Polyamiden und Polyestern mit starken Laugen erzeugt je nach Kunststoff und Behandlungsart chemische Gruppen wie Säuren, Amine oder Alkohole (siehe Bild 4.7), welche die Verklebbarkeit fördern.

Die Oberflächen von PP, POM und anderen schlecht klebbaren Kunststoffen werden auch durch angeregtes Gas, sog. Plasma, für Verklebungen aktiviert. In einem Plasma befinden sich typischerweise hochreaktive Teilchen (positive und negative Ionen, Elektronen und Radikale), welche Oberflächen angreifen. Bei Kunststoffen werden durch Plasmabehandlung an der Oberfläche chemisch reaktive Einheiten in die Oberfläche eingebaut, welche die Affinität zu Klebstoffen fördern, Bild 4.7.

Technisch werden Plasmen durch Zufuhr von Energie erzeugt, beispielsweise mit Lasern, Flammen oder elektrischen Feldern. Unter dem Stichwort Plasmabehandlung versteht man im technischen Sinn üblicherweise ein Plasma, das durch elektrische Felder bei reduziertem Druck entsteht. Eine neue Alternative, Oberflächen im späteren Kontaktbereich für eine verbesserte Haftung zu aktivieren, stellt die Plasmabehandlung in normaler Atmosphäre dar, mit dem Ziel einer verbesserten Feinreinigung und Adhäsion. In der Plasmaquelle wird dazu mittels Hochspannungsentladung ein Plasma erzeugt. Eine gezielte Luftströmung entlang der Entladungsstrecke separiert Teile des Plasmas und transportiert die aktivierten Teilchen (v.a. Ionen, Elektronen, Radikale und Photonen) mit hoher Geschwindigkeit durch eine Plasmadüse auf die Oberfläche des Werkstücks [7].

Die Behandlung von Oberflächen mit Plasma, Corona und Flammen besitzt den Vorteil, daß gasförmige Reaktionsprodukte entstehen, welche sich von selbst von der Oberfläche entfernen und nicht entsorgt werden müssen. Metalle werden bei der Plasmabehandlung hauptsächlich gereinigt, wobei z.B. Öle vorwiegend zu Wasser und Kohlendioxid oxidiert werden. Auch Silikon-Verunreinigungen lassen sich durch Zusatz fluorhaltiger Gase, wie Tetrafluormethan oder Schwefelhexafluorid, im Plasmaverfahren verflüchtigen. Anorganische Verunreinigungen lassen sich hingegen meistens schlecht oder nicht durch Plasmabehandlung entfernen. Dies gilt insbesondere für Kochsalz, welches im Handschweiß enthalten ist.

Eine Coronabehandlung oder Flammenbehandlung von Kunststoffen wird heute in der Folienindustrie vor der Verklebung von Polyolefinen standardmäßig durchgeführt. Die Polymeroberflächen werden bei diesen Prozessen oxidiert. Dadurch wird die Verklebbarkeit verbessert. Eine Corona- oder Flammenbehandlung kann in einen Serienprozeß integriert werden und kommt zum Teil mit einer recht einfachen Ausrüstung aus, während die Plasmabehandlung, speziell eine Niederdruckbehandlung in einer Kammer oft mit größeren finanziellen Aufwendungen verbunden ist. Eine Plasmakammer eignet sich allerdings besser zur Behandlung geometrisch komplizierter Bauteile als eine Corona- oder Flammenbehandlung.

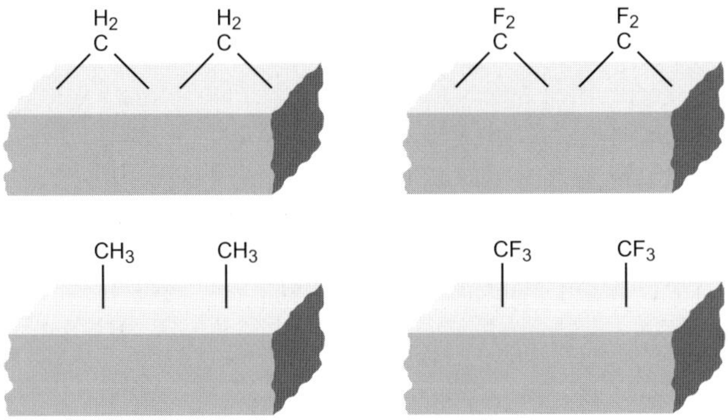

Bild 4.6 Chemische Gruppen auf Kunststoffoberflächen (beispielsweise PE, PTFE, PP und FEP), welche keine chemischen Wechselwirkungen mit gebräuchlichen Klebstoffen eingehen

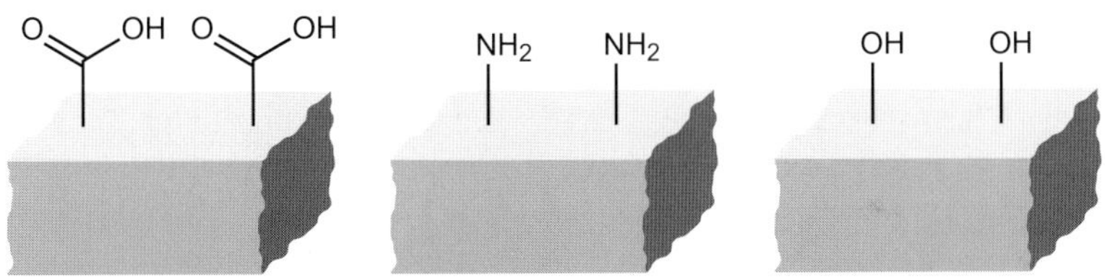

Bild 4.7 Atomgruppen auf Kunststoffoberflächen, welche durch chemische Oberflächenvorbehandlung erzeugt werden können und welche kovalente Bindungen oder Wasserstoffbrücken zwischen Fügeteil und vielen gebräuchlichen Klebstoffen begünstigen

(chemische Bezeichnung von links nach rechts: Carbonsäure-, Amino- und Alkoholgruppe)

4.1.3 Oberflächenanalytik

4.1.3.1 Oberflächenprofilometrie

Wie schon erwähnt, spielt die Oberflächenrauhigkeit bzw. das davon abgeleitete Oberflächenprofil eine wesentliche Rolle in der Klebtechnik. Die Quantifizierung der Oberflächenrauhigkeit bzw. die Aufzeichnung des Oberflächenprofils kann schnell und mit geringem Aufwand mit Hilfe eines Oberflächenprofilometers erhalten werden [8].

Bei der Oberflächenprofilometrie wird die Oberfläche mit einer Diamantnadel, die sich mit konstanter horizontaler Geschwindigkeit bewegt, abgetastet. Dabei wird die vertikale Auslenkung aufgezeichnet, wodurch sich das Oberflächenprofil ergibt. Moderne Geräte bieten eine vertikale Auflösung im Bereich von 0,8 nm und eine horizontale von 100 nm (Spezifikation). Atomare Auflösungen im horizontalen Bereich erreicht man mittels AFM (Atomic Force Microscopy). Trotz ihrer Präzision benötigen beide Geräte keine Reinraumatmosphäre. Die klassischen Oberflächenprofilometer sind einfacher in der Bedienung, und sie verfügen über den Vorteil, daß auch sehr weite horizontale und vertikale Meßstrecken aufgezeichnet werden können. Da ihre horizontale Auflösung für praktische Anwendungen meistens genügt, wird die Methode der Oberflächenprofilometrie in der Praxis häufiger angewandt als AFM. Es ist zu beachten, daß bei beiden Methoden Abweichungen des gemessenen vom wahren Profil entstehen können. So werden Höhlungen nicht erfaßt, und bei scharfen Kanten können Neigungen vorgetäuscht werden (sog. Nadelartefakt, siehe Bild 4.8).

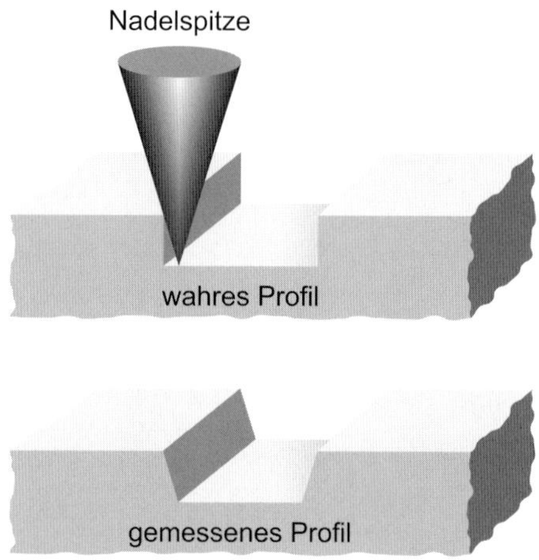

Bild 4.8 Artefakt bei der Messung von Oberflächenprofilen aufgrund der Kegelform der Nadelspitze

4.1.3.2 Kontaktwinkelmessungen

(s.a. Kap. 4.2 Benetzung und Haftung (Oberflächenspannung))

Der aufgespannte Winkel zwischen der Tangente am Berührungspunkt des Randes eines Flüssigkeitstropfens auf einer Oberfläche und der Oberfläche wird als Kontaktwinkel (früher auch als Rand- oder Benetzungswinkel) bezeichnet, [5, 6, 8, 9, 10-14]. Manchmal wird die Ansicht vertreten, die Haftung eines Klebstoffes sei stets um so größer, je kleiner der Kontaktwinkel des noch flüssigen Klebstoffes sei. Dies ist nicht richtig. Ein Kontaktwinkel sagt etwas über die Benetzung einer Testflüssigkeit auf einer Oberfläche, aber direkt nichts über die Höhe der Adhäsionsarbeit eines ausgehärteten Klebstoffs aus. Als empirische Aussage ist der Kontaktwinkel bei einer gegebenen Flüssigkeit um so größer, je schlechter die Flüssigkeit die betreffende Oberfläche benetzt.

Die Bestimmung von Kontaktwinkeln ist nützlich, wenn sich die Benetzungseigenschaften bei der Verschmutzung von Oberflächen oder bei Oberflächenvorbehandlungen verändern.

Trennmittelrückstände wie Silikone aus Spritzgießverfahren erhöhen die Kontaktwinkel signifikant. Deshalb eignen sich Kontaktwinkelmessungen als preiswerte und effiziente Methode für Qualitätskontrollen, insbesondere auch deshalb, weil Kontaktwinkelmessungen sehr oberflächenspezifisch sind und nur durch Atome beeinflußt werden, die in einer Tiefe von höchstens 0,5 nm liegen.

Man unterscheidet zwischen fortschreitendem und rückziehendem Kontaktwinkel. Der fortschreitende Kontaktwinkel entsteht, wenn sich ein Flüssigkeitstropfen auf einer Oberfläche ausbreitet, der rückziehende Kontaktwinkel, wenn sich ein Flüssigkeitstropfen von der Oberfläche zurückzieht. Beide Kontaktwinkel sollten für ideale Oberflächen den selben Wert annehmen. In der Praxis hingegen unterscheiden sich die beiden Kontaktwinkel in der Regel stark. Dieser Effekt wird mit Kontaktwinkelhysterese bezeichnet, zu der die Oberflächenrauhigkeit wesentlich beiträgt. In der Regel wird der fortschreitende Kontaktwinkel gemessen, weil dieser viel besser reproduzierbar ist als der rückziehende.

Bei der Untersuchung von Kunststoffoberflächen ist darauf zu achten, daß sich die betreffenden Kunststoffe in der Testflüssigkeit nicht lösen oder quellen. In solchen Fällen sind die Testflüssigkeiten zu wechseln. Weitere Ausführungen folgen in Kap. 4.2.

4.1.3.3 Röntgenphotoelektronenspektroskopie (XPS)

XPS-Messungen sind geeignet, um Informationen über die chemische Zusammensetzung der Oberfläche unbekannter Proben zu erhalten, um Verunreinigungen auf Oberflächen (z.B. Silikonkontaminationen auf Kunststoffoberflächen) nachzuweisen oder um das Ergebnis von chemischen Oberflächenvorbehandlungen von Kunststoffen (z.B. Polyethylen, Polypropylen oder PTFE) zur Verbesserung der Verklebbarkeit zu verfolgen.

Die Röntgenphotoelektronenspektroskopie (XPS, X-ray Photoelectron Spectroscopy) [5, 6, 15], in der älteren Literatur auch ESCA (Electron Spectroscopy for Chemical Analysis) genannt, beruht auf dem photoelektrischen Gesetz (Photoeffekt), für dessen Entdeckung Albert Einstein 1921 der Nobelpreis zugesprochen wurde. Für XPS-Messungen wird eine Probe Röntgenstrahlung ausgesetzt, welche Elektronen (Photoelektronen) aus Atomen der Probe herausschlagen. In nennenswertem Ausmaß treten nur Photoelektronen aus oberflächennahen Schichten (je nach Material typischerweise 1-10 nm) aus, weil Photoelektronen aus tiefer liegenden Schichten von der Probe selbst absorbiert werden. Die kinetische Energie dieser Photoelektronen wird gemessen, und mit Hilfe der bekannten Energie der einfallenden Röntgenstrahlung wird die Energie, mit der diese Elektronen an den Atomkern gebunden waren (Bindungsenergie), berechnet. Die Resultate werden in Diagrammen (Spektren) festgehalten, bei denen die Abszisse die Bindungsenergie und die Ordinate die Anzahl der Photoelektronen, die bei den betreffenden Bindungsenergien gemessen worden sind, repräsentiert. Außer bei Wasserstoff (und dem für die Praxis unbedeutenden Helium) können Bindungsenergien von allen Elementen ermittelt werden. Diese werden in Elektronenvolt in eV angegeben, wobei unter optimalen Bedingungen mit einer Meßgenauigkeit von $\pm$ 0,1 eV gerechnet werden darf. Die Bindungsenergien hängen zunächst einmal stark von den chemischen Elementen in der Oberflächenzone der Probe ab, d.h. es läßt sich mit Hilfe von XPS-Messungen feststellen, welche chemischen Elemente (außer Wasserstoff und Helium) an einer Oberfläche vertreten sind. Werden die Bindungsenergien eines bestimmten chemischen Elementes genauer betrachtet, ist ersichtlich, daß die exakte Lage der Bindungsenergien durch die chemische Zusammensetzung der Probe beeinflußt wird. Dies erlaubt eine Unterscheidung von einzelnen Atomgruppen, die allerdings durch die relativ breiten Linien in den Spektren limitiert ist. So sind die Bindungsenergien der verschiedenartigen Kohlenstoffatome des Polystyrols (PS) nicht aufgelöst. Demgegenüber zeigen XPS-Messungen an Polyvinylidenfluorid (PVDF) eine Trennung der Bindungsenergien der Photoelektronen der Kohlenstoffatome bei 286,3 eV (CH_2-Gruppen) und 290,8 eV (CF_2-Gruppen). Schließlich erlaubt die Anzahl der gemessenen Photoelektronen (integrierte Signalintensitäten) grundsätzlich eine prozentuale Bestimmung der Zusammensetzung der erfaßten Oberflächenzone in Bezug auf die chemischen Elemente oder sogar auf Atomgruppen. Die Signale der CH_2- und der CF_2-Gruppen in PVDF weisen also die gleichen integrierten Signalintensitäten auf.

4.1.3.4 Sekundärionenmassenspektroskopie (SIMS)

Wenn sich die chemische Zusammensetzung der Verunreinigungen genügend von derjenigen der Oberfläche unterscheidet, z.B. im Fall von Silikonölen auf Oberflächen von Polyolefinen, ist die Sekundärionenmassenspektroskopie (SIMS) [5, 6, 16, 17] eine geeignete Methode, um schon Spuren von Verunreinigungen nachzuweisen. Dies hilft beispielsweise bei der Optimierung von Reinigungsprozessen zur Verbesserung der Verklebbarkeit.

Bei SIMS wird die zu untersuchende Oberfläche mit Ionen beschossen (typischerweise Ne^+, Ar^+, Xe^+, Ga^+, In^+ oder Cs^+), worauf Atome oder Atomverbände aus der obersten Oberflächenschicht herausgeschlagen werden. Von diesen Bruchstücken sind die meisten neutral, ein Teil ist hingegen geladen. Die Massen der positiv oder negativ geladenen Teilchen können wahlweise mit Quadrupolmassenanalysatoren oder Flugzeitmassenanalysatoren (TOF-SIMS, Time-of-Flight Secondary Ion Mass Spectroscopy) gemessen werden. Dies erlaubt Rückschlüsse auf die chemische Struktur der zugrunde liegenden Verbindungen. Bei Polyethylen erscheinen beispielsweise bei Messung der Massen der positiven Ionen neben vielen anderen Massen diejenigen von C_nH_{2n-1}- und C_nH_{2n+1}-Molekülbruchstücken bei 27, 29, 41, 43, 55 und 57 amu (Atomar Mass Units) bzw. die Massen von C, CH, CH_2, C_2 und C_2H bei der Erfassung der negativen Ionen. Meistens erhält man aus den Messungen der positiven Ionenmassen mehr Informationen als beim Messen der negativen Ionenmassen. Im Zusammenhang mit Problemen der Klebstofftechnik sind Sekundärionenmassenspektren aber oft schwierig zu interpretieren.

4.1.3.5 ATR-IR (Attenuated Total Reflection-Infrared) Spektroskopie

Mittels ATR-Messungen können detaillierte Aussagen über die chemische Zusammensetzung der Oberflächenregion von Kunststoffen erhalten werden. Damit kann z.B. überprüft werden, ob eine chemische Oberflächenvorbehandlung erfolgreich verlief.

Die Infrarotspektroskopie (IR-Spektroskopie) gehört seit Jahrzehnten zu den Standardmethoden der chemischen Analytik. Die Proben werden dabei einer IR-Strahlung ausgesetzt, wodurch verschiedene Atomgruppen IR-Energie absorbieren und dadurch in Schwingungen versetzt werden. Die absorbierten Energien hängen von den Atomgruppen in der Probe ab. Aus diesen Energien bzw. den Frequenzen der zugehörigen Schwingungen kann man mit etwas Erfahrung und mit Hilfe von Tabellen Aussagen über die chemische Zusammensetzung der Probe erhalten. Bei der ATR-Methode [5], die auf einfache Weise routinemäßig durchgeführt werden kann, werden IR-Spektren von der Oberflächenzone ermittelt, indem IR-Licht in einen Kristall mit hohem Brechungsindex (z.B. Silizium) eingekoppelt wird, wobei die Probe eng auf dem Kristall aufliegt.

Das IR-Licht wird an der Grenzflächenregion zwischen Kristall und Probe reflektiert; dadurch wird die aufliegende Probe nur in einer beschränkten Oberflächenschicht vom IR-Strahl durchdrungen. Es ist zu beachten, daß die Eindringtiefe von der Wellenlänge des IR-Lichtes und den Brechungsindices des Kristalles und der Probe abhängt. Typische Eindringtiefen des IR-Strahls liegen im Bereich von 1 µm. Voraussetzung für erfolgreiche Messungen ist, daß die Probe nicht zu rauh ist und ihre Oberfläche eng auf dem Kristall aufliegt.

4.1.3.6 Photoakustische Spektroskopie (PAS)

Wie bei der ATR-Methode können auch mittels PAS-Messungen detaillierte Erkenntnisse über die chemische Zusammensetzung der Oberflächenregion von Werkstoffen (z.B. Kunststoffen, Glas oder Verbundwerkstoffen) und damit beispielsweise ihre Eignung für eine Verklebung gewonnen werden.

Bei der photoakustischen Spektroskopie (PAS) [5] handelt es sich um eine Methode, bei der auf indirektem Weg IR-Spektren erhalten werden. Die entsprechende Ausrüstung ist kommerziell als Zubehör zu IR-Geräten erhältlich. Für die Messung wird eine Probe in eine gasgefüllte Zelle gebracht und modulierter elektromagnetischer Strahlung ausgesetzt, die teilweise von der Probe absorbiert wird. Die absorbierte Energie wird in Wärme umgewandelt, wodurch die Gasschicht, die mit der Oberfläche der Probe in Kontakt steht, aufgewärmt wird. Auf diese Weise werden Schallwellen erzeugt, die mit einem Mikrophon aufgefangen werden. Die Frequenz der Schallwellen hängt von den Vibrationen der Atomgruppen in den oberen Probenbereichen ab. Die Tiefe, von der noch Meßwerte erfaßt werden, hängt von vielen Faktoren ab und beträgt typischerweise 1-10 µm.

4.1.3.7 Rasterelektronenmikroskopie (REM)

Mittels rasterelektronischen Aufnahmen können Oberflächenstrukturen und Kontaminationen (z.B. Rückstände von Strahlgut) sichtbar gemacht werden. Wird eine Probe senkrecht zur Oberfläche geschnitten, können im entsprechenden Profil auch Kavitäten (siehe Kap. 4.1.1) nachgewiesen werden. Daneben liefert die energiedispersive Röntgenspektroskopie Informationen über die chemische Zusammensetzung von Oberflächen und Kontaminationen.

Bei der Rasterelektronenmikroskopie (REM, englisch: Scanning Electron Microscopy (SEM)) [5, 6, 11-14] wird die zu untersuchende Probenoberfläche mit einem Elektronenstrahl hoher Energiedichte abgetastet. Dabei werden Elektronen aus Atomen in der Probe herausgeschlagen (Sekundärelektronen) und ein Teil der einfallenden Elektronen wird zurückgestreut. Die Anzahl der Sekundärelektronen oder der rückgestreuten Elektronen kann gemessen werden. Sie hängt von der Atommasse der bestrahlten Atome und der Oberflächentopographie ab. Weil die herausgeschlagenen und gestreuten Elektronen aus tiefer liegenden Schichten der Probe von der Probe selbst wieder absorbiert werden, werden nur Elektronen erfaßt, die aus der Oberflächenregion herausgeschlagen oder reflektiert werden.

Für jeden Oberflächenpunkt wird nun die gemessene Anzahl Elektronen verschiedenen Graustufen zugeordnet, wodurch ein Bild entsteht. Auf diese Weise können z.B. Rückstände von Schwermetallen oder Schwermetalloxiden auf Kunststoffoberflächen nachgewiesen werden.

Mit modernen Geräten können Auflösungen zwischen zwei Bildpunkten bis zu 1 nm erreicht werden. Die rückgestreuten Elektronen enthalten eine höhere Energie als die Sekundärelektronen und können daher getrennt von diesen gemessen werden.

Normalerweise konzentriert man sich auf die Sekundärelektronen, welche zu einer besseren Auflösung des REM-Bildes führen. Für das Sichtbarmachen von schweren Atomen (z.B. Schwermetalle) auf organischen Oberflächen eignet sich aber auch die Messung der rückgestreuten Elektronen, weil deren Intensität besonders stark mit zunehmender Atommasse steigt. Somit heben sich Objekte, die aus schweren Atomen zusammengesetzt sind, hervorragend von den Oberflächen der gebräuchlichen Kunststoffe ab, die ja aus leichteren Atomen zusammengesetzt sind.

Unter dem Einfluß des Elektronenstrahls entsteht auch Röntgenstrahlung aus dem Bereich der Probenoberfläche. Die Energien dieser Röntgenstrahlung können mit Hilfe von Zusatzgeräten erfaßt werden. Diese Methode wird als energiedispersive Röntgenspektroskopie (EDS oder EDRS, englisch EDX oder EDAX) bezeichnet. Die gemessenen Energien sind für jedes chemische Element unterschiedlich, wodurch die verschiedenen chemischen Elemente erfaßt werden können, die in der Oberflächenzone vertreten sind.

4.2 Benetzung und Haftung (Oberflächenspannungen)

4.2.1 Einleitung

Die Benetzung, deren Potential (Spreitungsdruck) und die adhäsive Haftung hängen im starken Maße von den Oberflächenspannungen der Verbundpartner ab [9, 18]. Voraussetzung ist, daß keine Mischung und kein Anlösen der Komponenten stattfindet.

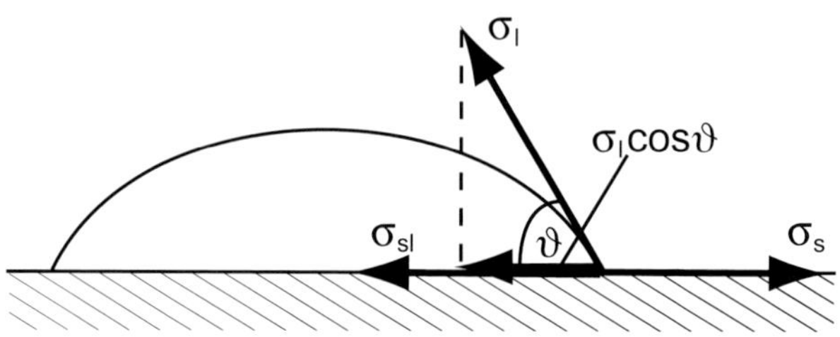

Bild 4.9 Kräftegleichgewicht am liegenden Tropfen

Die Oberflächenspannung von Flüssigkeiten und hochviskosen Medien (z.B. Harzen, Klebstoffen, Schmelzen) kann direkt mit verschiedenen Verfahren gemessen werden. Oberflächenspannungen von Festkörpern lassen sich bisher nur indirekt messen. Dabei wird bei fast allen bekannten Methoden der Winkel (Vorrück- und Rückzugswinkel) einer mit der Festkörperoberfläche in Kontakt gebrachten Testflüssigkeit, deren Oberflächenspannung bekannt ist, bestimmt.

Der Winkel, welchen die an die Tropfenoberfläche geneigte Tangente mit der Festkörperoberfläche bildet, wird als **Benetzungswinkel (ϑ), Kontaktwinkel** oder **Randwinkel** bezeichnet. Der Randwinkel ist ein Maß, der die Benetzung des Festkörpers durch eine Flüssigkeit charakterisiert.

Zustandsgleichung	Anmerkungen
Neumann $\sigma_{sl} = \sigma_l + \sigma_s - 2\sqrt{\sigma_s \sigma_l}\, e^{-\beta(\sigma_s - \sigma_l)^2}$	- nur eine Prüfflüssigkeit erforderlich
Wu $\sigma_{sl} = \sigma_s + \sigma_l - 4\left(\frac{\sigma_l^d \sigma_s^d}{\sigma_l^d + \sigma_s^d} + \frac{\sigma_l^p \sigma_s^p}{\sigma_l^p + \sigma_s^p}\right)$	- mindestens zwei Prüfflüssigkeiten erforderlich - Bestimmung der polaren und dispersiven Anteile
Owens und Wendt $\sigma_{sl} = \sigma_s + \sigma_l - 2\left(\sqrt{\sigma_l^d \sigma_s^d} + \sqrt{\sigma_l^p \sigma_s^p}\right)$	- mindestens zwei Prüfflüssigkeiten erforderlich - Bestimmung der polaren und dispersiven Anteile

Tabelle 4.2 Zustandsgleichungen zur Bestimmung der Grenzflächenspannung nach Neumann, Wu und Owens/Wendt

σ_s = *Oberflächenspannung des Festkörpers* [mN/m],
σ_l = *Oberflächenspannung der Flüssigkeit* [mN/m],
σ_{sl} = *Grenzflächenspannung* [mN/m],
β = *Konstante: 0,0001247* $[(m/mN)^2]$,
σ^d = *dispersiver Oberflächenspannungsanteil* [mN/m],
σ^p = *polarer Oberflächenspannungsanteil* [mN/m]

Wenn zwei Materialien in Kontakt kommen, verschwindet an beiden Materialien freie Fläche. Es bildet sich eine Grenzfläche. Die **Grenzflächenspannung (σ_{sl})**, die die Kontaktfläche zwischen zwei unterschiedlichen Materialien kennzeichnet, wird durch die Gleichung von **Young** beschrieben [19, 20]:

$$\sigma_{sl} = \sigma_s - \sigma_l \cdot \cos \vartheta \tag{4.1}$$

mit σ_s	*= Festkörperoberflächenspannung*	*[mN/m]*
σ_l	*= Flüssigkeitsoberflächenspannung*	*[mN/m]*
σ_{sl}	*= Grenzflächenspannung*	*[mN/m]*
ϑ	*= Randwinkel*	*[Grad]*

Um mittels der Young'schen Gleichung die Oberflächenspannung des Festkörpers zu ermitteln, ist die Kenntnis der Grenzflächenspannung erforderlich. Da letztere experimentell nicht zugänglich ist, wurden von verschiedenen Autoren empirische Zusammenhänge zwischen der Grenzflächenspannung und den Oberflächenspannungen von Festkörpern und Flüssigkeiten aufgestellt, Tabelle 4.2.

Gute Haftung zwischen den Komponenten wird, wie zuvor erwähnt, vor allem durch die Benetzung und Adhäsionsarbeit verursacht. Die Benetzung und Adhäsion ist außer von den Oberflächenspannungen der Komponenten von der Oberflächenrauheit und in zeitlichem Verlauf von der Viskosität und der Sauberkeit der Oberfläche abhängig.

4.2.2 Benetzung

Als **Benetzung** bezeichnet man die Ausbildung einer Grenzfläche zwischen einer Flüssigkeit und einem Festkörper/Substrat. Um als Maß für das Benetzungsverhalten einen Randwinkel messen zu können, muß die Oberflächenspannung der aufgebrachten Flüssigkeit gleich oder größer als die Oberflächenspannung des Festkörpers sein ($\sigma_l \geq \sigma_s$).

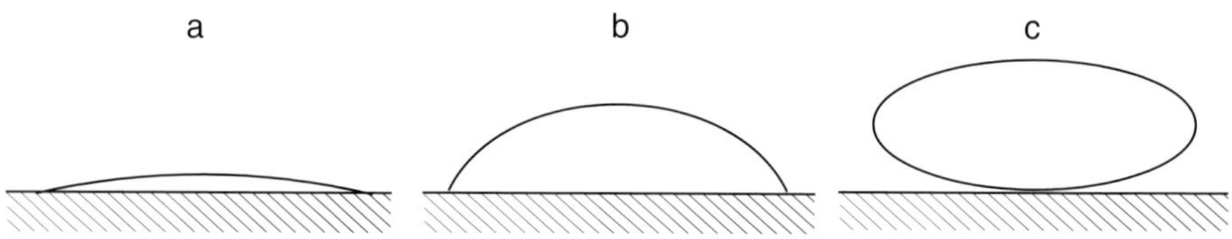

Bild 4.10 Schematische Darstellung typischer Benetzungsvarianten

a = völlige Benetzung ($\sigma_l \leq \sigma_s$*;* $\vartheta = 0°$*)*
b = definierte Benetzung ($\sigma_l > \sigma_s$*;* $0° < \vartheta < 90°$*)*
c = völlige Nichtbenetzbarkeit ($\sigma_l >> \sigma_s$*;* $\vartheta \geq 180°$*)*

Ist der Randwinkel kleiner als 90°, wird der Festkörper von der Flüssigkeit benetzt; je kleiner der Randwinkel ist, um so besser ist die Benetzung. Falls die Oberflächenspannung der Flüssigkeit gleich der des Festkörpers ist, findet eine "vollständige Benetzung" statt und der Randwinkel ist gleich 0°. Die Grenzflächenspannung wird dann entsprechend der Young`schen Gleichung dann gleich 0. Ist die Oberflächenspannung der Flüssigkeit kleiner als die des Festkörpers, findet ebenfalls eine vollständige Benetzung statt, die Grenzflächenspannung wird dagegen ≠ 0. Bei $\vartheta = 180°$ läge völlige Nichtbenetzbarkeit vor, in der Praxis gibt es diesen Fall jedoch nicht.

Die Benetzung eines Substrates durch eine Flüssigkeit kann durch Beeinflussung der Oberflächenspannungen von Substrat und Flüssigkeit gefördert werden (kleineren Randwinkel), etwa durch Erhöhen der Oberflächenspannung des Substrates (z.B. durch Behandlung der Oberfläche mittels Plasma) oder durch Erniedrigung der Oberflächenspannung der Flüssigkeit (z.B. Zugabe von Tensiden). Die Verschmutzungen wie z.B. Fett wirken sich negativ auf das Benetzungsverhalten aus. Die Neigung zur Benetzung des Festkörpers kennzeichnet der **Spreitungsdruck p_{Sp}**:

$$p_{Sp} = \sigma_s - \sigma_l - \sigma sl \qquad (4.2)$$

Eine vollständige Spreitung kann eintreten, wenn der Spreitungsdruck > 0 ($\vartheta = 0°$) ist. Je größer der Spreitungsdruck ist, desto besser benetzt die Flüssigkeit die Festkörperoberfläche [20]. Die Grenzflächenspannung kann auch in diesem Fall mittels der Ansätze von Young, Neumann, Wu und Owens/Wendt ermittelt werden.

4.2.3 Haftung (Adhäsion)

Durch den Kontakt der Komponenten miteinander stellt sich eine Haftung ein. Diese Haftung wird thermodynamisch über die **Adhäsionsarbeit (W_{ad})** gekennzeichnet, die aufgewendet werden muß, um die beiden Fügepartner voneinander zu trennen. Je höher die Adhäsionsarbeit ist, um so größer sollte die Haftung sein. Sie wird durch die **Dupré**-Gleichung beschrieben:

$$W_{ad} = \sigma_s + \sigma_l - \sigma_{sl} \qquad (4.3)$$

In Tabelle 4.3 sind Gleichungen zur Adhäsionsarbeitsauswertung zusammengestellt.

Grenzflächenspannung nach	**Adhäsionsarbeit [mN/m]**
Young	$W_{ad} = \sigma_l(1 + \cos\vartheta)$
Neumann	$W_{ad} = 2\sqrt{\sigma_s\sigma_l} \cdot e^{-\beta(\sigma_s - \sigma_l)^2}$
Wu	$W_{ad} = 4\left(\frac{\sigma_l^d\sigma_s^d}{\sigma_l^d + \sigma_s^d} + \frac{\sigma_l^p\sigma_s^p}{\sigma_l^p + \sigma_s^p}\right)$
Owens/Wendt	$W_{ad} = 2\left(\sqrt{\sigma_l^d\sigma_s^d} + \sqrt{\sigma_l^p\sigma_s^p}\right)$

Tabelle 4.3 Adhäsionsarbeit nach Dupré berechnet mittels der Grenzflächenspannungen nach Young, Neumann, Wu und Owens/Wendt aus Tabelle 4.2

Die Adhäsionsarbeit ist von der Oberflächenspannung beider Komponenten, Substrat und benetzende Komponente, und der Grenzflächenspannung abhängig. Bild 4.11 zeigt die Änderung der Adhäsionsarbeit, der Grenzflächenspannung und des Spreitungsdrucks mit der Änderung der Oberflächenspannung einer Komponente. Die Adhäsionsarbeit wurde nach der Dupré-Gleichung berechnet, die Grenzflächenspannung nach der Gleichung von Neumann.

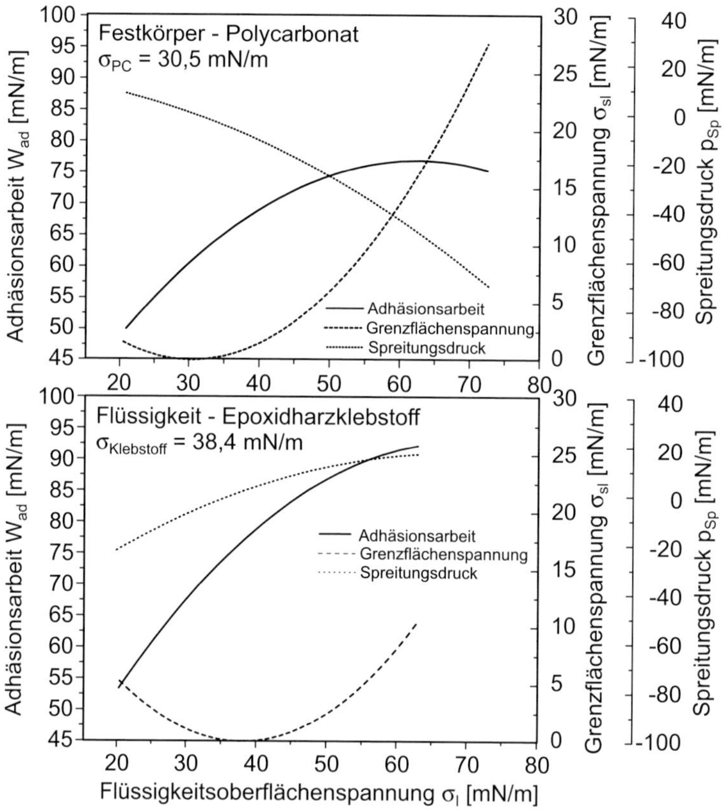

Bild 4.11 Adhäsionsarbeit, Grenzflächenspannung und Spreitungsdruck in Abhängigkeit von der Oberflächenspannung

oben: *PC mit Flüssigkeiten unterschiedlicher Oberflächenspannung*
unten: *EP-Harzklebstoff auf Substraten mit unterschiedlicher Oberflächenspannung*

Die Adhäsionsarbeit wird durch die Erhöhung der Oberflächenspannung beider Komponenten erhöht. Da die Oberflächenspannung der benetzenden Flüssigkeit praktisch nicht erhöht werden kann, diese aber häufig höher als die des Substrates ist, muß die Oberflächenspannung des Substrates erhöht werden z.B. durch Oberflächenbehandlung. Mit der Plasmabehandlung z.B. wird die Oberfläche des Festkörpers aktiviert und auch eine Verbesserung der Feinreinigung und somit der Adhäsion erreicht.

Zur Erhöhung der Bindungskräfte zwischen dem Substrat und Flüssigkeit sind zusätzliche Dipol-Molekülgruppen (polare Gruppen) erforderlich. Es ist deswegen sinnvoll, außer den Oberflächenspannungen aller Komponenten auch ihre Polarität zu berücksichtigen. Zu den unpolaren Kräften gehören die Dispersionskräfte, zu den polaren Kräften die zwischen Molekülgruppen bestehenden Dipol-Dipol-Kräfte sowie die Wasserstoffbrückenbindungen.

4.2.4 Bestimmung der Oberflächenspannung

4.2.4.1 Flüssigkeiten

Die Oberflächenspannung von Flüssigkeiten wird direkt gemessen. Zur Messung der Oberflächenspannung eignen sich z.B. die sog. Stempel- und die Lamelle-Methode.

Stempel-Methode (Methode des liegenden Tropfens)

Mit dem Metallstempel kann die Oberflächenspannung von Flüssigkeiten und hochviskosen Medien bei unterschiedlichen Temperaturen bestimmt werden. Während der Messung bei höheren Temperaturen in einer erhitzten Meßzelle mit inertem Gas (z.B. Argon) sollte zur Vermeidung von Reaktionen zwischen dem Stempelmaterial und dem Prüfmedium ein goldbeschichteter Stempel verwendet werden. Das Prüfmedium wird auf den Stempel aufgebracht, wo es einen Tropfen bildet, Bild 4.12.

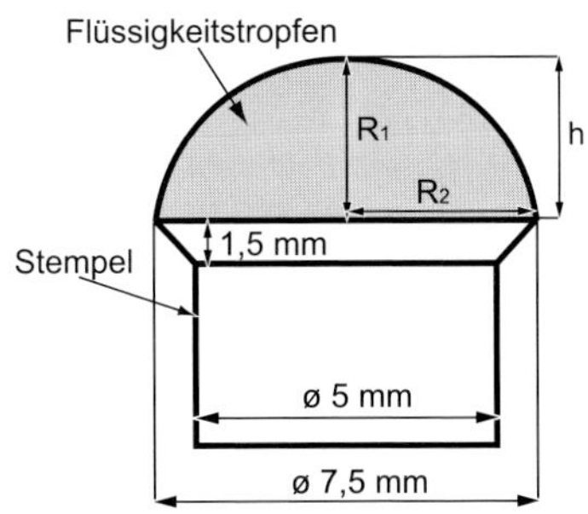

Bild 4.12 Stempel-Methode zur Bestimmung der Oberflächenspannung von Flüssigkeiten und hochviskoser Medien

Der Tropfen wird von einer Seite mit einer Lichtquelle beleuchtet und von der anderen Seite die Kontur des Tropfens beobachtet. Aus der Tropfenkontur und der Dichte der Flüssigkeit wird mit Hilfe einer Software [21] nach der Young-Laplace Gleichung (4.4) die Oberflächenspannung des Prüfmediums bzw. Grenzflächenspannung zwischen dem Prüfmedium und Umgebungsmedium (z.B. Luft) berechnet [22, 23].

$$\sigma_1\left(\frac{1}{R_1}+\frac{1}{R_2}\right)=(\rho_1-\rho_2)g\cdot h \tag{4.4}$$

mit σ_l = *Oberflächenspannung der Flüssigkeit* *[mN/m]*
R_1, R_2 = *Hauptkrümmungsradien* *[m]*
ρ_1 = *Dichte des Messmediums* *[g/cm³]*
ρ_2 = *Dichte der Umgebung* *[g/cm³]*
g = *Erdbeschleunigung* *[m/s²]*
h = *vertikale Höhe des Tropfens* *[m]*

Der Stempel muß scharfkantig sein, seine Abmessungen haben keinen Einfluß auf die Oberflächenspannungsergebnisse.

Lamellen-Methode

Mit der Lamellen-Methode lassen sich hochviskose Medien bei RT und höheren Temperaturen messen. Die Methode basiert auf dem Kräftegleichgewicht zwischen Oberflächenspannung und Schwerkraft.

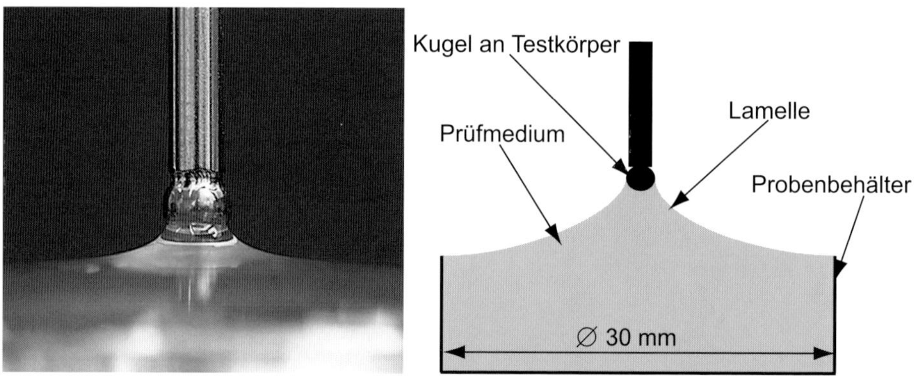

Bild 4.13 Lamelle-Methode zur Bestimmung der Oberflächenspannung von hochviskosen Medien

Ein Behälter wird mit dem Medium leicht überfüllt. Das hochviskose Medium soll die gesamte Oberfläche des Behälters bedecken und so eben wie möglich sein. Ein am Ende kugelförmiger Testkörper wird der Mediumsoberfläche angenähert, bis die Flüssigkeit die Kugel anspringt und sich eine Flüssigkeitslamelle bildet. Der Effekt kann durch geringfügiges Aufheben des Testkörpers verstärkt werden, ohne die Meßwerte zu verfälschen, Bild 4.13.

Die Kontur der Lamelle wird wie die Kontur des Tropfens erfaßt. Die Oberflächenspannung wird mit Hilfe einer Software nach der Young-Laplace Gleichung (4.4) aus der Kontur der Lamelle, der Schwerkraft und der Dichte der Flüssigkeit berechnet.

4.2.4.2 Festkörper

Die nicht direkt meßbare Oberflächenspannung von Festkörpern wird meistens mit der Methode des liegenden Tropfens ermittelt. Dabei wird ein Tropfen einer Flüssigkeit mit bekannter Oberflächenspannung auf einen zu charakterisierenden Festkörper mit Hilfe einer Kanüle aufgebracht und der Randwinkel gemessen. Bei der statischen Randwinkelmessung wird nach Tropfenaufbringung der Winkel zwischen Festkörper und Flüssigkeit bestimmt, Bild 4.14 links. Sedimentationseffekte, Verdunstungen, Anlösen des Festkörpers und eine chemisch - physikalische Veränderung der Festkörperoberfläche können zu einer Zeitabhängigkeit führen [24]. Bei der dynamischen Messung verbleibt die Kanüle im Tropfen, Bild 4.14 rechts. Die Flüssigkeit wird dabei stetig dosiert oder abgesaugt, Bild 4.15.

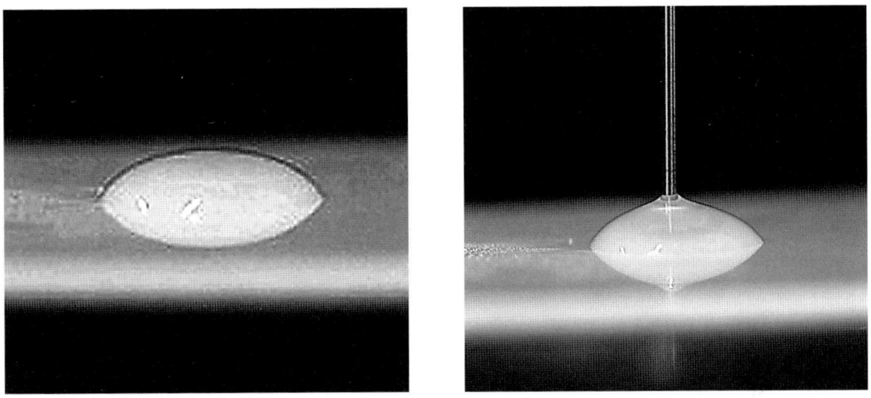

Bild 4.14 Methode des liegenden Tropfens (Sessile Drop) zur Bestimmung des Randwinkels

links: statische Randwinkelmessung
rechts: dynamische Randwinkelmessung

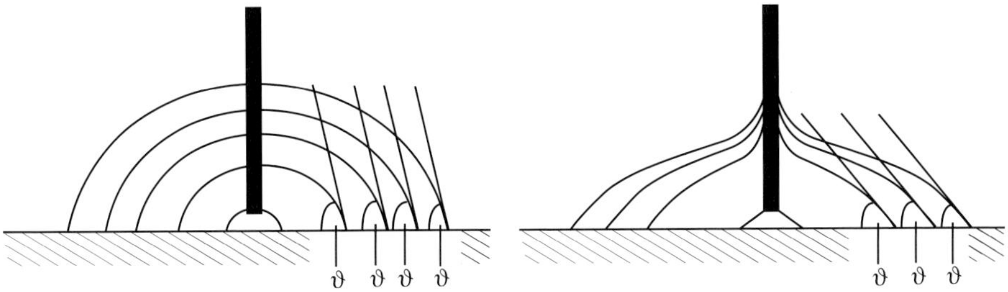

Bild 4.15 Auffüllen (links) und Absaugen (rechts) eines Tropfens durch eine Kanüle zur dynamischen Messung des Vorrückwinkels und Rückzugswinkels

Wird das Volumen des Tropfens erhöht, beginnt der Tropfen sich auf der Oberfläche auszubreiten. Nach einer fortschreitenden Bewegung wird der **Vorrückwinkel** gemessen, Bild 4.15 links. Wird durch die Kanüle Flüssigkeit aus dem Tropfen abgesaugt, zieht sich der Tropfen zurück. Der **Rückzugswinkel** ist immer kleiner als der Vorrückwinkel und schwieriger zu bestimmen, Bild 4.15 rechts.

Mit Hilfe einer geeigneten Software können der statische oder der dynamische Kontaktwinkel mittels der Tangenten-Methode (Anlegen einer Tangente an den Tropfen) direkt gemessen oder mittels der Young-Laplace-Methode aus der Kontur des Tropfens berechnet werden.

Die Oberflächenspannung von Festkörpern kann ebenso wenig direkt gemessen werden wie die Grenzflächenspannung, somit enthält die Young'sche Gleichung (4.1) zwei unbekannte Größen. Diese können durch zwei oder mehrere Messungen mit unterschiedlichen Meßflüssigkeiten bestimmt werden. Voraussetzung ist, daß die Flüssigkeiten auf dem Substrat definierte Randwinkel bilden.

Eine weitere Möglichkeit besteht in der Verwendung von Zustandsgleichungen (z.B. nach Neumann, Wu und Owens/Wendt) in Tabelle 4.2 zur Bestimmung der Grenzflächenspannung und der Young'schen Gleichung (4.1) und ergeben die Festkörperoberflächenspannung aus der Oberflächenspannung der Meßflüssigkeit und den Randwinkel. Grundsätzlich gilt, daß Oberflächenspannungen von Festkörpern höchstens mit der Stelle vor dem Komma einigermaßen sicher gemessen werden können. Die Zustandsgleichungen existieren nicht in expliziter Form, d.h. sie sind nicht nach der Festkörperoberflächenspannung auflösbar.

4.2.5 Polarität

Die Oberflächenspannung entsteht durch intermolekulare Wechselwirkungen, die ihrerseits auf den unterschiedlichen Bindungsarten beruhen. Entsprechend dieser Wechselwirkungen läßt sich die Oberflächenspannung in zwei Anteile aufteilen [25]. Die Aufspaltung der Oberflächenspannung in einen unpolaren **dispersiven** Anteil (σ^d) und einen **polaren** Anteil (σ^p) haben erstmals Owens und Wendt vorgenommen [20, 22].

$$\sigma = \sigma^d + \sigma^p \tag{4.5}$$

Der disperse (unpolare) Anteil der Oberflächenspannung beruht auf den unpolaren Dispersionswechselwirkungen und der polare Anteil auf den Dipolwechselwirkungen zwischen den Atomen bzw. Molekülen einschließlich der Wasserstoffbrückenbindungen [25].

4.2.5.1 Festkörper

Mittels der Gleichung von **Fowkes** [20]

$$(1 + \cos \vartheta)\, \sigma_l = 2\sqrt{\sigma_s^d \cdot \sigma_l^d} \tag{4.6}$$

kann der dispersive Anteil der Festkörperoberflächenspannung (σ_s^d) bei Verwendung einer Testflüssigkeit mit bekanntem dispersiven und polaren Anteil der Oberflächenspannung ermittelt werden. Zur Bestimmung der dispersiven und polaren Anteile der Festkörperoberflächenspannung nach den Methoden von Owens/Wendt oder Wu sind mindestens zwei Testflüssigkeiten erforderlich, womit das Gleichungssystem nach σ_s^d und σ_s^p gelöst werden kann. Voraussetzung ist, daß eine der beiden Testflüssigkeiten einen polaren Anteil aufweist und die Polarität der Flüssigkeiten bekannt ist.

Wählt man eine Testflüssigkeit mit nur dispersivem Oberflächenspannungsanteil, z.B. ein Alkan, ergeben sich die Oberflächenspannungsanteile des Festkörpers nach der Gleichung von Owens/Wendt:

$$\sigma_{l1} = \sigma_{l1}^d \qquad \sigma_{l2} = \sigma_{l2}^d + \sigma_{l2}^p \tag{4.7}$$

$$\sigma_s^d = \frac{\sigma_{l1}^2 \left(1 + \cos \vartheta_1\right)^2}{4\sigma_{l1}^d} \tag{4.8}$$

$$\sigma_s^p = \frac{1}{4\sigma_{l2}^p} \left(\sigma_{l2}\left(1 + \cos \vartheta_2\right) - 2\sqrt{\sigma_{l2}^d \sigma_s^d} \right)^2 \tag{4.9}$$

Die polaren Anteile der Oberflächenspannung bestimmen sich dabei aus Gleichung 4.5.

4.2.5.2 Flüssigkeiten

Bei Kontaktwinkelmessung auf einem rein dispersen Festkörper ($\sigma_s^p = 0$, $\sigma_s^d = \sigma_s$) wie z.B. Polytetrafluorethylen oder Paraffin ist es nach Gleichung 4.6 auch möglich, die polaren und dispersiven Anteile der Flüssigkeit zu bestimmen. Allerdings setzt dies voraus, daß die Oberflächenspannung des Festkörpers genau bekannt ist. Die Verknüpfung der Gleichung des harmonischen Mittels oder des geometrischen Mittels mit der Young'schen Beziehung führt ebenfalls zur Bestimmung der polaren und dispersiven Anteile der Oberflächenspannung von benetzenden Flüssigkeiten.

$$\sigma_l^d = \frac{\sigma_s \sigma_l (1 + \cos \vartheta)}{4\sigma_s - \sigma_l (1 + \cos \vartheta)} \tag{4.10}$$

$$\sigma_l^d = \frac{\sigma_l^2 (1 + \cos \vartheta)^2}{4\sigma_s} \tag{4.11}$$

Die polaren Anteile der Oberflächenspannung ergeben sich entsprechend aus der Differenz der Gesamtoberflächenspannung und ihrer berechneten dispersiven Anteile, Gleichung 4.5 [24].

4.2.6 Untersuchungen

4.2.6.1 Wahre Festkörperoberflächenspannung

Beide Winkel (Vorrück- und Rückzugswinkel) kennzeichnen die Oberflächenbenetzung durch die Meßflüssigkeit. Da das Vorrücken wie auch das Rückziehen der Flüssigkeit durch geometrische und andere Effekte auf der Oberfläche bestimmt wird, ergibt sich die wahre Oberflächenspannung des Substrats aus einem wahren Kontaktwinkel zwischen dem Vorrückwinkel und Rückzugswinkel, der aber nicht meßtechnisch erfaßt werden kann.

Reaktionsharze im flüssigen und festen Zustand

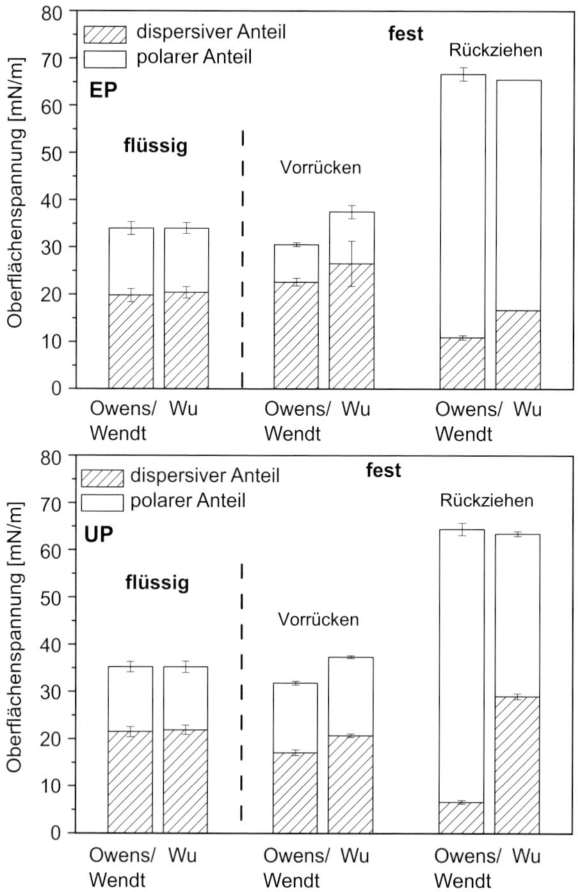

Bild 4.16 Oberflächenspannung und Polarität von Harzen (Harz + Härter) im flüssigen und festen, ausgehärteten Zustand

oben: EP-Harz, unten: UP-Harz

Es wurden ein Epoxidharzsystem ®Rütapox LB 20 mit Härter ®Rütapox SG (Verhältnis 100:24 Gewichtsteile) von der Fa. Bakelite AG, Iserlohn, und ein Polyesterharz ®Palapreg P 17, DSM Composite, mit 1,5 % TBPB - Härter, Peroxid-Chemie GmbH, im flüssigen und festen (ausgehärteten) Zustand untersucht.

Die Oberflächenspannung der Harze im flüssigen Zustand wurde mit der Stempel-Methode gemessen. Die Oberflächenspannung der Harze im festen Zustand wurde aus dem ermittelten Randwinkel der Testflüssigkeiten auf der Probenoberfläche berechnet. Der Randwinkel wurde mit der Tangenten-Methode des liegenden Tropfens bestimmt. Um die Oberflächenspannung der Harze im festen Zustand zu messen, wurden die Proben entsprechend präpariert. Das flüssige EP-Harzsystem wurde auf einem Substrat (Kunststoffplatte, 50 x 50 mm) aufgetragen und im Ofen bei 60 °C ausgehärtet. Das flüssige UP-Harzsystem wurde zwischen 2 Glasscheiben gegossen und im Ofen bei 160 °C ca. 1 Stunde ausgehärtet. Die Oberflächen der Harze im festen Zustand wurden vor der Oberflächenspannungsmessung im Ultraschallbad (Wasser + Isopropanol) gereinigt. Die Rauheit (R_z) der Oberfläche betrug ca. 0,2 µm. Zur Rauheitsmessung wurde das Gerät Hommel Tester LV 15 (Fa. Hommelwerke GmbH, Schwenningen) verwendet. Zur Messung der Oberflächenspannung der Festkörper wurden Wasser (σ = 71,9 mN/m), Glyzerin (σ = 62,6 mN/m), Formamid (σ = 57,8 mN/m), Ethylenglykol (σ = 48,0 mN/m) verwendet. Oberflächenspannung und Polarität der Harze im flüssigen Zustand wurden nach der Young-Laplace Gleichung, im festen, ausgehärteten Zustand nach den Zustandsgleichungen von Wu und Owens/Wendt berechnet, Bild 4.16.

Das EP-Harz und das UP-Harz zeigen vergleichbare Oberflächenspannungswerte und Polaritäten. Die Oberflächenspannungswerte sowie deren polare und dispersive Anteile im flüssigen Zustand entsprechen etwa den Werten im festen Zustand, die nach dem Vorrückwinkel berechnet wurden. Die beiden Auswerteverfahren zeigen eine recht gute Übereinstimmung der ermittelten Werte, wobei die nach Wu berechneten dispersiven Anteile größer sind als die nach Owens und Wendt.

Thermoplaste im festen und schmelzflüssigen Zustand

Die Oberflächenspannung eines Kunststoffs im festen und im schmelzflüssigen Zustand ist im Prinzip gleich. Die Oberflächenspannung im festen Zustand wird entweder aus dem Vorrück- oder dem Rückzugswinkel temperaturabhängig bestimmt. Es ergeben sich 2 Werte. Im schmelzflüssigen Zustand wird nur ein Wert temperaturabhängig gemessen. Oberflächenspannungsmessungen an einem teilkristallinen PBT (®Ultradur B 4500, Fa. BASF AG) und einem amorphen Thermoplasten PS (®Polystyrol 158 K, Fa. BASF AG) und PC (®Makrolon 2805F, Fa. Bayer AG) zeigen die Zusammenhänge. Die Oberflächenspannung der glatten Festkörper ($R_Z \sim 0{,}15$ µm) wurde mit der dynamischen Methode des liegenden Tropfens ermittelt, d.h. es wurden die dynamischen Vorrück- und Rückzugswinkel der Testflüssigkeiten auf der Probenoberfläche gemessen. Als Meßflüssigkeiten wurden bei PBT und PS Wasser (σ = 71,9 mN/m), Glyzerin (σ = 62,6 mN/m), Formamid (σ = 57,8 mN/m), Ethylenglykol (σ = 48,0 mN/m) und bei PC Glyzerin, Formamid verwendet. Die temperaturabhängigen Dichten von Flüssigkeiten wurden aus Stoffdatensammlungen entnommen [26]. Mit der Methode des hängenden Tropfens wurden die temperaturabhängigen Oberflächenspannungen der Meßflüssigkeiten gemessen. Mittels der Neumann`schen Zustandsgleichung wurde die Oberflächenspannung der Kunststoffoberflächen im festen Zustand für verschiedene Temperaturen ermittelt. Die Messung der Schmelzen erfolgte mit der Stempel-Methode. Die Dichte der Schmelze in Abhängigkeit von der Temperatur wurde aus MVR- und pvT-Messungen ermittelt. Die Untersuchung fand in einer temperierten Meßzelle unter Stickstoff- bei PBT und Argonatmosphäre bei PS und PC statt.

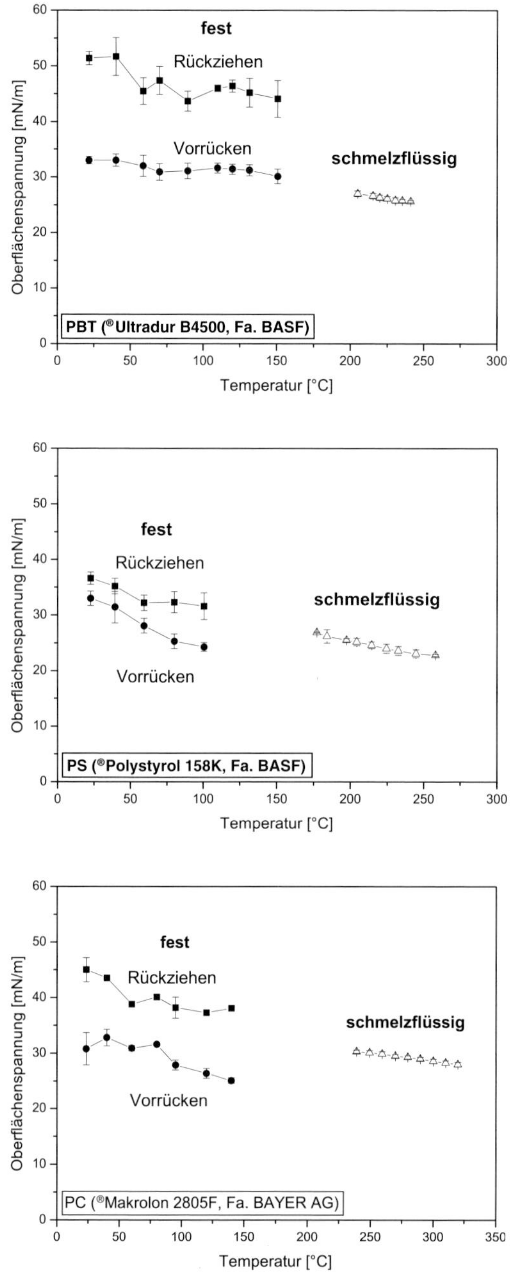

Bild 4.17 Oberflächenspannung von PBT (oben) PS (mitte) und PC (unten) im festem und schmelzflüssigen Zustand in Abhängigkeit von der Temperatur

Die Oberflächenspannungswerte nehmen stetig mit der Temperatur ab. Beim teilkristallinen Thermoplasten (PBT) entsprechen die Oberflächenspannungen im Schmelzezustand denen im festen Zustand, die aus dem Vorrückwinkel ausgewertet wurden. Die Oberflächenspannung der amorphen Thermoplastschmelze (PS, PC) liegt zwischen den Werten für Oberflächenspannungen im festen Zustand aus Vorrück- und Rückzugswinkel.

4.2.6.2 Adhäsionsarbeit und Haftfestigkeit

Um den Einfluß der Festkörperoberflächenspannung auf die Adhäsionsarbeit und Haftung zu überprüfen, wurden zwei unterschiedliche Kunststoffe mit unterschiedlichen Oberflächenspannungen ausgewählt (PA6 ®Bergamid B70, Fa. PolyOne; PC ®Makrolon 2800, Fa. Bayer AG) und mittels photoinitiierthärtendem Klebstoff (®Katiobond 4552, Fa. Delo) mit einem elektronischen Bauelement (®SOL16M, Fa. Topline) verklebt. Es wurde dabei der Klebstoff mit sichtbarem Licht geeigneter Wellenlänge mittels Durchstrahlungsverfahren ausgehärtet. Als Lichtquelle wurde eine Quecksilberdampf-Kurzbogenlampe (®HBO 200W/4, Fa. Osram) verwendet.

Die Oberflächenspannung von Festkörpern wurde mit der Methode des liegenden Tropfens (Tangenten-Methode) über den Kontaktwinkel (Vorrück- und Rückzugswinkel) des Testflüssigkeitstropfens auf der Oberfläche des Materials gemessen. Die Oberflächenspannung des Klebstoffs wurde mit der Stempel-Methode ermittelt. Die Polarität wurde nach der Zustandsgleichung von Owens/Wendt und Wu berechnet. Um die Haftung zwischen dem Bestückteil und Klebstoff zu verbessern und einen Bruch zwischen dem Substrat und Klebstoff zu erhalten, wurden die Bauelemente mit einer rotierenden Plasmadüse vorbehandelt. Die Oberflächenspannungswerte von Substraten, Klebstoff und Bauelement sind in Tabelle 4.4 zusammengestellt.

Auswerteverfahren	**Oberflächenspannung**				
	PA6	PC	Bauelement (unbehand./ plasmabehandelt)		Klebstoff
Young	-	-	-	-	38,4
Neumann	36,4	30,5	15,9	52,7	-
Wu	35,0 d: 21,8 p: 13,2	27,3 d: 17,0 p: 10,2	15,0 d: 11,7 p: 3,3	55,0 d: 23,8 p: 31,2	 d: 24,4 P: 14,0
Owens/Wendt	33,2 d: 27,2 p: 6,0	28,3 d: 25,2 p: 3,2	13,5 d: 11,9 p: 1,6	52,0 d: 17,3 p: 34,7	 d: 25,1 p: 13,3

Tabelle 4.4 Oberflächenspannung (dispersiver und polarer Anteil) der verklebten Komponenten

d = dispersiver Anteil
p = polarer Anteil

Vor dem Durchstrahlungsprozeß wurden die Substratmaterialien (50 x 50 x 2 mm) und Bauelemente (9 x 7 x 2 mm) mit Isopropanol gereinigt und getrocknet. Den Durchstrahlungsprozeß stellt Bild 4.18 dar.

Bild 4.18 Verklebungsprozeß mittels Durchstrahlungsverklebung

links: *Klebstoffdosierung*
mitte: *Bestückung*
rechts: *Durchstrahlung*

	Auswerteverfahren	**Substrat-Klebstoff**		**Bauelement-Klebstoff**
		PA 6	**PC**	
Grenzflächenspannung [mN/m]	Neumann	0,1	0,5	3,4
	Wu	0,2	2,0	6,6
	Owens/Wendt	1,5	3,5	5,8
Spreitungsdruck [mN/m]	Neumann	-2,1	-7,9	10,9
	Wu	-3,6	-12,2	10,0
	Owens/Wendt	-6,7	-13,6	7,8
Adhäsionsarbeit [mN/m]	Neumann	74,7	68,4	87,7
	Wu	70,1	63,7	86,8
	Owens/Wendt	73,2	63,2	84,6
Haftfestigkeit [N/mm²]	-	3,2	1,7	Bruch zwischen dem Substrat u. Klebstoff

Tabelle 4.5 Adhäsionsarbeit und Haft-Zugfestigkeit bei Verklebung eines Bestückelements (SOL16M) auf PA 6 und PC

Nach der Verklebung der Proben wurde der Stirnabzugversuch nach DIN EN 582 durchgeführt, um die Haftfestigkeit der Verbunde zu charakterisieren. Sie wurde aus dem Quotienten der Höchstkraft und dem Probenquerschnitt an der Haftfläche (70,3 mm^3) errechnet [27]. Die Grenzflächenspannungswerte und Adhäsionsarbeit zwischen Klebstoff und Fügeteil sowie Klebstoff und Bestückelement sind in Tabelle 4.5 zusammengestellt.

Mit der Änderung der Substratoberfläche bei konstanter Klebstoffoberflächenspannung wurde die Adhäsionsarbeit geändert, Bild 4.11. Mit zunehmender Adhäsionsarbeit nimmt die Haftung auch zu.

4.2.6.3 Einfluß einer Plasma-Oberflächenbehandlung

Bei Stirnabzugversuchen von Verklebungen des Bauelements auf PA 6 wurde festgestellt, daß das Versagen meistens zwischen der Klebstoffschicht und dem Bauelement auftrat, Bild 4.19 links.

Bild 4.19 Oberfläche des Bauelementes nach dem Stirnzugversuch ohne (links) und nach (rechts) Plasmabehandlung

Abstand der Plasmadüse von der Oberfläche: 8 mm,
Verfahrensgeschwindigkeit der Plasmadüse: 8 m/min; Frequenz: 1 Mal

Das Bauelement hatte eine niedrigere Oberflächenspannung als der Klebstoff und außerdem eine geringere Polarität. Um die Haftung zwischen dem Bauelement und dem Klebstoff zu verbessern, wurde das Element mit einer rotierenden Plasmadüse vorbehandelt.

Durch die Plasmabehandlung sind die Oberflächenspannung des Bauelements und besonders deren polare Anteile deutlich gestiegen, Tabelle 4.4. Die Oberflächenspannungswerte und Adhäsionsarbeit zwischen Klebstoff und Fügeteil sowie Klebstoff und Bauelement sind in der Tabelle 4.6 zusammengestellt.

	Auswerte-verfahren	Substrat-Klebstoff	Bauelement-Klebstoff	
			unbehandelt	plasma-behandelt
Kontaktwinkel [Grad]	Tangenten-Methode	35,9	51,2	33,2*)
Grenzflächenspannung [mN/m]	Neumann	0,1	7,9	3,4
	Wu	0,2	11,1	6,6
	Owens/Wendt	1,5	8,1	5,8
Spreitungsdruck [mN/m]	Neumann	-2,1	-30,4	10,9
	Wu	-3,6	-34,5	10,0
	Owens/Wendt	-6,7	-33,0	7,8
Adhäsionsarbeit [mN/m]	Neumann	74,7	46,4	87,7
	Wu	73,2	42,3	86,8
	Owens/Wendt	70,1	43,8	84,6

*) *$\sigma_{Klebstoff} < \sigma_{Fügeteil}$, es findet aber keine Spreitung des Klebstoffs auf der Bestückelementoberfläche statt, weil die Grenzflächenspannung groß ist*

Tabelle 4.6 Oberflächenspannung und Adhäsionsarbeit zwischen Substrat und Klebstoff sowie Bauelement und Klebstoff

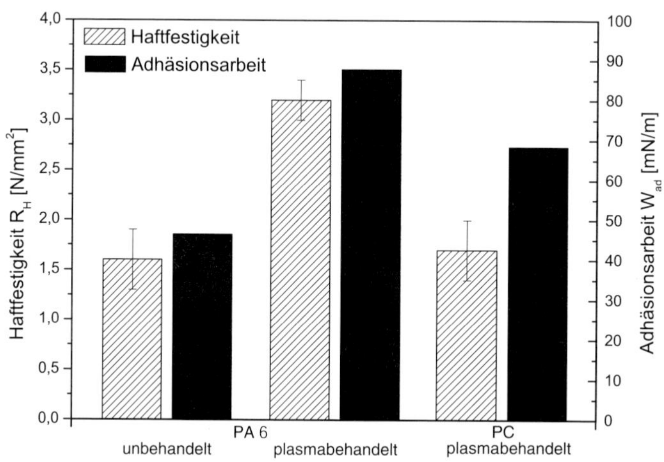

Bild 4.20 Haft-Zugfestigkeit bei Verklebung des Bauelements (SOL16M) auf dem Substrat (PA 6, PC) und Adhäsionsarbeit (berechnet nach Dupré) ohne und nach Plasmabehandlung, s.a. Tabelle 4.7 und 4.8

Die Adhäsionsarbeit zwischen Substrat und Klebstoff ist größer als zwischen Bauelement und Klebstoff, weswegen der Verbund zwischen Substrat-Klebstoff versagt. Außerdem tritt zwischen dem Bauelement und dem Klebstoff eine hohe Grenzflächenspannung auf, was auch ein Grund für die schlechte Haftung ist.

Nach der Plasmabehandlung der Oberfläche des elektronischen Bauelements wurde bemerkt, daß Klebstoffreste an der Oberfläche anhaften, Bild 4.19 rechts. Die Benetzung wurde verbessert, der Spreitungsdruck ist gestiegen und die Haftung erhöht, Bild 4.20.

4.2.6.4 Einfluß einer Elektronenstrahlvernetzung

Durch nachträgliches Vernetzen eines Kunststoffs mit Elektronenstrahlen läßt sich das Aufschmelzen von technischen Thermoplasten als Schaltungsträger verhindern und gleichzeitig die Haftfestigkeit von aufgeprägten Cu-Folien erhöhen, da unter Einwirkung der Elektronenstrahlen die Oberflächenspannung und besonders die polaren Anteile erhöht werden.

Auswertung Zustandsgl. nach	**Oberflächenspannung [mN/m]**			
	PA6-GF30		**PBT-GF30**	
	nicht bestrahlt	bestrahlt mit 99 kGy	nicht bestrahlt	bestrahlt mit 363 kGy
Neumann	36,9 ± 0,4	41,8 ± 0,8	40,4 ± 1,9	44,7 ± 2,1
Wu	37,4 ± 0,1 d: 29,9 ± 0,1 p: 6,6 ± 0,1	40,8 ± 0,1 d: 30,9 ± 0,1 p: 10,0 ± 0,1	40,7 ± 0,4 d: 22,6 ± 0,3 p: 18,1 ± 0,4	44,1 ± 0,6 d: 21,5 ± 0,4 p: 22,6 ± 0,5
Owens/Wendt	36,3 ± 0,2 d: 30,9 ± 0,1 p: 5,3 ± 0,1	40,3 ± 0,2 d: 31,5 ± 0,1 p: 8,8 ± 0,1	37,4 ± 0,8 d: 21,0 ± 0,5 p: 16,4 ± 0,6	40,7 ± 0,4 d: 22,0 ± 0,7 p: 20,5 ± 0,7

Tabelle 4.7 Einfluß der Elektronenstrahlvernetzung auf die Oberflächenspannung von PA6-GF und PBT-GF30

statische Messung des Vorrückwinkels, d: dispersive Anteile, p: polare Anteile
Testflüssigkeit: Wasser, Glycerin, Formamid, Ethylenglycol, Dimethylsulfoxid

PBT-GF30 (®Vestodur CL2030, Fa. Degussa) und PA6-GF30 (®Durethan BKV30, Fa. Bayer) als Substratwerkstoffe wurden durch Einwirkung von Elektronenstrahlen vernetzt, wobei dem Polyamid ein Vernetzungsmittel (®BETALINK-IC/W65PA6*natur, Fa. PTS) in Höhe von 4 Gew.% während der Verarbeitung beigefügt wurde. Als Probekörper wurden ebene Platten (60 x 60 x 2 mm) verwendet, die im trockenen Zustand bei der Fa. BGS Beta-Gamma-Service mittels Elektronenbeschleuniger (Strahlenenergie von 4,5 bis 10 MeV) jeweils in Teilschritten bestrahlt wurden, damit keine zu hohe Wärmebelastung während der

Bestrahlung entsteht. Für die Untersuchungen der Kunststoff-Metall-Haftung wurden die Proben vor und nach der Bestrahlung u.a. im Heißprägeverfahren mit einer 35 µm Cu-Prägefolie mit PbSn-Oberflächenfinish metallisiert.

Die Oberflächenspannung der Kunststoffplatten wurde mit der Methode des liegenden Tropfens über den Kontaktwinkel des Testflüssigkeitstropfens auf der Oberfläche des Materials statisch gemessen. Die Polarität wurde nach der Zustandsgleichung von Owens/Wendt und von Wu berechnet, Tabelle 4.7.

Als Maß für die Haftfestigkeit wurde der Schälwiderstand (Abschälkraft bezogen auf die Leiterbahnbreite) von 3 mm breiten Leiterbahnstreifen in Anlehnung an DIN IEC 326 und DIN 53494 mittels eines Rollenschältests bestimmt. Die Leiterbahnstreifen wurden auf eine Länge von 30 mm mit einer Prüfgeschwindigkeit von 50 mm/min abgeschält und der Mittelwert der Abschälkraft ausgewertet. Die Haftfestigkeit von Beschichtungen hängt maßgeblich vom Beschichtungsverfahren, der Reihenfolge und der Dosis der Elektronenbestrahlung ab, Bild 4.21.

Die Haftung der aufgebrachten Metallschicht erhöht sich sowohl bei den vor der Bestrahlung, als auch bei den erst nach der Bestrahlung metallisierten Proben. Bei der Bestrahlung der Proben nach der Metallbeschichtung entstehen freie Radikale, die direkt auf die Kontaktfläche einwirken und zur Erhöhung des Schälwiderstandes beitragen.

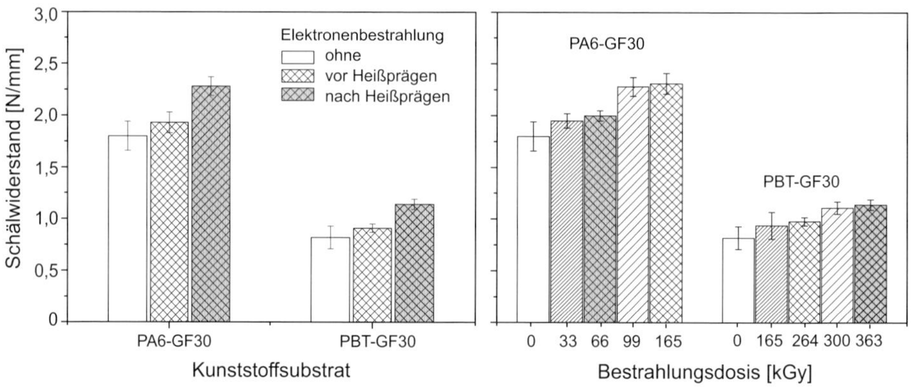

Bild 4.21 Einfluß der Reihenfolge (links) und der Bestrahlungsdosis (rechts) auf den Schälwiderstand einer heißgeprägten 35 µm-Cu-Folie

Prägezeit: 1,3 s; Prägetemperatur 223 °C (PBT), 225 °C (PA6)
links: Bestrahlungsdosis 99 kGy (PA6), 363 kGy (PBT
rechts: Elektronenbestrahlung nach Heißprägen

Die Erhöhung der Haftfestigkeit bei den bestrahlten Proben ist darauf zurückzuführen, daß die Polarität und somit auch die Oberflächenspannung infolge der Elektronenbestrahlung zunehmen.

Für die Bestimmung des Vernetzungsgrades der bestrahlten Materialien wurden Gelwertanalysen in Anlehnung an DIN 16892 eingesetzt. Die PA6-Proben weisen nach der Elektronenbestrahlung mit der Dosis von 99 kGy einen relativ hohen Vernetzungsgrad von 62 % auf. Der Vernetzungsgrad von den PBT-Proben lag bei ca. 60 % nach einer Bestrahlung mit 363 kGy.

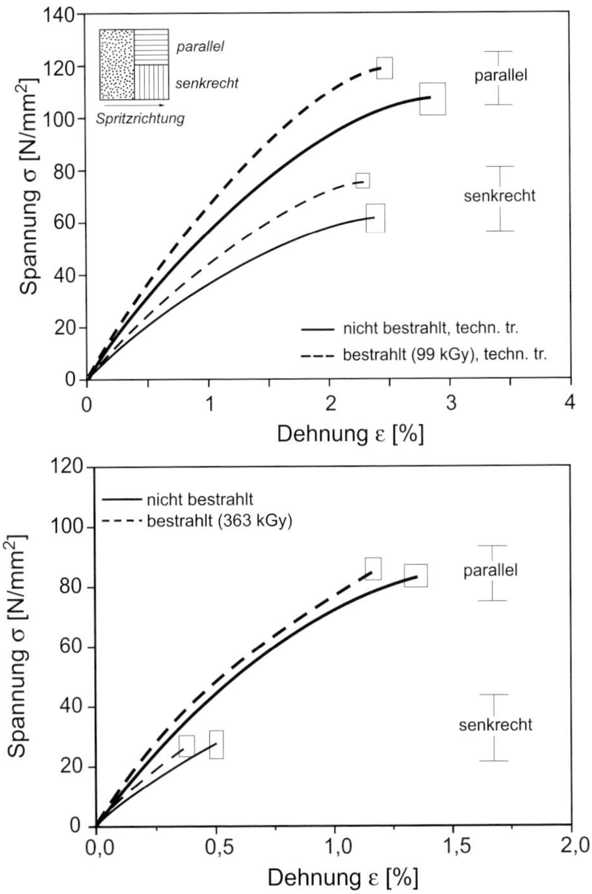

Bild 4.22 Einfluß der Elektronenbestrahlung auf die mechanischen Eigenschaften von PA6-GF30 (oben) und PBT-GF30 (unten)

Zugversuch nach ISO 527-1, Prüfklima: 23 °C, 50 % rel. Feuchte, v (E-Modul) = 1 mm/min, v (σ-ε-Diagramm) = 2 mm/min

Die im Zugversuch nach DIN 53455 ermittelten Kennwerte sowie das Spannungs-Dehnungs-Verhalten bis zum Bruch geben Einblicke in das Festigkeits- und Verformungsverhalten der unvernetzten und vernetzten Kunststoffe. Die mechanischen Eigenschaften wurden an aus Platten gefrästen Zugstäben quer und längs zur Spritzrichtung ermittelt. Der Vergleich der mechanischen Kennwerte von quer- und längs zur Spritzrichtung gemessenen Proben zeigt einen deutlichen Einfluß der Faserorientierung auf das mechanische Verhalten, Bild 4.22. Nach der Elektronenbestrahlung tritt bei beiden Materialien eine leichte Verminderung der Zähigkeit (Fläche unter dem σ-ε-Diagramm) ein, während die Festigkeiten leicht zunehmen. Die eintretende leichte Versprödung und die Zunahme der Festigkeit ist ein Effekt der im Material stattgefundenen Vernetzung sowie der besseren Faser-Matrix-Haftung.

Rasterelektronenmikroskopische Bilder der Bruchflächen nach dem Zugversuch zeigen bei allen untersuchten Werkstoffen eine leichte Verbesserung der Haftung zwischen der Kunststoffmatrix und den Fasern durch die Elektronenbestrahlung, Bild 4.23.

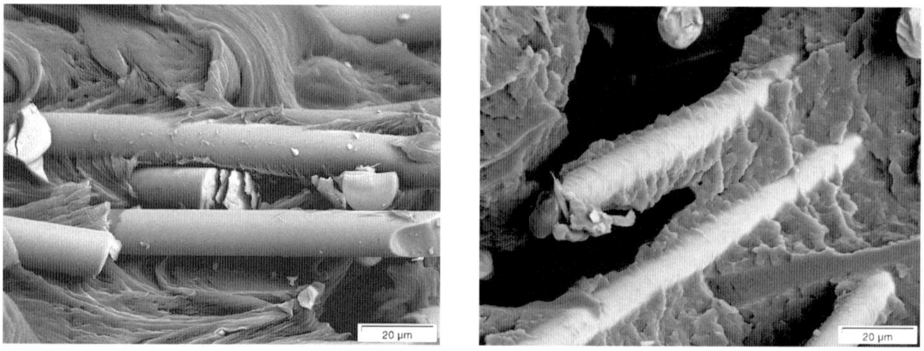

Bild 4.23 Einfluß der Elektronenbestrahlung auf die Faser-Matrix-Haftung von PA6-GF30 im REM

links: *nicht bestrahlt, Grenzfläche mit mäßiger Haftung*
rechts: *bestrahlt mit 99 kGy, teilweise Matrixgleiten mit sehr guter Haftung*

Während bei der nicht bestrahlten Probe glatte Glasfasern freiliegen, sind bei der bestrahlten Probe immer noch Matrixreste an den Glasfasern zu erkennen, die auf eine bessere Haftung der beiden Komponenten hindeuten und zur Verbesserung der mechanischen Festigkeit des Materials beitragen [28].

4.2.7 Zusammenfassung

Mittels der Oberflächenspannungen lassen sich Aussagen über das Benetzungsverhalten und die physikalische Haftung von Kunststoffen aufeinander machen. Erstarrende Schmelzen und härtende Reaktionsharzansätze zeigen im flüssigen und festen Zustand die gleichen einfach temperaturabhängigen Oberflächenspannungswerte. Während sich Oberflächenspannungen von Schmelzen und Flüssigharzen eindeutig bestimmen lassen, können im festen Zustand durch Messung von Vor- und Rückzugswinkel nur zwei Grenzwerte bestimmt werden. Die überwiegende Anzahl von Messungen deutet darauf hin, daß die wahre Oberflächenspannung mit der aus dem Vorrückwinkel übereinstimmt. Es gibt jedoch Ausnahmen. Ein Aufrauhen kann die Haftung verbessern, ohne die Oberflächenspannungen zu beeinflussen. Dagegen führt die Erhöhung der Oberflächenspannung z.B. durch Plasmabehandlung oder Elektronenbestrahlung zu einer Erhöhung der Haftung.

4.3 Alterung von Klebverbindungen

Unter dem Begriff Alterung versteht man Veränderungen von physikalischen und chemischen Eigenschaften eines Stoffes beim Lagern oder Gebrauch. Diese können auf natürlichem Wege eintreten (s.a. Kap. 4.3.1), sie lassen sich aber auch künstlich erzeugen (s.a. Kap. 4.3.2).

4.3.1 Natürliche Alterung

Bei Klebungen, die über längere Zeiträume im Einsatz sind, müssen Veränderungen der Klebfestigkeit durch Alterung in Betracht gezogen werden. Je nach Klebsystem wird dabei die Kohäsion oder Adhäsion geschwächt. Eine Alterung kann beispielsweise als Folge der Einwirkung von Wärme, Kälte, Feuchtigkeit, UV-Belastung (bei Kaschierungen von Polyesterfolien), Wasser, Lösungsmittel, Sauerstoff, Elektrizität oder mechanischer Belastung auftreten. Alterungsvorgänge sind sehr stark von mikroskopischen (chemisch und physikalisch) und makroskopischen (physikalisch) Prozessen abhängig, Bild 4.24. Zur Vermeidung oder Verzögerung von Alterungseffekten werden Klebstoffe, z.B. solche auf der Basis von Naturkautschuk, durch Zusätze vor Alterung geschützt.

Zunächst soll die Beanspruchung durch Einflüsse aus der Umgebung betrachtet werden. Wärme kann insbesondere bei reaktiven Klebstoffen eine Nachhärtung hervorrufen. Dieser Vorgang dauert bei 2K-Epoxidklebstoffen oft mehrere Wochen. Häufig wird durch die Nachhärtung die Klebfestigkeit noch erhöht. Es können aber auch chemische Prozesse (Vernetzungen und Zyklisierungen) in den Klebstoffen auftreten, die eine Versprödung bewirken. Eine Oxidation durch Alterungsprozesse infolge erhöhter Temperatur in Kombination mit Sauerstoff (thermooxidative Alterung) betrifft die Klebstoffschicht, die Grenzfläche Klebstoff/Fügeteil oder auch das Fügeteil. Deshalb können bei solchen Prozessen sowohl die Kohäsion als auch die Adhäsion beeinträchtigt werden.

Bei Selbstklebefolien und anderen UV-durchlässigen Materialien brechen bei Einsatz im Außenbereich durch die natürliche UV-Strahlung oft einzelne Polymermoleküle in kleinere Moleküle. Dies führt zu einer Schwächung der Klebung. Entstehen aber durch die UV-Strahlung chemisch reaktive Atomgruppen (Radikale), die wiederum durch Rekombination Polymermoleküle miteinander verbinden (vernetzen), wird die Kohäsion der Klebstoffschicht häufig erhöht, aber es entsteht auch eine Neigung zur Versprödung der Klebschicht. Eine hohe Sauerstoffdurchlässigkeit des Klebsystems kann solche Prozesse verstärken. Zur Verhinderung solcher Alterungsprozesse werden Stabilisatoren eingesetzt, die in der Regel aus Kombinationen von Antioxidantien und Radikalfängern bestehen.

Alterungsprozesse werden durch erhöhten Feuchtigkeitsgehalt oder Wasser auf verschiedene Weise ausgelöst. Allein schon durch Feuchtigkeitsaufnahme kann die Adhäsion der Klebschichten zu den Kunststoffügeteilen stark vermindert werden.

Bei PA 66 muß die starke Wasseraufnahmefähigkeit berücksichtigt werden. Wasser kann sich aber auch an der Grenzfläche zwischen Klebstoff und Fügeteil anlagern und so die Adhäsion schwächen. Darüber hinaus kann Wasser, vor allem bei erhöhter Temperatur, mit Klebstoffen chemisch reagieren und somit die Eigenschaften der Klebstoffe erheblich verändern. So spaltet Wasser langsam Polyestermoleküle unter Bildung von Säuren. Diese Säuren können Hydrolyseprozesse bei den Fügeteilen auslösen. Unter ungünstigen Umständen kann Wasser auch die chemische Zusammensetzung von Fügeteiloberflächen verändern.

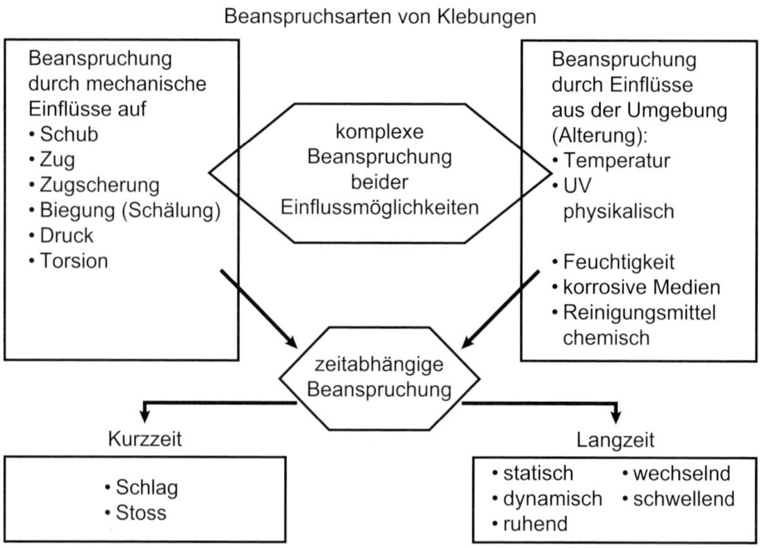

Bild 4.24 Schematische Darstellung von Faktoren, die zur Alterung von Klebfugen führen

Alterungsprozesse werden nicht nur durch Umwelteinflüsse ausgelöst, sondern auch durch Substanzen, welche in den Fügeteilen oder sogar in den Klebstoffen enthalten sind. Additive verschiedenster Natur in Polyvinylchlorid (PVC) können langsam an die Grenzfläche zum Klebstoff diffundieren, den Kontakt zwischen Klebstoff und Fügeteil beeinträchtigen und damit die Adhäsion schwächen, Bild 4.25.

Die Zusätze können aber auch in den Klebstoff eindringen, dort als Weichmacher wirken und damit die Kohäsion des Klebstoffs schwächen, besonders bei klassischen Polyvinylacetat-Klebstoffen, Bild 4.25.

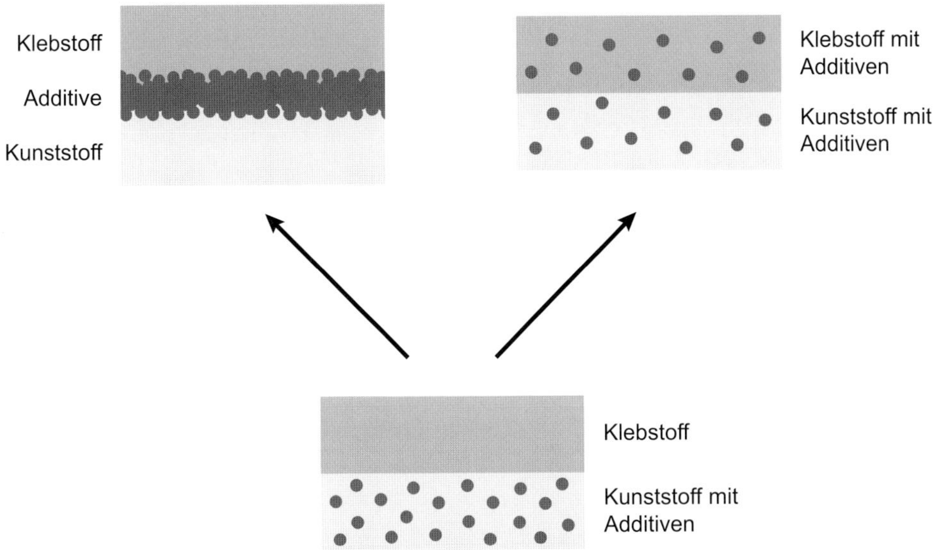

Bild 4.25 Schematische Darstellung von Alterungseffekten durch Wanderung (Migration) von Additiven in Kunststoffen an die Grenzfläche oder in den Klebstoff

Auch die Beanspruchung durch mechanische Einflüsse, wie Schub-, Zug-, Zugscherungs-, Biege-, Druck- oder Torsionsbeanspruchung, führt zu Alterungseffekten. Dabei können Polymerketten brechen, und es treten die schon oben beschriebenen Effekte auf. Die Einwirkung permanent vorhandener Kräfte auf eine Klebschicht kann zu einer Umlagerung von Klebstoffmolekülen führen. Dies kann sich makroskopisch als plastische Verformung (Kriechen) oder als Versprödung (Ausbildung von kristallinen Bereichen) äußern.

Alle oben genannten Beanspruchungsarten können einzeln oder in verschiedenen Kombinationen auftreten. Weiter ist der zeitliche Verlauf der Beanspruchung von Wichtigkeit. Es ist bei der Auswahl der Klebstoffe darauf zu achten, daß aus dem statischen Verhalten nicht auf Ermüdung geschlossen werden kann. Man unterscheidet kurzzeitige und langzeitige Belastungen. Die kurzzeitige Belastung kann beispielsweise in Form eines Stoßes oder eines Schlages auftreten. Um die daraus resultierenden Spannungsspitzen in der Klebschicht abzufangen, werden schlagzähmodifizierte Klebstoffsysteme eingesetzt (z.B. crashtaugliche Klebstoffe im Automobilbau). Langzeitbelastungen können statisch, dynamisch, wechselnd oder schwellend einwirken. Besonders bei Vibrationsbelastungen (z.B. Schienenverkehr) müssen ermüdungsfeste Klebstoffe zum Einsatz kommen.

Ferner kann die Überlagerung von Eigenspannungen mit Betriebsbeanspruchungen die Klebfestigkeit vermindern. Eine Ursache für Eigenspannungen liegt im Schwund der Klebschicht während der Aushärtung. Lösungsmittelhaltige Klebstoffe schwinden bis zu 90 Volumen-%. Eigenspannungen können zudem durch Temperaturdifferenzen und unterschiedliche Wärmeausdehnungskoeffizienten von Klebstoff und Fügeteil auftreten. Daher sollten beim Aushärten unnötig hohe Temperaturen vermieden werden, um das Temperaturgefälle in der Klebschicht und den Fügeteilen möglichst gering zu halten. Bei Materialien mit niedrigem Wärmeausdehnungskoeffizienten, z.B. Glas, können eventuell auftretende Schrumpfungsprozesse während des Aushärtens oder eine schroffe Wärmebeanspruchung zu erheblichen Spannungen in der Klebstoffschicht führen. Bei warmhärtenden Klebstoffen ist deshalb auf eine sorgfältige Temperaturführung während der Erwärmungs- und Abkühlphase zu achten. Ist dies nicht realisierbar, sind kalthärtende Klebstoffsysteme unter Umständen besser geeignet.

Wie bei der Auswahl von Klebstoffen muß auch bei der Alterung von geklebten Verbindungen berücksichtigt werden, daß mehrere Faktoren gleichzeitig auftreten können. Es sind Schadensfälle bekannt, bei denen gerade diesem Punkt vor der Einführung von Klebsystemen nicht ausreichend Rechnung getragen wurde. Es sei in diesem Zusammenhang bei der Planung von Klebungen an den Albert Einstein zugeschriebenen Ausspruch erinnert: Jedes Problem soll so einfach wie möglich behandelt werden, aber nicht einfacher!

4.3.2 Künstliche Alterung

Wie schon erwähnt, tragen in der Realität zahlreiche Faktoren zur Alterung bei, die zum Teil synergistisch wirken. Zur Simulation des Alterungsverhaltens von Klebverbindungen beschränkt man sich in der Regel auf einen oder zwei Faktoren pro Laborprüfung.

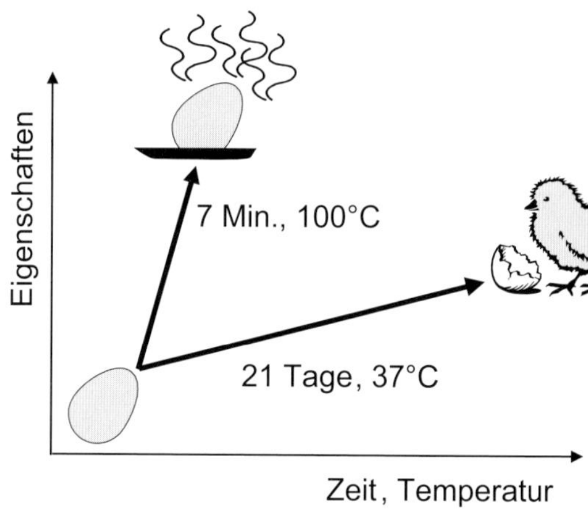

Bild 4.26 Problematik der Alterungssimulation am Beispiel eines Kükens

Die Auswahl der Alterungsparameter erfolgt nach der Stärke ihres Einflusses und nach der Machbarkeit der Simulation im Labor. Zur Verkürzung der Testzeiten werden die Prüfbedingungen (z.B. Temperaturen oder Konzentrationen) übersteigert. Nach einer Faustregel verdoppelt eine Temperaturerhöhung von 10 °C die Reaktionsgeschwindigkeit von chemischen Prozessen. Deshalb werden verklebte Prüfkörper zur Abschätzung von Alterungsprozessen entsprechenden Temperaturen ausgesetzt. Dabei ist allerdings zu berücksichtigen, daß bei höheren Temperaturen neue Effekte auftreten können, z.B. Vernetzungs- oder Zersetzungsreaktionen von Polymermolekülen oder Erweichung des Klebstoffs oder von Kunststoffügeteilen (Schmelzen, Fließen). Deshalb gilt es hier zu bedenken, daß eine Beschleunigung nicht unbedingt nur eine Zeitraffung des Vorgangs darstellt. Bildlich dargestellt kann man sich dies gut an der so genannten Huhn-Ei-Problematik veranschaulichen. Behandelt man ein Ei während 21 Tagen bei 37 °C, so schlüpft ein Kücken. Im Zeitraffer entsteht nach 7 Minuten, unter verschärften Bedingungen, z.B. bei 100 °C, ein hartgekochtes Ei, Bild 4.26. Bei Laborsimulationen von Alterungsvorgängen ist daher immer zu prüfen, ob die erhaltenen Alterungsprodukte dieselben sind wie die bei der natürlichen Alterung erhaltenen.

Um Alterung zu simulieren, bieten sich genormte Methoden an, die unter den Begriffen "Künstliche Alterung" oder "Klimaprüfungen" bekannt sind. Abgesehen von der Temperatur werden weitere Prüfungen zur künstlichen Alterung eingesetzt. Dazu zählt die Kondenswasserprüfung (DIN 50 017). Damit kann das Eindringen von Wasser in eine Klebstoffschicht simuliert werden.

Die Kondenswasserprüfung wird entweder unter konstanten Bedingungen (40 °C, 100 % relative Feuchtigkeit) oder in Zyklen ausgeführt, z.B. 8 h bei 40 °C und 100 % rel. Luftfeuchtigkeit, anschließend 16 h bei 18-28 °C und rel. Luftfeuchtigkeit unter 100 %. Die Wechselbelastung zwischen kondensierenden Bedingungen und nicht kondensierenden Bedingungen erwies sich zur Schwächung von Klebverbindungen als erstaunlich wirksam.

Eine Lagerung von Proben in einem Wechselklima zählt ebenfalls zu den Prüfungen, die häufig angewandt werden. Dabei werden zahlreiche Temperatur- und Feuchtigkeitszyklen durchlaufen, z. B. Temperaturen zwischen -10 °C und 65 °C und relative Luftfeuchtigkeiten zwischen 80 und 95 % gemäß IEC 68-2-38 Test Z/AD. Innerhalb von einem Zyklus (24 Stunden) erfolgen sechs Wechsel.

Zur Beurteilung der UV-Beständigkeit von Klebstoffsystemen steht das Bestrahlen mit Xenonbogenstrahlung zur Verfügung (DIN EN ISO 11 341). Das emittierte Licht wird mit Hilfe von Filtern der spektralen Verteilung der Sonnenstrahlung angepaßt. Gleichzeitig werden die Prüfkörper Beregnungszyklen ausgesetzt. Als Alternative zur Xenonbogenstrahlung bietet sich der so genannte QUV-Test (ASTM G53-96) an, bei dem UV-A oder UV-B Lampen verwendet werden, je nachdem, welche Spektralbereiche simuliert werden sollen. Aus Untersuchungen hat sich ergeben, daß sich UV-A Lampen besser für eine Beurteilung der Alterung bei Freibewitterung eignen. Beim QUV-Test werden die Proben typischerweise während drei Monaten Prüfzyklen von 4 h UV-Bestrahlung bei 50 °C und 4 h Betauung bei 50 °C ausgesetzt.

Vielfach werden auch einfache Prüfungen durchgeführt, die sich aufgrund der konkreten Anwendung der geklebten Teile in der Praxis aufdrängen. So werden beispielsweise für die Beurteilung einer Klebung im Haushaltsbereich entsprechende Proben zweckmäßigerweise längere Zeiten gebräuchlichen Reinigungs- und Spülmitteln, Salatöl, Essig, Salz und Kalkentferner (z.B. Amidosulfonsäure) und ausgewählten Kombinationen dieser Stoffe ausgesetzt.

Die obgenannten Prüfungen wurden am Beispiel einer Klebung von Polybutylenterephthalat (PBT) mittels einem schlagzäh modifizierten 2K-Epoxidharzklebstoff durchgeführt. Die Ergebnisse sind in Bild 4.27 dargestellt. Es ist ersichtlich, daß die Einzelfaktoren Temperatur und Feuchtigkeit für sich allein genommen die Klebfestigkeit nicht signifikant vermindern. Werden allerdings Reinigungsmittel eingesetzt, ergibt sich ein beträchtlicher Abfall der Klebfestigkeit. Die Klebung weist eine mäßige UV-Beständigkeit auf (Abfall der Klebfestigkeit um 25 % nach 2000 h Xenontest).

Durch künstliche Alterungsprüfungen erhält man wichtige qualitative Hinweise auf das Alterungsverhalten in der Praxis. Wenn das Ergebnis eindeutig ist, d.h. keine Veränderung in den Kennwerten oder Totalversagen, ist die Interpretation der Ergebnisse unproblematisch. Erhält man allerdings schon eine moderate Abweichung der ursprünglichen Kennwerte (z.B. Abfall um 20 %), so sollte die Auswertung von einer Fachperson ausgeführt werden. Eine quantitative Übertragbarkeit der Resultate der meisten Prüfungen in die Realität ist nicht möglich, da beispielsweise synergistische Effekte aller möglicher Einflußfaktoren nicht berücksichtigt sind.

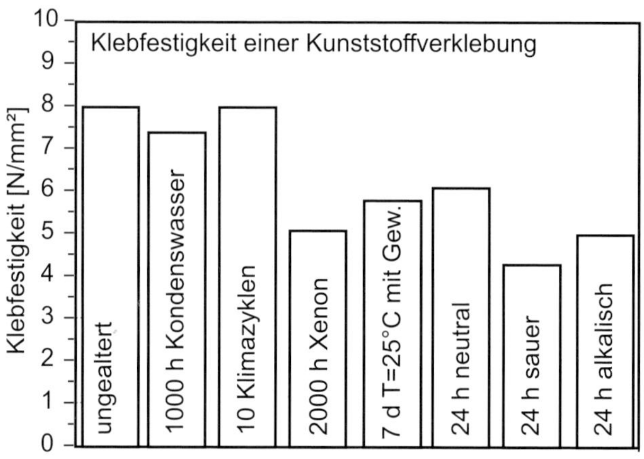

Bild 4.27 Graphische Darstellung der Festigkeit einer Klebung von PBT mittels einem schlagzäh modifizierten 2K-Epoxidharzklebstoff nach verschiedenen Alterungstests

4.4 Messung der Haftfestigkeit

Es existieren viele Methoden zur Messung der Haftung einer Klebung [9, 5, 29]. Allerdings sind solche Messungen mit einer Reihe von Problemen behaftet. Oft entspricht die mechanische Belastung bei der Prüfung nicht den Bedingungen im Einsatz des Bauteils. Ein typisches Beispiel ist der Stempelabreißversuch, bei dem die Anteile an Schubspannung in einer praktischen Anwendung nicht berücksichtigt sind. Bei der numerischen Auswertung von Haftungsmessungen ist zudem nicht klar, welche Effekte wie viel zum Resultat beitragen. So kommen zur eigentlichen Adhäsion andere Beiträge hinzu, insbesondere die der plastischen Deformation des Klebstoffes, wie aus Bild 4.28 sofort ersichtlich ist. Dennoch sind Messungen der Haftfestigkeit mindestens für die qualitative Beurteilung von Klebverbindungen notwendig. Es muß aber darauf geachtet werden, daß nur Systeme miteinander verglichen werden, bei denen Kunststoffe mit ähnlichen mechanischen Eigenschaften mit der gleichen Meßmethode unter gleichen Bedingungen geprüft worden sind. Wenn möglich, sollte eine Methode gewählt werden, die der mechanischen Beanspruchung der Klebung in der Praxis nahe kommt.

Bild 4.28 Darstellung eines Klebsystems, bei welchem die starke Deformation des Klebstoffes durch mechanische Beanspruchung eine sinnvolle Messung der Haftfestigkeit verunmöglicht

Im Idealfall wäre es wünschenswert, die Haftfestigkeit zerstörungsfrei zu messen. Jedoch gestatten Methoden wie Ultraschallmessungen, Röntgenradiographie und auch Neutronenradiographie nur eine makroskopische Fehlererkennung (Risse oder Lunker). Bisher ist man meist gezwungen, für die Ermittlung der Haftfestigkeit zerstörende Prüfverfahren anzuwenden. Das bedeutet, daß in einem Herstellungsprozeß entweder einige Proben für die Messungen ausgesondert oder Modellproben in den Herstellungsprozeß integriert werden müssen. Gewöhnlich werden mindestens sechs gleiche Proben getestet, denn die Resultate von Einzelmessungen können relativ stark voneinander abweichen, insbesondere aufgrund von Variationen in der Zusammensetzung der Meßproben (z.B. Fehlstellen im Klebstoff, Unterschiede in der Detailzusammensetzung der Fügeteiloberfläche etc.). Es ist von Vorteil, wenn bei den Modellproben die Probengeometrie, wie sie bei der praktischen Anwendung vorliegt, erhalten bleibt. Allerdings muß dann für die jeweilige Haftungsmessung unter Umständen eine geeignete Halterung angefertigt werden, wie dies für Haftungsmessungen von geklebten Uhrgläsern erforderlich ist, Bild 4.29. Für die Abdruckprüfungen werden die Uhrengehäuse mit dem Glas nach unten in die Halterung gesteckt und mit zwei Nadeln fixiert. Anschließend wird das Glas mit einem Stempel von oben nach unten herausgedrückt. Als Wert erhält man die maximale Kraft, die notwendig ist, um das Uhrglas vom Gehäuse abzudrücken.

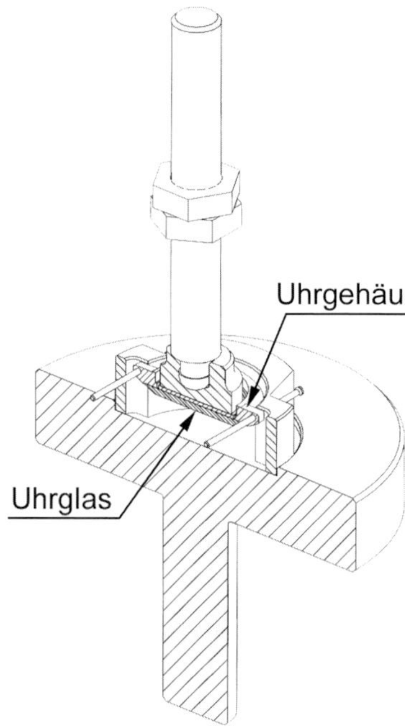

Bild 4.29 Halterung für die Haftungsprüfung von Uhrgehäusen

Bild 4.30 Kombination von Unterfütterungs- und Umbördelungsklebung (z.B. Karosseriebau) als Beispiel für eine Klebung mit kompliziertem Probenaufbau

Oft ist aber der Aufwand für einen adäquaten Testaufbau nicht zu verantworten, z.B. aufgrund einer komplizierten Probengeometrie. Dies trifft im Fahrzeugbau bei Türen, Front- und Heckklappen zu, bei denen eine Kombination von Unterfütterungs- und Umbördelungsklebung vorliegt, Bild 4.30. In solchen Fällen muß man sich für Adhäsionsprüfungstests mit Standard- oder Normprüfungen behelfen, wie Zug-, Zugscher- und Schälprüfungen, die im folgenden kurz erläutert werden.

4.4.1 Zugversuch

Zugversuche dienen der Bestimmung der Zugfestigkeit von Stumpfklebungen. Stumpfklebungen sind im allgemeinen in der Praxis zu vermeiden, weil eine ungünstige geometrische Anordnung Schälkräfte auf die Klebung induzieren kann. Da Klebungen einen geringen Schälwiderstand besitzen, reagieren die Klebstellen empfindlich auf solche Kräfte. Es ist wichtig, daß die Probenkörper zentrosymmetrisch verklebt werden und daß beim Aushärten jeweils der gleiche, vorher festzulegende Druck auf die Probekörper ausgeübt wird. Dazu bedient man sich im allgemeinen einer Vorrichtung, wie sie in Bild 4.31 gezeigt ist. Nach dem Aushärten des Klebstoffs werden die Prüfkörper einer linearen Zugkraft unterworfen, wie Bild 4.32 schematisch zeigt. Die genauen Bedingungen sind in den Normen ASTM D897, DIN EN 26922 oder ISO 6922 (Ersatz für DIN 53288/09.79) festgelegt. Im wesentlichen wird dabei die Klebung bis zur Trennung durch eine längs der Probenachse wirkende Zugkraft belastet und die entsprechende Trennkraft pro Klebfläche als Ergebnis aufgeführt. Zugversuche, wie hier dargestellt, können für beliebige Werkstoffpaarungen vorgenommen werden, sofern sich die Fügeteile bei der Belastung während der Messung nicht verformen, dies kann besonders bei Kunststoffen auftreten.

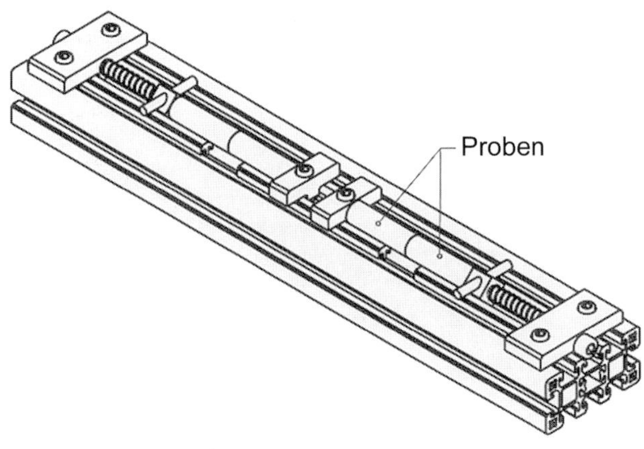

Bild 4.31 Einspannvorrichtung zum Aushärten der Probenkörper für einen Zugversuch

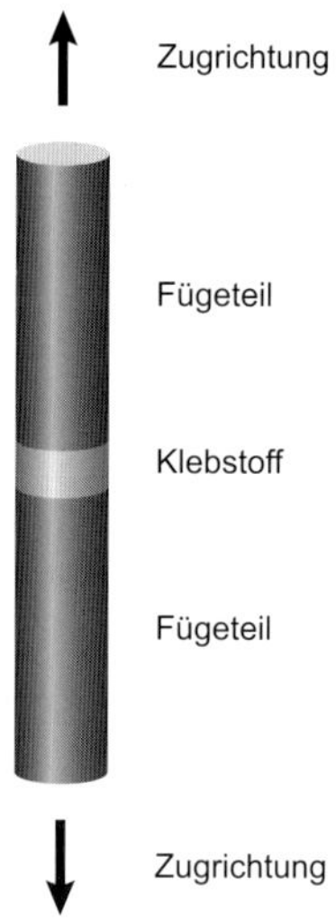

Bild 4.32 Schematische Darstellung eines Prüfkörpers zur Bestimmung der Zugfestigkeit von Stumpfklebungen

4.4.2 Zugscherversuch

Beim Zugscherversuch werden einschnittig überlappte Klebverbindungen gleichzeitig Zug- und Scherkräften ausgesetzt, Bild 4.33. Zum Einspannen in die Zugprüfmaschine wird ein Distanzstück benutzt, das der Fügeteildicke entspricht, so daß eine mittlere Krafteinleitung in die Klebschicht sichergestellt ist. Anschließend wird mit konstanter Geschwindigkeit bis zum Bruch der Klebverbindung gezogen.

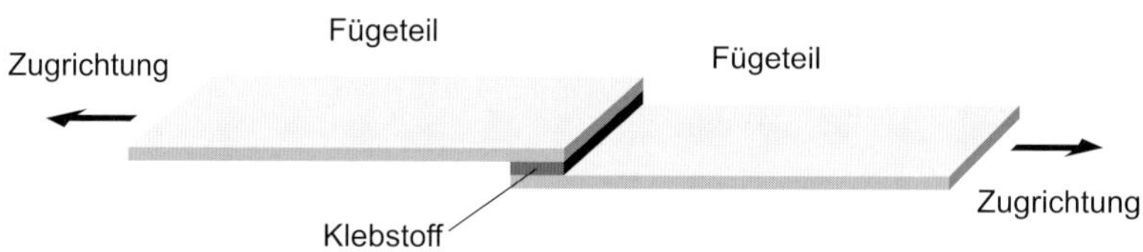

Bild 4.33 Einschnittig überlappten Probenkörpers zur Bestimmung der Zugscherfestigkeit

Die genauen Prüfbedingungen sind in den Normen DIN EN 1465, ISO 4587 oder ASTM D1002 festgelegt. Als Prüfresultat wird der Quotient aus der maximalen Trennkraft (F_{max}) und der verklebten Fläche A als Klebfestigkeit τ_B in N/mm^2 angegeben. Die Berechnung der Klebfestigkeit erfolgt gemäß der Formel:

$$\tau_B = F_{max} / A$$

4.4.3 Schältest

Schälbeanspruchung ist für Klebverbindungen besonders ungünstig, weil hier ein linienförmiger Lastangriff stattfindet. Aus diesem Grund ist die Ermittlung des Schälwiderstands geeignet, um Schwachpunkte von Klebungen offen zu legen. Dazu stehen verschiedene Methoden zur Verfügung, bei denen die Klebfuge partiell voller Belastung ausgesetzt wird (siehe ISO 11339:1993, ISO 8510-1, ISO 8510-2 oder DIN EN 1464).

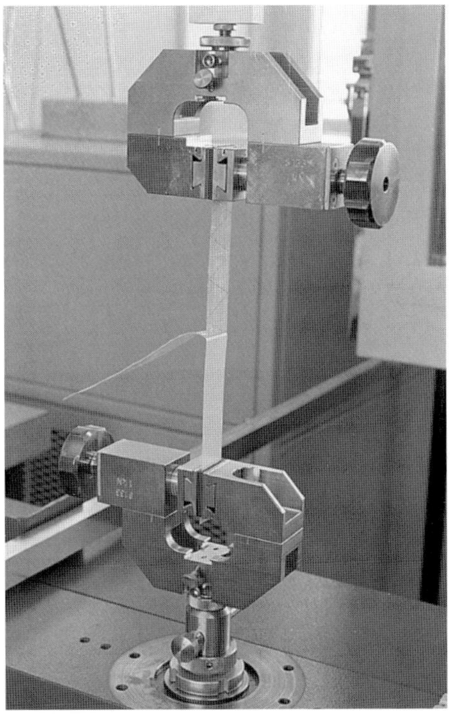

Bild 4.34 180°-Schälversuch mit zwei elastischen Substraten (Klebebändern)

Die Prüfanordnung der Schältests richtet sich jeweils nach der Werkstoffkombination. Kommen zwei flexible Substrate zum Einsatz (beispielsweise ein Klebband oder Federstahl), so werden die beiden Substrate unter einem Winkel von 180° abgezogen, Bild 4.34.

Nach dem Anriß stellt sich mit zunehmender Weglänge eine konstante Trennkraft ein, Bild 4.35, die pro Klebstoffbreite angeführt wird (Schälwiderstand in N/mm). Ist hingegen ein Fügeteil starr, wird eine 90°-Anordnung gewählt, Bild 4.36. Ein Beispiel einer Auswertung wird in Bild 4.37 gezeigt.

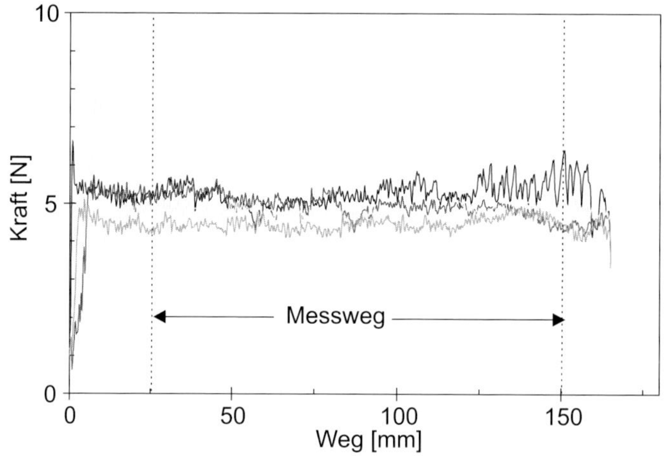

Bild 4.35 Kraft-Weg-Diagramm eines 180° Schälversuchs mit zwei elastischen Substraten (Klebebändern)

Bild 4.36 90°-Schälversuch mit einer dicken Klebstoffschicht, die von einer Metalloberfläche abgezogen wird

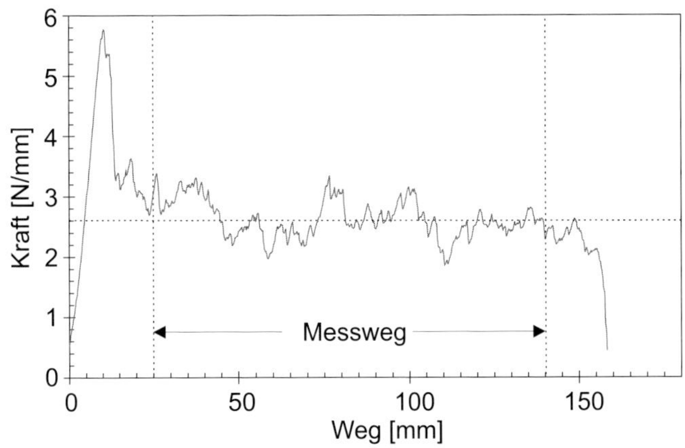

Bild 4.37 Kraft-Weg-Diagramm eines 90°-Schälversuchs mit einer dicken Klebstoffschicht, die von einer Metalloberfläche abgezogen wird

4.4.4 Stempelabreißversuch

Will man Informationen über die Eignung eines Klebstoffes für einen oder verschiedene Werkstoffe gewinnen, so ist der Stempelabreißversuch eine einfache Methode. Ein Stempel, z.B. eine sandgestrahlte Schraube, wird auf die Oberfläche des betrachteten Werkstoffs geklebt, Bild 4.38. Der Stempel wird dann unter definierten Bedingungen von der Oberfläche abgerissen und die Abreißkraft pro Klebfläche aufgeführt.

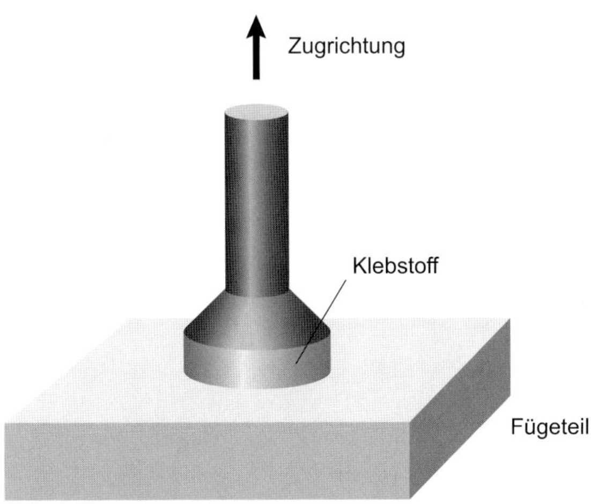

Bild 4.38 Schematische Darstellung eines Stempelabreißversuchs

Als Norm zu diesem Verfahren ist ASTM D897 hilfreich. Der Stempel muß zweckmäßigerweise eine stärkere Haftung zum Klebstoff aufweisen als der zu untersuchende Fügeteilwerkstoff. Andernfalls kann nur eine untere Grenze der Trennkraft auf dem im Blickpunkt stehenden Werkstoff ermittelt werden. Die Dicke des Fügeteilwerkstoffes muß genügend groß sein, um eine Durchbiegung der Probe unter dem Einfluß der Zugkraft zu verhindern. Stempelabreißversuche kommen mit geringem apparativem Aufwand aus, und einfache Handgeräte sind kommerziell erhältlich.

4.5 Klebstoffe

Es gibt verschiedene Möglichkeiten, die Klebstoffe zu systematisieren, um sie dann bestimmten Anwendungen zuordnen zu können. Aufgrund der intensiven Arbeit der Klebstoffchemiker sind in den letzten Jahren allerdings zunehmend Klebstoffe auf den Markt gelangt, bei denen eine Zuordnung zu einer einzelnen Gruppe mit charakteristischen Merkmalen immer schwieriger wird.

Die systematische Zuordnung wird besonders dann schwieriger, wenn die Klebstoffe gezielt besonderen Anforderungen angepaßt werden. Diese Entwicklung wird sich noch verstärken, da Klebstoffe zunehmend als "Werkstoffe nach Maß", die mehrere Funktionen zu erfüllen haben, produziert werden. Es wird auf diesem Markt deshalb einerseits typische Massenprodukte wie z.B. die Klebstoffe auf der Basis von Epoxidharzen und Polyurethanen geben, auf der anderen Seite auch Spezialitäten, die besondere Anforderungen erfüllen und mit denen dann Kunststoffe miteinander, untereinander und mit anderen Werkstoffen verbunden werden können.

Die nachfolgende Übersicht beschreibt typische Klebstoffe mit ihren charakteristischen Eigenschaften, wobei auf die "Grenzfälle" wie z.B. die nachreagierenden Schmelzklebstoffe oder die mittels UV-Strahlen nachvernetzenden Haftklebstoffe gesondert hingewiesen wird.

Auf dem Markt gibt es sehr viele Anbieter von Klebstoffen, so daß im Folgenden einzelne Typen oder Sondereigenschaften nicht besprochen und nachfolgend nur die charakteristischen Merkmale behandelt werden.

4.5.1 Reaktive Klebstoffe

Zu dieser Gruppe gehören alle Klebstoffe, die während einer chemischen Reaktion vom flüssigen und damit meist niedrigmolekularen in den festen, hochmolekularen Zustand übergehen. Da es in der Klebstoffchemie verschiedene Reaktionstypen gibt, mit denen die Verfestigung erreicht werden kann, gibt es auch dementsprechend Klebstofftypen mit erheblichen Unterschieden in den Eigenschaften. Unabhängig davon unterliegen alle Reaktionen den Regeln der chemischen Kinetik, die letztlich die Härtungsgeschwindigkeit (und damit die Prozeßgeschwindigkeit) und den Molekülaufbau bestimmen. Der Molekülaufbau wiederum bestimmt die mechanischen, thermischen und chemischen Eigenschaften sowie die Volumenschrumpfung während der Härtung, die Restspannungen nach der Härtung, die Adhäsion am Kunststoffügeteil u.ä. Eigenschaften. Der Härtungsverlauf kann somit die Klebfestigkeit deutlich beeinflussen.

4.5.1.1 Epoxide (1- und 2K-Systeme)

Die Epoxidharzklebstoffe gehören zu den wichtigsten Klebstoffen, da mit ihnen hochfeste Verbindungen hergestellt werden können, d.h. die Klebverbindungen erreichen bei geeigneter Geometrie die Eigenfestigkeiten der zu verklebenden Kunststoffe. Historisch gesehen haben die Epoxide der Klebtechnik erst ihre heutige Bedeutung ermöglicht.

Die am Markt erhältlichen Klebstoffe sind so genannte Prepolymere, d.h. Epoxidharze mit vorweggenommenen Teilreaktionen, so daß unterschiedlich viskose Vorprodukte entstehen. Dies ist für die Verarbeitung und die nachfolgende Vernetzung von Bedeutung.

Bei den zweikomponentigen Klebstoffen wird die Vernetzungsreaktion durch Zugabe eines "Härters" zur Harzkomponente ausgelöst, bei den einkomponentigen Klebstoffen ist der Härter schon im Klebstoff enthalten, wird aber erst bei einer bestimmten Temperatur chemisch aktiv. Insofern sind alle "einkomponentigen" Epoxidharzklebstoffe Mehrkomponentensysteme, die hinsichtlich der Verarbeitung aber wie einkomponentige Systeme zu betrachten sind. Findet die Vernetzung bei den zweikomponentigen Klebstoffen bei niedriger Temperatur (z.B. Raumtemperatur) statt, werden sie als "kalthärtend" bezeichnet. Sind höhere Temperaturen erforderlich, um die Reaktionen (in möglichst kurzen Zeiten) abzuschließen, spricht man von warm- oder heißhärtenden Klebstoffen (gilt auch für andere Klebstoffe).

Die Vernetzungsreaktion der typischen Epoxidharze verläuft stöchiometrisch, d.h. dem Harz muß eine genau definierte Menge an Härter zugegeben werden, um eine vollständige Vernetzung zu erreichen. Die Harz-Härter-Mischungsverhältnisse liegen etwa zwischen 10:1 und 1:1. Neben der (genauen) Einhaltung der Mischungsverhältnisse ist auch die vollständige Durchmischung wichtig für die Klebfestigkeit. Die Klebstoffhersteller bieten häufig Doppelkartuschen an, in denen sich die stöchiometrischen Mengen von Harz und Härter befinden, so daß eine externe Dosierung entfällt.

Die Epoxidharze werden bevorzugt für die Verbindung von faserverstärkten duroplastischen Laminaten eingesetzt, da sie von allen Klebstoffen die höchsten Eigenfestigkeiten besitzen. Um mit Epoxidharzen hohe Festigkeitswerte zu erreichen, müssen die Klebflächen der meisten Kunststoffe vorbehandelt werden.

Die Epoxidharze sind gegenüber vielen thermoplastischen Kunststoffen wesentlich steifer und verhalten sich daher bei mechanischen Belastungen wie ein sprödes Material. Dieser Nachteil wird durch eine Flexibilisierung mit kautschukartigen Elastomeren, durch den Zusatz von Weichmachern oder von Polymeren mit endständigen reaktiven Gruppen (z.B. Silyl-Polyether, MS-Klebstoffe) erreicht. Ideal ist dabei die gemeinsame Reaktion von Epoxidharz und Flexibilisierungsmittel während der Härtung.

4.5.1.2 Polyurethane (1- und 2K-Systeme)

Wie bei den Epoxidharzen gibt es auch bei den Polyurethanen ein- und zweikomponentige Systeme. Der Härter muß bei den zweikomponentigen Klebstoffen wieder im stöchiometrischen Verhältnis mit dem Harz vermischt werden. Die so genannten einkomponentigen Polyurethanklebstoffe benötigen zum Vernetzen die Feuchte der Luft als zweite Komponente, so daß diese in Wirklichkeit "zweikomponentig" sind. Die feuchtigkeitshärtenden Klebstoffe benötigen aber eine lange Härtungszeit, da der Vorgang stark von der Diffusionsgeschwindigkeit der Feuchtigkeit und damit von der Klebfugengeometrie bestimmt wird. Die Klebstoffe müssen besonders feuchtigkeitsdicht gelagert werden (häufig in Aluminium-Kartuschen), um den Zugang von Feuchtigkeit in jedem Fall zu vermeiden. Daher müssen die Behältnisse nach der Benutzung sofort gut verschlossen werden. Sofern Feuchtigkeit in den Klebstoff diffundieren kann, steigt die Viskosität allmählich an, so daß eine Verarbeitung am Ende unmöglich wird. Bei den einkomponentigen Polyurethanklebstoffen, die wie die Einkomponentenepoxidharze bereits einen Vernetzer enthalten, gibt es auch warm- und heißhärtende Systeme, bei denen die Vernetzung durch eine Erwärmung ausgelöst wird. Diese Klebstoffe sind thermisch höher belastbar und besitzen den Vorteil, feuchteunempfindlicher zu sein. Die Polyurethane sind besonders für das Verbinden von Thermoplasten gut geeignet, da sie auf vielen Kunststoffen haften und die oft geforderten elastischen Eigenschaften aufweisen.

4.5.1.3 Dimethacrylate (anaerobe Klebstoffe)

Die Besonderheit dieser Klebstoffe aus Dimethacrylaten besteht darin, daß die radikalische Polymerisationsreaktion und damit der Anstieg der Molmasse erst beginnen, wenn kein Sauerstoff mehr Zugang zum Klebstoff hat. Die Klebstoffe enthalten neben den Dimethacrylaten spezielle Härter, die in Gegenwart von Sauerstoff nicht wirksam sind. Erst wenn die Bauteile gefügt sind und kein Sauerstoff mehr vorhanden ist, beginnt die Polymerisationsreaktion. Diese Reaktion wird durch Metallionen initiiert, so daß bei Kunststoffen eine Primerung notwendig ist bzw. der Kunststoff ausreichend (Rest)Metallionen enthalten muß. Diese Klebstoffe werden in einem Viskositätsbereich von etwa 10 bis 20.000 mPa s angeboten, so daß sehr dünne Klebstoffschichten möglich sind, aber auch eine ausreichende Spaltfüllung gewährleistet wird. Wenn die Klebstoffschichten zu groß sind, besteht die Gefahr, daß die Polymerisationsreaktion unvollständig abläuft. Die ausreagierten Dimethacrylatklebstoffe besitzen thermoplastischen Charakter, d.h. mit steigender Temperatur nimmt ihre Eigenfestigkeit ab (nicht zu verwechseln mit der Adhäsion), so daß mit steigenden Temperaturen die "Klebfestigkeit" scheinbar sinkt und eine Demontage möglich wird.

4.5.1.4 Methacrylate (1- und 2K-Systeme, A/B-Systeme)

Methacrylate ergeben in Verbindung mit Peroxidhärtern und Beschleunigern Klebstoffe, die sehr schnell reagieren und besonders transparent sind. Daher werden sie vorzugsweise zum Kleben von transparenten Kunststoffen wie Polymethylmethacrylat (PMMA) eingesetzt. Das Harz-Härter-Beschleuniger-Verhältnis dieser Klebstoffe kann in gewissen Grenzen variiert werden. Die Polymerisation der Methacrylate erfolgt radikalisch, d.h. die Reaktion wird durch den Härter prinzipiell gestartet und läßt sich danach nicht mehr stoppen. Die Härtermenge bestimmt die Reaktionsgeschwindigkeit und die Kettenlänge der Polymerisate, so daß dadurch ein Einfluß auf die Klebfestigkeit besteht. Bei zu hoher Peroxidkonzentration entstehen schnell relativ spröde Klebstoffschichten. Allerdings erfordert die Polymerisation unter technischen Aspekten Beschleuniger, da der Härter nur dann seine Startfunktion ausreichend schnell erfüllt. Diese Tatsache hat man bei der Klebstoffherstellung und -applikation ausgenutzt. So werden die Methacrylate (pulverförmige Monomere) einerseits mit einem geeigneten Beschleuniger zu einer chemisch stabilen Flüssigkeit gemischt (Komponente A) und andererseits ein geeigneter Beschleuniger mit den Monomeren zur flüssigen

Komponente B vermischt. Auf diese Weise können die Komponenten A und B auf den beiden Seiten der zu fügenden Kunststoffe in einem Vorfertigungsprozeß aufgetragen werden. Nach dem Kontakt beginnt dann die Polymerisationsreaktion. Dies sind die so genannten A/B-Systeme. Selbstverständlich kann man die A- und B-Komponenten auch direkt vor dem Kleben mischen und dann auf die Fügeteile auftragen. Das Fügen muß dann aber sofort erfolgen (entspricht der Verarbeitung von 2K-Systemen). Wenn man den Härter in einem Lösemittel auflöst und direkt auf einem Fügeteil appliziert, entsteht nach der Abdunstung des Lösemittels eine reaktive Schicht. Nach dem Auftragen der Komponente B und dem Fügen beginnt die Polymerisationsreaktion im Monomer. Der Klebstoff wird somit wie ein einkomponentiges System verarbeitet. Da keine besonderen Mischvorgänge notwendig sind, spricht man vom "No mix"-System. Die bisher verwendeten Härter und Beschleuniger waren allerdings toxisch nicht unbedenklich. Deshalb wird gegenwärtig an neuen Systemen gearbeitet, die diesen Nachteil nicht aufweisen.

4.5.1.5 Cyanacrylate

Die unter dem Begriff Sekundenklebstoff bekannten Cyanacrylatklebstoffe sind Cyanacrylatmonomere, die in Anwesenheit von OH-Ionen spontan polymerisieren. Solange sie nicht mit OH-Ionen in Berührung kommen, sind sie lagerstabil. Da OH-Ionen aufgrund einer Feuchtigkeitsschicht praktisch auf allen Werkstoffen vorkommen, findet die Polymerisation immer statt, wenn die Klebstoffe auf ein Fügeteil aufgetragen werden. Sehr schnell nach dem Fügen entsteht eine Klebstoffschicht, die auf vielen Kunststoffen haftet. Die Reaktionsgeschwindigkeit wird durch den Cyanacrylattyp und durch eine gezielte Modifizierung gesteuert. Die Polymerisationszeit liegt üblicherweise zwischen 1 und 30 s.

Als Kunststoffklebstoff werden überwiegend die Methyl- und Ethylcyanacrylate verwendet. Die Viskositäten der Klebstoffe liegen zwischen 10 und 5000 mPa s. Die viskoseren Typen sind modifiziert und besitzen eine gewisse Spaltfüllung. Bei sehr hoher Feuchtigkeit auf der Oberfläche oder im Kunststoff kann die Polymerisation so schnell verlaufen, daß praktisch kein sicheres Fügen mehr möglich ist. Daher sollte die Feuchtigkeit in den Klebräumen in den Grenzen von 60 bis 85 % liegen. Bei einer sehr schnellen "Härtung" entstehen spröde Klebstoffschichten mit geringer dynamischer Belastbarkeit. Außerdem sind die Verbindungen mit Cyanacrylaten feuchtigkeitsempfindlich. Um diese Nachteile zu beseitigen und um den Klebstoffen eine ausreichende "Standfestigkeit" in der Klebfuge zu verleihen, enthalten die Cyanacrylate Weichmacher und Thixotropiermittel, die wiederum die Aushärtung beeinflussen. Daher muß bei der Klebstoffauswahl immer berücksichtigt werden, welche Anforderungen im Vordergrund stehen.

Da die Härtung nur im basischen Bereich verläuft (OH-Ionen-Überschuss), kann die Polymerisation bei einigen Kunststoffen mit sauer reagierenden Inhaltstoffen verzögert oder unterdrückt werden. Das gilt auch bei einer Fluorierung sowie Corona- und Plasmabehandlung der Fügeflächen, bei denen saure Schichten und Spaltprodukte entstehen können. Daher sind diese Vorbehandlungen für Verklebungen mit Cyanacrylaten ungeeignet. Bei Verwendung so genannter Aktivatoren lassen sich aber auch auf sauren Oberflächen kurze Härtungszeiten erzielen.

Für eine vollständige Durchhärtung ist eine ausreichende OH-Ionen-Konzentration notwendig, die bei dicken Klebstoffschichten nicht gewährleistet ist. Deshalb sind dünne Klebstoffschichten anzustreben bzw. ein ausreichender Fügedruck im Moment der Aushärtung. Eine starke Aufrauhung der Kunststoffoberflächen ist nicht erforderlich, da in den Riefen die Aushärtung unvollständig verläuft.

Die Cyanacrylate haften nach einer Primerbehandlung auch auf den schwer klebbaren Polyolefinen, auf Siliconen und auf Polyoximethylen (POM).

Cyanacrylatklebstoffe verhalten sich nach der Polymerisation wie typische Thermoplaste, d.h. die mechanische Festigkeit ist sehr stark von der Temperatur abhängig. Sie können mehrfach aufschmelzen und erstarren, ohne daß die Festigkeit der Klebverbindungen dabei vollständig verloren geht. Die geringe Eigenfestigkeit bei höheren Temperaturen ermöglicht eine leichte Demontage. Die Einsatztemperaturen liegen bei 20 bis 80 °C.

4.5.1.6 Polyester

Die so genannten ungesättigten Polyesterklebstoffe sind überwiegend Lösungen von Polyesterharzen in Styrol, wobei das Styrol während der Vernetzung in den makromolekularen Aufbau integriert wird, also nicht abdampfen muß. Diese dadurch flüssigen Polyesterharze sind in ihrer Handhabbarkeit vergleichbar mit den typischen Polyesterlaminierharzen zur Herstellung von faserverstärkten Kunststoffen. Der Styrolgehalt kann zwischen etwa 20 und 30 % variieren. Mit steigendem Styrolgehalt sinkt die Verarbeitungsviskosität. Diese Klebstoffe eignen sich sehr gut zum Kleben von faserverstärkten Kunststoffen, insbesondere von Bauteilen aus ungesättigten Polyestern (GF-UP), werden aber aufgrund der starken Geruchsbelästigung durch das Styrol und aufgrund der Arbeitsplatzbelastungen kaum für andere Klebungen eingesetzt.

Die Vernetzung erfolgt mit Peroxiden und Beschleunigern bei Raumtemperatur (kalthärtend) wie bei 2-Komponenten-Klebstoffen. Spezielle Polyesterharze enthalten Härter, die die Vernetzungsreaktionen bei höheren Temperaturen (zwischen 80 und 120 °C) auslösen. Um die Steifigkeit der Polyesterharzklebstoffe den Laminaten anzupassen, werden diese Harze mit Füllstoffen und Kurzglasfasern verstärkt. Die Schrumpfung während der Vernetzung beträgt bis zu 10 %, so daß sich innere Spannungen in der Klebfuge aufbauen, eine Wirkung, die bei der Anwendung berücksichtigt werden muß. Besonders bei diesen Klebstoffen wird zwischen der Gelierzeit und der eigentlichen Härtungszeit unterschieden. Die Gelierzeit ist dabei der Zeitabschnitt zwischen der Mischzeit und dem Übergang zum gelartigen Zustand der Polyesterharze. In dieser Zeit ist noch eine Lageänderung der Bauteile möglich, danach nicht mehr.

4.5.1.7 Silikonklebstoffe (1- und 2K-Systeme)

Ebenso wie die Polyurethanklebstoffe sind auch die Siliconklebstoffe vernetzende Präpolymere, die sowohl mit der Luftfeuchtigkeit als auch mit Härtern in den endgültigen polymeren Zustand übergehen. Daher gibt es auch bei den Siliconklebstoffen ein- und zweikomponentige Systeme. Die einkomponentigen Systeme können entweder mit einem latenten Härter oder mit der Luftfeuchtigkeit reagieren.

Im Gegensatz zu anderen Klebstoffen besteht das polymere Gerüst nicht aus Kohlenstoff, sondern aus einer Silicium-Sauerstoffkette (Siloxanstruktur). Diese Struktur ist thermisch hoch belastbar, so daß die Siliconklebstoffe zu den wärmestabilen Klebstoffen gehören.

Siliconklebstoffe, die mit der Luftfeuchtigkeit reagieren, werden als RTV-1-Siliconklebstoffe (RTV: **R**aum**t**emperatur-**V**ulkanisation) bezeichnet. Um eine Aushärtung während der Lagerung zu vermeiden (zu blockieren), enthalten die Klebstoffe verkappte Vernetzer. Reagieren die Vernetzer mit der Feuchtigkeit, verlieren sie ihre Blockierungsfunktion, und lösen danach die eigentliche Vernetzung aus. Dabei entstehen je nach Vernetzertyp Spaltprodukte, z.B. Essigsäure, Amine oder Oxime, die dann diesen Klebstoffen in der Anfangsphase einen typischen Geruch verleihen. Die RTV-Klebstoffe besitzen einen "kautschukartigen" Charakter, so daß häufig auch von Siliconkautschuken gesprochen wird, wobei die Vernetzungsreaktion als Vulkanisation bezeichnet wird. Damit wird zum Ausdruck gebracht, daß die Klebstoffe sehr flexibel sind. Deshalb können sie auch für Dichtaufgaben eingesetzt werden. Gleichzeitig ist die Eigenfestigkeit der Siliconklebstoffe im Gegensatz zu vielen anderen Kunststoffen sehr viel geringer, so daß sie nur begrenzt für Strukturklebungen eingesetzt werden.

Die Verfestigung der Klebstoffe ist von der Diffusionsgeschwindigkeit der Feuchtigkeit abhängig. Daher wird die Endfestigkeit der Klebungen häufig erst nach mehreren Tagen erreicht. Inzwischen gibt es aber auch schon RTV-1-Klebstoffe mit Zusätzen, die die Spaltprodukte "binden" und zur Bildung von Wasser beitragen. Dieses im Klebspalt entstehende Wasser führt dann zu einer schnelleren Durchhärtung des Klebstoffs. Aufgrund ihrer hohen thermischen Stabilität werden die Klebstoffe vorrangig bei wärmebelasteten Klebungen eingesetzt.

Die so genannten RTV-2-Klebstoffe werden wie alle 2-komponentigen Klebstoffe mit einem Härter verfestigt. Die Reaktion ist nicht diffusionsbestimmt, sondern verläuft wesentlich schneller. Daher eignen sich die Klebstoffe zum Verbinden (und Abdichten) großer Klebspalte. Innerhalb der RTV-2-Klebstoffe gibt es zwei verschiedene Reaktionstypen, mit denen die Vernetzung ausgelöst wird: die Kondensationsreaktion und die Additionsreaktion, die nur in Gegenwart spezieller Katalysatoren möglich sind. Besonders die Geschwindigkeit der Additionsreaktion wird sehr stark von der Temperatur bestimmt, so daß diese Klebstoffe gut den Fertigungsbedingungen angepaßt werden können. Da sich die Endprodukte in ihrem chemischen Aufbau unterscheiden, ergeben sich auch Klebstoffe mit unterschiedlichen Eigenschaften.

Die Siliconklebstoffe haften ohne eine besondere Vorbehandlung schlecht auf den meisten Kunststoffen. Mit Primern lassen sich aber feste Verbindungen herstellen. Andererseits gehören sie zu den wenigen Klebstoffen mit einer FDA- bzw. BGVV-Zulassung (FDA: U.S. Food and Drug Admistration, BGVV: Bundesinstitut für gesundheitlichen Verbraucherschutz und Veterinärmedizin). Außerdem sind sie auch gut einfärbbar.

Aufgrund ihrer hohen Elastizität, die sich bis etwa 150 °C wenig ändert, eignen sich die Klebstoffe besonders für Metall-Kunststoff-Verbindungen, die großen Temperaturschwankungen ausgesetzt sind (Ausgleich von Maßänderungen infolge unterschiedlicher Ausdehnungskoeffizienten).

4.5.1.8 UV-vernetzende und lichthärtende Klebstoffe

Setzt man speziellen modifizierten Acrylat- und Epoxidharzklebstoffen Photoinitiatoren zu, so entstehen quasi 1-komponentige Klebstoffe, die nur bei der Einwirkung von Licht oder UV-Strahlen aushärten. In geschlossenen, lichtgeschützten Kartuschen sind die Klebstoffe lagerstabil. Der besondere Vorteil dieser Klebstoffe ist die hohe Aushärtungsgeschwindigkeit bei der "Belichtung". Die Belichtungs- und Taktzeiten liegen im Bereich von 1 bis 10 s. Das Licht läßt sich mittels Glasfasern direkt an die Klebstelle heranführen, so daß eine sehr gezielte Härtung möglich wird. Mit einem Laser als Strahlungsquelle mit sehr hoher Intensität und physikalisch exakt definierten Strahlparametern lassen sich die Belichtungszeiten auf wenige Zehntelsekunden verkürzen.

Voraussetzung ist die Transparenz mindestens eines der Fügeteile bzw. der Zugang der Strahlung zum Klebstoff. Besonders Glas-Kunststoff-Verbindungen eignen sich für diese Klebstoffe (optische Industrie, Mikroelektronik). Die Wellenlängen, bei denen die Photoinitiatoren die Härtung spontan auslösen, liegen zwischen 320 nm (UVA-Strahlung) und 500 nm (Blaulicht). Da diese Strahlung in der Arbeitsplatzbeleuchtung kaum vorkommt, können die Fügeteile mit dem Klebstoff vormontiert, genau plaziert und kontrolliert werden. Die Klebstoffe enthalten keine Lösemittel, so daß keine besonderen Arbeitsplatzschutzmaßnahmen erforderlich sind.

Bei transparenten Kunststoffen muß berücksichtigt werden, in welchem Maße sie für die jeweilige Strahlung durchlässig sind, denn die Photoinitiatoren lösen nur bei bestimmten Wellenlängen den Start der Polymerisationsreaktion aus. Da die meisten Kunststoffe für die UVA-Strahlung nicht ausreichend durchlässig sind, wurden lichthärtende Photoinitiatoren entwickelt, die bei Licht mit Wellenlängen von 400 bis 500 nm wirken. Hierbei ist eine ausreichende Transmission der Strahlen gewährleistet. Unabhängig davon muß die Dickenabhängigkeit der Transmission berücksichtigt werden. Enthalten transparente Kunststoffe Lichtstabilisatoren, so verlängert sich die Härtungszeit deutlich, z.B. für lichtstabilisiertes PVC um das Dreifache gegenüber unstabilisiertem PVC. Neben der Wellenlänge ist der Abstand der Lichtquelle vom Klebspalt entscheidend, so daß es sinnvoll ist, die Lichtquelle sehr dicht an die Klebfuge heranzuführen. Allerdings muß eine zu hohe partielle Erwärmung vermieden werden.

Bei den Klebstoffen der neuen Generation handelt es sich um flexibilisierte Typen, deren Sprödigkeit beseitigt und Schrumpfung gesenkt wurden. Gleichzeitig lassen sich die Klebstoffe bei Spaltweiten bis etwa 0,5 mm zur Abdichtung besonders von Glas-Kunststoff-Verbindungen einsetzen. Mit steigender Klebschichtdicke steigt die Belichtungszeit.

Modifizierte Acrylate polymerisieren mit Hilfe der Photoinitiatoren radikalisch, wobei die Reaktion beim Abschalten der Lichtquelle sofort gestoppt wird. Allerdings ergibt sich dabei ein Nachteil: die Radikale reagieren mit Sauerstoff weiter und bilden eine klebrige Oberfläche. Daher müssen diese Klebstoffe unter Lichteinwirkung vollständig ausgehärtet werden. Bei den modifizierten Epoxidharzen tritt dieser Effekt nicht auf. Sobald die kationische Reaktion nach der Belichtung ausgelöst ist, verläuft sie bis zum Ende der Härtung vollständig ab. Die Endfestigkeit der Verbindung ist nach etwa 10 Minuten erreicht. Daher muß bei diesen Klebstoffen zwischen der kurzen Fixier- und der eigentlichen Aushärtezeit unterschieden werden.

Die kationische Härtung der Klebstoffe kann mit Wärme beschleunigt bzw. fortgesetzt werden, so daß auch in Schattenbereichen durch eine nachträgliche Wärmebehandlung eine vollständige Härtung möglich ist. Besonders UV-härtende Klebstoffe mit Epoxidharzkomponenten benötigen eine Erwärmung, um vollständig auszuhärten.

4.5.1.9 Nachvernetzende Klebstoffe

Mit Schmelzklebstoffen können nach der Applikation in kurzer Zeit feste Verbindungen hergestellt werden. Aufgrund ihrer thermoplastischen Grundstruktur sind sie aber thermisch und mechanisch nicht hoch belastbar. Dieser Nachteil kann mit nachreagierenden Schmelzklebstoffen, auch als reaktive Schmelzklebstoffe bezeichnet, beseitigt werden.

Zur Nachvernetzung eignen sich spezielle Polyurethane, die wie Schmelzklebstoffe appliziert werden können. Anschließend erfolgt eine weitere Vernetzung durch die Luftfeuchtigkeit, wie sie bei den Polyurethanklebstoffen behandelt wurde.

4.5.2 Nichtreaktive Klebstoffe

4.5.2.1 Lösemittel- und Diffusionsklebstoffe

Die Eigenschaft, daß sich Kunststoffe in (einigen) Lösemitteln gut lösen, wurde schon frühzeitig zur Herstellung von Klebstoffen genutzt. Die "Klebstoffe" bestehen häufig aus dem zu verklebenden oder einem sehr artverwandten Kunststoff, wobei das Lösemittel eine organische Flüssigkeit ist, in dem sich der Kunststoff vollständig auflöst. In Einzelfällen eignet sich das reine Lösemittel als "Klebstoff", wenn ein Kunststoff relativ stark angequollen wird und beim Kontakt die Fügeflächen durch Druck gut durchmischt werden. Die Lösemittel- und Diffusionsklebstoffe müssen folgende Eigenschaften besitzen:

- hoher Feststoffanteil im Klebstoff, um so eine gute Spaltfüllung zu gewährleisten;
- schnelles Anquellen des zu verklebenden Kunststoffs;
- hohe Verdunstungsgeschwindigkeit des Lösemittels;
- keine Arbeitsplatz- und Umweltbelastung.

Da die besten Lösemittel für viele Kunststoffe halogenierte und aromatische Kohlenwasserstoffe sind und deshalb besonders der letzte Punkt (keine Arbeitsplatzbelastung) praktisch nicht erfüllt werden kann, werden diese Klebstoffe in neuerer Zeit immer weniger eingesetzt. Unabhängig davon gibt es beim Kunststoffkleben noch einige typische Beispiele für die Anwendung solcher Klebstoffe:

- Kleben von PVC-U und PVC-P (Rohre, Platten, Folien z.B. mit Tangit).
- Kleben von PMMA (Bauteile, Platten z.B. mit Agrifix).

Beim Arbeiten mit diesen Klebstoffen ergeben sich im Fertigungsprozeß immer Haltezeiten, die zur Abdunstung der Lösemittel benötigt werden. Werden die Abdunstzeiten nicht genau eingehalten, besteht die Gefahr, daß die Lösemittel den Kunststoff schädigen (Spannungsrißbildung) oder das Anquellen nicht erreicht wird (geringe Klebkraft).

4.5.2.2 *Kontaktklebstoffe, Kautschukklebstoffe*

Diese Klebstoffe bestehen aus Lösemitteln und kautschukartigen Kunststoffen (Polychlorbutadien, Butadiencopolymere), wobei die Klebstoffe so modifiziert werden, daß sie eine Dauerklebrigkeit besitzen, d.h. selbst nach dem Abdunsten der Lösemittel sind die verbleibenden Schichten klebrig. Daher können die Klebverbindungen auch nach einer längeren Zwischenlagerzeit gefügt werden. Die Klebfestigkeit ist vom Kontaktdruck während des Fügens abhängig. Kontaktklebstoffe werden vorrangig zum Kleben von Elastomeren eingesetzt. Da die Lösemittel die Umwelt belasten, werden in neuerer Zeit möglichst alternative Klebstoffe verwendet. Für das Kleben von Schäumen haben sich heute "Kontaktklebstoffe" auf der Basis wäßriger Dispersionen durchgesetzt. Die Dispersionen enthalten dauerklebrige Elastomere. Nach dem Abdunsten des Wassers können die Schäume zusammengepreßt werden und ergeben dann dauerhafte Verbindungen, zumal die spezifischen Kräfte vergleichsweise gering sind.

4.5.2.3 *Dispersionsklebstoffe*

Werden Klebstoffpartikel in Flüssigkeiten fein verteilt (dispergiert), entstehen Dispersionsklebstoffe. Besonders mit Wasser oder Lösemittel-Wassergemischen entstehen umweltgerechte Dispersionsklebstoffe. Da inzwischen fast alle Kunststoffpartikel in Wasser dispergiert werden können, gibt es hinsichtlich der Klebgrundstoffe kaum eine Einschränkung. Die wichtigsten Vertreter dieser Klebstoffe bestehen aus

- Polyvinylacetat und Polyvinylacetatcopolymeren (für kostengünstige Verklebungen),
- Polyurethanen (für hochfeste Verbindungen),
- kautschukartigen Polymeren (aus Polychloropren, Polybutadiencopolymere, Styrol-Isopren-Styrol-Copolymere (SIS), Styrol-Butadien-Styrol-Copolymere (SBS) für das Kleben von Elastomeren, Ersatz für lösemittelhaltige Klebstoffe),
- Polyacrylate und Polyacrylatcopolymere (geeignet für mechanisch und thermisch belastete Klebverbindungen),
- Fluorpolymere (geeignet für besonders hohe thermische Belastungen).

Die Dispersionsklebstoffe eignen sich zur Substitution lösemittelhaltiger Klebstoffe mit gleicher Grundkomponente (Kautschukklebstoffe, Acrylate, Polyurethane, Epoxidharze). Sie gelten als besonders ökologisch und werden häufig im Konsumbereich eingesetzt. Wenn die Grundkomponente ein Schmelzklebstoff ist, dient Wasser nur dazu, den Klebstoff leicht zu applizieren und dünne Klebstoffschichten herzustellen. Die Reinacrylate gehören zu den leistungsstärksten Klebstoffen dieser Stoffgruppe. Ihr besonderer Vorteil ist u.a. die Möglichkeit, durch Wasserzugabe die Viskosität der Verarbeitung anzupassen. Typische Qualitätskriterien der Dispersionsklebstoffe sind die Viskosität, die Partikelgröße und -verteilung, die Lagerstabilität, der Feststoffgehalt und die Empfindlichkeit gegenüber niedrigen Temperaturen.

Zur Erhöhung der thermischen Stabilität und der mechanischen Festigkeit werden den Dispersionsklebstoffen inzwischen auch Vernetzer zugesetzt, meistens ebenfalls in Form wäßriger Dispersionen, so daß aus den 1-komponentigen Dispersionsklebstoffen inzwischen 2-

komponentige Systeme geworden sind. Durch die Vernetzung erhöht sich vor allem die thermische Belastbarkeit gegenüber dem unvernetzten Klebstoff um etwa 20 bis 30 °C.

Die bekanntesten Dispersionsklebstoffe bestehen aus Polyvinylacetat und werden in großen Mengen für Holz- und Kunststoffverbindungen eingesetzt.

Eine Sonderstellung nehmen die Plastisole ein, da es sich einerseits um Dispersionen von PVC in flüssigen Weichmachern handelt, andererseits der Weichmacher nicht abdunstet, sondern sich während einer Wärmebehandlung mit dem PVC zum PVC-P umwandelt (geliert). Die entstehende Klebstoffschicht haftet auf Metallen und thermisch stabilen Kunststoffen, so daß Plastisole gute Kleb- und Dichtstoffe zwischen diesen beiden Materialien sind.

4.5.2.4 Schmelzklebstoffe

Die Schmelzklebstoffe gehören zu den einkomponentigen, nicht chemisch reagierenden Klebstoffen mit einigen Besonderheiten gegenüber vielen anderen Klebstoffen. Wie ihr Name ausdrückt, ergibt sich die Klebwirkung dadurch, daß sie im schmelzflüssigen Zustand appliziert werden. Nach dem Abkühlen liegt der Ausgangszustand wieder vor. Die Fertigungsgeschwindigkeit wird deshalb alleine durch die Art der Applikation und die Abkühlgeschwindigkeit bestimmt. Die Schmelzklebstoffe besitzen einen ausgeprägten thermoplastischen Charakter, d.h. sie können mehrmals aufgeschmolzen werden, sind lange lagerfähig und überwiegend physiologisch unbedenklich. Da die Klebstoffe lösemittelfrei sind, entsprechen sie vielen Umweltanforderungen.

Die Klebstoffe werden in Form von Granulaten, verarbeitungsgerechten Stangen (sog. Stix), streufähigen Pulvern, Strängen oder Folien angeboten. In Schmelzklebstoffpistolen werden die Granulate oder Stangen aufgeschmolzen und gleichzeitig appliziert. Die Verarbeitungstemperatur, d.h. die Schmelzetemperatur in der Pistole, muß dabei so hoch gewählt werden, daß sich eine niedrige Viskosität einstellt. Die niedrige Viskosität ist für die schnelle und intensive Benetzung des Klebstoffs mit dem Kunststoffügeteil erforderlich. Ohne die Benetzung ist keine Adhäsion und damit keine Übertragung von Klebkräften möglich. Andererseits wird aus fertigungstechnischen Gründen eine möglichst niedrige Verarbeitungstemperatur angestrebt, da dann die Abkühlzeit verkürzt und die Schmelze auch thermisch weniger belastet werden würde. Die Klebfestigkeit von Kunststoffverbindungen wird daher in hohem Maße von der richtigen Verarbeitungstemperatur bestimmt. Daneben muß aber auch ein "optimaler" Abkühlvorgang berücksichtigt werden, d.h. die Temperaturen der Oberflächen, auf die die Schmelzen treffen, dürfen nicht zu niedrig sein. Dieses Problem ist besonders bei Materialien mit guter Wärmeleitfähigkeit zu beachten. Wenn die Schmelze auf solche Materialien mit niedriger Temperatur trifft, erstarrt sie noch vor der notwendigen Benetzung, so daß die Bildung von Adhäsionskräften behindert wird. Sofern Schmelzklebstoffe zum Verbinden von massiven Kunststoffen, Karton oder Papier eingesetzt werden, ist die Abkühlgeschwindigkeit aufgrund der geringen Wärmeleitfähigkeit nicht so hoch. In diesen Fällen kann die Verarbeitungstemperatur an der unteren zulässigen Temperatur liegen. Bei sehr dünnen Klebstoffschichten muß berücksichtigt werden, daß die Abkühlung primär vom Wärmeinhalt des Schmelzklebstoffs und der Wärmeleitung zwischen Klebstoff und Kunststoff bestimmt wird, also bei kleinen Klebstoffmengen/Flächen auch eine zu schnelle Abkühlung stattfinden kann.

Wie alle Kunststoffe sind auch die Schmelzklebstoffe nicht unbegrenzt thermisch belastbar. Der thermische bedingte Abbau ist zeit- und temperaturabhängig, wobei die "Empfindlichkeit" dieser Klebstoffe wiederum vom Grundmaterial abhängt. In der Praxis muß deshalb berücksichtigt werden, die Klebstoffe nicht zu sehr zu erhitzen (um eine möglichst niedrige Viskosität zu erreichen) bzw. zu lange in einer "Warteposition" in der Klebstoffpistole zu belassen.

Ein besonderer Vorteil der Schmelzklebstoffe gegenüber den meisten anderen Klebstoffen ist die mehrfache Verwendbarkeit bzw. das vergleichsweise leichte Lösen der Klebverbindung.

Werden die Schmelzklebstoffe strangartig aufgetragen, können sie größere Spalte überbrükken und die Funktion von Kleb- und Dichtstoffen übernehmen

Eine Besonderheit sind Schmelzklebstoffe, die gleichzeitig in die Kategorie der Haftklebstoffe einzuordnen sind, so genannte "Hot Melt Pressure Sensitive Adhesives" (HMPSA). In diesem Fall wird die Auftragstechnologie der Schmelzklebstoffe (Beschichten über Düsen) genutzt, um Haftklebebänder ohne den Einsatz von Lösemitteln herzustellen.

Nachfolgend werden die wichtigsten Grundkomponenten für Schmelzklebstoffe mit ihren typischen Eigenschaften behandelt.

Ethylenvinylacetat-Copolymere: Die Copolymere aus Ethylen und Vinylacetat gehören zu den wichtigsten Schmelzklebstoffen, da sie auf Kunststoffen und fast allen anderen Werkstoffen sehr gut haften. Der Anteil von Vinylacetat im Copolymer kann zwischen 10 und 50 % liegen. Mit steigendem Anteil nimmt die Klebfähigkeit (Klebrigkeit) zu, allerdings sinkt die thermische und mechanische Belastbarkeit der Klebverbindungen, da die Eigenfestigkeit und Schmelztemperatur sinken. Die untere Schmelztemperatur liegt bei 80 °C, d.h. auch empfindliche Kunststoffe oder dünne Folien lassen sich so kleben.

Polyolefinbasis: Obwohl die Polyolefine im festen Zustand sehr schlecht klebbar sind, verbinden sie sich im schmelzflüssigen Zustand (aufgrund der niedrigen Viskosität) mit vielen Kunststoffen und anderen Werkstoffen. Besonders in der Verpackungsindustrie dienen sie als Siegelmassen (hot melts) im Sinne von Klebstoffen. Die Schmelzklebstoffe bestehen aus linearem PE (PE-LLD, Schmelztemperatur 107 °C), Polyethylen (PE-LD, Schmelztemperatur 128 °C), Polypropylen (PP, Schmelztemperatur 154 °C), Poly-α-Olefinen (amorph, langsam abkühlend).

Elastomerbasis: Thermoplastische Elastomere (TPE) sind schmelzbar und besitzen gleichzeitig eine hohe Haftung auf Kunststoffen. Daher werden sie auch als Schmelzklebstoffe eingesetzt. Die wichtigsten Vertreter sind die Styrol-Butadien-Styrol- (SBS) und Styrol-Isopren-Styrol- (SIS)-Blockcopolymere. Die harte Styrolphase schmilzt bei etwa 100 °C, so daß die Verarbeitungstemperatur bei etwa 140 °C liegt.

Polyamidbasis: Als Schmelzklebstoffe werden ausschließlich Copolyamide des Polyamid 12 (PA 12) und sog. Polyamidharze als Grundkomponenten eingesetzt. Die weiteren Komponenten der Copolymerisation (Polyester, Polyether) bestimmen die Klebstoffeigenschaften, so daß diese den Anforderungen angepaßt werden können. Das gilt besonders für die Schmelztemperatur, sie liegt bei maximal etwa 220 °C, und bestimmt damit die thermische Stabilität der Klebverbindungen. Die Schmelzklebstoffe sind wie alle Polyamide besonders benzin- und lösemittelbeständig und eignen sich daher zum Kleben im Automobilbereich. Die Klebstoffe werden darüber hinaus in der Textil-, Bau- und Elektronikindustrie verwendet.

Polyurethanbasis: Bei den Polyurethanschmelzklebstoffen werden thermoplastische Polyurethane (TPU) eingesetzt, die weitere klebrigmachende Komponenten enthalten. Die Applikation erfolgt bei höheren Temperaturen. Eine andere Gruppe geht von den vernetzenden Polyurethanen aus, die verkappte reaktive Endgruppen in der chemischen Struktur enthalten. Diese "verkappten Endgruppen" spalten sich bei höheren Temperaturen auf und ergeben dann einen Vernetzer, der die Härtungsreaktion auslöst. Dadurch hat man die Möglichkeit, die Polyurethane einerseits wie einen Schmelzklebstoff aufzutragen, aber andererseits die günstigen Eigenschaften dieser Klebstoffe (hohe Flexibilität, Haftung auf vielen Kunststoffen, schnelle Weiterbearbeitung) zu nutzen. Das Auftragen bei etwa 70 °C kann zeitlich von der Aktivierung der Vernetzungsreaktion bei etwa 140 °C getrennt werden.

4.5.2.5 Heißaktivierbare Klebstoffe

Viele nichtreaktive Klebstoffe lassen sich mehrfach aufschmelzen und können daher als so genannte heißaktivierbare Klebstoffe eingesetzt werden. Vor der Heißaktivierung können die Klebstoffe mit verschiedenen Methoden auf dem zu klebenden Kunststoff appliziert werden: in Form von Pulvern, Folien, Beschichtungen, Dispersionen oder Lösungen. Dieser Prozeß kann in die Vorfertigung verlagert werden, so daß der eigentliche Klebprozeß die Heißaktivierung ausmacht.

Typische heißaktivierbare Klebstoffe sind Folien aus Copolymeren von Polyolefinen und Ethylenvinylacetat (EVA) sowie Acrylat-, EVA-, PUR- oder Fluorpolymerdispersionen. Letztlich sind alle Schmelzklebstoffe, die in einem Vorprozeß aufgetragen wurden und später noch einmal aufgeschmolzen werden, ebenfalls in diese Kategorie einzuordnen.

4.5.2.6 Naturprodukt-Klebstoffe

In der Natur kommen pflanzliche und tierische Produkte vor, die wie Polymere zu betrachten sind (Biopolymere) und gleichzeitig gute Klebeigenschaften haben. Die bekanntesten Grundstoffe sind die Eiweiße, Glutine, Caseine, Cellulosen, natürlichen Kautschuklatices und die Stärke. Aufgrund ihrer natürlichen Bausteine sind die daraus hergestellten Klebstoffe (häufig auch als Leime oder Kleister bezeichnet) besonders im Konsum- und Lebensmittelbereich wichtige Klebstoffe, zumal in diesem Bereich im allgemeinen maximale Klebfestigkeiten nicht im Vordergrund stehen. Eine typische Anwendung ist die Etikettierung von Kunststoffflaschen, wobei die Kunststoffe vorbehandelt werden müssen, um eine schnelle und sichere Haftung zu erreichen.

Die Klebstoffe besitzen eine begrenzte Haltbarkeit, sind feuchteempfindlich und bakterienanfällig. Diese Nachteile werden beim natürlichen Abbau geklebter Verbindungen ausgenutzt.

4.5.3 Haftklebstoffe

In den Haftklebstoffen (PSA, Pressure Sensitive Adhesive) vereinen sich mehrere Eigenschaften: sie sind dauerhaft klebrig, können z.T. wiederholt eingesetzt werden und erhalten ihre Klebkraft durch eine kurzzeitig druckartige Belastung. Bei den Haftklebstoffen handelt es sich um "hochviskose Flüssigkeiten", die üblicherweise auf Trägern aus Papier, Textilien, Metallbändern oder Kunststoffolien aufgetragen werden. Bei Transferbändern werden die Haftklebstoffe ohne Träger auf silikonisiertem Papier appliziert und so mittels Druck auf ein anderes Fügeteil übertragen. Danach erfolgt das eigentliche Verbinden mit weiteren Bauteilen. Die ersten Haftklebstoffe bestanden aus Kautschuksystemen, später wurden Reinacrylate und Acrylatcopolymere sowie Polyurethansysteme so modifiziert, daß sie höhere Anforderungen erfüllen konnten. Neueste Haftklebstoffe bestehen auch aus polyolefinen Klebstoffen. Kautschuksysteme besitzen zwar eine besonders gute Klebrigkeit auf vielen Kunststoffen, sind aber relativ feuchtigkeitsempfindlich. Bei hoher Luftfeuchtigkeit besteht immer die Gefahr, daß sie ihre Klebkraft verlieren. Über etwa 40 °C werden sie sehr weich und verlieren ihre Eigenfestigkeit. Reinacrylate und modifizierte Acrylate sind Grundstoffe, die feuchtigkeitsstabiler und thermisch höher belastbare Haftklebstoffe ergeben. Vor allem Reinacrylate besitzen eine nennenswerte Klebkraft bis etwa 150 °C.

Neben den erwähnten Grundstoffen, die das Trägergerüst eines Haftklebstoffes darstellen, sind es vor allem die Klebrigmacher (Tackifier), die die Qualität eines Haftklebstoffes bestimmen. Da es sich bei den Haftklebstoffen um Mischungen aus vielen Bestandteilen handelt, muß besonders bei chemischen Belastungen überprüft werden, ob alle Bestandteile ausreichend stabil sind.

Die Schichtdicken der Haftklebstoffe auf den Trägermaterialien liegen zwischen 10 und 300 µm. Sie bestimmen maßgeblich die Scher- und Schälkräfte und damit die Anwendungsbereiche.

Ein wichtiger Anwendungsbereich neben dem Konsumbereich sind Haftetiketten aus Kunststoffen. Hier müssen die Haftklebstoffe sehr gut auf dem Kunststoffträger und gleichzeitig auf vielen Kunststoffverpackungen (z.B. Flaschen, Chemikalienverpackungen) haften. Haftklebstoffe (gut lösliche Kautschuksysteme) werden auch in Spray-Form angeboten. Damit besteht die Möglichkeit, größere Flächen mit einem Klebstofffilm zu versehen und die Filmdicke den Anforderungen anzupassen, wobei aber die Verdunstung großer Mengen Lösemittel in Kauf genommen werden muß.

4.6 Konstruktive Gestaltung

4.6.1 Gestalt und Tragfähigkeit von Klebverbindungen

Ein großer Vorteil der Klebverbindungen gegenüber anderen Verbindungsvarianten ist die gleichmäßige Spannungsverteilung, Bild 4.39.

Für die Spannungsverteilung sind dabei nicht nur die Höhe der zu übertragenden Kräfte wichtig, sondern auch die Steifigkeit bzw. E-Moduln der beteiligten Werkstoffe. Da diese bei Metallen und Keramiken etwa ein bis zwei Zehnerpotenzen höher liegen als diese bei Kunststoffen, werden sie bei einer Krafteinleitung praktisch nicht verformt, die Kunststoffe dagegen relativ stark. Das gilt besonders für thermoplastische Kunststoffe. Die unterschiedlichen Verformungen in den Kunststoffen und Metallen wirken sich auch auf die Spannungsverteilungen in den Klebstoffschichten aus, so daß besonders bei Kunststoff-Metallverbindungen inhomogene Spannungsverteilungen auftreten. Eine Sonderstellung nehmen die faserverstärkten Kunststoffe ein, deren Steifigkeit teilweise im Bereich der Metalle liegt.

Die unterschiedlichen Verformungen und Spannungen in den Klebstoff/Kunststoff-Grenzschichten bei Kunststoffen mit unterschiedlichen E-Moduln bestimmen auch die Klebstoffauswahl. Bei hohen elastischen Verformungen sollten flexible Klebstoffe (PUR, flexibilisierte Acrylate, Schmelzklebstoffe, vernetzende Silicone) eingesetzt werden, bei formsteifen Kunststoffen oder in Kombination mit anderen steifen Werkstoffen sind Klebstoffe mit hohen E-Moduln zu bevorzugen (Epoxidharze, hochvernetzende Polyurethane).

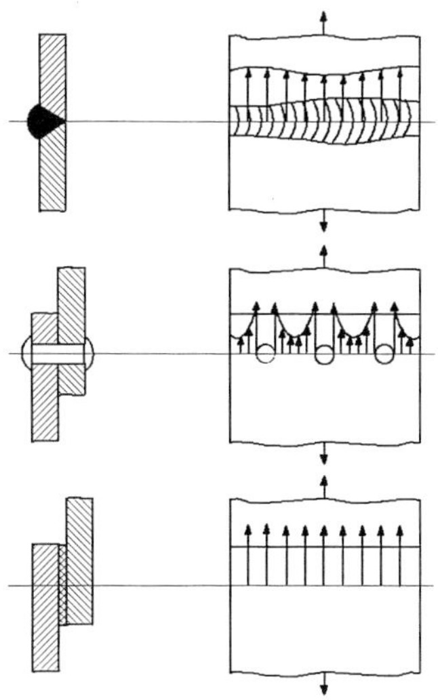

Bild 4.39 Spannungsverteilung in geschweißten (oben), genieteten (Mitte) und geklebten (unten) Verbindungen

Da der Grundgedanke des Klebens darin besteht, durch eine möglichst große Adhäsion und Kohäsion den Zusammenhalt einer Verbindung zu sichern, um so große Kräfte übertragen zu können, wird die Klebfestigkeit sehr stark von der Geometrie der Verbindungen beeinflußt. Über die Gestalt und Geometrie einer Klebverbindung wird der jeweilige Anteil an Zug-, Druck- und Schubspannungen bestimmt, den drei Grundspannungen, die in festigkeitsbeanspruchten Werkstoffen auftreten können. Entscheidend für die Festigkeit einer Klebung sind möglichst geringe Anteile an Zugspannungen und hohe Anteile Druck- oder an Schubspannungen. Besonders bei stumpf geklebten Kunststoffen reichen vergleichsweise geringe Kräfte aus, die Wechselwirkungskräfte zwischen Kunststoff und Klebstoff zu überwinden, so daß es zu einem adhäsiven Versagen kommt.

Günstig für große Klebfestigkeiten sind Schubspannungen, da dann die adhäsiven Bindungen weniger beansprucht werden und in den Klebstoffen aufgrund partieller Gleiteffekte in den Molekülen Spannungsspitzen abgebaut werden. Besonders ungünstig sind Schälbeanspruchungen, da in diesem Fall der gesamte Kraftangriff zu linienförmigen Belastungen und zu extrem hohen Spannungen führt, Bild 4.40.

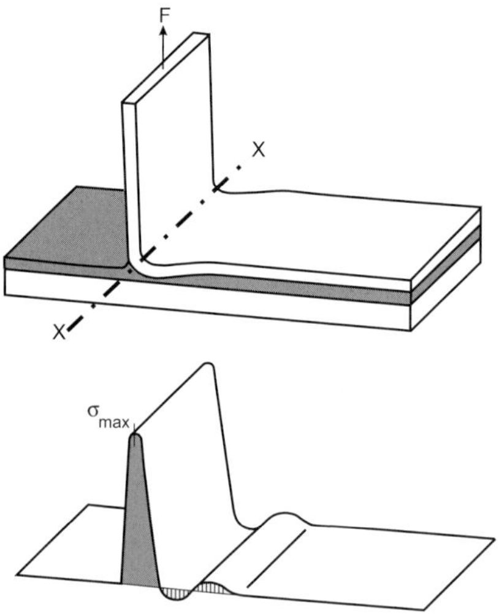

Bild 4.40 Schälbeanspruchung und Spannungsverteilung in einer Klebverbindung

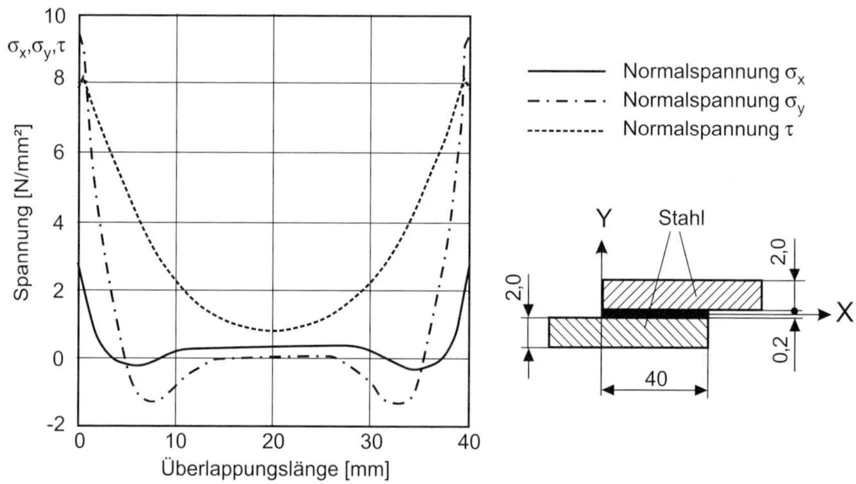

Bild 4.41 Spannungsverteilung in einer überlappenden Klebverbindung (s.a. Bild 8.26 - Bild 8.28)

Bild 4.41 macht deutlich, daß die Spannungsverteilung in einer Klebverbindung sehr inhomogen ist und daß an den Überlappungsenden große Spannungsspitzen auftreten. Der Spannungsverlauf wird dabei von der Überlappungslänge, den E-Moduln des Klebstoffs und Kunststoffs und der Dicke der Fügeteile bestimmt. Die Spannungsspitzen steigen bei dicken, überlappenden Fügeteilen und bei hohen E-Moduln der Kunststoffe und Klebstoffe. Günstig bei Kunststoffen ist die Fähigkeit zur Relaxation, d.h. mit der Zeit kommt es zu einem Spannungsabbau aufgrund innermolekularer Bewegungen.

Unter Berücksichtigung der Spannungsverteilung sind besonders Rundverbindungen, überlappende zweischnittige und bei dickeren Bauteilen auch geschäftete Verbindungen günstige Ausführungen, Bild 4.42. Aufgrund des hohen Aufwandes kommt die geschäftete Verbindung in der Praxis kaum vor. Direkte überlappende Klebungen ergeben einschnittige Verbindungen mit relativ hohen Biegespannungen bei einer Zugbeanspruchung. Bei reinen Kunststoffverbindungen sind Stumpfklebungen möglich, wenn die Zugfestigkeit des Klebstoffs größer ist als die Zugfestigkeit des Kunststoffs.

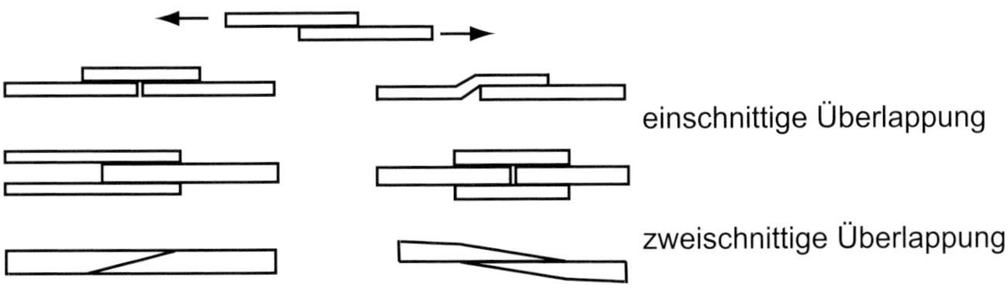

Bild 4.42 Beispiele für Flachverbindungen (s.a. Bild 8.29)

Bei Metall-Kunststoff- oder Keramik-Kunststoffverbindungen muß die unterschiedliche Ausdehnung der Fügeteile bei einer Erwärmung beachtet werden (α-Problematik). Die Relativbewegung ergibt auch ohne zusätzliche mechanische Belastungen Spannungen, die zum Versagen führen können, zumal bei einer Erwärmung die Eigenfestigkeit des Kunststoffs und die Adhäsion sinken. Andererseits ermöglicht eine Erwärmung eher den Abbau von Spannungsspitzen im Klebstoff, d.h. eine Temperung wirkt sich günstig auf die Tragfähigkeit einer Metall-Kunststoffverbindung aus.

Kunststoffe können in Form von Flach- oder Rundverbindungen (Folien, massive Bauteile, Schaumstoffblöcke, Rohre, Muffen, Welle-Nabe-Verbindung) geklebt werden. Bei den Flachverbindungen sind die Materialdicke und der E-Modul wichtige Größen für die erreichbaren Klebfestigkeiten. Mit zunehmender Dicke und Steifheit wächst in einer einschnittigen Verklebung der Widerstand gegen eine Verformung, gleichzeitig sinkt die Spannungsüberhöhung an den Überlappungsenden. Bei geringem E-Modul kann der Kunststoff der Verformung bei einer außermittigen Zugbeanspruchung relativ leicht ausweichen, Bild 4.43.

Neben den geometrieabhängigen Spannungen bestimmen auch die Temperaturen und umgebenden Medien die Tragfähigkeit von Klebverbindungen. Mit steigenden Temperaturen werden einerseits die Wechselwirkungen an den Grenzschichten geschwächt, andererseits sinken auch die Festigkeiten der Kunststoffe und Klebstoffe. Da es sich bei Kunststoffen um Materialien handelt, die ein relativ großes "Fehlvolumen" besitzen, in das bestimmte Substanzen eindringen können, ist die Chemikalienresistenz der einzelnen Kunststoffe auch bei Klebverbindungen von großer Bedeutung. Im Gegensatz zu Metallen können Chemikalien, insbesondere auch die Luftfeuchtigkeit, über den Kunststoff an die Grenzschicht gelangen und dort zur Schwächung der Adhäsion führen. Bevorzugt dringen die zumeist flüssigen Substanzen allerdings über die Grenzschicht in die Klebverbindung ein. Deshalb ist es in manchen Fällen ratsam, die Überlappungsenden gesondert zu schützen.

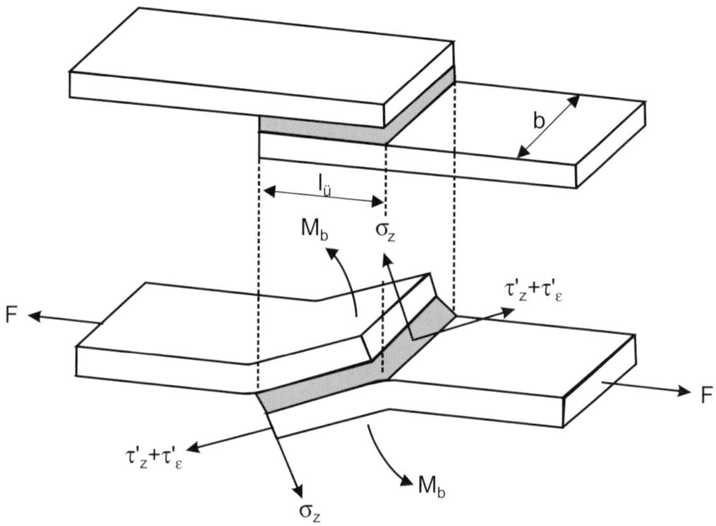

Bild 4.43 Verformung einer Klebverbindung bei einschnittiger Überlappung infolge eines außermittigen Kraftangriffs (s.a. Bild 8.27)

F = *Kraft*	σ_z = *Normalspannung*
M_b = *Biegemoment*	*lü* = *Überlappungslänge*
$\tau`_z$ = *Fügeteilverschiebung*	b = *Fügeteilbreite*
$\tau`_\varepsilon$ = *Fügedehnung (aus* τ_ε *bzw.* σ_ε*)*	

Bei Kunststoffklebungen muß außerdem mit einem Phänomen gerechnet werden, das es bei reinen Metallklebungen nicht gibt. Kunststoffe enthalten teilweise Weichmacher und Additive, die an die Grenzschicht zwischen Klebstoff und Kunststoff wandern (migrieren). Dadurch kann es zur Anreicherung und langfristig zum Versagen einer Klebverbindung kommen. In solchen Fällen müssen Klebstoffe eingesetzt werden, die keine "Grenze" für die Migration darstellen, sondern auch vom Klebstoff aufgenommen werden. Ein typisches Beispiel sind PVC-P-Klebungen mit PUR-Klebstoffen. Einige PUR-Klebstoffe sind in der

Lage, typische PVC-Weichmacher zu absorbieren und ergeben deshalb stabile Klebverbindungen.

4.6.2 Berechnungsmethoden

Zur Berechnung von Kunststoffklebverbindungen existieren noch keine mathematischen Ansätze, die mit Methoden aus dem Metallbereich vergleichbar wären. Es ist auch kurzfristig nicht zu erwarten, daß hinreichende Berechnungsmethoden erarbeitet werden, da zu viele ungeklärte Einflußgrößen das Ergebnis einer Festigkeitsberechnung mitbestimmen. Dadurch würden die Berechnungsansätze sehr kompliziert und von der Praxis kaum angenommen werden. Die Gründe für die Schwierigkeiten bei der Erarbeitung von Berechnungsmethoden für Kunststoffe sind:

- viskoelastisches und viskoplastisches Verhalten der Kunststoffe,
- große Temperaturabhängigkeit der Eigenschaften selbst im Bereich von 20 bis 100 °C,
- sehr geringer Hook`scher Bereich, Elastizitätstheorie besitzt begrenzte Gültigkeit,
- der Materialbruch der Kunststoffe weit unterhalb der rechnerischen Materialfestigkeit.

Unabhängig von den genannten Schwierigkeiten hat man sich in der Praxis auf die Berechnungsansätze aus dem Metallbereich gestützt und so die Möglichkeit geschaffen, die zulässigen Festigkeiten aufgrund geometrischer, mechanischer, thermischer und chemischer Belastungen bewerten zu können. Bei allen Berechnungen der Klebfestigkeiten muß man unterscheiden zwischen reinen Kunststoff/Kunststoff- und Kunststoff/Metallverbindungen, da sich die Verformbarkeit der Verbindungen im Klebbereich erheblich unterscheiden.

Die mittlere Scherfestigkeit einer einschnittig überlappten Verbindung beträgt:

$$\sigma = \frac{P}{A} \tag{4.12}$$

σ = *mittlere Zugscherspannung*
P = *Kraft*
A = *Klebfläche*

Bei Gültigkeit dieser Gleichung (4.12) müßte die Tragfähigkeit einer Klebverbindung proportional mit der Klebfläche steigen. Voraussetzung wäre eine gleichmäßige Spannungsverteilung entsprechend Bild 4.39. Dem steht die in Bild 4.41 gezeigte Spannungsüberhöhung an den Überlappungsenden entgegen, die letztlich die tatsächliche Tragfähigkeit einer Klebverbindung bestimmt. Besonders bei Kunststoffen liegt die Bruchspannung weit unter der zulässigen Zugfestigkeit. Der Ausnutzungsfaktor als Verhältnis der berechneten Bruchspannung zur Zugfestigkeit liegt unter Berücksichtigung äußerer Einflußparameter bei Klebverbindungen zwischen 0,1 und 0,6. Dabei wird oben gezeigte Gleichung bei praktisch allen vergleichenden Untersuchungen zur Ermittlung der Zugscherfestigkeit herangezogen.

Um trotz der aufgezeigten Schwierigkeiten eine Berechnung zugänglich zu machen und dabei die mechanischen, thermischen und chemischen Belastungen sowie die Langzeitstabilität zu berücksichtigen, ist es sinnvoll, Abminderungsfaktoren für die einzelnen Belastungen einzuführen. Geeignete Faktoren sind:

– bei ruhender statischer Belastung	0,8
– bei dynamischer gleichförmig schwingender Belastung	0,3
– bei stochastischer dynamischer Belastung	0,2
– bei thermischer Belastung je nach Temperatur	0,7 bis 0,2
– bei chemischer Belastung (einschließlich Feuchte)	0,4
– bei Langzeitbelastungen	0,5.

Diese Faktoren können nur näherungsweise die Einflüsse auf die tatsächliche Tragfähigkeit einer Klebverbindung wiedergeben und müssen insbesondere bei Strukturklebungen im Einzelfall überprüft werden. Da die Streuung der mechanischen Kennwerte von Klebverbindungen sehr groß ist, muß neben den Abminderungsfaktoren auch ein Streufaktor von etwa 0,8 berücksichtigt werden, so daß sich die mittlere zulässige Scherspannung mit dem Ansatz $\sigma_{(zul.)}$ = mittlere Scherspannung x Streufaktor x Abminderungsfaktor ergibt.

Die Scher- und Schälfestigkeit von Klebungen ist stark von der Klebschichtdicke abhängig. Mit steigender Klebschichtdicke sinken im allgemeinen die Festigkeitswerte, da sich dann die Spannungen auf ein größeres Volumen "verteilen" und die Eigenfestigkeit gegenüber der Adhäsion stärker die tatsächliche Festigkeit bestimmt. Der Einfluß der Klebschichtdicke auf die Tragfähigkeit läßt sich mit dem Spannungsgleitungs-Verhalten eines Klebstoffs beschreiben. Hierbei wird zwischen zwei formsteifen Probekörpern der Klebstoff mit unterschiedlichen Dicken einer konstanten Spannung ausgesetzt und die Gleitung als Funktion der Zeit und Temperatur gemessen. Als Versagenskriterium gilt eine bestimmte Verformung, die nicht überschritten werden darf, da andernfalls mit bleibenden Schädigungen im Klebstoff zu rechnen ist.

Die optimalen Klebschichtdicken sind vom Klebstoff abhängig und liegen zwischen 0,05 mm (z.B. für Cyanacrylate) und 0,2 mm für kalt- und warmhärtende Epoxide, Polyester und Polyurethane.

Bei abdichtenden Klebstoffen steht nicht die maximale Klebfestigkeit im Vordergrund, sondern die elastische Spaltausfüllung. Daher sind diese Klebstoffe so modifiziert, daß sie größere Spalte überbrücken und auch bei Relativbewegungen im Spalt nicht reißen.

4.6.3 Verfahrenskombinationen

Das Durchsetzfügen (Druckfügen, Clinchen, Toxen) hat sich im Metallbereich als interessante Technik etabliert, um wärmeschonend bei hohen Geschwindigkeiten Metalle zu verbinden. Voraussetzung ist eine ausreichende plastische Umformbarkeit der Fügeteile. Bei Verwendung spezieller Niete können auch Kunststoffe (mit anderen Werkstoffen) mit dieser Technik verbunden werden, Bild 4.44.

Die CFK-Strukturen werden in diesem Beispiel zeitunabhängig für das Aushärten der Bauteile fixiert und gleichzeitig geklebt, um so die Tragfähigkeit zu erhöhen.

Beim Durchsetzfügen ergeben sich punktförmige Verbindungen, die nicht vollständig dicht sind. Daher hat man das Kleben und Durchsetzfügen kombiniert, um so dichte Verbindungen herzustellen. Das Kleben kann vor und nach dem Durchsetzfügen erfolgen, wobei im letzten Fall mehr die Abdichtung im Vordergrund steht. Wird vor dem Durchsetzfügen ein Klebstoff im Fügebereich aufgetragen, erhöhen sich die Festigkeiten der Verbindungen. Entscheidender als der statische Festigkeitsgewinn sind die höhere dynamische Stabilität, die geringere Korrosionsanfälligkeit und die größere Schalldämmung aufgrund der Verfahrenskombination.

Bild 4.44 Verbinden von CFK-Strukturen mittels Durchsetzfügen und Kleben

4.7 Fertigung

Kunststoffe haben gegenüber anderen Werkstoffen einige besondere Eigenschaften, die das Kleben erschweren:

- sie besitzen niedrige Oberflächenspannungen,
- sie verändern ihre Eigenschaften bei mechanischen, chemischen und thermischen Belastungen,
- sie enthalten Inhaltsstoffe, die selbst wie antiadhäsive Stoffe wirken oder die stark migrieren,
- sie enthalten (teilweise) an der Oberfläche Formtrennmittel mit antiadhäsivem Charakter.

Diese Eigenschaften führen dazu, daß die Benetzbarkeit behindert wird und keine starken Wechselwirkungskräfte zwischen dem Kunststoff und Klebstoff entstehen können. Um auch schlecht benetzbare Kunststoffe kleben zu können und um die Langzeitstabilität der Klebungen zu erhöhen, gibt es drei Wege:

- Modifizierung der Klebstoffe (nur begrenzt möglich, da auch die Klebwirkung verändert wird);
- Modifizierung der Kunststoffe (verändert auch andere Kunststoffeigenschaften);
- Vorbehandlungen der Fügeflächen.

4.7.1 Vorbehandlungsmethoden

(s.a. Kap. 4.1.1 Haftmechanismen)

Die Methoden zur Erhöhung der Benetzbarkeit und der Wechselwirkungen zwischen Kunststoff und Klebstoff können mechanischer, naß- oder trockenchemischer Art sein und innerhalb der trockenchemischen Vorbehandlung als Gasphasen- oder elektrische Prozesse durchgeführt werden. Zur Beurteilung der Benetzbarkeit dient der Wassertropfen- oder der „Tintentest". Beim Wassertropfentest wird mit einer Spritze ein Wassertropfen auf dem Kunststoff erzeugt und beobachtet, wie der Tropfen verläuft. Da Wasser eine Oberflächenspannung von 72 mN/m hat, gelingt der Verlauf nur bei gut benetzbaren Oberflächen. Der Tintentest nutzt das gleiche Prinzip. Zusätzlich enthält das Wasser in der Testtinte aber verschiedene Anteile Lösemittel mit niedrigen Oberflächenspannungen und ist intensiv blau angefärbt. Durch die Lösemittel wird die Oberflächenspannung des Wassers in Stufen gesenkt, so daß sehr viel genauer bestimmt werden kann, welche Oberflächenspannung eine Kunststoffoberfläche tatsächlich hat. Genauere, objektivere Aussagen liefern automatisierte Randwinkelmessungen mit optischen Meßsystemen, die den Flüssigkeitsverlauf im Zusammenhang mit der Tropfengröße für verschiedene Flüssigkeiten, die natürlich keine Wechselwirkungen mit dem Kunststoff eingehen dürfen, erfassen und rechnergestützt auswerten. Details hierzu s.a. Kap. 4.2.

Es muß aber immer berücksichtigt werden, daß ein möglichst kleiner Randwinkel, also ein sicheres Verlaufen der Flüssigkeit auf dem Kunststoff, kein Beleg für eine hohe Haftung ist. Die Haftung ist primär ein Ausdruck für die Wechselwirkung Kunststoff-Klebstoff, die Benetzung ist allerdings eine notwendige Voraussetzung für hinreichende Wechselwirkungskräfte.

4.7.1.1 Mechanische Behandlung

Kunststoffe haben gegenüber Metallen wesentlich geringere Zähigkeiten und sind sehr viel elastischer. Gleichzeitig beruht die mechanische Vorbehandlung auf dem Grundprinzip, durch äußere Einwirkung mit harten Stoffen oder mit Strahlmitteln hoher kinetischer Energie die Oberflächen abzutragen. Um den Materialabtrag bei Kunststoffen gering zu halten, müssen die mechanischen Behandlungen deshalb mit geringerer kinetischer Energie ausgeführt werden oder mit Strahlmitteln, die nicht zu hart sind. Eine Ausnahme ist die mechanische Vorbehandlung von faserverstärkten Kunststoffen. Bei ihnen ist ein Abtrag gewollt, um so die Fasern freizulegen. Dazu können feinkörnige Korund-Strahlmittel eingesetzt werden.

Die mechanische Vorbehandlung erfolgt überwiegend durch Bürsten und Schleifen. Als Strahlmittel werden Glasperlen und Kunststoffgranulate eingesetzt, neuerdings auch CO_2-Pellens (-78 °C, Härte 2 Mohs, punktuelle Versprödung), wobei die Abfälle geringer sind und weniger Strahlmittel in Hinterschneidungen zurückbleiben. Das Cold-Jet-Verfahren mit CO_2-Pellets eignet sich zur schonenden Entfernung von Klebstoffresten bei Reparaturen.

Grundsätzlich wird die Oberflächenenergie der Kunststoffe im Gegensatz zu Metallen durch mechanische Behandlungen nicht erhöht, so daß mit diesen Verfahren nur eine veränderte Topographie und der Abtrag von antiadhäsiven Schichten bewirkt werden. Besonders bei thermoplastischen Kunststoffen sind mechanische Behandlungen nicht zu empfehlen, da jede Riefenbildung die Rißanfälligkeit erhöht, die Schlagzähigkeit drastisch senkt und die Langzeitstabilität der Klebungen bei Klimalagerungen senkt.

4.7.1.2 Reinigung mit Flüssigkeiten

Im Gegensatz zu den Metallen besteht bei den Kunststoffen in der Regel nicht die Aufgabe, Verschmutzungen in größeren Mengen vor der eigentlichen Vorbehandlung zu entfernen. Daher beginnt bei den Kunststoffen häufig die "Vorbehandlung" mit einer Feinreinigung. Die Hauptaufgabe der Feinreinigung ist die Entfernung von organischen Ablagerungen wie Gleitmittel, Antistatika, Trennmittel oder äußeren Kontaminationen, z.B. Stearinsäureprodukte, Ölsäureamide, Silicone, Polyethylen-Wachse. Zur Entfernung dieser Stoffe eignen sich, Tabelle 4.8:

- halogenierte Kohlenwasserstoffe (HKW, Ersatz wird angestrebt, z.B. Vertrel der Fa. Dupont),
- nichthalogenierte Kohlenwasserstoffe (KW),
- wäßrige Lösungen.

Das Entfernen von Ablagerungen auf Kunststoffoberflächen wird auch als Feinreinigung bezeichnet, da bei geeigneter Prozeßführung selbst Spuren organischer Ablagerungen, die die Adhäsion behindern, entfernt werden können.

Die Qualität wäßriger Reiniger richtet sich nach den Tensiden, Emulgatoren und sog. Buildern. Wäßrige Reiniger erfordern bei nachträglicher Reinigung mechanisch aufgerauhter Oberflächen ein sorgfältiges Trocknen, da die Feuchtigkeit in den Mikroporen schwer entfernt werden kann.

Bezeichnung	**Beispiel**	**Oberflächenspannung [mN/m] bei 20 °C**
CKW	Dichlormethan	29
FCKW	Trichlorfluormethan	19
Aliphate	Waschbenzin	22
KW	Methylethylketon	23
wäßrige Systeme	Wasser	72
	tensidhaltiges Wasser	38

Tabelle 4.8 Oberflächenspannungen von Lösemitteln

Eine niedrige Oberflächenspannung ist die Voraussetzung für eine ausreichende Benetzung, so daß Wasser ohne Tenside keine Reinigungswirkung besitzt. Bei der Verwendung wäßriger Reinigungsmittel muß beachtet werden, daß einige Kunststoffe Wasser leicht absorbieren und lange auf der Oberfläche "binden" und so das Klebergebnis stark beeinträchtigen.

4.7.1.3 Beflammen

Die Veränderung der chemischen Zusammensetzung an der Oberfläche der Kunststoffe, die Beseitigung von Verunreinigungen und die Veränderung der Mikrotopografie von Kunststoffen gelingt am einfachsten durch eine Beflammung. Das Beflammen erfolgt im allgemeinen mit Propangas, Erdgas, Stadtgas oder Butan. Um die Oxidation der Polymermoleküle zu beschleunigen, wird in die Flamme zusätzlich Sauerstoff eingeblasen, oder der Sauerstoff wird dem Gas dosiert zugegeben. Dann wird die Beflammung als KREIDL-Verfahren bezeichnet.

Der Beflammungsprozeß führt zu einer kurzzeitigen Erwärmung zwischen 200 und 400 °C. In diesem Temperaturbereich schmelzen die meisten Kunststoffe, die für dieses Verfahren interessant sind: es kommt zu einer Neubildung der Oberfläche mit einer veränderten Topografie und chemischen Zusammensetzung. Das Aufschmelzen ist natürlich für Folien problematisch, deshalb scheidet die Beflammung dünner Folien auch aus. Das Beflammen wird in technischen Anlagen als sog. Inline-Beflammung durchgeführt. Der Grund für diesen Prozeßablauf ist die relativ kurze Zeitspanne, in der der aktivierte Zustand existiert. Deshalb muß das Kleben kurz nach der Beflammung stattfinden. Ein Nachteil des Verfahrens ist das Arbeiten mit einer offenen Flamme und mit brennbaren Gasen, was bei manchen Produktionsabläufen nicht akzeptiert wird. Zusätzlich entstehen Aufwendungen für den Brand- und Personenschutz.

4.7.1.4 Coronabehandlung (Potentialbehaftetes Atmosphärendruck-Plasma)

Die Coronabehandlung ist das wichtigste Verfahren zur Vorbehandlung von Kunststoffen. Durch die Oxidationsprozesse während der Corona-Behandlung entstehen Carboxyl-, Hydroperoxid-, Aldehyd-, Carbonyl-, Hydroxid- und Ketogruppen, die die Polarität der Kunststoffe erhöhen und die Wechselwirkungen zwischen Kunststoff und Klebstoff verstärken.

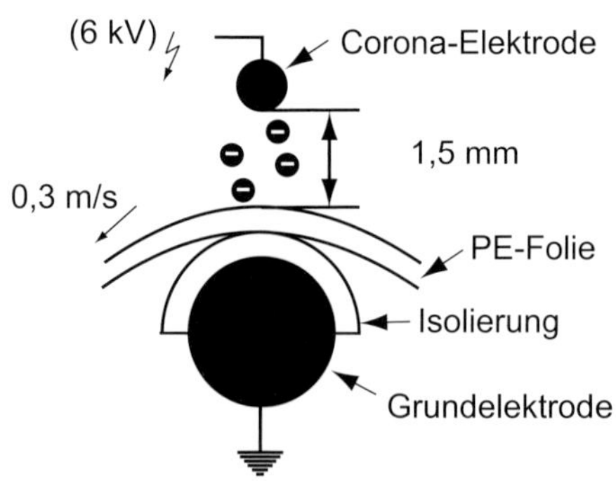

Bild 4.45 Schematischer Aufbau einer Coronaanlage

Das Corona-Verfahren wurde anfangs vor allem für bahnförmige Kunststoffe als elektrische Barriereentladung bei Atmosphärendruck entwickelt, Bild 4.45.

Hierbei liegt das Substrat auf elektrischem Potential. Die Entladung erfolgt über statistisch verteilte, räumlich wandernde Entladungskanäle, so genannte "Streamer". Elektrische Überschläge an Schwachstellen des Substrats führen zu Defekten im Substrat. Inzwischen gibt es verschiedene Abwandlungen, so daß auch alle anderen Geometrien mittels Corona behandelt werden können. Diese neueren Verfahren werden häufig unter den Begriffen Freistrahl- oder Sprühcorona zusammengefaßt. Sie ermöglichen die Vorbehandlung von Profilen, Bechern, Verpackungsfolien, Trays und anderen Kunststoffteilen, Bild 4.46.

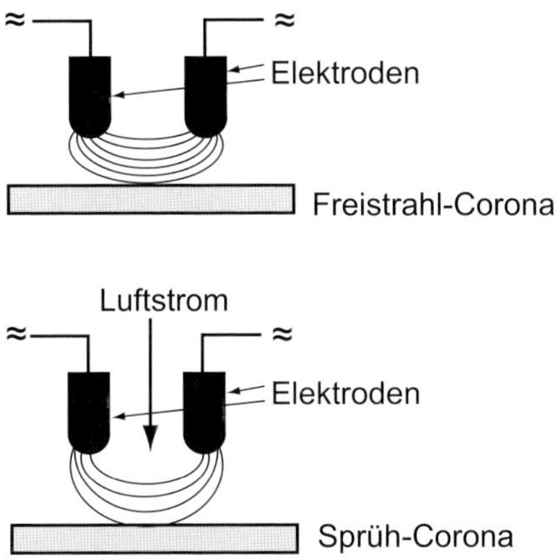

Bild 4.46 Schematischer Aufbau einer Freistrahl- und Sprühcorona
Anmerkung: Beim Thermo-Corona-Verfahren wird anstelle eines einfachen Luftstromes ein Heißluftstrom (200-300 °C) durch die Entladungszone geleitet.

Quelle: Habenicht [30]

Beim Corona-Verfahren werden zwischen zwei sich gegenüberliegenden Elektroden Hochspannungswechselfelder, typischerweise im kHz-Bereich, angelegt, die zu einer Emission von Elektronen von der Metallelektrode aus führen. Die Elektronenemission führt zur Photonenemission (Lichteffekt), zu einer Ionisation und zur Dissoziation der Moleküle zwischen den Elektroden, Bild 4.47. Es bilden sich im Fall von Luft als Arbeitsgas Radikale, Ionen, freie Elektronen, Ozon und Stickoxide. Die Entladung der verschiedenen elektrischen Teilchen findet an den isolierenden Kunststoffolien statt, die dadurch oxidiert und gleichzeitig statisch aufgeladen werden. Die Eindringtiefe des Vorbehandlungseffektes mittels energiereicher Partikel liegt unter 1 µm, mittels UV-Strahlung bei etwa 10 µm, so daß bis zu dieser Tiefe Oxidationsprozesse ablaufen können.

Die Corona ist einem nichtthermischen Plasma gleichzusetzen, wobei sich gegenüber typischen Niederdruck-Plasmaverfahren höhere Temperaturen ergeben. Bei der Vorbehandlung wird nur die Oberfläche verändert, die Volumeneigenschaften bleiben unverändert. Bei sehr dünnen Folien muß allerdings auch mit meßbaren Strukturveränderungen gerechnet werden, da hier der Volumeneffekt nicht vernachlässigbar ist.

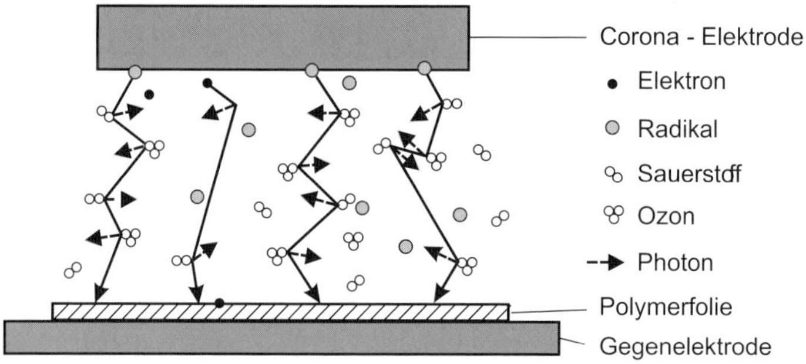

Bild 4.47 Bildung energiereicher Teilchen zwischen zwei Elektroden

Durch den "Beschuß" mit den Elektronen und den anderen energiereichen Teilchen in Anwesenheit von Luftsauerstoff werden die Kunststoffoberflächen vorzugsweise oxidiert. Daneben werden aber auch Vernetzungs- und Abbaureaktionen beobachtet, die sich negativ auf die Haftung auswirken. Daher gibt es bei der Coronabehandlung ein relativ enges Technologiefenster. Hier gilt nicht der Grundsatz: "viel hilft viel".

Der Vorbehandlungseffekt wird vom Material, von der Behandlungszeit, der Elektrodenform (walzenförmig, messerförmig, drahtartig, kettenartig), vom Elektrodenmaterial, vom Elektrodenabstand, von der spezifischen Energie und vom Ausgangszustand des Substrates beeinflußt. Die Intensität der Behandlung (spezifische Energie/Zeit) bestimmt den Anstieg der Oberflächenspannung. Zwischen der Leistung der einzusetzenden Generatoren und der gewünschten Oberflächenspannung besteht ein Zusammenhang, d.h. die Anlagenauswahl wird stark von der Aufgabenstellung bestimmt.

Ein wesentlicher Nachteil der Coronabehandlung ist die Zeitabhängigkeit des Effektes, d.h., die Vorbehandlung muß möglichst kurz vor dem Kleben durchgeführt werden. Besonders hohe Haftung wird erreicht, wenn eine zweimalige Coronabehandlung durchgeführt wird: einmal eine moderate Behandlung beim Produzenten der Folien, Platten oder Bauteile und einmal kurz vor dem Kleben.

Typisch für die Coronabehandlung ist die Entstehung von Ozon, der in gesonderten Ozonvernichtern in Sauerstoff umgewandelt oder an Aktivkohle gebunden wird. Die Geruchsschwelle liegt bei 0,01 ppm, der MAK-Wert bei 0,1 ppm.

Ein Beispiel für die Erhöhung der Haftung von PP nach einer Sprühcoronabehandlung zeigt Bild 4.48. Zur Vorbehandlung wurde eine Ionalelektrode der Fa. Softal electronic, Hamburg, verwendet. Durch eine mehrfache Wiederholung der Behandlung konnte kein weiterer Festigkeitsanstieg erreicht werden, d.h. schon nach einer einmaligen Behandlung werden ausreichend Oxidationsprodukte an der Oberfläche gebildet. Gemessen wurde der Biegeschälwiderstand, da bei den Zugscherversuchen vereinzelt Materialbrüche auftraten.

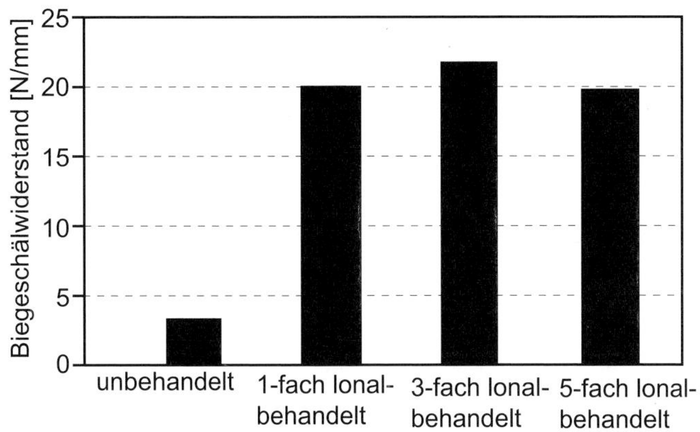

Bild 4.48 Erhöhung des Biegeschälwiderstandes von PP nach verschiedenen Sprühcoronabehandlungen mit einer Ionalelektrode, Klebstoff: 2K-Epoxidharz, kalthärtend

4.7.1.5 Potentialfreie Atmosphärendruck-Plasmabehandlung

Die Erzeugung eines stark ionisierten Raumes durch ein Feld zwischen zwei Elektroden innerhalb einer Düse und Herausblasen dieses Plasmas mit dem Arbeitsgas unter Atmosphärendruck führt zu einer potentialfreien Plasmabehandlung, die mit geringen Einschränkungen in der Wirkung mit dem ND-Plasma gleichzusetzen ist.

Die Besonderheiten dieser Atmosphärendruck-Plasmen bestehen darin, daß verschiedene Kunststoffe (z.B. Polyolefine, gefüllte und leitfähige Polyolefine, rußgefüllte EPDM, metallbedampfte Kunststoffe, Recyclate und metallhaltige Mischfraktionen) mit der gleichen Anlage potentialfrei behandelt werden können und daß durch die Verwendung von geeigneten Zusatzgasen wie Sauerstoff, CO_2, und NH_3 oder von verdampfbaren Flüssigkeiten (Silane) spezielle Aufgaben gelöst werden können. Die Anlagen können kontinuierlich und im Batchbetrieb eingesetzt werden. Gegenüber der Coronaentladung sind die potentialfreien Atmosphärendruck-Plasmen hinsichtlich der geladenen und ungeladenen Teilchen anders zusammengesetzt, was auch zu einer geringen Ozonbildung führt.

Die Aktivierung mit Hilfe dieser Plasmen ist besonders erfolgreich, wenn z.B. beim PP der Sauerstoffgehalt an der Oberfläche mindestens 10 Atom-% beträgt. Wesentlich größere Werte sind nicht nötig. Unter diesen Bedingungen wird ein Anstieg der Oberflächenspannung von 30 auf 58 mN/m beobachtet.

Im Vergleich zur Reinigung in Lösemittel oder wäßrigen Reinigern wird bei der Plasmabehandlung der “Schmutz“ nicht nur “verdünnt“, sondern chemisch in gasförmige Produkte umgesetzt. Dadurch ergeben sich bei der Plasmabehandlung in einem Prozeßschritt sehr saubere Oberflächen.

4.7.1.6 Niederdruck-Plasmabehandlung (Luft- und O_2-Atmosphäre)

Wird die Emission von Elektronen zwischen zwei Elektroden im Vakuum bei etwa 0,001 bis 1 mbar durchgeführt, ergibt sich gegenüber dem Coronaverfahren und dem potentialfreien Plasma bei Atmosphärendruck eine andere Zusammensetzung der verschiedenen Teilchen. Die Energiedichte, die kinetische Energie und die Geschwindigkeit der Teilchen werden so gesteuert, daß ein "ungebremster Energiestrom" und eine bestimmte Intensität an UV-Strahlen entsteht, wobei die Temperaturen im Reaktionsraum sehr viel niedriger sind als bei allen anderen elektrisch bedingten Verfahren. Daher lassen sich gerade auch Kunststoffe mit diesem Verfahren behandeln. Die Temperatur im Behandlungsraum ist deshalb sehr niedrig, weil nur die Elektronen hohe Energien aufweisen und nur sie Temperaturen bis zu 10.000 K bewirken. Dadurch können sie mit praktisch allen chemischen Strukturen in den Polymermolekülen reagieren und sie verändern, aber auch mit organischen Ablagerungen auf den Polymeren. Der prinzipielle Aufbau einer ND-Plasmaanlage ist in Bild 4.49 dargestellt.

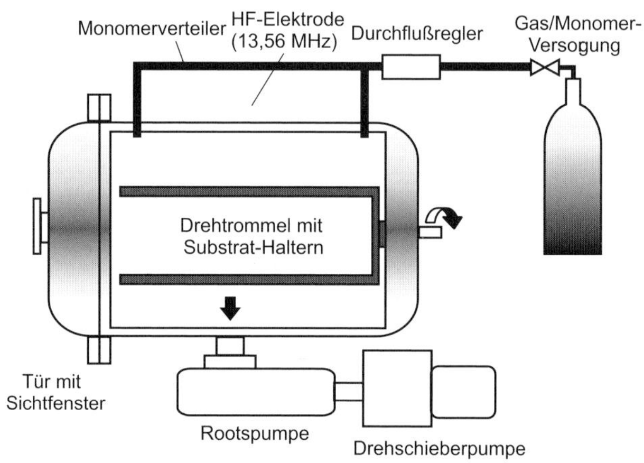

Bild 4.49 Schema einer ND-Plasmaanlage

Jede ND-Plasmabehandlung verläuft in den Stufen:

- Abtrag organischer Ablagerungen (Feinreinigen der Oberfläche),
- Abtrag und/oder Umwandlung (Aktivieren) der oberflächennahen Polymermoleküle (Ätzen, chemische Funktionalisierung).

Beide Teilprozesse lassen sich durch Sauerstoff, Edelgase oder Stickstoff beschleunigen. Besonders mit Sauerstoff entstehen nach kurzen Behandlungszeiten oxidierte Polymermoleküle (-C-O-, -C=O, -COOH), die die Benetzung und Haftung wesentlich erhöhen. Beim

Einsatz von NH_3 entstehen NH- und NH_2-Gruppen im Polymeraufbau, die mit einigen Klebstoffen besonders gut reagieren und hohe Wechselwirkungen eingehen. Die neuen chemischen Gruppen reagieren allerdings nicht nur mit den Klebstoffmolekülen, sondern auch mit vielen Stoffen in der Luft. Daher läßt der Aktivierungseffekt mit der Zeit nach. Bei der ND-Plasmabehandlung sollte möglichst anschließend geklebt werden. Ein Beispiel für die Wirkung der ND-Plasmabehandlung im Vergleich mit anderen Verfahren zeigt Bild 4.50.

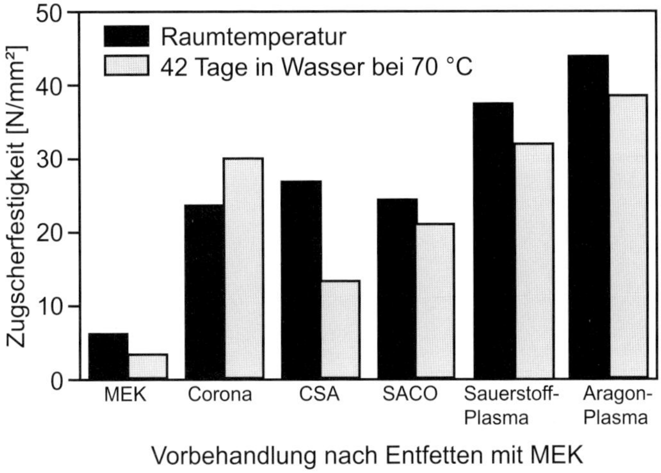

Bild 4.50 Zugscherfestigkeit von Polyetheretherketon (PEEK) nach verschiedenen Vorbehandlungen vor und nach Lagerung

CSA: Chromschwefelsäurebehandlung,
Saco: Feinstrahlen mit Korund

Charakteristisch für den technologischen Ablauf der ND-Plasmabehandlung ist der batchweise Betrieb, da letztlich immer ein Unterdruck von 0,001 bis 1 mbar erzeugt werden muß. Bei sog. "kontinuierlichen" Folienbehandlungen handelt es sich um kontinuierliche Umwickelanlagen, die diskontinuierlich betrieben werden.

4.7.1.7 UV-Lichtbehandlung

Neben den bisher beschriebenen Verfahren auf der Basis elektrischer Energie hat es weitere Bemühungen gegeben, diese Energieform in umgewandelter Form zur Vorbehandlung von Kunststoffen einzusetzen. Dazu zählen die Behandlung mit UV-Licht und mit Excimer- und CO_2-Lasern. Die Verfahren befinden sich im Entwicklungsstadium und werden in der Praxis zur Aktivierung für nachfolgende Klebprozesse gegenwärtig wenig genutzt. Bei faserverstärkten Kunststoffen ist die Excimer- und CO_2-Laser-Behandlung interessant, da z.B. der Epoxidharzabtrag bei einem CFK sehr genau gesteuert werden kann.

4.7.1.8 Chemische Vorbehandlung

Eine intensive chemische Vorbehandlung mit wäßrigen Lösungen wie z.B. die Chrom-Schwefelsäurebehandlung von ABS für eine nachfolgende Galvanisierung wird als Vorbehandlung für Klebprozesse kaum noch praktiziert. Naßchemischen Vorbehandlungen, die häufig in älteren Literaturquellen zitiert werden, sind aus Kostengründen und aufgrund der Umweltbelastungen nicht mehr interessant. Eine Alternative sind trockenchemische Verfahren (Begasungen), deren Prozeßabläufe wesentlich besser gesteuert werden können. Zur Gasphasenvorbehandlung eignen sich SO_2, Ozon oder Fluor. Diese Vorbehandlungen haben den Vorteil, daß in einem Prozeßablauf eine allseitige Behandlung großer komplizierter oder vieler kleiner Oberflächen stattfinden kann. Die Verwendung von Schwefeldioxid oder Ozon hat sich nicht durchgesetzt. Das einzige technisch genutzte Verfahren ist die Gasphasenfluorierung.

Grundlage des Verfahrensprinzips der Gasphasenfluorierung ist die hohe Reaktivität des Fluor-Gases, die sich durch den Zusatz von Stickstoff so steuern läßt, daß eine "kontrollierte" chemische Umwandlung auf den Kunststoffoberflächen möglich wird, wobei einige Kunststoffe besonders sensitiv auf die Einwirkung eines Fluor-Stickstoff-Gemisches reagieren. Typische Merkmale der Gasphasenfluorierung sind:

- die kurzen Fluorierungszeiten von wenigen Sekunden,
- der Langzeiteffekt der Fluorierung,
- die allseitige Vorbehandlung, selbst von Vertiefungen, Bohrungen und Hinterschneidungen,
- selbst schwer klebbare Kunststoffe wie PE, PP, PBT, POM, EPDM oder EPM lassen sich sicher vorbehandeln und gut kleben,
- die Vorbehandlung ist nicht von der Form abhängig,
- Leitfähigkeit oder Füllstoffe beeinflussen den Langzeiteffekt der Vorbehandlung nicht.

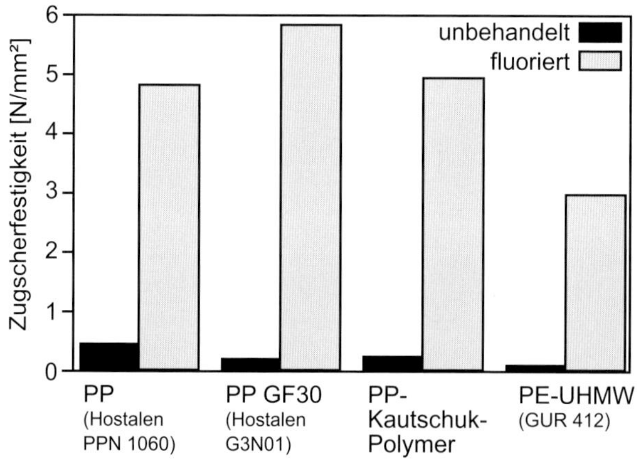

Bild 4.51 Erhöhung der Klebfestigkeit verschiedener Kunststoffe nach einer Fluorierung

5 min, 5 Vol.-% Fluor in Stickstoff

Bild 4.51 verdeutlicht die unterschiedliche Wirkung der Fluorierung für verschiedene Kunststoffe, so daß die optimalen Fluorierungsbedingungen materialabhängig ermittelt werden müssen.

Bei den Untersuchungen in Bild 4.51 wurden die Polyolefine mit einem kalthärtenden Epoxidharz geklebt. Die Haftung der 2K-EP-Harze auf den Polyolefinen ist ohne Vorbehandlung sehr gering, so daß die guten Eigenschaften der EP-Harze bisher nicht ausreichend genutzt werden konnten.

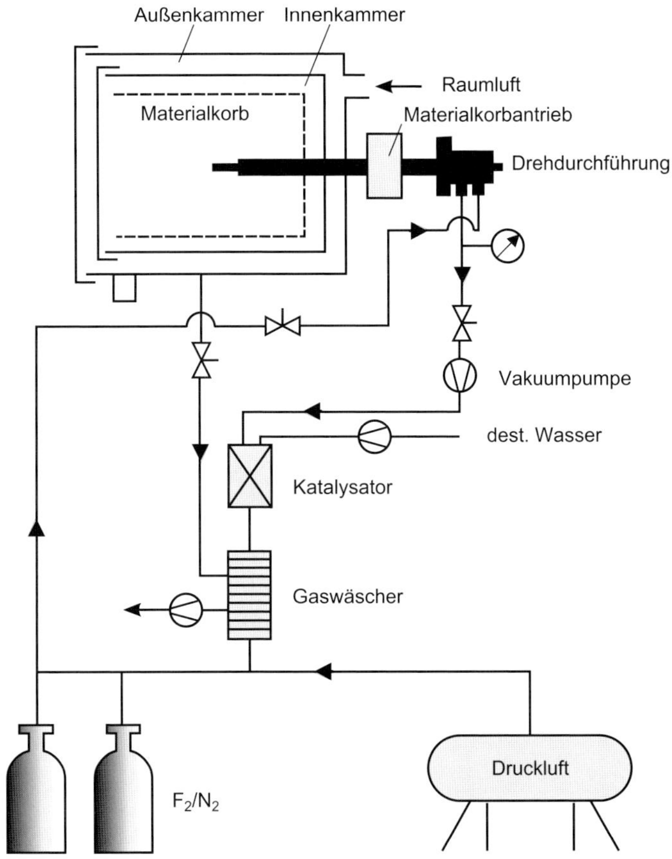

Bild 4.52 Schema einer diskontinuierlichen Fluorierungsanlage

Die Fluorierung kann sowohl diskontinuierlich (bei geometrisch unbestimmten Bauteilen) in Reaktoren, Bild 4.52, als auch kontinuierlich (Folien, Vliese, Textilien) in Durchlaufanlagen betrieben werden. Die sicherheitstechnischen Belange bei der Fluorierung werden beim Bau der Anlagen berücksichtigt und haben sich unter industriellen Bedingungen bewährt. Die Anlagen unterliegen nicht dem BImSchG (Bundes-Immissionsschutzgesetz), entscheidend ist die Einhaltung der TA Luft.

Da die Fluorierung von der Oberfläche aus erfolgt, werden bei Ablagerungen zuerst diese chemisch verändert, so daß bei größeren Ablagerungen Probleme auftreten können. In diesen Fällen ist eine Kombination mit einer Vorreinigung sinnvoll.

Obwohl Fluor ein sehr reaktives Gas ist, werden die mechanischen Eigenschaften selbst von sehr dünnen Folien nicht negativ beeinflußt.

4.7.1.9 Primer und Haftvermittler

In der Praxis werden häufig die Begriffe Primer, Aktivator oder Haftvermittler verwendet, um die Verbesserung der Haftung eines Klebstoffs auf einer Kunststoffoberfläche durch eine Zwischenschicht zu beschreiben. In allen Fällen handelt es sich um dünnflüssige Lösungen von Stoffen, die sowohl eine besondere Haftung zum Kunststoff als auch zum Klebstoff besitzen. Gerade bei Kunststoffen ist schon durch die richtige Wahl des Haftvermittlers oder des Lösemittels für den Primer eine höhere Haftung gewährleistet, da die Lösemittel ein leichtes Anquellen gewährleisten und dabei die Primer die Oberfläche besonders gut benetzen und im Idealfall in die Oberfläche diffundieren. Ein "Primer" aus Ethylacetat und Trichlorcyanursäure, wie er von der Industrie besonders für die Vorbehandlung von thermoplastischen Polyurethanen (TPU) angeboten wird, ist aus Umweltgründen nicht empfehlenswert, da dieses Produkt sehr aggressiv ist und die Wirkung auf einer partiellen Schädigung des TPU bzw. anderer Kunststoffe beruht.

Damit die Primer in sehr dünnen Schichten aufgetragen werden können, liegt der Lösemittelanteil häufig zwischen 50 und 80 Vol.-%. Als Lösemittel werden organische Flüssigkeiten mit niedrigen Oberflächenspannungen eingesetzt, z.B. Toluol oder Butylacetat. Da die Lösemittel möglichst vollständig verdunsten müssen, kommt es zu Arbeitsplatzemissionen. Die Verwendung wäßriger Primer war bisher noch nicht sehr erfolgreich.

Die wichtigsten Haftvermittler sind die Silane. Sie werden entweder dem Klebstoff direkt zugemischt und erhöhen dadurch die Klebkraft oder sie werden extern aufgetragen. Ihre Wirkung ist bei einer externen Nutzung größer als bei einer Zumischung.

Die Verwendung von Primern zur Verbesserung der Haftung ist besonders bei Polyurethanklebstoffen notwendig. Heißhärtende EP-Klebstoffe erfordern in der Regel keine Primer.

Haftvermittler werden häufig bei der Herstellung von Verbundfolien aus verschiedenen Kunststoffen oder Al-Folien und Kunststoffen, die im Kaschierverfahren entstehen, eingesetzt. Besonders in der Verpackungsindustrie (Non-Food-Bereich) müssen die Haftvermittler sowohl die Haftung erhöhen als auch beständig gegenüber starken Duftstoffen, Sauerstoff, aggressiven Chemikalien, Strahlung u.ä. sein. Ein wichtiges Qualitätskriterium ist die Stabilität gegenüber Feuchte bei höheren Temperaturen.

Spezielle Primer werden von den Klebstoffanbietern für das Kleben von PE, PP und POM mit Cyanacrylaten und für das Kleben von Kunststoffen mit Dimethacrylaten angeboten.

Primer werden auch eingesetzt, um vorbehandelte Oberflächen bis zum Kleben zu schützen. Sie ermöglichen technologisch bedingte Zwischenlagerzeiten ohne einen größeren Festigkeitsverlust.

4.7.2 Klebstoffapplikation

Nach der Vorbehandlung schließt sich im Fertigungsprozeß die Klebstoffapplikation an. Dieser Prozeß wird von den Losgrößen und vom Klebstofftyp bestimmt. So wird man bei kleinen Losgrößen durchaus auf die manuelle Applikation zurückgreifen, trotz des hohen Mechanisierungsgrades in der Industrie. Um die manuelle Applikation zu erleichtern, bieten die Klebstofflieferanten ihre 2K-Produkte häufig in Doppelkartuschen an, d.h. die "Dosierung" erfolgt volumetrisch, indem gleiche Volumina vermischt werden. Bei jeder "Dosierung" müssen die Klebstoffmengen gut durchmischt werden. Farbunterschiede von Harz und Härter gewährleisten z.B. einen optischen Eindruck vom Mischgrad. Die sichere Durchmischung wird auch mit statischen Mischern erreicht, die auf den Klebstoffkartuschen befestigt werden können. Das Verhältnis von Harz zu Härter kann 10:1 betragen, günstiger sind 1:1-Verhältnisse.

Bei großen Produktionslosen erfolgt die Dosierung, Durchmischung und Klebstoffapplikation in automatisch arbeitenden Anlagen. Für einkomponentige Klebstoffe übernehmen die Anlagen die Applikation und häufig die Härtung (Cyanacrylate, UV- und lichthärtende Klebstoffe, anaerobe Klebstoffe). Die Dosierzeiten im Bereich der Elektronik liegen unterhalb von 0,1 s. Entscheidend ist dabei unter Beachtung der Klebstoffviskosität die Wiederholgenauigkeit dieser Applikationen. Die Tropfenvolumen liegen hier auch bei einer Viskosität von 10 Pa s unter 0,1 µl.

Schmelzklebstoffe werden nach einer Erwärmung über temperierte Druckschläuche gepumpt und strömen zu den Düsen bzw. Auftragsköpfen. Hochwertige Anlagen gewährleisten eine intensive Durchmischung und das Arbeiten mit einem Inertgas über thermisch empfindlichen Schmelzen bzw. mit trockener Luft über PUR-Schmelzen. In Faßschmelzanlagen übernehmen pneumatisch absenkbare Schmelzplatten die Erwärmung. Dadurch wird nur jeweils die tatsächlich notwendige Klebstoffmenge aufgeschmolzen. Die Schmelzklebstoffe werden punkt- und raupenförmig über Breitschlitzdüsen, Sprühdüsen, Rotationsdüsen, Räder (meist mit speziellen Gravuren) oder Transferwalzen aufgetragen. Die Beschichtungsgeschwindigkeiten betragen bis 150 m/min. Besondere Aufmerksamkeit erfordern die Düsenverschlüsse. Die Auftragsmengen moderner Anlagen werden zeit- oder weggesteuert, die Steuerung ist dabei klebstoffabhängig. Ein besonderes Qualitätsmerkmal von Auftragsanlagen sind absolut streifenfreie Auftragsbilder, wie sie z.B. für Etiketten gefordert werden.

Schmelzklebstoffe können wie viele Kunststoffe bei hohem Druck im aufgeschmolzenen Zustand Gase absorbieren ("Lösen"). Vorzugsweise wird dazu Stickstoff verwendet. Nach der Applikation entstehen durch die Expansion bei normalem Druck schaumartige Filme, deren Dichten um etwa 100 % kleiner sind als die Dichten der kompakten Klebstoffe (Foam Melt-Verfahren). Diese Klebstoffapplikation

- senkt den Klebstoffverbrauch,
- erhöht die Wärmeisolation,
- verlängert die "offene Zeit" bis zum Fügen,
- ermöglicht größere Spaltfüllung bei Dichtklebstoffen,
- ergibt höhere Standfestigkeit bei dicken Raupen aufgrund der geringeren Dichte.

Ein besonderes Problem der Qualitätssicherung ist nach der Applikation der Nachweis über den Klebstoffauftrag. Bei flüssigen Klebstoffen eignen sich eingearbeitete, fluoreszierende oder IR-lichtempfindliche Substanzen, die mit geeigneten Sensoren detektiert werden (Cyanacrylate, Methacrylate). Bei raupenartiger Klebstoffapplikation eignen sich CCD-Kameras, um einen lagegenauen Klebstoffauftrag nachzuweisen.

Bei speziellen Aufgaben (z.B. Herstellung von Textilverbunden, Sandwichelementen, Kunststoff-Holzverbindungen, Herstellung von Slush-Häuten, Verarbeitung von Dispersionen) wird die Sprühapplikation bevorzugt. Der Klebstoff muß dann unter Druck (bis zu 450 bar) versprühbar sein, d.h. er muß eine ausreichend niedrige Viskosität besitzen und in Anwesenheit von Luft sollten keine explosiven Sprühnebel entstehen. Eine andere Form der Applikation ist der Walzenauftrag. Bei diesem Verfahren können die Schichtdicken gegenüber dem Sprühen genauer eingehalten werden.

Bei Kaschierprozessen (Fügen von flexiblen Materialien durch Druck, gegebenenfalls in Verbindung mit einer Heißaktivierung) können die Klebstoffe über Walzen, in Form von Klebstoffolien oder durch das Aufstreuen pulverförmiger Klebstoffe aufgetragen werden. Die Durchlaufgeschwindigkeiten betragen bis zu 600 m/min bei Anlagenbreiten um 3 m.

Die Qualitätssicherung nutzt auch in der Klebtechnik den hohen Stand der Erfassung prozeßbestimmender Größen. So werden z.B. bei der Schmelzklebstoffapplikation Parameter wie Viskosität, Temperatur, Druck, Leistungsaufnahme während des Rührens oder die Geschwindigkeit der Schmelze in der Klebstoffpistole erfaßt und für die Steuerung der Klebstoffmenge/Fläche genutzt.

4.7.3 Härtungs- und Abbindeprozeß

Der Ablauf der Härtung wird im Wesentlichen vom Klebstofftyp bestimmt, wie schon bei den einzelnen Klebstoffen erläutert wurde. Bei allen zwei- und einkomponentigen Klebstoffen, die bei Einhaltung der Stöchiometrie von Harz und Härter reagieren, verläuft die Reaktion nach Bild 4.53.

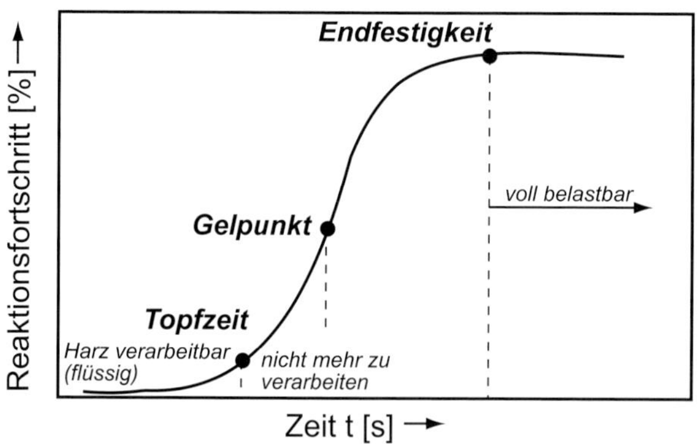

Bild 4.53 Reaktionsverlauf von Harz-Härtermischungen (kalt- und heißhärtend)

Beginnt das Harz zu gelieren, ist es nicht mehr verarbeitbar.

Der konkrete Reaktionsverlauf ist von Klebstoff zu Klebstoff verschieden. Die Verarbeitungszeiten, die für die Praxis wichtig sind, werden in den Datenblättern der Klebstoffanbieter angegeben. So kann für einen zweikomponentigen PUR-Klebstoff die Zeit bis zur weiteren Bearbeitung einer Klebverbindung (technologisch bedingte Fixierung, Handfestigkeit wird erreicht) von 2 h bei 23 °C auf 10 min bei 80 °C gesenkt werden.

Bei den üblichen kalthärtenden Klebstoffen liegen die Verarbeitungszeiten zwischen 10 min und mehreren Stunden. Es gibt aber auch schnellreagierende Polyurethanklebstoffe, die innerhalb von 3 s nach dem Mischen verarbeitet sein müssen. Für diese Klebstoffe wurden besondere Mischsysteme entwickelt, um die Verarbeitung überhaupt möglich zu machen.

Der tatsächliche Reaktionsverlauf entsprechend Bild 4.53 wird

- von der Temperatur,
- vom Mischungsverhältnis Harz/Härter (ggf. Beschleuniger),
- von der Ansatzmenge und der Qualität der Durchmischung bestimmt.

Diese Einflüsse auf den Reaktionsverlauf ergeben sich, weil alle stöchiometrisch ablaufenden Reaktionen exotherm verlaufen, wobei der Energieüberschuß während der Härtung und damit die Erwärmung im Klebstoff von Klebstoff zu Klebstoff sehr unterschiedlich sein kann. Außerdem unterliegen diese Reaktionen dem Arrheniusgesetz, d.h. die Reaktionsgeschwindigkeit steigt exponentiell mit der Temperatur. Dadurch nimmt mit der Temperatur auch der Energieüberschuß aus dem Reaktionsverlauf zu, so daß die Aushärtung letztlich zu schnell verläuft. Einer Überhitzung kann schon während des Mischens entgegengewirkt werden, wenn der Mischungsansatz klein genug gewählt, ständig weiter gemischt und die Wärme abgeführt wird.

Einige Klebstoffe besitzen eine sehr geringe Reaktionsgeschwindigkeit. Bei ihnen ist nicht die zu schnelle Erwärmung von Bedeutung, sondern die zu lange Aushärtungszeit. Sie beträgt bei vielen kalthärtenden zweikomponentigen Klebstoffen bis zu 24 h, so daß eine Prozeßintegration nur schwer möglich ist. Die Härtungszeiten können aber durch eine Warmhärtung (Härtung bei erhöhten Temperaturen) in Luftumwälz- und IR-Strahlenöfen gesenkt werden. Die Beschleunigung der Härtung ist u.a. dann von Interesse, wenn die Bauteile überlackiert werden sollen. Die Lackierung kann sich erst an den Härtungsprozeß anschließen, da ansonsten “Orangeneffekte“ aufgrund der Schrumpfung auftreten.

4.7.4 Geräte und Anlagen

Die traditionelle Methode des Dosierens und Mischens ist bei zweikomponentigen Klebstoffen das manuelle Auswägen der vorgegebenen Mengen auf Kleinwaagen und Mischen in Kunststoffbehältern oder das volumetrische Mischen aus Doppelkartuschen, s.a. Kap. 4.7.2. Das Arbeiten mit Doppelkartuschen ist anwenderfreundlich und vorzugsweise für den handwerklichen Bereich geeignet. Mit den Kartuschen werden häufig “Handpistolen“ angeboten, in die die Kartuschen eingepaßt werden können. Bei hochviskosen Klebstoffen erfolgen Dosierung, Mischen und Applikation pneumatisch. Fehldosierungen sind im allgemeinen bei Doppelkartuschen ausgeschlossen. Beim manuellen Dosieren müssen die Mi schungsverhältnisse in der Regel bis auf etwa ± 5 % Genauigkeit eingehalten werden, was mit kleiner werdenden Klebstoffmengen immer schwieriger wird. Bei einkomponentigen Klebstoffen entfällt das Dosieren und Mischen. Bei diesen Klebstoffen steht die genaue Applikation und die Art, wie die Härtungsreaktion ausgelöst wird (thermisch, chemisch, Strahlung) im Vordergrund. Die Zusammenfassung der Prozeßschritte Dosieren, Mischen, Applikation und gegebenenfalls Fixieren, Start der Aushärtung sowie Transport ergibt Anlagen, mit denen heute praktisch alle Aufgaben erfüllt werden können. Charakteristische Merkmale solcher Anlagen sind die Taktfolgen, die Wiederholgenauigkeit des Klebstoffauftrages, die Sicherheit während der Applikation und die Kontrollfähigkeit des Klebprozesses.

4.8 Eigenschaften und Anwendungen

4.8.1 Prüfmethoden

(s.a. Kap. 4.4 Messung der Haftfestigkeit)

Für Kunststoffklebungen gibt es im Gegensatz zu den Metallklebungen keine genormten Prüfverfahren, nach denen mechanische Kennwerte ermittelt werden. Alle Untersuchungen greifen auf Normen aus dem Schweiß- und Metallbereich zurück. Wichtige Prüfmethoden sind der Zugscherversuch nach DIN EN 14465 und der Rollenschälversuch nach DIN EN 1464. Im Zugscherversuch werden einschnittige Überlappungen auf Scherung beansprucht. Die Fügepartner können verschiedene Kunststoffe oder auch andere Werkstoffe sein. Die Messergebisse werden von der Probendicke (4 mm), der Überlappungslänge (12,5 mm), der Klebfläche (300 mm^2), der Prüfgeschwindigkeit (15 mm/min) und der Prüftemperatur (23 °C) beeinflußt. Im Rollenschälversuch wird (meistens) eine flexible Kunststoffolie von einem steifen Material (Kunststoff, Glas, Metall) im Winkel von 90° abgezogen, Bild 4.40.

Der Schälwiderstand wird in N/mm angegeben. Da es sich um eine Linienkraft handelt, die innerhalb einer Wegstrecke schwanken kann, muß der Schälwiderstand als Mittelwert für einen definierten Weg (meistens 15 bis 85 % der Prüfstrecke) angegeben werden. Die Integration des Schälwiderstandes über die Prüfstrecke ergibt die Schälenergie. Wenn beide Kunststoffe flexibel sind, werden die Probenenden im so genannten T-Peel-Test bei einem Winkel von 180° geprüft.

Der Zugscherversuch bei 4 mm dicken Proben führt schon bei geringen Kräften aufgrund der hohen Biegespannung zum Materialbruch am Überlappungsende. Bei einigen Thermoplasten wird auch die Streckspannung überschritten, ohne daß ein Bruch eintritt. Häufig wird dann ein Wert mit dem Hinweis "Materialbruch" angegeben (z.B. PVC, ABS, PMMA mit 2K-Acrylatklebstoff), obwohl sich die Zugfestigkeiten z.B. um die Faktoren 0,73 und 1,28 unterscheiden. Dieser "Wert" ist also kein Ausdruck für die Adhäsion und nicht repräsentativ für die Bauteilfestigkeit. Die Ermittlung des Biegeschälwiderstandes einer Kunststoffklebung bietet dagegen die Möglichkeit, die Haftung eines Klebstoffs an einem Kunststoff genauer zu bewerten, ohne daß der Kunststoff schon bei geringen Kräften bricht.

Die Scherspannung von steifen Kunststoffklebungen ohne Materialbruch kann mit der Druckscherprüfung nach Bild 4.54 ermittelt werden.

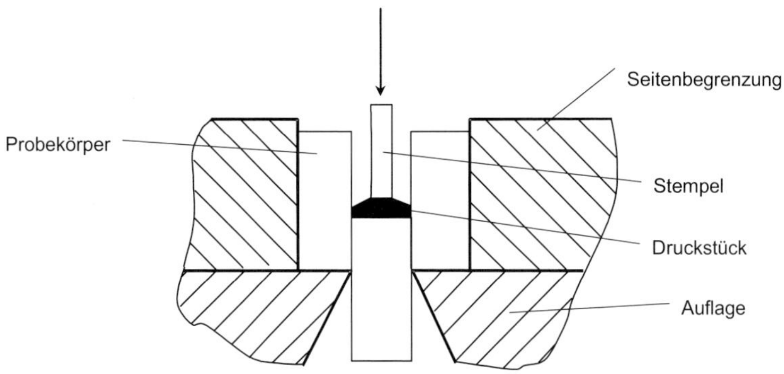

Bild 4.54 Druckscherprüfung von Kunststoffen

Der Stirnabreißversuch ist auch bei Kunststoffklebungen einfach auszuführen, liefert aber nur bei Vergleichsmessungen unter gleichen Randbedingungen sinnvolle Ergebnisse. Jede Änderung des Klebstofftyps, der Klebschichtdicke oder der Kräfte im Klebstoff führen zu stark streuenden Ergebnissen, da die Klebstoffe im Randbereich sehr schnell plastisch verformt werden bzw. sich durch die Einschnürung Spannungsüberhöhungen bis zum 3fachen der berechneten homogenen Werte ergeben. Beim Stirnabreißversuch kommt es deshalb mit steigenden Kräften eher zum Versagen aufgrund der Kohäsion als zum Versagen aufgrund einer geringen Adhäsion.

Für Haftklebstoffe gelten Industriezweig gebundene Vorschriften (FINAT, AFERA, PSTC). Wichtige Kenngrößen sind die Scherkraft, der Schälwiderstand, der Loop-Tack oder der SAFT-Wert. Bei Haftklebstoffen ist der Tack ein Ausdruck für die Soforthaftung und wird deshalb nur in diesem Klebstoffbereich untersucht. Bei allen flexiblen Klebstoffen bestimmt die innere Festigkeit oder der Fließwiderstand die Klebstoffqualität. Daher wird der SAFT-Wert ermittelt. Es ist der Endwert, der bei einer stufenweisen Temperaturerhöhung erreicht wird, wobei die Probe gleichzeitig im Scherversuch mit einer definierten Kraft belastet wird.

Zur Produktbeschreibung der Klebstoffe und der Ausgangsprodukte (während der Fertigung und im Nutzungszeitraum) existieren viele Normen, z.B. EN 6041 (DSC-Messung), EN 12092 (Viskositätsmessung).

4.8.2 Kurz- und Langzeitverhalten

Ein wichtiges Kriterium für die Auswahl eines Fügeverfahrens ist die Zuverlässigkeit der Verbindungen. Dabei muß berücksichtigt werden, daß sich das Kurz- und Langzeitverhalten der Klebverbindungen deutlich unterscheidet. Bei Kunststoffen muß nicht nur die Alterung der Adhäsion, sondern auch die der Kunststoffe selbst beachtet werden. Um die Anwendung der Klebtechnik zu forcieren, werden deshalb umfangreiche Untersuchungen zur Ermittlung der Langzeitstabilität durchgeführt. Die Ergebnisse hängen von folgenden Bedingungen ab:

- Prüfung in trockener Atmosphäre (meistens bei höheren Temperaturen, hierbei muß die Nachvernetzung oder die Beseitigung von Restlösemitteln bei der Beurteilung der Meßwerte berücksichtigt werden);
- Feuchtebeanspruchung (typisches Klima bei Prüfungen: 40 °C, 98 % Luftfeuchtigkeit);
- bei Klimalagerungen Verhältnis Klebfläche/Umfang;
- Temperaturwechselbeanspruchung (typischer Temperaturbereich: -40 bis 120 °C);
- statische und dynamische Belastung während der Prüfdauer (schwingend, stochastisch);
- Ruhezeit nach einer Belastung bis zur Prüfung.

Die einfachste Methode ist der Vergleich von Scherfestigkeitswerten nach verschiedenen Beanspruchungen und Zeiten. Diese Methode setzt voraus, daß sich nach einer angemessenen Prüfzeit von etwa 1000 bis 2000 h die verbleibende "Restfestigkeit" auf einen unteren Grenzwert einstellt. Sofern der Festigkeitsverlust (Restfestigkeit/Anfangsfestigkeit) einen bestimmten Wert von z.B. 75 % nicht unterschreitet, wird die Klebverbindung dann als "stabil" eingeordnet. Allerdings ist mit dieser Methode keine näherungsweise Lebensdauerberechnung möglich.

Wesentlich deutlichere Hinweise auf die Langzeitstabilität einer Klebverbindung liefern Spannungsgleitungsmessungen. Die Änderung der Gleitung als Ausdruck für die Verschiebungsgeschwindigkeit/Klebschichtdicke bei einer vorgegebenen Schubspannung wird dabei in Abhängigkeit von der Temperatur, der mechanischen Belastung und der Klimabeanspruchung gemessen. Bei den Einzelbelastungen und Belastungskombinationen dürfen bestimmte Kriechgeschwindigkeiten (Gleiteffekte) in der Klebfuge nicht überschritten werden. Diese Zeitgrenze ist temperatur-, spannungs- und medienabhängig und liefert so sichere Aussagen, bei welchen Belastungen mit einem Totalversagen zu rechnen ist bzw. bei welchen Belastungen mit einer "unbegrenzten" Lebensdauer zu rechnen ist. Allerdings kann dabei das Kriechen der Kunststoffe und das individuelle Alterungsverhalten nicht vernachlässigt werden, so daß für die meisten Kunststoffklebverbindungen bisher keine Untersuchungen vorliegen.

Ein "Schnelltest" zur vergleichenden Bewertung von Klebstoffen, Vorbehandlungen oder Prozeßparametern ist die Wasserlagerung bei 60 °C, da viele Klebstoffe sensibel auf diese Beanspruchung reagieren. Festigkeitsänderungen lassen sich häufig schon nach 48 h beobachten.

4.8.3 Anwendungsbeispiele für das strukturelle Kleben

GFK- und CFK-Klebungen, besonders im Bereich der Luft- und Raumfahrt, sind überwiegend strukturelle Klebungen, da in diesen Bereichen die Festigkeiten der Laminate ausgeschöpft werden müssen. Bei der Verbindung mit anderen Werkstoffen gibt es neben kraftschlüssigen keine sinnvollen Alternativen zum Kleben, so daß viel Entwicklungsarbeit geleistet wurde, um hochfeste und sichere Klebungen zu gewährleisten. Ein Beispiel für den Übergang Laminat-Metall zeigt Bild 4.55.

Neben der Luft- und Raumfahrt ist der Automobilbau das interessanteste Anwendungsgebiet für die Klebtechnik, da sowohl das strukturelle als auch das abdichtende Kleben auftreten und gleichzeitig große Serien kostengünstig realisiert werden können. Dabei muß auch der Aufwand für die Klebflächenvorbehandlung aus Kostengründen niedrig gehalten werden und die Klebstoffe müssen hohen dynamischen, thermischen und korrosiven Belastungen standhalten. Es ist zu erwarten, daß die Klebtechnik im Automobilbau (und vielen anderen Bereichen) zunimmt, da der Leichtbau die Anwendung von Kunststoffen fördert und dadurch die Materialkombinationen immer vielfältiger werden.

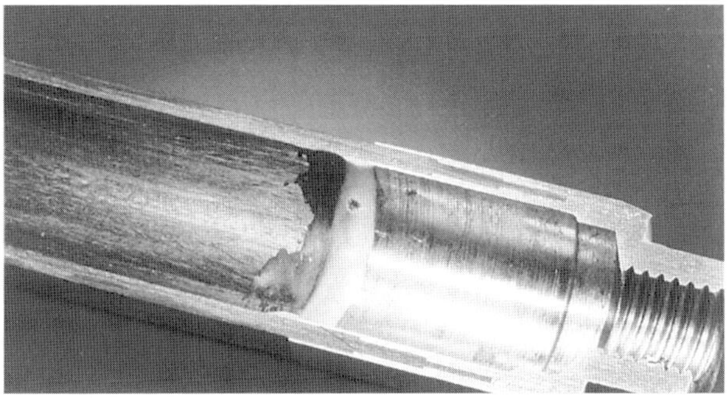

Bild 4.55 Abgestufter Übergang CFK-Metall für eine Rundverbindung

Beispiele für die Anwendung der Klebtechnik im Automobilbau sind:

- Sheet-Mould-Composites (SMC) - und Bulk-Mould-Composites (BMC)-Bauteile, die untereinander hochfest verbunden werden,
- Glasscheiben und zunehmend Scheiben aus Polycarbonat (PC), die direkt mit anderen Kunststoffbauteilen verbunden werden (Neoplan-Bus: Glasscheiben auf Kunststoffkarosse, Streuscheiben aus PC in Innenraumleuchten),
- PUR-Sitzschalen für Autositze, Bild 4.56.

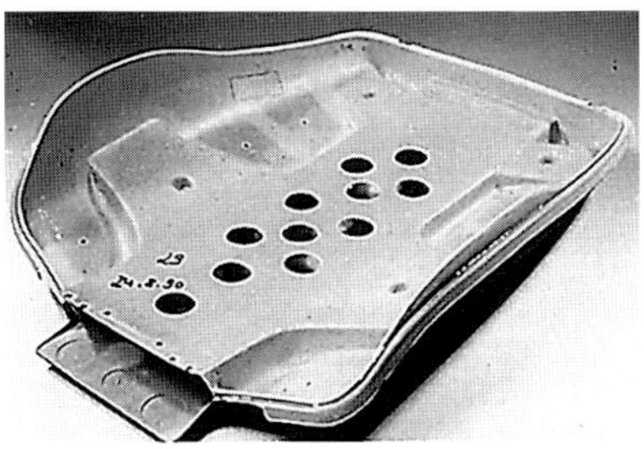
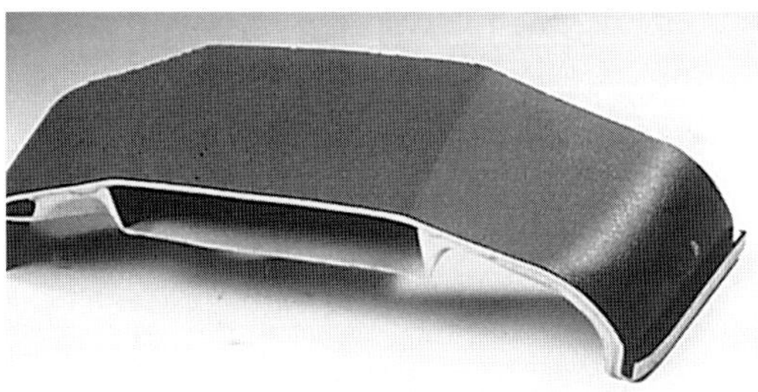

Bild 4.56 links: Sitzschale aus PUR
rechts: Querschnitt nach dem Kleben

Im Schienenfahrzeugbau gewährleistet der Leichtbau einen geringeren Energieverbrauch und ist deshalb ein besonderes Ziel weiterer Entwicklungen. Beispiele sind Verkleidungen aus UP-GF, die auf Stahlkonstruktionen geklebt werden und Fußbodenkonstruktionen mit hoher Trittschalldämmung, Bild 4.57. Die Fußbodenkonstruktion besteht aus einer Al-Grundplatte mit einem Dämpfungsmodul aus einem hochelastischen Klebstoff, einer Sperrholzzwischenlage und einer Decklage aus einem abriebfesten Kunststoff.

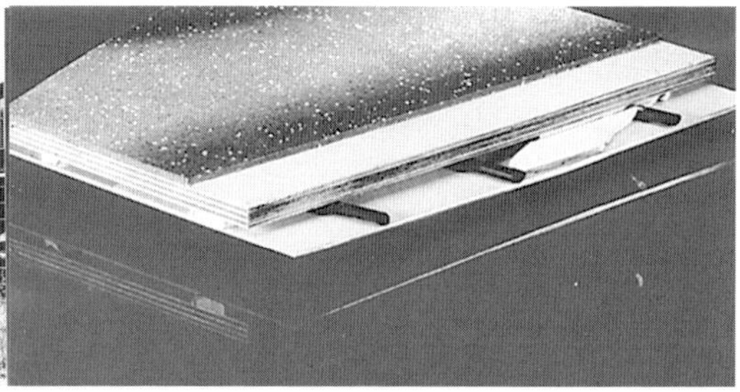

Bild 4.57 links: Schienenfahrzeug mit geklebter Außenhaut aus UP-GF
rechts: geklebte Fußbodenkonstruktion

Die Rotoren für Windkraftanlagen werden aus zwei Halbschalen hergestellt, Bild 4.58, und müssen anschließend verklebt werden. Die Klebungen werden dynamisch, mechanisch und klimatisch hoch belastet.

Bild 4.58 Fertigung geklebter Windkraftrotoren

Neben dem strukturellen Kleben gibt es viele weitere Beispiele für das effektive Kleben im Automobilbau: Verbinden von A-, B-, C-Säulen mit Textilien, von Versteifungen und Unterfütterungen mit den Grundstrukturen (Schäume), Verbinden verschiedener Polymere in Hutablagen oder von Dachauskleidungen. Die Stoßfänger sind Mehrschichtsysteme aus Polymeren und Schäumen, die mit PUR-Klebstoffen verbunden werden.

4.8.4 Kombination von Dichten und Kleben

Der Übergang von Kleb- zu Dichtstoffen ist in der Technik nicht genau definiert, aber in der Automobil- und Bauindustrie gibt es Verbindungen, bei denen das Kleben und Dichten zugleich auftreten. Diese Produkte werden häufig als Dichtklebstoffe bezeichnet, was ihrem Anwendungsprofil gerecht wird.

Als Klebstoffe werden Polymere bezeichnet, die eine geringe Dehnung und einen vergleichsweise hohen E-Modul besitzen. Dichtstoffe sind dagegen Polymere mit einer Dehnung von mindestens 100 %. Aber auch in dieser Gruppe gibt es noch eine weitere Differenzierung: die Dehnung über 100 % kann quasielastisch, viskoelastisch oder quasiplastisch erfolgen. Elastische Dichtstoffe besitzen einen hohen E-Modul, plastisch verformbare einen niedrigen E-Modul. Daraus ergeben sich unterschiedliche Anwendungsbereiche: elastische Dichtstoffe werden bei stark bewegten Dehnfugen im Bausektor, plastisch verformbare bei geringen statischen Belastungen und geringen Spalten eingesetzt. Sofern die Abdichtung überwiegend im Vordergrund steht, spricht man von Dichtungsmassen (z.B. Polysulfide, Butylkautschuk, Polyisobutylen PIB).

Bei Dichtstoffen mit hoher Dehnung sind Kennwerte wie der Weiterreißwiderstand, die Reißdehnung oder die Ozonbeständigkeit wichtig, die Haftung wird im allg. als Schälwiderstand gemessen. Die wichtigsten Dichtklebstoffe sind:

- RTV-Silicone (feuchtigkeits- und vernetzerhärtend), Einsatzbereich -40 bis 200 °C;
- Polyurethane (feuchtigkeits- und vernetzerhärtend);
- MS-Dichtklebstoffe;
- PVC-Plastisole.

Diese Dichtklebstoffe werden in der Automobilindustrie zum Abdichten von Fugen und Spalten sowie zur Verringerung der Korrosion der Blechverkleidungen eingesetzt. In der Bauindustrie bzw. bei Außenanwendungen werden Silicondichtklebstoffe aufgrund ihrer besonderen Witterungsstabilität eingesetzt. Die Auswahl der Dichtklebstoffe wird häufig von der Überstreichbarkeit bestimmt, da die meisten Dichtklebstoffe "unsichtbar" gemacht werden sollen. So sind die Silicondichtklebstoffe zwar sehr witterungsbeständig, aber kaum lackierbar, die PUR-Dichtklebstoffe dafür weniger strahlenbeständig, aber gut überlackierbar. Viele Dichtklebstoffe erfordern zum Verbinden von Kunststoffen und lackierten Blechen eine Primerung (besonders PUR-Dichtklebstoffe). Einige Lieferanten bieten auch Produkte an, die ohne Primerung eingesetzt werden können (z.B. MS-Dichtklebstoffe) und trotzdem gut auf PVC, PC, PA, UP-GF, PP oder EPDM haften.

4.9 Literatur

[1] Israelachvili, J.N. Intermolecular and Surface Forces, Academic Press, London, 1992

[2]	Adams, K.H.	Oberflächenvorbehandlung, Wiley-VCH, Weinheim, 1999
[3]	Kollek, H.	Reinigen und Vorbehandeln, Vincentz Verlag, Hannover, 1996
[4]	Plueddemann, E.P.	Silane Coupling Agents, Plenum Press, New York, 1982
[5]	Garbassi, F., Morra, M., Occhiello, E.	Polymer Surfaces, John Wiley & Sons, Chichester, 1994
[6]	Chan, C.-M.	Polymer Surface Modification and Characterization, Hanser Publishers, München, 1993
[7]	Ehrenstein, G.W., Amesöder, S., Kopczynska, A.	Plasma sorgt für festen Verbund, Kunststoffe 93 (2003) 9, S. 124-129
[8]	Bikerman, J. J.	Physical Surfaces, Academic Press, New York, 1970
[9]	Potente, H., Krüger, R.	Oberflächenspannungen und Haftfestigkeiten bei Corona-vorbehandeltem PP, Adhäsion 23 (1979) 12, S. 381-389
[10]	Lechner, H.	Kontaktwinkelmessung: Ein Verfahren zur Bestimmung der feien Grenzflächenenergie von Festkörper, Krüss GmbH SÜD, Rosenheim, 1993
[11]	Adamson, A.W.	Physical Chemistry of Surfaces, John Wiley & Sons, New York, 1990
[12]	Hewitt, G.F., Delhaye, J.M., Zuber, N. (Hg.)	Multiphase Science and Technology, Hemisphere Publishing Corp., Washington, 1982
[13]	Zisman, W.A.	Contact Angle, Wettability and Adhesion, J. Advances in Chemistry Series 43 (1964), S. 145-157
[14]	Good, R.J., Stromberg, R.R., (Hg.)	Surface and Colloid Science, Plenum Press, New York, 1979

[15] Briggs, D., Sheah, M.P. (Hg.) Practical Surface Analysis, Band 1, John Wiley & Sons, Chichester, 1990

[16] Briggs, D., Sheah, M.P. (Hg.) Practical Surface Analysis, Band 2, John Wiley & Sons, Chichester, 1990

[17] Czanderna, A.W., Hercules D.M., Ion Spectroscopies for Surface Analysis, Plenum Press, New York, 1991

[18] Ehrenstein, G.W., Kopczynska, A. Die Oberflächenspannung von Kunststoffen - flüssig und fest, Gummi Fasern Kunststoffe 56 (2003) 10, S. 656-662

[19] Neumann, A.W., Kwok, D. Y. Contact Angle Measurement and Contact Angle Interpretation, J. Advances in Colloid and Interface Science 81 (1999) 8, S. 167-249

[20] Wu, S. Polymer Interface and Adhesion, Marcel Dekker Inc., New York, 1996

[21] N.N. Software, Data Physics Instruments GmbH, Filderstadt, 2000

[22] Owens, D.K., Wendt, R.C. Estimation of the Surface Free Energy of Polymers, J. of Applied Polymer Science 13 (1969) 8, S. 1741-1747

[23] Roger, P., Woodward, Ph.D Surface Tension Measurements Using the Drop Shape Method, www.firsttenangstroms.com/papers/papers.html

[24] Krüger, R. Haftungsbestimmende Einflußgrößen beim Lackieren und Kleben von Thermoplasten, Diss. Fakultät für Maschinenwesen, RWTH Aachen, 1980

[25] Brinkmann, S. Verbesserte Vorhersage der Verbundfestigkeit von 2-Komponenten-Spritzgießteilen, Diss. IKV, RWTH Aachen, 1996

[26] Wu, S. Polymer Interface and Adhesion, Marcel Dekker, New York, 1982

[27] N.N. DIN EN 582 Thermisches Spritzen, Ermittlung der Haftzugfestigkeit, Januar 1994

[28] Brocka, Z., Ehrenstein, G.W. Strahlenvernetzen von Thermoplasten für die Elektronik, Erlanger Kunststofftage 2003, S. 121-133, Universität Erlangen-Nürnberg, 2003

[29] Mittal, K. L. Adhesion Measurement of Films and Coatings, VSP, Utrecht, 1995

[30] Habenicht, G. Kleben, 3. Aufl., Springer Verlag, Berlin, 2003

5 Fügen durch Urformen

Dr.-Ing. K. Kuhmann, Degussa AG – Marl (Kap. 5.1);
Dipl.-Ing. D. Drummer, LKT – Universität Erlangen-Nürnberg (Kap. 5.1);
Dipl.-Ing. J. Riecke, Ticona GmbH – Kelsterbach (Kap. 5.2.1);
Dipl.-Ing. M. Weber, Ticona GmbH – Kelsterbach (Kap. 5.2.1);
Prof. Dr.-Ing. Dr. h.c. G. W. Ehrenstein, LKT – Universität Erlangen-Nürnberg (Kap. 5.2.2);
Dr.-Ing. G. Zhao, HBPO GmbH – Lippstadt (Kap. 5.2.2)

5.1 Kunststoff-Kunststoff-Verbunde, Mehrkomponentenspritzgießen

Die Kombination unterschiedlicher Kunststoffe zu einem integrierten Formteil mittels Sonderverfahren der Spritzgießtechnik ermöglicht die Herstellung innovativer und kostengünstiger Formteile mit mehreren integrierten Funktionen.

Mit diesen Technologien können spezifische Werkstoffeigenschaften gezielt im Bauteil unter Einsparung von Handling-, Montage- und Fügevorgängen kombiniert werden. Der hiermit verbundene Rationalisierungseffekt einer verkürzten Prozeßkette reduziert gleichzeitig mögliche Fehlerquellen und wirkt sich damit positiv auf die Formteilqualität aus [1].

Neben dem Mehrkomponentenspritzgießen sind z.B. auch die Coextrusionstechnik wie das Coextrusionsblasformen, die sequentielle Coextrusion von Hart/Weich-Verbunden sowie die Kombination dieser Verfahren als etablierte Verfahren zur Herstellung von Verbundformteilen zu nennen, mit denen mehrere Kunststoffe schichtweise oder sequentiell beim Urformen miteinander haft- oder formschlüssig verbunden werden. Beispiele sind Kunststoffleitungen oder Mehrschichtfolien mit Barriereschichten, Fensterprofile mit integrierten Dichtungen oder Recyclatkernschichten, aber auch Kunststofftanks.

Der Schwerpunkt dieses Kapitels ist das Mehrkomponentenspritzgießen von Kunststoffverbunden durch die Verbundspritzgießtechnik. Das Sandwichspritzgießen sowie z.B. die Hinterspritz- und Hinterprägetechnik für Folien oder Textilien werden gestrafft in ihren wesentlichen Grundsätzen beschrieben. Die Zusammenstellung der Verfahrensvarianten und Einflußgrößen kann aufgrund wachsender Vielfalt durch ständige Weiterentwicklung, Verfahrenskombinationen und z.T. komplexer Zusammenhänge mit resultierenden Bauteileigenschaften nur einen Überblick über die Möglichkeiten von Kunststoff-Kunststoff-Verbunden im Urformverfahren geben. Für vertiefende, verfahrensspezifische Informationen wird auf die entsprechende Fachliteratur verwiesen. Generell empfiehlt sich im konkreten Fall auch die Kontaktaufnahme mit den anwendungstechnischen Abteilungen von Maschinen- und Rohstoffherstellern.

Im Mehrkomponentenspritzgießverfahren können integrierte Verbundformteile aus unterschiedlichen Werkstoffkomponenten wie Kunststoffe, Metalle, Textilien- und Folienhalbzeuge im Spritzgießverfahren hergestellt werden. Typische Zielsetzungen sind z.B. die Integration von:

- optischen Funktionen durch die Kombination verschiedenfarbiger, auch transparenter Bereiche oder von lichtleitenden Komponenten (z.B. Sichtfenster, Beschriftungen, Schalterblenden, Linsen),
- Dichtungs-/Dämpfungsfunktionen oder Haptik (z.B. Lüfterklappen, Soft-touch-Oberflächen),
- elektrischen Funktionen durch Kombination metallisierbarer oder leitender Kunststoffe mit nichtmetallisierbaren, nicht leitenden Kunststoffen (z.B. dreidimensionale Schaltungsträger 3D-MID (s.a. Kap. 7.1), Formteile mit abschirmenden oder antistatischen Oberflächen),
- beweglichen Elementen durch inkompatible, nicht haftende Materialpaarungen und angepaßte Prozeßführung,
- magnetischen Eigenschaften durch Einsatz von hochgefüllten, magnetischen bzw. magnetisierbaren Compounds; Einsatz von Funktionsfüllstoffen,
- anspruchsvollen technischen Thermoplasten in z.B. thermisch oder mechanisch besonders beanspruchten Bereichen der Bauteilgeometrie,
- Folien/Textilien mit z.B. funktionalisierter oder dekorativer Oberfläche durch Hinterspritzen oder Hinterprägen [2-5].

Bild 5.1 zeigt exemplarisch ein Modellbauteil, das unterschiedlichste Funktionen durch die Mehrkomponentenspritzgießtechnik integriert. Denkbar sind Erweiterungen durch partiell hinterspritzte Folien oder integrierte Kernschichten bei Verwendung von Sandwichstrukturen.

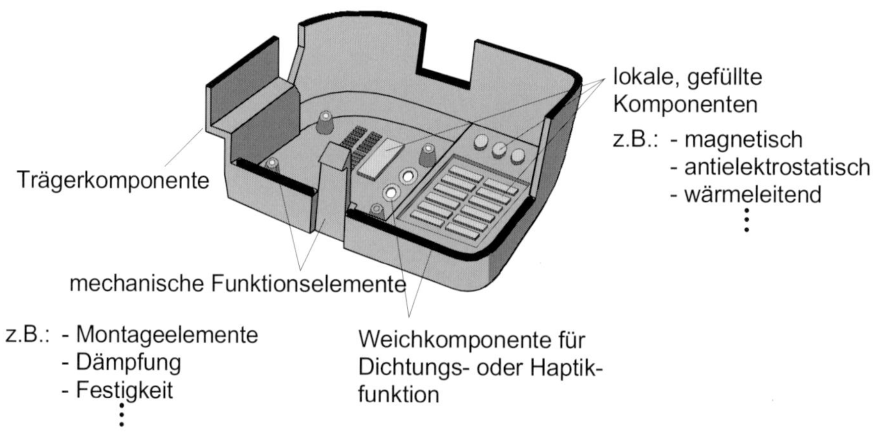

Bild 5.1 Verschiedene Funktionen lassen sich lokal in Mehrkomponentenbauteile integrieren [6]

Bild 5.2 faßt verschiedene Sonderverfahren des Spritzgießens zum Verbinden mehrerer Komponenten aus unterschiedlichen Werkstoffen zusammen. Neben reinen Thermoplastkombinationen sind z.B. Thermoplast/Elastomer- und Thermoplast/Duroplast-Verbunde aber auch Kombinationen aus Kunststoffen mit anderen Werkstoffen wie Keramik, Metallen oder textilen Halbzeugen möglich. In der Mehrkomponentenspritzgießtechnik werden bei den Additionsverfahren zwei oder mehr Kunststoffkomponenten über mehrere Angüsse parallel (Biinjektion) oder nacheinander eingespritzt. Bei den Sequenzverfahren werden im Fall des Sandwichverfahrens zwei oder mehr Schmelzen i.d.R. nacheinander durch das gleiche Angußsystem eingespritzt.

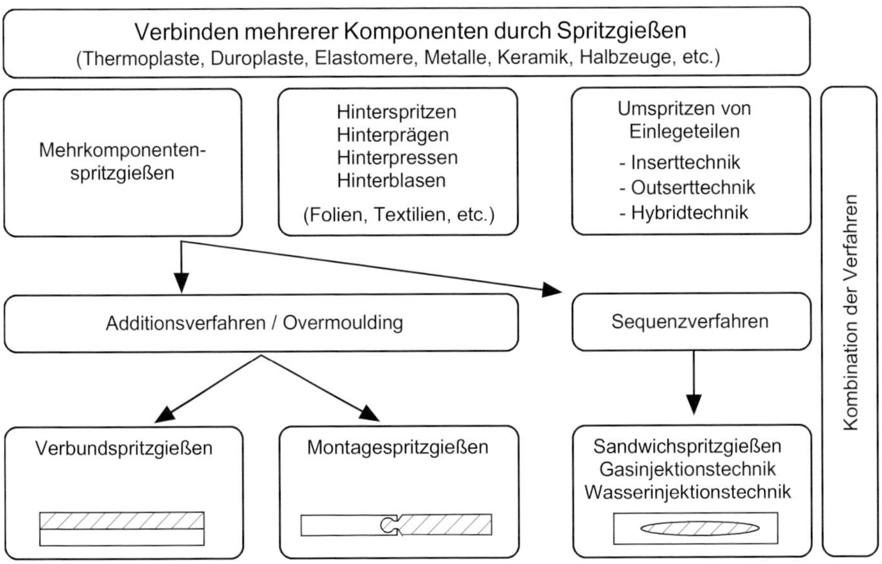

Bild 5.2 Einteilung der Verfahren zum Verbinden mehrerer Komponenten durch Spritzgießen [1]

5.1.1 Verbundspritzgießen/Montagespritzgießen

Beim Verbund- und Montagespritzgießen wird zunächst ein Vorspritzling aus einer Kunststoffkomponente gespritzt. Der teilweise erkaltete, feste Vorspritzling wird im zweiten Schritt bereichsweise mit einer oder mehreren Kunststoffkomponenten umspritzt. Die Technik des Verbund- und Montagespritzgießens nutzt gezielt die Haftung der Kunststoffkomponenten aus. Unter Montagespritzgießen versteht man in diesem Kontext im allg. wie auch in den weiteren Abschnitten die Kombination nicht haftender Kunststoffe zu einem Formteil mit beweglichen Komponenten. Der Begriff des Montagespritzgießens kann auch generell die Integration von Positionier- und Fügeoperationen im Spritzgießprozeß bedeuten.

5.1.1.1 Werkstoffkombinationen und Anwendungsfelder

Erste Anwendungen des Verbundspritzgießens basieren auf dem Mehrfarbenspritzgießen, bei dem unterschiedlich eingefärbte Kunststoffe miteinander kombiniert werden (z.B. Rückleuchtenabdeckungen, Tastaturen mit Beschriftung).

Insbesondere die Weiterentwicklung der thermoplastischen Elastomere für Hart/Weich-Kombinationen ist für den stark zunehmenden Einsatz der Verbundspritzgießtechnik in den letzten Jahren verantwortlich. Verschiedene Hersteller bieten maßgeschneiderte Typen mit guter Haftung zu verschiedensten thermoplastischen Komponenten an [7-9].

Hart-Weich-Kombinationen

Der große Vorteil von Hart/Weich-Verbindungen aus Thermoplasten und thermoplastischen Elastomeren ist die prozeßtechnisch relativ einfache Verarbeitbarkeit beider Komponenten über die Schnecke in ähnlichen Werkzeugtemperaturbereichen. Damit wird das wirtschaftliche Verbundspritzgießen haftungskompatibler und recyclingfähiger Kombinationen in einem Werkzeug ohne großen Aufwand z.B. hinsichtlich der thermischen Trennung der Formnester möglich. Teilweise können Gummi-Metall-Kombinationen substituiert werden, gleichzeitig sind völlig neue Formteilkonstruktionen möglich [5]. Das Teilespektrum reicht bei Hart/Weich-Verbindungen von relativ kleinen Artikeln von wenigen Gramm Schußgewicht im Kosmetikbereich (z.B. Zahnbürsten) bis hin zu großen automobiltechnischen Teilen von einigen Kilogramm (z.B. PP-Stoßfänger mit angespritzter EPDM-Spoilerlippe). Auch extrem unterschiedliche Schußgewichte für die Komponenten sind durch die Wahl entsprechender Spritzaggregate möglich. Der Wegfall der nachgeschalteten Handhabung und Montage weicher Formteile kann technologische und wirtschaftliche Vorteile bieten.

Die Elastomerkomponente kann bei Hart/Weich-Verbunden Aufgaben wie

- Dämpfung,
- Dichtung,
- Haptik,
- Federkräfte

übernehmen, Bild 5.3.

Zunehmend werden auch elektrotechnische Komponenten, z.B. Schalter oder Stecker mit angespritzten Dichtelementen versehen. Das Beispiel des Türkontaktgebers veranschaulicht die hervorragenden Möglichkeiten einer integrierten Montage im Spritzgießwerkzeug bei intelligenter Materialauswahl und Werkzeugtechnik. Das Formteil wird in einem einzigen Spritzgießwerkzeug aus drei Komponenten vollautomatisch spritzgegossen und montiert. Die unterschiedlichen Vorspritzlinge (Taster und Gehäuse, PA6-GF40) werden zunächst nach dem Zwischenöffnen des Werkzeugs über Kernbewegungen ineinandergesetzt, exakt positioniert und umlaufend für das Anspritzen der Weichkomponente abgedichtet. Nach Schließen des Werkzeugs werden Taster- und Gehäusevorspritzlinge in der Fertigspritzstation mit einer umlaufenden TPE-Weichkomponente (SEBS) mediendicht verbunden. Die Weichkomponente übernimmt zusätzlich zur Dichtungsfunktion gegen Wasser eine Federfunktion und bringt nach Betätigung des Tasters die Rückstellkraft auf.

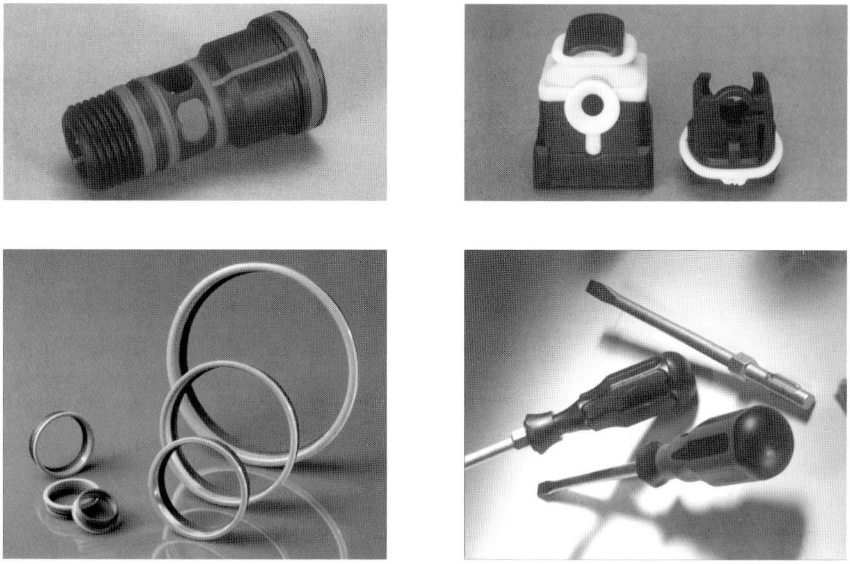

Bild 5.3 Hart-Weich-Verbunde mit Thermoplastischen Elastomeren [1, 3]

links oben: *Ventilkörper aus PA mit 4 angespritzten Dichtungen aus TPU und angeformten Gewinden*
links unten: *Dichtringe für Rohrsysteme aus PP und TPE-V*
rechts oben: *Türkontaktgeber aus PA-GF und SEBS*
rechts unten: *Schraubendrehergriff aus PA und TPU*

Anwendungen im Hart/Weich-Bereich basieren zunehmend auch auf Elastomer-Thermoplast-Verbunden. Im Vergleich zu herkömmlichen Verfahren kann hier der mehrstufige Prozeß zum Aufbringen eines Haftvermittlers auf die Hartkomponente entfallen. Dadurch läßt sich der Prozeß leicht automatisieren. Die Elastomere werden im Spritzgießwerkzeug auf der Oberfläche der Hartkomponente vernetzt/ausvulkanisiert und gehen eine Verbindung zur thermoplastischen Hartkomponente ein. Typische Kombinationen können z.B. aus PA6.12, PA-Blends und mPPE mit unterschiedlichen Elastomerkomponenten auf Basis von u.a. SBR, NR, NBR, FPM, EAM oder EPDM bestehen. Beispiele sind ein Federteller aus PPE mit angespritztem Dämpfungselement aus SBR sowie das Endstück einer Seilzugschaltung aus PA 612 mit angespritztem Dämpfungselement aus XNBR, Bild 5.4.

Neben der rationellen Fertigung können im Vergleich zur konventionellen Metall/Elastomer-Verbundtechnik relativ einfach sehr komplexe Thermoplast/Elastomer-Formteile unter Wegfall des Korrosionsproblems der Metallteile hergestellt werden. Allerdings sind bei der Auswahl des thermoplastischen Verbundpartners die relativ hohen Vulkanisationstemperaturen des Elastomers von 160 °C bis 190 °C für die Zeitdauer der Vulkanisation im Werkzeug zu berücksichtigen. Die o.g. Thermoplaste erfüllen diese Anforderungen.

Thermoplast/Silikon (LSR) -Verbunde sind besonders für die Medizintechnik aufgrund der physiologischen Unbedenklichkeit und u.a. für kleinste höhertemperaturbeständige Dichtungen in der Sensortechnik interessant. Hier sind für unterschiedliche Thermoplaste wie z.B. PA, PBT und PET modifizierte Flüssigsilikon (LSR)-Typen verfügbar [10, 11].

Im Vergleich zu thermoplastischen Elastomeren haben Elastomere u.a. den Vorteil einer deutlich höheren Elastizität bei niedrigen Temperaturen. Außerdem resultieren aus der chemischen Vernetzung eine verringerte Kriechneigung sowie eine gegenüber vielen Medien verbesserte chemische Beständigkeit. Die im Vergleich zu thermoplastischen Elastomeren erhöhte Wärmeformbeständigkeit von z.B. LSR ermöglicht belastungsabhängig auch motornahe Applikationen im Automobilbereich. Hier werden für Dauerbelastungen Temperaturen von 180 °C und mehr angegeben [10].

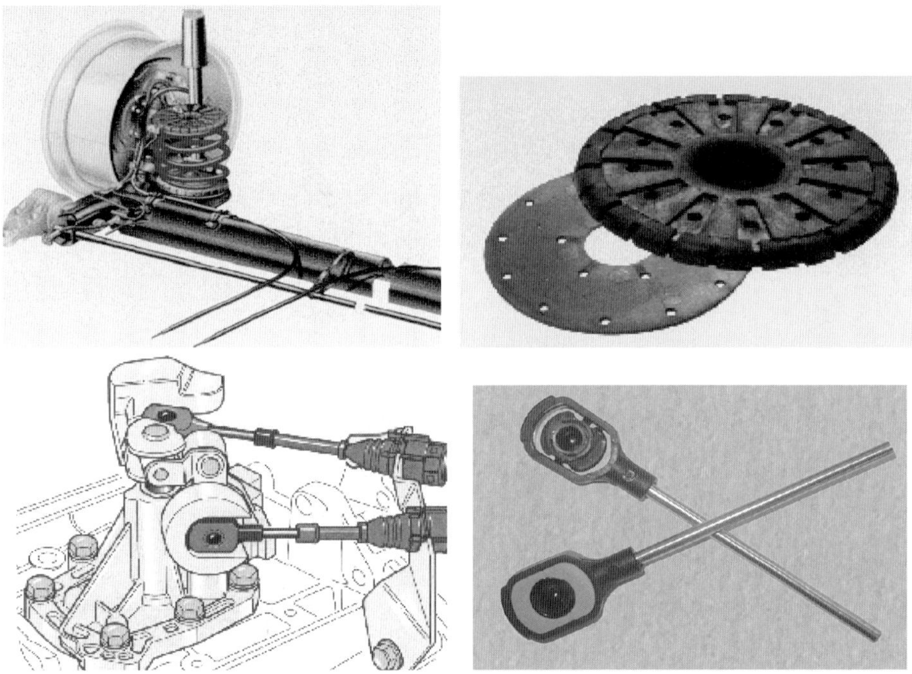

Bild 5.4 Verbindungen von Thermoplasten mit vernetzenden Elastomeren [12]

oben: *Federteller aus PPE mit angespritztem Dämpfungselement aus SBR*
unten: *Endstück einer Seilzugschaltung aus PA 612 mit angespritztem Dämpfungselement aus XNBR*

Die Verarbeitung der extrem niedrig viskosen, unvernetzten Ausgangskomponenten stellt deutlich höhere Anforderungen an die Fertigungstoleranzen im Formenbau. Gleichzeitig ist aufgrund der benötigten, extrem unterschiedlichen Werkzeugtemperaturbereiche für Elastomer- und Thermoplastkomponente eine aufwendige thermische Trennung der entsprechenden Kavitäten bei Fertigung in einem einzigen Werkzeugsystem (z.B. Drehwerkzeug) erforderlich.

Hart-Hart-Kombinationen

Neben den genannten Mehrfarbenteilen als Hart-Hart-Kombinationen mit integrierten Beschriftungen oder Beleuchtungsfunktionen aus überwiegend unterschiedlich eingefärbten, gleichen Kunststofftypen ist es möglich, durch Kombination gefüllter Kunststoffe mit haftungskompatiblen Kunststoffkomponenten verschiedene physikalische Funktionen rationell in ein Bauteil zu integrieren. Besonders in der Elektronik sind Anwendungen durch den lokalen Einsatz von gefüllten Kunststoffen (auch Duroplaste und Elastomere) denkbar, bei denen eine mit magnetischen, elektrisch leitfähigen oder gut wärmeleitfähigen Füllstoffen modifizierte Kunststoffkomponente mit weiteren haftungskompatiblen Kunststoffen kombiniert wird, Bild 5.1 und Bild 5.5 [6, 13].

Bild 5.5 Kunststoffgebundener Dauermagnet im Mehrkomponentenspritzgießverfahren, Materialkombination: PES / PA12+NdFeB, Durchmesser 2,5 mm [14]

Eine zunehmende Verbreitung findet auch die sog. 3D-MID-Technik. 3D-MIDs sind integrierte, dreidimensionale Schaltungsträger (sog. “Moulded Interconnect Devices“), bei denen eine Leiterstruktur aus einer metallisierbaren Komponente mit einer isolierenden, nichtmetallisierbaren Komponente verbunden wird (s.a. Kapitel 7.1).

Ein Beispiel für eine konstruktiv und werkzeugtechnisch sehr anspruchsvolle MID-Lösung ist die in Bild 5.6 dargestellte Steckerplatine eines ABS-Bremsmoduls für einen PKW. Die im Bild erkennbaren Leiterstrukturen werden aus gut metallisierbarem PA6 spritzgegossen, die nicht metallisierbaren Bereiche aus PA12. Hier wurde im Vergleich zur konventionellen Lösung eine Reduzierung der Teileanzahl von 5 auf ein Teil, eine Senkung der Herstellkosten um ca. 80 % und eine Reduzierung der Schnittstellen verbunden mit erhöhter Prozeßsicherheit erreicht. Das Bauteil hat alle relevanten Prüfungen für den Einsatz im PKW bestanden.

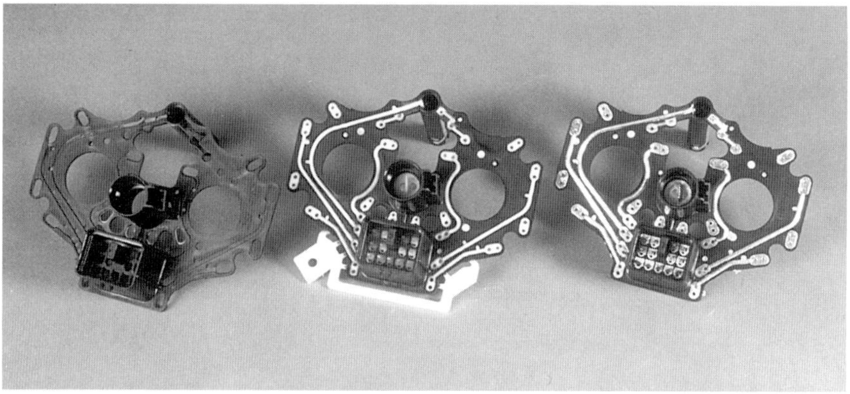

Bild 5.6 Zweikomponenten-MID aus PA6/PA12, Steckerplatine für ein ABS-Bremsmodul [15]

links: *Vorspritzling aus PA6, erhabene Leiterstruktur*
mitte: *Vorspritzling mit PA12 umspritzt*
rechts: *Leiterstruktur selektiv metallisiert*

Die gezielte Nutzung der Nicht-Haftung zweier Kunststoffkomponenten zur Herstellung beweglicher Verbunde wie Scharniere oder Gelenke erfolgt im Montagespritzgießverfahren.

Das Montagespritzgießen wurde erstmals 1984 erfolgreich zur Herstellung von Spielzeugfiguren eingesetzt (Schimpanse: Kopf aus PBT, Haarteil und Gliedmaßen aus POM, Rumpf aus PA-GF; Baby: Kopf aus POM, Gliedmaßen und Rumpf aus PA-GF, Haarteil aus PE-LD). Weitere Beispiele sind Steckverbinder mit angespritztem, beweglichen Verriegelungsbügel (PBT GF20 mit POM), Transportketten (POM mit PA), Kugelgelenke (MoS_2 modifiziertes PA66 mit PBT-GF10) oder eine Kurbelwelle-Pleuel-Einheiten (PBT GF35 mit POM). Eine weit verbreitete Anwendung sind Luftausströmer mit beweglichen Lamellen aus PBT-GK, das Gehäuse sowie die Betätigungsstange bestehen aus hierzu nicht haftungskompatiblem PP, Bild 5.7.

Untersuchungen zeigen, daß gelenkige Verbindungen auch aus einem einzigen Material herstellbar sind [16]. Bei diesem Verfahren wird eine Materialverbindung verhindert, indem die Werkzeugtemperatur durch thermisch isolierte Kühleinsätze im Bereich des zu umspritzenden Elements partiell auf ca. 0 °C abgekühlt wird. Somit kann allein durch die Prozeßführung bzw. die Werkzeugtemperierung eine Gelenkverbindung auf einer herkömmlichen Einkomponenten-Spritzgießmaschine hergestellt werden.

Generell ist beim Montagespritzgießen sowohl konstruktiv im Werkzeug als auch bezüglich der Materialauswahl eine geschickte Abstimmung insbesondere des thermischen Verhaltens, des Schwindungsverhaltens und ggf. der tribologischen Eigenschaften der einzelnen Komponenten erforderlich.

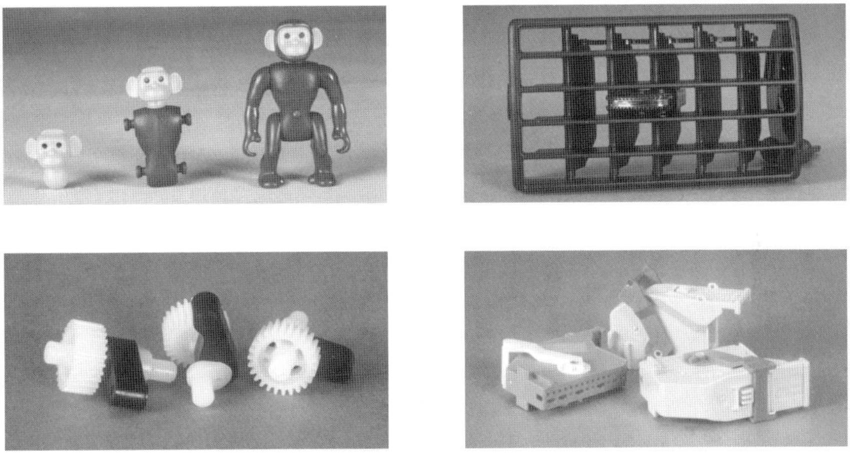

Bild 5.7 Montagespritzgießen beweglicher Elemente durch Verwendung nicht haftender Kunststoffkombinationen [18]

links oben: *Entstehung eines Kunststoff-Schimpansen aus POM-, PBT- und PA-GF Elementen*
links unten: *Kurbelwelleneinheit aus POM und PBT*
rechts oben: *Luftausströmer aus PP- und PBT-GK-Elementen*
rechts unten: *Stecker mit Verriegelungsbügel aus PBT-GF und POM*

5.1.1.2 Werkzeugkonzepte für das Verbund- und Montagespritzgießen

Beim Montagespritzgießen wird zunächst ein Vorspritzling aus einer Kunststoffkomponente gespritzt. Der teilweise erkaltete, feste Vorspritzling wird im zweiten Schritt bereichsweise mit einer oder mehreren Kunststoffkomponenten umspritzt. Folgende Werkzeugkonzepte und davon abhängige Verfahrensabläufe kommen zum Einsatz:

- die simultane Herstellung von Vorspritzlingen und umspritzten Fertigteilen in einem Werkzeug mit Drehteller, Drehkernen oder drehbarer Indexplatte mit mehreren Kavitäten: die Vorspritzlinge werden nach einem Zwischenöffnen des Werkzeugs durch Drehen einer Werkzeughälfte, einer sog. Indexplatte oder eines Drehkreuzes innerhalb des Werkzeugs in die Kavitäten zum Umspritzen transportiert, bei Drehen einer kompletten Werkzeughälfte um die Längsachse der Form ergibt sich eine Drehbewegung abhängig von der Anzahl der einzuspritzenden Komponenten um z.B. 90°, 120° oder 180°,

- sequentielle zweistufige Herstellung ohne Entformung der Vorspritzlinge in einem Werkzeug mit variabler Kavität (Schieber- oder Core-Back-Werkzeug): dabei wird zunächst der Vorspritzling hergestellt, dann mittels Schieber ein zusätzlicher Bereich der Kavität geöffnet. Anschließend werden die zweite oder weitere Komponenten über einen zusätzlichen Anguß eingespritzt,
- das Einlege- oder Transferverfahren: Spritzen der Vorspritzlinge in einem separaten Werkzeug, nachträgliches Einlegen und Umspritzen der Vorspritzlinge in einem zweiten Werkzeug, bei parallelem Betrieb z.B. zweier Maschinen nebeneinander auch Transfer und Einlegen der Vorspritzlinge mittels Handling möglich.

Bild 5.8 bis Bild 5.10 zeigen beispielhaft ein Schieber-, ein Drehwerkzeug sowie ein Etagenwerkzeug mit drehbarer Mittelplatte. Beim letzten Verfahren werden Vorspritzlinge und Fertigteile in zwei verschiedenen Trennebenen gefertigt. Das Umsetzen der Vorspritzlinge erfolgt hier über eine Drehung der Mittelplatte um ihre senkrechte Achse. Die Vorteile sind u.a. eine etwa doppelte Stückzahl bei gleicher Maschinengröße durch die Fertigung von Vorspritzlingen und Fertigteilen in zwei Trennebenen.

Weitere Varianten von Dreh- und Etagenwerkzeugen leiten sich durch die Integration von Stationen für z.B. Zwischenkühlung, Teileentnahme oder Bestückung mit Einlegeteilen u.a. zur Zykluszeitverkürzung in den sich drehenden Werkzeugbereichen ab.

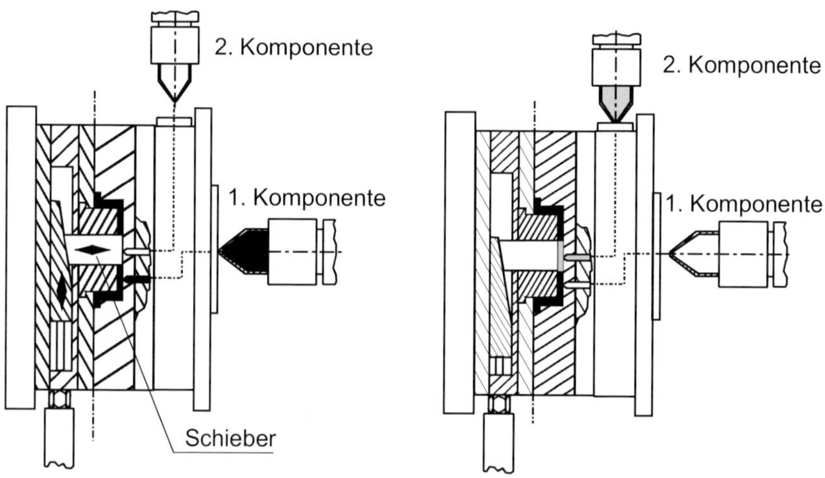

Bild 5.8 Prinzip des Core-Back-Werkzeugs (Schiebertechnik)

Die Wahl eines Werkzeugkonzeptes hängt u.a. von der Stückzahl und der geometrischen Komplexität der Verbundteile ab. Die höchste Komplexität ist bei der Einlege- oder Transfertechnik möglich, da der Vorspritzling vollständig entformt wird. Damit sind aber auch Nachteile (z.B. Handling filigraner Vorspritzlinge, Verzugsprobleme und Schwindung der Vorspritzlinge, Prozeßschwankungen) verbunden. Ein nach der Entformung auftretender

Verzug der Vorspritzlinge kann für das Einsetzen in die nächste Kavität und das nachträgliche Anspritzen problematisch sein [19]. Dagegen ist eine thermische Trennung bei Verwendung unabhängiger Werkzeuge z.B. beim Verbundspritzgießen von Thermoplasten und in "heißen" Werkzeugen vernetzenden Elastomeren (z.B. LSR) einfach möglich.

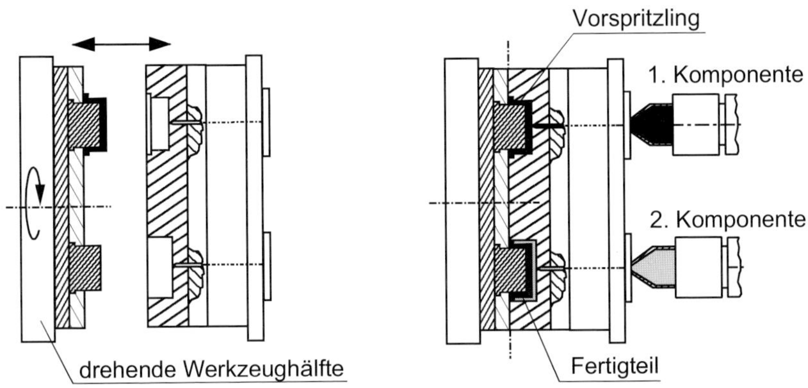

Bild 5.9 Prinzip eines Werkzeugs mit drehender Werkzeughälfte

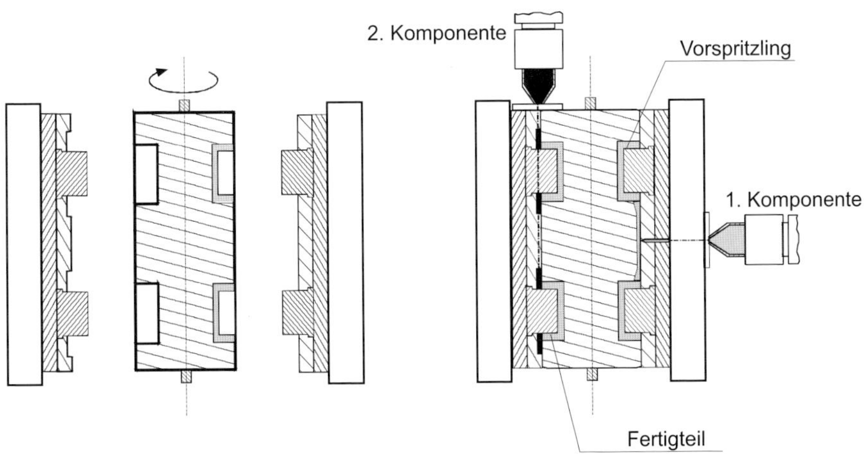

Bild 5.10 Prinzip eines Zweikomponenten-Etagenwerkzeugs

Bei Elastomer/Thermoplast-Verbunden ist das Einlegeverfahren vor allem dann sinnvoll, wenn die Vulkanisationszeit deutlich länger als die Kühlzeit der zugehörigen Thermoplastkomponente ist. Beide Prozeßschritte - Spritzgießen des Vorspritzlings und Aufspritzen der Elastomerkomponente nach dessen Einlegen - können unabhängig voneinander optimal gestaltet werden. Besteht zwischen Kühlzeit und Vulkanisationszeit kein oder nur ein geringer Unterschied, bietet sich verfahrenstechnisch die Fertigung in einem gemeinsamen Werkzeugsystem, z.B. einem Drehwerkzeug an. Die Spritzgießmaschine muß für diesen Prozeß mit einem Kautschuk- und einem Thermoplastzylinder ausgerüstet sein.

5.1.1.3 Einflußgrößen auf die Verbundfestigkeit

Bei Verbundformteilen hängt die Haftung in komplexer Weise von der Materialauswahl, der Prozeßführung, bzw. den resultierenden Prozeßparametern und der Gestaltung der Formteile ab. Als Verbundfestigkeit wird im Folgenden die in Prüfverfahren an Probekörpern ermittelte Festigkeit beim Bruch der Proben bezeichnet, die neben der o.g. Haftung und der Geometrie u.a. deutlich vom Prüfverfahren und den Prüfbedingungen abhängen kann.

Für die Entwicklung und Fertigung stellen sich beim Verbund- und Montagespritzgießen eine Reihe von Fragen, z.B.

- welche Materialkombination ist auszuwählen?
- wie werden die Verbundeigenschaften (Verbundfestigkeit, Beweglichkeit, Maßhaltigkeit, Verzug, Oberflächen, usw.) durch Maschinen- und Prozeßparameter beeinflußt?
- wie wirkt sich die Anschnittart (z.B. Punktanguß, Filmanguß) aus?
- welches Angußsystem ist geeignet (z.B. Angußart und -lage, Heiß- oder Kaltkanalanguß)?
- welche Qualitätssicherungsmaßnahmen sind sinnvoll?

Die genannten Fragestellungen sind bisher nicht allgemeingültig und umfassend im Voraus zu beantworten. Beim Verbundspritzgießen wird deshalb neben der stoffschlüssigen Haftung, die im allg. eine wesentliche Voraussetzung für die Bauteilfunktionalität darstellt, häufig eine Verbindung der Komponenten auch durch Formschluß realisiert.

Für die Entwicklung von Verbundformteilen werden u.a. seitens der Materialhersteller Werkstoff- und Verarbeitungshinweise gegeben. Problematisch ist, daß keine generellen Hinweise wie z.B. "möglichst hohe Massetemperatur beim Aufspritzen" für gute Haftung gegeben werden können. Im Prinzip sind für jede Materialkombination Untersuchungen für die relevanten Einsatzbedingungen notwendig [1, 20, 21]. Im Folgenden kann daher lediglich an einigen Beispielen die Beeinflußbarkeit der Verbundfestigkeit durch die Werkstoffkombination, die Prozeßführung, die Konstruktion sowie die Lagerung/Nachbehandlung gezeigt und mögliche Ursachen andiskutiert werden. Die Ausführungen beziehen sich, soweit keine weiteren Hinweise gegeben werden, auf Untersuchungen mit thermoplastischen Werkstoffkombinationen in Probekörperwerkzeugen [1, 20-23]. Weiterführende Literaturstellen zu anderen Kunststoffkombinationen sind im Literaturverzeichnis aufgeführt.

Werkstoffkombination

Mit der Auswahl der Werkstoffkombination wird das Potential der Verbundfestigkeit durch die zwischen den Kunststoffen möglichen Wechselwirkungen festgelegt.

Beim Verbundspritzgießen sind neben den möglichen Haftungsmechanismen bei guter Haftungskompatibilität für ein Bauteil weitere Kriterien, insbesondere die sog. Eigenschaftskompatibilität zu berücksichtigen. Steifigkeitsunterschiede der Komponenten führen bei äußerer Belastung zu Spannungsüberhöhungen im Kontaktbereich. Zudem können z.B.

große Schwindungsunterschiede der einzelnen Komponenten oder Differenzen in der thermischen Ausdehnung abhängig von der Bauteilgeometrie verbunden mit unterschiedlichen, temperaturabhängigen Steifigkeiten der Komponenten nicht nur zu einem Verzug, stellenweise kann dies auch zu einer Reduktion der Verbundfestigkeit durch die Überlagerung von Eigenspannungen führen [24].

Beim Spritzgießen beweglicher Verbindungen im Montagespritzgießverfahren ist neben den Schwindungsverhältnissen der Komponenten sowie den thermischen und thermomechanischen Eigenschaften z.B. auch das Reibungs- und Verschleißverhalten der Kunststoffkombination zu berücksichtigen. Ansätze zur Erklärung der Haftungsphänomene beim Verbundspritzgießen von Thermoplasten werden z.B. durch Adhäsionstheorien einschließlich der Diffusionstheorie gegeben, Bild 5.11. Auch im Bild 5.11 nicht näher angegebene chemische Bindungen bzw. Wechselwirkungen sind bei bestimmten Kombinationen denkbar, vor allem unter Verwendung von Haftvermittlern [9]. Eine wichtige Voraussetzung ist nach derzeitigem Prozeßverständnis eine ausreichende Benetzung des teilweise abgekühlten Vorspritzlings durch die Schmelze der aufgespritzten Komponente und die ausreichende Annäherung der Moleküle beider Verbindungspartner.

Eine zuverlässige Vorhersage des Niveaus der Verbundfestigkeit ist mit diesen Modellen bzw. Theorien aber nicht möglich. Ebenso wenig kann der qualitative Einfluß der Spritzparameter vorausgesagt werden, wenn z.B. Wechselwirkungen der Spritzparameter vorliegen und die Randbedingungen für das angewendete Modell auf die tatsächlich ablaufenden physikalischen Vorgänge beim Verbundspritzgießen für eine Material/Formteilkombination nicht oder nur unzureichend zutreffen.

Eine beim Verbundspritzgießen häufig hinzugezogene Theorie ist die Diffusionstheorie, die in bestimmten Fällen durchgeführte Untersuchungen z.T. erklären kann [1, 20, 23]. Eine Verbundhaftung kommt nach dieser Modellannahme durch eine gegenseitige Durchdringung der Molekülketten beider Komponenten zustande. Es entsteht zwischen beiden Kunststoffkomponenten eine Grenzschicht, die ein Gemisch aus Molekülen oder zumindest Molekülsegmenten beider Komponenten enthält. Hierzu sollte die erste Kunststoffkomponente durch die aufgespritzte zweite Komponente ausreichend benetzt und angeschmolzen bzw. erweicht werden. Schließlich muß bei ausreichender thermodynamischer Verträglichkeit der beiden Polymere eine Diffusion bzw. Bewegung der Molekülketten oder Segmente mit resultierender Verschlaufung in der Grenzschicht stattfinden. Beim Diffusionsmodell steigt die Verbundhaftung mit:

- längerer Kontaktzeit,
- höherer Temperatur der Kunststoffkomponenten,
- größerer Kettenflexibilität,
- niedrigerem Vernetzungsgrad,
- niedrigerem Molekulargewicht.

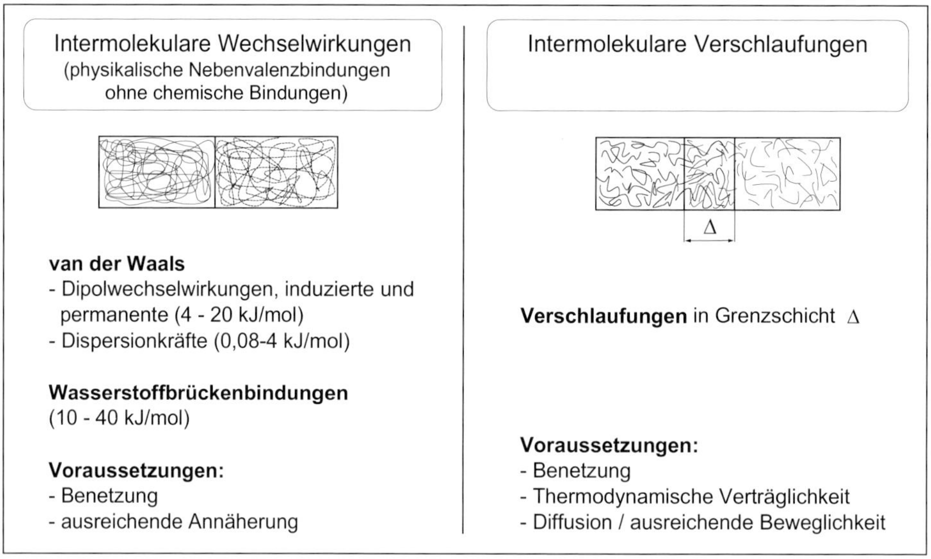

Bild 5.11 Adhäsionsmechanismen (schematisch, Auswahl) [1]

Bei Gültigkeit dieses Modells kann aufgrund dieser Abhängigkeiten der Einfluß der Prozeßparameter und teilweise der Formteilgestaltung abgeschätzt werden. So wird in der Regel z.B. eine höhere Temperatur im Kontaktbereich durch eine höhere Massetemperatur der zweiten Komponente und eine höhere Werkzeugtemperatur (verringerte Abkühlgeschwindigkeit der ersten und zweiten Komponente) erreicht [2, 25, 26].

Die Mechanismen der Verbindungsbildung bei Thermoplastkombinationen sind u.a. material- sowie prozeßabhängig und in vielen Fällen nicht vollständig verstanden. Man muß vermutlich von einer Überlagerung verschiedener Mechanismen und Wechselwirkungen ausgehen. Die Erweiterung des Wissens über die Verbindungsbildung und Vorgänge im Bereich der Grenzfläche beim Verbundspritzgießen ist daher zur Zeit Gegenstand der Forschung. Im Falle der Elastomer/Thermoplast-Kombinationen mit PPE und PA tragen ebenfalls materialabhängig unterschiedliche Mechanismen zur Haftung bei. So erfolgt bei Kombination von PPE und SBR eine Interdiffusion von (Poly-)Styrolmolekülen in der Grenzfläche. Der Verbund aus PPE und peroxidisch vernetzendem EPDM besteht dagegen aus C-C-Bindungen, die über Radikale entstehen. Bei PA612 entstehen in Kombination mit XNBR (peroxidisch vernetzt) neben den C-C-Bindungen auch Verbindungen über Amid-Gruppen, dagegen ist die sehr stabile Bindung von Fluorkautschuk an Polyamide nicht vollständig geklärt [27, 28].

Zum qualitativen Vergleich der Verbindungsfähigkeit werden von Material- und Maschinenherstellern häufig Materialkompatibilitätsmatrizen angeführt. Beispielhaft aus der Literatur zusammengestellte Kompatibilitätsmatrizen zeigen die Tabelle 5.1 bis Tabelle 5.3 für Kombinationen aus unterschiedlichen Kunststoffgruppen.

Hart-kompo-nente	**TPE-S**				**TPE -V**	**TPE -A**	**TPE -O**	**TPE -E**
	SEBS-Standard-Compound	Härte Shore A	SEBS-Spezial-Compound	Härte Shore A				
PP	1	> 5			1	6	6	6
PE	3	> 30	2	> 30		6	6	6
PA 6 mod. 25 GF	4	> 25	2	> 60	4	4	4	4
PA 66 mod. 25 GF	4	> 25	2	> 50	4	4	4	4
PA 12 mod. 25 GF	4	> 25	3	> 50	4	4	4	4
PA 6	6	-	2	> 50	6	6	4	6
PA 66	6	-	3	> 50	6	6	4	6
ABS	6	-	2	> 65	6	6	4	6
PS	6	-	3	> 65	6	6	6	6
PPO/PS mod.	6	-	3	> 45	6	6	6	6
PBT	6	-	2	> 65	6	6	4	6
PC	6	-	2	> 70	6	6	4	6
SAN	6	-	2	> 65	6	6	6	6
PET	6	-	2	> 65	6	6	6	6
ABS/PC	6	-	2	> 65	6	6	6	6
PC/PBT	6	-	2	> 65	6	6	6	6

Tabelle 5.1 Beispiel einer Materialkompatibilitätsmatrix für thermoplastische Hart/Weich-Verbindungen [29]

1 = ausgezeichnete Haftung (Kohäsionsbruch), 4 = ausreichende Haftung
2 = sehr gute Haftung (Adhäsionsbruch) 5 = geringe Haftung
3 = gute Haftung 6 = keine Haftung

		Thermoplast		
		PPE	PA 612	PA-Blends
Elastomer	SBR	S	-	-
	NR/SBR	S	-	-
	SBR/EPDM	S	-	-
	SBR/NBR	S	-	-
	EPDM	P	-	-
	XNBR	-	P	P
	EAM	-	A	A
	FPM	-	Bis/P/A	Bis/P/A
	MVQ/FMVQ	-	-	-

Tabelle 5.2 Beispiel für Werkstoffkombinationen und verwendbare Vernetzungssysteme für haftvermittlerfreie Thermoplast/Elastomer-Verbunde [12]

Vernetzungsmittel: S = Schwefel, P = Peroxid, Bis = Bisphenol, A = Amin

Die Aussagefähigkeit dieser Matrizen ist eingeschränkt, da innerhalb der Materialgruppen eine Vielzahl von Materialmodifikationen (z.B. Syntheseverfahren, Füll- und Verstärkungsstoffe, Additive) existieren, die sich hinsichtlich ihrer Wechselwirkungen mit anderen Polymeren stark unterscheiden können. Innerhalb einer Materialgruppe kann sich z.B. über die Verschiebung der Schmelzpunkte einer der beiden Partner, bei Glasfaserzugabe oder bei Viskositätsänderung der aufgespritzten Komponente eine teilweise deutliche Änderung der Verbundfestigkeit ergeben. Dies zeigt Bild 5.12 am Beispiel von PA-Verbindungen [2].

Sandwich-spritzguß / Co-extrusion	ABS	ASA	CA	EVA	PA 6	PA 66	PC	PEHD	PELD	PMMA	POM	PP	PPO mod.	PS-GP	PS-HI	PBT	PVC-W	SAN	PC+PBT	PC+ABS
ABS	+	+					+	■	■	+		■	■	■	■	+	+	+	+	+
ASA		+	+	+			+	■	■	+		■	■	■	■	+	+	+	+	+
CA	+		+	o				■	■			■	■	■	■	+	+	+		
EVA				+				+	+			+		+			■			
PA 6					+			o	o			o		■	■					
PA 66					+	+		o	o			o		■	■					
PC	+	+		(+)	●	●	+	■	■	(+)		■		■	■	+	+	+	+	+
PEHD				+	●		●	+	+	o	o	■		■	■	■	o	■	■	■
PELD				+	●		●		+	o	o	+		■	■	■		■	■	■
PMMA	+	+								+		o		■	■		+	+		
POM											+	o		■	■					
PP				+	●	●	●					+	o	■	■	■	o	■	■	■
PPO mod.													+	+	+	■	■	■	■	■
PS-GP				+										+		■	o	■	■	■
PS-HI															+	■	o	■	■	■
PBT	+			(+)		(+)	+	●	●			●		●	●	+	+	+		
PVC-W	+	+	+				(+)										+	+		+
SAN																		+	+	+
Blend PC+PBT	+	+					+												+	
Blend PC+ABS	+	+					+													+

Tabelle 5.3 Beispiel einer Materialkompatibilitätsmatrix für thermoplastische Hart/Hart-Verbindungen [30]

+ = gute Verbindung, ● *= mit Haftvermittler gute Verbindung*

o = schlechte Verbindung, *( ) = bedingt*

■ *= keine Verbindung*

(Anmerkung: Neben dem Mehrkomponentenspritzgießen wird in der unteren Diagonalfläche die Verbindung durch Coextrusion charakterisiert)

Für kompatible Polyamidkombinationen deuten die Untersuchungen in Bild 5.12 eine Abnahme der Verbundfestigkeit an mit:

- zunehmender Kristallisationstemperatur (2. Komponente),
- Füllstoffzugabe (insbes. 1. Komponente),
- zunehmender Verarbeitungsviskosität (2. Komponente),
- zunehmendem Schmelzpunkt der 1. Komponente.

Vor allem bei Integration hochgefüllter Kunststoffe in kompatible, ungefüllte Trägerkomponenten ist die Einspritzreihenfolge aufgrund unterschiedlicher thermomechanischer und Schwindungsverhältnisse zu berücksichtigen. Untersuchungen in [6, 13] zeigen auch, daß beim Aufspritzen hochgefüllter Kunststoffe auf ungefüllte Kunststoffe häufig höhere Verbundfestigkeiten erzielt werden können als bei umgekehrter Einspritzreihenfolge.

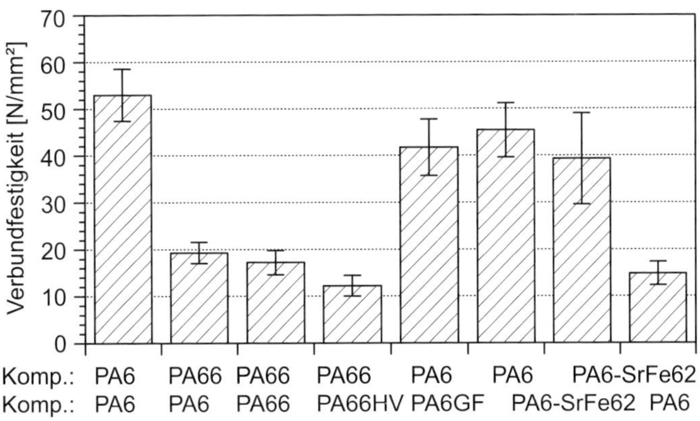

Bild 5.12 Verbundfestigkeiten von Polyamidkombinationen im Zugversuch, Materialvariation sowie Einfluß von Glasfasern (25 Gew.-%) und magnetischen Füllstoffen (62 Vol.-% Strontiumferrit) (Einlegeverfahren, stumpfe Anbindung) [1, 6]

(PA6: ®Ultramid B3S; PA6-GF: ®Ultramid B3EG5; PA66-1: ®Ultramid A3K, MVI 275/5 = 120 cm³/10min; PA66-HV: ®Ultramid A4, MVI 275/5 = 40 cm³/10min, ®Ultramid: BASF AG)

Prozeßführung

Neben der Materialkombination beeinflussen die Spritzgießbedingungen im realen Formteil die Verbindungsbildung ort- und zeitabhängig. In unterschiedlichen Entfernungen zum Anguß variieren die Strömungs- und Abkühlbedingungen mit Auswirkungen auf die Verbindung. Zusätzlich können die Bedingungen für die zweite Komponente durch unterschiedliche Anbindegeometrien, Fließquerschnitte und Anströmrichtungen relativ zum Vorspritzling modifiziert werden. Auch bei konstantem Fließquerschnitt verändern sich in unterschiedlichen Formteilbereichen die Anbindebedingungen, beispielsweise durch die zeitlich versetzte Abkühlung der Schmelze, den Zeitpunkt zwischen Benetzung und Druckaufbau (Druckverzögerungszeit) oder die Relaxation von Orientierungen im Kontaktbereich.

Der Einfluß der Massetemperaturen auf die Verbundfestigkeit hängt stark von der jeweiligen Materialkombination und den hierbei vorherrschenden Verbundmechanismen ab. Dieses unterschiedliche Verhalten kann teilweise mit der unter vereinfachten Annahmen abgeschätzten Kontakttemperatur zum Zeitpunkt des Aufspritzens in Verbindung gebracht werden [2]. Die zeit- und ortabhängige Temperaturentwicklung im Bereich der Kontaktfläche ist derzeit Gegenstand laufender Untersuchungen. Bei bestimmten Hart/Weich-Kombinationen wird z.B. die Temperatur zum Aufschmelzen der Hartkomponente aufgrund der relativ geringen Verarbeitungstemperaturen der TPE vermutlich kaum erreicht, dagegen ist die Temperatur bei bestimmten Hart/Hart-Verbindungen näher am Schmelzbereich des Vorspritzlings. Bild 5.13 zeigt dies beispielhaft für PA/PA und PA/TPU-Kombinationen. In mehreren Untersuchungen wurde eine signifikant zunehmende Verbundfestigkeit mit zunehmender Massetemperatur nachgewiesen, z.B. für verschiedene PA/PA-Kombinationen [1] oder Kombinationen aus ABS, PC oder PBT [23]. Für bestimmte Kombinationen wurden dagegen nur geringe Einflüsse oder sogar gegenläufige Tendenzen ermittelt.

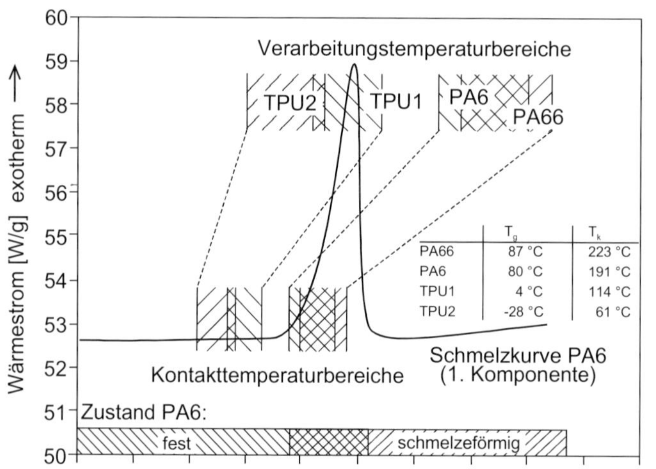

Bild 5.13 Vergleich der rechnerisch abgeschätzten Kontakttemperaturbereiche zweier PA/TPU und zweier PA/PA-Verbunde, eingetragen ist die DSC-Kurve (Aufschmelzbereich) des Vorspritzlings [2]

T_g = Glasübergangstemperatur, T_k = Kristallisationstemperatur (Kühlrate 10 K/min)

Die Werkzeugtemperatur und Einspritzgeschwindigkeit beeinflussen neben der Haftung u.a. auch den Orientierungs- und Schwindungszustand. Durch eine schnellere Einspritzung wird z.B. die Druckverzögerungszeit verkürzt, ebenso ist eine stärkere Schererwärmung möglich, was die Verbundbildung unterstützen kann. Gleichzeitig nimmt aber durch eine erhöhte Orientierung die schwindungsbedingte Spannung im Kontaktbereich u.U. zu. Die Anhebung der Werkzeugtemperatur und Einspritzgeschwindigkeit können sich u.a. hierdurch sowohl positiv (siehe z.B. Bild 5.14) als auch negativ auf die Verbundfestigkeit deutlich auswirken. Eine Variation des Nachdrucks in sinnvollen Grenzen hat in bisherigen Untersuchungen überwiegend kaum Einfluß auf die Verbundfestigkeit gezeigt. Übermäßig hoher Nachdruck wirkt sich eher negativ auf die Verbundfestigkeit aus.

Der Einfluß der Verzögerungszeit bis zum Aufspritzen der zweiten Komponente ist in verschiedenen Untersuchungen ebenfalls nicht eindeutig [1, 23]. Bei PA-Kombinationen korreliert in [1] z.B. eine Abnahme der Verbundfestigkeit mit der durch längere Verzögerungszeiten bedingten, stärkeren Abkühlung des Vorspritzlings. Extrem lange Verzögerungszeiten ähnlich dem Einlegen kalter Vorspritzlinge in das Werkzeug können ein deutliches Absinken der gemessenen Verbundfestigkeiten zeigen. Gleichzeitig nehmen die Streuungen bei manuellem Einlegen häufiger zu. Da keine allgemein gültigen Tendenzen zum Einfluß der Prozeßführung für beliebige Kombinationen, Werkstoffmodifikationen und Formteilgeometrien angegeben werden können, empfehlen sich im Rahmen einer Formteilentwicklung bei nicht vorliegenden Werten orientierende Spritzgießversuche an Probekörper- oder Prototypenwerkzeugen mit den in Frage kommenden Werkstoffkombinationen.

Eine Verbesserung der Verbundeigenschaften kann durch konstruktive Maßnahmen wie z.B. formschlüssige Verbindungen (Hinterschnitte und Durchbrüche) erfolgen. Weitere Maßnahmen können eine Haftungsmodifizierung oder die Anwendung von Oberflächenverfahren wie das Primern, das Beflammen, die Corona- oder die Plasma-Behandlung sein. Letztere kann sowohl fertigungsbegleitend mittels Niederdruckverfahren als auch neuerdings in den Spritzgießprozeß integriert in normaler Atmosphäre erfolgen. Ziele sind hierbei eine verbesserte Feinreinigung im Bereich der Kontaktfläche der ersten Komponente sowie eine verbesserte Adhäsion zwischen den Komponenten.

Bei der Atmosphärendruck-Plasmabehandlung kann nach dem Spritzgießen der ersten Komponenten der Plasmakopf über ein Handlingsgerät in das geöffnete Werkzeug eingefahren werden, die lokale Behandlung wird durchgeführt und nach dem Schließen des Werkzeuges die zweite Komponente aufgespritzt. Der Plasmastrahl ermöglicht derzeit, abhängig von der Leistung und Geometrie der Düse eine Behandlungsbreite von wenigen bis ca. 25 mm. Die Plasmaquelle wird bisher je nach erforderlicher Behandlungsleistung im Abstand von ca. 10-40 mm mit einer Geschwindigkeit im Bereich von 6-900 m/min relativ zur Oberfläche bewegt. Die resultierende, kurze Einwirkzeit ermöglicht eine temperaturschonende Vorbehandlung mit schnell ablaufenden, physikalisch-chemischen Prozessen an der Oberfläche, welche sich insbesondere in einer Veränderung der Oberflächentopographie und der molekularen Struktur der Oberfläche (Bildung funktioneller Gruppen) äußern [31].

Der zusätzliche Prozeßschritt der Vorbehandlung bedingt eine Verlängerung der Gesamtzykluszeit, allerdings läßt sich diese für prozeßintegrierbare Verfahren durch angepaßte Werkzeugtechniken (z.B. Drehtellerkonzepte oder Werkzeuge mit 90°-Wendetechnik für zusätzliche Behandlungsstation) minimieren.

Ziel der Vorbehandlungen ist es,

- stoffschlüssige Verbunde aus bisher nur mäßig bzw. nicht haftenden Kombinationen,
- höhere absolute Haftfestigkeiten sowie
- eine Reduzierung des Einflusses haftungsmindernder Verarbeitungseinstellungen

zu erzielen. Für Verbundbauteile mit stoffschlüssiger Verbindung bedeuten diese Verbesserungsmöglichkeiten eine Erweiterung der zur Verfügung stehenden Materialkombinationen und die Möglichkeit, schonende Verfahren/Verfahrensparameter v.a. mit niedrigen Verarbeitungstemperaturen und -drücken einzusetzen.

Konstruktion

Der Verlauf der Verbundfestigkeit mit zunehmender Fließweglänge ist für unterschiedliche Werkzeugtemperaturen beispielhaft für eine PA6/PA6GF-Kombination in Bild 5.14 dargestellt. Man erkennt einen deutlichen Anstieg der Verbundfestigkeit mit zunehmender Entfernung vom Anguß. Dieser Effekt sollte konstruktiv bei Wahl der Anspritzbedingungen der zweiten Komponente berücksichtigt werden.

Weitere Untersuchungen zeigen, daß die Ausprägung dieses Effektes von den Spritzgießparametern und der Materialkombination abhängt. Eine mögliche Ursache ist die Abnahme der sog. Druckverzögerungszeit zum Fließwegende hin. Ausgehend vom Anguß bildet sich während des Einspritzvorganges eine kältere Randschicht der zweiten Komponente aus, die zunächst mit relativ geringem Druck an die Oberfläche des Vorspritzlings gepreßt wird.

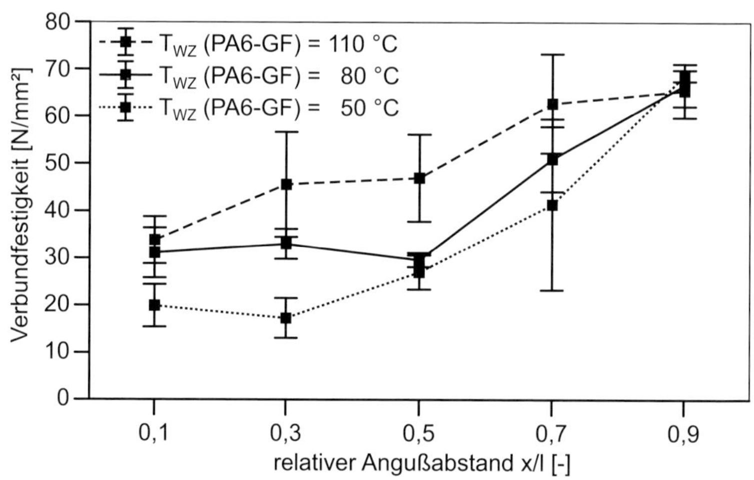

Bild 5.14 Einfluß der Fließweglänge und der Werkzeugtemperatur auf die Verbundfestigkeit im Zugversuch für eine PA6/PA6-GF25-Kombination

Zusätzlich verzögert die nachströmende heiße Schmelze angußnah die Abkühlung im Bereich der Grenzfläche, was sich eher günstig auf die Verbundfestigkeit auswirkt. Durch den

Fließvorgang eingebrachte Schubspannungen können dagegen einen negativen Einfluß auf die resultierende Verbundfestigkeit besitzen. Weiterhin ist ein Einfluß fließwegabhängiger Orientierungs-, Schwindungs- und entsprechender Eigenspannungszustände möglich.

Bei der Formteilkonstruktion ist auch die Kontaktgeometrie zu beachten. Bei PA6/TPU-Verbindungen wurden sowohl für die geschäftete als auch für die gestufte Kontaktgeometrie geringere Verbundfestigkeiten im Zugversuch im Vergleich zur stumpfen Anbindung gemessen. Bei der Belastung der Hart/Weich-Zugproben kommt es aufgrund der Dehnungsbehinderung der Weichkomponente durch die Hartkomponente zu einer Einschnürung und damit zu einem dreidimensionalen Spannungszustand mit lokalen geometrieabhängigen Spannungsüberhöhungen im Bereich der Kontaktzone.

Neben der Konstruktion des Verbundbauteils kann sich auch das Werkzeugkonzept auf die Verbundeigenschaften auswirken. Während bei Core-back-Werkzeugen die Verzögerungszeit bis zum Aufspritzen der zweiten Komponente durch einfache Kernzüge sehr kurz gehalten werden kann und ein erneutes Einformen des Vorspritzlings in eine Kavität entfällt, muß z.B. bei Dreh- oder Indexplattenwerkzeugen nach dem Drehen eines Werkzeugteils der Vorspritzling wieder eingeformt werden.

Das Verbundspritzgießen gleicher Kunststoffkombinationen kann in unterschiedlichen Werkzeugen selbst bei vergleichbaren Werkzeugkonzepten und Maschineneinstellungen deutlich unterschiedliche Festigkeiten ergeben. Somit ist zumindest die Übertragbarkeit absoluter Kennwerte nicht gegeben.

Eine ausreichende Entlüftung des Werkzeuges im Kontaktbereich sollte für hohe Verbundfestigkeiten sichergestellt werden.

Lagerung/Nachbehandlung

Grundsätzlich muß eine Veränderung der Verbundeigenschaften durch Lagerungseinflüsse (Temperatur, Medien, Zeit) in Betracht gezogen werden. Bei PA führt z.B. die Aufnahme von Wasser zu einer Erniedrigung der Glasübergangstemperatur verbunden mit einer deutlichen Veränderung der temperaturabhängigen mechanischen Eigenschaften.

Wasserlagerungsversuche an PA6-GF//PA6/6T-GF-Kombinationen haben in Untersuchungen zu einer deutlichen Abnahme der Verbundfestigkeit mit zunehmender Lagerungsdauer (zunehmender Feuchtegehalt) geführt [32]. Ofenlagerungsversuche sowie Temperaturwechseltests zeigten an dieser sowie an PA/PEI- und PC/PEI-Kombinationen dagegen keinen eindeutigen Einfluß. Ein signifikanter Einfluß der für eine Metallisierung notwendigen Chemikalien auf die Verbundeigenschaften konnte in [32] für selektiv metallisierbare Kombinationen wie PA/PA, PA/PEI oder PC/PEI ebenso nicht festgestellt werden.

Die hier beschriebenen Untersuchungen zeigen, daß ein Lagerungseinfluß für die beispielhaft genannten Kombinationen unter den genannten Lagerbedingungen keine einheitliche Auswirkung auf die Verbundfestigkeit hat. Grundsätzlich ist auch eine Erhöhung der Verbundfestigkeit z.B. durch Strukturveränderungen sowie Diffusions- oder Relaxationsvorgänge denkbar. Für weitere Kombinationen und anwendungsspezifische Lagerungsbedingungen sollte daher ein möglicher Einfluß der Lagerung in konkreten Versuchen überprüft werden.

5.1.2 Sandwichverfahren/Injektionstechniken

Beim Sandwich-Spritzgießverfahren entstehen Formteile mit mehrschichtigem Aufbau. Eine Kernkomponente wird vollständig durch eine Hautkomponente umschlossen, wobei die Außenhautkomponente meistens qualitätsbestimmend ist. Beim Standardverfahren wird jede Komponente in einem separaten Spritzaggregat aufbereitet. Man arbeitet hier mit einer Vorspritz- und einer Fertigspritzeinheit. Die einzelnen Spritzgießfunktionen können daher wie selbständige Spritzgießprozesse betrachtet werden.

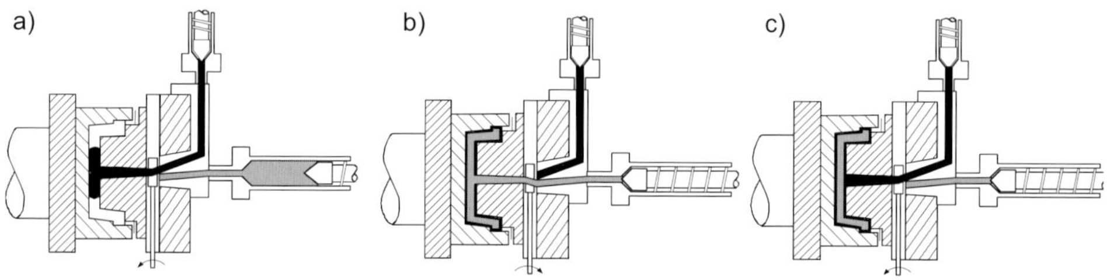

Bild 5.15 Verfahrensablauf beim Mehrkomponenten-Sandwichspritzgießen

a) erste Komponente, später Außenschicht
b) zweite Komponente, Verdrängen der ersten Komponente, dadurch vollständige Werkzeugfüllung und Abbildung der Außenkontur
c) erste Komponente, Verschließen des Angusses

Abgewandelte Verfahren (Monosandwich) zielen auf eine vereinfachte Prozeßführung und Maschinentechnik ab. Das Monosandwichverfahren arbeitet z.B. anstelle eines Spritzaggregats mit einem Zusatzextruder für die Hautkomponente, Bild 5.16. Hierzu wird im Hauptspritzaggregat zunächst die erforderliche Menge an Kernmaterial plastifiziert. Ein Nebenextruder fördert während des Plastifizierens die Schmelze des Hautmaterials über einen Heißkanal in den Schneckenvorraum des Spritzaggregates und schiebt durch den entstehenden Druck die Schnecke zurück. Das Einspritzen der beiden Komponenten erfolgt mit dem Hauptaggregat. Bei diesem Vorgang werden die beiden räumlich hintereinander im Schneckenvorraum aufbewahrten Schmelzen nacheinander in die Kavität eingespritzt [33].

Ein Vorteil des Monosandwichverfahrens liegt darin, daß der Einspritzvorgang wie ein konventioneller Spritzgießprozeß abläuft. Die z.T. aufwendige Düsentechnik des Standardsandwichverfahrens zum Umschalten zwischen den beiden Spritzaggregaten entfällt, allerdings können bisher keine Heißkanalwerkzeuge verwendet werden.

Bei der Sandwichtechnik haben die Formteilgestaltung, insbesondere die Positionierung des Angusses sowie die Materialauswahl einen Einfluß auf die Verteilung der Haut- und Kernkomponente (Hautschicht- bzw. Kernschichtdicken), Bild 5.17. Bei Abweichungen von der rotationssymmetrischen Geometrie kommt es zu einer inhomogenen Kernmaterialverteilung mit Hautmaterialanhäufungen am Ende des kurzen Fließwegs, zudem entstehen nach Aussparungen in der Sandwichstruktur stets Bindenähte aus reinem Hautmaterial, die nicht mehr von der Kernkomponente durchdrungen werden. In einer Untersuchung an Kombinationen aus PES werden sehr dünne Rippen (Dicke/Höhe d/h = 0,4) auch bei extremen Parametervariationen kaum gefüllt, bei größeren Verhältnissen (d/h = 0,8 .. 1,2) erfolgt eine relativ gute Füllung der Rippe mit einer maximalen Eindringtiefe der Kernkomponente [34]. Die Dickenverteilung von Haut- und Kernkomponente bzw. die Kernkomponentenverteilung kann nur marginal über die Prozeßparameter wie Werkzeugtemperatur oder Einspritzgeschwindigkeit im Vergleich zum deutlichen Einfluß der Formteilgestaltung und der Angußlage beeinflußt werden.

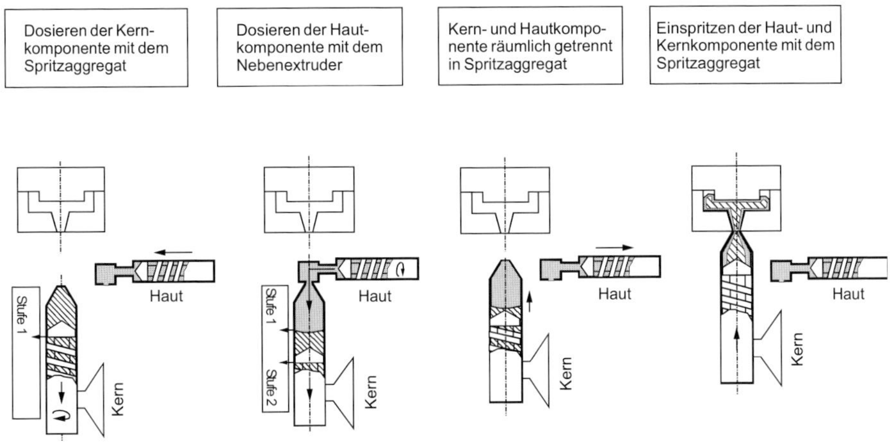

Bild 5.16 Verfahrensablauf beim Monosandwichverfahren

Die Viskosität der Kernkomponente sollte höher als die der Hautkomponente sein, damit keine Fließinstabilitäten (Fingerbildung, willkürliche, unkontrollierte und nicht reproduzierbare Ausbreitung der Kernkomponente) auftreten. Die innere Komponente kann z.B. aus Recyclat bestehen, aus Gewichtsersparnis geschäumt werden (Bild 5.18) oder als Festigkeitsträger gefüllt/verstärkt sein, während die Hautkomponente für eine ansprechende Oberfläche bzw. spezielle Oberflächeneigenschaften (z.B. Metallisierung, UV-Stabilisierung, Leitfähigkeit) sorgt. Bei Wanddicken ab ca. 4 mm wird die Kernkomponente i.A. geschäumt, um Einfallstellen und Eigenspannungen zu reduzieren.

Typische Anwendungsbeispiele zeigen, daß sowohl dickwandige, als auch sehr dünnwandige Teile im Bereich von 0,4 mm Wanddicke (z.B. Joghurtbecher mit ca. 0,4 mm Wanddikke) möglich sind und das Verfahren mit anderen Technologien wie dem Verbundspritzgießen kombiniert werden kann.

Weitere Varianten der Sandwichverfahren integrieren zusätzliche Formteilbereiche aus dem Kernmaterial z.B. mittels Durchbrechen der Kernkomponente am Fließwegende oder einem dem Sandwichverfahren folgenden Anspritzen der Kernkomponente an beliebigen Bereichen der Sandwichstruktur [33, 35]. Artverwandte Verfahren mit sehr niedrigviskoser, bzw.

gasförmiger Kernkomponente sind die Wasser- sowie Gasinjektionstechnik. Das Ziel ist hier, durch Injektion der Kernkomponente einen Hohlraum im Bauteilkern zu erzeugen, der z.B. als konstruktive Versteifungsrippe oder zur Medienführung dient. Angestrebt werden im allg. eine verkürzte Zykluszeit, die Reduzierung von Verzug und Einfallstellen oder eine Material- und Gewichtseinsparung [36-38].

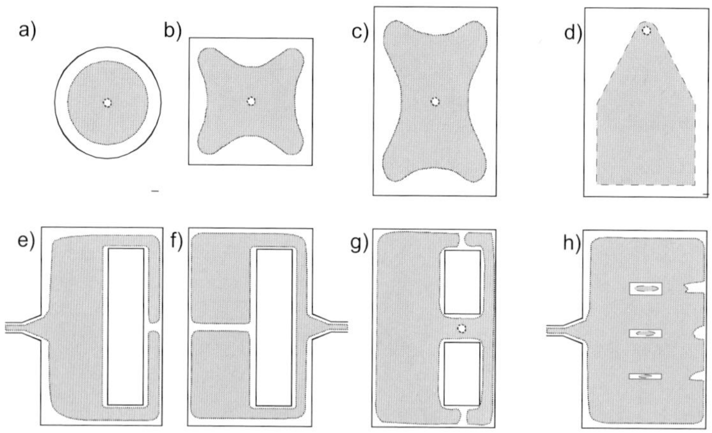

Bild 5.17 Einfluß der Angußposition (a-d), von Durchbrüchen (e-g) und von Rippen (h) auf die Verteilung der Kernkomponente (grau) beim Sandwichspritzgießen (schematisch) [39]

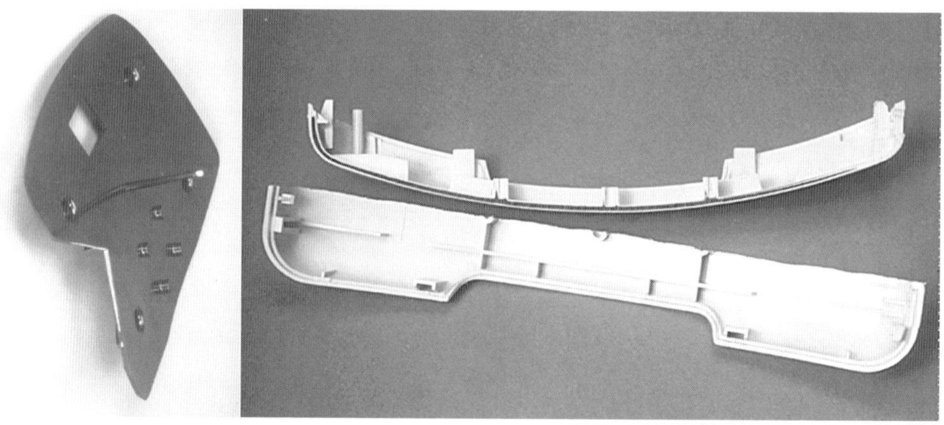

Bild 5.18 Anwendungsbeispiele für das Sandwichspritzgießverfahren

links: Sitzschale aus ASA mit geschäumter Kernkomponente aus ABS [35]
rechts: Telefonhörer aus ABS und rezyklierter Kernkomponente

5.1.3 Hinterspritzen, -prägen, -pressen und -blasen

Beim Hinterspritzen bzw. Hinterprägen oder Hinterpressen von Folien, Textilien oder sonstigen Halbzeugen (z.B. Holz, Leder, Aluminium) werden diese einem Werkzeug zugeführt und einseitig mit Kunststoff hinterfüttert. Das Ziel dieser Technologien ist im Wesentlichen die funktionale oder dekorative Aufwertung der Oberfläche von Kunststoffteilen z.B. durch die Integration optischer oder haptischer Funktionen, Beschriftungen/Symbolen, Dekoration, als Lackersatz oder zur Verbesserung der mechanischen oder chemischen Beständigkeit, Bild 5.19. Auch elektrische Funktionen (Schaltungsträger, Abschirmung, Antielektrostatik) können durch entsprechend ausgerüstete Folien integriert werden. Diesen Techniken wird zudem im Automobilbereich auch für großflächige Außenanwendungen eine starke Zunahme prognostiziert. Im Vergleich zu nachgeschalteten konventionellen Dekoriermöglichkeiten wie Bedrucken, Lackierung oder Metallisierung ermöglicht das Hinterfüttern neben der Kosteneinsparung durch den Rationalisierungs- und Automatisierungseffekt einen flexibleren Designwechsel.

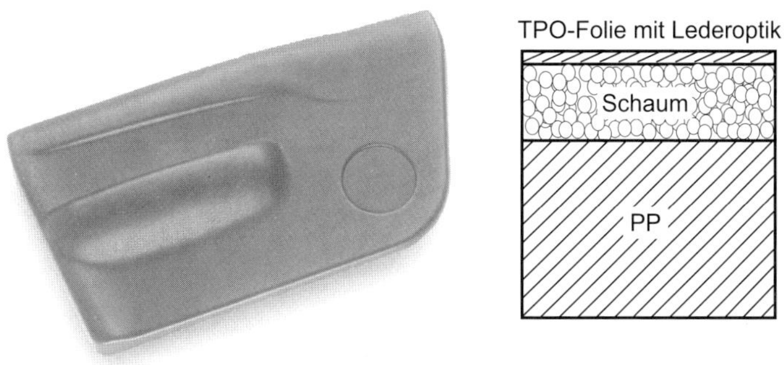

Bild 5.19 Hinterprägte Türseitenverkleidung aus einer Mehrschichtfolie aus TPO-Oberfläche (Lederoptik) und geschäumter PP-Schicht mit Polypropylen [40]

Eine Einteilung der Hinterspritzverfahren für Folien kann z.B. nach der Art der Zuführung zum Spritzgießwerkzeug (Rolle, Zuschnitt) vorgenommen werden. Hier werden u.a. folgende Verfahren eingesetzt:

- In-Mould-Decoration (IMD),
- In-Mould-Labeling (IML),
- Folienhinterspritzen.

Bei der IMD-Technik wird eine modifizierte Heißprägefolie durch das Spritzgießwerkzeug geführt, beim Kontakt mit der eingespritzten Schmelze löst sich das Dekor unter Einfluss von Druck und Temperatur von der Trägerfolie und verbindet sich mit dem Formteil. Hier sind ein- und mehrfarbige Dekore möglich, die Verformbarkeit der hierfür angebotenen Folie ist allerdings auf ca. 10 % begrenzt.

Beim IML-Verfahren werden passend zur Formteilgeometrie vorgestanzte, 60 bis 100 µm dicke Folien (z.B. Etiketten) hinterspritzt, die im Unterschied zur IMD-Technik vollständig auf dem Formteil verbleiben. Entscheidend sind neben der Folienqualität die Zuführ- und Handlingseinrichtungen. Eine Direktzuführung (mechanisches Positioniersystem übernimmt Label aus Spender) gilt hinsichtlich Positioniergenauigkeit und Geschwindigkeit als beste Lösung [41]. Mit dieser Technik werden abwickelbare Flächen hinterspritzt.

In der Folienhinterspritztechnik werden auch nicht abwickelbare Geometrien mit einer auf dem Formteil verbleibenden Folie dekoriert [43]. Bei relativ einfachen Formteilgeometrien kann auch hier eine Folienzuführung von der Rolle durchgeführt werden.

Bei komplexeren dreidimensionalen Oberflächen mit großen Tiefzieh- und Umformgraden wird ein vorgeschaltetes Umformen von einzulegenden Folienzuschnitten erforderlich, Bild 5.20. Das Vorformen der Folien in einem separaten Arbeitsgang erfolgt z.B. durch Vakuum-Tiefziehen (Thermoformen) oberhalb der Erweichungstemperatur. Für die Paßgenauigkeit des Inserts im Spritzgießwerkzeug muß ggf. die Folie aufgrund des Schwindungsverhaltens nach dem Grobschnitt gelagert und anschließend nach ca. 24 h nochmals ein Feinschnitt durchgeführt werden. Das Schwindungsverhalten der Vorformlinge hängt hier nicht nur von der Folienart und -dicke sondern entscheidend von deren Temperatur beim Tiefziehen und dem Umformgrad ab [42].

Eine Alternative ist die Integration der Folienvorformung in die Spritzgießmaschine, das Spritzgießwerkzeug fungiert hier nach Zuführung der vorgeheizten Folien in einem Spannrahmen gleichzeitig als Umformwerkzeug für die Folie.

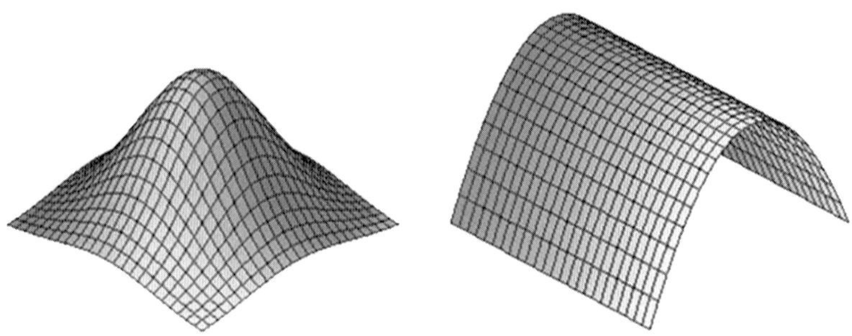

Bild 5.20 Dreidimensionale (links) und abwickelbare Formteiloberflächen (rechts) im Vergleich (schematisch) [43]

Für eine exakte und verzerrungsfreie Positionierung eines Druckbildes auf der Formteiloberfläche ist das High-Pressure-Forming (HPF-Verfahren) geeignet, z.B. für Piktogramme, oder Funktionssymbole. Die im Umformwerkzeug luftdicht eingespannte Folie wird mittels beheizter Druckluft bei 50-300 bar verformt. Die Umformung der Folienzuschnitte erfolgt hier bei Temperaturen unterhalb oder im Bereich der Erweichungstemperatur der Folie, Bild 5.21.

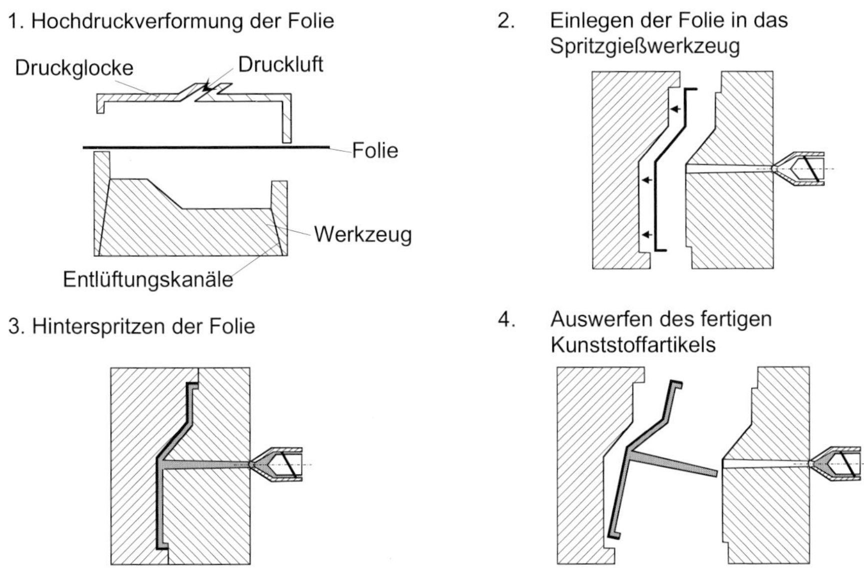

Bild 5.21 Verfahrensablauf beim Hinterspritzen eines Folienvorformlings, der zuvor mittels High-Pressure-Verfahren (alternativ Thermoformen) aus einem Folienzuschnitt hergestellt wird

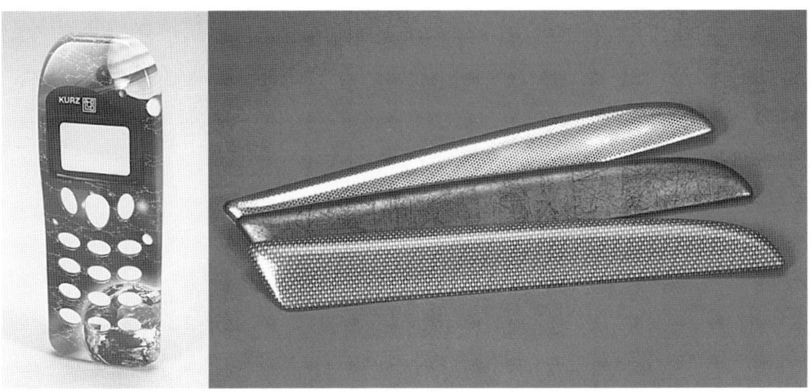

Bild 5.22 Beispiele zum Folienhinterspritzen

links: Handyoberschale , Folienumformung im HPF-Verfahren [44]
rechts: Türblenden im PKW

Die im Umformwerkzeug luftdicht eingespannte Folie wird mittels beheizter Druckluft bei 50-300 bar verformt. Ein Feinschnitt mittels Stanztechnik nach dem Umformen kann ohne Zwischenlagerung der Folien erfolgen. Mittels HPF-Verfahren werden z.B. Heizungs- und Lüftungsblenden für den PKW-Innenraum hergestellt. Ein weiteres bekanntes Beispiel sind die Oberschalen von Mobiltelefonen, Bild 5.22.

Beim Hinterspritzen ist verfahrensabhängig ggf. ein Randbeschnitt des Folienvorformlings nach dem Umformen oder des fertigen Verbundbauteils erforderlich. Ein integrierter Randbeschnitt im Spritzgießwerkzeug ist ebenso möglich. Hinterspritzwerkzeuge sind in der Regel aufwendiger als konventionelle Spritzgießwerkzeuge z.B. durch Einsatz von Kaskadensteuerung der Verschlußdüsen, Tauchkantenkonzept oder notwendige Vorrichtungen zum Fixieren (u.a. elektrostatische Aufladung, Vakuum) und Zuführen der Dekore sowie ggf. durch die düsenseitige Integration von Auswerfern.

Die Niederdruckverfahren wie Hinterpreß-, Hinterblas-, Spritzpräge- oder Schäumtechniken sind besonders bei empfindlicheren Dekormaterialien hinsichtlich verringerter Dekorbelastung und -schädigung durch die gegenüber dem Hinterspritzen geringeren Schmelzetemperaturen und niedrigeren Werkzeuginnendrücke (< 60 bar) vorteilhaft, Bild 5.23. Bei textilen Materialien kann z.B. ein Bügeleffekt (mangelnde Rückstellung der Fasern bzw. Faserschlingen) oder lokale Oberflächenunterschiede vermindert werden. Die Hinterpreß- oder Spritzprägetechniken werden als Niederdruckverfahren u.a. bei großflächigeren Teilen zur Herstellung verzugsarmer, optisch einwandfreier Bauteile eingesetzt.

Als Auswahl wichtiger Eigenschaften des Dekormaterials gilt [41]:

- Unempfindlichkeit gegen Druck-, Temperaturbelastung und Wandschubspannungen,
- hohes Rückstellvermögen der Oberflächenstruktur,
- an Formteilgeometrie angepaßtes Dehnverhalten (falls ohne Verformung hinterspritzt wird),
- gute Haftung und Bindenahtunempfindlichkeit.

Neben der Haftung zwischen Folie und Substrat sind anwendungsspezifisch weitere Kriterien wie spezielle optische Eigenschaften der Oberfläche (z.B. Glanz, Einfallstellen) [43] oder mechanische Eigenschaften des Bauteils relevant. Die Haftung wird i.w. durch die Wahl einer kompatiblen Kombination aus Folienwerkstoff und Substratmaterial bestimmt. Spezielle Mehrschichtfolien integrieren substratseitig ggf. geeignete Haftvermittlerschichten.

Die Auswahl eines geeigneten Verfahrens ist stark von den Oberflächenanforderungen und der Teilegeometrie abhängig. Speziell beim Hinterspritzen ist eine genaue Abstimmung der Schwindung des Tiefziehteils, der Paßgenauigkeit der Schnittkanten in Verbindung mit der Standzeit der Schnittwerkzeuge, der Ausdehnung des Folienvorformlinges beim Hinterspritzen und der Schwindung des Spritzgußteils erforderlich.

Darüber hinaus erweitert eine Vielzahl von Dekor- und Hinterspritzmaterialien die Anwendungsmöglichkeiten dieser Technologien. An dieser Stelle sei auf die weiterführende Literatur und die Hersteller dieser Halbzeuge und entsprechender Anlagen verwiesen [z.B. 41-43].

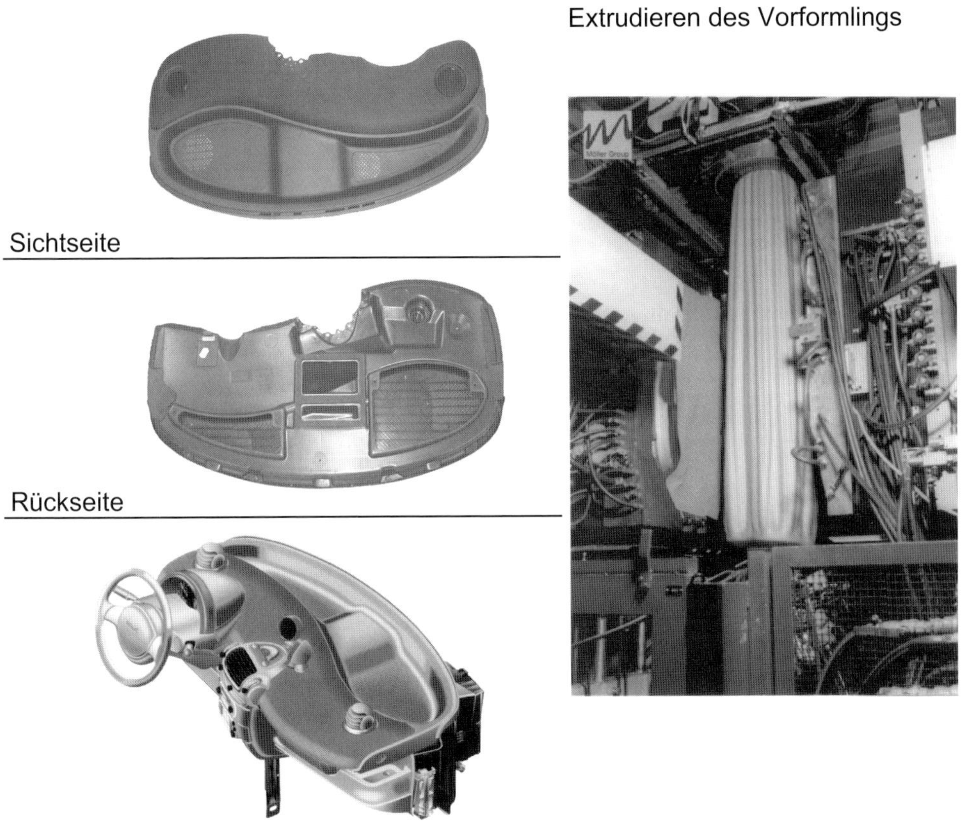

Bild 5.23 Smart-Cockpitmodul hergestellt im Hinterblasprozeß [45]

5.1.4 Verfahrenskombinationen

Die vorgestellten Verfahrensvarianten erheben nicht den Anspruch auf Vollständigkeit. So sind beispielsweise im Bereich der Hybridtechnik (s.a. Kap. 5.2) weitere Materialkombinationen basierend auf hinterspritzten Gewebestrukturen denkbar. Neben den in diesem Abschnitt behandelten Kunststoffkombinationen sind u.a. auch integriert im Kunststoff-Urformverfahren herzustellende Verbundkonstruktionen aus Kunststoffbereichen mit integrierten Keramik- oder Leichtmetallkomponenten von Interesse.

Weitere Möglichkeiten ergeben sich aus der Kombination der angesprochenen Verfahren. Beispiele sind die Kombination von hohlraumerzeugenden Techniken (Gas- oder Wasserinjektionstechnik) mit der Insert- und Overmouldingtechnik (Bild 5.24 und Bild 5.25) oder im Bereich der Hinterspritz- und Sandwichtechnik die Kombination mit den physikalischen und chemischen Schäumverfahren [43].

Das Zusammenspiel der auf die Werkstoff- bzw. Halbzeugkomponenten angepaßten Verfahrensführung und innovativer Werkzeug- und Maschinentechnik spielt neben der Werkstoffentwicklung eine entscheidende Rolle für immer neue, hochwertige Bauteillösungen. Die laufende Forschung und Entwicklung im Bereich der Werkstoff- und Verfahrenskombinationen deutet an, daß hier bei weitem noch nicht alle Möglichkeiten ausgeschöpft sind.

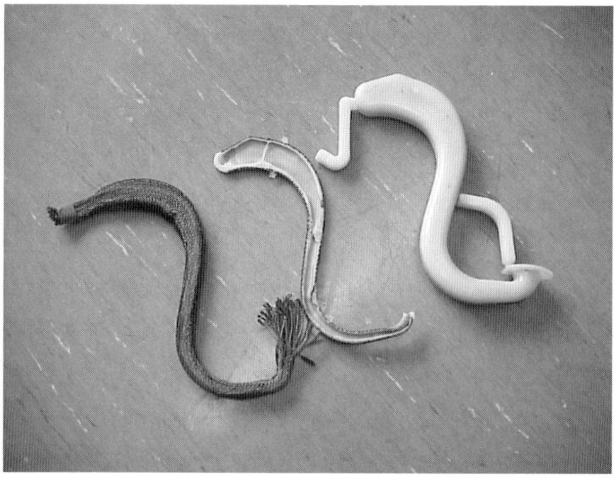

Bild 5.24 Kombination von Einlegetechnik und Gasinnnendrucktechnik, Prozeßstufen der Herstellung eines PKW-Bremspedalprototypen in Hybridtechnik mit Kohlenstoffaser-Gewebeverstärkung, PA12-Matrix und Hohlraum durch Gasinnendrucktechnik [46]

Bild 5.25 Kombination von Wasserinjektionstechnik und Overmoulding, Beachballschläger mit Hohlraum durch WIT und anschließendem Anspritzen der Schlägerfläche, das Kollabieren der hohlen Rahmenstruktur wird durch Wasserinnendruck beim Anspritzen verhindert [36]

5.2 Kunststoff-Metall-Verbunde

5.2.1 Outserttechnik

Die Outsert-Technik ist ein Verarbeitungsverfahren, mit dem einzelne oder mehrere Funktionsteile aus Kunststoff in einem Arbeitsgang auf beide Seiten einer Trägerplatine, die im Allgemeinen aus Metall oder einem anderen geeigneten Werkstoff besteht, spritzgegossen werden. Dabei wird die Platine in das Spritzgießwerkzeug eingelegt und der Kunststoff in die Formnester des Werkzeugs und durch die dafür vorgesehenen Aussparungen in der Platine spritzgegossen.

Das Einbetten von Metallfunktionsteilen in thermoplastische Kunststoffe als Verbindung mehrerer Teile ist eine seit langem bekannte Technik. Hierbei werden z.B. Gewindebuchsen aus Metall durch Umspritzen mit Kunststoff umgeben oder nachträglich durch Eindrücken, Ultraschalleinsenken und dgl. in ein Kunststoffbauteil eingebracht. Diese in Kunststoff eingebetteten Funktionsteile aus Metall heißen "Inserts", Bild 5.26.

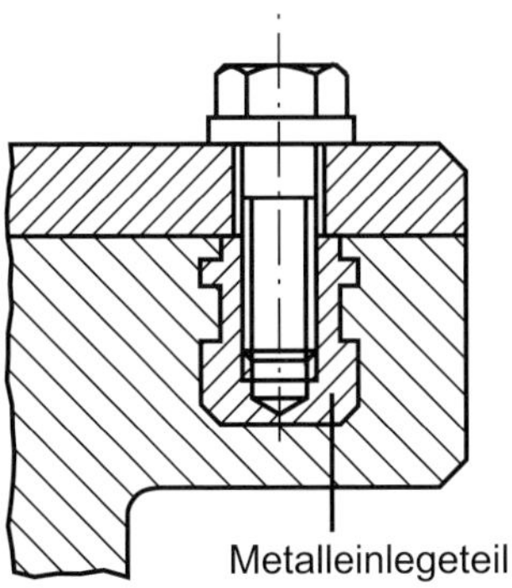

Bild 5.26 Kunststoff-Formteil mit umspritztem Metalleinlegeteil ("Insert")

Bei der "Outsert-Technik" wird nun der umgekehrte Weg beschritten - die Aufgaben von Metall und Kunststoff werden vertauscht. So ist nicht mehr der Kunststoff Träger einer Baueinheit, sondern die Metall-Platine, und die Bauelemente bestehen nicht aus Metall, sondern aus Kunststoff. Somit war ein neuer technischer Begriff geboren, die "Outsert-Technik", Bild 5.27.

Der wesentliche Vorteil der Outserttechnik liegt darin, daß viele unterschiedliche Bauelemente gleichzeitig in einem Arbeitsgang hergestellt und dabei auf beiden Seiten mit der Trägerplatine verbunden werden. Alle Teile sind ohne weitere Bearbeitung funktionstüchtig.

Die bei der konventionellen Herstellung aufwendige Einzelanfertigung der Bauelemente und die Einzelmontage erübrigen sich. Es entfallen somit Arbeitsgänge, wie z.B. Drehen, Bohren, Fräsen und dgl. sowie die arbeitsintensive Montage einzelner Bauelemente auf der

Platine. Ein weiterer Vorteil der Outsert-Technik liegt darin, daß man bei dieser Verbundkonstruktion die spezifischen Eigenschaften der eingesetzten Werkstoffe sinnvoll nutzen und aufeinander abstimmen kann. So bringt die relativ geringe Wärmeausdehnung einer Metall-Platine (z.B. $\alpha_{Stahl} \approx 11 \cdot 10^{-6}$ 1/K) verbesserte technische Möglichkeiten hinsichtlich des Maßverhaltens bei Temperaturwechselbelastung mit sich, die mit einer Vollkunststoffausführung (z.B. $\alpha_{POM} \approx 120 \cdot 10^{-6}$ 1/K) nicht zu realisieren sind. Außerdem besitzt die Metall-Platine selbst bei geringer Dicke eine hohe Steifigkeit.

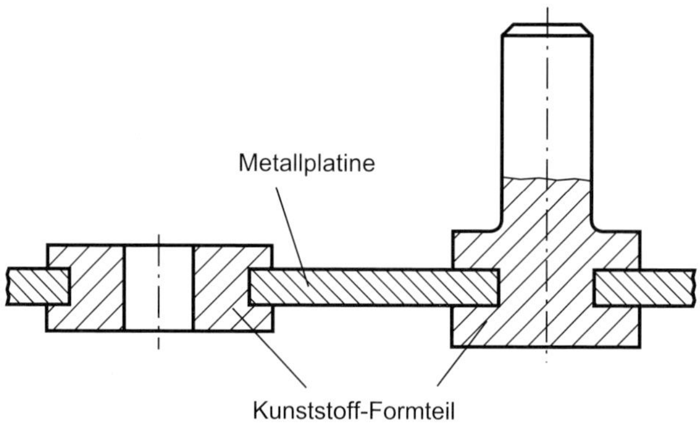

Bild 5.27 Kunststoff-Formteile auf einer Metallplatine im Spritzgießverfahren verankert ("Outserttechnik")

Die Zielrichtung der Outsert-Technik ist daher die Herstellung technischer Teile, die qualitativ die gleichen bzw. höheren Ansprüche als die in herkömmlichen Verfahren hergestellten Komponenten erfüllen und die kostengünstiger gefertigt werden. Daraus ergibt sich die Folgerung, daß eine Reduzierung der Herstellkosten bei solchen Baugruppen möglich sein dürfte, die

- bisher noch in Ganzmetallausführung gefertigt werden bzw. solche,
- die aus mehreren Bauelementen (Kunststoff oder Metall) bestehen und auf einer Trägerplatte einzeln montiert werden [48, 49].

Unter besonders günstigen Bedingungen sparen Anwender gegenüber einer Metallkonstruktion bis zu 70 % an Fertigungsstückkosten.

5.2.1.1 Anforderungen an die Bauteile

Die Anforderungen ergeben sich im Wesentlichen aus der jeweils zu erfüllenden Funktion. Entsprechend den Elementen der Feinwerktechnik gehören hierzu folgende einzelne Funktionselemente oder der Verbund aus ihnen:

- Lager,
- Achsen, Säulen,
- drehbewegliche Teile,

- Führungen, Gleitbahnen,
- Federn, Haken usw., Bild 5.28.

Detaillierte Informationen zu diesen Grundbauelementen sind in [49] aufgeführt.

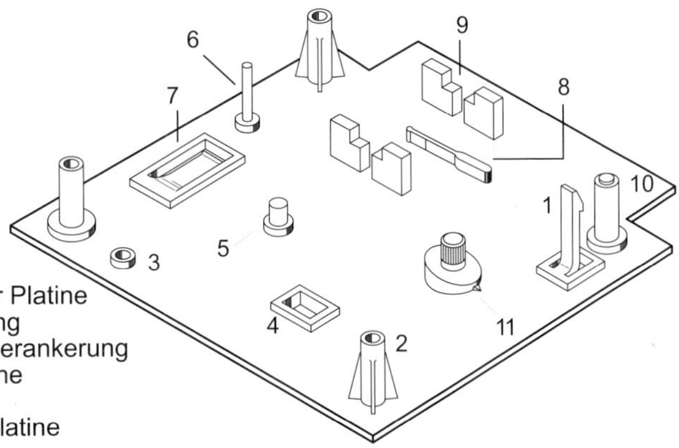

1 Säule mit Flanschbefestigung
2 Säule, zentrisch fixiert
3 Gleitlager für Wellen
4 Schieberführung, senkrecht zur Platine
5 Achse, Vollkunststoff-Ausführung
6 Achse, Metallstift in Kunststoffverankerung
7 Biegefeder, senkrecht zur Platine
8 Biegefeder, parallel zur Platine
9 Schieberführung, parallel zur Platine
10 Schnapphaken
11 drehbewegliches Bauteil (Stelltrieb)

Bild 5.28 Grundbauelemente der Outsert-Technik

5.2.1.2 Werkstoffe

Werkstoffe für Funktionselemente

In der Outserttechnik werden an den Werkstoff besondere Anforderungen gestellt:

- hohe mechanische Belastbarkeit,
- hohe Maßkonstanz (unabhängig von der Luftfeuchtigkeit),
- geringe Kriechneigung,
- gutes Gleitverhalten, geringe Reibungszahl,
- gute Federeigenschaften,
- hohe chemische Beständigkeit,
- keine Spannungsrißbildung.

Von den technischen Thermoplasten kommt erfahrungsgemäß das Acetalcopolymerisat (POM-Copo) mit seinen Eigenschaften dem Anforderungskatalog am nächsten. Beispielsweise sind einige amorphe Kunststoffe als Lagerwerkstoffe infolge ihres Spannungsrißverhaltens gegenüber manchen Schmierstoffen nicht einsetzbar. Bestimmte Standard-Polyamide sind durch die Abhängigkeit mechanischer Eigenschaften sowie durch die Abhängigkeit des Maßverhaltens vom Technoklima (hier insbesondere Feuchtigkeit) für die Outsert-Technik weniger geeignet. Im Vergleich zu POM sind Steifigkeit und Zähigkeit beim thermoplastischen Polyester PBT etwas niedriger. Bei erhöhten Einsatztemperaturen

> 50/60 °C sollte Typen mit höherem Molekulargewicht, möglichst in Verbindung mit einem relativ geringen Rußanteil, der Vorzug gegen Natur-Typen mit niedrigerer Viskosität gegeben werden. Für spezielle Anforderungen hinsichtlich verbessertem Gleit/Reib-Verhalten stehen ebenfalls mit Zusatzstoffen modifizierte Typen zur Verfügung. Als teilkristalliner technischer Thermoplast verfügt das Acetalcopolymerisat über eine im Vergleich zu amorphen Kunststoffen relativ große Schwindung (Richtwert: etwa 2 %), die zum notwendigen kraftschlüssigen Verankern der Funktionselemente in der Platine erforderlich ist. Müssen Bauelemente auf einer Platine extrem hohe Genauigkeits- und insbesondere Steifigkeitsanforderungen erfüllen, wie z.B. Lagerung einer Videorecorder-Kopftrommel, können solche häufig aus Metall bestehende Bauteile aus dem Hochleistungskunststoff Polyphenylensulfid (PPS) in einem separaten Spritzgießvorgang aufgebracht werden, Bild 5.40.

Werkstoffe für die Platinen

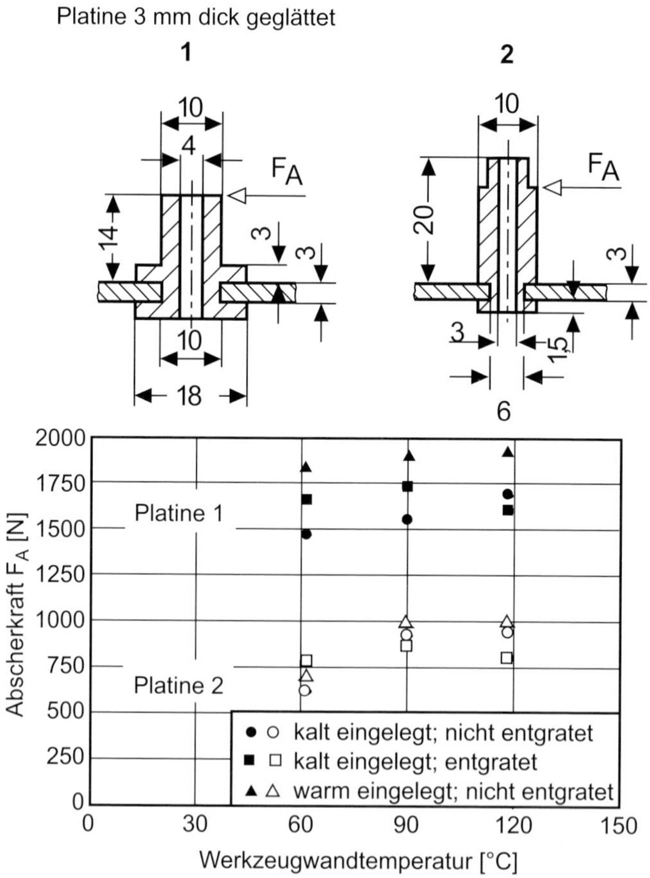

Bild 5.29 Abscherkraft eines Funktionselements in Abhängigkeit von Vorbehandlungsart und Werkzeugtemperatur beim Spritzgießen

Für Platinen werden vorzugsweise elektrolytisch-, aber auch feuerverzinkte Stahlbänder verwendet, jedoch kommen als Werkstoffe auch andere Metalle in Betracht. Platinen aus verstärkten Kunststoffen (z.B. glasfaserverstärktes Polyester- oder Epoxidharz) sind ebenfalls denkbar. Die für die Outsert-Technik jeweils erforderlichen Platinen werden aus dem Halbzeug herausgestanzt. Der Stanzgrat kann infolge von Kerbwirkungen die Gestaltfestigkeit der Funktionselemente beeinträchtigen und ist daher nach Möglichkeit zu vermeiden. Es sollte auf ausreichende Planität der Platinen geachtet werden. Ein Richten der Platine im Spritzgießwerkzeug ist im Allgemeinen nicht möglich. Vor dem Weiterverarbeiten der Platine sollten vorhandenes Fett oder andere Schmierstoffe sowie jede Art von Verschmutzung sorgfältig entfernt werden, um eine Beeinträchtigung der Funktionselemente zuverlässig auszuschließen.

Ein Vorwärmen der Platine vor dem Einlegen in das Werkzeug bringt Vorteile für die Verankerung der Funktionselemente, wie Bild 5.29 zeigt. Allerdings gestaltet sich dadurch die Handhabung schwieriger. Empfehlenswerte Vorwärmtemperaturen liegen zwischen 50 und 70 °C.

5.2.1.3 Konstruktive Hinweise

Allgemeine Hinweise

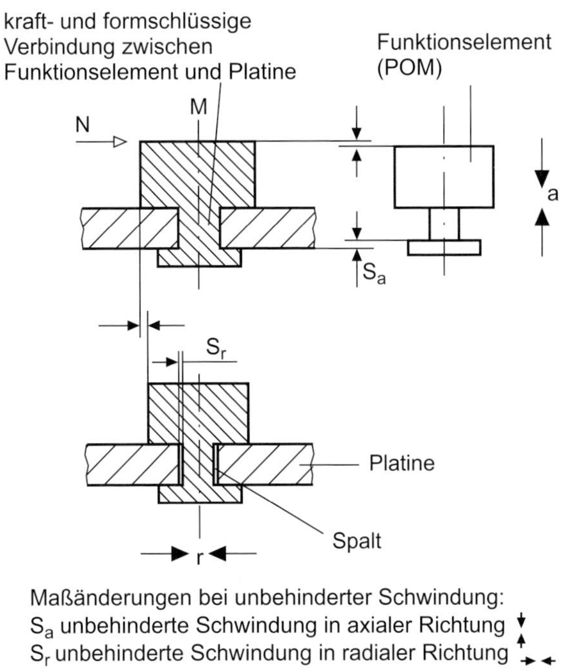

Bild 5.30 Schwindungsrichtungen am Funktionselement

Die Funktionselemente werden im Allgemeinen form- und kraftschlüssig mit der Platine verbunden. Die Schwindung des Funktionselementes dient dem Kraftschluß. Die axiale Schwindung in Richtung “a“ führt infolge der daraus resultierenden Vorspannung zu einer kraftschlüssigen Verbindung, Bild 5.30, [51].

Bei Verwenden eines amorphen Kunststoffes würde diese Vorspannung (= Zugspannung) bei Anwesenheit eines Netzmittels zu Spannungsrißbildung, also zum Versagen des Funktionsteils, führen. Die radiale Schwindung in Richtung “r“ führt zu einer Spaltbildung S_r (Schwindungsspalt) (S_r = Wegschwinden vom Rand des Stanzloches).

Bei einer Beanspruchung durch eine Kraft (“N“) kann das Funktionselement bei dieser Art der Verknüpfung aus der Soll-Lage (“M“) um das Maß des Schwindungsspaltes verschoben werden. Sieht man dagegen mehrere, zur Soll-Lage symmetrisch angeordnete Verknüpfungspunkte vor, Bild 5.31, ist mit einer Verschiebung nicht zu rechnen.

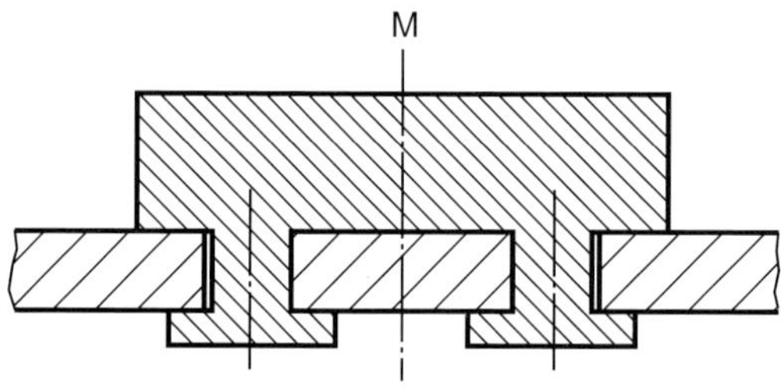

Bild 5.31 Symmetrische Anordnung von Verknüpfungspunkten

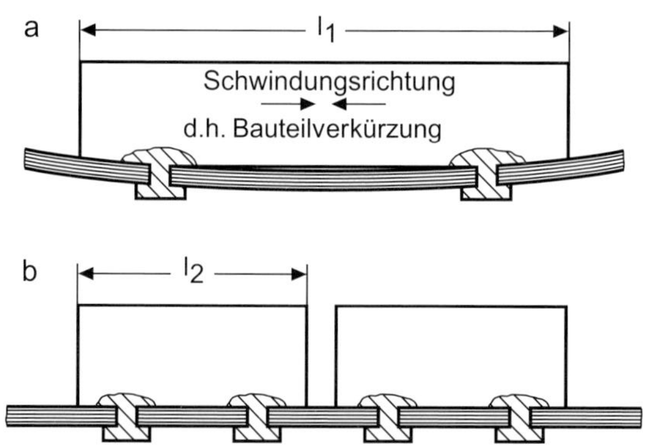

Bild 5.32 Abhilfe bei Schwindungsbehinderung großer oder zu langer Funktionselemente

Die beim Abkühlen auftretenden Spannungen infolge Schwindungsbehinderung sind besonders bei zu großen oder zu langen (l_1) Funktionselementen zu berücksichtigen, Bild 5.32.

Diese Spannungen können entweder zum Abscheren der Verknüpfungspunkte, zu einer Deformation der Platine oder sogar zu einem Reißen der Outsert-Bauelemente führen.

Die Formteile sollten daher entweder in mehrere kleinere (l_2) Segmente aufgeteilt werden, oder es sind Konstruktionen am Werkzeug vorzusehen, die ein unbehindertes Schwinden ermöglichen, z.B. Eintauchen von unmittelbar nach dem Einspritzen ziehbaren Kernen oder Einsätzen.

Angußtechnik der Funktionselemente

Kleinere Platinen mit wenigen Funktionselementen geringer Größe sollten mit Zweiplatten-Werkzeugen hergestellt werden. Hierbei liegt auf der Platine die Verteilerspinne, die meist nachträglich von den Formteilen abgetrennt wird.

Bei größeren Platinen ist es erforderlich, mit Dreiplatten-Werkzeugen und/oder mit Heißkanalwerkzeugen zu arbeiten. Hierbei werden im Allgemeinen mehrere Formteile von einem Anguß her spritzgegossen. Präzisionsformteile sollten separat angebunden werden. Bei der Verwendung von Dreiplatten- bzw. Heißkanalwerkzeugen beläßt man in vielen Fällen die Verteilerspinnen auf der Platine, um den sonst zusätzlichen Arbeitsgang des Abtrennens einzusparen. Außerdem besteht die Möglichkeit, die stehengebliebenen Verteiler z.B. als Schieberführung oder als zusätzliche Verdrehsicherung zu verwenden.

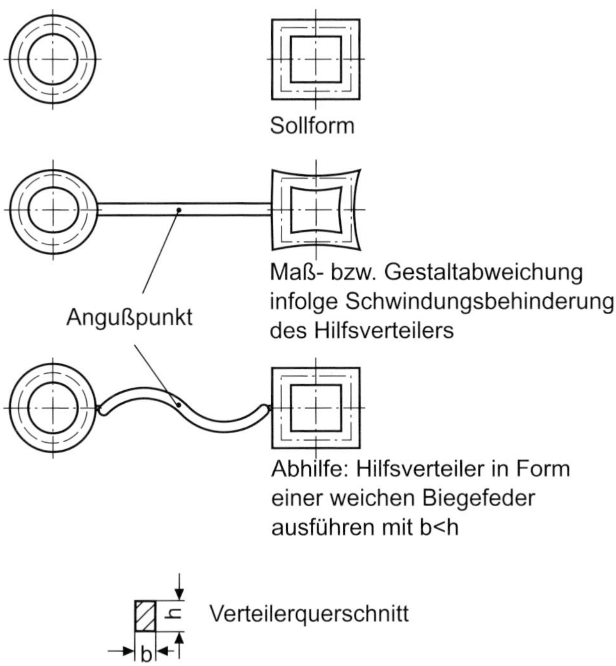

Bild 5.33 Falsche und richtige Gestaltung der Hilfsverteiler (Variante 1)

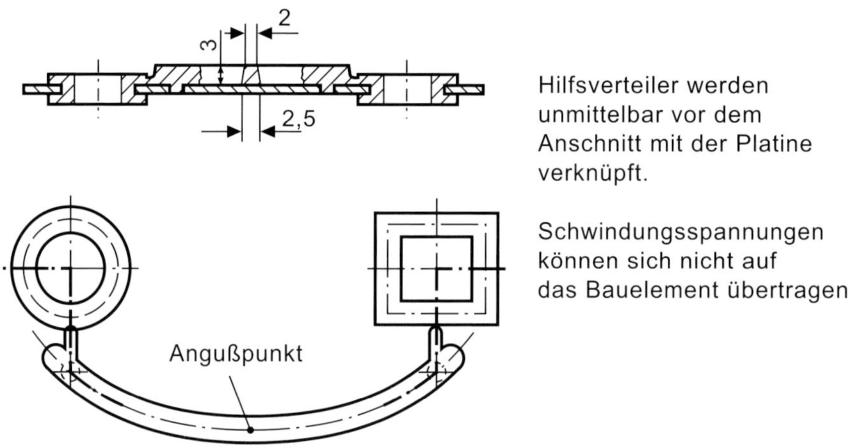

Bild 5.34 Gestaltung der Hilfsverteiler (Variante 2)

Liegen Bauelemente dicht beieinander, ist es wirtschaftlicher, diese durch auf der Platine liegende Hilfsverteiler miteinander zu verbinden als einzeln anzubinden. Die bereits erwähnten Spannungen durch Schwindungsbehinderung sind besonders auch bei den Hilfsverteilern konstruktiv zu berücksichtigen. Hilfsverteiler werden deshalb in Form einer weichen Biegefeder ausgeführt. Um diese Federsteifheit des Verteilers gering zu halten, sollte seine Breite kleiner als seine Höhe sein, Bild 5.33 und Bild 5.34.

Hilfsverteiler können sowohl auf der Vorder- als auch auf der Rückseite der Platine angeordnet werden. Für die einwandfreie Abdichtung des Werkzeugs soll der Abstand von Hilfsverteilern und Bauelementen zum Platinenrand mindestens 1 mm betragen.

Hinweise zur Konstruktion des Spritzgießwerkzeuges

Im folgenden werden die Themen

- Haltestifte/Haltestiftbohrungen,
- Distanzbolzen

näher erläutert.

Haltestifte und Haltestiftbohrungen

An das Spritzgießwerkzeug sind zwei zusätzliche Forderungen zu stellen:

1. Die Platine muß fixiert werden.
2. Die Platine muß vor dem Spritzgießen der Bauelemente so genau und gleichbleibend wie möglich justiert werden, um Maßschwankungen zu vermeiden [50].

Durch Anordnung von zwei Haltestiften im Spritzgießwerkzeug werden diese Forderungen erfüllt, Bild 5.35. Bei der Dimensionierung der Haltestifte ist deren Länge L_H größer auszulegen als der Auswerferweg L_A. Damit läßt sich ein unkontrolliertes Ausstoßen der Platine sicher vermeiden.

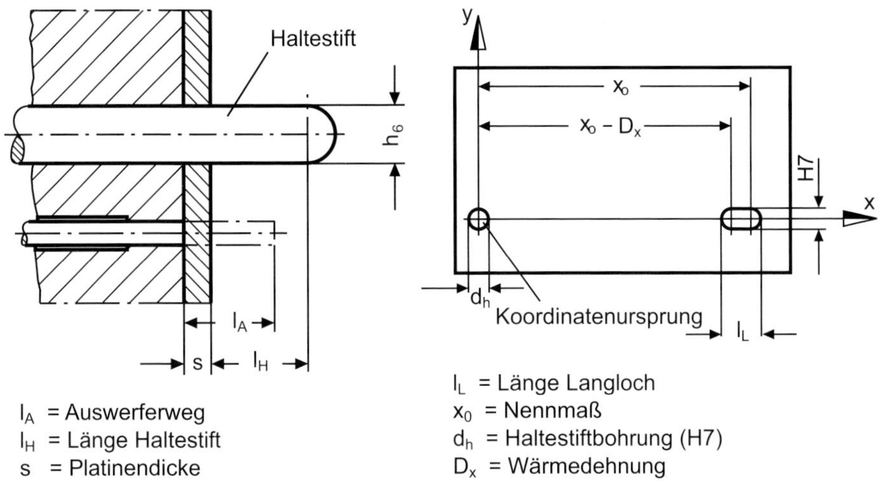

Bild 5.35 Auslegung Haltestift und Anordnungen der Haltestiftbohrungen auf der Platine

In der Platine selbst sind für die Aufnahme der Haltestifte ein eng toleriertes Stanzloch und ein entsprechendes Langloch vorzusehen. Das Langloch ist so zu dimensionieren, daß die Wärmedehnung der (Metall-) Platine aufgefangen wird. Bewährt hat es sich, das eng tolerierte Stanzloch als Koordinatenursprung für die Bemaßung der gesamten Einheit zu wählen.

Distanzbolzen

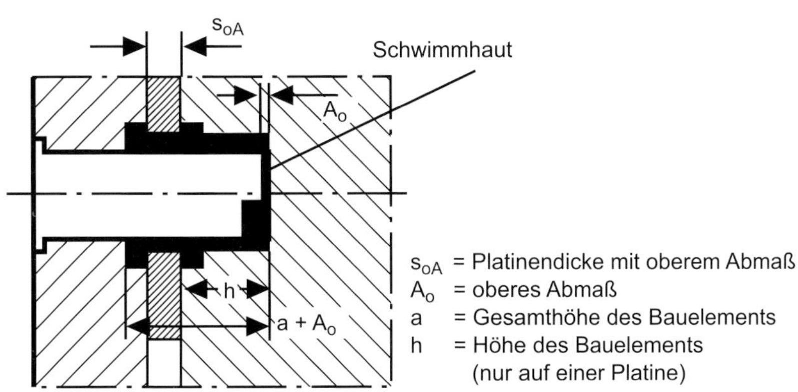

Bild 5.36 Situation im Werkzeug, Platine mit oberem Abmaß

Bei den Platinen muß die Dickentoleranz berücksichtigt werden. Die Dickentoleranz der Platine kann unter Umständen die Höhe der Bauelemente beeinflussen und ihre Funktion durch die Bildung sog. Schwimmhäute beeinträchtigen. Bei kaltgewalzten Stahlbändern bei einer Dicke von 1,5 mm nach DIN EN 10140 ist z.B. eine Abweichung von + 0,045 mm zulässig. Das kann im ungünstigsten Fall zu einem Spalt von 0,09 mm (obere Toleranzgrenze) und zur Bildung von Schwimmhäuten führen, Bild 5.36. Über deren Länge entscheiden auch Schmelzindex des verwendeten Materials, Spritzdruck sowie Masse- und Werkzeugwandtemperatur.

Befindet sich die Platinendicke dagegen an der unteren Toleranzgrenze, werden Kerne, Einsätze und dgl. bleibend gestaucht, Bild 5.37. Abhilfe erreicht man durch seitlich zur Platine angeordnete Distanzbolzen und die richtige Dimensionierung des Abstandes H_D, Bild 5.38:

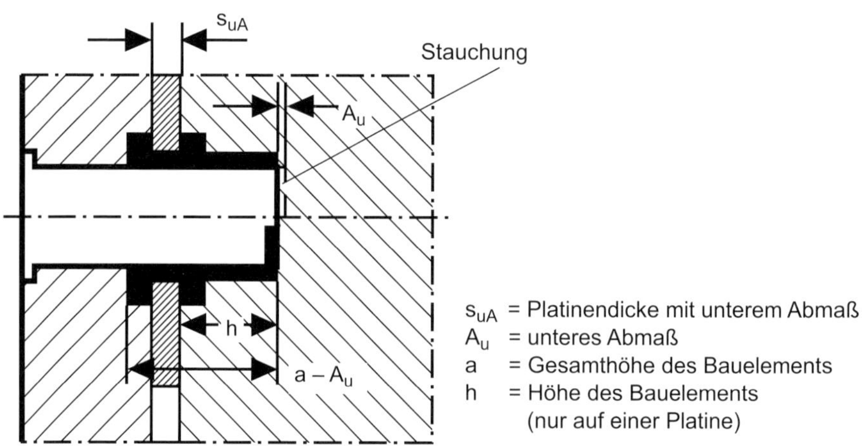

Bild 5.37 Situation im Werkzeug, Platine mit unterem Abmaß

Bei einem Abstand H = 1,545 mm gemäß Bild 5.38 ist auf jeden Fall gewährleistet, daß die Kerne immer bündig mit der gegenüberliegenden Werkzeugplatte abschließen, ohne daß die Gefahr einer Stauchung besteht. Die unvermeidbare Schwimmhaut wird auf die Platinenebene verlagert, wo sie im Normalfall nicht stört. Möglicherweise muß aber dem höheren Druckaufbau im Werkzeug begegnet werden.

Eine Möglichkeit zur Vermeidung der Schwimmhaut ist auch die federnde Lagerung der Kerne oder das Eintauchen der Kerne in die andere Werkzeughälfte. Die Vorspannkraft der Federn muß dabei größer sein als eine eventuell auf den Kern wirkende Kraft, die durch den Spritzdruck verursacht wird.

Verzichtet man auf Distanzbolzen, ist unter Umständen eine Sicherung gegen ungewolltes Schließen des Werkzeugs bei nicht eingelegter Platine angebracht (z.B. Mikroschalter).

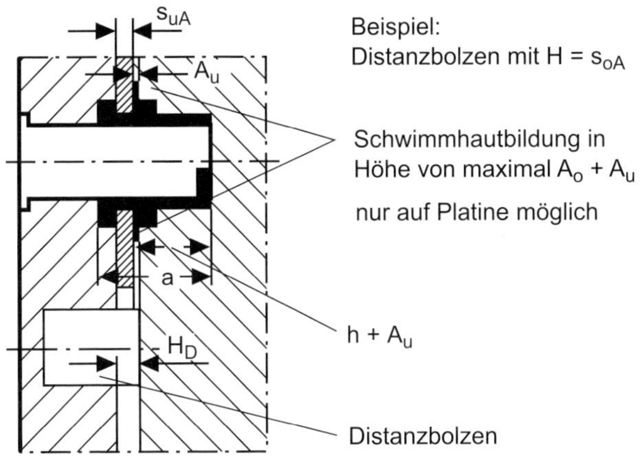

H_D = Abstand des Distanzbolzens
s_{oA} = Platinendicke mit oberem Abmaß
s_{uA} = Platinendicke mit unterem Abmaß
A_o = oberes Abmaß
A_u = unteres Abmaß
a = Gesamthöhe des Bauelements
h = Höhe des Bauelements (nur auf einer Platinenseite)

Bild 5.38 Dimensionierung der Distanzbolzen, Werkzeug mit Distanzbolzen

5.2.1.4 Anwendungsbeispiele

Ein Beispiel für eine gut konstruierte Outsert-Platine mit mehr als 100 Bauelementen zeigt Bild 5.39. Von Vorteil ist die Auflösung in kleine Bauelemente, die geringe Anzahl von Verknüpfungspunkten und damit keine Beeinflussung von Bauteilen untereinander und die fließtechnische Zusammenfassung mehrer Elemente.

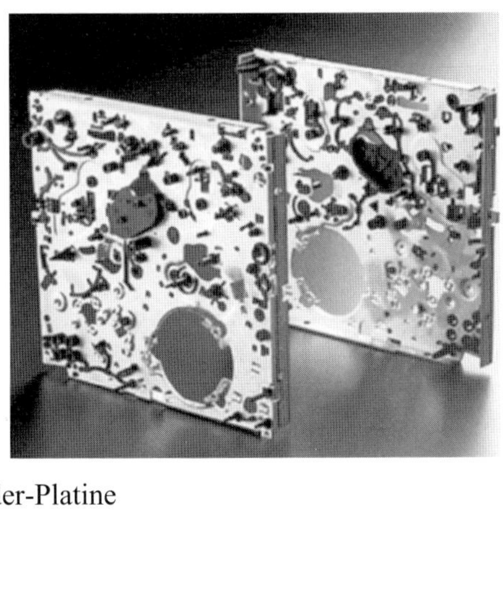

Bild 5.39 Videorecorder-Platine

Eine weitere Outsert- Platine für einen Videorecorder ist in Bild 5.40 dargestellt. Dabei werden die Chassis-Bauteile aus zwei verschiedenen Thermoplasten mit total unterschiedlichen Eigenschaften gespritzt. Während das POM-Copolymer insbesondere über ein hervorragendes Gleitverhalten sowie über ausgezeichnete Federeigenschaften, etwa in Schnappverbindungen, verfügt, bietet das PPS eine ungewöhnlich hohe Steifigkeit, die es ermöglicht, Metall-Druckgußteile zu ersetzen. Die hellen Bauteile im Vordergrund und die schwarzen links bestehen aus POM-Copolymer, die (beige)farbenen im Hintergrund aus PPS.

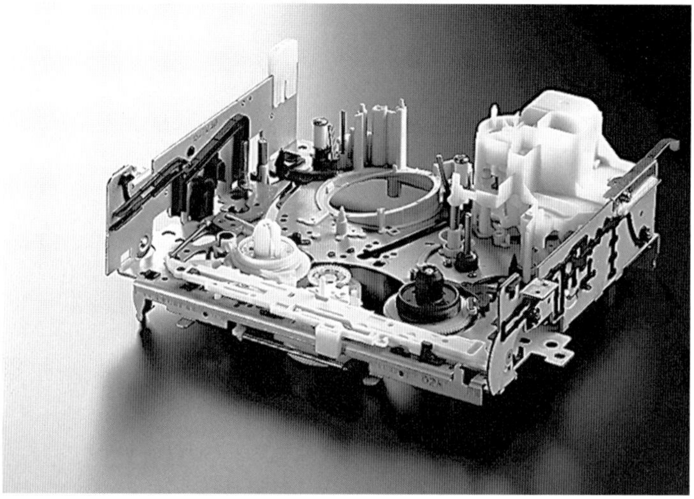

Bild 5.40 Videorecorder-Chassis

5.2.2 Hybridstrukturen

5.2.2.1 Prinzip und Beispiele

Hybridstrukturen sind überwiegend räumlich gestaltete, mechanisch vielfältig belastete Formteile aus fest miteinander verbundenen, unterschiedlichen Werkstoffen, und zwar überwiegend umgeformten Metallblechelementen als tragende Komponente und vielfältig gestalteten angespritzten oder verpreßten verstärkten Kunststoffen (z.B. PA6-GF30, LFT) [54, 55]. Bei besonderen Anforderungen an den Leichtbau können statt Blechen auch endlos faserverstärkte Strukturen verwendet werden (GMT, LFT, SMC). Synergistisch genutzt werden die hohe Festigkeit/Steifigkeit und die geringe thermische Ausdehnung der tragenden Komponenten aus Metallen und die vielfältigen Gestaltungsmöglichkeiten anwendungsgerechter Kunststoffe.

Daraus ergeben sich eine Reihe von Vorteilen:

- dünnwandigere, gegen Verformung stabilisierte Blechstrukturen
- optimierte Krafteinleitung und Verteilung im Bauteil

- hohe Energieaufnahme und Formstabilität auch im Crash
- komplexere und in ihrer Funktionalität erweiterte Kunststoffstrukturen
- Leichtbaukonstruktionen mit hoher Präzision
- serientaugliche, nacharbeitsfreie Fertigung
- einfaches Recycling

Eingang in die Großserie der Fahrzeugtechnik haben eine Reihe von Hybridstrukturen gefunden, Bild 5.41.

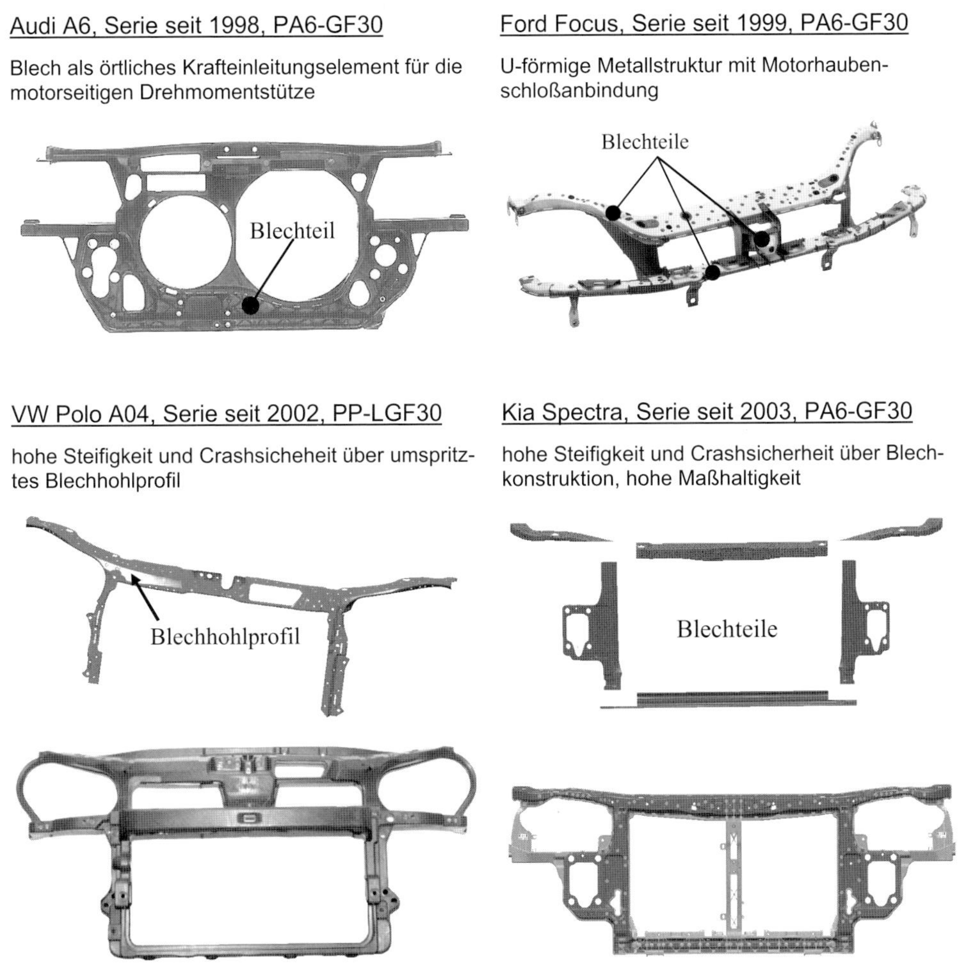

Bild 5.41 In einem Fertigungsschritt (one-shot) hergestellte Serie-Hybridbauteile-Frondends [55]

1998 wurde das erste Großserien-Hybridbauteil, der Frontend-Träger im Audi A6, mit einer Reduzierung der Herstellkosten um 10 % und des Gewichts um 15 % realisiert. Nach den positiven Erfahrungen führt Audi diese Hybridtechnologie sukzessive in weitere Modelle ein. Beim Ford Focus wurden 17 Funktionen in das Bauteil integriert. Durch die Einbindung des Haubenschlosses in das Frontend wird neuen Versicherungsanforderungen Rechnung getragen. Zudem ist der Träger um 40 % leichter und 20 % billiger als die "Nur-Metall-Lösung". Beim Frontend-Montageträger des VW POLO A04 wird das Stahlblechteil partiell mit Kunststoff umgossen, um eine Verbesserung des ODB-Crashverhaltens (Offset Deformable Barrier) zu erreichen. Hohe Steifigkeit, Crashsicherheit und Maßhaltigkeit werden beim Kia Spectra als Vorteile angegeben, wobei die verschiedenen Blechteile erst im Spritzgießwerkzeug durch Kunststoffumspritzungen miteinander verbunden werden. Neben Frontend-Montageträgern werden Schalttafelträger unterhalb der Instrumententafel, Seitentüren, Motorkapseln und komplexe Fahrzeugsitze in der Hybridtechnik konzipiert.

Neu an dieser Technik ist die synergistische Verwendung von Werkstoffen mit sehr unterschiedlichen Eigenschaften z.B. Metall und Kunststoff, bei der sich nicht nur die spezifischen Eigenschaften beider Werkstoffe ergänzen, sondern auch die jeweils wirtschaftlichsten Massenfertigungsmethoden genutzt werden. Die Tendenz dünnwandiger Metallblechkonstruktionen, unter Belastung zu knicken und zu beulen, kann mit einer gezielten Kunststoffverrippung deutlich reduziert werden. So werden einzelne oder mehrere Blechkonstruktionen durch das Anspritzen von Kunststoffbereichen versteift und für verschiedene mechanische Beanspruchungen geometrisch stabilisiert, um zusätzliche Funktionsträger erweitert und formschlüssig zusammengefügt. Die Hybridtechnologie ist flexibel. So können in überwiegend aus Kunststoff (GMT-PP30) bestehenden Bauteilen wie Rücksitzlehnen, Ersatzradbehältern, Tankwannen oder Instrumententafeln lokale Festigkeitsanforderungen durch eingebettete Metallstrukturträger oder auch zusätzliche hochfeste Gewebeeinlagen aufgenommen werden, Bild 5.42 und Bild 5.44.

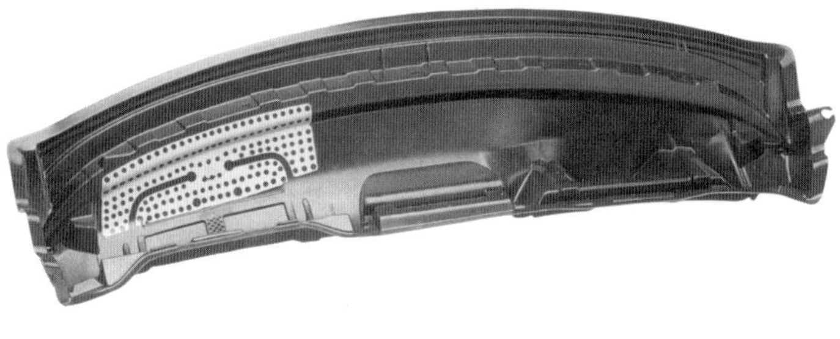

Bild 5.42 Mit Blecheinlage lokal verstärkte Instrumententafel (Mercedes CLK), PP-GM30 [55]

Neben der in einem Fertigungsschritt (In-Mould-Assembly) hergestellten Hybridstruktur gibt es auch die Hybridmontagetechnologie (Post-Mould-Assembly), bei der die vorgefertigten Kunststoff- und Metallelemente mit Hilfe mechanischer Verbindungstechniken, wie Verschrauben, Bördeln, Stanz- und Heißnieten montiert werden, Bild 5.43.

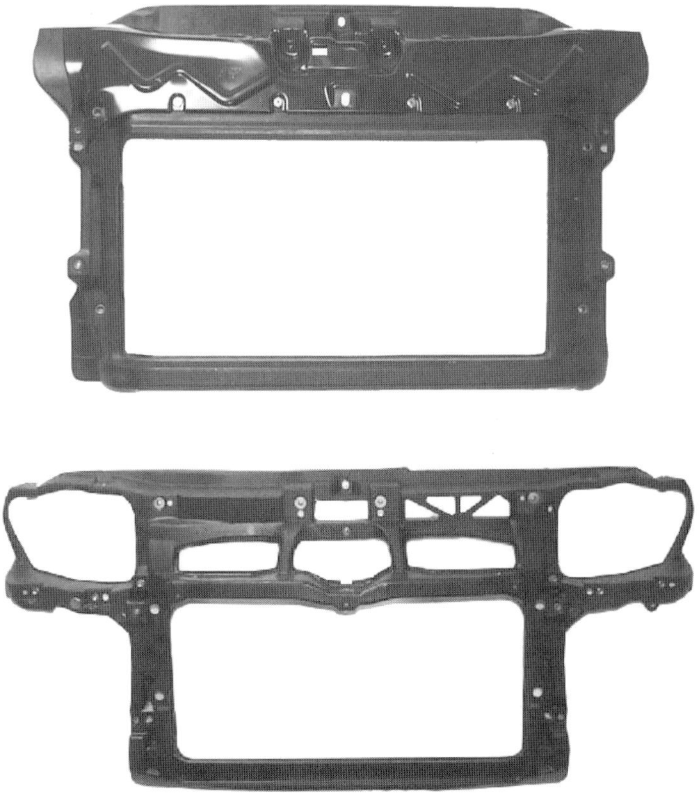

Bild 5.43 In Montagetechnik gefertigte Hybrid-Frontendmontageträger [55]

oben: *VW-New Beetle C1 aus PP GM 30/GLF 30,*
außenliegendes Versteifungsblech (Vorderseite)
unten: *VW Golf A4 aus PP GM30/GLF 30,*
innenliegendes Versteifungsblech (Rückseite)

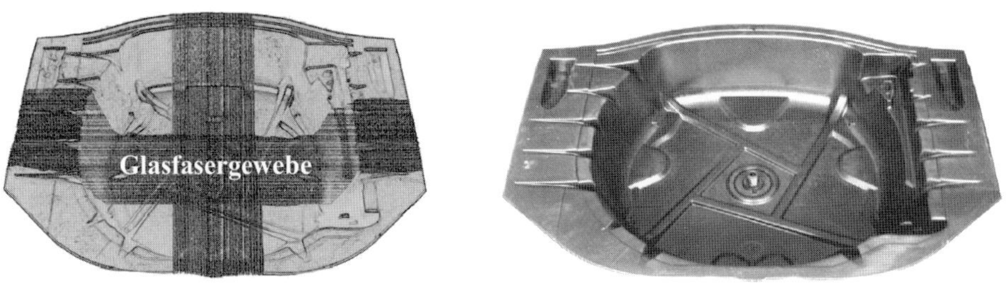

Bild 5.44 Mit hochfestem Gewebe verstärkte Ersatzradmulde der Mercedes S-Klasse aus PP-GM30 [56]

5.2.2.2 Konstruktion

Die mechanischen Anforderungen an die Kunststoffe ergeben sich aus einem komplex gestaltbaren Werkstoff, der primäre Bauteil-Funktionen erfüllt. Daneben soll er aber den dünneren und damit günstiger formbaren Blechteilen die ausreichende Stabilität vermitteln, welche zu Konstruktionen führt, die steifer sind als reine Blechumformteile. Die Arbeitsaufnahme, besonders bei stärkeren Verformungen, wird um so größer, je länger die Strukturen erhalten bleiben und nicht durch Knicken und Beulen ihre Funktion einbüßen. Da der E-Modul der meisten Kunststoffe nur etwa ein hundertstel von Stahl beträgt, führt eine Verstärkung mit Glasfasern zu einer Anpassung auf ca. ein zwanzigstel. Gleichzeitig wird die Festigkeit auf das Doppelte der Kunststoffkomponente erhöht und deren thermische Ausdehnung auf weniger als die Hälfte reduziert. Wegen der Verformungsreserve bei Überbeanspruchung sind möglichst hohe Werte der Streckdehnung wünschenswert. Als günstiger Kompromiß zwischen hoher Festigkeit und Steifigkeit mit guter Verformungsreserve hat sich glasfaserverstärktes Polyamid erwiesen.

Das steifere und festere PBT-GF30 hat deutlich geringere Verformungsreserven, beim PP-GF30 ist das Gegenteil der Fall. Diese Tendenz spiegelt sich auch bei der Hybridstruktur mit Kreuzverrippung unter Torsionsbeanspruchung wider. Die Steifigkeit der Hybridstruktur nimmt mit steigender Steifigkeit des Kunststoffes zu. Das maximale Drehmoment steigt und die Streck/Bruch-Dehnung nimmt zu, Bild 5.45.

Wie in Bild 5.45 bei Torsionsbelastung und in Bild 5.46 bei Biegebelastung gezeigt, besitzt die Hybridstruktur aus dem weniger steifen Werkstoff PA6-GF30 eine höhere Torsionsbelastbarkeit und Energieaufnahme als aus PBT-GF30, da er lokalen Deformationen wegen seiner höheren Streckdehnung besser folgt. Infolge der geringen Bruchdehnung und der hohen Steifigkeit des PBT-GF30 tritt bei Torsionsbelastung der Bruch an den Verbindungsstellen zu den Seitenwänden der Hybridstruktur bereits bei kleiner Drehung schlagartig auf, bevor die Kunststoffrippen ausknicken.

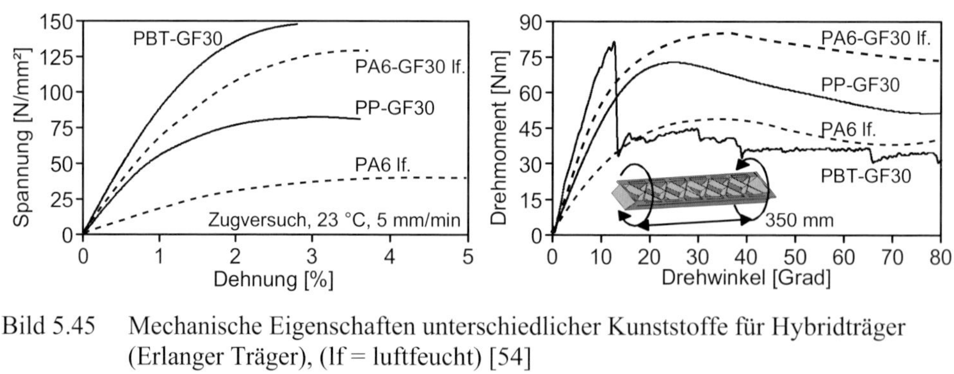

Bild 5.45 Mechanische Eigenschaften unterschiedlicher Kunststoffe für Hybridträger (Erlanger Träger), (lf = luftfeucht) [54]

links: Spannungs-Dehnungsdiagramme von Zugstäben
rechts: Torsionsbelastbarkeit der Hybridstrukturen mit Stahl 1203

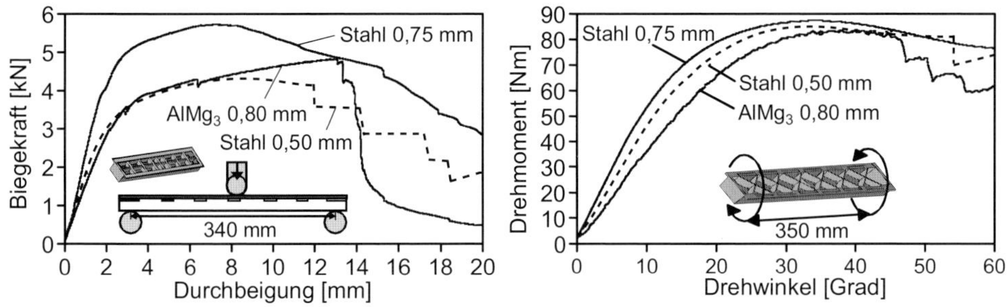

Bild 5.46 Einfluß der Bleche auf die Belastbarkeit von Hybridträgern (Erlanger Träger) mit PA6-GF30 (lf) [54]

Nicht nur die Kunststoffeigenschaften beeinflussen die Belastbarkeit der Hybridstruktur, sondern auch die Blecheigenschaften, Bild 5.46. Beim Vergleich der Biegebelastbarkeit der Hybridstruktur stellt man fest, daß die Hybride aus verzinktem Stahl eine deutlich höhere Belastbarkeit als Hybride aus Aluminium mit ähnlicher Blechdicke besitzen, Bild 5.46 links. Ein Bruch tritt im Alu-Blech bei den Hybriden aus PA6-GF30 auf. Dies weist darauf hin, daß die Belastbarkeit des Alu-Bleches bei den Bauteilen bereits voll ausgenutzt wird. Die Hybride aus 0,8 mm Alu-Blech sind bei der Biegebeanspruchung weicher, jedoch fester als die aus 0,5 mm Stahl-Blech. Erwartungsgemäß nimmt die Biegebelastbarkeit deutlich mit wachsender Blechdicke zu.

Ähnlich wie beim Biegeversuch nimmt die Torsionssteifigkeit der U-Hybridträger mit der wachsenden Formsteifigkeit der U-Profile (Steifigkeit der Metalle und die Wanddicke der Bleche) zu, Bild 5.46 rechts.

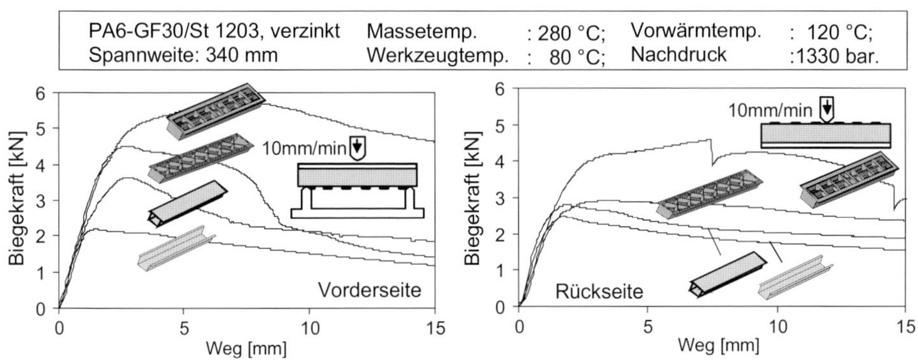

Bild 5.47 Biegebelastbarkeit von Hybridträgern im Vergleich zu einem geschlossenen und einem offenen Blechprofil, Blechstärke: 0,75mm, Rippendicke: 2mm

Die Belastbarkeit eines Hybridprofils ist höher als die einer reinen Metallausführungen. Das geschlossene Blechprofil und die Hybridstrukturen haben dabei das gleiche Gewicht. Bild 5.47 zeigt als Beispiel das Kraft-Verformungs-Verhalten unterschiedlicher Profile bei einer 3-Punkt-Biegebeanspruchung. Die Belastbarkeit des asymmetrischen Blech-U-Profils mit der Kunststoffverrippung ist in der Zugzone deutlich höher als umgekehrt. Dagegen ist die Steifigkeit wie auch die Belastbarkeit des offenen Blechprofils erwartungsgemäß niedrig. Es versagt durch Beulen sowie eine Aufweitung der Flanken. Demgegenüber zeigt das geschlossene Blechprofil eine höhere Biegebelastbarkeit, die jedoch vom Hybridprofil noch deutlich übertroffen wird, da die Kunststoffverrippungen die Stabilität des Blechprofils erhöhen bzw. das Beulen und die Aufweitung der Flanken verspätet einsetzen. Die Hybridstruktur mit Längs/Quer-Verrippung besitzt erwartungsgemäß eine deutlich bessere Belastbarkeit als die Struktur mit diagonaler Verrippung.

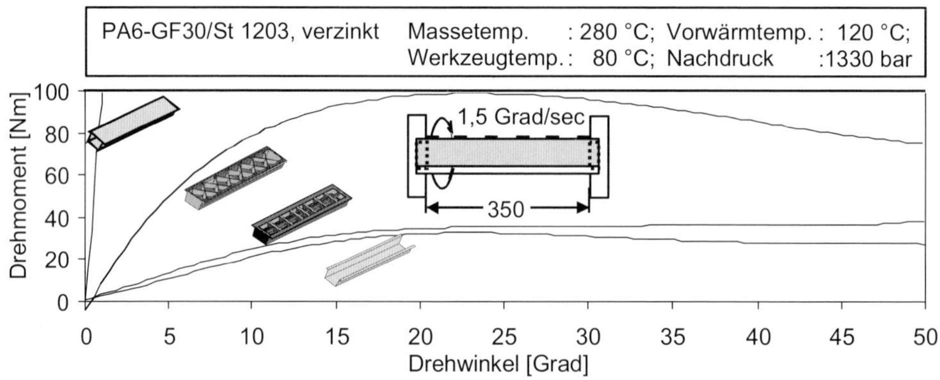

Bild 5.48 Torsionsbelastbarkeit von Hybridträgern im Vergleich zu einem geschlossenen sowie offenen Blechprofil [54]

beide Enden sind in der Prüfvorrichtung fixiert

Bild 5.48 zeigt das Drehmoment-Drehwinkel-Verhalten unterschiedlicher Profile bei Torsionsbeanspruchung. Analog der Biegebeanspruchung ist die Leistungsfähigkeit des offenen Blechprofils gering. Die Hybridstrukturen besitzen eine höhere Steifigkeit und ein höheres Drehmoment. Zusätzlich wird das Zusammenklappen der beiden Flanken des Blechprofils durch die Kunststoffrippen wesentlich erschwert.

Die Hybridstruktur mit diagonaler Verrippung hat eine deutlich höhere Torsionsbelastbarkeit im Vergleich zu jener mit Längs/Quer-Verrippung und ähnelt in der Steifigkeit der geschlossenen Blechstruktur.

Für tragende Hybridstrukturen sind also sowohl die Gestaltung des Blechprofils als auch die Verrippungsstruktur des Kunststoffs entscheidend. Die Kunststoffkomponente dient neben der sog. Funktionsintegration zur Verhinderung der Änderungen der Blechgeometrie wie Beulen, Aufweiten und Zusammenklappen der Flanken, wodurch die theoretische Leistungsfähigkeit der Blechstruktur in der Realität so weit wie möglich ausgenutzt werden kann. Die Verrippungsart muß daher je nach Beanspruchungsart und -richtung festgelegt werden.

Mit der FE-Berechnung kann die Belastbarkeit einer komplexen Hybridkonstruktion vor dem Werkzeugbau beanspruchungsgerecht optimiert werden, wobei z.B. Schwachstellen in der Metallstruktur frühzeitig erkannt und gezielt Verbesserungen z.B. in der Verrippung eingebracht werden können [55, 58]. Füllsimulationen helfen bei der Auslegung des Angußsystems. Dabei können Deformationszonen infolge von Druckdifferenzen im Formnest, sowie Faserorientierungen und Positionen der Bindenähte ermittelt werden [59]. Die Bindenähte sind in wenig belastete Bereiche zu verlagern.

Die konstruktiven Gesichtspunkte der Kunststoffanbindungen erstrecken sich der Beanspruchung entsprechend auf die Rippenstruktur, die bei der hohen Gestaltungsfreiheit der Kunststoffe lokal den Belastungsvorgaben angepaßt werden kann. Die Gestaltung der Rippenkreuzungspunkte, die gleichzeitig als Knotenpunkte die Verbindung zum Blechelement darstellen, muß beanspruchungs- und fertigungsgerechten Gesichtspunkten folgen, die sich häufig widersprechen. Die maximale Steifigkeit wird bei einem ununterbrochenen Kraftfluß erreicht, fertigungsgerechter sind versetzte Verrippungen oder Kreuzungspunkte in Form von Hohlzylindern, die dem fertigungsorientierten Prinzip gleicher Wanddicke folgen. Weitere hybridgerechte Details betreffen die Umklammerung der Blechflansche und die Anbindung weiterer Kunststoffstrukturen, Bild 5.49 [57].

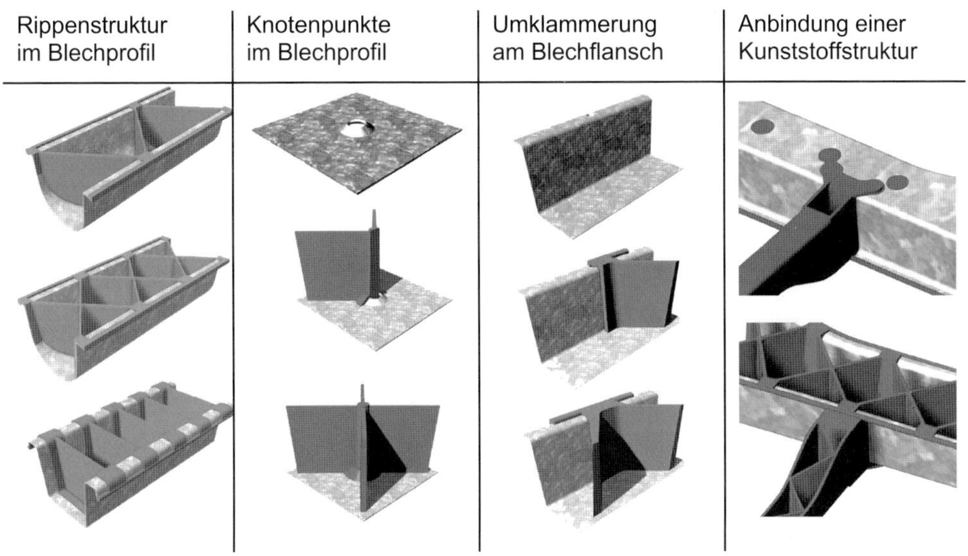

Bild 5.49 Konstruktionsmerkmale bei one-shot Hybridstrukturen – Verbindungsgestaltung [57]

Wichtige formschlüssige Verbindungsmöglichkeiten für die one-shot Hybridtechnik sind in Bild 5.50 dargestellt [53]. Konstruktive Hinweise der jeweiligen Verbindung können teilweise von der Insert- und Outserttechnik übernommen werden. Die Pfeile in Bild 5.50 symbolisieren günstige Belastungsrichtungen. Die Typen a und c sind für eine Belastung senkrecht zur Aussparungsfläche am besten geeignet, Typ c und d bei Belastung in der Aussparungsfläche. Die Typen b und f werden am Rand der Blechstruktur vorgesehen. Die Typen e und f sind bei der Schubspannung ohne Minderung der Blechfestigkeit geeignet. Typ a bis d können infolge der Aussparung im Blech die Festigkeit der Blechstruktur reduzieren. Eine räumliche Gestaltung ist bei Schubbelastung günstiger, jedoch aufwendiger. Nur beim Typ d ragt kein Nietkopf über die Blechstruktur hinaus. Die Verbindungen müssen also je nach auftretenden Belastungsrichtungen und nach Anforderung an der Bauteiloberfläche ausgelegt werden.

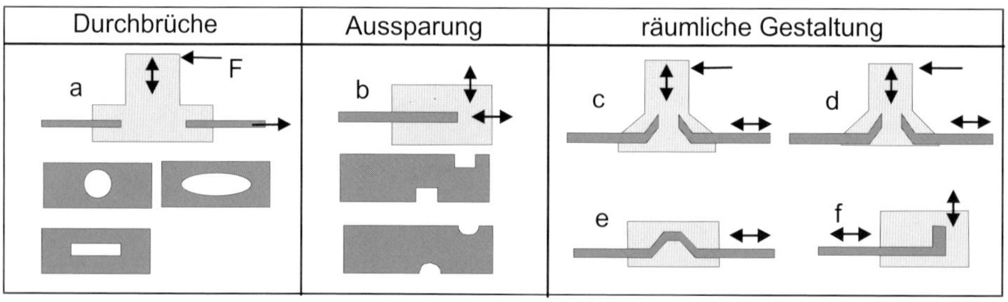

Bild 5.50 Relevante Verbindungsmöglichkeiten zwischen Metall und Kunststoff in der Hybridtechnik und deren zulässigen Belastungsrichtungen

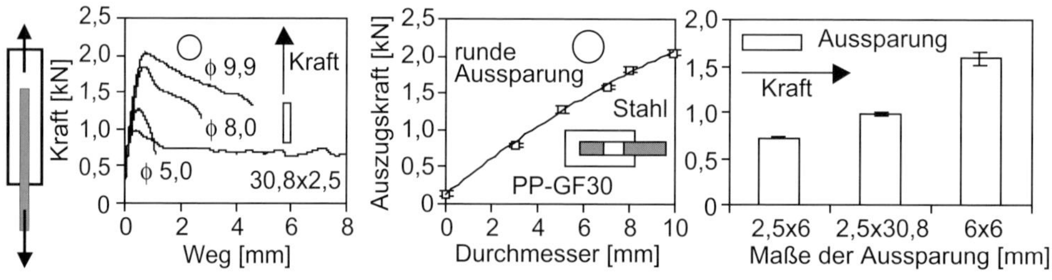

Bild 5.51 Festigkeit des Verbunds bestehend aus Stahl 1203 und PP-GF30, Blechstärke: 1 mm, Kunststoffdicke: 2 mm

Die Belastbarkeit der Verbindung senkrecht zur Aussparungsfläche nimmt mit dem Flächeninhalt der Aussparungen linear zu. Bei Schubbelastung in der Aussparungsebene ist die Spannungsverteilung im Verbindungsquerschnitt ungleichmäßig. Bild 5.51 zeigt die Auszugskraft eines Verbundes aus Stahl 1203 und PP-GF30. Durch die aufgebrachte Belastung werden zwei mit unterschiedlichen Aussparungen verbundene Komponenten voneinander getrennt. Die ermittelte Verbindungsfestigkeit (maximale Auszugskraft) steigt mit dem Flächeninhalt der Aussparung (Typ a in Bild 5.50) deutlich unterproportional, Bild 5.51 in der Mitte. Eine Vermehrung der Aussparungen ist daher einer Erhöhung der Flächeninhalte der Aussparungen vorzuziehen. Hinsichtlich der Auszugskraft ist die Vergrößerung der Abmessung quer zur Belastungsrichtung effektiver als in Belastungsrichtung. Die Bruchenergie nimmt mit zunehmender Abmessung der Aussparung in Belastungsrichtung zu, wodurch ein schlagartiger Bruch verhindert werden kann [54].

Neben dem Fügen während der Herstellung lassen sich auch nachträglich Verbindungen herstellen. Diese Verbindungen lassen sich durch Schrauben, Bördeln, Stanz- und Heißnieten, Kragenfügen und Verkleben realisieren, Bild 5.52. Das Heißnieten kann in der Regel keine spielfreie Verbindung garantieren. Die Festigkeit in Fügerichtung bzw. bei Nietkopfabzug ist dabei am niedrigsten. Das Verschrauben ist zwar ein zuverlässiges, aber meist kostentreibendes Fügeverfahren. Es erfordert, wie das Heißnieten, eine genaue Positionierung der Verbindungsteile, während diese Genauigkeit beim Verkleben und Kragenfügen nicht benötigt wird. Das Verkleben erzielt eine flächige Verbindung mit dem bekannten Fertigungsaufwand. Beim Kragenfügen wird zunächst eine Bohrung im Metallblech hergestellt, an dieser Stelle ein Kragen mit einem Stempel gezogen und dieser in den Kunststoff eingepreßt. Dabei ist die Blechoberflächenverletzung und die Vorschädigung des Kunststoffteils zu berücksichtigen.

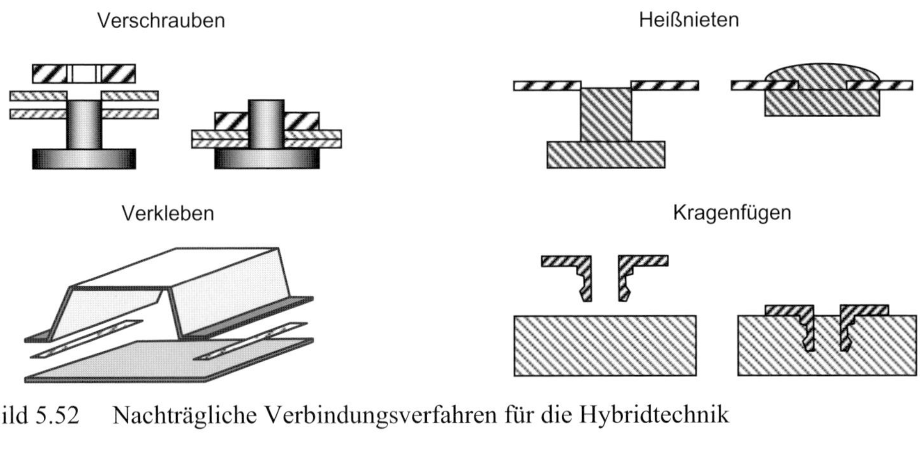

Bild 5.52 Nachträgliche Verbindungsverfahren für die Hybridtechnik

Der Stoffschluß bzw. die Haftung führt zu einer großflächigen Verbindung zwischen den Komponenten anstelle einer punktueller Verbindung beim Formschluß und somit zur verbesserten Kraftübertragung. Durch die Modifikation der Oberflächen der Blechteile oder eine optimierte Prozeßführung kann eine Haftung zwischen Metall und Kunststoff beim Umspritzen erzielt bzw. diese deutlich erhöht werden. Für die Oberflächenmodifikation stehen einige Verfahren wie zum Beispiel das Vorwärmen, das chemische Vorbehandeln, das Beschichten und die Plasmaverfahren zur Verfügung. Im Vergleich zur Verklebung müssen ganz andere Randbedingungen berücksichtig werden. Vor allem muß die Anhaftung von Klebstoff auf dem Werkzeug und eine mögliche ungünstige Änderung der Oberfläche durch einspritzende Kunststoffschmelze vermieden werden.

Bild 5.53 stellt die Haftfestigkeit in Abhängigkeit von der Temperatur der nicht verzinkten Bleche (St 1203) beim Einspritzen dar. Eine Haftfestigkeitszunahme mit der wachsenden Vorwärm- bzw. Blechkontakttemperatur wurde bestätigt. Erst wenn die Blechkontakttemperatur den Schmelzbereich des Kunststoffs erreicht, nimmt die Haftfestigkeit deutlich zu, da eine gute Benetzung erst durch die Viskositätsreduzierung von PA6-GF30 beim Kontakt mit Stahlblech möglich ist. Zusätzlich gleicht die Wärmeausdehnung des Bleches die Schwindung des Kunststoffs aus, so daß die Ablösung der Haftverbindung infolge der Schwindkraft reduziert wird. Nachteile der durch das Vorwärmen erzielten Haftung sind eine Medienbeständigkeit, der zusätzliche Prozeßschritt des Vorwärmens und der erhöhte Energiebedarf.

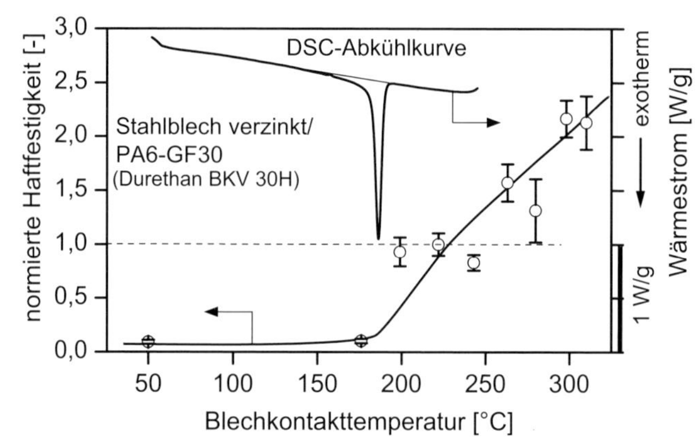

Bild 5.53 Einfluß der Blechkontakttemperatur beim Einspritzen auf die Haftfestigkeit zwischen verzinktem Stahl und PA6-GF30

Bezugswert: Haftfestigkeit unter Schubbelastung (2,7 N/mm²) einer kreisrunden Probe mit 20 mm Durchmesser bei Blechvorwärmung auf 250 °C

Die beim Spritzen ermittelten Haftungen können sehr unterschiedlich sein, Bild 5.54. Zum einen zeigen unterschiedliche Metalle eine unterschiedliche Haftung, zum anderen kann durch sorgfältiges Reinigen bzw. Aufbringen einer Beschichtung eine deutliche Verbesserung erreicht werden. Alle Proben wurden vor dem Umspritzen zunächst in einem US-Bad in Aceton gereinigt und nach dem Abspülen mit Isopropanol 10 h unter Vakuum bei 70 °C gelagert. Die Plasmabehandlung erfolgte zusätzlich in einer Openair®-Plasmaanlage mit rotierender Düse 10 min vor dem Umspritzen der Bleche. Eine Beschichtung der Blechoberfläche zum Korrosionsschutz und zur Haftungsverbesserung mit einem in Ethanol und Wasser gelösten Polyamid, Ultramid 1C®/BASF AG, wurde nach dem Auftragen 3 h bei 175 °C gelagert. Der Schmelzpunkt liegt bei 185 °C, die Glasübergangstemperatur bei 73 °C.

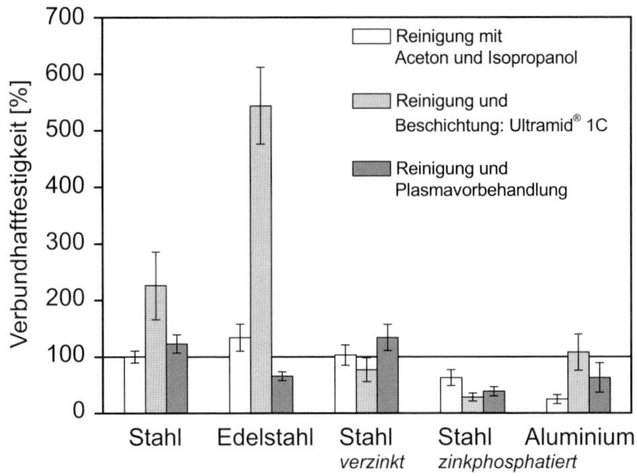

Bild 5.54 Schubhaftfestigkeit von PA6-GF30 auf Blechoberflächen nach unterschiedlicher Vorbehandlung

Stahlblech gereinigt = 100 %

5.2.2.3 Verarbeitungseinflüsse

In Kunststoff-Metall-Hybridstrukturen können Eigenspannungen infolge der Schwindung des Kunststoffs beim Spritzgießen, aber auch der unterschiedlichen Wärmeausdehnung bei Temperaturänderung auftreten. Die Schwindung oder die Wärmeausdehnung des Kunststoffs wird in Hybridstrukturen wesentlich durch die Blechstruktur behindert. Eigenspannungen bringen im Gebrauch die Gefahr von Spannungsrissen mit sich, insbesondere bei gleichzeitiger Medienwirkung. Durch gezielte Prozeßgestaltung kann die verarbeitungsbedingte Schwindung der Kunststoffteile häufig reduziert werden. Dennoch sollten nur solche Kunststoffe für Hybridstrukturen eingesetzt werden, deren Spannungsrißbeständigkeit nachgewiesen ist. Teilkristalline Kunststoffe besitzen gegenüber amorphen Kunststoffen meistens eine deutlich bessere Spannungsrißbeständigkeit sowie ein besseres Relaxationsvermögen und werden daher in der Regel für den Einsatz in Kunststoff-Metall-Hybridstrukturen vorgezogen. Die Eigenspannungen in der Hybridstruktur werden neben den Fertigungsparametern (Nachdruck, Werkzeugtemperatur), wesentlich durch die Differenz der Wärmeausdehnungskoeffizienten bestimmt, da der temperaturabhängige Wärmeausdehnungskoeffizient von Kunststoffen deutlich über dem von Metallen (ca. $11 \cdot 10^{-6}\,°C^{-1}$) liegt.

Die Unterschiede im Elastizitätsmodul und im Wärmeausdehnungskoeffizienten (bei unverstärkten Polymeren etwa 10 mal, bei 30 %-faserverstärkten etwa 3 - 5 mal größer als bei Stahlblech) führen bei Temperaturbelastungen zu unerwünschten Wärmespannungen, die besonders bei unsymmetrisch aufgebauten Strukturen zum Verzug des Bauteils führen. D.h. die Maßhaltigkeit der Hybridstruktur wird neben der Gestaltung auch durch den Wärmeausdehnungskoeffizienten des Kunststoffs bestimmt. Faserverstärkte oder gefüllte Kunststoffe geringe Wärmespannung bzw. einen kleinen Verzug.

Sowohl bei der Fertigung als auch während der Nutzung muß das Verzugsverhalten der Hybridstruktur bereits durch die angepaßte Konstruktion minimiert werden. Die reinen Kunststoffbereiche und die Hybridbereiche weisen materialbedingt eine unterschiedliche Schwindung und Wärmeausdehnung auf. Dieser Unterschied im Übergangsbereich kann zu einem deutlichen Verzug beim Spritzgießen und bei Warmlagerung führen. Der Verzug bei der Verarbeitung kann jedoch z.T. durch Erhöhung des Werkzeuginnendrucks und durch das Vorwärmen des Einlegeteils reduziert werden, auch wenn diese Maßnahmen aus Sicht der Wirtschaftlichkeit nicht zu empfehlen sind.

Um die Anordnung der Blech-Einlegeteile während des Spritzgießprozesses zu sichern, müssen sie im Werkzeug so fixiert werden, daß sie beim Einspritzen der Kunststoffschmelze ihre Lage nicht durch den Kavitätsdruckunterschied oder durch die Wärmeausdehnung verändern. Damit der Einlegevorgang durch Maßänderungen infolge Temperaturdifferenz nicht beeinträchtigt wird, sind fehlertolerante Positionierelemente im Werkzeug und am Einlegeteil notwendig. Außerdem ist eine Abdichtung zwischen Kunststoffteil-, Metallteil- und Werkzeugkontur erforderlich. Bei Einhaltung einer engen Dickentoleranz dichtet sich das Einlegeteil selbständig ab.

Bei der Formgebung der Kunststoffelemente von Hybridstrukturen stehen die Spritzgießtechnik und die Preßtechnik zur Verfügung. In einer Spritzgießmaschine wird in ein geschlossenes Werkzeug über ein Mehrfachangußsystem z.B. in Kaskadenfolge die Schmelze unter hohem Druck eingespritzt.

Bei entsprechender Wahl der Anspritzpunkte kann auf ein spezielles Niederhaltersystem des Einlegeblechs verzichtet werden. Bei der Preßtechnik wird die aufbereitete und vorgewärmte Masse in ein offenes Werkzeug eingebracht und beim Schließen des Werkzeugs durch die Kavitätsverkleinerung der notwendige Fließdruck aufgebracht. Durch entsprechende Anströmkonturen oder Niederhaltersysteme werden Hinterströmungen vermieden.

5.3 Literatur

[1] Kuhmann, K. Prozeß- und Materialeinflüsse beim Mehrkomponentenspritzgießen,
Diss. LKT, Universität Erlangen-Nürnberg, 1999

[2] Kuhmann, K. Verbundfestigkeit von Thermoplastkombinationen,
Kunststoffe 91 (2001) 3, S. 115-118

[3] Steinbichler, G. Aktueller Stand der Mehrkomponententechnik – Verfahrensvarianten, Maschinentechnik, Anwendung und Perspektiven
in: Ehrenstein/Drummer/Kuhmann: Mehrkomponentenspritzgießtechnik 2000, S. 1-20
Springer-VDI-Verlag, Düsseldorf, 2000

[4] Schray, J. Spezialisten sind zunehmend gefragt, Kunststoffe 94 (2004) 3, S. 34-36

[5] Steinbichler, G. Werkstoff- und Verfahrenskombination gehört die Zukunft, Spritzgießen 2000+ – Strategien, Technologien und Visionen, S. 65-93 Springer-VDI-Verlag, Düsseldorf, 2000

[6] Ehrenstein G.W., Kuhmann, K., Drummer, D. Durch Verbundspritzgießen die Funktionalität erhöhen – Leitfähigkeit und magnetische Eigenschaften direkt im Spritzgußteil integrieren, Kunststoffe 89 (1999) 9, S. 112-116

[7] Derks, M. TPE-Hart-Weich-Verbindungen – Verfahrenstechnik und Maschinenauswahl, Kunststoffe 88 (1998) 7, S. 962-968

[8] Molter, W. Kompatibel zu POM – Hart/Weich-Verbindungen von POM und SEBS-Compounds, Kunststoffe 89 (1999) 6, S. 76-78

[9] Hupfer, B., Lehmann, D., Reinhard, J. Modifizieren steigert die Verbundfestigkeit, Kunststoffberater 43 (1998) 10, S. 41

[10] Ronnewinkel, C. Mehrkomponentenspritzgießen von Flüssigsilikon-Thermoplast-Verbunden, Diss. IKV, RWTH Aachen, 2000

[11] Weigelt, M., Wurst, S. Flexibilität bei Hart-Weich-Verbindungen, Kunststoffe 93 (2003) 9, S. 38-43

[12] Grosse-Puppendahl, T., Huhn, G. Informationen zur K&K-Technik, Degussa AG, Marl, 2004

[13] Ehrenstein, G.W., Drummer, D. Rationelle Herstellung komplexer Magnete im Spritzgießverfahren, Maschinenmarkt 43 (2000) S. 42

[14] N.N. Fa. Oechsler AG, Ansbach, 2004

[15] Maaßen, E. Steckerplatine für ein ABS-System, Sonderdruck, AHC Oberflächentechnik GmbH u. Co. OHG, Kerpen, 2000

[16] Jaroschek, C. Der eiskalte Dreh, Kunststoffe 85 (1995) 9, S. 1274-1276

[17] Vanetta, G. Montage- und Verbundspritzguß – Innovative Produktbeispiele in: Ehrenstein/Kuhmann: Mehrkomponentenspritzgießen – Technologie, Prozeß und Verbundeigenschaften, S. 147-163, Springer-VDI-Verlag, Düsseldorf, 1997

[18] N.N. Beweglich aus dem Spritzgießwerkzeug, Plastverarbeiter 36 (1995) 4, S. 128

[19] Karlinger, P., Bürkle, E. Kurzzeitschwindung beim Mehrkomponentenspritzgießen, Kunststoffe 91 (2001) 1, S. 54-59

[20] Jaroschek, C. Spritzgießen von Formteilen aus mehreren Komponenten, Diss. IKV, RWTH Aachen, 1994

[21] Brinkmann, S. Verbesserte Vorhersage der Verbundfestigkeit von 2-Komponenten- Spritzgießbauteilen, Diss. IKV, RWTH Aachen, 1996

[22] N.N. Hart/Weich-Verbindungen in der Spritzgießtechnik, Technische Information, BASF AG, 2001

[23] Patzschke, H., Löbel, P. Hart auf Hart im 2K-Spritzguß, Kunststoffberater 46 (2001) 7-8, S. 38-44

[24] Schöche, N. Wärmespannungen in Bauteilen aus Thermoplasten Diss. IKW, Universität-GH Essen, 1997

[25] Ehrenstein, G.W., Kuhmann, K. Mehrkomponentenspritzgießen zur Fertigung von Bauteilen aus unterschiedlichen Kunststoffen, Maschinenmarkt 102 (1996) 32, S. 24-27

[26] Ehrenstein, G.W., Kuhmann, K. Influence of Processing and Flow Conditions in Multi-component Injection Moulding on the Strength of Compatible Material Combinations, 2. International Congress Moulded Interconnect Devices, 1996, Proceedings, S. 209-218

[27] N.N. High Performance Polymers im Kunststoff-Kautschuk-Verbund Produktinformation der Degussa AG, 2003

[28] Huhn, G. Kunststoff-Gummi-Verbundteile – Rationelle Herstellungsverfahren, Gummi-Faser-Kunststoffe (2000) 10, S. 720

[29] Steinbichler, G. Verfahren und Werkzeugtechnik beim Mehrkomponentenspritzgießen – Ein Überblick in: Ehrenstein/Kuhmann: Mehrkomponentenspritzgießen – Technologie, Prozeß und Verbundeigenschaften, Springer-VDI-Verlag, Düsseldorf, 1997

[30] Oberbach, K., Schmachtenberg, E. Konstruktionsgerechte Kennwerte, Vorraussetzung für werkstoffgerechte Konstruktion von Präzisionsteilen aus Kunststoffen, Plastverarbeiter (1991) 4, S. 109-116

[31] Amesöder, S., Kopczynska., A., Ehrenstein, G.W. Plasma sorgt für festen Verbund, Kunststoffe 93 (2003) 9, S. 124-129

[32] Ehrenstein, G.W., Vercucque, I., Dörfler, R. Selective Plateable Plastic Combinations 4th Int. Congress Moulded Interconnect Devices, 3D-MID e.V., Erlangen, 2000, S. 147

[33] Jaroschek, C. Verbundspritzgießen mit einer Spritzeinheit - Das erweiterte Monosandwich-Verfahren, Kunststoffe 89 (1999) 7, S. 38-39

[34] Kuhmann, K. Spritzgießen von antielektrostatisch ausgerüsteten Sandwich-Trägerbauteilen in: Ehrenstein/Kuhmann; Mehrkomponentenspritzgießen – Technologie, Prozeß und Verbundeigenschaften, S. 127-146, Springer-VDI-Verlag, Düsseldorf, 1997

[35] Dassow, J. Geschäumte Formteile mit exzellenter Oberfläche, Kunststoffe 93 (2003) 9, S. 65-69

[36] Michaeli, W., Grönlund, O., Koning, E., Lettowsky, C., Jüntgen, T. Einsatz der Fluidinjektionstechnik (GIT/WIT) bei verzweigten und ringförmigen Bauteilen, Spritzgießsonderverfahren I., 22. Kunststofftechnisches Kolloquium, IKV Aachen, 10.-12.03.2004

[37] Michaeli, W., Jüntgen, T. Brunswick, A. Die WIT auf dem Weg zur Serie, Kunststoffe 91 (2001) 3, S. 104-106

[38] Jaroschek, C. Gasdruck mit Nachdruck - Verfahrensvarianten der Gasinnendrucktechnik, Kunststoffe 88 (1998) 3, S. 386-387

[39] Zipp, T. Fließverhalten beim 2-Komponenten-Spritzgießen, Diss. IKV, RWTH Aachen, 1992

[40] Kaufmann, G., Klotz, B., Volckmann, K. Hinterprägen von flächigen Teilen mit empfindlichen Dekormaterialien, Kunststoffe 88 (1998) 9, S. 1376-1380

[41] Bürkle, E. Oberflächenmodifizierung durch Hinterspritzen in: Ehrenstein/Kuhmann/Drummer Mehrkomponentenspritzgießtechnik 2000, S. 21-41 Springer-VDI-Verlag, Düsseldorf, 2000

[42] Böcklein, M. Prägefolientechnologie zur Oberflächendekoration von Kunststoffteilen mit großer Verformung, Spritzgießen 2000+ – Strategien, Technologien und Visionen, S. 115-138 Springer-VDI-Verlag, Düsseldorf, 2000

[43] Wielpütz, M. Analyse der Hinterspritztechnik kompakter Dekormaterialien Diss. IKV, RWTH Aachen, 2004

[44] Klaus, W., Serafin, G. Hinterspritzen von Kunststoffolien, Kunststoffe 89 (1999) 11, S. 88-90

[45] N.N. Möller Tech GmbH, Firmenbroschüre Bielefeld 2001

[46] Becker, H., Hentschel, M., Schors, J., Trappe, V. Maßgeschneiderte Thermoplaste mit Layerstrukturen und Endlosfaser-Verstärkung, Kunststoffe 93 (2003) 9, S. 44-47

[47] Haack, U. Neue Anwendungen in der Outsert-Technik, Feinwerktechnik & Meßtechnik 91 (1983) 2, S. 81-84

[48] Riecke, J. Präzise gespritzt. Kunststoff-Funktionsteile mit Outsert-Technik auf Metallplatinen, KEM 33 (1996) 8, S. 96-97

[49] N.N. Outsert-Technik mit Hostaform®, Ticona GmbH: C.3.5

[50] Haack, U. Präzisionsformteile in der Outsert-Technik, Acetalcopolymerisat: Ein idealer Werkstoff, Plastverarbeiter 35 (1984) 6, S. 29-38

[51] Goldbach, H., Hoffner, A. Hybridbauteil in der Serienfertigung, Kunststoffe 87 (1997) 9, S. 1133-1138

[52] Koch, B., Knözinger, G., Pleschke T., Wolf. H.-J. Hybrid-Frontend als Strukturbauteil, Kunststoffe 89 (1999) 3, S. 82-85

[53] Ehrenstein, G. W., Zhao, G. Kunststoff-Metall-Hybridtechnik, ZWF 96 (2001) 3, S. 132-137

[54] Zhao, G. Spritzgegossene, tragende Kunststoff-Metall-Hybridstrukturen, Diss. LKT, Universität Erlangen-Nürnberg, 2001

[55] Meinert, H.-D. Stand der Technik, Grundlagen und Entwicklungsstrategien für Verstärkungsmaterialien in Hybridbauweise, VDI-Seminar Tragende Hybridstrukturen, Neue Materialien Fürth, November 2003

[56] Pardo, P. Twintex Based 100 % Thermoplastic Hybrids, VDI-Seminar Tragende Hybridstrukturen, Neue Materialien Fürth, November 2003

[57] Wanders, M. Strukturbauteile in Kunststoff-Metall-Hybrid-Technologie, VDI-Seminar Tragende Hybridstrukturen, Neue Materialien Fürth, November 2003

[58] Zhao, G., Dörfler, R., Ehrenstein, G.W. Deformation beim Umspritzen durch Füllsimulation erkennen und vermeiden, 16. CAD-FEM Users' Meeting, Bad Neuenahr-Ahrweiler, 1998

[59] Lutter, F., Münker, M., Wanders, M. Rechnen bis zum Versagen – Crashsimulation an Kunststoff-Metall-Hybridbauteilen, Kunststoffe 92 (2002) 1, S. 62-65

6 Fügen durch Umformen

Dr.-Ing. L. Czyborra, Ticona GmbH – Kelsterbach (Kap. 6.1);
Prof. Dr.-Ing. Dr.-Ing. E.h. W. Michaeli, IKV – RWTH Aachen (Kap. 6.2);
Dr.-Ing. D. Gutberlet, IKV – RWTH Aachen (Kap. 6.2)
Dr.-Ing. G. Ahlers-Hestermann, Böllhoff & Co. Montagetechnik – Bielefeld (Kap. 6.3);

6.1 Preßverbindung

Die Preßpassung ist eine einfache und kostengünstige Möglichkeit, kraftschlüssige Verbindungen für unterschiedliche Funktionselemente zu erzielen. Diese Technologie findet insbesondere in der Feinwerktechnik für Welle-Nabe-Verbindungen von Zahnrädern, Stellelementen, Mitnehmern und Kupplungen, darüber hinaus zur Befestigung von Lüfterrädern, Pumpenlaufrädern usw. Verwendung [1-6]. Ein breites Anwendungsgebiet ist ferner die Befestigung von Kunststofflagerbuchsen. Häufig ist ein Element der Paarung aus einem metallischen Werkstoff.

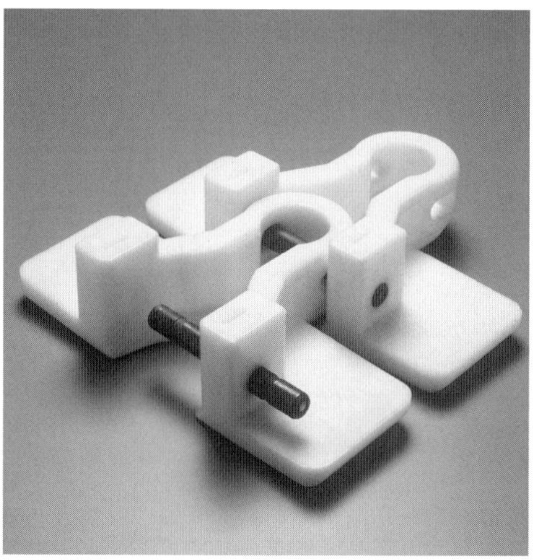

Bild 6.1 Eingepreßter Verbindungsstift in einem Kettenglied aus POM [7]

Eine Preßverbindung zeichnet sich gegenüber anderen festen Verbindungen u.a. durch folgende Vorteile aus:

- Einfachheit der Gestaltung,
- Einfachheit der Montage,
- zerstörungsfreies Lösen der Verbindung.

Niedrige Fertigungs- und Montagekosten stehen bei den Preßverbindungen mit Kunststoffteilen einer im Gegensatz zu metallischen Werkstoffen vergleichsweise niedrigen Belastbarkeit gegenüber.

6.1.1 Anforderungen an Preßverbindungen

Preßverbindungen sollen äußere Kräfte und/oder Drehmomente zwischen verspannten Berührungsflächen durch Reibung schlupffrei bis zur Grenze des Durchrutschens übertragen. Hierzu ist das Vorhandensein einer Vorspannung ("Fugenpressung") eine notwendige Voraussetzung. Sie wird durch Zusammenfügen der zu verbindenden Teile mit Übermaß ("Preßpassung", s. auch DIN 7190) durch deren elastische Werkstoffeigenschaften erzeugt. Zu berücksichtigen sind:

- Relaxation der Fugenpressung, besonders bei erhöhten und wechselnden Temperaturen,
- Preßspannung muß unterhalb der Zeitstandfestigkeit liegen,
- Empfindlichkeit des Werkstoffs gegenüber Spannungsrissen wegen der permanent anliegenden Spannungen,
- Abhängigkeit der Reibungszahl von der Rauhigkeit des Metallpartners und der Höhe der Flächenpressung,
- Eigenspannungen im Kunststoffteil durch Fertigungsschwankungen.

Für Preßverbindungen eignen sich insbesondere Teile aus PA, POM, PBT, PET, bedingt nur PE-HD und PP. Amorphe Werkstoffe, wie PS, SAN oder PC, eignen sich aufgrund ihres spröden und/oder spannungsrißempfindlichen Verhaltens weniger [4]. Die übertragbaren Kräfte sind von der Fugenpressung und der Haftreibungszahl zwischen den Berührungsflächen direkt abhängig.

6.1.2 Maßgebende Kenngrößen für eine Preßpassung

Für die rechnerische Auslegung einer Preßverbindung ist sowohl die Haftreibungszahl μ_o maßgebend als auch das zu wählende Übermaß U und der Elastizitätsmodul $E_{r(t)}$, die beide die Fugenpressung beeinflussen.

6.1.2.1 Haftreibungszahl μ_o

Preßverbindung	**Haftreibungszahl μ_0**
Kunststoff/Metall	0,2 ... 0,4
Kunststoff/Kunststoff	0,2 ... 0,5

Tabelle 6.1 Haftreibungszahlen einiger Preßverbindungen, Fügeflächen technisch trocken

Die Haftreibungszahl einer Preßverbindung ist von verschiedenen Parametern abhängig. Große Oberflächenrauhigkeiten insbesondere eines Metallpartners entsprechen dabei einer großen Haftreibungszahl und umgekehrt [1]. Weiter sinkt die Haftreibungszahl mit zunehmender Pressung in der Fuge [5, 6]. Daher gibt Tabelle 6.1 einen Wertebereich für die Haftreibungszahl μ_0 an, in dem diese sich je nach gewählter Werkstoffpaarung bewegt.

Übermaß U

Sowohl das Übermaß U als auch das relative Übermaß U/d_l sind erfahrungsgemäß von der Größe des Fügedurchmessers d_l abhängig. Das Übermaß U ist definiert als Durchmesserdifferenz der zylindrischen Fügeteile. Als Fügedurchmesser bei der Preßverbindung Nabe/Achse ist der Achsdurchmesser, bei der Preßverbindung Buchse/Gehäuse ist der Buchsenaußendurchmesser anzunehmen.

Werkstoff	Fügedurchmesser		
	< 5 mm [%]	5 bis 30 mm [%]	> 30 mm [%]
POM	≤ 5	≤ 3	≤ 1,0
PP	≤ 5	≤ 3	≤ 1,0
PA6, PA66	≤ 2,5	≤ 1,5	≤ 0,5
PBT	≤ 3,0	≤ 2,0	≤ 1,0
POM-GF 25	≤ 1,0	≤ 1,0	≤ 0,5
PP-GF 30	≤ 2,0	≤ 2,0	≤ 1,0
PA6-GF 30	≤ 1,0	≤ 1,0	≤ 0,5
PBT-GF 30	≤ 1,0	≤ 1,0	≤ 0,5

Tabelle 6.2 Empfohlenes relatives Übermaß [%] für Preßverbindungen verschiedener technischer Kunststoffe

Es wird empfohlen, das relative Übermaß U/d_l mit zunehmendem Fügedurchmesser d_l kleiner zu wählen. Tabelle 6.2 enthält für verschiedene Kunststoffgruppen die zugehörigen relativen Übermaße, definiert als $U/d_l \cdot 100$ (%) aufgeteilt nach Fügedurchmesserbereichen [1, 4, 7]. Die Belastbarkeit der Preßverbindung wird wesentlich von der Größe des Übermaßes beeinflußt.

Relaxationsmodul $E_{r(t)}$

Infolge viskoelastischen Verhaltens der Kunststoffe nimmt die Fugenpressung p in Abhängigkeit von der Beanspruchungsdauer ab ("Spannungsrelaxation"). Als Kennwert für die Relaxationsvorgänge im Formteil steht in der Regel nur der im eindimensionalen Spannungsrelaxationsversuch ermittelte Relaxationsmodul E_r nach DIN 53441 zur Verfügung. Wird nur der im eindimensionalen Spannungsrelaxationsversuch ermittelte Relaxationsmodul zur Abschätzung des Spannungsabfalls mit der Zeit verwendet, wird häufig eine größere Abnahme berechnet, als am Bauteil gemessen wird [4, 5]. Umgebungseinflüsse wie höhere Temperaturen, Temperaturwechsel oder Lagerung der Preßverbindung in Medien können eine signifikante Abnahme der Fugenpressung zur Folge haben. Hinweise hierzu finden sich im Unterkapitel 6.1.5.

6.1.3 Berechnung der Preßverbindung

6.1.3.1 Übertragbare Längskraft F_{max}

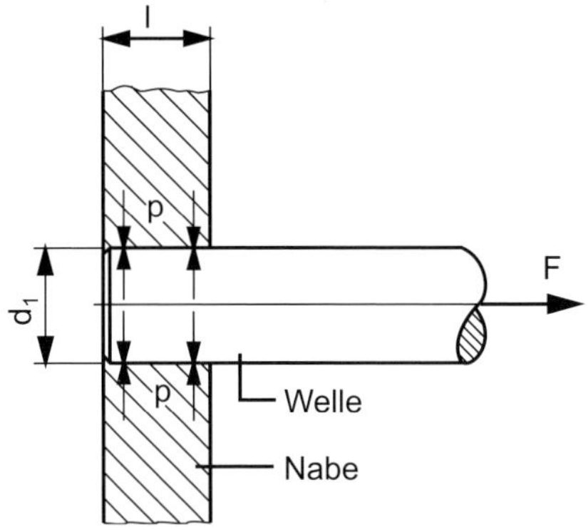

Bild 6.2 Preßverbindung belastet mit Längskraft

Bei Beanspruchung einer Preßverbindung in Axialrichtung ergibt sich die maximal übertragbare Längskraft zu:

$$F_{max} = \pi \cdot d_1 \cdot l \cdot p \cdot \mu_o \quad [N] \tag{6.1}$$

d_1 = *Außendurchmesser der Welle, bzw. Fügedurchmesser [mm]*
l = *Länge des Presssitzes [mm]*
p = *Fugenpressung [N/mm²]*
μ_o = *Haftreibungszahl [-]*

6.1.3.2 Übertragbares Drehmoment M_{tmax}

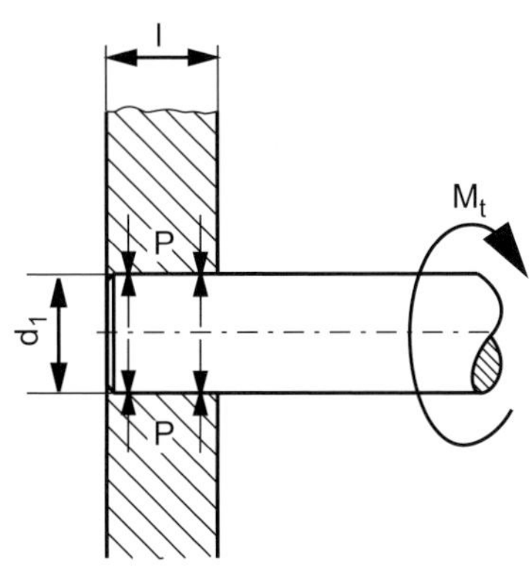

Bild 6.3 Preßverbindung belastet mit Drehmoment

Bei Torsionsbeanspruchung einer Preßverbindung ergibt sich das maximal übertragbare Drehmoment zu:

$$M_{t\,max.} = \pi \cdot \frac{{d_1}^2}{2} \cdot l \cdot p \cdot \mu_o \quad [N \cdot mm] \tag{6.2}$$

6.1.3.3 Fugenpressung p

Anordnung Metallwelle/Kunststoffnabe

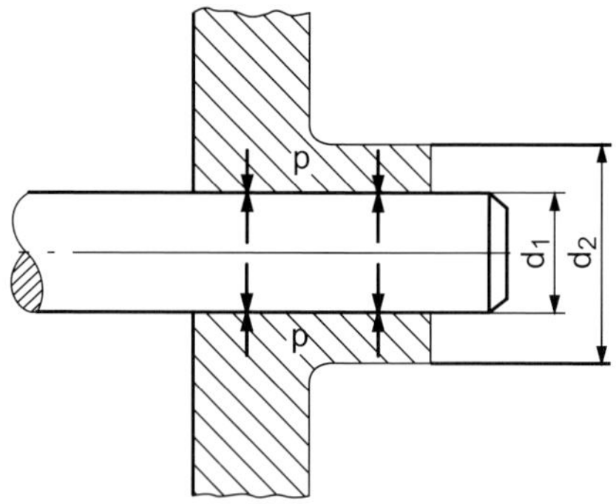

Bild 6.4 Anordnung Metallwelle/Kunststoffnabe

$$p_1 = \frac{U}{d_1} \cdot E_{r(t)} \cdot \frac{1}{A + \nu} \quad [N/mm^2] \tag{6.3}$$

$$A = \frac{\left(\frac{d_2}{d_1}\right)^2 + 1}{\left(\frac{d_2}{d_1}\right)^2 - 1} \tag{6.4}$$

ν = Querkontraktionszahl für Kunststoffe ≈ 0,4
U = Übermaß [mm]
$E_{r(t)}$ = Zeitabhängiger Relaxationsmodul, je nach Wahl des relativen Übermaßes und der Beanspruchungszeit unterschiedlich [N/mm²]
d_1 = Außen-Ø der Welle [mm]
d_2 = Naben-Außen-Ø [mm]

Die Erhöhung der Fugenpressung durch Vergrößerung des Durchmesserverhältnisses d_2/d_1 für das Kunststoffteil ist nur in Grenzen sinnvoll. Der Grenzwert für den Geometriefaktor 1/(A+ ν) beträgt 0,714, Bild 6.5. Dieser wird bereits bei einem Durchmesserverhältnis d_2/d_1

= 2,6 zu 80 % erreicht. d_2/d_1 sollte größer als 1,6 gewählt werden, hier sind 50 % des Grenzwertes für den Geometriefaktor erreicht.

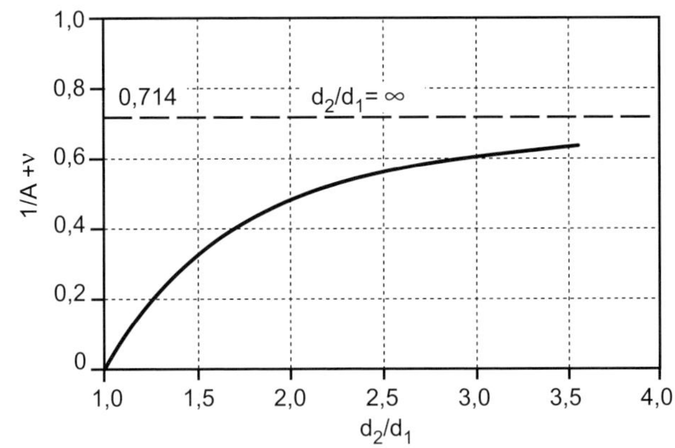

Bild 6.5 Geometriefaktor 1/(A + ν) in Abhängigkeit vom Durchmesserverhältnis

Anordnung Kunststoffbuchse/Metallgehäuse

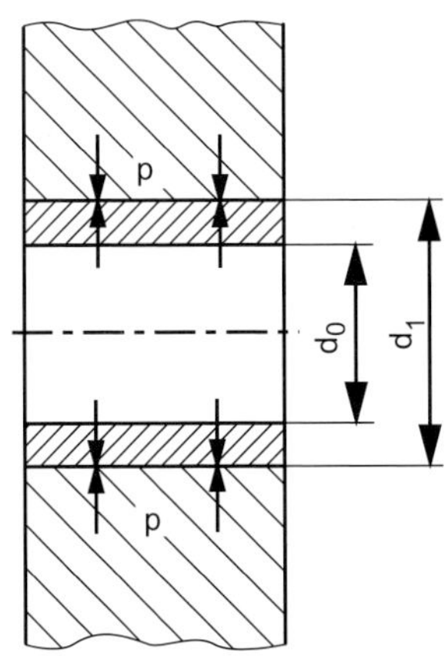

Bild 6.6 Anordnung Kunststoffbuchse/Metallgehäuse

$$p_2 = \frac{U}{d_1} \cdot E_{r(t)} \cdot \frac{1}{B - \nu} \quad [N/mm^2] \tag{6.5}$$

$$B = \frac{\left(\frac{d_1}{d_0}\right)^2 + 1}{\left(\frac{d_1}{d_0}\right)^2 - 1} \qquad (6.6)$$

d_0	= *Buchsen-Innendurchmesser [mm]*
d_1	= *Innendurchmesser des Gehäuses [mm]*
ν	= *Querkontraktionszahl für Kunststoffe ≈ 0,4*
U	= *Übermaß*
$E_{r(t)}$	= *zeitabhängiger Relaxationsmodul, je nach Wahl des relativen Übermaßes und der Beanspruchungszeit unterschiedlich [N/mm²]*

Die Fugenpressung läßt sich ebenfalls durch die Vergrößerung des Durchmesserverhältnisses d_1/d_0 steigern. Den Zusammenhang zwischen dem Geometriefaktor 1/(B-ν) und dem Durchmesserverhältnis d_1/d_0 zeigt Bild 6.7.

In [7] wird für Kunststoffbuchsen, die in Metallbauteile eingepreßt werden, empfohlen $d_1/d_0 > 1,2$ zu wählen. Bei einem Verhältnis von $d_1/d_0 = 2,1$ beträgt der Geometriefaktor 50 % des theoretischen Grenzwerts. Zu beachten ist, daß die Maßänderungen infolge von Verformung und klimatischen Veränderungen mit Zunahme von d_1/d_0 ebenfalls steigen, so daß vorgegebene Toleranzen die Wahl des Durchmesserverhältnisses ebenfalls beeinflussen.

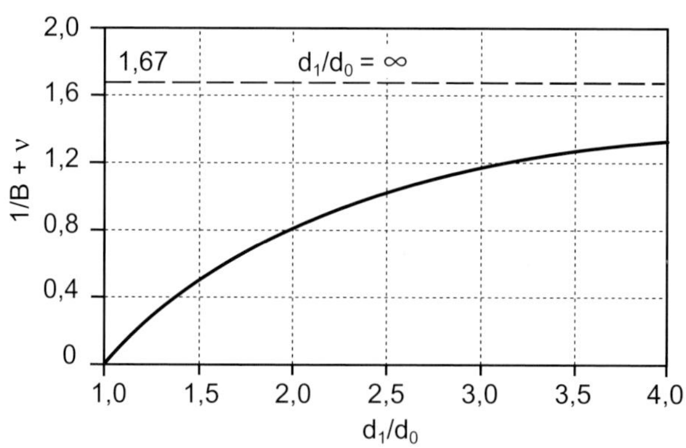

Bild 6.7 Geometriefaktor 1/(B-ν) in Abhängigkeit vom Durchmesserverhältnis

Anordnung Kunststoffwelle/Kunststoffnabe

$$p_3 = \frac{U}{d_1} \cdot \frac{1}{C} \quad \left[N/mm^2\right] \qquad (6.7)$$

$$C = \frac{A+\nu}{E_{r(t)1}} + \frac{B-\nu}{E_{r(t)2}} \quad [mm^2/N] \tag{6.8}$$

$E_{r(t)\,1/2}$ = zeitabhängiger Relaxationsmodul des Nabenwerkstoffs (1)/der Kunststoffwelle (2), je nach Wahl des relativen Übermaßes und der Beanspruchungszeit unterschiedlich [N/mm^2]

6.1.3.4 Maßänderungen infolge Verformung

Bei den häufig verwendeten Paarungen Metall/Kunststoff wird die gesamte, dem Übermaß U entsprechende Verformung vom Kunststoffteil aufgenommen. Dadurch verringert sich z.B. das Lagerspiel einer in ein Metallgehäuse eingepreßten Kunststofflagerbuchse, Bild 6.8.

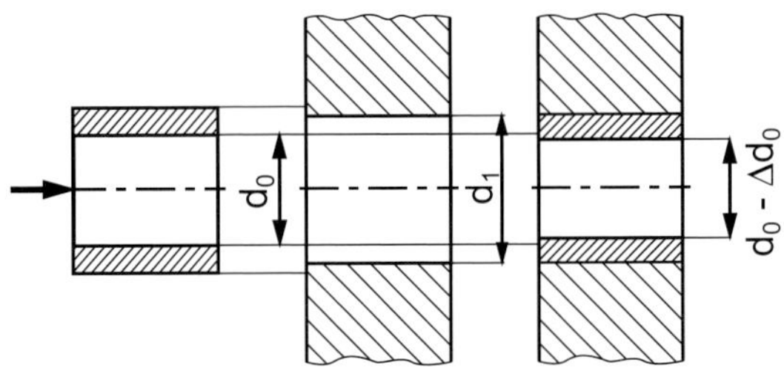

Bild 6.8 Verformung der Kunststoffbuchse beim Einpressen

Die Verringerung des Innendurchmessers der Lagerbuchse ergibt sich zu

$$\Delta d_0 = U \cdot \frac{2 \cdot \frac{d_1}{d_0}}{\left(\frac{d_1}{d_0}\right)^2 \cdot (1-\nu) + (1+\nu)} \quad [mm] \tag{6.9}$$

d_0 = Innendurchmesser Lagerbuchse [mm]
d_1 = Innendurchmesser Gehäuse [mm]

6.1.3.5 In der Fuge wirkende Vergleichsspannung

Man kann davon ausgehen, daß beim Aufpressen einer Nabe aus Kunststoff auf eine Metallwelle alle Verformungen von der Nabe aufgenommen werden. Der Spannungszustand gleicht idealisiert dem eines unendlich langen, dickwandigen Rohres unter Innendruck. Die Radialspannungen sind Druckspannungen, die am äußeren Umfang zu null werden. In der Fuge sind sie mit der Pressung identisch. Die Tangentialspannung erreicht ebenfalls an der Fügestelle ihren Höchstwert und nimmt nach außen hin ab. Sie nimmt am Außenumfang jedoch nicht den Wert null an. Dieser zweiachsige Spannungszustand kann mit Hilfe der

Gestaltsänderungsenergiehypothese auf eine einachsige Vergleichsspannung zurückgeführt werden [4, 5]. Für die Fuge ergibt sich:

$$\sigma_v = p \cdot \frac{\sqrt{3 \cdot a^4 + 1}}{a^2 - 1} < \sigma_{zul.} \tag{6.10}$$

a = Durchmesserverhältnis d_2 / d_1

6.1.3.6 Erhöhung des übertragbaren Momentes durch geometrische Änderungen

Das übertragbare Moment einer Preßverbindung läßt sich steigern, wenn zum Kraftschluß zusätzlich ein Formschluß erzeugt wird, z.B. durch eine Längsrändel auf der Stahlwelle. Das zusätzlich durch Formschluß übertragbare Moment unterliegt keinem zeitlichen Relaxationsvorgang.

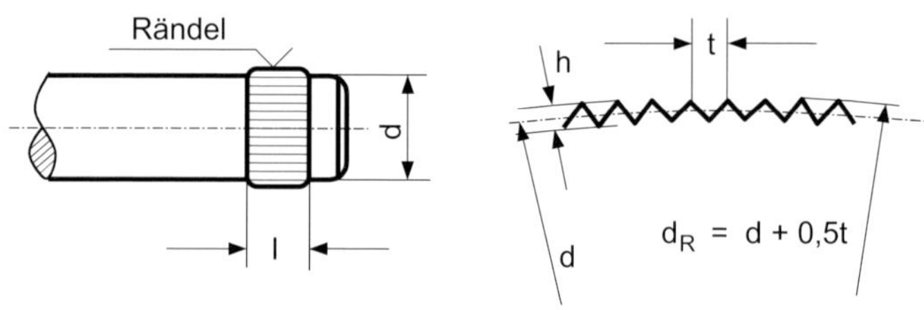

Bild 6.9 Längsrändel nach DIN 82 zur Erhöhung des Drehmomentes bei Längsverbindungen

Das Versagen der Verbindung kann auf zwei Ursachen zurückgeführt werden. [4] und [6] beobachten ein Schubversagen. Das übertragbare Drehmoment läßt sich abschätzen mit

$$M_t = \frac{d_1^2 \cdot \pi \cdot l}{2} \cdot \tau_S \tag{6.11}$$

d_1 = *Rändelaußendurchmesser*
t = *Rändelteilung*
τ_S = *Versagensschubspannung*

[1] stellt bei Versuchen mit großen Zahnwinkeln ($\alpha/2$ = 48° - 55°) fest, daß es meist zum Durchdrehen der Preßverbindung kommt. Der Anteil des durch Formschluß übertragbaren Moments läßt sich durch das elastische Aufweiten der Nabe bei der Relativbewegung entlang der Zahnflanken abschätzen:

$$M_t = \frac{\pi \cdot d_1 \cdot l \cdot \cot(\alpha / 2)}{A + \nu} \cdot 2t \cdot E_{(0)} \tag{6.12}$$

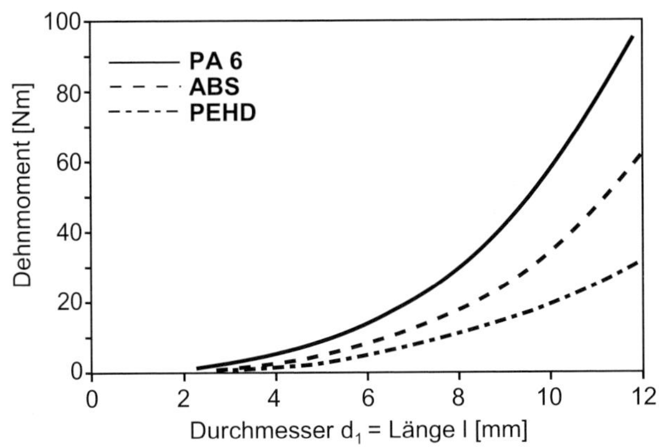

Bild 6.10 Maximal übertragbares Drehmoment von gerändelten Stahlbolzen in verschiedenen Kunststoffen, Verhältnis $d_1/l = 1$, nach [5, 6]

6.1.4 Montage des Kunststoffteils

Es ist zu beachten, daß beim Fügen kein Material am Kunststoffteil abgeschert wird. Um dies zu erreichen, sollte

- eine ausreichend bemessene Fase vorgesehen werden,
- bei Anordnung Kunststoffnabe/Metallwelle das Kunststoffteil erwärmt werden (etwa 100 °C bis maximal 140 °C),
- bei der Anordnung Kunststoffbuchse/Metallgehäuse das Kunststoffteil abgekühlt werden.

Wird eine Kunststoffbuchse in ein Metallgehäuse eingepreßt, führt eine zu große Rauhigkeit ($R_z > 4$ µm) des Metallpartners meist zu Zerspanen des Kunststoffs und reduziert so das wirksame Untermaß. Gleiches gilt beim Aufschieben eines Kunststoffteils auf eine Metallwelle.

6.1.5 Einfluß der Umgebungsbedingungen auf die Pressung

Temperatureinfluß

Die Steifheit der Thermoplaste und damit auch das Lastaufnahmevermögen von Preßverbindungen nimmt mit steigender Temperatur ab [1]. Bei der Anordnung Stahlwelle/Kunststoffnabe verringert sich entsprechend der unterschiedlichen linearen Temperaturausdehnungskoeffizienten das effektive Übermaß, wodurch eine weitere Absenkung des Moments bedingt ist. Gravierender als dieser reversible Vorgang ist jedoch der beschleunigte Spannungsabbau bei erhöhter Temperatur.

In Bild 6.11 ist das Rutschmoment einer Preßpassung (Stahlwelle: d_0 = 6 mm, U = 0,2 mm, Außendurchmesser POM-Nabe: d_2 = 12 mm, l = 11,6 mm) dargestellt, die nach 860 h und 1080 h für jeweils 4 h auf 80 °C erwärmt wurde. Man erkennt deutlich, daß ein Teil des Spannungsabfalls nach der ersten Erwärmung irreversibel ist.

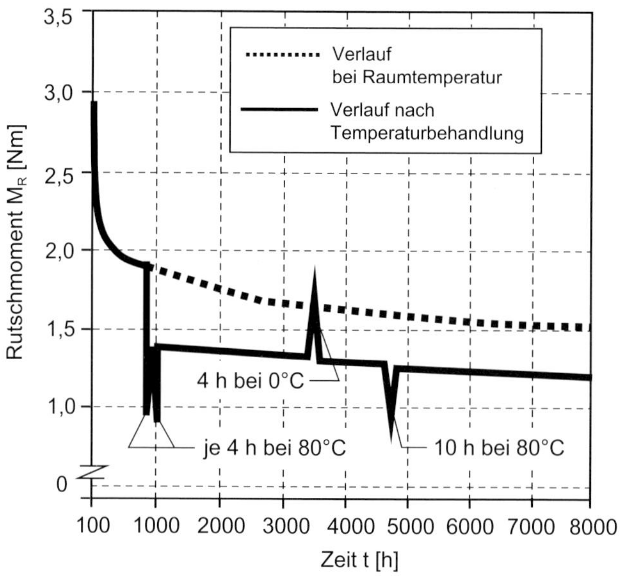

Bild 6.11 Verlauf des Rutschmoments nach Wärmebehandlung

Im Hinblick auf eine Temperaturbelastung verhält sich die Anordnung Kunststoffbuchse/Metallgehäuse wesentlich ungünstiger als eine Metallwelle/Kunststoffnabe-Verbindung. Bei Temperaturerhöhung wird die Wärmedehnung entsprechend der Differenz der Temperaturausdehnungskoeffizienten behindert. Die sich dadurch aufbauenden Spannungen können wegen der erhöhten Temperatur relativ schnell relaxieren. Beim Abkühlen ist die Kontraktion der Buchse nicht behindert, so daß sich das effektive Einpreßmaß verringert. Bei wiederholten, genügend großen Temperaturwechseln kann das zu einem negativen Übermaß, also zum Lösen der Buchse führen.

Medieneinfluß

Von Preßverbindungen mit Werkstoffen, die wie PA infolge Wasseraufnahme ihr Volumen und ihre Eigenschaften ändern, wird abgeraten, wenn Unterwasserbetrieb vorgesehen ist. Dies wird durch Meßergebnisse belegt, die den Abbau der Schwindspannung von PA-Ringen, die auf glatte Metallwellen gespritzt wurden, unter verschiedenen Lagerbedingungen mit der Zeit darlegen, Bild 6.12, [5].

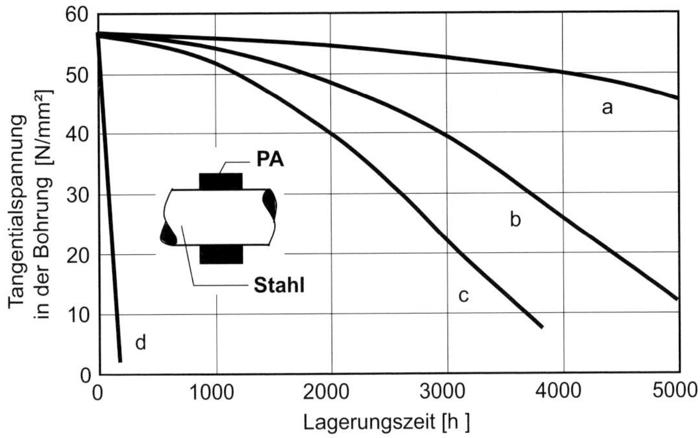

Bild 6.12 Abbau der Schwindspannung von umgossenen Polyamidnarben unter verschiedenen Umgebungseinflüssen

a: T = 20 °C luftgelagert; b: T = 80 °C luftgelagert; c: T = 120 °C ölgelagert; d: T = 100 °C wassergelagert

6.1.6 Berechnungsbeispiele

6.1.6.1 Aufpressen einer Kunststoffnabe auf eine Metallwelle

Ein Pumpenlaufrad (Bild 6.13) aus POM soll auf der Antriebswelle eines Motors mit einer Preßverbindung befestigt werden.

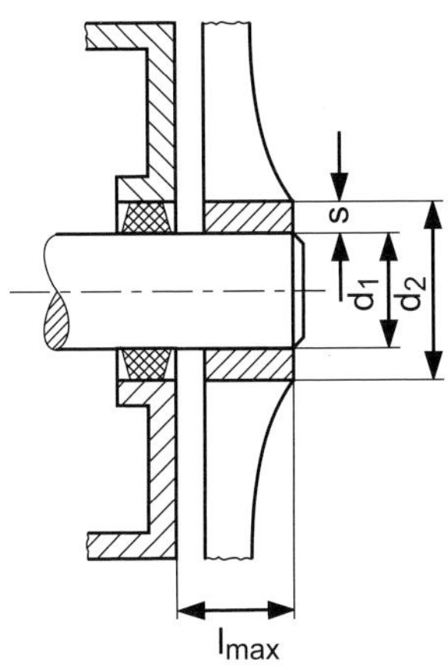

Bild 6.13 Pumpenlaufrad, Preßverbindung, Kunststoffnabe auf Metallwelle

Gegeben: d_1 =10 mm; l_{max} =15 mm; M_t = 3 Nm; Betriebsdauer etwa 10 Jahre.

Kann eine Preßverbindung vorgesehen werden, und welches Drehmoment ist übertragbar?

Die Sitzlänge wird mit l = 12 mm und die Wanddicke der Kunststoffnabe mit $(d_2 - d_1)/2 = s = 3{,}5$ mm angenommen.

Damit ergibt sich der Nabenaußendurchmesser zu $d_2 = d_1 + 2\,s = 10\text{ mm} + 2 \cdot 3{,}5\text{ mm} \Rightarrow d_2 = 17\text{ mm}$.

Das Durchmesserverhältnis beträgt

$$\frac{d_2}{d_1} = \frac{17}{10} = 1{,}7 \tag{6.13}$$

Aus Tabelle 6.2 wird für den Fügedurchmesserbereich 5 bis 30 mm ein relatives Übermaß von maximal $U/d_1 \cdot 100 = 3\,\%$ abgelesen.

Mit $d_2/d_1 = 1{,}7$ und

$$A = \frac{\left(\frac{d_1}{d_2}\right)^2 + 1}{\left(\frac{d_1}{d_2}\right)^2 - 1} = \frac{1{,}7^2 + 1}{1{,}7^2 - 1} = 2{,}06 \tag{6.14}$$

ergibt sich der Geometriefaktor zu

$$\frac{1}{A + \nu} = \frac{1}{2{,}06 + 0{,}4} = 0{,}4 \tag{6.15}$$

Für $\varepsilon = 3\,\%$ beträgt der Relaxationsmodul $E_{r(t)} = 800\text{ N/mm}^2$. Damit wird die Fugenpressung

$$p = \frac{U}{d_1} \cdot E_{r(t)} \cdot \frac{1}{A + \nu}$$

$$= 0{,}03 \cdot 800 \frac{N}{mm^2} \cdot 0{,}4$$

$$\underline{\underline{p_1 = 9{,}6\text{ N/mm}^2}} \tag{6.16}$$

Entsprechend der Werkzeugpaarung Kunststoff/Metall wird eine Haftreibungszahl $\mu_o = 0{,}3$ angenommen. Damit wird das maximal übertragbare Drehmoment

$$M_{t\,max.} = \pi \cdot \frac{d_1^{\,2}}{2} \cdot l \cdot p_1 \cdot \mu_o$$

$$= \pi \cdot \frac{100}{2} \cdot 12\ \text{mm} \cdot 9{,}6 \cdot 0{,}3$$

$$M_{t\,max} = 5428\ \text{N/mm}$$

$$M_{t\,max} = 5{,}4\ \text{N/m} \quad > \quad 3\ \text{N/m} \tag{6.17}$$

Ergebnis: Das von der Preßverbindung langfristig übertragbare Drehmoment ist damit größer als das geforderte. Eine Preßverbindung ist für die Befestigung des Laufrades geeignet.

6.1.6.2 Einpressen einer Kunststoffbuchse in ein Metallgehäuse

Eine Lagerbuchse soll in ein Metallgehäuse eingepreßt werden, Bild 6.14.

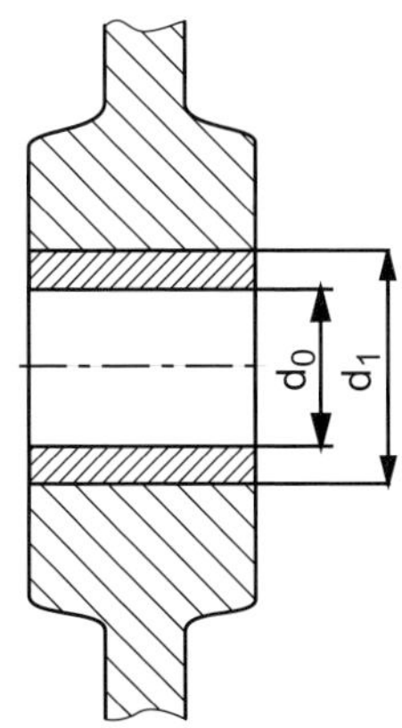

Bild 6.14 Preßverbindung Kunststoffbuchse in ein Metallgehäuse

Gegeben ist: $d_0 = 16$ mm ; $U / d_1 = 1{,}5$ %; $d_1 = 20$ mm

Um wieviel verringert sich der Innendurchmesser d_0 infolge Einpressens der Buchse in ein Metallgehäuse?

Das Durchmesserverhältnis beträgt $d_1/d_0 = 20$ mm / 16 mm = 1,25.

Das Übermaß U ermittelt sich aus $U / d_1 = 1{,}5$ %
$U = 0{,}015 \cdot d_1 = 0{,}015 \cdot 20$ mm = 0,3 mm.

Damit ergibt sich die Verringerung des Innendurchmessers der Lagerbuchse zu:

$$\Delta d_0 = U \frac{2 \cdot \frac{d_1}{d_0}}{\left(\frac{d_1}{d_0}\right)^2 \cdot (1-\nu) + (1+\nu)} \quad [mm] \tag{6.18}$$

$$\Delta d_0 = 0{,}3 \frac{2 \cdot \frac{20}{16}}{\left(\frac{20}{16}\right)^2 \cdot (1-0{,}4) + (1+0{,}4)} = 0{,}32\ mm \tag{6.19}$$

Ergebnis: Nach dem Einpressen der Lagerbuchse verringert sich deren Innendurchmesser auf $d_{0\ tat.}$ = 16 mm - 0,32 mm => $d_{0\ tat.}$ = 15,68 mm.

6.2 Nieten und Bördeln

Durch die Fügeverfahren Nieten und Bördeln werden unlösbare, formschlüssige und zum Teil durch Kraftschluß unterstützte Verbindungen realisiert [8, 9]. Bei diesen Verfahren erfolgt das Fügen der Bauteile durch Um- oder Urformen eines Verbindungselementes [8]. Dementsprechend werden bei diesem Verfahren die Verbindungen vorwiegend punktförmig bzw. segmentartig ausgeführt. Damit können Anforderungen hinsichtlich der Dichtheit der durch diese Fügeverfahren hergestellten Verbindung im Gegensatz zum Kleben oder Schweißen nicht direkt, sondern meist nur durch zusätzliche Dichtelemente realisiert werden.

Ein wesentlicher Vorteil dieser Verfahren ist, daß durch die mechanische Verbindung das Fügen von Bauteilen aus artgleichen und artfremden Kunststoffen sowie aus Kunststoffen und Metall, Textil oder Pappe möglich ist [10-13]. Die Verbindungselemente können separat vorliegen oder bei Verbindungen mit zumindest einem polymeren Fügepartner in diesen integriert werden. Aus diesem Grund werden beide Fügeverfahren ähnlich wie Schnapp- oder Schweißverbindungen den kostengünstigen Montagetechniken zugerechnet [14].

Obwohl die Verbindungsmechanismen beider Fügeverfahren sehr ähnlich sind, sind Unterschiede bei den Einsatzgebieten und Anwendungsfeldern zu erkennen.

Das Nieten wird meist bei Verbindungen eingesetzt, bei denen hohe Qualitätsanforderungen hinsichtlich der Verbindungsgüte sowie der mechanischen Eigenschaften erfüllt werden müssen.

Das Bördeln hingegen findet häufig bei den Verbindungen Anwendung, die keinen hohen mechanischen Belastungen ausgesetzt sind. Nur bei dem Fügen von Rohren z.B. im Trinkwasser- oder Heizungsbereich hat sich das Bördeln in einem Bereich mit hohen Qualitätsanforderungen an die Verbindungsgüte durchgesetzt [15, 16, 37].

6.2.1 Fügeprozeß

6.2.1.1 Nieten

Nietverbindungen zeichnen sich dadurch aus, daß für diese Verbindungstechnik eine Überlappung der Fügepartner erforderlich ist, wie in Bild 6.15 dargestellt. Bei der Verwendung eines separaten Verbindungselementes müssen alle Fügepartner ein Aufnahmeloch aufweisen. Ist die Funktion des Verbindungselementes hingegen bereits in einen Fügepartner durch einen Nietschaft integriert, muß das Aufnahmeloch nur im zweiten Fügepartner vorliegen.

Um eine hohe Verbindungsqualität zu erreichen, werden die Aufnahmelöcher bezogen auf das Verbindungselement mit einer leichten Spielpassung ausgeführt. Ist der Nietschaft als Thermoplast ausgeführt, müssen dessen kunststoffspezifische Eigenschaften bei der Betrachtung der Verbindungseigenschaften berücksichtigt werden. Im Vergleich zu Metallnietverbindungen weisen Kunststoffnietverbindungen neben einer niedrigeren mechanischen Festigkeit und Steifigkeit auch eher eine geringere Dauergebrauchstemperatur auf. Zudem weisen Kunststoffnieten eine höhere Wärmeausdehnung auf. Insbesondere bei durch Kraftschluß unterstützten Verbindung treten auch bei Raumtemperatur schon Kriecheffekte auf.

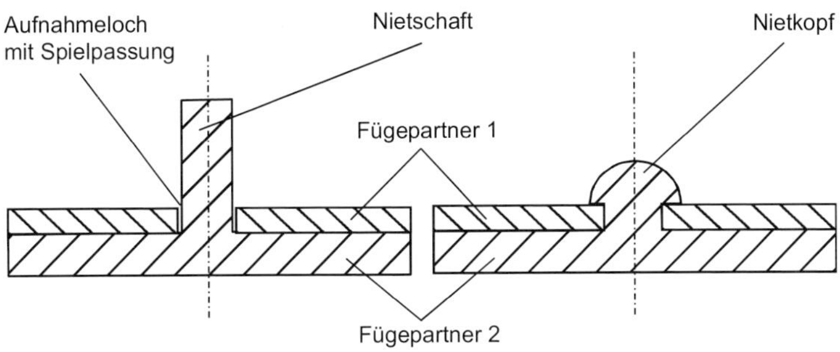

Bild 6.15 Schematische Darstellung einer Nietverbindung mit integriertem Verbindungselement

Beim Nieten von Kunststoffen werden unterschiedliche Verfahren hinsichtlich der Nietausformung unterschieden [17]. Ein sehr gebräuchliches Verfahren stellt das Umformen des Niet dar. Eine wesentliche konstruktive Voraussetzung hierfür ist die beidseitige Zugänglichkeit der Verbindungsstelle. Auch wenn in den meisten Fällen das Warmumformen bei Kunststoffen zum Einsatz kommt, so kann zur Erzielung einer Nietverbindung auch in besonderen Anwendungen das Kaltumformen des thermoplastischen Nietschaftes genutzt werden.

Ein weiteres wichtiges Verfahren stellt das Nieten durch Urformen dar. Das Spritznieten sowie eine Sonderform des Umspritzens von Metallbauteilen können dieser Verfahrensgruppe zugerechnet werden [18, 19]. Weiterhin werden seltener Sonderformen des Nietens eingesetzt, bei denen Durchstecknieten z.B. als Spreiz-, Stauch- oder Blindnieten genutzt werden.

Umformen

Die Wärmeenergie für das Warmumformen des Niets kann durch Wärmeleitung, -strahlung, Konvektion sowie Reibung eingebracht werden. Die Wärmeeinbringung durch äußere Reibung sowie die Nutzung der inneren Reibung durch Hochfrequenzanregung wird beim Nieten von Kunststoffen in der Regel nicht eingesetzt. Daher kann hier eine Unterteilung in das "thermische Nieten" und das „Ultraschallnieten" getroffen werden.

Mit dem Ultraschallnieten (US-Nieten) können Fügeteile aus amorphen und teilkristallinen thermoplastischen Kunststoffen miteinander oder mit artfremden Werkstoffen wie Metall, Textil oder Pappe verbunden werden. Hierzu ist es erforderlich, daß der Nietschaft aus einem thermoplastischen Kunststoff besteht. Das Nieten erfolgt in einem Takt, in welchem unterschiedliche Fügephasen durchlaufen werden. Hierbei wird die mechanische Schwingungsenergie durch eine Sonotrode in den Nietschaft eingeleitet. Die Sonotrode ist mit der jeweiligen Nietkopfform versehen [10]. Wie Bild 6.16 zeigt, beginnt der Nietprozeß mit dem Aufsetzen der Sonotrode auf den Nietschaft unter leichtem mechanischen Druck [20]. Durch die Einkopplung der Schallenergie in den Nietschaft wird dieser plastizifiert und der Nietkopf unter einer voreingestellten Fügekraft ausgebildet. In dieser Phase erfolgt eine weitere Stauchung des Nietschafts, so daß die Toleranzen zwischen Zapfen und Aufnahmeloch weitgehend ausgeglichen werden [13]. Nach der vollständigen Ausbildung des Nietkopfes schließt sich die Haltezeit bzw. Kühlphase an. Da sich die Sonotrode während des Nietprozesses in der Regel nicht erwärmt, fungiert diese nicht nur als Energieleiter sondern auch als Kühlstempel [13, 21]. Durch die schnelle Abkühlung des Niet auf Umgebungstemperatur erfolgt nur eine geringe Relaxation des Werkstoffes während der Erstarrung. Dies führt sowohl zu einer kurzen Nietzeit als auch zu wenig temperaturempfindlichen Nietverbindungen [17].

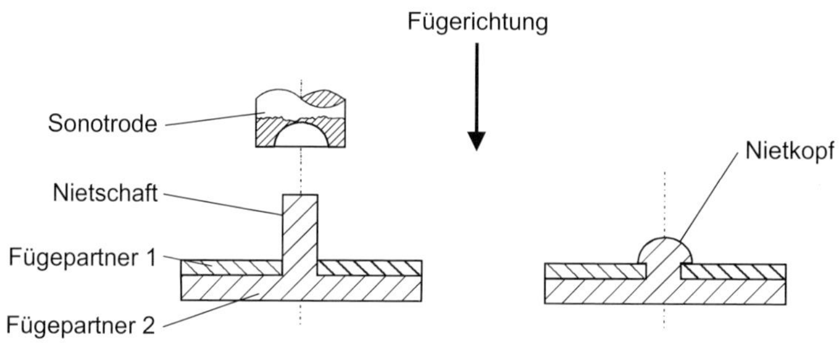

Bild 6.16 Schematische Darstellung des Ultraschallnietens von Kunststoffen

Ähnlich wie beim US-Schweißen läßt sich bereits aus den Werkstoffeigenschaften die Nietbarkeit ableiten. Als wesentliche Werkstoffeigenschaften hierfür sind die Steifigkeit, das Molekulargewicht, das Dämpfungsvermögen sowie der Feuchtegehalt zu nennen. Im Allgemeinen nimmt mit steigender Steifigkeit und niedrigem Dämpfungsvermögen die Nietbarkeit zu, mit steigendem Molekulargewicht hingegen ab [22].

Durch die direkte Einkopplung der Schallenergie an der umzuformenden Stelle können auch Werkstoffe wie beispielsweise PA oder PVC genietet werden, die aufgrund ihrer hohen Dämpfung nicht oder nur schwierig im Fernfeldverfahren geschweißt werden können. Zudem ist es mit diesem Fügeverfahren sogar möglich, Werkstoffe wie PP oder PE zu verwenden, die nur begrenzt durch US-Schweißungen gefügt werden können. Des weiteren besitzen die Zusatz-, Füll- und Verstärkungsstoffe einen großen Einfluß auf die Nietbarkeit. Daher können sich bei gleichem Werkstofftyp mit unterschiedlicher Farbeinstellung deutliche Unterschiede bei der Fügequalität einstellen. Beispielsweise bei der Verwendung von $Ti0_2$ als Farbzusatz, welches zur Erzielung von Pastellfarben genutzt wird, ist mit steigenden Anteil mit einer Abnahme der Nietbarkeit zu rechnen [20]. Ähnliche Überlegungen sind bei dem Einsatz von Polymerblends anzustellen.

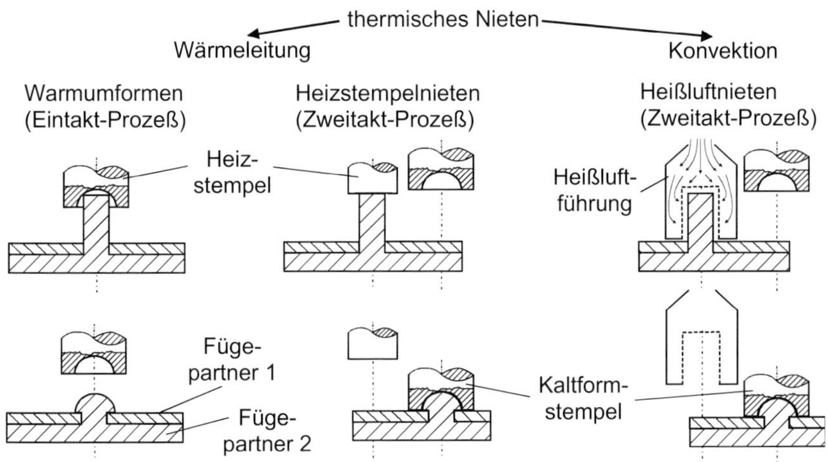

Bild 6.17 Schematische Darstellung der thermischen Nietverfahren während der Erwärmungsphase und Ausform- bzw. Kühlphase

Bei dem "thermischen Nieten" wird in der Praxis das Einbringen der Wärmeenergie mittels Konvektionserwärmung oder Wärmeleitung eingesetzt. Das thermische Nieten mittels Konvektionserwärmung erfolgt in zwei Prozeßschritten. Bei Nutzung der Wärmeleitung zur Energieeinbringung kann das Nieten sowohl in einem als auch in zwei Schritten durchgeführt werden [23]. Bei dem thermischen Nieten in einem Schritt wird der Nietschaft mit einem Stempel, in den die Kontur des Nietkopfes eingearbeitet ist, erwärmt und umgeformt, Bild 6.17. Nach der vollständigen Ausformung des Nietkopfes, wird der Stempel abgehoben und der Nietkopf kühlt auf Umgebungstemperatur ab. Daher erfolgt die Abkühlung langsam, so daß während der Kühlphase Relaxationsprozesse durchlaufen werden können. Mit diesem Verfahren können meist nur formschlüssige und selten kraftschlüssige Verbindungen hergestellt werden.

Beim "thermischen Nieten" in zwei Prozeßschritten wird die Wärmeenergie durch Heizgebläse (Konvektionserwärmung) [24] oder durch Aufsetzen eines Heizstempels in den Nietschaft eingebracht, Bild 6.17. Nach der Plastifizierung des Nietschaftes, wird die Heizvorrichtung entfernt und mittels eines gekühlten Kaltformstempels der Nietkopf ausgeformt. Wie beim US-Nieten werden die Toleranzen zwischen Nietschaft und Aufnahmeloch während der Umformung weitestgehend ausgeglichen. Durch die Ausformung und Abkühlung des Nietkopfes durch einen kalten Stempel werden kurze Kühlzeiten erreicht und die Relaxationsvorgänge während des Prozesses minimiert.

Im Gegensatz zu den bisher vorgestellten Fügeverfahren wird das Kaltumformen von Kunststoffnieten seltener und für wenige Werkstoffe wie beispielsweise POM oder ABS angewandt [17]. Der Fügevorgang ähnelt dem thermischen Nieten mit einem Heizelement in einem Prozeßschritt. Der Nietkopf wird durch den Umformstempel unter mechanischem Druck gegen ein Widerlager ausgebildet.

Urformen

Beim Spritznieten werden die zu vernietenden Bauteile in eine Spritzgießform eingelegt, Bild 6.18. Mittels eines entsprechenden Angußsystems wird die Schmelze in die vorbereiteten Bohrungen eingespritzt. Aufgrund der Schwindung des Werkstoffes bei der Erstarrung der Schmelze wird eine axiale Kraft durch die Verbindung realisiert. Für dieses Verfahren werden häufig PA und POM wegen ihrer auch bei höheren Temperaturen ausreichenden Festigkeiten eingesetzt. Grundsätzlich können aber alle thermoplastischen Werkstoffe für dieses Verfahren genutzt werden. Aus dem Ablauf dieses Prozesses folgt, daß die Fügepartner eine hinreichende Wärmebeständigkeit aufweisen müssen.

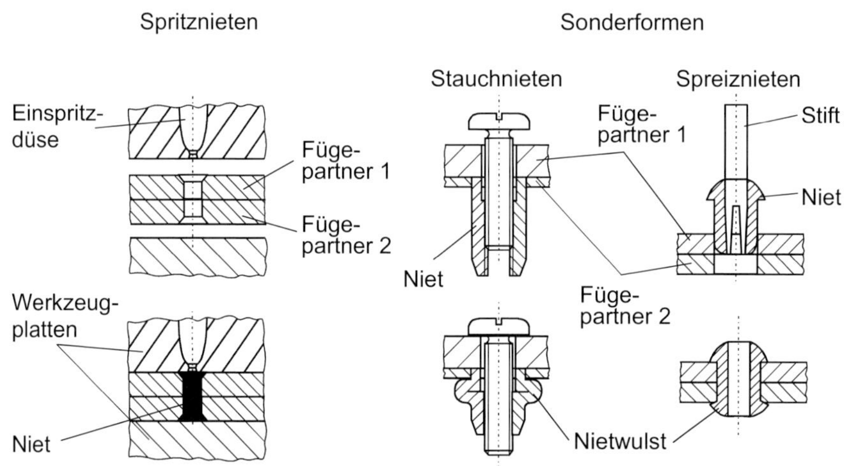

Bild 6.18 Prinzipdarstellung für das Spritznieten sowie für die beiden Sonderverfahren Stauch- und Spreiznieten

Des weiteren lassen sich unter Beachtung dieses Grundprinzips auch weitere Verfahrensalternativen aufzeigen. Zum einen kann durch den Einsatz der 2-K-Technologie eine Nietverbindung während des Spritzgießens mit zwei unverträglichen Kunststoffen ermöglicht werden. Zum anderen kann in Anlehnung an das Umspritzen von Metallbauteilen ein Kunststoff/Metall-Hybridbauteil erzeugt werden. Dieses wurde mit dem Ziel der Versteifung von Blechkonstruktionen im Bereich der Automobilkarosserie sowie der Erhöhung der Funktionsintegration bereits erreicht [21]. Als weitere Variante können mit diesem Verfahren Thermoplast/Elastomer-Verbindungen realisiert werden [25].

Sonderformen

Zu den eher selten eingesetzten Sonderformen beim Nieten von Kunststoffen gehören die Spreiz-, Stauch- sowie Blindnieten aus Kunststoff. Wie ebenfalls Bild 6.18 zu entnehmen ist, besteht der Spreizniet aus zwei Teilen, dem Schaft mit Kopf und einem Stift. Beide Teile werden zusammenhängend gefertigt. Bei der Montage wird nach dem Einbringen des Niets in die Aufnahmelöcher der Fügepartner der Stift eingeschlagen, so daß der Schaft auf der Bohrungsrückseite gespreizt wird [17]. Beim Stauchniet, der ausschließlich aus PA gefertigt wird, wird durch den axialen Zug einer Schraube oder metallischen Klemmkonus ein nietartiger Wulst ausgebildet, Bild 6.18 [16, 27]. Diese Verfahrensvarianten kommen bei dem Fügen von dünnwandigen Bauteilen sowie bei Verbindungen zum Einsatz, an welche nur geringe mechanische Anforderungen gestellt werden [26].

Als weitere Sonderform des Nietens von Kunststoffen kann die Nutzung von Kunststoffen als Werkstoff für Blindnieten angeführt werden [27]. Generell kommen Blindnieten dann zur Anwendung, wenn keine beidseitige Zugänglichkeit der Verbindungsstelle gegeben ist. Daher werden diese z.B. in der Gehäusenietung in der Feingeräte- und Elektrotechnik, der Herstellung isolierender oder witterungsbeständiger Verbindungen sowie im Bereich des Bauwesens bei der Fassaden- und Installationsnietung eingesetzt [27, 28]. Bei entsprechender Steifigkeit der zu verbindenden polymeren Fügepartner ist auch der Einsatz von metallenen Verbindungselementen denkbar. Da diese Verfahren nur selten Anwendung finden und meist nicht automatisiert sind, wird in Kapitel 6.2.2 nicht weiter auf diese Verfahrensvarianten eingegangen.

6.2.1.2 Bördeln

Bei Bördelverbindungen ist eine Überlappung der Fügepartner ebenfalls erforderlich. Im Gegensatz zum Nieten sind die Verbindungselemente direkt in dem polymeren Fügepartner integriert und der zweite Fügepartner besitzt kein Aufnahmeloch. Damit findet das Bördeln z.B. dann Anwendung, wenn in den zweiten Fügepartner keine Aufnahmelöcher eingebracht werden können. Da das Verbindungselement als Thermoplast ausgeführt ist, müssen auch hier die Relaxations- und Kriechvorgänge berücksichtigt werden. Beim Bördeln von Kunststoffen hat sich das Kalt- bzw. Warmumformen des Bördels etabliert. Beim Bördeln durch Warmumformen erfolgt die Einbringung der Wärme vorwiegend durch Wärmeleitung, -strahlung, Konvektion sowie durch Ultraschalleinkopplung. Bei der Warmumformung mit Ultraschall wird der Bördel in einem Prozeßschritt erzeugt. Hierbei ist die Sonotrode bereits in der Bördelform ausgeführt, Bild 6.19 [10]. Durch Aufsetzen der Sonotrode wird die Schallenergie in den Bördelschaft eingeleitet. Nach dem Plastifizieren unter geringem Umformdruck wird der Bördel vollständig abgeformt. In der Haltezeit wird die Wärmeenergie bei konstantem Fügedruck an die kalte Sonotrode abgegeben. Bezüglich der Verfahrensschritte, der Verarbeitung der unterschiedlichen Werkstoffe, gelten die bereits beim US-Nieten genannten Randbedingungen und Einschränkungen.

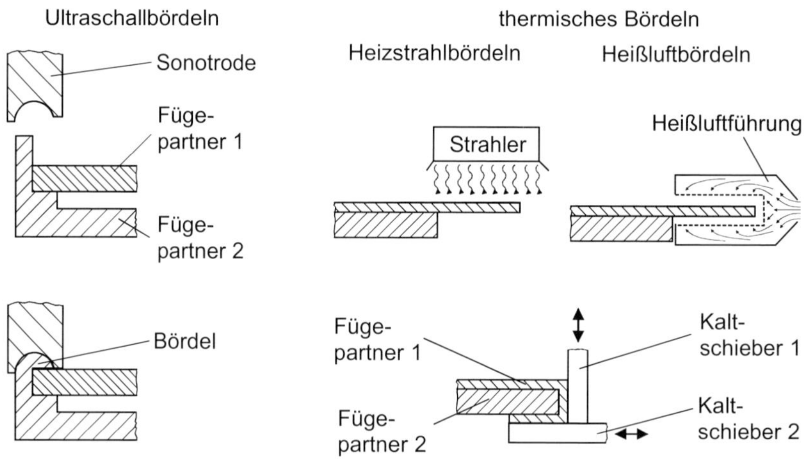

Bild 6.19 Prinzipdarstellung für das Ultraschallbördeln sowie der beiden thermischen Bördelverfahren Heißluftbördeln und Heizstrahlbördeln

Gemäß der Definition des Bördelns kann das Umlegen eines Dekormaterials oder einer Folie ohne Zusatzstoffe mit Heißluft bzw. Heizstrahl um eine Trägerkante (“Umbugen“) als “thermisches Bördeln“ aufgefaßt werden [29]. Dieser Prozeß erfolgt in zwei Prozeßschritten, Bild 6.19. Im ersten Schritt wird der Bördelbereich mittels Heißluft oder Heizstrahler plastifiziert. Hierdurch ist diese Verfahrensvariante im Wesentlichen auf sehr dünnwandige Bauteile und Folien beschränkt. Anschließend wird das Bauteil mit kalten Schiebern umgelegt und gekühlt [29].

Im Bereich der Rohrverbindung werden die Prinzipien des Bördelns mit Warm- und Kaltumformung zur Herstellung einfacher, aber fester Verbindungen eingesetzt. Dennoch sind diese Verfahrensvarianten als Sonderverfahren zu betrachten, da ein sicheres Fügen der Rohre meist durch das gebördelte Rohrende in Verbindung mit einem weiteren Klemmelement gewährleistet wird. Im Kapitel 6.2.2.2 wird genauer auf diese Verbindungssysteme eingegangen.

6.2.2 Anlagentechnik und konstruktive Gestaltungsmöglichkeiten

6.2.2.1 Nieten

Umformen

Eine Ultraschallanlage zum Nieten besteht, wie in Bild 6.20 dargestellt, aus einem Ultraschallgenerator, einem Booster, einem Konverter, der Sonotrode mit eingebrachter Nietkopfform, dem Amboß (Aufnahmewerkzeug) sowie der meist pneumatisch betätigten Presse und einer Maschinensteuerung [10, 12]. Da sowohl der Anlagenaufbau als auch die Funktionen der Baugruppen identisch ist mit dem Aufbau beim US-Schweißen, wird an dieser Stelle auf eine detailliertere Beschreibung der Funktionen der Baugruppen verzichtet. Beim Nieten mit Ultraschall kommen vorwiegend hohe Frequenzen zwischen 30 und 40 kHz zum Einsatz [12]. Bei diesen Frequenzen werden Generatoren mit einer Leistung von ca. 300-1000 Watt angeboten [20].

Wesentliche Prozeßeinflußgrößen stellen die Amplitude und Frequenz der Sonotrodenschwingung, die Leistungsabgabe des US-Wandlers, die Fügekraft, die Fügezeit sowie die Einsinkgeschwindigkeit der Sonotrode dar [20]. Die erforderliche Nietzeit (Einwirkzeit des US-Schalls) hängt vom Werkstoff und dem Schaftdurchmesser ab und bewegt sich im Bereich von ca. 0,5 bis 1,5 s. Zur Gewährleistung einer gleichmäßigen Plastizifierung des Schaftes ist eine möglichst langsame Aufsetzgeschwindigkeit zu wählen [10]. Um eine gezielte Plastizifierung der oberen Bereiche des Nietschaftes zu erreichen, werden vorzugsweise hohe Amplituden bei niedriger Anpreßkraft gewählt [30, 10]. Vorteil des US-Nietens gegenüber dem thermischen Nieten ist, daß eine thermische Überlastung des Werkstoffes vermieden wird. Die Haltezeit ist so zu bemessen, daß eine Erstarrung des Nietkopfes unter Formzwang bei Fügedruck erfolgt [10]. Zur gleichmäßigen Ausformung der Nietköpfe und zur Erzielung einer hohen Standzeit der Nietwerkzeuge sind generell für Homopolymere und faserverstärkte Polymere gehärtete Sonotroden notwendig [30].

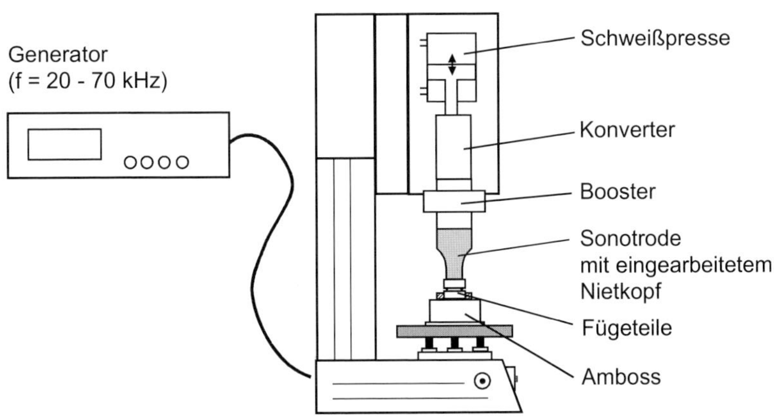

Bild 6.20 Baugruppen einer Ultraschallnietanlage

Mögliche Betriebsarten für das Nieten von Kunststoffen sind Energie-, Zeit- und Wegbetrieb [31]. Beim Energiebetrieb wird das US-Nieten unabhängig vom Fügeweg bis zur Einbringung einer vorgegebenen Energiemenge durchgeführt. Bei dem Einsatz des Zeitbetriebes wird ebenfalls die Nietung wegunabhängig bis zum Erreichen einer vorgegebenen Fügezeit fortgesetzt. Hingegen wird bei dem Wegbetrieb der Fügeweg zur Steuerung der US-Nietanlage herangezogen. Häufig finden Kombinationen aus diesen verschiedenen Betriebsarten Anwendung, wie beispielsweise eine Koppelung des Zeitbetriebs mit einer maximalen

Weggrenze. Zur Realisierung dieser Kombination ist ein Fügewegbegrenzer erforderlich. Dieser ist insbesondere bei dem Nieten von Metall- oder Glasteilen wichtig, da verhindert werden muß, daß diese in Kontakt mit der Sonotrode kommen [31]. Dieser Zweck kann ebenfalls durch die Installation eines festen Anschlages erreicht werden, in diesem Fall wirkt aber in der Abkühlphase keine Fügekraft auf den Nietkopf.

Der Einsatz von Mehrfachwerkzeugen ist problemlos möglich [21, 23, 32]. Damit der Werkstoff während des Fügeprozesses genügend Zeit hat, sich zu verformen und eine Kaltverfestigung vermieden wird, ist eine konstante Sinkgeschwindigkeit des Werkzeugs sicher zu stellen. Dies kann durch eine hydraulische Dämpfung des Werkzeugs erfolgen. Für den Fall, daß Metallteile unter Federdruck gefügt werden [21, 31] oder zumindest ein Fügepartner aus flexiblen bzw. welligem Material wie beispielsweise Textilien besteht, ist ein separater Niederhalter erforderlich [30].

Der Einsatz von komplexen und kostenintensiven Einzweckautomaten zum US-Fügen bei kleiner, häufig wechselnder Serienproduktion ist häufig mit großen Schwierigkeiten verbunden. Dies kommt insbesondere dann zum Tragen, wenn hinsichtlich der zu fügenden Werkstücke oder der Nietpositionen, wie es bei von innen genieteten Konsolen, Verkleidungen oder Armaturen der Fall sein kann, eine hohe Flexibilität gefragt ist. Hier kann der Anwendungsbereich des US-Nietens durch den Einsatz von Industrierobotern erweitert werden [33].

Bei der Gestaltung des Nietschaftes ist das Volumen generell so festzulegen, daß nach dem Umformen sowohl Toleranzen zwischen Schaft und Aufnahmeloch als auch der Nietkopf gut ausgeformt werden können. Zur Erleichterung der Teilemontage sind zudem bei dem Entwurf des Nietschaftes Montageschrägen vorzusehen [30]. Damit keine Plastizifierung im Nietgrund stattfindet, ist der Grund des Zapfens immer mit Radien zu versehen [22]. Extrem lange oder dünne Nietschäfte sind zu vermeiden, da diese ebenfalls eine Plastifizierung des Nietgrundes begünstigen [22].

Damit nur der obere Bereich des Nietschaftes plastifiziert wird, sollte die Schalleinkopplung nur über kleine Berührungsflächen zwischen Sonotrode und Nietschaft erfolgen. Bei großer Einkoppelfläche, hohem Druck und niedriger Amplitude kann der Zapfen bis zum Nietgrund plastifiziert werden ("Durchplastifizierung"). Dies hat das Einsacken des Schafts und damit eine ungenügende Nietkopfausbildung zur Folge. Zusätzlich resultieren hieraus unerwünschte Markierungen ("Einfallstellen") auf der gegenüberliegenden Oberfläche des Fügepartners mit integriertem Nietschaft [30].

In Bild 6.21 und Bild 6.22 sind gängige Nietkopfformen und zugehörige Nietschaftdurchmesser aufgeführt [10]. Die Ringnut-Sonotrode ist speziell für das US-Nieten entwickelt worden. Durch die Einführung des Kegels wird sichergestellt, daß die Anfangsschmelze in einem Punkt in der Nietmitte erzeugt wird und sich von dort ausbreitet [32]. Auf diese Weise wird der Nietschaft während des Fügeprozesses gespalten und der Nietkopf gebildet. Durch die Normung des Verhältnisses von dem Ringdurchmesser bzw. Schaftdurchmesser d und dem äußeren Durchmesser D der Ringnut können alle Maße und das Volumen dieser Nietkopfform durch den Ringdurchmesser d charakterisiert werden [10]. Da bei dieser Nietkopfform mit besonders kleinen Leistungen des US-Generators eine Nietung durchgeführt werden kann, wird diese Form für Nietschaftdurchmesser oberhalb von 2,5 mm bevorzugt [10, 22]. Bis zu einer Schräge von ca. 25° ist auch die Ausformung von schräg gesetzten Ringnuten möglich.

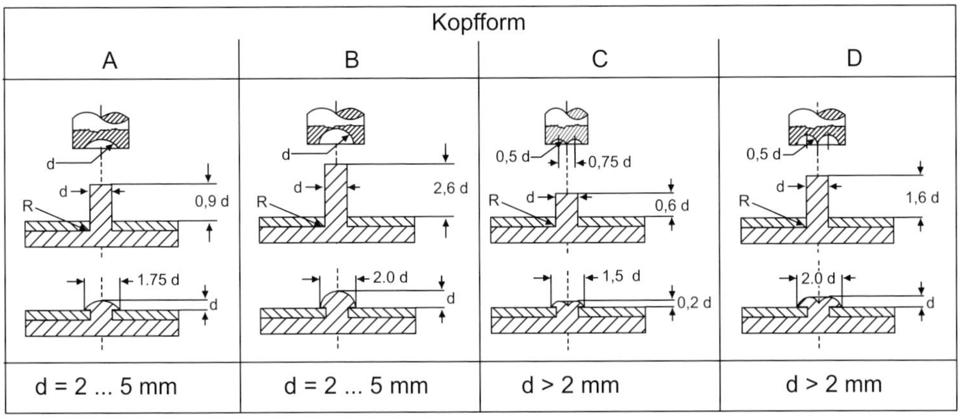

Bild 6.21 Gestaltungsmöglichkeiten für die Nietkopfformen für verschiedene Zapfendurchmesser nach [10, 30]

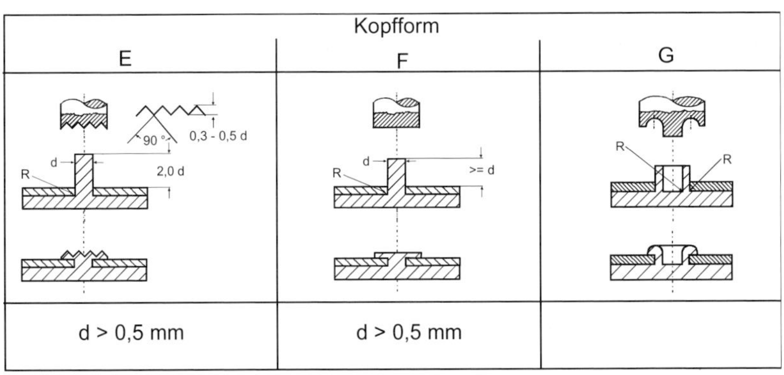

Bild 6.22 Gestaltungsmöglichkeiten für die Nietkopfformen für verschiedene Schaftdurchmesser nach [10, 30]

Für kleine Schäfte mit Durchmessern unterhalb von 2,5 mm wird meist der einfache Nietkopf des Typs A oder B verwendet [10, 34]. Gemäß Bild 6.22 können zusätzliche Einstrahlpunkte bei länglich ausgeführtem Nietschaft des Typs F durch entsprechende Profilierung bzw. Oberflächenstruktur der Sonotrode realisiert werden (vgl. Typ E) [10, 30]. Diese Nietkopfformen werden eingesetzt, wenn zwischen Sonotrode und Nietschäften Positionsungenauigkeiten oder Maßtoleranzen im Abstandsmaß mehrerer Nietstellen ausgeglichen werden müssen [10]. Insbesondere bei großen Nietdurchmessern finden Hohlnieten Anwendung, da bei einer Ausführung als Vollniet mit Lunkern und Einfallstellen zu rechnen ist. Zur Verminderung der Einstrahloberfläche wird auch bei dieser Nietform entlang des inneren und damit kürzeren Umfangs dem Hohlniet die Schallenergie eingekoppelt. Grundsätzlich kann ein Nieten mit Ultraschall hinunter bis zu Schaftdurchmessern von etwa 0,3 mm erfolgen [10].

In Tabelle 6.3 sind Richtwerte für die wichtigsten Leistungsdaten für das US-Nieten für einige teilkristalline und amorphe Thermoplaste am Beispiel der Nietkopfform B aus Bild 6.21 aufgeführt [35].

Die "thermischen Nietverfahren" können insbesondere bei Metall/Kunststoff-Verbindungen problemlos eingesetzt werden, da hier nicht die Gefahr einer Schwingungsübertragung auf die Metallteile wie beim US-Nieten besteht.

Bei dem einfachsten thermischen Nietverfahren, dem Warmformnieten, erwärmt ein Heizstempel den Nietschaft und formt in einem Prozeßschritt unter Druck den Nietkopf aus. Damit die Rückstellung des Werkstoffes möglichst gering gehalten werden kann, muß die Niettemperatur möglichst exakt eingehalten werden. Diese liegt bei amorphen Thermoplasten etwas oberhalb der Glasübergangstemperatur, bei teilkristallinen Werkstoffen hingegen zwischen Glasübergangstemperatur und Schmelztemperatur.

Ein wesentlicher Vorteil bei diesem Verfahren ist der geringe maschinelle Aufwand. Somit stellt dieses Verfahren ein vergleichsweise kostengünstiges Verfahren mit äußerst kurzen Prozeßzeiten dar, welches für Verbindungen mit mittleren Qualitätsansprüchen eingesetzt werden kann.

Material	**Amplitude [µm]**	**Nietkraft [N]**	**Leistung [W]**	**Nietzeit [s]**	**Kopfform nach [11]**
PE	ca. 20	180 - 300	55 - 80	1,0 - 1,5	B
PP	ca. 25	190 - 300	64 - 95	1,0 - 1,5	B
PS, PS-Copol.	ca. 30	170 - 300	45 - 68	1,0 - 1,5	B
PVC-U	20 - 40	180 - 300	55 - 82	1,0	B
PMMA	ca. 30	180 - 310	55 – 82	1,0 – 1,5	B
PA, PA-GF	ca. 40	210 - 320	86 - 129	1,0 – 1,5	B
PC	ca. 35	280 - 320	85 - 103	1,0	B
POM	ca. 40	220 - 320	90 - 136	1,0 – 1,5	B
PBT, PET	ca. 35	220 - 340	100 - 150	1,0 – 1,5	B

Tabelle 6.3 Richtwerte für die Leistungsdaten für das Ultraschallnieten verschiedener Werkstoffe und Copolymerisate nach [35]

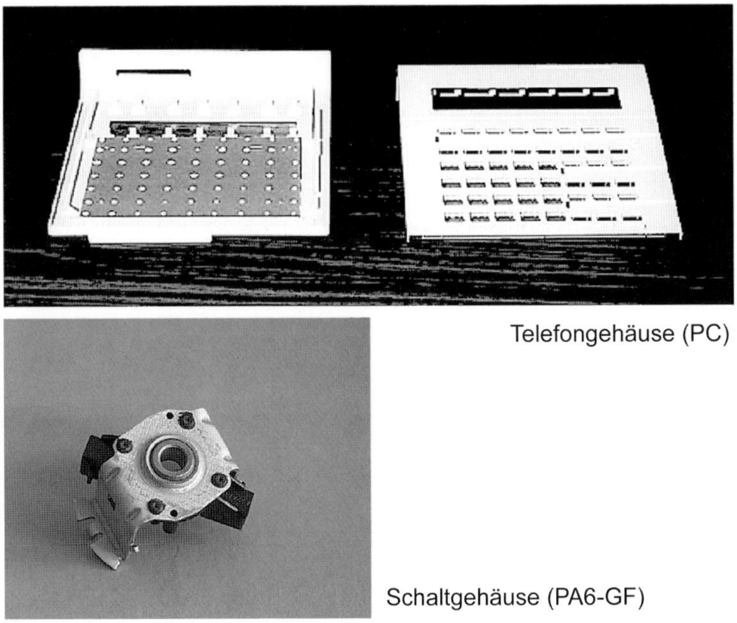

Bild 6.23 Anwendungsbeispiele für Ultraschallnietverbindungen

Quelle: Branson Ultraschall

Einige Anwendungsbeispiele für US-Nietverbindungen bei unterschiedlichen Bauteilen für Metall/Kunststoff- bzw. Kunststoff/Kunststoff-Verbindungen sind in Bild 6.23 dargestellt.

Beim Heißstempel- und Heißluftnieten erfolgt die Erwärmung des Niets sowie die anschließende Umformung und Kühlung in separaten Arbeitsstationen. Beim Heißstempelnieten wird der Nietschaft durch direkten Kontakt erwärmt. Allerdings liegen hier die Temperaturen im Allgemeinen oberhalb von 300 °C und somit deutlich oberhalb der Schmelztemperatur. Somit kann die benötigte Wärme in sehr kurzer Zeit in den Schaft eingebracht werden [21].

Bei dem Heißstempelnieten von PA stellt sich aufgrund der Prozeßtemperaturen oberhalb der Schmelztemperatur und dem direkten Kontakt von Stempel und Werkstoff ein ähnliches Problem wie beim Heizelementschweißen ein. Bei jedem Nietvorgang hinterläßt die Polyamidschmelze Rückstände auf der Stempeloberfläche, die zudem durch Oxidation angegriffen wird. Aus diesem Grund erfolgt für PA das Heißstempelnieten bei Temperaturen von ca. 20°C unterhalb der Schmelztemperatur.

Des weiteren ist besonders bei US-Nieten eine zu hohe Feuchte des Werkstoffes kritisch, da hierdurch Lunker entstehen können. Ganz im Gegensatz hierzu ist es beim Heißstempelnieten sogar von Vorteil, wenn die Bauteile vorher auf eine bestimmte Feuchte konditioniert werden. Ein möglicher Grund hierfür ist, daß durch die Umformung unterhalb der Schmelzetemperatur die Vorteile durch die Erweichung des Materials überwiegen. Diese Einschränkung hinsichtlich der Prozeßtemperaturen liegt aufgrund der kontaktlosen Erwärmung beim Heißluftnieten nicht vor. Beim Heißluftnieten, wird in der Aufwärmphase durch einen kontinuierlichen umlaufenden Heißluftstrom eine sehr homogene Erwärmung des Nietschaftes erzielt. Hierbei werden zur Gewährleistung kurzer Zykluszeiten Lufttemperaturen oberhalb von 300 °C eingesetzt. Die Luftmengenüberwachung sowie die Gestaltung der Ausströmdüsen bestimmen als wichtige Elemente die Luftführung und die Homogenität der Erwärmung.

Bei beiden Nietverfahren erfolgt nach der Anwärmphase die Umformung durch einen separaten Kaltstempel. Hierzu kann je nach Anwendung das Werkstück bzw. der Stempel verfahren werden. Das Verfahren des Werkstückes kann entweder durch einen Rundtakttisch (Bild 6.24) oder eine Zweitakt-Wechselstation durchgeführt werden. Beide Lösungen benötigen separate Verfahreinheiten für die Anwärm- und Formstation. Durch die parallele Anwärmung und Abformung beim Rundtisch kann die effektive Nietzeit deutlich verringert werden. Wird hingegen die Anwärm- und Ausformeinheit verfahren, wird neben der Zustelleinheit für das Werkstück eine zusätzliche Verfahreinheit zum Wechsel der Stempel benötigt. Hierdurch wird die minimale Taktzeit durch die Summation der Einzeltaktzeiten festgelegt [21].

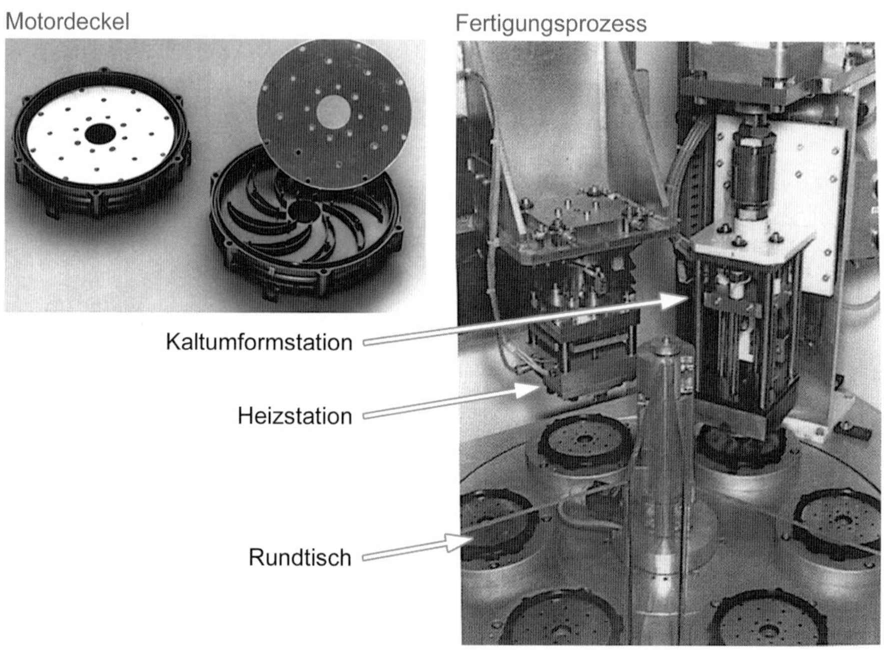

Bild 6.24 Automatisiertes Heizstempelnieten eines Motordeckels durch Rundtakttisch

Quelle: KLN Ultraschall GmbH

Beide Verfahren zeichnen sich durch einen guten Formschluß und Kraftschluß aus, da durch die kurzen Abkühlzeiten ein schnelles Schrumpfen während der Umformung und kurze Zeiträume für die Relaxation erzielt werden. Aufgrund der tiefgehenden und homogenen Erwärmung des Nietschaftes beim Heißluftnieten sind verglichen mit dem Heißstempelnieten zur Umformung relativ geringe Drücke notwendig.

Speziell bei schweißtechnisch-kritischen Kunststoffen wie POM oder PA-GF, die beim Ultraschall-Nieten zum Verspröden neigen, sind hohe Fügequalitäten mit den thermischen Nietverfahren zu erreichen. Einsatzgebiete für das thermische Nieten sind z.B. sicherheitsrelevante Anwendungen in der Automobilindustrie sowie Anwendungen im Bereich der Telekommunikation, bei Haushaltsartikeln und bei Verpackungen.

Spritznieten

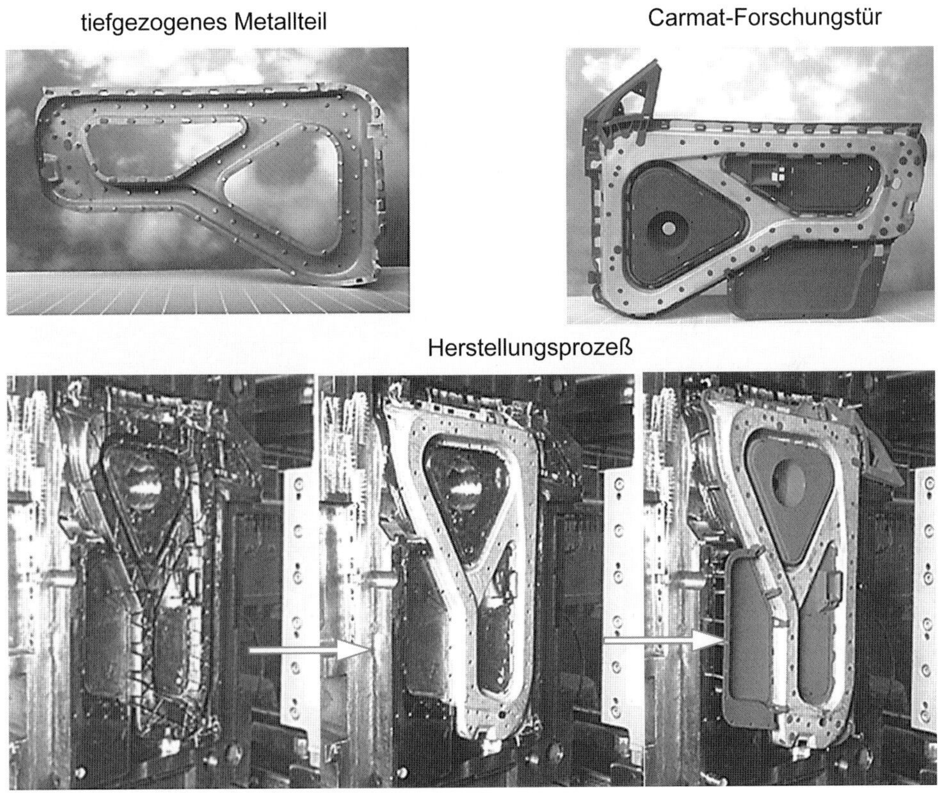

Bild 6.25 Herstellung eines Metall/Kunststoff-Bauteils am Beispiel der Carmat-Forschungs-Tür im Spritzgießprozeß nach [19]

Quelle: Bayer AG, Leverkusen

Da bei dem Spritznieten die zu fügenden Formteile zumindest partiell in ein Spritzgießwerkzeug eingelegt werden müssen, resultiert hieraus ein hoher Aufwand für die Vorbereitung des Fügens sowie durch den Einsatz einer Spritzgießmaschine ein vergleichsweise großer maschinentechnischer Aufwand. Der hohe Vorbereitungsaufwand kann durch kostenintensive Handhabungssysteme vermindert bzw. automatisiert werden. Somit kann dieses Verfahren nur bei Großserien eingesetzt werden, bei der hinsichtlich der Fügeteile und Nietpositionen keine Flexibilität erforderlich ist.

Als Sonderform des Umspritzens von Einlegeteilen zur Versteifung von Blechkonstruktionen sowie zur Funktionsintegration wurden einige großtechnische Anwendungen in Form der Hybrid-Technologie realisiert [18]. Das Fertigungsprinzip wird am Beispiel der Carmat-Forschungs-Tür in Bild 6.25 dargestellt [19].

Zunächst wird ein geformtes Metallbauteil in ein Spritzgießwerkzeug eingelegt. Während des Spritzgießprozesses dringt die Kunststoffschmelze durch die in das Metallteil eingestanzten/-gedrückten Öffnungen und bildet zwischen der Formnestwand des Spritzgießwerkzeuges und dem eingelegten Metallteil einen Nietkopf aus. Somit erfolgt das Nieten hier in einem Arbeitschritt mit der Herstellung der Kunststoffstruktur [19].

Dieses Verfahren ist für ein Fügeverfahren ebenfalls maschinentechnisch sehr aufwendig und damit kostenintensiv, da auch hier handelsübliche Spritzgießmaschinen zum Einsatz kommen.

Einen Vorteil dieses Verfahrens stellt die Einsparung des separaten Nietprozesses zum Verbinden der Kunststoffstruktur mit dem Metallteil dar. Weiterhin können mit diesem Prozeß leichtere Bauteile sowie Bauteile mit einer höheren Funktionsintegration hergestellt werden. Aus diesen Gründen ist dieses Verfahren in verschiedenen Großserienanwendungen erfolgreich zum Einsatz gekommen.

6.2.2.2 Bördeln

Bei dem Bördeln mittels Warmumformen durch Ultraschall wird eine ähnliche Anlagentechnik wie bei dem US-Nieten verwendet. Ebenso gelten ähnliche Prozeßrandbedingungen und Einschränkungen, so daß auf die eigentliche Anlagentechnik und Prozeßeinstellungen hier nicht erneut eingegangen wird. Das Bördeln wird z.B. im Bereich der Haushaltswaren bzw. -geräte für Verbindungen eingesetzt, die keinen hohen mechanischen Belastungen ausgesetzt sind.

Da beim Bördeln kein Aufnahmeloch notwendig ist, resultiert hieraus ein wesentlicher Unterschied zum Nieten. Mit dieser Verbindungstechnik können auch netzartige oder schmale Fügeteile mit einem Fügepartner verbunden werden. Zudem können hierdurch unter Einsparung von zusätzlichen Verbindungselementen auch Fügepartner verbunden werden, bei denen das Einbringen eines Aufnahmelochs nur schwierig erfolgen kann (z.B. Glasplatten für Displays).

In Bild 6.26 ist eine Bördelverbindung aus dem Bereich der Haushaltsgeräte dargestellt. Mit dieser wird ein Heizungsträger aus Kunststoff einer Kaffeemaschine mit einer als Stanzbiegeteil ausgeführten Bodenheizung verbunden [12].

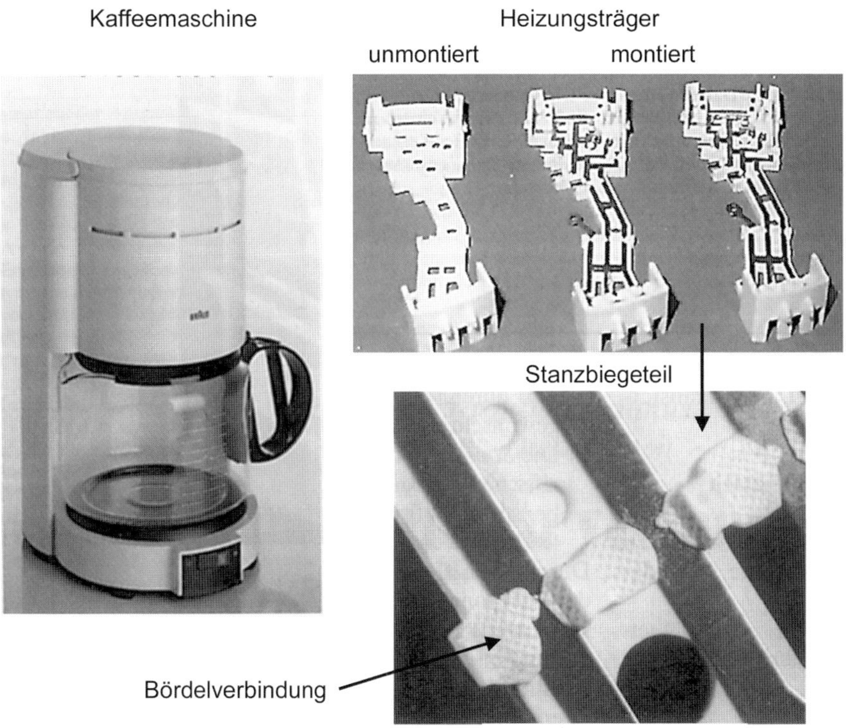

Bild 6.26 Verbindung eines Stanzbiegeteils mit einem Kunststoffheizungsträger für eine Kaffeemaschine durch Bördeln nach [12]

Im Bereich der Rohrverbindungstechnik ist in Bild 6.27 beispielhaft jeweils ein Verbindungssystem für die Warm- und Kaltumformung abgebildet. Beide Rohrverbindungssysteme werden für Rohre aus vernetztem PE eingesetzt, welche eine große Verbreitung in dem Trink- und Heizungsrohrbereich aufweist. Zudem zeichnen sich beide Verbindungstechniken dadurch aus, daß zusätzliche Klemmelemente erforderlich sind. Bei dem Warmumformen werden die Rohrenden durch Kontakterwärmung erwärmt und anschließend mit einem Werkzeug umgebördelt. Durch das Verspannen von ringförmigen metallischen Zusatzelementen kann eine sehr dichte, lösbare Verbindung hergestellt werden.

Ein wesentlicher Vorteil dieses Systems besteht darin, daß hier keine Querschnittsverminderungen, z.B. durch Schmelzewulste auftreten, aus welchen z.B. unerwünschte Totwassergebiete resultieren. Bei der Kaltumformung wird mittels eines Dornes das Rohrende trichterförmig aufgeweitet. Anschließend wird ein Klemmelement aufgebracht. Durch die Kaltumformung kann eine manuelle Montage erfolgen, so daß diese Verbindungsart z.B. auch im Baugewerbe sicher durchgeführt werden kann.

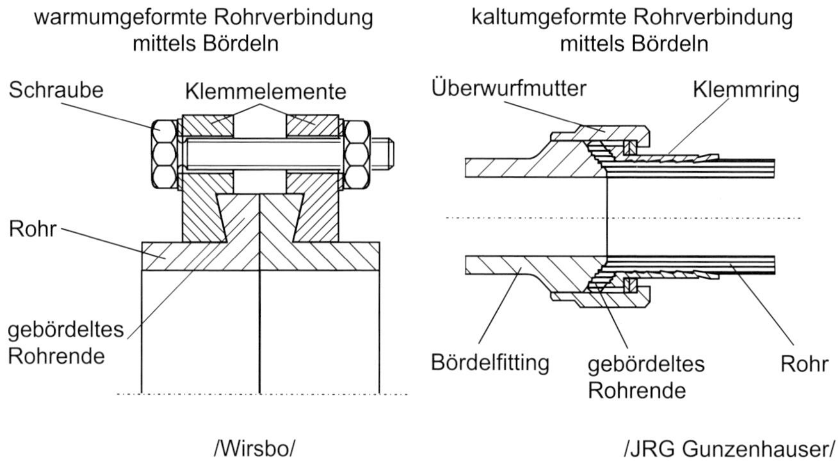

Bild 6.27 Beispiele für Warm- und kaltumgeformte Bördelverbindungen im Rohrbereich von unterschiedlichen Anbietern

Quelle: Wirsbo, Heusenstamm; JRG Gunzenhauser GmbH, Dortmund

6.2.3 Mechanische Eigenschaften der Verbindung

6.2.3.1 Nietverbindungen

Generell muß eine Auslegung von Nietverbindungen individuell für jeden Verbindungsfall in Abhängigkeit der Beanspruchungsart und dem zeitlichen Belastungsprofil unter Berücksichtigung des kunststoffspezifischen Werkstoffverhaltens erfolgen. Insbesondere der Einfluß der Betriebstemperatur auf die mechanischen Eigenschaften der Nietverbindung ist nur schwer abzuschätzen. Die wesentlichen mechanischen Anforderungen an Nietverbindungen stellen zum einen die Übertragung von Kräften senkrecht zur Nietschaftrichtung (Scherbeanspruchung), zum anderen eine Mindestausreißkraft in Schaftrichtung (Verbindungsfestigkeit) dar. Eine rechnerische Erfassung dieser Größen gestaltet sich schwierig, da bei beiden Belastungsfällen signifikante Scherbeanspruchungen vorliegen. Das temperatur- und belastungsgeschwindigkeitsabhängige Werkstoffverhalten unter Scherbeanspruchung steht aber für die meisten Werkstoffe nicht zur Verfügung. Aufgrund der starken Abhängigkeit des Werkstoffverhaltens von den Zusatzstoffen reicht zudem die Beschreibung des Verhaltens von Polymerfamilien nicht aus [20].

Bei dem Einsatz von faserverstärkten Materialien erfolgt durch die Erwärmung und die Verformung des Nietschaftes eine Änderung der Faserausrichtung, so daß hier eine Berechnung und Voraussage des mechanischen Verhaltens besonders kritisch ist. Generell sollte aufgrund des kunststoffspezifischen Werkstoffverhaltens durch eine entsprechende konstruktive Gestaltung die Übertragung von hohen Kräften in Schaftrichtung vermieden werden, da es wie bei Kunststoffschraubverbindungen zum Lockern der Verbindung durch Kriech- und Relaxationsprozesse kommen kann.

Die Bestimmung von Ausreißkräften ist besonders problematisch, da weder spannungs- noch dehnungsabhängige Dimensionierungsgrößen zur Erfassung des Werkstoffversagens bei kombinierter Schub- und Zugbeanspruchung vorliegen. Aus diesem Grund wird in der industriellen Praxis der Schaftdurchmesser sowie die erforderliche Kopfform basierend auf dem Erfahrungswissen des Konstrukteurs bzw. in enger Zusammenarbeit mit dem Anlagenhersteller für die geforderten Ausreißkräfte ausgewählt. Die möglichen Nietkopfformen können bei vorgegebenen Schaftdurchmesser für das US-Nieten beispielsweise aus [11] entnommen werden. Eine abschließende Verifizierung, ob die geforderten Ausreißkräfte erreicht werden, erfolgt üblicherweise mittels zerstörender Bauteilprüfung. Zur Verkürzung der Entwicklungszeit und zur Kostenminimierung werden hier häufig einfache Testbauteile und -werkzeuge genutzt, bei welchen die konstruktiven Gegebenheiten und die Fügebedingungen so weit als möglich mit denen des endgültigen Formteils übereinstimmen [12].

Ausgehend von den minimal möglichen Nietschaftdurchmessern kann unter Berücksichtigung der insgesamt zu übertragenden Scherkräfte und des Werkstoffes die Anzahl der Nieten abgeschätzt werden. Auch diese Berechnung ist analytisch oder mittels FEM insofern schwierig, da für die mechanische Dimensionierung oft geeignete Materialmodelle zur Vorhersage des Versagens und ebenfalls geeignete Dimensionierungskenngrößen fehlen. Daher ist der Konstrukteur hier ebenfalls sehr stark von seinem Erfahrungswissen bzw. dem Know-How des Anlagenherstellers abhängig. Die endgültige Verifizierung der Verbindungsgestaltung sowie der Nietanzahl erfolgt auch hier durch praktische, zerstörende Bauteiltests.

Durch die Wahl der Prozeßparameter werden die mechanischen Eigenschaften der Verbindung bei ansonsten gleichem Werkstoff und identischer Beanspruchung maßgeblich beeinflußt. Die Nietzeit, die Aufsetzgeschwindigkeit der Sonotrode, die Anpreßkraft und die Amplitude sowie die Haltezeit stellen die wesentlichen Einflußgrößen für das US-Schweißen dar [30]. Beim Heißluft- bzw. Heißstempelnieten wird die Verbindungsqualität im Wesentlichen durch die Heizzeit, Luftführung, Lufttemperatur bzw. die Stempeltemperatur sowie die Umform- und Haltezeit beeinflußt [23].

Dennoch ist eine relative Einordnung der Verbindungsgüten möglich. Nieten mit Ultraschall führt zu qualitativ hochwertigen Verbindungen hinsichtlich der mechanischen Festigkeit [17]. Ebenfalls gute mechanische Eigenschaften sowie eine hohe Temperaturstabilität weisen die mittels Heißstempel- bzw. Heißluftnieten hergestellten Nietverbindungen auf. Eine Aussage, daß durch eines dieser drei Fügeverfahren generell bessere Festigkeitseigenschaften erreicht werden können, ist nicht möglich, da dies äußerst stark von dem verwendeten Werkstoff und der dem Anwendungsfall abhängt [13, 21].

Demgegenüber werden durch das Warmformnieten nur mittlere und geringe Verbindungsgüten erzielt [21]. Beim Kaltumformen kann sich die Verbindung schon bei Temperaturen oberhalb von 60 °C oder bei dynamischer Beanspruchung lockern, da sich bei diesen Bedingungen die durch die Kaltumformung eingebrachten Verformungen im Werkstoff zurückstellen [32]. Somit können hier nur wenig temperaturstabile Verbindungen mit schlechten mechanischen Eigenschaften realisiert werden [17].

Beim Spritznieten bzw. Umspritzen eines Metallbauteils kann mittels gängiger Spritzgießsimulationsprogramme das Füllverhalten sowie die Faserausrichtung in den gespritzten Nieten simuliert werden. Grundsätzlich kann ausgehend von diesen Daten das resultierende mechanische Materialverhalten und damit die mechanischen Eigenschaften der Verbindung mittels einer FEM-Simulation berechnet werden. Da dieses Vorgehen sehr aufwendig ist, wird es nur bei sicherheitsrelevanten oder kritischen Bauteilen angewandt. Die Problematik der fehlenden Kennwerte zur Charakterisierung des Werkstoffversagens bei komplexen Beanspruchungen ist hier ebenfalls vorhanden.

6.2.3.2 Bördeln

Das Bördeln von Kunststoffen wird z.B. im Bereich der Haushaltsgeräte für Verbindungen eingesetzt, an die keine hohen mechanischen Anforderungen gestellt werden. Geforderte Ausreißkräfte für das Fügen von Leiterbahnen bzw. -platinen können in der Praxis in der Größenordnung von 100 N liegen [12]. Daher erfolgt hier in der Regel keine rechnerische Auslegung sondern eine durch Erfahrungswerte unterstützte Gestaltung der Verbindungen. Häufig werden die mechanischen Eigenschaften ähnlich wie bei den Nietverbindungen mittels einfacher Testwerkzeuge überprüft.

Im Gegensatz hierzu werden im Rohrleitungsbau zum Teil sehr hohe Festigkeiten bzw. Verbindungsgüten gefordert. Für die einzelnen Einsatzgebiete wie z.B. die Trinkwasserversorgung existieren bereits vom Fügeverfahren unabhängige Prüfvorschriften. In diesen sind die exakten Prüfaufbauten, -randbedingungen und auch die Mindestanforderungen formuliert. Aus diesem Grund erfolgt die Bestimmung der mechanischen Eigenschaften der gebördelten Rohrverbindungen gemäß dieser Prüfvorschriften, wie beispielsweise DIN 16928, DIN 16963, DIN 19533.

6.2.4 Prüfung der Verbindung für Fertigungs- und Qualitätskontrolle

Zur Fertigungs- und Qualitätskontrolle bzw. zur Charakterisierung der mechanischen Eigenschaften von Niet- bzw. Bördelverbindungen werden im Gegensatz zum Kunststoffschweißen keine zerstörenden Prüfungen an gefügten Normprobekörpern durchgeführt. Vielmehr erfolgt die Prüfung der Verbindungsfestigkeit unter den jeweiligen Einsatzbedingungen zerstörend an Bauteilen oder Testbauteilen. Werden Niet- oder Bördelverbindungen in Bereichen eingesetzt, für die bereits Produktprüfvorschriften vorliegen, muß die Prüfung gemäß dieser Vorschriften zur Fertigungs- und Qualitätskontrolle herangezogen werden (vgl. Kapitel 6.2.3.2) [36].

Bei Niet- und Bördelverbindungen ist eine einfache Fertigungsüberwachung durch eine optische Kontrolle der Nietkopf- bzw. Bördelausbildung problemlos möglich. Desweiteren können sehr einfach lockere Nieten bzw. nicht aufliegende Nietköpfe identifiziert werden [10].

Eine Fertigungs- und Qualitätsüberwachung wird in der Praxis bei dem US-Nieten bzw. -bördeln in der Art durchgeführt, daß statistisch begleitende zerstörende Prüfungen erfolgen oder ein signifikanter Prozeßparameter wie der Fügeweg oder die Fügezeit aufgezeichnet und überwacht wird. Bei entsprechend großen Abweichungen der Prozeßparameterverläufe wird eine Kontrolle des Nietprozesses und der vorgelagerten Prozeßschritte sowie gegebenenfalls eine zerstörende mechanische Prüfung der Verbindung zur Überprüfung der Mindestanforderungen erforderlich. Eine Qualitätskontrolle der Nietqualität mit einem statistischen Prozeßmodell bei kontinuierlicher Fertigungsüberwachung kann zur Zeit nicht erfolgen, da die wesentlichen Prozeßgrößen, die z.B. die Ausreißfestigkeit beeinflussen und online gemessen werden können, nur qualitativ bekannt sind. Ähnlich wie beim US-Schweißen ist somit in der Praxis eine Online-Qualitätssicherung des Ultraschallnietprozesses nicht möglich.

Beim Spritznieten bzw. der Verfahrensvariante des Umspritzen von Metallbauteilen erfolgt die mechanische Prüfung und Verifizierung ebenfalls in Bauteiltests. Eine Qualitätskontrolle der Verbindungsgüten kann mit den bereits vorgestellten Methoden, wie z.B. fertigungsbegleitende Stichprobenprüfungen, Überwachung wesentlicher Prozeßgrößen oder z.B. statistische Prozeßmodelle, erfolgen.

Insbesondere die gebördelten Rohrverbindungen werden schon im Vorfeld vom Hersteller hinsichtlich der anwendungsspezifischen Anforderungen an die Verbindungsfestigkeit geprüft. Das Verlegen und das Fügen der Rohre erfolgt gemäß den Herstellervorgaben und die Verbindungsgüte wird nach Sicht beurteilt. Aufgrund der Freigabe des Rohrverbindungssystems für einen Anwendungsbereich und die kontinuierliche Überprüfung der Verbindungseigenschaften durch den Hersteller wird üblicherweise auf eine fertigungs- bzw. verlegungsbegleitende Prüfung der Verbindungsqualität verzichtet.

6.3 Nieten dünnwandiger Teile

Dünnwandige Formteile aus Kunststoffen bzw. Metallen lassen sich mit Nieten form- und kraftschlüssig miteinander verbinden [38]. Da sich Kunststoffe wegen der fehlenden Duktilität nur begrenzt plastisch verformen lassen, eignen sich für reine Kunststoffteile nur Verfahren, bei denen das Fügeelement allein umgeformt wird.

Bei Mischbauweisen von Kunststoffen und Metallen kommen dagegen fügerichtungsabhängige Verfahren zum Einsatz, bei denen für einen notwendigen Formschluß die Duktilität des metallischen Bauteils erforderlich ist.

6.3.1 Blindnieten

Das klassische Blindnieten ist ein weitverbreitetes Fügeverfahren zum Verbinden zweier Bauteile. Diese müssen vor dem Setzen des Blindnietes entsprechend dem Niethülsendurchmesser mit Bohrungen versehen werden.

Ein wichtiger Vorteil dieses Verfahrens ist die Möglichkeit der Blindverarbeitung. Dies bedeutet, daß eine einseitige Zugängigkeit der Fügestelle, z.B. bei Hohlprofilen, zur Verarbeitung ausreicht. Das Blindnieten kann bei reinen Kunststoffkonstruktionen als auch bei Mischbauweise Kunststoff/Metall eingesetzt werden.

Der Blindniet besteht aus einer Niethülse und einem Nietdorn. Beim Standard-Dornbruch-Blindniet sorgt der Nietdorn für die Umformung der Niethülse (Spreizung für Lochleibung) und die Ausformung des Schließkopfes. Bei Erreichen einer vorgegebenen Setzkraft reißt der Nietdorn an der Sollbruchstelle ab. Ein Teil, der Dornkopf, wird unverlierbar im Schließkopf verankert. Der Restnietdorn wird bei handelsüblichen Setzgeräten abgesaugt und entsorgt.

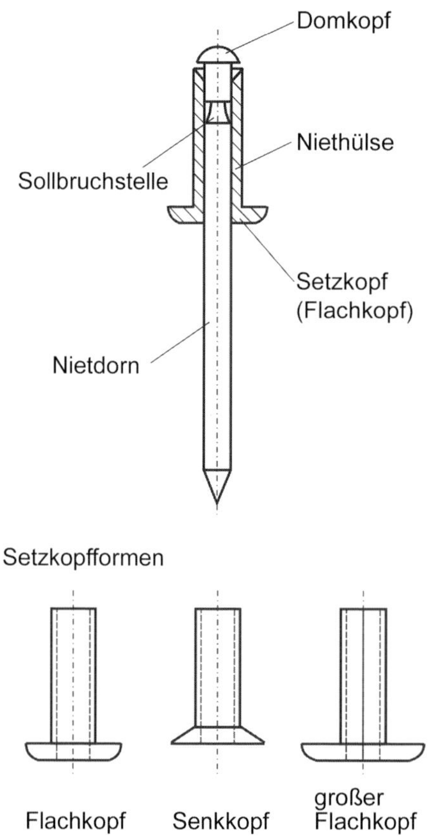

Bild 6.28 Begriffe beim Blindnieten [38]

Es gibt für dieses Verfahren, gerade auch für nichtmetallische Werkstoffe wie Kunststoff, Holz, etc., viele Varianten, die die spezifischen Werkstoffeigenschaften z.B. geringe Flächenpressung berücksichtigen.

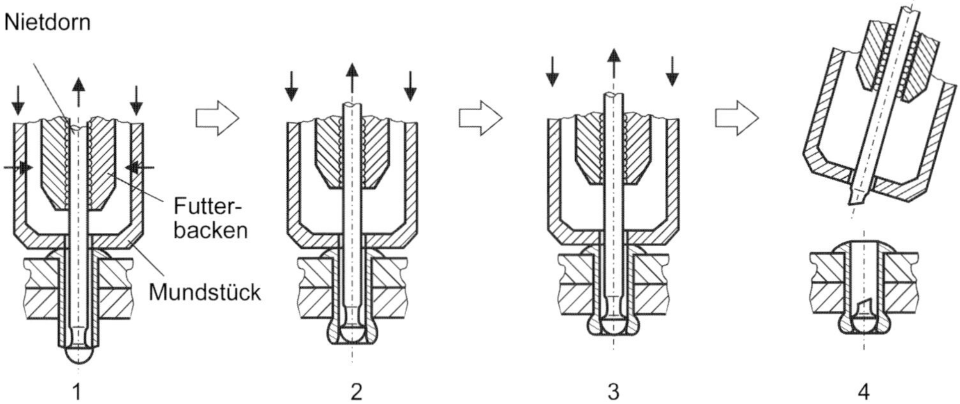

Bild 6.29 Verarbeitung eines Blindnietes [38]

6.3.2 Einnietelemente

Einnietelemente (Blindnietmuttern und -schrauben) haben primär, wie die Gewindeeinsätze aus Metall, das Ziel, Befestigungspunkte an Bauteilen in Form eines Muttern- oder Bolzengewindes zu schaffen. Das gilt für dünnwandige Metall- und Kunststoffbauteile. Darüber hinaus eignen sie sich auch zum lösbaren Verbinden von verschiedenen Bauteilen und haben damit eine Doppelfunktion.

Wie das Blindnieten haben sie den Vorteil "blind", d.h. mit einseitiger Zugängigkeit verarbeitet werden zu können. Der Klemmbereich des Fügeelementes ist eine wesentliche geometrische Größe zur Bestimmung des Produktes. Bei den Einnietelementen wird, wie beim Blindnieten, nur das Fügeteil umgeformt, nicht das Bauteil.

Die Verarbeitung der Blindnietmutter bzw. -schraube wird in vier Arbeitsschritten durchgeführt:

1. Die Blindnietmutter (-schraube) wird auf den Zugdorn (-hülse) des Werkzeuges geschraubt (manuell oder automatisch).
2. Das aufgeschraubte Fügeelement wird vollständig in das Montageloch eingeführt.
3. Durch die Betätigung des Werkzeuges wird der Zugdorn (-hülse) axial zurückgezogen und der gewindelose Teil der Blindnietmutter (-schraube) radial und axial gestaucht (Bildung des Schließkopfes, Klemmwulst).
4. Der Zugdorn (-hülse) wird aus der gesetzten Blindnietmutter (-schraube) herausgeschraubt. Das Verbinden bzw. Befestigen kann über eine Schraube erfolgen.

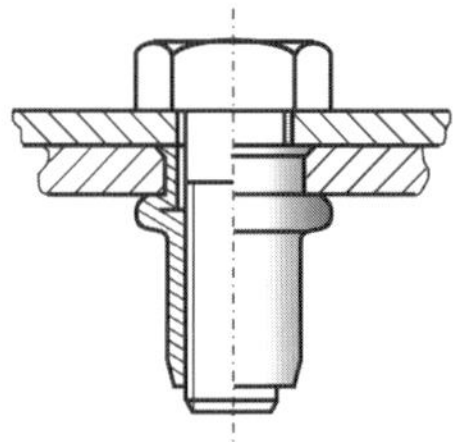

Hochbelastbare, tragfähige Gewinde in dünnwandige Konstruktion einbringen

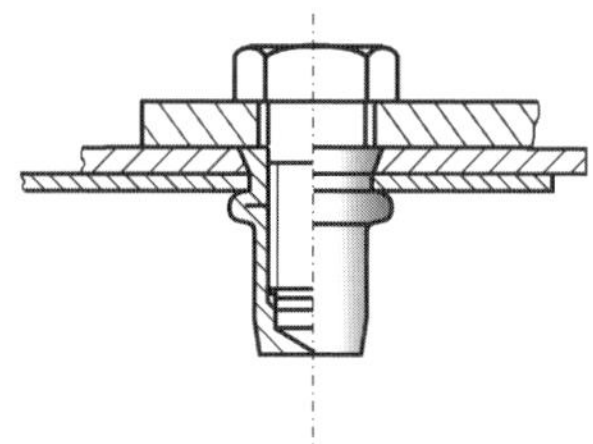

Verbinden mehrerer Bleche über den Funktionsträger, weitere Bleche mittels einer Schraube bzw. Mutter

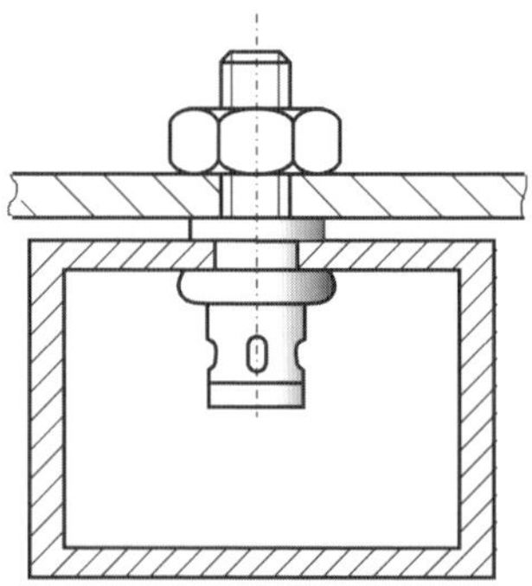

Einbringen von Schrauben- oder Muttergewinde in nur einseitig zugängliche Profile

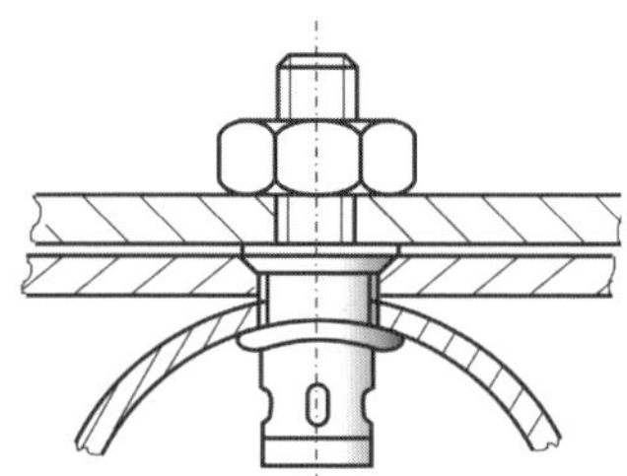

Verbinden von Bauteilen mit unterschiedlicher Geometrie

Bild 6.30 Möglichkeiten des Einsatzes von Blindnietmuttern und -schrauben [39]

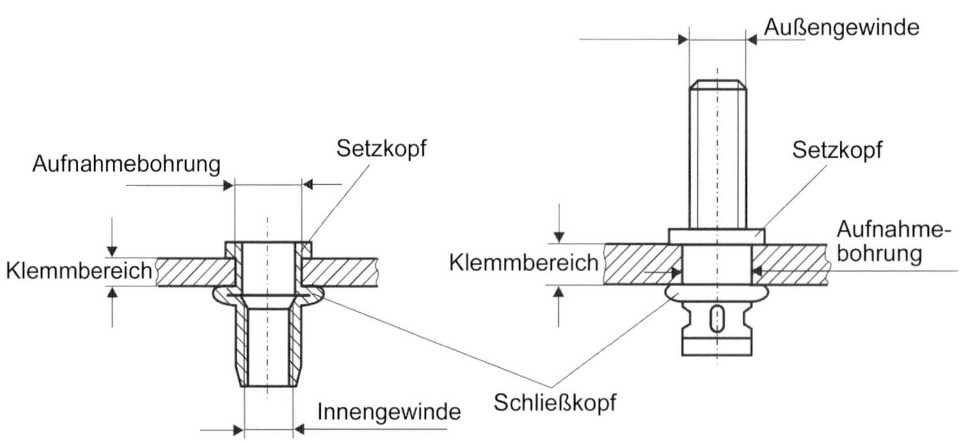

Bild 6.31 Geometrische Kenngrößen [38]

Bild 6.32 zeigt anhand von 2 Beispielen die vielfältigen und flexiblen Möglichkeiten von Einnietelementen.

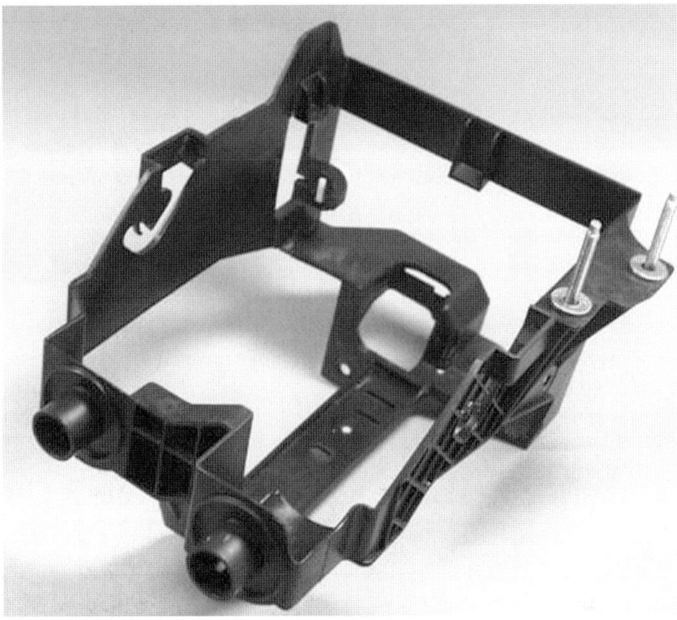

Bild 6.32 Blindnietverbindung [39]

oben: Elektrobox aus PP-TD20 mit Blindnietschrauben
unten: Blindnietmutter in Al/PA66/Al-Sandwich

6.3.3 Stanznieten mit Halbhohlniet

Im Gegensatz zum Blindnieten und den Einnietelementen ist beim Stanznieten mit Halbhohlniet eine beidseitige Zugängigkeit der Fügestelle erforderlich und eines der zu fügenden Bauteile muß aus einem duktilen Werkstoff (Metall) bestehen. Da der Schließkopf nur im matrizenseitigen duktilen Werkstoff gebildet werden kann, muß das Kunststoffbauteil stempelseitig angeordnet sein. Diese Richtungsabhängigkeit des Verfahrens schränkt den Anwendungsbereich ein. Für die Mischbauweise Kunststoff/Metall ist das Stanznieten mit Halbhohlniet aber ein geeignetes Fügeverfahren mit guten mechanischen Eigenschaften, auch bei dynamischer Belastung. Ein weiterer Vorteil ergibt sich daraus, daß der Stanzniet das metallische Bauteil nicht durchstanzt und die Fügestelle damit matrizenseitig eine dichte Verbindung ist. Das Verfahren eignet sich auch zur Kombination mit dem Kleben (Hybridfügen: Kleben + mechanische Fügetechnik) mit entsprechenden zusätzlich verbesserten Eigenschaften.

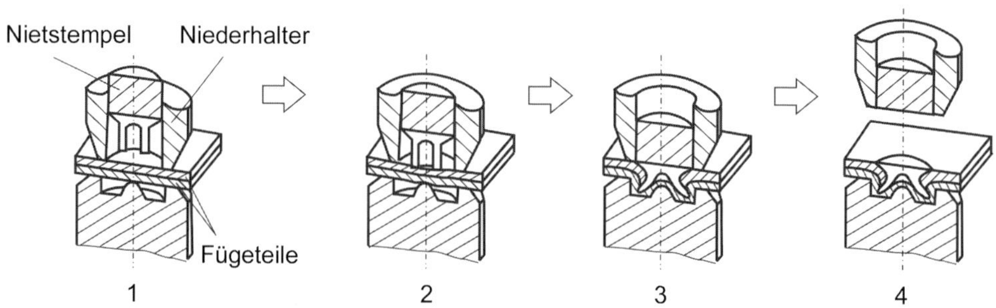

Bild 6.33 Verfahrensablauf beim Stanznieten mit Halbhohlniet [38]

Beim Stanznieten mit Halbhohlniet werden die zu verbindenden Bauteile, im Gegensatz zum Blindnieten und den Einnietelementen, ohne Vorlochen verbunden. Es können auch mehr als 2-lagige Verbindungen gefügt werden. Der Setzvorgang läuft in 4 Phasen ab:

1. Beim Stanznieten mit Halbhohlniet wird die Fügestelle der zu verbindenden Bauteile auf die Matrize gelegt. Mit dem Vorschub der Setzeinheit erfolgt beim Aufsetzen des Niederhalters eine Fixierung und Klemmung der Bauteile.
2. Der Stanzniet wird, entweder vom magazinierten Band oder bei loser Verarbeitung durch pneumatisches Zuschießen, der Fügestelle durch den Stempel zugeführt.
3. Im ununterbrochenen Fügevorgang durchlocht der Stanzniet das obere Bauteil (Kunststoff). Der Kunststofflochbutzen wird im Halbhohlraum des Stanznietes unverlierbar eingeschlossen. Durch weiteres Eindrücken spreizt sich der Fuß des Stanznietes infolge der Niet- und Matrizengeometrie auf und verformt die untere Bauteillage (Metall) zu einem Schließkopf, dessen Form durch die Matrizengravur bestimmt wird.
4. Nach Erreichen der eingestellten Maximalkraft bzw. eines vorgegebenen Weges erfolgt der Rückhub.

Bild 6.34 zeigt verschiedene Anwendungen von Stanznieten.

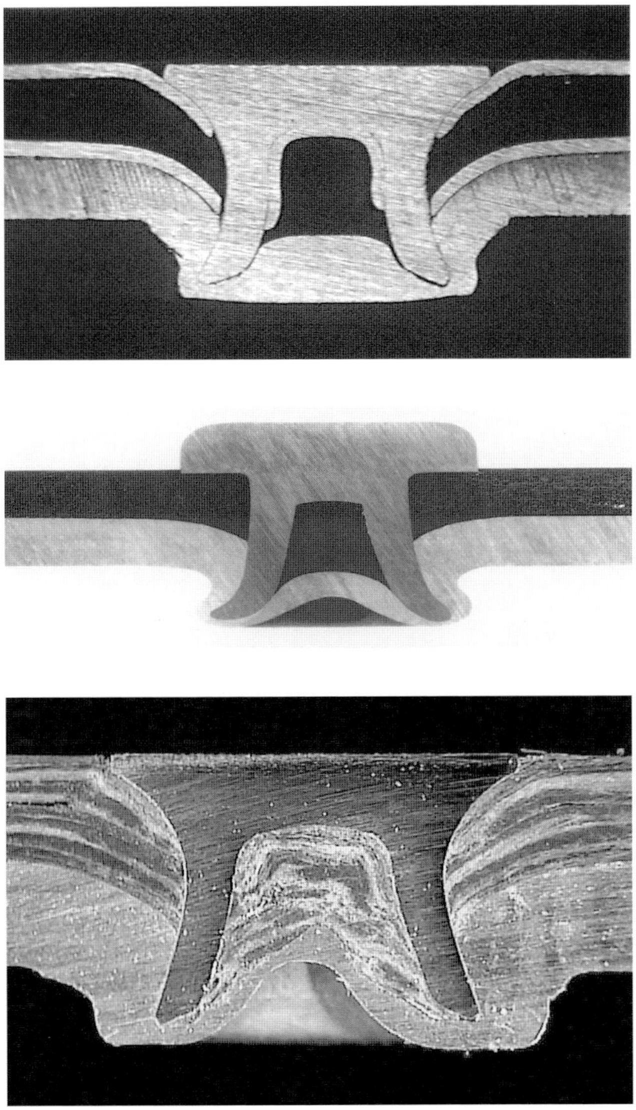

Bild 6.34 Stanznietverbindungen von Mischbauweisen [39]

oben: Kunststoff-Edelstahl-Sandwich/Stahlblech
mitte: Kunststoff/Aluminium
unten: UP-CF 30/Mg-Blech

6.3.4 Kragenfügen

Eine weitere Verbindungstechnik für Kunststoff und Metallblech ist das Kragenfügen (Collar Joining). Das Verfahren besteht im Wesentlichen aus drei Schritten: zunächst wird in dem Metallblech eine Bohrung hergestellt, dann an dieser Stelle mit Hilfe eines Stempels ein sog. Kragen in das Blech gezogen, der schließlich im dritten Schritt direkt in die Wand eines Kunststoffteils eingepreßt wird. Aufgrund der speziellen Form des Kragens ergibt sich auf diese Weise ein fester formschlüssiger Verbund zwischen Metallblech und Kunststoff, Bild 6.35.

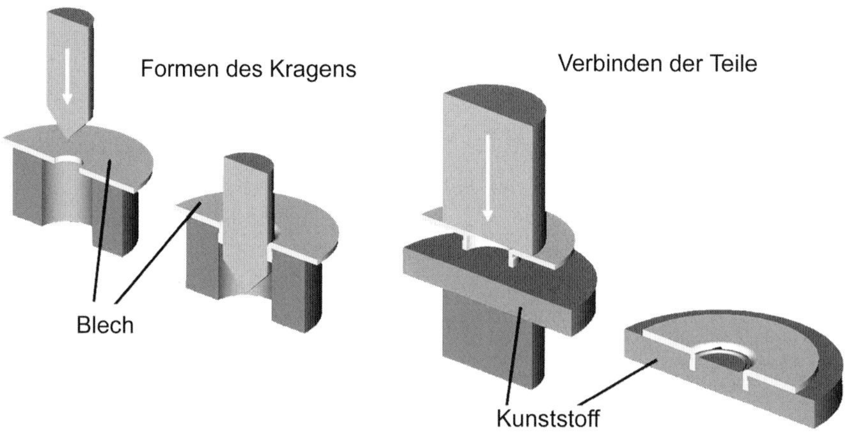

Bild 6.35 Kragenfügen von Blech/Kunststoff-Verbindungen

Quelle: Glaser, BASF

Wesentliche Voraussetzung für den festen Verbund ist das Vorhandensein eines Formschlusses. Dieser läßt sich z.B. durch die gezielte Herstellung einer Rille außen am Kragen erreichen. Diese Rille ist entweder eine Folge des Kragenziehens (Querschnittseinsschnürung) oder wird mit Hilfe einer entsprechend geformten Matrize vor dem Kragenziehen in das Blech eingeprägt. Aber auch an der Kragenstirnseite läßt sich durch eine geeignete Prozeßführung ein Hinterschnitt erzeugen. Durch das Einpressen der Metallkragen wird der Kunststoff plastisch verformt, ohne daß es in ihm zu Rißbildung kommt. Eine auf dem Metallblech eventuell vorhandene KTL-Schicht wird durch den Fügeprozess nicht beschädigt.

Der Kragendurchmesser liegt im Bereich von ca. 2-7 mm. Das Einpressen der Kragen in den Kunststoff kann entweder mit Hilfe einer Presse erfolgen oder auch in einer Spritzgießmaschine. Dabei ist es von Vorteil, daß das Kunststoffteil durch eine Werkzeughälfte für den Fügevorgang abgestützt werden kann. Nachteilig ist die Zykluszeitverlängerung, die durch den sequentiellen Ablauf von Spritzgießen und Fügen bedingt ist.

Im Vergleich zum Heißnieten zeichnet sich das Kragenfügen durch eine schnellere und kostengünstigere Herstellung der Verbindung, gleiche oder höhere Festigkeit und geringere

Toleranzempfindlichkeit aus. Ein weiterer Unterschied besteht darin, daß die Verbindungspunkte beim Kragenfügen eine spielfreie Verbindung gewährleisten.

6.4 Literatur

[1] Schmidt, H. Preßverbindungen bei Kunststoffteilen, Kunststoffe 66 (1976) 2, S. 90-97 u. 3, S. 170-173

[2] Wiemer, A. Die Schrumpfverbindung zur Übertragung von Drehmomenten, VDI-Z 86 (1942) 17/18

[3] N.N. DIN 7190 Preßverbände – Berechnungsgrundlagen und Gestaltungsregeln, Februar 2001

[4] Ehrenstein, G.W. Mit Kunststoffen konstruieren, 2. Aufl., Carl Hanser Verlag, München, 2002

[5] Erhard, G. Konstruieren mit Kunststoffen, 3. Aufl., Carl Hanser Verlag, München, 2004

[6] Erhard, G., Strickle, E. Maschinenelemente aus thermoplastischen Kunststoffen VDI-Verlag, Düsseldorf, 1986

[7] N.N. Berechnen Gestalten Anwenden B 3.4., Berechnung von Preßverbindungen, Firmenschrift Ticona GmbH, Frankfurt, 1997

[8] Beitz W., Grote, K.-H. (Hg.), Küttner, K.H. Dubbel - Taschenbuch für den Maschinenbau, 20. Aufl., Springer-Verlag, Berlin, 2001

[9] Lang, W. Fügenahtfestigkeiten beim Schweißen von Kunststoff-Serienteilen, Kunststoffberater 41 (1996) 5, S. 36-39

[10] Dorn, L. Fügeverfahren in Wandel der Zeit (II), Kunststoffberater 43 (1998) 5, S. 31-35

[11] N.N. DVS 2216-3 Ultraschallfügen von Formteilen und Halbzeugen aus thermoplastischen Kunststoffen in der Serienfertigung Umformen mit Ultraschall Nieten, Bördeln und Verdämmen, DVS-Verlag GmbH, Düsseldorf, August 1992

[12] Majthan, R., Kastl, H., Bruckert, F., Strohfuß, W. — Ultraschallnieten verbindet Kunststoff und Metall, Kunststoffe 81 (1991) 11, S. 1004-1006

[13] Thews, H. — Ultraschall-Anlagen zum Verbinden von Thermoplaste und Einbetten von Metallteilen, Kunststoffberater 21 (1976) 3, S. 88-94

[14] Hasenauer, J., Küper, D., Laumeyer, J.E. — Kostengünstige Konstruktionen, Plastverarbeiter 49 (1998) 6, S. 90-92

[15] Harget, C., Skarelius, J., Palmlöf, M., Imgram, F. — PE-X als Werkstoff für Rohre im Bereich Gas und Wasser, 3R international 33 (1994) 7, S. 356-364

[16] N.N. — Systembeschrieb, Verlegearten, Richtlinien, Planungsbeispiele, JRG Gunzenhauser, Dortmund, 1999

[17] Schönewald, H. — Gestalten von Kunststoff-Formteilen, Der Konstrukteur 11 (1980) 3, S. 18-28

[18] N.N. — Hybrid-Frontend mit Synergien, K-Zeitung 12. - 24. Juni 1999

[19] N.N. — Metallstrukturen werden durch Kunststoff stärker, leichter und wirtschaftlicher, Bayer AG Firmenschrift 6 (1999), Bestell-Nr.: KU40261/4198677

[20] Lang, W. — Ultraschall-Fügen von Thermoplasten und thermoplastischen Elastomeren, Kunststoffberater 36 (1991) 5, S. 34-37

[21] N.N. — Merkblatt 2 Ultraschallnieten, Branson Ultraschall GmbH, Dietzenbach, 1999

[22] Strohfuß, W. — Nicht lösbare Verbindungen durch Ultraschall-Schweißen, Kunststoffberater 35 (1990) 6, S. 36-40

[23] N.N. — Thermisches Nieten sorgt für sicheren Preßsitz, KLN Ultraschall GmbH, Heppenheim, 1999

[24]	Bonten, C.	Serienschweißen von Kunststoffteilen, Kunststoffe 89 (1999) 8, S. 33-41
[25]	Hagen, R.	Verbundspritzgießen von technischen Thermoplasten, Kunststoffberater 36 (1991) 9, S. 42-46
[26]	Knight, R.	New Answers to Old Problems, Machinery and Production Engineering, 3663 (1985) 143, S. 39-42
[27]	Fauner, G.	Leistungsfähige Fügetechnik: Blindnieten im industriellen Bereich, Der Maschinenmarkt 90 (1980) 86, S. 1803-1804
[28]	Ehmann, H.	Wirtschaftlicher Fortschritt und technische Innovation in der Blindniettechnik, Konstr. Elemente Methoden 15 (1978) 8, S. 57-62
[29]	Sattlecker, B.	Umbiegen mit Ultraschall, Kunststoffe 89 (1999) 3, S. 48-50
[30]	Herrmann, T.	Gestalten der Schweißnaht beim Ultraschallschweißen, Kunststoffe 77 (1987) 7, S. 673-679
[31]	Frei, K., Lampel, P.	Mikroprozessorgesteuertes und kontrolliertes Ultraschall-Schweißen, Kunststoffberater 30 (1985) 3, S. 18-25
[32]	Vollmer, F.	Verbindungs- und Befestigungstechnik, Industrieanzeiger 100 (1975) 97, S. 2111- 2115
[33]	Wagner, T.	Mit Industrierobotern flexibel Ultraschallschweißen, Kunststoffe 81 (1991) 11, S. 1007-1008
[34]	N.N.	Verbinden bei Kunststoff-Verschraubungen, Vernieten, Konstruktion Elemente Methoden 17 (1980) 9, S. 121-122
[35]	Thews, H. Groebel,U.(Hg)	Zeitgemäße Kunststoffverbindungstechnik, infotip-Verlag, Limeshain, 1986
[36]	N.N.	DVS 2206 Prüfung von Bauteilen und Konstruktionen aus thermoplastischen Kunststoffen, DVS-Verlag GmbH, Düsseldorf, November 1975

[37] Hunt, J. Joining Plastic Pipe and Fittings. Fluid handling, Plant Engineering 19 (1990) 44, S. 32-34

[38] Hahn, O., Klemens, U. Fügen durch Umformen, Nieten und Durchsetzfügen, Innovative Verbindungsverfahren für die Praxis, Verlag und Vertriebsgesellschaft mbH, Düsseldorf, 1996

[39] Ahlers-Hestermann, G. Neue Entwicklungen und Anwendungen in der mechanischen Fügetechnik, Tagungsband Fügetechnologien im Automobilbau, Ulm mi Verlag, Landsberg, 2004

[40] Endmann, U., Glaser, S., Völker, M. Kunststoff und Metall im festen Verbund, Kunststoffe 92 (2002) 11, S. 110-113

7 Elektronik

Dr.-Ing. S. Stampfer, Robert Bosch GmbH – Schwieberdingen (Kap. 7.1, 7.2);
Dr.-Ing. K. Kuhmann, Degussa AG – Marl (Kap. 7.1);
Prof. Dr.-Ing. K. Feldmann, FAPS – Universität Erlangen-Nürnberg (Kap. 7.3);
Dipl.-Ing. R. Holzmann, FAPS – Universität Erlangen-Nürnberg (Kap. 7.3)

7.1 MID-Technologie

7.1.1 Einleitung

Unter spritzgegossenen Schaltungsträgern versteht man im Spritzgießverfahren hergestellte, dreidimensional gestaltete Formteile, auf welche ein Leiterbild, d.h. eine strukturierte Metallschicht aufgebracht ist [1].

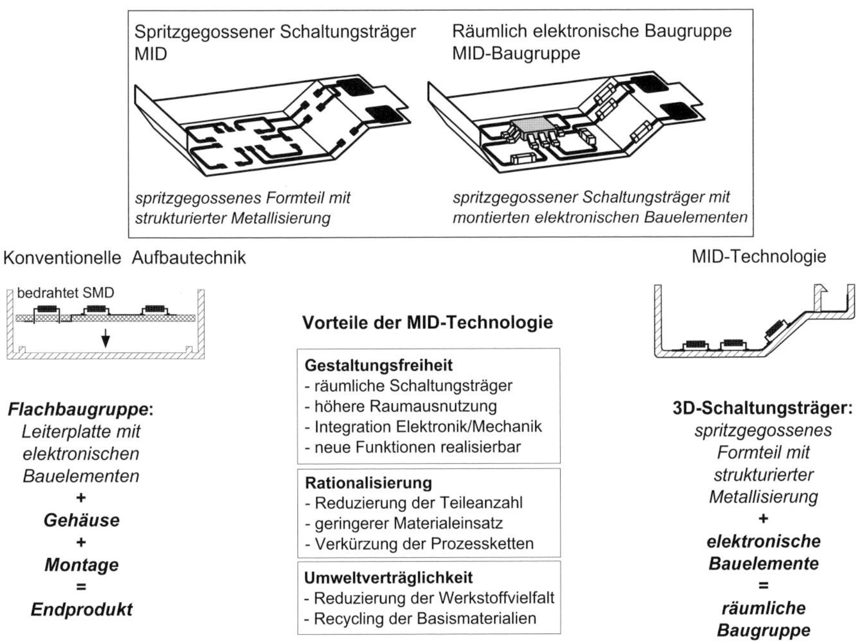

Bild 7.1 Vorteile und Begriffsdefinition spritzgegossener Schaltungsträger und räumlicher elektronischer Baugruppen

In der internationalen Literatur hat sich für diese Technologie weitgehend die Abkürzung MID für Moulded Interconnect Device durchgesetzt [2, 3]. Gelegentlich wird auch der bereits mit elektronischen Bauelementen bestückte und verlötete Schaltungsträger als MID bezeichnet. Hierfür wird im folgenden der Begriff räumliche elektronische Baugruppe oder MID-Baugruppe verwendet, Bild 7.1.

Im Vergleich zum konventionellen Aufbau elektronischer Geräte mit planaren Leiterplatten auf Epoxidharzbasis stellt die MID-Technologie ein neuartiges Aufbaukonzept dar, das eine Reihe von technologischen und wirtschaftlichen Vorteilen bietet [1, 4-6]. Ein wesentliches Merkmal dieser Technologie ist die Integration von mechanischen und elektrischen Funktionen in einem Bauteil, z.B. durch Kombination der Gehäuse- und Schaltungsträgerfunktion oder die Integration von mechanischen Verbindungs- und Fixierungselementen wie Schnapphaken und Batteriehalterungen. Weitere Möglichkeiten sind der Ersatz von Kabeln durch Leiterbahnzüge auf Gehäuseflächen, das Anspritzen von Kontaktelementen wie Steckverbinder und Schaltkontakte oder von Montagehilfen für die elektronischen Bauelemente.

Mit der Funktionsintegration und der Eliminierung der herkömmlichen Leiterplatte ist nicht nur ein geringerer Materialeinsatz und eine Reduzierung von Einzelteilen verknüpft, darüber hinaus kann der Aufwand für die Montage verschiedener Komponenten deutlich gesenkt und eine Verkürzung von Prozeßketten erreicht werden. Hierdurch lassen sich die Fertigungskosten senken und die Zuverlässigkeit von Baugruppen steigern [7]. Der Übergang von planar zu räumlich aufgebauten Schaltungsträgern ermöglicht eine höhere Raumausnutzung und eine weitere Miniaturisierung elektronischer Baugruppen. Durch den Einsatz rezyklierbarer Substratmaterialien kann schließlich auch eine erhöhte Umweltverträglichkeit von elektronischen Produkten erreicht werden [1, 7]. Als Substratwerkstoffe werden überwiegend thermoplastische Kunststoffe eingesetzt, grundsätzlich sind aber auch spritzgegossene Elastomere, Duroplaste oder Keramiken denkbar.

Der Gedanke, elektronische Schaltungen in drei Raumdimensionen aufzubauen, geht bereits auf die dreißiger Jahren zurück [8]. Die kommerzielle Umsetzung findet ihren Ursprung jedoch erst ab Mitte der achtziger Jahre mit der Entwicklung und Bereitstellung von Hochtemperatur-Thermoplasten wie PEI (Polyetherimid), PES (Polyethersulfon) und LCP (Liquid Crystal Polymer). Diese Werkstoffe sind im Spritzgießverfahren verarbeitbar und weisen für Elektronik-Anwendungen wichtige Eigenschaften wie inhärente Flammwidrigkeit und hervorragende Chemikalienbeständigkeit auf. Ein weiterer Schritt war die Entwicklung von Verfahren zur haftfesten Metallisierung dieser Werkstoffe.

Die Notwendigkeit, ausreichend temperaturbeständige Substratwerkstoffe einzusetzen, ist in den Prozeßtemperaturen der Löttechnik begründet. Bei Reflowlötverfahren, die heutzutage die vorherrschende Verbindungstechnologie in der Elektronikfertigung darstellen, werden je nach Lotlegierung (Zinn-Blei-Lote oder bleifreie Lote, z.B. auf Zinn-Silber-Basis) Spitzentemperaturen zwischen 200 °C und 260 °C erreicht. In diesem Temperaturbereich stellen auch Technische Kunststoffe wie PA (Polyamid) und PBT (Polybutylenterephthalat) interessante Substratwerkstoffe für die MID-Technologie dar. Spezielle vernetzbare Compounds erreichen für den Lötprozeß ausreichend hohe thermische Kurzzeitbeständigkeit. Weitere Trends in der Verbindungstechnik, wie die Entwicklung selektiver Lötverfahren, ermöglichen die Verwendung von Kunststoffen mit noch geringerer thermischer Beständigkeit wie, z.B. PP (Polypropylen) und ABS (Acrylnitril-Butadien-Styrol) als Substratwerkstoff. Die MID-Technologie wurde weiterhin durch den Übergang von elektronischen Bauelementen in Durchsteckmontage (Through Hole Technology, THT) zu oberflächenmontierten Bauelementen (Surface Mount Technology, SMT) begünstigt. Für diese Bauelemente entfällt die Notwendigkeit von Bohrungen im Substrat, so daß Gehäuseinnenflächen direkt zum Aufbau der elektronischen Schaltung genutzt werden können.

7.1.2 Anwendungen und Marktsituation

In der MID-Technologie stehen Anwendungen im Vordergrund, die mechanische Funktionen und vergleichbar einfache elektronische Schaltungen in einem Bauteil integrieren. Komplexe elektronische Schaltungen, die z.B. als Substrate Mehrlagenschaltungen (Multilayer-Leiterplatten) erfordern, sind mit der MID-Technologie kaum realisierbar. Entfällt der Aspekt der Integration mechanischer Funktionen, so können räumliche Schaltungen alternativ zur MID-Technologie auch mittels flexibler Leiterplatten, z.B. auf Basis von Polyimidfolien aufgebaut werden [3].

MID-Anwendungen sind aus verschiedenen Branchen, insbesondere der Automobiltechnik (z.B. Steuergeräte, Sensoren, Beleuchtungselemente), der Informations- und Telekommunikationstechnik (z.B. Chip-Packages, Abschirmungen) sowie der Hausgerätetechnik (z.B. Temperaturregler, Steckdosen) bekannt. Bild 7.2 bis Bild 7.4 geben jeweils ein Beispiel für ein Zweikomponenten-MID, ein MID hergestellt mittels Heißprägeverfahren sowie ein laserstrukturiertes MID [9].

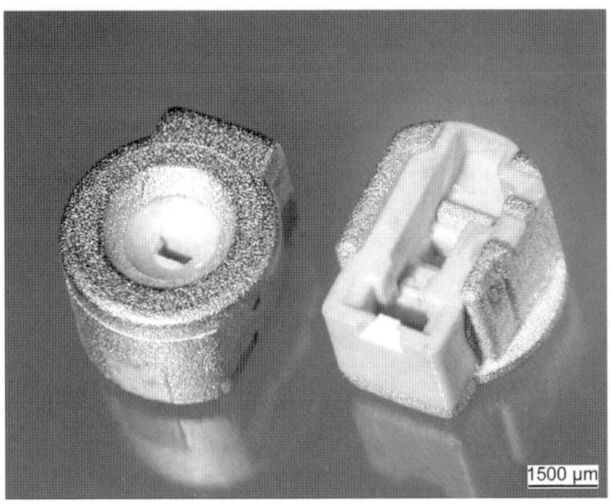

Bild 7.2 Koaxialstecker für Mobilfunktelefone

Strukturierung mittels Zweikomponentenspritzgießen, Materialkombination LCP-Pd // LCP, Hersteller: W.C. Heraeus, Hanau, Tyco Electronics / AMP GmbH

Bild 7.3 ISDN-Telefonsteckdose

Strukturierung und Metallisierung mittels Heißprägen; Material: PA6, Hersteller: Ackermann GmbH, Bolta GmbH

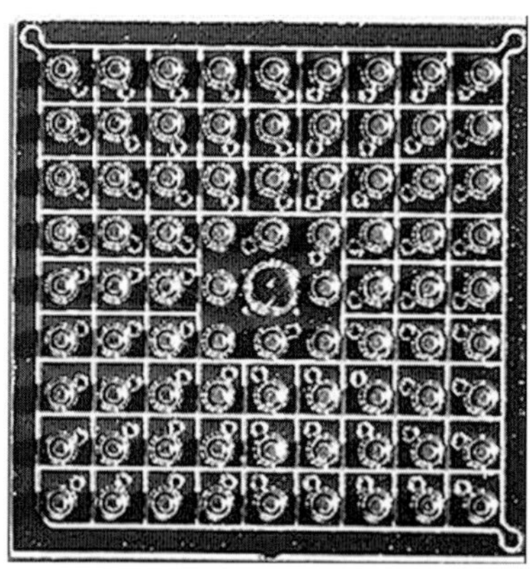

Bild 7.4 Anschlußseite der Polymer Stud Grid Array (PSGA) mit den im Spritzgießverfahren angeformten Anschlußstrukturen (Studs) und laserstrukturierten Leiterbahnen zur Kontaktierung auf einem Schaltungsträger

Laserstrukturierung; Material: LCP, Hersteller Siemens-Dematic AG, Bruchsal

Der MID-Markt ist bisher gekennzeichnet durch einen überproportionalen Anstieg des weltweiten Umsatzes. Gemessen am konventionellen Leiterplattenmarkt beträgt der MID-Markt allerdings noch weniger als 1%.

7.1.3 MID-Herstellverfahren

Die Herstellung von spritzgegossenen Schaltungsträgern kann nach verschiedenen Verfahrensvarianten und Prozeßketten erfolgen. Diese Verfahren unterscheiden sich grundsätzlich hinsichtlich der Formgebung des Spritzgießteils sowie der Art der Metallisierung und Strukturierung, Bild 7.5.

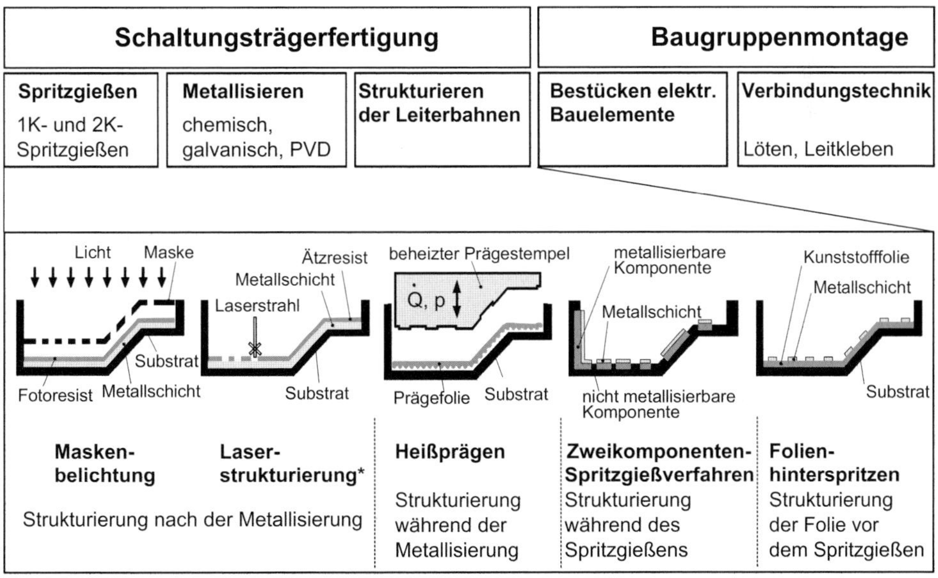

Bild 7.5 Fertigungsverfahren der 3D-MID-Technologie (schematisch) [9]

** beim semiadditiven Prozeß erfolgt die Strukturierung während bzw. beim Additivprozeß vor der Metallisierung*

Die in Bild 7.5 oben dargestellten Prozeßschritte der Schaltungsträgerfertigung erfolgen bei den verschiedenen Herstellungsverfahren in unterschiedlicher Reihenfolge: Während die Strukturierung bei den Laser- und Maskenverfahren (subtraktiver Prozeß) sowie beim Heißprägen nach dem Spritzgießprozeß erfolgt, wird beim 2-Komponenten-Spritzgießen die spätere Leiterbahnstruktur im Spritzgießwerkzeug festgelegt und somit während der Formgebung erzeugt. Beim Folienhinterspritzen erfolgt die Leiterstrukturierung auf den Folien vor dem Spritzgießen. Bzgl. der Reihenfolge der Prozeßschritte Metallisieren und Strukturieren sind neben den in Bild 7.5 angegebenen Charakteristika insbesondere bei den Laserverfahren verschiedene Variationen möglich, siehe weiter unten.

Im folgenden werden die Grundzüge der auf dem Ein- und Zweikomponentenspritzgießen beruhenden MID-Verfahren, bei welchen direkt das Kunststoffformteil metallisiert wird, sowie das Folienhinterspritzen beschrieben.

Laser und Maskenstrukturierung

Die wesentlichen Verfahrensschritte bei der subtraktiven Laserstrukturierung sind in Bild 7.6 dargestellt. Das Kunststoffformteil wird zunächst vollflächig chemisch metallisiert (ca. 1-3 µm Kupfer oder Nickel), anschließend galvanisch bis zur gewünschten Schichtdicke (häufig 18-35 µm) verstärkt und mit einem Ätzresist beschichtet, der z.B. aus galvanisch abgeschiedenem Zinn oder aus organischen Schichten bestehen kann. Der Ätzresist wird mittels Laserablation in den Bereichen der Isolationskanäle abgetragen und das freigelegte Kupfer weggeätzt. Der Ätzresist wird anschließend entfernt und die verbleibende Kupferoberfläche durch eine Oberflächenmetallisierung (z.B. Zinn/Blei) gegen Oxidation geschützt. Alternativ zur chemischen Vormetallisierung kann eine erste Metallschicht von einigen 100 nm auch mittels PVD-Verfahren (Physical Vapour Deposition) erzeugt werden, die anschließend galvanisch verstärkt wird [10].

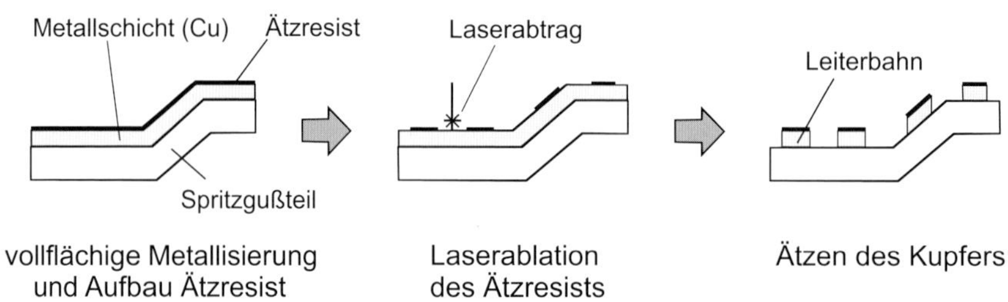

Bild 7.6 Verfahrensablauf bei der Laserstrukturierung (Beispiel Subtraktivprozeß)

Das Laserstrukturierungsverfahren eignet sich besonders zur Erzeugung sehr feiner Leiterbahnstrukturen bis zu ca. 40 µm Leiterbahnabstand. Zusätzlich ergibt sich die Möglichkeit, nicht strukturierte Metallflächen zur Abschirmung elektromagnetischer Wellen zu nutzen.

Bei der Herstellung von Kleinserien oder bei großer Variantenvielfalt bieten sich Vorteile durch die große Änderungsflexibilität des Layouts, da dazu nur das Ablaufprogramm für die Laserbewegung geändert werden muß. Im Entwicklungsstadium sind somit auch Prototypen leicht und schnell zu strukturieren.

Bei der Laserstrukturierung werden im wesentlichen Nd:YAG-Laser und seit neuerem auch Nd:YVO4-Laser eingesetzt. Die Schreibgeschwindigkeiten liegen für die ablatierenden Prozeßvarianten i.d.R. zwischen 600 mm/s und 2000 mm/s. Verfahrensvarianten bei der Laserstrukturierung sind der Semiadditivprozeß, bei dem bereits die chemisch abgeschiedene Metallschicht strukturiert wird und der Additivprozeß, bei dem durch die Strukturierung eines Haftvermittlers oder direkt der Kunststoffoberfläche (Kunststoffe mit laseraktivierbaren Füllstoffen [10]) das Metall nur auf den Leiterbereichen abgeschieden wird. Beim sog. LDS-Verfahren (Laser Direct Structuring) erfolgt die Strukturierung direkt mittels Laserstrahl durch das Freilegen und Aktivieren der Füllstoffe des Kunststoffs [12]. Hierfür wurden spezielle, laseraktivierbare Kunststoffcompounds u.a. auf PBT-, PP- und PA-Basis entwickelt. Ein ähnliches Funktionsprinzip weist das sog. ADDIMID-Verfahren auf. Dort wird durch den Laser ein mikroverkapselter katalytischer Füllstoff des Kunststoffs freigelegt. Der ADDIMID-Ansatz bietet das Potential zur chemischen Modifizierung einer Vielzahl von Kunststoffen.

Beim Maskenbelichtungsverfahren wird das vollflächig metallisierte Kunststoffformteil mit einem Photoresist beschichtet. Das Leiterbahnlayout wird mittels UV-Belichtung des Photoresists durch eine 3D-Maske abgebildet und die Metallschicht in den nicht belichteten Bereichen weggeätzt. Die Photomasken, z.B. photosensitive PVC-Folien, werden über einem Muster-Formteil vakuumtiefgezogen. Anschließend wird das Leiterbahnlayout durch Beschriften mittels eines Lasers erzeugt.

Zweikomponentenspritzgießen

Beim Zweikomponentenspritzgießen zur MID-Herstellung unterscheidet man zwei Verfahren hinsichtlich der Prozeßfolge beim Spritzgießen und Metallisieren [11, 13], Bild 7.7.

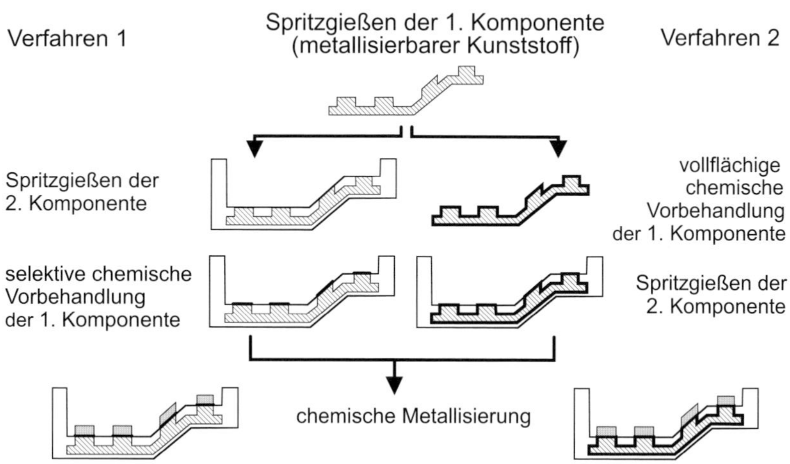

Bild 7.7 Verfahrensschritte und -varianten beim 2-Komponentenspritzgießen

Beim Verfahren 1 wird die unterschiedliche chemische Metallisierbarkeit verschiedener Kunststoffe ausgenutzt. Zunächst wird die metallisierbare Kunststoffkomponente vorgespritzt, bei der die späteren Leiterbahnstrukturen erhaben dargestellt sind. Anschließend wird dieses Teil mit der zweiten Kunststoffkomponente umspritzt. Diese zweite Komponente ist so beschaffen, daß sie im Metallisierungsverfahren nicht metallisierbar ist. Die chemische Metallabscheidung erfolgt hierdurch selektiv nur im Bereich der metallisierbaren Komponente (Leiterbahnstruktur). Beim Verfahren 2 wird der Vorspritzling zunächst vollflächig für die chemische Metallisierung vorbehandelt und anschließend mit der zweiten Kunststoffkomponente so umspritzt, daß die vorbehandelten Bereiche an der Oberfläche frei liegen. Nur auf diesen Bereichen, den späteren Leiterbahnen, erfolgt die chemische Metallabscheidung.

Die Metallisierung erfolgt bei beiden Verfahren in der Regel bis zur vollen Schichtstärke durch chemische Metallabscheidung, da für eine galvanische Verstärkung die elektrische Einzel-Kontaktierung der nicht zusammenhängenden Leiterbahnen erforderlich wäre.

Im Vergleich zu den anderen MID-Verfahren weist das 2K-Verfahren den höchsten Grad an 3D-Gestaltungsfreiheit zum Aufbau der Leiterstrukturen auf, wodurch u.a. der Aufbau komplexer elektromechanischer Funktionselemente wie Steckverbinder oder Schalterelemente möglich ist. Dem stehen die höheren Investitionskosten für Anlagentechnik und Werkzeuge sowie die relativ geringe Flexibilität bei Änderungen des Schaltungslayouts gegenüber. Beim Zweikomponentenspritzgießen können qualitativ hochwertige Teile automatisiert in hohen Stückzahlen bei kurzen Taktzeiten und mit einer ausgereiften Werkzeugtechnik (z.B. Drehwerkzeuge, Etagen-Drehwerkzeuge) ohne zusätzliches Handling hergestellt werden (s.a. Kap. 5.1). Auch zur Herstellung von Mikroteilen mit dreidimensionalem Layout wird das 2K-Verfahren erfolgreich eingesetzt. Besonderes Know-how liegt bei 2K-MID im Werkzeugbau.

Bei den einzusetzenden Kunststoffkombinationen ist die Kompatibilität der beiden Komponenten bezüglich der Verarbeitbarkeit und der Funktionstauglichkeit entscheidend. Neben der Haftung des Kunststoff-Kunststoffverbundes ist dies die selektive haftfeste Metallisierbarkeit. Anstelle der Ausnutzung der o.g. materialinhärenten Metallisierbarkeit können durch die Einarbeitung von Edelmetallkomplexverbindungen z.B. auf Palladium- oder Gold-Basis sog. kernkatalytisch aktivierte, metallisierbare Kunststoffe hergestellt werden.

Eine häufig eingesetzte Materialkombination für 2K-MIDs ist kernkatalytisch ausgerüstetes LCP (LCP-Pd) als metallisierbare Komponente in Verbindung mit einem nicht metallisierbaren LCP. Die Kombination bietet besonders für Mikroteile aufgrund der sehr guten Fließeigenschaften von LCP Vorteile beim Spritzgießen feinster Strukturen.

Kostengünstigere Varianten sind durch den Verzicht auf teure, kernkatalytische Zuschlagstoffe Polyamid und dessen Kombinationen (metallisierbar: PA6, PA66; nicht metallisierbar: PA12 und teilaromatisches Polyamid, wie z.B. PA6/6T, PPA). Diese Kombinationen sind jedoch im Vergleich zu den kernkatalytischen Kombinationen schwieriger selektiv zu metallisieren. Eine zusätzliche Alternative ist ein durch einen Eisen-Komplex kernkatalytisch ausgerüstetes PBT (PBT-Fe), das in Kombination mit nicht metallisierbarem Standard-PBT eingesetzt werden kann [16].

Heißprägeverfahren

Beim Heißprägeverfahren erfolgt die Metallisierung des Kunststoffsubstrats und die Strukturierung des Leiterbahnbildes in einem Prozeßschritt. Mit einem Prägestempel, auf dem das Leiterbahnbild erhaben dargestellt ist, wird unter Druck und Temperatur eine Kupferprägefolie mit haftvermittelnder Schicht auf das Substrat gepreßt. Durch die Wärmeeinwirkung wird das thermoplastische Substrat oberflächennah angeschmolzen bzw. erweicht. Dabei werden die Leiterbahnen aus der Kupferfolie ausgeschert und mit dem Substrat verbunden, Bild 7.8. An den Rändern der in die Oberfläche eingeprägten Leiterbahnen bilden sich durch verdrängtes Kunststoffmaterial Prägewulste aus. Eine besonders gute Haftung wird mit klebstofffreien Prägefolien erzielt, bei welchen durch eine spezielle Oberflächenaufrauhung der Kupferoberfläche eine mechanische Verankerung der Prägefolie in der Kunststoffoberfläche erzielt wird [14]. Mit dem Heißprägeverfahren können auf den meisten Technischen Kunststoffen, insbesondere auch auf den chemogalvanisch nur schwer metallisierbaren Kunststoffen, haftfeste Leiterstrukturen erzeugt werden.

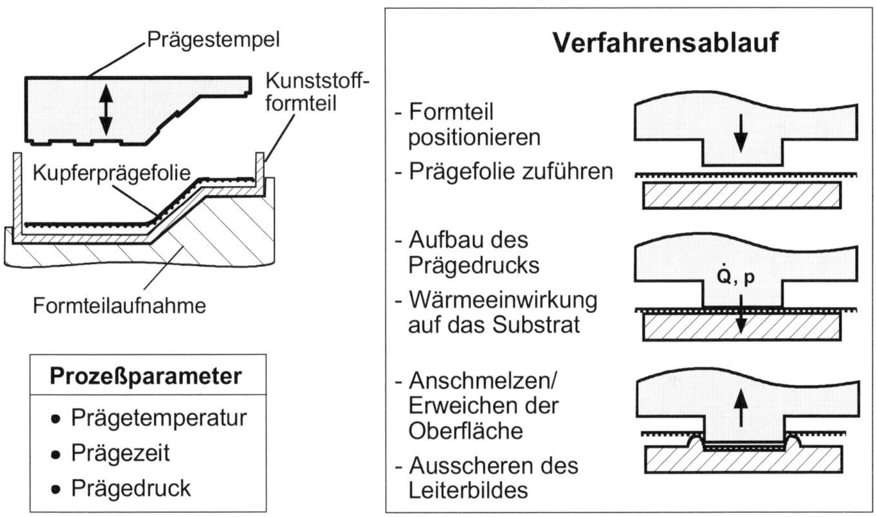

Bild 7.8 Verfahrensablauf beim Heißprägen

Folienhinterspritzen

Das Folienhinterspritzen spielt bisher wie das Maskenbelichtungsverfahren eine untergeordnete Rolle in der MID-Technologie. Beim Folienhinterspritzen wird zunächst eine planare Kunststoffolie metallisiert und strukturiert. Die Metallisierung und Strukturierung planarer anstelle dreidimensionaler Flächen kann verfahrenstechnische Vorteile bieten. Als Strukturierungs- und Metallisierungsverfahren kommen grundsätzlich die konventionellen naßchemischen und physikalischen Beschichtungsverfahren, das Heißprägen oder auch spezielle, primerbasierte Additivverfahren in Betracht.

Im Anschluß an die Strukturierung kann die Folie zur Anpassung an die Kontur der Spritzgießkavität thermisch vorgeformt werden (Thermoformen, Hochdruckumformen), wobei der maximale Umformgrad durch die Metallisierung auf der Folie und durch die Umformbarkeit der Kunststoffolie bestimmt wird. Nach dem Beschneiden der Folienränder wird die strukturierte Kunststofffolie bzw. der Folienvorformling in das Spritzgießwerkzeug eingelegt und mit einem haftenden Substratkunststoff zumindest bereichsweise hinterspritzt. Denkbar ist auch ein Vorformschritt im Spritzgießwerkzeug (s.a. Kap. 5.1).

Mit dem Folienhinterspritzverfahren können vorteilhaft flexible und dreidimensional starre Leiterbahnen in ein Formteil integriert werden.

Beim Formen des 3-D-Formteils sind neben dem Hinterspritzen die bekannten Niederdrucktechniken der Kunststoffverarbeitung, einschließlich des fließarmen Hinterfütterns sowie das Hinterschäumen, zur Erweiterung des Einsatzspektrums möglich [15].

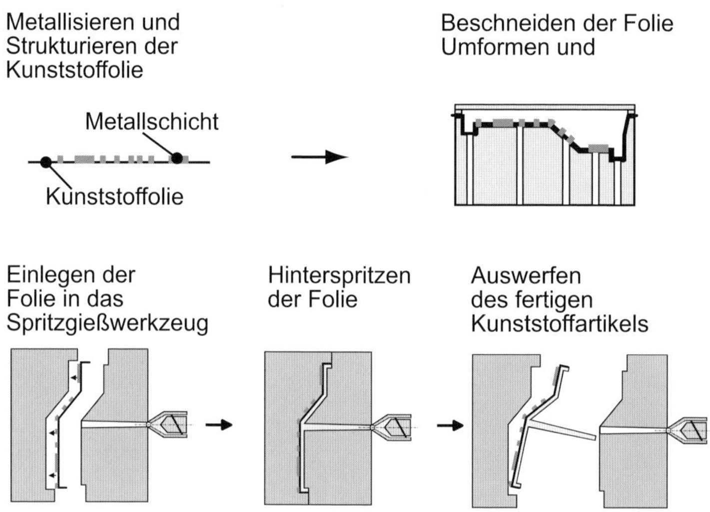

Bild 7.9 Verfahrensablauf beim Folienhinterspritzen [15]

7.1.4 Anforderungen an spritzgegossene Schaltungsträger

Die Definition und Auswahl eines MID-Fertigungsverfahrens und der einzusetzenden Werkstoffe setzt neben der Beachtung wirtschaftlicher Gesichtspunkte eine genaue Analyse der technischen Anforderungen an eine MID-Baugruppe voraus [17]. Diese Anforderungen leiten sich zum einen aus den vom Anwender vorgegebenen Gebrauchsanforderungen, u.a. an Lebensdauer und Zuverlässigkeit der elektrischen und mechanischen Funktionen ab. Zum anderen müssen die Erfordernisse und Randbedingungen der Prozesse zur Baugruppenmontage und zur Schaltungsträgerfertigung beachtet werden. Eine Auswahl von Anforderungen zeigt Bild 7.10.

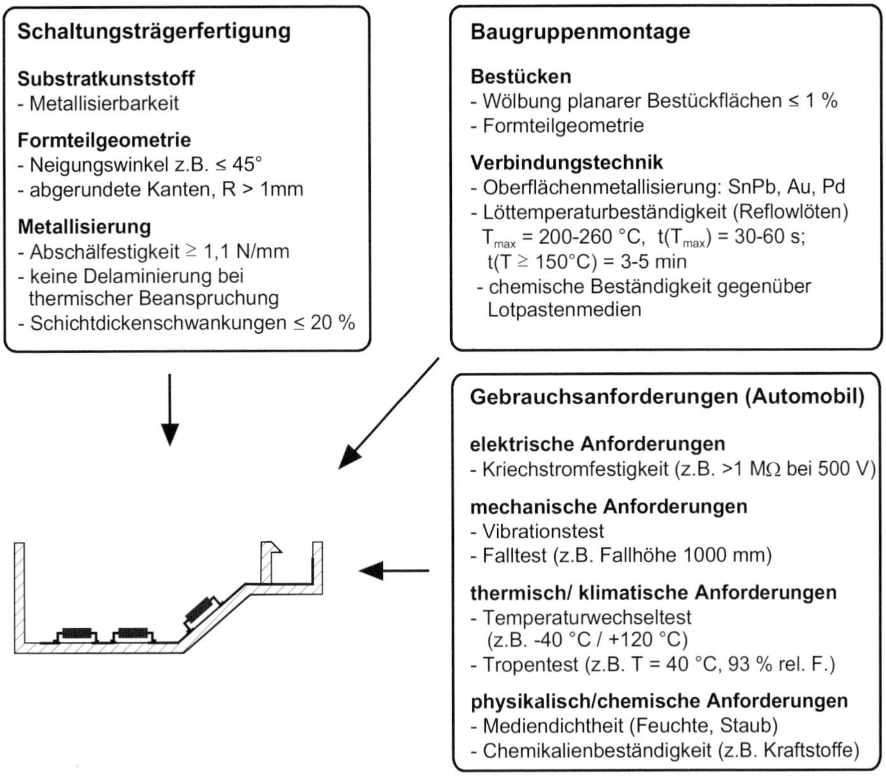

Bild 7.10 Anforderungen an MID-Baugruppen (Auswahl) [14]

So stellen z.B. die Bestückungs- und Verbindungstechnik zum Teil erhebliche Anforderungen an Genauigkeit, Verzug sowie Temperaturbeständigkeit der Schaltungsträger. Dem steht die Leistungsfähigkeit der eingesetzten Thermoplaste mit ihren zum Teil relativ geringen Wärmeform- und Temperaturbeständigkeiten sowie der in der Regel hohen Chemikalienbeständigkeit, die eine leichte Metallisierbarkeit verhindert, gegenüber. Diesem Spannungsbogen müssen werkstoffbetonte Prozeßketten Rechnung tragen.

Auch die wirtschaftlichen Randbedingungen, erwartete Stückzahlen und Zielkosten bezogen auf die Funktionalität der Baugruppe müssen bekannt sein.

Zu Beginn der Entwicklung eines MID-Teils ist die Identifizierung der geeigneten Prozeßkette für die jeweilige Anwendung und die zu integrierenden Funktionen somit ein technologisch und finanziell entscheidender Schritt.

7.2 Heißprägen

7.2.1 Einleitung

Das Heißprägen ist ein etabliertes Verfahren zur Oberflächenveredelung und Beschichtung von Kunststoffbauteilen, das bei der Herstellung von spritzgegossenen Schaltungsträgern in den letzten Jahren einen zunehmenden Stellenwert einnimmt.

Seinen Ursprung hat das Heißprägen als trockenes Oberflächen-Beschichtungsverfahren bereits im 15. Jahrhundert mit der Blattgoldprägung von Initialen und Verzierungen auf Holztafeln oder ledernen Bucheinbänden. Seit ca. 1960 wird das Heißprägeverfahren zum Markieren, Beschriften und Dekorieren von Kunststoffbauteilen eingesetzt. Hierbei wird eine ein- oder mehrfarbige Dekorlackschicht, die auf eine Trägerfolie aufgebracht ist, unter Einwirkung von Temperatur und Druck auf das Kunststoffsubstrat übertragen [18].

Während Prägefolien mit dünnen im Vakuum aufgedampften Metallschichten aus Gold oder Aluminium für dekorative Anwendungen bereits seit den 30er Jahren verwendet werden, setzte die Entwicklung von Prägefolien mit für Elektronikanwendungen geeigneten Kupfer-Schichtdicken von 12 - 70 µm erst Mitte der 80er Jahre ein.

Die Haftung dieser Prägefolien zum Substratkunststoff wurde wie bei Dekorfolien zunächst mit einer Klebstoffschicht erzielt. In einer Weiterentwicklung konnte durch eine Kupferaufrauhung der Folienunterseite auf die Klebstoffschicht verzichtet werden. Mit diesen klebstofffreien Prägefolien kann bei vielen Kunststoffen ein haftfester, auf mechanischer Adhäsion beruhender Kunststoff-Metall-Verbund erzeugt werden [19-24].

Von entscheidender Bedeutung für eine optimale Prägung sind neben der Prägefolie die eingesetzten Prägewerkzeuge und -pressen sowie die Abstimmung der Prägeparameter auf das jeweilige Kunststoffsubstrat.

7.2.2 MID-Heißprägetechnologie

Das MID-Heißprägeverfahren zeichnet sich gegenüber den anderen MID-Herstellverfahren dadurch aus, daß die Metallisierung und Strukturierung des Leiterbildes in einem Prozeßschritt erfolgt. Die wesentlichen Schritte im Verfahrensablauf sind in Kap. 7.1.3 dargestellt, Bild 7.8.

Die Strukturierung erfolgt beim Heißprägen durch Ausscheren des Leiterbildes aus einer Kupferprägefolie. Für ein fehlerfreies Ausscheren sind mehrere Faktoren von Bedeutung:

- Kupferprägefolien mit erhöhter Sprödigkeit,
- Prägepressen ausreichender Preßkraft und hoher Steifigkeit,
- gehärtete Prägewerkzeuge mit gravierten Schneidkanten,
- heißprägegerechte Layoutgestaltung und
- auf den Substratkunststoff abgestimmte Prozeßparameter.

Unter Metallisierung ist beim Heißprägen vor allem die Erzeugung eines haftfesten Metall-Kunststoff-Verbundes zu verstehen. Die Haftung der ausgescherten Leiterbereiche wird wesentlich beeinflußt von:

- der Art der Haftschicht (Klebstoff oder rauhe Oberfläche) der Prägefolie,
- den Eigenschaften (thermische, mechanische, rheologische) des Substratkunststoffs und
- den Prägeprozeßparametern.

Eine Diskussion der haftungsbestimmenden Einflußgrößen erfolgt in Kap 7.2.3. Im Folgenden werden die wichtigsten technologischen Voraussetzungen zur Erzeugung eines heißgeprägten Schaltungslayouts dargestellt.

7.2.2.1 Heißprägefolien

Heißprägefolien für MID-Anwendungen sind in der Regel durch einen Dreischichtaufbau aus einer leitfähigen Kupferfolie, einer Haftschicht auf der Unterseite und einer als Oxidationsschutz sowie zur besseren Löt- und Kontaktierbarkeit dienenden Oberflächenmetallisierung gekennzeichnet, Bild 7.11.

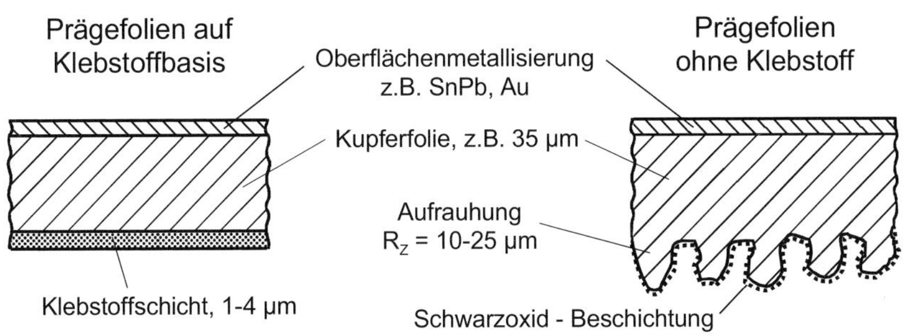

Bild 7.11 Aufbau von MID-Prägefolien; links: Prägefolie auf Klebstoffbasis; rechts: klebstofffreie Prägefolie mit aufgerauhter Oberfläche

Die Kupferfolien werden elektrolytisch aus einer Kupfersulfatlösung direkt auf einer rotierenden Titan-Walze abgeschieden. Die im Prägeprozeß zum Ausscheren der Leiterbahnen erforderliche geringe Scherfestigkeit wird durch eine spezielle Verfahrenstechnik bei der Folienabscheidung erreicht. Für Anwendungen mit unterschiedlicher Strombelastung werden Kupferfolien mit Schichtdicken von 12, 18, 35, 70 und 100 µm hergestellt, wobei in der Leiterplattentechnik häufig eine Schichtdicke von 35 µm verwendet wird. Die elektrische Leitfähigkeit der Kupferfolien beträgt mit $5{,}4 \cdot 10^7$ S/m ca. 95 % der Werte von reinem Elektrolytkupfer [24].

Die auf die Unterseite der Kupferfolie aufgebrachte Haftschicht besteht bei klebstoffbasierten Kupferprägefolien aus einer hitzeaktivierbaren Klebstoffschicht, Bild 7.11 links. Die trockene Klebschicht von ca. 1 bis 4 µm Dicke wird durch die Temperatur- und Druckeinwirkung während des Prägeprozesses aktiviert und verbindet die Kupferfolie adhäsiv mit dem Substratkunststoff. Die Aktivierungstemperatur des Klebstoffs muß dabei an die Prägetemperatur des jeweiligen Substratkunststoffs angepaßt sein.

Bei klebstofffreien Kupferprägefolien besteht die haftvermittelnde Komponente aus einer aufgebrachten Oberflächenaufrauhung und in der Regel einer zusätzlichen Schwarzoxidbeschichtung, Bild 7.11 rechts. Die Aufrauhung besteht aus einer knospenartigen Oberflächenstruktur, Bild 7.12 links, die in Verbindung mit dem Abscheideprozeß der Kupferfolie erzeugt wird, wobei Rauhtiefen R_z von 10 - 25 µm erreicht werden. Die Schwarzoxidierung der Folienunterseite erfolgt nach einer galvanischen Oberflächenmetallisierung in einer alkalischen, stark oxidierenden Lösung, in der nadel- bzw. plättchenförmige Kupferkristalle mit Abmessungen im Submikrometerbereich haftfest auf die rauhe Kupferoberfläche aufwachsen, Bild 7.12 rechts. Die Oberflächenaufrauhung zielt auf eine mechanische Adhäsion zwischen Kupferfolie und Substratkunststoff ab, der während des Prägeprozesses oberflächennah anschmilzt und sich in den Hinterschneidungen der Kupferfolie verankert.

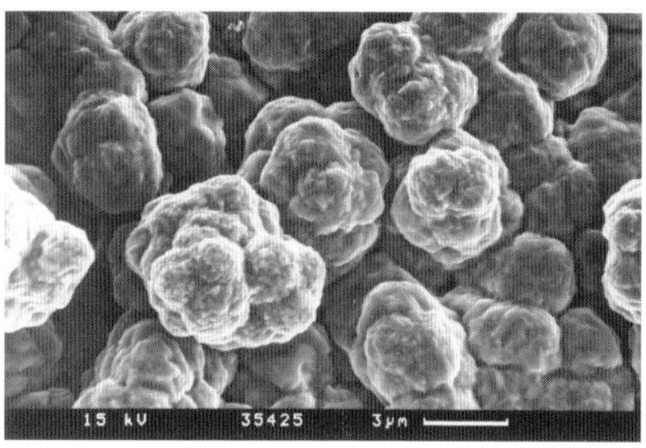

Bild 7.12 REM-Aufnahmen der substratseitigen Oberflächen klebstofffreier Prägefolien

links: ohne Schwarzoxid-Beschichtung
rechts: mit Schwarzoxid-Beschichtung

Mit Prägefolien auf Klebstoffbasis werden auf MID-relevanten Technischen Kunststoffen wie PA, PBT, PET, PC, PC/ABS, ABS, PS und einigen Hochtemperaturthermoplasten wie PES, PEI, PPS Haftfestigkeiten von 0,5 - 2 N/mm erreicht [21]. Mit klebstofffreien Prägefolien sind auf diesen und weiteren Kunststoffen, wie z.B. PP, in der Regel deutlich höhere Haftfestigkeiten von 1 - 3,5 N/mm möglich [21-23].

7.2.2.2 Prägepressen

Beim Heißprägen werden die zwei Hauptverfahren Hub- und Abrollverfahren unterschieden, Bild 7.13.

Beim Hubverfahren wird die Prägefolie unter hohem Druck mit einem beheizten Prägestempel in einer vertikalen Hubbewegung auf das Werkstück gepreßt. Für das Hubverfahren werden diskontinuierlich arbeitende Prägepressen verwendet, deren Antriebe sich je nach erforderlicher Prägekraft unterscheiden.

Zum Heißprägen von MIDs kommen aufgrund der zu realisierenden hohen Prägekräfte überwiegend elektromechanische und hydraulische Pressen zum Einsatz. Abhängig von der Dicke der Kupferprägefolie und der Steifigkeit des Substratkunststoffs werden Pressen benötigt, die bezogen auf die Prägefläche einen Prägedruck von 70 - 90 N/mm^2 erzeugen können. Die Prägepressen müssen möglichst stabil gebaut sein, um eine präzise Führung des Prägestempels zu gewährleisten. Erforderlich ist eine genaue Temperaturregelung bis 300 °C, die Prägezeit muß im Bereich von 0,5 - 3 s eingestellt werden können.

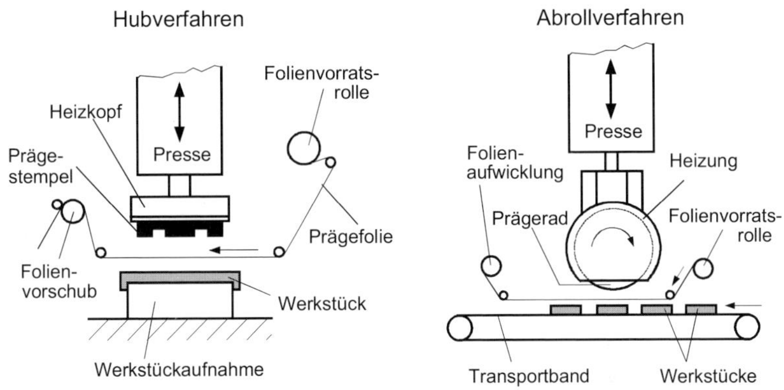

Bild 7.13 Schematische Darstellung des Hub- und Abrollverfahrens

Beim Abrollverfahren besteht das Prägewerkzeug aus einem Prägerad oder einer Prägewalze, unter der das Kunststoffformteil in einer Linearbewegung mit einem Transportband durchgeführt wird. Im Gegensatz zum Hubverfahren wird die Prägekraft nur entlang der Kontaktline der Prägewalze mit dem Werkstück bzw. der Prägefolie wirksam. Hierdurch können große zusammenhängende Flächen ohne Lufteinschlüsse geprägt werden. Bei MIDs ist auf diese Weise z.B. die Erzeugung von Leiterbahnzügen in Kabelkanälen möglich.

7.2.2.3 Prägewerkzeuge

Prägestempel	**Messing**	**Stahl**	**Stahl gehärtet**
unverstärkte Kunststoffe	> 300	> 2000	> 50.000
faserverstärkte Kunststoffe	> 50	> 200	> 40.000

Tabelle 7.1 Vergleich der Standzeiten (Anzahl von Prägevorgängen bis Überschleifen der Kanten) von Prägestempeln aus verschiedenen Werkstoffen [10]

Unter Prägewerkzeugen werden Prägestempel sowie Werkstückaufnahmen verstanden. Für das Heißprägen von Schaltungsträgern werden Prägestempel in der Regel aus Stahl, bei Kleinserien auch aus Messing verwendet. Diese sind in der Regel gehärtet und geschliffen, um ein einwandfreies Ausscheren des Leiterbahnlayouts aus der Kupferprägefolie zu erreichen. Die Herstellung des auf dem Prägestempel erhaben dargestellten Leiterbahnlayouts erfolgt auf Graviermaschinen, wobei die Prägeflächen 0,8 - 1,2 mm erhaben sein sollten. Die Standzeiten der Prägestempel hängen nicht nur vom Stempelmaterial sondern auch vom zu prägenden Kunststoff ab, Tabelle 7.1. Werkstückaufnahmen dienen zur Fixierung und Abstützung des Kunststofformteils unter allen zu prägenden Bereichen, um einen gleichmäßigen Druckaufbau zu erreichen.

7.2.2.4 Layout- und Gestaltungsrichtlinien

Zum Ausscheren der Leiterbahnen aus der Kupferprägefolie ist es erforderlich, daß der Prägestempel lokal in das Kunststoffsubstrat eindringt und die spröde Kupferprägefolie an der Kante des Leiterbahnsteges durchtrennt. Im Vergleich zu ätztechnisch hergestellten Leiterstrukturen aus chemogalvanischen Metallschichten sind beim Heißprägen einige verfahrensspezifische Layout-Richtlinien zu beachten, die sich für das Ausscheren und anschließende Entfernen der freigescherten Prägefolie als günstig erwiesen haben Bild 7.14 [20, 24]:

- sämtliche Ecken z.B. bei Anschlußflächen (Pads) und Leiterbahnbiegungen sollten abgerundet sein,
- plötzliche Änderungen der Leiterbahnbreiten sollten vermieden werden,
- die Metallisierung um mitgespritzte Löcher für Bauelemente in Durchsteckmontage sollte mindestens 0,6 mm betragen,
- der Lochdurchmesser sollte nicht größer als die Materialdicke sein.

Die mittels Heißprägen realisierbaren minimalen Leiterbahnabstände und -breiten sind neben dem verwendeten Substratkunststoff von der Dicke der Prägefolie und dem Schaltungslayout abhängig. Für lange parallele Leiterbahnen werden die in Tabelle 7.2 angegebenen Mindestwerte empfohlen. Zusätzlich sind Mindestabstände zum Rand einzuhalten [20, 24].

Foliendicke	**Leiterbahnbreite**	**Abstand zwischen 2 Leiterbahnen**	**Abstand zum Rand**
12 μm	0,3 mm	0,4 mm	0,2 mm
18 μm	0,5 mm	0,5 mm	0,3 mm
35 μm	0,8 mm	1,0 mm	0,5 mm
70 μm	1,0 mm	1,2 mm	0,7 mm

Tabelle 7.2 Mindestmaße für das Heißprägen von langen parallelen Leiterbahnen

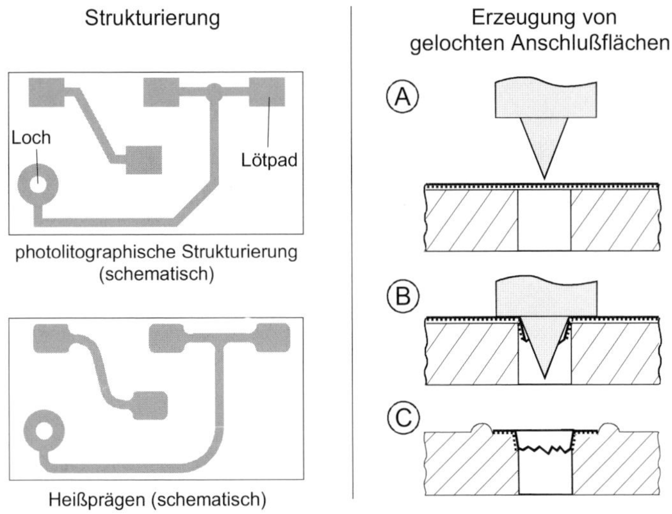

Bild 7.14 links: Heißprägegerechte Layout-Gestaltung im Vergleich mit photolithographisch erzeugten Leiterstrukturen
rechts: Erzeugung von Anschlußflächen um gespritzte Löcher für Bauelemente in Durchsteckmontage

Das Heißprägeverfahren ist besonders geeignet, um ebene, horizontal angeordnete Flächen zu prägen, wobei Aussparungen, Löcher oder erhabene Stege innerhalb der Fläche möglich sind. Geneigte Flächen können aufgrund der wirksamen Prägedrücke nur bis etwa 45° gegenüber der Horizontalen geprägt werden. Bei entsprechender Fixierung der Formteile durch die Werkstückaufnahme sind auch Flächen prägbar, die bis zu 90° zueinander geneigt sind, Bild 7.15.

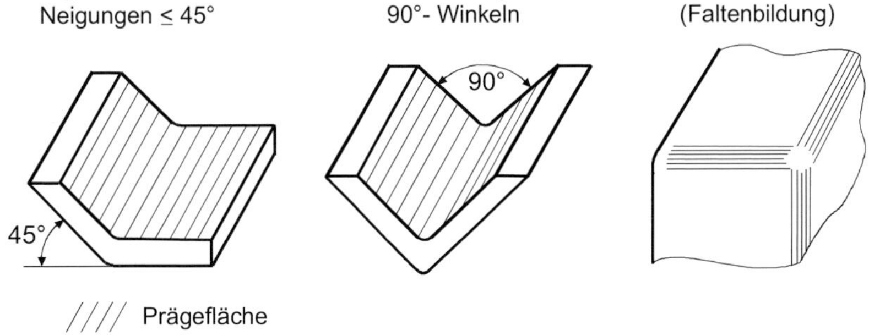

Bild 7.15 Formteilgeometrien beim Heißprägen

Ebenfalls geprägt werden können zylindrisch geformte Innen- und Außenflächen. Freiformflächen wie Ecken oder sphärisch gewölbte Flächen sind aufgrund der Faltenbildung der Prägefolie nicht möglich. Beim Abrollverfahren ergibt sich eine zusätzliche Beschränkung bei tiefer liegenden Flächen mit umlaufendem Rand wie z.B. bei Gehäuseinnenflächen.

Im Bereich der zu prägenden Flächen sind Einfallstellen, Auswerfermarkierungen und Angüsse zu vermeiden, da durch die entstehenden Unebenheiten lokal unterschiedliche Prägedrücke resultieren, die zu fehlerhaftem Ausscheren des Leiterbahnlayouts führen können.

7.2.3 Haftungsbestimmende Einflußgrößen

Für die Einsetzbarkeit des MID-Heißprägeverfahrens ist eine ausreichende Festigkeit des Kunststoff-Metall-Verbundes, der auch unter thermischen und klimatischen Belastungen eine hohe Zuverlässigkeit aufweist, von wesentlicher Bedeutung. Allerdings liegen für thermoplastische Schaltungsträger bisher keine Regelwerke vor, welche Mindestwerte für die Haftfestigkeit vorschreiben. Als Vergleichsgröße wird häufig die für herkömmliche Leiterplatten geforderte Schälfestigkeit der Metallisierung von 1,1 N/mm herangezogen.

7.2.3.1 Ermittlung der Haftfestigkeit

Zur Charakterisierung der Festigkeit der Metall-Kunststoff-Verbindung eignet sich die Messung der Schälfestigkeit (Abschälkraft bezogen auf die Leiterbreite) von aufgeprägten Leiterstreifen, z.B. in Anlehnung an DIN 53494 oder DIN IEC 326 Teil 3. Bei der Bestimmung der Schälkraft mittels Rollenschältest werden die Leiterstreifen über eine kugelgelagerte Abrollwelle geführt und auf einer Länge von 30 mm senkrecht zur Substratebene abgeschält. Aus dem Kraft-Weg-Diagramm kann die mittlere und ggf. die minimale sowie maximale Abschälkraft ermittelt werden, Bild 7.16.

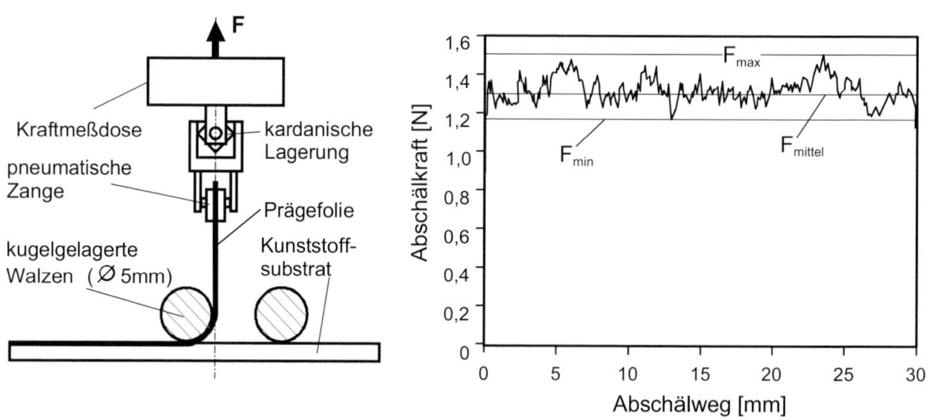

Bild 7.16 links: Schematische Darstellung des Rollenschältests
rechts: Kraft-Weg-Diagramm mit Auswertung von mittlerer, minimaler und maximaler Abschälkraft

7.2.3.2 *Einflußfaktoren auf die Haftung klebstofffreier Prägefolien*

Für die Festigkeit der Kunststoff-Metall-Verbindung erweist sich bei klebstofffreien Prägefolien die Prägetemperatur als die wesentliche Prozeßgröße. Hohe Schälfestigkeiten werden dann erreicht, wenn die im Heißprägeprozeß erweichte bzw. angeschmolzene Oberflächenschicht ausreichend niedrigviskos ist, um in die Hinterschneidungen der Folienoberfläche fließen und diese gut benetzen zu können, Bild 7.17. Die Wahl der richtigen Prägetemperatur setzt daher die genaue Kenntnis des Schmelz- bzw. Erweichungsverhalten der Substratkunststoffe voraus. Für die in Bild 7.17 untersuchten teilkristallinen Kunststoffe sind die Schmelzbereiche in Bild 7.18 dargestellt.

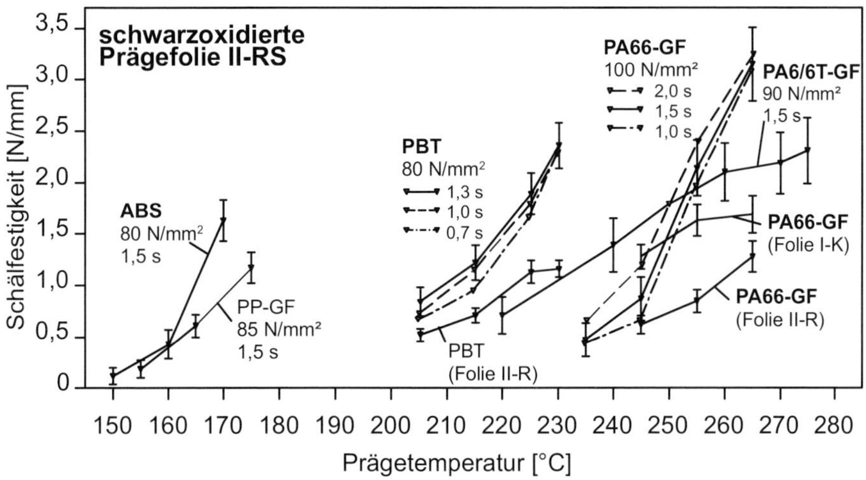

Bild 7.17 Mittlere Schälfestigkeit der klebstofffreien Prägefolie mit Schwarzoxidierung (Folie II-RS) in Abhängigkeit der Prägetemperatur für verschiedene Kunststoffe; Einfluß der Prägezeit bei PA66-GF und PBT

Prägedruck substratspezifisch konstant; Vergleich mit Prägefolien auf Klebstoffbasis (Folie I-K) bei PA66-GF und klebstofffreier Prägefolie ohne Schwarzoxidierung (Folie II-R) bei PA66-GF und PBT

Besonders hohe Schälfestigkeiten von 2 - 3,5 N/mm werden mit schwarzoxidierten Prägefolien bei PBT und Polyamiden erreicht. Ohne Schwarzoxidierung (Prägefolie II-R in Bild 7.17) liegt die Schälfestigkeit im Vergleich hierzu insbesondere bei höheren Prägetemperaturen deutlich niedriger. Dieser Unterschied in der Schälfestigkeit ist im Wesentlichen auf die zusätzliche Mikroaufrauhung der Folienoberfläche durch die Schwarzoxidierung zurückzuführen. Die veränderte Oberflächenchemie spielt nur eine untergeordnete Rolle [14]. Im Vergleich zur Prägetemperatur wird die Schälfestigkeit durch die Prägezeit nur gering beeinflußt. Eine Steigerung des Prägedrucks bewirkt bei geringen Prägetemperaturen in der

Regel eine deutliche Zunahme der Schälfestigkeit. Bei Prägetemperaturen am oberen Rand des Schmelzbereichs liegt demgegenüber nur eine schwache Abhängigkeit der Schälfestigkeit vom Prägedruck vor [14].

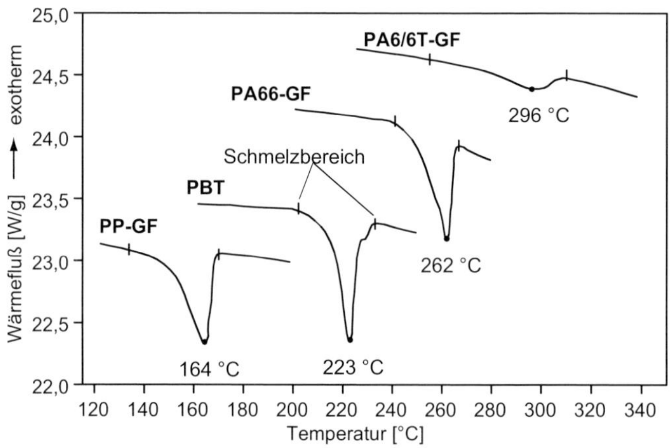

Bild 7.18 DSC-Schmelzkurven und Schmelzpeaktemperaturen der in Bild 7.17 untersuchten teilkristallinen Kunststoffe

Einflußgröße	**Schälfestigkeit**
Spritzgießverarbeitung	steigend bei eigenspannungs- und orientierungsarmen Substraten
Fließrichtung	bei faserverstärkten Kunststoffen quer zur Fließrichtung in der Regel geringer als in Längsrichtung
Leiterbreite	steigend mit zunehmender Leiterbreite bei PA-GF, PBT, PP-GF, fallend bei ABS
Oberflächenvorbehandlung (Niederdruck-Plasma)	steigend, besonders bei PP-GF
Temperaturbelastung ("Löten")	in der Regel steigend, bei PA-GF leicht fallend
Temperaturwechsel	steigend (-20 °C/+80 °C, -40 °C/+120 °C, 100 Zyklen)
Klimalagerung	fallend bei PA-GF, PBT (93 % r.F. / 40 °C / 6 d)

Tabelle 7.3 Einflußgrößen auf die Schälfestigkeit von heißgeprägten Leiterbahnen mit klebstofffreien Prägefolien [14]

Die Festigkeit des Haftverbundes wird durch weitere in Tabelle 7.3 aufgeführte Größen beeinflußt. Höhere Schälfestigkeiten liegen in der Regel bei eigenspannungs- und orientierungsarm verarbeiteten Kunststoffsubstraten vor. Gleiches trifft für die meisten der in Bild 7.17 dargestellten Kunststoffe auch nach Temperaturbehandlung und -belastung (Tempern, Lötsimulation, Temperaturwechsel) zu.

Ebenfalls eine Zunahme der Schälfestigkeit ist durch eine Niederdruck-Plasma-Vorbehandlung des Kunststoff-Substrats besonders bei Polypropylen möglich. Im Gegensatz zu thermischen Belastungen ist besonders bei den polaren Kunststoffen nach Klimalagerung eine Reduzierung der Schälfestigkeit zu beobachten.

7.2.3.3 Prägefolien auf Klebstoffbasis

Mit Prägefolien auf Klebstoffbasis werden in der Regel geringere Schälfestigkeiten oder überhaupt keine Haftung (z.B. PP) erzielt. Im Gegensatz zu klebstofffreien Prägefolien mit Schwarzoxidbeschichtung ist die Temperaturabhängigkeit der Schälfestigkeit jedoch weitaus geringer ausgeprägt. Die Schälfestigkeit kann bei geringen Prägetemperaturen daher auch über den Werten von klebstofffreien Prägefolien liegen (vgl. Bild 7.17 für PA66-GF).

7.2.4 Prägeprozeßfenster beim Heißprägen

Beim Heißprägen von MIDs sind neben der Schälfestigkeit weitere prägespezifische Kriterien wie auch Anforderungen der Folgeprozesse zu beachten, die die sinnvollen Variationsbereiche der Prägeparameter einschränken können. Insbesondere muß das Prägelayout, wie das in Bild 7.19 dargestellte Testlayout, vollständig aus der Prägefolie ausgeschert werden. Der hierzu erforderliche minimale Prägedruck hängt neben den zu prägenden Strukturen wesentlich von der Prägetemperatur und -zeit ab. Da der Prägestempel zum Ausscheren des Layouts in das Substrat eindringen muß, sind mit geringerer Prägetemperatur bzw. kürzerer Prägezeit höhere Drücke erforderlich, Bild 7.21.

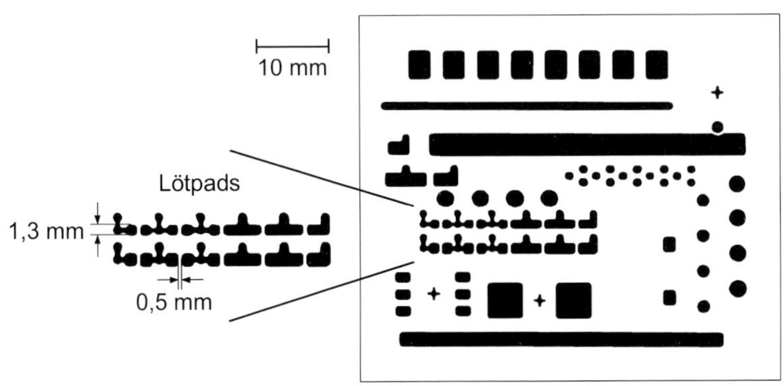

Bild 7.19 Prägelayout mit Strukturelementen unterschiedlichen Feinheitgrades

Wegen der Abhängigkeit der Haftfestigkeit von der Prägetemperatur ist man bestrebt, diese möglichst hoch zu wählen. Eine wesentliche Einschränkung, die das Prozeßfenster jedoch bei hohen Temperaturen und Drücken begrenzt, ergibt sich durch die Ausbildung von Prägewulsten an den Leiterbahnrändern. Besonders bei geringen Strukturabständen kann es bei ungünstigen Prägeeinstellungen wie z.B. zu hoher Prägetemperatur zur Anhaftung der freigescherten Prägefolie an den Prägewulsten kommen, Bild 7.20.

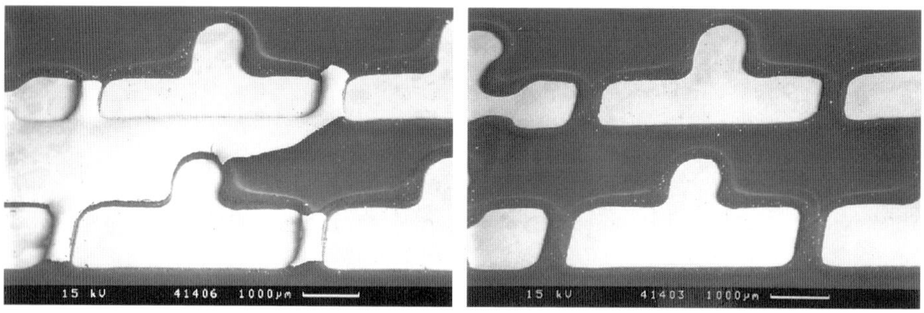

Bild 7.20 Ausschnitt des Testlayouts, Bild 7.19, auf PBT

links: *an den Prägewulsten haftende Folienreste zwischen den Lötpads bei ungünstigen Prägeeinstellungen (230 °C; 1,3 s; 90 N/mm²),*
rechts: *günstige Prägeeinstellungen (225 °C; 1,3 s; 80 N/mm²)*

Die entstehenden Prägewulste können auch für die Verbindungstechnik von oberflächenmontierten Bauelementen eine kritische Größe darstellen. Aus Untersuchungen zu prägewulstbedingten Lötfehlern ist abzuleiten, daß die Prägewulsthöhe 120 µm nicht überschreiten sollte.

Bei Anwendung des Leitklebens als elektrische Verbindungstechnik ist ebenfalls auf geringe Prägewulstbildung zu achten, um geringe Klebespalte und damit geringe Übergangswiderstände zu erreichen.

Zur Festlegung der Prägeprozeßfenster sind daher folgende Qualitätskriterien einer Prägung von Bedeutung:

- fehlerfreies Ausscheren des Schaltungslayouts,
- geringe Prägewulstbildung (< 120 µm) und
- Haftfestigkeit (> 1,1 N/mm).

Die sich unter diesen Randbedingungen mit dem in Bild 7.19 dargestellten Prägelayout ergebenden Prozeßfenster sind unter Verwendung klebststoffreier Prägefolien für verschiedene Kunststoffe in Bild 7.21 dargestellt. Die oberen Grenzen in Bild 7.21 ergeben sich für die Lötpadstrukturen mit minimalen Abständen von 0,5 mm. Bei Strukturen > 0,5 mm kann sich das Prozeßfenster zu höheren Prägetemperaturen hin erweitern.

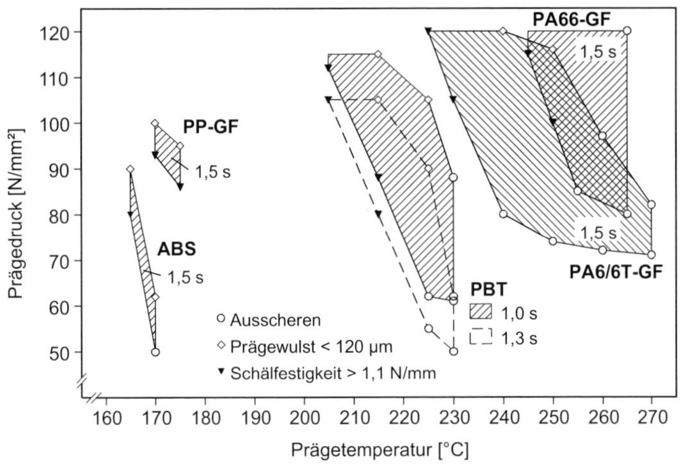

Bild 7.21 Verarbeitungsfenster (Prägetemperatur und -druck) für ABS, PP-GF, PBT, PA66-GF und PA6/6T-GF unter Berücksichtigung der Kriterien Ausscherverhalten, Prägewulsthöhe und Schälfestigkeit; Einfluß der Prägezeit am Beispiel PBT; klebstofffreie, schwarzoxidierte Prägefolie

7.3 Leitkleben und Löten

7.3.1 Einführung

Die Aufbau- und Verbindungstechnik in der Elektronikproduktion wird zunehmend zu einer Schlüsseltechnologie für Innovationen auf Baugruppenebene. Sie steht dabei in unmittelbarer Verbindung mit den sich laufend weiterentwickelnden Bauteilen und modifizierten Basisträgern. Die derzeitig dominierende Verbindungstechnologie Löten mit Zinn-Blei-Loten kann technologisch die gesamte Vielfalt der zu verbindenden Materialkombinationen nicht umsetzen. Verfahrensbedingte Nachteile wie hohe Temperaturbelastungen der Verbindungspartner und unzureichende Temperaturbeständigkeit der Substratmaterialien zwingen die Baugruppenhersteller zu alternativen Ansätzen. Außerdem wird die ökologische Verträglichkeit von Prozessen, Produkten und der verwendeten Materialien für die Akzeptanz von Produkten immer entscheidender. In diesem komplexen Umfeld muß sowohl die Prozeßtechnologie den zukünftigen Herausforderungen gerecht werden, als auch die Qualität und Zuverlässigkeit der Produkte den steigenden Anforderungen genügen.

Elektrische Bauelemente als ein wesentlicher Bestandteil jeder Baugruppe beeinflussen durch Form, Funktionalität und Anschlußgeometrie entscheidend den technologischen Wandel in der Elektronikproduktion. Nach dem Standard (SM-748A) des Institute for Interconnection and Packaging Electronic Circuits (IPC) können zwei Hauptgruppen elektronischer Bauelemente unterschieden werden [31].

Die Durchsteckmontage (THT) ist im Allgemeinen dadurch gekennzeichnet, daß die Anschlüsse der Bauelemente durch Bohrungen im Verdrahtungsträger gesteckt und danach mit diesem mittels Wellenlöten mechanisch und elektrisch verbunden werden. Beim Wellenlötprozeß wird die gesamte Baugruppe über eine Welle flüssigen Lotes geführt, wobei sich an den Kontaktstellen durch Adhäsionskräfte Lot anlagert und somit die Lötverbindungen entstehen. Eine Besonderheit der Durchsteckmontage ist die Einpreßtechnik. Sie gehört zur Gruppe der lötfreien Verbindungstechnik. Bei dieser Technik werden die Bauteileanschlüsse in die Bohrungen des Schaltungsträgers eingepreßt. Technologisch stellt die Einpreßtechnik höhere Anforderungen an die Maßhaltigkeit des Lochdurchmessers und an die Oberflächenbeschaffenheit des durchkontaktierten Loches.

Die zweite Aufbauvariante ist die Oberflächenmontage (SMT), die heute in der Elektronikproduktion am häufigsten eingesetzt wird. Bei dieser Technik werden die Bauelemente nicht mit ihren Anschlüssen in Löcher des Schaltungsträgers gesteckt, sondern direkt auf die Schaltungsstruktur bestückt. Zuvor muß auf die Anschlußflächen als Kontaktmedium Leitkleber bzw. Lotpaste aufgetragen werden. Die mechanische und elektrische Verbindung zwischen den Bauelementen und dem Schaltungsträger wird abschließend durch Reflowlöten bzw. Aushärten realisiert. Die Wärmeübertragung beim Reflowlöten kann durch Strahlung, Kondensation, Konvektion oder einer Kombination dieser Prinzipien erfolgen. Die Wärme kann dabei flächenhaft oder selektiv zugeführt werden, was zu einer lokalen bzw. vollflächigen Erwärmung des Schaltungsträgers führt. Dementsprechend werden die in der Baugruppenfertigung eingesetzten Lötverfahren bezüglich der Wärmeinbringung in Infrarotlöten, Konvektionslöten und Dampfphasenlöten unterschieden [34].

In den letzten Jahren wurden aus technologischen und ökologischen Gründen Alternativen zum Einsatz von Zinn-Blei-Loten in der SMT entwickelt. Hierbei wurden Ansätze verfolgt, bleifreie niedrigschmelzende Lotpasten und Leitkleber zu entwickeln und diese auf ihre Anwendbarkeit bzw. Zuverlässigkeit zu überprüfen.

Beim Einsatz alternativer Lotwerkstoffe und leitklebender Pasten wird das Medium im pastösen Zustand durch Sieb- bzw. Schablonendruck oder bei dreidimensionalen spritzgegossenen Schaltungsträgern durch Dispensverfahren auf den Schaltungsträger aufgebracht. Der klassische Lötprozeß ist beim Leitkleben durch einen Härteprozeß ersetzt, wobei die Verbindungsstellen zum Teil unter entsprechendem Anpreßdruck ausgehärtet werden müssen. Technologisch bestehen Leitkleber aus einem nicht leitenden Basismaterial zumeist Epoxidharz. Die Leitfähigkeit wird erst durch die Zumischung von Füllteilchen aus Silber, Gold oder Nickel erreicht. Als Füllstoff werden Flakes sowie kugelige und stäbchenförmige Partikel verwendet. Die Härtung kann bei den meisten Leitklebpasten im Reflowofen vollzogen werden, wobei das Temperaturprofil angepaßt werden muß. Dampfphasenöfen die beim Löten auch zur Anwendung kommen, eignen sich für das Aushärten von Klebstoffen nur bedingt. In der Regel ist aber eine entsprechende Maschinenausstattung zur Verarbeitung von Leitklebstoffen in der Baugruppenfertigung vorhanden. Somit sind für den Einsatz der Leitklebvariante keine zusätzlichen Investitionen notwenig.

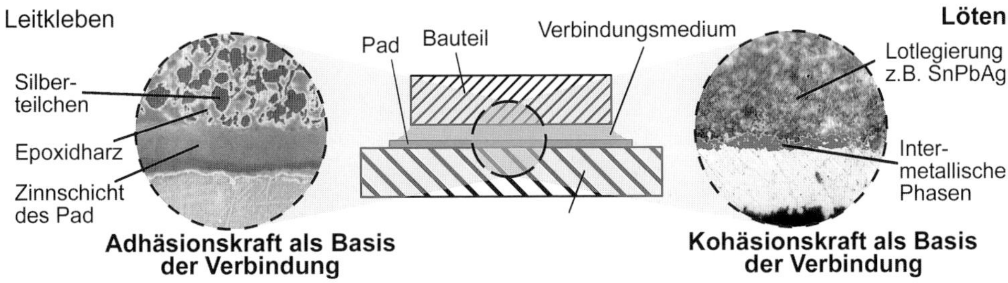

Bild 7.22 Gegenüberstellung der unterschiedlichen Verbindungstechniken

Im Unterschied zum Härteprozeß beim Kleben durchläuft die Lotpaste beim Löten vor der Verfestigung eine flüssige Phase, wodurch das Bauteil in der Lotpaste einschwimmt. Den Formschluß der Fügepartner und die elektrischen Eigenschaften übernehmen hierbei die entsprechenden Lotlegierungen wie beispielsweise Zinn-Blei-Silber. Die organische Phase besteht bei der Lotpaste aus Harz, Lösungsmittel, Aktivatoren und diversen Additiven. Die Aufgabe des Flußmittels im Lötprozeß ist die Entfernung und der Abtransport von Verunreinigungen und Oxidschichten auf den Oberflächen der Fügepartner. Die Oxidfreiheit auf diesen Schichten ist die Voraussetzung für ein gutes Benetzungsverhalten durch das flüssige Lot.

7.3.2 Verbindungstechnik Leitkleben

7.3.2.1 Leitklebstoffe für die SMT

Beim Kleben werden verschiedene Werkstoffe oder Bauelemente durch einen polymeren Fügewerkstoff unter Ausnutzung der Kohäsion und Adhäsion stoffschlüssig miteinander verbunden. Die gefüllten Epoxidharzkleber, mit deren Füllpartikeln eine Optimierung von Wärmeleitfähigkeit, E-Modul und thermischen Ausdehnungskoeffizienten erreicht wird, haben den Vorteil, daß bei engen Klebfugen ein relativ geringer Wärmeübergangswiderstand und gleichzeitig eine zufrieden stellende mechanische Entkopplung erzielt werden. Zur Herstellung elektrisch leitfähiger Klebverbindungen kommen prinzipiell drei Verfahren in Betracht, Bild 7.23:

- isotrop leitfähige Klebverbindungen mit gefüllten Klebstoffen,
- anisotrop leitfähige Klebverbindungen mit gefüllten Klebstoffen,
- Engspaltkleben mit ungefüllten Klebstoffen.

Isotrop bzw. anisotrop leitfähige Klebstoffe unterscheiden sich technologisch durch ihre Wirkrichtung. So sind isotrop leitfähige Klebstoffe richtungsunabhängig, wobei anisotrop wirkende Klebstoffe nur in Z-Richtung Leitfähigkeit aufweisen.

Beim Engspaltkleben wird die elektrische Leitfähigkeit der Verbindung primär durch einen direkten metallischen Kontakt der Fügepartner erzielt. Der Klebstoff selbst ist nicht elektrisch leitend. Die elektrischen Eigenschaften der Verbindung werden außer vom

Klebstoff im Wesentlichen von den Fügeteiloberflächen bestimmt.

Klebstoffe für anisotrop leitfähige Klebverbindungen enthalten typischerweise ca. 5 Vol.% (ca. 20 Gew.%) metallische oder metallisierte Füllstoffe. Dieser Füllgrad liegt unterhalb der Perkolationsschwelle, so daß auch diese Klebstoffe nicht elektrisch leitend sind. Die Leitfähigkeit der Verbindung wird erst während des Fügeprozesses unter Einwirkung von Wärme und Druck durch metallische Kontakte zwischen den Füllstoffpartikeln und den Fügeteilen erreicht. Die elektrischen Eigenschaften dieser Verbindung werden überwiegend von der Klebstoffmatrix, den Fügeteil- und Füllstoffoberflächen, der Anzahl elektrisch, leitfähiger Brücken (Füllstoffpartikel) pro Fügefläche sowie der Größe der Berührungsflächen zwischen Füllstoffpartikeln und Fügeteilen bestimmt.

Am weitesten verbreitet ist derzeit das Leitkleben mit elektrisch isotrop leitfähigen Klebstoffen (ICA). Bei diesen Materialien handelt es sich um Duromere oder Thermoplaste, die mit Metallpulvern so hoch gefüllt sind, daß die Perkolationsschwelle überschritten und eine Eigenleitfähigkeit des Materials erreicht wird. Als Füllstoffe werden überwiegend plättchenförmige oder rundliche Massivpartikel aus Silber verwendet, vereinzelt kommen auch andere Edelmetalle oder mit Edelmetallen beschichtete unedlere Füllstoffe zum Einsatz. Der Füllgrad liegt üblicherweise bei ca. 23-30 Vol.% (ca. 70-80 Gew.%). Mit diesen Klebstoffen können Kontaktwiderstände $\leq$ 10 $m\Omega/mm^2$ erreicht werden. Der spezifische Volumenwiderstand eines solchen Materials beträgt ca. 10^{-4}-10^{-5} Ωcm [36].

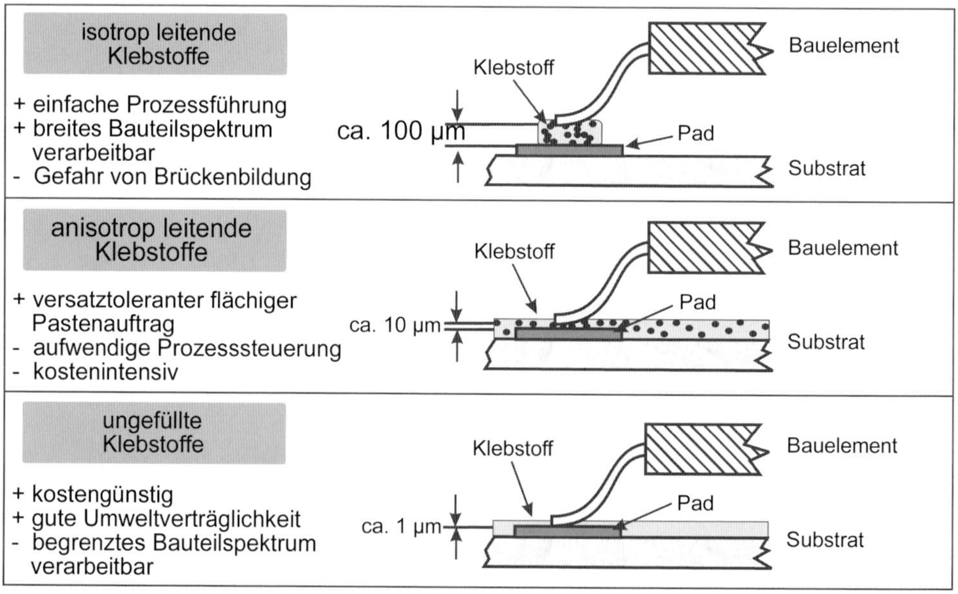

Bild 7.23 Vergleich unterschiedlicher SMT-Klebtechniken

Als Füllstoffmaterial kommt heute überwiegend Silber zum Einsatz. Silber hat den entscheidenden Vorteil der besten elektrischen Leitfähigkeit (spezifischer Volumenwiderstand $1{,}6 \cdot 10^{-6}$ Ωcm) gegenüber den anderen in Frage kommenden Metallen. Positiv wirkt sich aus, daß die sich bildende dünne Silberoxidschicht ebenfalls gute elektrische Eigenschaften besitzt. Daher führt die Alterung von Füllstoffpartikeln aus Silber im Allgemeinen nicht zu einer signifikanten Verschlechterung der elektrischen Leitfähigkeit. Technologisch nachteilig wirkt sich bei der Verarbeitung von Silber als Füllstoffpartikel die Neigung zur Migration aus. Unter Silbermigration versteht man den Effekt der Wanderung von Silberteilchen zwischen benachbarten Klebstoffdepots und der daraus resultierenden Gefahr von Kurzschlüssen. Um Migration auszuschließen wird als Ersatzfüllstoff von Leitklebern schwerpunktmäßig Gold oder vereinzelt Nickel eingesetzt.

In den letzten Jahren hat sich gezeigt, daß im Gegensatz zu verschiedenen Prognosen das Anwendungsfeld der Leitklebtechnik auf bestimmte Bereiche begrenzt war und keinen Zugang zum breiten Anwendungsfeld der Elektronikproduktion gefunden hat. Dies liegt insbesondere in technologischen Restriktionen und wirtschaftlichen Faktoren begründet. Leitklebstoffe lassen sich insbesondere bei der in der klassischen SMT-Verarbeitung eingesetzten Zinn-Blei oder Zinn Oberflächen nur bedingt verarbeiten, da Kontaktierungen mit diesen Oberflächen unter entsprechenden Umgebungsbedingungen zu einem Anstieg der Kontaktwiderstände und damit oftmals zu erheblichen Beeinträchtigungen der elektronischen Schaltung führen. Um dies zu kompensieren, muß eine Umstellung der Kontaktflächen von Bauelementen und Anschlußflächen auf edlere Kontaktmetalle wie Silber bzw. Gold erfolgen. Aus wirtschaftlicher Sicht ist anzuführen, daß der Materialpreis für Leitklebstoffe gegenüber konventionellen Zinn-Blei-Loten um den Faktor 10 teurer ist, wobei für eine Klebverbindung nur eine halb so große Volumenmenge eingesetzt werden muß [42].

Ein entscheidender Vorteil für die Leitklebtechnik ist ihre Verarbeitbarkeit bei geringen Temperaturen, wodurch der Einsatz thermisch sensitiver Materialien ermöglicht wird. Dies gewinnt vor allem im Umfeld der Technik spritzgegossener, thermoplastischer Schaltungsträger (MID) an Bedeutung.

7.3.2.2 Anforderungen an Bauelemente

Die Klebtechnologie stellt gegenüber dem Löten andere Anforderungen an die Verbindungspartner, die aus dem unterschiedlichen Werkstoffverhalten der beiden Fügewerkstoffe resultieren.

Der Klebstoff besitzt andere Benetzungseigenschaften als das Lot. Beim Kleben erfolgt kein aktives Anfließen des Fügewerkstoffes an die Anschlüsse. Um dennoch sichere Kontaktierungen mit der notwendigen Haftfestigkeit zu erreichen, müssen alle Anschlüsse eines mehrpoligen Bauelementes exakt in der gleichen Ebenen liegen, und die einzelnen Kontaktflächen sollten vergrößert oder oberflächlich aufgerauht werden. Eine Modifizierung der Anschlußgeometrie, die eine Verankerung des Anschlusses im Klebstoff bewirkt (zusätzlicher Formschluß), ist vorteilhaft.

In Leitklebkontakten wirkt ein anderer Bindemechanismus als in Lötkontakten. Der Klebstoff kontaktiert nur die unmittelbare Oberfläche. Es entsteht keine Legierungszone. Fremdschichten werden im Allgemeinen weder reduziert noch abgelöst oder permanent durchbrochen. Daher können mechanisch stabile und dauerhaft niederohmige Leitklebverbindungen nur an solchen Bauelementeanschlüssen entstehen, die keine dichten isolierenden Fremdschichten aufweisen.

Schließlich sind Klebstoffkontakte im Gegensatz zu Lotkontakten nicht hermetisch dicht. Die Harzmatrix kann stets geringe Mengen an Feuchtigkeit aufnehmen. Die Bauelementeanschlüsse dürfen dadurch nicht korrodieren.

7.3.2.3 Zuverlässigkeit von Leitklebungen

Wie jede Verbindung in elektronischen Baugruppen und Produkten ist auch eine Leitklebverbindung sehr komplexen Beanspruchungen ausgesetzt. Es handelt sich hierbei um mechanische, klimatische und insbesondere thermische und elektrische Belastungen. Diese Faktoren treten isoliert, in der Praxis jedoch meist überlagert und wechselnd auf. In der Elektronikproduktion existiert eine Vielzahl an Prüfverfahren zur Bewertung von Qualität und Zuverlässigkeit von Flachbaugruppen. Die Auswahl und Art der Testverfahren ist abhängig vom jeweiligen Produkt, dessen Funktion und Einsatzbereich. Schwerpunktmäßig werden heute Leitklebverbindungen durch elektrische und mechanische Eigenschaften qualifiziert. Die meisten Prüfungen untersuchen hierbei die Temperatur- bzw. Temperaturwechselbeständigkeit, die Klima- bzw. Klimawechselbeständigkeit und die Migration von Füllstoffbestandteilen [35].

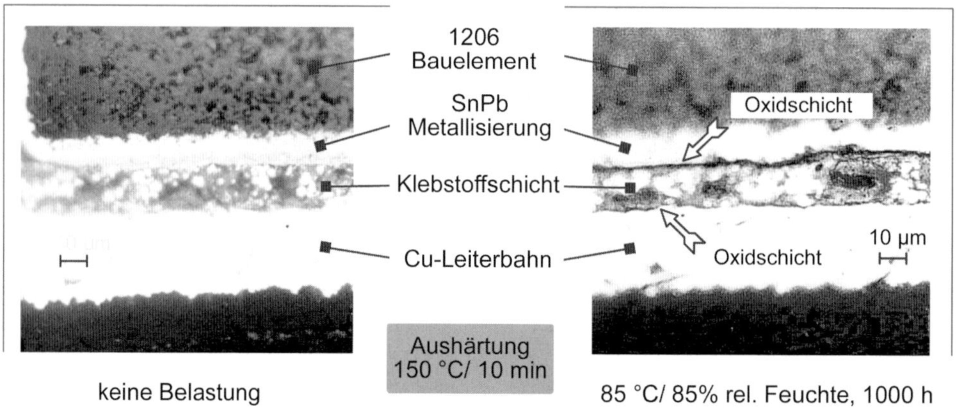

Bild 7.24 Schichtbildung auf leitgeklebten 1206 SnPb-Bauelement nach Feuchtebelastung

Eine Lagerung bei erhöhten Temperaturen (z.B. 1000 h bei 150 °C) kann Nachreaktionen im Klebstoff bewirken, die sich auf seine thermomechanischen und elektrischen Eigenschaften sowohl positiv als auch negativ auswirken können. So wird z.B. eine Nachvernetzung höhere innere Spannungen in der Klebfuge bewirken. Eine Leitklebverbindung und damit insbesondere der Leitklebstoff muß auch nach längerer Temperaturbeanspruchung noch so flexibel sein, daß betriebsbedingte Temperaturwechsel- bzw. Thermoschockbeanspruchungen (z.B. 1000 Zyklen -40 °C/+125 °C) nicht zu Mikrorissen in der Klebschicht führen.

Der Einfluß von Temperatur und Feuchte auf eine Leitklebverbindung wird in einer Klimalagerung (z.B. 1000 h Klima 85 °C/85 % rel. Feuchte) bzw. einer Klimawechsellagerung (z.B. 100h Klima 23 °C/85 % rel. Feuchte; 100 h 55 °C/95 % rel. Feuchte) überprüft. Die Einwirkung von Feuchte verursacht Quellvorgänge im Polymer, die eine Verringerung der Haftfestigkeit des Klebstoffs an den Fügeteilen sowie unter Umständen eine Korrosion der Fügeteile zur Folge haben können.

7.3.2.4 Leitkleben im Bereich der 3D-MID Technologie

Thermoplastische spritzgegossene Schaltungsträger (MIDs) stellen in vielen Bereichen eine sehr interessante Alternative zur konventionellen Leiterplatte dar. Es handelt sich dabei um thermoplastische Schaltungsträger mit integriertem Leiterbild, die sowohl elektrische als auch mechanische Funktionen erfüllen können. Problematisch beim Einsatz der MID Technik ist die geringe thermische Belastbarkeit der meisten verfügbaren Thermoplaste. Das elektrisch leitfähige Kleben mit möglichen Härtungstemperaturen deutlich unter 120 °C kommt dieser Forderung in idealer Weise entgegen.

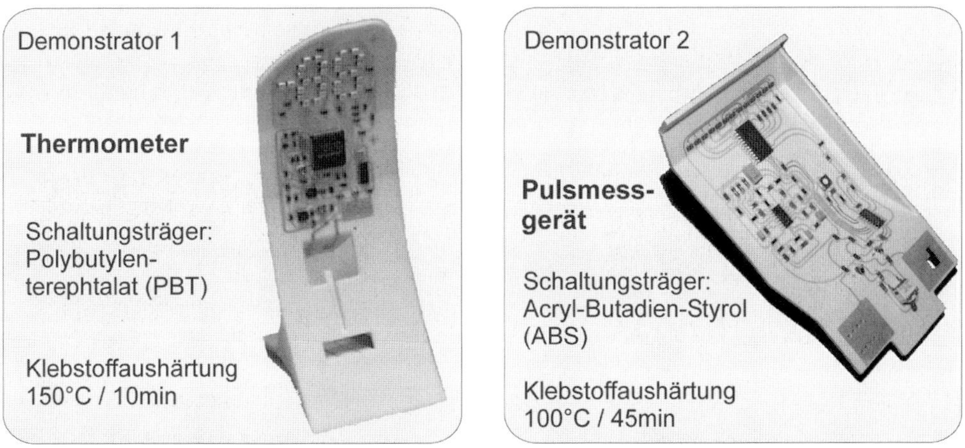

Bild 7.25 Anwendungsdemonstratoren [46, 47]

Als ein Anwendungsprototyp ist in Bild 7.25 ein MID-Schaltungsträger mit der Funktion eines Zimmerthermometers dargestellt, welcher von der Forschungsvereinigung Räumliche Elektronische Baugruppen 3D MID e.V. hergestellt wurde. Besondere Herausforderungen lagen in der notwendigen Verklebung der Bauelemente vom Typ PLCC mit den klebtechnisch eher ungünstig ausgelegten Anschlußbeinchen in J-Form sowie den ebenfalls nachteiligen SnPb-Metallisierungen sowohl auf Bauelementen als auch auf Leiterbahnen. Trotz dieser nicht optimalen Randbedingungen konnten funktionsfähige Teile automatisiert hergestellt und die Zuverlässigkeit nachgewiesen werden.

Eine weitere Anwendung ist eine Pulsmeßgerät, Bild 7.25. Hier wurde das Prinzip der meßbaren Widerstandsänderung des menschlichen Körpers während der Herzkontraktion genutzt. Dieses Produkt entstand als Technologie-Demonstrator innerhalb des vom BMBF geförderten Großprojektes "Neue Materialien und Verfahren für 3D MID" [10]. Der besondere Anspruch lag hierbei im Einsatz von ABS-Material mit geringer thermischer Beständigkeit und der resultierenden Beschränkung der Prozeßtemperaturen auf etwa 100 °C. Weiterhin erforderte die Anordnung von Bauelementen auf vier, zum Teil schrägen Prozeßflächen eine hohe Naßfestigkeit des Klebstoffes. Auch an diesem Produktbeispiel konnte die Einsatzmöglichkeit des Leitklebens anhand funktionsfähiger Teile nachgewiesen werden.

7.3.3 Verbindungstechnik Löten

7.3.3.1 Definition des Lötens

Der Begriff Löten bezeichnet nach DIN 8505 T1 ein thermisches Verfahren zum stoffschlüssigen Fügen und Beschichten von Werkstoffen, wobei die Solidustemperatur der Grundwerkstoffe nicht erreicht wird. In der Baugruppenfertigung wird das Verfahren sowohl zum Beschichten von Leiterplatten und Bauelementen, vor allem aber als Verbindungslöten zum Fügen elektronischer Bauelemente auf Schaltungsträgern verwendet. Die stoffschlüssige Verbindung kommt zustande, wenn nach erfolgter Benetzung der Fügeflächen durch den schmelzflüssigen Lotwerkstoff die Grenzflächenatome miteinander in Wechselwirkung (Lösungs-, Auflösungs- und Diffusionsreaktion) treten können.

An Fügeteiloberflächen und Metallisierungen wird nach der Diffusionsreaktion unter Bildung intermetallischer Phasen (meist zwischen dem Legierungsbestandteil Sn und anderen Metallen) ein Energieminimum erreicht, wobei die vorliegende Adhäsion in eine Kohäsion übergeht.

7.3.3.2 Anforderungen an Lötverbindungen

Die Anforderungen an Lötverbindungen können aus funktionellen Gesichtspunkten abgeleitet werden. Neben der möglichst verlustlosen Leitung und Übertragung elektrischer Signale, der Wärmeableitung von verlustleistungsbehafteten Bauteilen und hoher thermomechanischer Stabilität hat die Lötverbindung die mechanisch dauerhafte Fixierung der Fügeteile zu gewährleisten. Diese Anforderungen lassen sich stark spezifizieren, jedoch können daraus nur wenige konkrete Grenzwerte für Lötverbindungen abgeleitet werden.

7.3.3.3 Lotwerkstoffe für die Elektronikproduktion

In der Literatur werden über 200 Lotwerkstoffe mit Schmelzpunkten unter 300 °C erwähnt, die grundsätzlich als Verbindungswerkstoff für elektronische Komponenten zum Einsatz kommen können. Aus Sicht des jeweiligen Anwenders lassen sich diese Weichlotwerkstoffe in verschiedene Gruppen unterteilen, wobei auch Kombinationen verschiedener Kriterien auftreten können.

Weichlot in der Elektronikfertigung bezeichnet heute fast ausschließlich die bleihaltigen Legierungen Sn63Pb37, Sn60Pb40 oder Sn62Pb36Ag2, die als Standardlotwerkstoffe branchenübergreifend universell für die unterschiedlichsten Applikationen zwischen Konsumelektronik und Automobilanwendungen unter Verwendung verschiedener Lötverfahren eingesetzt werden.

So wird beispielsweise aktuell ein Verbot bleihaltiger Lotwerkstoffe in der EU für den Beginn des Jahres 2006 beschlossen. So legte die EU-Generaldirektion XI (Umwelt) im Jahr 2000 einen Entwurf zur Elektronikschrott-Richtlinie vor. Aus diesem Entwurf "Proposal for a Directive on Waste from Electrical and Electronic Equipment" geht für die Elektro- und Elektronik-Industrie neben dem Verbot halogenhaltiger Substanzen (z.B. als Flammschutzmittel) auch das Verbot bleihaltiger Lotwerkstoffe bis zum 01.01.2007 hervor. Mindestens genauso wichtig sind allerdings wirtschaftliche oder technologische Erwägungen. So ist beispielsweise im Bereich der Automobilelektronik eine zunehmende Dezentralisierung zu verzeichnen, die teilweise mit einer Erhöhung der Dauergebrauchstemperaturen der Elektronikkomponenten auf Werte von 150 °C und höher einhergeht. Die Eignung bleihaltiger Standardlote für derartige Betriebsbedingungen ist zumindest fraglich [38].

Niedrigere Verarbeitungstemperaturen bzw. Schmelzpunkte lautet die Forderung einer gegenläufigen Entwicklungsrichtung, um die Verarbeitung temperaturempfindlicher Bauteile und Trägermaterialien zu erleichtern. Dieser Trend läßt sich speziell im Bereich der Unterhaltungselektronik beobachten, wo aufgrund des starken Kostendrucks preiswerte, wenig wärmebeständige Materialien eingesetzt werden [39, 43]. Auch für den Einsatz thermoplastischer Basismaterialien (Folie, MID) ist der Einsatz niedrigschmelzender Lotwerkstoffe eine mögliche Alternative [41]. Eine Zusammenfassung der unterschiedlichen Motive für den Einsatz alternativer, bleifreier Lotwerkstoffe ist in Bild 7.26 gegeben.

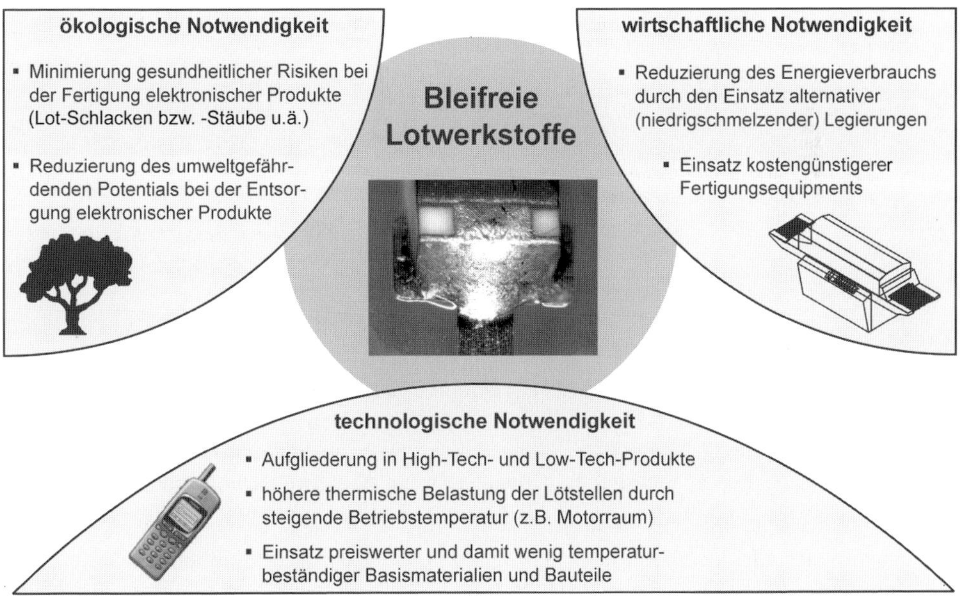

Bild 7.26 Einflußfaktoren auf einen bleifreien Lotwerkstoff

Ausgehend vom Periodensystem der Elemente ist die Auswahl potentieller Legierungselemente für alternative, bleifreie Lotwerkstoffe nicht sehr groß. Als mögliche Bestandteile werden neben dem Grundwerkstoff Sn, der auch zukünftig die Basis aller Elektroniklotwerkstoffe bilden wird, die Metalle Cu, Ag, Bi, Sb sowie für spezielle Anwendung auch Zn, In und Au diskutiert [37, 43, 44]. Gegen den Einsatz Au- und In-haltiger Legierungen sprechen deren hoher Preis bzw. die unzureichende Verfügbarkeit, Zn als Legierungselement wird aufgrund vermuteter Korrosionsprobleme und Verarbeitungsschwierigkeiten kaum als Lotbestandteil eingesetzt werden. Einen Überblick möglicher bleifreier Lotwerkstoffe, wie sie heute von unterschiedlichen Herstellern angeboten werden, gibt Bild 7.27.

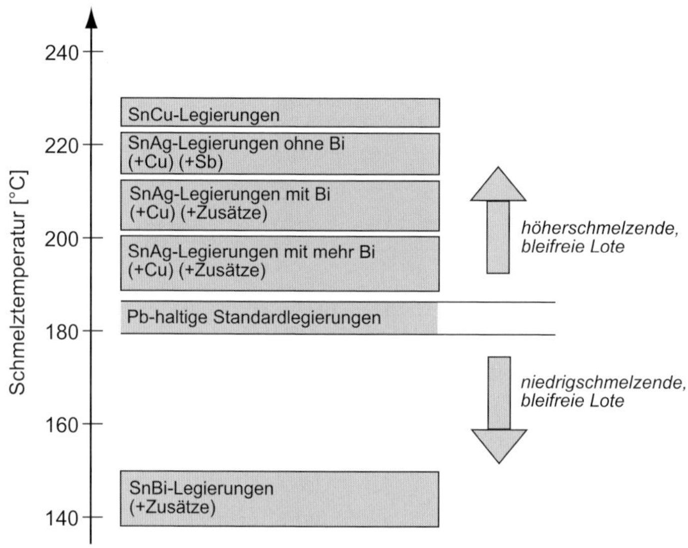

Bild 7.27 Schmelztemperaturen unterschiedlicher Lotwerkstoffe

Diese Aufstellung macht deutlich, daß gerade im Hinblick auf den Schmelzpunkt und dadurch auch auf die notwendigen Verarbeitungstemperaturen eine Ersatzlegierung für die bisherigen Standardlote nicht verfügbar ist. Die Schmelztemperaturen möglicher Alternativlegierungen liegen entweder etwa 40 K unterhalb oder um bis zu 30 K oberhalb des Schmelzpunktes von SnPb-Legierungen. Vor dem Hintergrund der thermischen Belastungen für Schaltungsträger und Bauteile können sich deshalb neue Herausforderungen für die Prozeßführung beim Löten, aber auch für die eingesetzten Materialien ergeben. Eine Entscheidung für eine einzige alternative, bleifreie Legierung ist derzeit noch nicht gefallen. So werden wohl zukünftig anforderungsbezogen niedrigschmelzende Lote neben hochschmelzenden oder hochlangzeitbeständigen Legierungen eingesetzt werden. Derzeit werden als vielversprechendste Lösung für allgemeine Anwendungen Legierungen auf Basis von SnAgCu (Zinn-Silber-Kupfer) diskutiert, wobei für Sonderanwendungen mit geringer thermischer Belastung auch SnBi58 (Zinn-Wismut; Schmelzpunkt 138 °C) großes Potential besitzt. Diese Legierung zeichnet sich gegenüber der Standardlegierung durch gute Lötstelleneigenschaften bis zu Temperaturen von über 100 °C bei gleichzeitig deutlich niedrigerem Schmelzpunkt aus [40, 45].

Der Einsatz thermoplastischer Werkstoffe für elektronische Schaltungsträger in der MID- und Folientechnologie oder als Bestandteil elektronischer Bauteile wird durch die geschilderten Entwicklungen im Bereich der Lotwerkstoffe sicherlich beeinflußt, wobei die Auswirkungen momentan noch nicht abschließend abzuschätzen sind. Generell kann die Aussage getroffen werden, daß bei Einsatz niedrigschmelzender Legierungen, wie beispielsweise SnBi58, ein großes Spektrum thermoplastischer Basismaterialien ohne Schädigung in Reflowlötprozessen verarbeitet werden kann.

Bei Prozeßtemperaturen zwischen 155 °C und 170 °C lassen sich alle HT- und die überwiegende Mehrheit technischer Kunststoffe problemlos löten, aber auch die Eignung von SnBi58 als Verbindungswerkstoff für Standardthermoplaste wie PP-GF konnte bereits nachgewiesen werden [41, 46]. Das folgende Bild zeigt das Temperatur-Zeit-Profil beim Kondensationslöten eines Schaltungsträgers aus PP-GF30 mit dem Lot SnBi58. Auch für flexible, thermoplastische Schaltungsträger beispielsweise aus den Materialien PET oder PEN stellten diese Legierungen oftmals eine vielversprechende Alternative dar.

Der Einsatz höherschmelzender Legierungen, deren Prozeßtemperaturen je nach Legierung und verwendetem Anlagentyp zwischen 230 °C und 260 °C (im Reflowlötprozeß) liegen, stellt extreme Anforderungen an die eingesetzten Basiswerkstoffe. Aus dem Bereich der thermoplastischen Basiswerkstoffe ist hier sicherlich nur noch der Einsatz weniger technischer Thermoplaste oder Hochtemperaturthermoplaste möglich.

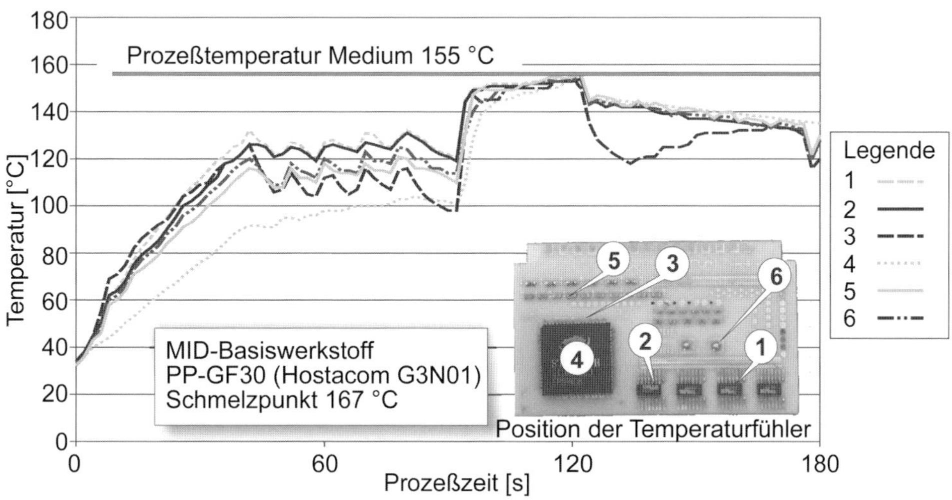

Bild 7.28 Dampfphasenlöten - Temperaturprofil auf thermoplastischem Testboard [46]

7.4 Literatur

[1] Franke, J. Integrierte Entwicklung neuer Produkt- und Produktionstechnologien für räumliche spritzgegossene Schaltungsträger (3-D MID), Diss. FAPS, Universität Erlangen-Nürnberg, 1995

[2] Boone, L., Heermann, M. Integration mit SIL-Technik, Siemens-Zeitschrift Spezial, 1992, S. 4-9

[3] Herrmann, G., Egerer, K., Eugen G. Handbuch der Leiterplattentechnik, Band 2: Neue Verfahren, Neue Technologien, Leuze Verlag, Saulgau, 1991

[4] Wolf, M Spritzgießen dreidimensionaler Leiterplatten, Kunststoffe 79 (1989) 2, S. 146-150

[5] Mettler, M.R. The Benefits of MID Product Design, 1. International Congress Moulded Interconnect Devices, S. 373-379, Erlangen, 1994

[6] Hartmann, U. MID - nur eine schöne Idee? Feinwerktechnik & Meßtechnik 103 (1995), S. 674-676

[7] Feldmann, K., Brand, A. Franke, J. Hoch hinaus - Räumlich spritzgegossene Schaltungsträger helfen Kosten sparen Pronic (1993) 3, S. 16-23

[8] Mettler, J. The US-Industrie and Market, 1. International Congress Moulded Interconnect Devices, S. 23-45, Erlangen, 1994

[9] Kuhmann, K., Dörfler, R., Ehrenstein, G.W. Chance und Herausforderung 3D-MID: Technologien und Trends, Kunststoffe 91 (2001) 10, S. 73-84

[10] Kleinert, R. et al. Neue Material- und Fertigungstechnologien zur Integration mechanischer und elektrischer Funktionen in räumlichen Spritzgußteilen, BMBF - Projekt O3N1016, Abschlußbericht, 1999

[11] Kuhmann, K. Prozeß- und Materialeinflüsse beim Mehrkomponentenspritzgießen, Diss. LKT, Universität Erlangen-Nürnberg, 1999

[12] Schlüter, R., Rösener, B., Kietzeltrain, J., Naundorf, G. — Completely additive Laser-based Process for the production of 3D-MIDs – The LPKF LDS Process, 5. International Congress Moulded Interconnect Devices, S. 123-130, Erlangen, 2002

[13] Gleixner, J. — Zweischußspritzguß und Metallisierung von Polyamiden 1. International Congress Moulded Interconnect Devices, S. 159-165, Erlangen, 1994

[14] Stampfer, S. — Heißprägen von spritzgegossenen Schaltungsträgern, Diss. LKT, Universität Erlangen-Nürnberg, 1999

[15] Ehrenstein, G.W. Dörfler, R. — Low Strear In-Mould Decoration-Processes for the Manufacture of 3D-MIDs, 5. International Congress Moulded Interconnect Devices, S. 225-234, Erlangen, 2002

[16] N.N. — Produktbroschüre Vestodur® - Strahlenvernetzbare PBT-Formmassen für die SMD- und 3D-MID-Technik, Degussa AG, Marl

[17] Feldmann, K. — Technologie 3D-MID, Räumliche elektronische Baugruppen - Herstellungsverfahren, Gebrausanforderungen, Materialkennwerte, Forschungsvereinigung Räumliche Elektronische Baugruppen 3-DMID e.V., Carl Hanser Verlag, München, 2004

[18] Schütt, H., Seeberger, B. — Heißprägen - ein modernes Verfahren für das Dekorieren von Kunststoff-Teilen, Kunststoffe 72 (1982) 11, S. 701-707

[19] Bauser, H., Bolch, H., Mager,T., Schindler, B. — Heißprägen von Leiterbahnen – Verfahren und Anwendungsmöglichkeiten, SMT/ASIG Int. Conference, S. 119-121, 1988

[20] Fahrner, H.M., Hartmann, U. — Heißprägen von räumlichen Schaltungsträgern, 1. International Congress Moulded Interconnect Devices, S. 243-254, Erlangen, 1994

[21] Hartmann, U. — Ivonding - a Technology for MID's Productronica 1997, München,1997

[22] Stampfer, S., Ehrenstein, G.W. Elektronische Schaltungen - Heißprägen auf Thermoplast-Bauteilen, Kunststoffe 88 (1998) 9, S. 1506-1512

[23] Stampfer, S., Ehrenstein, G.W. Heißprägen von elektronischen Schaltungsträgern aus Polypropylen, Verbindungstechnik in der Elektronik und Feinwerktechnik 10 (1998) 2, S. 85-89

[24] N.N. IVONDING: Ein Verfahren zur Herstellung von MID, Firmenschrift Bolta-Werke, Diepersdorf

[25] N.N. Internetseiten des Klebstoffverbandes e.V., URL: www.klebstoffe.com/Anwendungen/Elektro.html

[26] Bittmann, E., Ehrenstein, G.W. UV-härtende Harze zur Mikrochipumhüllung, Plaste und Kautschuk 41 (1994) 5, S. 216-220

[27] Messmer, R., Riege, R. Lichthärtende Klebstoffe mit neuen Möglichkeiten, Adhäsion 37 (1993) 7/8, S. 24-29

[28] Saller, R., Eckart, G. Der Einsatz kationisch härtender Massen für das Verkleben und Abdichten in der Elektronik, Swissbonding (1994) S. 127-142

[29] Habenicht, G. Kleben: Grundlagen, Technologie, Anwendungen, Springer Verlag, Düsseldorf, 1997

[30] Marx, P. Photoinitierte Klebstoffe, Productronic (1996) 8/9, S. 12-16

[31] N.N. Produktbroschüre: vitralit®, Fa. Panacol-Elosol GmbH, Oberursel

[32] Saller, R. Die Festmacher, Konstruktionspraxis 6 (1995) 5, S. 42-43

[33] Wanek, E., Bauer, K. Kräftig aufgeheizt, Halbzeuge mit Halogenstrahlern erwärmen, Kunststoffe 86 (1996) 8, S. 1114-1117

[34] N.N. IPC-SM-782A, Surface Mount Design & Land Pattern Standard

[35] N.N. Elektrisch leitfähiges Kleben von SMT-Bauelementen zur Anwendung in der Mikrosystemtechnik, VDI/VDE-IT (Hg.), Teltow, 1999

[36] Kriebel F. Leitkleben - eine Alternative zum Löten in der Oberflächenmontagetechnik, VTE 10 (1998) 4, Dresden

[37] Weisz, B. Klebstoffe und Lotpasten zur Elektronikmontage, SMT, (1999) 5

[38] Netzmann, H. Lotpasten für höhere Einsatztemperaturen, ZVE-Technologieforum Baugruppen für höhere Einsatztemperaturen, Oberpfaffenhofen, 13.04.1999

[39] Wege, S. Höher schmelzende Weichlote - Zuverlässigkeit und Prozeßfähigkeit, ZVE-Technologieforum Baugruppen für höhere Einsatztemperaturen, Oberpfaffenhofen, 13.04.1999

[40] Birgel D., Habenicht, G., Bergmann, R., Wege, S. Alternative Lote in der industriellen Fertigung ZVE-Technologieforum, Alternative Lote - Prozeßfähigkeit und Zuverlässigkeit, München, 03.06.1997

[41] Feldmann, K., Reichenberger, M. Low melting solders – processing, properties and applications 22nd Intern. Spring Seminar on Electronics Technology, S. 44-50, Verlag Markus Detert, Templin Uckermark. ISSE99, 1999

[42] Reichenberger, M. Potential of Low Melting Point Solders for Low-Cost MID Applications, 3rd International Congress Moulded Interconnect Devices, S. 277-287, Erlangen, 1998

[43] Luchs, R. Einsatzmöglichkeiten leitender Klebstoffe zur zuverlässigen Kontaktierung elektronischer Bauelemente in der SMT, Diss. FAPS Universität Erlangen-Nürnberg, 1998

[44] Miric, A., Grusd, A. Bleifreie Lotwerkstoffe, Productronic (1997) 11, S. 34-43

[45] Lee, N.-C. Getting ready for Lead free solders, Soldering Surface Mount Technology, (1997) 26, S. 65-69

[46] N.N. Lead-free Solder Project, National Center for Manufacturing Sciences, NCMS Report 0401RE96, 1997

[47] Dittes, M., Reichenberger, M. BMBF-Verbundprojekt Neue Materialien und Verfahren für 3-D MID Förderkennzahl 03N101, Abschlußbericht des Teilprojektes D, 1999

[48] Feldmann, K., Geiger, M. (Hg.) DFG-Sonderforschungsbereich 356 Produktionssysteme in der Elektronik, Universität Erlangen-Nürnberg, 1999

8 Faserverbundstrukturen

Prof. Dr.-Ing. Dr. h.c. G. W. Ehrenstein, LKT – Universität Erlangen-Nürnberg;
Dr.-Ing. J. Wolfrum, WIWEB – Erding;
Dipl.-Ing. M. Wacker, LKT – Universität Erlangen-Nürnberg;
Dipl.-Ing. (FH) R. Liebold, Menzolit-Fibron GmbH – Bretten

8.1 Werkstoffe

Anders als bei unverstärkten Kunststoffen werden bei Faserverbundwerkstoffen nahezu alle Eigenschaften maßgeblich von den Fasern, d.h. dem Faserwerkstoff, -gehalt und/oder -orientierung bestimmt. Dies hat zur Folge, daß neben den geometrischen Abmessungen der Krafteinleitungs- bzw. Kraftüberleitungsbereiche vor allem die Fasern die mechanischen und physikalischen Eigenschaften und die damit verbundene Funktionstüchtigkeit beeinflussen. Dies gilt für lösbare Verbindungen ebenso wie für unlösbare Fügestellen. Dadurch besteht bei Faserverbundwerkstoffen die einzigartige Möglichkeit, über ein gezieltes Anpassen der Faserorientierungen an den Beanspruchungsverlauf, Krafteinleitungssysteme mit deutlich höheren Anschlußfestigkeiten gegenüber unverstärkten Kunststoffen zu gestalten [1].

Die Krafteinleitung und die dafür gewählte Fügetechnik beeinflußt in starkem Maße die Konstruktion des gesamten Faserverbund-Bauteils. Die Konstruktion der Krafteinleitungsstellen muß daher von Anfang an bei jeder Bauteilauslegung berücksichtigt werden. In der Folge werden Möglichkeiten gezeigt, wie Kräfte in Faserverbundstrukturen eingeleitet werden können. Dabei wird zwischen fließfähigen Faserverbundwerkstoffen, sog. Fließpreßstoffen, und Hochleistungsverbundwerkstoffen unterschieden. Näher behandelt werden dabei:

- formschlüssige Krafteinleitungen, z.B. Schlaufen,
- lösbare oder bedingt lösbare Verbindungen, z.B. Bolzen, Nieten, Schrauben,
- unlösbare Verbindungen, z.B. Kleben, Schweißen.

Die jeweils gezeigten Verbindungsarten haben ihre spezifischen Vor- und Nachteile, die zusammen mit weiteren Überlegungen wie etwa den erwarteten Kräften (Art, Höhe, Richtung), Stückzahlen und Fertigung die Grundlage für die zu treffende Auswahl darstellen.

Fließpreßstoffe
Für Großserienanwendungen aus faserverstärkten Kunststoffen werden nahezu ausschließlich duroplastische und thermoplastische Form- und Fließpreßstoffe wie SMC, BMC, GMT und LFT verwendet. Mit diesen, vergleichsweise kostengünstigen Halbzeugsystemen lassen sich in kurzen Zykluszeiten komplex geformte Bauteile mit Rippen, Domen, Wanddickenunterschieden, Inserts usw. fertigen. Neben konstruktiven Vorgaben müssen bei der Gestaltung von Krafteinleitungs- und Verbindungselementen aus Form- und Fließpreßstoffen zusätzlich verarbeitungstechnische Gesichtspunkte mit berücksichtigt werden [2-8]. Mehr als bei allen anderen Werkstoffen kommt es aufgrund von Fließvorgängen und damit ver-

bunden Faserorientierungen während der Verarbeitung zu ausgeprägten Anisotropien der Werkstoffeigenschaften. Geringe Fasergehalte, besonders in Rippen oder Stegen, sowie eine ungünstige Faserorientierung führen zu ungleichmäßigen mechanischen Eigenschaften im gesamten Bauteil [3].

Hochleistungsverbundwerkstoffe

Die zweite wichtige Werkstoffgruppe sind die Hochleistungsverbundwerkstoffe. Sie unterscheiden sich gegenüber den Form- und Fließpreßstoffen vor allem durch die meist endlosen Fasern in gerichteter Anordnung, höhere Fasergehalte und somit deutlich höheren Festigkeiten und Steifigkeiten. Durch die Verwendung von quasi endlosen Fasern ist die Fließfähigkeit nicht mehr gegeben. Dadurch ist die Umformbarkeit stark eingeschränkt und somit die Fertigung geometrisch komplexer Bauteilgeometrien in einem Verarbeitungsschritt nicht möglich.

Aufgrund der ausgeprägten Anisotropie dieser Werkstoffgruppe besteht die Gefahr lokaler Spannungs- und Dehnungsüberhöhungen und damit verbundene Risse und/oder Delaminationen, z.B. ein Ablösen der Faserlagen.

Wegen des komplexen und allgemein hohen Spannungszustandes im Bereich der Krafteinleitung, werden bei Hochleistungsverbundwerkstoffen für Krafteinleitungs- oder Verbindungselemente häufig metallische Anschlußstücke verwendet. Diese können bereits während der Verarbeitung mit eingebracht oder nachträglich, meist über Bolzen-, Niet- oder Klebverbindungen, angebracht werden. Bild 8.1 zeigt exemplarisch den Querschnitt durch einen mit glasfaserverstärkten Epoxidharz umwickelten Druckbehälter. Dieser besitzt einen Inliner aus Stahl, um den Behälter gasdicht abzuschließen.

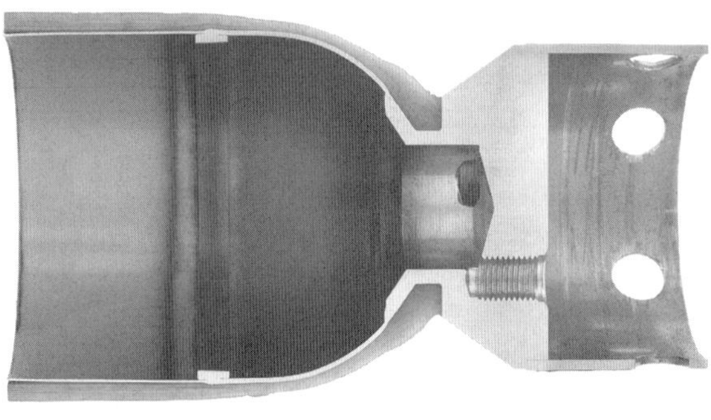

Bild 8.1 Querschnitt durch einen mit Epoxidharz und Glasfasern umwickelten Druckbehälter mit einem metallischen Anschlußstück

Quelle: WIWEB Erding

Bei besonderen Konstruktionen können durch gezielt orientierte Faserstrukturen Verbindungen einer höheren Güte hergestellt werden.

8.2 Formschlüssige Verbindungen

8.2.1 Schlaufen

Bei endlosfaserverstärkten, überwiegend eindimensional beanspruchten Bauteilen wie z.B. Flügeln wurde schon früh die Krafteinleitung über Schlaufenverbindungen entwickelt [9, 10]. Diese gilt als ausgesprochen fasergerechte Lösung, wenn die Kräfte direkt über die einen Bolzen umschlingenden Fasern formschlüssig übertragen werden können, so daß bei Überbeanspruchung die Tragfähigkeit bis zu einem gewissen Grad noch erhalten bleibt, auch wenn die Matrix bereits geschädigt ist. Dies gilt besonders wenn die Fasern gegen seitliches Ausweichen gestützt sind. Auslegungsbeispiele zeigt Bild 8.2.

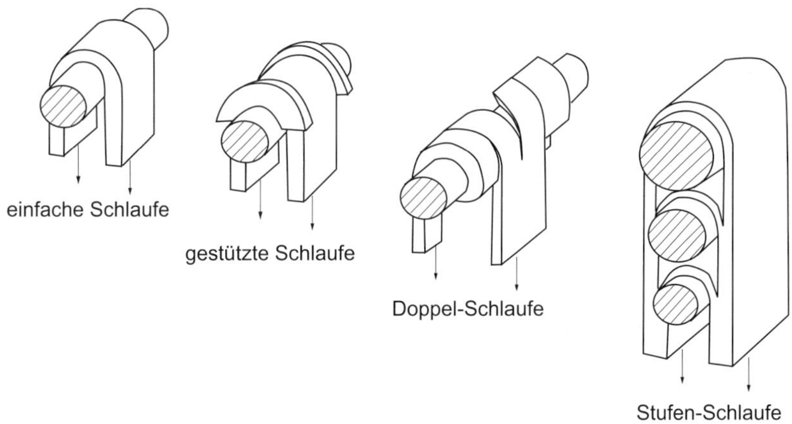

Bild 8.2 Verschiedene Auslegungsbeispiele für eine Schlaufenverbindung [11]

Beim Auslegen einer Schlaufenverbindung muß berücksichtigt werden, daß eine Parallelschlaufe höhere Belastungen zuläßt als eine sog. Augenschlaufe, da bei ihr die Radialspannungen am Übergang zum Schaft Delaminationen bewirken können, Bild 8.3.

Bei Belastung einer Schlaufenverbindung stellt sich sowohl in Umfangsrichtung (tangential) der Schlaufe als auch über der Schlaufendicke (radial) eine Spannungsverteilung ein. Die Tangentialspannung σ_t verläuft in Umfangsrichtung, d.h. parallel zur Faserrichtung, annähernd konstant. In radialer Richtung nimmt die Tangentialspannung, analog einer unter Außendruck stehenden Behälterwandung, zum Innenradius R_i hin gerichtet zu. Dabei sind die an der Innenleibung liegenden Fasern kürzer als die weiter außen liegenden. Sie sind daher steifer und nehmen einen höheren Lastanteil auf. Zudem wandern bei sehr kleinem E_I/E_{II} die äußeren Fasern durch die sich einstellenden Verformungen weiter nach innen, wodurch sie sich einer weiteren Lastaufnahme entziehen [10]. Zusätzlich entsteht in der Schlaufe eine radiale Druckspannung σ_r senkrecht zur Faserorientierung. Diese ist am Außenrand $R_a = 0$ und nimmt ebenfalls zum Innenradius R_i hin gerichtet zu. Einen wesentlichen Einfluß hat demnach das Radienverhältnis R_a/R_i. Mit zunehmendem Verhältnis, also kleiner werdendem Bolzen oder dickerem Schlaufenwulst, steigt die Belastungsspitze am Innenrand. Daraus resultiert die Empfehlung, den Schlaufenwulst möglichst dünnwandig auszuführen.

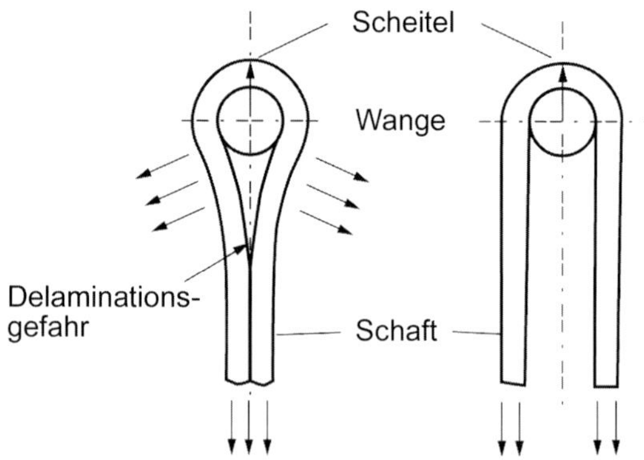

Bild 8.3 Augen- und Parallelschlaufe [1]

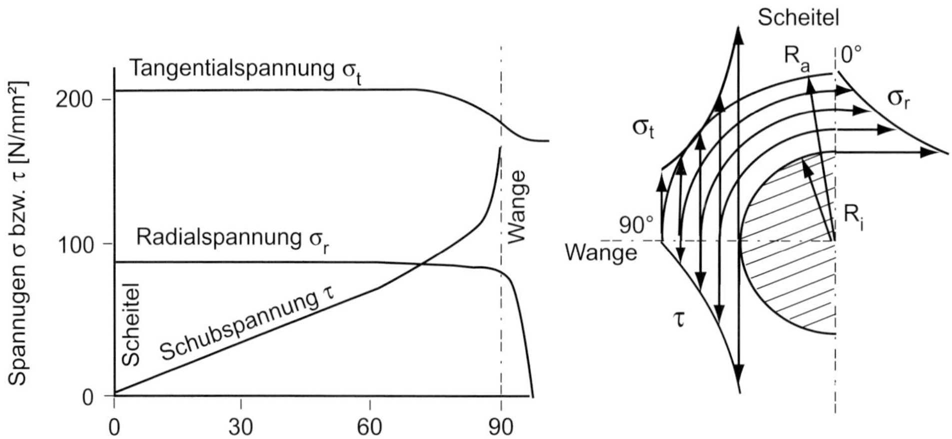

Bild 8.4 Tangential-, Radial- und Schubspannungsverläufe in einer UD-GFK-Schlaufe mit einem Radienverhältnis von $R_a/R_i = 1,56$ [12]

links: Spannungsverläufe in Umfangsrichtung
rechts: Spannungsverläufe über den Schlaufenquerschnitt

Eine Möglichkeit diesem Prinzip auch bei großem Strangquerschnitt zu folgen, wäre eine Aufteilung in hintereinander liegende Schlaufenkasaden [10], Bild 8.2 rechts. Über den Umfang der Schlaufe betrachtet, ist die radiale Druckspannung annähernd konstant. In tangentialer Richtung entstehen durch die bei Zugbeanspruchung hervorgerufenen unterschiedlichen Verformungen der zum Außenradius hin länger werdenden Schlaufenstränge zusätzlich Schubspannungen τ.

Aufgrund der zunehmenden Verformungsunterschiede weist die Schubspannung in tangentialer Richtung am Auslauf ein Maximum auf. Kommt es aufgrund von Reibung zu keinem Gleiten der Schlaufenstränge auf der Wange, so ist in radialer Richtung zusätzlich eine ausgeprägte Schubspannungsspitze am Innenradius R_i zu beobachten.

Wird eine Verformung der Schlaufe in axialer Bolzenrichtung z.B. durch ein Abstützen behindert, so sind zusätzlich Druckspannungen in Bolzenrichtung zu berücksichtigen (nicht im Bild 8.4 dargestellt). Diese Druckspannungen sind direkt am Bolzen am höchsten und können hier nicht durch Rißbildung abgebaut werden wie etwa weiter außerhalb.

Untersuchungen bei Parallelschlaufen haben weiterhin ergeben, daß eine seitliche Stützung der Schlaufen (in Achsrichtung des Bolzens) erforderlich ist, um sekundäres Versagen durch seitliches Abgleiten der Stranglagen zu vermeiden, Bild 8.2 mitte.

Das Verhältnis von mittlerer Spannung in der Schlaufe bzw. im Strang zu dieser größten Tangentialspannung nennt man den Anschlußgütegrad η. Dieser Wert ist um so kleiner, je höher der E-Modul der Faser und je größer das Radienverhältnis R_a/R_i ist. Je dickwandiger eine Schlaufenverbindung ausgeführt ist, um so höher ist also die Spannungsspitze [12-14].

Um diese Spannungsspitzen abbauen zu können, sollten Schlaufenverbindungen so breit wie möglich ausgeführt werden. Ein günstiges Radienverhältnis liegt zwischen 1,7 -1,8.

Eine einfache Dimensionierungsmöglichkeit für gestützte Schlaufen kann nach Öry [14] durch den folgenden Zusammenhang vorgenommen werden:

$$\sigma_{\text{Strang}} = \frac{F}{A} = \eta \frac{R_i}{R_a} \sigma_{zB} \qquad (8.1)$$

σ_{Strang} = *mittlere Spannung in Schlaufe bzw. Strang*
F = *wirkende Kraft auf die Schlaufe*
A = *Querschnittsfläche des Strangs*
R_i = *Schlaufeninnenradius*
R_a = *Schlaufenaußenradius*
σ_{zB} = *Werkstoff-Festigkeit in Strangrichtung*
η = *Anschlußgütegrad*

Ein typisches Beispiel für eine Schlaufenverbindung ist der Rotorblattanschluß eines Hubschraubers, Bild 8.5.

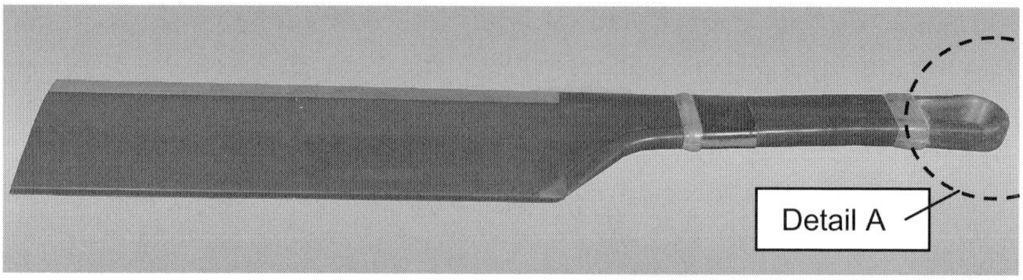

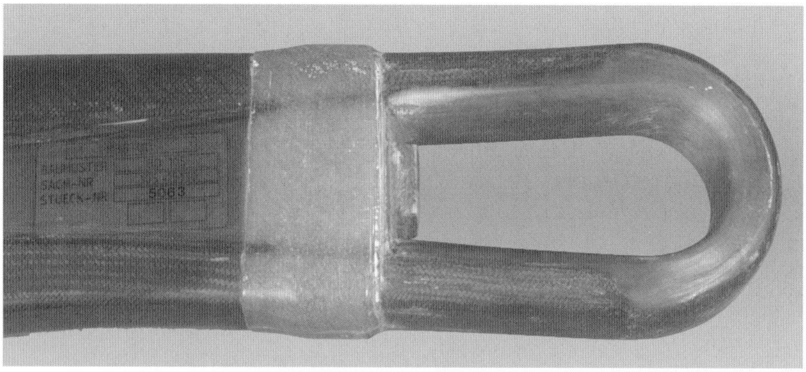

Bild 8.5 Hubschrauber-Rotorblatt BO 105 (Quelle: Fa. Eurocopter)

oben: Übersicht
unten: Detailaufnahme A, Schlaufenanschluß

8.2.2 Bolzen-, Niet- und Durchsteckverbindungen

Mechanische Fügeteile wie Bolzen, Nieten oder Durchsteckschrauben gelten zwar als nicht fasergerechte Gestaltungselemente, jedoch kann oftmals aus technischen oder wirtschaftlichen Gründen nicht auf sie verzichtet werden. So können als technische Aspekte, z.B. logistische Vorgaben, wie ein häufiger und schneller Zugang zu verdeckten Systemen oder eine schnelle Austauschbarkeit von Komponenten, genannt werden. Vor allem bei geringen Stückzahlen können aus wirtschaftlichen Gesichtspunkten häufig nur einfache Werkzeuge mit niedriger Integrationsdichte verwendet werden, so daß zur Fertigstellung der Bauteile auf mechanische Verbindungen zurückgegriffen werden muß.

Die Verbindung Bolzen oder Nieten ist die in der Luft- und Raumfahrttechnik am weitesten verbreitete Verbindungstechnik für Hochleistungsverbundwerkstoffe, die allerdings auch für Fließpreßstoffe für bestimmte Anwendungen zum Einsatz kommt.

Für die Realisierung von Bolzen- oder Nietverbindungen muß die Lochvorbereitung mit speziellen hartmetall- oder diamantbesetzten Werkzeugen durchgeführt werden, da es sonst zu Ausfransungen oder Delaminationen beim Austritt des Bohrers und starkem Werkzeugverschleiß kommen kann. Zusätzlich wird beim Bohren oftmals mit automatischem Vorschub und mit aufgesetzten Gegenhaltern an der Rückseite gearbeitet.

Bei der Verbindung von kohlenstoffaserverstärkten Faserverbundstrukturen ist außerdem darauf zu achten, daß es zu keiner Kontaktkorrosion zwischen dem Verbindungselement bzw. dem metallischen Fügeteil und dem CFK kommt. In der Regel werden deshalb die metallischen Verbindungselemente passiviert, d.h. mit einer dünnen, nicht leitenden Oxydschicht oder mit einer dünnen, wenige Mikrometer dicken Harzschicht überzogen. Zudem muß zur Vermeidung von Rissen und/oder Delaminationen darauf geachtet werden, daß es beim Einschieben der Bolzen oder Niete zu keiner Lochverbreiterung kommt.

8.2.2.1 Auslegung von Bolzen-, Niet- und Durchsteckverbindungen

Für Bolzen-, Niet- und Durchsteckverbindungen typische Fügegeometrien sind die einfach oder doppelt überlappten Verbindungen. Sie haben schon aufgrund ihrer ähnlichen geometrischen Grundformen viel gemein, so daß vergleichbare Auslegungspraktiken gelten. Ihre Auslegung für Faserverbundstrukturen unterscheidet sich jedoch grundsätzlich von der für Metallbauteile.

Während in konventionellen Metallen die an den Bohrlöchern auftretenden Spannungskonzentrationen durch plastische Verformungen weitgehend abgebaut werden, ist das bei Faserverbunden durch deutlich schädigende Faser/Matrix-Delamination am Bohrloch der Fall [15, 16].

Die Bemessung von Faserverbunden mit konstanter Dicke erfolgt häufig nach der Belastbarkeit ihrer mit Bohrlöchern versehenen Ränder, wobei eine Überdimensionierung im zentralen Bereich eines Laminats als erhöhte Sicherheitsreserve betrachtet wird.

Bei gewichtskritischen Bauteilen muß der Laminataufbau im Anschlußbereich durch lokale Aufdickungen oder durch einlaminierte Verstärkungselemente wie Metallfolien oder Buchsen verstärkt werden. Alternativ können auch Schichten eines nachgiebigen Materials, sog. "softening strips" eingefügt werden, um durch angepaßte Deformationen Spannungskonzentrationen abzubauen.

Aufgrund der komplexen Spannungszustände in Fügeteilen mit Bolzen-, Niet- und Durchsteckverbindungen und der erheblichen Schwierigkeit, alle erforderlichen Einflußgrößen im konkreten Fall zu erfassen (z.B. Passung, Materialschädigung, Abminderungen,...), sind für eine orientierende Berechnung der Tragfähigkeit einfache Abschätzungen möglich, Tabelle 8.1. Für geläufige Konstruktionen aus Faserverbunden liefern diese Schätzformeln durchaus brauchbare Werte für eine statische Vordimensionierung.

Eine günstige Gestaltung von Bolzen-, Niet- und Durchsteckverbindungen ist im wesentlichen nur durch das Verhältnis des Bolzendurchmessers d zur tragenden Breite b der Verbindung zu erzielen [17]. Ein günstiges Verhältnis ist bei einer einreihigen Verbindung in CFK bei ca. 0,3 gegeben, Bild 8.6 [14].

Versagensart		Dimensionierung
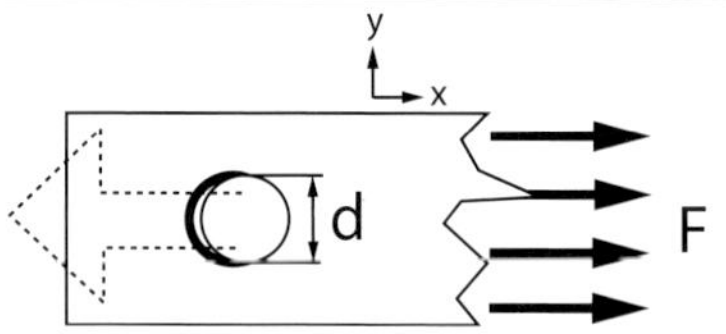	Lochleibung	$\sigma_{cx} \leq F/(d \cdot t)$
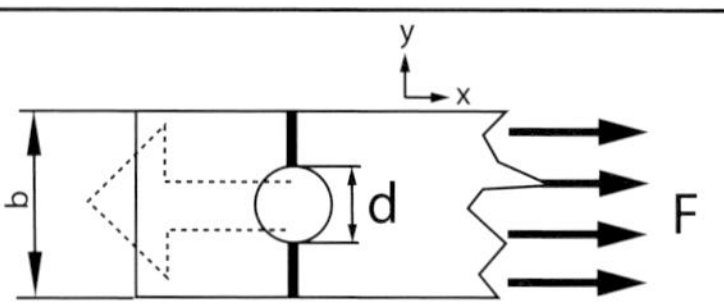	Abreißen	$\sigma_{2x} \leq F/[(b-d)t]$
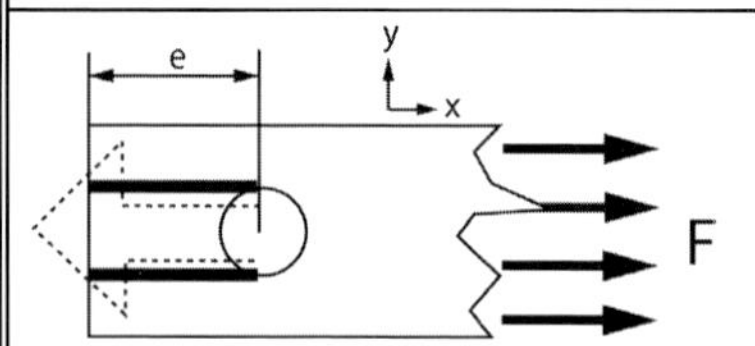	Ausreißen	$\sigma_{xy} \leq F/(2 \cdot e \cdot t)$
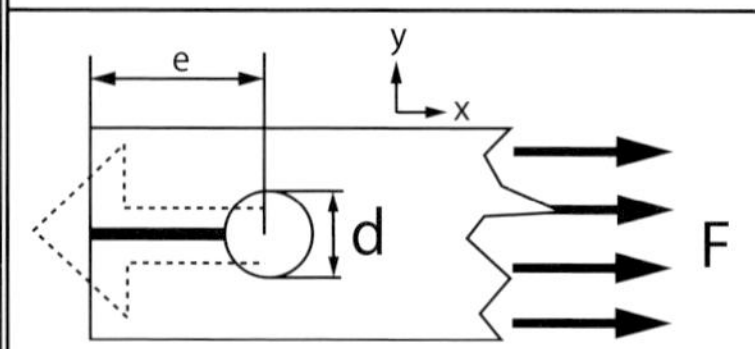	Spalten	$\sigma_{2y} \leq F/[(e-d/2)t]$
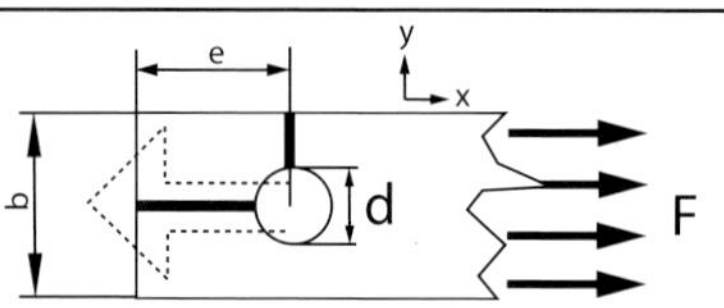	kombinier-tes Ab- und Ausreißen	$\sigma_{2x}(b-d)+\sigma_{xy}e \leq 2F/t$
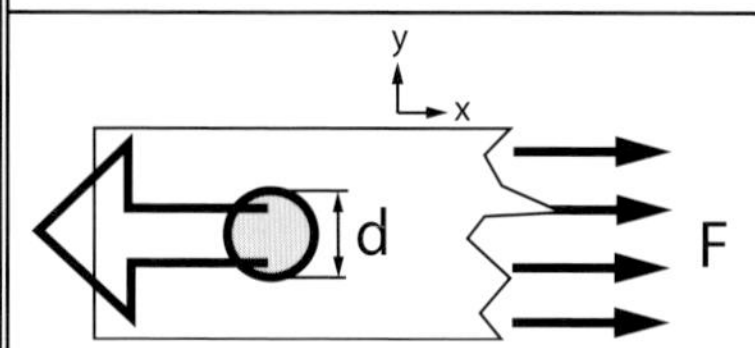	Niet-abscheren	$\tau_{Niet} \leq 4F/(\pi \cdot d^2)$

Tabelle 8.1 Versagensmechanismen und Spannungs-Berechnung von Bolzen-, Niet bzw. Durchsteckverbindungen [12, 21]

F = Kraft	*σ = Festigkeit*	*d = Lochdurchmesser*
t = Probendicke	*b = Probenbreite*	*e = Endkantenabstand*
z = Zug	*x,y = Richtung*	*Index: c = Druck*

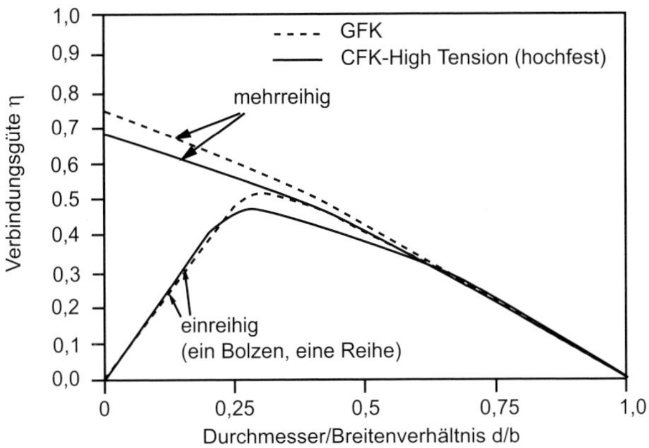

Bild 8.6 Auslegungsdiagramm für Bolzen-, Niet- und Durchsteckverbindungen [14]

Praktische Auslegungshinweise für mehrreihige Bolzen-, Niet und Durchsteckverbindungen sind in Bild 8.7 nach [18] zusammengefaßt.

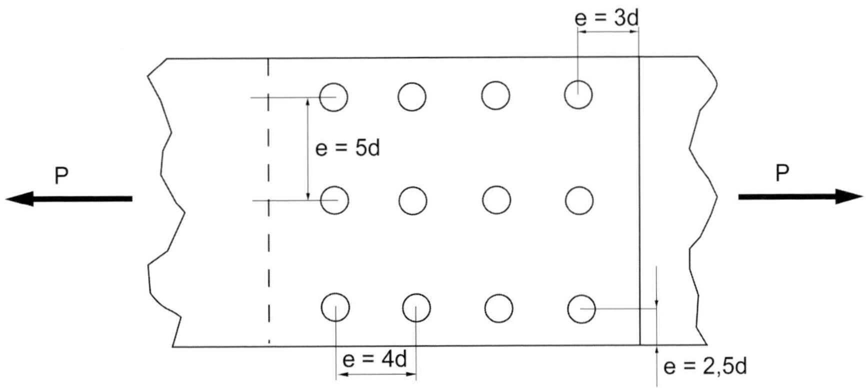

Bild 8.7 Praktische Auslegungshinweise für mehrreihige Bolzen-, Niet- und Durchsteckverbindungen [19]

Generell läßt sich angeben, daß die Abstände zwischen zwei Bolzen bzw. Nieten, sowie die Randabstände zwischen Bolzen bzw. Niet und der freien Strukturkante von den mechanischen Kennwerten des verwendeten Laminats und der Belastungsrichtung abhängen.

Als praktischer Auslegungshinweis für Bolzen-, Niet- und Durchsteckverbindungen läßt sich angeben, daß in Belastungsrichtung der Randabstand mindestens das dreifache, und die Abstände zwischen zwei Bolzen oder Nieten mindestens das vierfache des Bolzen- bzw. Nietdurchmessers betragen sollen.

Durch eine mehrreihige Verbindung läßt sich die Verbindungsgüte (d.h. das Verhältnis der Festigkeit einer Verbindung zur Grundfestigkeit des Werkstoffs der Fügeteile) ab einem Durchmesser zu Breitenverhältnis von > 0,3 nur geringfügig gegenüber einer einreihigen Verbindung steigern, Bild 8.6.

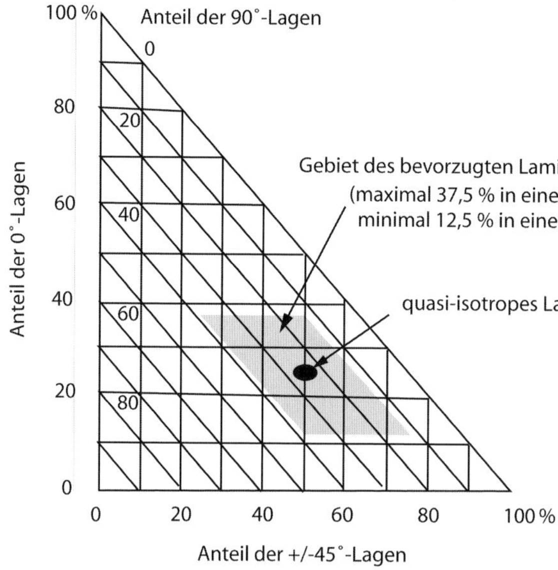

Bild 8.8 Empfohlener Laminataufbau im Bereich einer Bolzen-, Niet- und Durchsteckverbindungen [16, 18]

Der Lagenaufbau, genauer die Reihenfolge von Einzelschichten, in einem mehrschichtigen Faserverbund wirkt sich maßgeblich auf die ertragbaren Lochleibungsfestigkeiten aus. Einer Verbesserung durch eine Modifikation des Laminataufbaus sind allerdings enge Grenzen gesetzt, Bild 8.8. Bei Laminataufbauten, die außerhalb des gekennzeichneten Bereichs liegen, kommt es zu keinem Lochleibungsversagen, sondern zu den Versagensformen Ausreißen und kombiniertes Ab- und Ausreißen mit geringeren Festigkeiten. Es gilt, je mehr Einzelschichten gleicher Ausrichtung übereinander zusammengefaßt sind, desto geringer ist die Festigkeit.

Neben dem Lagenaufbau hat allerdings auch die gewählte Nietverbindungsart einen entscheidenden Einfluß auf die ertragbare Lochleibung. Zweischnittige Niet-, Bolzen- oder Durchsteckschraubverbindungen haben eine höhere Tragfähigkeit als einschnittige, bei denen aufgrund von Unsymmetrie ein zusätzliches Biegemoment überlagert ist. Weiterhin ist in Bild 8.9 zu erkennen, daß die Tragfähigkeit auch davon abhängt, ob ein Niet oder Bolzen bzw. Durchsteckschraube locker eingesetzt oder (mit Unterlegscheibe) fest angezogen ist, wobei eine langfristig mögliche Relaxation des Anpreßdrucks berücksichtigt werden muß.

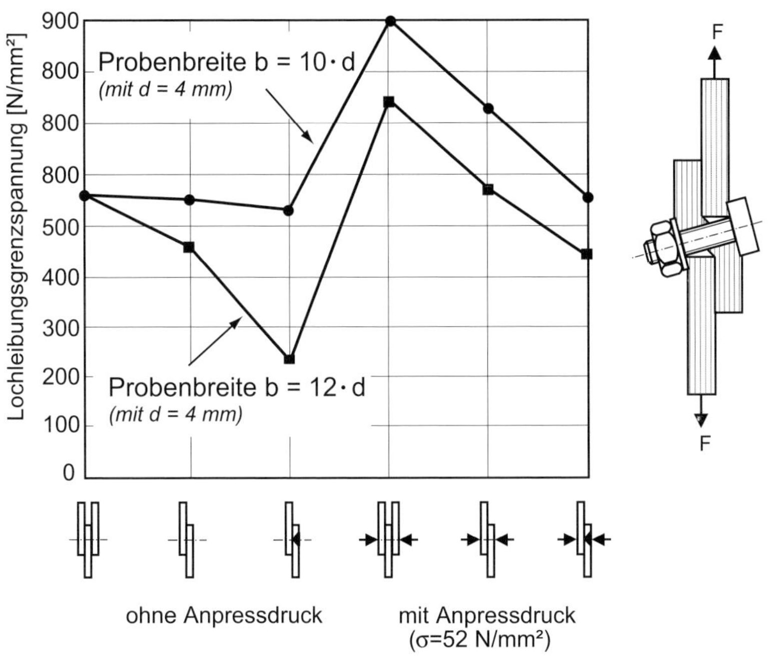

Bild 8.9 Tragfähigkeit bei Durchsteckverbindung mit und ohne Vorspannung [20]

Lagenaufbau: • *b = 10d:* $[0_4/+45/-45/+45/-45/0_4/+45/-45/+45/-45/0_2/90]_{symm.}$
EP-CF (T300-914C)
■ *b = 12d:* $[+-45_3/0_3/+-45_3/0_2/90]_{symm.}$;
[St120/200SC/St120/200SC/200SC]
mit St120: EP-GF (Gewebe fein); 200SC: EP-CF (UD)

Weitere Verbesserungen in der Kraftübertragung durch Bolzenverbindungen lassen sich durch konstruktive Maßnahmen, wie z.B. einer Faserumlenkung oder einem lokalen Verstärken sog. "Pflasterverstärkung", erzielen, Bild 8.10 [21]. Räumt man den "nicht fasergerechten" Nachteil einer Fasertrennung durch Bohren aus, indem man die Fasern um ein Loch herum führt, so sind hierdurch wesentlich höhere Festigkeiten zu erzielen, Bild 8.10 links. Realisiert werden kann das Aufweiten des Gewebes z.B. durch einen vor dem Imprägniervorgang eingebrachten Dorn. Bis zu einem Weitungsmaß von $d_0/d^* < 0,5$ läßt sich somit annähernd die volle Festigkeit erhalten. Auch im Falle einer Krafteinleitung über einen Bolzen zeigt die geweitete Variante, Beispiel 2 in Bild 8.10 rechts, wesentlich höhere relative Festigkeiten als die gebohrte Variante, Beispiel 1 Bild 8.10 rechts. Die höchste relative Festigkeit zeigt die mit Aluminiumblech verstärkte Variante. Ein Versagen tritt hier unabhängig vom Lochradius/Randabstand-Verhältnis stets durch Kleberbruch auf, während bei gebohrtem und aufgeweitetem Loch Lochleibung ($r_0/e < 0{,}5$) bzw. Ausreißen oder Spalten der Lochflanke ($r_0/e > 0{,}5$) überwiegt.

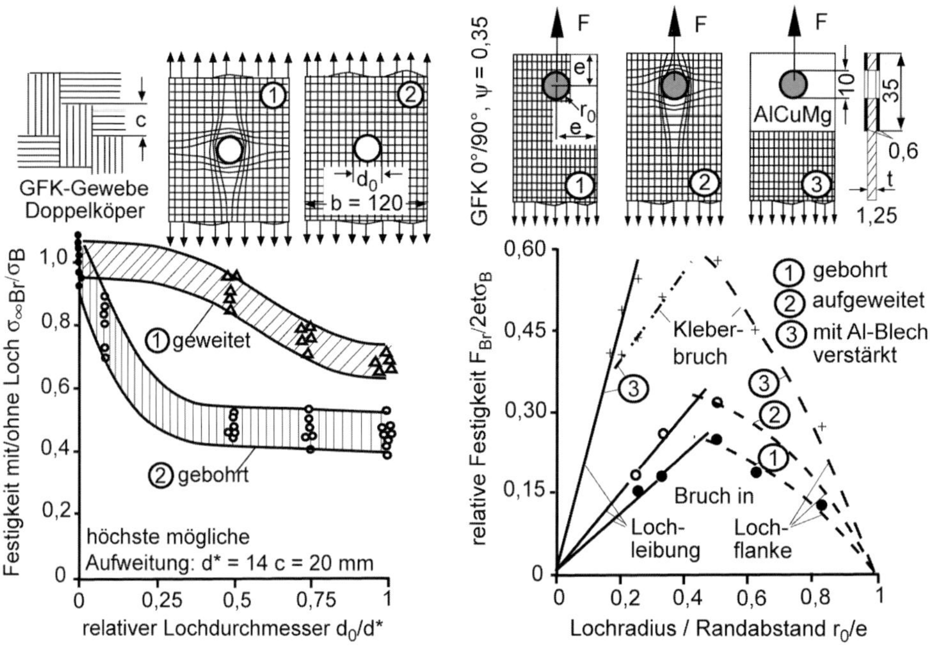

Bild 8.10 Einfluß einer Faserumleitung und Blechverstärkung auf die Lochleibungsfestigkeit [21]

links: *GFK-Laminat mit Faserumleitung (Gewebeaufweitung) am Loch ohne Bolzen: Festigkeitsgewinn gegenüber angebohrtem Laminat*

rechts: *GFK-Laminat, Krafteinleitung durch Bolzen: Festigkeit und Versagensart bei unverstärkter Bohrung, Pflasterverstärkung oder Gewebeaufweitung [21]*

d_0 = Lochdurchmesser; r_0 = Lochradius; b = Probenbreite; e = Randabstand, d = max. Aufweitung; t = Probendicke; F = Kraft; ψ = Fasergewichtsanteil, σ_B = Bruchspannung ohne Loch; $\sigma_{\infty Br}$ = Bruchspannung mit Loch*

8.2.2.2 Anwendungsbeispiele

Bei der Auswahl der Nietart gelten ähnliche Überlegungen wie bei Bolzen. Niete mit großen Setz- und Schließköpfen sind vorzuziehen, um Schädigungen der äußeren Faserlagen zu verhindern oder zu überdecken. Der Schaftdurchmesser wird so gewählt, daß der Niet durch die Expansion beim Setzvorgang das Bohrloch möglichst vollständig ausfüllt. Dabei darf kein zu hoher Druck auf die Lochleibung ausgeübt werden, der das Ausbeulen von Einzelschichten und die Bildung von Delaminationen verursachen könnte. Aufgrund der hohen

Gefahr von Rissen und/oder Delaminationen im Bereich der Nietbohrung ist die Verwendung sog. Vollnieten bei Faserverbundwerkstoffen nicht sinnvoll, da sich bei Vollnieten der Schaft des Niets zu stark aufweiten kann. Für die Verbindung von Faserverbundwerkstoffen werden deshalb spezielle Blindnieten verwendet, deren Schäfte sich im Bereich der Nietbohrung nicht aufweiten. Zudem bilden diese Blindnieten, im Vergleich zu Blindnieten für Metalle, einen breiter umgeformten Nietfuß aus, was die Flächenpressung auf den Verbundwerkstoff reduziert. Bei einer Verbindung von Metall mit einem Verbundwerkstoff sollte stets der Verbundwerkstoff im Kontakt zum Nietfuß stehen. Für luft- oder wasserdichte Nietungen werden sog. POP-Bechernieten verwendet. In Bild 8.11 ist das Prinzip beim Setzen eines Blindnietes dargestellt.

Konventionelle Niet- und Bolzenverbindungen werden zunehmend durch Schraubnieten bzw. Schraubbolzenverbindungen abgelöst, da hierdurch höhere Festigkeiten realisiert werden können. Diese werden unter verschiedenen Handelsnamen wie z.B. Veri-Lite ™, Hi-Lock ™ oder Hi-Lite ™ angeboten. Der selbstsichernde Schließring kann dabei mit einer Sollbruchstelle versehen sein, die eine definierte Vorspannung der zu verbindenden Teile erlaubt, Bild 8.12. Durch den im Ende des Bolzenschafts integrierten Innensechskant wird ein Mitdrehen des Bolzens verhindert. Dadurch ist ein Befestigen des Bolzens nur von einer Seite möglich. Zusätzlich wird ein Zerkratzen der Bauteiloberfläche und eine Torsionsbelastung des Bolzens verhindert. Anstelle des selbstsichernden Schließrings können für lösbare Verbindungen auch selbstsichernde Muttern verwendet werden. Für die Verbindung von Hochleistungsverbundwerkstoffen werden spezielle Bolzen, Schließringe und Muttern mit großen Auflageflächen angeboten.

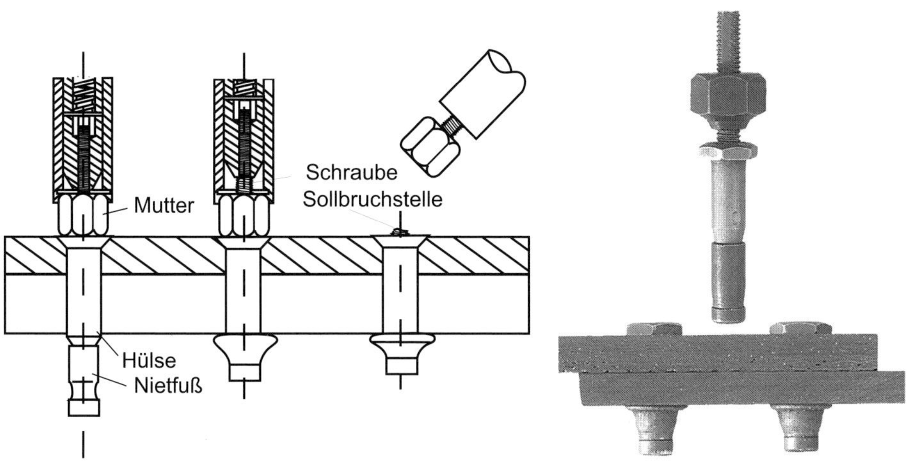

Bild 8.11 Setzen eines Blindniets bei Faserverbunden [22]

links: Prinzipsskizze, Blindniete vor und nach dem Setzen
rechts: Quelle Foto: WIWEB Erding

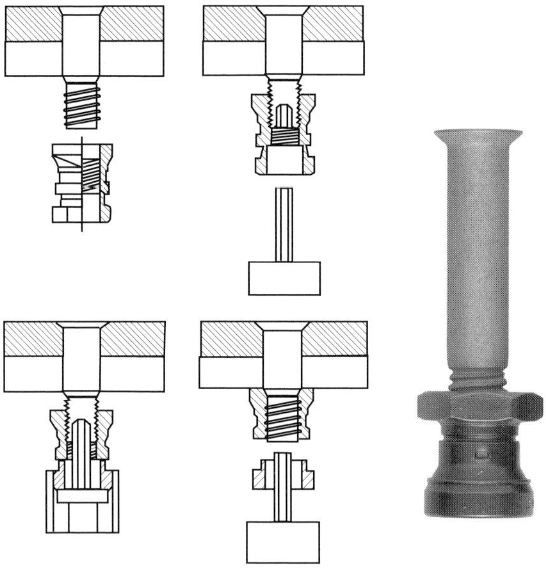

Bild 8.12 Prinzipskizze des Setzen einer Bolzenverbindung mit selbstsicherndem Schließring [23]

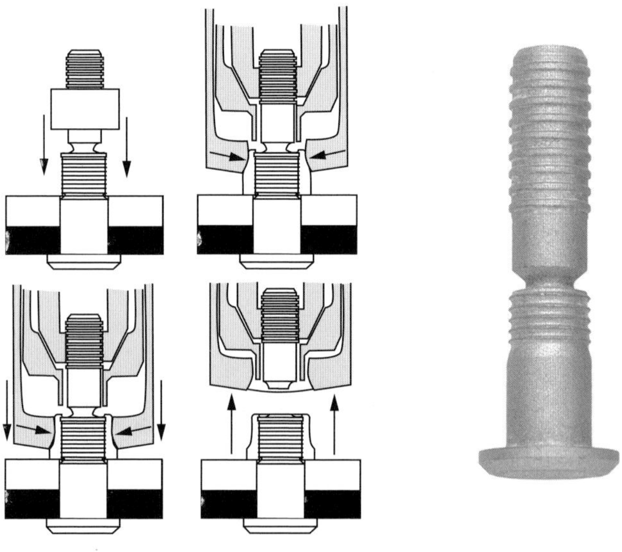

Bild 8.13 Prinzipsskizze des Setzens eines Lock-Bolts™ [24]

Eine Mischform aus Niet- und Bolzenverbindung stellen die sog. Lock-Bolts dar. Sie bestehen aus einem Bolzen und einem übergeschobenen Schließring, der mit einem speziellen Werkzeug gesetzt wird. Im Gegensatz zu den Blindnieten sollte bei einer Verbindung von Metall mit einem Verbundwerkstoff der Verbundwerkstoff in Kontakt zum Bolzenkopf stehen, der für Verbundwerkstoffe ebenfalls größer ausgeführt sein muß. Lock-Bolts haben gegenüber konventionellen Schraubverbindungen den Vorteil, daß kein Vorspannmoment entsteht. Die Vorspannkräfte entstehen durch den Setzvorgang und stellen sich durch das definierte Abreißen eines Stifts automatisch ein. Verglichen mit den Nietverbindungen können Lock-Bolts höhere Schublasten übertragen. In Bild 8.13 ist eine Prinzipskizze des Setzens eines Lock-Bolts dargestellt.

Zur Realisierung lösbarer Durchsteckverbindungen werden bei Hochleistungsverbundwerkstoffen häufig selbstsichernde Annietmuttern verwendet. Die Muttern müssen zunächst in separaten Arbeitsschritten an ein zu verbindendes Bauteil angenietet werden. Diese lassen ein bis zu 15-maliges Öffnen und Schließen der Verbindung zu, ohne die selbstsichernden Eigenschaften zu verlieren. Bild 8.14 zeigt einen Ausschnitt einer Verbindung eines CFK-Deckels mit einem CFK-Spant über entsprechend angenieteten Muttern.

Bei einer weiteren mechanischen Verbindungsmöglichkeit, dem Clinchen (ehem. Durchsetzfügen), die gerade im Metallblechbereich immer häufiger eingesetzt wird, macht man sich in der Bearbeitung die Verformbarkeit der zu fügenden Strukturen zunutze. Die zu fügenden Strukturen werden aufeinander gelegt und durch einen Stanz-Umform-Vorgang eingeschnitten, Bild 8.15. Dabei werden sie soweit verformt, daß die Oberseite des oberen Fügeteils unter die Unterseite des unteren Fügeteils kommt. Die zu verbindenden Teile können dabei gleiche oder unterschiedliche Dicken aufweisen und aus gleichen oder unterschiedlichen Werkstoffen stammen. Das umzuformende Fügeteil muß dabei aus einem metallischen Werkstoff bestehen.

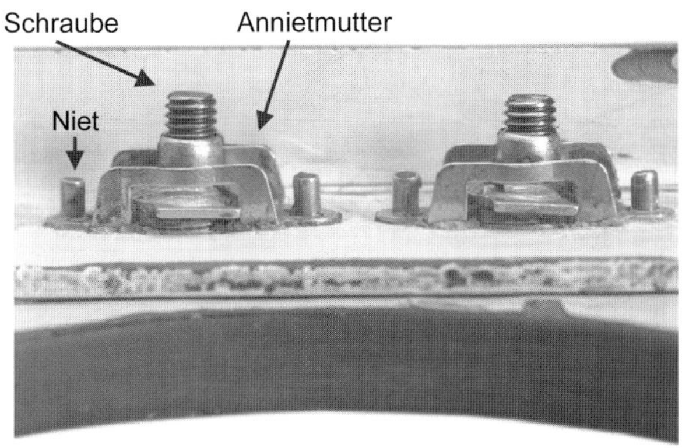

Bild 8.14 Ausschnitt einer Verbindung eines lösbaren CFK-Deckels mit einem CFK-Spant über angenietete Muttern

Quelle: WIWEB Erding

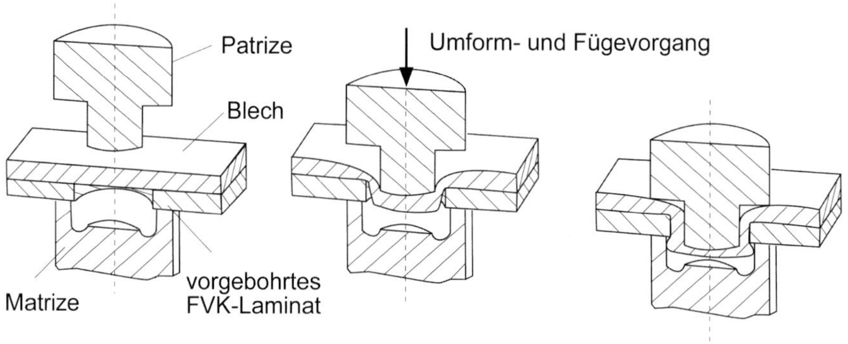

Bild 8.15 Schematische Darstellung des Durchsetzfügens bzw. Clinchens von Mischkombinationen mit Faserverbunden [25]

8.2.3 Inserts und Direktverschraubungen[8]

Für das Verschrauben von Fliesspreßstoffen wie SMC und GMT werden hauptsächlich Gewindeeinsätze aus Bronze und zunehmend auch gewindeformende Schrauben aus Stahl eingesetzt. Die Verankerung erfolgt in der Formteilwand, wenn die Wanddicke mindestens der Gewindeeinsatzhöhe entspricht oder extra geformt Dome vorgesehen sind.

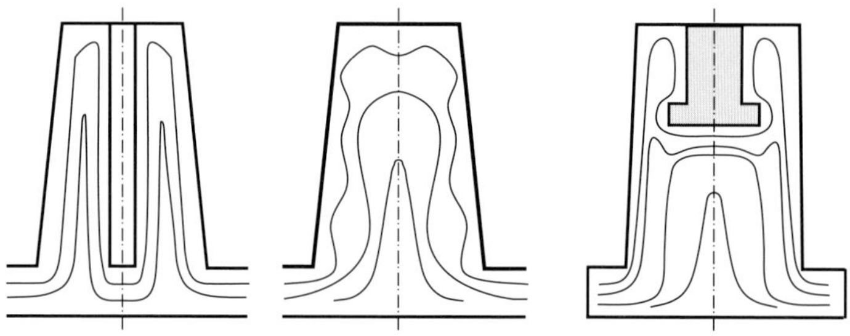

Bild 8.16 Faserorientierung in Krafteinleitungsdom mit und ohne Verschraubungskernloch bzw. umformten Gewindeeinsatz [26, 27]

[8] Weitere Einzelheiten siehe auch Kapitel 2.1.1 Kunststoffdirektverschraubung mit gewindeformenden Metallschrauben.

Die mechanischen Eigenschaften der faserverstärkten Formteile werden maßgeblich von der sich geometrie- und fertigungsbedingt einstellenden Faserorientierung und dem Fasergehalt bestimmt. Ähnlich wie bei Verrippungen sollen Krafteinleitungsdome erst dann gefüllt werden, wenn die Fließfronten die Bauteilberandung erreicht haben, d.h. die in der Ebene wirksamen Fließprozesse abgeschlossen sind. Das zur Dombildung erforderliche Werkstoffvolumen strömt aus der umgebenden Bauteilfläche quasi in eine rheologische Senke mit einer Faserlängsorientierung in Fließrichtung. Während des Füllens der Werkzeugkavität kommt es bedingt durch das parabolische Scherströmungsprofil zu einer Faserumlenkung am Fließende. Einlegeteile oder eingeformte Verschraubungskernlöcher verändern die Werkstoffstruktur im Krafteinleitungsbereich.

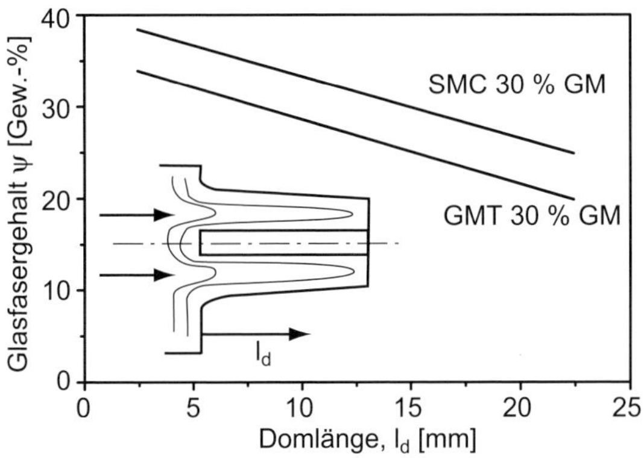

Bild 8.17 Faserorientierung und Fasergehalt im Verschraubungsdom einer SMC- bzw. GMT-Schraubverbindung [26]

Der Fasergehalt nimmt annähernd linear über der Domlänge ab, Bild 8.17 [26]. Diese Art der Faserverteilung ist wegen der gleichmäßigen Verformung unter Einwirkung des metallischen Verankerungselementes nicht unbedingt ungünstig, da der geringere Fasergehalt zu einem niedrigeren E-Modul und damit zu einer geringeren Spannung führt. Alleine die Faserumlenkung führt bei gleicher Verankerungstiefe bei Gewindeeinsätzen zu einer bis 40 % niedrigeren Auszugsfestigkeit.

Duroplastische Fliesspreßstoffe auf Basis SMC sind durch unterschiedlichen Komponenten, eventuell sprödes Reaktionsharz, Füllstoffe und lange Fasern, gekennzeichnet. Die typische Versagensart ist eine örtliche Mikrorißbildung in Matrixbereichen, die besonders unter Einwirkung einer Gewindeformung durch Schrauben oder Schraubeinsätze nicht gleich zum Versagen der Krafteinleitungsstelle durch Rißbildung führen muß. Bei GMT-Formteilen, besonders mit duktiler Matrix, können Gewinde eher schädigungsfrei geformt werden.

8.2.3.1 Auslegung von Inserts und Direktverschraubungen

Bei Gewindeeinsätzen kommt die Mould-In und After-Moulding-Technik zum Einsatz. Beim Mould-In-Verfahren werden die Inserts vor der Preßverarbeitung in dafür vorgesehene

Vertiefungen der Werkzeugkavität eingelegt und anschließend umpreßt. Sie werden dadurch formschlüssig verankert und erreichen eine hohe Verankerungsfestigkeit bei guter Werkstoffausnutzung. Während der Preß-Verarbeitung besteht allerdings die Gefahr der Verlagerung der Einsätze und damit einer Werkzeugschädigung beim Zufahren. Für die After-Mould-Technik stehen mit einem zusätzlichen Fertigungschritt einschraubbare, spreizende oder expandierende Einsätze zu Verfügung. Während Einschraubeinsätze mit geeigneten Gewinden etwa die gleiche Auszugsfestigkeit erreichen wie umspritzte Einsätze, liegen die Werte bei Expansionseinsätzen bei ca. 40 %. Nachteilig ist jedoch bei Einschraubeinsätzen die geringere Torsionsbelastbarkeit.

Die Beanspruchung in der Verankerungszone eines Einsatzes ist komplex. Es überlagern sich die Zugbeanspruchung im Einschraubdom mit dem Längskraftschub entlang der Mantellinie und der Pressung durch den Einsatzteller bzw. die Schneidgewindeflanken. Zusätzlich wirken radiale Expansions-Druckspannungen durch geneigte Gewindeflanken und Expansionseinsätze, Bild 8.18. Überlagern kann sich diesen mehrachsigen Beanspruchungen noch ein Montagetorsionschub unmittelbar an der Kontaktfläche Einsatz-Formstoff z.B. beim Eindrehen einer Schraube.

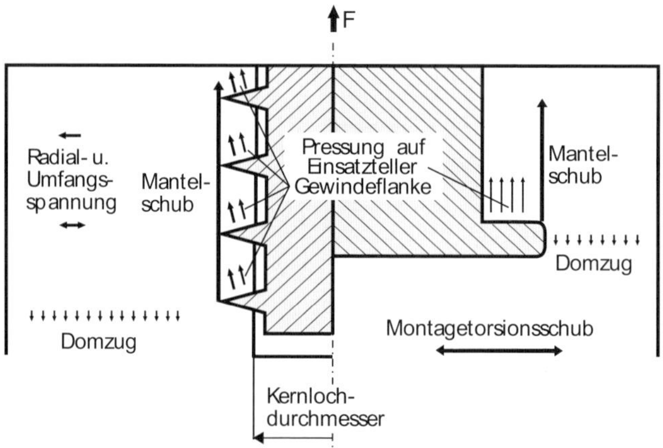

Bild 8.18 Werkstoffbeanspruchung im Dom bei Krafteinleitung in umpreßten (rechts) und eingeschraubten (links) Gewindeeinsatz [27]

Die übliche Verankerungsfestigkeit der eingepreßten Gewindeeinsätze wird mittels der über die Einsatz-Mantelfläche im Verankerungsbereich übertragenen Schubspannungen und der durch den Einsatzteller hervorgerufenen Pressung bestimmt, Bild 8.19. Eine Anfasung der Einsatztellerscherkante erhöht die Belastbarkeit um bis zu 10 %. Die tragfähige Einsatzmantelfläche wird durch den wenig tragfähigen Bereich der Faserumlenkung reduziert. Die auftretenden Schub- und Druck-Spannungen überlagern sich. Vergleichsspannungen bzw. Versagenszustände werden über die entsprechenden Versagenshypothesen berechnet [28].

Bei gewindeschneidenden Einsätzen hängt die Verankerungsfestigkeit ähnlich wie bei gewindeformenden Schrauben vom Kernlochdurchmesser ab und erreicht ihr Maximum dann, wenn der Kernlochdurchmesser den Formfüllungsdurchmesser des gewindeformenden Einsatzaußengewindes entspricht und die Gewindeflanken durch ausreichende Flankenüberdeckung eine formschlüssige Verbindung aufrechterhalten lassen. Die zusätzliche Formfüllung im Kernloch ergibt sich durch das von den Gewindeflanken verdrängte Werkstoffvolumen.

Bei Expansionseinsätzen ist die belastete Kontaktfläche geringer als bei eingepreßten Einsätzen. Die Verankerungsfestigkeit ergibt sich dann aus der Reibungszahl und Anpreßdruck und -fläche zwischen Einsatz und Innenwand.

Bei einem Einsatz für eine Maschinenschraube M6 aus Stahl erreichen in Domen mit 20 mm$^{\varnothing}$ und Domwanddicken von 8-9 mm Spreiz- und Expansionseinsätze ca. 25 %, montierbare Schraubeinsätze ca. 55 % und umpreßte Einsätze ca. 75 % der Schraubenfestigkeit von 10 kN.

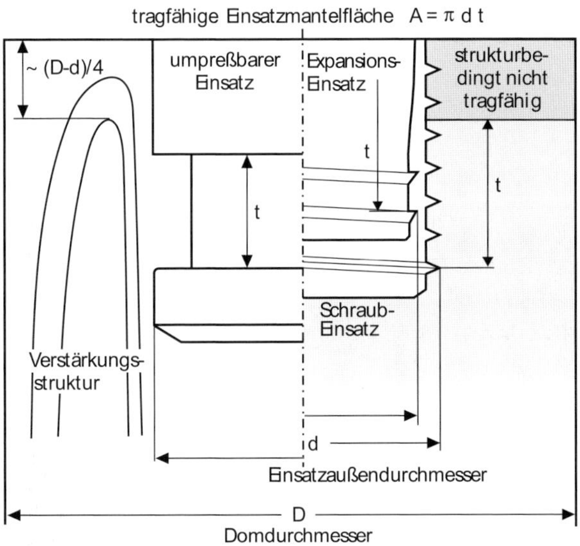

Bild 8.19 Tragfähige Einsatzmantelflächen von Gewindeeinsätzen [28]

8.2.3.2 Gewindeformende Schrauben

Gewindeformende Schrauben bestehen überwiegend aus Stahl. Die Steigung der Flanken beträgt 1,2 bis 2,1°, der Flankenwinkel etwa 30°, wodurch das Verformungsvolumen gering gehalten wird. Die unterschiedliche Neigung der Flankenkontur bestimmt die Wirkungsrichtung der Flankenpressung, Bild 8.20. Erfolgt diese aus dem Gewindebereich hinaus, kann bei ausreichender Werkstoffestigkeit um das Schraubloch herum die Auszugsfestigkeit deutlich gesteigert werden. Wirken die beim Einschrauben auftretenden Kräfte zwischen den Gewindeflanken gegeneinander, spricht man von einem Kraftkurzschluß, der wegen der zusätzlichen Beanspruchung zu einer verminderten Tragfähigkeit führt.

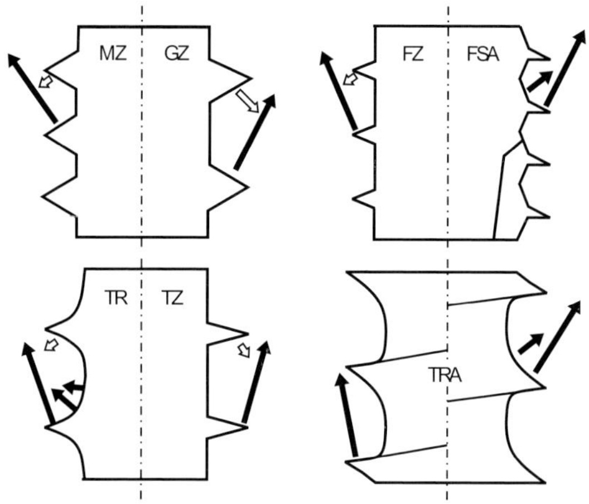

Bild 8.20 Gewindeformende Schraubentypen [27]

MZ - stumpfflankiges Feingewinde, 4.8 - 1.6 - 60°
GZ - stumpfflankiges Grobgewinde, 5.0 - 2.4 - 45°
FZ - Feingewinde mit Kraftkurzschluß, 5.0 - 1.6 - 30°
FSA - asymmetrisches Gewinde, 5.0 - 1.2 - 0/30°
TR - gerundetes Universaltiefgewinde, 5.0 - 2. 1 - 30/60°
TZ - symmetrisches Tiefgewinde, 5.0 - 2.2 - 30°
TRA - gerundete asymmetrische Tiefgewinde, 5.0 - 2.1 - 0/30° + 30/0°
Zahlenreihenfolge: Außendurchmesser - Gewindesteigung - Flankenwinkel

Die typischen Versagensformen von Verbindungen mit gewindeformenden Schrauben sind das Domumfangsversagen, Mantelschubversagen, Domaxialzugversagen (Verbindungsabriß) und der Schraubenbruch, Bild 8.21.

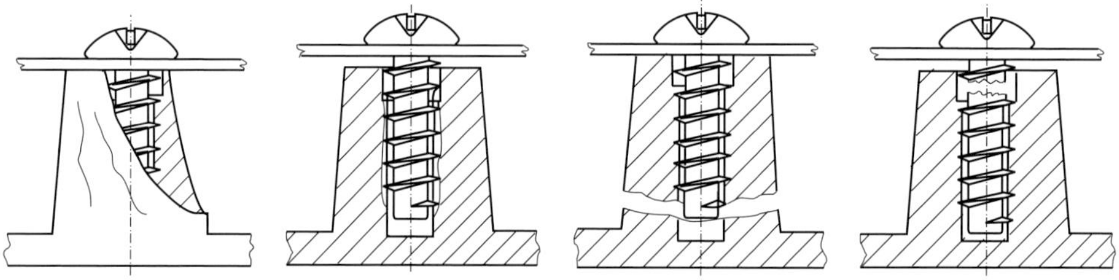

Bild 8.21 Typische Versagensarten einer Verbindung mit gewindeformender Schraube [26]

Ist der Dom richtig dimensioniert, ergibt sich die Verankerungsfestigkeit aus der Druckbeanspruchung auf die Gewindeflanken und der Schubbeanspruchung der Gewindemantelfläche. Die Höhe und Richtung der Beanspruchung werden durch die Gewindetiefe und Gewindesteigung bestimmt.

Die Werkstoffschubfestigkeit in der Gewindemantelfläche kann nur vollständig ausgenutzt werden, wenn die Gewindeflankenbeanspruchung die Druckfestigkeit des Werkstoffs in Beanspruchungsrichtung nicht übersteigt.

Die Dauer-Festigkeit von Schraubverbindungen in SMC GF 30 bei dynamischer Belastung läßt sich zuverlässig mit der Hysteresismeßtechnik ermitteln. Sobald sich im Laststeigerungsversuch die mechanische Dämpfung überproportional erhöht, treten Materialveränderungen auf, die über kurz oder lang zu Schädigungen und Versagen führen. Auf diese Weise lassen sich dynamische Grenzfestigkeiten für eine Dauerbeanspruchung ermitteln, Bild 8.22.

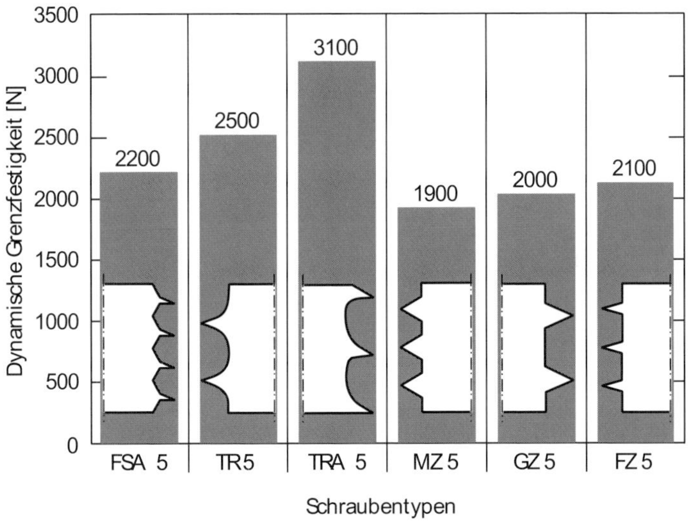

Bild 8.22 Dynamische Grenzfestigkeit von gewindeformenden Schrauben mit unterschiedlichem Gewinde in SMC-Domen, ∅ = 5 mm, Einschraubtiefe = 10 mm, s. a. Bild 8.20 [27]

Stumpfflankige Gewinde führen zu hohen Radialbeanspruchungen und Einformungswiderstand. Feingewinde sind toleranzempfindlich, geringe Gewindesteigungen bedingen Kraftkurzschluß, Schneidschrauben können Faserverstärkungen schädigen.

Kraftflußoptimierte Verbindungen mit umpreßten Gewindeeinsätzen und Verbindungen mit gewindeformenden Schrauben benötigen bei gleicher statischer und dynamischer Festigkeit ähnliche äußere Abmessungen bei jedoch durchaus unterschiedlichen Fertigungsschritten, Bild 8.23.

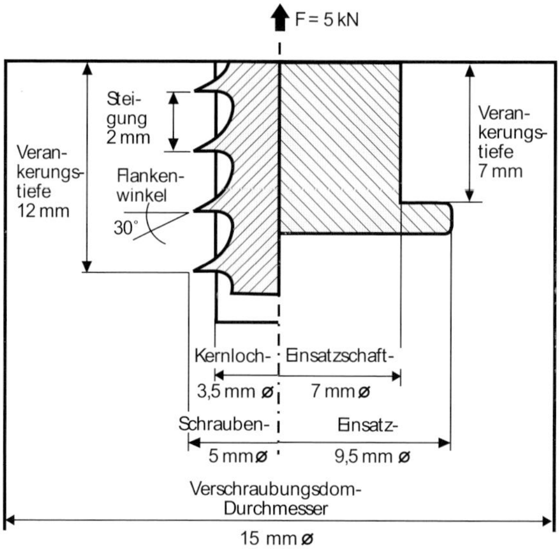

Bild 8.23 Vergleich von umpreßten Gewindeeinsatz und gewindeformender Schraube für ca. 5 kN statische und ca. 3 kN dynamische Last [27]

8.2.3.3 Anwendungsbeispiele

Nachteilig ist beim Einsatz von Einpreßgewindeeinsätzen (-buchse) die verlängerte Zykluszeit während der Fertigung, da diese korrekt im Werkzeug in die dafür vorgesehenen Vertiefungen eingebracht werden müssen, Bild 8.24.

Bild 8.24 Bauteilbeispiel LKW-Frontklappe aus SMC

links: Preßwerkzeug - Lage der Gewindeeinsätzeaufnahmen auf Auswerfern
rechts: Bauteil mit überstehenden Gewindeeinsätzen
Quelle: Menzolit-Fibron

Die hierfür nötige gesamte Handlingzeit ist oft länger als die eigentliche Preßzeit. Zusätzlich muß sichergestellt sein, daß einmal eingelegte Einpreßgewindeeinsätze nicht während des Schließens des Werkzeugs aus den vorgesehenen Positionen herausfallen können, da sie während des Schließens des Werkzeugs zu erheblichen Beschädigungen der Kavität führen.

Ein weiterer Nachteil ist, daß lediglich ein fehlerhaft eingepreßter Gewindeeinsatz, z.B. durch ein Verkippen, bereits zum Ausschuß des gesamten Bauteils führt, welches nicht mehr repariert werden kann. Die Aufnehmer der Gewindeeinsätze im Preßwerkzeug können so gestaltet werden, daß sie gleichzeitig auch Auswerferfunktion haben. Dies bietet sich vor allem bei oberflächenkritischen Teilen an, da Materialanhäufungen an Kreuzungspunkten minimiert werden.

Ein weiteres Problem ist die ausreichende Dichtigkeit der Einsätze gegen Einströmen der flüssigen Matrix während des Ausformens. Wesentlich kostengünstiger als die Verwendung von Inserts ist die Anwendung gewindeformender Schrauben. So hat man beispielsweise bei Bauteilen aus der Elektroindustrie, die in der Regel keinen hoch dynamischen Belastungen ausgesetzt werden, frühzeitig die Direktverschraubung gewählt und die Bauteile mit den erforderlichen Sacklöchern versehen. In neuerer Zeit werden aber auch immer mehr dynamisch hoch beanspruchte Bauteile aus SMC, wie z.B. das Aeropaket für LKWs, direktverschraubt [29].

Bild 8.25 Sacklöcher für Direktverschraubung (LKW-Frontklappe aus SMC)

Quelle: Menzolit-Fibron

Die bei Fließpreßstoffen nahezu beliebig ausformbaren Verrippungen können analog zur Inserttechnik für die Aufnahme der Dome mit Sacklöchern für die Schraubverbindung herangezogen werden. Einzeln stehende Dome müssen dabei zusätzlich z.B. über Rippen angebunden werden, um die notwendige Krafteinleitung sicherzustellen.

8.3 Stoffschlüssige Verbindungen

8.3.1 Klebeverbindungen

Typische Eigenschaften von duroplastischen Faserverbunden sind ihre Unlöslichkeit und Unschmelzbarkeit. Diffusionsklebungen, bei denen das Lösemittel wesentlich zum Verklebungsprozeß beiträgt, kommen also für Faserverbunde mit duroplastischer Matrix nicht in Betracht. Somit verbleiben überwiegend adhäsiv wirkende Verklebungen. Dem duroplastischen Charakter von GFK und CFK entsprechen die chemisch abbindenden Klebstoffe dabei am meisten. Für dynamisch hoch beanspruchte Teile haben sich hier weitgehend Kleber auf Basis von Epoxiden und Polyurethanen durchgesetzt. In Großserien werden vorwiegend 1-K- und 2-K-Polyurethane verarbeitet. Diese besitzen die erforderliche Haftung, die notwendige Elastizität und die für die Folgeschritte (vor allem Lackierung) erforderliche Temperaturbeständigkeit. Außerdem können sie, z.B. durch die Verwendung von Dreiecksraupen, größere Spalte oder Fertigungstoleranzen überbrücken.

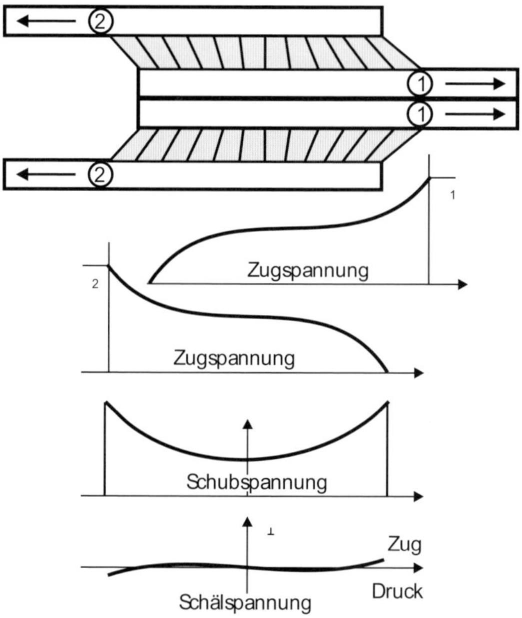

Bild 8.26 Zug-, Schub- und Schälspannung im Kleber einer Doppellaschenklebung

Klebeverbindungen können dabei vielfältig gestaltet sein. Die Verklebung von und mit schalenförmigen Strukturen aus Faserverbunden unterscheidet sich nicht prinzipiell von Klebeverbindungen von oder mit anderen meist isotropen Blechen. Allen gemeinsam ist, daß relativ steife dünne Platten mit einer dünnen und nachgiebigeren Kunststoffklebschicht miteinander verbunden sind.

Eine vereinfachte Betrachtung der mechanischen Beanspruchung einer überlappten Klebverbindung geht davon aus, daß die Fügeteile im wesentlichen auf Zug und Druck, die meistens nachgiebigeren Kleber dagegen auf Schub beansprucht werden, wobei zu berücksichtigen ist, daß der Widerstand gegen Schubverformung (Schubmodul) weitgehend homogener Werkstoffe etwa 40 % der des Widerstandes bei Normalspannungen (E-Modul) beträgt.

Während bei einer Doppelkleblasche die Zugspannung in den Fügeteilen mit Beginn der Klebverbindung abnimmt, nehmen die Schubspannung zu den Klebungsenden stark zu, Bild 8.26. Die über die Kleblänge unterschiedliche Verformung der Klebschicht führt zudem zu geringen Schälspannungen.

Die Abnahme der Zugspannungen in den Fügeteilen bedeutet, daß die Dehnungen in den gegenüberliegenden Bereichen nur in der Mitte der Überlappung gleich sind, zu den Enden hin sich aber zunehmend unterscheiden. An den Überlappungsenden liegen sich hochbelastete und dementsprechend verformte und nahezu unbelastete, unverformte Fügeteilbereiche gegenüber, so daß zwangsweise die Schubverformungen des Klebers stark zunehmen.

In asymmetrischen Klebstellen werden wegen des zusätzlich wirkenden Biegemomentes die Normalspannungen senkrecht zur Klebstelle an den Enden der Überlappung erheblich vergrößert, weshalb die Festigkeit einfach überlappter Klebverbindungen wesentlich geringer ist als bei symmetrischen Doppellaschen, Bild 8.27.

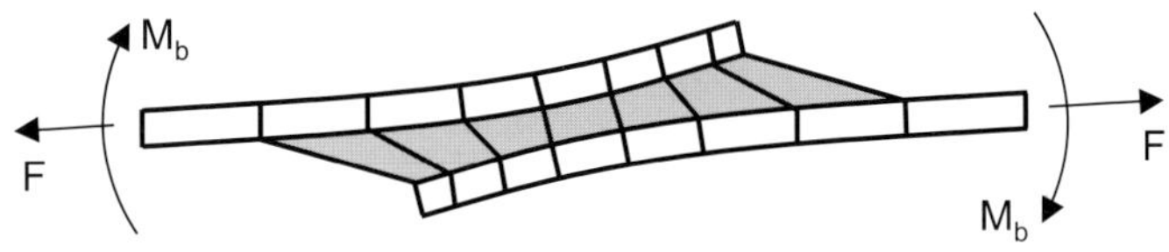

Bild 8.27 Erhöhte Normalspannungen am Klebverbindungsende bei einfacher Überlappung [30]

Die Darstellung in Bild 8.26 und Bild 8.27 gehen von einem weitgehend linear-elastischen Materialverhalten des Klebers aus. Im Ergebnis führt das zu hohen Spannungsspitzen am Überlappungsende, wo daraufhin auch das Versagen eingeleitet wird. Kleber zeigen jedoch wie alle Kunststoffe ein nichtlinear-viskoelastisches Verformungsverhalten, wobei die nichtelastischen Anteile mit zunehmender Belastungszeit, -höhe und -temperatur noch zunehmen. Zur verbesserten Beschreibung der realen Spannungszustände sind daher Materialansätze, die ein linear-elastisch/plastisches und besonders ein nichtlinear-viskoelastisches Verformungsverhalten annehmen, vorzuziehen.

Leider sind die alle Belastungzustände erfassenden Materialgesetze nur selten bekannt. Zum einen ist es z.B. schwierig, die Materialkennwerte unter reiner Schubbeanspruchung zu messen, besonders wenn zeitabhängige Feuchtigkeitseinflüsse, Nachhärtungseffekte oder auch strukturelle Unterschiede in den meist doch sehr dünnen Klebenähten nur schwer gleichmäßig erfaßbar sind. Ein weiterer Unsicherheitsfaktor sind die Haftungsverhältnisse in der Grenzschicht, da bei der Spannungsberechnung normalerweise davon ausgegangen wird, daß die Haftfestigkeit größer ist als die Schubfestigkeit des Klebers, was unter industriellen Bedingungen nicht unbedingt gegeben ist. Bild 8.28 zeigt die je nach Materialgesetz sich ergebenden Spannungsverläufe in einer Klebung mit EP-Harz unter Annahme einer biegemomentenfreien Zugscherbeanspruchung.

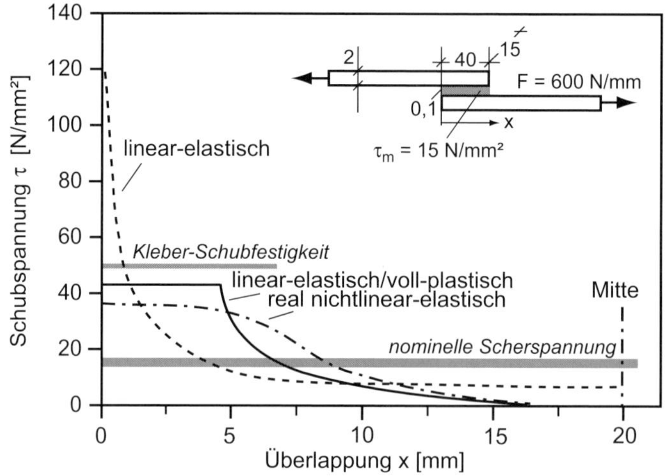

Bild 8.28 Schubspannungsverteilung in einer einfach überlappten Verklebung von Al-Blechen mit EP unter biegemomentenfreier Zugscherbeanspruchung [12, 31]

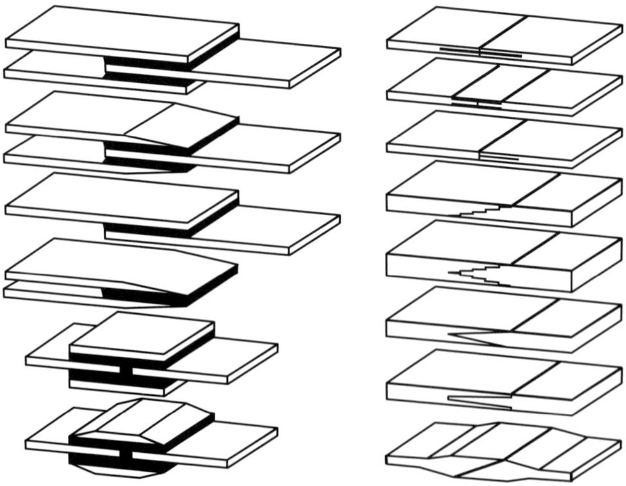

Bild 8.29 Gestaltung mechanisch belasteter Klebverbindungen [32]

Für die Belastbarkeit einer solchen Verbindung ist es durchaus vorteilhaft, wenn im Bereich maximaler Beanspruchung an den Überlappungsenden eine plastische Verformung eintritt. Dieses kann zum Beispiel künstlich erzeugt werden, indem die Klebverbindung vor der vollständigen Aushärtung hoch belastet wird oder zwei Klebstoffe mit unterschiedlichem Verformungsverhalten verwendet werden.

Bei hochwertigen Materialien wird dem Verlauf der Normalspannungen zur Reduzierung der Dehnungsunterschiede in den Fügeteilen selbst durch Schäftungen oder Stufungen Rechnung getragen, Bild 8.29. Durch Dopplung und Schäftung können zudem Momentbelastungen reduziert werden.

8.3.1.1 Oberflächenvorbehandlung von Faserverbundwerkstoffen

Die Oberflächenvorbehandlung stellt bei den Faserverbundwerkstoffen wie bei allen anderen Kunststoffen einen ebenso wichtigen aber auch kritischen Schritt dar. Die besondere Problematik ergibt sich aus den in der Oberfläche eingebetteten Fasern.

Als eine für die Faserstruktur "unschädliche" Vorbehandlung, die in jedem Fall durchgeführt werden sollten, kann das Reinigen und Entfetten genannt werden. Weiterhin bieten das Corona- und Niederdruckplasma-Verfahren gute Möglichkeiten einer Benetzungsverbesserung der Oberfläche. Bei den mechanischen Behandlungsverfahren durch Schleifen, Bürsten und Strahlen ist davon auszugehen, daß die Kunststoffschicht an der Oberfläche entfernt wird und die obersten Fasern geschädigt, oder zumindest freigelegt werden. Diese teilweise Zerstörung der Fasern wirkt sich negativ auf die Laminatfestigkeit aus. Weiterhin ergibt sich durch die sehr starke Vergrößerung der Oberfläche infolge der Faserbündel ein erhöhter Klebstoffauftrag mit der Gefahr von Lufteinschlüssen und somit Fehlstellen in der Klebschicht.

Als Vorgehensweise kann aus diesen Gründen empfohlen werden, die mechanische Vorbehandlung so schonend wie möglich zu gestalten und nur die ggf. vorhandenen festigkeitshemmenden Oberflächenschichten (Silikone, Stearate, etc.) mittels feiner Körnungen der Schleifpapiere bzw. des Strahlgutes bei geringem Preßluftdruck zu entfernen.

Eine weitere Möglichkeit der Oberflächenbehandlung besteht bei duroplastischen Hochleistungsverbunden in der Verwendung von rauhstrukturierte Oberflächen formenden Abreißgeweben, sog. Peel-Ply [33].

8.3.1.2 Auslegung von Klebverbindungen

Faserverbunde weisen häufig ein anisotropes Verformungsverhalten auf, zudem können unterschiedlich aufgebaute Laminate oder auch Faserverbunde mit Metallen verklebt werden. Neben dem Schubversagen in der Klebschicht kann das Fügeteil daher selbst durch interlaminare Schubbeanspruchung versagen. Zusätzlich kann das Fügeteil unter Zugbeanspruchung auf Längs-Zug und bei behinderter Querkontraktion auf Quer-Zug versagen.

Bezüglich der Schichtenfolge der Laminate sollte bedacht werden, daß die Festigkeit einer Klebverbindung maximal ist, wenn die Fasern in den Laminataußenschichten dieselbe Richtung haben wie der zu übertragende Kraftfluß.

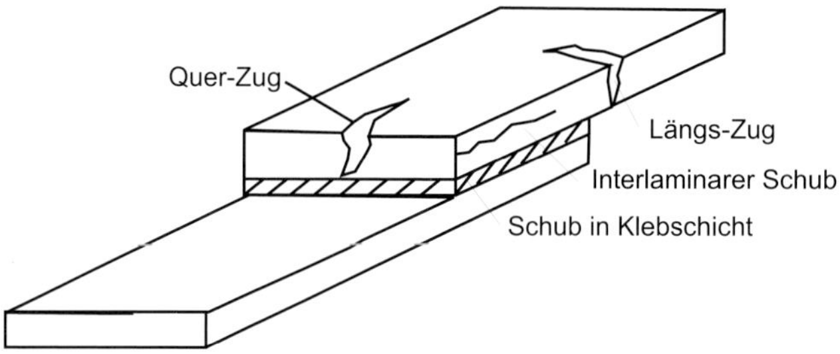

Bild 8.30 Versagensformen einfach überlappter FVK-Klebverbindungen [11]

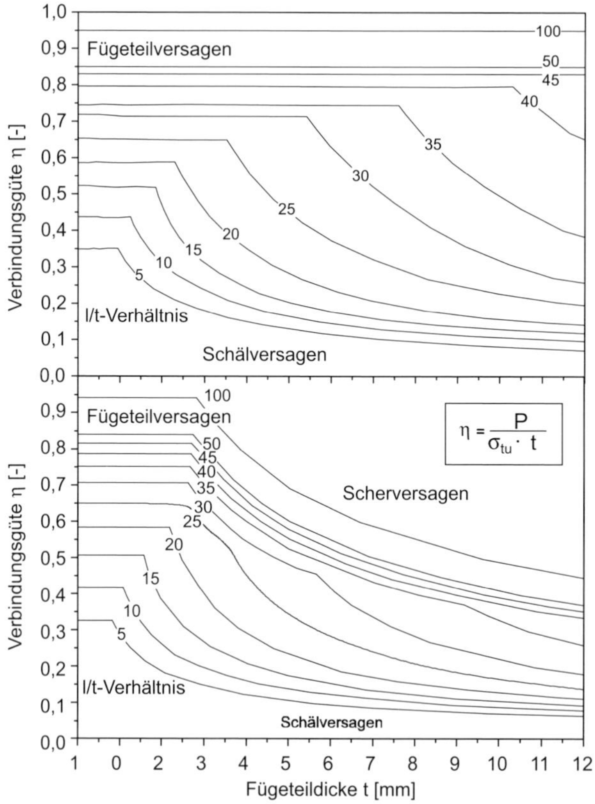

Bild 8.31 Verbindungsgüte eines einschnittig überlappten Klebverbindung in Abhängigkeit des Überlapplänge-Fügeteildicken-Verhältnisses l/t für ein EP-CF (High Tension) -Laminat [0/45/-45/90] [11]

oben: duktiler Kleber, *unten: spröder Kleber*
l = Klebefugenlänge; *t = Probendicke;*
P = zu übertragender Kraftfluß; *σ_{tu} = Fügeteilfestigkeit*

In Bild 8.31 ist die Verbindungsgüte einer einfach überlappten Klebeverbindung für einen duktilen (oben) und einen spröden Kleber (unten) gezeigt. Der duktile Kleber nimmt nach Erreichen der Grenzschubspannung zwar keine weitere Last mehr auf, läßt sich aber im Gegensatz zum spröden Kleber viel weiter verformen.

Die Klebefuge ist so zu gestalten, daß sie hauptsächlich auf Schub belastet wird und nicht auf Schälung oder einseitigen Zug. Dabei ist auf die Einhaltung der richtigen Klebstoffschichtdicke zu achten, was z.B. durch Abstandsnocken, in den Kunststoff eingebrachte Glaskugeln oder Polyesterfließstoffe, sichergestellt werden kann.

Günstige Auftragsmengen für den Klebstoff liegen dabei zwischen 200 und 400 g/m^2, was bei einer Rohdichte zwischen 1,0 bis 1,5 g/cm^3 zu Fugendicken zwischen 0,15 und 0,35 mm führt. In der Praxis sind aber eher 0,5 bis 1,0 mm anzutreffen. Da die Festigkeit einer Verklebung mit der Schichtdicke abnimmt, ist eine entsprechend dünne und gleichmäßige Klebfuge die Grundvoraussetzung für hohe Festigkeiten.

Zum Fügen mittels Kleber werden zum Zusammenpressen der Fügeteile und deren Fixierung Anpreßdrücke zwischen 0,015 und 0,07 N/mm^2 empfohlen, was je nach Abhängigkeit von weiteren Einflußgrößen, z.B. Überlappungslänge, Oberflächenbehandlung, Temperatur usw., grob zu Scherfestigkeiten gefügter SMC-Platten von 8-12 N/mm^2 führt [34, 35]. Bei Class-A- oder Low-Profile-SMC lassen sich nur etwa zwei Drittel der Scherfestigkeiten erreichen.

8.3.1.3 Anwendungsbeispiele

Die Klebflächen sollten so angeordnet sein, daß sie beim Fügen nicht parallel zur Fügerichtung liegen, andernfalls wird der Kleber von der Klebfläche abgestreift (Bild 8.32, Klebung B). Die Klebefugen sind dabei vorzugsweise so zu legen, daß sie sich im nicht oder weniger sichtbaren Bereich befinden. In jedem Fall ist eine Nachbearbeitung der sichtbaren Kleberaupe zu vermeiden, da dies äußerst arbeitsaufwendig ist.

Es ist zusätzlich darauf zu achten, daß Flächen zum Aufbringen der notwendigen Fügekräfte zugänglich sind. Darüber hinaus kann über diese Flächen zur Reduzierung der Zykluszeiten Wärme eingebracht werden. Zur Fixierung der Klebung können unter Umständen auch selbstschneidende Schrauben oder Nieten verwendet werden, so daß auf eine Spannvorrichtung verzichtet werden kann.

Werden oberflächenkritische Teile, wie z.B. Karosserieteile geklebt, so sind besondere Regeln zu beachten. Kleber mit hoher Eigensteifigkeit neigen dazu, bei Temperaturunterschieden lokale Spannungen zu erzeugen, die an der Oberfläche sichtbar sind. Wird der Klebstoff in ringförmig geschlossenen Raupen aufgetragen, muß für eine Entlüftung gesorgt werden, da sich die eingeschlossene Luft bei erhöhten Temperaturen ausdehnen kann und somit zu einer lokalen, sichtbaren Verformung der Oberflächen führt (Bild 8.32, Klebung A).

Nach dem Verkleben der Bauteile muß zunächst der überstehende Kleber entfernt werden. Anschließend ist meist ein Spachteln und Konturschleifen erforderlich. Neu entwickelte sog. Kantensealer erlauben es heute, meist auf das Spachteln verzichten zu können. Ein nachträgliches Konturschleifen ist aber in jedem Falle erforderlich.

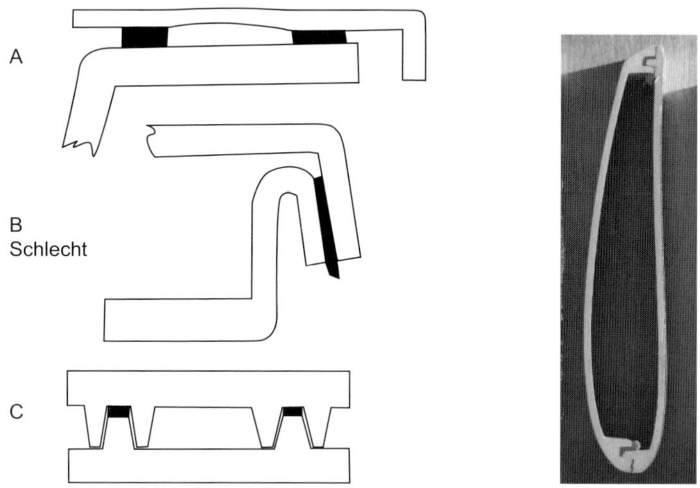

Bild 8.32 Gestaltung von Klebefugen [5]

links: Schematische Darstellung, rechts: Anwendungsbeispiel BMW-Heckspoiler
Quelle: Menzolit-Fibron

8.3.1.4 Thermoplastische Faserverbunde

Aufgrund der thermoplastischen Matrix (PP) sind Bauteile aus GMT und LFT erheblich schlechter, besonders untereinander, zu verkleben als solche aus einem duroplastischem Faserverbund. Verklebungen beschränken sich daher auf Verbindungen mit anderen Werkstoffen. Um dennoch eine ausreichende Haftung der Oberflächen sicherzustellen, muß bei thermoplastischen Faserverbunden eine Reinigung mit anschließender Aktivierung des Werkstoffs erfolgen. Mit Erfolg eingesetzte Verfahren sind die Plasma- oder Coronabehandlung, die Beflammung und verschiedene Oberflächenaktivierungsverfahren wie z.B. die Fluorierung oder der Auftrag von Primern [7, 8].

Verklebungen an GMT werden bisher erfolgreich auch in größeren Produktionsserien angewendet, in welchen eine sorgfältige und reproduzierbare Fügeflächenvorbereitung, ein automatisierter Klebstoffauftrag und ein gleichmäßiger Fügevorgang sowie eine temperatur- druck- und zeitgeregelte Aushärtung der Klebstoffe sichergestellt sind.

Ein Beispiel für eine erfolgreiche Anwendung der Klebetechnik an GMT ist die Heckklappe der Mercedes A-Klasse. Dabei werden die Spoiler, die Beplankung und die Heckscheibe vollautomatisch mit dem GMT-Träger verklebt, Bild 8.33.

Neben dem Kleben lassen sich an der Heckklappe weitere wichtige Fügeverfahren erkennen. So sind beispielsweise die Abdeckung an den GMT-Träger angeklipst, die Hubfedern direktverschraubt und die Gegenscharniere über Bolzenverbindungen an die umpreßten Scharniere am GMT-Träger angebunden.

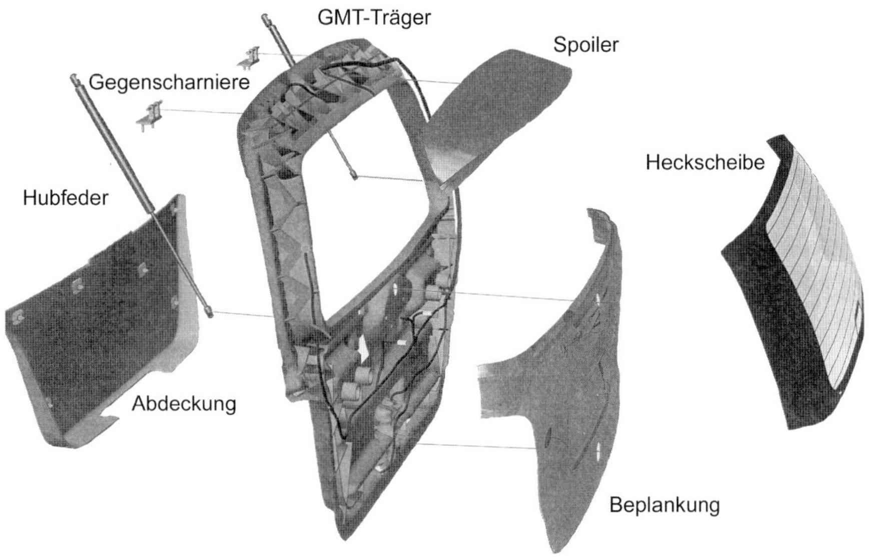

Bild 8.33 Verbindungstechniken am Beispiel der Heckklappe der Mercedes A-Klasse

Quelle: Peguform

8.3.2 Schweißverbindungen

Eine generelle Schwierigkeit beim Stumpfschweißen faserverstärkter Kunststoffe besteht darin, daß unabhängig vom Schweißverfahren ein Schmelzefluß erzeugt werden muß, der in der Fügezone eine Orientierung der Fasern parallel zur Fließrichtung bewirkt. Da der Schmelzefluß in der Regel rechtwinklig zum Fügeweg und zum späteren Kraftfluß steht, führen die orientierten Fasern im allg. zu Schweißnahtfestigkeitswerten, die im Bereich des unverstärkten Grundwerkstoffs liegen.

Alle an unverstärkten Thermoplasten erprobten Schweißverfahren lassen sich prinzipiell auch an kurzfaserverstärkten Thermoplasten, thermoplastischen Fließpreßstoffen wie GMT oder Hochleistungsverbunden anwenden, wobei aufgrund des unterschiedlichen Werkstoffverhaltens immer verfahrenstechnische Anpassungen erfolgen müssen. Als Schweißverfahren können das Heißpressen, Heizelement-, Ultraschall-, Widerstands-, Laser- und vor allem das Vibrationsschweißen zur Anwendung kommen [37, 38].

Eine Gegenüberstellung einzelner Zug-Scherfestigkeiten von Überlappschweißverbindungen in Abhängigkeit des gewählten Schweißverfahrens ist in Bild 8.34 für unterschiedliche thermoplastische Hochleistungsverbundwerkstoffe dargestellt.

Beim Vibrationsschweißen von GMT als Stumpfschweißung und Überlappschweißung konnte gezeigt werden, daß sich der typische Fügewegverlauf einstellt, wie er bei unverstärkten Kunststoffen auch zu beobachten ist [39].

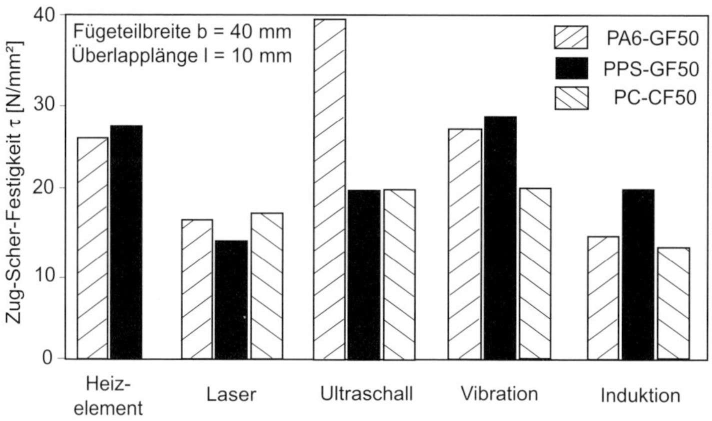

Bild 8.34 Zug-Scherfestigkeiten von überlappt geschweißten gewebeverstärkten Thermoplasten [38]

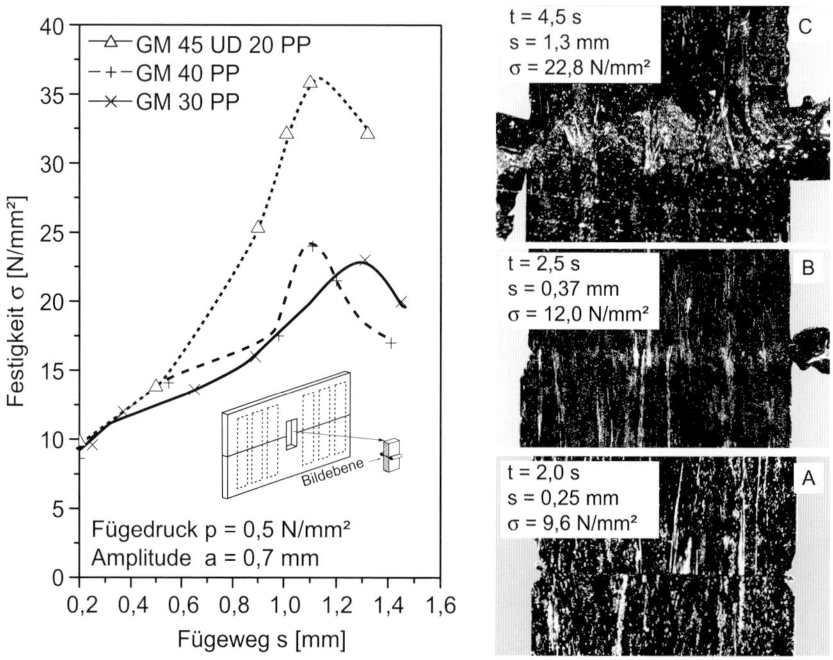

Bild 8.35 Schweißnahtfestigkeit als Funktion des Fügewegs, PP GM30, 4 mm

links: Einfluß des Fügeweges auf die Festigkeit von stumpfgeschweißtem PP GM
rechts: Einfluß des Fügewegs auf die Fügenaht bei PP GM30

Die langen, ungeordneten Fasern beeinflussen beim Stumpfschweißen die Höhe des Fügewegs und die erreichbare Schweißgeschwindigkeit. Bei größerem Fügeweg werden überwiegend höhere Festigkeitswerte erreicht, was mit einem Überlappen bzw. Verkrallen der fließfähigen Fasern in der Fügeebene erklärt wird, Bild 8.35.

Bei einem geringen Fügeweg von 0,25 mm ist noch eine Linie reinen Matrixmaterials in der Schweißzone erkennbar, Bild 8.35 (A). Es zeigt sich keine Durchdringung der Fügezone mit Glasfasern und damit relativ geringe Festigkeitswerte. Mit steigendem Fügeweg zeigt sich, daß die Fügezone mit Glasfasern durchdrungen wird und diese "Verkrallungen" die ermittelten Zugfestigkeitswerte ansteigen lassen.

Mit steigendem Fügedruck sinken sowohl bei Stumpf- als auch bei Überlappschweißungen die Festigkeitswerte.

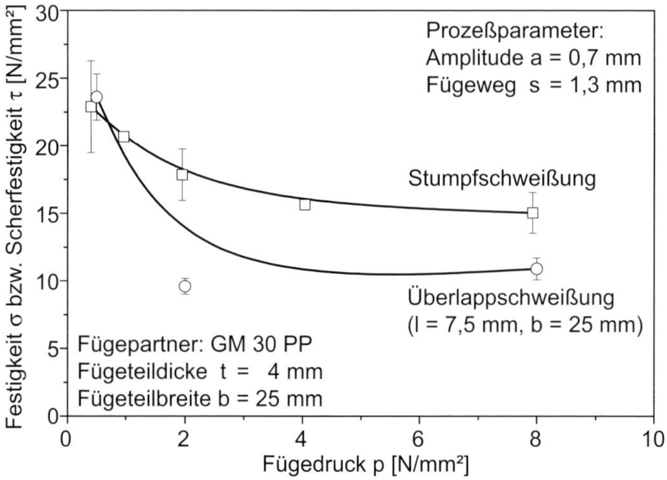

Bild 8.36 Abhängigkeit der Maximalkraft vom Schweißweg an einer vibrationsgeschweißten Überlappverbindung aus Hochleistungs-Thermoplast (PA66-GF) und kurzfaserverstärktem Thermoplast (PA66 GF30)

Bei vibrationsgeschweißten Überlappverbindungen zeigt sich darüber hinaus, daß beim Verbinden von Hochleistungs-Thermoplasten untereinander eine zusätzlich aufgebrachte unverstärkte thermoplastische Zwischenschicht zwischen den Hochleistungs-Thermoplast-Fügepartnern die Festigkeit und Prozeßsicherheit deutlich erhöht.

Dies gilt in ähnlicher Weise auch für Ultraschallschweißungen [37]. Es zeigt sich außerdem, daß mit einer Mindestzwischenschichtdicke von 0,1 bis 0,15 mm, ähnlich wie bei Verklebungen, die höchsten Scherfestigkeiten erreicht werden können.

Die Entwicklung endlosfaserverstärkter thermoplastischer Hochleistungsverbunde hat die Möglichkeit eröffnet, die bisher in Faserverbunden verwendete duroplastische Matrix zu ersetzen und Schweißverfahren als Verbindungstechnik einzusetzen. Im Gegensatz zur Luft- und Raumfahrtindustrie, wo häufig teure Engineering-Thermoplaste eingesetzt werden, stehen in der Automobilindustrie Standardthermoplaste wie PP und PA im Vordergrund.

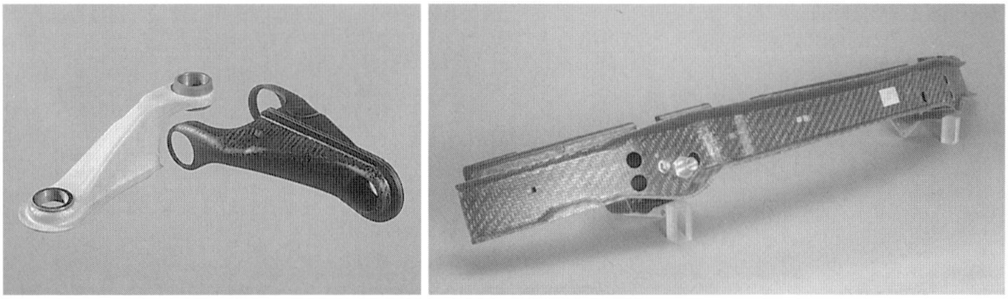

Bild 8.37 Anwendungsbeispiele geschweißter thermoplastischer Hochleistungsverbunde

links: *Querlenker-Studie, vibrationsgeschweißt*
rechts: *Stoßfängerträger des BMW M 3, hochfrequenzgeschweißt*

Bild 8.37 zeigt die Machbarkeitsstudie eines vibrationsgeschweißten Querlenkers und ein sich im BMW M3 befindliches hochfrequenzgeschweißtes Serienbauteil aus glasgewebeverstärktem Polyamid.

Mit dem Vibrationsschweißverfahren lassen sich auch Thermoplaste auf faserverstärkten Duroplasten applizieren, indem einfache Klipse oder Retainer direkt aufvibriert werden, Bild 8.38.

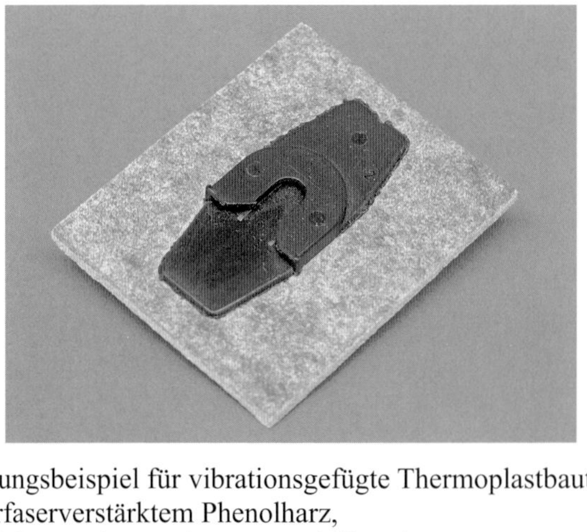

Bild 8.38 Anwendungsbeispiel für vibrationsgefügte Thermoplastbauteil (ABS) auf naturfaserverstärktem Phenolharz, Krafteinleitungselement im Automobilinterieur

Hierbei wird ähnlich dem Vibrationsschweißen von Hochleistungsfaserverbund-Thermoplasten eine thermoplastische Zwischenschicht auf die zu fügenden duroplastischen Faserverbundstrukturen gelegt und unter Vibrationseinwirkung aufgeschmolzen. Ähnlich wie beim Schmelzkleben entsteht eine durchaus belastbare Verbindung. Dabei zeigt sich, daß es im Gegensatz zum Vibrationsschweißen von Hochleistungsfaserverbund-Thermoplasten von Vorteil ist, wenn die Zwischenschicht faserverstärkt ist, da durch die abrasive Wirkung der Fasern zum einen Verunreinigungen an der Oberfläche abgetragen werden, die Oberfläche gleichzeitig aufgeraut wird und es darüber hinaus zu "Verkrallungen" der Kurzglasfasern in der Gewebeverstärkung der Fügepartner kommt, Bild 8.39.

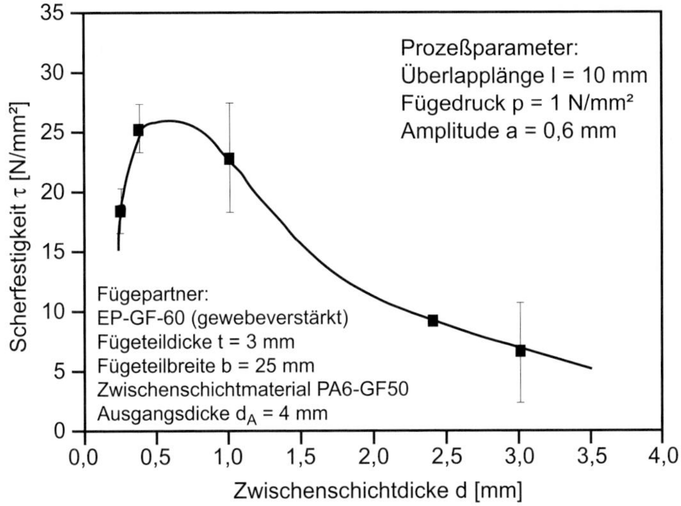

Bild 8.39 Scherfestigkeit vibratrionsgeschweißter EP-GF-Platten mit thermoplastischer Zwischenschicht aus PA6-GF50 in Abhängigkeit der Restschichtdicke nach dem Schweißen

8.4 Literatur

[1] Grüninger, G. Möglichkeiten der Krafteinleitung in faserverstärkte Bauteile, Sonderschau "Neue Werkstoffe" auf der METAV 86, Fachaufsätze zur Materialforschung, S. 94-99, 1986

[2] Michaeli, W., Starke, J. Teilfüllung direkt in der Fließphase erkennen, Plastverarbeiter 42 (1991) 9, S. 30-36

[3] Albrecht, M., u.a. Praxisnahe GMT-Werkstoffkennwerte für die Bauteilauslegung, Kunststoffe 83 (1993) 3, S. 207-212

[4] Marker, L., Ford, B. Rheology and Moulding Characteristics of Glass Fiber Reinforced Sheet Moulding Compounds, Reinforced Plastics/Composites Institute, SPI SPE Proceedings ANTEC, Montreal/ USA (1977), S. 16 E 1-11

[5] Stachel, P. Konstruieren mit SMC, Seminar SMC - Ein Werkstoff für anspruchsvolle Anwendungen, SKZ, Würzburg, Juli 1995

[6] N.N. GMT: Ein Werkstoff nach Maß, Plastverarbeiter 35 (1984) 7, S. 44-47

[7] Dittmar, H. Glasmattenverstärktes Polypropylen, Teil 1 u. 2: Erster thermoplastischer Verbundwerkstoff für die Großserie, Plastverarbeiter 42 (1991) 3, S.28-32, und 4, S. 83-90

[8] Jansz, J.J.C. GMT: Der Werkstoff und seine Eigenschaften, In GMT-Workshop, Hannover, 08.-09.09. 1993

[9] Hütter, U. Probleme der Krafteinleitung in Glasfaser-Kunststoff-Bauteile, Kunststoffe 56 (1966) 12, S. 843-846

[10] Wörndle, R. Verbundwerkstoffe, Vorlesungsheft, Institut für Konstruieren in Kunst- und Verbundstoffen, Montanuniversität Leoben, 2004

[11] Kindervater, Ch., Stellbrink, K. Perliminary Design of Composite Joints, Vorlesungsskriptum DLR 2000/02 auf Basis, DLR Mitteilung 92-05, Stuttgart, 1992

[12] Stellbrink, K. Dimensionierung von Krafteinleitungen in FVW Strukturen, DLR-Mitteilung 93-12, Stuttgart, 1993

[13] Seiler, U. Zur Auslegung statisch und dynamisch belasteter Bauteile aus Verbundwerkstoffen am Beispiel von GFK-Blattfedern, Diss. IKV, RWTH Aachen, 1987

[14] Michaeli, W., Huybrechts, D., Wegener, M. Dimensionieren mit Faserverbundkunststoffen Einführung und praktische Hilfen, Carl Hanser Verlag, München, 1994

[15] Bergmann, H.W. Konstruktionsgrundlagen für Faserverbundbauteile, Springer-Verlag, Berlin, 1992

[16] Hart-Smith, L.-J. Design and Empirical Analysis of Bolted or Riveted Joints, In: Joining Fibre Reinforced Plastics, London, Elsevier Applied Science, Publishers, 1989

[17] Matthews, F.L. Bolted Joints, in: Composites Design, Ed.: Tsai, S.W., Think Composites Inc., Dayton, 1987

[18] Müller, J. Conception and Processing of Advanced Thermoplastic Composite Structures for the Machine Industry, in: Adv. Thermoplastic Comp. – Characterisation Processing, Carl Hanser Verlag, München, 1993

[19] Ermanni, P. Mechanische Verbindungen und Klebungen, Vorlesung Leichtbau III, ETH-Zürich, 2002/2003

[20] Schelling, H. Statische Festigkeitsversuche an zweischnittigen gebolzten Fügungen aus CFK zur Ermittlung der Lochleibungsfestigkeit, DGLR-Symposium Entwicklung und Anwendung von CFK-Strukturen, Berlin, 08./09.11. 1984

[21] Wiedemann, J. Leichtbau, Band 2: Konstruktion, Springer-Verlag, Berlin, 1989

[22] N. N. Composi-Lok II, Firmenprospekt Monogram Aerospace Fasteners, 2002

[23] N. N. HI-LOK Installation Sequenze, Firmenprospekt Fairchild Fasteners, 2002

[24] N.N. The Huck GP Lockbolt Fastening System Firmenprospekt, Huck Int. Inc., 1995

[25] Niedermeier, M. Mechanische Verbindungen und Klebungen, Vorlesung Leichtbau III, ETH Zürich/CH, 2002/2003

[26] Trinter, F., Ehrenstein G.W. Festigkeit von Direktverschraubungen mit gewindeerzeugenden Metallschrauben an Bauteilen aus SMC und GMT, 23. AVK-Tagung, S. A16-1 bis A16-9, Mainz, November 1990

[27] Trinter, F., Ehrenstein, G.W. Schraubverbindungen an Bauteilen aus faserverstärkten Fließpreßwerkstoffen, In: VDI-Berichte 883, S. 197-214 VDI-Verlag, Düsseldorf, 1991

[28] Trinter, F. Zur Festigkeit von Schraubverbindungen an Bauteilen aus SMC, Diss., Universität GH Kassel, 1991

[29] Häberle, H. Großflächige Bauteile in SMC-Technologie für höchste Beanspruchungen, In: Kunststoffe im Automobil, S. 161-178, VDI-Verlag, Düsseldorf, 2003

[30] Michaeli, W., Wegener, M. Einführung in die Technologie der Faserverbundwerkstoffe, Carl Hanser Verlag, München, 1990

[31] Althof, W. Process in Structural Bonding Through Effective Bondline Stress Analysis, DFVLR-Bericht IB 152-77/18, Braunschweig, 1977

[32] N.N. Composites Design Handbook for Space Structure Applications, ESA PSS-03-1101, Vol. 1 und 2, Dezember 1986

[33] Habenicht, G. Kleben, Grundlagen-Technologie-Anwendungen, Springer-Verlag, Berlin, 1990

[34] Grünewald, R. Für die Großserie geeignete Fügeverfahren, In: Formteile und Profile aus GFK für den industriellen Einsatz, VDI-Verlag, Düsseldorf, 1980

[35] Sauer, J. Composite Bonding in Transportation, Tagung Joining Technologies, Orbassano/Italien, 2003

[36] N.N. Verarbeitungsrichtlinien für GMT-Teile, 2. Aufl., htp://www.quadrantcomposites.com; Verarbeitungsrichtlinien, 2002

[37] Michaeli, W., Korte, W. Ultraschallschweißen von langfaserverstärkten thermoplastischen Prepregs, In: Thermoplastische Faserverbundwerkstoffe - Stand der Technik, Aktuelle Forschungsergebnisse, S. 107-119, VDI-Verlag, Düsseldorf, 1995

[38] Neitzel, M., Breuer, U. Die Verarbeitungstechnik der Faser-Kunststoff Verbunde, Carl Hanser Verlag, München, 1997

[39] Giese, M., Ehrenstein, G.W. Vibration Welding of Random Glass Mat Reinforced Thermoplastic Composites, SPE Proceeding, ANTEC Detroit/USA, (1992), S. 884-887

9 Stichwortverzeichnis

A

B

C

D

E

F

G

H

I

K

L

M

N

O

S

W

X

Y

Z

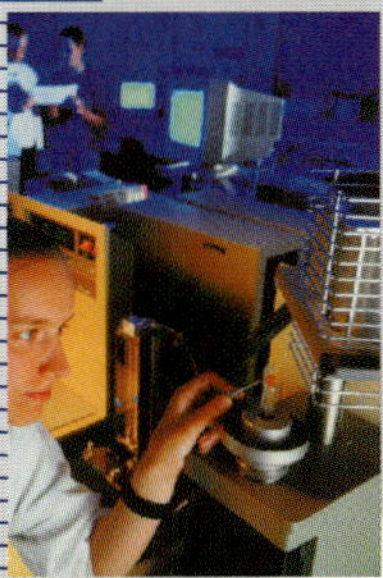

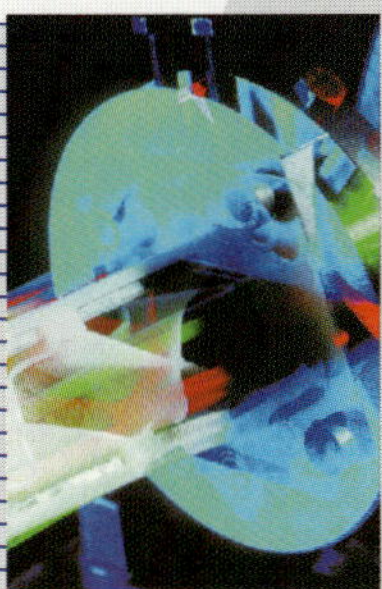

AMTEC®
Gewindeeinsätze und Einbausysteme
RIVKLE®
Blindnietmuttern und -schrauben
SNAPLOC
Steckkupplungen für Schallschutzelemente

NOVOLAS
GLOBO - Welding
Das einzigartige Schweissverfahren funktioniert nach dem Prinzip des Konturschweissens. Dieses im Bereich des Kunststoffschweissens erstmals eingesetzte Verfahren erlaubt es, den Fügeprozess ohne herkömmliche Anpressvorrichtung durchzuführen. Somit wird das bislang auf zwei Dimensionen beschränkte Fügeverfahren auf den dreidimensionalen Fügeraum erweitert.
Winner of
SWISS TECHNOLOGY® AWARD 04
LEISTER®
LEISTER Process Technologies
Lasersystems Division
CH-6060 Sarnen/Schweiz
Telefon +41 41 662 74 74
Fax +41 41 662 74 16
www.novolas.com